Arnold - la Cour

Die Gleichstrommaschine

Ihre Theorie,
Untersuchung, Konstruktion, Berechnung und Arbeitsweise

Zweiter Band

Konstruktion, Berechnung und Arbeitsweise

von

Dr.-Ing. e. h. **J. L. la Cour**

Dritte, vollständig umgearbeitete Auflage

Mit 550 Textfiguren
und 18 Tafeln

Springer-Verlag Berlin Heidelberg GmbH
1927

Additional material to this book can be downloaded from http://extras.springer.com.

ISBN 978-3-642-48489-6 ISBN 978-3-642-48556-5 (eBook)
DOI 10.1007/978-3-642-48556-5

Orinally published by **Julius Springer in Berlin** in 1927

Softcover reprint of the hardcover 1st edition 1927

Vorwort.

Die vorliegende dritte Auflage des zweiten Bandes der „Gleichstrommaschine“ ist in gleicher Weise wie Band I neu bearbeitet worden. Die Einteilung des Stoffes ist im allgemeinen beibehalten worden. Der Stoff selbst hat wesentliche Änderungen erfahren. Verlassene Bauarten und Ausführungen sind durch neuere ersetzt worden.

In Band I ist darauf hingewiesen worden, daß die vollkommen symmetrische Ausführung für das gute Arbeiten einer Gleichstrommaschine unbedingt nötig ist, und daß die Strombelastung des Ankers in passendem Verhältnis zu der Stärke des Kraftflusses stehen muß. Die Berücksichtigung dieser beiden Gesichtspunkte allein reicht jedoch noch nicht aus, um eine gut arbeitende Maschine von langer Lebensdauer zu erhalten. Die Maschine muß auch mechanisch einwandfrei bemessen und aus besten Baustoffen sorgfältig ausgeführt sein. Daher werden im ersten Teil dieses Bandes sowohl die Vor- und Nachteile der verschiedenen Ausführungsarten und Bauformen als auch die Gesichtspunkte für die Auswahl der zweckmäßigsten Baustoffe und die richtige Ausführung der Arbeit eingehend erläutert.

Der Gleichstrommotor besitzt gegenüber allen Arten von Wechselstrommotoren so viele und bedeutende Vorteile, daß er ständig neue Gebiete erobert, trotzdem ihm oft ein jähes Ende vorausgesagt worden ist. Der Verfasser hat sich bemüht, die zahlreichen Anwendungsgebiete der Gleichstrommaschine im zweiten Teil dieses Bandes ausführlich zu behandeln. Die zahlreichen Schaltmöglichkeiten sind systematisch eingeteilt, ihre Vor- und Nachteile theoretisch untersucht worden. Leider ist dadurch weniger Raum übrig geblieben für die Beschreibung ausgeführter Anlagen der großen Firmen. Das glaubte der Verfasser aber in Kauf nehmen zu dürfen, findet man doch diese ausführlich beschrieben in den vielfach vorzüglichen technischen Mitteilungen dieser Firmen, auf die hier hingewiesen sei.

Zu der Behandlung des Stoffes selbst sei folgendes bemerkt:

Die selten vorkommenden Unipolarmaschinen, die Scheiben- und Ringanker und die nicht genuteten Trommelanker sind nicht mehr behandelt.

Die Beschreibung des mechanischen Aufbaus ist wie in den früheren Auflagen der Berechnung vorangestellt; denn die Ausführungsmöglichkeiten der Anker- und Magnetwicklungen, Art, Eigenschaften und Verwendung der Isolier- und sonstigen Baustoffe müssen bei der Berechnung als bekannt vorausgesetzt werden.

Dem mechanischen Aufbau des Kommutators ist eine eingehende Untersuchung gewidmet, weil er von gleich großer Bedeutung für die gute Kommutierung ist, wie es die richtig abgewogenen elektrischen und magnetischen Verhältnisse der Maschine sind. Das gilt besonders für schnellaufende Maschinen großer Leistung. Eingehend sind auch die übrigen stark beanspruchten mechanischen Teile, besonders Welle und Lager, behandelt, die reichlich bemessen sein müssen, um starke Belastungsstöße aufnehmen zu können und einen erschütterungsfreien Lauf der Maschine zu gewährleisten. Aus dem letztgenannten Grunde ist auch die Wichtigkeit symmetrischer magnetischer Felder und die sorgfältige Auswuchtung der umlaufenden Teile nachdrücklich hervorgehoben.

Als Beispiele sind im neunten und zehnten Kapitel siebenunddreißig ausgeführte verschiedenartige Maschinen, kleinster bis größter Leistung, eingehend beschrieben. Darunter befinden sich sowohl Maschinen besonders hoher Stromstärke als auch ungewöhnlich hoher Spannung.

Die Vorausberechnung ist ganz auf die in Band I gebrachten theoretischen Ausführungen aufgebaut. Die Wahl der einzelnen Größen wird ausführlich begründet und der Gang der Rechnung ist derart durchgeführt, daß der Leser unter ständiger Prüfung der berechneten oder angenommenen Größen auf ihre Zulässigkeit, von Stufe zu Stufe bis zur endgültigen Lösung der Aufgabe vorwärtsschreitet.

Den besten Überblick über die vollständige Berechnung gibt das von Prof. Arnold für die Studierenden an der Technischen Hochschule in Karlsruhe eingeführte Berechnungsformular. Seine Durchsicht und das Studium der Beispiele für die ausführliche Berechnung einer Maschine werden zeigen, daß die genaue Durchrechnung einer Maschine viel Zeit in Anspruch nimmt. — Der erfahrene Ingenieur wird in vielen Fällen, z. B. bei vorläufigen Entwürfen oder wenn ausreichende Erfahrungen bei Maschinen ähnlicher Bauart und Größe vorliegen, die Berechnung wesentlich kürzen können, während dem gewissenhaften Studierenden nur die genaue Durchrechnung die erwünschte Sicherheit bringen kann.

Im siebzehnten, achtzehnten und neunzehnten Kapitel folgt die Theorie und Berechnung der Anlaß-, Brems- und Regler-Widerstände. Ihre mechanische Durchbildung ist nur kurz berührt, da ein tieferes

Eindringen in dieses große Gebiet über den Rahmen dieses Buches hinausgehen würde.

In den folgenden Kapiteln sind die Arbeitsweise und die verschiedenartigen Verwendungen der Gleichstrommaschine beschrieben. Es werden die Generatoren und Kraftübertragungs-Systeme mit gleichbleibender Spannung und die hierzu erforderlichen Regler behandelt, an die sich die Behandlung der Generatoren und Übertragungssysteme mit gleichbleibendem Strom anschließt.

Im vier- und fünfundzwanzigsten Kapitel folgt die theoretische Betrachtung der verschiedenen Verfahren zur Aufspeicherung elektrischer Arbeit und Ausgleichung von Belastungsschwankungen bei Gleichstromanlagen. Diese Aufgabe läßt sich in mannigfacher Weise zufriedenstellend durchführen und es hängt nur von den im Einzelfalle gegebenen Bedingungen ab, welche Lösung für den jeweils vorliegenden Fall die zweckmäßigste ist. Gerade die große Leichtigkeit, mit der man Gleichstromenergie unmittelbar in Akkumulatoren aufspeichern und bei Bedarf wieder entnehmen und kurzzeitige Belastungsschwankungen mittels Schwungrädern ausgleichen kann, ist der besondere Vorzug des Gleichstromes vor dem im Einzelfall an eine unveränderliche Periodenzahl gebundenen Wechselstrom.

In den letzten Kapiteln wird das Anlassen und die Regelung der Drehzahl von Motoren beschrieben. Beides läßt sich sowohl mit Widerständen als auch mit besonderen Anlaßmaschinen durchführen. In Sonderfällen können die Motoren sogar ohne Widerstände unmittelbar an die volle Netzspannung gelegt werden, ohne daß sie hierdurch beschädigt werden. Auch das einfache Anlassen und Regeln der Motoren durch Steuerdynamos gibt dem Gleichstrom ein erweitertes Anwendungsgebiet gegenüber dem Wechselstrom.

Bei der Bearbeitung des vorliegenden Bandes war mir die eifrige Mitarbeit des Herrn Dr.-Ing. A. Ytterberg eine wertvolle Hilfe. Ich spreche ihm und den Herren C. Silvander und Dipl.-Ing. W. Gerhartz, die mich bei der Bearbeitung einiger Kapitel unterstützt haben, auch an dieser Stelle meinen besten Dank aus. Außerdem danke ich Herrn Gerhartz für seine freundliche Unterstützung bei der mühsamen Arbeit des Korrekturlesens.

Ich hoffe, daß die vorgenommenen Änderungen und Ergänzungen den Lesern und Freunden der Arnoldschen Bücher willkommen sein werden.

Helsingborg, im Mai 1927.

J. L. la Cour.

Inhaltsverzeichnis.

Erstes Kapitel.

Bau- und Isolierstoffe.

Mechanischer Aufbau der Gleichstrommaschine.

Zweites Kapitel.

Aufbau des Ankerkörpers.

Drittes Kapitel.

Ausführung der Ankerwicklungen.

Viertes Kapitel.

Bau des Kommutators.

Fünftes Kapitel.

Magnetgestell.

Sechstes Kapitel.

Feldwicklungen.

Siebentes Kapitel.

Stromableitung.

Achtes Kapitel.

Welle, Lager und Antrieb.

Neuntes Kapitel.

Zehntes Kapitel.

Elftes Kapitel.

Allgemeines über die Bemessung von Gleichstrommaschinen.

Zwölftes Kapitel.

Vorausberechnung von Anker und Kommutator.

Dreizehntes Kapitel.

Berechnung von Magnetsystem und Hauptpolen.

Vierzehntes Kapitel.

Vorausberechnung der Wendepole und Nachrechnung der Kommutierung.

Fünfzehntes Kapitel.

Berechnungsbeispiele.

Sechzehntes Kapitel.

Berechnungsformeln.

Siebzehntes Kapitel.

Berechnung der Anlaß- und Bremswiderstände.

Achtzehntes Kapitel.

Berechnung der Reglerwiderstände.

Neunzehntes Kapitel.

Anordnung und Entwurf von Widerständen.

Zwanzigstes Kapitel.

Generatoren für konstante Spannung.

Einundzwanzigstes Kapitel.

Kraftübertragungssysteme mittels konstanter Spannung.

Zweiundzwanzigstes Kapitel.

Generatoren für konstanten Strom.

Dreiundzwanzigstes Kapitel.

Serienkraftübertragungssysteme mit veränderlichem und konstantem Strom.

Vierundzwanzigstes Kapitel.

Lade- und Puffereinrichtungen der Akkumulatorenbatterien.

Fünfundzwanzigstes Kapitel.

Schwungradpufferung.

Sechsundzwanzigstes Kapitel.

Anlassen und Regelung von Motoren gleichbleibender Drehzahl.

Siebenundzwanzigstes Kapitel.

Anlassen und Regelung von Motoren rasch veränderlicher Drehzahl.

Achtundzwanzigstes Kapitel.

Steuereinrichtungen.

Verzeichnis der Tafeln.

Erstes Kapitel.

Bau- und Isolierstoffe.

1. Baustoffe. — 2. Allgemeines über Isolierstoffe. — 3. Feste Isolierstoffe. — 4. Isolierende Tränkstoffe. — 5. Durchtränkte Faserstoffe.

1. Baustoffe.

Keine Maschine setzt sich aus so vielen ungleichartigen Baustoffen zusammen wie eine elektrische Maschine. Wir werden uns zunächst etwas mit diesen ungleichen Stoffen beschäftigen müssen, bevor wir auf den Entwurf der Gleichstrommaschinen näher eingehen.

Als Baustoff gebraucht man bei normalen Maschinen hauptsächlich Stahlguß, Gußeisen, Flußeisen und Flußstahl.

Für den Ankerkörper und die Kommutatorbüchse kommt vorwiegend Gußeisen oder Stahlguß in Frage, während Flußeisen und Stahl für Bolzen und derartige Verbindungselemente gebraucht wird.

Bei raschlaufenden Maschinen wird viel Gebrauch von Bronzesorten hoher Zugfestigkeit gemacht. Diese Bronzen können ebenso hoch wie Stahlguß beansprucht werden, sind jedoch zuverlässiger und können in komplizierteren Formen hergestellt werden, während es zu empfehlen ist, Stahlgußteilen eine möglichst einfache Form zu geben.

Außerdem ist man bei verschiedenen Maschinenteilen, wie z. B. bei den Wicklungskappen, schon deshalb auf Bronze angewiesen, weil ein magnetisches Material hier nicht zu empfehlen ist.

Die Bronzen sind bedeutend teurer als Stahlguß (Deltametall z. B. etwa 5 mal).

Für Drahtbänder kommen verschiedene Drahtsorten aus Stahl oder Bronze in Frage.

Nachstehende Tabelle gibt die Zugfestigkeit für die genannten Baustoffe[1]).

[1]) Nach „Hütte“.

Baustoff	Zugfestigkeit in kg/cm²
Gußeisen	1200— 1800
Flußeisen	3400— 4400
Stahlguß	3500— 7000
Flußstahl	4500—10000
Rotguß	2000
Geschützbronze	3200
Phosphorbronze	4600
Deltametall	3400—5800
Tiegelflußstahldraht	9000—19000
Bessemerstahldraht (blank)	6500
" (geglüht)	4000—6000
Bronzedraht	4600—7100
Köpermetalldraht (blank)	14000
" (geglüht)	6300
Deltametalldraht	bis 9800
Messingdraht	5000
Siliziumbronzedraht	6500—8500

2. Allgemeines über Isolierstoffe.

Von der Güte der Isolation hängt die Betriebssicherheit einer Maschine wesentlich ab. Die Güte der Isolation kann nur unzureichend durch Laboratoriumsversuche, wie Durchschlagsproben usw. festgestellt werden, sondern sie zeigt sich erst nach jahrelanger Betriebsdauer der Maschine. An kleinen Probestücken vorgenommene Versuche lassen in vielerlei Beziehung keinen Schluß auf das spätere Verhalten des Materials zu, so daß ihnen nur ein sehr bedingter Wert beigemessen werden kann.

Ebensowenig können derartige Versuche immer einen sicheren Anhalt dafür geben, ob die Eigenschaften des geprüften Stoffes nach seiner Verarbeitung noch die gleichen sind und ob er auch bei größeren Lieferungen gleichmäßig genug ist, um von der untersuchten Probe auf die Brauchbarkeit der gesamten Isolation einer Maschine schließen zu dürfen; denn die Güte der Gesamtisolation einer Maschine ist gegeben durch die Güte ihrer schlechtesten Stelle.

Die Anforderungen, die man an die Eigenschaften einer guten Isolation stellen muß, sind sehr groß und dabei so verschiedenartig, daß es, allgemein gesagt, keinen Isolierstoff gibt, der alle Ansprüche gleich gut befriedigt. Aus diesem Grunde ist man bestrebt, die guten Eigenschaften eines Materials, das für sich allein wegen anderer Mängel untauglich ist, mit einem anderen Stoffe zu vereinigen, der die Mängel des ersteren möglichst beseitigt und dabei andererseits dessen und seine eigenen guten Eigenschaften nach Möglichkeit behält. Da viele Wege mit mehr oder weniger gutem Erfolg zu diesem Ziel führen, erklärt es sich, daß sich mit der Zeit eine Spezialindustrie für Isoliermaterialien herausgebildet hat, die Hervorragendes leistet und von der für alle Zwecke mehr oder weniger gut brauchbare Isolierstoffe auf den Markt gebracht werden.

Für die Beurteilung der Güte eines Isolierstoffes für elektrotechnische Zwecke kommen hauptsächlich die Anforderungen in Betracht, die sich auf folgende Eigenschaften beziehen:

a) Mechanisches Verhalten,
b) Wärmebeständigkeit.
c) Saugfähigkeit.
d) Ohmscher Widerstand.
e) Durchschlagsfestigkeit.
f) Chemisches Verhalten.

a) Die mechanische Festigkeit soll vor allem die Beanspruchung während der Verarbeitung ermöglichen. Das Material muß mehrmaliges Biegen aushalten, ohne zu brechen. Es muß zähe sein und doch geschmeidig.

Als Biegeprobe empfiehlt E. A. Rayner[1]), ein Probestück um Zylinder zu biegen, deren Durchmesser von 30 mm bis auf 1,5 mm abnehmen. Ist das Probestück nicht inzwischen schon gebrochen, so wird es auf dem dünnsten Zylinder so lange hin und her gebogen, bis es bricht.

b) Wärmebeständigkeit. Ein brauchbarer Isolierstoff soll seine Eigenschaften auch unter dem wechselnden oder dauernden Einfluß trockner und feuchter Wärme jahrelang behalten. Er darf nicht brüchig oder mürbe werden und dann staubartig zerfallen. Er darf bei Erwärmung nicht schrumpfen und dadurch Risse bilden und sich mit der Zeit nicht abblättern.

c) Saugfähigkeit. Ein Isolierstoff darf die Feuchtigkeit der Luft nicht ansaugen. Da alle Faserstoffe diese Eigenschaft nicht haben, so müssen sie mit isolierenden Tränkstoffen (meist Lack) durchtränkt werden, um ihnen die Saugfähigkeit zu nehmen.

Die Prüfung auf Saugvermögen kann man in der Weise vornehmen, daß man die Probe in trockenem Zustand wägt und nach stundenlangem Liegen in Wasser ihre Gewichtszunahme feststellt.

d) Der Ohmsche Widerstand ist bei allen zur Verwendung kommenden Isoliermiteln sehr hoch. Bei der Messung soll die Probe sich in erwärmtem Zustand befinden, da der Widerstand der meisten Isolierstoffe beim Erwärmen sinkt.

---

[1]) ETZ 1905, S. 281.

Bei allen saugfähigen Stoffen steigt der Widerstand beim Erwärmen zuerst entsprechend dem Entweichen der Feuchtigkeit stark an und fällt bei zunehmender Temperatur wieder ab. Fig. 1 zeigt diese charakteristische Eigenschaft der saugfähigen Stoffe nach Versuchen von Sever, Abonell und Perry[1]).

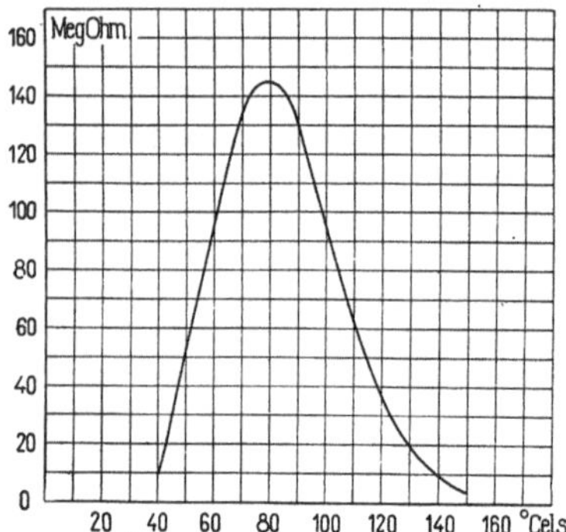

Fig. 1. Einfluß der Feuchtigkeit und der Temperatur auf den Isolationswiderstand.

e) Die Bestimmung der Durchschlagsfestigkeit ist nur annähernd möglich und je nach der verwendeten Sorgfalt mehr oder weniger unsicher. Die Durchschlagsprobe wird zweckmäßig in folgender Weise vorgenommen: Eine Anzahl Probestücke wird nacheinander zwischen die Plattenelektroden einer Funkenstrecke gebracht, worauf die angelegte Maschinen- oder Transformatorenspannung allmählich möglichst gleichmäßig durch Steigern der Maschinenerregung vergrößert wird. Die ermittelte Durchschlagsspannung schwankt sehr, je nach der Gleichmäßigkeit der Proben, dem Zustande der Elektroden (Kapazität,

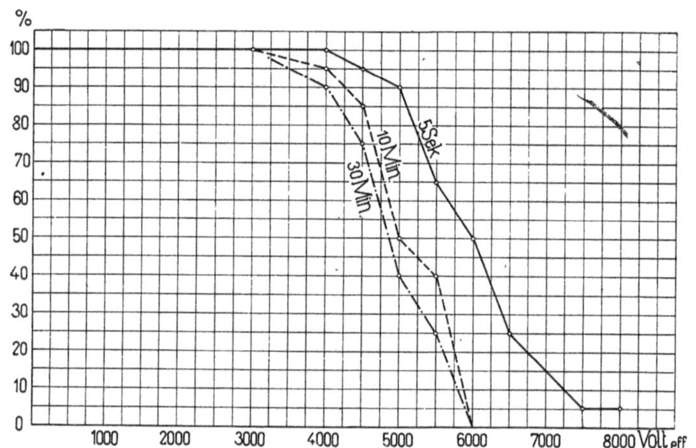

Fig. 2. Durchschlagversuche für Mikanitleinwand bei konstanter Temperatur von 25° C und verschiedener Dauer der Spannungseinwirkung.

Spitzenwirkung von Unebenheiten), der Kurvenform der angelegten Wechselspannung, der Temperatur, der Feuchtigkeit der Luft und der Dauer der Einwirkung der Spannung.

[1]) Trans. Am. Inst. Electr. Eng. Bd. XIII, S. 227.

Erst eine größere Zahl von Probeversuchen gestattet anzugeben bis zu welcher Spannung die Probe mit Sicherheit als durchschlagsfest angesehen werden kann. Nach Parshall und Hobart soll man die Versuche in der Weise durchführen, daß man eine Anzahl Proben kurz nacheinander unter gleichen Versuchsbedingungen der gleichen Spannung aussetzt und die Zahl der bei einer bestimmten Spannung undurchschlagenen Probestücke in Prozenten der untersuchten Anzahl angibt. Fig. 2 und 3 zeigen Kurven, die auf vorstehende Weise gewonnen werden.

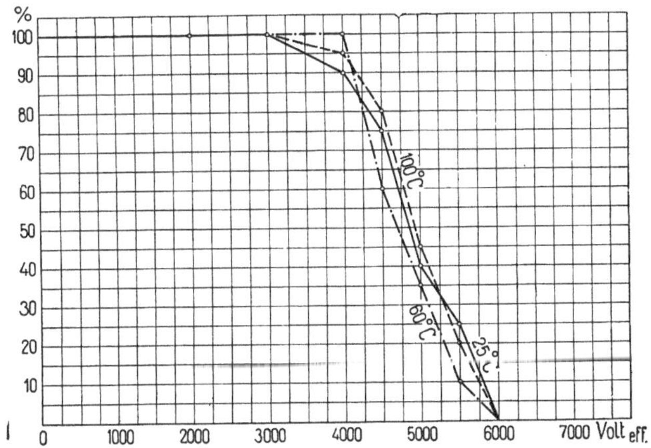

Fig. 3. Durchschlagversuche für Mikanitleinwand bei konstanter Dauer der Spannungseinwirkung von 10 Min. und verschiedenen Temperaturen.

Im allgemeinen nimmt die Durchschlagsfestigkeit mit zunehmender Temperatur ab. Der Einfluß der Temperatur auf die Durchschlagsfestigkeit ist jedoch nicht so groß wie ihr Einfluß auf den Ohmschen Widerstand.

Sind die Isolierstoffe geschichtet, so hält die Probe meist eine größere Spannung aus als ein massives Stück von gleicher Gesamtstärke. Dies gilt jedoch nur, wenn die einzelnen Schichten aus gleichem Material bestehen. Im anderen Falle verteilt sich die elektrische Feldstärke im umgekehrten Verhältnis der Dielektrizitätskonstanten auf die einzelnen Schichten, wodurch die Durchschlagsfestigkeit herabgesetzt wird. Bei genügender Spannung kann ein sog. „unvollkommener Durchschlag" erfolgen, der den Isolierstoff erhitzt und damit einen vollkommenen Durchschlag einleiten kann.

Diese Beobachtung wurde zuerst von Fessenden[1]) beschrieben. Im Isoliermaterial eingeschlossene Luftblasen oder eine zwischen

[1]) Trans. Am. Inst. Electr. Eng. 1898, S. 140.

diesem und dem zu isolierenden Körper befindliche Luftstrecke können darum besonders schädlich wirken. Ein Durchschlag erfolgt dann eher, als wenn das Isoliermaterial überhaupt nicht vorhanden wäre.

Unter spezifischer Durchschlagsfestigkeit eines Isolierstoffes versteht man seine Durchschlagsfestigkeit bei einem Millimeter Wandstärke.

Vielfach wird jedoch auch die relative Durchschlagsfestigkeit, d. h. die Durchschlagsfestigkeit eines Stoffes beliebiger Wandstärke, dividiert durch letztere, als spezifische bezeichnet.

Die relative Durchschlagsfestigkeit nimmt mit zunehmender Wandstärke allgemein ab[1]).

Das Verhältnis der ermittelten Durchschlagsfestigkeit zur Betriebsspannung gibt den Grad der Sicherheit gegen Durchschlag an. Bei niedrigen Spannungen wählt man diesen bis zu etwa 10; bei sehr hohen Spannungen sinkt er etwa auf 2. Hierüber bestehen in den verschiedenen Ländern zum Teil voneinander abweichende Vorschriften.

Einzelne Firmen bestimmen die Wandstärke der Isolation nach der bei einer bestimmten Spannung auftretenden Erwärmung, die nicht mehr als etwa 3° C über Lufttemperatur sein soll.

Der Sicherheitsgrad soll so hoch gewählt sein, daß ein Durchschlag der Wicklung auch beim Auftreten einer Überspannung im Netz nicht erfolgt.

f) Chemisches Verhalten. Jeder brauchbare Isolierstoff soll chemisch neutral sein. Er muß säurefrei sein oder etwa vorhandene Säuren müssen chemisch gebunden sein. Den Säuregehalt flüssiger Isolierstoffe stellt man in folgender Weise fest: Man reinigt ein Kupfer- oder Zinkblech sorgfältig mit Benzin und taucht es dann tagelang in den zu untersuchenden Lack oder Klebstoff. Dann reinigt man es wieder sorgfältig durch Abwaschen mit Benzin und wägt nach dem Trocknen das Blech von neuem. Läßt sich eine Gewichtsabnahme feststellen, so ist der untersuchte Stoff nicht chemisch neutral.

An mit Faserstoffen isolierten Kupferleitern erkennt man den Säuregehalt der Tränkstoffe nach einiger Zeit an der grünen Durchfärbung der Umspinnung.

Oft enthalten die Faserstoffe Chlor, das zum Bleichen verwendet wird. Es zerstört die Fasern und muß daher durch Auswaschen entfernt werden. Zum Nachweis von Chlor wird eine Stoffprobe in

[1]) Steinmetz: ETZ 1893, S. 248. Siehe auch Baur, C.: „Das elektrische Kabel". Berlin: Julius Springer.

destilliertem Wasser gekocht und diesem in einem Reagenzröhrchen einige Tropfen einer Silbernitratlösung zugefügt, worauf sich bei Anwesenheit von Chlor ein Niederschlag bildet.

3. Feste Isolierstoffe.

Von den natürlich vorkommenden festen Isolierstoffen kommen hauptsächlich Glimmer und Asbest, Kautschuk, Harze und Holz in Betracht.

Glimmer oder Mica ist ein in der Natur vorkommendes Silikat von Aluminium und Kalium oder Natrium. Die größten abbauwürdigen Lager sind in Indien, Nordamerika, Kanada, Ceylon und Ostafrika. Der indische (Ruby-) Glimmer gilt als der beste. Der Glimmer ist in blättriger Form kristallisiert und läßt sich leicht in seine Kristallform spalten. Sein hoher Preis ist durch den Abfall beim Abbau der Lager und bei der Verarbeitung bedingt. Meist ist der Glimmer von Metalloxyden durchsetzt, die ihm seine Farbe geben. Je heller und fleckenloser sein Aussehen ist, um so größer ist seine Güte.

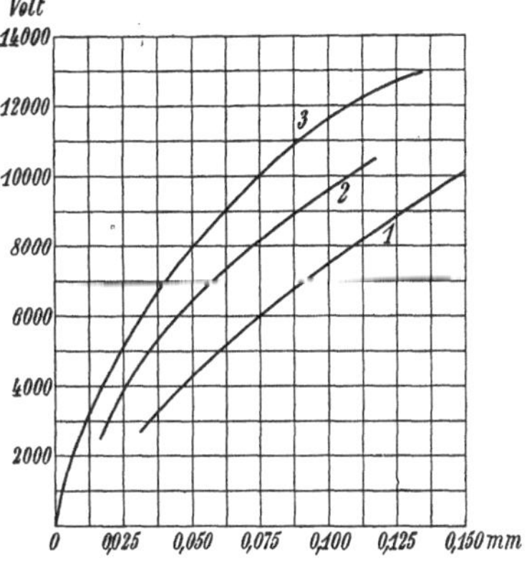

Fig. 4. Durchschlagspannungen von Glimmer.

Die Durchschlagsfestigkeit des Glimmers ist die beste von allen in Frage kommenden Stoffen. Die Kurven der Fig. 4 zeigen die Durchschlagsspannungen. Kurve 1 wurde von O'Gorman, Kurve 2 von Steinmetz, Kurve 3 von der Dielectric Mfg. Co. aufgenommen. Die hohe Durchschlagsfestigkeit des Glimmers ist sehr wahrscheinlich auf die außergewöhnlich hohe Zahl der Schichtungen zurückzuführen.

Glimmer ist wärmebeständig, nicht saugfähig und chemisch träge. Leider ist seine mechanische Festigkeit ungenügend, weshalb reiner Glimmer selten verwendet werden kann und statt dessen Glimmerfabrikate verwendet werden müssen, die unter den Namen: Mikanit, Megohmit usw. auf den Markt gebracht werden.

Mikanit wurde zuerst von der Allgem. Elektr.-Ges. in den Handel gebracht. Es wird aus kleinen Glimmerblättchen hergestellt, die bei hohem Druck und hoher Wärme mittels eines isolierenden Bindemittels verklebt werden. Das Bindemittel wird beim Erwärmen weich und gestattet dann ein Verschieben der Glimmerblättchen gegeneinander und damit ein Biegen des Materiales.

Die Durchschlagsfestigkeit von Mikanit beträgt für 0,2 mm Dicke etwa 6 bis 7000 Volt und wächst nahezu proportional mit der Dicke.

Megohmit ist ein ähnliches Fabrikat der A.-G. Meirowsky, Köln, dem das Klebemittel bis auf 1% wieder entzogen ist. Es ist daher gegen Öl weniger empfindlich als Mikanit. Die Durchschlagsfestigkeit von Megohmit ist jedoch praktisch die gleiche wie die von Mikanit.

Die aus Glimmer und einem Klebstoff zusammengesetzten Fabrikate werden oft einseitig oder beiderseitig mit Papier bekleidet. Dieses dient sowohl als mechanischer Schutz gegen Abblättern als auch zur gleichmäßigen Verteilung der elektrischen Feldstärke. Erfahrungsgemäß erfolgt nämlich ein Durchschlag zuerst an den vorstehenden Unebenheiten.

Um leicht biegsames Isoliermaterial hoher Durchschlagsfestigkeit zu erhalten, vereinigt man oft Glimmer mit Papier oder sonstigen Faserstoffen und Geweben. Diese Erzeugnisse sind unter den Namen: Micafolium oder Mikanitpapier, Mikanitleinwand u. dgl. im Handel. Bei ihrer Herstellung ist darauf zu achten, daß die aufgeklebten Glimmerstückchen sich überdecken. Trotzdem bleibt das Material ungleichmäßig. Wegen des verwendeten Klebstoffes ist es gegen Öl zu schützen.

Als Durchschlagsspannung kann man im Mittel annehmen:

Mikanitpapier	von 0,2 mm Dicke etwa	1000—3500 Volt (eff.),
	0,3 „ „ „	2000—4000 „
Mikanitleinwand	von 0,2—0,3 mm Dicke etwa	1000—3500 Volt,
	0,5 mm „ „	1000—6000 „

Asbest wird seiner Feuerbeständigkeit wegen geschätzt, jedoch ist er so saugfähig, daß er in reinem Zustande nicht werwendet werden kann.

Die Durchschlagsspannung einer 2 mm dicken Asbestplatte ist etwa 1000—3000 Volt in trockenem Zustande.

Ätnamaterial besteht aus Asbestfaser und Schellack. Es ist hitzebeständig und wird zur Herstellung von Hülsen, Büchsen u. dgl. verwendet.

Gummon ist eine Mischung von Asbest und Asphalt. Es wird in verschiedenen Sorten, je nach Verwendungszweck, geliefert und hält 200—1000° C aus. Die Durchschlagsfestigkeit ist dabei 3000 bis 5000 Volt/mm.

Tenacit besteht im wesentlichen aus Asbestfasern, Harzen und alkalischen Erden. Seine Feuchtigkeitsaufnahme ist etwa 0,06—1,7 Gewichtsprozente je nach seiner Güte. Es erweicht bei 90—160° C. Seine Durchschlagsfestigkeit ist maximal 10 kV bei 1 mm Platten.

Ambroin besteht aus fossilen, in Alkohol gelösten Harzen (sog. Kopalen), mit Asbestfasern und anderen Silikaten. Er wird hohem

Druck unterworfen und nimmt auch im Freien praktisch keine Feuchtigkeit auf. Es verwittert kaum und ist gegen Hitze widerstandsfähiger als Kautschuk.

Eburin hat ähnliche Eigenschaften. Es besteht aus Harzen, Infusorienerde und Faserstoffen. Eine 10 mm dicke Platte hält etwa 30 kV aus. Eburin wird vielseitig verwendet, u. a. zur Isolation von Anschlußklemmen.

Bakelitpreßstücke bestehen aus Asbestfasern und anderen Beimischungen in Bakelitlack getränkt. Nach der Mischung wird die Masse unter hohem Druck in warmen Formen gepreßt. Die verschiedenen Hersteller von Isolierstoffen bringen diese Formstücke unter verschiedenen Bezeichnungen, wie Isolit, Durit usw. in den Handel. Sie lassen sich gut bearbeiten und sind sehr wärmebeständig, weshalb sie fast alle anderen ähnlichen Formstücke in der letzten Zeit verdrängen. Feuchtigkeit hat fast keinen Einfluß auf den Isolationswiderstand und die Durchschlagsfestigkeit dieses Materiales.

Kautschuk ist ein vorzüglicher Isolator, aber infolge seiner geringen Wärmebeständigkeit im Dynamobau im allgemeinen nicht ohne weiteres zu verwenden. Bei 70° wird er weich und schmilzt bei 80° C. Er zeigt deutliches „Altern". Luft und Licht wirken schon in kurzer Zeit auf ihn ein und machen ihn brüchig. Man erkennt diesen Vorgang leicht an der grünschillernden Farbe, die der ursprünglich tiefschwarze Kautschuk annimmt und die auf einer Ausscheidung des bei der Vulkanisierung nicht gebundenen Schwefels beruht. Kautschuk ist säurefest und nur in geringem Maße saugfähig.

Da Kautschuk an sich zur Isolation ungeeignet ist, hat sich die Industrie um die Herstellung von Ersatzmitteln bemüht.

Als solche seien erwähnt:

Vulkanasbest. Er ist eine Mischung von in Benzin gelöstem Gummi und Asbestfasern, die bis zu etwa 150° praktisch unverändert bleibt. Mechanisch ist er wesentlich fester als Asbest. Seine Feuchtigkeitsaufnahme beträgt infolge der hohen Pressung nur etwa 2%.

Wegen der faserigen Zusammensetzung ist er nicht gut zu bearbeiten. Eisengummi und Isolast sind ähnliche Erzeugnisse.

Stabilit ist ein Kautschukersatzmittel, das sich gut bewährt hat. Es läßt sich gut bearbeiten. Seine Durchschlagsfestigkeit ist bei 1 mm Plattendicke etwa 10 kV. Es ist praktisch nicht saugfähig.

Holz kann nur bei niedrigen Spannungen als Isoliermittel verwendet werden. Es ist stets mit einer isolierenden Flüssigkeit zu durchtränken, die ihm seine Saugfähigkeit nimmt. Hierzu eignet sich am besten Leinöl, das sich beim Trocknen (Oxydieren) ausdehnt und die Poren schließt. Zweckmäßig wird das zu tränkende

Holz im Vakuumofen getrocknet und hierauf sofort in das erhitzte Öl getaucht. Nach dem mehrstündigen Bade wird das Holz bei weniger als 70° getrocknet.

Eine Durchtränkung mit Paraffinwachs hat sich gleichfalls bewährt.

Die Feuchtigkeitsaufnahme von Holz ist von der Dicke und anderen Umständen abhängig. Vergleichsweise beträgt sie nach Wernicke[1]) für Buche 8, Ahorn und Eiche 9, Pappel 10 und Kiefer 12%. Die meisten Holzarten werden in Richtung der Fasern etwa 2 bis 5 mal eher durchschlagen als senkrecht zu dieser.

Vulkanfiber besteht aus Holzfaser, die mit Chlorzink und Schwefelsäure bearbeitet wird. Die benutzten Chemikalien werden ausgewaschen, worauf die breiige Masse getrocknet und in ihre endgültige Form gebracht wird. Fiber läßt sich gut bearbeiten, ist jedoch saugfähig.

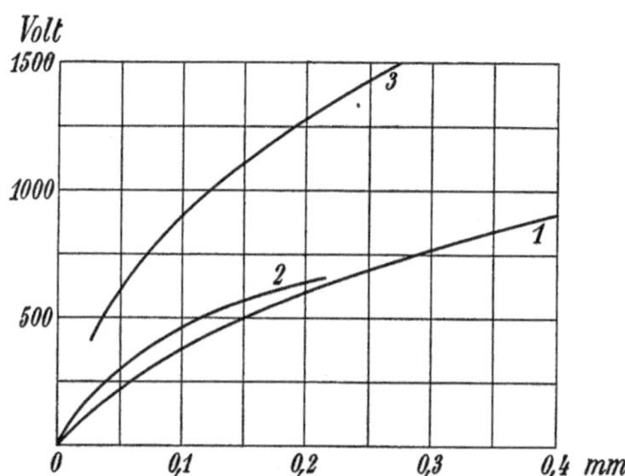

Fig. 5. Durchschlagspannungen von grauem (Kurve 1) und gelbem (Kurve 2) Isolierpapier und von Manilapapier (Kurve 3).

Bessere Eigenschaften zeigt Hornfiber.

Papier wird wegen seines festen und gleichmäßigen Gefüges sehr viel zu Isolierzwecken benutzt und zwar allein oder in Verbindung mit anderen Stoffen, z. B. Glimmer.

Als beste Papiersorten in mechanischer und elektrischer Beziehung gelten Manila-, Pack- und Hanfpapier; auch das sog. rote Hanfpapier wird vielfach verwendet. Kinzbrunner[2]) gibt als Durchschlagsfestigkeit die in Fig. 5 angegebenen Werte an. Wegen seiner Saugfähigkeit wird Papier stets durchtränkt.

Preßspan ist im Dynamobau wohl am vielseitigsten verwendet. Er muß gut getrocknet sein und wird zweckmäßig in mit Benzin verdünntem, reinem Leinöl gekocht. Dieses Kochen soll bei 0,5 mm Dicke etwa 12, bei 1 mm Dicke etwa 18 Stunden dauern. Die Durchschlagsspannungen nach Kinzbrunner sind in Fig. 6 angegeben.

Nach Kinzbrunner wächst die Durchschlagsspannung mit der Quadratwurzel der Schichtenzahl, d. h. ebenso wie mit zunehmender Wandstärke. Demnach bietet hier in dieser Beziehung die Schichtung keinen besonderen Vorteil.

---

[1]) Kraftbetriebe und Bahnen, S. 182. 1906. [2]) Z. f. E. 1905.

Leatheroid ist in seinem Verhalten dem Preßspan ähnlich. Es ist jedoch härter und spröder als jener und schrumpft bei andauernder Erwärmung ganz bedeutend.

Mit Schellack, Bakelitelack und ähnlichen Mitteln bestrichenes Papier wird oft zu größeren Platten, Röhren oder einfacheren Formstücken zusammengeklebt und hart gepreßt. Dieses Material kommt unter verschiedenen Namen, wie Pertinax, Bakeliteplatten, Repelit usw., im Handel vor. Diese Fabrikate haben eine große mechanische Festigkeit und sind sehr wärmebeständig, weshalb sie in der letzten Zeit im Elektromaschinenbau ausgedehnte Verwendung gefunden haben.

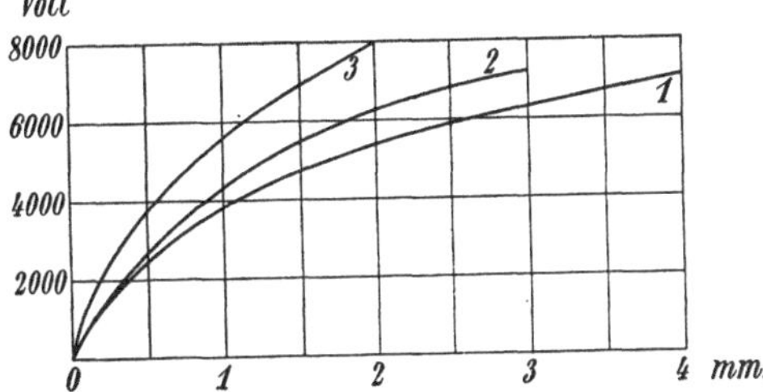

Fig. 6. Durchschlagspannungen für Preßspan. Kurve 1: lichtbrauner, Kurve 2: gelbbrauner, Kurve 3: dunkelbrauner Preßspan.

4. Isolierende Tränkstoffe.

Im Dynamobau müssen die verwendeten Faserstoffe stets mit Lack, Firnis oder Leinöl durchtränkt werden, um ihnen ihre Saugfähigkeit zu nehmen und sie widerstandsfähiger zu machen. Oft dienen die Faserstoffe nur als Träger für den Tränkstoff, der die eigentliche Isolierung übernimmt.

Die Lacke bestehen aus Harzen, Kolophonium, Kopalen (fossilen Harzen), Schellack, Teer, Guttapercha u. a. Stoffen, die in entsprechenden Lösungsmitteln, wie Terpentin, Benzin, Benzol, Alkohol, Leinöl usw. gelöst sind.

Die Lacke sollen eine gleichmäßig dichte, dauernd elastische Schicht bilden. Geeigneter Lack darf nicht schrumpfen und Risse bilden, sich nicht abschälen und seine Elastizität auch bei dauerndem Betrieb der Maschine nicht durch die Wirkung der Wärme und die dauernden Erschütterungen verlieren. Er muß außerdem schnell trocknen und darf nicht zu teuer sein.

Um alle diese Eigenschaften beurteilen zu können, ist eine große Erfahrung nötig, die nur im Laufe der Zeit gewonnen werden kann.

Als die besten Lacke gelten aus Paraffinen hergestellte Lacke. Die Harzlacke enthalten bis zu etwa 20 verschiedene Harzsäuren, die unter Einwirkung von Öl teilweise frei werden, den durchtränkten Stoff zerstören können und den Kupferleiter angreifen. An der von grünen Kupfersalzen durchsetzten Isolation ist diese Wirkung zu erkennen.

Lack sollte bei 0,025 mm Schichtdicke etwa 1000 Volt aushalten. Wesentlicher als diese hohe Durchschlagsspannung sind jedoch seine dauernde Elastizität und sein chemisches Verhalten.

Sterling Varnish ist ein dickflüssiger Lack, aus Leinöl, Benzin, Terpentin und geringem Zusatz von Harz bestehend. Er hat eine sehr hohe und gleichmäßige Durchschlagsfestigkeit und gibt eine feste und elastische Schicht.

Arma-Lack ist in Naphtha gelöstes Paraffinwachs und daher völlig säurefrei.

Ähnlich gute Eigenschaften haben Dielektrol (Paraffinlack), Exzelsiorlack u. a. m.

Emaille-Lack wird zur Isolation dünner Drähte vielfach verwendet. Emailleisolation ist dünner als Baumwollisolation. Besonders hervorgehoben wird, außer der guten Raumausnutzung, die gute Wärmeabgabefähigkeit der mit Emaillelack isolierten Drähte.

Elektroemaille hat etwas geringere Isolierfähigkeit als die anderen Imprägnierstoffe; sie hat aber den Vorteil, daß sie die Ableitung der Wärme aus den Innern der Spulen erleichtert.

Schellack wurde früher viel im Dynamobau verwendet. Er besteht aus vegetabilischen Harzsäuren, die durch Insektenwachs gebunden sind. Als Lösungsmittel wird Alkohol verwendet. Schellack ist brüchig und zerfällt bald zu Staub. Die freien Harzsäuren bilden mit dem Kupfer Vitriol, das die Bespinnung zerstört.

Leinöl. Leinöl nimmt beim Trocknen gierig den Sauerstoff der Luft auf. Dieser Oxydationsvorgang schreitet immer weiter fort und das trockne Leinöl ist daher brüchig, wird rissig und sogar saugfähig.

Das Trocknen soll bei weniger als 70° C erfolgen. Hierbei dehnt es sich stark aus, wodurch es die Poren des getränkten Körpers gegen das Eindringen von Feuchtigkeit schließt.

Schmieröl wirkt zersetzend auf Leinöl. Kommt Preßspan mit Öl in Berührung, so nimmt seine Durchschlagsfestigkeit ab.

Bakelitlack ist ein von dem amerikanischen Professor Bakeland erfundenes Präparat, das durch Kondensation von Cresolen und Formalin oder Karbolsäure erhalten wird.

5. Durchtränkte Faserstoffe.

Außer Papier kommen zu Isolationszwecken vor allem Baumwolle und Gewebe in Frage, die unter den Namen Kattun, Batist usw. im Handel sind. Da alle diese Stoffe saugfähig sind, müssen sie getrocknet und gegen das Eindringen von Feuchtigkeit geschützt werden. Dies gilt besonders für Baumwolle, die ohne einen gewissen Feuchtigkeitsgehalt nicht gesponnen werden kann. Öfter enthalten diese Stoffe Chlor, das beim Bleichen verwendet worden ist und das ausgewaschen werden muß, um eine Zerstörung des Fadens zu verhindern (s. Abschn. 2).

Die Fig. 7 und 8 geben die Durchschlagsspannungen von getränktem Papier in Abhängigkeit von der Lagenzahl nach Kinzbrunner.

Fig. 9 zeigt die Durchschlagsspannung für geölten Preßspan bei verschiedener Dicke nach Turner und Hobart. Die Kurve entspricht annähernd der Gleichung $V = 10000\sqrt{d}$, worin d die Wandstärke bezeichnet.

Die Kurven der Fig. 10 wurden von Kinzbrunner für getränkte Leinwand aufgenommen. Stoffe mit glatter Oberfläche sind am empfehlenswertesten.

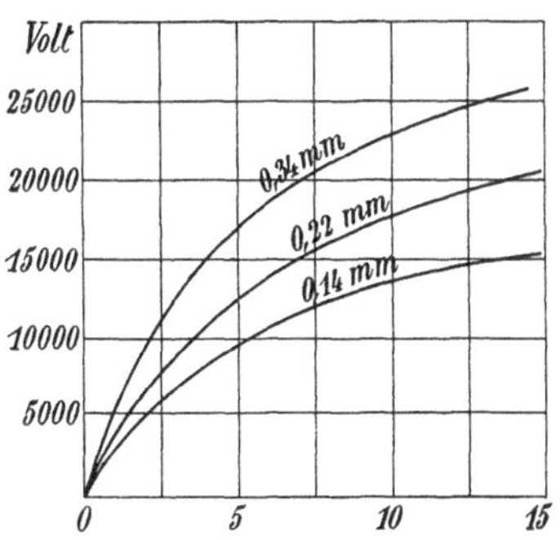

Fig. 7. Durchschlagspannungen von getränktem Papier.

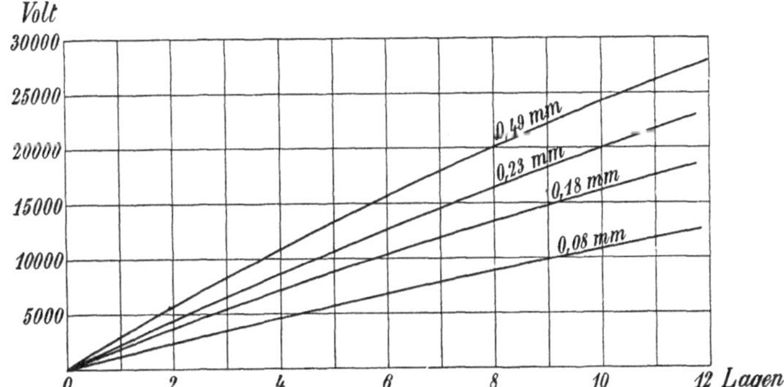

Fig. 8. Durchschlagspannungen von schwarzem, imprägniertem Papier.

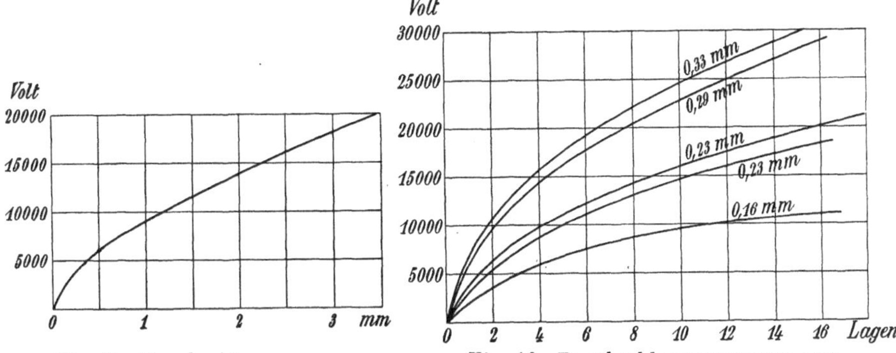

Fig. 9. Durchschlagspannungen von geöltem Preßspan.

Fig. 10. Durchschlagspannungen von getränkter Leinwand.

Die Kurven 1 und 2 in Fig. 11 sind von O'Gorman bei Empire Cloth, einem mehrfach mit Leinöl behandelten Batist, aufgenommen worden. Kurve 3 wurde von Dr. Thomson bei geöltem Segeltuch (Kanevas), Kurve 4 von Symons bei hellgelbem Öltuch Nr. 2 erhalten.

Einen guten Vergleich zwischen geölter Leinwand und einer Mikanitplatte gleicher Stärke ermöglichen die Kurven der Fig. 12,

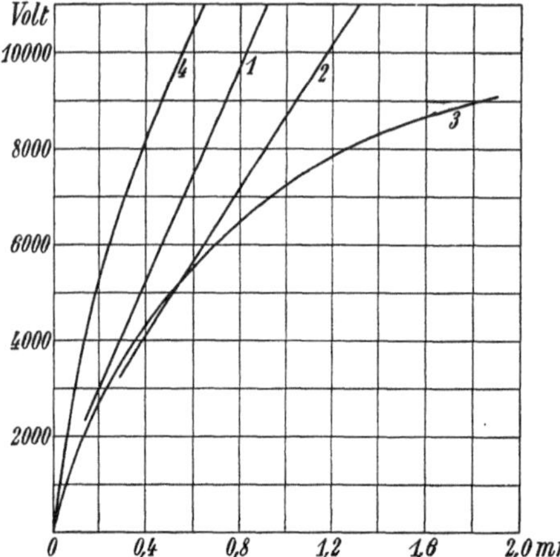

Fig. 11. Durchschlagspannungen von Empire Cloth (Kurve 1 und 2), geöltem Segeltuch (Kurve 3) und hellgelbem Öltuch (Kurve 4).

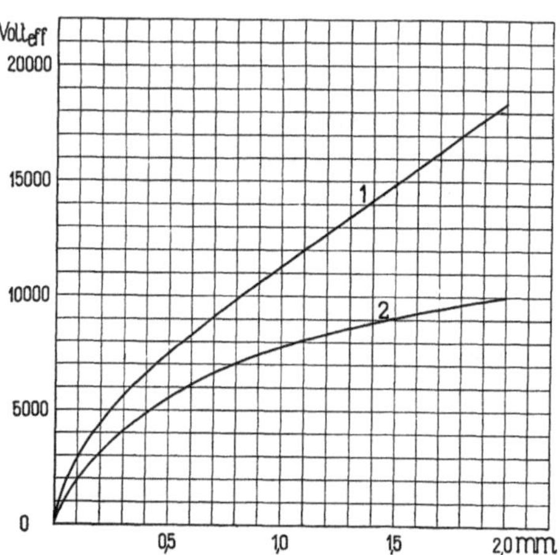

Fig. 12. Abhängigkeit zwischen Dicke des Isolierstoffes und der Spannung, bei welcher eine merkbare Erwärmung auftritt. Kurve 1: Mikanitplatten. Kurve 2: Geölte Leinwand.

die von der Maschinenfabrik Örlikon aufgenommen wurden. Mikanit wird etwa beim 6—8fachen Wert derjenigen Spannung durchschlagen, bei der eine merkbare Erwärmung eintritt, während dies bei geölter Leinwand schon bei der doppelten Spannung erfolgt.

Die außerordentliche Bedeutung, die den Isolierstoffen in der Elektrotechnik zukommt, hat eine tiefgehende Forschertätigkeit zum Studium des Verhaltens der Isolierstoffe auf allen Anwendungsgebieten hervorgerufen, die in einer umfangreichen Literatur niedergelegt ist, auf die hier hingewiesen sei.

Literatur.

Demuth, W.: Die Materialprüfung der Isolierstoffe der Elektrotechnik. Berlin: Julius Springer 1923.

Schering, Prof. Dr. H.: Die Isolierstoffe der Elektrotechnik. (Herausgegeben im Auftrage des Elektrotechn. Vereins.) Berlin: Julius Springer 1924.

Schwaiger, Prof. Dr. A.: Lehrbuch der elektr. Festigkeit der Isolierstoffe. Berlin: Julius Springer 1924.

Wagner, Prof. Dr. K. W.: Die elektr. Eigenschaften verschiedener Isolierstoffe. Arch. Elektrot. Bd. III, 1914 und ETZ 1915.

Mechanischer Aufbau der Gleichstrommaschine.

6. Einleitung.

Wenn wir eine Gleichstrommaschine bauen wollen, so stehen wir vor der Aufgabe, eine dem Verwendungszweck möglichst gut angepaßte Maschine unter Aufwendung der geringsten Kosten für Baustoff und Arbeit herzustellen. Bei der Lösung dieser Aufgabe ist es nicht genug, die Maschine richtig zu berechnen; ihr mechanischer Aufbau muß ebenfalls bis in die kleinsten Einzelheiten zweckmäßig und sorgfältig durchgeführt werden.

Hierbei sind mehrere, heutzutage an eine Gleichstrommaschine zu stellenden Anforderungen zu berücksichtigen, von denen wir hier nur die wichtigsten kurz erwähnen wollen. Die Maschine muß in allen ihren Einzelheiten den größten im Betriebe zu erwartenden mechanischen Beanspruchungen gewachsen sein und darf nur geringem Verschleiß unterliegen. Sie muß ruhig und erschütterungsfrei laufen und darf kein störendes Geräusch hervorbringen. Auf eine gute Lüftung ist zu achten, so daß keine Teile unzulässig hoch erwärmt werden. Die Einzelteile müssen leicht nachgesehen und gegebenenfalls schnell ausgewechselt werden können. Es sind Schutzmaßnahmen zu treffen, welche einerseits bezwecken, die Maschine vor Beschädigung zu schützen, andererseits verhindern sollen, daß die Maschine selbst Unheil anrichtet. Die Maschine soll leicht sein und möglichst wenig Platz beanspruchen. Nicht unwichtig ist schließlich, daß ihr ein schönes, einfaches und schlichtes Aussehen verliehen wird, weil sie dann leichter verkauft und mit größerer Liebe und Sorgfalt von der Bedienung gepflegt wird.

Je nach dem Verwendungszweck werden außerdem noch besondere Anforderungen gestellt oder es tritt die eine oder die andere der erwähnten Anforderungen mehr in den Vordergrund. So wird z. B. bei einem Walzenzugsmotor besonders auf die mechanische Widerstandsfähigkeit, bei einem Bahnmotor auf Gewichts- und Platzersparnis und bei einem Aufzugsmotor auf Geräuschlosigkeit Wert gelegt.

Zur Erzielung niedriger Herstellungskosten müssen die einzelnen Teile so geformt werden, daß sie leicht herzustellen sind und wenig Bearbeitung erfordern. Die Typenreihen sollen so entworfen werden, daß möglichst wenige verschiedene Modelle für das Gießen erforderlich sind, daß man nicht zu viele verschiedene Sorten von Baustoff, fertigen Einzelteilen oder Maschinengrößen auf Lager halten muß, und daß wenig Abfall bei der Herstellung entsteht[1]. Schließlich ist die Herstellung im großen ganzen so zu ordnen, daß die Maschine nebst Einzelteilen während ihres Entstehens möglichst in gleichbleibender Richtung durch die Werkstatt wandert, und daß in jeder Abteilung möglichst viele gleichartige Arbeitsprozesse gleichzeitig ausgeführt werden, damit die Fabrikation unter Ausschaltung aller unnötigen Transporte ruhig dahinfließt.

Wir wollen nun den mechanischen Aufbau der Gleichstrommaschine unter Berücksichtigung der oben erwähnten Gesichtspunkte behandeln. Da die Einzelteile verschiedene Aufgaben zu erfüllen haben und infolgedessen nach anderen Gesichtspunkten hergestellt werden müssen, um den verschiedenen Anforderungen in elektrischer, magnetischer und mechanischer Hinsicht gerecht zu werden, erscheint es geboten, diese Aufgabe nach den Hauptteilen der Maschine zu gliedern. Wir wollen deshalb den Aufbau des Ankers, des Magnetsystems, der Stromableitung und der mechanischen Konstruktionsteile getrennt behandeln.

[1] Näheres über die Gesichtspunkte bei Massenfabrikation siehe Alexander Rothert, ETZ 1908, S. 141.

Zweites Kapitel.

Aufbau des Ankerkörpers.

7. Allgemeines über Gleichstrommaschinen. — 8. Ausgestaltung des Ankerkernes. — 9. Ankerbleche und Nuten. — 10. Lüftung des Ankerkernes. — 11. Preßplatten und Ankerstern. — 12. Mechanische Beanspruchung des Ankerkörpers.

7. Allgemeines über Gleichstrommaschinen.

Eine Gleichstrommaschine dient dazu, mechanische Energie in elektrische Gleichstromenergie oder Gleichstromenergie in mechanische umzuwandeln. Diese Umwandlung findet in dem Anker der Maschine statt, während den übrigen Teilen die Aufgabe zukommt, diese Tätigkeit des Ankers zu ermöglichen.

Bei der Umwandlung der beiden Energieformen ineinander müssen Anker und Magnetsystem sich im Verhältnis zueinander drehen. Es ist hierbei grundsätzlich gleichgültig, ob sich das Magnetsystem dreht und der Anker stillsteht, oder ob der Anker sich in einem feststehenden Magnetsystem bewegt. Die erste Ausführungsart hat jedoch verschiedene Nachteile, denen im allgemeinen keine Vorteile gegenüberstehen. Die Bürsten müssen sich nämlich dann mit dem Magnetsystem drehen, weshalb einerseits weder sie noch der Kommutator im Betriebe nachgesehen werden können, andererseits besondere stillstehende Bürsten für die Stromzuführung vorgesehen werden müssen. Diese früher benutzte Bauart finden wir deshalb heute nur noch vereinzelt bei Sonderausführungen, wie z. B. bei Selbstfahrermotoren. Neuerdings hat O. Adam[1]) Fördermotoren ausgeführt und beschrieben, bei welchen sowohl das Magnetsystem als auch der Anker sich drehen. Da bei gegebener Drehzahl des Ankers und gleicher aber entgegengesetzter Umlaufgeschwindigkeit des Magnetgestells die für die Größe der Maschine allein maßgebende Relativgeschwindigkeit zwischen

[1]) Rotierende Anker in rotierenden materiellen Polsystemen. Dr.-Diss., Hannover 1909.

Anker und Magnetsystem verdoppelt wird, fällt der Motor bei den hier in Frage kommenden niedrigen Drehzahlen entsprechend kleiner aus. Da jedoch noch abzuwarten ist, ob diese Motoren eine allgemeinere Verbreitung finden werden, wollen wir hier von diesen Sonderausführungen absehen und uns nur dem Aufbau der Maschinen mit feststehendem Magnetsystem und beweglichem Anker zuwenden.

Der Anker ist hier ein innerhalb des Magnetsystems angeordneter Rotationskörper, der sich aus dem Ankerkern, der Wicklung und dem Kommutator zusammensetzt.

Der Ankerkern dient als Träger der Wicklung und als Leiter des durch die Wicklung hindurchtretenden magnetischen Kraftflusses. Er dient ferner als Übermittler des auf seinem Umfange bei der Energieumwandlung angreifenden magnetischen Drehmomentes auf die Welle.

Wir wollen nun untersuchen, wie der Ankerkern zur Erfüllung dieser drei Aufgaben auszuführen ist. Hierbei haben wir zu berücksichtigen, daß der Ankerkern nicht nur durch das erwähnte Drehmoment, sondern auch durch die Fliehkraft mechanisch beansprucht wird. Ferner ist bei der Formgebung darauf zu achten, daß die Energieumwandlung mit Verlusten in dem Ankerkern selbst und in der Wicklung verbunden ist, welche Verluste in der Form von Wärme von dem Anker abgeführt werden müssen.

8. Ausgestaltung des Ankerkernes.

Der Ankerkern wird aus dünnen, voneineinander isolierten Eisenblechen, die senkrecht zur Welle stehen, zusammengesetzt. Diese Aufteilung des Ankerkernes in isolierte Schichten hat den Zweck, die im Eisen bei der Drehung des Ankers in dem stillstehenden Kraftflusse entstehenden Wirbelströme auf einen zulässigen, kleinen Betrag herabzudrücken.

Während man früher die Ankerwicklung auf den als glatter Zylinderkörper ausgebildeten Ankerkern, Fig. 13a u. b, auflegte, wird sie nunmehr stets in besondere, am äußeren Umfange des Ankerkernes angeordnete Vertiefungen, sogenannte Nuten, eingelegt.

Diese sogenannten Nutenanker haben gegenüber der erstgenannten Ausführung, den sogenannten glatten Ankern, die folgenden Vorteile:

1. Der Kraftfluß findet in den zwischen den Nuten stehenden Zähnen, obwohl diese stark gesättigt werden, einen magnetisch gut leitenden Weg von den Polen durch die Wicklung zum Nutenboden. Infolgedessen kann man hier den Luftspalt und damit auch den magnetischen Widerstand auf dieser Strecke so klein wählen, wie die Ankerrückwirkung und mechanische Rücksichten es erlauben, während

bei glatten Ankern ein viel größerer Wert des magnetischen Widerstandes durch die Schichtdicke der Wicklung festgelegt ist. Die Magnetwicklung fällt deshalb bei Nutenankern kleiner aus.

2. Da der größte Teil des Kraftflusses seinen Weg durch die Zähne nimmt, befinden sich die Ankerdrähte in einem sehr schwachen Felde. Das am Umfange wirkende magnetische Drehmoment wirkt deshalb nicht wie bei den glatten Ankern auf die Ankerdrähte, sondern hauptsächlich unmittelbar auf die Zähne. Die Isolation der Wicklung wird deshalb nur verhältnismäßig kleinen Pressungen ausgesetzt.

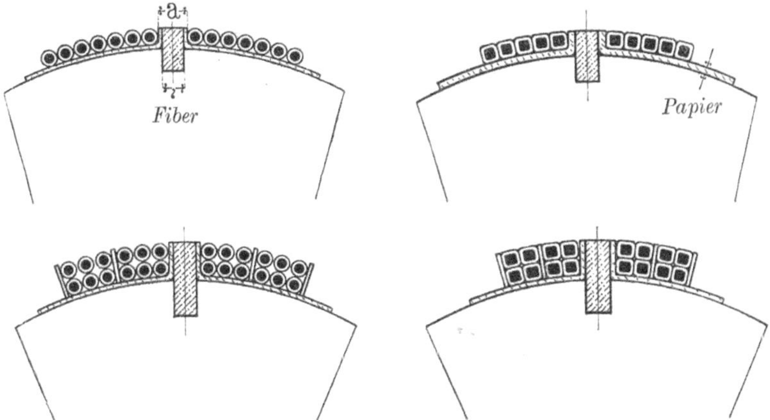

Fig. 13 a u. b. Anordnungen der Ankerdrähte bei glatten Trommelankern.

3. Es wird ein sicheres mechanisches Mitnehmen der Ankerdrähte erreicht und eine vorzügliche Befestigung derselben bei großen Umfangsgeschwindigkeiten ermöglicht.

4. In den Zähnen entstehen zwar Eisenverluste bei der Ummagnetisierung, dagegen werden die, besonders bei großen Stabquerschnitten, bei glatten Ankern recht erheblichen Wirbelstromverluste in den Ankerleitern stark verringert.

5. Die Abkühlung des Ankers bzw. die Wärmeabgabe an die umgebende Luft wird durch die Zähne, die an der Ankeroberfläche nicht mit Isolierstoff bedeckt sind und eine bessere Lüftung des Ankers ermöglichen, begünstigt.

Der Ankerkern wird zur Erleichterung der Wärmeabgabe an die Luft mit besonderen Kühlkanälen versehen.

Die Bleche werden durch Preßplatten zusammengehalten. Der zusammengepreßte Kern wird entweder unmittelbar auf die Welle oder auf einen besonderen Tragkörper, den Ankerstern, aufgesetzt.

Wir werden nun die verschiedenen Konstruktionsteile des Ankerkernes näher behandeln.

9. Ankerbleche und Nuten.

Die Dicke der Bleche wird meistens zu $\Delta = 0{,}5$ mm gewählt. Ist die Periodenzahl der Ummagnetisierung jedoch hoch, etwa über 60 Perioden in der Sekunde, so geht man unter Umständen mit der Dicke auf $\Delta = 0{,}35 \div 0{,}30$ mm herunter, um die Wirbelstromverluste in mäßigen Grenzen zu halten.

Die Bleche werden meistens aus gewöhnlichem, weichem Eisen mit einer Verlustziffer bei $\Delta = 0{,}5$ mm von $V_{10} =$ etwa $3{,}2 \div 3{,}6$ W/kg $=$ etwa $25 \div 28$ W/dm^3 hergestellt. Legt man jedoch besonders großen Wert auf niedrige Verluste, so verwendet man die teueren sogenannten legierten Bleche mit einem Siliziumgehalt von 2 bis 3% und mit einer Verlustziffer bei $\Delta = 0{,}5$ mm von $V_{10} =$ etwa $1{,}8 \div 2{,}2$ W/kg $=$ etwa $14 \div 17$ W/dm^3. In den letzten Jahren ist sogenanntes elektrolytisches Eisen zur Verwendung gekommen, das als elektrolytischer Niederschlag in sehr dünnen Blechtafeln als fast vollkommen reines Eisen hergestellt wird. Das Elektrolyteisen hat eine außerordentlich gute magnetische Leitfähigkeit und, da es leicht sehr dünn hergestellt werden kann, eine sehr niedrige Verlustziffer.

Welche Blechstärke und -sorte gewählt werden soll, hängt außer von der Periodenzahl von dem Preis der Blechsorten und von dem erwünschten Wirkungsgrad ab, weshalb die Wahl erst nach sorgfältiger Berechnung getroffen werden kann.

Sowohl die Bleche aus gewöhnlichem, wie die aus legiertem Eisen werden meistens in Tafeln von $1\,\text{m} \times 2$ m hergestellt, die legierten Bleche jedoch auch in kleineren Tafeln wie $0{,}8\,\text{m} \times 1{,}6$ m.

Die einzelnen Blechscheiben werden entweder durch einseitig aufgeklebtes, 0,02 bis 0,05 mm starkes Papier oder durch einen isolierenden Anstrich mit irgendeinem Lack voneinander isoliert. Die natürliche Oxydschicht der Bleche trägt auch zur Isolierung bei, ist aber allein nicht genügend zuverlässig. Der isolierende Lack sollte, wenn möglich, in hierfür besonders eingerichteten Öfen auf die Bleche ordentlich festgebrannt werden.

Wenn leitende Überbrückungen zwischen den Blechen durch bei der Herstellung entstandener Grate zu befürchten sind, schiebt man zur Begrenzung der hierdurch entstehenden zusätzlichen Wirbelströme etwa 0,5 mm dicke Preßspanscheiben in Abständen von 3 bis 5 cm zwischen die Bleche ein.

Der Füllfaktor

$$k_2 = \frac{\text{Länge des Kerneisens ohne Isolation}}{\text{Länge des Kerneisens mit Isolation}}$$

wird bei $\Delta = 0{,}5$ mm und einer Papierstärke von 0,03 bis 0,05 mm unter Berücksichtigung der Unebenheiten der Bleche

$$k_2 = 0{,}90 \text{ bis } 0{,}86,$$

bei einer Papierstärke von 0,02 bis 0,03 mm oder einem dünnen Anstrich dagegen

$$k_2 = 0{,}92 \text{ bis } 0{,}90.$$

Bei kleinen Ankerdurchmessern werden die Blechscheiben in einem Stück hergestellt. Da jedoch die Blechtafeln, aus welchen sie ge-

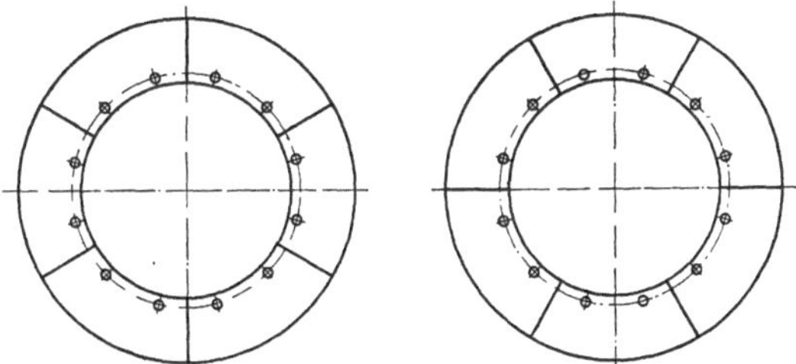

Fig. 14. Ankerkern aus Segmenten einmal versetzt.

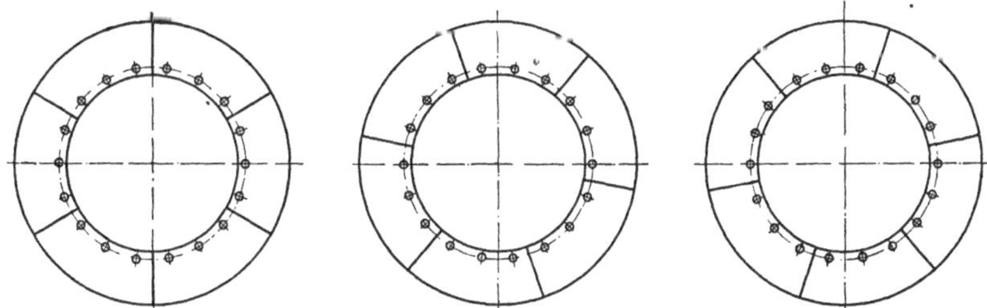

Fig. 15. Ankerkern aus Segmenten zweimal versetzt.

schnitten werden, meistens nur in der Größe von $1\,\text{m} \times 2\,\text{m}$ hergestellt werden, ist man bei größerem Ankerdurchmesser gezwungen, die Ankerbleche aus mehreren Segmenten zusammenzusetzen. Diese Segmente müssen untereinander alle gleich sein, damit ihre Herstellung einheitlich und der Zusammenbau übersichtlich wird. Da nun die Bleche an der Außenkante mit Nuten und an der Innenkante, wie wir später sehen werden, mit Befestigungslöchern versehen sind, muß sowohl die Nutenzahl wie die Anzahl der Befestigungslöcher ein ganzes Vielfaches der Segmente sein, wenn die zusammengelegten Segmente einen in sich geschlossenen Kreis bilden sollen.

Um trotz Aufteilung der Bleche eine gute magnetische Leitfähigkeit und eine genügende mechanische Festigkeit bei einem derart zusammengesetzten Ankerkern zu bekommen, werden die Trennfugen, wie die Fig. 14 und 15 zeigen, gegeneinander versetzt. Diese Versetzung wird außerdem in jeder einzelnen Schicht vorgenommen. Die Zahl der Befestigungslöcher eines Segmentes beeinflußt, wie aus den Fig. 14

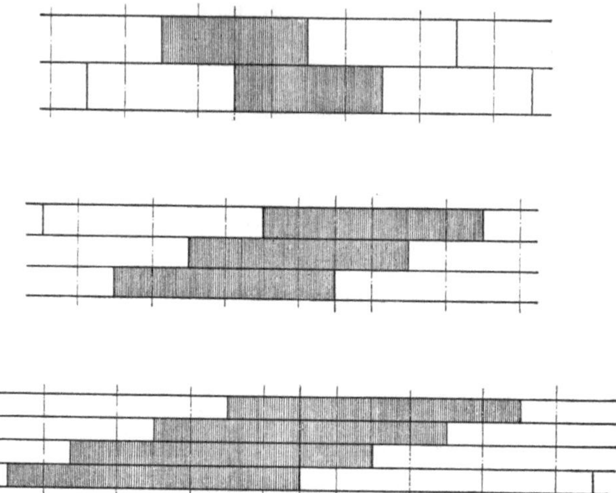

Fig. 16. Anordnung der Blechpakete bei zwei, drei und vier Löchern je Segment.

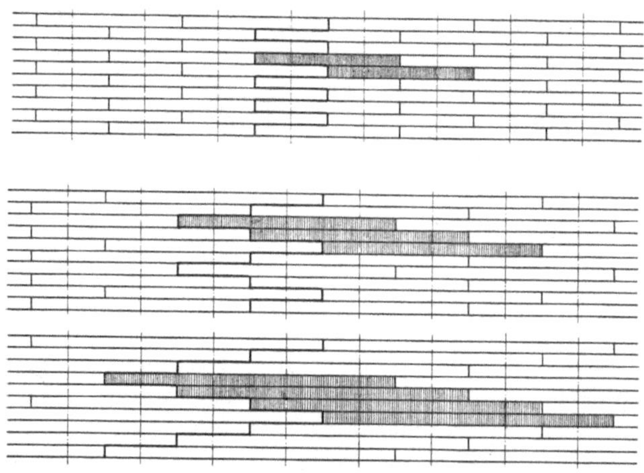

Fig. 17. Zusammenbau der Paketelemente.

und 15 hervorgeht, die Überlappung der Blechpakete. Aus der Fig. 16, welche die Anordnung der Blechpakete bei zwei, drei und vier Befestigungslöchern je Segment zeigt, geht dies noch deutlicher hervor. Die Größe dieser Überlappung ist für die mechanische Festigkeit des Ankers, wie aus dieser Figur ersichtlich, von großer Bedeutung. Bei zwei Befestigungslöchern wird nämlich die Hälfte, bei drei ein Drittel und bei vier ein Viertel des Querschnittes durch die Trennfuge verletzt, so daß die Festigkeit des Ankerkernes infolge der Aufteilung in Segmente auf $\frac{1}{2}$, $\frac{2}{3}$ bzw. $\frac{3}{4}$ des ungeteilten Ankerkernes herabgesetzt wird. Der Ankerkern wird aus mehreren solchen, in der Fig. 16 gezeigten, Paketelementen zusammengebaut, die, wie die Fig. 17 zeigt, so angeordnet werden, daß die Trennfuge eine sägenförmige Linie bildet.

Wenn die Nutenzahl und die Zahl der Befestigungslöcher nicht durch eine passende Segmentzahl teilbar sein sollten, kann man die Segmente auch so lang machen, daß sie nur die eine Bedingung erfüllen, eine ganze Anzahl Nuten und Löcherteilungen zu enthalten. Allerdings können die zusammengelegten Segmente dann nicht einen in sich geschlossenen Kreis bilden. Die Folge davon ist, daß die Bleche nicht in gleichartig zusammengesetzte Pakete zusammengelegt werden können, sondern spiralenförmig aneinander gereiht werden müssen, wie die Fig. 18 zeigt. Die Herstellung wird jedoch etwas umständlich.

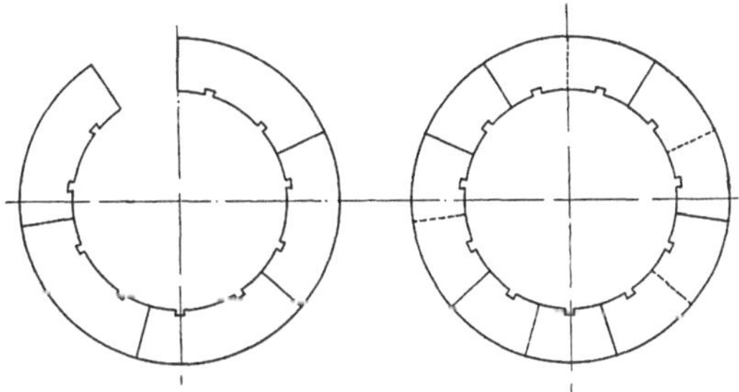

Fig. 18. Ankerkern mit spiralförmig angeordneten Segmenten.

Die Nuten werden in verschiedenen Formen ausgeführt, von denen einige der gebräuchlichsten in der Fig. 19 gezeigt sind. Die Wahl der einen oder der anderen Nutenform hat auf die Herstellungskosten, den Wirkungsgrad und die elektrischen Eigenschaften der Maschine einen großen Einfluß, weshalb sie unter genauer Berücksichtigung der folgenden Gesichtspunkte zu treffen ist. Hierbei nehmen wir an, daß bei gegebenem Ankerdurchmesser die Anzahl der Nuten und der in einer Nut unterzubringende gesamte Leiterquerschnitt schon durch andere Erwägungen festgelegt ist.

Es gilt dann zunächst die Breite der Nut so zu wählen, daß eine passende Induktion in den Zähnen entsteht, worauf die Nutenhöhe so zu bestimmen ist, daß der Gesamtleiterquerschnitt nebst Isolation in den Nutenraum hineingeht. Alsdann empfiehlt es sich, die so gefundene, ungefähr richtige Breite etwas zu verändern und die zugehörigen Höhen auszurechnen, um zu der bestmöglichen Ausführung zu gelangen.

Bei der Herstellung einer größeren Anzahl Bleche werden sogenannte Kompoundschnitte verwendet, bei welchen die ganze Scheibe mitsamt den Nuten auf einmal gestanzt wird. Bei geringerer Anzahl von Blechen werden die inneren und äußeren Durchmesser mit Zirkelstanzen oder Rundscheren ausgeschnitten und die Nuten dann einzeln in der Nutenstanzmaschine gestanzt. Von der Genauigkeit des Stanzens hängt es ab, ob das schädliche Feilen der Nutenseiten nach dem Zusammenbau der Bleche vermieden werden kann; denn die Eisenverluste der Zähne werden durch das Feilen sehr vergrößert. Die Kompoundschnitte ermöglichen die Herstellung der genauesten Nuten und verringern die Kosten bei größerer Anzahl der Bleche. Es ist dabei von großer Wichtigkeit, daß das Werkzeug scharf und mit nur kleinem Spielraum zwischen den Messern ausgeführt ist, da die Schnittflächen sonst gebogene Kanten aufweisen, die die Bleche untereinander kurzschließen. Um diesen Übelstand vollständig zu beseitigen, werden bei manchen Firmen die Grate der Blechscheiben nach dem Stanzen mittels einer Planschleifscheibe abgeschliffen.

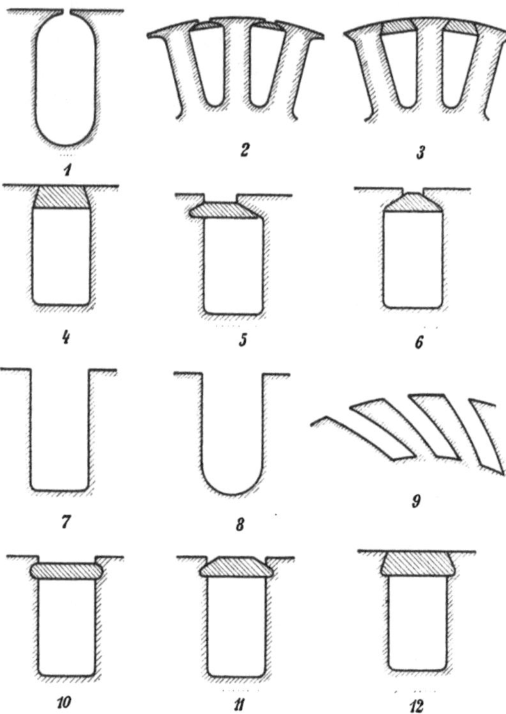

Fig. 19. Gebräuchlichste Nutenformen.

Bei einer Vergrößerung der Nutenbreite steigt zwar die Sättigung der Zähne und damit die erforderliche Amperewindungszahl je Zentimeter für die Zähne; die Zahnlänge wird aber hierbei verkürzt. Es läßt sich deshalb nur durch eine Nachrechnung entscheiden, ob eine Vergrößerung oder Verkleinerung der Nutenbreite eine Verkleinerung des magnetischen Widerstandes der Zähne zur Folge hat. Die Nutenbreite ist so zu wählen, daß dieser magnetische Widerstand einen für den erwünschten Verlauf der Magnetisierungskurve und für die Unterdrückung der Ankerrückwirkung passenden Wert erhält. Hierbei ist jedoch noch der Einfluß der Nutenbreite auf die Verluste in den Zähnen, auf die zusätzlichen Verluste in den Ankerleitern[1]) und die Kommutierung[2]) zu berücksichtigen.

[1]) Gl. Bd. I S. 583 und 598. [2]) Gl. Bd. I S. 256.

Meistens werden die Nuten mit parallelen Seitenwänden ausgeführt. Bei sehr kleinen Ankerdurchmessern würde jedoch hierbei der Zahn am Fuße unter Umständen sehr schwach bzw. die Induktion dortselbst sehr hoch werden. In solchen Fällen führt man statt dessen, wie die Ausführungen Nr. 2 und 3 der Fig. 19 zeigen, den Zahn mit parallelen Seitenflächen aus und läßt die Nut nach unten schmäler werden.

Wenn für die Wicklung Rechteckdraht verwendet wird, wird der Nutenboden eben ausgeführt. Bei Wicklungen aus Runddraht ist es, besonders bei kleinen Nuten, besser, den Nutenboden, wie die Ausführungen Nr. 1, 2, 3 und 8 zeigen, abzurunden.

Die von den Bergmann E.W. verwendete Ausführungsform Nr. 9 hat den Zweck, das Einlegen der Spulen bei zweipoligen Maschinen zu erleichtern.

Von nicht geringerer Bedeutung als die Hauptabmessungen der Nut ist die Ausführung ihres Abschlusses gegen den Luftspalt. Man steht hier vor der Wahl, die Nut ganz offen zu lassen oder sie teilweise zu schließen. Vollständig geschlossen darf die Nut nicht werden, weil dann die Selbstinduktion der Ankerspulen mit Rücksicht auf die Kommutierung zu groß wird. Durch das teilweise Schließen der Nut wird eine gleichmäßigere Verteilung des Kraftflusses im Luftspalt erzielt, so daß der magnetische Widerstand des Luftspaltes verkleinert wird. Bei gewöhnlichen Maschinen hat dies meistens keine Bedeutung, weil der Luftspalt doch zur Unterdrückung der Ankerrückwirkung verhältnismäßig groß gewählt werden muß. Bei Maschinen mit Kompensationswicklung fällt diese Beschränkung in der Wahl des Luftspaltes jedoch fort, und durch Verwendung halbgeschlossener Nuten können dort die Kosten der Erregerwicklung beträchtlich herabgesetzt werden. Bei allen Maschinen werden die Eisenverluste in den Polschuhen, die bei grober Nutenteilung und kleinem Luftspalt bei offenen Nuten beträchtlich groß ausfallen können, durch das Schließen der Nut auf einen belanglosen Betrag herabgedrückt und das magnetische Geräusch wird sehr verringert.

Die halbgeschlossenen Nuten haben jedoch den sehr schwerwiegenden Nachteil, daß die Ankerdrähte nur einzeln in die Nut eingelegt oder von der Seite in sie eingeschoben werden können, währ
end in die offene Nut die ganze Spulenseite der vorher fertig gewickelten Ankerspule eingelegt werden kann, welch letzteres Verfahren erheblich billiger ist. Hauptsächlich aus diesem Grunde verwendet man bei Gleichstrommaschinen meistens nur offene Nuten und greift erst zu den halbgeschlossenen, wenn ihre oben erwähnten Vorteile dies berechtigt erscheinen lassen.

Man kann auch die Nut offen ausführen und sie nach dem Einlegen der Wicklung mit einem Keil aus Eisen schließen. Dieser Keil muß dann so ausgeführt sein, daß nicht zu große Wirbelströme in ihm entstehen. Hierdurch erhält man die Vorteile beider Nutenformen. Das Verfahren ist jedoch etwas umständlich und kostspielig, weshalb es nur selten verwendet wird.

Bei den Nuten Nr. 4 und 5 wird jede Ankerspule in zwei, bei der Nut Nr. 6 in drei Teile geteilt, die vorher fertig gewickelt werden und dann nacheinander in die Nut eingelegt werden. Diese Nuten stellen also eine Übergangsform zwischen den ganz offenen Nuten Nr. 7 bis 12 und den halbgeschlossenen dar.

Wenn die Wicklung durch einen Holzkeil festgehalten werden soll, ist der Nut, wie die Figur zeigt, zur Aufnahme und zum Festhalten des Keiles eine geeignete Form zu geben. Die Ausführung Nr. 10 gestattet nur die Anwendung einer bestimmten Keildicke, während man bei der Ausführung Nr. 11 verschieden dicke Keile verwenden kann. Bei der Ausführung Nr. 4 können die Ankerspulen bequemer eingelegt werden als bei Nr. 5, und der Keil beeinträchtigt nicht den Zahnquerschnitt wie bei der letzteren Ausführung. Dagegen bietet die Ausführung Nr. 5 dem Keil einen besseren Halt und eignet sich deshalb besser für höhere Umfangsgeschwindigkeiten als die Ausführung nach Nr. 4.

Außer diesen in jedem einzelnen Falle zu berücksichtigenden Verhältnissen sind die Nutenformen beim Entwurf von Typenreihen nach Möglichkeit so auszuwählen, daß derselbe Nutenschnitt für mehrere Typengrößen verwendet werden kann.

10. Lüftung des Ankerkernes.

Nur bei sehr kleinen Ankern reicht die Oberfläche des als ungeteilter Hohlzylinder ausgebildeten Ankerkernes aus, um die Verlustwärme ohne unzulässige Temperaturerhöhung an die umgebende Luft abzugeben. Schon bei mittelgroßen Ankern genügt diese Oberfläche hierfür nicht mehr, und man ist gezwungen, den Ankerkern mit besonderen Kühlkanälen zu versehen, durch welche die Luft zur Abführung der Verlustwärme getrieben wird. Die Kühlkanäle können entweder radial oder axial angeordnet werden.

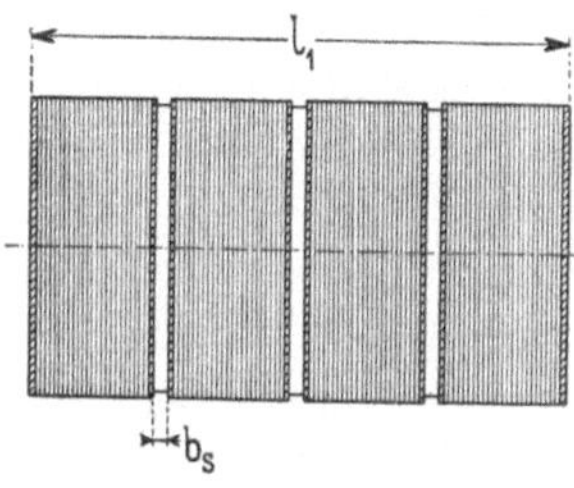

Fig. 20. Lüftung des Ankers durch radiale Kühlkanäle.

Die Fig. 20 zeigt die Anordnung der radialen Kühlkanäle, die so gebildet werden, daß der Kern in Blechpakete von 4 bis 6 cm

Breite zerlegt wird, zwischen welchen Luftschlitze von 0,6 bis 1,2 cm Breite freigelassen werden. Die Blechpakete werden in der gewünschten Entfernung durch zwischengelegte Distanzstücke auseinandergehalten, die gleichzeitig als Ventilatorflügel dienen. Infolgedessen wird bei der Drehung des Ankers die Luft am inneren Umfange des Kernes angesaugt und durch die Luftschlitze zum äußeren Umfange geschleudert. Die entstehende Luftströmung wurde in Bd. I S. 675 näher beschrieben. Die Wärme wird jedoch nicht, wie zu erwarten wäre, hauptsächlich in den Luftschlitzen an die diese durchziehenden kräftigen Luftströme, sondern am inneren und äußeren Umfange des Kernes abgegeben. Der Grund hierfür ist die Isolation zwischen den Blechen, durch welche der Wärmeströmung innerhalb des Blechpaketes in axialer Richtung ein etwa 50 mal größerer Widerstand je Längeneinheit entgegengesetzt wird, als in radialer Richtung. Die radialen Kühlkanäle wirken also in erster Linie als Ventilatoren, die kräftige Luftströmungen hervorrufen. Diese Luft umspielt die Mantelflächen, von denen sie die Wärme somit hauptsächlich abführt, während nur ein kleinerer Teil der Wärme unmittelbar in den Luftschlitzen selbst abgeführt wird. Die radialen Kühlkanäle bewirken jedoch eine kräftige Kühlung und werden sehr häufig verwendet, weil bei dieser Ausführung meistens keine besonderen Lüfter erforderlich sind.

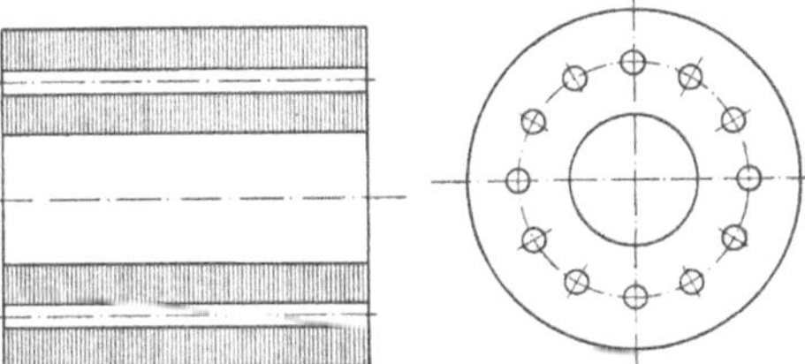

Fig. 21. Lüftung des Ankerkernes durch axiale Kühlkanäle.

Die Fig. 21 zeigt eine Ausführung des Ankerkernes mit axialen Kühlkanälen. Damit diese Kanäle ihren Zweck erfüllen, ist es notwendig, die Luft mittels eines besonderen Lüfters durch sie zu treiben. Die Wärme wird hier leicht an die die Kanäle durchziehenden Luftströme abgegeben, und deren Kühlwirkung ist aus dem oben genannten Grunde sehr gut. Axiale Kanäle werden jedoch meistens nur bei kleinen und sehr schnell laufenden Maschinen verwendet, bei welchen besondere Lüfter ohnedies erforderlich sind. Sie haben den radialen Kühlkanälen gegenüber den Nachteil, daß sie den für den Durchgang des Kraftflusses erforderlichen Eisenquerschnitt verringern.

Bei großen Maschinen verwendet man, wenn die Wärmeabführung Schwierigkeiten bietet, unter Umständen gleichzeitig radiale und axiale Kühlkanäle.

Von den vielen verschiedenen Ausführungsarten der radialen Kühlkanäle sollen hier einige der am häufigsten vorkommenden gezeigt werden. Bei der Ausführung nach Fig. 22 wird zwischen die Blechpakete ein etwa 1 bis 1,5 mm starkes Blech, eine sogenante Lüftungsscheibe, ursprünglich von derselben Form wie die Ankerbleche, ge-

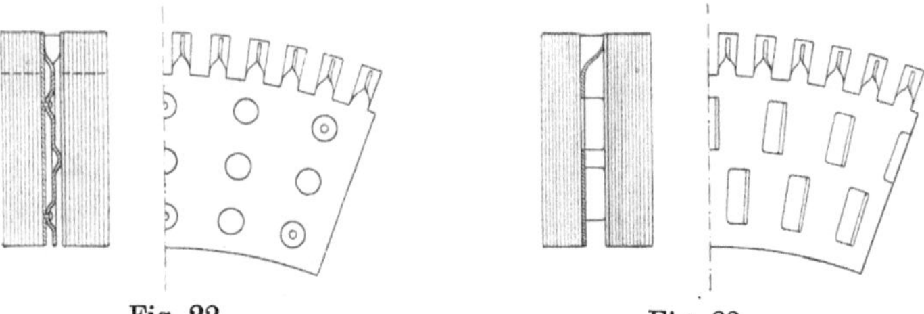

Fig. 22. Fig. 23.

Fig. 22 und 23. Ausführungsformen für die Herstellung von radialen Kühlkanälen.

schoben. In diese Lüftungsscheibe sind nach beiden Seiten runde Vertiefungen eingedrückt, um den gewünschten Abstand zwischen den Blechpaketen zu erhalten. Die Zähne der Lüftungsscheibe sind, um die Ankerzähne zu stützen, um 90° verdreht. Die Lüftungsscheibe ist mit Nieten an einem etwa 1 mm dicken, das Blechpaket abschließenden Blech befestigt. Wie ersichtlich, wirken hier hauptsächlich nur die umgebogenen Zähne als Ventilatorflügel. Dieser Ausführung ist deshalb die Ausführung nach der Fig. 23 vorzuziehen, wo kleine rechteckige Stege aus der Lüftungsscheibe ausgeschnitten und dann rechtwinklig umgebogen sind. Diese Stege dienen gleichzeitig als Ventilatorflügel und als Distanzstücke zwischen den Blechpaketen.

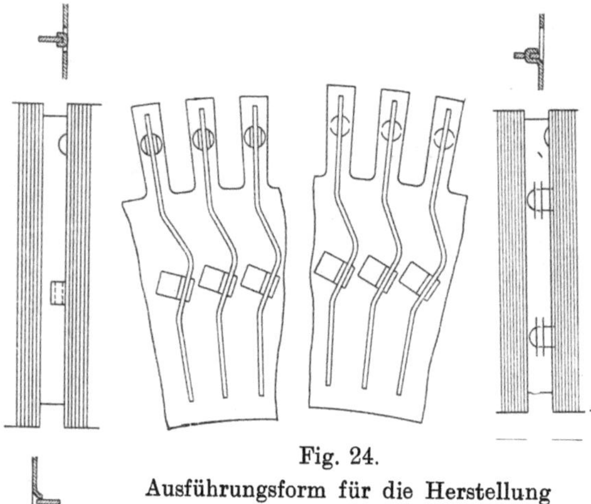

Fig. 24.
Ausführungsform für die Herstellung von radialen Kühlkanälen.

Bei den Ausführungen nach den Fig. 24, 25 und 26 werden auf Hochkant gestellte, dünne Blechstreifen an den Endblechen der Blechpakete mittels Nieten, gestanzter Haken oder durch Schweißen befestigt. Wenn die Maschine stets nur in einer Drehrichtung läuft, empfiehlt es sich, diese Blechstreifen wie die Flügel eines Schleuderventilators zu krümmen. Da dies jedoch nur sehr selten der Fall ist, werden sie meistens radial angeordnet und, um ihnen einen genügenden

Halt gegen Umkippen zu geben, wie die Figur zeigt, schwach S-förmig gebogen.

Die Fig. 27 und 28 zeigen zwei bei Turboankern verwendete Ausführungen. Bei der Ausführung nach Fig. 27 dienen kleine U-Eisen, die an den Endblechen durch Nieten befestigt sind, gleichzeitig als Distanzstücke und Ventilatorflügel. Bei der Ausführung nach Fig. 28 sind kleine Bleche, die als Distanzstücke und Ventilatorflügel dienen, zwischen den Zähnen angeordnet, während die Bleche sonst durch kleine Zylinder aus Eisen oder Messing auseinandergehalten werden. Die Bleche sind durch vorstehende Zacken, die in entsprechend gestanzte Einschnitte der Zähne eingreifen und die Zylinder durch hindurchgezogene und in die Bleche eingelassene Drahtstücke gegen Herausschleudern durch die hier sehr hohe Fliehkraft gesichert.

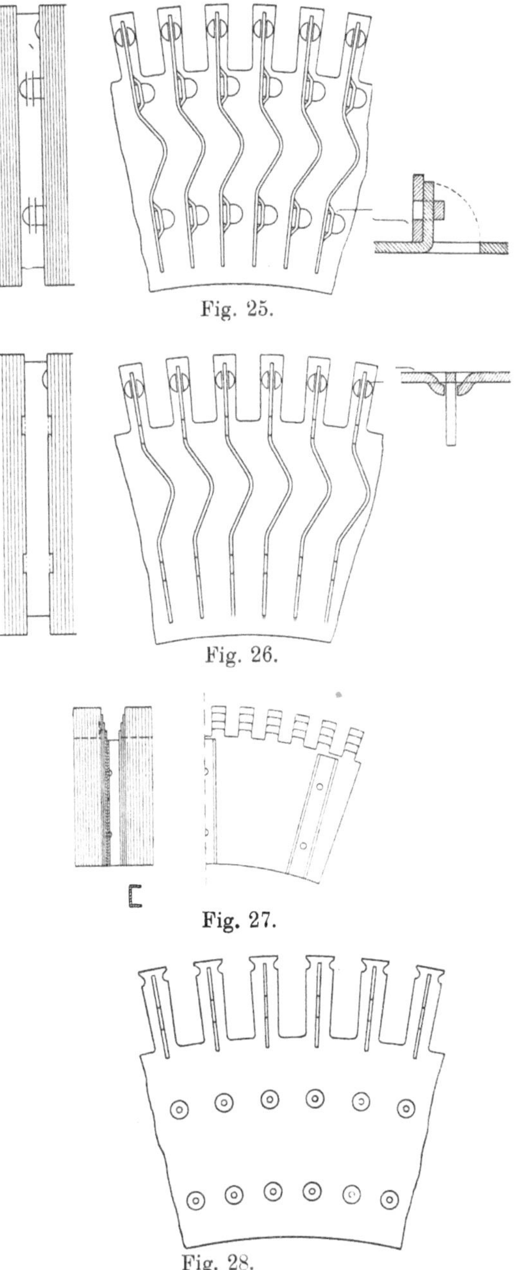

Fig. 25. Fig. 26. Fig. 27. Fig. 28.

Fig. 25 bis 28. Ausführungsformen für die Herstellung von radialen Kühlkanälen.

Die Blechpakete erhalten, hauptsächlich um ein Ausbiegen der dem Luftschlitz am nächsten liegenden Zahnzungen und das damit verbundene Geräusch zu verhindern, meistens an beiden Seiten je ein verstärktes Endblech von 1 bis 2 mm Stärke. Diese Zahnzungen können auch durch etwa je drei bis vier dünnere Endbleche genügend gestützt werden, wenn die Zähne dieser Endbleche, wie die Fig. 27 zeigt, abgestuft werden. Durch diese Abstufung werden außerdem die Kraftlinien, die innerhalb des Lüftungsschlitzes von dem Pol in den Ankerkern übergehen, gezwungen, hauptsächlich radial in die Endbleche einzutreten, während sie sonst teilweise von der Seite in axialer Richtung einbiegen und dadurch größere Wirbelstromverluste verursachen.

Die axialen Kühlkanäle werden einfach dadurch erhalten, daß die Bleche mit entsprechenden Löchern versehen werden.

11. Preßplatten und Ankerstern.

Die an beiden Seiten des Ankerkernes zum Zusammenhalten der Bleche angeordneten Preßplatten sind runde Scheiben, die im allgemeinen von der Innenkante der Bleche bis auf einige Millimeter an den Nutenboden reichen. Der kleine Abstand zwischen Preßplatte und Nutenboden ist durch die unvermeidlichen Ungenauigkeiten bei der Herstellung bedingt, weil die Preßplatten unter keinen Umständen das Herausführen der Wicklung aus den Nuten beeinträchtigen dürfen. Die Zähne brauchen nicht unmittelbar durch die Preßplatten zusammengepreßt zu werden, da der Druck der Preßplatten entweder durch die verstärkten Endbleche oder durch sog. Druckfinger auf sie übertragen wird.

Die Preßplatten müssen zur Erzielung der nötigen Pressung der Bleche durch ein oder mehrere Bindeglieder zusammengehalten werden. Wenn die Bleche und damit auch die Preßplatten, wie bei kleinen Maschinen bis zu etwa 10 kW Leistung und bei den im Verhältnis zur Leistung sehr gedrängt gebauten Turbogeneratoren, bis zur Welle reichen, bietet die Welle selbst ein solches natürliches Bindeglied. Bei größeren Maschinen, bei welchen die Durchführung des Kraftflusses durch den Ankerkern eine so große Blechhöhe nicht erfordert, wird der Ankerkern mit der Welle durch einen besonderen Ankerstern verbunden. Es wird dann entweder dieser Ankerstern als Bindeglied zwischen den Preßplatten benutzt, oder die Preßplatten werden mittels besonderer, durchgehender Bolzen zusammengehalten.

Sofern es sich nicht um kleinere, keinerlei Kühlkanäle erfordernde Maschinen handelt, müssen die Preßplatten wie auch der Ankerstern so geformt sein, daß sie die freie Durchströmung der Luft durch die Kühlkanäle nicht verhindern.

Die Preßplatten werden, wenn die Ausführung der Wicklung dies erfordert, mit besonderen Stützen zum Tragen der Wicklung versehen.

Nur sehr kleine Preßplatten werden aus etwa 2 bis 3 mm starkem Eisenblech herausgeschnitten. Sonst werden sie aus Gußeisen hergestellt. Der Ankerstern wird ebenfalls aus Gußeisen angefertigt, wenn nicht ein besonders großes Drehmoment und heftige Belastungsstöße, wie bei Walzenzugsmotoren, die Verwendung von Stahlguß erforderlich machen.

Die Fig. 29 und 30 zeigen die Ausführung der Preßplatten bei kleinen Ankern ohne Kühlkanäle. Bei beiden Ausführungen ist die eine (die rechte) Preßplatte durch einen Anschlag gegen Verschiebung auf der Welle gesichert. Die andere Preßplatte wird bei der Ausführung

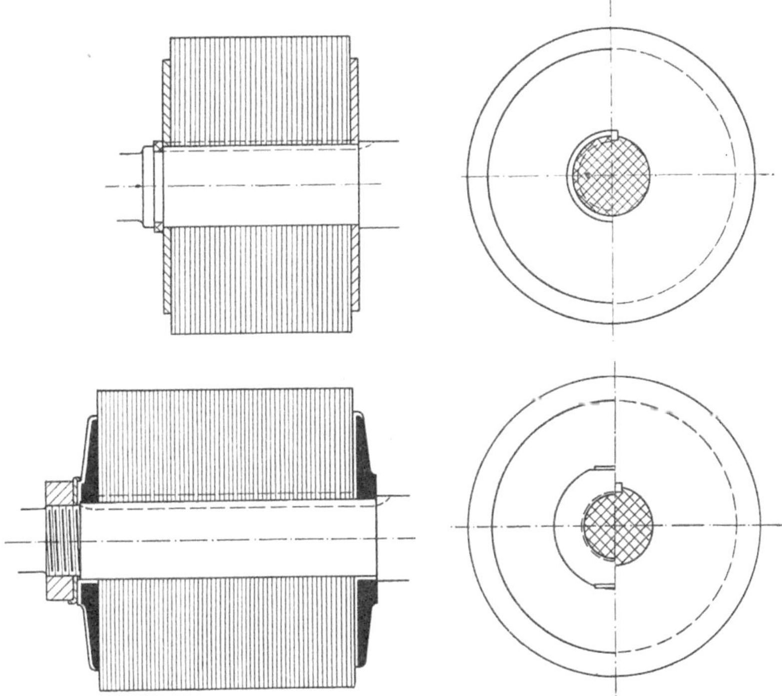

Fig. 29 u. 30. Ausführung der Preßplatten bei kleinen Ankern.

nach Fig. 29, nachdem die Bleche mit ihr zusammengedrückt worden sind, durch einen in eine Vertiefung der Welle gelegten, geschlitzten Ring festgehalten. Bei der anderen Ausführung, Fig. 30, wird diese Preßplatte gegen die Bleche mittels einer auf die Welle geschraubten Mutter gepreßt. Damit sich die Mutter durch die Erschütterungen der Maschine nicht lockern kann, ist sie durch eine an den Kanten umgebogene Unterlegscheibe festgehalten. In der Fig. 31 ist der Ankerkern mit einem radialen Kühlkanal versehen. Um den Luftzutritt zu diesem Kanal zu ermöglichen, hat der Anker vier axiale Kühlkanäle erhalten, während die Preßplatten mit entsprechenden Löchern versehen sind.

Wie aus den Figuren ersichtlich, werden bei diesen Ausführungen die Bleche samt den Preßplatten mittels eines in die Welle ein-

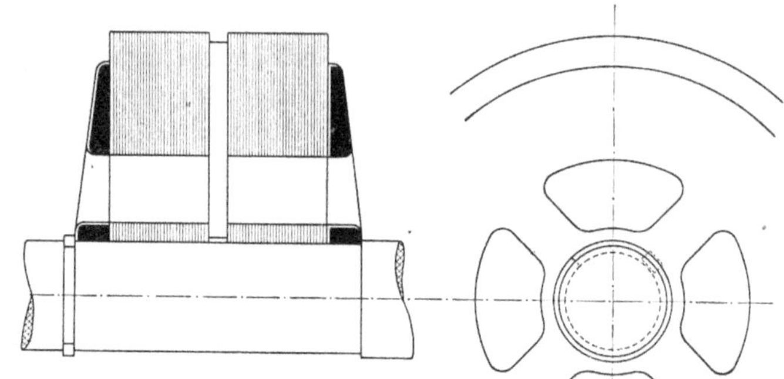

Fig. 31. Anker mit axialen und radialen Kühlkanälen.

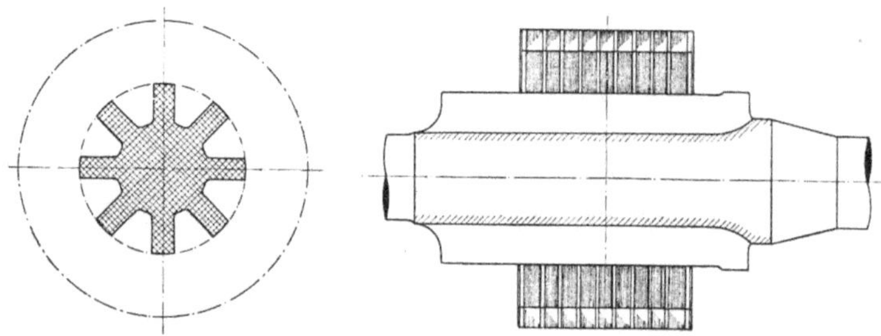

Fig. 32. Anordnung der Kühlkanäle eines Turbogenerators.

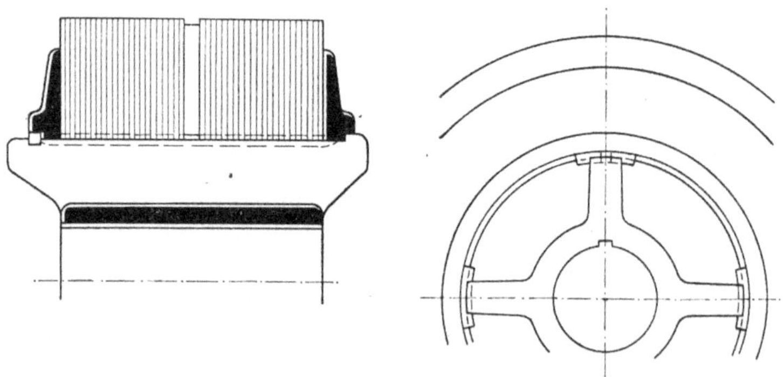

Fig. 33. Ausführung eines kleinen Ankersterns.

gelassenen Keiles gegen Verdrehung gegenüber der Welle gesichert. Bei sehr kleinen Maschinen, etwa unter $^1/_{10}$ kW Leistung, kann dieser Keil entbehrt werden, wenn man die Löcher der Bleche etwa $^1/_{10}$ mm kleiner ausführt als der Durchmesser der Welle ist, so daß die Bleche die Welle stramm umschließen.

Bei Turbogeneratoren, die unbedingt wenigstens mit axialen Kühlkanälen ausgeführt werden müssen, kann man diese, um an Platz zu sparen, als längsgerichtete Aussparungen in der Welle, wie die Fig. 32 zeigt, ausführen. Die zwischenstehenden Rippen läßt man dann etwas in die Bleche und die Preßplatten hineinragen, so daß diese sicher mitgenommen werden.

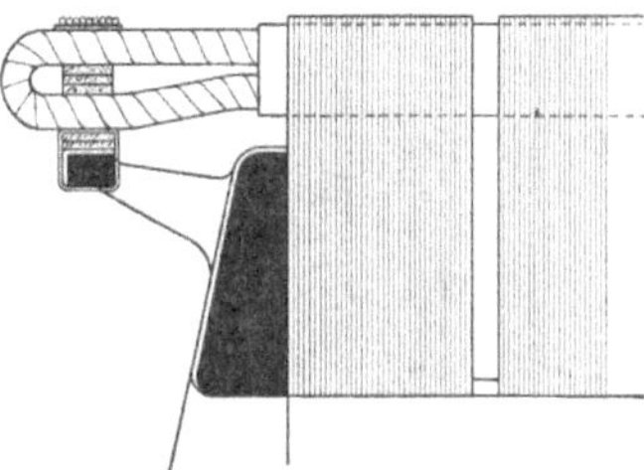

Fig. 34. Preßplatte mit guter Kühlung der Ankerwicklung.

Die Fig. 33 zeigt die Ausführung eines kleineren Ankersterns, der bei Blechen benutzt wird, die nicht in Segmente unterteilt sind. Dieser Ankerstern besteht aus einer auf die Welle geschobenen und mit ihr mittels eines Keiles verbundenen Büchse, die mit vier Rippen versehen ist, auf welche die Bleche und die Preßplatten geschoben werden. Die Preßplatten sind ähnlich, wie es in Fig. 31 gezeigt ist, gehalten. In einer der Rippen ist ein Federkeil zur Mitnahme des Ankerkernes vorgesehen. Keile auch in den anderen Rippen anzuordnen, ist nicht empfehlenswert, weil es schwierig ist, genau passende Abstände zwischen den entsprechenden Keilnuten in den Blechen einzuhalten.

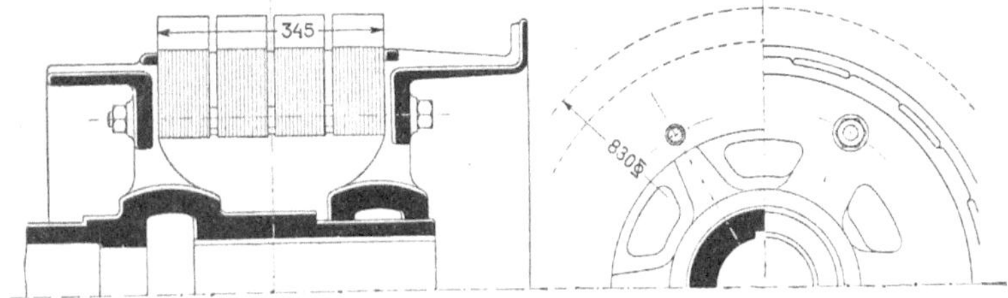

Fig. 35. Preßplatten ohne Luftlöcher für die Kühlung der Ankerwicklung.

Die Fig. 34 und 35 zeigen Preßplatten mit Stützen für die Ankerwicklung. Die Ausführung nach Fig. 34 ermöglicht eine gute Kühlung und wird deshalb meistens verwendet. Bei der Ausführung nach Fig. 35 ist dagegen die Kühlung sehr schlecht, weil die Stütze hier auch als Schutz gegen das Eindringen von Öl in die Wicklung dienen soll und deshalb ohne Luftlöcher ausgeführt ist. Diese Ausführung wird hauptsächlich nur bei Straßenbahnmotoren, namentlich auf der dem Kommutator abgewandten Seite verwendet.

Die Fig. 36, 37 und 38 zeigen einige Ausführungen des Ankersternes bei sehr großen Maschinen. Diese Ankersterne bestehen aus einer mittels Keiles mit der Welle verbundenen Nabe, die mit Armen von kreuzförmigem oder elliptischem Querschnitt versehen ist. Bei den Ausführungen nach den Fig. 36 und 37 werden die Preßplatten durch Bolzen, die durch Löcher nahe an der Innenkante der Bleche

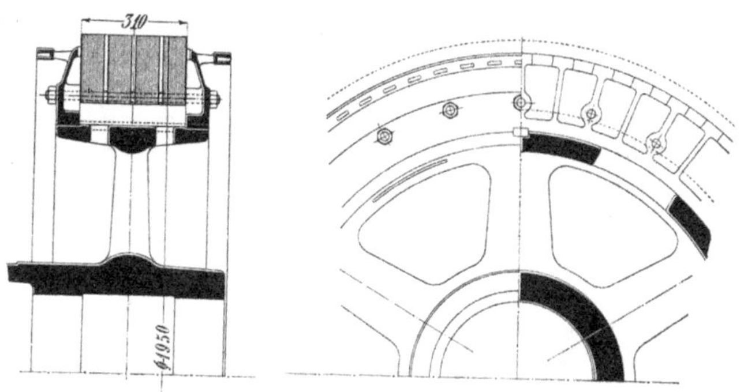

Fig. 36. Gesellschaft für elektrische Industrie, Karlsruhe i. B.

geführt sind, zusammengehalten. Das auf den Ankerkern ausgeübte Drehmoment wird hier teils durch die fest zusammengepreßten Bleche, teils durch diese Bolzen auf die Preßplatten, die durch Stifte oder Schrauben an den Armen festgehalten werden, übertragen. Bei der anderen Ausführung nach der Fig. 38 sind die Bolzen außerhalb der Bleche verlegt und dienen nur zum Zusammenhalten der Preßplatten, während das Drehmoment durch besondere Keile vom Ankerkern auf die Arme übertragen wird. Die eine Hälfte dieser Keile, die in die Arme eingelegt wird, hat eine rechteckige Form, während die andere, in die entsprechend ausgestanzten Bleche hineinragende Hälfte schwalbenschwanzförmig ausgebildet ist. Diese Keile werden mittels versenkter Schrauben auf die Arme befestigt, worauf dann die Bleche auf sie aufgeschoben werden. Die zur Befestigung der Keile benutzten Schrauben sollen nicht mit konischen, sondern mit zylindrischen Köpfen, wie die Figur zeigt, ausgeführt werden, weil sonst die Gefahr vorhanden ist, daß die Köpfe nur auf der einen Seite anliegen und dadurch abgebogen werden.

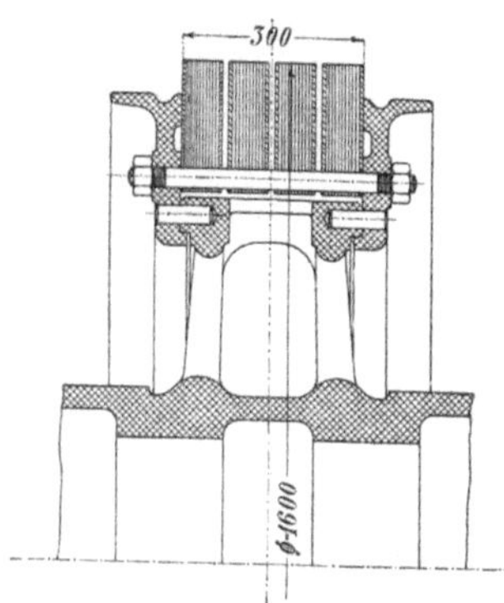

Fig. 37. Ateliers de Constructions Electriques de Charleroi.

Die in Fig. 38 gezeigte Ausführung des Ankersternes hat zwar den Nachteil, daß sowohl Bolzen als auch Keile verwendet werden müssen; sie ist jedoch den erstgenannten Ausführungen in vieler Hinsicht überlegen. Obwohl die Keile wie die Bolzen aus Eisen bestehen, können sie nämlich kaum von den Kraftlinien durchdrungen werden, selbst wenn sie, wie es meistens bei den Bolzen und stets bei den Keilen der Fall ist, unisoliert ausgeführt werden, weil in ihnen Wirbelströme entstehen, die dem Durchgang der Kraftlinien entgegenwirken. Die bei der erstgenannten Ausführung in die Bleche verlegten, verhältnismäßig dicken Bolzen verringern deshalb den effektiven Eisenquerschnitt des Ankerkernes bedeutend mehr als die bei der letzteren Ausführung nur etwa 10 mm in die Bleche ragenden Keile. Ferner bieten die in die Arme eingesenkten Keile den Blechen einen sicheren Halt gegen Verdrehung, während die Bolzen der ersten Ausführung besonders bei größeren Ankerlängen durch heftige Belastungsstöße leicht verbogen werden können. Schließlich ist zu beachten, daß im Betriebe der Ankerkern erwärmt wird, die Arme dagegen nicht, weshalb der Ankerkern sich ausdehnt und von den Armen sich zu lockern strebt. Bei Verwendung von Keilen wird dies jedoch verhindert. Die Bleche werden an den Armen stets festgehalten, während bei der anderen Ausführung eine kleine Dehnung eintreten kann. Als Vorteil der Ausführung mit durch die Bleche geführten Bolzen ist jedoch zu erwähnen, daß die Löcher für die Bolzen bei der Herstellung der Nuten gewisse Vorteile bieten.

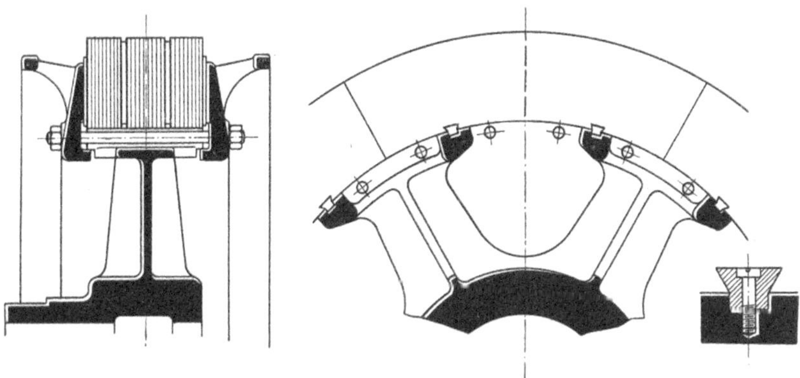

Fig. 38. Ankerstern mit durch Keile festgehaltenen Segmenten.

Bei allen drei Ausführungen sind die Preßplatten zur Zentrierung mit einer um die Arme greifenden Kante und zur Auflage der Wicklung mit angegossenen Stützen versehen.

12. Mechanische Beanspruchung des Ankerkörpers.

Die mechanische Beanspruchung der verschiedenen Bauteile des Ankerkernes ist wie folgt zu berechnen. Es ist in erster Linie die Beanspruchung durch die Fliehkräfte zu berücksichtigen, während die Beanspruchung durch das Drehmoment meistens eine untergeordnete Rolle spielt.

Der Ankerkern wie auch die übrigen beweglichen Teile der Maschine müssen so bemessen sein, daß er der folgenden Prüfvorschrift des Verbandes Deutscher Elektrotechniker genügt:

In bezug auf mechanische Festigkeit müssen Maschinen, die betriebsmäßig mit annähernd konstanter Drehzahl arbeiten, leerlaufend eine um $20^0/_0$ erhöhte Drehzahl unerregt und vollerregt 2 Minuten lang aushalten.

Wenn die Maschine von Wasserturbinen angetrieben ist, wird diese Vorschrift allgemein dahin verschärft, daß die Maschine eine um 80 bis $100^0/_0$ höhere Drehzahl aushalten muß.

Motoren mit Reihenschlußschaltung sollen mit wenigstens $50^0/_0$ höherer Drehzahl als die normale geprüft werden, wenn das 1,2fache der für den Motor angegebenen Höchstdrehzahl nicht noch höhere Werte ergibt.

a) Beanspruchung der Zähne. Bei den Zähnen braucht nur die Beanspruchung durch die Fliehkraft und auch diese nur bei sehr großen Umfangsgeschwindigkeiten, beispielsw. bei Turbogeneratoren, berücksichtigt zu werden. Ist die ganze Wicklung, wie später gezeigt werden wird, durch Bandagen gehalten, so werden die Zähne nur durch die Fliehkraft ihrer eigenen Masse beansprucht. Wird dagegen nur der außerhalb der Nuten befindliche Teil der Wicklung hierdurch gehalten, so kommt noch die Fliehkraft der in den Nuten befindlichen Wicklung hinzu.

Ist:

D der Durchmesser des Ankers in cm,
D_i der Innendurchmesser des Ankers in cm,
n die Drehzahl,
G_z das Gewicht[1]) aller Ankerzähne in kg,
G_k das Gewicht der in den Nuten befindlichen Wicklung in kg,
Z die Anzahl der Zähne,
$k_2 l$ die Länge des Ankereisens ohne Isolation zwischen den Blechen in cm,
z_{min} die Zahnbreite am Zahnfuß in cm,
h die Höhe des Ankerkernes von der Innenkante der Bleche bis zum Nutenboden in cm,
h_z die Zahnhöhe (= Nutentiefe) in cm,
γ spezifisches Gewicht der Ankerbleche (gleich 7,8),
v die Umfangsgeschwindigkeit des Ankers in m/sek,

---

[1]) Richtiger ausgedrückt: die durch Wägung bestimmte Masse.

so beträgt die Beanspruchung der Zähne durch die Fliehkraft

$$\sigma = \left(\frac{n}{300}\right)^2 \cdot \frac{\frac{D-h_z}{2} \cdot \frac{G_z + G_k}{Z}}{k_2 \, l \, z_{\min}} \ \text{kg/cm}^2, \tag{1}$$

oder angenähert

$$\sigma = 20 \frac{v^2}{D} \cdot \frac{G_z + G_k}{k_2 \, l \cdot Z \cdot z_{\min}} \ \text{kg/cm}^2. \tag{1a}$$

b) Beanspruchung des Kernes. Der Ankerkern wird ebenfalls hauptsächlich nur durch die Fliehkraft beansprucht, und zwar durch die Fliehkraft seiner eigenen Masse und die der Zähne und, sofern die Wicklung nicht vollständig durch Bandagen gehalten ist, auch durch die der Wicklung.

Wenn die Bleche ungeteilt sind, wird die Beanspruchung

a) durch die eigene Masse des Kernes

$$\sigma_1 = 0{,}01 \, \gamma \cdot \left[v \frac{D - 2h_z}{D}\right]^2 \left\{0{,}82 + 0{,}18 \left(\frac{D_i}{D - 2h_z}\right)^2\right\} \ \text{kg/cm}^2 \tag{2}$$

oder angenähert

$$\sigma_1 \simeq 0{,}08 \, v^2 \ \text{kg/cm}^2; \tag{2a}$$

b) durch die Masse der Zähne und gegebenfalls auch der Wicklung

$$\sigma_2 = \left(\frac{n}{300}\right)^2 \cdot \frac{G_z + G_k}{2\pi h k_2 l} \cdot \frac{D - h_z}{1 + \frac{D_i}{D - 2h_z}} \ \text{kg/cm}^2, \tag{3}$$

oder angenähert

$$\sigma_2 \simeq 6{,}5 \cdot v^2 \frac{G_z + G_k}{h k_2 l} \, \frac{1}{D + D_i} \ \text{kg/cm}^2. \tag{3a}$$

Die gesamte Beanspruchung wird $\sigma_1 + \sigma_2$.

Aus den Formeln ist zu ersehen, daß die Beanspruchung hauptsächlich durch die Umfangsgeschwindigkeit v bestimmt ist. Eine Vergrößerung der Kernhöhe h setzt die Beanspruchung nur unbedeutend herab.

Wenn die Bleche aus Segmenten zusammengesetzt sind, wird ein Teil des Eisenquerschnittes durch die Trennfugen verletzt und die nach diesen Formeln berechnete Beanspruchung, wie auf S. 23 gezeigt wurde, entsprechend erhöht.

Wenn die Bleche, wie in der Fig. 38 gezeigt, durch schwalbenschwanzförmige Keile an den Armen festgehalten werden, wird der Ankerkern durch den von den Keilen bewirkten Zug nach innen etwas entlastet. Da es jedoch unsicher ist, ob die Bleche genügend dicht an den Keilflächen anliegen, ist es ratsam, sich nicht auf diese Entlastung zu verlassen.

c) Beanspruchung der Keile und des Ankerkerns. Die zur Verhinderung der Verdrehung des Ankerkernes durch das Drehmoment benutzten Keile werden durch Schubspannungen beansprucht. Diese Keile müssen jedoch aus konstruktiven Gründen so groß bemessen werden, daß eine Nachrechnung dieser Schubspannungen nicht erforderlich ist.

Die Arme des Ankersterns werden durch das Drehmoment auf Biegung beansprucht, wobei man damit rechnen kann, daß das Drehmoment gleichmäßig auf alle mit dem Ankerstern verbundenen Arme verteilt wird. Die Beanspruchung wird nach bekannten Formeln berechnet. Als Drehmoment ist nicht das normale bei Vollast, sondern das größte im Betriebe zu erwartende Drehmoment in Rechnung zu setzen, und zwar ist dieses Drehmoment reichlich zu veranschlagen. Die Sicherungen bzw. die Selbstausschalter setzen dem Drehmoment wohl eine Grenze, es ist aber stets damit zu rechnen, daß die Stromstärke die vorgesehene Abschmelzstromstärke der Sicherungen kurze Zeit übersteigen kann, bzw. damit, daß der Überstrom-Ausschalter für eine zu große Auslösestromstärke eingestellt ist.

Die Arme werden zwar auch durch die Fliehkraft ihrer eigenen Masse beansprucht. Diese Beanspruchung ist jedoch im Verhältnis zur Biegungsbeanspruchung meistens nicht groß und braucht, da man aus den erwähnten Gründen die Biegungsbeanspruchung doch reichlich veranschlagen muß, nicht berücksichtigt zu werden.

d) Beanspruchung der Befestigungsbolzen. Die zum Zusammenpressen der Preßplatten benutzten Bolzen werden so bemessen, daß man mit ihnen die Bleche mit einem Druck von etwa 10 kg/cm^2 zusammenpressen kann.

Drittes Kapitel.

Ausführung der Ankerwicklungen.

13. Allgemeines über Ankerwicklungen.

Wir wollen hier von den Ringwicklungen sowie von den Wicklungen bei glatten Ankern, die heute kaum mehr ausgeführt werden, gänzlich absehen und uns nur mit der Ausbildung der in Nuten eingebetteten Trommelwicklungen beschäftigen.

Diese werden, wie in Bd. I, Drittes Kapitel, gezeigt wurde, aus Spulen zusammengesetzt, die etwa eine Polteilung umfassen und so angeordnet sind, daß jede Nut zwei Spulenseiten enthält. Während die Windungszahl der Spulen und der Leiterquerschnitt schon bei der Berechnung der Maschine festgelegt sind, ist hier zunächst die Form des Leiterquerschnittes zu wählen. Diese Wahl ist, soweit sie nicht an vorrätige Querschnittsformen gebunden ist, so zu treffen, daß keine unnötigen von der Wicklung nicht ausgefüllten Zwischenräume in der Nut entstehen. Ferner ist der Einfluß der Querschnittsform auf die Herstellung der Wicklung und, besonders bei großen Leiterquerschnitten, auf die zusätzlichen Verluste in den Ankerleitern zu berücksichtigen.

Bei der Anordnung der Ankerdrähte in den Nuten sind dieselben Gesichtspunkte wie bei der Wahl ihrer Querschnittsform zu berücksichtigen.

Die in den Nuten liegenden Drähte der Wicklung werden miteinander durch die sogenannten Stirnverbindungen verbunden. Diese sind zur Erzielung eines kleinen Ankerwiderstandes möglichst kurz auszuführen und, soweit es die Bauart der Maschine erlaubt, so anzuordnen, daß sie gut belüftet werden.

Die Isolierung zwischen den einzelnen Windungen und zwischen Wicklung und Eisen ist so auszuführen, daß sie mit genügender

Sicherheit den elektrischen sowie den bei der Herstellung und im Betriebe entstehenden mechanischen Beanspruchungen widersteht und das Eindringen von Feuchtigkeit in die Wicklung verhindert. Hierbei muß die Isolierung jedoch möglichst dünn sein, damit die Nut möglichst klein sein kann und anderseits die Wärmeabgabe der Wicklung möglichst wenig beeinträchtigt wird.

Die Wicklung muß sicher befestigt sein, so daß sie von der meistens ziemlich großen Fliehkraft nicht herausgeschleudert wird.

Bei Maschinen, die mit Ausgleichverbindungen versehen sind, müssen diese so angeordnet sein, daß sie möglichst kurz ausfallen und eine gute Kühlung erhalten.

Die Wicklung soll schließlich so ausgeführt werden, daß sie mit niedrigen Kosten hergestellt werden kann.

14. Form und Anordnung der Ankerleiter.

Die beste Raumausnützung bekommt man, wenn man rechteckige Ankerdrähte verwendet, die in rechteckigen Nuten untergebracht werden, weil die Nut dann praktisch vollständig von der Wicklung mit zugehöriger Isolation ausgefüllt werden kann. Bei kleinen Querschnitten bis zu etwa 10 mm^2 verwendet man jedoch trotzdem runde Drähte aus folgenden Gründen: Bei so kleinen Querschnitten würden rechteckige Drähte bei der Bewicklung des Ankers unregelmäßig liegen, so daß hier in der Tat die Raumausnützung bei rechteckigen Drähten nicht besser ausfallen würde als bei runden. Ferner sind bei so kleinen Querschnitten runde Drähte leichter herzustellen und zu umspinnen, und die hier sehr dünne Isolation hält beim Biegen besser als bei rechteckigem Querschnitt. Schließlich können bei Verwendung von Runddraht die Nuten mit abgerundetem Boden, vgl. Abschnitt 8, Fig. 9, ausgeführt werden und der Nutenquerschnitt kann trotzdem gut ausgenützt werden.

Erst bei größeren Querschnitten von etwa über 10 mm^2 kommen rechteckige Drähte oder Stäbe von quadratischem bis bandförmigem Querschnitt zur Verwendung. Hier kommt die bessere Raumausnützung der rechteckigen Drähte erst richtig zur Geltung, und außerdem können solche Drähte bedeutend leichter gebogen werden als runde Drähte von gleichem Querschnitt. Die rechteckigen Drähte werden stets mit abgerundeten Kanten ausgeführt, damit die Isolation an den Kanten nicht durchgescheuert werden kann.

Bei großen Stabquerschnitten können, wie in Bd. I, Seite 583 u. 598 gezeigt wurde, recht erhebliche zusätzliche Verluste teils dadurch entstehen, daß bei hohen Zahnsättigungen ein Teil des Kraftflusses durch den Nutenraum verläuft, teils dadurch, daß der durch die

Ankerdrähte fließende Strom Streuflüsse erzeugt, die quer durch die Nut verlaufen und bei ihrem schnellen Wechsel eine ungleichmäßige Verteilung der Stromdichte über den Leiterquerschnitt hervorrufen. Um diese Verluste in mäßigen Grenzen zu halten, können die Leiter in mehrere parallel geschaltete und voneinander isolierte Stäbe unterteilt werden. Diese Unterteilung führt jedoch, was die letztgenannten Verluste betrifft, nur dann zum Ziel, wenn die Teilstäbe, wie in Bd. I, Seite 599 gezeigt ist, beim Übergange von einem Pole zum anderen gekreuzt werden. Um denselben Zweck zu erreichen, verwendet man auch aus mehreren dünnen Drähten von etwa 1 mm² Querschnitt zusammengesetzte Litzen, die in die gewünschte Form durch Walzen gepreßt werden. Die die Einzeldrähte umgebende natürliche Oxydschicht genügt hier, die Ausbildung der Wirbelströme zu verhindern. Auch die Litzen müssen, wie an der genannten Stelle gezeigt wurde, verdrillt werden.

Bei der Berechnung des Querschnittes von Litzen ist zu beachten, daß der tatsächliche für den Strom zur Verfügung stehende Querschnitt nur etwa 75 bis 80% von dem aus den Außenabmessungen berechneten beträgt!

Die eine Seite einer Spule wird meistens oben in eine Nut und die andere unten in eine andere Nut eingelegt, so daß die in einer Nut vorhandenen Spulenseiten in zwei übereinanderliegende Schichten zu liegen kommen. Man kann zwar auch alle Spulenseiten in einer Schicht nebeneinander anordnen; diese Ausführung kommt jedoch nur in vereinzelten Fällen bei Handwicklung zur Verwendung. Bei Schablonenwicklung hat man diese Ausführung heute vollständig verlassen, weil sie mit sehr großen Schwierigkeiten bei der Unterbringung der Stirnverbindungen der Spulen verbunden ist, ohne nennenswerte Vorteile zu bieten. Die Fig. 39 gibt über die zweckmäßige Anordnung der Ankerdrähte bei verschiedenen Querschnittsformen der Leiter und der Nuten näheren Aufschluß. Die Spulenseiten sind bei allen diesen Ausführungen in zwei übereinanderliegenden Schichten angeordnet.

Eine Spulenseite besteht, wie in Bd. I, Kap. III gezeigt ist, entweder aus nur einem oder aus mehreren mit verschiedenen Lamellen verbundenen Wicklungselementen. In der Fig. 39 enthalten die Spulenseiten der Ausführung Nr. 1 nur ein Wicklungselement entsprechend einer Kommutatorlamelle je Nut, während die übrigen Ausführungen mehrere Wicklungselemente je Spulenseite besitzen.

Schon bei der Berechnung der Maschine ist auf die Anordnung der Drähte in den Nuten Rücksicht zu nehmen, damit man eine passende Anzahl Drähte je Nut erhält. So würde man z. B. bei der Ausführung Nr. 4 eher die magnetischen Verhältnisse der Maschine so abändern, daß entweder 9 oder 12 Drähte je Nut erforderlich wären, als 10 oder 11 Drähte wählen. Bei 10 Drähten je Nut

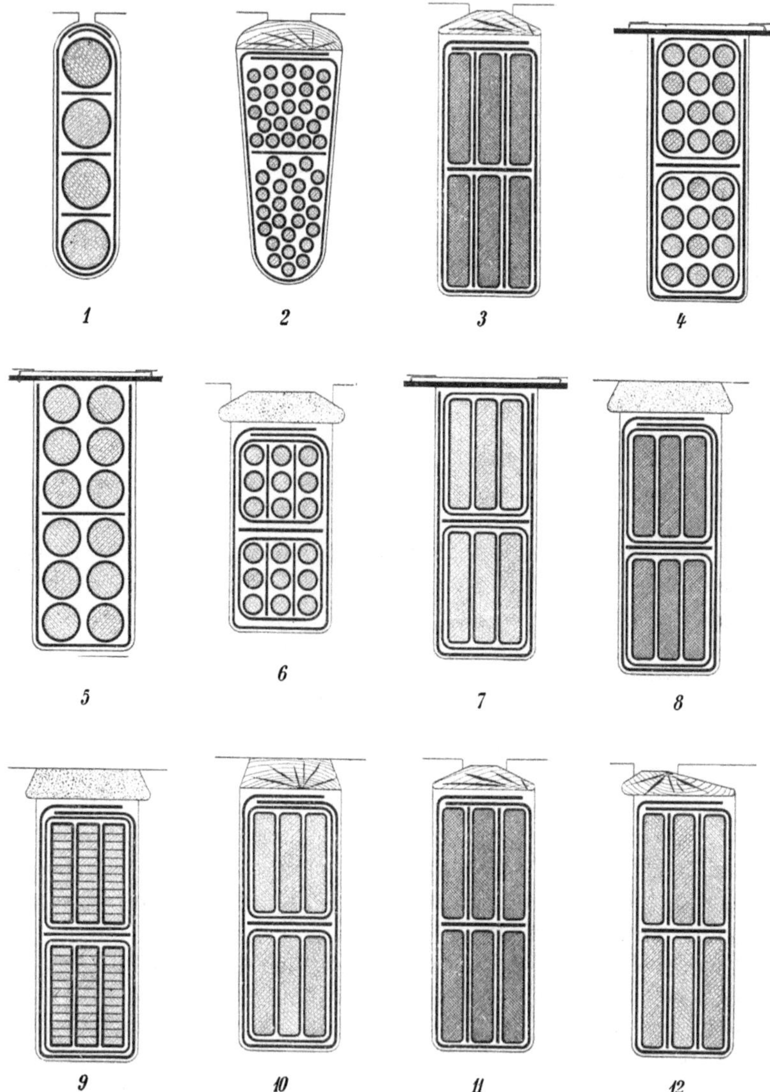

Fig. 39. Gebräuchliche Anordnung der Ankerdrähte in den Nuten.

würde man nämlich eine gute Ausnützung des Nutenquerschnittes nur durch die Anordnung der Drähte in zwei nebeneinanderliegenden Reihen erhalten, wobei man eine für eine gute Kommutierung zu lange und schmale Nut bekommen würde. Bei 11 Drähten würde man stets eine schlechte Ausnützung des Nutenquerschnittes bekommen. Manchmal kann man in ähnlichen Fällen, vorausgesetzt, daß der Drahtquerschnitt nicht allzu klein ist, den Ausweg benutzen, von einem runden zu einem rechteckigen Querschnitt überzugehen, weil man es dann in der Hand hat, die Querschnittsform mehr oder weniger langgestreckt zu wählen, um dadurch eine passende Nutenform zu erhalten.

Wenn die Wicklungselemente mit einer geraden Anzahl Drähte ausgeführt werden, erhält man den recht beachtenswerten Vorteil, daß man die Maschine mit derselben Drahtzahl, demselben Nuten- und Drahtquerschnitt für die halbe Spannung bei unveränderter Drehzahl bzw. für die doppelte Drehzahl bei unveränderter Spannung verwenden kann, wenn man nur die Drähte zu je zweien parallel schaltet. Es bedeutet dies eine wesentliche Herabsetzung der Herstellungs- und Lagerhaltungskosten. Bei sehr kleinen Drahtquerschnitten kann dieser Vorteil jedoch nicht ausgenutzt werden; denn dort empfiehlt es sich, die beiden parallel geschalteten Drähte durch einen einzigen Draht zu ersetzen, um nicht unnötig viel Platz durch die Isolation der Drähte zu verschwenden. In anderen Fällen bietet eine ungerade Drahtzahl so große Vorteile, daß man auf die Vorteile einer geraden Drahtzahl verzichten muß. Bei der Ausführung Nr. 6 haben wir z. B. drei Drähte je Wicklungselement und wegen des großen Sprunges beim Übergang auf vier oder zwei Drähte je Wicklungselement würde es unter Umständen schwierig sein, die magnetischen Verhältnisse der Maschine so weit abzuändern, daß sie für eine dieser geraden Drahtzahlen passen würden. Bei der Ausführung Nr. 11 ist man, unabhängig davon, ob die Spulenseite ein oder mehrere Wicklungselemente enthält, gezwungen, die Spule in drei Teile zu teilen, um sie in die Nut einführen zu können. Hier kann man jedoch leicht die doppelte Drahtzahl durch Verwendung von Stäben von der halben Höhe bekommen.

Bezüglich der Form und Anordnung der Stäbe der Ausführungen Nr. 7 bis 12 ist zu beachten, daß die Längsrichtung der Stäbe parallel zu den Nutenwänden verläuft. Bei den Ausführungen Nr. 10 bis 12 ist dies unbedingt notwendig, um die Stäbe in die Nut einführen zu können. Bei der Ausführung Nr. 7 ist diese Anordnung hauptsächlich deshalb gewählt, weil man dann die seitliche Abbiegung der Spule bei ihrem Austritt aus der Nut leichter vornehmen kann, als wenn die Längsrichtung der Stäbe quer zu den Nutenwänden verlaufen würde. In elektrischer Hinsicht ist die gewählte und in den meisten Fällen verwendete Anordnung insofern ungünstig, als die Stromdichte ungleichmäßiger verteilt wird als bei quergestellten Stäben.

Bezüglich derjenigen zusätzlichen Verluste, die durch das Eindringen eines Teiles des Hauptkraftflusses in die Nut hervorgerufen werden, sind die beiden Anordnungen als etwa gleichwertig anzusehen, denn bei der gewählten Anordnung rufen hauptsächlich die quer zur Nut verlaufenden Komponenten des eindringenden Kraftflusses, bei quergestellten Stäben dagegen hauptsächlich die in der Längsrichtung der Nut verlaufenden Komponenten Wirbelströme in den Stäben hervor.

Die Ausführung Nr. 9 zeigt die zur Erzielung einer gleichmäßigeren Stromverteilung verwendete, oben erwähnte Unterteilung der Stäbe in mehrere parallel geschaltete Teilstäbe, die Ausführungen Nr. 8 und 11 die demselben Zweck dienende Verwendung von Litzen.

15. Anordnung der Ankerwicklung.

Die Ankerspulen können entweder unmittelbar auf den Anker aufgewickelt oder erst einzeln auf Schablonen fertig hergestellt und dann in die Nuten eingelegt werden. Diese beiden Herstellungsverfahren führen, wie wir gleich sehen werden, zu zwei verschiedenen Anordnungen der Wicklung, nämlich der sogenannten Handwicklung und der sogenannten Schablonenwicklung. Die durch Aufwicklung der Ankerspulen auf den Anker hergestellte Wicklung hat den Namen Handwicklung deshalb bekommen, weil sie meistens mit der Hand ausgeführt wird. Neuerdings werden jedoch auch Maschinen verwendet, die diese Wicklungen selbsttätig ausführen. Die Handwicklungen sind teuerer herzustellen als die Schablonenwicklungen und werden deshalb heute fast ausschließlich nur bei zweipoligen Maschinen, wo die Anwendung von Schablonenwicklungen gewisse Schwierigkeiten bereitet, verwendet.

Die in den Nuten liegenden Leiter werden auf den Stirnseiten des Ankers durch die sog. Stirnverbindungen verbunden.

Diese Stirnverbindungen können entweder parallel den Stirnflächen des Ankers geführt oder so angeordnet werden, daß sie eine Fortsetzung der Mantelfläche des zylindrischen Ankers bilden. Im ersten Falle bekommen wir eine sogenannte Stirnwicklung, im letzten Falle eine sogenannte Mantelwicklung. Die Mantelwicklung hat zwar den Nachteil, daß die Stirnverbindungen verhältnismäßig viel Platz in Anspruch nehmen, sie ermöglicht aber eine bedeutend bessere Kühlung und, bei Maschinen mit mehr als zwei Polen, eine mit einfachen Mitteln erreichbare sicherere Befestigung der Stirnverbindungen. Aus diesen Gründen verwendet man heute meistens Mantelwicklungen, während Stirnwicklungen nur bei zweipoligen von Hand gewickelten Maschinen und ausnahmsweise bei Kranmotoren, bei welchen eine besonders kurze Baulänge der Maschine erstrebt wird, zur Anwendung kommen.

Schließlich kann man die Wicklungen auch nach der Form und Größe der Ankerleiter in *Draht-* und *Stabwicklungen* einteilen. Bei der Drahtwicklung bestehen die Spulen aus Drähten von rundem oder rechteckigem Querschnitt, die in mehreren Lagen übereinander angeordnet sind. Bei Stabwicklungen kommen dagegen höhere Stäbe von rechteckigem Querschnitt zur Verwendung, und jede Spulenseite besteht hier meistens nur aus einem Stab. Wenn sie mehrere Stäbe enthält, so werden diese nebeneinander angeordnet, so daß in einer Nut stets nur zwei Lagen von Stäben, wie die Ausführungen Nr. 7 bis 12 der Fig. 39 zeigen, übereinander zu liegen kommen.

Wir wollen nun näher auf die Anordnung der Wicklungen eingehen und teilen sie dabei zweckmäßig in *Hand-* und *Schablonenwicklungen* ein.

a) Handwicklungen. Die Handwicklung wird meistens bei kleineren Maschinen, bei denen die Spulen aus mehreren dünnen Drähten bestehen, verwendet. Die Wicklung wird bei diesen am einfachsten so hergestellt,

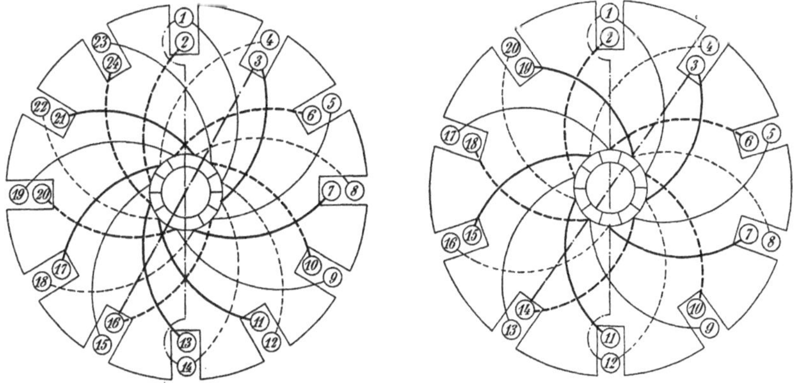

Fig. 40 u. 41. Schaltbilder bei gerader und ungerader Nutenzahl je Polteilung.

daß der Draht fortlaufend um den Anker gewickelt wird. Wollen wir einen zweipoligen Anker in dieser Weise bewickeln, so finden wir zunächst, daß die Wicklung sich am einfachsten ausführen läßt, wenn die beiden Spulenseiten einer Nut *übereinander* gelegt werden. Hieraus folgt, daß bei der zuerst aufgewickelten Spule *beide Spulenseiten* stets *unten* in zwei gegenüberliegenden Nuten liegen müssen. Da nun nicht alle Spulen wie die erste ausgeführt werden können, muß eine zweipolige Handwicklung stets aus verschieden langen Spulen bestehen. Es gilt daher die Wicklung so anzuordnen, daß die hierdurch hervorgerufene Unsymmetrie der Wicklung möglichst klein wird.

Hat der Anker eine gerade Anzahl Nuten, so wird dies am besten dadurch erreicht, daß man bei der einen Hälfte der Spulen beide Spulenseiten unten, bei der anderen Hälfte beide Spulenseiten oben in den Nuten anordnet und die so entstehenden kurzen und langen Spulen im Schaltschema abwechselnd aufeinander folgen läßt. Die Fig. 40 zeigt das hierbei entstehende Schaltbild, wenn die Nutenzahl je Polteilung eine gerade, die Fig. 41 das entsprechende Schaltschema, wenn die Nutenzahl je Polteilung eine ungerade Zahl ist. Die kurzen Spulen sind mit dicken, die langen mit dünnen Linien gezeichnet. Die hinteren Stirnverbindungen sind der Deutlichkeit halber nur an zwei Stellen eingezeichnet. Wir sehen, daß, während im letzteren Falle lange und kurze Spulen regelmäßig aufeinander folgen, im ersten Falle (Fig. 41) diese Reihenfolge an zwei einander gegenüberliegenden Stellen unterbrochen wird, indem einerseits die beiden kurzen Spulen 11 bis 24 und 13 bis 2, anderseits die beiden langen Spulen 23 bis 12 und 1 bis 14 aufeinander folgen. Diese Unsymmetrie hat zwar keine große Bedeutung; es ist jedoch eine ungerade Nutenzahl je Polteilung einer geraden vorzuziehen. Die Fig. 42 zeigt die Anordnung der Spulen bei einer nach dem Schema der Fig. 41 ausgeführten Wicklung. Der Deutlichkeit wegen sind nur zwei kurze und zwei lange Spulen eingezeichnet. Die beiden Spulen einer Nut werden auf verschiedenen Seiten an der Welle vorbeigeführt. Sämtliche kurzen Spulen werden zuerst gewickelt und dann alle langen. Damit die Kreuzungsstellen der Spulen möglichst wenig Platz einnehmen, verfährt man am besten so, daß die beim Wickeln aufeinander folgenden Spulen um 90^0 oder nahezu 90^0 gegeneinander versetzt werden, so daß die Spulen in der Reihenfolge: 3 bis 14, 7 bis 18, 11 bis 2 usw. aufgewickelt werden. Diese Reihenfolge fällt bei einer größeren Nutenzahl natürlich nicht wie hier mit der Reihenfolge im Schema zusammen.

Fig. 42. Ankerspulen nach Schaltbild Fig. 41.

Führt man zur Verhinderung von Feldpulsationen und des damit verbundenen Geräusches (vgl. Bd. I, Abschn. 37) den Anker dagegen mit einer ungeraden Nutenzahl aus, so ist man gezwungen, auch Spulen zu verwenden, bei welchen die eine Seite oben, die andere unten in den Nuten liegt. Diese Spulen wollen wir als mittellange bezeichnen. Zur Erreichung einer möglichst symmetrischen Wicklung sind dann die Spulen zu je einem Drittel als kurze, mittellange

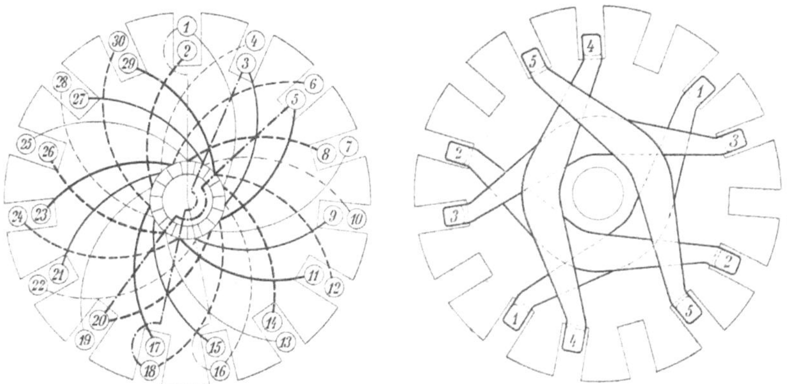

Fig. 43. Fig. 44.

Fig. 43 u. 44. Schaltbild und Ankerspulen bei einer ungeraden Nutenzahl.

Fig. 45. Wickelmaschine für zweipolige Anker von Ritter & Limburger in Leipzig.

und lange auszuführen und so anzuordnen, daß diese drei Spulengrößen im Schaltschema abwechselnd aufeinander folgen. Wird eine durch drei teilbare Nutenzahl gewählt, so erhält man hierbei eine fast vollständig symmetrische Wicklung. Die Fig. 43 zeigt das Schaltschema, die Fig. 44 die Anordnung der Spulen bei einer so ausgeführten Wicklung eines Ankers mit 15 Nuten. Alle kurzen Spulen werden zuerst aufgewickelt, dann alle mittellangen und zuletzt die langen Spulen, und zwar werden auch hier die beiden in einer Nut zusammenliegenden Spulen auf verschiedenen Seiten an der Welle vorbeigeführt und die beim Wickeln aufeinander folgenden Spulen um etwa 90° gegeneinander versetzt.

Um die großen Kosten der Handwicklungen zu ermäßigen, führt man sie heute auf einfachen Drehbänken aus, in denen der Anker leicht um eine zur Welle senkrechte Achse gedreht werden kann.

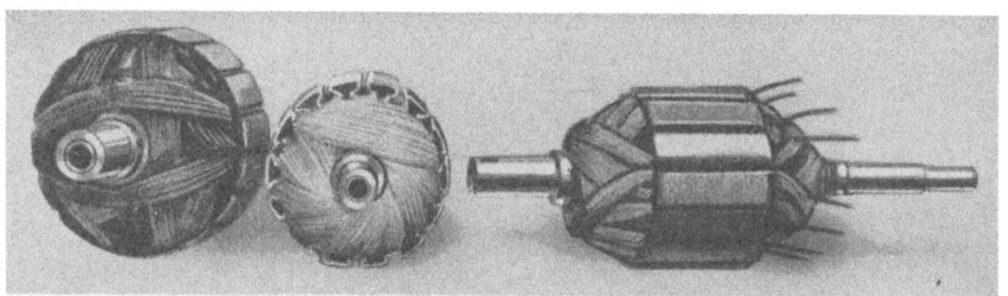

Fig. 46. Maschinengewickelte zweipolige Anker.

Diese Anordnung haben mehrere Konstrukteure noch weiter ausgearbeitet und Sondermaschinen zur Ausführung der Handwicklung in den Handel gebracht. Fig. 45 zeigt das Lichtbild einer derartigen Maschine der Firma Ritter & Limburger in Leipzig. Beim Entwurf dieser Maschine ist besonders auf gute Drahtführung geachtet worden. Eine Spannungsausgleichvorrichtung gewährleistet vollständig stoßfreies Einlegen der Drähte, wodurch Drahtrisse ausgeschlossen sind.

Die Fig. 46 zeigt einige in dieser Maschine gewickelte Anker. Diese Wicklung kann man kaum mehr „Hand“wicklung nennen; denn die Arbeit wird ja vollständig von der Maschine besorgt.

Ist der Drahtquerschnitt einigermaßen groß, so kann man die in einer Nut liegenden Spulenseiten nebeneinander statt übereinander anordnen. Die Fig. 47 zeigt das Schaltschema, die Fig. 48 die Ansicht einer solchen Handwicklung. Die Wickelarbeit gestaltet sich hierbei jedoch sehr umständlich, denn, während man die erste Spulenseite in eine Nut einlegt, muß man den leeren Platz der anderen Spulenseite vorläufig mit einem Keil ausfüllen, um das Ausrutschen der Drähte zu verhindern. Solche Wicklungen werden deshalb kaum mehr verwendet.

Die jetzt beschriebenen Handwicklungen waren als Stirnwicklungen ausgeführt. Man kann die Handwicklungen aber auch nach einem früher von Brown, Boveri & Cie. verwendeten Verfahren als

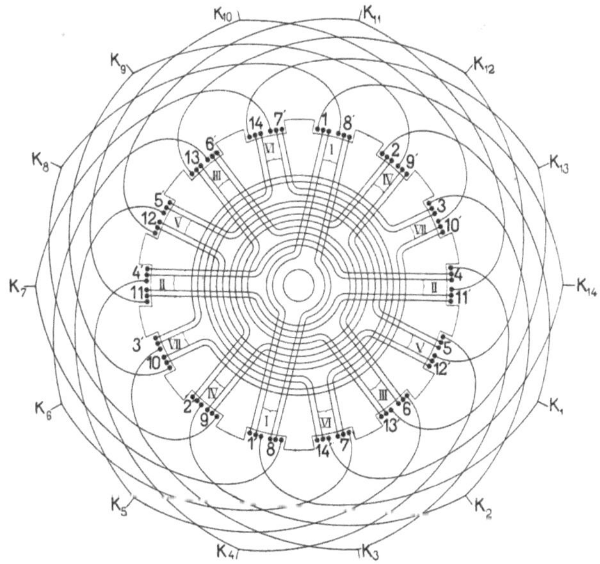

Fig. 47. Schaltbild einer Handwicklung für grobe Drähte.

Mantelwicklung anordnen. Die Drähte werden dann in verschiedenen Lagen, die nacheinander hergestellt werden, übereinander angeordnet.

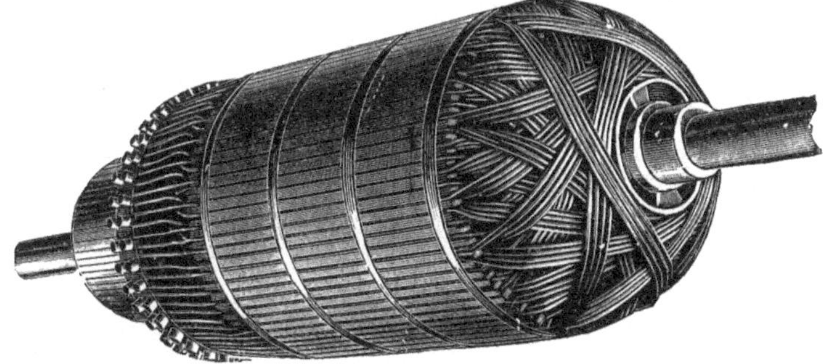

Fig. 48. Handgewickelter Anker mit groben Ankerdrähten.

Man beginnt, wie in der Fig. 49 für eine Schleifenwicklung dargestellt ist, mit der Wicklung auf der Kommutatorseite bei A und legt in jede Nut eine Drahtlage ABC, die vorn und hinten um den halben Nutenschritt abgebogen wird. Nachdem die erste Drahtlage (in der

Figur von A bis A' angedeutet) so hergestellt ist, wird sie mit einer Lage Preßspan oder dergl. zur Isolierung bedeckt. Über diese Isolierschicht wird dann die zweite Drahtlage gewickelt, indem die Drähte in die Richtung CDA zurückgelegt werden. Nachdem diese zweite Drahtlage ebenfalls mit einer Isolierschicht bedeckt worden ist, kann die dritte und vierte Lage in ähnlicher Weise hergestellt werden. Die Fig. 50 und 51 zeigen einen derartig gewickelten vierpoligen Anker mit Reihenwicklung in halbfertigem und fertigem Zustande.

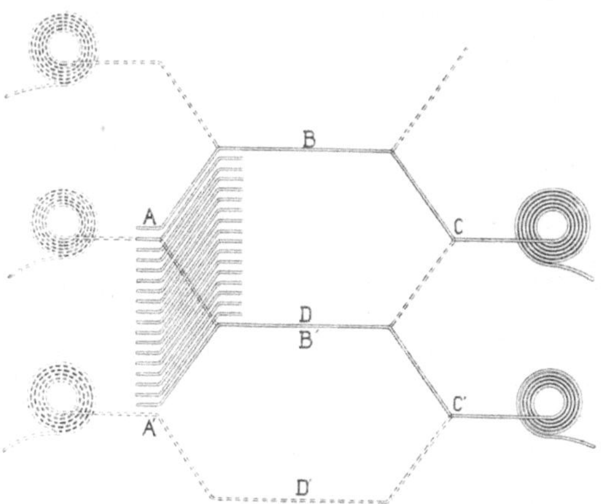

Fig. 49. Schema für Handwicklung eines mehrpoligen Ankers.

Fig. 50. Vierpolige Handwicklung von Brown, Boveri & Cie. in halbfertigem Zustande.

Dieselbe Wicklung wurde auch früher von Jonas Wennström bei der Allmänna Svenska Elektriska A.B. in Vesterås ausgeführt, und zwar für Anker mit fast ganz geschlossenen Nuten. Von den vier

Fig. 51. Vierpolige Handwicklung von Brown, Boveri & Cie. in fertigem Zustande.

Drähten für zwei Wicklungselemente, wie sie in Ausführung 1 Fig. 39 angeordnet sind, gehören die Drähte 1 und 3 zu einem Wicklungselement und die Drähte 2 und 4 zum anderen Wicklungselement.

Nunmehr werden solche Wicklungen nur bei zweipoligen Maschinen und zwar meistens nur bei schnellaufenden Maschinen verwendet.

b) Draht- und Stabwicklungen aus Formspulen. Mit dem Namen Schablonenwicklung oder Wicklung mit Formspulen belegt man eine Wicklung, deren Spulen vor dem Aufbringen auf den Anker einzeln nach einer Schablone hergestellt werden und dabei eine Gestalt erhalten, welche sie unverändert oder nahezu unverändert auf dem Ankerkörper beibehalten.

Die Schablonenwicklung hat folgende Vorteile: erstens kann die Isolierung der Spulen sehr sorgfältig ausgeführt werden, zweitens ermöglicht sie eine billige und schnelle Herstellung der Wicklung bei Massenfabrikation, drittens erhalten alle Spulen gleiche Wicklungslängen und eine gleiche Lage auf dem Anker, was eine funkenfreie Kommutierung begünstigt, viertens kühlen sich Schablonenwicklungen besser ab als Handwicklungen, bei denen die Spulenköpfe einen festen Knäuel bilden, und fünftens können bei Beschädigung der Wicklung einzelne Spulen gegen neue ausgewechselt werden.

Bei den Schablonenwicklungen liegen die beiden Spulenseiten einer Nut stets übereinander. Die Stirnverbindungen werden entweder so angeordnet, daß sie einen Zylindermantel bilden, sog. Mantelwicklung; oder man legt sie gegen die Stirnflächen des Ankers, wobei eine sog. Stirnwicklung entsteht. Die Stirnwicklung ergibt zwar eine bedeutend kürzere Baulänge der Maschine, die Kühlung ist bei ihr aber erheblich geringer als bei der Mantelwicklung, bei der die Luft die Stirnverbindungen ungehindert durchspülen kann. Die Stirnwicklung wird deshalb nur sehr selten verwendet, z. B. ausnahmsweise bei Kranmotoren, wo der Platz oft sehr beschränkt und die Dauer der Belastung sehr kurz ist.

Die Fig. 52 zeigt die Mantelwicklung einer vierpoligen Maschine mit 28 Nuten. Dem Vorstehen der Nutenisolation entsprechend

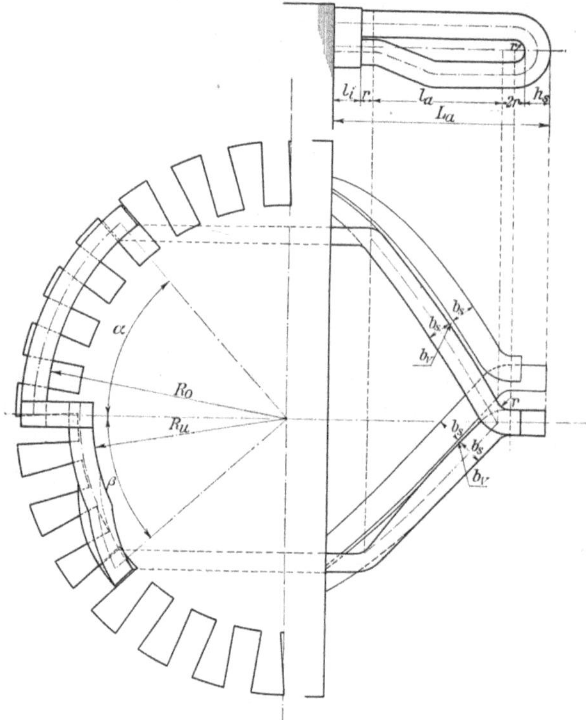

Fig. 52. Entwurf einer vierpoligen Mantelwicklung.

geht die Stirnverbindung zuerst ein gerades Stück $l_i \cong 1$ bis 2 cm von der Stirnfläche heraus und biegt dann in eine Schraubenlinie ein, die auf der Mantelfläche eines Zylinders mit dem Radius R_0 verläuft. Etwa auf dem halben Wege zur anderen Spulenseite wird die Stirnverbindung wieder in axiale Richtung geführt und dann nach unten umgebogen, um in einer auf einem Zylinder mit dem Radius R_u verlaufenden Schraubenlinie zur unteren Spulenseite zu gelangen. Der bei diesen Biegungen verwendete innere Krümmungsradius r muß, damit die Isolation bei der Biegung nicht beschädigt wird, bei dünneren Drähten wenigstens 0,4, bei dickeren 1 cm betragen.

In der Projektion unten rechts sind die Spurflächen auf den gedachten oberen und unteren Zylindermänteln für zwei nebeneinander liegende Spulen gezeigt. Die Breite der Spulen ist b_s und sowohl in der oberen als auch in der unteren Lage ist zwischen den beiden Spurflächen ein Abstand $b_v \cong 2$ bis 4 mm für die Belüftung der Wicklung vorgesehen. Je größer dieser Abstand b_v gewählt wird, desto kräftiger wird der die Stirnverbindungen durchsetzende Luftstrom, wodurch die Belastungsfähigkeit der Maschine gesteigert wird. Andererseits hat eine Vergrößerung dieses Abstandes eine Vergrößerung der Ausladung der Wicklung zur Folge, wodurch der Kupferaufwand und die Baulänge vergrößert und der Wirkungsgrad herabgesetzt werden. Es empfiehlt sich deshalb, den Einfluß der Wahl dieses Abstandes auf die allgemeinen Eigenschaften der Maschine an Hand der Prüfdaten zu studieren.

Die Form und die Größe der Stirnverbindungen werden wie folgt aus den Abmessungen der Spule und der Lüftungsschlitze berechnet. Bezeichnen wir die tangentialen Abstände zwischen den Mittellinien zweier nebeneinander liegenden Spulenseiten auf der oberen und unteren Zylinderfläche mit

$$t_{no} = \frac{2\pi R_o}{Z} \quad \text{und} \quad t_{nu} = \frac{2\pi R_u}{Z} \text{ cm},$$

wobei Z die Nutenzahl bedeutet, so lassen sich die Winkel α und β zwischen der oberen bzw. unteren Spulenseite und der Kröpfung, wo die Spule von der oberen in die untere Lage umbiegt, berechnen zu

$$\alpha = \frac{y_n}{Z} 360 \frac{1}{1 + \frac{t_{no}}{t_{nu}} \sqrt{\frac{t_{nu}^2 - (b_s + b_v)^2}{t_{no}^2 - (b_s + b_v)^2}}} \text{ Grade}$$

und

$$\beta = \frac{y_n}{Z} 360 - \alpha \text{ Grade},$$

wobei y_n den Nutenschritt bedeutet.

Die axiale Ausladung der Stirnverbindungen auf der Strecke, auf der sie in Schraubenlinien verlaufen, ergibt sich zu

$$l_a = \frac{\alpha}{360} Z t_{no} \frac{b_s + b_v}{\sqrt{t_{no}^2 - (b_s + b_v)^2}} \text{ cm}.$$

Hierzu kommen noch die durch die vorstehende Nutenisolation und die Biegungen der Spule bedingten Ausladungen, so daß die gesamte Ausladung der Stirnverbindungen

$$L_a \cong l_a + l_i + 3r + h_s \text{ cm}$$

wird, worin h_s die Spulenhöhe bedeutet.

Die mittlere Länge einer Stirnverbindung wird

$$L_s = l_a \left[\frac{t_{no}}{b_s + b_v} \cdot \frac{R_o + \frac{h_s}{2}}{R_0} + \frac{t_{nu}}{b_s + b_v} \cdot \frac{R_u + \frac{h_s}{2}}{R_u} \right] + 2\,l_i + 4\,r + \pi\left(r + \frac{h_s}{2}\right) \text{ cm}.$$

Eine nicht unbedeutende Verkürzung sowohl der Ausladung als auch der Länge der Stirnverbindungen kann dadurch erzielt werden, daß man, wie in der Fig. 53 gezeigt, die Spule, während sie in die untere

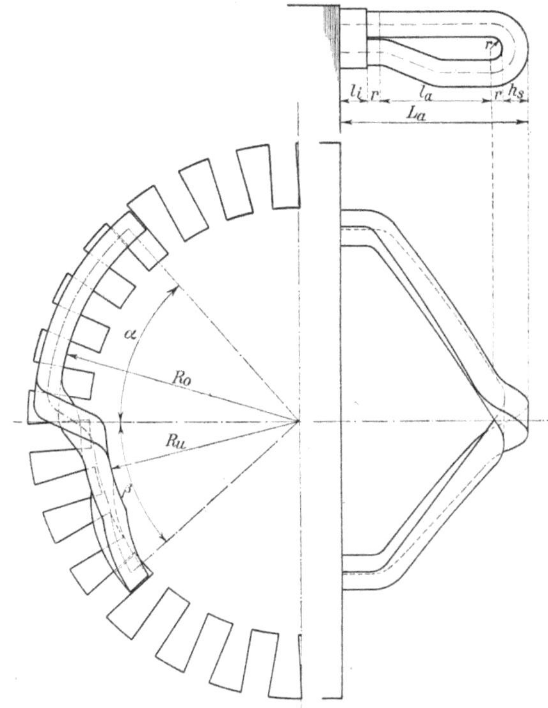

Fig. 53. Übergangsform vom Mantel zur Stirnwicklung.

Lage umbiegt, auch gleichzeitig in tangentialer Richtung führt. Es geschieht dies, indem man die Spule spiralenförmig um einen gedachten Dorn mit dem Radius r wickelt, und zwar so, daß der Abstand zwischen den Spulen auch hier gleich b_v wird. Die Ganghöhe bezogen auf den Zylinder mit dem Radius r beträgt dann

$$h = \pi\, r \frac{\sqrt{t_{no}^2 - (b_s + b_v)^2}}{b_s + b_v} \text{ cm}.$$

Es wird hier die axiale Ausladung

$$l_a' = \left(1 - \frac{h}{y_n t_{no}}\right) l_a \text{ cm},$$

die gesamte Ausladung

$$L_a' = l_a' + l_i + 2r + h_s \text{ cm},$$

und die Länge einer Stirnverbindung

$$L_s' = l_a' \left[\frac{t_{no}}{b_s + b_v} \frac{R_o + \frac{h_s}{2}}{R_o} + \frac{t_{nu}}{b_s + b_v} \frac{R_u + \frac{h_s}{2}}{R_u}\right] + 2 l_i + 2r + \sqrt{h^2 + \pi^2 \left(r + \frac{h_s}{2}\right)^2} \text{ cm}.$$

Die in dieser Weise erhaltene Wicklung ist keine reine Mantelwicklung und auch keine reine Stirnwicklung, sondern kann als eine Übergangsform von Mantel- zur Stirnwicklung bezeichnet werden.

Die beiden Figuren 52 und 53 sind für dieselben Wicklungsdaten aufgezeichnet. Man erhält in diesem Falle folgende Verhältnisse zwischen den Ausladungen und den Drahtlängen

$$\frac{L_a'}{L_a} = 0{,}86$$

und

$$\frac{L_s'}{L_s} = 0{,}89.$$

Bei kleineren Maschinen werden die Stirnverbindungen um einige Millimeter gegen die Achse geneigt, um zu verhindern, daß die Wicklung beim Einschieben des Ankers in die Maschine beschädigt wird.

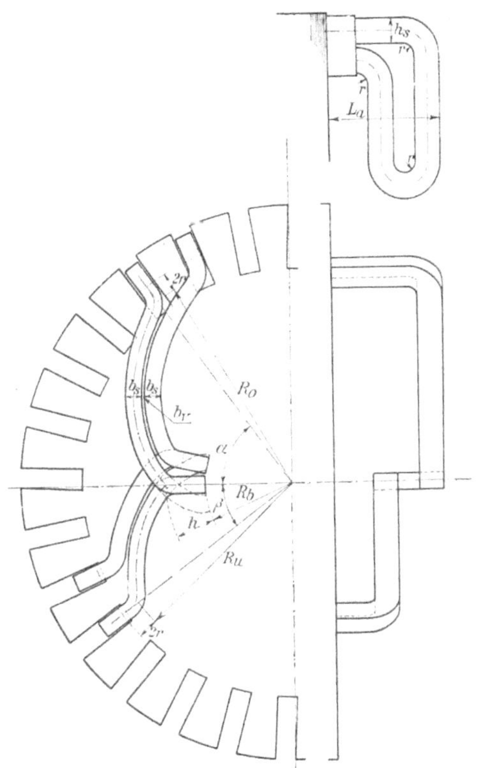

Fig. 54. Entwurf einer vierpoligen Stirnwicklung.

Die Fig. 54 zeigt die eben beschriebene Schablonenwicklung als reine Stirnwicklung ausgeführt. Da die Luft die Stirnverbindungen nicht durchspülen kann, ist der Abstand b_v zwischen den Spulen auf etwa 0,1 bis 0,05 cm herabzusetzen, um möglichst viel Platz für die Wicklung zu bekommen. Wie ersichtlich, haben wir die Spulen hier erheblich schmaler ausführen müssen, um die Wicklung unterbringen zu können.

Die Stirnverbindungen werden hier am kürzesten, wenn man sie als Kreisevolvente ausführt, die wie folgt konstruiert wird. In einem Abstande $\simeq 2r$ unter den Unterkanten der beiden Spulenseiten schlagen wir zwei Kreise mit den Radien R_o bzw. R_u. Den Radius des Bezugskreises der Evolvente bezeichnen wir mit R_b und den Platz für die Kröpfung mit $h \simeq h_s + r$. Wie die Figur zeigt, verlaufen die Stirnverbindungen als Evolvente zwischen dem Kreis mit dem Radius $R_b + h$ und den Kreisen mit den Radien R_o bzw. R_u. Aus der Polargleichung der Kreisevolventen ergeben sich die Winkel α und β zwischen der Kröpfung und den beiden Spulenseiten in Radianten gemessen zu:

$$\alpha = \left[\sqrt{\left(\frac{R_o}{R_b}\right)^2 - 1} - \operatorname{arc\,tg}\sqrt{\left(\frac{R_o}{R_b}\right)^2 - 1}\right] - \left[\sqrt{\left(\frac{R_b + h}{R_b}\right)^2 - 1} - \operatorname{arc\,tg}\sqrt{\left(\frac{R_b + h}{R_b}\right)^2 - 1}\right];$$

und

$$\beta = \left[\sqrt{\left(\frac{R_u}{R_b}\right)^2 - 1} - \operatorname{arc\,tg}\sqrt{\left(\frac{R_u}{R_b}\right)^2 - 1}\right] - \left[\sqrt{\left(\frac{R_b + h}{R_b}\right)^2 - 1} - \operatorname{arc\,tg}\sqrt{\left(\frac{R_b + h}{R_b}\right)^2 - 1}\right].$$

Es sind nun verschiedene Werte von R_b in diese Gleichungen einzusetzen und $\alpha + \beta$ als Funktion von R_b aufzutragen. Aus dieser Kurve ist dann der Wert von R_b abzugreifen und zu verwenden, bei welchem

$$\alpha + \beta = \frac{y_n}{Z} 2\pi$$

ist.

Es leuchtet ohne weiteres ein, daß

$$R_b \geqq \frac{Z(b_s + b_v)}{2\pi}$$

sein muß, wenn die Wicklung soll untergebracht werden können. Wenn dies nicht der Fall sein sollte, so muß man die Wicklung entweder schmaler machen oder sie, wie die Fig. 55 zeigt, auf einer konischen Fläche anordnen.

Fig. 55. Konisch angeordnete Stirnwicklung.

Die Ausladung der Wicklung ist, wie aus der Fig. 54 hervorgeht

$$L_a = l_i + 3r + 2h_s,$$

und die Länge einer Stirnverbindung

$$L_s \cong \frac{R_o^2 + R_u^2 - 2(R_b + h)^2}{2R_b} + 12r + 6h_s \text{ cm}.$$

Für die Herstellung der Formspulen gibt es verschiedene Verfahren, von denen die gebräuchlichsten im folgenden beschrieben werden sollen.

Erstes Verfahren. Bei sehr dünnen Drähten, die in kleinen Ankern mit halbgeschlossenen Nuten, ähnlich Fig. 39 Nr. 2, eingelegt werden sollen, reicht es aus, die Ankerspulen auf einen passenden viereckigen Rahmen aufzuwickeln. Man erhält dann eine Spule wie die in Fig. 56 dargestellte, bei der man keine Rücksicht auf die radiale Stellung der Nuten genommen hat. Beim Einlegen in die Nut erhalten die Spulenenden von Hand die nötige Kröpfung und die richtige Lage. Sind die Nuten halbgeschlossen, so verlegt man die ganze Isolation in den Nuten selbst, während man bei ganz offenen Nuten die Spulen auf ihren geraden Seiten vorher passend isoliert und nur einen Teil der Isolation in den Nuten selbst verlegt.

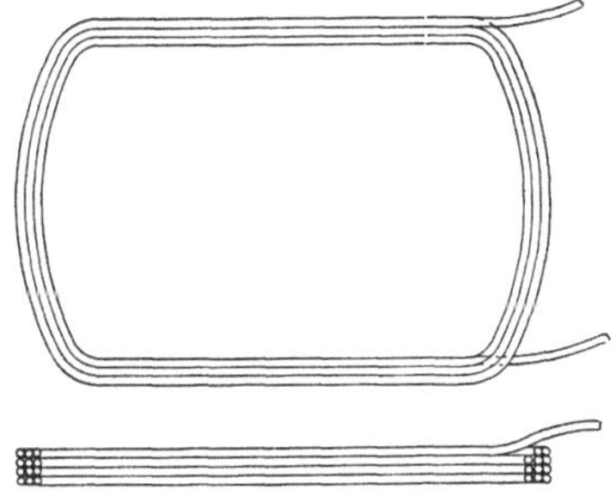

Fig. 56. Einfachste Formspule vor dem Einlegen in die Nuten.

Wie leicht ersichtlich, eignet sich dieses Verfahren nur für reine Mantelwicklungen und kleine vierpolige Maschinen.

Zweites Verfahren. Bei etwas stärkeren Drähten können die Formspulen mittels sogenannter Scherenschablone hergestellt werden.

In Fig. 57a ist ein Teil einer sechspoligen Wicklung mit 40 Nuten, 40 Spulen und $y_n = 6$ dargestellt. Die Spulenseite A liegt in der äußeren und die Seite B in der inneren Hälfte der Nut. Denken wir uns die Spule aus dem Anker herausgehoben und so zusammengedrückt, daß B unter A zu liegen kommt, so erhält sie die Form Fig. 57b und c. Es läßt sich daher folgendes Verfahren für die Herstellung der Spulen anwenden:

Der Draht wird von einem Haspel auf einen um den Punkt O drehbaren Rahmen (Schablone) aufgewickelt, bis die erforderliche Windungszahl erreicht ist. Werden zwei oder mehr Drähte parallel geschaltet, so sind diese gleichzeitig aufzuwickeln. Nun werden die Drähte gewöhnlich durch schmale Bleistreifen an mehreren Stellen in ihrer gegenseitigen Lage festgehalten.

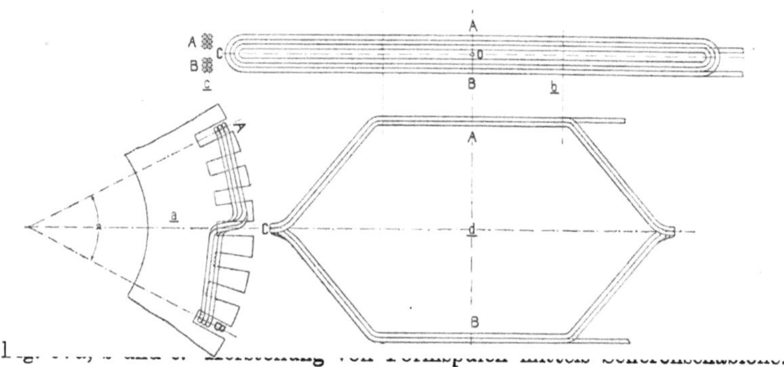

Werden jetzt die Seiten A und B der Spule von dem Rahmen abgenommen und von Hand seitlich auseinander gezogen, so entsteht die im Grundriß ($A\,d\,B$) dargestellte Form. Zu diesem Auseinander-

Fig. 58. Scherenschablone zusammengeklappt.

scheren der Spule kann eine besondere Vorrichtung benutzt werden. Eine solche Vorrichtung ist z. B. im Engl. Patent 7373 vom Jahre 1900 von W. Langdon-Davies und A. Soanes beschrieben. Die innere Spulenseite *B* wird dabei festgehalten und die Seite *A* auf einem Kreisbogen, dessen Radius gleich dem Ankerdurchmesser ist, um die Spulenweite gegen *B* verschoben, wodurch die Seiten *A* und *B* zugleich die richtige radiale Stellung erhalten.

Fig. 59. Scherenschablone ausgezogen.

Einfacher und leistungsfähiger wird dieses Verfahren, wenn das Aufwickeln und Auseinanderscheren der Spule mit derselben Schablone erfolgt.

Die Schablone wird zu dem Zwecke entweder mit Gelenken versehen, die ein Zusammenklappen und, um die radiale Stellung der Spulenseiten einstellen zu können, auch ein Verdrehen der Seiten *A* und *B* um ihre eigene Achse gestatten, oder man stellt die Schablone aus verschiebbaren Teilen her. Diese Gelenkschablonen und Scherenschablonen sind vielfach im Gebrauch.

Eine Scherenschablone ist in Fig. 58 und 59 dargestellt. In der in Fig. 58 wiedergegebenen Stellung wird die Spule gewickelt, wobei die Schablone in dem Lager A drehbar ist. Nachdem die Spule gewickelt ist, wird die Rinne B, in welcher sich die eine Seite

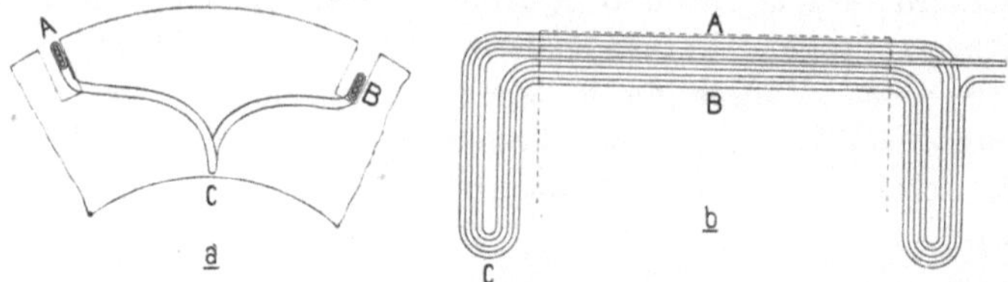

Fig. 60a und b. Herstellung einer Formspule mittels einer Plattenschablone.

der Spule befindet, nach unten ausgezogen und man erhält die aus Fig. 59 ersichtliche Stellung. Aus dieser Figur ist gut zu ersehen,

Fig. 61. Plattenschablone.

wie durch das Auseinanderspreizen der Hebel C und D die Spule die richtige Form erhält.

Drittes Verfahren. Die ersten zwei Verfahren lassen sich nicht mehr anwenden, wenn die Spulenköpfe auf den Stirnseiten des Ankers

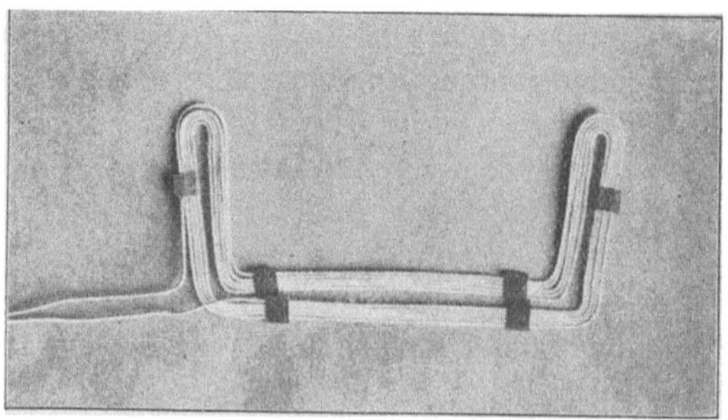

Fig. 62. Auf einer Plattenschablone hergestellte Spule.

abgebogen werden, wie es in Fig. 60a gezeigt ist. Denken wir uns wiederum die Spule so zusammengedrückt, daß B unter A zu liegen kommt, so entsteht Fig. 60b. Diese Spule kann auf einer sog. Plattenschablone gewickelt werden. Diese Schablone, die in Fig. 61 dar-

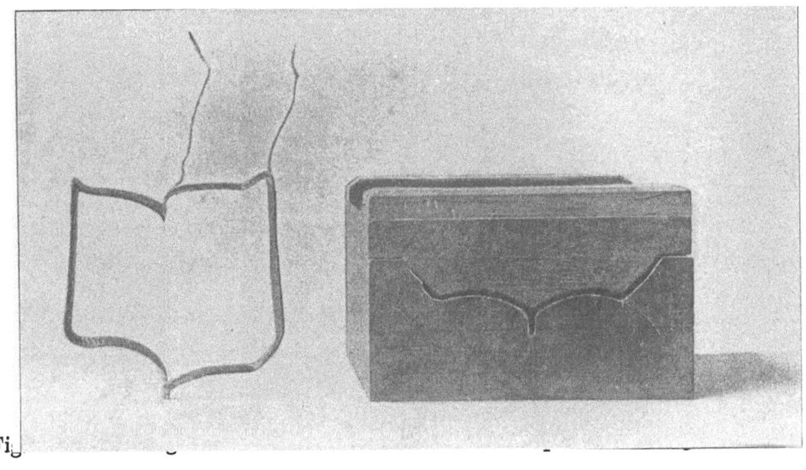

Fi

gestellt ist, besteht aus einer auf einem Tisch um eine Achse drehbaren Messing- oder Zinkplatte, die für die Drahtführung entsprechende Erhöhungen besitzt, so daß die Drähte in die geforderte Lage gewickelt werden können. Da die Schablone drehbar ist und der Wickler, ebenso wie bei dem früheren Verfahren, nur in einer Ebene zu wickeln braucht, ist diese Einrichtung für Massenfabrikation ebenfalls gut geeignet. Nachträglich werden die Spulen in eine zweite hölzerne Schablone gepreßt, die ihnen die endgültige Form gibt.

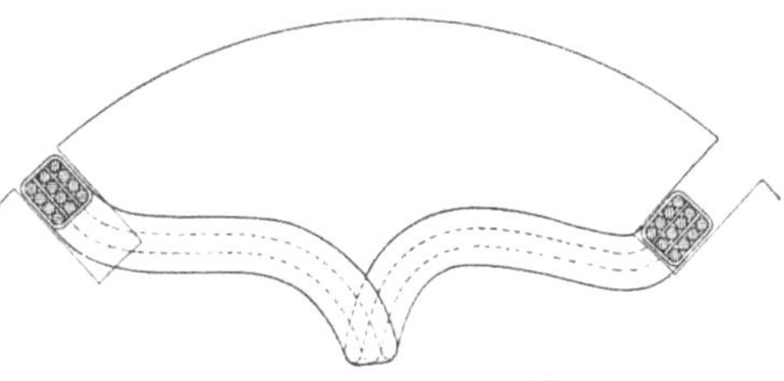

Fig. 64. Drei Spulen der Fig. 62 zusammengelegt.

Die Abbildung einer Spule im zusammengeklappten Zustand und in fertiger Form mit der dazugehörigen zweiteiligen Presse zeigen die Fig. 62 und 63.

Zum Einlegen in die Nuten können nun zwei oder drei Spulen vereinigt und gemeinsam isoliert werden, so daß z. B. eine Anordnung entsteht, wie sie in Fig. 64 für drei Spulen dargestellt ist.

Viertes Verfahren. Während bei den bisherigen Verfahren die Spule erst nach dem Wickeln in die fertige Form gebracht wurde, wird bei dem nachfolgenden Verfahren jeder Draht unmittelbar in die endgültige Form der Spule gewickelt. Diese Herstellungsart hat

Fig. 65 und 66. Wickelschablone in zusammengesetztem und in zerlegtem Zustande.

vor den andern den Vorzug, daß die Isolation bei stärkeren Drähten mehr geschont wird.

Wenn die Wicklung, wie es heute allgemein üblich ist, als reine Mantelwicklung ausgeführt wird, so gestalten sich die Schablonen für eine solche Wicklung sehr einfach.

In Fig. 65 und 66 ist eine solche in zusammengesetztem und in zerlegtem Zustande mit einer Spule abgebildet. Sie besteht aus zwei Teilen. Der untere Teil wird drehbar gelagert; seine obere Begrenzung bilden zwei zylindrische Ebenen, die um den Betrag der Kröpfung der Spule gegeneinander versetzt sind. Der obere Teil ist auf den unteren aufgepaßt und am äußeren Umfange entsprechend dem Platzbedarf und der Form der Spule ausgearbeitet. Für Massenherstellung kann die Wicklung mit zweiteiliger Schablone derart eingerichtet werden, daß für das Auseinanderziehen und Zusammen-

Fig. 67. Fertiger Anker mit Drahtwicklung.

setzen der Schablone eine Fußbewegung des Arbeiters genügt. Ferner wird der Antrieb der Wickelbank so ausgeführt, daß die Schablone nach jedem Fußtritt nur eine halbe Umdrehung macht, so daß der Arbeiter Zeit hat, den Draht an der Kröpfungsstelle zu biegen und die Schablone für eine weitere halbe Umdrehung rasch wieder einzurücken.

Von derart hergestellten Spulen können mehrere nach dem Wickeln vereinigt, gemeinsam isoliert und in eine gemeinsame Nut des Ankers eingelegt werden, wie in Fig. 64 gezeigt wurde. — Schließlich gibt Fig. 67 das Bild eines fertigen Ankers mit Drahtwicklung und zeigt zugleich die Bauart eines Ankerwagens für die Werkstätte.

Dieses Verfahren läßt sich sowohl für reine Mantel- als auch für reine Stirnwicklungen sowie für alle Übergangsformen zwischen diesen beiden Wicklungsarten anwenden.

Um eine möglichst kleine Windungslänge und eine allmähliche Überführung des Drahtes von einer Wicklungsebene in die andere

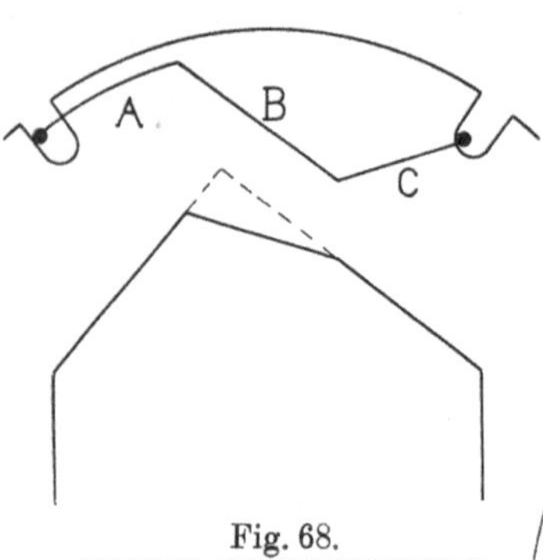

Fig. 68. Hobarts Polygonwicklung.

zu erhalten, biegt z. B. Hobart den Draht des Spulenkopfes, wie in Fig. 68 dargestellt ist, längs drei gleichen Seiten ABC eines Polygons, an dessen Ecke der Draht in leichter Rundung gebogen wird. Die Seite A liegt auf einer zylindrischen, B und C liegen auf einer konischen Fläche.

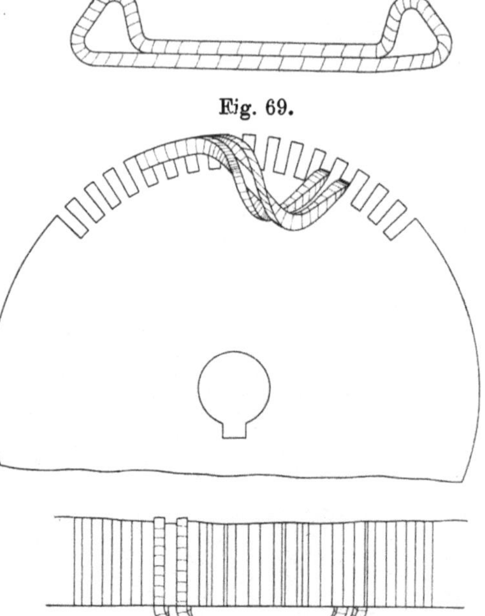

Fig. 69.

Fig. 70.

Fig. 69 u. 70. Herstellung einer Polygonspule mittels einer Plattenschablone.

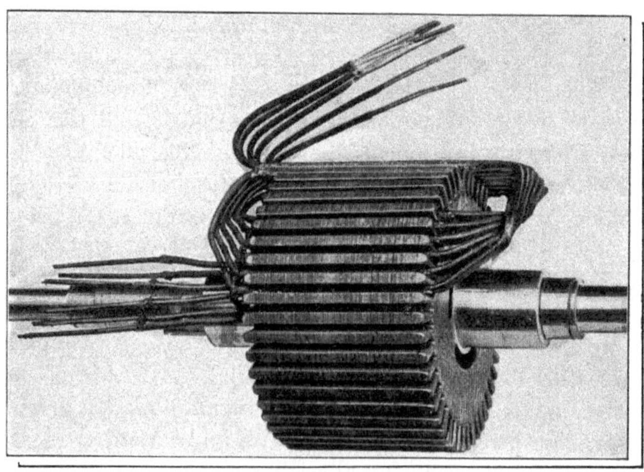

Fig. 71. Westinghouse-Anker mit Polygonspulen.

Die Spule kann in diesem Falle, ebenso wie nach dem dritten Verfahren, auch in einer Ebene gewickelt werden, wie Fig. 69 zeigt. Nach dem Öffnen der Spule erhält sie die in Fig. 70 dargestellte Form. Fig. 71 gibt das Bild eines Ankerkörpers der Westinghouse Electric and Mfg. Co., in den eine Anzahl derartig geformter Spulen eingelegt sind.

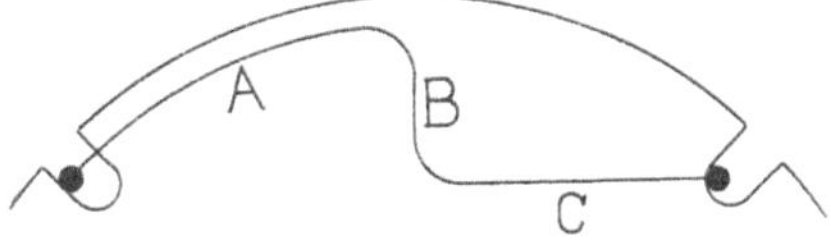

Fig. 72. Schablonenspule der E.-G. Alioth.

Die Neigung und Länge der Seite B in Fig. 68 lassen sich in verschiedener Weise ändern. Es kann z. B. B kürzer als $^1/_3$ der Länge des Spulenkopfes sein und

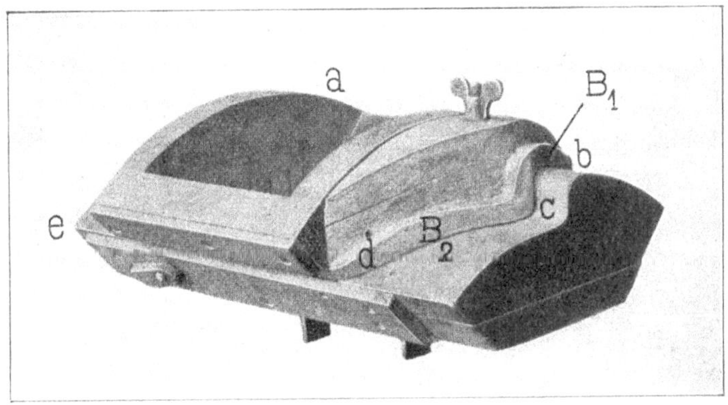

Fig. 73. Schablone der E.-G. Alioth.

radial laufen, wie aus Fig. 72 ersichtlich ist. Durch eine starke Verkleinerung von B kommt man schließlich wieder auf eine Spule mit scharfer Kröpfung zurück.

Eine Schablone der E.-G. Alioth, bei der die Seite B (Fig. 72) schon erheblich verkürzt ist, zeigt Fig. 73. Bei dieser Schablone sind nur für die Spulenseiten *ab* und *ed* Nuten vorgesehen, während die Spulenköpfe offen liegen.

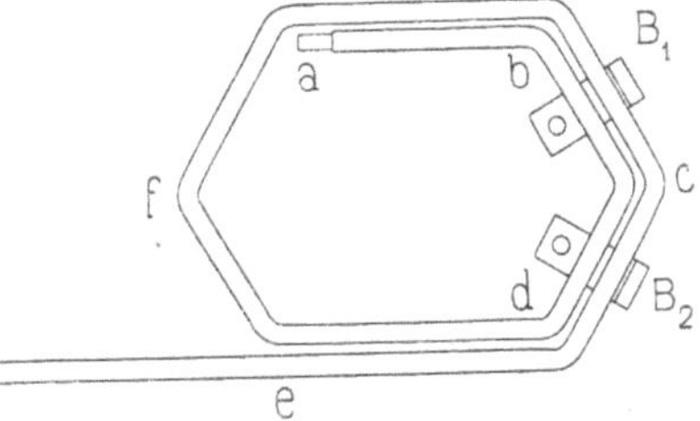

Fig. 74. Schablonenspule der E.-G. Alioth.

Der Vorgang beim Wickeln ist folgender:

Um ein Element zu wickeln (s. Fig. 74) wird bei *a* begonnen und nach *b* gefahren. Weil diese Strecke gerade ist, können die

Drähte mit Leichtigkeit in eine Nut eingelegt werden. Beim Spulenkopf *bcd* ist dies nicht mehr der Fall; hier haben die Drähte nur auf der unteren und inneren Seite gegen die Schablone zu eine feste

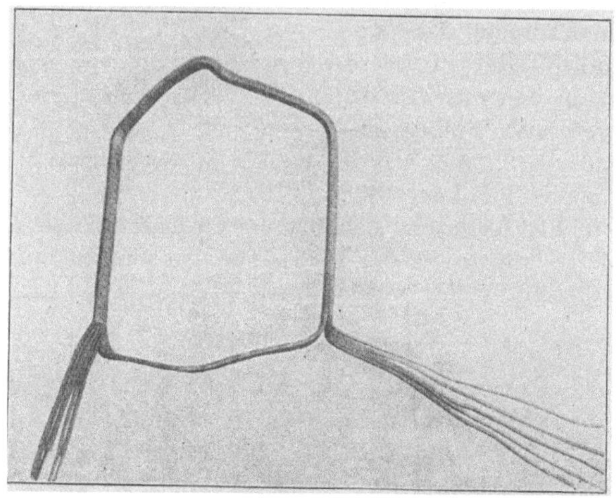

Fig. 75. Fünffache Spule mittels Schablone nach Fig. 72 gewickelt.

Auflage, die zwei äußeren Flächen bleiben offen, um ein bequemes Abbiegen der Drähte zu ermöglichen. Sind die Drähte von *b* bis *c*

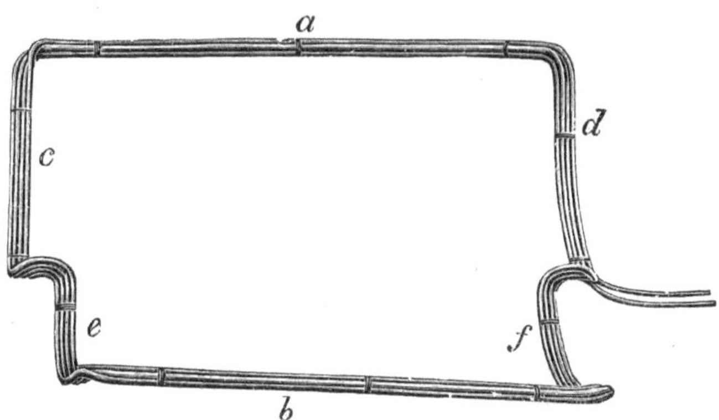

Fig. 76. Spule einer Schablonenwicklung nach Eickemeyer.

und *c* bis *d* abgebogen, so werden sie mittels zweier Klammern B_1 und B_2 festgehalten. Von *d* bis *e* längs der Spulenseite bedarf es keiner weiteren Vorrichtung mehr, da die Drähte in der Nut der Schablone liegen. Der andere Spulenkopf *efa* wird in gleicher Weise wie *bcd* gewickelt. Am Punkte *a* angekommen, geht der Draht in die zweite Windung, die in gleicher Weise wie die erste gewickelt wird.

Das Bild einer auf solcher Schablone gewickelten fünffachen Spule gibt Fig. 75.

Zu den bekanntesten und sowohl für glatte als genutete Anker vielfach angewandten Schablonenwicklungen gehört die von R. Eickemeyer, D. R. P. Nr. 54413 vom 14. Februar 1888.

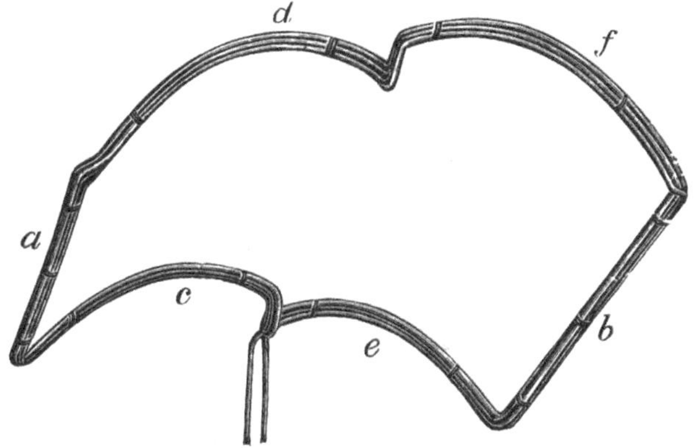

Fig. 77. Spule einer Schablonenwicklung nach Eickemeyer.

In den Fig. 76 und 77 ist die Gestalt der Spule eines zweipoligen glatten Trommelankers mit vier Windungen abgebildet. Die Seiten *a* und *b* liegen am Umfange und die Seiten *c*, *e* und *d*, *f* auf den Stirnseiten der Trommel. Die auf den Stirnflächen liegenden Seiten sind nach Kreisevolventen gekrümmt, wie aus Fig. 77 ersichtlich ist. In der Mitte ist der Draht abgekröpft, so daß bei dem Zusammensetzen der Wicklung die Seiten *c*, *d* in die eine und die Seiten *e*, *f* in die andere Ebene zu liegen kommen. Hierdurch wird eine Berührung der sich kreuzenden Drähte vermieden.

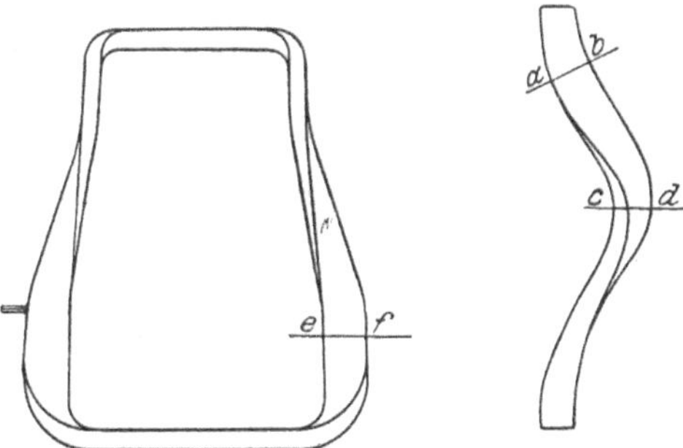

Fig. 78. Schablonenspule nach Karl Weltzl.

Am Umfange der Trommel (Seiten *a* und *b*) liegen zwei Drähte übereinander und zwei nebeneinander, an den Seitenflächen müssen dagegen die vier Drähte übereinander gewickelt werden, damit hier sämtliche Drahtspulen Platz finden.

Denkt man sich die Spule in die Papierebene flach gedrückt und die Drähte auch am äußeren Umfange übereinander gewickelt, so erhält man die Fig. 60b.

Die Ganz'sche Elektrizitäts-A.-G., Budapest, verwendet bei ihren zweipoligen Kleinmaschinen eine eigenartige von Karl Weltzl angegebene Schablonenwicklung[1]), die in den Fig. 78 und 79 dargestellt ist. Im Vergleich mit der bei zweipoligen Maschinen sonst verwendeten Handwicklung bietet diese außer der billigeren Her-

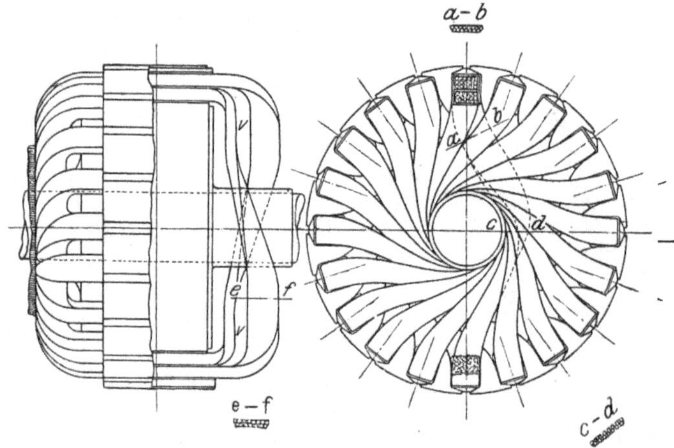

Fig. 79. Anker mit Schablonenspulen nach Fig. 78.

stellung die Vorteile kürzerer Stirnverbindungen und einer vorzüglichen Kühlung, wodurch die durch die Erwärmung begrenzte Leistung der Maschine um 20 bis 25 % erhöht werden kann.

Die Formspulen werden auf eine trapezförmige Holzschablone auf einer Wickelbank gewickelt. Wenn man die in den inneren Nutenhälften liegenden Spulen von dem Austritt aus der Nut an verfolgt, so bemerkt man, daß sie sich auf der Stirnseite allmählich verflachend in axialer Richtung verbreitern (siehe Schnitte c bis d und e bis f). Diese Stücke der Spulen bilden den Übergang über die Welle von der inneren in die äußere Wicklungsebene, und zwar derart, daß die radiale Höhe der aufeinanderliegenden Spulenköpfe kleiner ist als die Summe der dazugehörigen Spulen in der Nut. Hierdurch entsteht der Ventilationsraum V zwischen den beiden Wicklungslagen.

Die Abb. 80 zeigt einen fertig bewickelten Anker. Wie ersichtlich, kann die Luft die Spulen allseitig umspülen und gleichzeitig wirken die Spulenköpfe als Lüfterflügel.

[1]) D.R.P. Nr. 251228.

Stabwicklungen. Wenn der Drahtquerschnitt gewisse Grenzen überschreitet, lassen die Drahtwicklungen sich nicht mehr bequem ausführen und man geht zu Stabwicklungen über.

Fig. 80. Fertiggewickelter Anker mit Schablonenspulen nach Karl Weltzl.

Die Herstellungsart dieser Wicklungen ist wesentlich vom Stabquerschnitt abhängig. Bei kleineren Stabquerschnitten kann eine ganze Windung aus einer Stablänge hergestellt werden, bei großen Stabquerschnitten ist es mit Rücksicht auf das bequemere Herstellen und Zusammensetzen der Wicklung oft zweckmäßig, eine Windung aus zwei oder mehr Teilen zusammenzulöten.

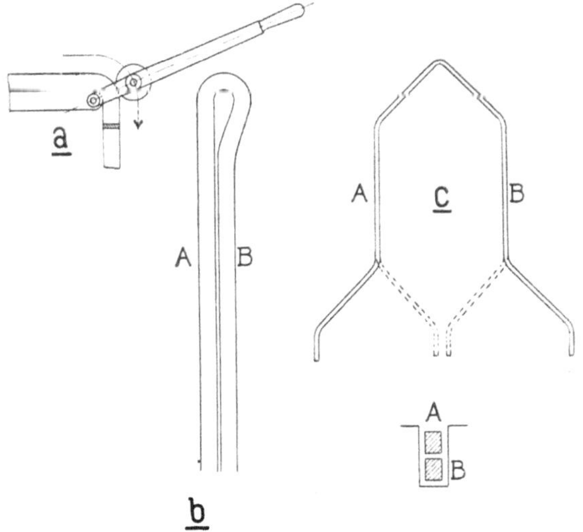

Fig. 81. Herstellung einer Wicklung ohne Lötstelle für eine Mantelwicklung.

Wegen der günstigeren Abkühlungsverhältnisse und der leichteren Herstellung wird die Mantelwicklung gegenüber der Stirnwicklung bevorzugt.

Fig. 81c stellt eine Windung einer Wellenwicklung und, mit den punktiert gezeichneten Abbiegungen, eine Windung einer Schleifenwicklung dar. Liegt der Stab A in der oberen und der Stab B (um den Nutenschritt y_n entfernt) in der unteren Hälfte einer Nut, so können wir diese Windung wie folgt herstellen. Der Kupferstab wird zunächst mittels einer einfachen, in Fig. 81a skizzierten Vorrichtung in kaltem Zustande in die Form Fig. 81b gebogen. Bei starken

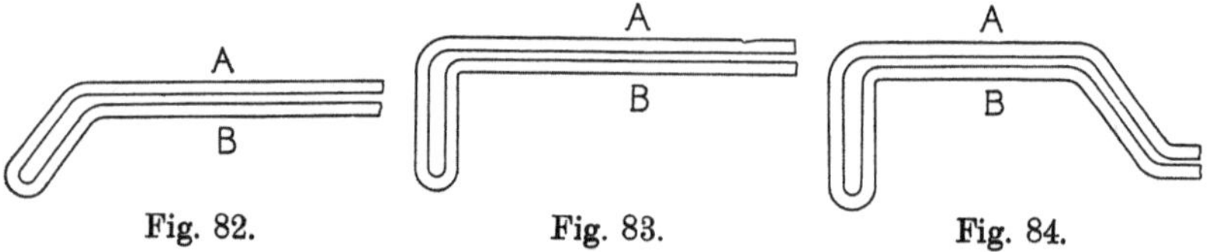

Fig. 82. Fig. 83. Fig. 84.

Fig. 82 bis 84. Herstellung einer Wicklung ohne Lötstelle für Stirnwicklung.

Kupferstäben darf diese Biegung nicht mit einemmal ausgeführt werden, sondern die Biegungsstelle ist nach der ersten Biegung auszuglühen, oder man biegt den Stab in warmem Zustande. — Alsdann

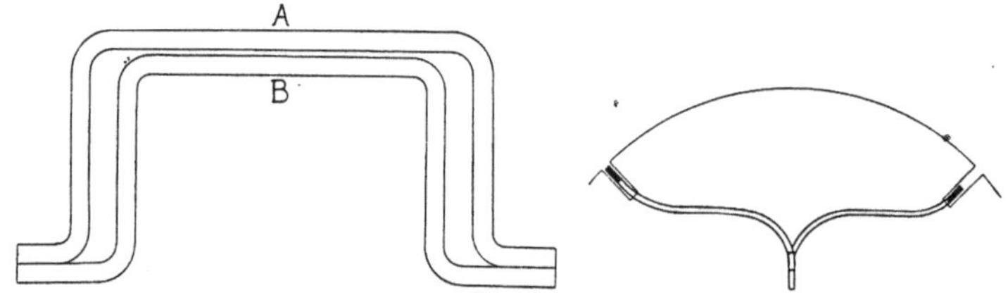

Fig. 85. Stirnwicklung mit Lötstellen auf den Stirnflächen des Ankers.

werden die Schenkel A und B seitlich auseinandergezogen und mittels Schablonen in die endgültige Form, Fig. 81c, gedrückt oder gehämmert.

Soll die Wicklung auf der einen Seite als Stirnwicklung ausgeführt werden, so ist der Stab in die Form Fig. 82 oder Fig. 83

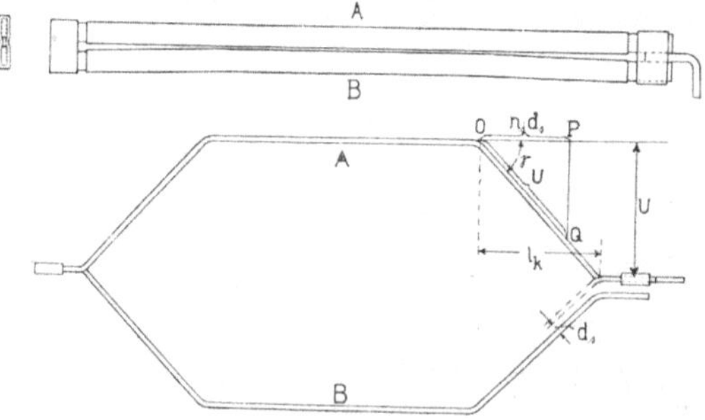

Fig. 86. Mantelstabwicklung mit Lötstellen auf den Stirnflächen des Ankers.

zu biegen, oder in die Form Fig. 84, wenn die Stäbe auch auf der Kommutatorseite, nach den Stirnflächen des Ankers hin, abgebogen werden.

Im letzteren Falle lassen sich die Biegungen besser ausführen und die Wicklung leichter zusammensetzen, wenn eine Windung, wie Fig. 85 zeigt, aus zwei Teilen besteht.

Die Teile A und B sind in allen Fällen entsprechend den Wicklungsschritten seitlich auseinanderzubiegen.

Bei Mantelwicklungen wird, namentlich bei großen Stabquerschnitten, eine Windung häufig aus zwei Stäben zusammengesetzt, wie in Fig. 86 für eine Schleifenwicklung dargestellt ist. Auf der

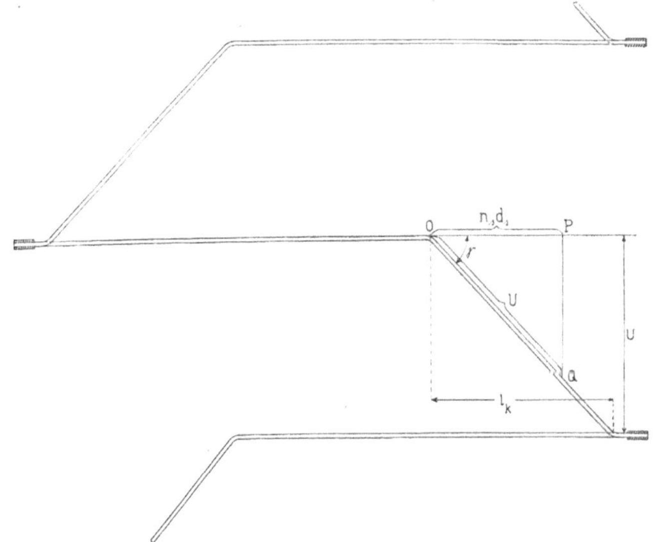

Fig. 87. Mantelwicklung mit zwei verschiedenen Stäben.

hinteren Seite der Wicklung sind, ebenso wie auf der Kommutatorseite, je zwei Stäbe durch einen Kupferbügel zusammengehalten und miteinander verlötet.

Ein Stab, der eine halbe Windung bildet, braucht für eine Wellenwicklung, wie Fig. 87 zeigt, nur auf der einen Seite abgebogen zu werden. Man ermöglicht damit das seitliche Einschieben in halb geschlossene Nuten, bei denen ein unmittelbares Einlegen nicht möglich ist; die Länge l_k des Wicklungskopfes wird dagegen größer.

Die Länge l_k läßt sich wie folgt bestimmen. Bezeichnet d_s die Dicke eines Stabes mit Isolierung einschließlich des Spielraumes zwischen zwei Stäben (Fig. 87), und n_s die Anzahl der Stäbe einer Lage auf der Strecke U, so ist

$$\cos\gamma = \frac{d_s n_s}{U}.$$

Mit diesem Winkel der Abbiegung kann unter Berücksichtigung der Länge der Lötstellen l_k erhalten werden.

16. Isolierung der Ankerwicklung.

Die Ankerwicklung wird mit verschiedenen Isolierhüllen versehen, die wir wie folgt einteilen können.

a) Die Drahtisolation, welche die einzelnen Drähte voneinander isoliert. Sind die Ankerstäbe in mehrere parallelgeschaltete Teilstäbe zerlegt, so unterscheiden wir die Teilstabisolation 1a zwischen den einzelnen Teilstäben von der eigentlichen Drahtisolation 1b, die alle zu einem Ankerstab gehörigen Teilstäbe umschließt.

b) Die Isolation zwischen verschiedenen in einer Spule vorhandenen Wicklungselementen.

c) Die Spulenisolation, die bei der Schablonenwicklung jede Spule umschließt.

d) Die Isolation zwischen den beiden in einer Nut befindlichen Lagen von Spulenseiten.

e) Die Nutenisolation, die die ganze in der Nut untergebrachte Wicklung von dem Eisen isoliert und beim Einlegen der Spulen die Spulenisolation gegen mechanische Beschädigungen schützt.

f) Lackieren, Trocknen und Verkleiden des Ankers.

In Fig. 39 sind diese verschiedenen Isolierhüllen eingezeichnet. Wie aus der Figur zu ersehen ist, kommen bei einer Ankerwicklung nicht immer alle diese Isolierhüllen, sondern nur die durch die Ausführung der Wicklung bedingten zur Verwendung.

Die Isolierhüllen nach b), d) und e) reichen nur bis zu etwa 10 bis 15 mm außerhalb der Nut, die übrigen Isolierhüllen setzen sich meist über die ganze Spule fort.

Wenn wir zunächst von allerlei auch im normalen Betriebe vorkommenden Störungen absehen, so wird die Drahtisolation, Hülle 1, durch die zwischen zwei benachbarte Windungen eines Wicklungselementes auftretende Spannung, die Isolation zwischen den Wicklungselementen durch die Lamellenspannung beansprucht. Zwischen den beiden Lagen von Spulenseiten einer Nut tritt fast die volle Maschinenspannung auf. Zwischen einer Spule und Eisen muß man ebenfalls damit rechnen, daß die volle und nicht nur die halbe Maschinenspannung auftreten kann, weil der eine Pol im Betriebe mit oder ohne Absicht geerdet sein könnte.

Diese Spannungen können wohl einen Anhalt für die Bemessung der Isolierhüllen bieten, für diese Bemessung allein maßgebend sind sie jedoch durchaus nicht. Sie sind nämlich, wenigstens bei den üblichen Maschinenspannungen bis etwa 600 Volt, zunächst an und für sich so klein, daß die Isolierung schon in mechanischer Hinsicht zu schwach ausfallen würde, wenn man sie nur nach diesen Spannungen bemessen wollte. Aber auch mit Rücksicht auf die tatsächlich auftretenden elektrischen Beanspruchungen muß die Isolierung stärker bemessen werden. Es treten nämlich schon in normalem Betriebe stets die folgenden Arten von Überspannungen auf. Erstens entstehen in jeder Leitungsanlage durch atmosphärische Einflüsse sowohl statische Aufladungen, als auch Wanderwellen. Zweitens können bei einer plötzlichen Unterbrechung des Maschinenstromes, infolge des schnellen Verschwindens des Ankerfeldes, Spannungen erzeugt werden, die unter Umständen eine Höhe von mehreren 1000 Volt erreichen.

Mit Rücksicht auf diese im voraus schwer abschätzbaren Überspannungen schreibt der Verband Deutscher Elektrotechniker vor, daß die Isolation so ausgeführt werden soll, daß die Maschine zwischen Wicklung und Eisen die folgenden Prüfspannungen aushält:

Maschinen mit einer im Betrieb höchst vorkommenden Spannung E sollen entweder mit einer Prüfspannung $3E$ oder $1000 + 2E$ und zwar mit der höheren von diesen beiden Spannungen geprüft werden.

Die Maschinen müssen imstande sein, eine solche Probe eine Minute lang auszuhalten. Die Prüfung darf bei kaltem Zustande der Maschine vorgenommen und soll später nur ausnahmsweise wiederholt werden, damit die Gefahr einer späteren Beschädigung vermieden wird.

Zur Prüfung wird eine Wechselspannung von möglichst sinusförmiger Kurvenform und 50 Hertz verwendet. Die Spannung wird so schnell als möglich auf ihren Höchstwert gebracht. Gleitfunken dürfen vor Überschreitung der Nennspannung E um $25\,^0/_0$ nicht auftreten.

Schon während der Herstellung der Wicklung ist diese in angemessenen Zeitabständen fortlaufend auf ihre gute Isolation zu prüfen, um Fehler, die bei der Bearbeitung der Wicklungselemente entstehen können, frühzeitig festzustellen und beseitigen zu können. Besteht eine Spule aus mehreren Windungen, so können sie vor dem Einlegen in die Ankernuten mit einem hauptsächlich zur Untersuchung von Magnetspulen bestimmten Transformator, Fig. 180, daraufhin untersucht werden, ob kein innerer Kurzschluß zwischen den Windungen besteht. Nach dem Einlegen der Ankerspulen werden diese auf „Körperschluß", d. h. auf eine Verbindung mit dem Ankereisen untersucht. Dies geschieht am sichersten mittels eines Prüftransformators oder, wenn ein solcher nicht vorhanden ist, mittels eines Elementes und eines Galvanometers. Die letzte Untersuchung auf Körperschluß wird bei völlig fertiger Ankerwicklung vorgenommen.

Man darf nun aber nicht die Isolation nur unter dem Gesichtspunkte bemessen, daß sie diese Prüfspannung mit genügender Sicherheit aushalten kann. Man muß vielmehr danach streben, die Dicke der Isolation so klein, als die Spannungsbeanspruchungen es gerade erlauben, zu halten, denn jedes Zehntel Millimeter, mit dem die Dicke der Isolation den wirklich erforderlichen Wert übersteigt, bedeutet eine unnütze und nicht unwesentliche Verteuerung, welche die Wettbewerbsfähigkeit der Maschine vermindert. Diese Verteuerung wird nicht durch die verhältnismäßig geringen Kosten der Isolation selbst hervorgerufen, sondern durch den Platz, den die Isolation in den Nuten einnimmt. Eine Vergrößerung der für die Isolation erforderlichen Raumbeanspruchung bedeutet nämlich eine Verminderung des Kupferquerschnittes und dadurch eine Verminderung der Leistung oder, bei konstant gehaltener Leistung, eine Vergrößerung und Verteuerung der Maschine.

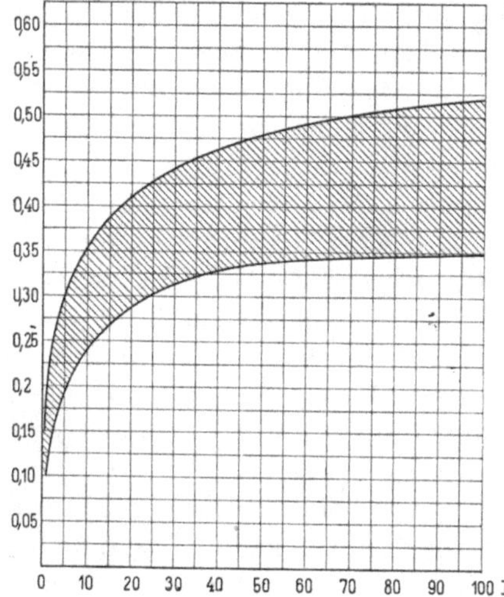

Fig. 88. Füllfaktor nach Hobart.

Einen Maßstab für die Ausnützung des Nutenraumes gibt das Verhältnis des Kupferquerschnittes einer Nut zum ganzen Nutenquerschnitt. Man kann dieses Verhältnis mit Füllfaktor der Nut bezeichnen. Seine Größe hängt von der Spannung, Drehzahl und Leistung der Maschine, bzw. von der Größe und Form des Drahtquerschnittes, der Zahl der Drähte je Nut, der Nutenform und ferner von der Geschicklichkeit ab, mit der die Isolierung ausgeführt wird.

In der Fig. 88 ist der Füllfaktor der Nuten von Maschinen bis herauf zu 75 kW Leistung nach H. M. Hobart[1]) als Funktion der Leistung aufgetragen. Die obere Kurve gilt für 100 Volt, die untere für 600 Volt Klemmenspannung. Der Füllfaktor nähert sich der unteren Grenze oder wird noch kleiner, je höher die Spannung, je größer die Zahl der Nuten und je geringer die Sorgfalt bei der Aus-

[1]) Traction and Transmission.

führung und bei der Wahl der Isolierstoffe ist. Die angegebenen Grenzen gelten, wenn eine Prüfspannung von 2000 bzw. 3600 Volt für Maschinen von 100 bzw. 600 Volt verlangt wird.

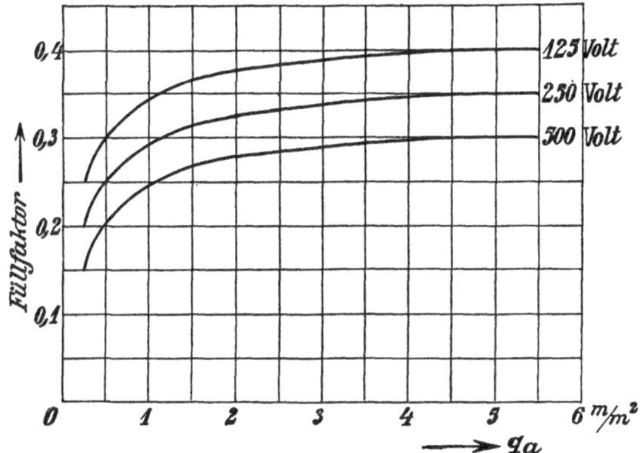

Fig. 89. Füllfaktor für Drahtwicklungen.

Da die Prüfspannungen heute, wie oben angegeben, bedeutend kleiner gewählt werden und die Herstellungsverfahren mit der Zeit

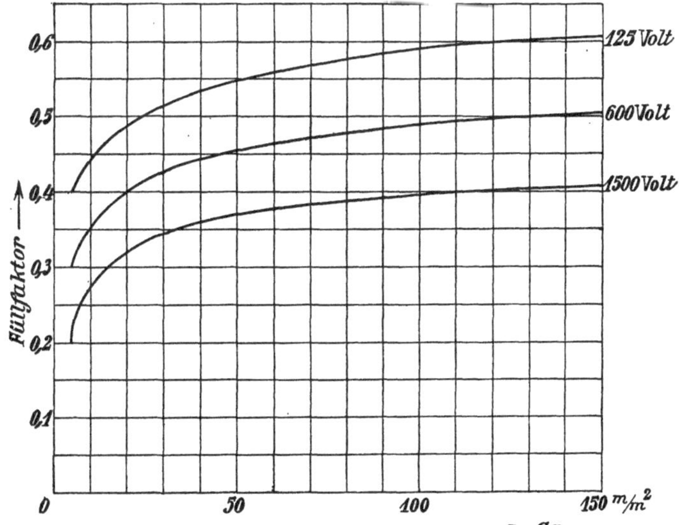

Fig. 90. Füllfaktor für Stabwicklungen.

verbessert worden sind, kann man bei modernen Maschinen höhere Werte des Füllfaktors, wie die Fig. 89 für Drahtwicklungen und Fig. 90 für Stabwicklungen zeigt, erreichen. Es sind dort die erreichten Füllfaktoren für moderne Maschinen normaler Ausführung als Funktion des Querschnittes der einzelnen Drähte bzw. Stäbe aufgetragen. Bei der Berechnung des Füllfaktors ist der Platz für den Keil nicht mitgerechnet.

Um die Abmessungen einer Nut für eine gegebene Anzahl Drähte zu bestimmen, ist es am einfachsten, zu berechnen, wieviel zu der Kupferbreite und zu der Kupferhöhe aller Leiter addiert werden muß, um die Nutenweite bzw. die Nutenhöhe zu erhalten. Diese hinzuzufügenden Längen sind ein besseres Maß für die Stärke der Isolation als der Füllfaktor. Hierbei sind die für die Drahtbandage nötige Isolation und Vertiefung der Nut bzw. die Keilhöhe getrennt zu berücksichtigen.

Übliche Gesamtstärken der Isolation für Stabwicklungen und verschiedene Spannungen gibt die folgende Tabelle.

Anzahl der nebeneinanderliegenden Stäbe einer Nut	1	2	3	4	5
Klemmenspannung	Nutenweite = Gesamt-Kupferbreite plus				
125 Volt	2,5 mm	3,0 mm	3,5 mm	4,0 mm	4,5 mm
250 „	2,8 „	3,4 „	4,0 „	4,6 „	5,2 „
550 „	3,2 „	4,0 „	4,8 „	5,6 „	6,4 „
750 „	3,8 „	4,6 „	5,4 „	6,2 „	7,0 „
1500 „		6,5 „	7,5 „	8,5 „	9,5 „

Die Isolierung wird sehr verschieden ausgeführt und sollen hier nur einige Beispiele der gebräuchlichsten Anordnungen (Fig. 91 bis 98) beschrieben werden. Nachher sollen die Verfahren zur Isolierung der verschiedenen Teile näher besprochen werden.

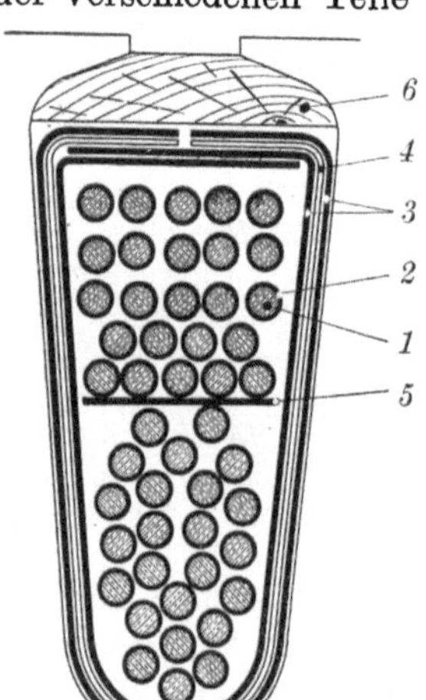

Fig. 91. Handwicklung 220 Volt.

1. Weicher Runddraht.
2. 2 mal Baumwolle besponnen und 1 mal Lack getränkt.
3. Preßspan geölt = 0,15 mm.
4. Öltuch = 0,2 mm.
5. Baumwolltuch geölt = 0,4 mm.
6. Holzkeil.

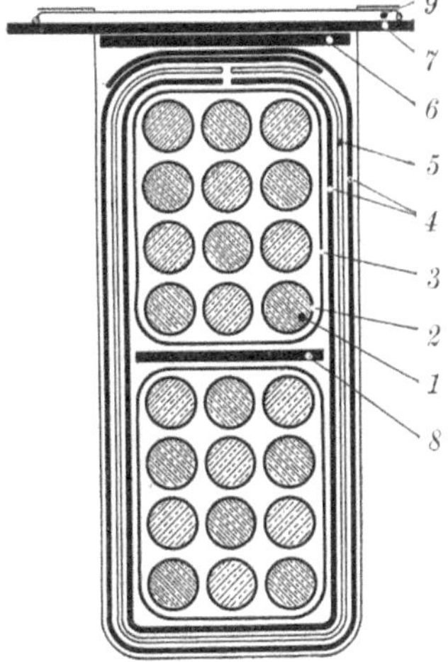

Fig. 92. Schablonenwicklung für 440 Volt Normalmotor.

1. Weicher Runddraht.
2. 2 mal Baumwolle besponnen und 1 mal Lack getränkt.
3. Baumwollband $^1/_2$ überlappt und im Lack getränkt = 0,4 mm.
4. Preßspan geölt = 0,2 mm.
5. Öltuch = 0,2 mm.
6. Leatheroid, lackiert = 0,4 mm.
7. Reinglimmer = 0,2 mm.
8. Preßspan geölt = 1,0 mm.
9. Drahtband aus verzinntem Stahldraht.

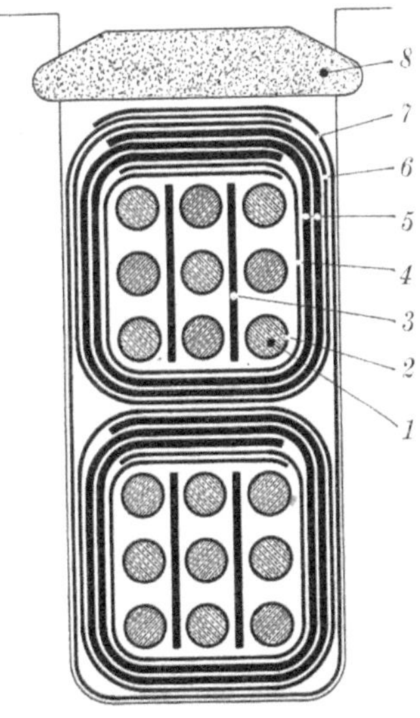

Fig. 93. Schablonenwicklung mit Tropenisolation.

1. Weicher Runddraht.
2. 2 mal Baumwolle besponnen und 1 mal Lack getränkt.
3. Preßspan geölt = 0,1 mm.
4. Ölleinwand $1^1/_4$ mal umwickelt = 0,2 mm.
5. Micafolium $2^1/_4$-, $3^1/_4$- oder $4^1/_4$ mal umwickelt und nachher in warmen Eisenformen gebacken, je nach der Spannung, = 0,4 mm bis 0,8 mm.
6. Baumwollband $^1/_4$ überlappt und im Lack getränkt = 0,3 mm.
7. Preßspan geölt = 0,15 mm.
8. Fiberkeil.

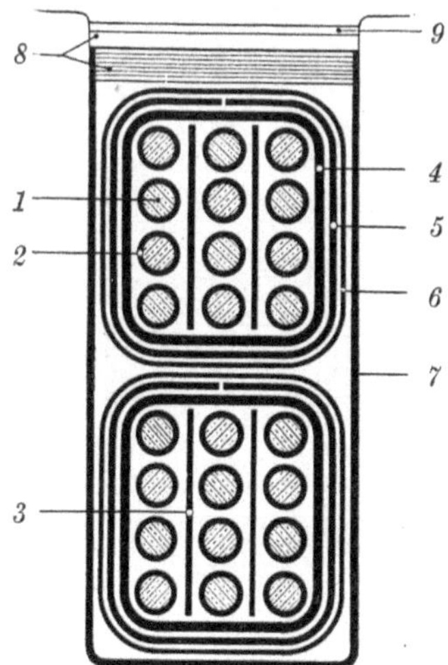

Fig. 94. Schablonenwicklung für Bahnmotor. 500 Volt.

1. Weicher Runddraht.
2. 2 mal Baumwolle besponnen und 1 mal Lack getränkt.
3. Ölpapier = 0,1 mm.
4. 2 mal mit Baumwollband bewickelt und mit Isolierlack getränkt = 0,4 mm.
5. Rahmen aus flexiblem Mikanit = 0,3 mm.
6. Baumwollband $^1/_4$ überlappt und im Lack getränkt = 0,3 mm.
7. Leinwand = 0,3 mm.
8. Karton 1,0 und 1,5 mm.
9. Drahtband = 0,6 mm.

500 Volt Stabwicklung wird ebenso isoliert. Prüfspannung kalt 5000 Volt: 1 Minute, Prüfspannung warm 3000 Volt: 1 Minute.

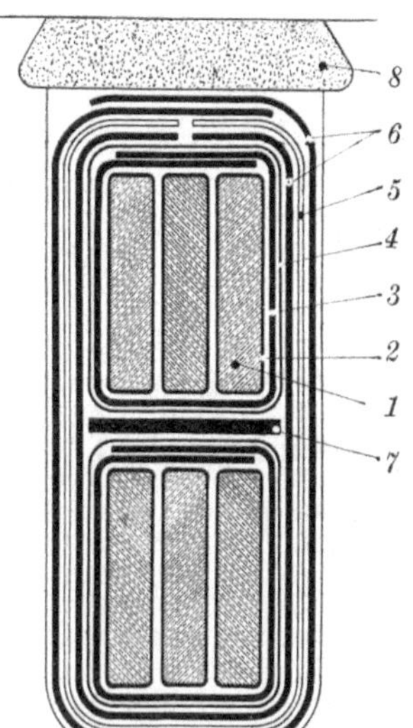

Fig. 95. Normale Stabwicklung für 440 Volt.

1. Weicher Kupferstab mit abgerundeten Ecken und ohne Lötstelle auf die Rückseite des Ankers.
2. Baumwollband $^1/_2$ überlappt und im Lack getränkt = 0,4 mm.
3. Ölleinwand $1\,^1/_4$ mal umwickelt = 0,2 mm.
4. Baumwollband $^1/_4$ überlappt und im Lack getränkt = 0,3 mm.
5. Öltuch = 0,2 mm.
6. Preßspan geölt = 0,2 mm.
7. Preßspan geölt = 0,5 mm.
8. Fiberkeil.

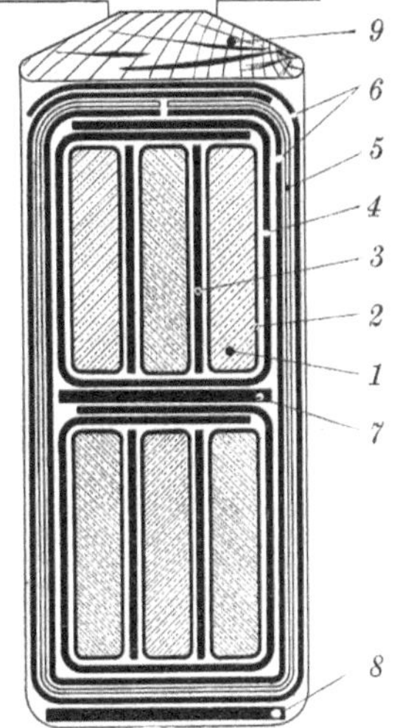

Fig. 96. Sonderisolation für Stabwicklung in halbgeschlossenen Nuten, 440 Volt.

1. Weicher Kupferstab mit gut abgerundeten Ecken und ohne Lötstelle auf die Rückseite des Ankers.
2. Baumwollband $^1/_2$ überlappt und im Lack getränkt = 0,4 mm.
3. Ölpapier = 0,1 mm.
4. Ölleinwand 1 $^1/_4$ mal umlegt = 0,2 mm.
5. Öltuch = 0,2 mm.
6. Preßspan geölt = 0,2 mm.
7. Preßspan geölt = 1,0 mm.
8. Preßspan geölt = 0,5 mm.
9. Holz- oder Fiberkeil.

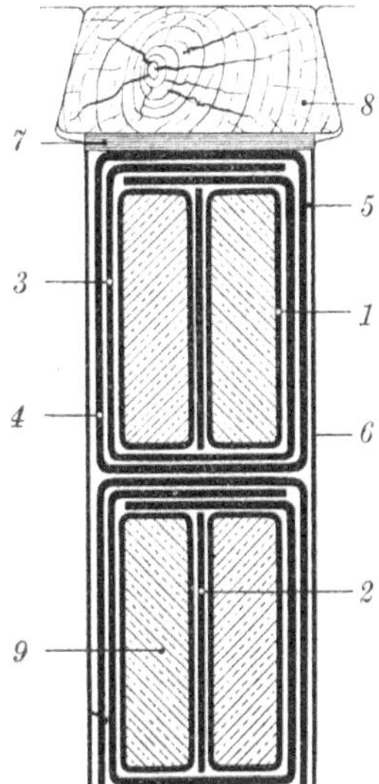

Fig. 97. Stabwicklung für 500 Volt.

1. Baumwollband $^1/_2$ überlappt und im Lack getränkt = 0,4 mm.
2. Geöltes Papier = 0,1 mm.
3. Röthpapier = 0,2 mm und geölte Leinwand = 0,3 mm.
4. Baumwollband $^1/_2$ überlappt und im Lack getränkt = 0,4 mm.
5. Spielraum = 0,1 mm.
6. Karton = 0,2 mm.
7. Karton = 0,5 mm.
8. Holzkeil.
9. Weicher Kupferstab mit gut abgerundeten Ecken.

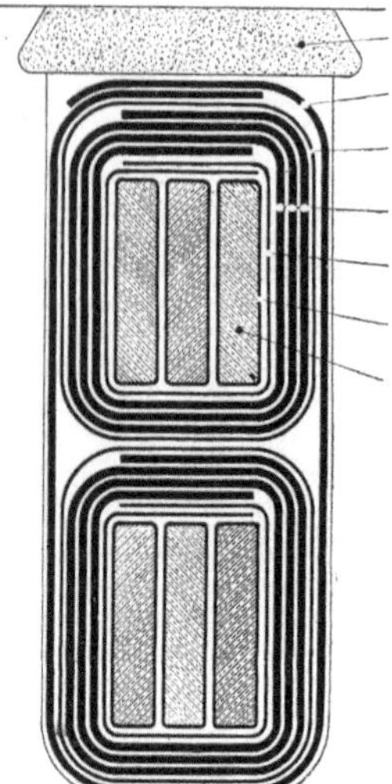

Fig. 98. Stabwicklung mit Tropenisolation.

1. Weicher Kupferstab mit gut abgerundeten Ecken und ohne Lötstelle auf der Rückseite des Ankers.
2. Baumwollband $^1/_2$ überlappt und im Lack getränkt = 0,4 mm.
3. Ölleinwand $1\,^1/_4$ mal umwickelt = 0,2 mm.
4. Micafolium $2\,^1/_4$-, $3\,^1/_4$- oder $4\,^1/_4$ mal umwickelt und nachher in warmen Eisenformen gebacken; je nach der Spannung 0,4 bis 0,8 mm.
5. Baumwollband $^1/_4$ überlappt und im Lack getränkt = 0,3 mm.
6. Preßspan geölt = 0,2 mm.
7. Fiberkeil.

a) **Die Drahtisolation** wird meistens durch Bespinnung oder Umklöppelung mit Baumwolle oder durch Bewicklung mit halbüberlappenden Baumwollbändern hergestellt. Die folgende Tabelle zeigt die Vergrößerung des Durchmessers von runden Drähten durch die Umspinnung.

Durchmesserzunahme in mm.

Umspinnung mit ungebleichter Baumwolle Nr.	160	100	60	50
1 mal umsponnen	0,10	0,13	0,17	0,20
2 „ „	0,20	0,26	0,32	0,40
3 „ „	0,30	0,39	0,51	0,60
1 „ umsponnen, 1 „ umklöppelt	0,60	0,63	0,67	0,70
2 „ umsponnen, 1 „ umklöppelt	0,70	0,76	0,82	0,90

Für flache Drahtquerschnitte ist zu berücksichtigen, daß die Bespinnung auf der flachen Seite nicht fest anliegt; die Isolation trägt daher hier bis $2 \times 0{,}05 = 0{,}10$ mm mehr auf als auf der Hochkantseite.

Bei der Berechnung des Raumbedarfes der Drähte sind wegen Unebenheiten der Sicherheit halber noch etwa 0,05 bis 0,10 mm je Draht zuzugeben.

Die doppelte Bespinnung ist für kleine Drahtquerschnitte die gebräuchlichste, die dreifache Bespinnung oder die ein- und zweifache Bespinnung mit Beklöppelung kommt bei höheren Spannungen und mechanischer Beanspruchung des Drahtes, wie z. B. bei Straßenbahnmotoren und Ankern mit Handwicklung und dickeren Drähten, in Betracht. Gewöhnlich wird eine Bespinnung mit 60er oder 50er Baumwolle gewählt. Die dünneren Bespinnungen mit 160er und 100er Baumwolle werden nur bei verhältnismäßig kleinen Maschinen, d. h. wenn die Drahtstärke und die Spannung je Windung klein sind, verwendet.

Bei sehr kleinen Drahtquerschnitten verwendet man auch Emailledrähte, bei denen eine bessere Raumausnützung als bei den mit Baumwolle umsponnenen Drähten erreicht wird. Die Isolation dieser Drähte besteht aus einem isolierenden Überzug, der ein emailleartiges Aussehen besitzt, obwohl er sich von den mit diesem Namen sonst bezeichneten Stoffen durch seine große Biegsamkeit unterscheidet. Der Emailledraht wird mit sehr verschiedenen Querschnitten von den dünnsten bis herauf zu einem Durchmesser von 1,5 mm hergestellt. Er gibt einen höheren Füllfaktor als sämtliche Baumwolldrähte und ist bis herauf zu 0,8 mm Durchmesser auch dem einfach mit Seide besponnenen Draht überlegen. Die Dicke der isolierenden Schicht beträgt im Mittel nur 0,015 bis 0,025 mm, je nach dem Durchmesser des Drahtes. Die Durchschlagsspannung zweier miteinander verseilter Drähte von 1,2 mm Durchmesser gegeneinander beträgt in trockenem Zustande 2500 bis 3000 Volt. Die Isolation ist unempfindlich gegen Feuchtigkeit, Säure und höhere Temperaturen, gegen Alkalien ist sie jedoch nicht widerstandsfähig.

Die Drähte können auch, statt mit Emaille, mit dem beispielsweise von der Elektrizitäts-Gesellschaft m. b. H. Stotz & Cie., Mannheim-Neckarau, hergestellten Cellonlack überzogen werden. Dieser Lack besitzt eine hohe Widerstandsfähigkeit gegen elektrische und mechanische Beanspruchungen, ist schwer brennbar, sehr elastisch und wird in der Kälte nicht brüchig. Dieser Lack wird in sehr verschiedenen Arten und Konzentrationsgraden hergestellt und kann deshalb für sehr verschiedene Zwecke wie für Isolierung, Durchtränkung und Schutz gegen Feuchtigkeit, Oxydation und mechanische Beschädigung verwendet werden. Er trocknet sehr schnell, in der Luft binnen 1 bis 2 Stunden. Er wird von Fetten, Ölen, Petroleum, Benzin und Terpentin nicht angegriffen.

Leiter von großem Querschnitt werden von nackten Kupferstangen abgeschnitten, auf Schablonen in die Spulenform gebogen und von Hand oder mittels einer Wickelmaschine isoliert. Zur Isolierung dienen für diesen Sonderzweck besonders dünn gewebte Baumwollebänder oder Streifen von mit einem Isolierlack getränktem Baumwolltuch, von Ölleinwand oder von Ölpapier, die mit Überlappung spiralförmig um den Stab gewickelt werden.

Wenn die Stäbe aus mehreren, parallelgeschalteten Teilstäben bestehen, werden sie ebenfalls in dieser Weise gemeinsam mit Isolierstreifen umwickelt. Die Isolierung zwischen den einzelnen Teilstäben kann entweder durch zwischengelegte Streifen aus 0,1 mm starkem Preßspan oder durch Überziehen der Teilstäbe mit einem Isolierlack erfolgen.

Neuerdings wird die oben erwähnte Baumwollumspinnung oft sowohl bei Runddraht als auch bei Vierkantstäben durch umsponnene Streifen von dünnem Papier ersetzt. Hierdurch erzielt man eine bessere Raumausnützung und trotzdem eine höhere Widerstandsfähigkeit gegen elektrische Beanspruchungen. Da das Papier jedoch bei schärferer Biegung des Drahtes leicht reißt, ist es fraglich, ob diese Art der Isolierung in der Zukunft eine allgemeinere Verbreitung finden wird.

b) Die Isolation zwischen den Wicklungselementen besteht bei allen Spannungen bis 600 Volt meist aus einem Streifen von 0,1 mm dickem Preßspan. Dieser Streifen wird jedoch nur für den Teil der Spule, der in der Nut liegt, vorgesehen. In den Stirnverbindungen werden die Wicklungselemente nicht so hart gegeneinander gepreßt wie in der Nut, und es kann deshalb dort von einer besonderen Isolierung zwischen den Wicklungselementen abgesehen werden. Bei 750 Volt und höheren Spannungen werden die Wicklungselemente die ganze Spule hindurch durch 0,2 mm oder noch dickere Zwischenlagen, bestehend aus in Öl gekochtem Preßspan oder Öltuch voneinander isoliert.

c) Die Spulenisolation. α) Bei von Hand ausgeführten Stirnwicklungen wird keine besondere Spulenisolation vorgesehen. Es werden hier nur Lappen von geöltem Baumwolltuch zwischen die verschiedenen Lagen der Stirnverbindungen gelegt.

β) Bei Schablonenwicklungen wird bei allen Spannungen bis 440 Volt zuerst eine Lage geöltes Baumwolltuch um den in der Nut befindlichen Teil der Spule so gelegt, daß eine vollständige Überlappung an der oberen Seite der Spule entsteht, d. h. im ganzen wird $1^1/_4$ Lage untergebracht.

Hiernach wird dann die ganze Spule mit zur Hälfte überlapptem Baumwollband umwickelt und schließlich die fertig isolierte Spule in gewöhnlichen Isolierlack oder Cellonlack getaucht (vgl. Fig. 95).

Bei Maschinen für Bahnbetrieb und andere Betriebe, in welchen hohe Spannungen vorkommen, werden die Spulen auf dem geraden Teil mit mehreren Lagen Micafolium umwickelt, die außen durch eine Lage 0,1 mm Preßspan geschützt wird. Hiernach wird der gerade Teil der Spule in warmen Eisenformen so hart zusammengepreßt, daß die Spulenseite einen festen Querschnitt erhält, der außen von Glimmer umgeben ist. Um bei Spulen aus Runddrähten alle Hohlräume auszufüllen, müssen diese vor dem Umwickeln mit Micafolium zuerst kompoundiert werden. Dies wird in der Weise ausgeführt, daß man die Spulen in einen geschlossenen Eisenkessel hineinbringt, der teilweise mit Kompoundmasse gefüllt ist, die durch Dampfheizung flüssig gehalten wird. Nachdem dann die Spulen durch Erhitzen im Vakuum gut getrocknet sind, taucht man sie (ohne das Vakuum aufzuheben) in die flüssige Isoliermasse und läßt nun Dampf oder Preßluft auf die Isoliermasse einwirken, so daß diese alle Hohlräume der Spulen ausfüllt.

Nachdem die Spule mit der Micahülle versehen ist, isoliert man die ganze Spule mit überlapptem Baumwollband und tränkt schließlich die fertig isolierte Spule zuerst mit gewöhnlichem Isolierlack und nachher mit einem Decklack von größerer mechanischer Festigkeit (vgl. Fig. 93 und 98). Diese Isolation eignet sich auch sehr gut für Maschinen, die in den Tropen arbeiten sollen.

d) Die Isolation zwischen den Spulenseiten einer Nut. α) Bei Handwicklungen fehlt die Spulenisolation, und die Isolation zwischen den Spulenseiten muß deshalb mit besonderer Sorgfalt ausgeführt werden. Um eine möglichst gute Raumausnützung bei den hier meistens in Frage kommenden runden Drähten zu bekommen, empfiehlt es sich, für diese Isolationsschicht biegsame Stoffe zu wählen. Man verwendet deshalb eine Zwischenlage aus geöltem Baumwolltuch und zwar bei 110 Volt eine und bei 220 Volt und darüber zwei Lagen. Man kann auch eine Lage von 0,2 mm geölten Preßspan anstatt der einen der beiden Öltuchlagen verwenden.

β) Bei Schablonenwicklungen genügt schon die Spulenisolation für die Isolierung der beiden Spulenseiten voneinander. Man kann deshalb im allgemeinen von einer besonderen Isolationsschicht absehen oder sich mit einem etwa 0,5 mm dicken Streifen aus Leatheroid oder Preßspan begnügen. Dieser Streifen hat dann hauptsächlich die Aufgabe, zu verhindern, daß die rauhen Oberflächen der Spulenisolation unmittelbar miteinander in Berührung kommen und mit der Zeit abgenutzt werden.

e) Die Nutenisolation. α) Bei Handwicklungen kann die Nutenisolation bis 440 Volt aus zwei Lagen von 0,2 mm dickem, geöltem Preßspan mit einer Zwischenlage von geöltem Baumwolltuch ausgeführt werden.

β) Bei Schablonenwicklungen bis 440 Volt nimmt man für kleinere Maschinen nur zwei Lagen 0,2 mm geölten Preßspan und legt bei größeren Maschinen ein Stück geöltes Baumwolltuch dazwischen. Bei Maschinen für 600 bis 1500 Volt wird man schon die Spulenisolation so

6*

stark wählen müssen, daß man für die Nutenisolation nur eine Lage von 0,2 mm Preßspan zur Erleichterung des Einlegens der Spulen vorzusehen braucht.

f) Lackieren, Trocknen und Verkleiden des Ankers. Die fertig gewickelten Anker werden entweder ganz in Isolierlack getaucht, oder sie erhalten einen lufttrocknenden Isolieranstrich. Das erstere geschieht namentlich mit kleinen für höhere Spannungen gewickelten Ankern.

Es ist notwendig, den Anker vor dem Eintauchen in den Lack im Trockenofen oder im Vakuumtrockenapparat gründlich zu trocknen. Das Austrocknen hat hier nicht bloß den Zweck, die Feuchtigkeit zu entfernen, sondern es unterstützt gleichzeitig das Ansaugen des Lackes. Der Anker (ohne Drahtbänder) soll so lange im Lack bleiben, bis keine Luftblasen mehr aufsteigen. Es wird dazu als erster Lack vielfach dünnflüssiger Japan-A-Lack oder Armalack und als Lack zum zweiten Tränken Elektralack, Sterling-Lack oder Exzelsior-Lack verwendet.

Nach jedem Tränken muß der Anker 6 bis 12 Stunden bei 80 bis 90° C getrocknet werden. Die Lacke geben der Wicklung eine große mechanische Festigkeit.

Wenn es sich nur um einen Lackanstrich handelt, ist ein vorhergehendes Trocknen nicht durchaus notwendig, obwohl es öfter geschieht. Als Anstrichlack wird lufttrocknender Japan-C-Lack, Sterling-Lack, Exzelsior-Lack, Kopal-Lack und Schellack verwendet. Hinsichtlich des letzteren ist wegen seines Wassergehaltes Vorsicht geboten.

In manchen Fällen, z. B. bei Straßenbahnmotoren, wo die Wicklung gegen das Eindringen von Staub und Feuchtigkeit geschützt werden muß, oder wenn das Eindringen von Kupferstaub auf der Kommutatorseite verhindert werden soll, bedarf der Anker noch einer besonderen Verkleidung.

Die freien Spulenköpfe werden in diesem Falle mit Segeltuch, das in Leinöl getränkt wurde und noch einen Lackanstrich erhält, verkleidet. Am Umfange des Ankers und des Kommutators wird das Tuch durch Drahtbänder gehalten.

17. Befestigung der Ankerwicklung.

Damit die Wicklung durch die meist ziemlich große Fliehkraft nicht herausgeschleudert werden kann, müssen besondere Anordnungen zu ihrer sicheren Befestigung vorgesehen werden, und zwar haben wir hierbei zwischen der Befestigung des Nuteninhaltes und der Stirnverbindungen zu unterscheiden.

a) Befestigung des Nuteninhaltes. Die hierfür erforderlichen Anordnungen richten sich nach der Ausführung der Nut. Bei halbgeschlossenen Nuten, wie die Ausführungen nach Fig. 39 zeigen, wird der Nuteninhalt durch das Ankereisen selbst mit genügender Sicherheit gehalten. Haben die Nuten dagegen eine mehr oder weniger offene Form, wie andere Ausführungen dieser Figur zeigen, dann muß der Nuteninhalt entweder, wie die Ausführungen 2, 6, 8, 9, 10, 11 und 12 zeigen, mittels eines Keiles oder, wie bei den Ausführungen 3, 4, 5 und 7, mit Bandagen befestigt werden.

Die Keile werden meist aus weißer oder schwarzer Fiber, Hagebuchen-, Ahorn- oder Pockholz hergestellt. Das Holz soll frei von Astknoten und sonstigen Unregelmäßigkeiten sein. Es muß vor der Benutzung im Vakuumofen getrocknet und noch heiß in zweimal gekochtes Leinöl getaucht werden. Um ein Verziehen der Keile zu verhindern, ist es zu empfehlen, sie aus mehreren Stücken verschiedener Faserrichtung zusammenzusetzen.

Bei größeren Umfangsgeschwindigkeiten hat man versucht, vom Ankereisen isolierte Bronzekeile zu verwenden, sie haben sich jedoch, infolge der in ihnen entstehenden Wirbelströme, nicht bewährt.

Zur Unterdrückung des bei offenen Nuten, besonders bei grober Nutenteilung und kleinem Luftspalt, leicht entstehenden lästigen Geräusches kann man Keile aus zusammengenieteten Eisenblechen verwenden. Zwischen den Nutenwänden und dem Keil werden hier Stücke aus Fiber oder Holz eingelegt, die sowohl die Einschiebung des Keiles erleichtern, als auch eine für die Kommutierung schädliche, vollständige magnetische Schließung der Nut verhindern sollen. Solche Keile können ihrer umständlichen Herstellung wegen jedoch nur für sehr große Maschinen in Betracht kommen. Die beste Lösung ist in diesem Falle, zu halbgeschlossenen Nuten, wie Nr. 11 Fig. 39, überzugehen.

Die aus Holz oder ähnlichen, die Wärme schlecht leitenden Stoffen hergestellten Keile haben den schwerwiegenden Nachteil, daß sie die Wärmeabgabe des Ankers nicht unwesentlich erschweren. Da dies eine Verteuerung der Maschine bedeutet, ist es in dieser Hinsicht vorteilhafter, statt der Keile Bandagen zu verwenden. Letztere haben aber anderseits die Nachteile, daß sie bei Ausbesserungen an der Wicklung umständlich zu entfernen und wieder aufzubringen sind und daß sie bei sehr großen Maschinen nicht ohne große Schwierigkeiten aufgewickelt werden können.

Die Bandagen werden meistens aus Draht von hoher Zugfestigkeit, wie Messing-, Siliziumbronze- oder Stahldraht von 0,6 bis 1,6 mm Durchmesser hergestellt. Der letzte ist, wenigstens unter den Polen, seiner magnetischen Leitfähigkeit wegen, weniger geeignet; denn hierdurch wird eine beträchtliche Erhöhung der ohnedies in den Bandagen auftretenden Wirbelströme verursacht.

Die Fig. 99 zeigt ein einfaches, die Fig. 100 ein doppeltes Drahtband. An der für das Drahtband vorgesehenen Stelle wird in den Eisenkern eine etwa 2 mm tiefe Rille eingedreht. Zur Isolation des Bandes von der Wicklung wird vor dem Aufwickeln ein Streifen aus Preßspan, Leatheroid, Mikaleinen oder Glimmer in die Rille um den Anker gelegt. Der Streifen soll auf jeder Seite des fertigen

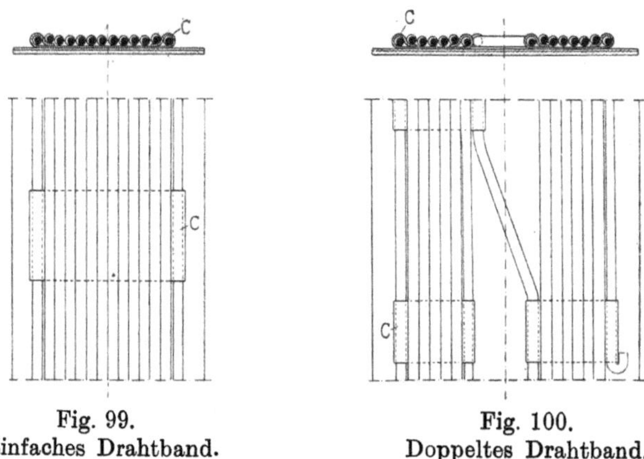

Fig. 99.
Einfaches Drahtband.

Fig. 100.
Doppeltes Drahtband.

Bandes etwa 2 bis 3 mm vorstehen. Das Drahtband wird durch Aufwickeln des über Rollen laufenden, stark angespannten Drahtes hergestellt. Die Drähte werden an mehreren Stellen des Umfanges, in Abständen von etwa 20 bis 30 cm, durch untergelegte Messingbleche *c*, deren Kanten, wie die Abbildungen zeigen, um die äußersten Drähte gebogen sind, zusammengehalten und ringsum miteinander verlötet. Der Anfang und das Ende des Drahtes werden um ein solches Blech scharf umgebogen.

Die Drahtbänder, die im magnetischen Felde liegen, dürfen nicht breiter als 15 oder höchstens 25 mm gewählt werden, da sie sonst durch die Wirbelströme so stark erwärmt werden können, daß die Verlötung schmilzt.

b) Befestigung der Stirnverbindungen. Bei Mantelwicklungen werden die Stirnverbindungen meistens durch umgelegte Drahtbänder befestigt. Wenn der Ankerdurchmesser etwa 200 bis 250 cm übersteigt, ist es jedoch ziemlich umständlich, Drahtbänder aufzuwickeln. Auch können diese nicht nachgespannt werden, wenn sie durch Schrumpfung der Wicklung allmählich locker werden sollten. In solchen Fällen empfiehlt es sich, die Drähte in den Nuten durch Keile und außerhalb derselben durch geteilte, leicht abnehmbare und auflegbare Bänder aus Stahl- oder Messingblech zusammenzuhalten.

Die Fig. 101 veranschaulicht eine Bandkonstruktion, bei der die

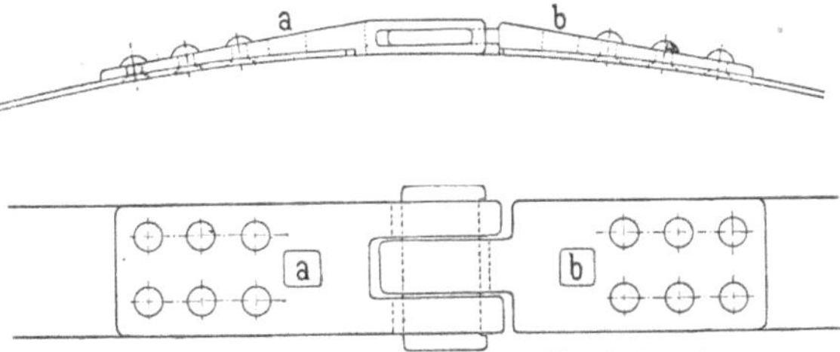

Fig. 101. Keilverschluß für Drahtbänder.

Bandenden mittels eines Keilschlosses zusammengehalten werden. Das Anspannen des Bandes erfolgt durch eine Zange mit großer

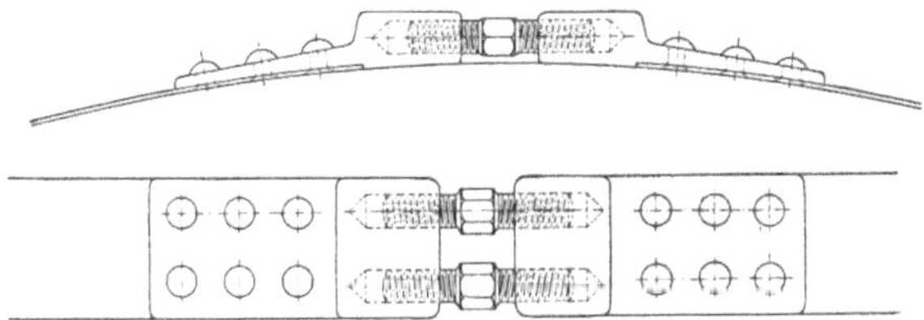

Fig. 102. Schraubenverbindung für Drahtbänder.

Hebelübersetzung, welche in die Vertiefungen *a* und *b* des Keilschlosses eingreift. An Stelle des Keiles können links- und rechtsgängige Schrauben, wie die Fig. 102 zeigt, treten.

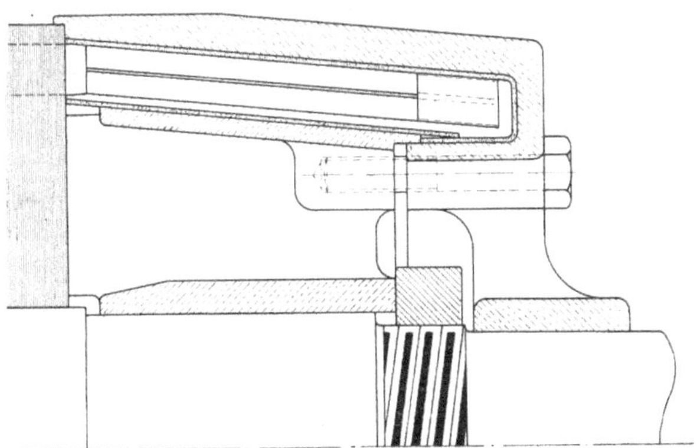

Fig. 103. Kappe zum Festhalten der Stirnverbindungen eines Turbogenerators.

Bei Turbogeneratoren genügen Bandagen wegen der hier sehr großen Fliehkraft nicht mehr, und man ist gezwungen, übergezogene Zylinder aus Bronze zu verwenden. Es ist wichtig, die Stirnverbindungen so fest zu pressen, daß ein „Arbeiten" der Wicklung ausgeschlossen ist. Es wird das dadurch erreicht, daß man die Kappen innen ein wenig konisch ausbildet, so daß beim Aufschieben der-

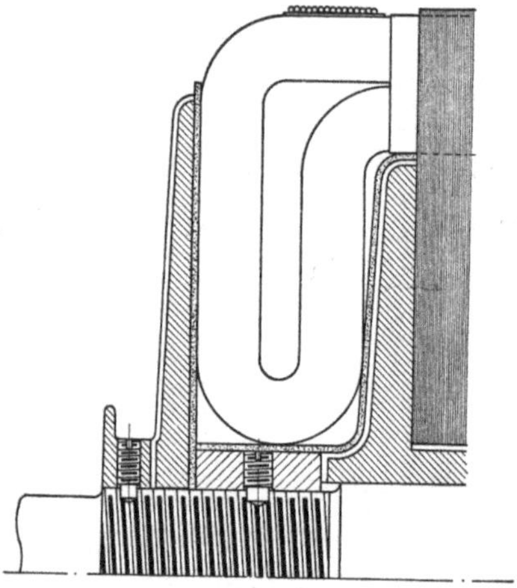

Fig. 104. 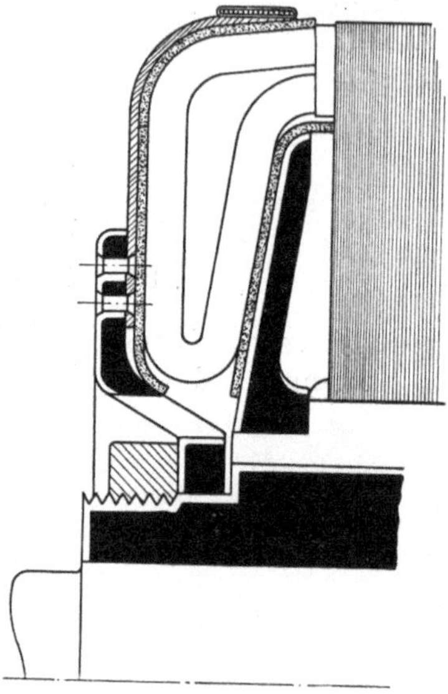 Fig. 105.

Fig. 104 u. 105. Anordnungen zum Festhalten der Endverbindungen einer Stirnwicklung.

selben die Wicklung fest zusammengepreßt wird. Zur sicheren Zentrierung der Kappen werden sie an ihren äußeren Enden mit dem Ankerstern oder der Welle, wie Fig. 103 zeigt, verbunden.

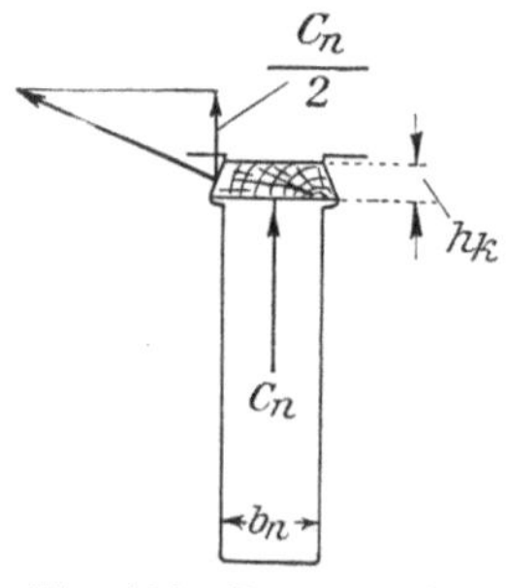

Fig. 106. Beanspruchung eines Nutenkeiles.

Bei Stirnwicklungen müssen die Stirnverbindungen in axialer Richtung gegen den Anker zu gepreßt werden. Es kann dies, wie die Fig. 104 und 105 zeigen, durch einen gegossenen Ring geschehen, der mittels angegossener Rippen mit einer Nabe verbunden ist. Die Nabe sitzt auf der Welle und wird durch aufgeschraubte Ringe gehalten.

c) Festigkeitsberechnungen. Die oben beschriebenen Befestigungsanordnungen werden durch die Fliehkraft der Wicklung und ihrer eigenen Masse auf Festigkeit beansprucht. Bei den Befestigungsanordnungen für die Stirnverbindungen bei Stirnwicklungen kann die Fliehkraftbeanspruchung vernachlässigt werden, bei den anderen Befestigungsanordnungen geschieht die Berechnung dieser Beanspruchung wie folgt, wobei die auf S. 36 angegebenen Bezeichnungen gelten.

α) Die Keile. Jeder Keil (Fig. 106) wird wie ein Balken mit der Länge b_n cm der Nutenweite, der Breite l_1 cm der Ankerlänge und der Höhe h_k cm betrachtet, der an den Zähnen festgehalten, jedoch nicht eingespannt ist. Es wird angenommen, daß dieser Balken mit der Fliehkraft des Nuteninhaltes in der Mitte belastet wird.

Die Biegungsbeanspruchung wird dann:

$$\sigma_b = 30\, v^2 \cdot \frac{D - h_z}{D^2} \cdot \frac{G_k}{Z} \cdot \frac{b_n}{l_1 h_k^2} \text{ kg/cm}^2, \tag{4}$$

oder angenähert

$$\sigma_b = 30 \frac{v^2}{D} \cdot \frac{G_k}{Z} \cdot \frac{b_n}{l_1 h_k^2} \text{ kg/cm}^2. \tag{4a}$$

Für Holzkeile geht man mit der Beanspruchung bis etwa 60 kg/cm². Bei schmalen Keilen empfiehlt es sich auch, die Schubbeanspruchung

$$\sigma_s = 20\, v^2 \cdot \frac{D - h_z}{D^2} \cdot \frac{G_k}{Z} \cdot \frac{1}{2\, l_1 h_k} \text{ kg/cm}^2, \tag{5}$$

oder angenähert

$$\sigma_s = 10 \frac{v^2}{D} \cdot \frac{G_k}{Z\, l_1 h_k} \text{ kg/cm}^2 \quad . \tag{5a}$$

nachzurechnen. Diese beiden Beanspruchungen sollen jedoch nicht zusammengesetzt werden, weil die erstgenannte in der Mitte, die letztere dagegen an den Befestigungsstellen des Keiles auftreten.

β) Die Bandagen. Diese werden auf Zug mit

$$\sigma_\mathfrak{z} = \left[3{,}25 \frac{G_k}{F_B} \cdot \frac{D - h_z}{D^2} + 0{,}01\gamma\right] v^2 \text{ kg/cm}^2, \tag{6}$$

oder angenähert

$$\sigma_\mathfrak{z} = \left(3{,}25 \frac{G_k}{F_B D} + 0{,}01\gamma\right) v^2 \text{ kg/cm}^2 \tag{6a}$$

beansprucht, worin F_B der Querschnitt sämtlicher Bandagen in cm² bedeutet. Je nachdem die Bandagen die ganze Wicklung oder nur die Stirnverbindungen festhalten, ist für G_k das Gewicht der ganzen Ankerwicklung oder nur das der Stirnverbindungen einzusetzen. Bronzebandagen lassen sich heutzutage mit einer Zugfestigkeit von 7000 bis 8000 kg/cm² ausführen.

γ) Die Wicklungskappen. Diese werden ebenfalls einer Zugbeanspruchung ausgesetzt, die nach der für die Bandagen geltenden

Formel (6) berechnet wird. Während dort γ das spezifische Gewicht der Bandagen bedeutete, ist hier für γ das spezifische Gewicht der Wicklungskappen einzusetzen.

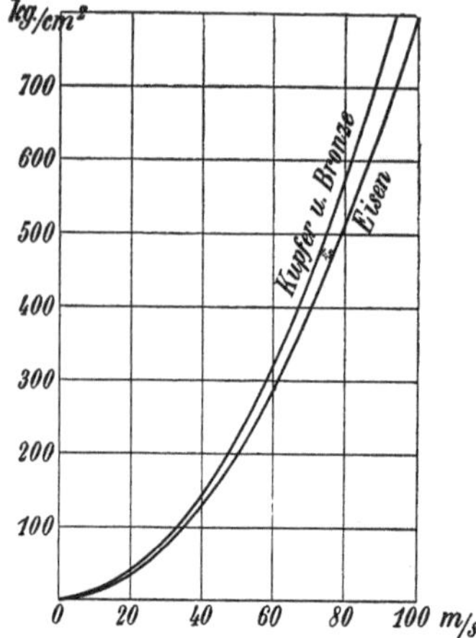

Fig. 107. Zugbeanspruchung durch die Fliehkraft der eigenen Masse.

In der Fig. 107 ist die allein durch die Fliehkraft der eigenen Masse hervorgerufene Zugbeanspruchung

$$\sigma = 0{,}01\,\gamma\, v^2 \text{ kg/cm}^2 \qquad (6\text{b})$$

für Bronze und Stahl als Funktion der Umfangsgeschwindigkeit v aufgetragen. Hierbei ist γ für Bronze gleich 9, für Stahl gleich 8 gesetzt worden.

18. Anordnung der Ausgleich- und Äquipotentialverbindungen.

Wie in Bd. I gezeigt wurde, soll jede Schleifenwicklung mit Ausgleichverbindungen und jede mehrfache Wellenwicklung mit Äquipotentialverbindungen ausgeführt werden. Beide Verbindungen sollen an ebenso viele Punkte der Ankerwicklung angeschlossen sein, als diese Stromzweigpaare a besitzt. Je nach den Kommutierungsverhältnissen ordnet man eine Ausgleichverbindung für jede oder nur für jede zweite oder dritte Nut an. Bei den Äquipotentialverbindungen kann man mit der Zahl der Verbindungen weiter heruntergehen, bei kleinen einfachen Maschinen sogar bis auf etwa sechs.

Was den Querschnitt der Ausgleichverbindungen anbetrifft, so bemißt man diesen sowohl mit Rücksicht auf die Kommutierungsverhältnisse als auch mit Rücksicht auf die Anzahl der Verbindungen. Es reicht jedoch allgemein aus, den Querschnitt der Ausgleichverbindungen gleich $^1/_5$ bis $^1/_3$ des Querschnittes der Ankerleiter zu bemessen. Die Äquipotentialverbindungen der Wellenwicklungen können noch dünner gehalten werden.

Die Ausgleichverbindungen können auf der Kommutator- oder auf der Rückseite des Ankers angeordnet werden. Im ersten Falle werden sie an die Kommutatorlamellen, im zweiten Falle an die Kröpfungsstellen der Spulen angeschlossen. Mit Rücksicht auf die Zugänglichkeit ist es zweckmäßiger und daher meist üblich, die Ausgleichverbindungen auf der Rückseite des Ankers unterzubringen.

Ist die Anzahl a der an jede Ausgleichverbindung anzuschließenden Anschlußpunkte an die Wicklung klein oder gar nur gleich 2, so werden die Ausgleichverbindungen, besonders wenn ihre Anzahl groß ist, d. h. gleich $\frac{K}{a}$ oder $\frac{Z}{a}$ ist, wie die Stirnverbindungen der Ankerwicklung ausgeführt. Man kann die Ausgleichverbindungen dann genau wie diese Stirnverbindungen entweder in radialer oder in axialer

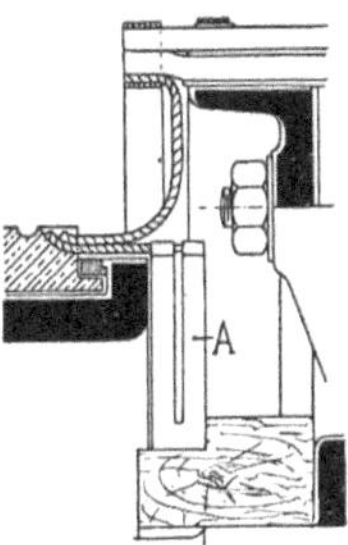

Fig. 108. Ausgleichverbindungen zwischen Anker und Kommutator.

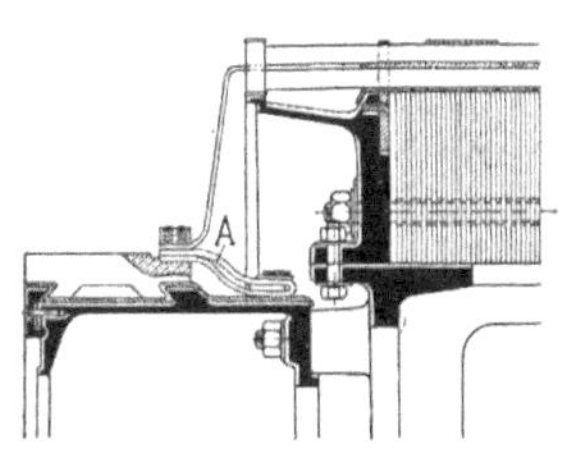

Fig. 109. Ausgleichverbindungen auf der Kommutatorbüchse.

Richtung führen. Die Ausgleichverbindungen sollen so kurz wie möglich sein, und sie werden deshalb nach denselben Gesichtspunkten wie die Stirnverbindungen ausgeführt. Die Befestigung geschieht auch in ähnlicher Weise wie bei diesen.

Fig. 108 und 109 veranschaulichen den Einbau der Ausgleichverbindungen, wenn sie in derselben Weise wie die Stirnverbindungen der Ankerwicklung ausgeführt sind, und zwar wenn die Ausgleichverbindungen an der Kommutatorseite angeordnet sind. In Fig. 108 bestehen die Verbindungen, wie in Fig. 63 Bd. I, aus Kupfergabeln, die mittels Drahtstücken an den Kommutator angeschlossen

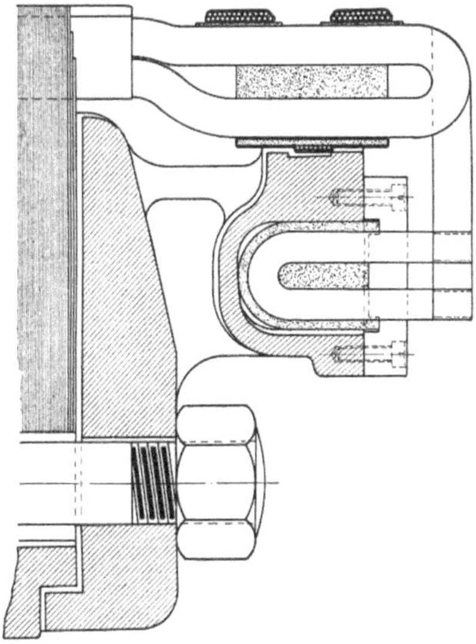

Fig. 110. Ausgleichverbindungen in der Preßplatte auf der Rückseite des Ankers.

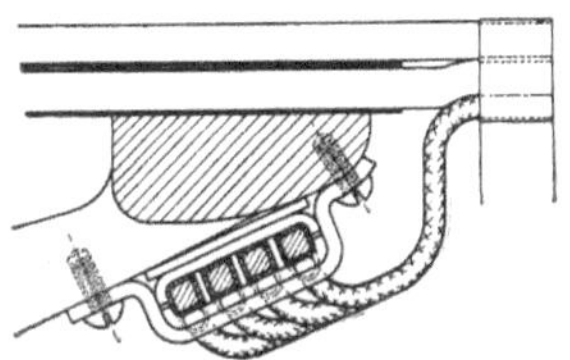

Fig. 111. Ausgleichverbindungen auf der Rückseite des Ankers.

sind. In Fig. 109 bestehen die Ausgleichverbindungen aus Drähten, die in zwei Ebenen angeordnet sind. Die Drähte *A* liegen auf dem Umfange der Kommutatorbüchse.

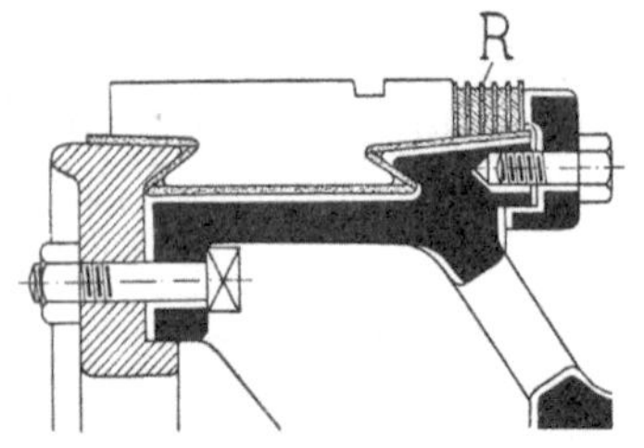

Fig. 112. Ausgleichringe hinter dem Kommutator.

Fig. 110 und 111 zeigen dieselbe Art der Anordnung der Ausgleichverbindungen, aber auf der Rückseite des Ankers angeordnet. In Fig. 110 bestehen die Ausgleichverbindungen aus gebogenen Kupferblechen, welche in einer Aussparung der Ankerpreßplatte untergebracht sind. Sie sind mittels Blechstreifen an die Ankerstäbe angeschlossen. In Fig. 111 bestehen die Ausgleichverbindungen aus Kabeln, die an den Rippen der Ankerpreßplatte durch Bügeln befestigt sind.

Fig. 113. Ausgleichringe auf der Rückseite des Ankers.

Ist die Anzahl a der Anschlußpunkte an die Wicklung groß, dann kann die Menge des erforderlichen Leitungsstoffes erheblich verringert werden, wenn man besondere Ausgleichringe verwendet an die die zu verbindenden Punkte gemeinschaftlich angeschlossen werden. Diese Ausgleichringe können entweder, wie die Fig. 112 zeigt, unmittelbar hinter dem Kommutator oder, wie die Fig. 64,

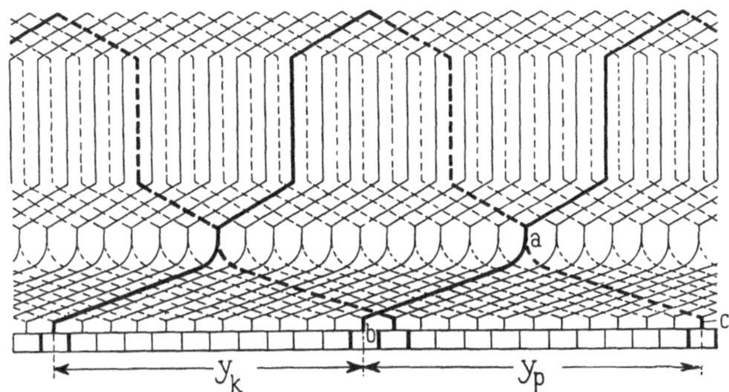

Fig. 114. Ausgleichverbindungen, wenn alle Lamellen angeschlossen werden.

Bd. I und die Fig. 113 zeigen, auf der Rückseite des Ankers angeordnet werden.

Werden alle Lamellen an Ausgleichverbindungen angeschlossen, so ergibt sich nach Ausführungen der Maschinenfabrik Oerlikon die Stabwicklung Fig. 114, mit drei Verbindungen (a, b, c) zu jeder Lamelle.

Viertes Kapitel.

Bau des Kommutators.

19. Allgemeines über die Ausführung des Kommutators.

An den Kommutator muß in erster Linie die Forderung gestellt werden, daß er bei allen Belastungen funkenfrei laufen soll. Denn wenn er dieser Forderung nicht genügt, muß der Kommutator zur Beseitigung der Brandmarken häufig abgedreht werden und, abgesehen von den Betriebsunterbrechungen und Kosten, die hiermit verbunden sind, wird er hierdurch in kurzer Zeit so weit abgenutzt, daß er bald gegen einen neuen ausgewechselt werden muß.

Für einen funkenfreien Lauf ist die gute mechanische Ausführung des Kommutators eine ebenso notwendige Voraussetzung, wie die richtige Abwägung der elektrischen und magnetischen Verhältnisse für die Kommutierung. Ziemlich heftige Feuererscheinungen können nämlich leicht dadurch hervorgerufen werden, daß der Kommutator nicht vollkommen rund ist, wodurch die Bürsten bei jeder Umdrehung etwas vom Kommutator abgestoßen werden, und zwar ist dies besonders bei den raschlaufenden Kommutatoren zu beachten. Dieselbe Erscheinung tritt auf, wenn der Kommutator sich verzieht, so daß einzelne Lamellen, wenn auch nur unbedeutend, vor den anderen vorstehen, oder wenn die Lamellen schneller abgenutzt werden als die dazwischenliegende Isolation. Mit anderen Worten, wir müssen darnach streben, den Kommutator so zu gestalten, daß er sich in mechanischer Hinsicht wie ein massiver, vollkommen runder Rotationskörper verhält.

Es leuchtet ohne weiteres ein, daß man zur Lösung dieser Aufgabe sowohl der konstruktiven Durchbildung, als auch der Herstellung des

Kommutators besondere Sorgfalt und Aufmerksamkeit widmen muß, denn der Kommutator besteht aus vielen, oft aus mehreren Hundert Lamellen, die gegeneinander gut isoliert sein müssen. Die Aufgabe wird noch dadurch erschwert, daß die Lamellen, auch wenn Vorkehrungen zu ihrer Kühlung getroffen werden, sich mehr erwärmen und deshalb auch mehr ausdehnen, als die zu ihrer Befestigung dienenden Maschinenteile. Dieser Umstand wurde früher nicht genügend beachtet und hat deshalb oft überraschende Mißerfolge, besonders bei langen Kommutatoren, hervorgerufen.

Bei den Festigkeitsberechnungen des Kommutators genügt es nicht, diejenigen Beanspruchungen zu ermitteln, die durch die Fliehkraft der Lamellen allein hervorgerufen werden. Die Lamellen müssen nämlich so stark zusammengepreßt sein, daß die Reibung ein Herausschleudern der zwischen ihnen liegenden Isolation mit Sicherheit verhindert. Diese Zusammenpressung erhöht sämtliche Beanspruchungen recht erheblich. Ferner muß berücksichtigt werden, daß die hierdurch erhöhte Biegungsbeanspruchung der Lamellen noch durch die Abnutzung der Lamellen beträchtlich erhöht wird, denn die Fliehkraft der Lamellen nimmt nur direkt proportional, das Widerstandsmoment dagegen proportional dem Quadrat der Lamellenhöhe ab.

Wir werden nun untersuchen, wie der Kommutator auszuführen ist, um diesen Anforderungen zu genügen.

Die Lamellen werden meistens aus hartgezogenem oder noch besser aus kaltgewalztem Kupfer hergestellt. In besonderen Fällen können jedoch auch Eisen, Aluminium oder Aluminiumlegierungen zur Verwendung kommen. Die Isolation zwischen den einzelnen Lamellen und zwischen diesen und den haltenden Konstruktionsteilen besteht gewöhnlich aus Glimmer, und zwar ist für die Isolation zwischen den Lamellen weicher Naturglimmer, der allerdings schwer erhältlich ist, den härteren Sorten vorzuziehen. Letztere nutzen sich nämlich im Betriebe weniger ab als das Lamellenkupfer. Infolgedessen hat ein solcher Kommutator nach einiger Zeit das Aussehen, als ob die Isolation zwischen den Lamellen hervortrete, was ein mangelhaftes Aufliegen der Bürsten und Funkenbildung zur Folge hat. Um diesen Übelstand zu beseitigen, muß der Kommutator von Zeit zu Zeit mit einem Karborundumtuch (nicht Schmirgeltuch) glatt gerieben werden. Man kann auch den Glimmer mit einer Dreikantfeile oder mit einem ähnlichen Werkzeug einige mm tief zwischen den Lamellen vollständig entfernen. Es ist hierbei darauf zu achten, daß es nicht genügt, eine V-förmige Vertiefung in der Mitte auszusparen. Imprägniertes Papier kommt ebenfalls als Isolation zur Verwendung, obwohl es dem Glimmer sowohl in mechanischer als auch elektrischer Hinsicht nachsteht.

Wenn wir von Sonderausführungen, die weiter unten beschrieben werden, zunächst absehen, so wird der Kommutator stets als ein Zylinder ausgeführt, auf dessen Mantelfläche die Bürsten schleifen. Es sind hiervon zwei verschiedene Ausführungsformen, die sich durch die Art der Befestigung der Lamellen unterscheiden, getrennt zu behandeln; nämlich die sogenannten langsamlaufenden Kommutatoren, die bis zu Umfangsgeschwindigkeiten von etwa 30 m/sek, und die sogenannten schnellaufenden Kommutatoren, die für höhere Umfangsgeschwindigkeiten, z. B. bei Turbogeneratoren, verwendet werden.

20. Entwurf und Berechnung langsamlaufender Kommutatoren.

Diese werden, von kleineren konstruktiven Abweichungen abgesehen, wie die Fig. 115 zeigt, ausgeführt. Die Lamellen sind in ihrem unteren Teil an beiden Seiten mit V-förmigen Aussparungen versehen, in welche dazu passende Preßringe aus Stahl eingreifen.

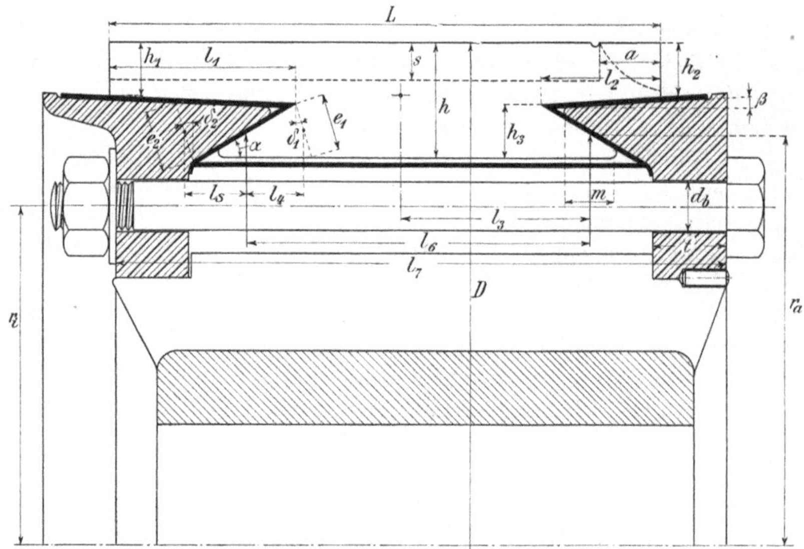

Fig. 115. Entwurf eines Kommutators.

Die Preßringe werden mit Bolzen zusammengehalten und pressen somit die Lamellen nach innen, hierdurch eine Pressung der Lamellen gegeneinander hervorrufend. Die Preßringe sitzen auf einer Kommutatorbüchse aus Gußeisen, die auf die Welle geschoben wird.

Der Entwurf und die Festigkeitsberechnung dieses Kommutators werden, in Anlehnung an eine Arbeit von Professor Emil Alm[1]), wo weitere Einzelheiten zu ersehen sind, wie folgt durchgeführt.

Außer den Bezeichnungen der Abmessungen in cm, die aus der Fig. 115 zu ersehen sind, seien die folgenden Bezeichnungen eingeführt. Die Bezeichnungen werden mit einem Strich versehen, wenn sie sich auf den neuen, mit zwei Strichen, wenn sie sich auf den abgenutzten Kommutator beziehen.

P Schwerpunkt der Lamelle.

ϱ Trägheitsradius der Lamellen, etwa gleich dem Abstand des Punktes P von der Wellenmitte, cm.

h Tiefe einer Lamelle in cm.

s Tiefe des zulässigen Verschleißes, cm.

b_l Breite einer Lamelle im Punkte P, cm.

$l_l = K b_l$ Gesamtlänge aller Lamellen in der Richtung des Umfanges, cm.

b_g Breite einer Glimmerzwischenlage, cm.

$l_g = K b_g$ Gesamtlänge der Glimmerzwischenlagen, cm.

t_g Dicke der Glimmerzwischenlagen zwischen Lamellen und Preßringen, cm.

A_l Einseitige Fläche einer Lamelle in der Papierebene, cm².

A_3 Gesamtquerschnitt, senkrecht zur Papierebene, aller Lamellen für den unter der Aussparung liegenden Teil (mit der Höhe h_3), cm².

A_{r1} Von Bolzen unverletzter Querschnitt eines Preßringes, cm².

A_{r2} Querschnitt eines Preßringes durch die Bolzen, cm².

A_v Querschnitt des V-förmigen Teiles (etwa mit der Länge l_2) eines Preßringes, cm².

A_b Gesamtquerschnitt aller Bolzen, cm².

A_g Gesamtquerschnitt aller Bolzen am Gewindeboden, cm².

$\mathfrak{Z}_b$ Anzahl der Bolzen.

V Volumen aller Lamellen, cm³.

$$J_r = \frac{b_1 h_1^3}{36} + \frac{b_1 h_1}{2}\left(h_s - \frac{2}{3} h_1\right)^2 + \frac{(b_2+b_3) h_2^3}{12} + (b_2+b_3) h_2 \left(h_1 + \frac{h_2}{2} - h_s\right)^2$$

Trägheitsmoment eines durch einen Bolzen gehenden Querschnittes eines Preßringes bezogen auf die y-Achse (Fig. 116) durch den Schwerpunkt, cm⁴.

$W_r = \frac{J_r}{h_s}$ Widerstandsmoment desselben Querschnittes, cm³.

$E_e \cong 2\,200\,000$ Elastizitätsmodul des Stahles.

$E_k \cong 1\,125\,000$ Elastizitätsmodul des Kupfers.

$E_g \cong 53\,000$ Elastizitätsmodul des Glimmers.

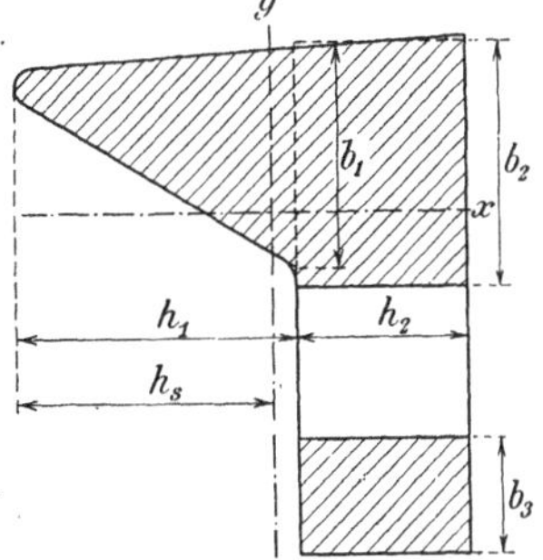

Fig. 116. Preßring eines Kommutators.

[1]) Festigkeitsberechnungen an Kommutatoren, Teknisk Tidskrift Elektrotechnik 1912, Heft 7.

$\beta_e = 0{,}000\,012$ Längenausdehnung des Eisens je Grad C.
$\beta_k = 0{,}000\,017$ Längenausdehnung des Kupfers je Grad C.
$\gamma_e = 7{,}8$ Spezifisches Gewicht des Eisens.
$\gamma_k = 8{,}9$ Spezifisches Gewicht des Kupfers.
$\gamma_g \cong 3$ Spezifisches Gewicht des Glimmers.
$f_g \cong 0{,}14$ Reibungsziffer zwischen Glimmer und Kupfer.
$S \cong 3$ bis 5 Verhältnis zwischen dem vorzusehenden und dem gerade zur Verhinderung des Herausschleuderns des Glimmers erforderlichen Lamellendruck.
$n_{\max} = 1{,}15\, n_{\text{norm}}$, bei von Wasserturbinen angetriebenen Maschinen $\cong 1{,}80\, n_{\text{norm}}$, Umdrehungen in der Minute.

$$C_k = \left(\frac{n_{\max}}{300}\right)^2 \varrho \frac{\gamma_k}{100}$$ Fliehkraft eines cm³ Kupfers in kg.

$$C_g = \left(\frac{n_{\max}}{300}\right)^2 \varrho \frac{\gamma_g}{100}$$ Fliehkraft eines cm³ Glimmers in kg.

σ Beanspruchungen in kg/cm².
k_z Zulässige Zugbeanspruchung der Bolzen.

a) Entwurf des Kommutators. Die Gesamtlänge L cm, der Durchmesser D cm, die Lamellenzahl K und die höchste Drehzahl $n_{\max}$ sind aus den elektrischen Berechnungen bekannt.

Man wählt:

$b_g = 0{,}06$ bis $0{,}08$ cm bei gewöhnlichen Werten der Lamellenspannung bei höheren Werten $= 0{,}10$ cm und unter besonderen Umständen noch mehr.
$t_g = 0{,}10$ bis $0{,}30$ cm je nach der Spannung.
$\alpha = 25$ bis 30^0, bei sehr kleinen Kommutatoren jedoch $= 45^0$.
$\beta = 3$ bis 6^0.
$s \cong 1{,}0$ cm bei kleineren, $\cong 2{,}0$ bis $3{,}0$ cm bei größeren Maschinen.
$h_1'' \cong 0{,}5 + 0{,}0058\,\beta^0\, l_1$, cm.
$h_3 \cong 0{,}5 + (0{,}07$ bis $0{,}09)\,L$, je nach der Umfangsgeschwindigkeit.

$$l_1 \leqq \frac{10}{1 + 5C_k}\beta^0, \text{ cm} \qquad l_2 \leqq \frac{l_1}{2}, \text{ cm}$$

Bei verhältnismäßig kurzen Kommutatoren sind diese Abmessungen so weit zu verkleinern, daß ein genügend langes Stück zwischen den Eindrehungen übrig bleibt.

$t = 1{,}2$ bis $1{,}5\,\left(1 + 0{,}05\,\sqrt[3]{D^2 h}\right)$, cm, bei Flußstahl; bei Gußeisen ist t 20 bis 30% größer zu wählen.

$$\mathfrak{Z}_b \geqq 1{,}0 \text{ bis } 1{,}2\,\frac{D}{t+h} \text{ Stück.}$$

$$A_g = \frac{\left\{C_k \frac{v'}{2} + \pi S \frac{b_g}{f_g} A_l'\right\} \operatorname{tg} \alpha}{k_z}, \text{ cm.}$$

Hierin ist für k_z ein etwas kleinerer Wert als der zulässig erachtete einzusetzen, denn in dieser Formel ist noch keine Rücksicht auf die Wärmeausdehnung genommen.

Nachdem die Abmessungen in dieser Weise vorläufig festgelegt sind, wird der Kommutator, wie in der Fig. 115 gezeigt, aufgezeichnet. Die gefährlichen Querschnitte e_1 und e_2 bilden einen Winkel δ mit der Senkrechten. Es ist $\operatorname{tg} 2\,\delta = \frac{e}{2\,l} \cong 2\,\delta$, und die wirklichen Hebelarme sind

$$l_4 \cong l + \frac{e_1^2}{8\,l} \quad \text{bzw.} \quad l_5 \cong l + \frac{e_2^2}{8\,l} \text{ cm.}$$

Betrachtet man die Kommutatorlamellen als auf zwei Stützen gelagerte Träger, die durch ihre Fliehkraft gleichmäßig belastet sind, so erhält man die folgende Biegungsbeanspruchung:

$$\sigma_b = 15\,\frac{v^2}{D}\,\frac{G_k}{K}\,\frac{l_6}{b_l\,(h-s)^2}\,. \tag{7}$$

Dabei setzen wir eine freie Dehnungsmöglichkeit der Lamellen bei Temperaturänderungen voraus. Nehmen wir die zulässige Beanspruchung des Lamellenkupfers σ_b zu 1000 kg/cm² an, so ergibt sich die größte freitragende Länge einer Kupferlamelle zu

$$l_6 \cong \frac{27{,}5}{v}\,\sqrt{(h-s)\,D} \text{ cm}, \tag{7a}$$

die im allgemeinen nicht überschritten werden sollte.

b) Festigkeitsberechnungen. Die genauen Beanspruchungen eines Kommutators kann man, wie unten gezeigt, berechnen. An Hand der Ergebnisse dieser Berechnung sind dann die Abmessungen gegebenenfalls zu ändern, und zwar nicht nur dann, wenn einige Beanspruchungen zu groß ausfallen. Auch wenn zu kleine Beanspruchungen vorkommen, sind Änderungen in Erwägung zu ziehen, denn es ist dies stets ein untrügliches Zeichen dafür, daß zuviel Stoff verwendet worden ist, und daß eine Verbilligung unter Umständen noch erzielt werden könnte.

Diese Berechnungen bezwecken ferner die Ermittelung der Kraft, mit welcher die Bolzen ursprünglich angezogen werden sollen. Ist nämlich diese Kraft zu klein, dann können die Glimmerzwischenlagen hinausgeschleudert werden, ist sie dagegen zu groß, dann steigen auch die Beanspruchungen über die berechneten, zulässigen Werte.

Wenn wir nun die Bolzen bei stillstehendem Kommutator anspannen, so erfahren sie eine gewisse Dehnung, während die Preßringe unter Zusammenpressung der übrigen Konstruktionsteile einander genähert werden. Wir wollen nun zunächst die hierdurch entstehende scheinbare Dehnung der Bolzen im Verhältnis zum (veränderlichen) Abstande der Preßringe berechnen, wenn die Bolzen mit einer Kraft von 1 kg angespannt werden. Wir bekommen dann:

1. Wirkliche Dehnung der Bolzen selbst

$$\lambda_1' = \frac{l_7}{E_e A_b} \text{ cm.}$$

2. Einbiegung der Preßringe in axialer Richtung

$$\lambda_2' = \frac{0{,}345\, r_y^3}{E_e \cdot J_r \cdot \mathfrak{Z}_b^4} + \frac{0{,}45\,(r_y^2 - r_i^2)}{E_e t^3} \text{ cm.}$$

3. Dehnung der Preßringe und Ausbiegung ihres V-förmigen Teiles in radialer Richtung

$$\lambda_3' = \frac{\operatorname{ctg}\alpha}{E_e}\left(\frac{r_y}{2\pi A_r} + \frac{0{,}17}{e_2}\right) \text{ cm.}$$

4. Einbiegung des V-förmigen Teiles der Lamelle

$$\lambda_4' = \frac{\operatorname{ctg}\alpha}{E_e}\,\frac{0{,}33}{e_1} \text{ cm.}$$

5. Zusammenpressung der Lamellen in axialer Richtung

$$\lambda_5' = \frac{l_6}{E_k A_3} \text{ cm.}$$

6. Zusammenpressung der Glimmerzwischenlagen in tangentialer Richtung

$$\lambda_6' = \frac{\operatorname{ctg}\alpha}{\pi}\,\frac{l_g}{E_g A_l'} \quad \text{bzw.} \quad \lambda_6'' = \frac{\operatorname{ctg}\alpha}{\pi}\,\frac{l_g}{E_g A_l''} \text{ cm.}$$

7. Zusammenpressung der Lamellen in tangentialer Richtung

$$\lambda_7' = \frac{\operatorname{ctg}\alpha}{\pi}\,\frac{l_l}{E_k A_l'} \quad \text{bzw.} \quad \lambda_7'' = \frac{\operatorname{ctg}\alpha}{\pi}\,\frac{l_l}{E_k A_l''} \text{ cm.}$$

Alle diese Formveränderungen verursachen zusammen in axialer Richtung eine scheinbare Dehnung der Bolzen:

$$\mu' = \lambda_1' + 2\lambda_2' + 2\lambda_3' \operatorname{ctg}\alpha + 2\lambda_4' \operatorname{ctg}\alpha + \lambda_5' + \lambda_6' \frac{\operatorname{ctg}\alpha}{\pi} + \lambda_7' \frac{\operatorname{ctg}\alpha}{\pi} \text{ cm,}$$

während die scheinbare Dehnung, wenn die Lamellen und die Glimmerzwischenlagen nicht zusammengepreßt würden,

$$\nu' = \lambda_1' + 2\lambda_2' + 2\lambda_3' \operatorname{ctg}\alpha + 2\lambda_4' \operatorname{ctg}\alpha + \lambda_5'$$

wäre. Die entsprechenden Werte μ'' und ν'' werden erhalten durch Einsetzen von λ_6'' und λ_7'' statt λ_6' und λ_7'.

Läuft nun die Maschine mit der Drehzahl $n_{\max}$, so verursacht die Fliehkraft der Lamellen einen Zug in den Bolzen von

$$P_l' = C_k \frac{V' \operatorname{tg} \alpha}{2} \text{ kg} \tag{8}$$

bzw.

$$P_l'' = C_k \frac{V'' \operatorname{tg} \alpha}{2} \text{ kg}, \tag{8a}$$

und die Bolzen müssen so stark angespannt werden, daß ihre Zugkraft in kaltem Zustande den Wert von P_l' um einen gewissen Betrag P_g' übersteigt. Dieser Betrag soll so groß sein, daß die Lamellen mit genügender Kraft zusammengepreßt werden, daß das Hinausschleudern der Glimmerzwischenlagen verhindert wird. Es soll deshalb sein

$$P_g' = C_g \frac{b_g S}{f_g} A_l' \pi \operatorname{tg} \alpha \text{ kg}. \tag{9}$$

Im Betriebe nehmen nun die Lamellen eine Übertemperatur von t_l^0, die Bolzen und die Preßringe eine Übertemperatur von t_b^0 an. Hierbei dehnen sich die Lamellen in radialer und axialer Richtung aus, und nachdem wir hiervon die entsprechenden Dehnungen der Bolzen und Preßringe abgezogen haben, bekommen wir die hierdurch hervorgerufene scheinbare Dehnung der Bolzen zu

$$\eta = (2\, r_y \operatorname{ctg} \alpha + l_6)(\beta_k t_l - \beta_e t_b) \text{ cm},$$

wo $\beta_k = 0{,}000017$ und $\beta_e = 0{,}000012$ die Längenausdehnungszahlen für Kupfer bzw. Eisen bedeuten. Schätzungsweise kann man setzen $t_l \simeq 40^0$ und $t_b \simeq 20^0$.

Da der Kommutator sich nicht frei ausdehnen kann, wird hierdurch in den Bolzen eine zusätzliche Zugkraft

$$P_w' = \frac{\eta}{\mu'} \text{ kg} \tag{10}$$

bzw.

$$P_w'' = \frac{\eta}{\mu''} \text{ kg} \tag{10a}$$

hervorgerufen.

Die Bolzen werden also im warmen Zustande bei neuem Kommutator insgesamt einer Zugkraft

$$\Sigma P' = P_l' + P_g' + P_w' \tag{11}$$

ausgesetzt.

In der Fig. 117 sind diese Kräfte als Funktion der scheinbaren Dehnung der Bolzen aufgetragen, und zwar gelten die ganz ausgezogenen dicken Linien für kalten, die gestrichelten dicken für warmen Kommutator, während die dünnen Linien Konstruktionslinien sind.

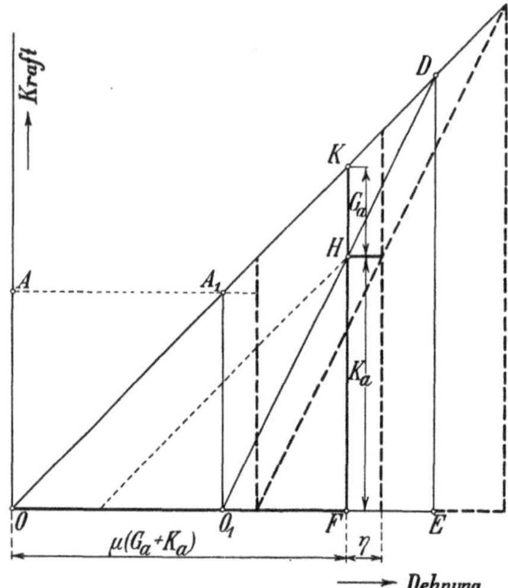

Fig. 117. Kräftediagramm eines Kommutators.

Es bedeutet dort $O_1 A_1$ die Kraft U', mit welcher die Bolzen ursprünglich zusammengezogen werden müssen, und ED die Zugkraft, die in den Bolzen entstehen würde, wenn der Kommutator mit einer so hohen Drehzahl laufen würde, daß der Lamellendruck $P_g = HK$ und also auch λ_6' und λ_7' auf Null heruntergehen würden. Man kann nun zeigen, daß

$$\frac{ED}{O_1 A_1} = \frac{\mu'}{\nu'} = k'$$

ist, und man findet dann leicht aus dem Diagramm, daß

$$U' = O_1 A_1 = P_l' \frac{1}{k'} + P_g' \text{ kg}$$

ist.

Durch die Abnutzung des Kommutators wird die entsprechende scheinbare Dehnung der Bolzen $O\,O_1$ nicht geändert. Da aber die Lamellenfläche dann kleiner geworden ist, geben die Lamellen mehr nach und die ursprüngliche Zugkraft sinkt auf

$$U'' = U' \frac{k'}{k''} \text{ kg},$$

wobei $k'' = \frac{\mu''}{\nu''}$ ist. Ferner wird dann

$$P_g'' = \frac{k'}{k''} P_g' + \frac{1}{k''} (P_l' - P_l'') \text{ kg}$$

und

$$\Sigma P'' = P_l'' + P_g'' + P_w'' \text{ kg}.$$

Die Spannungen werden in der Weise ermittelt, daß man zuerst die Spannungen berechnet, die allein durch die Fliehkraft der Lamellen hervorgerufen werden. Die entsprechende Zugkraft P_l in den Bolzen haben wir schon ermittelt. Es kann nun nachgewiesen werden, daß die wirklichen Spannungen alle im

Verhältnis $\frac{\Sigma P}{P_l}$ größer sind, als die durch die Fliehkraft hervorgerufenen. Als Endergebnis bekommen wir dann:

1. Biegungsbeanspruchung des vorderen freitragenden Teiles der Lamelle (am größten bei abgenutztem Kommutator)

$$\sigma_1'' = C_k \frac{l_1^2 (3 h_1'' + l_1 \operatorname{tg} \beta)}{(h_1'' + l_1 \operatorname{tg} \beta)^2} \cdot \frac{\Sigma P''}{P_l''} \text{ kg/cm}^2.$$

2. Desgleichen für den hinteren Teil (am größten bei abgenutztem Kommutator)

$$\sigma_2'' = C_k \frac{6 \left\{ a h_2' \left(l_2 - \frac{a}{2} \right) + \frac{l_2^3 \operatorname{tg} \beta}{6} + \frac{h_2'' (l_2 - a)^2}{2} \right\}}{(h_2'' + l_2 \operatorname{tg} \beta)^2} \cdot \frac{\Sigma P''}{P_l''} \text{ kg/cm}^2.$$

3. Biegungsbeanspruchung in der Mitte der Lamellen (am größten bei abgenutztem Kommutator)

$$\sigma_3'' = C_k \frac{0{,}75 A_l'' l_6}{(h - s)^2} \cdot \frac{\Sigma P''}{P_l''} \text{ kg/cm}^2.$$

Die folgenden Spannungen werden am größten, wenn der Kommutator neu ist.

4. Biegungsbeanspruchung des V-förmigen Lamellenteiles

$$\sigma_4' = C_k \frac{6 A_l' l_3 l_4}{l_6 e_1^2} \cdot \frac{\Sigma P'}{P_l'} \text{ kg/cm}^2.$$

5. Druck auf die Glimmerringe zwischen Lamellen und Preßringen

$$\sigma_5' = C_k \frac{A_l' l_3}{l_6 m} \cdot \frac{\Sigma P'}{P_l'} \text{ kg/cm}^2.$$

Dieser soll im allgemeinen nicht 200 kg/cm² überschreiten.

6. Biegungsbeanspruchung des V-förmigen Preßringteiles

$$\sigma_6' = C_k \frac{6 V' l_3 l_5}{2 \pi r_y e_2^2 l_6} \cdot \frac{\Sigma P'}{P_l'} \text{ kg/cm}^2.$$

7. Biegungsbeanspruchung der Preßringe infolge der axialen Komponente der Zusammenpressung

a) in einem konzentrischen Schnitt durch die Bolzenmitte

$$\sigma_{7a}' = C_k \frac{3 V' \operatorname{tg} \alpha (r_y - r_i)}{(2 \pi r_i - \mathfrak{z}_b d_b) t^2} \cdot \frac{\Sigma P'}{P_l'} \text{ kg/cm}^2;$$

b) in einem radialen Schnitt durch die Bolzen

$$\sigma'_{7b} = C_k \frac{\pi \operatorname{tg} \alpha}{24} \cdot \frac{V'(r_y + r_i)}{\mathfrak{z}_b^2 W_r} \cdot \frac{\sum P'}{P'_l} \text{ kg/cm}^2.$$

8. Zugbeanspruchung der Preßringe infolge der radialen Komponente der Zusammenpressung (in der Spitze des V-förmigen Teiles)

$$\sigma_8' = C_k \frac{0{,}3\, V' l_3}{A_v l_6} \left(\frac{e_2}{r_y}\right)^{\frac{3}{4}} \frac{\sum P'}{P'_l} \text{ kg/cm}^2.$$

9. Zugbeanspruchung der Preßringe durch ihre eigene Fliehkraft (über den Querschnitt gleichmäßig verteilt)

$$\sigma_9 = 0{,}01\, \gamma_e v^2 \frac{A_{r1}}{A_{r2}} \text{ kg/cm}^2,$$

worin $\gamma_e \cong 7{,}8$ das spezifische Gewicht des Eisens und v die Umfangsgeschwindigkeit der Preßringe im Schwerpunkt ihrer Querschnitte bedeuten (s. Fig. 116).

10. Zugbeanspruchung der Bolzen

$$\sigma_{10} = \frac{\sum P'}{A_g} \text{ kg/cm}^2.$$

11. Biegungsbeanspruchung der Bolzen durch ihre Fliehkraft

$$\sigma_{11} = \left(\frac{n}{300}\right)^2 r_i \frac{\gamma_e}{1000} \cdot \frac{2(l_7 - t)^2}{d_b} \text{ kg/cm}^2.$$

Die Beanspruchungen unter 7b, 8 und 9 sowie auch die Beanspruchungen unter 10 und 11 können ohne großen Fehler addiert werden, und wir bekommen

12. die resultierende Beanspruchung an der Spitze des V-förmigen Preßringteiles

$$\sigma'_{12} \cong \sigma'_{7b} + \sigma_8' + \sigma_9 \text{ kg/cm}^2, \qquad \text{und} \qquad (12)$$

13. die resultierende Beanspruchung der Bolzen

$$\sigma'_{13} = \sigma'_{10} + \sigma'_{11} \text{ kg/cm}^2. \qquad (13)$$

Die am Schraubenschlüssel aufzubringende Kraft, mit der die Bolzen angezogen werden müssen, damit sie insgesamt mit einer Kraft von U' kg angespannt werden, ist, unter Berücksichtigung der Reibung:

$$P \cong \frac{1}{H} \cdot \frac{U'}{\mathfrak{z}_b} \left\{\frac{h}{2\pi} + f_e(1{,}18\, d_b - 0{,}5\, t)\right\} \text{ kg}, \qquad (14)$$

worin H der Hebelarm des Schlüssels, h die Ganghöhe (Steigung) des Gewindes, d_b der Durchmesser der Bolzen, t die Gangtiefe (alles in Zentimeter) und $f_e \cong 0{,}4$ der Reibungskoeffizient zwischen Eisen und Eisen ist.

Bei kleinen, langsamlaufenden Kommutatoren würde die ursprüngliche Anspannkraft der Bolzen U', nach dem oben beschriebenen Verfahren bestimmt, leicht so klein ausfallen, sodaß der Kommutator durch Stöße deformiert werden könnte. Wir nehmen daher an, daß eine von den Lamellen einer radialen Kraft ausgesetzt wird, die einem über die Oberfläche gleichmäßig verteilten Druck von p kg/cm² entspricht. Es kann dann gezeigt werden, daß

$$U' \geqq \pi \operatorname{tg} \alpha \frac{p L}{\left(f_g + \frac{1}{\varrho}\right)} \cong \pi \operatorname{tg} \alpha \frac{7 p L}{7 + \varrho}$$

sein muß, damit diese Lamelle nicht eingedrückt werde. Zweckmäßigerweise kann man $p \cong 5$ kg/cm² setzen. Ergibt diese Nachprüfung, daß der früher gefundene Wert von U' vergrößert werden muß, dann sind die obigen Berechnungen für diese veränderten Verhältnisse zu wiederholen.

21. Entwurf und Berechnung schnellaufender Kommutatoren.

Ist die Drehzahl, wie bei Turbogeneratoren, sehr hoch, dann kann die vorerwähnte Bauart den außerordentlich großen Fliehkräften nicht mehr standhalten. In solchen Fällen ist man deshalb genötigt, zu der in der Fig. 118 gezeigten Ausführung überzugehen, bei welcher die Lamellen durch umgelegte Schrumpfringe aus Stahl zusammengehalten werden.

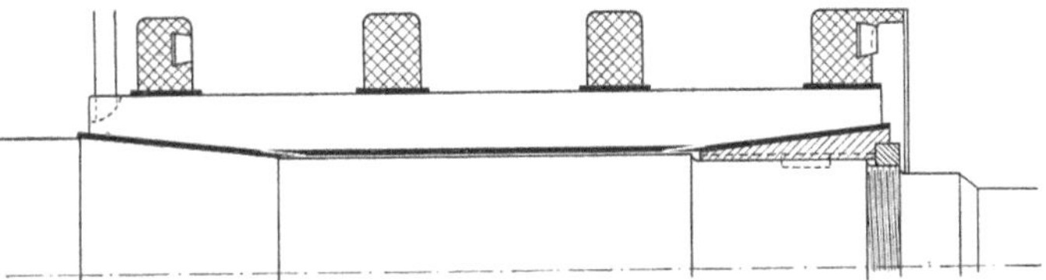

Fig. 118. Kommutator eines Turbogenerators.

Die Schrumpfringe werden stets in gleich großen Abständen voneinander angeordnet und alle mit dem selben inneren Durchmesser ausgeführt. Sie sind so zu bemessen, daß sie, von der Fliehkraft beansprucht, alle gleich viel gedehnt werden; denn es ist bei den hier vorkommenden großen Umfangsgeschwindigkeiten von etwa 25 bis 60 m/sek sehr wichtig, daß der Kommutator unter allen

Umständen seine vollkommen runde Lauffläche beibehält. Die Preßkraft jedes Schrumpfringes ist seiner Dehnung und seinem Querschnitt proportional und, wenn die Dehnung überall gleich sein soll, müssen die Querschnitte sich wie die Preßkräfte verhalten. Die Preßkräfte der einzelnen Preßringe müssen sich aber, wenn keine Verbiegung der Lamellen eintreten soll, wie die Stützkräfte eines durch

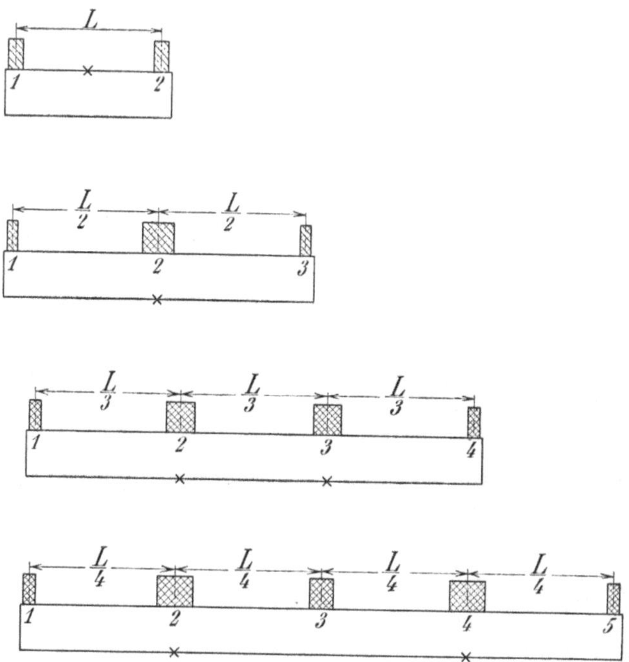

Fig. 119. Preßkräfte der Kommutatorpreßringe.

die Fliehkraft gleichmäßig belasteten Balkens verhalten, dessen Stützpunkte sich in gleicher Höhe befinden.

In der folgenden Tabelle sind die Preßkräfte der einzelnen Preßringe bei zwei bis fünf Preßringen für den Fall ausgerechnet, daß die Gesamtkraft aller Ringe gleich eins gesetzt wird und die Abschrägungen an den Innenkanten der Lamellen vernachlässigt werden. In der Fig. 119 sind die Lamellen mit ihren Preßringen gezeigt. Wie es gewöhnlich der Fall ist, sind die Preßringe alle mit demselben äußeren Durchmesser ausgeführt und ihre Breite ist im Verhältnis der in der Tabelle angegebenen Preßkräfte gewählt.

Sind die Lamellen wie in der Fig. 118 an den Innenkanten abgeschrägt, so tritt bei der Zusammenpressung der konischen Haltebüchsen und noch mehr bei der axialen Ausdehnung des Kommutators eine zusätzliche Beanspruchung der äußeren Preßringe auf, weshalb diese auch breiter ausgeführt werden, als es in Fig. 119 gezeichnet ist. Wie wir im folgenden sehen werden, ist man jedoch heute zu Ausführungsformen übergegangen, bei welchen der Kommutator sich in axialer Richtung frei ausdehnen kann. Denn es hat sich gezeigt, daß der Kommutator sonst bei Erwärmung so stark deformiert wird, daß die Bürsten nicht mehr ruhig laufen.

Unter Umständen führt man die Preßringe nicht gleich hoch, sondern mit Querschnitten derselben Form aus. Statt eines rechteckigen kann man auch einen trapezförmigen Querschnitt verwenden. Bei den praktischen Ausführungen kommen, wie wir sehen werden, Aussparungen zur Aufnahme von Ausgleichgewichten vor, welche bei der Bemessung der Preßringe, die stets nach der Fig. 119 zu erfolgen hat, zu berücksichtigen sind.

In der Fig. 119 sind die durch Biegung am meisten beanspruchten Punkte der Lamellen mit Kreuzen gekennzeichnet. Die dort herrschenden Biegungsmomente der Fliehkraft sind

$$M_{\max} = \frac{C_k V' L}{K \quad F} \text{ kg/cm}^2,$$

worin F einen Faktor bedeutet, der in der folgenden Tabelle angegeben ist.

Anzahl Schrumpfringe		2	3	4	5
Preßkraft bzw. Querschnitt des Schrumpfringes	Nr. 1	0,5	0,1875	0,1333	0,0982
	„ 2	0,5	0,6250	0,3667	0,2857
	„ 3		0,1875	0,3667	0,2322
	„ 4			0,1333	0,2857
	„ 5				0,0982
Faktor F		8	32	90	149

Aus den elektrischen Berechnungen seien, außer der Drehzahl $n_{\max}$, die Lamellenzahl K, die Bürstenbreite in Graden (nicht in Zentimetern) gemessen und die Stromdichte unter den Bürsten bekannt. Die Breite b_g der Glimmerzwischenlagen sei nach der Lamellenspannung bestimmt. Die Lauffläche $\pi D L$ des Kommutators ist dann gegeben und wir müssen zunächst den Durchmesser D bestimmen. Eine einfache Rechnung zeigt, daß das Volumen der Lamellen mit wachsendem Durchmesser abnimmt, wenn wir bei einer bestimmten Anzahl von Schrumpfringen den Kommutator so entwerfen, daß seine Oberfläche und die Biegungsbeanspruchung der Lamellen konstant gehalten werden. Einer Vergrößerung des Durchmessers wird jedoch sehr bald eine Grenze gezogen, denn, wie aus der Fig. 107 zu ersehen ist, würden die Schrumpfringe beim Überschreiten einer gewissen Umfangsgeschwindigkeit allein durch ihre eigene Fliehkraft zu stark belastet werden, und außerdem nimmt auch die Belastung der Schrumpfringe durch die Fliehkraft der Lamellen mit wachsendem Durchmesser zu. Schließlich ist auch zu berücksichtigen, daß die Reibungsverluste mit dem Durchmesser

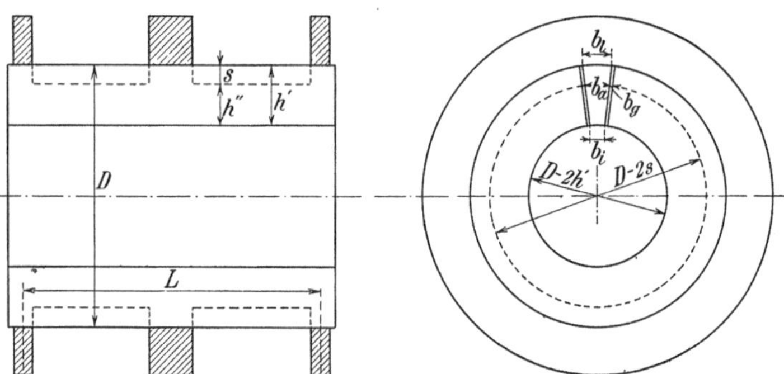

Fig. 120. Entwurf des Kommutators eines Turbogenerators.

proportional wachsen, während andererseits die Verkleinerung des Durchmessers durch die Welle begrenzt ist. Es geht hieraus hervor, daß man gezwungen ist, verschiedene Entwürfe mit verschieden gewählten Durchmessern D und Längen L wie folgt auf Festigkeit durchzurechnen, um alsdann unter diesen Entwürfen den billigsten und zweckmäßigsten herauszugreifen.

Wir wählen zunächst eine gewisse zulässige Tiefe des Verschleißes $s \simeq 2{,}0$ cm, eine nach der Länge L sich richtende passende Anzahl Schrumpfringe und, versuchsweise, eine gewisse Lamellenhöhe h, worauf wir diesen Kommutator, siehe Fig. 120, aufzeichnen.

Bei neuem bzw. abgenutztem Kommutator wird dann in den Schrumpfringen durch die Fliehkraft der Lamellen eine Zugkraft

$$P_l' = \frac{C_k' V'}{2\pi} \frac{D-h}{D+h_r} \qquad (15)$$

bzw.

$$P_l'' = \frac{C_k'' V''}{2\pi} \frac{D-s-h}{D+h_r} \text{ kg} \qquad (15\,\text{a})$$

hervorgerufen. Hier ist bei der Berechnung von C_k' bzw. C_k'' der Schwerpunktsradius ϱ der jeweils in Betracht kommenden Lamellenfläche einzusetzen; denn infolge des im Verhältnis zur Lamellenhöhe hier meist kleinen Durchmessers, fällt ϱ für verschiedene Flächen merklich verschieden groß aus.

In den Schrumpfringen muß aber, damit die Glimmerzwischenlagen nicht herausgeschleudert werden, außerdem noch eine Zugkraft

$$P_g' = C_g' \frac{b_g h L}{f_g} S \frac{D - h}{D + h_r} \text{ kg} \tag{16}$$

vorhanden sein.

Die Wirkung der Wärmeausdehnung in radialer Richtung kann vernachlässigt werden, weil die Schrumpfringe im Betriebe fast dieselbe Übertemperatur annehmen wie die Lamellen. Die Wärmeausdehnung in axialer Richtung hat dagegen auf das Verhalten des Kommutators im Betriebe einen sehr beachtenswerten Einfluß, den wir jedoch erst im nächsten Abschnitt in Zusammenhang mit der Besprechung verschiedener Ausführungsbeispiele behandeln wollen.

Die durch die eigene Fliehkraft in den Schrumpfringen hervorgerufene Zugkraft ist verhältnismäßig groß und beträgt:

$$P_r' = A_r \, 0{,}01 \, \gamma_e v_r^2 \text{ kg}, \tag{17}$$

wobei A_r den jetzt zu bestimmenden Gesamtquerschnitt aller Schrumpfringe in Quadratzentimetern und

$$v_r = \frac{\pi (D + h_r)}{100} \frac{n_{\text{max}}}{60}$$

die Umfangsgeschwindigkeit der Ringe in m/sek bedeutet. Hier wie in den Gl. (15) und (16) wird die Ringhöhe h_r vorläufig geschätzt.

Die Zugbeanspruchung der Ringe wird nun

$$\sigma_r = \frac{P_l' + P_g' + P_r'}{A_r} \text{ kg/cm}^2 \tag{18}$$

und hieraus bestimmen wir unter Einführung eines passenden Wertes für σ_r den Gesamtquerschnitt der Ringe zu

$$A_r = \frac{P_l' + P_g'}{\sigma_b - 0{,}01 \, \gamma_e v_r^2} \text{ cm}^2. \tag{19}$$

Nachdem wir nun P_r' bestimmen können, bekommen wir die Gesamtzugkraft aller Ringe zu

$$\sum P' = P_l + P_g' + P_r' \text{ kg}.$$

Hiervon wirkt nur der Betrag $P_l' + P_g'$ zusammenpressend auf den Kommutator und zwar mit einem radialen Druck von

$$2 \pi (P_l' + P_g') \frac{D + h_r}{D} \text{ kg}.$$

Die Gesamtbreite b_r aller Schrumpfringe ist jetzt so zu bestimmen, daß die von diesem Druck hervorgerufene spezifische Belastung der zur Isolierung untergelegten Mikanitringe einen gewissen Betrag

$\sigma_m \cong 400\,\mathrm{kg/cm^2}$ nicht übersteigt, und wir bekommen deshalb

$$b_r = \frac{2(P_l' + P_g')}{D\,\sigma_m}\,\frac{D + h_r}{D}\ \mathrm{cm} \tag{20}$$

und, bei rechteckigem Querschnitt,

$$h_r = \frac{A_r}{b_r}\ \mathrm{cm}\,. \tag{21}$$

Ähnlich wie auf S. 100 bekommen wir die folgenden scheinbaren Dehnungen der Schrumpfringe bei einer Zugkraft von einem Kilogramm. Infolge der:

1. wirklichen Dehnung der Ringe selbst

$$\lambda_1' = \frac{\pi(D + h_r)}{E_e A_r}\ \mathrm{cm},$$

2. Zusammenpressung der Glimmerzwischenlagen in tangentialer Richtung

$$\lambda_2' = \frac{K b_g}{E_g A_l'}\left(\frac{D + h_r}{D - h}\right)^2 \quad \text{bzw.} \quad \lambda_2'' \cong \frac{K b_g}{E_g A_l''}\left(\frac{D + h_r}{D - s - h}\right)^2\ \mathrm{cm},$$

3. Zusammenpressung der Lamellen in tangentialer Richtung

$$\lambda_3' = \frac{\pi(D - h) - K b_g}{E_k A_l'}\left(\frac{D + h_r}{D - h}\right)^2$$

bzw.

$$\lambda_3'' \cong \frac{\pi(D - s - h) - K b_g}{E_k A_l''}\left(\frac{D + h_r}{D - s - h}\right)^2\ \mathrm{cm}.$$

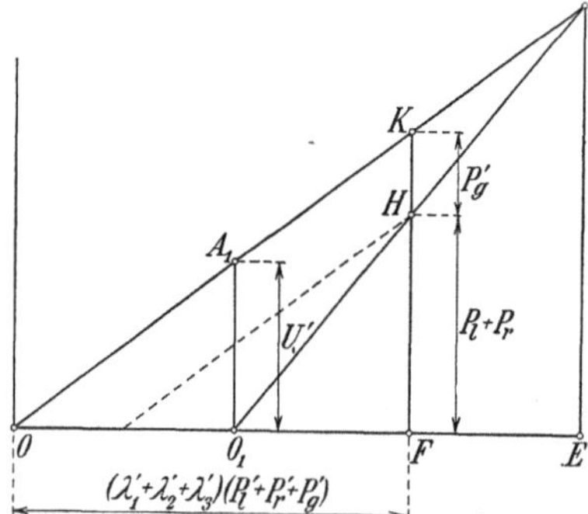

Fig. 121. Kräftediagramm eines Schrumpfringes.

In Fig. 121 sind die in den Schrumpfringen herrschenden Kräfte als Funktion der in ihnen entstehenden Dehnungen in einem ähnlichen Diagramm wie in Fig. 117 dargestellt.

Es wird hier

$$\frac{E D}{O_1 A_1} = \frac{\lambda_1' + \lambda_2' + \lambda_3'}{\lambda_1'} = k'$$

und die Zugkraft, die in den Schrumpfringen bei stillstehendem, neuem Kommutator herrschen muß,

$$U' = (P_l' + P_r')\frac{1}{k'} + P_g'\ \mathrm{kg}.$$

Wenn der Kommutator abgenutzt wird, bekommen wir

$$U'' = U' \frac{k'}{k''} \text{ kg},$$

und da

$$k'' = \frac{\lambda_1' + \lambda_2'' + \lambda_3''}{\lambda_1'}$$

ist,

$$P_g'' = \frac{k'}{k''} P_g' + \frac{1}{k''}(P_l' - P_l'') \text{ kg}$$

und

$$\sum P'' = P_l'' + P_r' + P_g'' \text{ kg}.$$

Wir berechnen jetzt die Biegungsbeanspruchung der abgenutzten Kommutatorlamellen in der Weise, daß wir zuerst diejenige Biegungsbeanspruchung ermitteln, die in einer auf der ganzen Länge um s cm abgenutzte Lamelle durch ihre eigene Fliehkraft hervorgerufen werden würde. Diese Beanspruchung wird durch die Pressung der Schrumpfringe im Verhältnis der Zugkraft $P_l'' + P_g''$, die den abgenutzten Kommutator zusammenpreßt, zu der Zugkraft P_l'' vergrößert, die erforderlich wäre, um der Fliehkraft der abgenutzten Lamellen einschließlich ihrer nicht abgenutzten Teile unter den Ringen das Gleichgewicht zu halten. Wir bekommen dann die wirkliche Biegungsbeanspruchung der Lamellen zu

$$\sigma_l'' = C_k'' L (h - s) \frac{b_a + b_i}{2} \frac{L}{F} \frac{P_l'' + P_g''}{P_l''} \cdot \frac{1}{W_l''} \text{ kg/cm}^2, \quad (22)$$

worin W_l'' das Widerstandsmoment einer abgenutzten Lamelle bedeutet. Hier können wir nicht den Querschnitt der Lamellen, wie beim langsamlaufenden Kommutator, als rechteckig betrachten, und wir bekommen deshalb

a) bei zwei Schrumpfringen, vgl. Fig. 119,

$$W_l = \frac{b_a^2 + b_i^2 + 4\, b_a b_i}{12\,(2\, b_a + b_i)} \text{ cm}^3, \quad (23)$$

b) bei mehr als zwei Schrumpfringen

$$W_l = \frac{b_a^2 + b_i^2 + 4\, b_a b_i}{12\,(b_a + 2\, b_i)} \text{ cm}^3. \quad (23\text{a})$$

Hierin bedeuten b_a und b_i die größte bzw. kleinste Lamellenbreite des abgenutzten Kommutators. Es ist

$$b_a = \frac{\pi (D - 2\, s)}{K} - b_g \text{ cm}$$

und

$$b_i = \frac{\pi(D - 2h)}{K} - b_g \text{ cm}.$$

Je nachdem die Biegungsbeanspruchung σ_l'' zu groß oder zu klein ausfällt, ist die Lamellenhöhe zu vergrößern oder zu verkleinern und die vorstehende Berechnung zu wiederholen, bis ein Wert von h gefunden ist, bei dem σ_l'' einen gerade noch zulässigen Wert bekommt. Dann sind noch einige Entwürfe mit anderen Kommutatordurchmessern D in gleicher Weise durchzurechnen und der billigste von ihnen ist zu wählen.

Es ist von der größten Bedeutung, daß der Kommutator so hergestellt wird, daß die ursprüngliche Zugkraft in den Schrumpfringen weder kleiner noch größer wird, als der oben berechnete Wert von U'.

Werden die Schrumpfringe nur durch irgendeine Schrauben- oder Keilkonstruktion angespannt, dann ist die Kraft, mit der die An-

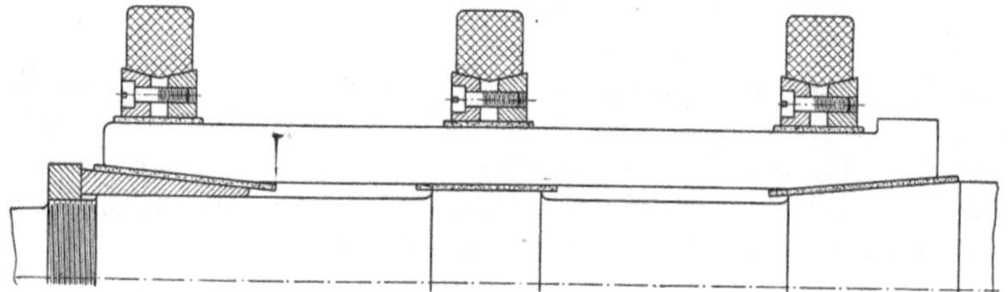

Fig. 122. Schrumpfringe nach einer Ausführung der M. F. Oerlikon.

spannung auszuführen ist, in ähnlicher Weise, wie auf S. 104 gezeigt, zu berechnen. Es ist hier nur zu berücksichtigen, daß die zu erzeugende radiale Spannkraft 2π-mal so groß sein muß, wie die erwünschte tangentiale Zugkraft. Die Fig. 122 zeigt eine Ausführung der Maschinenfabrik Oerlikon. Unter die doppelkegelförmigen Preßringe werden je zwei entsprechend geformte geteilte Ringe gelegt, die mit Schrauben zusammengezogen und dadurch gegen die Lamellen gepreßt werden.

Setzt man die Schrumpfringe dagegen in warmem Zustande auf und läßt sie ohne besondere Hilfsmittel zu ihrer Anspannung zusammenschrumpfen, dann sind sie mit einem genau berechneten Durchmesser auszuführen. Man baut deshalb den Kommutator erst zusammen und preßt die Lamellen mittels umgelegter Bandagen oder ähnlichen Vorrichtungen nur so weit zusammen, daß sie ohne Spiel aneinander liegen. Beträgt dann der Durchmesser einschließlich der Dicke der Isolierringe D cm, dann sind die Schrumpfringe mit einem Innendurchmesser von (vgl. Fig. 121)

$$D_i = D - \frac{(\lambda_1' + \lambda_2' + \lambda_3')\, U'}{\pi} \frac{D}{D + h_r}$$

auszuführen.

Meistens ist es jedoch schwierig, mit dem ersten Verfahren eine genügend kräftige Anspannung zu erzielen, während man beim zweiten Verfahren auch bei genauem Vorgehen entweder eine zu kräftige

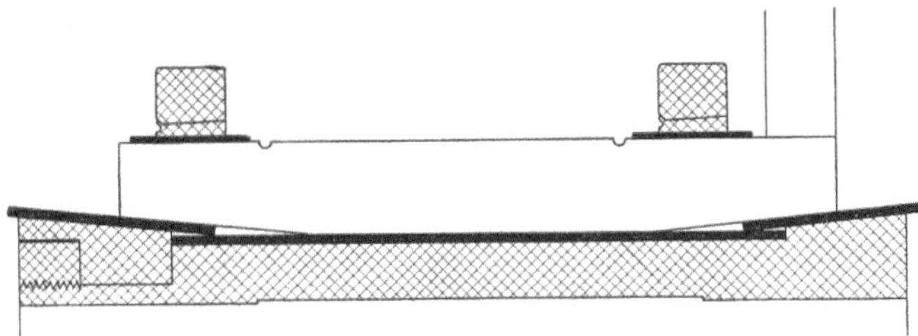

Fig. 123. Schrumpfringe nach Allmänna Svenska Elektriska A. B.

oder zu schwache Anspannung bekommt. Man verwendet deshalb oft eine Vereinigung beider Verfahren, indem man die Ringe im warmen Zustande aufsetzt und gleichzeitig etwas anspannt. Die Fig. 123 zeigt eine hierfür geeignete, von der Allmänna Svenska Elektriska A. B. verwendete Bauart. Unter den eigentlichen Schrumpfring wird ein etwas abgeschrägter, vierteiliger Ring gelegt und darüber der Schrumpfring hydraulisch gepreßt. Der untere Ring ist an der Seite mit einer Eindrehung versehen. Die obere Kante dieser Eindrehung wird nach dem Aufsetzen gestaucht und verhindert somit ein Zurückgleiten des Schrumpfringes. Der Abschrägungswinkel des unteren Ringes sei mit α bezeichnet. Wünschen wir nun, daß die durch das Schrumpfen beim Erkalten erzeugte Spannkraft $p\,^0/_0$ von U' betragen soll, dann ist der Schrumpfring auf

$$t = \frac{\frac{p}{100}(\lambda_1' + \lambda_2' + \lambda_3')\, U'}{0{,}000012 \cdot \pi D} \;{}^0\mathrm{C} \qquad (24)$$

über die Umgebung zu erwärmen und mit einem seitlichen Druck von

$$D = \frac{2\pi}{\mathrm{tg}\,\alpha} \frac{1 - p}{100} U' \text{ kg}$$

aufzusetzen.

22. Beispiele ausgeführter Kommutatoren.

a) Langsamlaufende Kommutatoren. Bei sehr kleinen Kommutatoren, bei welchen die auftretenden Längsausdehnungen ganz geringfügig sind, kann man, wie die Fig. 124 zeigt, die unmittelbar auf

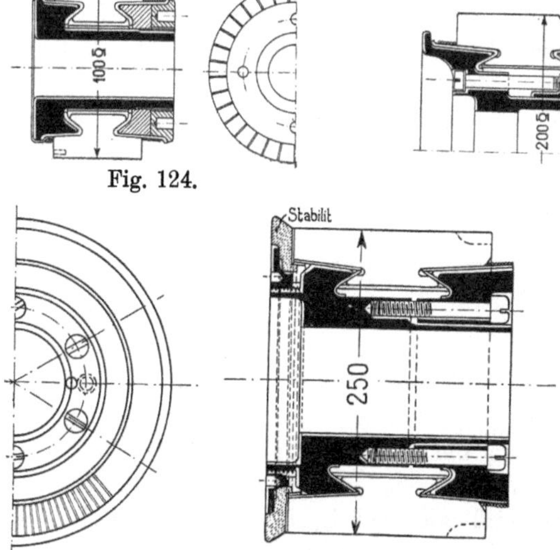

Fig. 124. 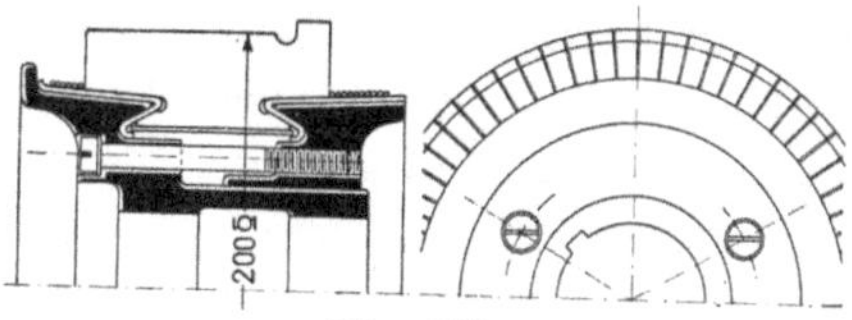 Fig. 125.

Fig. 126.

Fig. 124—126. Kommutatoren kleiner Maschinen.

die Welle aufgesetzte Kommutatorbüchse zum Spannen der Lamellen benutzen, indem man auf die Büchse eine schmiedeeiserne Mutter aufschraubt.

Die Fig. 125 und 126 zeigen ebenfalls Ausführungen, bei denen die Kommutatorbüchse gleichzeitig zur Befestigung des Kommutators auf der Welle und zum Spannen der Lamellen dient. Hier sind jedoch die beiden Teile der Büchse durch Schrauben zusammengehalten, wodurch eine größere Nachgiebigkeit bei Längenausdehnungen der Lamellen erzielt wird.

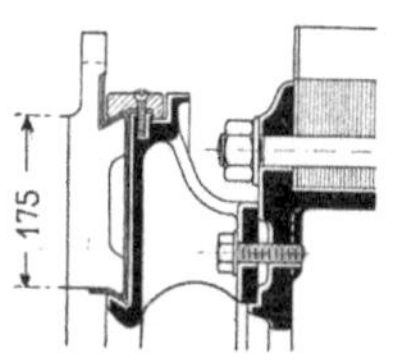

Fig. 127. Ein Scheibenkommutator.

Die Fig. 127 zeigt einen sogenannten Scheibenkommutator, bei welchem die Lamellen radial angeordnet sind, so daß sie eine ebene Fläche bilden, auf der die Bürsten schleifen. Solche Kommutatoren kommen häufig bei Elektromobilen zur Anwendung, weil die Bürsten bei Erschütterungen des Wagens dann nicht so leicht von der Schleiffläche weggeschleudert werden können.

Bei größeren Kommutatoren verwendet man, wie in der Fig. 128 gezeigt ist, zum Tragen des Kommutators eine besondere Büchse, die mit einer zum Aufschieben auf die Welle bestimmten Nabe versehen ist. Bei großem Durchmesser des Kommutators werden die an die Nabe angegossenen Rippen als Arme ausgebildet. Diese Arme werden, wie die Fig. 128 zeigt, zweckmäßig schräg gestellt, so daß der Kommutator sich im Betriebe leicht ausdehnen kann, ohne

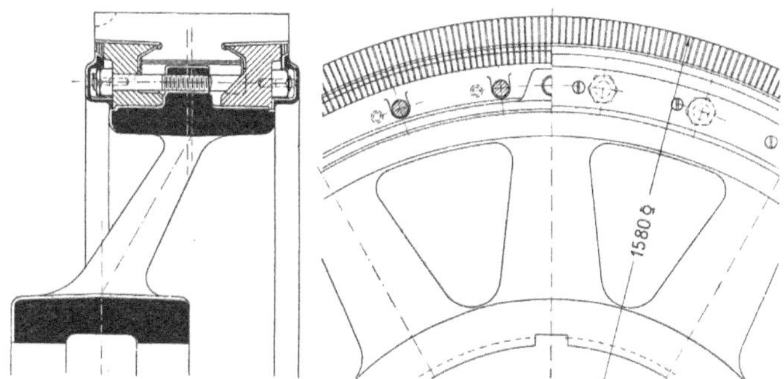

Fig. 128. Kommutator einer großen Maschine.

gefährliche Spannungen in den Armen und Formänderungen des Kommutators selbst hervorzurufen.

Bei sehr großen Kommutatoren empfiehlt es sich, die Kommutatorbüchse nicht unmittelbar an der Welle, sondern, wie die Fig. 129 zeigt, an dem den Anker tragenden sogenannten Ankerstern zu befestigen.

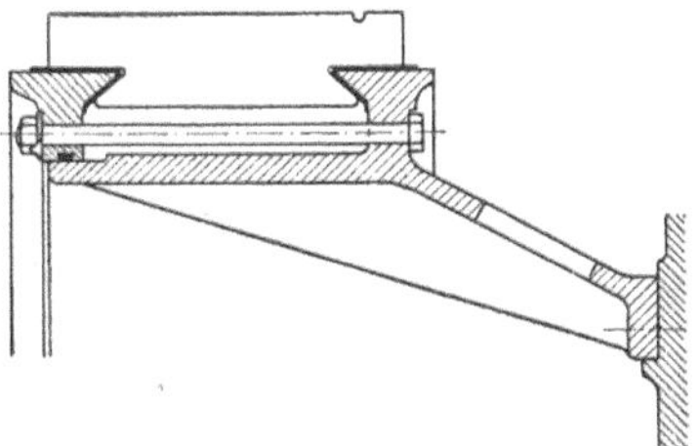

Fig. 129. Großer Kommutator am Ankerstern befestigt.

Bei schnellaufenden Maschinen, bei welchen der Durchmesser des Kommutators begrenzt ist, würde der Kommutator, wenn die Stromstärke groß ist, so lang ausfallen, daß die Wärmeausdehnungen große Spannungen und lästige Formänderungen im Kommutator hervorrufen würden. Hiergegen gibt es zweierlei Mittel. Entweder kann man den Kommutator so ausbilden, daß er von einem kräftigen Luftstrom gekühlt wird, oder aber man teilt den Kommutator in zwei

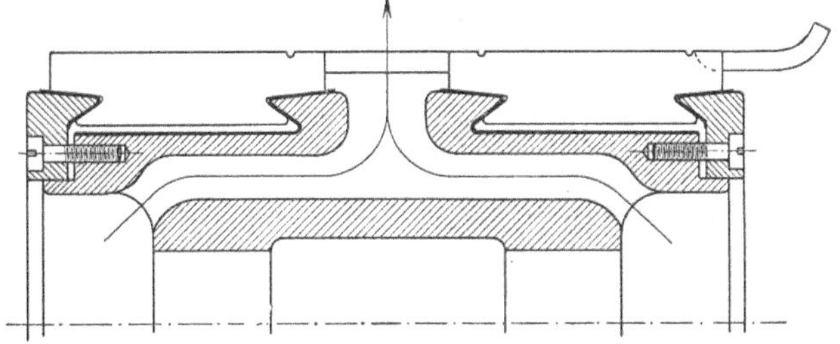

Fig. 130. Doppelkommutator der Siemens-Schuckert-Werke.

Hälften auf, die dann entweder auf beiden Seiten des Ankers angeordnet oder zu einem Kommutator zusammengebaut werden. Die Fig. 130 zeigt einen derartigen Doppelkommutator der Siemens-Schuckert-Werke, der gleichzeitig mit kräftiger Luftkühlung versehen ist. Die gleichliegenden Lamellen der beiden Kommutatoren sind nämlich durch Kupferfahnen verbunden, die, als Ventilatorflügel wirkend, die Luft von beiden Seiten durch die Büchse ansaugen und zwischen den Laufflächen herausschleudern. Die Fahnen sind geschweift, so daß sie Längenausdehnungen zulassen. Durch den Luftstrom wird der Kommutator, teils auf der Innenseite, teils mittels der Fahnen, welche von den Lamellen beträchtliche Wärmemengen ansaugen, gut gekühlt.

b) Schnellaufende Kommutatoren. Die schnellaufenden Kommutatoren für Turbogeneratoren müssen meistens sehr lang ausgeführt werden, weil man bei ihnen, wie oben gezeigt, in der Wahl des

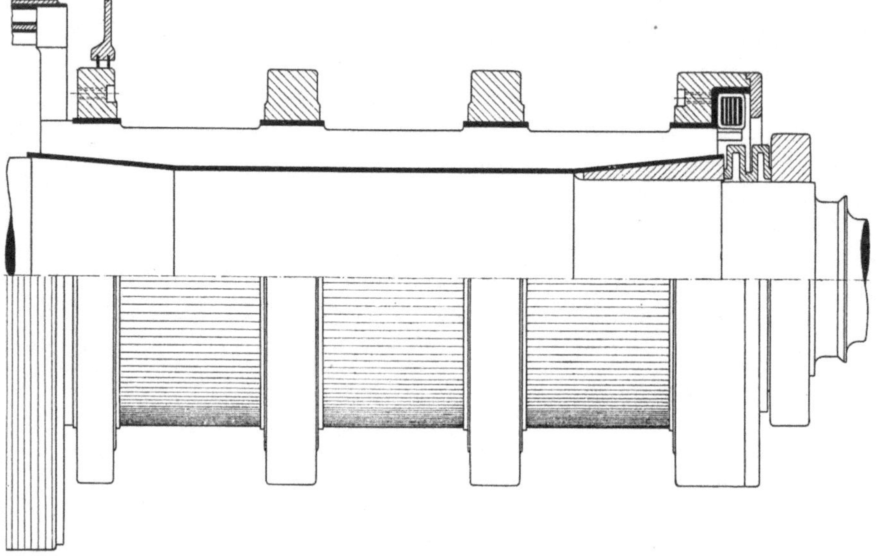

Fig. 131. Turbokommutator der AEG.

Durchmessers sehr beschränkt ist. Infolgedessen treten hier bedeutende Längenausdehnungen der Lamellen auf. Wenn nun nicht dafür gesorgt wird, daß die Lamellen sich frei ausdehnen können, werden sie im Betriebe etwas ausgebogen. Diese Ausbiegungen sind an und für sich nicht groß, da sie aber bei verschiedenen Lamellen verschieden groß ausfallen, bewirken sie bei den hier vorkommenden großen Umfangsgeschwindigkeiten, daß die Bürsten nicht ruhig auf der Lauffläche aufliegen können, sondern zeitweise abgeschleudert werden. Hierdurch tritt heftiges Bürstenfeuer auf, das den Betrieb erschwert oder unmöglich macht. Dieser Umstand wurde in der ersten Entwicklungszeit der Turbogeneratoren nicht genügend berücksichtigt.

Bei der in der Fig. 118 gezeigten Ausführung ist diese Gefahr dadurch vermindert, daß die konischen Aussparungen an der Innenseite des Kommutators, die zum Festhalten des Kommutators auf einer bestimmten Stelle der Welle benutzt werden, mit einem sehr kleinen Neigungswinkel ausgeführt sind. Ganz beseitigt ist diese Gefahr, wie leicht ersichtlich, jedoch nicht. Bei der Bemessung der äußeren Schrumpfringe ist hier zu berücksichtigen, daß sie dadurch eine zusätzliche Dehnung erleiden, daß die Lamellen durch Wärmeausdehnung von den konischen Ruheflächen ausgebogen werden.

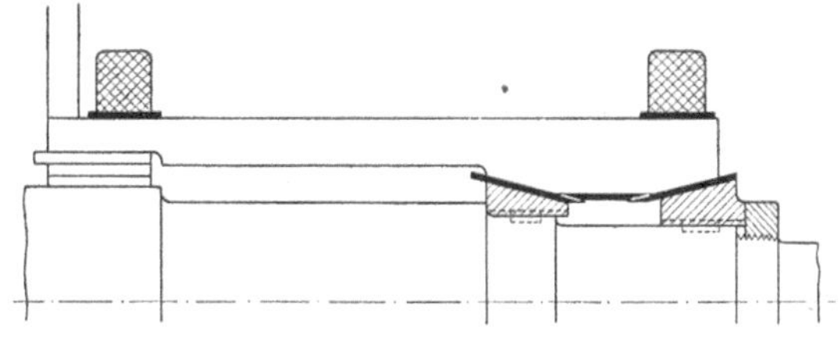

Fig. 132. Turbokommutator mit einseitig eingespannten Lamellen.

Die Gefahr ist dagegen vermieden bei dem in Fig. 131 gezeigten Kommutator eines Turbogenerators der AEG für 300 kW, 230 Volt,

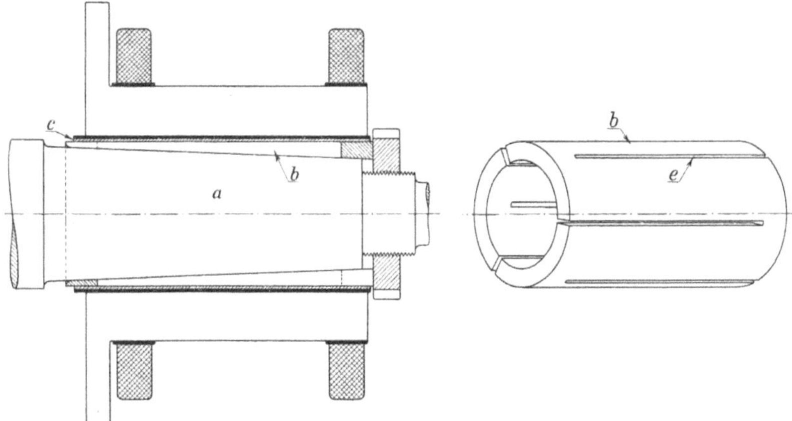

Fig. 133. Turbokommutator der M-F.-Oerlikon.

1300 Amp. und 3000 Umdr./Min.[1]). Der Kommutator liegt hier links gegen eine konische Vergrößerung der Welle an, während er rechts von einem schwach konischen Ring gehalten wird. Dieser Ring wird

[1]) Dr.-Ing. Pohl, Robert: Zur Entwicklung der Gleichstrom-Turbodynamos. ETZ 1908, S. 138.

gegen die Lamellen durch einen auf die Welle aufgeschraubten Ring gedrückt. Hier ist jedoch zwischen den beiden Ringen eine federnde Büchse vorgesehen, so daß der Kommutator sich bei Erwärmung ausdehnen kann.

Eine sehr gute Ausdehnungsfreiheit gewährleisten Bauarten, bei denen die Lamellen einseitig eingespannt sind und am anderen Ende freie Bewegungsmöglichkeit haben, Fig. 132[1]).

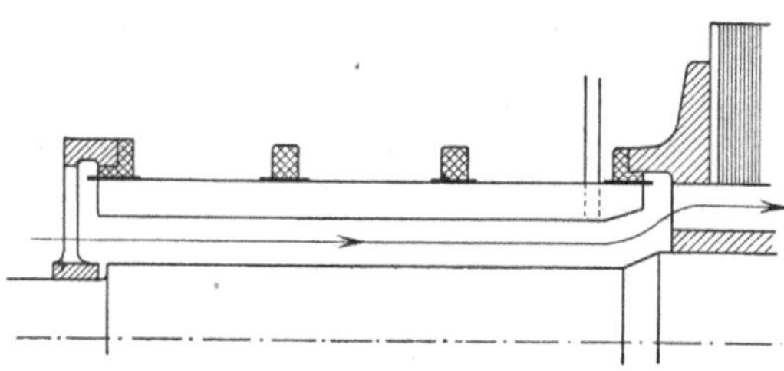

Fig. 134. Turbokommutator von Vickers Sons & Maxim.

Die Fig. 133 zeigt eine für kürzere Turbokommutatoren geeignete Ausführung der Maschinenfabrik Oerlikon[2]), bei welcher die Lamellen sich ebenfalls frei ausdehnen können. Der Kommutator wird hier auf eine außen zylindrische, innen konische auf die ebenfalls konische Welle *a* aufgeschobene Büchse *b* aufgesetzt. Die Büchse ist mit Schlitzen *e* versehen, so daß sie sich beim Anziehen des Preßringes ausdehnt und gegen die Inneniso-

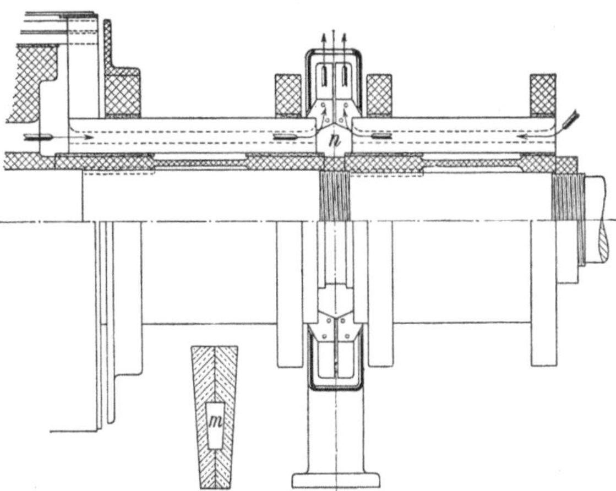

Fig. 135. Innen ventilierter Turbokommutator der Siemens Brothers.

lation *d* des Kommutators gepreßt wird. Zwischen Büchse und Isolation ist eine ebenfalls aufgeschlitzte Hülse *c* aus Blech zum Schutz der Isolation eingelegt.

[1]) D.R.P. Nr. 190679. [2]) Schweizer Pat. Nr. 52609.

Die Fig. 134 zeigt eine Kommutatorausführung von Vickers Sons & Maxim, Sheffield[1]), bei welcher die Lamellen gut gekühlt sind und sich frei ausdehnen können.

Bei der in der Fig. 135 gezeigten Ausführung der Siemens Brothers wird ebenfalls eine sehr gute Kühlung dadurch erzielt,

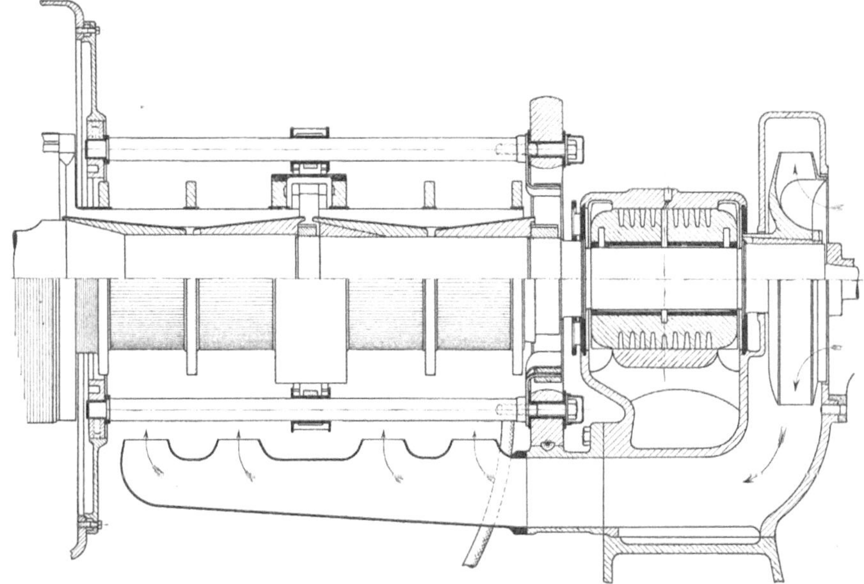

Fig. 136. Von außen ventilierter Turbokommutator der AEG.

daß in den Lamellen Aussparungen vorgesehen sind, die axiale Luftkanäle m bilden. Der Kommutator ist zweiteilig ausgeführt und die Lamellen beider Teile sind an den einander zugekehrten Enden mit Schaufeln versehen, die mit weichen Kupferbändern leitend verbunden sind. Um die Schaufeln herum ist zum Schutz gegen Berührung ein Gehäuse mit Öffnungen feststehend angeordnet. Bei der Drehung des Kommutators wirken die Schaufeln wie die Flügel eines Lüfters, der die Luft axial von den Seiten durch die Kanäle in den Lamellen ansaugt und radial durch die

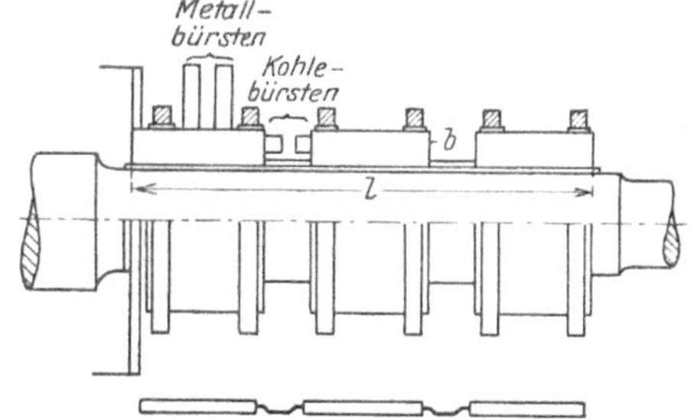

Fig. 137. Aufgeteilter Turbokommutator von E. Ziehl.

[1]) Brit. Pat. Nr. 29161.

Löcher im Gehäuse ausbläst. Auch bei dieser Ausführung können die Lamellen sich, wie ersichtlich, frei ausdehnen.

Die Fig. 136 zeigt den Kommutator eines Turbogenerators der AEG für 350 kW und 1600 Umdr./Min., dessen Kommutator künstlich gekühlt wird[1]). Der Kommutator ist wegen seiner großen Länge in zwei Teile zerlegt worden, die beide durch je drei Schrumpfringe zusammengehalten werden. Beide Teile sind durch elastische Kupferbänder verbunden, welche gleichzeitig zur Lüftung des Kommutators benutzt werden. Der Kommutator wird außerdem durch einen besonderen Lüfter, der zwischen dem Außenlager und der Erregermaschine sitzt, von unten her gekühlt.

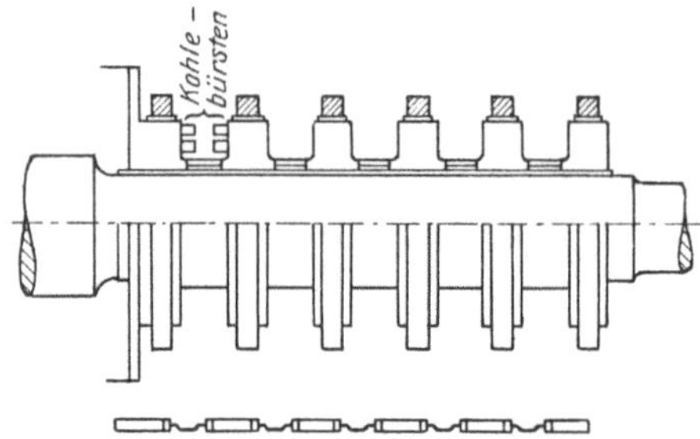

Fig. 138. Scheibenkommutator von E. Ziehl.

E. Ziehl schlägt in der ETZ 1909, S. 702, um schädliche Wirkungen der Wärmeausdehnung zu vermeiden, vor, den Kommutator, wie die Fig. 137 zeigt, in mehrere kürzere Kommutatoren aufzuteilen, welche miteinander durch biegsame Kupferfahnen verbunden sind. Bei richtigen Abmessungen der Lamellen kann man erreichen, daß durch die Schrumpfringe die Lamellen mit genügendem Drucke sowohl gegeneinander, als auch gegen die Welle gepreßt werden, so daß keine besonderen Vorrichtungen zur Befestigung der Kommutatoren auf der Welle vorgesehen zu werden brauchen. Es beruht dies, wie Ziehl angibt, darauf, daß die Isolation zwischen den Lamellen immer ein Vielfaches von der Isolation unter den Lamellen und den Schrumpfringen ist und daher elastisch nachgibt.

Da man bei der Verwendung von Metallbürsten in der Regel je Bolzen einige vorgeschobene Kohlebürsten zur besseren Kommutierung schleifen läßt, ist die Konstruktion gleichzeitig so ausgebildet, daß solche Kohlebürsten seitlich bei *b* laufen können. Für diese Anordnung spricht noch der Umstand, daß Kohlebürsten auf einer scheibenförmigen Bahn viel ruhiger laufen und einen viel sicheren Kontakt geben als auf einer zylindrischen Fläche.

Die Fig. 138 zeigt denselben Kommutator als sogenannten Scheibenkommutator für ausschließlichen Betrieb mit Kohlebürsten ausgebildet. Es ist zu bemerken, daß bei dieser Bauart Erschütterungen

[1]) Freund: Der elektrische Betrieb auf der Vorortsbahn Blankenese-Ohlsdorf. ETZ 1909, S. 1145.

der Welle auf den ruhigen Lauf der Bürsten fast gar keinen Einfluß haben können, und daß die Abkühlungsflächen hier größer sind als bei einem entsprechenden Zylinderkommutator.

Die Fig. 139 zeigt einen ähnlichen, von M. Walker[1]) angegebenen und von der Brit. Westinghouse Mfg. Co., Manchester, ausgeführten Kommutator. Dieser weist jedoch im Vergleich mit der in der Fig. 138 gezeigten Konstruktion verschiedene Nachteile auf,

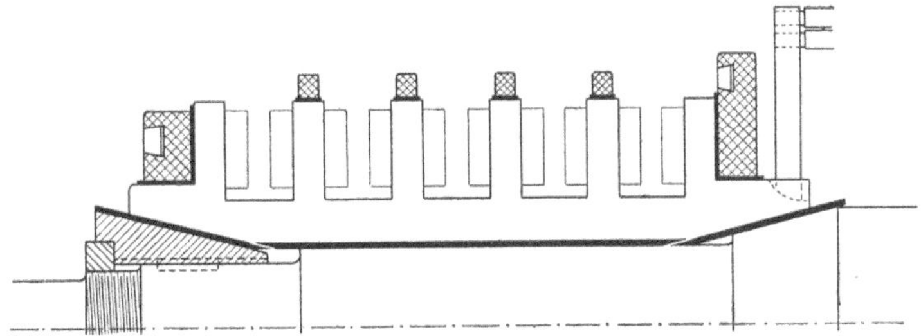

Fig. 139. Scheibenkommutator von M. Walker.

indem die freie Ausdehnungsmöglichkeit der Lamellen hier nicht gewahrt ist und der Kommutator in der Ausführung sehr teuer wird, weil die Teilkommutatoren hier aus gemeinsamen Lamellen zusammengesetzt werden.

Wie aus einigen der vorerwähnten Beispielen hervorgeht, werden die Schrumpfringe an den Enden des Kommutators mit Eindrehungen versehen, in welche verschiebbare und mit Schrauben feststellbare kleine Gewichte eingebracht werden. Diese Gewichte dienen zum Auswuchten des Kommutators. Sie werden aus Eisen hergestellt. Blei darf nicht zur Verwendung kommen, da es sich bei den hier auftretenden außerordentlich hohen Fliehkräften deformieren würde.

Bei Zylinderkommutatoren ist es zweckmäßig, die Lamellen mit einer schmalen umlaufenden Rille zu versehen, die so weit von der Oberkante der Lamelle verlegt wird, wie die zulässige Tiefe des Verschleißes beträgt. Hierdurch wird verhindert, daß man den Kommutator über das zulässige Maß hinaus abdreht, wodurch die Festigkeit des Kommutators gefährdet werden würde.

23. Verbindung des Kommutators mit der Ankerwicklung.

Bei kleineren Maschinen mit Drahtwicklung verbindet man den Kommutator mit der Ankerwicklung einfach in der Weise, daß man das Ende der einen Spule und den Anfang der nächstfolgenden zu

[1]) Brit. Pat. Nr. 10795.

derselben Lamelle führt und mit ihr verbindet. Diese Verbindungen führen dann dauernd denselben Strom wie die Wicklung und müssen deshalb mit demselben Drahtquerschnitt ausgeführt werden wie diese.

Bei größeren Maschinen, bei denen der Abstand zwischen Kommutator und Wicklung oft nicht unbedeutend ist, würde diese Ausführung deshalb unnötig teuer werden und die Ankerkupferverluste erhöhen. In solchen Fällen, und besonders bei Stabwicklungen, führt man statt dessen Anfänge und Enden der Spulen bei der Wicklung zusammen und verbindet jeden dieser Verbindungspunkte mit je einer Lamelle. Diese Verbindungsleitungen sind dabei nur dann stromführend, wenn die zugehörige Lamelle unter einer Bürste steht, weshalb die Verbindungsleitungen entsprechend dünner ausgeführt werden können und die Verluste in ihnen trotzdem sehr gering werden. In jeder Verbindungsleitung wird nämlich nur so viel Wärme entwickelt, wie von einem dauernd fließenden Strom von der Stärke

$$J_{v_{\text{dauernd}}} = \frac{2\,J_a}{K}\sqrt{\frac{360^0}{\mathfrak{Z}_b \cdot \beta^0}} \text{ Amp.} \tag{25}$$

entwickelt werden würde, worin J_a den Ankerstrom, K die Anzahl der Lamellen, $\mathfrak{Z}_b$ die Anzahl der Bürstenbolzen und β die Bürstenbreite in Graden bedeutet. Hiernach kann der erforderliche Querschnitt dieser Verbindungsleitungen unter Berücksichtigung der für sie meistens in Betracht kommenden guten Kühlung bemessen werden.

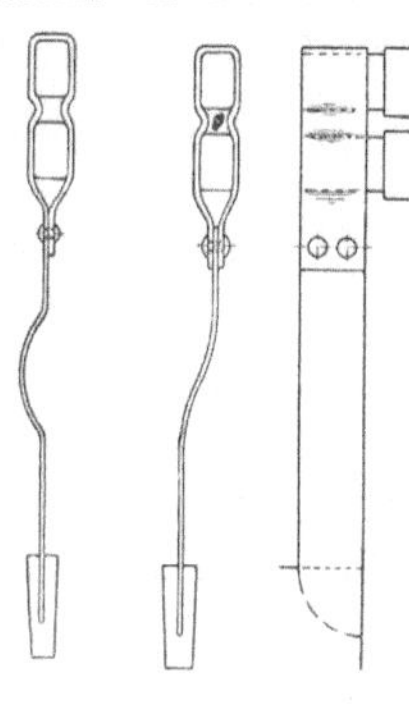

Fig. 140. Nachgiebige Kommutatorverbindungen.

Weil die Bürste meist mehrere Lamellen bedeckt, sind die zugehörigen Verbindungen in bezug auf den Ankerstrom parallelgeschaltet, in bezug auf den Kurzschlußstrom unter der Bürste zu je zweien hintereinander geschaltet. Diesen Umstand kann man bei schwierigeren Kommutierungsverhältnissen zur Erzielung einer guten Kommutierung benutzen, indem man die Verbindungsleitungen mit verhältnismäßig großem Widerstand aus Nickelin, Kruppin oder ähnlichem Widerstandsmaterial ausführt. Im allgemeinen werden sie aus Kupfer meistens in der Form von flachen Bändern, aber auch als Runddraht, seltener aus biegsamen Litzen hergestellt. Um den Verbindungsleitungen eine größere Nachgiebigkeit gegenüber den stets auftretenden Erschütterungen und Wärmeausdehnungen zu geben, werden sie oft, wie Fig. 140 zeigt, S-förmig gebogen oder mit einer seitlichen Ausbiegung ausgeführt.

Die Ankerdrähte oder die eben erwähnten Verbindungsleitungen werden mit den Kommutatorlamellen entweder, wie die Fig. 141 und 142 zeigen, verschraubt oder, wie die Fig. 143 zeigt, vernietet oder aber, wie die Fig. 140 und 144 zeigen, verlötet. Die Verschraubung hat den Vorteil, daß ein Lösen der Drähte einfacher und

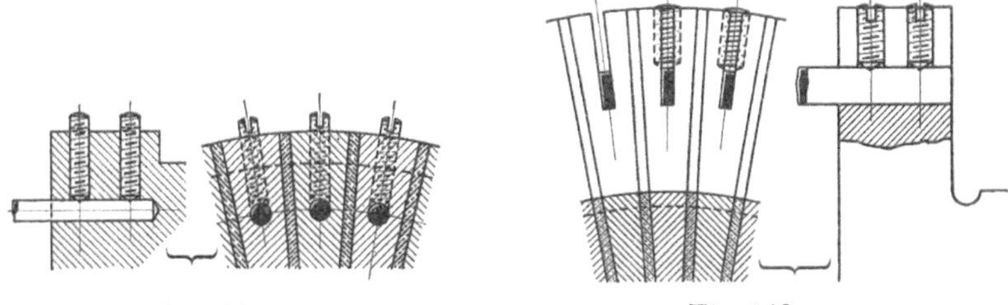

Fig. 141. Fig. 142.
Fig. 141 u. 142. Kommutatorverbindung mit Schrauben.

rascher auszuführen ist, als bei den anderen Befestigungsverfahren. Da aber ein solches Lösen der Drähte sehr selten erforderlich ist und da ferner die Verschraubungen bei der Herstellung teuer ausfallen, leicht locker werden können und keinen guten Kontakt geben,

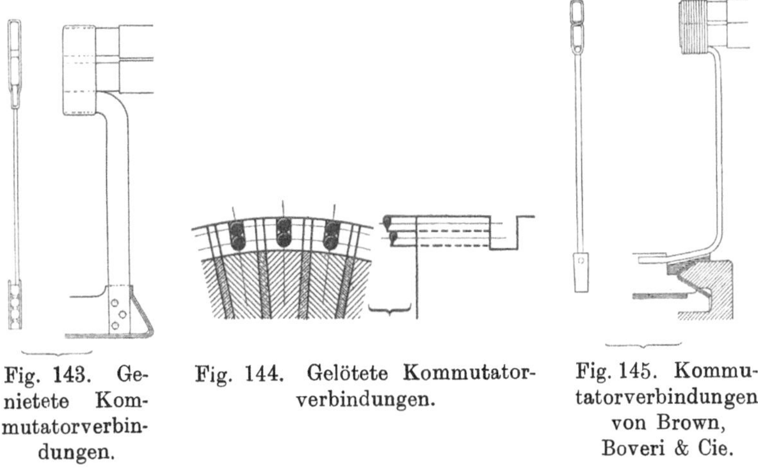

Fig. 143. Genietete Kommutatorverbindungen.

Fig. 144. Gelötete Kommutatorverbindungen.

Fig. 145. Kommutatorverbindungen von Brown, Boveri & Cie.

hat man dieses Verfahren nunmehr fast vollständig verlassen. Die Vernietung, zweckmäßig mit Lötung verbunden, ist meistens nur erforderlich, wenn große Fliehkräfte oder Erschütterungen auftreten. Sonst genügt in den meisten Fällen die einfache Verlötung. Besonders bei kleineren Maschinen, die häufig angelassen werden sollen oder größeren Überlastungen ausgesetzt sind, empfiehlt es sich, die Verlötungen mit Hartlot auszuführen, weil eine mit Weichlot hergestellte Verbindung in solchen Fällen leicht locker wird.

Die Kommutatorverbindungen werden an der Wicklung entweder durch Verlötung, Fig. 140, oder durch Vernietung und Lötung, Fig. 143, befestigt. Hierbei können, wie die Beispiele zeigen, entweder die beiden Wicklungsenden samt der Verbindung von einem umschlungenen Blech oder die Wicklungsenden von der sie umschließenden Verbindung selbst zusammengehalten werden. Nach einer Konstruktion von Brown, Boveri & Cie., Fig. 145, können diese Drähte auch mit einem umwickelten und verlöteten Drahtband aneinander befestigt werden.

Bei langen Verbindungen empfiehlt es sich, sie, wie die Fig. 146 zeigt, mit einer Schnurbandage zu versehen, so daß sie einander

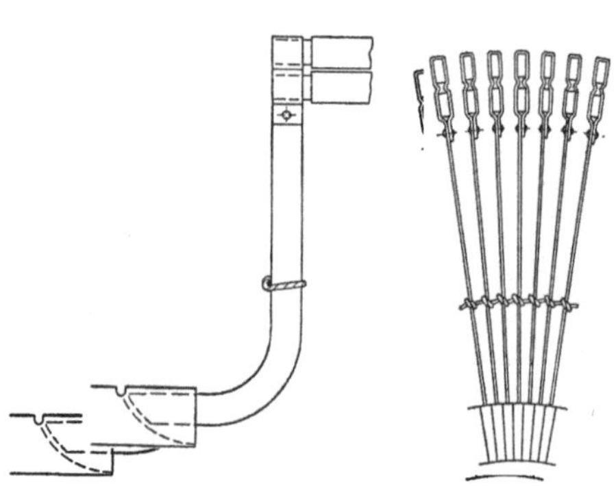

Fig. 146. Schnurbandagen, um die Kommutatorverbindungen gegeneinander abzusteifen.

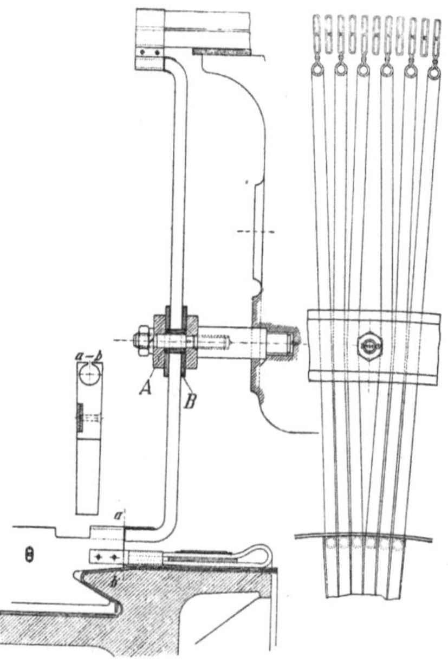

Fig. 147. Mechanisch befestigte Kommutatorverbindungen.

gegenseitig einen Halt bieten und nicht zusammenschlagen können. Es ist nämlich darauf zu achten, daß diejenigen Verbindungen, die bei einem auftretenden Kurzschluß gerade stromführend sind, recht bedeutenden Kräften ausgesetzt sein können, welche die Verbindungen zusammenzuführen versuchen.

Eine dem gleichen Zwecke dienende, aber kräftigere Befestigung der Verbindungen zeigt die Fig. 147. Mittels zweier schmiedeeiserner am Anker befestigter Ringe *A* und Isolierzwischenlagen *B* werden die Verbindungsdrähte hier zwischen Wicklung und Kommutator nochmals befestigt.

Fünftes Kapitel.

Magnetgestell.

24. Allgemeines über Magnetgestelle.

Das den Anker umgebende Magnetgestell dient als Träger und Rückleitung der den Anker durchsetzenden, im Raume stillstehenden magnetischen Kraftflüsse. Es wird deshalb aus Eisen hergestellt und besteht meistens aus radial gestellten Polen, durch welche die Kraftflüsse dem Anker zugeleitet werden, und aus einem die Pole außen umschließenden Ring, dem sog. Joch, das als Verbindungsleitung der Kraftflüsse der Pole dient. Auf die Pole werden die zum Durchtreiben der Kraftflüsse durch die Maschine erforderlichen Wicklungen aufgebracht. Ganz kleine Maschinen werden nur mit sog. Hauptpolen ausgerüstet, durch welche der zum Induzieren der Spannung im Anker erforderliche Kraftfluß dem Anker zugeführt wird. Größere Maschinen müssen außerdem mit sog. Wendepolen versehen werden, durch welche die Kraftflußverteilung in der Kommutierungszone so beeinflußt wird, daß eine funkenfreie Kommutierung erfolgt. Im übrigen wird die Kraftflußverteilung durch besonders geformte, auf die Haupt- und gegebenenfalls auch auf die Wendepole auf der dem Anker zugewandten Seite aufgesetzte Polschuhe beherrscht, indem der Luftspalt und damit die magnetische Leitfähigkeit zwischen Anker und Magnetgestell durch sie längs des Ankerumfangs zweckmäßig gestaltet wird. Eine Ausnahme hiervon bildete die sog. Deri-Maschine, die keine ausgeprägte Pole besitzt. Das Eisen ist hier gleichmäßig um den Anker verteilt und der Luftspalt ist über den ganzen Ankerumfang gleichbleibend. Die erwünschte Verteilung der Kraftflüsse wird hier durch verschiedene in dem Eisen des Magnetgestelles untergebrachte Wicklungen erzielt.

Das Joch ist mit Füßen zu versehen, die entweder das Magnetgestell allein oder auch die ganze Maschine tragen, wenn die Lager, wie bei kleineren und mittelgroßen Maschinen, an dem Joche befestigt werden.

Für die Auswahl der Eisensorten der verschiedenen Teile des Magnetsystems sind die folgenden Gesichtspunkte maßgebend.

Da die das Magnetgestell durchsetzenden Kraftflüsse in den meisten Fällen ihre Stärke nicht oder jedenfalls nur sehr langsam ändern, kommen neben den mechanischen Eigenschaften, Material- und Bearbeitungskosten, Lieferzeiten u. dgl. hauptsächlich nur die magnetischen Eigenschaften bei der Auswahl dieser Baustoffe in Betracht, während die elektrischen Eigenschaften mehr in den Hintergrund treten. Man kann deshalb meistens das Magnetsystem aus massivem Eisen aufbauen und zwar kommen hier weicher Stahlguß, Flußeisen, Schmiedeeisen, gewalzter Stahl und Gußeisen als Baustoffe in Betracht.

Die magnetische Sättigungsgrenze liegt für die erstgenannten weichen Eisensorten etwa doppelt so hoch wie für Gußeisen; die ersteren ergeben daher bei gleichem Kraftflusse ungefähr nur halb so große Querschnitte und Gewichte wie das Gußeisen. Um an Erregerkupfer zu sparen, verwendet man daher für die Magnetkerne (Pole) stets diese weichen Eisensorten.

Dagegen kann die Verwendung von Gußeisen für das Joch in manchen Fällen von Vorteil sein.

So ist man z. B. bei Maschinen mit großem Durchmesser oft gezwungen, das Joch mit einem bedeutend größeren Querschnitt auszuführen als mit alleiniger Rücksichtnahme auf die Durchleitung der Kraftflüsse erforderlich wäre, um dem Joche eine genügende Widerstandsfähigkeit gegen die Beanspruchung durch das Gewicht des Magnetsystems und die magnetischen Zugkräfte zu verleihen. Da man also die bessere magnetische Leitfähigkeit des Weicheisens in solchen Fällen nicht ausnutzen kann, empfiehlt es sich, Gußeisen für das Joch zu verwenden, denn es ist bei kürzerer Lieferzeit billiger, gestattet dem Konstrukteur größere Freiheit bei der Formgebung und läßt sich leichter bearbeiten.

Bei selbsterregenden Nebenschlußgeneratoren, die mit verschiedenen Klemmenspannungen arbeiten sollen, wie es z. B. bei Maschinen für Batterieladung ohne Zusatzmaschinen der Fall ist, kann sogar gerade die niedrige Sättigungsgrenze des Gußeisens die Verwendung dieses Baustoffes für das Joch empfehlenswert erscheinen lassen. Weil die Magnetisierungskurven des Gußeisens und des in den übrigen Teilen des Kreises verwendeten Weicheisens sehr verschieden verlaufen, erhält nämlich dann, wie in Bd. I Abschnitt 119 gezeigt wurde, die Magnetisierungskurve der Maschine eine solche Form, daß die Maschine auch bei der niedrigen Spannung stabil arbeitet. Derselbe Zweck kann jedoch besser dadurch erreicht werden, daß man die Sättigung auf einer kurzen Strecke des Kreises sehr hoch treibt. Man verwendet deshalb heute Gußeisen für diesen Zweck nur dann, wenn gleichzeitig auch andere Gründe für die Wahl dieses Baustoffes vorliegen.

Die erwähnte anscheinend schlechte Eigenschaft des Gußeisens, bald gesättigt zu sein, kann auch zur Unterdrückung des Querfeldes nützlich verwertet werden, indem man die Polschuhe aus Gußeisen herstellt. Hier wirkt auch die schlechte elektrische Leitfähigkeit des Gußeisens nützlich, indem das Gußeisen den von den Nuten in den Polschuhen hervorgerufenen Wirbelströmen einen größeren Widerstand entgegensetzt als das Weicheisen. Heute führt man jedoch die Polschuhe meistens aus dünnen Eisenblechen von 0,5 bis 1,0 mm Stärke zur weiteren Verkleinerung dieser Wirbelstromverluste aus.

Bei Anlaßgeneratoren, Puffermaschinen und Maschinen für konstanten Strom, bei denen der Kraftfluß in bestimmter Abhängigkeit vom Erregerstrom durch Null hindurch geregelt werden soll, ist Gußeisen als Baustoff für den magnetischen Kreis überhaupt zu vermeiden. Das Gußeisen würde nämlich infolge seiner bedeutenden Koerzitivkraft einen großen Unterschied zwischen den auf- und absteigenden Ästen der Magnetisierungskurve hervorrufen, so daß einem bestimmten Erregerstrome die verschiedensten Kraftflüsse entsprechen würden.

Soll der Kraftfluß schnell geändert werden können, wie es bei den eben erwähnten Maschinengattungen und bei kompoundierten Maschinen oft, bei mit Schnellreglern arbeitenden Maschinen stets der Fall ist, so würden die im massiven Eisen entstehenden Wirbelströme die Änderungen des Kraftflusses wesentlich verlangsamen. In solchen Fällen verwendet man wenigstens für die Pole, aber oft auch für das Joch zur Unterdrückung der Wirbelströme weiches Eisenblech als Baustoff.

Neuerdings werden in den Vereinigten Staaten von Nordamerika das Magnetsystem wie auch die tragenden Konstruktionsteile der Maschine aus gepreßtem oder gewalztem Stahl hergestellt. Die Verwendung dieses Baustoffes bietet viele recht beachtenswerte Vorteile. Der gewalzte Stahl hat je nach der Sättigung eine um 20 bis 10% höhere Permeabilität und eine um etwa 9% höhere Zugfestigkeit als Stahlguß. Ferner ist er im Gegensatz zu letzterem stets frei von Lunkern, und schließlich können aus ihm leichte und doch widerstandskräftige hohle Konstruktionsteile hergestellt werden. Eine aus gewalztem oder gepreßtem Stahl gebaute Maschine wird daher besonders leicht und doch widerstandsfähig und die Sicherheitszuschläge in magnetischer und mechanischer Hinsicht können fast vollständig in Wegfall kommen. Die ganze Maschine wird daher billiger, als wenn sie aus gegossenem Material hergestellt wird, dies jedoch nur unter der wichtigen Bedingung, daß die Fabrikation auf Massenherstellung ausgeht, damit die teueren Arbeitsmaschinen verzinst werden können. Nähere Einzelheiten sind aus dem Aufsatze von G. Pontecorvo, ETZ 1914, S. 730 zu ersehen.

Unter Berücksichtigung dieser allgemeinen Gesichtspunkte wollen wir uns nun der konstruktiven Durchbildung der verschiedenen Teile des Magnetsystems zuwenden.

25. Joch.

Wenn die Maschine nicht in einen besonders engen Raum eingebaut werden soll, so daß sehr großer Wert auf Platzersparnis gelegt werden muß, so ist dem Joche stets die Form eines Kreisringes zu geben, weil diese Form den eckigen Formen sowohl in bezug auf mechanische Widerstandsfähigkeit als auch in ästhetischer Hinsicht überlegen ist. Bei Bahnmotoren, die in ein enges Drehgestell eingebaut, oder bei Maschinen, die in engen Schiffsräumen untergebracht werden sollen, führt man dagegen, um den verfügbaren Raum restlos auszunutzen, das Joch als ein Vieleck aus, indem man es mit ebenen Oberflächen über und zwischen den Hauptpolen versieht.

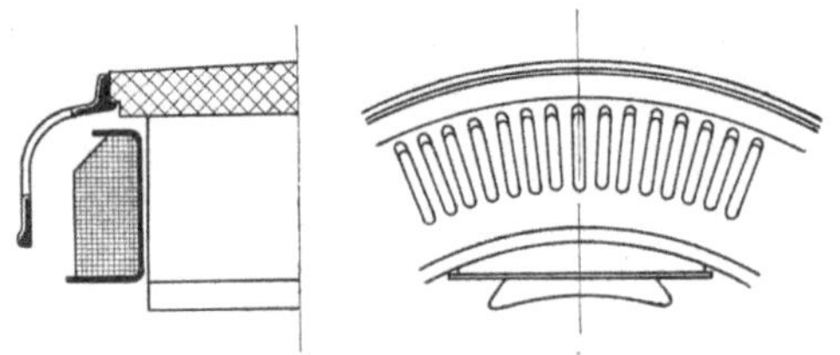

Fig. 148. Vom Lagerschilde geschützte Magnetspule.

Die Größe des Jochquerschnittes ist durch die magnetischen Berechnungen festgelegt und es gilt nun zunächst, seine Breite zu bestimmen. Diese wird meistens etwas größer als die Pollänge und diese wiederum gleich oder etwas kleiner als die Länge des Ankerkerns gewählt. Die über das Joch hinausragenden Magnetspulen werden, wenn an das Joch angeschraubte Lagerschilder verwendet werden, von den Kappen, zu welchen diese ausgebildet sind, wie die Fig. 148 zeigt, verdeckt und gegen mechanische Beschädigung geschützt. Bei größeren Maschinen mit freistehenden Lagern werden zum selben Zwecke, auch um der Maschine ein schönes abgeschlossenes Aussehen zu geben, besondere Schutzkappen an das Joch angeschraubt. Man kann auch das Joch selbst mit angegossenen Kappen versehen, die zur Erhöhung der mechanischen Widerstandsfähigkeit des Joches wesentlich beitragen. Diese Kappen sind, sofern es sich nicht um gekapselte Maschinen handelt, von Löchern oder Lüftungsschlitzen durchbrochen auszuführen, damit die Luft die Magnetspulen ungehindert umspülen kann.

Unter Umständen verzichtet man auf die Verwendung von Schutzkappen und macht statt dessen das Joch so breit, daß es schützend über die Magnetspulen hinausragt. Bei schmalen Maschinen kann zwar die hierdurch verursachte Beeinträchtigung der Kühlung der Maschine unbedenklich zugelassen werden, bei breiteren Maschinen erscheint es jedoch ratsam, die Belüftung dadurch zu verbessern, daß man, wie wir später an einer ausgeführten Maschine sehen werden, in dem Joche selbst Luftschlitze vorsieht.

Bei gekapselten Maschinen wird das Joch oft so breit ausgeführt, daß es ziemlich weit über die Magnetspulen hinausragt, damit

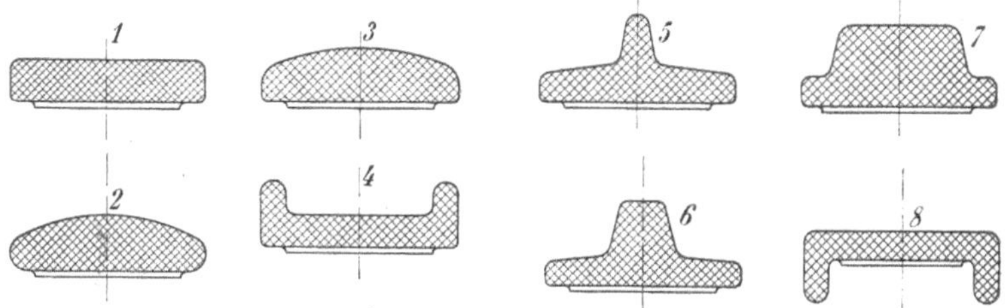

Fig. 149. Querschnittsformen von Jochen großer Maschinen ohne Schutzkappen.

die an ihm befestigten Abdeckungen entsprechend kürzer gehalten werden können.

Nachdem die Breite des Joches nach diesen Gesichtspunkten festgelegt ist, soll die Form des Querschnittes des Joches bestimmt werden.

In Fig. 149 sind einige zweckmäßige und als Gegenbeispiele einige unzweckmäßige Querschnittsformen von Jochen, an welche keine Kappen befestigt werden sollen, gezeigt. Der rechteckige Querschnitt, Nr. 1, hat den Vorteil, daß man ihn leicht in verschiedenen Breiten ausführen kann, indem man einfach in die Mitte des geteilten Gußmodells Ringe verschiedener Breite einlegt. Macht man, wie bei den Ausführungen Nr. 2 und 3, den Rücken etwas gewölbt, so geht zwar dieser Vorteil verloren, dafür bekommt aber die Maschine ein gefälligeres Aussehen. Bei Maschinen mit größeren Durchmesser kann man das Joch gegen Durchbiegung versteifen, indem man den U-förmigen Querschnitt der Ausführung 4 wählt. Infolge der scharfen Begrenzung, durch die vorspringenden Flanschen bekommt die Maschine ein schönes Aussehen. Außerdem bietet dieser Querschnitt wie Nr. 1 den Vorteil der leichten Veränderung der Breite.

Eine erhöhte Steifigkeit gegen Durchbiegung wird auch bei den Ausführungen Nr. 5, 6, 7 und 8 erreicht. Diese Querschnitte sind jedoch weniger empfehlenswert. In bezug auf Steifigkeit bieten sie nämlich keinerlei Vorteile der Ausführung 4 gegenüber, dagegen sind die ⊥-förmigen Ausführungen Nr. 5 und 6 weniger widerstandskräftig gegen seitliches Ausbiegen, weshalb die Maschine einen weniger zuverlässigen Eindruck macht und dadurch unschön wirkt. Die Ausführung Nr. 7 ist in dieser Hinsicht besser, besonders schön ist sie jedoch nicht. Die Ausführung Nr. 8 schließlich hat den großen Nachteil, daß sie für die Kühlung der Magnetspulen sehr hinderlich ist.

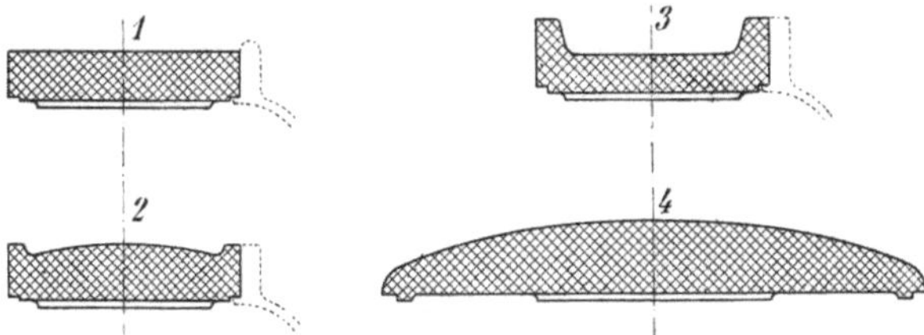

Fig. 150. Querschnittsformen von kleinen Maschinen mit Lagerschildern.

In der Fig. 150 sind einige empfehlenswerte Querschnittsformen gezeigt, die für die Anbringung von Kappen, Bürstenbrücken u. dgl. bestimmt und deshalb an den Seiten mit bearbeiteten Flächen versehen sind. Die zu befestigenden Maschinenteile sind gestrichelt angedeutet. Weil gegossene Teile sich stets beim Abkühlen nach dem Guß etwas verziehen, sind diese Anordnungen entweder, wie bei der Ausführung Nr. 1, mit einem die Ungenauigkeiten verdeckenden Wulste

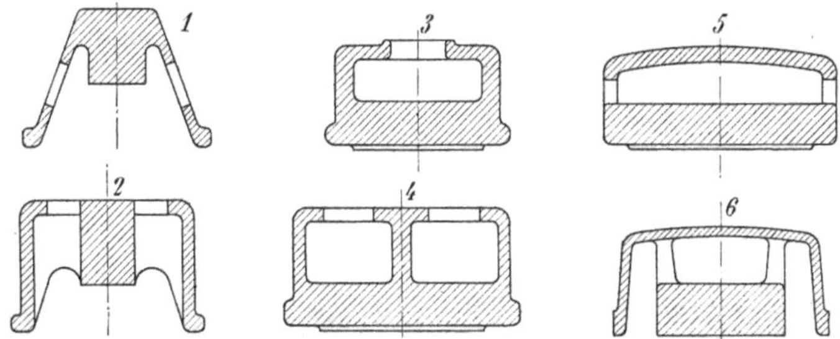

Fig. 151. Querschnittsformen von Jochen sehr großer Maschinen.

zu versehen oder am äußeren Umfange abzudrehen. Die Querschnittsform Nr. 4 ist für eine gekapselte Maschine bestimmt.

Die Fig. 151 zeigt einige für große Maschinen geeignete Querschnittsformen, die eine bedeutende Steifigkeit besitzen. Wegen ihrer mehr oder weniger verwickelten Form sind sie jedoch mehr für Ausführung in Gußeisen als in Stahlguß zweckmäßig.

Werden die Maschinen mit an dem Joche befestigten Lagerschildern versehen, so ist es bei kleineren Motoren zweckmäßig, die

Zahl der Befestigungsschrauben dieser Schilder durch 4 teilbar zu machen, damit die Maschine an der Wand oder an der Decke bei unverändert vertikaler Lagerstellung befestigt werden kann.

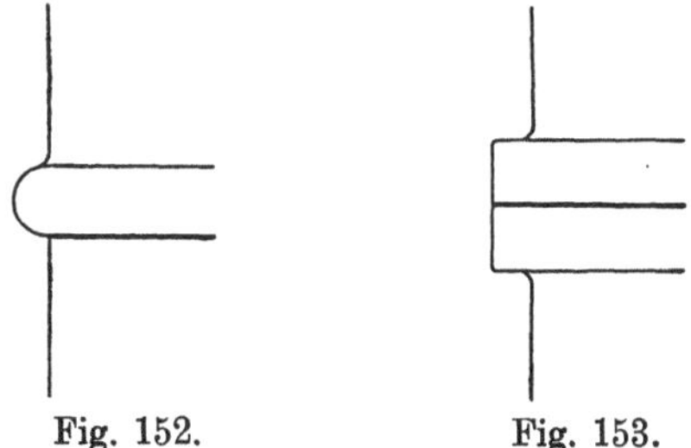

Fig. 152. Fig. 153.
Fig. 152 u. 153. Wulst und Arbeitsleisten zur Abdeckung der Stoßfuge im Joche.

Um einen guten magnetischen Schluß zwischen dem Joch und den Polen zu bekommen, wird das Joch entweder auf der ganzen Innenfläche übergedreht oder es werden nur dort, wo die Pole sitzen sollen, etwas vorstehende Flächen an der Innenseite des Joches angeordnet, die überdreht werden.

Zur Erleichterung der Beförderung und des Zusammenbaues und um den Anker leichter ein- und ausbauen zu können, ohne einen der Lagerböcke entfernen zu müssen, ist das Joch bei größeren Maschinen zweiteilig auszuführen,

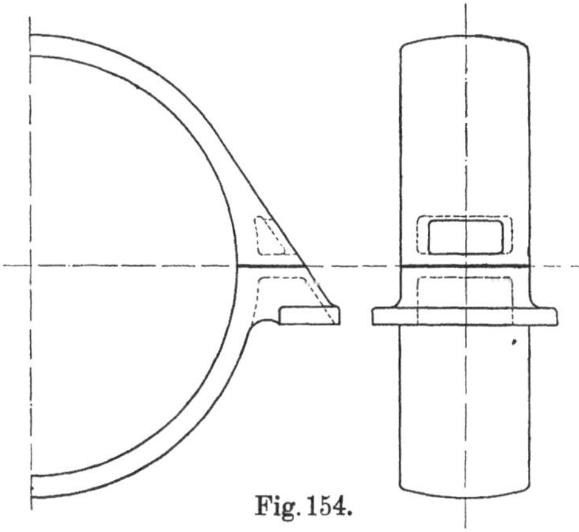

Fig. 154.

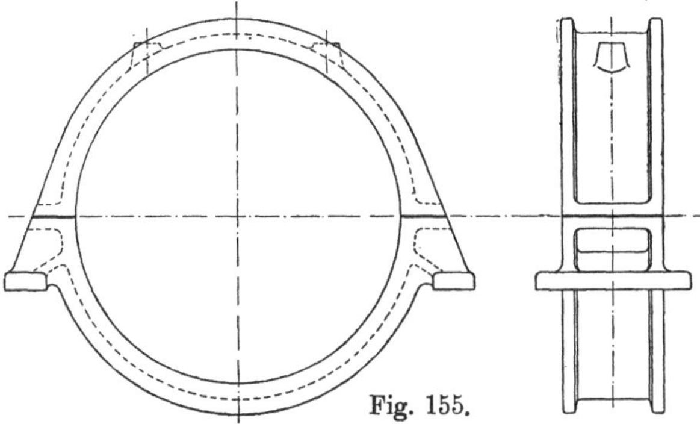

Fig. 155.

Fig. 154 u. 155. Geteilte Joche mit bearbeiteten Flanschen in den Stoßfugen.

wobei die Trennfugen stets in der Horizontalen anzuordnen sind. Hier dürfen dann die Hauptpole mit Rücksicht auf ihre Befestigung nicht angebracht werden. Weil die Pole des Aussehens wegen symmetrisch um die Horizontale anzuordnen sind, läßt es sich bei Wendepolmaschinen mit einem vollständigen Satz von Wendepolen nicht vermeiden, daß ein Wendepol gerade in der Horizontalen zu sitzen kommt. In solchen Fällen verlegt man die Trennfugen um so viel über die Maschinenmitte, daß diese Wendepole ganz auf der unteren Jochhälfte Platz finden.

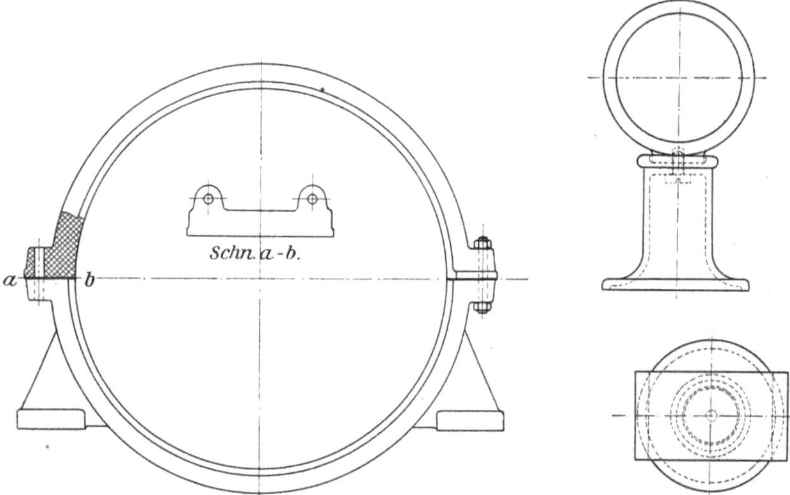

Fig. 156. Geteiltes Joch mit Augen in den Stoßfugen.

Fig. 157. Joch mit zugehörigem Fuße eines Lüftermotors.

Um die beim Guß, besonders in der Durchmesserrichtung, unvermeidlichen Maßabweichungen zu verdecken, kann man die obere Jochhälfte, wie die Fig. 152 zeigt, mit einem Wulste versehen, oder man versieht beide Hälften mit Arbeitsleisten, Fig. 153, oder Flanschen, Fig. 154 und 155, welche nachträglich bearbeitet werden, so daß sie aufeinander passen. Die Verbindung beider Hälften erfolgt mittels Schrauben unter Benutzung von Flanschen, Fig. 154 und 155, oder Augen, Fig. 156. Es ist zweckmäßiger, die Schrauben, wie die Beispiele zeigen, an der Außenseite des Joches anzuordnen als an der Innenseite, wo sie schwer zugänglich sein würden.

Die Füße des Joches werden entweder, wie die Abbildungen zeigen, mit dem Joche zusammengegossen oder besonders hergestellt und an das Joch durch Verschraubung oder Vernietung befestigt. Die Fig. 157 zeigt ein für kleine Lüftermotoren bestimmtes Joch mit angeschraubtem Fuße, der gleichzeitig zur Unterbringung des Anlaßwiderstandes dient. Die Fig. 158 zeigt das Gehäuse eines ganz aus gewalztem und gepreßtem Stahl hergestellten Motors mit angenieteten Füßen, das auf Spannschienen aus gepreßtem Stahl steht.

Fig. 158. Schmiedeisernes Gehäuse mit festgeschraubten Füßen.

Bei angegossenen Füßen ist dafür zu sorgen, daß die Querschnittsveränderungen beim Übergang zwischen Joch und Fuß allmählich vor sich gehen, so daß Gußspannungen vermieden werden.

Die Füße sind stets so anzuordnen, daß sie in der Achsenrichtung über das Joch hinausragen, damit die Maschine eine stabile Aufstellung erhält.

26. Hauptpole.

a) Polkerne. Die Größe des Kernquerschnittes der Hauptpole ist durch die magnetischen Berechnungen bestimmt, während seine Länge in der Achsenrichtung sich nach der Länge des Ankerkernes richtet und etwa gleich dieser gemacht wird. Es ist deshalb hier nur noch die Form des Kernquerschnittes zu bestimmen. Man hat dabei die Wahl, entweder einen kreisrunden, einen rechteckigen oder einen aus zwei Halbkreissegmenten mit einem dazwischengeschobenen Rechteck gebildeten Querschnitt zu benutzen. In der Fig. 159 sind diese Querschnitte bei gleicher Länge in der Achsenrichtung zum Vergleich nebeneinander gezeichnet, und die Verhältniswerte ihrer Querschnitte, Umfänge und Breiten eingetragen. Wie wir sehen, hat die kreisförmige Schnittfläche bei gleichem Querschnitt einen kleineren Umfang und benötigt daher weniger Magnetkupfer als die rechteckige. Dagegen ist der rechteckige Querschnitt in der Richtung des Umfanges schmäler als der runde, was besonders bei kleineren mit Wendepolen versehenen Maschinen, wo wenig Platz für die Spulen zur Verfügung

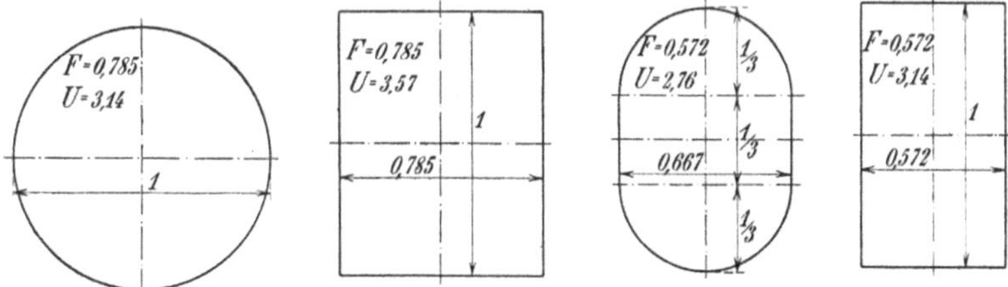

Fig. 159. Ungleiche Querschnittsformen der Polkerne.

steht, wertvoll ist. Als Zwischenform zwischen dem runden und dem rechteckigen gibt der zusammengesetzte Querschnitt einen kleineren Umfang als der rechteckige und eine kleinere Breite als der runde, weshalb er bei Wendepolmaschinen sehr häufig verwendet wird. Dem runden Querschnitt gegenüber hat er außerdem noch den Vorteil, daß er die Verwendung desselben Gußmodells für verschiedene Typen-

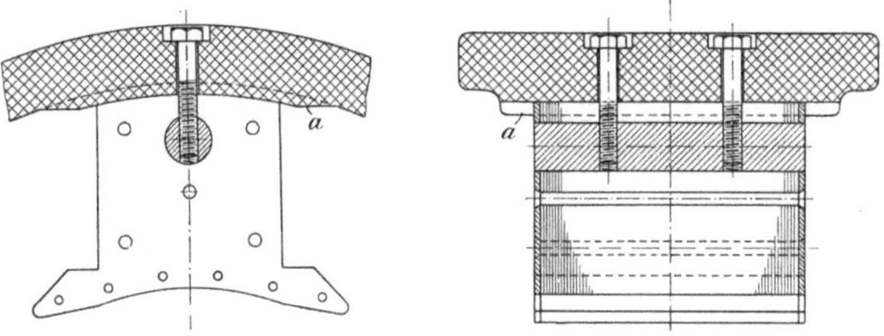

Fig. 160. Befestigung der Magnetkerne mittels runder Bolzen und Schrauben.

größen gestattet, indem die Länge durch Einschieben verschieden langer Rechteckstücke zwischen den Halb-Zylindern verändert werden kann.

Der rechteckige Querschnitt wird, trotz seines größeren Umfanges, sehr häufig verwendet, weil er die Anwendung von magnetisch besserleitenden Blechen gestattet. Bei kleinen Maschinen kann das beim Stanzen der Ankerbleche entstehende Abfallblech für die Magnetkerne verwendet werden, sonst nimmt man für diese meistens dickere Bleche von etwa 1 mm Stärke.

Der rechteckige Querschnitt wird meistens gerade so lang wie der Anker gemacht. Die anderen Querschnitte können auch etwas kürzer oder länger ausgeführt werden. Beim runden Querschnitt ist dies oft notwendig, um die erforderliche Querschnittsfläche zu bekommen. Der den Magnetkern abschließende Polschuh wird jedoch stets gleich oder nur unbedeutend kürzer als die Ankerlänge gemacht. Ragt der Magnetkern über den Polschuh heraus, so wird er in der Nähe des Polschuhes, wie die Fig. 167b zeigt, verjüngt, wodurch die Kraftlinien stetig in den Polschuh übergeleitet werden sollen.

Die Höhe der Polkerne in radialer Richtung wird durch den erforderlichen Wickelraum bestimmt und beim Entwurf zunächst geschätzt.

Die Pole werden heute stets für sich angefertigt und nicht mit dem Joch zusammengegossen, damit die Magnetspulen leicht

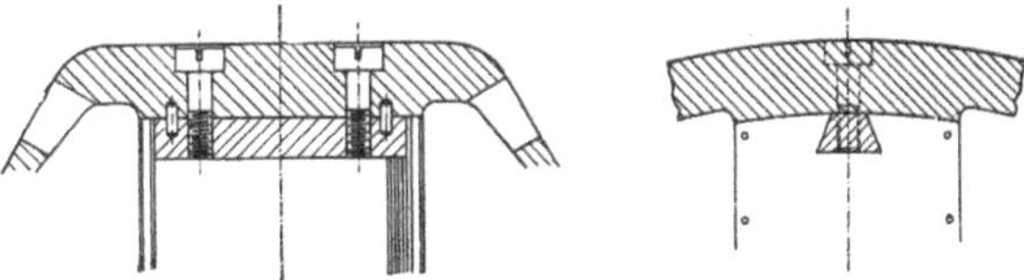

Fig. 161. Befestigung der Magnetkerne mittels Keilen und Schrauben.

ausgewechselt werden können. Durch die Trennung von Joch und Polen kann außerdem die Anzahl der vorrätig zu haltenden Modelle verringert werden.

Die Befestigung der Polkerne am Joch erfolgt meist durch von außen lösbare Kopfschrauben, welche das Joch freigehend durchsetzen und mit ihrem Gewinde den Kern festhalten. Bei größeren Maschinen werden meistens zwei Schrauben je Pol vorgesehen, während man sich bei kleineren Maschinen mit einer Befestigungsschraube für jeden Pol begnügen kann. Um dabei eine Verdrehung des Poles zu verhindern, können kleine Stellstifte verwendet werden. Bei geringer Polzahl ist dies jedoch nicht notwendig, denn die Auflagefläche der Polkerne am Joch wird heute meistens zylindrisch ausgeführt, weil die gemeinschaftliche Bearbeitung aller zylindrischen Flächen auf der Drehbank billiger wird, als das Abhobeln mehrerer ebenen Flächen. Die zylindrische Wölbung der Auflagefläche verhindert dann eine Verdrehung des Poles, auch wenn nur eine Befestigungsschraube vorhanden ist.

Zur Befestigung von Polkernen aus Blech werden in die Bleche runde oder rechteckige Löcher zur Aufnahme entsprechend geformter Eisenbolzen gestanzt, in welche die Löcher für die Befestigungsschrauben gebohrt werden (Fig. 160), oder es wird, wie die Fig. 161 zeigt, zum selben Zwecke ein schwalbenschwanzförmiger Keil in das Blechpaket eingelassen. Bei sehr kleinen Polen aus Blech kann man das Gewinde für die Befestigungsschraube auch unmittelbar in das Blechpaket schneiden.

Besteht das Joch aus Gußeisen, der Polkern aus Stahl oder Blech, so ist die Zwischenlage einer Übergangsplatte $\ddot{U}$ (Fig. 162)

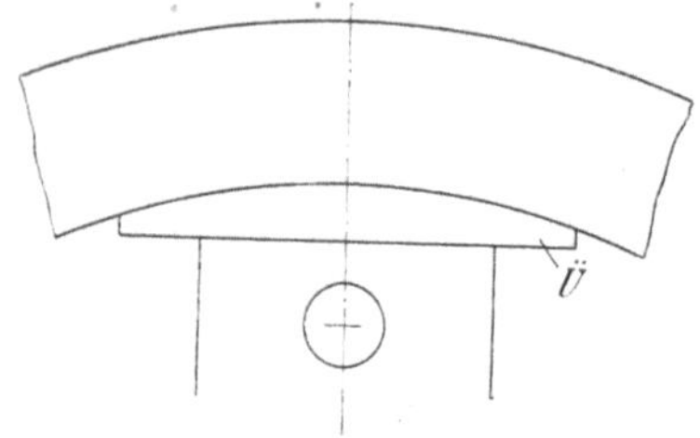

Fig. 162. Übergangsplatte zwischen gußeisernem Joche und Magnetkern aus Stahlguß.

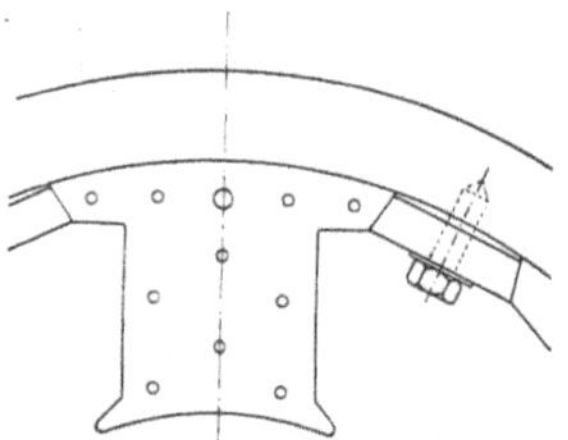

Fig. 163. Befestigung der Magnetkerne mittels Preßstücken und Schrauben.

aus Stahlguß oder schmiedbarem Eisen zweckmäßig, um eine zu hohe örtliche Vergrößerung der Induktion im Joch zu vermeiden. Dem gleichen Zweck dient die Befestigung nach Fig. 163.

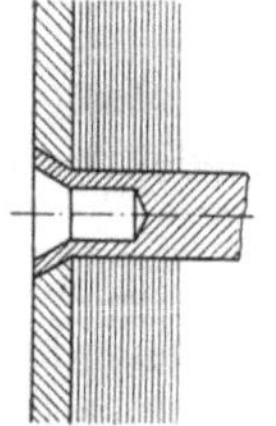

Fig. 164. Vernietung der lamellierten Magnetkerne.

An den Längsseiten werden die Blechpole mit stärkeren Blechen abgedeckt, worauf sie gepreßt und zusammengenietet werden. Die Nietköpfe werden dabei zweckmäßig in die Endbleche versenkt, um den Spulenraum nicht zu beeinträchtigen. Eine bequeme Vernietung gestattet der nach Fig. 164 eingebohrte Niet.

b) Polschule. Die Polschuhe haben den Zweck, den magnetischen Widerstand des Luftspaltes durch Vergrößerung des Übertrittsquerschnittes für den Kraftfluß zu vermindern und eine für die Kommutierung günstige Verteilung der Luftinduktion über die Polteilung zu erzielen.

Infolge des Vorbeiwanderns der miteinander abwechselnden Nuten und Zähne vor dem Pol ändert sich der Kraftfluß sowohl im ganzen als ganz besonders auch örtlich in den dem Anker unmittelbar benachbarten Teilen der Polschuhe. Führt der Anker Strom, so schließen sich auch die zwischen den Zahnköpfen verlaufenden Streuflüsse der Nuten zum Teil durch die Polschuhe. Durch diese schnellen Kraftflußänderungen werden in massiven Polen Wirbelströme induziert, die besonders in den dem Luftspalt nahegelegenen Schichten der Polschuhe eine starke Erwärmung hervorrufen können.

Die Pulsation des Kraftflusses als Ganzes infolge der durch die Nuten verursachten periodischen Widerstandsänderung des Luftspaltes kann durch Wahl des Polbogens b_i zu einem ganzzahligen Vielfachen der Nutenteilung t_1, sowie durch Schrägstellen der Polschuhe oder der Ankernuten um eine Nutenteilung praktisch aufgehoben werden.

Um die Verluste durch die örtlichen Nutenpulsationen zu vermindern, ist für massive Polschule das schlechtleitende Gußeisen dem Stahlguß vorzuziehen. Am besten ist es jedoch, die Polschuhe zu lamellieren und dadurch die Ausbildung von Wirbelströmen größerer Stärke unmöglich zu machen. Wegen der großen Vorzüge werden zurzeit lamellierte Polschuhe fast allgemein verwendet. Sie werden in derselben Weise wie die lamellierten Polkerne gestanzt und nach dem Zusammenlegen vernietet.

Bestehen sowohl der Polkern als der Polschuh aus Blech, so werden beide Teile gemeinsam aus einem Blech geschnitten. Sonst

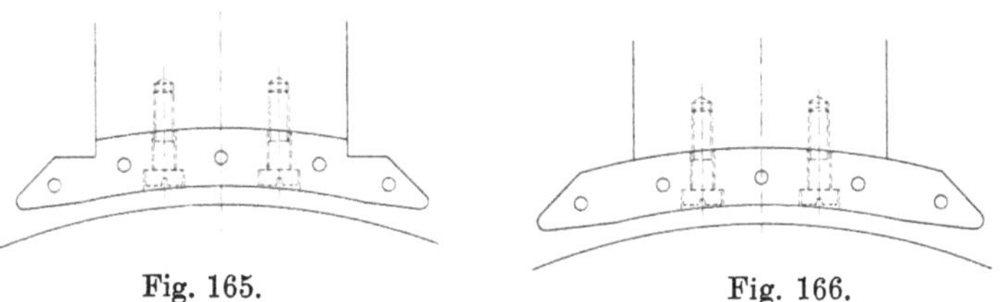

Fig. 165. Fig. 166.

Fig. 165 u. 166. Befestigung von lamellierten Polschuhen.

werden die Polschuhe getrennt hergestellt und nachträglich an die Polkerne befestigt.

Die Befestigung von lamellierten Polschuhen auf massiven Polkernen erfolgt durch kurze versenkte Kopfschrauben vom Luftspalt aus. Die Trennfläche wird der kleineren Herstellungskosten wegen zylindrisch (Fig. 165 und 166), selten eben ausgeführt.

Bei geblätterten Polschuhen ist dafür Sorge zu tragen, daß die einzelnen Bleche durch die magnetischen Pulsationen nicht in Schwingungen geraten können. Derartige Schwingungen machen sich durch ein unangenehmes, brummendes Geräusch bemerkbar. Da die Längspulsationen des Kraftflusses nur gering sein können, falls die Zahl der jeweils unter dem Polbogen befindlichen Zähne nicht zu gering ist, so muß das Geräusch durch die Wanderungen des Kraftflusses im Polschuh, d. h. durch die sog. Querpulsationen[1]) desselben infolge des abwechselnden Ein- und Austretens der Zähne und Nuten unter den Polspitzen bedingt werden. Diese Überlegung wird durch das Ergebnis einer experimentellen Untersuchung über den Einfluß der Abmessungen und der Abrundung der Polschuhe auf die Geräuschbildung gestützt, die von Craighill[2]) durchgeführt

---

[1]) Siehe „Wechselstromtechnik“ Bd. III.

[2]) El. World, 1. Febr. 1908, sowie El. u. Maschinenb. 1908, S. 207.

worden ist. Nach Craighill ist das Geräusch am stärksten, wenn das Verhältnis des Polbogens zur Nutenteilung $\frac{b_i}{t_1}$ ganzzahlig ist, und am schwächsten, wenn das Verhältnis $\frac{b_i}{t_1}$ gleich einer ganzen Zahl $+ 0{,}5$ ist. Der Verfasser hat jedoch nicht gefunden, daß dieses Verhältnis das günstigste ist für die Vermeidung des Geräusches.

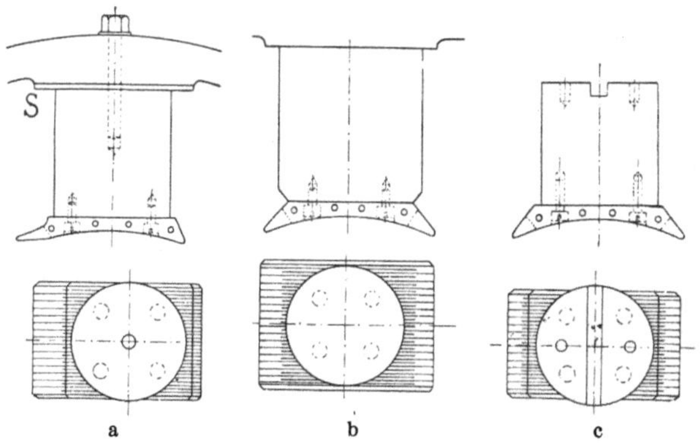

Fig. 167a bis c. Verschiedene Ausführungsformen lamellierter Polschuhe.

Das beste Mittel, um Geräusch und Heulen einer Maschine zu vermeiden, ist, die Ankernuten gegen die lamellierten Polschuhe eine halbe bis eine ganze Nutenteilung t_1 schräg zu stellen. Da schräggestellte Polschuhe mechanisch sehr schwach sein würden, so sind es fast immer die Ankernuten, die schräg gestellt werden.

Außerdem ist es sehr günstig, die Polschuhspitzen so abzuschrägen, daß der Luftspalt gegen die Polspitze allmählich größer wird.

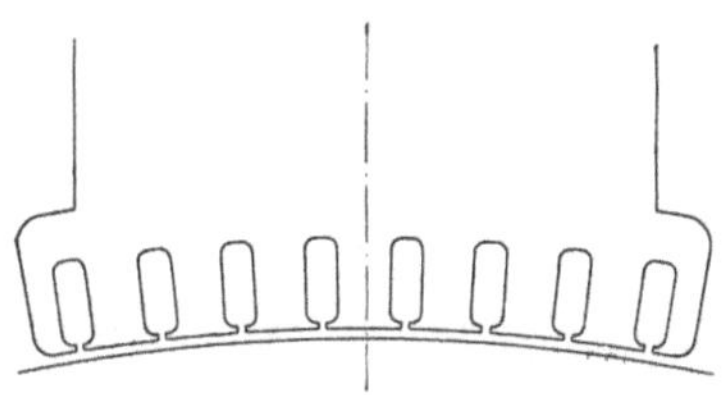

Fig. 168. Magnetkern mit Nuten in dem Polschuhe für die Kompensationswicklung.

Um die Feldverzerrung durch das Ankerquerfeld zu verringern, kann eine unsymmetrische Form der Polschuhe Vorteile bieten. Derartige Polschuhe (Fig. 167a) sind aus Blechen leicht herzustellen. In einfacher Weise kann eine erhöhte Sättigung der Polschuhspitzen durch abwechselndes Umlegen unsymmetrischer Bleche bei Herstellung der Blechpakete (Fig. 167c) erreicht werden. Weiteres über die Formbildung der Polschuhspitzen ist in Bd. I zu finden.

Die Fig. 168 zeigt einen aus Blech hergestellten Hauptpol einer Maschine mit Kompensationswicklung, die in den im Polschuh ausgestanzten Nuten untergebracht wird.

Zur Erzielung eines für eine weitgehende Spannungsregelung geeigneten Verlaufs der Magnetisierungskurve läßt P. Amsler[1]), wie die Fig. 169 zeigt, jedes zehnte der 0,5 mm dicken Bleche etwa 4 mm über die anderen vorstehen, so daß unter ihnen ein Luftspalt von nur etwa 1 mm übrig bleibt. Bei sehr niedriger Erregung kann man

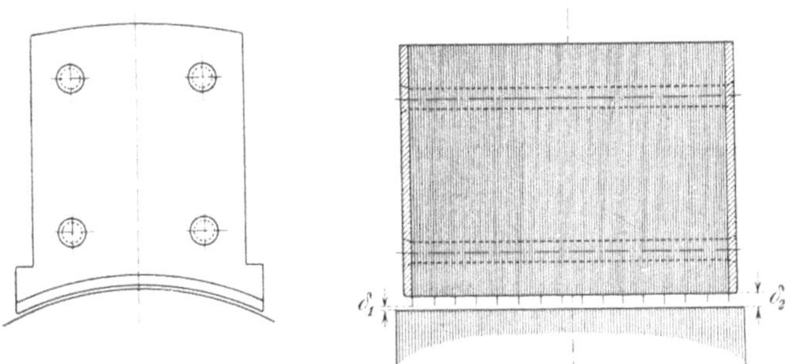

Fig. 169. Magnetkern mit hohen lokalen Sättigungen nach P. Amsler.

also mit einem Luftspalt $\delta_1 = 1$ mm rechnen, während bei erhöhter Erregung der Luftspalt als auf $\delta_2 = 5$ mm vergrößert betrachtet werden kann.

Wenn sowohl die Polkerne als auch die Polschuhe lamelliert sind, können die Lüftungsschlitze des Ankers auch durch die Polschuhe hindurch fortgesetzt werden. Hierbei sollen die Lüftungsschlitze in den Polen den Lüftungsschlitzen im Anker genau gegenüberstehen und, um ein Abbiegen der Zahnbleche durch die magnetischen Zugkräfte zu vermeiden, etwas weiter als diese ausgeführt werden.

27. Wendepole.

Die Wendepole werden aus Stahlguß oder Schmiedeeisen hergestellt. Nur bei Maschinen, deren ganzes Magnetsystem aus Dynamoblech aufgebaut ist, werden auch die Wendepole aus diesem Material gebildet.

Die Form der Wendepole ist im großen ganzen die einer schmalen, ebenen Platte mit abgerundeten Stirnflächen, deren Länge meistens etwas kürzer als die Ankerlänge ist. Wie in Bd. I Kap. XXIII erwähnt, kann die Länge des Wendepols unter Umständen auch erheblich kürzer gewählt werden; denn hierdurch wird die Streuung zwischen Hauptpolen und Wendepolen bedeutend verkleinert. Sowohl die Länge als auch die Breite der Wendepole sind außerdem mit Rücksicht auf die Kommutierungsverhältnisse zu wählen.

[1]) El. World, 27. Juli 1912, S. 198.

Die für die Kommutierung gewünschte Verteilung des Wendefeldes kann durch Abschrägen oder Abrunden der Polkanten oder durch die Anbringung eines besonders geformten Polschuhes erzielt werden. Man erreicht auch hier durch Schrägstellen der Ankernuten das gleiche Ergebnis.

Die Befestigung des Wendepoles erfolgt meistens, wie die Fig. 170 zeigt, in derselben Weise wie die Befestigung der Hauptpole mittels zweier das Joch von außen durchsetzender Kopfschrauben. Bei Maschinen mit geteiltem Gehäuse kann man auch, wenn die Trennfuge aus konstruktiven Gründen gerade über den Wendepol verlegt werden

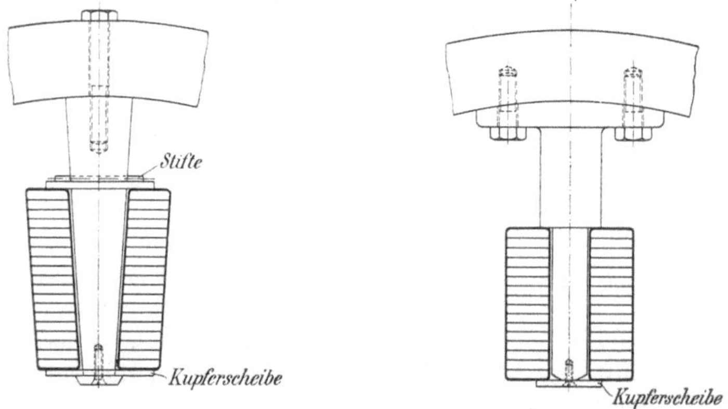

Fig. 170 u. 171. Ausführungsformen von Wendepolen.

muß, den Wendepol, wie die Fig. 171 zeigt, mit Flanschen versehen und ihn mittels Kopfschrauben von innen an das Joch befestigen. Hierdurch wird die zur Ausbesserung gegebenenfalls erforderliche Wegnahme des Wendepoles jedoch erschwert.

Um die bei Wendepolen immerhin sehr beträchtliche Streuung möglichst klein zu halten, werden die Wendepolspulen, sofern sie den vollen zur Verfügung stehenden Raum nicht beanspruchen, wie die gezeigten Beispiele zeigen, möglichst nahe an den Anker gerückt.

Die Streukraftlinien durchsetzen besonders den oberen Teil des Wendepoles, und um zu verhindern, daß sie dort eine zu große Sättigung hervorrufen, empfiehlt es sich, den Querschnitt des Wendepoles gegen das Joch hin zu vergrößern.

In der Fig. 170 ist der Wendepol zu diesem Zwecke konisch geformt, und zur Befestigung der Spule von oben ist über die Spule eine Scheibe aus unmagnetischem Material gelegt, die mittels durch den Pol geschlagener Stifte festgehalten wird. Bei der Ausführung nach Fig. 171 vergrößert sich der Querschnitt oberhalb der Spule plötzlich, so daß hierdurch ein Anschlag für die Spule ohne besondere Hilfsmittel entsteht.

Die Befestigung der Spule von unten kann durch den mit Schrauben befestigten Polschuh erfolgen. Ist der Polschuh hierfür zu schmal, Fig. 170, oder fehlt er gänzlich, Fig. 171, so kann diese Befestigung durch eine untergelegte Kupferscheibe erreicht werden. Diese Kupferscheibe übt außerdem eine dämpfende Wirkung auf die durch die Nuten hervorgerufenen Pulsationen des Wendefeldes aus und hat somit auf die Kommutierung einen nützlichen Einfluß.

Hat der Wendepol eine sehr große Länge in radialer Richtung, so kann man ihn gegen die Polschuhe des Hauptpoles abstützen. Diese Stützen müssen natürlich aus unmagnetischem Material hergestellt werden.

Sechstes Kapitel.

Feldwicklungen.

28. Allgemeines über Feldwicklungen.

Die auf das Magnetgestell aufzubringenden Wicklungen können in konstruktiver Hinsicht zweckmäßig in die an die Ankerspannung angeschlossene Nebenschlußwicklung und die verschiedenen vom Ankerstrom durchflossenen Hauptstromwicklungen eingeteilt werden, weil die erstere von sehr vielen Windungen aus verhältnismäßig dünnem Draht, die letzteren von wenigen Windungen aus Leitern mit oft recht beträchtlichem Querschnitt gebildet werden. Die Hauptstromwicklungen können in Haupt- und Doppelschlußwicklungen, Wendepolwicklungen und Kompensationswicklungen eingeteilt werden.

Von diesen Wicklungen werden die Nebenschluß-, Haupt- und Doppelschlußwicklung um die Kerne der Hauptpole, die Wendepolwicklung um die Wendepole und die Kompensationswicklung in den Polschuhen der Hauptpole angeordnet.

Sämtliche Feldwicklungen müssen gegen das Magnetgestell für die volle Maschinenspannung isoliert werden. Die Isolierung der einzelnen Windungen gegen einander kann dagegen, besonders bei den Hauptstromwicklungen, verhältnismäßig schwach ausgeführt werden. Diese Isolierung wird nicht nach den normalen, stets sehr geringfügigen Spannungen, sondern unter Berücksichtigung der beim Verschwinden der Kraftflüsse in den Wicklungen induzierten Spannungen und der im Betriebe entstehenden mechanischen Beanspruchungen, wie Erschütterungen u. dgl., bemessen.

Es ist stets für eine gute Kühlung der Magnetwicklungen zu sorgen, und zwar ist es von besonderer Wichtigkeit, die Spulen so anzuordnen, daß zwischen ihnen genügend Raum für den Durchgang der vom Anker herausgeschleuderten Kühlluft vorhanden ist.

Ferner ist eine sichere Befestigung der Spulen vorzusehen, die jedoch so auszuführen ist, daß die Spulen leicht ausgewechselt werden können.

29. Anordnung der Nebenschlußwicklung.

Für die Nebenschlußwicklung wird meistens mit Baumwolle je nach der Spannung einfach oder doppelt umsponnener Kupferdraht verwendet. Bei kleineren Maschinen, namentlich bei solchen für höhere Spannung, bei welchen die Nebenschlußwicklung sehr dünn ausfällt, ist es jedoch vorteilhafter, den sog. Emailledraht zu verwenden, der aus Kupfer besteht und mit einer dünnen biegsamen Schicht aus Emaille von 0,01 bis 0,02 mm Stärke bei Drähten von 0,1 bis 0,3 mm Durchmesser überzogen ist. Dieser nimmt weniger Raum in Anspruch als mit Baumwolle isolierter Draht und läßt außerdem eine höhere Übertemperatur zu.

Bei großen und mittelgroßen Maschinen werden die Nebenschlußspulen meistens auf besondere Kasten aufgewickelt. Diese Kasten bestehen entweder aus Isolierstoff (imprägniertem und lackiertem Papier oder Preßspan, gehärtetem Asbest, Pecolit, Isolit, Adit) oder aus Metall (Zinkblech, Eisenblech, Messingblech, Messingguß, Gußeisen), das mit Isolierstoff bekleidet wird. Vielfach werden jedoch die Spulen ohne Kasten hergestellt, mit Band oder Schnur umwickelt und gut isoliert auf den Magnetkernen befestigt.

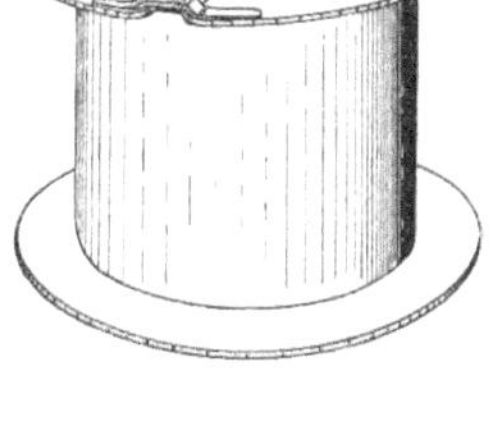

Fig. 172. Spulenkasten aus Isolit.

Da das Baumwollband die Wärme schlecht fortleitet, ist es, wenn die Spannung nicht zu hoch ist, zu empfehlen, die Wicklung nur an einigen Stellen mit Schnur zusammenzubinden und die Drähte weiter nicht zu umwickeln.

Fig. 172 gibt das Bild eines Spulenkastens aus Isolit, während Fig. 173 die fertige Spule zeigt, die dann auf die Magnetkerne unmittelbar geschoben werden kann. Zur Unterdrückung der in der Wicklung beim Unterbrechen des Erregerstromes induzierten Spannung ist es vorteilhaft, diese Spulenkästen aus Metall herzustellen. Bei Maschinen, deren Magnetfeld schnell geändert werden soll, müssen sie jedoch aus Isoliermaterial ausgeführt werden. Bei kleineren Maschinen kann man von besonderen Kästen zum Zusammenhalten der Spulen absehen und die einfach mit Baumwollband oder Schnur umwickelten Spulen unmittelbar auf die Hauptpole schieben. Da diese Umwicklung für die Wärmeabgabe sehr hinderlich ist, empfiehlt es sich, die Spulen, wenn angängig, nur an einigen Stellen zu verschnüren. Die Spulenkästen beeinträchtigen die Wärmeabgabe dagegen weniger, weil, wie L. Binder[1]) nachgewiesen hat, die Wärmeabgabe durch den Magnetkern ohnedies verhältnismäßig gering ist.

Bei Verwendung von einfach umsponnenem Draht ist es, namentlich bei Spannungen über 110 Volt, erforderlich, jede Wicklungslage

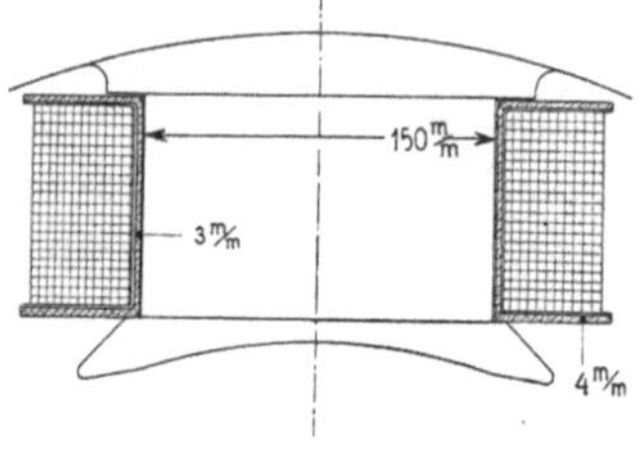

Fig. 173. Rechteckige Magnetspule.

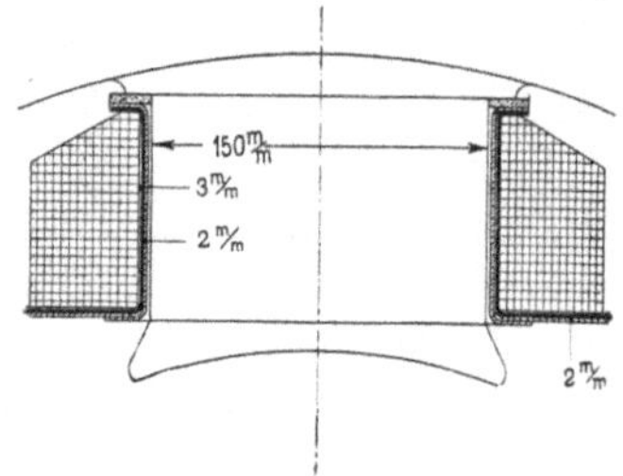

Fig. 174. Abgeschrägte Magnetspule.

mit einem Lackanstrich zu versehen oder mit Papier od. dgl. abzudecken. Bei doppelter Umspinnung genügt es, die fertig bewickelte Spule in Isolierlack zu tauchen.

Die Wärmeabgabe von mit Baumwolle isolierten Spulen soll sich nach einem Vorschlage von Ch. A. Parson dadurch wesentlich verbessern lassen, daß man die einzelnen isolierten Leiter spiralförmig mit einem Band aus Metallfolie umwickelt, wodurch die Wärmeleitfähigkeit der Spule erhöht wird[2]). Dieses Verfahren hat sich jedoch ihrer Umständlichkeit wegen nicht eingebürgert.

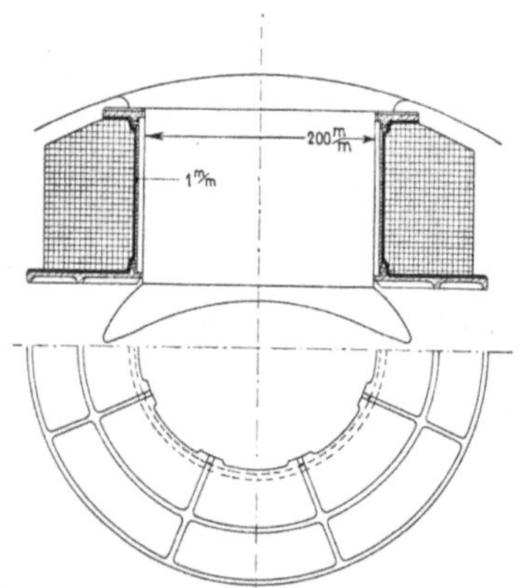

Fig. 175. Magnetspule mit verstärktem Spulenkasten.

Meistens wird der in der Fig. 173 gezeigte rechteckige Spulenquerschnitt verwendet, weil eine derart geformte Spule leicht zu wickeln ist und die kleinste mittlere Windungslänge ergibt. Dieser Wickelquerschnitt hat jedoch den Nachteil einer kleinen wärmeabgebenden Oberfläche, besonders wenn die obere Stirnfläche nur unbedeutend von der Kühlluft bespült werden kann. Um dem abzuhelfen, kann

[1]) Über die Berechnung der Temperaturen im Innern von Magnetspulen. Arch. Elektrot. 1913, Heft 4, S. 131.

[2]) Brit. Patent 13108.

man, wie die Fig. 174 zeigt, den oberen Teil der Spule abschrägen. Eine ähnliche Abschrägung wird oft bei Maschinen mit wenigen Polen, besonders wenn sie mit Wendepolen ausgerüstet sind, am unteren Teil der Spule vorgenommen, um ein ungehindertes Hindurchtreten der Luft zu fördern.

Mit Rücksicht auf die Erwärmung im Innern der Spulen sollen längere Spulen mit einer kleineren Wicklungstiefe als kürzere ausgeführt werden. Die Spulen werden jedoch meistens nicht dicker

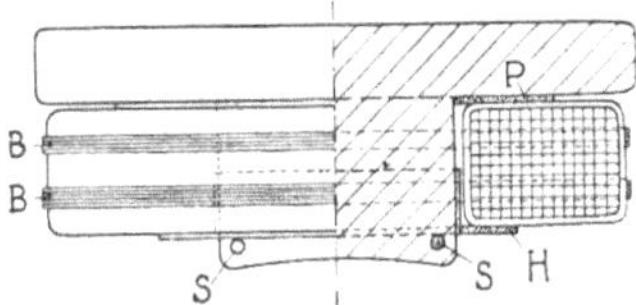

Fig. 176. Magnetspule eines Bahnmotors.

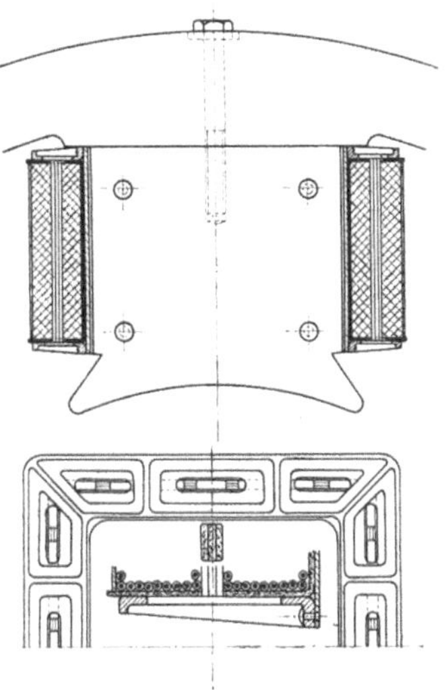

Fig. 177. Magnetspule mit längsgehendem Lüftungskanal.

als 4 bis 5 cm gemacht. Näheres über die Berechnung der im Innern entstehenden Temperatur ist aus dem oben genannten Aufsatz von Binder zu ersehen.

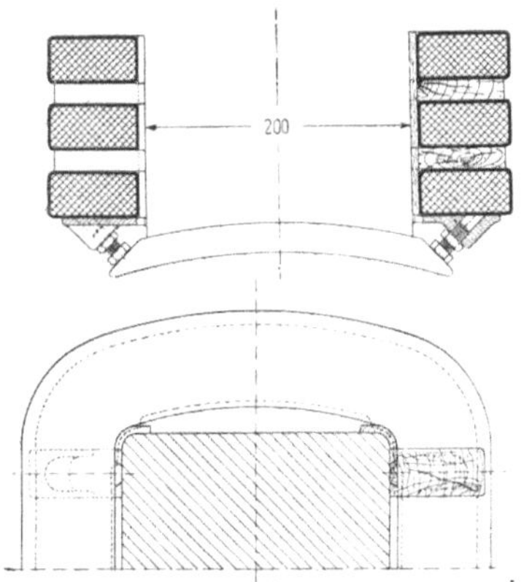

Fig. 178. Magnetspule mit quergehenden Lüftungskanälen.

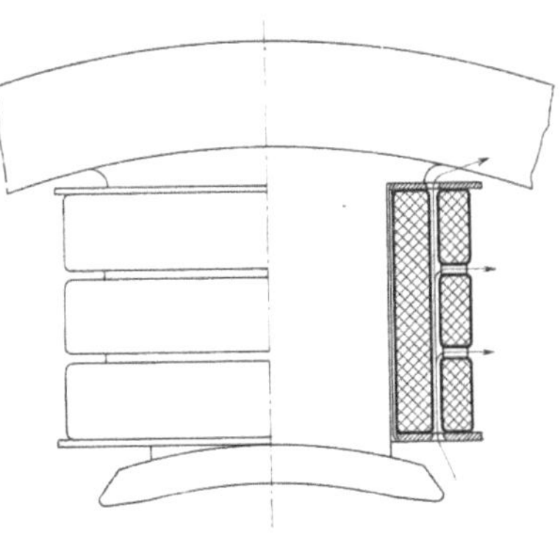

Fig. 179. Magnetspule mit längs- und quergehenden Lüftungskanälen.

Bei dicken Spulen wird zum Halt für die Spule eine besondere Scheibe aus Messing- oder Zinkguß, Fig. 175, vorgesehen. In ähnlicher Weise ist die zu einem Bahnmotor gehörige Spule nach Fig. 176 befestigt, in der *H* eine Blechhülse bezeichnet, welche durch die Stifte *S* gehalten wird. *P* ist eine Preßspanlage und *B* eine Umschnürung der Spule.

Die Kühlung der Spule kann am einfachsten dadurch verbessert werden, daß die luftbespülte Oberfläche der Spule vergrößert wird. Bei der Ausführung nach Fig. 177 ist zu diesem Zwecke in halber Tiefe der Spule ein Lüftungskanal vorgesehen, der aus zwei durch Holzleisten getrennten Preßspanlagen gebildet ist. In solchen Fällen müssen, um den Luftdurchgang zu ermöglichen, entsprechende Öffnungen im Spulenkasten vorgesehen werden.

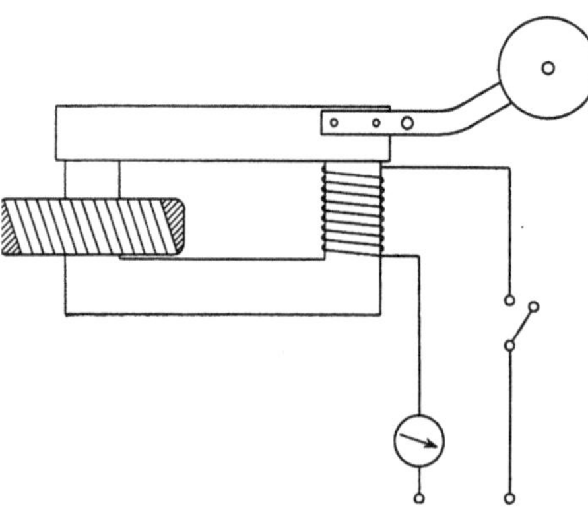

Fig. 180. Prüfanordnung für Anker- und Magnetspulen.

Allgemeiner verbreitet als diese Längsteilung ist die Q u e r t e i l u n g der Spulen in zwei oder drei ü b e r e i n a n d e r liegende Einzelspulen nach Fig. 178, wobei die Einzelspulen durch zwischengelegte Holzstücke auseinander gehalten werden. Zu bemerken ist die Abstützung der Spulen gegen den Polschuh mittels Schrauben, die ein Nachspannen beim etwaigen Schwinden der Spulen ermöglichen.

Eine sehr gute Durchlüftung kann bei größeren Spulen durch die Vereinigung beider Arten der Teilung, wie die Fig. 179 zeigt, erzielt werden.

Bevor die fertigen Spulen auf die Polkerne gebracht werden, sind sie auf die Güte ihrer Isolation hin zu prüfen. Es geschieht dies am einfachsten dadurch, daß jede Spule einzeln um einen von einem Wechselfeld durchsetzten Eisenkern gelegt wird. Die Fig. 180 zeigt das Schema einer solchen Prüfanordnung. Wenn in der Spule kein Kurzschluß zwischen den Windungen vorhanden ist, zeigt das in den Primärkreis der Anordnung eingeschaltete Amperemeter nur den Leerlaufstrom des Transformators an, sonst einen viel höheren Strom. Um diesen Strom zu begrenzen, kann der Primärwicklung ein Widerstand oder ein Maximalausschalter vorgeschaltet werden. Unterbrechungen in der Spule sind an einem an sie angelegten Spannungszeiger zu erkennen. Wenn die Spulen unmittelbar auf Spulenkästen aus Metall aufgewickelt werden, kann dieses Prüfverfahren natürlich nicht angewendet werden. Man muß sich dann mit einer Widerstandsmessung begnügen.

30. Anordnung der Hauptstromwicklungen.

a) Haupt- nnd Doppelschlußwicklungen. Die Hauptschlußwicklung wird im großen ganzen wie die Nebenschlußwicklung angeordnet. Hier kommt auch nackter Aluminiumdraht zur Verwendung. Aluminium hat die Eigenschaft, sich in der Luft schon bei gewöhnlicher Temperatur mit einer dichten isolierenden Oxydschicht zu überziehen, die aus Tonerde (AlO_3) besteht. Diese natürliche Isolationschicht hält jedoch nur eine Spannung von etwa 0,5 Volt aus, weshalb verschiedene Verfahren zur Verstärkung derselben mit gutem Erfolg ausgearbeitet worden sind, die B. Duschnitz[1]) beschrieben hat. Derartig behandelte Aluminiumspulen werden von der Spezialfabrik für Aluminium-Spulen und -Leitungen, G. m. b. H., Berlin, hergestellt. Zugunsten von Aluminiumspulen sprechen ihr geringes Gewicht, ihre hohe Wärmebeständigkeit und Wärmeleitfähigkeit, weshalb sie sich besonders gut für Straßenbahnmotoren eignen dürften.

Bei Maschinen mit Doppelschlußerregung wird die Hauptschlußwicklung, die entweder vom gesamten Ankerstrom oder von einem Teil desselben durchflossen wird, meistens aus Kupferband hergestellt.

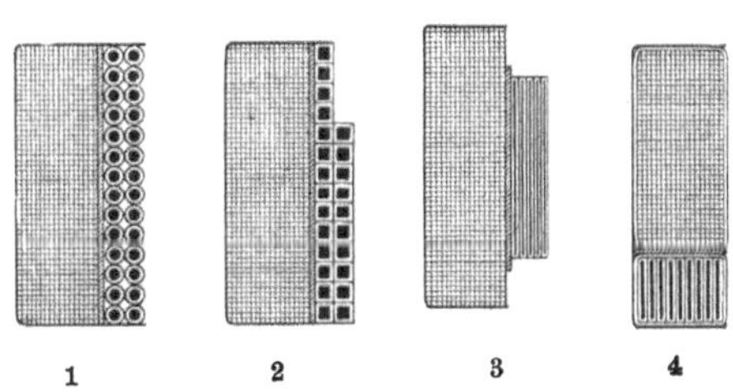

Fig. 181. Ausführungsformen der Hauptschlußwicklung.

Früher wickelte man diese Hauptschlußwicklung einfach, wie die Fig. 181, 1 bis 3, zeigt, außen um die Nebenschlußwicklung herum. Die zwischen beiden Wicklungen vorzusehende Isolierschicht kommt aber hierbei gerade in den Wärmestrom der inneren Spule zu liegen, wodurch deren Wärmeabgabe sehr gehindert wird. Heute ordnet man deshalb stets die beiden Spulen nebeneinander an, wie Fig. 181, 4 und 182 zeigt, so daß die Hauptschlußwicklung dem Anker am nächsten zu liegen kommt. Für die Gesamtstreuung beider Spulen ist der Platz der Hauptstromspule zwar belanglos, durch diese Anordnung wird jedoch erreicht, daß fast alle von der Hauptstromwicklung erzeugten Kraftlinien die Ankerwicklung durchsetzen, so daß die Proportionalität zwischen Ankerstrom und Hauptschlußerregung besser gewahrt wird.

Fig. 183 zeigt die getrennte Ausführung der Nebenschluß- und Hauptschlußwicklung, wie sie von der Westinghouse Electric Mfg. Co. ausgeführt wird. Wie ersichtlich, erleichtert die getrennte Her-

[1]) ETZ 1913, S. 1334.

stellung das Aufbringen und Abnehmen der Spulen. Im Vordergrunde ist noch eine Windung des Stabankers sichtbar.

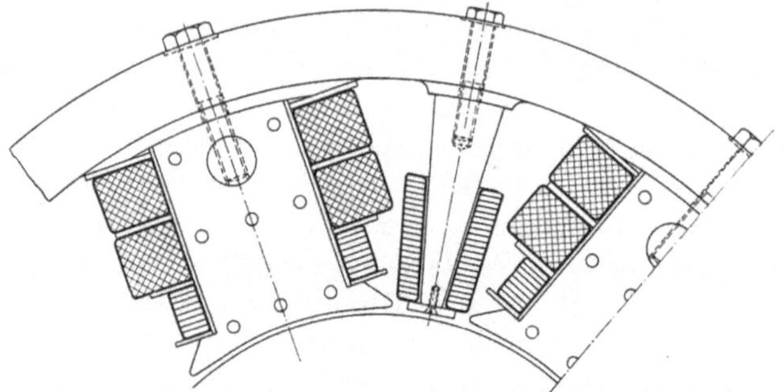

Fig. 182. Anordnung der verschiedenen Magnetspulen nebeneinander.

Bei Maschinen mit sehr großer Stromstärke, bei denen der Querschnitt der Hauptschlußwicklung unhandliche Abmessungen erhalten

Fig. 183. Ausführung der Haupt- und Nebenschlußspulen nach Westinghouse El. Mfg. Co.

würde, werden die Hauptschlußspulen oft einzeln oder gruppenweise parallelgeschaltet, Fig. 184. Durch parallelgeschaltete Widerstände kann der Strom der Hauptschlußwicklung in der erwünschten Weise eingestellt werden. Bei der Bemessung dieser Widerstände ist auf eine etwaige Änderung des Verhältnisses der beiden parallelen Stromzweige infolge der Erwärmung zu achten. Unter Umständen empfiehlt es sich, diese Widerstände mit großer Selbstinduktion auszuführen, damit der Strom in der Hauptschlußwicklung den Änderungen des Maschinenstromes schneller folgt.

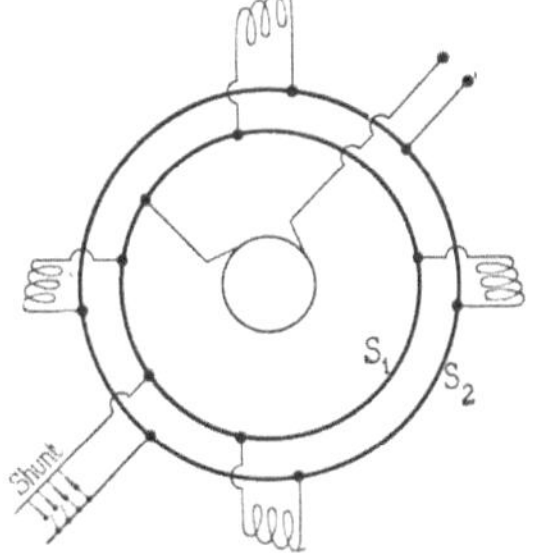

Fig. 184. Parallelgeschaltete Hauptschlußspulen.

Ferner ist darauf zu achten, daß die Verbindungsleiter der Hauptschlußwicklungen bei größeren Stromstärken möglichst gar keine magnetisierende Einwirkung auf die Welle oder auf die Wendepole ausüben.

b) **Wendepolwicklung.** Die Wendepolwicklung wird wie die Hauptschlußwicklung meist aus Flachkupfer hergestellt, welches der besseren Wärmeableitung wegen hochkantig gewickelt werden kann. Vielfach wird hierbei blankes Kupfer verwendet. Bei Spulen aus blankem Kupfer werden die einzelnen Windungen durch Zwischenlegen einer Schnur, eines gestanzten Papier- oder Preßspanstreifens oder durch Lack voneinander isoliert. Gegen den Polkern wird die Wendepolwicklung meistens durch eine Preßspanlage isoliert. Die Fig. 185 zeigt eine in zwei Lagen angeordnete Wendepolwicklung.

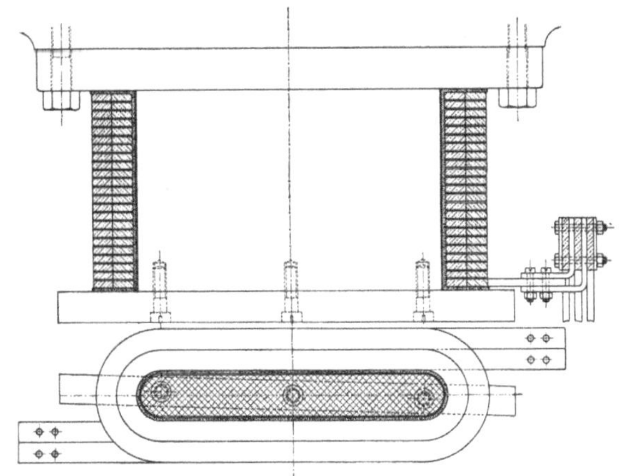

Fig. 185. Wendepolspule in zwei Lagen.

Bei sehr großer Stromstärke kann man entweder den Leiterquerschnitt teilen, oder die Wicklung wie die Hauptschlußwicklung der Hauptpole in mehrere parallele Zweige aufteilen. Es ist jedoch in beiden Fällen nötig, auf die gegenseitige Beeinflussung der Haupt-

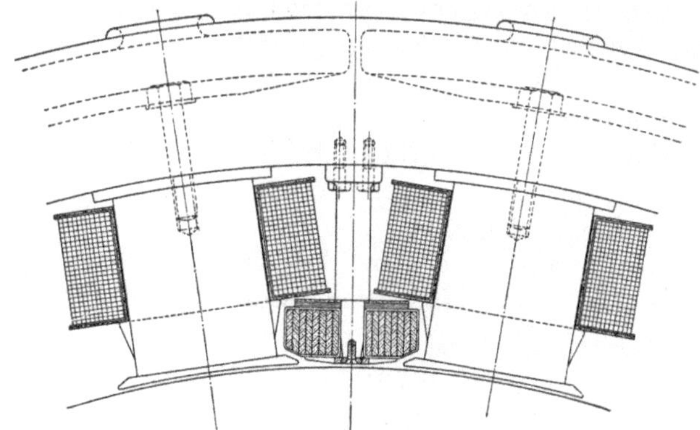

Fig. 186. Wendepol, dessen Wicklung möglichst nahe an den Anker vorgeschoben ist.

Fig. 187. Beispiel eines Magnetgestelles nach Anordnung Fig. 186.

und Wendepolerregungen durch die in den Spulenverbindungen fließenden Ströme zu achten. Wenn eine derartige Beeinflussung nicht erwünscht ist, ordnet man zweckmäßig alle solche Verbindungen auf derselben Stirnseite der Pole an. Die magnetische Wirkung dieser Verbindungen auf die Welle, wodurch in dieser unerwünschte Ströme induziert werden können, ist ebenfalls durch ihre zweckmäßige Verlegung zu unterdrücken.

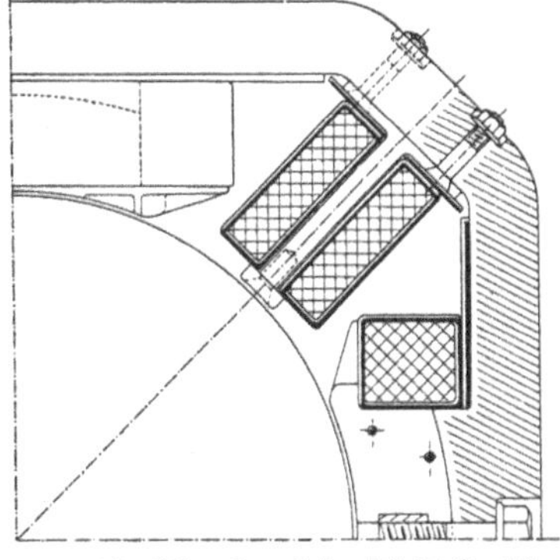

Fig. 188. Wendepol der M.-F. Oerlikon.

Weil die Wendepolspulen, wie im vorigen Kapitel gezeigt wurde, stets möglichst nahe an den Anker gerückt werden müssen, wo, besonders bei Maschinen mit wenigen Polen, der für die Wicklungen zur Verfügung stehende Raum sehr beschränkt ist, werden die Nebenschlußspulen unter Umständen, wie aus den Fig. 186 und 187 ersichtlich, entsprechend zurückgeschoben. Eine ähnliche Anordnung haben wir schon bei der in Fig. 182 gezeigten Maschine mit Doppelschlußerregung kennen gelernt.

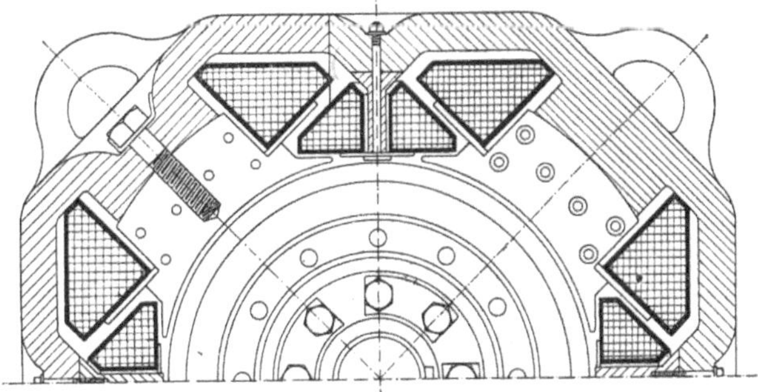

Fig. 189. Wendepolanordnung der Siemens-Schuckertwerke.

Die Fig. 188 und 189 zeigen Anordnungen der Magnetwicklungen bei Bahn- und Kranmotoren, wo besonders großer Wert auf Platzersparnis gelegt werden muß.

In derartigen Fällen bietet die in Band I besprochene Beschränkung der Zahl der Wendepole auf die Hälfte der Hauptpole einen besonderen Vorteil. Ein solches Magnetsystem ist in der Fig. 190 nach einer Ausführung der Siemens Brothers Ltd. wiedergegeben. Um das Gehäuse nach Möglichkeit zusammenzudrängen, hat man die Bleche der Hauptpole hier unsymmetrisch gestanzt und die Hauptschlußspulen zu den Polachsen geneigt angeordnet. Die gestrichelten Mittellinien im Anker lassen den Winkel zwischen beiden erkennen.

c) Kompensationswicklung. Wenn die Maschine mit ausgeprägten Polen ausgeführt ist, wird die Kompensationswicklung in Nuten untergebracht, die in den Polschuhen, vgl. Fig. 168, vorgesehen werden. Zur Erleichterung der Bewicklung können die Polschuhe dann zu einem zusammenhängenden Ring mittels Brücken oder Ringen aus unmagnetischem Material vereinigt werden. Die Fig. 191 zeigt eine vierpolige kompensierte Maschine mit Wendepolen für 60 kW und 400 Amp. bei 50 Volt, 200 Amp. bei 300 Volt der

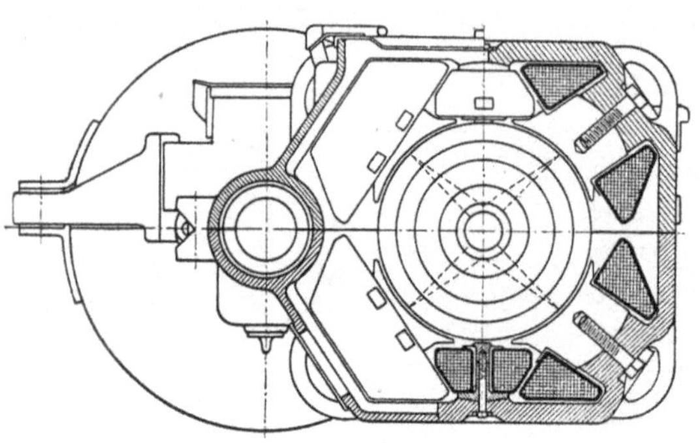

Fig. 190.
Wendepolanordnung der Siemens Brothers Ltd.

Fig. 191. Magnetgestell mit Kompensationswicklung der Sachsenwerk A.-G.

Sachsenwerk A. G. Der bewickelte Polschuhkörper dieser Maschine ist in der Fig. 192 wiedergegeben. Die Polschuhe sind durch starke, unmagnetische Ringe an den Stirnseiten zusammengehalten. Die sichtbaren Lücken des Ringes entsprechen den Pollücken und dienen zur Aufnahme der Wendepole.

Bei Maschinen mit verteiltem Feldeisen, deren Aufbau die Fig. 193 nach einer Ausführung der A.-G. Brown Boveri & Cie. zeigt, wird die Kompensationswicklung in Nuten des Feldeisens eingelegt und durch Keile gesichert. Aus der Fig. 194 ist die Verteilung der Magnetwicklungen ersichtlich[1]).

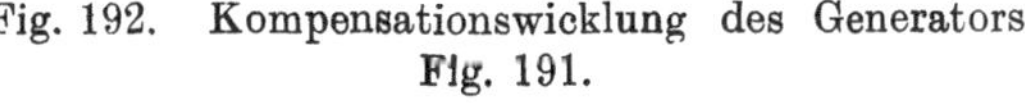

Fig. 192. Kompensationswicklung des Generators Fig. 191.

Um die Wirkung von Wendepol- und Kompensationswicklungen beim Probelauf einer Maschine auf den zweckmäßigsten Wert einstellen zu können, bemaß man früher die Wendepol- und Kompensationswicklung derart, daß ihre Wirkung, wenn sie vom ganzen Ankerstrome durchflossen wurde, etwas zu groß sein wurde. Die gewünschte Einstellung wurde dann nachträglich mittels eines parallel geschalteten Widerstandes erzielt. Damit das gewünschte Verhältnis des Stromes in der Wicklung zu dem in dem Widerstande nicht nur im stationären Betriebszustande sich einstellte, sondern auch bei eintretenden Belastungsänderungen aufrechterhalten blieb, wurde

Fig. 193. Magnetgestell mit Kompensationswicklung der A.-G. Brown, Boveri & Cie.

[1]) ETZ. 1910, S. 591.

der Widerstand induktiv ausgeführt, und zwar mit derselben Zeitkonstante wie die Wicklung[1]). Das Schaltungsschema einer solchen Anordnung zeigt die Fig. 195[2]). Die auch als Ohmscher Widerstand dienende Drosselspule ist mit einer derart bemessenen Ölkühlung

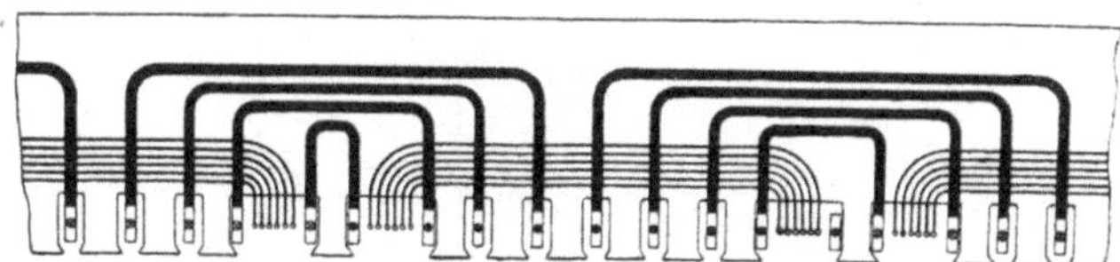

Fig. 194. Verteilung der Magnetwicklung des Generators nach Fig. 193.

versehen, daß die Widerstände der Wicklung und der Drosselspule sich bei Belastung infolge der Erwärmung in gleichem Maße ändern.

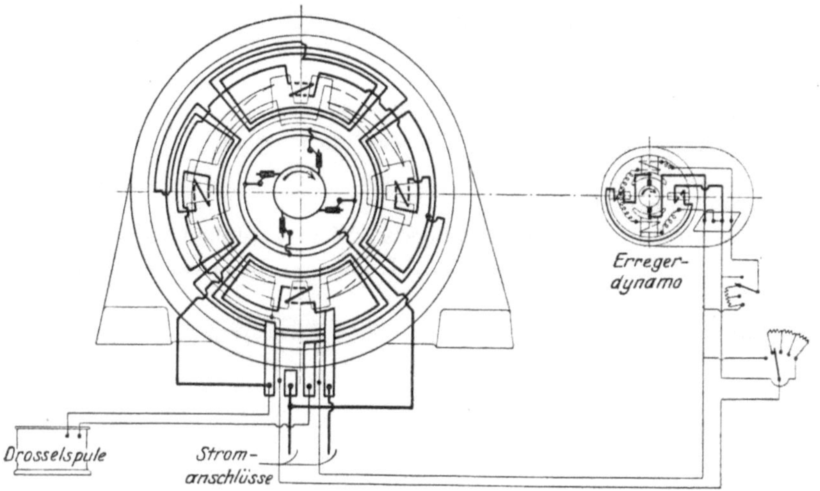

Fig. 195. Schaltbild eines Turbogenerators mit verteiltem Feldeisen.

Heutzutage sucht man die Wendepol- und Kompensationswicklungen von vornherein so zu bemessen, daß man bei einer nur kleinen Änderung der Wendepolschuhe stets die richtige Kommutierung erhält, wenn dies nicht von vornherein der Fall sein sollte. Hierdurch fallen alle Parallelwiderstände mit bestimmten Zeitkonstanten fort.

[1]) D.R.P. Nr. 125920 der AEG. [2]) ETZ. 1909, S. 1146.

Siebentes Kapitel.

Stromableitung.

31. Bürsten und Bürstenhalter. — 32. Bürstenbrücke. — 33. Verbindungsleitungen und Anschlußklemmen.

Um die Maschine zur Ableitung bzw. Zuführung des Stromes leicht an die erforderlichen Apparate und Leitungen anschließen zu können, verbindet man sämtliche Wicklungen mit besonderen Anschlußklemmen, die meistens auf einem gemeinsamen, an der Maschine befestigten Klemmbrett angeordnet und stets mit normalisierten Bezeichnungen versehen werden. Während die Verbindungen der ruhenden Magnetwicklungen verhältnismäßig einfach anzuordnen sind, müssen für den Anschluß der umlaufenden Ankerwicklung besondere, auf dem Kommutator schleifende „Bürsten“ vorgesehen werden. Diese Bürsten mit ihren Haltern müssen, wie der Kommutator selbst, besonders sorgfältig konstruiert werden. Sie müssen so ausgeführt sein, daß eine ungehinderte Stromabnahme in der vorgeschriebenen Weise dauernd gesichert ist und der Kommutierungsvorgang nicht etwa durch mangelhaftes Aufliegen der Bürsten, durch Veränderung und Verschiebung der Auflagefläche beim Verschleiß oder durch schlechten Kontakt zwischen Bürste und Bürstenhalter gestört wird.

31. Bürsten und Bürstenhalter.

a) **Bürsten.** Die Bürsten können wir in die aus weichen Blättern, Drähten oder Geweben aus Kupfer oder Messing bestehenden Metallbürsten und die aus Kohle, Graphit oder deren Mischungen bestehenden Kohlebürsten einteilen, zu welchen in konstruktiver Hinsicht auch die sogenannten Metall-Kohlebürsten zu rechnen sind. Die elektrischen und mechanischen Eigenschaften der verschiedenen Sorten dieser Bürsten sind ausführlich in Bd. I Kap. XVI und Kap. XXII Abschn. 108 erörtert worden. Dort sind auch die den verschiedenen Sorten zukommenden Anwendungsgebiete besprochen.

Es sei deshalb hier nur daran erinnert, daß die nunmehr fast ausschließlich bei Niederspannungs-Maschinen (für elektrochemische Zwecke u. dgl.) verwendeten Metallbürsten federnd nachgeben können, während die in allen anderen Fällen verwendeten Kohlebürsten hart und unelastisch sind. Diese Eigenschaft der Metallbürsten machte ihre Verwendung auch bei Turbogeneratoren, wo die Erschütterungen ein ruhiges Aufliegen der Bürsten erschweren, lange sehr beliebt. Für die Verwendung von Metallbürsten bei Turbogeneratoren sprach auch der Umstand, daß die Übergangs- und Reibungsverluste bei ihnen kleiner, als bei Kohlebürsten ausfallen, weshalb die Abmessungen des Kommutators kleiner gehalten werden konnten. Der Hauptnachteil der Metallbürsten in mechanischer Beziehung ist darin zu suchen, daß durch das Schleifen von Metall auf Metall der Kommutator stark und unregelmäßig angegriffen wird, wodurch ein öfteres Abdrehen erforderlich wird und seine schnelle Abnutzung verursacht wird. Die Abnutzung der Metallbürsten selbst ist groß, und da sie meist die Eigenschaft haben, sich an der Auflagestelle mit der Zeit zu verbreitern, und da sich die einzelnen Bürsten ungleich abnutzen, so bedürfen Metallbürsten im Gegensatz zu Kohlebürsten steter Wartung.

Metallbürsten erfordern eine leichte Schmierung des Kommutators, um dessen Abnutzung zu verringern. Derartige Schmiermittel müssen säurefrei sein. Bürsten, die derartige Schmiermittel enthalten (Graphit, Wachs, Vaseline), bezeichnet man als selbstschmierende Bürsten.

In elektrischer Beziehung sind die Blattbürsten den Gewebebürsten vorzuziehen, da erstere einen etwas höheren Querwiderstand besitzen. Sehr zahlreich sind die Versuche, diese für die Kommutierung günstige Eigenschaft zu erhöhen. Alle diese Vorschläge gehen darauf hinaus, zwischen die Metallfolien Isolierstoff oder doch einen schlechten Leiter anzuordnen. Die bekannteste Bürste dieser Art ist die Endruweit-Bürste, bei der galvanisch niedergeschlagene Kupferfolien mit dünnen Graphitschichten abwechseln.

Nunmehr hat man gelernt, die Erschütterungen schnellaufender Kommutatoren durch bessere konstruktive Durchbildung derselben stark zu vermindern, leichte federnde Halter für die an sich starren Kohlebürsten herzustellen und den Kommutator genügend zu kühlen. Infolgedessen werden die Metallbürsten auch bei Turbogeneratoren mehr und mehr verdrängt und durch die in elektrischer Hinsicht überlegenen Kohlebürsten ersetzt.

b) Bürstenhalter. Die Bürsten werden in besonderen Haltern, die auf runden Bürstenbolzen aus Messing oder Eisen aufgereiht werden, gehalten. Abgesehen von den ganz kleinen Maschinen, werden stets mehrere Bürstenhalter mit je einer oder zwei Bürsten je

Pol vorgesehen, und zwar unterteilt man den Gesamtquerschnitt derart, daß die axiale Länge jeder Bürste nur ausnahmsweise 40 bis 50 mm überschreitet, aber meistens nur etwa 20 bis 30 mm beträgt. Hierdurch wird erreicht, daß, wenn eine Bürste beschädigt wird oder wenn sie während des Betriebes abgehoben und nachgesehen wird, die Stromabnahme ungestört durch die anderen Bürsten desselben Bolzens fortgesetzt werden kann. Ferner schleifen sich Bürsten mit kleinem Querschnitt leichter von selbst ein, während es bei solchen mit größerem Querschnitt leicht vorkommen kann, daß nur ein Teil der Auflagefläche tatsächlich mit dem Kommutator in Berührung bleibt. Schließlich können die kleineren Bürsten, ihrer geringeren Masse wegen, den infolge der unvermeidlichen Ungenauigkeiten der Form und der Lagerung des Kommutators stets auftretenden kleinen radialen Bewegungen der Kommutatoroberfläche leichter folgen als die größeren.

Die Bürsten und Bürstenhalter müssen ferner so gebaut sein, daß ihre Eigenschwingungszahl größer als $\frac{nK}{60}$ ist. (Vgl. Bd. I Abschn. 78.)

Diese letzten Gesichtspunkte sind auch, wie wir gleich sehen werden, für die allgemeine konstruktive Durchbildung des Bürstenhalters von großer Bedeutung. Früher wurde die Bürste starr mit dem Halter verbunden, der entweder federnd an dem Bolzen befestigt war oder sich federnd um ihn drehen konnte. Diese Federkraft muß so eingestellt sein, daß die Bürste mit einem bestimmten Druck je Quadratzentimeter (vgl. Bd. I, Kap. XVI) aufliegt. Bewegt sich nun die Oberfläche des Kommutators bei laufender Maschine etwas in radialer Richtung, so muß der Bürste nebst ihrem Halter beim Übergang von einer Aufwärts- zu der Abwärtsbewegung von dieser Federkraft eine gewisse Beschleunigung erteilt werden, wenn sie in Berührung mit der zurückweichenden Oberfläche des Kommutators bleiben soll, und zwar ist zu beachten, daß diese erforderliche Beschleunigung mit dem Quadrate der Geschwindigkeit wächst. Als man nun die anfänglich langsamlaufenden Maschinen für höhere Drehzahlen ausführte, stellte sich bald heraus, daß die Federkraft nicht mehr genügte, der verhältnismäßig großen Masse der Bürste nebst Halter die erforderliche Beschleunigung zu erteilen, weshalb die Bürste vom Kommutator abgeschleudert wurde und zum Tanzen neigte. Es kann dem nur dadurch abgeholfen werden, daß die bewegte Masse verkleinert wird, und zwar geschieht dies bei Kohlebürsten dadurch, daß der Halter auf dem Bürstenbolzen starr befestigt wird, während die Bürste sich federnd in einer Führung des Halters bewegen kann. Bei Metallbürsten kann diese Anordnung jedoch nur ausnahmsweise verwendet werden, weil sie ihrer großen Biegsamkeit wegen eine feste Einspannung verlangen. Bei ihnen ist diese Anordnung aber auch nicht notwendig, weil sie selber federnd nachgeben können, wenn sie, wie es stets der Fall ist, gegen die Drehrichtung des Kommutators geneigt angeordnet werden.

Die Federkraft und die zu beschleunigende Masse sind stets so abzuwägen, daß die Eigenschwingungszahl der Bürste höher als $nK/60$ ausfällt, wobei n die Drehzahl und K die Anzahl der Kommutatorlamellen bedeutet, damit die Bürsten durch die Stöße der Lamellen nicht in Resonanzschwingungen geraten.

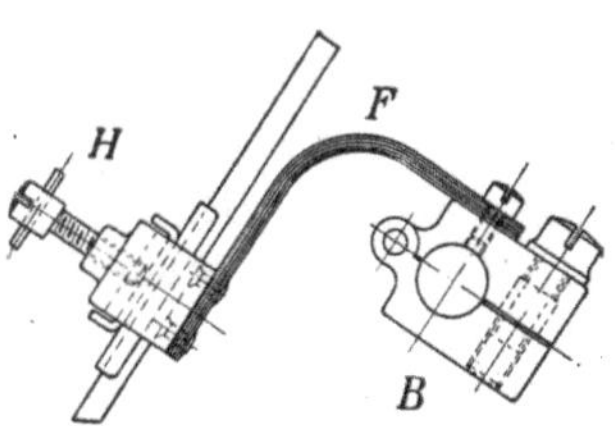

Fig. 196. Metallbürstenhalter der AEG.

Die Fig. 196 zeigt einen Halter der AEG für Metallbürsten. Die Bürste wird hier in eine Hülse H eingesteckt und dort unter Zwischenlegen einiger Führungsplatten mittels einer Schraube festgeklemmt. Die Hülse ist mit der gleichzeitig als Halter und Stromleiter dienenden Blattfeder F mit der um den Bolzen mit einer Schraube geklemmten Büchse B verbunden. Wie wir sehen, ist der Halter hier

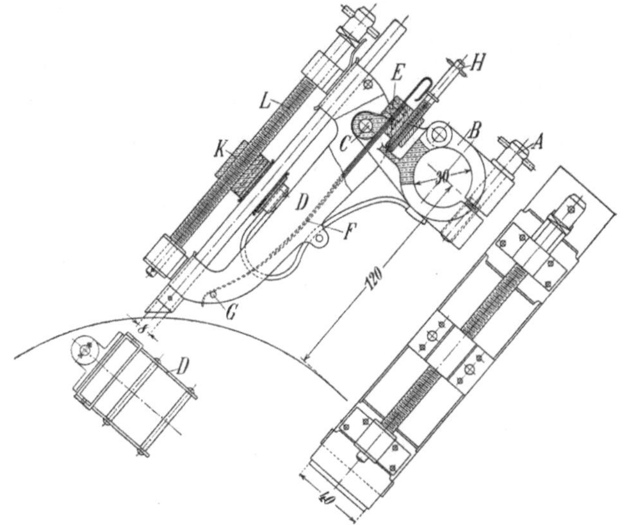

Fig. 196a. Metallbürstenhalter für Turbogeneratoren.

verhältnismäßig klein, so daß die zu bewegende Masse durch ihn nur unwesentlich vergrößert wird. Dagegen hat dieser wie alle Halter für Metallbürsten den Nachteil, daß der Auflagepunkt der Bürste sich längs dem Kommutatorumfange gegen den Bolzen zu vorschiebt, wenn die Bürste abgenutzt wird. Die Bürste muß deshalb von Zeit zu Zeit entsprechend der Abnutzung aus der Hülse H herausgehoben werden. Infolgedessen erfordern die Metallbürsten eine sorgfältigere Wartung als die Kohlebürsten.

Für Turbogeneratoren muß der Metallbürstenhalter in allen Teilen mit besonderer Sorgfalt durchgebildet werden.

Fig. 196a zeigt ein Beispiel eines solchen Bürstenhalters. Die Klemmbüchse wird mittels der Schraube A auf den Stift festgeklemmt. Der Teil B der Klemmbüchse ist in einem Scharnier drehbar und kann aufgeklappt werden, so daß der Halter leicht auf den Stift montiert werden kann, wenn der Stift auf beiden Seiten vom Bürstenträger gefaßt wird. Um den Stift C sind unabhängig voneinander gelagert: die Wangenbleche D, die Klemmbüchse und das Stück E, das die Feder F trägt. Die Feder F legt sich gegen einen Stift G und preßt so die Bürste an. Der Druck der Feder kann mittels der Schraube H geregelt werden. Um eine genaue Einstellung der Bürste zu ermöglichen, ist sie in einem Stück K gefaßt, das sich durch Drehung der Schraube L verschieben läßt. Da sich bei großen Kommutatorgeschwindigkeiten die Bürsten schnell abnützen, ist ein leicht und genau vorzunehmendes Nachstellen erforderlich. Namentlich die negativen Bürsten zeigen, wahrscheinlich infolge der Wanderung der Metallionen in der Richtung des Stromes, eine rasche Abnützung.

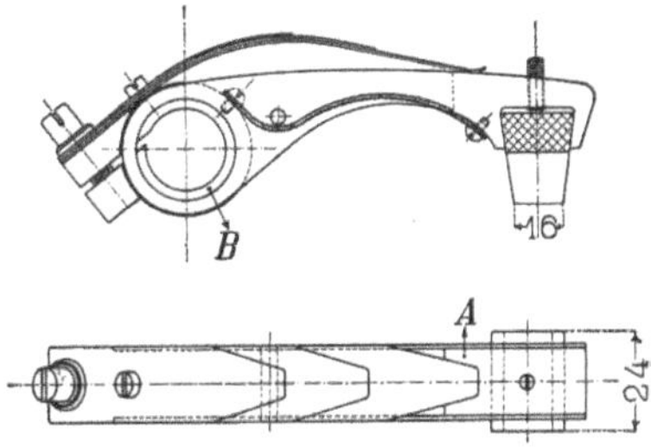

Fig. 197. Kohlenbürstenhalter der Gesellschaft für Elektr. Industrie in Karlsruhe.

Die Halter für Kohlebürsten wurden anfänglich ähnlich den Haltern für die früher allgemein verwendeten Metallbürsten konstruiert. Die Abb. 197 zeigt einen dieser früher verwendeten Halter für Kohlebürsten. Die Kohle wird hier von einem Messingklotz A gefaßt und hierin mittels einer Schraube festgepreßt. Der Klotz ist beiderseits mit der Büchse B durch Messingbleche drehbar um die Büchse befestigt. Die Büchse, welche um den Bürstenbolzen gespannt wird, trägt eine auf dem Klotz aufliegende Feder, die durch Verdrehen der Büchse angespannt werden kann. Um eine sichere Stromableitung zu erhalten, ist die Büchse B mittels eines Kabels an den Klotz A angeschlossen. Der obere Teil der Bürste ist verkupfert. Wenn die Kohle bzw. der Kommutator abgenutzt wird, bewegt sich die Kohle auf einem Kreisbogen um den Bolzen und erhält gleichzeitig eine gegen die Kommutatoroberfläche geneigte

Lage. Infolge der ersteren Bewegung verschiebt sich die Bürste in tangentialer Richtung auf dem Kommutator, und um diese Verschiebung klein zu halten, muß der Drehpunkt, d. h. der Bolzen, möglichst nahe an die Tangente an den Kommutator im Auflagepunkt der Bürste gerückt werden. Damit der Bolzen hierbei nicht zu nahe an den Kommutator kommt, muß der Bürstenhalter verhältnismäßig lang ausgeführt werden, wodurch das Trägheitsmoment groß und also ein Tanzen der Bürste begünstigt wird. Die entstehende Neigung der Bürste hat zur Folge, daß die Auflagefläche der Bürste vergrößert wird, was ebenfalls nachteilig auf die Kommutierung einwirkt. Es kann dem zwar durch eine Parallelführung, wie die Fig. 198 zeigt, abgeholfen werden, es bedeutet dies aber eine Verwicklung und Verteuerung der Herstellung.

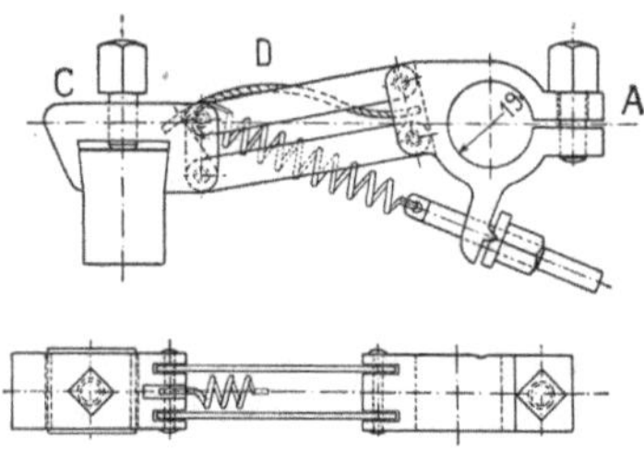

Fig. 198. Bürstenhalter der Bergmann Elektrizitätswerke Berlin.

Alle diese Nachteile können durch die Verwendung der oben erwähnten festen Bürstenhalter beseitigt werden. Die Fig. 199 und 200 zeigen zwei Ausführungsformen von solchen Haltern. Der hauptsächlich aus dem Führungskasten K für die Kohle bestehende Halter

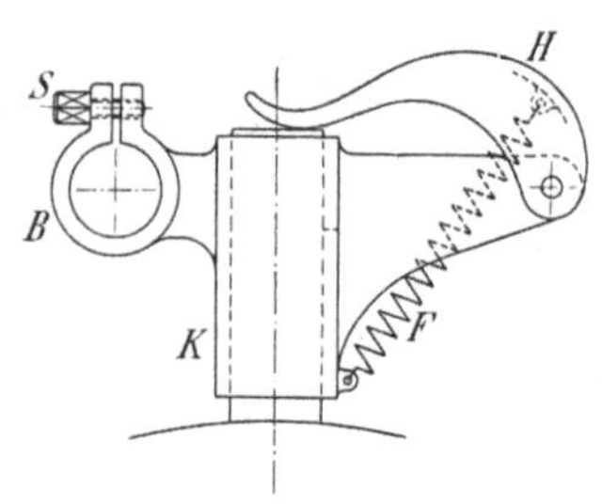

Fig. 199.

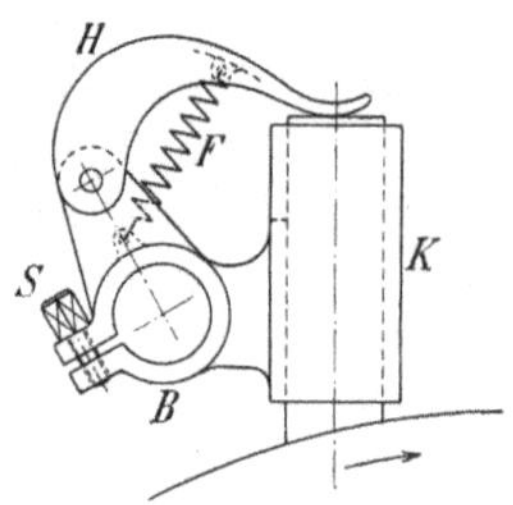

Fig. 200.

Fig. 199 u. 200. Einfache Kastenbürstenhalter.

wird hier mit der vermittels der Schraube S um den Bolzen geklemmten Büchse B befestigt. Die in den Führungskasten gesteckte Kohle wird mittels des auf ihr aufliegenden Hebels H von der Feder F gegen den Kommutator gedrückt. Wie aus den Figuren ersichtlich, vergrößert sich der Abstand der Feder vom Drehpunkt, wenn die Kohle infolge der Abnutzung in dem Halter sinkt, so daß das Drehmoment bei der gleichzeitigen Entspannung der Feder vergrößert wird und der Auflagedruck der Bürste infolgedessen annähernd unverändert bleibt.

Damit die Bürste nicht infolge ihrer Verschiebung im Halter in der Drehrichtung des Kommutators durch die mitnehmende Kraft der Reibung bei laufendem Kommutator im Kasten festgeklemmt und in ihren Bewegungen gehindert wird, ist der Kasten nahe an dem Kommutator anzuordnen. Die freie Bewegung der Bürste kann außerdem noch dadurch erleichtert werden, daß die Bürste, wie die Fig. 200 zeigt, in der Drehrichtung geneigt angeordnet wird. Bei Maschinen mit veränderlicher Drehrichtung muß die Bürste dagegen (Fig. 199) normal zur Kommutatoroberfläche aufgesetzt werden.

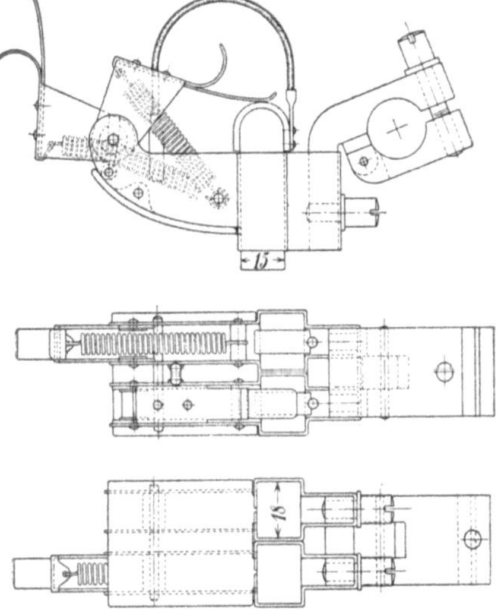

Fig. 201. Kastenbürstenhalter der SSW.

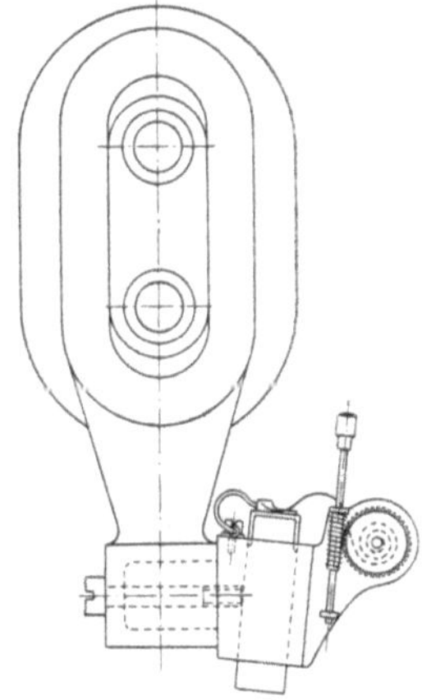

Fig. 202. Bürstenhalter mit Feineinstellung des Auflagedruckes.

Zur Erzielung einer sicheren Führung der Bürste muß der Kasten K sie möglichst dicht umschließen. Ein kleiner Spielraum muß jedoch vorgesehen werden, damit die Bewegungen der Bürste trotz Unregelmäßigkeiten in der Ausführung nicht gehindert werden können. Der Kontakt zwischen Bürste und Kasten ist deshalb stets mangelhaft, und da auch die Stromabnahme durch den Druckhebel H unzuverlässig ist, werden stets besondere Zuleitungsschnüre aus geflochtenem Kupferdraht vorgesehen, die, an dem oberen Teil der Kohle befestigt, diese leitend mit dem Halter verbinden. Diese Kupferlitzen sind in den Fig. 199 und 200 der Deutlichkeit halber fortgelassen, dagegen in Fig. 201, die einen Bürstenhalter der SSW darstellt, gezeigt. Es sind hier zwei Kohlen in einem Halter angeordnet. Die vordere Bürste ist in der Betriebsstellung gezeichnet, während bei der hinteren der Hebelarm zur Entfernung der Kohle aufgeklappt ist. Die Auswechslung der Kohle ist, wie hieraus ersichtlich, in einfacher Weise möglich. Die Kupferlitzen der beiden Bürsten liegen hintereinander, so daß nur eine sichtbar ist.

Die Fig. 202 zeigt einen Bürstenhalter, bei dem die Feder zur Einstellung des Auflagedruckes mittels eines Schneckenrades gespannt werden kann.

Da die Kohle einen negativen Temperaturkoeffizienten besitzt, so ist die Möglichkeit vorhanden, daß die Stromstärke in einer zufällig überlasteten Kohle infolge deren Widerstandsverminderung noch mehr steigt. Diesen Übelstand sucht die Firma Brown, Boveri & Cie. durch Verwendung von Material mit hohem positiven Temperaturkoeffizienten für die Zuleitungen zu den einzelnen Bürsten zu beseitigen[1]). Hierbei muß der Halter von der Kohle jedoch isoliert

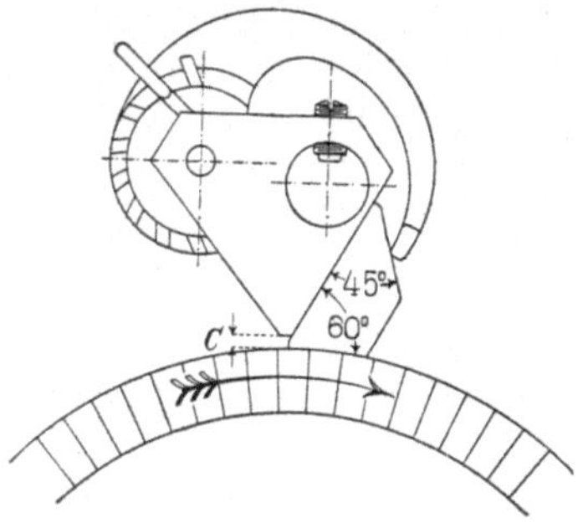

Fig. 203. Reaktionsbürstenhalter.

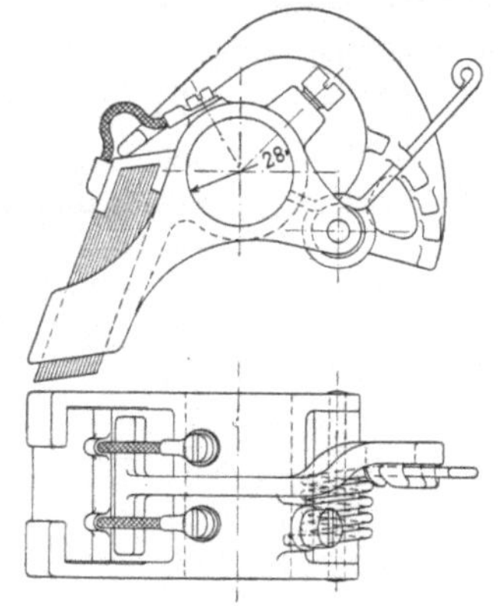

Fig. 204. Bürstenhalter der Ateliers de Construction Electriques de Charleroi.

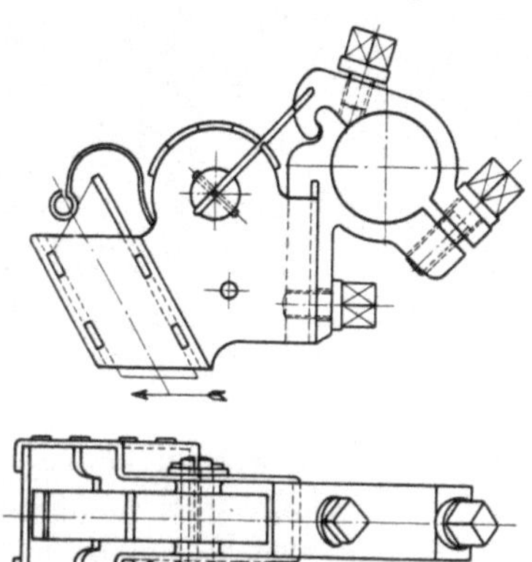

Fig. 205. Reaktionsbürstenhalter der Ringsdorfwerke.

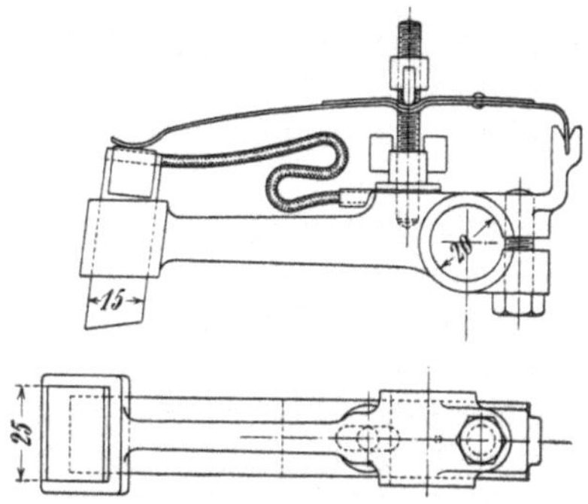

Fig. 206. Kastenbürstenhalter der Brown, Boveri & Cie.

1) Franz. Pat. Nr. 373919.

werden, damit der Strom auch tatsächlich nur durch diese Zuleitungen fließt. Diese Isolierung ist aber nicht leicht durchzuführen, weshalb die Anordnung keine größere praktische Bedeutung erlangt hat.

Bei den sog. *Reaktionsbürstenhaltern* wird die Kohle, wie die Fig. 203 zeigt, nur auf einer Seite geführt, indem sie gegen eine schiefe Ebene des Halters mittels eines Hebels durch eine Feder gedrückt wird. Infolgedessen können besondere Zuleitungsschnüre meistens entbehrt werden, wenn die Kohle auf der gegen den Halter gepreßten Seite stark verkupfert wird. Die Maschine kann bei diesen Haltern in beiden Drehrichtungen laufen, der Halter eignet sich jedoch am besten für die in der Figur eingezeichnete Drehrichtung.

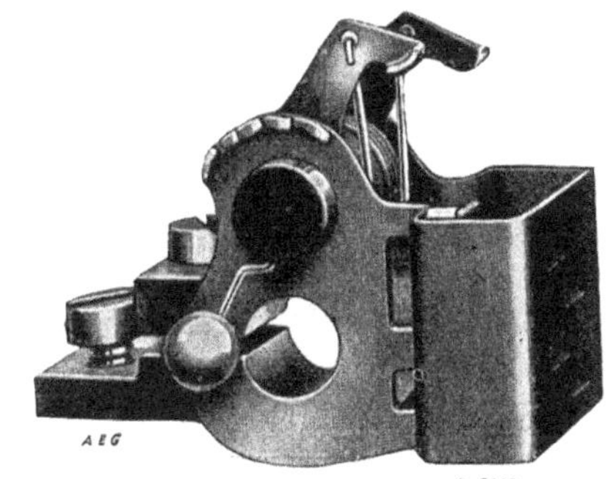

Fig. 207.

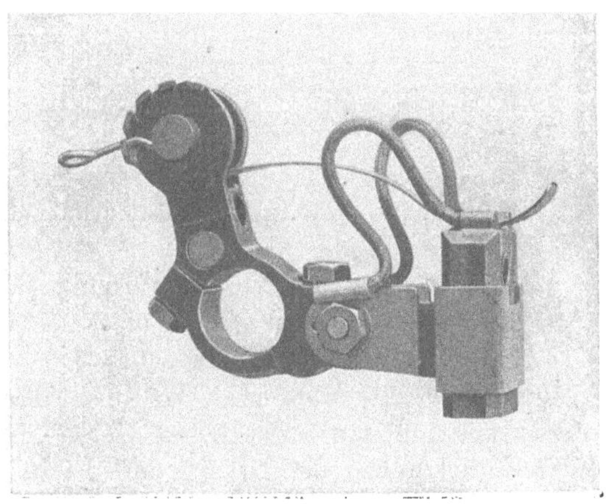

Fig. 208.

Fig. 207 u. 208. Kastenbürstenhalter der AEG.

Die Fig. 204 zeigt eine Übergangsform zwischen dem gewöhnlichen Bürstenhalter mit festen Kasten und dem Reaktionsbürstenhalter. Dieser Bürstenhalter wird von den *Ateliers de Construction Electriques de Charleroi* ausgeführt. Die bewegliche Kohle wird durch einen Metallschuh geführt und leitend mit dem Klemmstück verbunden. Durch den Schuh wird die Kohle verhindert, durch irgendeinen Stoß vom Halter wegzukommen, wie es bei dem Reaktionsbürstenhalter möglich ist.

Der Hebel, der sich auf die Kohle legt, wird mittels einer Feder auf die Kohle gepreßt. Der Federdruck kann dadurch verändert werden, daß das Federende in verschiedene Einschnitte des Hebels eingelegt wird.

Fig. 205 zeigt eine andere Übergangsform zwischen Kastenbürstenhalter und Reaktionsbürstenhalter; dieser Halter wird von der Ringsdorfwerke A.-G., Mehlem, auf den Markt gebracht und eignet sich vorzüglich für schnellaufende Maschinen.

Fig. 206 zeigt eine Ausführung der Aktiengesellschaft Brown, Boveri & Cie. Die Konstruktion ist aus der Zeichnung leicht zu erkennen. Der Halter besteht aus Rotguß und die Kohle wird durch eine Blattfeder niedergepreßt.

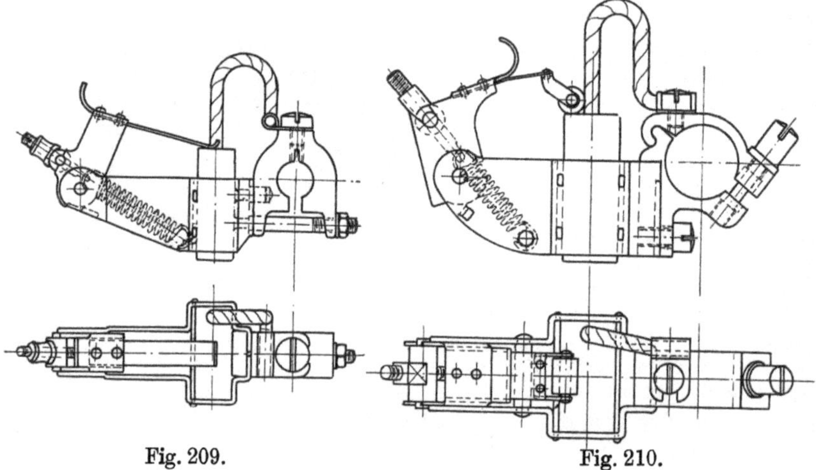

Fig. 209. Fig. 210.

Fig. 209 u. 210. Kastenbürstenhalter der Ringsdorfwerke.

In den Fig. 207 und 208 sind einige ähnliche Bürstenhalter der AEG für Kohlenbürsten dargestellt.

Die Fig. 209 und 210 zeigen zwei moderne Bürstenhalter der Ringsdorfwerke A.-G. Mehlem. Die Bürstenhalter sind von der Kastentype mit nur beweglicher Kohle. Die Kohlebürsten können durch Zurückdrehen des Druckfingers leicht aus dem Kasten herausgenommen werden. Die den Druckfinger festhaltende Feder kann mittels einer Schraube loser oder fester gespannt werden. Ferner kann der Bürstenhalter auf- und abwärts verstellt werden, je nach dem Abstande des Bürstenstiftes vom Kommutator. Aber außerdem läßt sich jeder Bürstenhalter durch Lösen eines einfachen Schlosses leicht vom Bürstenstifte entfernen, um nachgesehen oder ausgetauscht zu werden. Diese Bürstenhalter erfüllen somit die weitgehendsten Forderungen, die man an einen Bürstenhalter stellen kann.

Die Fig. 211 zeigt einen von Brown, Boveri & Cie. ausgeführten Bürstenhalter, den die Firma für Turbogeneratoren und andere Maschinen mit großen Stromstärken je Stift anwenden. Der Druck auf die Kohle wird durch den zentrisch angeordneten Stift ausgeübt, und es ist die Absicht bei dieser Bauart, daß die Kohle sich frei auf dem Kommutator einstellen soll. Der kleine Rahmen um die Bürste soll nur das Mitnehmen der Bürste durch den Kommutator verhindern.

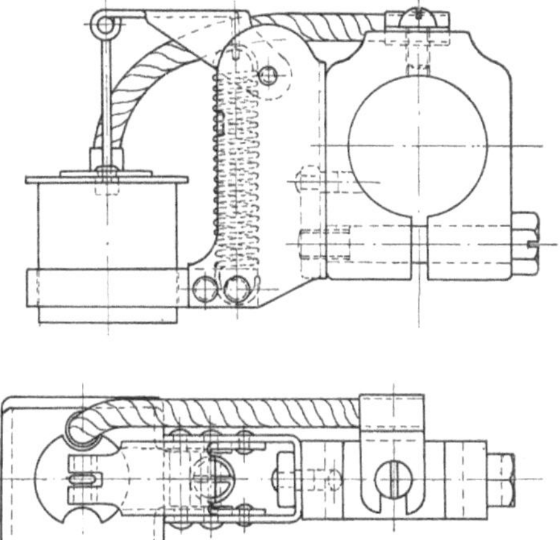

Fig. 211. Bürstenhalter der Brown, Boveri & Cie. für Turbogeneratoren.

Schließlich sei noch der pneumatische Bürstenhalter für Turbogeneratoren der Morgan Crucible Co. Ltd., London, erwähnt, bei dem die zur Pressung der Bürsten gegen den Kommutator benutzte Feder mit bestem Erfolg durch Preßluft ersetzt worden ist[1]). Die Fig. 212, die einen derartigen Bürstenhalter im Schnitt darstellt, zeigt, daß die Bürste G, die aus gepreßtem Graphit besteht, durch einen Stift J, der von der Bürste mit dem Porzellankopf K isoliert ist, an

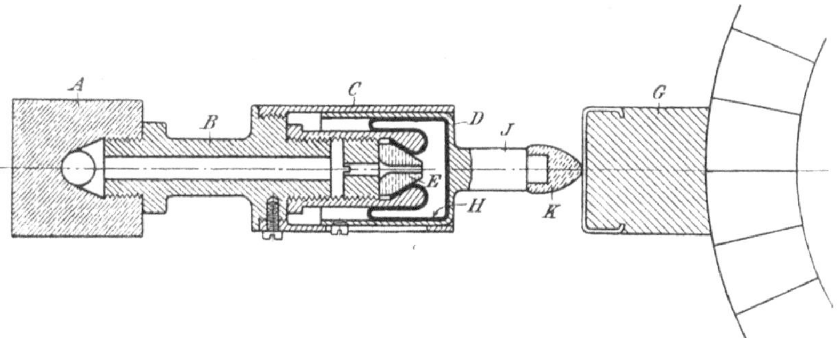

Fig. 212. Pneumatischer Bürstenhalter der Morgan Crucible Co. für Turbogeneratoren.

den Kommutator gepreßt wird. Der Stift ist an seinem anderen Ende D als Kolben ausgebildet und in einem Zylinder C geführt. In dem Kolben ist ein kleiner Weichgummibeutel H eingelegt, welcher durch einen Konus E in eigenartiger Weise abgedichtet ist und durch den Luftzuführungsstutzen B mit Druckluft, der die Bürste mit einem Auflagedruck von 200 g/cm² gegen den Kommutator

[1]) El. Rev. März 1908; ETZ 1908, S. 484.

Fig. 213. Bürste für Morgans pneumatischen Halter.

preßt, gefüllt wird. Die Bürsten liegen in aufklappbaren Metallkasten, die als Führung dienen und sind mit Kupferblechkappen armiert, in welchen die Schnüre für die Stromableitung, Fig. 213, befestigt sind. Die Fig. 214 zeigt die mit solchen Bürstenhaltern ausgerüstete Bürstenbrücke eines 250-kW-Turbogenerators, der 555 Amp.

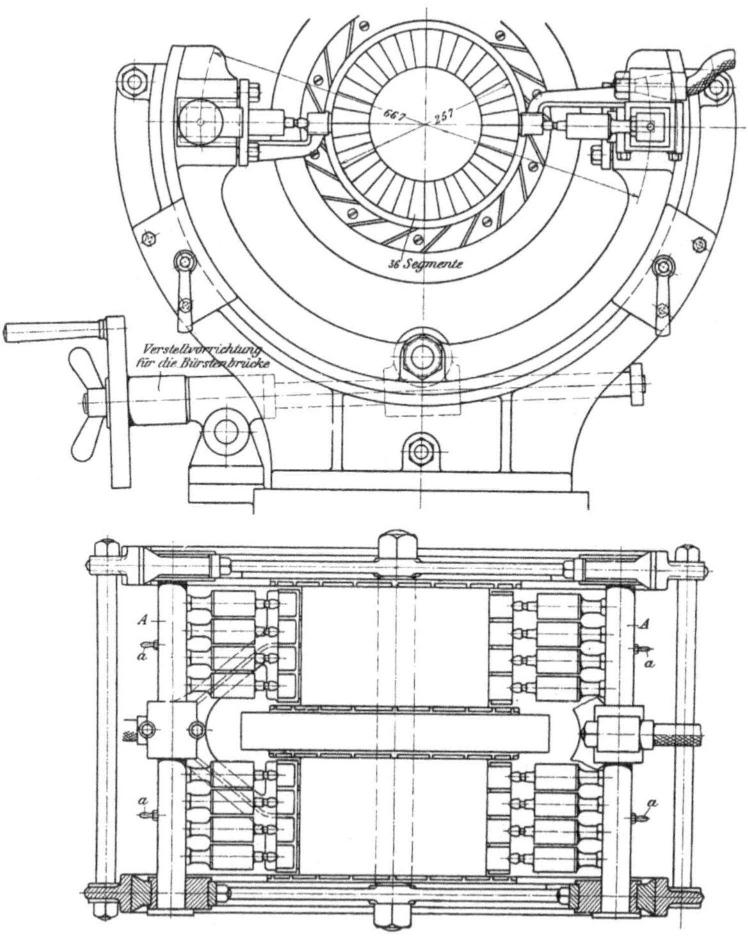

Fig. 214. Bürstenbrücke für Morgans pneumatische Halter.

bei 450 Volt und 2200 Umdr./Min. abgibt. Eine kleine Handpumpe dient zur Erzeugung des Luftdruckes. Die beiden Luftakkumulatoren *A* sind deutlich zu erkennen.

32. Bürstenbrücke.

Die Stifte, auf welche die Bürstenhalter aufgesetzt werden, müssen einerseits stets in unverändertem Abstand voneinander bleiben, andererseits alle gleichzeitig verstellt werden können, so daß die Bürsten in die für die Kommutierung vorteilhafteste Lage gestellt werden können. Man befestigt deshalb die Bürstenstifte an einem gemeinsamen Träger, der sog. Bürstenbrücke, die drehbar angeordnet wird.

In fast allen Fällen werden die Bürstenbolzen genau um eine Polteilung voneinander entfernt angeordnet. Nur bei größeren Maschinen mit schwierigen Kommutierungsverhältnissen sieht man zur Verbesserung der Kommutierung beim Entwurf der Bürstenbrücke die Möglichkeit vor, die Stifte gleicher Polarität gegenüber den anderen bis zu einem der halben Lamellenbreite entsprechenden Höchstbetrage verschieben zu können.

Was die Verdrehung der ganzen Bürstenbrücke anbetrifft, so mußte diese Möglichkeit bei älteren Maschinen in Abhängigkeit von der Belastung innerhalb verhältnismäßig weiter Grenzen vorgesehen werden. Seitdem man aber die Kommutierungsschwierigkeiten durch die Einführung der Kohlebürsten und der Wendepole überwunden hat, kann man die Bürsten meistens ein für allemal in der vorteilhaftesten Lage fest einstellen. Diese Lage kann jedoch, infolge allerlei Unregelmäßigkeiten, nicht im voraus genau bestimmt werden, sondern muß erst beim Probelauf der Maschine durch Verdrehung der Bürstenbrücke aufgesucht werden. Eine Verstellbarkeit der Brücke ist also auch bei Wendepolmaschinen erforderlich.

Um die neutrale Zone festzustellen, verfährt man meistens so, daß man bei stillstehender Maschine ein Galvanometer zwischen die Ankerklemmen schaltet und das Magnetfeld, unter Umständen mittels galvanischer Elemente, plötzlich erregt und wieder verschwinden läßt. Man sucht dabei durch Verschieben der Bürstenbrücke diejenige Stellung auf, bei der das Galvanometer die kleinste induzierte Spannung anzeigt. Die Bürsten stehen dann genau in der neutralen Zone. Bei Maschinen, die in beiden Drehrichtungen laufen sollen, wird die Brücke in dieser Stellung mittels einer Schraube festgeklemmt, während sie bei Motoren für nur eine Drehrichtung, um dem Auftreten von Pendelungen mit Sicherheit vorzubeugen, zuerst etwa um eine halbe Lamellenteilung in der Drehrichtung verschoben wird.

Nur bei Maschinen für konstanten Strom muß die Bürstenbrücke, falls die Regelung der Spannung oder der Drehzahl ganz oder teilweise durch Bürstenverschiebung geschieht, im Betriebe sehr weit hin und her geschoben werden können.

Es sei außerdem noch erwähnt, daß die Bürstenstifte und die Brücke so konstruiert und befestigt sein müssen, daß sie eine erschütterungsfreie Befestigung der Bürstenhalter und eine bequeme und betriebssichere Stromabnahme ermöglichen.

Seitdem wir nun die allgemeinen an die Bürstenstifte und die Brücke zu stellenden Anforderungen kennengelernt haben, wollen wir zusehen, wie diese Teile im einzelnen auszuführen sind, um diesen Anforderungen zu genügen.

a) **Bürstenstifte.** Die Bürstenstifte werden heute meist so hergestellt, daß sie in passenden Längen von runden Stangen aus Messing oder Eisen abgeschnitten werden. Der Querschnitt wird so bemessen, daß der Stift einerseits von dem Strome nicht zu stark erwärmt, anderseits aber auch in mechanischer Hinsicht genügend widerstandsfähig wird.

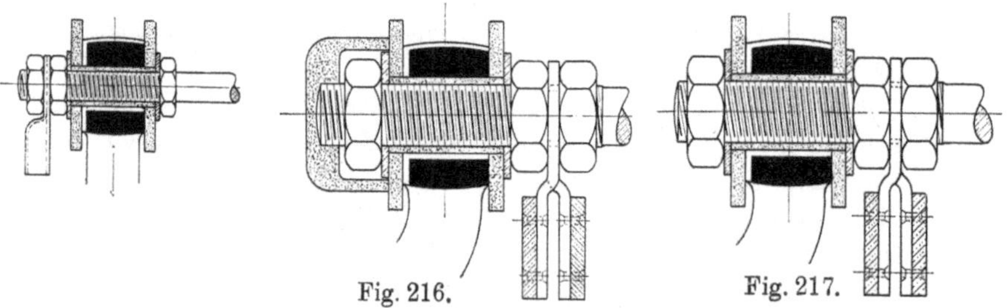

Fig. 216. Fig. 217.

Fig. 215, 216 u. 217. Befestigung der Bürstenstifte.

Die Bürstenstifte werden im allgemeinen mit einer geteilten Hülse aus Preßmaterial, Fiber, Stabilit u. dgl. isoliert an der Bürstenbrücke, wie die Fig. 215, 216 und 217 zeigen, unmittelbar befestigt. Diese Befestigungsarten ergeben bedeutend kleinere Herstellungskosten der Bürstenstifte als die in den Fig. 218 und 219 gezeigten älteren Befestigungen, unter Anwendung eines Wulstes oder Schraubenkopfes auf dem Stifte selbst. Bei kleineren Maschinen empfiehlt es sich, den Stift, Fig. 216, mit einer Kappe aus Isoliermaterial gegen Berührung zu schützen. Wenn nur zwei Bürstenstifte vorhanden sind, wird ein Kabelschuh für die Anschlußleitung zwischen die Befestigungsmutter und eine zweite Mutter gelegt, Fig. 215. Bei vielen Bürstenstiften verwendet man, Fig. 216 und 217, zwei Sammel-

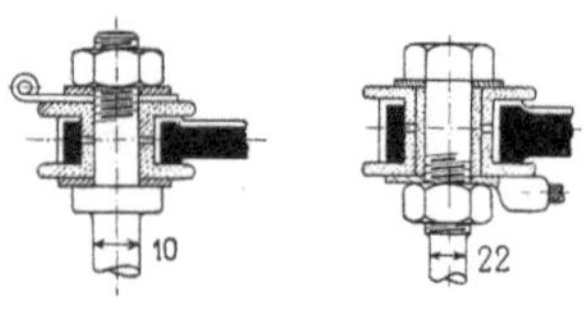

Fig. 218. Fig. 219.

Fig. 218 u. 219. Ältere Befestigungsarten.

ringe, die, voneinander durch zwischengelegte Fiberstücke isoliert, die Stifte gleicher Polarität miteinander verbinden. An diese Sammelringe werden dann die Anschlußkabel befestigt.

In den meisten Fällen genügt die einseitige Befestigung der Stifte an der Brücke; bei größeren Maschinen mit langen Kommutatoren muß jedoch eine zweite Befestigung vorgesehen werden. Es wird dies, wie wir bei Beschreibung der Bürstenbrücke näher sehen werden, meistens wie folgt erreicht: Entweder man verbindet die freien Enden aller Stifte miteinander durch einen freitragenden Eisenring, an welchem die Stifte wie an der Bürstenbrücke isoliert befestigt sind, oder man ordnet, bei geteilten Kommutatoren, die Bürstenbrücke in der Mitte an. Bei sehr großen Maschinen verwendet man besondere bogenförmige Halter, welche die Bürstenstifte an zwei Stellen fassen und an der, meistens in der Mitte des Kommutators angeordneten, Bürstenbrücke isoliert befestigt werden.

b) Bürstenbrücke. Die Bürstenbrücke wird meist am Lager, bei größeren Maschinen jedoch oft auch an dem Joch bzw. an den mit ihm verbundenen Schutzschildern oder Stützen befestigt.

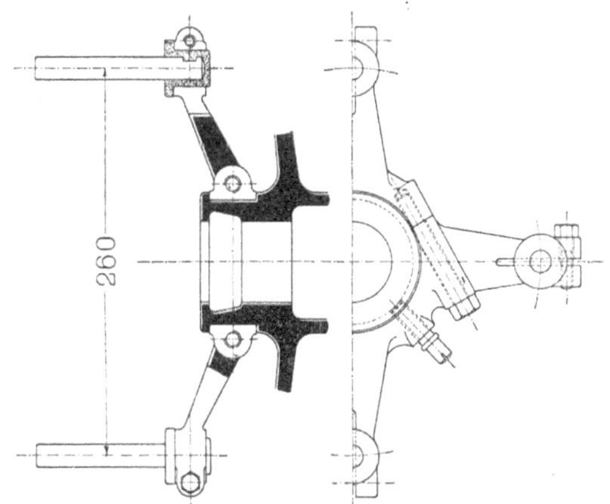

Fig. 220. Ältere Befestigung der Bürstenbrücke.

Bei kleineren Maschinen wird der Bürstenträger vielfach auf der Lagerhülse drehbar angeordnet, wie Fig. 220 zeigt. Diese Anordnung hat bei einem geteilten Lager den Nachteil, daß der Lagerdeckel erst entfernt werden kann, wenn der Bürstenträger abgenommen ist. — Dieser Übelstand ist in den Fig. 221 und 222 vermieden. In Fig. 221 dreht sich der Bürstenträger in einer im Lagerkörper eingedrehten Führung und in Fig. 222 ist an den Lagerkörper eine besondere zylindrische Führung für den Bürstenträger angeschraubt.

Während in Fig. 220 und 221 die Verstellung der Bürsten unmittelbar von Hand und die Feststellung durch einen Handgriff mittels einer Schraube erfolgt, dient in Fig. 222 ein kleines Rad R, das in ein Radsegment eingreift, zur Verdrehung der Bürstenbrücke.

Um den Strom abzuleiten, werden alle positiven und alle negativen Stifte mit je einem Sammelring, in den Beispielen mit S bezeichnet, leitend verbunden. Von diesen Sammelringen führen biegsame Leitungen zu feststehenden isolierten Klemmen, die entweder an der Maschine selbst oder am Fundament befestigt sind.

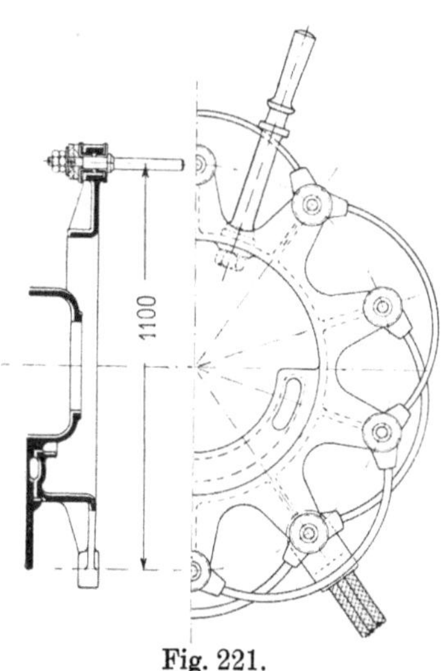

Fig. 221.

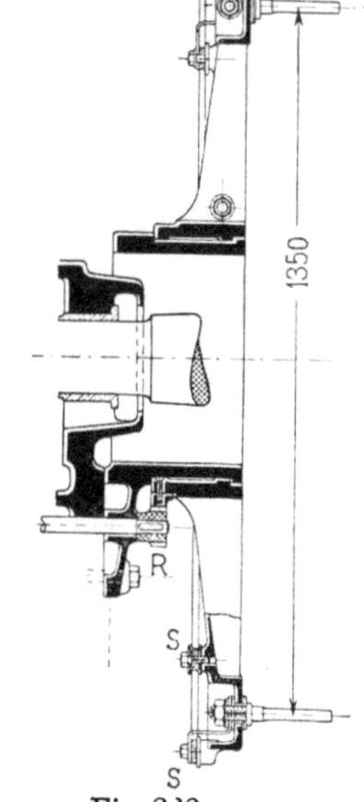

Fig. 222.

Fig. 221 u. 222. Zweckmäßige Befestigung der Bürstenbrücke.

Während in Fig. 223 die Sammelringe mit der Befestigung der Bürstenstifte in einem kastenförmigen Raum des Bürstenträgers unter-

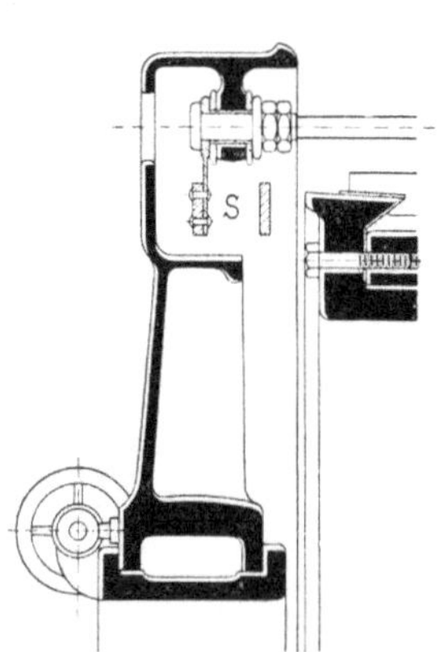

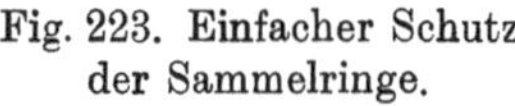

Fig. 223. Einfacher Schutz der Sammelringe.

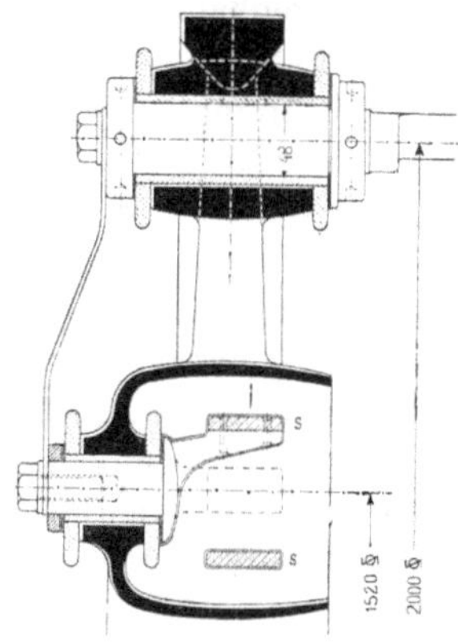

Fig. 224. Besonderer Schutz der Sammelringe.

gebracht sind, ist in Fig. 224 für die Sammelringe ein besonderer Schutz vorgesehen. Die erste Anordnung hat den Vorzug, daß auch die Verbindungen von den Stiften zu den Sammelringen geschützt sind.

Anstatt jeden Bürstenstift einzeln zu isolieren, können nach einer Bauart der Maschinenfabrik Oerlikon alle positiven und alle negativen Stifte ohne Isolierung in je einen gemeinsamen Ring S eingesetzt werden, wie Fig. 225 darstellt. Die Ringe dienen

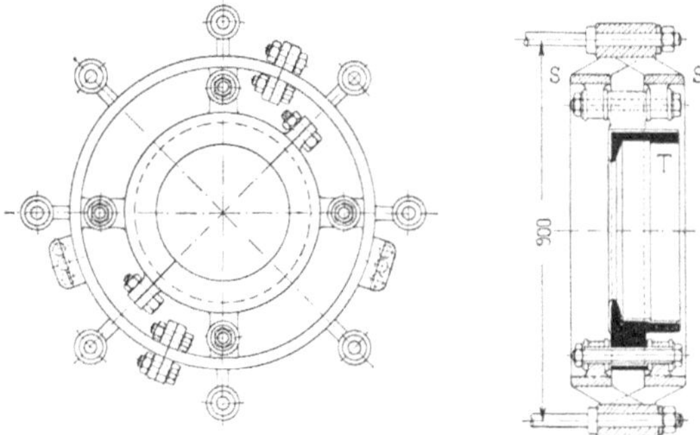

Fig. 225. Bauart der Maschinenfabrik Oerlikon.

dann gleichzeitig als Sammelringe; sie werden isoliert von einem dritten Ringe T getragen, der auf einer Hülse drehbar gelagert ist. Diese Anordnung eignet sich besonders für niedrige Spannungen

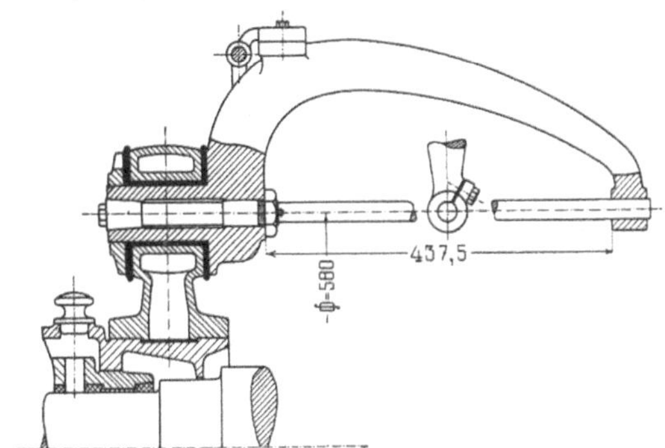

Fig. 226. Absteifung eines langen Bürstenstiftes.

und große Stromstärken. In letzterem Falle werden die Sammelringe vielfach aus Rotguß hergestellt, können jedoch auch aus Gußeisen bestehen.

Bei längeren Bürstenstiften kann man ihre stabile Befestigung dadurch erzielen, daß man das freie Ende jeden Stiftes, wie die Fig. 226 zeigt, durch einen an der Brücke befestigten bogenförmigen Ausleger absteift. Es genügt jedoch meistens in solchen Fällen die bei einem Motorgenerator der AEG[1]) für 200 kW Gleichstrom bei 2×125 Volt und 300 Umdr./Min., Fig. 227, verwendete Verbindung aller freien Enden der Bürstenstifte durch einen freitragenden Ring. Die Bürstenhalter werden dabei leichter zugänglich als bei der Absteifung der Bolzen durch Bogen. Die Maschine ist mit Schleifringen für einen Spannungsteiler versehen und die Bürstenstifte für diese sind ebenfalls an der Bürstenbrücke befestigt. Die an beiden Seiten der Brücke angeordneten Sammelringe, an welche die Kabel für die Ableitung des Stromes befestigt sind,

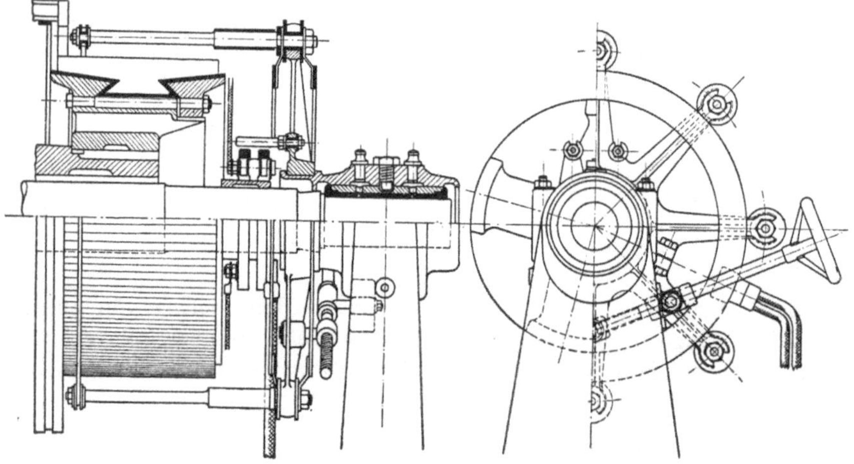

Fig. 227. Gleichzeitige Absteifung mehrerer Bürstenstifte.

sind in der Abbildung deutlich zu ersehen. Die Einstellung der Brücke geschieht mittels einer mit Handrad versehenen Schraubenspindel, die in einer am Lagerbock sitzenden Hülse drehbar gelagert ist. Ihr Gewinde greift in eine Büchse mit dem Muttergewinde ein, die an der Brücke befestigt ist.

Die Fig. 228 zeigt einen 16poligen Generator der Maschinenfabrik Oerlikon für 1720 kW, 220 Volt, 7500 Amp. bei 355 Umdrehungen in der Minute, der wegen der großen Stromstärke mit zwei Kommutatoren ausgeführt ist. Die beiden Bürstenbrücken sind an den großen A-förmigen Stehlagern drehbar befestigt. Die Bürstenstifte jedes Kommutators sind mit ihrem einen Ende an der Brücke, mit ihrem anderen Ende an einem gemeinsamen Ring befestigt. Dieser Stützring ist, der beträchtlichen Abmessungen wegen, hier in einem zweiten Ring drehbar gelagert, der durch vier Doppelkonsolen mit

[1]) ETZ 1909, S. 54.

Fig. 228. Doppelkommutator-Generator der Maschinenfabrik Oerlikon für 220 Volt und 7500 Ampere.

dem Joch verbunden ist. Über jedem Kommutator ist eine Leiter angeordnet, um das Nachsehen aller Bürsten im Betriebe zu ermöglichen. Innerhalb der Brückenbohrung sind die Schaufeln eines Lüfters sichtbar, der den Kommutator mit Kühlluft bespült.

Bei dem in der Fig. 229 gezeigten Motorgenerator der Siemens-

Fig. 229. Motorgenerator der Siemens-Schuckert-Werke für 120 Volt, 2330 Ampere.

Schuckert-Werke für eine abgegebene Leistung von 2330 Amp. bei 120 Volt ist die mittels Handrades verstellbare Bürstenbrücke in einem mit Konsolen am Joche befestigten Ring gelagert. An der Brücke selbst sind ebenfalls Konsole befestigt, welche die Stifte in der Mitte, gerade über den Verbindungen zwischen den beiden Hälften des geteilten Kommutators fassen.

Die Fig. 230 und 231 zeigen am Joch befestigte Bürstenbrücken, bei denen die Stifte von bogenförmigen Haltern an beiden Enden gefaßt werden; diese Halter sind isoliert an der Brücke befestigt und mit Sammelringen S, siehe Fig. 230, verbunden. Bei der Brücke, Fig. 231, sind die Sammelschienen vollkommen geschützt angeordnet.

Fig. 232 gibt das Bild einer Maschine der Westinghouse Electric and Mfg. Co., aus dem die Anordnung des Bürstenträgers und der Bürsten und ihre freie und leicht zugängliche Lage deutlich ersichtlich ist. Der Bürstenträger ist hier in eine Eindrehung des Joches gelagert und mittels Schnecke und Zahnrad-

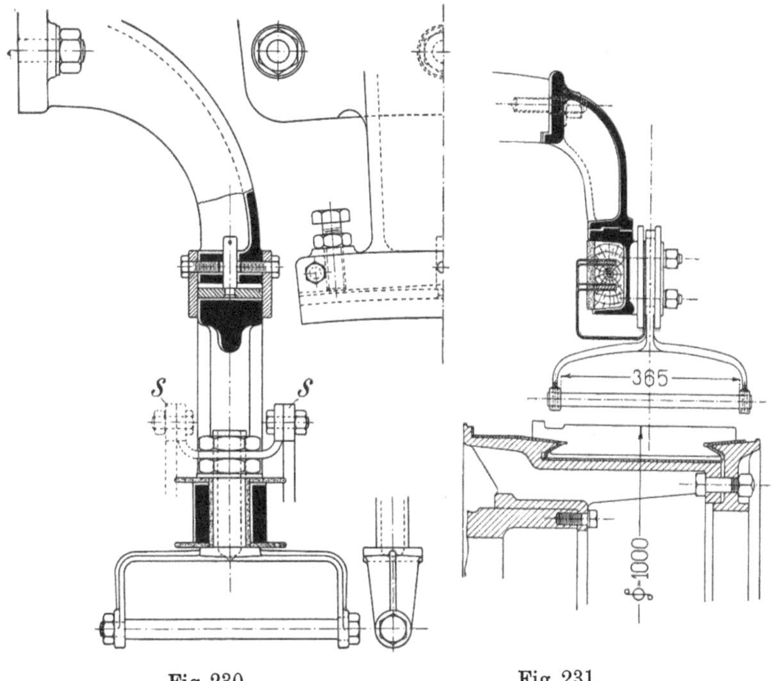

Fig. 230. Fig. 231.

Fig. 230 u. 231. Am Joch befestigte Bürstenbrücken.

segments durch ein in der Figur sichtbares Handrad drehbar. Die Bürstenhalter und ihre Träger sind ähnlich wie die in Fig. 202 dargestellten ausgeführt.

Bei Turbogeneratoren ist die einseitige Befestigung der Stifte vom Lager oder vom Joch aus wegen der meist sehr großen Länge des Kommutators nicht zweckmäßig. In solchen Fällen verwendet man deshalb häufig eine freistehende Bürstenbrücke, die mit der Grundplatte verschraubt wird. Beispiele für derartige Bauarten werden bei der Besprechung dieser Maschinen gegeben.

In der Fig. 233 ist ein Schnitt durch eine solche Ausführung wiedergegeben. Die Stifte sind an zwei, den Schrumpfringen des

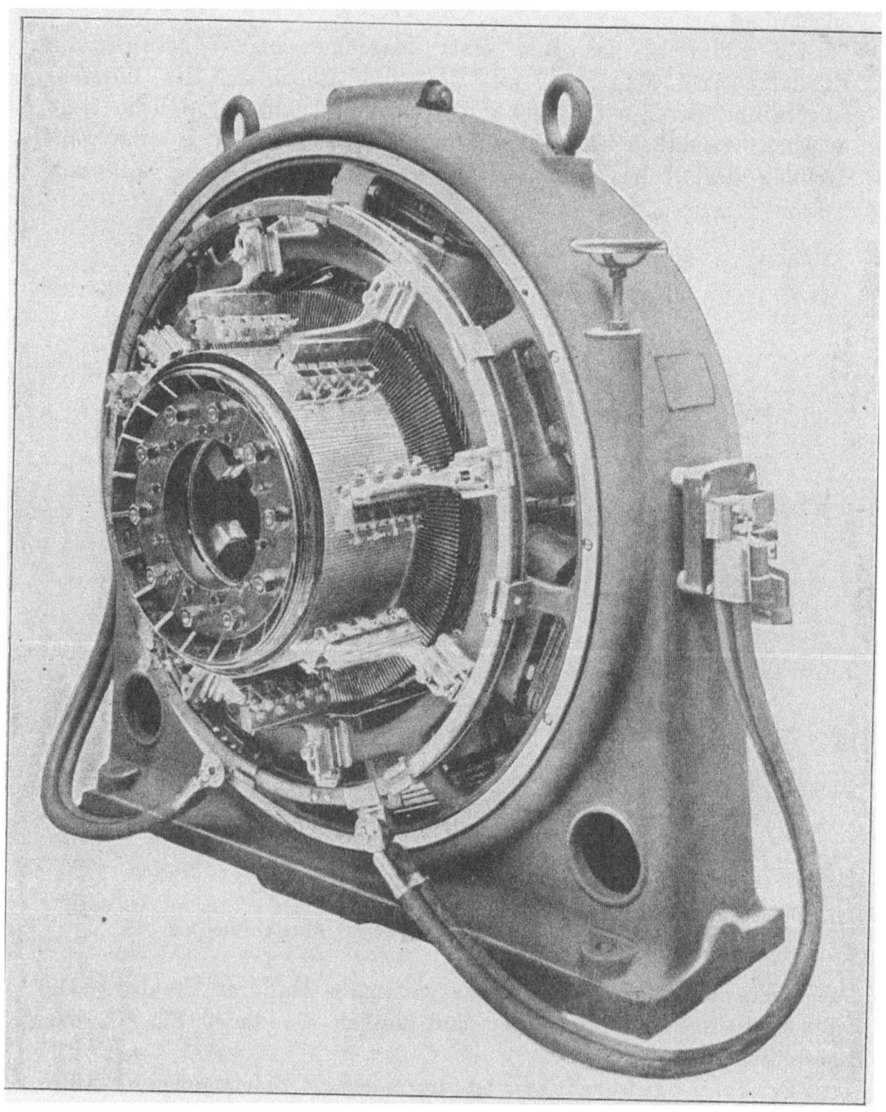

Fig. 232. Bahngenerator der Westinghouse Electric and Mfg. Co., Pittsburg.

Kommutators gegenüberstehenden Punkten durch bogenförmige Halter gefaßt, die an der Brücke isoliert befestigt und durch Sammelringen SS verbunden sind. In ähnlicher Weise ist die freistehende Doppelbrücke der Fig. 234 ausgebildet.

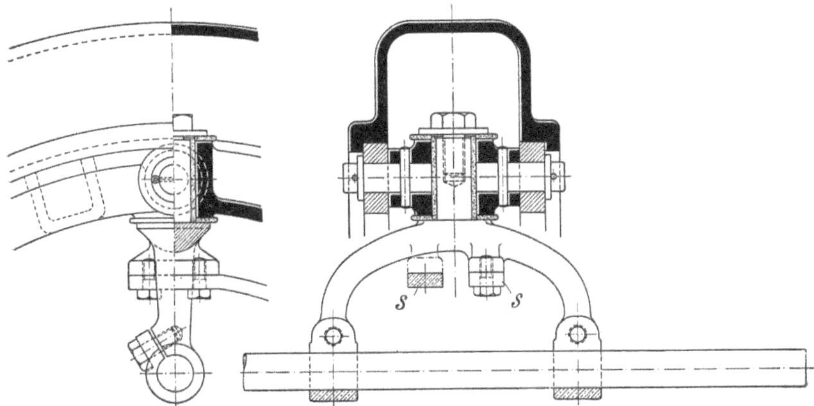

Fig. 233. Bürstenstifte eines Turbogenerators an zwei Punkten gehalten.

Die freistehende Bürstenbrücke dürfte auch bei langsamlaufenden Kommutatoren mit geteilten Lamellen die empfehlenswerteste Brückenart sein.

33. Verbindungsleitungen und Anschlußklemmen.

Die Verbindungsleitungen zwischen den Sammelringen des Kommutators und den Maschinenklemmen werden stets aus biegsamen, isolierten Kupferleitern hergestellt. Wenn der Querschnitt dieser Ableitungen etwa 120 bis 150 mm² übersteigt, werden mehrere parallelgeschaltete Kupferseile verwendet, um eine größere Biegsamkeit zu erzielen.

Bei Maschinen mit großer Stromstärke ist durch richtige Wahl der Anschlußstellen an den Sammelringen und zweckentsprechende Führung der Ableitungen dafür zu sorgen, daß die magnetomotorische Wirkung der in den Sammelringen und Ableitungen fließenden Ströme auf die Welle möglichst klein gehalten wird, damit keine Ströme in ihr induziert werden.

Die meist auf einem Klemmbrett befestigten, durch eine Schutzkappe gegen Berührung geschützten Anschlußklemmen sind so anzuordnen, daß die Zuleitungen zur Maschine leicht an sie angeschlossen werden können. Die Zusammenschaltung der verschiedenen Wicklungen der Maschine wird meistens bei diesen Anschlußklemmen durch besondere Verbindungsschienen vorgenommen. Es ist bei der Anordnung der Klemmen und der Verbindungsschienen danach zu

Fig. 234. Turbogenerator.

streben, daß die beispielsweise zur Veränderung der Drehrichtung bei Motoren, zur Überbrückung von Kompoundwicklungen u. dgl.

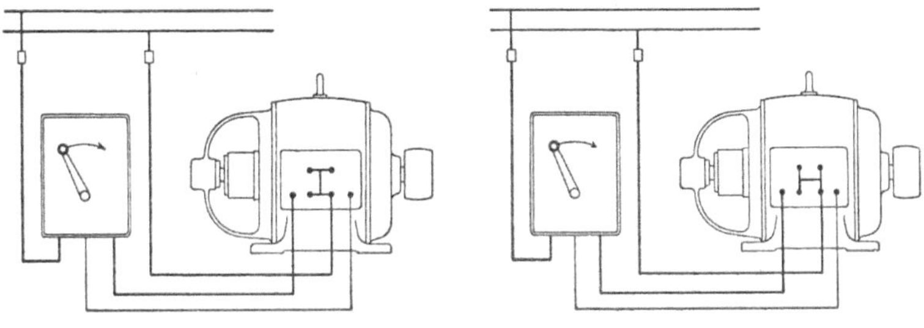

Fig. 235. Fig. 236.

Fig. 235 u. 236. Klemmbrett, geeignet für verschiedene Schaltung der Maschine.

erforderlichen Änderungen der Schaltung möglichst bequem ausgeführt werden können. Die Fig. 235, 236 und 237a und b zeigen,

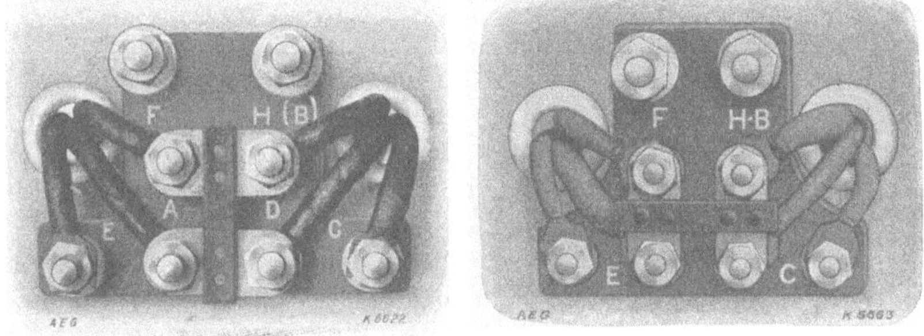

Fig. 237a. Fig. 237b.

Fig. 237a u. b. Lichtbilder von Klemmbrettern der AEG.

wie die Anschlußklemmen zu diesem Zweck angeordnet werden können.

Die Bezeichnungen der Klemmen sind in vielen Ländern durch Vorschriften festgelegt.

Achtes Kapitel.

Welle, Lager und Antrieb.

34. Allgemeines über die mechanischen Maschinenteile.

Bei elektrischen Maschinen genügt es nicht, die Welle und die Lager, wie es im allgemeinen Maschinenbau gewöhnlich der Fall ist, nur mit Rücksicht auf Festigkeit, Druck-, Schmier- und Erwärmungsverhältnisse zu entwerfen. Es kommen hier eine Reihe Bedingungen hinzu, die erfüllt sein müssen, um ernsthaften Störungen im Betriebe vorzubeugen.

Eine sonst belanglose Durchbiegung der Welle kann hier leicht unzulässig große Unterschiede in dem verhältnismäßig kleinen Luftspalt hervorrufen, wodurch starke, den Wirkungsgrad herabsetzende und die Kommutierung verschlechternde Ausgleichströme induziert werden können. Ferner tritt ein, die normale Festigkeitsbeanspruchung bedeutend erhöhender magnetischer Zug auf, wenn der Anker sich nicht genau in der Mitte der Gehäusebohrung befindet, sei es infolge der Durchbiegung der Welle, sei es durch ursprünglich oder durch Verschleiß hervorgerufene unrichtige Lagerung derselben. Bei der oft verhältnismäßig hohen Drehzahl der elektrischen Maschinen muß man bei der Bemessung der Welle auch darauf achten, daß die kritischen Drehzahlen der Maschine genügend weit von der normalen Drehzahl entfernt liegen. In gewissen Fällen müssen noch die Eigenschwingungszahl der Maschine untersucht und die Abmessungen der Welle zur Vermeidung von Resonanz mit den Antriebsimpulsen der Kraftmaschine gegebenenfalls geändert werden. Schließlich ist sowohl eine statische als eine dynamische Auswuchtung der auf die Welle aufgesetzten, rotierenden Teile vorzunehmen, weil sonst Schwingungen auftreten können, die heftiges Feuern am Kommutator hervorrufen würden.

Bei den Lagern ist zur Verhütung des Warmlaufens eine sicher wirkende Schmierung vorzusehen und gleichzeitig darauf zu achten, daß kein Öl vom Lager auf den Kommutator und in die Wicklungen dringen darf, weil hierdurch die Kommutierung verschlechtert und die Isolation zerstört werden würde. Weil der magnetische Zug den Anker mitten unter die Pole einzustellen sucht, muß ein gewisses Spiel in axialer Richtung vorgesehen sein, damit der Anker sich frei einstellen kann, ohne einen seitlichen Druck auf die Lager auszuüben. Schließlich sind auch die unter Umständen in der Welle induzierten Ströme bei dem Entwurf der Lager zu berücksichtigen.

Wir wollen nun die Konstruktion der Welle und der Lager unter Berücksichtigung der erwähnten Gesichtspunkte behandeln.

35. Berechnung und Entwurf der Welle.

a) Mechanische Beanspruchung. 1. Wenn die Maschine mittels einer Kupplung angetrieben wird, so wird die Welle, wie die Fig. 238 zeigt, nur durch das Gewicht P des Ankers auf Biegung und durch das zwischen Kupplung und Ankernabe wirkende Drehmoment M_d auf Drehung beansprucht. Oben in der Figur ist die Welle mit den beigeschriebenen Längenmaßbezeichnungen und den entstehenden Lagerdrücken schematisch dargestellt, wobei die Durchbiegung f_v übertrieben groß gezeichnet ist. Sämtliche Maße sind hier wie im folgenden in Zentimetern einzusetzen.

Das Biegungsmoment ist in der Mitte der Ankernabe am größten und beträgt dort

$$M_{b_{\max}} = \frac{a\,b}{l} P \text{ cmkg}. \tag{26}$$

Das normale Drehmoment beträgt

$$M_{d_{\text{norm}}} = 102 \frac{30}{\pi} \cdot \frac{L}{n} \cdot 10^2 \text{ cmkg}, \tag{27}$$

worin n die Drehzahl und L die mechanische Leistung in kW bedeutet. Für die Festigkeitsbeanspruchung ist jedoch nicht das normale, sondern das maximale Drehmoment maßgebend, das wie folgt abgeschätzt werden kann. Wir können annehmen, daß die Schmelzsicherungen so bemessen bzw. der Überstromausschalter so eingestellt ist, daß die Maschine bei 50% dauernder Überlastung abgeschaltet wird. Bei einem plötzlichen Belastungsstoß oder einem Kurzschluß kann dieser Wert jedoch beträchtlich überschritten werden, und es empfiehlt sich deshalb mit einem maximalen Drehmoment

$$M_{d_{\max}} \simeq 2\, M_{d_{\text{norm}}} \tag{28}$$

zu rechnen.

Das maximale ideelle Biegungsmoment beträgt dann

$$M_{i_{\max}} = 0{,}35\, M_{b_{\max}} + 0{,}65 \sqrt{M_{b_{\max}}^2 + (\alpha_0\, M_{d_{\max}})^2} \text{ cmkg}, \tag{29}$$

worin

$$\alpha_0 = \frac{k_b}{1{,}3\, k_d} \simeq 1$$

gesetzt werden kann.

Bei kleineren Maschinen genügt es, die Welle nach dieser Formel zu bemessen und sie mit einem an keiner Stelle kleineren Widerstandsmoment als

$$W = \frac{M_{i_{\max}}}{k_b} \text{ cm}^3 \tag{30}$$

auszuführen, wobei k_b die zulässige Biegungsbeanspruchung in kg/cm² bedeutet. Der Durchmesser der Welle wird dann

$$d = \sqrt[3]{\frac{32}{\pi} \cdot \frac{M_{i_{\max}}}{k_b}} \text{ cm}. \tag{31}$$

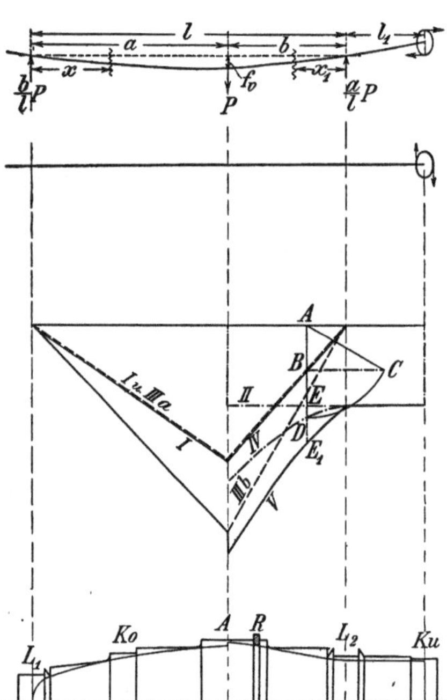

Fig. 238. Kräftediagramm einer auf Torsion beanspruchten Welle.

$\mathrm{I} = 0{,}65\, M_b$; $\mathrm{II} = 0{,}65\, M_d$; $\mathrm{IIIa} = 0{,}65\, M_{b_{\text{res}}}$; $\mathrm{IIIb} = M_{b_{\text{res}}}$; $\mathrm{IV} = 0{,}65 \sqrt{M_b^2 + M_d^2}$ und $\mathrm{V} = M_i$.

Bei größeren Maschinen ist es jedoch, um an Material zu sparen, erforderlich, das ideelle Biegungsmoment an verschiedenen Stellen der Welle zu bestimmen. Zu diesem Zwecke trägt man (Fig. 238) $0{,}65\, M_b$ (Kurve I, dünn ausgezogen) und $0{,}65\, M_d$ (Kurve II, dünn strichpunktiert) auf und setzt sie, wie die Konstruktion $A B C D$ zeigt, rechtwinklig zusammen, wodurch die dick strichpunktierte Kurve IV, welche den Wert $0{,}65 \sqrt{M_b^2 + M_d^2}$ darstellt, erhalten wird. Ferner wird das volle Biegungsmoment M_b als die gestrichelte Kurve III b aufgetragen. Zur Kurve IV wird nun der Unterschied $BE = DE_1 = 0{,}35\, M_b$ zwischen den Kurven III b und I (bzw. III a) hinzugefügt, wodurch das durch die Kurve V dargestellte resultierende ideelle Biegungsmoment M_i erhalten wird.

Die so ermittelten Werte von M_i werden nun in die Gleichung (31) eingesetzt und die daraus berechneten Werte des Wellendurchmessers in einem im Verhältnis zum Längenmaßstab stark vergrößerten Maßstabe als die dünn ausgezogene Kurve unten in der Figur aufgetragen.

Über diese Kurve wird die Welle mit den erforderlichen Absätzen für die Lager L_1 und L_2, den Kommutator K_0, den Anker A und die Kupplung Ku derart entworfen, daß sie an keiner Stelle schwächer ausfällt als die Kurve angibt.

Bei diesem Entwerfen sind verschiedene praktische Gesichtspunkte zu beachten, von denen hier nur die folgenden gestreift werden sollen. Es sind zunächst nur solche Verjüngungen der Welle vorzunehmen, die tatsächlich eine Verringerung der Herstellungskosten herbeiführen. Verjüngungen, die nur eine kostspielige Dreharbeit bedeuten würden, sind dagegen zu verwerfen. Zylindrische Absätze sind den konischen vorzuziehen, weil sie leichter zu überdrehen sind. Konische Verjüngungen können aber, wie links in dem Beispiel gezeigt, unter Umständen am Platze sein. Es sind Anschläge für die Naben des Kommutators, des Ankers und der Kupplung vorzusehen. Gewöhnlich werden diese Anschläge durch Absätze auf der Welle gebildet. Wie hier beim Anker gezeigt, kann man aber auch die Welle mit einer Eindrehung versehen, in die ein aufgeschlitzter Ring R als Anschlag eingelegt wird.

Die Durchbiegung wird, wenn die Welle überall gleich oder annähernd gleich stark ausgeführt wird,

$$f_v = \frac{P}{E} \frac{a^2 b^2}{2 J l} \text{ cm}, \tag{32}$$

worin E den Elastizitätsmodul gleich 2 200 000 kg/cm² für Flußstahl und J das Trägheitsmoment des Querschnittes bedeutet. Für eine runde Welle ist

$$J = \frac{\pi d^4}{64} \text{ cm}^4 \tag{33 a}$$

bei voller und

$$J = \frac{\pi}{64} (D^4 - d^4) \text{ cm}^4 \tag{33 b}$$

bei durchbohrter Welle.

Ist die Welle mit verschiedenen Querschnitten ausgeführt, so wird

$$f_v = \frac{P}{E l^2} \left\{ b^2 \int_0^a \frac{x^2}{J} dx + a^2 \int_0^b \frac{x_1^2}{J} dx_1 \right\} \text{ cm}. \tag{34}$$

Die Integrale sind entweder graphisch zu lösen oder man teilt sie in Teilintegrale mit konstanten Trägheitsmomenten auf.

2. Wird die Maschine mittels Zahnrades oder Riemens angetrieben, so kommt noch, wie die Fig. 239 zeigt, eine biegende Kraft R hinzu, die in der Figur als vertikal gerichtet dargestellt ist.

Diese Kraft ist bei einem Zahnrad mit dem Durchmesser $D_{\mathfrak{z}}$ cm

$$R = 2\,\frac{M_{d_{\max}}}{D_{\mathfrak{z}}} = 4\,\frac{M_{d_{\text{norm}}}}{D_{\mathfrak{z}}}\ \text{kg} \tag{35}$$

und bei einer Riemenscheibe mit dem Durchmesser D_r cm

$$R \cong 6\,\frac{M_{d_{\text{norm}}}}{D_r}\ \text{kg}. \tag{36}$$

Wir bekommen dann ein resultierendes Biegungsmoment unter dem Anker

$$M_{b_{\text{res}}} = \sqrt{\left(\frac{a\,b}{l}P\right)^2 + \left(\frac{a\,l_1}{l}R\right)^2}\ \text{cmkg} \tag{37}$$

und im rechten Lager L_2 ein Biegungsmoment

$$M_{bR} = l_1 R\ \text{cmkg}. \tag{38}$$

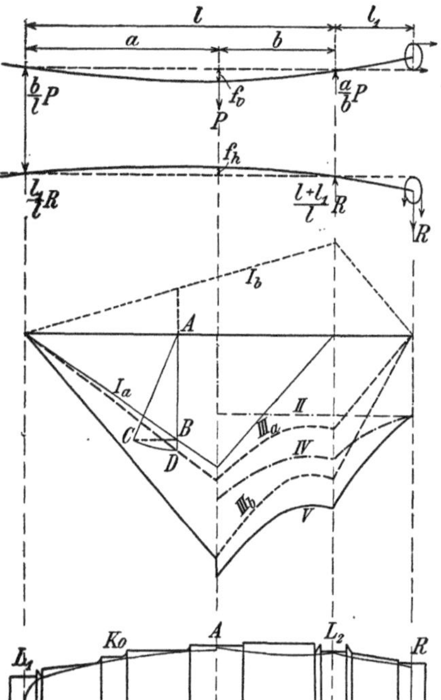

Fig. 239. Kräftediagramm einer auf Torsion und Biegung beanspruchten Welle.
Ia $= 0{,}65\,M_b$ vertikal;
Ib $= 0{,}65\,M_b$ horizontal;
II $= 0{,}65\,M_d$; IIIa $= 0{,}65\,M_{b_{\text{res}}}$;
IIIb $= M_{b_{\text{res}}}$; IV $= 0{,}65\,\sqrt{M_b^2 + M_d^2}$
und V $= M_i$.

Diese Biegungsmomente mit dem Drehmoment $M_{d_{\max}}$ nach der Formel (4) zusammengesetzt geben die ideellen Biegungsmomente in diesen Punkten, von welchen das größte für die Bemessung der Welle maßgebend ist, wenn diese mit gleichbleibendem Durchmesser ausgeführt wird.

Sonst zeichnet man 0,65 mal den beiden Biegungsmomenten, die in der Figur durch die Kurven Ia und Ib dargestellt sind, auf und setzt sie durch die Konstruktion $ABCD$ rechtwinklig miteinander als die 0,65 $M_{b_{\text{res}}}$ darstellende Kurve IIIa zusammen. Diese Kurve mit dem Drehmoment nach Kurve II, wie in der Fig. 239 gezeigt, zusammengesetzt, gibt die Kurve V des ideellen Biegungsmomentes M_i, woraus der Durchmesser der Welle nach der Gleichung (31) berechnet und, wie unten in der Figur gezeigt, aufgetragen wird.

Die durch das Gewicht des Ankers und des Kommutators verursachte vertikale Durchbiegung f_v wird wie im vorigen Falle berechnet.

Die hier hinzukommende durch den Zahnraddruck oder die Riemenspannung hervorgerufene horizontale Durchbiegung f_h ist, weil der Abstand zwischen der Mitte der Riemenscheibe und der Mitte des Lagers L_2 meistens sehr klein ausfällt, gewöhnlich so gering, daß sie vernachlässigt werden kann. Will man sie jedoch berücksichtigen, so genügt es, mit einem mittleren Trägheitsmoment der Welle zu rechnen und man bekommt

$$f_h = \frac{R}{E} \cdot \frac{l_1}{6Jl} ab(l+a) \text{ cm.} \tag{39}$$

Die resultierende Durchbiegung wird dann

$$f_{res} = \sqrt{f_v^2 + f_h^2} \text{ cm.} \tag{40}$$

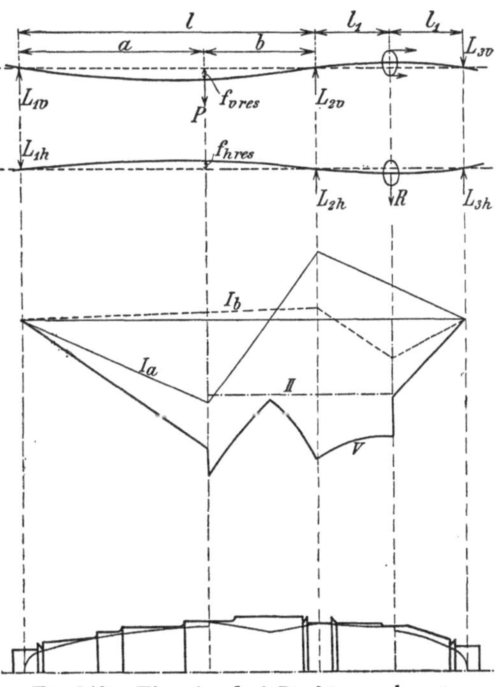

Fig. 240. Eine in drei Punkten gelagerte Welle.
Ia $= 0{,}65\, M_b$ vertikal; Ib $= 0{,}65\, M_b$ horizontal; II $= 0{,}65\, M_d$ und V $= M_i$.

3. Bei großen mittels Riemen angetriebenen Maschinen sieht man oft außerhalb der Riemenscheibe noch ein drittes Lager vor, teils um die Biegungsbeanspruchungen, teils um die Durchbiegungen der Welle herabzusetzen. Dieser in der Fig. 240 dargestellte Fall ist wie folgt zu behandeln:

Man nimmt zunächst an, daß die Welle mit überall gleichem Durchmesser ausgeführt wäre, und berechnet unter dieser Voraussetzung die in den Lagern auftretenden vertikalen und horizontalen Reaktionsdrücke zu

$$L_{1v} = \left[\frac{b}{l} - \frac{ab(2a+b)}{2l^2(l+2l_1)}\right] P; \tag{41a}$$

$$L_{1h} = \frac{3}{4} \cdot \frac{l_1^2}{l(l+2l_1)} R; \tag{41b}$$

$$L_{2v} = \left[\frac{a}{l} + \frac{ab(2a+b)}{4l^2 l_1}\right] P; \tag{42a}$$

$$L_{2h} = \left[\frac{1}{2} + \frac{3l_1}{8l}\right] R; \tag{42b}$$

$$L_{3v} = \frac{ab(2a+b)}{4ll_1(l+2l_1)} P; \tag{43a}$$

$$L_{3h} = \left[\frac{1}{2} - \frac{3}{8} \cdot \frac{l_1}{(l+2l_1)}\right] R. \tag{43b}$$

Alsdann findet man leicht die Biegungsmomente, welche mit dem Drehmoment zusammengesetzt die Kurve V des ideellen Biegungsmomentes ergeben, woraus die Form der Welle ermittelt wird.

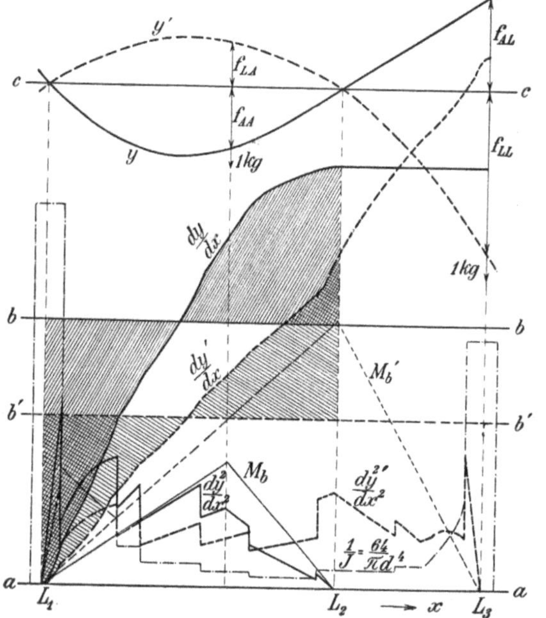

Fig. 241. Kräftediagramm einer in drei Punkten gelagerten Welle.

Die oben angegebenen Lagerdrücke sind so berechnet, daß der Lagerdruck L_{3v} das Wellenende auf die Verbindungslinie zwischen den beiden anderen Lagern zurückzuführen vermag, wenn die Welle überall die gleiche Stärke hat. Das ist aber nicht der Fall und deshalb muß dieser Lagerdruck bei der jetzt entworfenen Welle zeichnerisch, wie in Fig. 241 gezeigt, wie folgt aus der Gleichung der elastischen Linie

$$\frac{d^2y}{dx^2} = \frac{M_b}{J} \tag{44}$$

ermittelt werden.

Die Welle sei zunächst mit einem Gewicht von 1 kg dort, wo der Anker sitzen soll, belastet. Man zeichnet nun das dadurch hervorgerufene Biegungsmoment M_b und die inversen Werte $\frac{1}{J} = \frac{64}{\pi d^4}$ des

Trägheitsmomentes über die Nullinie a—a auf. Das Produkt beider gibt dann die dick ausgezogene gebrochene Kurve der zweiten Derivate $\frac{d^2 y}{d x^2}$. Durch Planimetrieren bzw. durch Abzählung der Karos des Millimeterpapiers ermittelt man hieraus die erste Derivate $\frac{d y}{d x}$. Die von dieser Kurve und der Linie a—a zwischen den Lagern L_1 und L_2 eingeschlossene Fläche wird nun planimetriert und mit dem Abstande $L_1 L_2$ dividiert, wodurch die Höhe $a b$ der Nullinie $b b$ für diese Kurve gefunden wird. Schließlich wird die Kurve $\frac{d y}{d x}$ in bezug auf die Linie $b b$ planimetriert und dadurch die Kurve y der Durchbiegung gefunden.

Der Wert dieser Durchbiegung sei beim Anker mit f_{AA} und beim Lager L_3 mit f_{AL} bezeichnet.

Nun nimmt man statt dessen an, daß die Welle beim Lager L_3 mit 1 kg belastet wäre, und ermittelt, wie die gestrichelten Linien zeigen, in gleicher Weise die Kurve y' der hierbei entstehenden Durchbiegung.

Der Wert dieser Durchbiegung sei beim Anker mit f_{LA} und beim Lager L_3 mit f_{LL} bezeichnet.

Es ist nun ohne weiteres einzusehen, daß, wenn diese Welle beim Anker mit P kg belastet wird, hierdurch im Lager L_3 ein Druck entsteht

$$L_{3v} = \frac{f_{AL}}{f_{LL}} P, \tag{45}$$

woraus die anderen vertikalen Lagerdrücke leicht ermittelt werden können.

In ähnlicher Weise verfährt man, um die vom Riemenzug R hervorgerufenen Lagerdrücke zu bestimmen.

Schließlich wird die Festigkeit der Welle mit den jetzt richtigen Lagerdrücken nachgeprüft, wobei die Abmessungen, wenn erforderlich, etwas zu ändern sind.

Die vertikale Durchbiegung ergibt sich nun, wenn diese Änderungen nur geringfügig waren, zu

$$f_v = f_{AA} P - f_{LA} L_{3v} = \left[f_{AA} - f_{LA} \frac{f_{AL}}{f_{LL}} \right] P \text{ cm}. \tag{46}$$

Die horizontale Durchbiegung f_h, die allerdings meistens vernachlässigt werden kann, wäre in ähnlicher Weise zu bestimmen und mit f_v rechtwinklig zusammenzusetzen.

b) Magnetische Beanspruchung. Wenn der Anker infolge der Durchbiegung der Welle oder exzentrischer Lagerung sich nicht genau in der Mitte der Polbohrung befindet, so entsteht eine ungleichmäßige Verteilung der Kraftflüsse im Luftspalt, und zwar wird die Kraftliniendichte dort am größten, wo der Luftspalt am kleinsten ist. Hierdurch wird ein einseitiger magnetischer Zug hervorgerufen, der unter Umständen sehr beträchtliche Werte annehmen kann und deshalb bei der Bemessung der Welle berücksichtigt werden muß.

Ist die Maschine mit Ausgleichverbindungen versehen, so entstehen in der Ankerwicklung über die Ausgleichverbindungen sich schließende starke Ströme, welche die erwähnten Ungleichmäßigkeiten der Kraftflüsse fast vollständig aufheben. Es tritt aber dies nur dann ein, wenn die Maschine läuft. Es ist deshalb auch bei solchen Maschinen der magnetische Zug zu berücksichtigen, wenn die Maschine fremd erregt ist und also auch im Stillstand versehentlich erregt werden könnte.

Dieser einseitige magnetische Zug ist von Dr. E. Rosenberg[1]) zum Gegenstand einer eingehenden Untersuchung gemacht worden, wobei er zu den folgenden einfachen Ergebnissen gekommen ist.

Beträgt die Entfernung zwischen den Mittelpunkten des Ankers und der Polbohrung x cm, so wirkt auf den Anker bei allen Maschinen mit mehr als zwei Polen ein konstanter magnetischer Zug von

$$F_x = \alpha_i \pi D l \left(\frac{B_l}{5000}\right)^2 x \frac{d B_l}{d H} \text{ kg}, \tag{47}$$

worin α_i das Verhältnis zwischen dem ideellen Polbogen und der Polteilung, D und l der Durchmesser bzw. die Länge des Ankers in cm, B_l die Induktion im Luftspalt und H die magnetomotorische Kraft eines Pols bedeutet.

In der Fig. 242 stellt die Kurve I die Induktion B_l als Funktion von H dar. Aus dieser Kurve kann der magnetische Zug bei verschiedenen Erregungen wie folgt leicht bestimmt werden:

Von einem Punkt M der Kurve zieht man sowohl die Senkrechte MN, als auch die Normale MP zur Kurve. Dann setzt man die bei allen Konstruktionen konstante Basis NR längs der Abszissenachse ab, verbindet M mit R und zieht von P eine mit MR parallele Linie, welche die Linie MN im Punkte S schneidet. Dann ist S ein Punkt auf der Kurve II, die den magnetischen Zug darstellt. Sind die Maßstäbe so gewählt, daß 1 cm eine MMK je Pol a bzw. eine Induktion b Linien/cm² darstellt, ist die Basis NR gleich c cm, und sind die Ordinaten der Kurve II y cm, so ist die Zugkraft

$$F_x = \alpha_i \pi D l_i k y \text{ kg}, \tag{48}$$

[1]) ETZ 1918, S. 1, 15 und 25.

wobei

$$k = \left(\frac{b}{5000}\right)^2 \frac{b}{a} c \tag{49}$$

zu setzen ist.

Wie aus der Figur ersichtlich, nimmt die Zugkraft keineswegs, wie zu erwarten wäre, mit steigender Erregung stetig zu. Sie erreicht statt dessen schon bei einer ziemlich niedrigen Erregung einen Höchst-

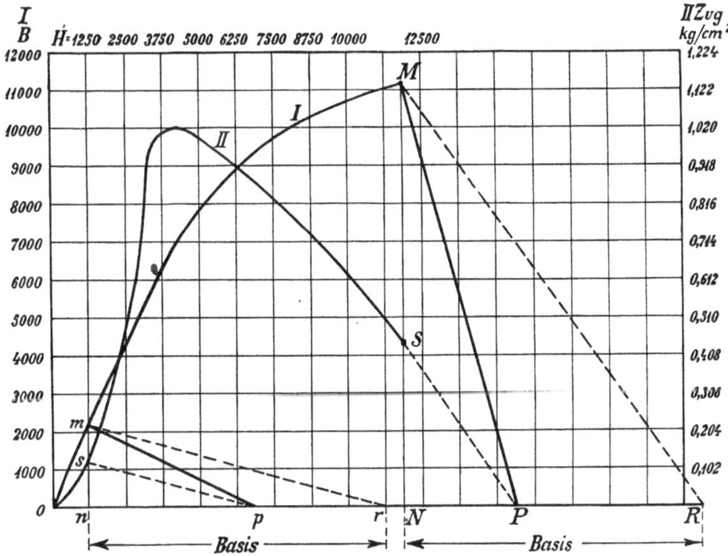

Fig. 242. Berechnung der magnetischen Zugkraft in Abhängigkeit von der Luftinduktion B_l.

wert, um von dort ab bei steigender Erregung wieder rasch abzufallen. Es beruht dies darauf, daß die Zugkraft nicht nur von der Induktion B, sondern auch von der Neigung $\frac{dB}{dH}$ der Magnetisierungskurve abhängt.

Für die Berechnung der Welle ist jedoch nicht die Zugkraft bei der normalen Erregung, sondern ihr Höchstwert maßgebend, denn dieser tritt bei jeder In- und Außerbetriebsetzung auf. Durch Nachrechnung vieler Maschinen hat Dr. Rosenberg gefunden, daß dieser Höchstwert wie folgt bestimmt werden kann.

Man zieht, Fig. 243, durch den Ursprung eine Linie OZ, deren Neigung $^5/_6$ der Neigung des geradlinigen Teiles OV der Magnetisierungskurve beträgt. Dann zieht man eine mit OZ parallele Linie TU, welche die Kurve im Punkte T tangiert, und bricht die geradlinige Charakteristik im Punkte V, wo die Induktion B_m gleich der Induktion im Punkte T ist, ab. Die maximale Zugkraft ist dann angenähert

$$F_x = \alpha_i \pi D l \left(\frac{B_m}{5000}\right)^2 \frac{x}{k_1 \delta} \text{ kg}, \tag{50}$$

worin $k_1 \delta$ der ideelle mittlere Luftspalt in cm (vgl. Bd. I Abschn. 36) ist.

Diese Formel muß jedoch mit Vorsicht gehandhabt werden; denn sie gilt nur für kleine Exzentrizitäten x. Für große Werte von x in

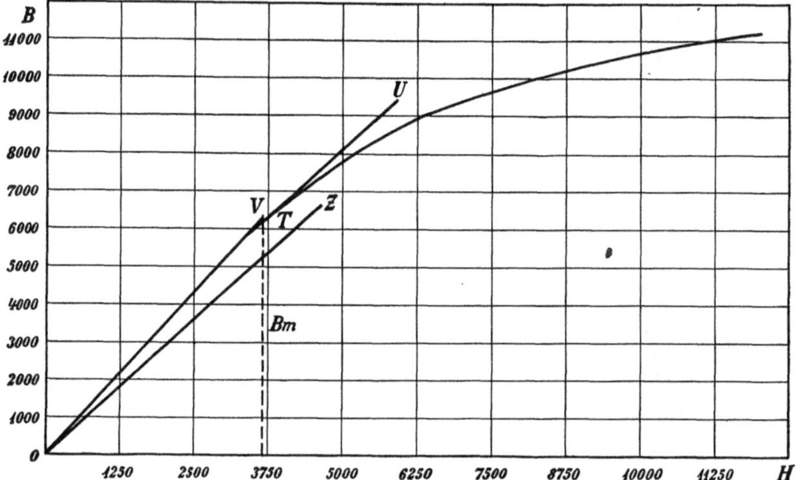

Fig. 243. Graphische Berechnung der maximalen magnetischen Zugkraft.

der Nähe von δ bekommt man, wie leicht ersichtlich, zu hohe Werte für die magnetische Zugkraft.

Bei zweipoligen Maschinen tritt natürlich kein magnetischer Zug auf, wenn der Anker in der Richtung der Pole verschoben wird, weil die Kraftflußverteilung dadurch nicht beeinflußt wird. Ein Zug entsteht hier nur dann, wenn der Anker längs der Verbindungslinie der neutralen Zonen aus der Mitte geführt wird. Zur angenäherten Berechnung dieser Zugkraft kann man die zweipolige Anordnung durch eine vierpolige ersetzt denken, indem man annimmt, daß mitten unter den Polen ebenso große Pollücken wie in den neutralen Zonen vorhanden wären, denn dort ist der Beitrag zum einseitigen Zuge vernachlässigbar klein. Für eine zweipolige Maschine wird dann die Zugkraft

$$F_x = (2\alpha_i - 1)\pi D l \left(\frac{B_m}{5000}\right)^2 \frac{x}{k_1 \delta} \text{ kg}. \tag{51}$$

Um den tatsächlich entstehenden Zug zu bestimmen, ist nur noch die Größe der exzentrischen Verschiebung zu ermitteln. Wir nehmen dazu zunächst an, daß die Verbindungslinie der Lagermitten durch die Mitte der Polbohrung geht, und daß die durch das Ankergewicht P hervorgerufene Durchbiegung im unerregten Zustande f_v cm beträgt.

Bei einer angenommenen Exzentrizität von $x = 1$ cm würde eine Zugkraft von F_1 kg entstehen, welche eine Durchbiegung von

$$q = \frac{F_1}{P} f_v \text{ cm} \tag{52}$$

hervorrufen würde, worin f_v die durch das Ankergewicht P allein verursachte Durchbiegung bedeutet.

Die bei Erregung der Maschine entstehende resultierende Durchbiegung wird dann

$$X = f_v + q f_v + q^2 f_v + q^3 f_v + \cdots = \frac{f_v}{1-q} \text{ cm}, \tag{53}$$

und die bei dieser Durchbiegung im Befestigungspunkte des Ankers aus dem Ankergewicht und dem magnetischen Zug sich zusammensetzende Kraft beträgt

$$P' = P \frac{1}{1-q} \text{ kg}. \tag{54}$$

Bei der Berechnung der Welle unter Berücksichtigung des magnetischen Zuges geht man nun wie folgt vor:

Zunächst wählt man die zulässige resultierende Durchbiegung X, die höchstens $10^0/_0$ des einseitigen Luftspaltes δ, jedoch nicht größer als 0,5 mm sein darf. Dann berechnet man die zulässige Durchbiegung im unerregten Zustande zu

$$f_v = \frac{X}{1 + X\frac{F_1}{P}} \tag{55}$$

und erhält dann aus Gl. (53) den Wert von q, der, in Gl. (54) eingesetzt, die wirkliche Belastung P' ergibt. Mit dieser Belastung wird die Welle wie unter a) beschrieben berechnet und die Durchbiegung f_v' ermittelt, welche das Ankergewicht allein (unerregte Maschine) bei der erst jetzt vorliegenden Welle verursachen würde. Sollte diese Durchbiegung f_v' dann größer ausfallen, als die eben durch die Gl. (55) bestimmte zulässige Durchbiegung f_v im unerregten Zustande, so werden sämtliche Durchmesser der Welle im Verhältnis $\sqrt[4]{\frac{f_v'}{f_v}}$ vergrößert.

Bei sehr großen Maschinen empfiehlt es sich, die Durchbiegung der Welle dadurch auszugleichen, daß die Lagermitten so viel über die Mitte der Polbohrung verlegt werden, daß die Ankermitte, trotz der Durchbiegung, mit der Mitte der Polbohrung zusammenfällt. Auch in solchen Fällen muß man mit Rücksicht auf Verschleiß und ungenaue Lagerung mit einem gewissen magnetischen Zug rechnen.

c) **Kritische Drehzahlen.** Bei jeder Maschine ist stets irgendein kleiner Abstand zwischen dem Schwerpunkt und der Drehachse des Ankers vorhanden. Hierdurch entsteht, wenn die Maschine läuft, eine Fliehkraft, die diesen Abstand vergrößert. Mit der Vergrößerung dieses Abstandes proportional wächst nun einerseits die gegenwirkende Federkraft der Welle, anderseits aber auch die Fliehkraft selbst. Während der Zuwachs der ersteren konstant ist, nimmt der Zuwachs der Fliehkraft mit der Drehzahl zu. Unabhängig von der absoluten Größe der ursprünglichen Exzentrizität muß es deshalb eine bestimmte Drehzahl geben, bei welcher die Fliehkraft schneller als die Federkraft wächst. Bei dieser, der sogenannten kritischen Drehzahl würde die Ausbiegung unendlich groß ausfallen, d. h. die Welle würde abgebrochen werden. Diese Drehzahl entspricht genau der Schwingungszahl, mit welcher die Welle schwingen würde, wenn man dem Anker einen Stoß senkrecht zur Achse geben würde. Wenn die Umdrehungszahl schnell über den kritischen Wert gesteigert wird, so ist die Gefahr jedoch, wider Erwarten, beseitigt. Die Fliehkraft sucht nämlich die Welle bald nach oben, bald nach unten auszubiegen, und wenn diese Impulse nicht in demselben Takte wie die Eigenschwingungen der Welle einsetzen, so bleiben sie, wie die Schwingungslehre zeigt, ohne Wirkung.

Es gibt aber auch noch andere kritische Drehzahlen. Ist das Trägheitsmoment des Ankers um die Drehachse größer als um eine dazu senkrechte Achse durch den Schwerpunkt, so sucht die Fliehkraft, wie

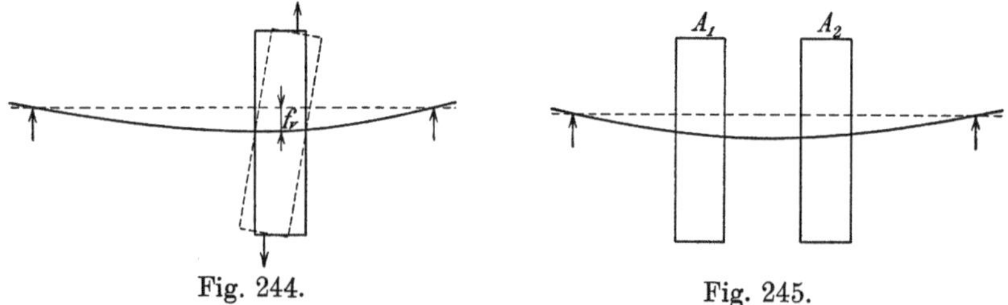

Fig. 244. Fig. 245.

aus der Fig. 244 hervorgeht, unter allen Umständen eine etwa eintretende Schiefstellung des Ankers zu beheben. Ist der Anker dagegen langgestreckt, so daß das Trägheitsmoment um die Drehachse das kleinere von den beiden ist, so sucht die Fliehkraft eine kleine Schiefstellung zu vergrößern, und bei einer gewissen kritischen Drehzahl wird auch diese Vergrößerung unendlich groß. Schließlich kann die Welle selbst wie eine in der Ankernabe eingespannte Saite in Eigenschwingungen versetzt werden. Diese letzteren Schwingungszahlen liegen jedoch so hoch, daß sie nur bei den raschlaufenden Turbogeneratoren berücksichtigt zu werden brauchen.

Für den in der Fig. 244 dargestellten Fall ist die kritische Drehzahl

$$n = \frac{300}{\sqrt{f_v}} \text{ Umdr./Min.,} \tag{56}$$

worin f_v die durch das Gewicht des Ankers und des Kommutators verursachte Durchbiegung der Welle in cm bedeutet. Hierbei ist der meistens vernachlässigbar kleine Einfluß des Gewichtes der Welle nicht berücksichtigt.

Professor Karl Ljungberg, der die verschiedenen kritischen Drehzahlen eingehend behandelt hat[1]), findet, daß dieser Einfluß fast genau so groß ist, wie wenn zum Ankergewicht P kg das halbe Gewicht der Welle $\frac{1}{2} G_w$ kg hinzugeschlagen wird. Bei schweren Wellen ist deshalb in diese Formel eine fiktive Durchbiegung

$$f_v' = \frac{P + \frac{1}{2} G_w}{P} f_v \tag{56a}$$

statt f_v einzusetzen.

Hat man, wie es bei Motorgeneratoren unter Umständen der Fall sein kann, zwei Anker A_1 und A_2, Fig. 245, auf der Welle, so sind zwei verschiedene kritische Drehzahlen:

$$n_{1\,\text{u.}\,2} = \frac{300}{\sqrt{\frac{1}{2}\{f_1 + f_2 \pm \sqrt{(f_1 + f_2)^2 - 4\,(f_1 f_2 - f_{12} f_{21})}\}}} \text{ Umdr./Min.} \tag{57}$$

vorhanden. Hierin bedeuten f_1 und f_2 die von den Ankern A_1 bzw. A_2 je für sich in ihren eigenen Befestigungspunkten hervorgerufenen Durchbiegungen und f_{12} bzw. f_{21} diejenigen Durchbiegungen, welche die Anker A_1 bzw. A_2 im Befestigungspunkte des anderen Ankers verursachen.

In der Fig. 246 ist der Fall dargestellt, daß das Trägheitsmoment GD_ξ^2 um die Drehachse ξ kleiner ist als das Trägheits-

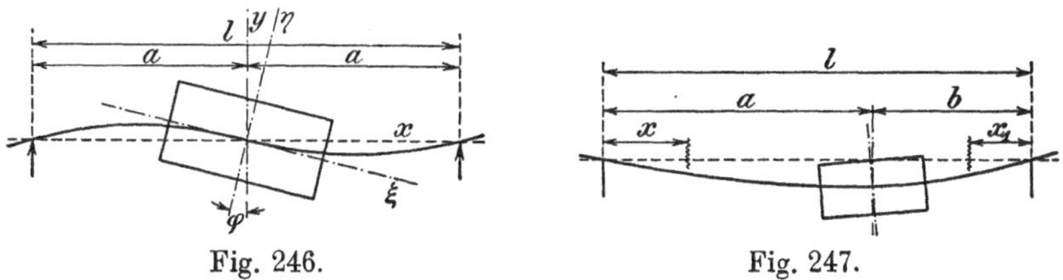

Fig. 246. Fig. 247.

moment GD_η^2 um die dazu senkrechte η-Achse. Der Unterschied zwischen den beiden Trägheitsmomenten sei

$$\Theta = GD_\eta^2 - GD_\xi^2 \text{ kg/cm}^2,$$

[1]) Teknisk Tidskrift, Elektroteknik, Stockholm 1915, S. 119 und 128.

der Anker befinde sich in der Mitte zwischen den beiden Lagern und seine Verdrehungswinkel, wenn er einem Drehmoment von 1 cm kg ausgesetzt wird, sei φ Radianten. Dann haben wir außer den früher erwähnten noch die kritische Drehzahl

$$n' = \frac{300}{\sqrt{\frac{\Theta}{4}\varphi}} \text{ Umdr./Min.} \tag{58}$$

Der Einfluß des Gewichtes der Welle ist hier stets zu vernachlässigen.

Befindet sich der Anker, wie die Fig. 247 zeigt, nicht in der Mitte zwischen den beiden Lagern, so sind die beiden jetzt ermittelten kritischen Drehzahlen durch die gemeinsame Gleichung

$$n \text{ bzw. } n' = \frac{300}{\sqrt{\frac{1}{2}\left\{f_v + \frac{\Theta}{4}\varphi \pm \sqrt{\left(f_v + \frac{\Theta}{4}\varphi\right)^2 - 4\left(f_v \frac{\Theta}{4}\varphi - P\frac{\Theta}{4}\psi^2\right)}\right\}}} \text{ Umdr./Min.} \tag{59}$$

bestimmt.

Hierin bedeutet ψ den Verdrehungswinkel in Radianten, der von einem Ankergewicht $P = 1$ kg hervorgerufen werden würde.

Es ist für eine überall gleich starke Welle

$$\varphi = \frac{a^3 + b^3}{3\,E\,J\,l^2} \text{ Radianten} \tag{60a}$$

und

$$\psi = \frac{a\,b\,(a - b)}{3\,E\,J\,l} \text{ Radianten.} \tag{60b}$$

Bei einer Welle mit veränderlichem Querschnitt bzw. wenn der Anker so eingespannt ist, daß die Verbiegungen der Welle auf einer nicht vernachlässigbaren Länge entsprechende Verbiegungen des Ankers hervorrufen, ist

$$\varphi = \frac{1}{E\,l^2}\left\{\int_0^a \frac{x^2}{J}\,dx + \int_0^b \frac{x_1^{\,2}}{J}\,dx_1\right\} \text{ Radianten} \tag{61a}$$

und

$$\psi = \frac{1}{E\,l^2}\left\{a\int_0^b \frac{x_1^{\,2}}{J}\,dx_1 - b\int_0^a \frac{x^2}{J}\,dx\right\} \text{ Radianten.} \tag{61b}$$

Die verschiedenen Teile des Ankers, wie Blechpakete, Ankerdrähte nebst Zähnen, Stirnverbindungen und Kommutatorlamellen können als Hohlzylinder betrachtet werden, deren Trägheitsmomente sich, siehe Fig. 248, nach den Formeln:

$$GD_\xi^2 = \tfrac{1}{2} G\,[D_a^2 + D_i^2] \text{ kgcm}^2, \tag{62a}$$

$$GD_\eta^2 = G\left[\frac{3\,D_a^2 + 3\,D_i^2 + 4\,b^2}{12} + 4\,a^2\right] \text{ kgcm}^2 \tag{62b}$$

berechnen lassen und zusammengezählt die entsprechenden Trägheitsmomente des ganzen Ankers ergeben.

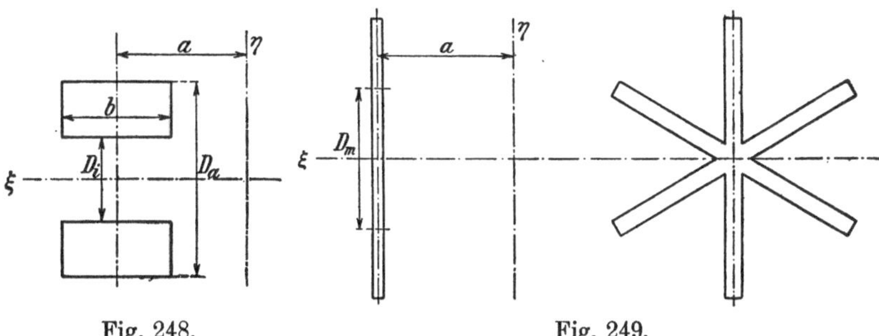

Fig. 248. Fig. 249.

Die Trägheitsmomente des Ankersternes, die auch mitzuzählen sind, ergeben sich, Fig. 249, zu

$$GD_\xi^2 = \tfrac{4}{3}\,GD_m^2 \text{ kgcm}^2, \tag{63a}$$

$$GD_\eta^2 = G\,[\tfrac{2}{3}\,D_m^2 + 4\,a^2] \text{ kgcm}^2. \tag{63b}$$

Hierin ist G die durch Wägung bestimmte Masse oder, wie man gewöhnlich sagt, das Gewicht des Körpers. Die Maße sind in cm auszudrücken.

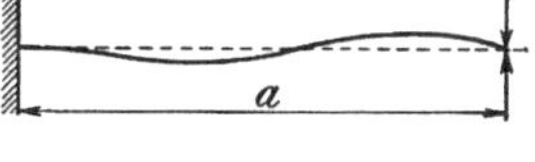

Fig. 250.

Schließlich sind bei den raschlaufenden Turbogeneratoren noch die den Eigenschwingungen der Welle selbst, Fig. 250, entsprechenden kritischen Drehzahlen zu berücksichtigen. Für eine zylindrische Welle sind diese

$$n'' = \left[\left(\frac{5}{4}\,\pi\right)^2 \text{bzw.} \left(\frac{9}{4}\,\pi\right)^2\right] \frac{300}{a^2} \sqrt{\frac{EJ}{m}} \text{ Umdr./Min.,} \tag{64}$$

worin m das Gewicht (die Masse) der Welle je Zentimeter Länge bedeutet.

Die jetzt berechneten kritischen Drehzahlen gelten für die unerregte Maschine. Ist die Maschine dagegen erregt, so verursacht der magnetische Zug eine Vergrößerung der durch das Ankergewicht allein hervorgerufenen Durchbiegung. Der magnetische Zug hat also dieselbe Wirkung wie eine Verringerung des Wellendurchmessers. Er bewirkt deshalb auch, wie Dr. Rosenberg in seinem oben erwähnten

Aufsatze nachweist, eine Erniedrigung der kritischen Drehzahl auf den Wert

$$n_{er} = \sqrt{1-q}\, n \tag{65}$$

bzw.

$$n'_{er} = \sqrt{1-q}\, n', \tag{65a}$$

wobei q aus der Gl. (52) zu bestimmen ist.

Die kritische Drehzahl n'' der Welle selbst behält jedoch ihren Wert unverändert bei.

Dieser Umstand ist von außerordentlich großer Bedeutung, denn q ändert sich bei Veränderung der Erregung von seinem Höchstwert bis auf Null, und dementsprechend gibt es nicht nur eine, sondern eine ganze Zone von kritischen Drehzahlen, die unterhalb der Umdrehungszahlen n bzw. n' sich ausdehnt.

Liegt nun die normale Drehzahl in oder in der Nähe einer solchen Zone, so ist die nach den Angaben unter a) und b) berechnete Welle so zu verstärken, daß diese Zone genügend, wenigstens etwa 20%, über die normale Drehzahl gerückt wird.

Es geschieht dies am besten dadurch, daß sämtliche Durchmesser der Welle vergrößert werden. Dabei ändert sich die Durchbiegung zu

$$f_2 = f_1 \frac{d_1^4}{d_2^4}$$

und die kritische Drehzahl zu

$$n_2 = n_1 \frac{d_2^2}{d_1^2}.$$

d) Eigenschwingungen. Schließlich ist noch die Eigenschwingungszahl der Maschine zu untersuchen. Sollte diese mit der Periodenzahl der Grundwelle oder einer der Oberwellen des in Sinuswellen zerlegten Tangentialdruckdiagrammes der Antriebsmaschine übereinstimmen, so ist, wie in Bd. I Abschn. 127 gezeigt, entweder der Durchmesser der Welle oder die Schwungmasse der Maschine zu verändern.

36. Auswuchtung der umlaufenden Teile.

Um Erschütterungen der Maschine zu verhindern und um einen möglichst ruhigen Gang der umlaufenden Teile zu erhalten, was mit Rücksicht auf die Kommutierung und die Beanspruchung der Lager und der Isolierstoffe der Maschine durchaus erforderlich ist, müssen Anker und Kommutator ausgewuchtet werden. Bei Maschinen mit mäßiger Umfangsgeschwindigkeit (bei Ankern bis 30 m/sek, bei Kommutatoren bis 20 m/sek) reicht eine statische Auswuchtung aus. Zunächst wird der Ankerkörper ohne Bewicklung ausgewuchtet und nach Fertigstellung der Wicklung nochmals geprüft. Die statische

Auswuchtung geschieht, indem der Anker mit seiner Welle auf zwei horizontale Schneiden gelagert und untersucht wird, ob in irgendeiner Lage ein Übergewicht nach einer Seite vorhanden ist. Dieses Übergewicht wird dann ausgeglichen, indem man durch Ausbohrungen Material fortnimmt, oder indem man Stücke einschraubt oder in besonders hierzu angeordnete Taschen Blei eingießt.

Bei Maschinen mit höherer Umfangsgeschwindigkeit reicht die statische Auswuchtung in der Regel nur dann aus, wenn die einzelnen Teile des Ankers, wie der Ankerstern und die Preßplatten der Ankerbleche, für sich ausgewuchtet werden. Die Ankerbleche sind in diesem Falle paketweise mit dem Anker auszuwuchten und

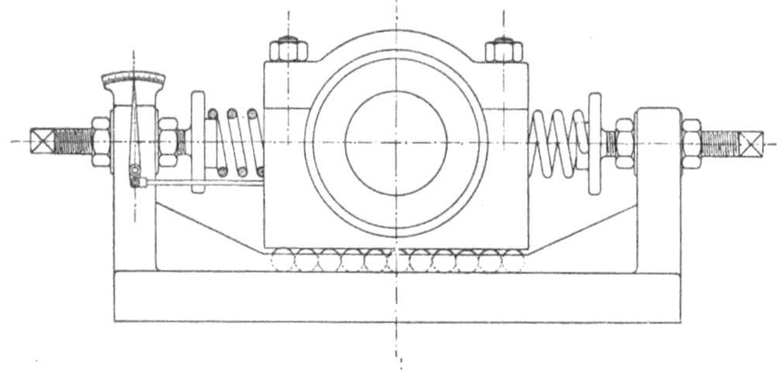

Fig. 251. Federnde Lagerung der Welle einer Auswuchtmaschine.

die Wicklung ist aus ganz gleichartigen Teilen zusammenzusetzen. — Meist ist es jedoch für Anker mit hohen Umfangsgeschwindigkeiten notwendig, eine dynamische Auswuchtung vorzunehmen, denn auch dann, wenn der Ankerkörper statisch vollkommen ausgewuchtet ist, können Erschütterungen dadurch auftreten, daß nicht alle Ebenen senkrecht zur Welle ihren Schwerpunkt in der Achsenmitte haben. Ist dies der Fall, so treten Kräftepaare auf, welche die Welle auf Biegung beanspruchen.

Die dynamische Auswuchtung geschieht, indem man den Ankerkörper mit Welle versehen in Umlauf versetzt und die Welle auf beiden Seiten so lagert, daß sie frei ausschwingen kann. Dies kann z. B. geschehen, indem man die Lager der Welle an Drahtseilen aufhängt. Man erhält jetzt mittels festgehaltener Kreide auf dem umlaufenden und schwingenden Ankerkörper Zeichen an den Stellen, die den größten Ausschlag haben.

Die AEG bettet, wie Fig. 251 zeigt, die Lager auf Kugeln und beschränkt ihren seitlichen Ausschlag durch Federn. Die Schwingungen der Lager werden durch einen Zeiger in vergrößertem Maßstab angezeigt[1]).

[1]) Seidener: Z. f. E. 1905, S. 92.

Anstatt dem Lager durch Rollen und Federn Beweglichkeit zu verschaffen, kann es auch auf Gummikissen gestellt werden, ein Verfahren, das mit gutem Erfolg in Gebrauch ist.

Der Antrieb des Ankers erfolgt in allen Fällen durch einen möglichst leichten Riemen, der auf dem Ankerkörper aufliegt und durch einen Motor angetrieben wird.

Damit der vom Riemen auf den Anker ausgeübte Zug möglichst klein gemacht werden kann, soll der Motor mit einer Riemenspannvorrichtung versehen sein, damit beim ersten Antrieb der Riemen etwas fester angespannt und nachher gelockert werden kann.

Um die Stelle zu bestimmen, an der das Gegengewicht anzubringen ist, wird der Anker einmal nach links und das andere Mal nach rechts angetrieben, und zwar mit einer Drehzahl, die der kleinsten

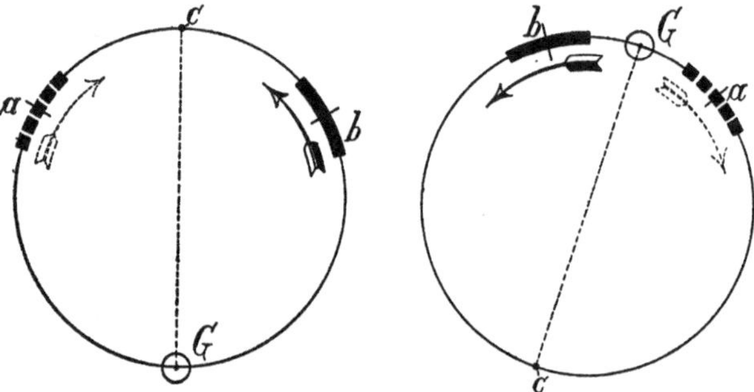

Fig. 252. Anbringung des Gegengewichtes.

Eigenschwingungszahl des Ankers entspricht. Sie wird durch langsames Steigern der Drehzahl ermittelt.

Für beide Drehrichtungen werden dann mittels Kreide (für jede Drehrichtung eine besondere Farbe) die Stellen des größten Ausschlages markiert. Von den Mitten der erhaltenen Marken *a* und *b* (Fig. 252) ausgehend und der ihnen zugehörigen Pfeilrichtung folgend, erhält man den Halbierungspunkt *c*. Diesem diametral gegenüber ist das Gegengewicht anzubringen.

Es ist zu empfehlen, den Anker vor der Auswuchtung mehrere Stunden bei voller Drehzahl laufen zu lassen, damit die Wicklung sich setzt und eine Lage annimmt, die sich später im Betriebe nicht mehr ändert. Ein festes und sicheres Zusammenbauen der Wicklung ist daher von größter Wichtigkeit.

Um das Anbringen von Zusatzgewichten zu erleichtern, werden besondere Vorrichtungen vorgesehen. In Tafel VI (Turbogenerator der A.-G. Brown, Boveri & Co.) sind z. B. Aussparungen in den Schrumpfringen des Kommutators angebracht, während in Tafel IV (Turbogenerator der Gesellschaft für Elektrische Industrie

Karlsruhe i. B.) in den Ankerkörper eine Reihe, mit Gewinde versehener Löcher gebohrt sind, in welche Bolzen geschraubt werden können.

Ein bequemes Verfahren zum raschen Auswuchten hat Ferranti im E.P. 4556 B vom Jahre 1904 angegeben (Fig. 253). Am Rande des Ankerkörpers ist eine schwalbenschwanzförmige Rinne *b* eingedreht, in die man eine Reihe Zusatzgewichte *d* einschiebt. Diese Gewichte werden so lange am Umfang verschoben und durch Schrauben *f* angepreßt, bis daß das dynamische Gleichgewicht erreicht ist[1]).

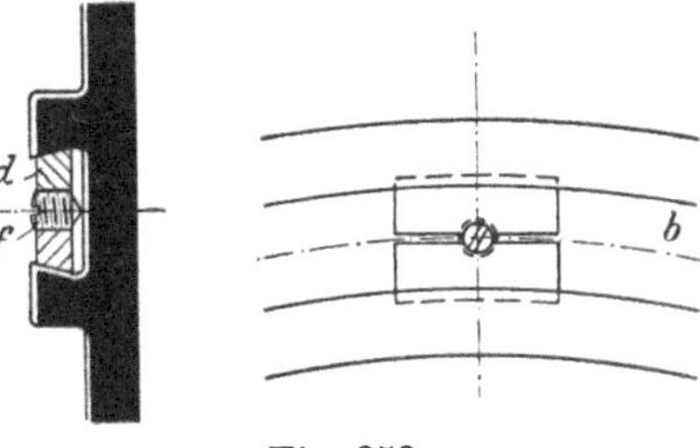

Fig. 253.

37. Lager.

Die Berechnung der Lager auf Reibung und Erwärmung wurde im Bd. I (S. 601 und 609) eingehend behandelt. Hier wollen wir uns deshalb auf die Konstruktion derselben beschränken, und zwar haben wir dabei zwei verschiedene Gattungen von Lagern, die Gleit- und die Kugellager, getrennt zu behandeln. Die beiden Gattungen werden verschieden ausgebildet, je nachdem die Welle, wie es meistens der Fall ist, horizontal oder, wie es u. a. bei Zentrifugen, Pumpen und von Wasserturbinen angetriebenen Generatoren vorkommt, vertikal gelagert ist.

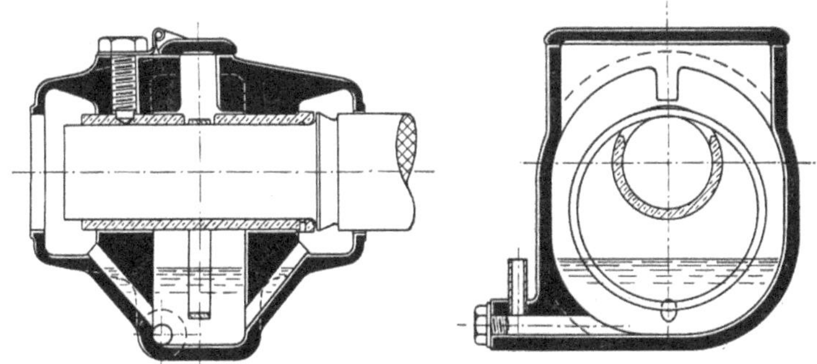

Fig. 254. Kleines Gleitlager mit einem Schmierring.

a) Gleitlager. Bei den Gleitlagern läuft der Wellenzapfen in einer feststehenden Büchse aus einer besonderen Legierung, dem sogenannten Lagermetall. Durch zweckmäßige Schmierung ist dafür

1) Niethammer, Z. f. E. 1905, S. 500.

zu sorgen, daß, während die Maschine läuft, stets eine Ölschicht zwischen dem Zapfen und der Büchse vorhanden ist, damit die verhältnismäßig große Reibung zwischen festen Körpern durch die viel kleinere Reibung zwischen den anhaftenden Ölschichten ersetzt wird. Wenn die Maschine stillsteht, wird jedoch das Öl herausgepreßt, und um ein störungsfreies Anlaufen zu ermöglichen, ist deshalb ein die Welle nicht verletzendes Lagermetall wie Bronze, Weißmetall, Rotguß oder Babbitz zu verwenden.

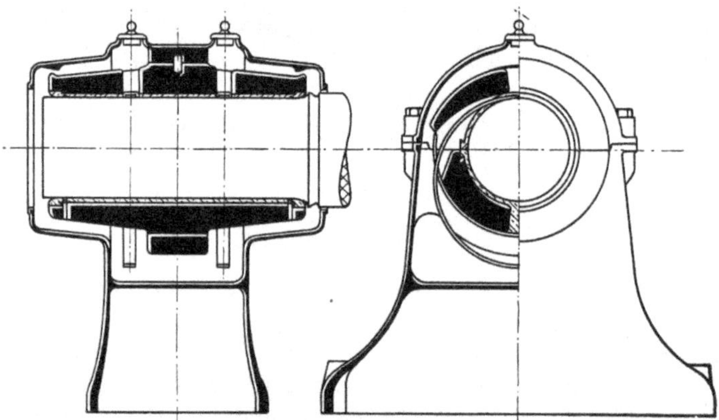

Fig. 255. Größeres Gleitlager mit zwei Schmierringen.

Die Gleitlager werden im Dynamobau mit Ausnahme der Lager von Bahnmotoren fast immer mit Ringschmierung, wie Fig. 254 und 255 zeigen, versehen. Obwohl Lager von 300 bis 400 mm Länge bei raschlaufenden Wellen von einem Schmierring noch genügende Schmierung erhalten, ist es sicherheitshalber doch ratsam, bei Lagern, die etwa über 150 bis 200 mm lang sind, zwei Schmierringe vorzusehen.

Die Schmierringe sind stets so schwer auszuführen, daß sie mit Sicherheit von der Welle mitgenommen werden. Um das Eindringen des auf die Welle vom Schmierring geförderten Öles zwischen Lagerschale und Welle zu erleichtern, empfiehlt es sich, die Kanten der Öffnung in der Lagerschale, wie der in der Fig. 254 gezeigte Querschnitt erkennen läßt, etwas abzuschrägen. Bei längeren Lagern sieht man vielfach noch spiralförmig angeordnete Aussparungen, sogenannte Schmiernuten, in der Lagerschale vor, obgleich deren Wert sehr umstritten ist.

Um zu verhindern, daß das Öl längs der Welle kriecht und so in die Maschine gelangt, wird die Welle mit einem Spritzring versehen. Bei größeren Wellen ist es erlaubt, die Kante des Spritzringes, wie die Abbildungen zeigen, etwas abzurunden, um sie gegen mechanische Beschädigungen bei der Montage unempfindlicher zu

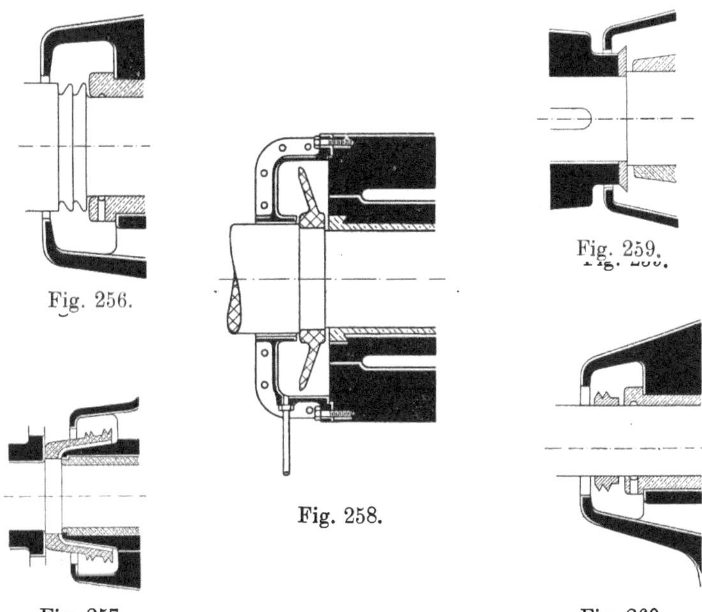

Fig. 256. Fig. 257. Fig. 258. Fig. 259. Fig. 260.

Fig. 256 bis 260. Verschiedene Ausführungsformen von Spritzringen.

machen. Bei kleineren Maschinen, bei welchen die Umfangsgeschwindigkeit des Zapfens klein ist, muß der Spritzring dagegen mit einer

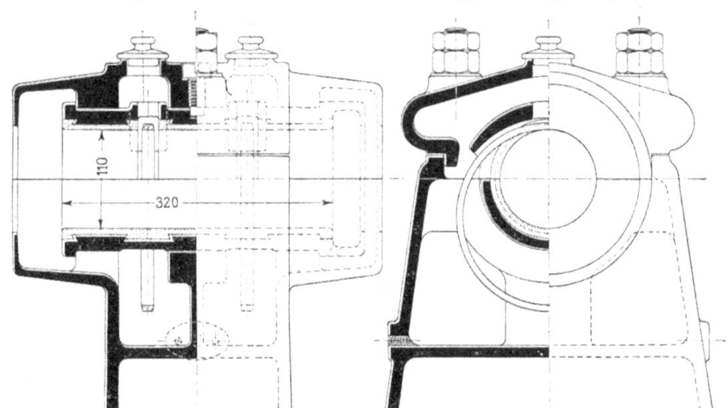

Fig. 261. Größeres Gleitlager.

möglichst scharfen Kante ausgeführt werden, weil die Öltropfen sonst nicht abgeschleudert werden. Das herausgeschleuderte Öl wird von

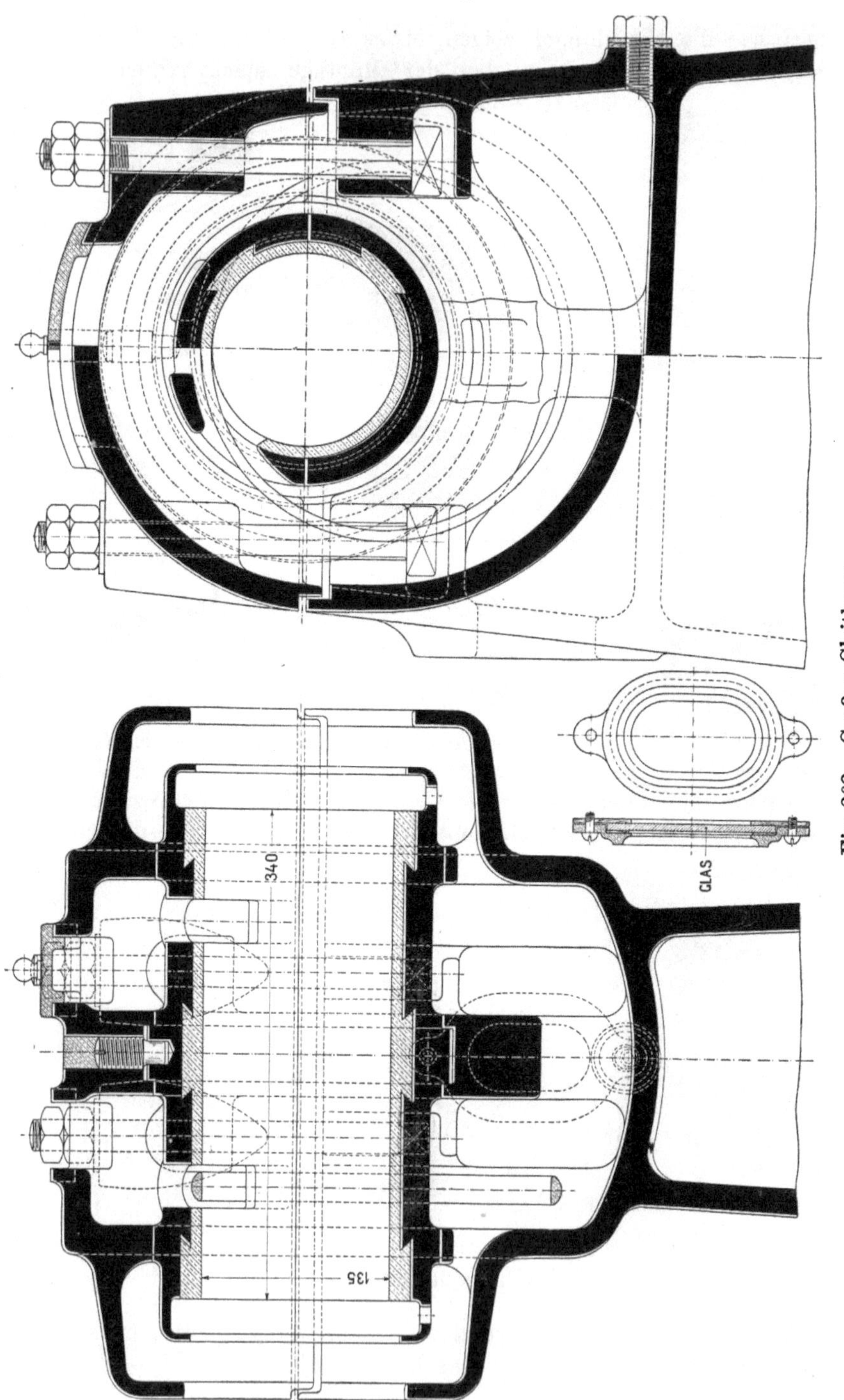

Fig. 262. Großes Gleitlager.

dem als Kappe ausgebildeten Lagergehäuse aufgefangen und läuft in den Ölbehälter zurück. Wie in der Fig. 254 dargestellt, ist dieser stets mit einem Ablaßrohr für das Ablassen des Öles und mit einem Überlaufstutzen zu versehen.

In den Fig. 256 bis 260 sind einige weitere Ausführungen von Spritzringen dargestellt. Oft sieht man, wie einige der Beispiele zeigen, eine Rille in der Lagerschale vor, von welcher das meiste Öl aufgefangen wird, um von dort aus durch kleine Öffnungen abzufließen, bevor es zu den Spritzringen gelangt.

Die Fig. 261 und 262 zeigen Ausführungsbeispiele von größeren Lagern. Hier wie beim Lager nach Fig. 255 wird das Lagermetall um einen in der Mitte der Lagerschale durch Führungen gehaltenen Kern in die Gußeisenumhüllung eingegossen. Ein nachträgliches Ausbohren der Schale ist nicht notwendig.

Die Dicke der Lagermetallschicht wird im allgemeinen

$$= \frac{d_{\mathfrak{z}}}{16}$$

und die Dicke der Gußeisenumhüllung etwa

$$= \frac{d_{\mathfrak{z}}}{6}$$

gewählt, wobei $d_{\mathfrak{z}}$ den Zapfendurchmesser bedeutet.

Bei den angeführten Gleitlagern ist die Lagerschale auf ihrer ganzen Länge mit dem Lagergehäuse starr verbunden. In den meisten Fällen ist die Durchbiegung der Welle so klein, daß die hierdurch herbeigeführte Beschränkung in der Beweglichkeit des Zapfens belanglos ist. In einigen Fällen ist diese starre Lagerung sogar von Vorteil. So weist Ingenieur H. Ångström[1]) z. B. nach, daß bei Straßenbahnmotoren die Durchbiegung der Welle hierdurch verringert wird, was einen ruhigeren Lauf der Zahnräder zur Folge hat. Andererseits hat diese starre Lagerung den Nachteil, daß sich das Lager nicht selbsttätig in die Achsenrichtung einstellen kann, wodurch bei ungenauer Herstellung und Montage sowie bei größerer Durchbiegung der Welle leicht unzulässig hohe Lagerpressungen entstehen können.

Unter Umständen werden daher Gleitlager mit Kugelschalen verwendet, und zwar besonders, wenn eine Welle mehr als zwei Lager erhält. Diese in den Fig. 263 und 264 dargestellten Lager haben jedoch eine kleinere Berührungsfläche mit dem Lagergehäuse, so daß die Abkühlung schlechter ist. Die außen kugelförmig abgedrehte Lagerschale kann sich hier in dem entsprechend ausgedrehten Lagerkörper frei einstellen.

---

[1]) Tekn. Tidskr., Elektroteknik 1918, S. 57.

Wird das Produkt aus dem spezifischen Flächendruck in kg/cm² und der Zapfengeschwindigkeit im m/sek pv_z größer als 15 bis 20, was meistens bei großen Turbogeneratorlagern der Fall ist, so reichen die Ringe zur Förderung der erforderlichen Ölmenge nicht mehr

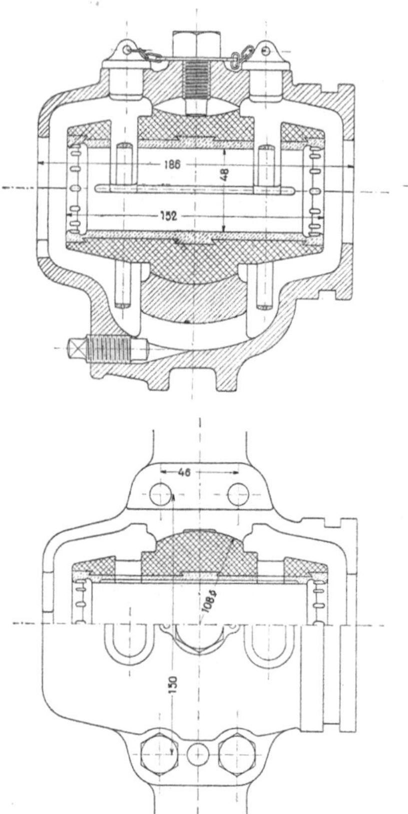

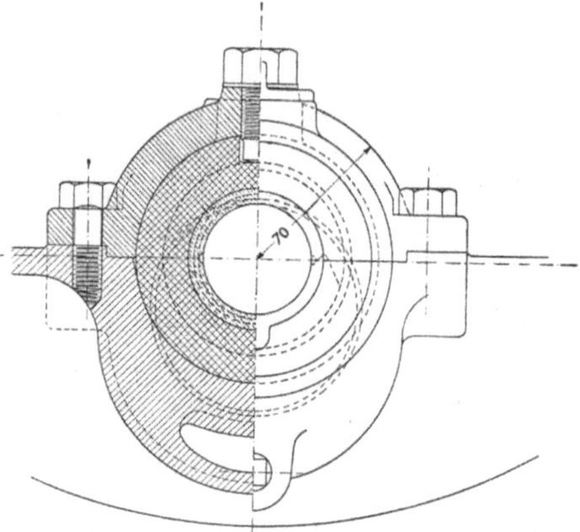

Fig. 263. Kleines Gleitlager mit Kugelschalen.

aus. Man muß dann das Öl unter Druck zuführen und das Lager künstlich kühlen.

Ein Turbogeneratorlager mit Preßöl und künstlicher Kühlung zeigt die Fig. 265. Die Konstruktion stammt von der Elektrizitäts-Gesellschaft Alioth[1]). Das Lager setzt sich aus zwei Teilen zusammen. Die Lagerung der beiden Lagerschalen findet in einer in der Mitte des Lagerbockes abgestützten Hülse statt, die infolge ihrer kurzen Abstützung sich einstellen kann. Das System schmiegt sich daher jeder Verbiegung des Lagerzapfens leicht an. Die Lagerschalen sind mit Weißmetall ausgegossen. Bei der Konstruktion ist dafür gesorgt, daß die warme Luft oben aus dem Lager herausströmen kann.

Das Preßöl tritt von unten in die Lagerschale ein. Außerdem sind noch Schmierringe vorgesehen. Im Ölbehälter sind Kühlschlangen eingebaut. Es hat sich bei diesem Lager gezeigt, daß bei einer Zapfengeschwindigkeit von 10,5 m/sek die Ringschmierung noch allein

[1]) Niethammer: El. u. Maschinenb. 1906, S. 739.

ausreicht, und daß bei einer Zapfengeschwindigkeit unter 14 m/sek eine besondere Kühlung des Öles noch nicht nötig ist. Der Öl-

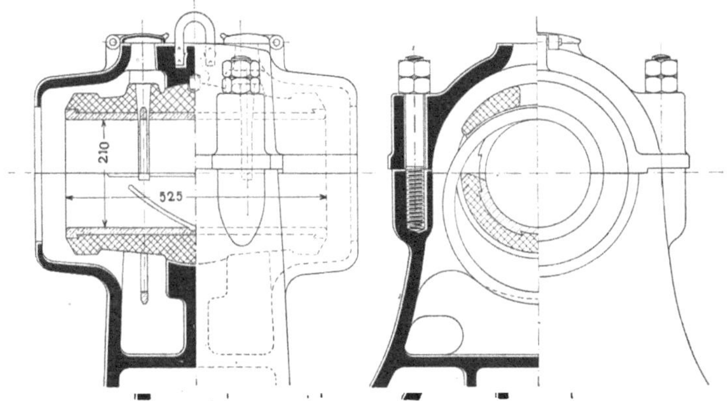

Fig. 264. Großes Gleitlager mit Kugelschalen.

verbrauch betrug bei 13 m/sek Zapfengeschwindigkeit 0,8 l je Minute bei 1,5 Atm. Druck.

Die künstliche Kühlung kann durch Wasser auch so erfolgen, daß in die Lagerschalen Röhren eingegossen oder indem die Lagerschalen doppelwandig ausgeführt werden.

Ein Turbinenlager mit doppelwandigen Lagerschalen und Preßölschmierung zeigt die Fig. 266 nach einer Ausführung der Maschinenfabrik Oerlikon[1]).

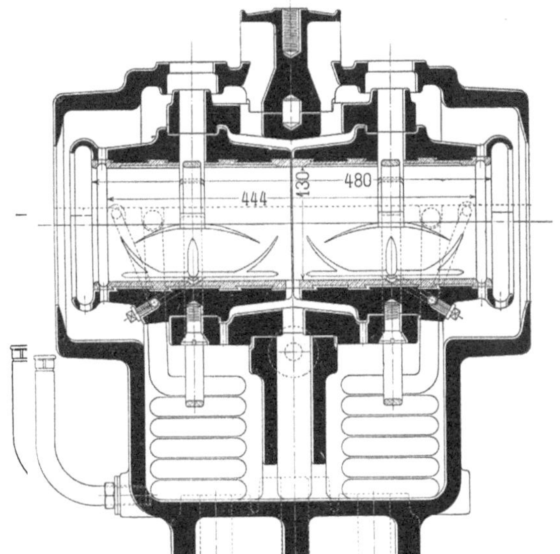

Fig. 265. Turbogeneratorlager der Elektrizitäts-Gesellschaft Alioth.

Bei Straßenbahnmotoren sind die Lager, besonders das Zahnradlager, großen Beanspruchungen ausgesetzt. Um genügend widerstandskräftig zu werden, müssen sie deshalb einteilig ausgeführt werden. Es hat dies auch den Vorteil, daß keine Trennfuge, wie bei den zweiteiligen Lagern,

[1]) Electrician 1906, S. 455.

vorhanden ist, durch welche das Öl in die Maschine dringen könnte. Sie werden so hergestellt, daß die Lagerschale in einen im Lagerschild vorgesehenen büchsenförmigen Halter fest eingepreßt wird.

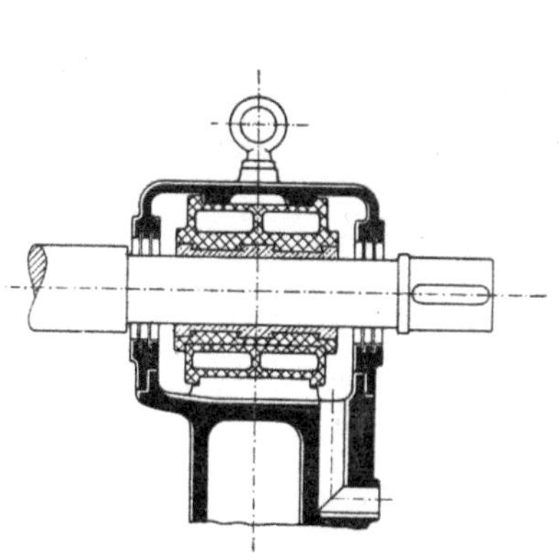

Fig. 266. Turbinenlager der Maschinenfabrik Oerlikon.

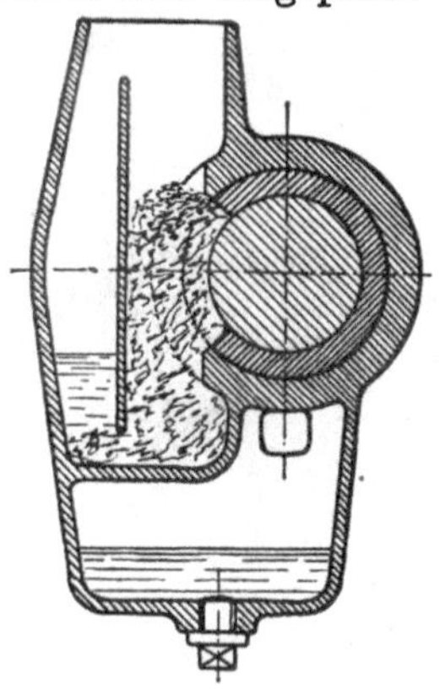

Fig. 267. Polsterschmierung.

R. Mauermann[1]) bespricht die verschiedenen Arten von Schmiereinrichtungen für solche Lager und weist nach, daß die in der Fig. 267 dargestellte Polsterschmierung für derartige Betriebe die günstigste ist. Das Lager ist an der Seite, wo kein Zapfendruck auftritt, mit einem Fenster versehen, durch welches ein Schmierpolster vom Ölraum hereinragt und sich an den Lagerzapfen anschmiegt. Der untere Teil des Polsters liegt in Öl, dessen Spiegel in dem benachbarten Kanal, der frei von Schmierwolle bleibt, sichtbar ist. Er soll eine gewisse Höhe, die durch eine Gußmarke gekennzeichnet ist, nicht übersteigen, doch tritt, vom Ölverlust abgesehen, kein Nachteil ein, wenn zuviel Öl eingefüllt wird, da es dann durch einen Überlauf abfließt. Der Ölverbrauch ist geringer als bei irgendeiner anderen Art von Schmierung. Je nach der Größe des Motors und den Betriebsverhältnissen erfolgt das Nachfüllen in Zeitspannen von 2 bis 4 Wochen. Etwa eingedrungener Sand und

Fig. 268. Lagerschild mit offener Ölfangkammer.

[1]) ETZ 1916, S. 371.

Staub legen sich auf das Polster und können nicht an die Lauffläche gelangen.

Das verbrauchte Öl wird in dem unter dem Lager vorgesehenen Behälter aufgefangen und wird dort von Zeit zu Zeit entweder durch

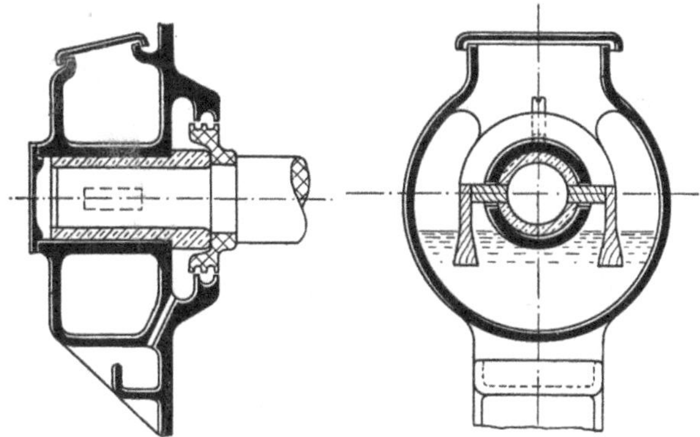

Fig. 269. Lager mit Polsterschmierung.

Lösen der Bodenschraube abgelassen oder, wie die Fig. 268 zeigt, mittels einer Ölspritze durch eine seitliche Aussparung aus dem Be-

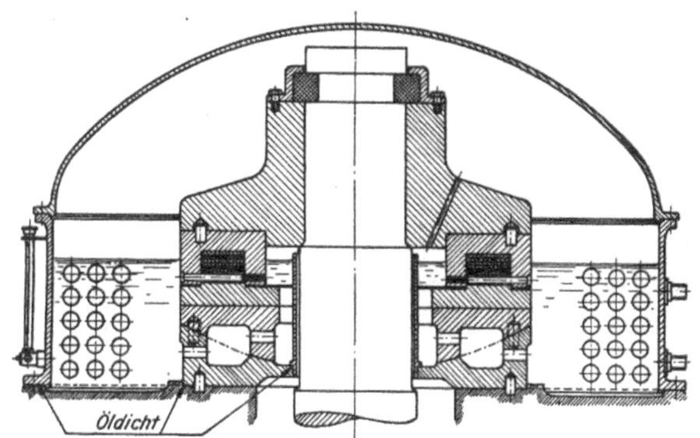

Fig. 270. Lager mit Druckölschmierung für vertikale Wellen.

hälter gezogen. Die Fig. 269 zeigt ebenfalls ein Lager mit Polsterschmierung für Straßenbahnmotoren.

Bei vertikalen Wellen werden Gleitlager, wie die Fig. 270 zeigt, meistens mit Druckölschmierung ausgeführt.

b) Kugellager. Obwohl ein Kugellager zumindestens eine ebenso einfache Konstruktion wie ein Gleitlager zu sein scheint, mußte eine Reihe eingehender Untersuchungen ausgeführt und eine umfassende Ingenieurarbeit erst geleistet werden, bevor es gelang, die heutigen Kugellager herzustellen. Es mußten zunächst geeignete Stahlsorten für die Herstellung der Kugeln und ihrer Laufringe gefunden werden. Ferner galt es, ungleichmäßige Belastungen der Kugel zu vermeiden. Hierfür mußten die Kugeln alle vollkommen genau gleich groß ausgeführt werden, was unter Anwendung des Toleranzmaßsystems C. E. Johansson, Eskilstuna, Schweden, so vollständig gelungen ist, daß die Kugeln eines Lagers innerhalb einer Toleranz von nur $^1/_{1000}$ mm denselben Durchmesser aufweisen. Schließlich mußte der konstruktiven Durchbildung des Lagers eine besondere Sorgfalt gewidmet werden. Durch die Bemühungen verschiedener Firmen, von denen Aktiebolaget Svenska Kullagerfabriken, S. K. F., Göteborg, besonders erwähnt sei, sind diese Schwierigkeiten vollständig überwunden worden, so daß den Kugellagern heute eine vollkommene Betriebssicherheit zugesprochen werden kann. Gerade für elektrische Maschinen haben sie sich als besonders geeignet erwiesen, denn sie haben den Gleitlagern gegenüber u. a. die folgenden Vorteile:

1. Während der Reibungskoeffizient eines gut eingelaufenen Gleitlagers beim Anlassen etwa 0,1 und im Lauf etwa 0,01 beträgt, ist er bei Kugellagern in beiden Fällen gleich und nur etwa 0,0009 bis 0,0012. Hierdurch wird der Wirkungsgrad von kleinen Maschinen nicht unbeträchtlich erhöht.

2. Der Verbrauch von Schmieröl oder -fett ist derart gering, daß eine sehr geringe Menge nur einmal alle 2 bis 3 Monate oder noch seltener erneut zu werden braucht. Daher geringe Überwachung, Verringerung der Anzahl der Unglücksfälle, von denen die meisten gerade bei der Schmierung der Lager vorkommen, und keine Verunreinigung durch Austropfen von Öl.

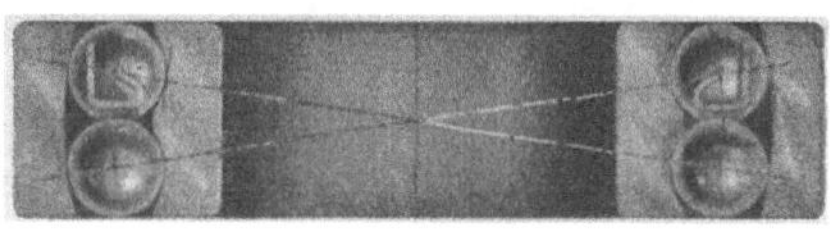

Fig. 271. Schnitt durch ein sphärisches Kugellager.

3. Geringe Abnutzung und infolgedessen eine dauernd zentrische Lage des Ankers, wodurch der magnetische Zug verkleinert und die Kommutierung verbessert wird.

4. Geringere Raumbeanspruchung, besonders in axialer Richtung, dadurch gedrängtere Bauart der Maschine und kürzere Welle.

5. Ein Warmlaufen des Lagers ist ausgeschlossen.

6. Leichte Auswechselbarkeit.

7. Die Lager können sich frei einstellen, so daß ungenaue Montage, eine etwaige Verbiegung der Welle oder sonstige Ungenauigkeiten für den guten Lauf des Lagers belanglos sind.

Die Fig. 271 zeigt ein S.K.F.-Lager in Schnitt, die Fig. 272 ein solches Lager auseinandergenommen. Es besteht aus zwei Laufringen, zwischen welchen zwei Reihen von Kugeln laufen. Damit die Kugeln in gleichen Abständen voneinander gehalten werden, ist ein aus einem Stück angefertigter Kugelhalter vorgesehen. Der äußere Laufring ist sphärisch ausgedreht, so daß die Welle sich, wie die

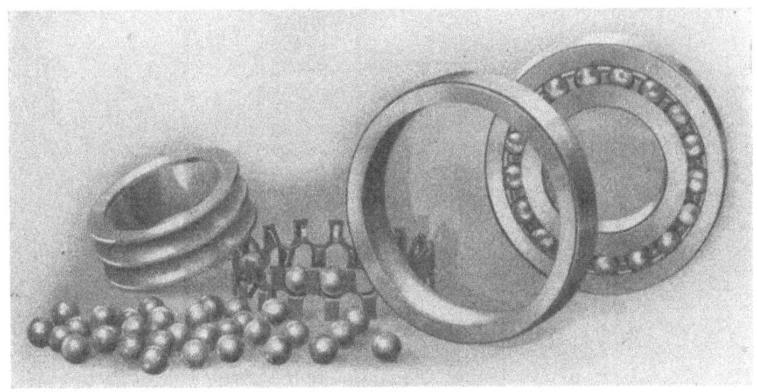

Fig. 272. Kugellager auseinander genommen.

Fig. 273 zeigt, vollkommen frei in jeder schrägen Lage einstellen kann, ohne daß hierdurch irgendeine zusätzliche Beanspruchung der Kugeln auftritt.

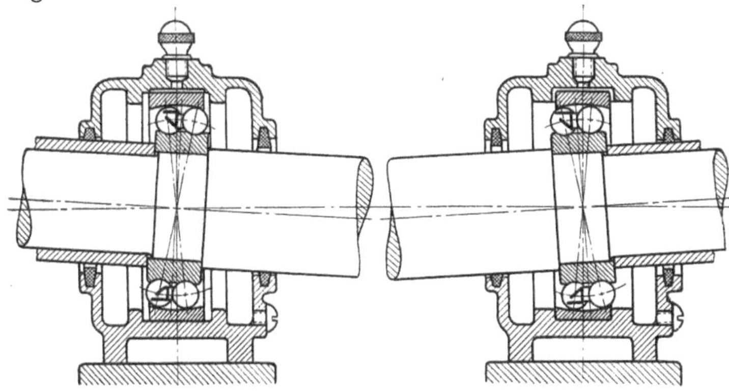

Fig. 273. Sphärische Kugellager.

Die Fig. 274 zeigt den Einbau des Lagers in einen Straßenbahnbahnmotor. Wie ersichtlich, sind die Lager so abgedichtet, daß ein Eindringen von Staub ausgeschlossen ist. Weil die Lager die Welle dauernd in der erwünschten Stellung halten, bleibt der Abstand zwischen den Zahnrädern unverändert, so daß diese sehr ruhig laufen unter der Bedingung, daß die Welle so bemessen ist, daß ihre Durchbiegung nur vernachlässigbar kleine Veränderungen des Mittenabstandes verursacht.

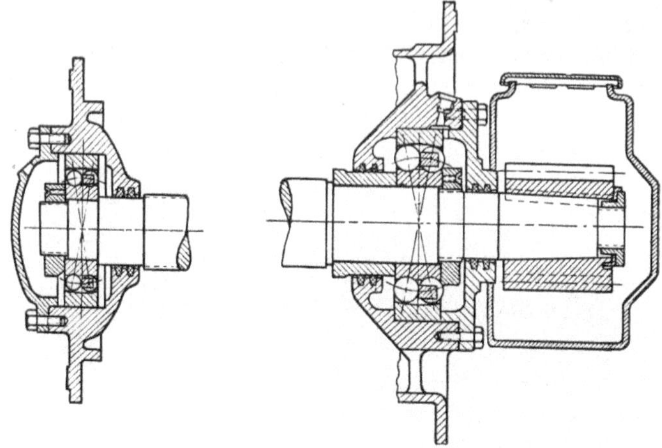

Fig. 274. Einbau von Kugellagern in einen Straßenbahnmotor.

Wenn das Auftreten von Lagerströmen, welche die Kugeln beschädigen würden, zu befürchten ist, können entweder die Lager selbst, wie die Fig. 275 zeigt, isoliert ausgeführt werden oder der Lagerbock wird, Fig. 276, isoliert an dem Fundament befestigt.

Schließlich ist die Lagerung einer vertikalen Welle in der Fig. 277 dargestellt. Die Ölbehälter beider Lager sind in der Mitte mit einem etwas über den Ölspiegel reichenden Rohr zur Aufnahme der Welle versehen, so daß ein Heraustreten des Öles verhindert wird. Im oberen Lager steht das Öl so hoch,

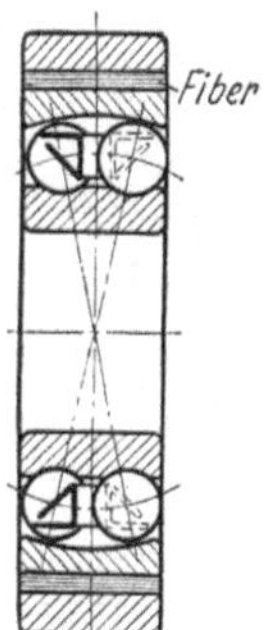

Abb. 275. Isolierung der Kugellager.

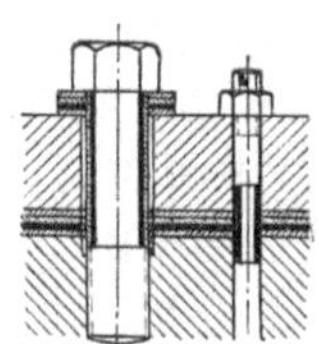

Fig. 276. Isolierung des Lagerbockes.

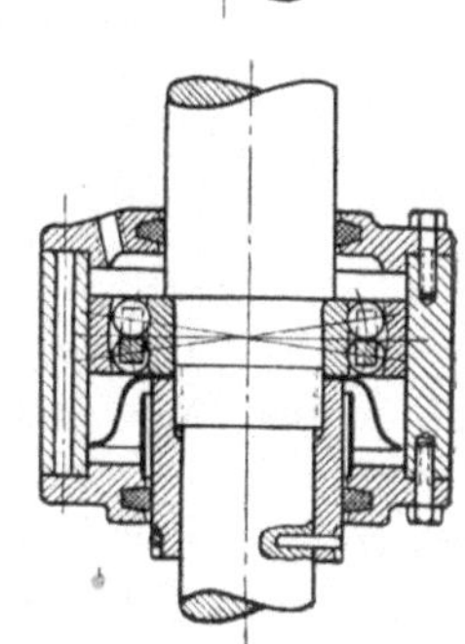

Fig. 277. Kugellager für vertikale Wellen.

daß es infolge der Fliehkraft auch die obersten Kugeln bespült. Im unteren Lager ist unten eine gebogene Scheibe vorgesehen, die als Schleuderpumpe wirkt und das Öl durch die im Lagergehäuse vorgesehenen Kanäle nach oben befördert, so daß es sich über die Kugeln ergießt.

Das über die Kugellager Gesagte gilt sinngemäß auch für Rollenlager.

38. Antrieb.

Die elektrischen Maschinen werden meistens entweder mittels eines Riemens angetrieben oder unmittelbar gekuppelt. Bei Straßenbahnmotoren ist man aus Platzmangel gezwungen, Zahnräder zu verwenden. Diese Konstruktionsteile sind aus dem allgemeinen Maschinenbau bekannt und es sollen deshalb hier nur einige bei elektrischen Maschinen zu beachtende Gesichtspunkte kurz erwähnt werden.

Bei Riemenantrieb von Generatoren hat man sorgfältig darauf zu achten, daß die Riemennaht keine Stöße verursacht, denn solche Stöße können sehr leicht ein störendes Flackern des Lichtes verursachen. Das Übersetzungsverhältnis bei der Riemenübertragung ohne Spannrolle ist zu höchstens 5 bis 6 zu wählen. Die kleinsten zulässigen Abmessungen der Riemenscheibe in Millimetern sind für verschiedene Leistungen und Drehzahlen in der folgenden Tabelle zusammengestellt.

Umdr./Min.	1500		1000		750		600		500	
PS	*D*	*B*	*D*	*B*	*D*	*B*	*D*	*B*	*D*	*B*
0,5	60	120	60	120	60	120	80	130	100	150
1	60	120	80	130	80	130	100	150	100	150
2	80	130	100	150	100	150	100	150	150	150
3	100	150	100	150	100	150	150	150	170	220
5	140	140	140	140	150	150	170	220	245	220
7,5	140	140	170	190	185	175	215	210	245	220
10	170	170	185	200	200	250	245	220	260	240
15	175	200	215	210	230	270	290	250	305	280
20	200	200	245	220	275	260	335	260	365	280
30	245	230	290	260	335	290	400	270	500	240
40	275	240	320	290	380	310	500	260	460	360
50	275	290	400	250	420	310	540	280	540	360
60	290	300	500	200	500	270	480	400	600	360
75	305	350	560	200	500	340	540	420	640	390
100	320	350	460	350	600	340	640	420	760	390

Die Kupplungen werden häufig als Lederbandkupplungen ausgeführt, um eine bei Kurzschlüssen sehr erwünschte Nachgiebigkeit zu bekommen.

Die Zahnräder sind aus einem Stück anzufertigen, weil die Zähne dann genauer geschnitten werden können, so daß die Übersetzung ruhiger läuft als bei zweiteiligen Zahnrädern.

Neuntes Kapitel.

39. Beispiele ausgeführter kleiner und mittelgroßer Maschinen.

Die hier beschriebenen Maschinen sollen hauptsächlich die ungleichen Bauarten der verschiedenen Firmen veranschaulichen. Sie stimmen zwar nicht in allen Punkten überein mit den in den vorhergehenden Kapiteln erwähnten Gesichtspunkten, geben aber immerhin ein gutes Bild von der Entwicklung der Gleichstrommaschinen in den verflossenen Jahren. Weiter zeigen diese Beispiele, wie die Einzelheiten von den verschiedenen Firmen konstruktiv verschiedenartig und doch zufriedenstellend ausgeführt werden können, weshalb dieselben sehr lehrreich sein können.

1. A.-G. Volta, Reval. Generator, 4 kW, 1300 Umdr./Min. 120 Volt, 33 Amp. (Fig. 278.)

Eine sehr gefällige Form der Maschine wird durch die kreisförmige Gestalt des Joches erreicht, und ohne daß die magnetische Streuung von den Polschuhen zum Joche hin groß wird, kann der Polschuh und der Polbogen groß gemacht werden, was eine kleinere Bürstenverstellung und Ankerrückwirkung zur Folge hat. Prof. Arnold hat diese Form schon im Jahre 1886 für gußeiserne zweipolige Maschinen ausgeführt.

In der Fig. 278 ist eine Maschine der A.-G. Volta in Reval von 4 kW Leistung bei 1300 Umdrehungen dargestellt; Joch und Polkerne sind in einem Stück aus Stahl, die Polschuhe aus Blech und die Lagerschilder aus Gußeisen hergestellt.

Hauptdaten der Maschine.

Anker:

Durchmesser	$D = 19$	cm
Eisenlänge mit Luftschlitzen	$l_1 = 16$	„
Eisenlänge ohne Luftschlitze	$l = 16$	„
Eisenhöhe ohne Zähne	$h = 5{,}8$	„
Nutenzahl	$Z = 24$	
Nutenabmessungen	$= 10{,}5 \times 17{,}5$	mm

Wicklung:

Spulenzahl	$S = 48$	
Leiterzahl je Spule	2×3	
Anzahl Stromzweige	$2a = 2$	
Leiterabmessungen	$\phi = 2{,}7$	mm
Nutenschritt	$y_n = 12$	

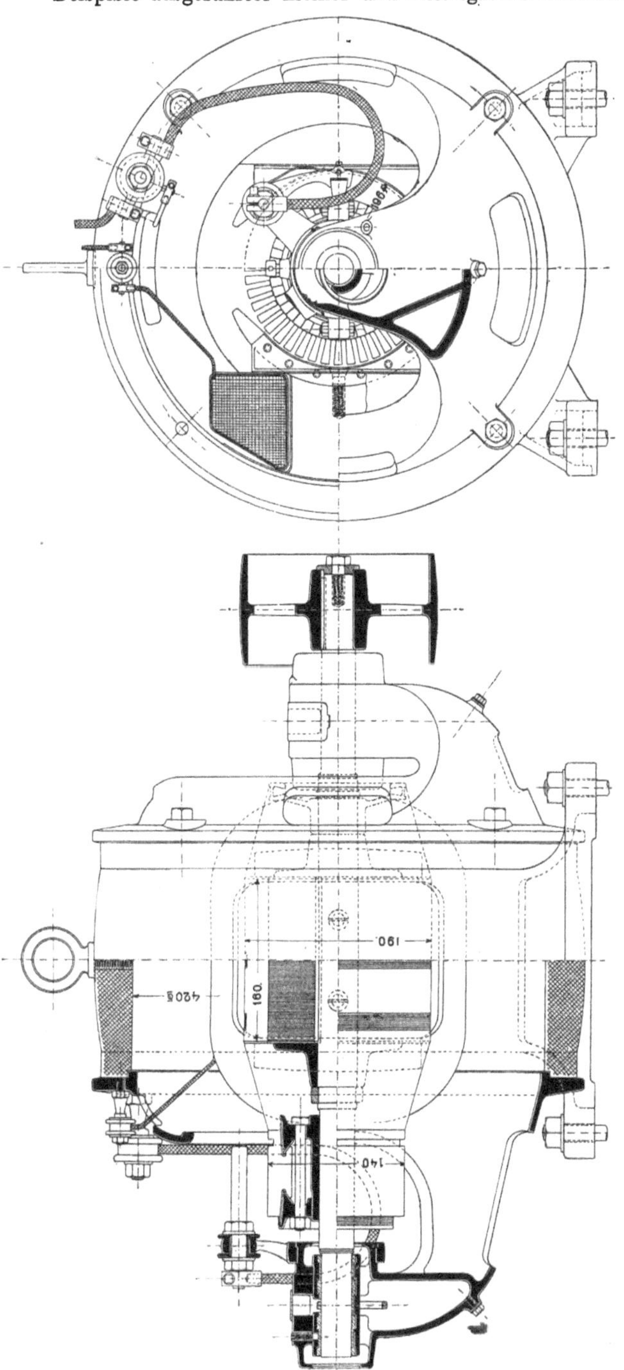

Fig. 278. A.-G. Volta, Reval, Generator 4 kW 1300 Umdr./Min.

Kommutator:

Durchmesser	$D_k = 14$ cm
Nutzbare Länge	$L_k = 7$ „
Lamellenzahl	$K = 48$
Kommutatorschritt	$y_k = 1$

Bürsten:

Material:	Kohle
Anzahl der Stifte	2

Magnetgestell:

Polzahl	$2p = 2$
Polbogen	$b_p = 20{,}5$ cm
Polschuhlänge	$l_p = 16$ „
Kernquerschnitt	$Q_m = 150$ cm²
Jochquerschnitt	$Q_j = 83$ „

Magnetwicklung:

Schaltung der Spulen: Serie
Windungen je Spule = 900
Drahtdurchmesser
$\phi = 1{,}2/1{,}5$ mm

Versuchsergebnisse:

Ankerwiderstand (kalt) $= 0{,}0856\ \Omega$
Widerstand der Erregerwicklung:
kalt = 45,4 „
warm = 58,5 „

Temperaturerhöhungen (mit Thermometer ermittelt):

Anker	$= 44^0$ C
Kommutator	$= 44^0$ C
Erregerwicklung	$= 38^0$ C

2. Mitteldeutsche Elektrizitätswerke, Saalfeld a. S. Nebenschlußgenerator 1,5 kW, 1750 Umdr./Min. 120 Volt, 12,5 Amp. (Fig. 279.)

Diese Maschine stellt eine normale offene Bauart mit Lagerschildern dar. Weder der Kommutator noch der Anker ist mit Ventilationskanälen versehen. Die Ankerlänge ist aber sehr kurz gehalten, weshalb die Ankerverluste leicht durch die relativ langen Stirnverbindungen abgeführt werden können.

Die Hauptpole sind ganz lamelliert, während die Wendepole aus Flacheisen hergestellt sind. Das Joch hat zylindrische Form, was der Maschine ein gefälliges Aussehen verleiht. Es ist aus Gußeisen, wodurch es größere Steifigkeit erhält.

Hauptdaten der Maschine.

Anker:

Durchmesser	$D = 14{,}8$ cm
Eisenlänge mit Luftschlitzen	$l_1 = 6{,}5$ „
Eisenlänge ohne Luftschlitze	$l = 6{,}5$ „
Eisenhöhe ohne Zähne	$h = 3{,}9$ „
Nutenzahl	$Z = 33$
Nutenabmessungen	5×20 mm

Wicklung:

Anzahl Stromzweige	$2a = 2$
Spulenzahl	$S = 99$
Leiterzahl je Spule	2×4
Leiterabmessungen	$0{,}8 \times 1{,}6$ mm
Nutenschritt	$y_n = 8$

Kommutator:

Durchmesser	$D_k = 12$ cm
Nutzbare Länge	$L_k = 2{,}7$ „
Lamellenzahl	$K = 99$
Kommutatorschritt	$y_k = 49$

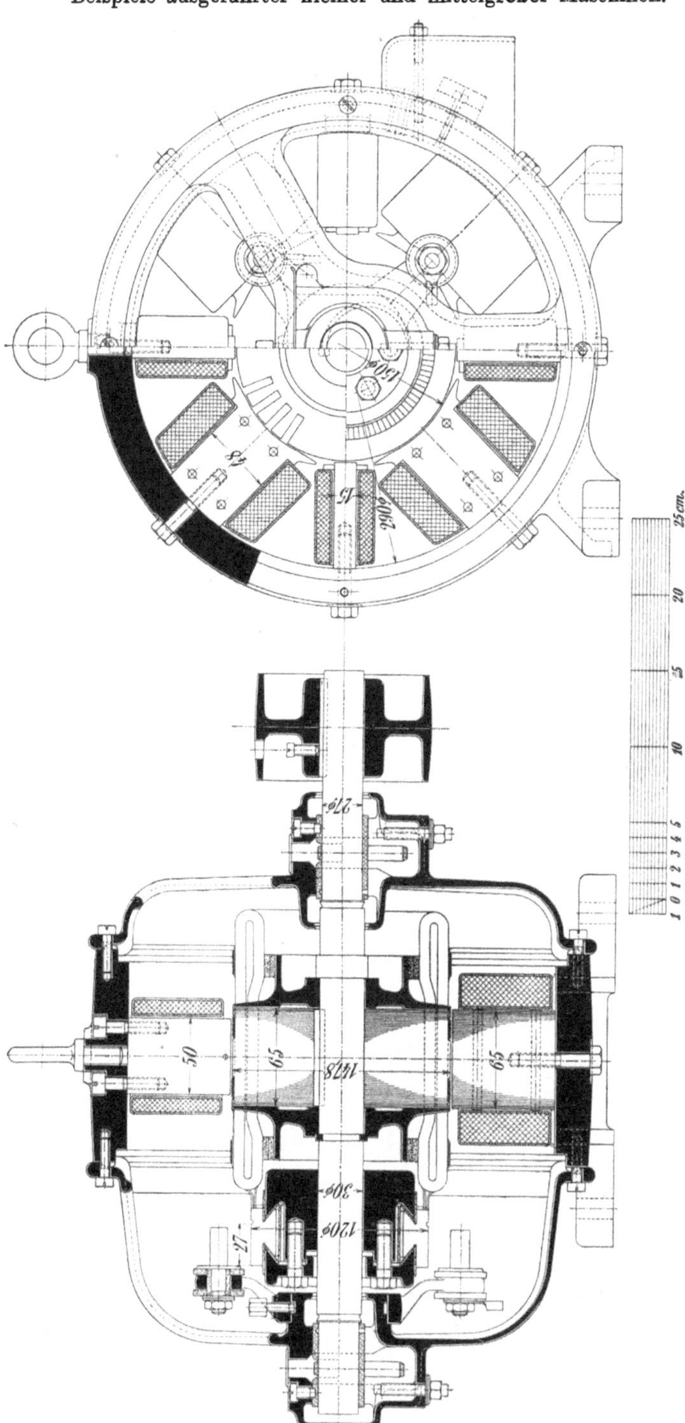

Fig. 279. Mitteldeutsche Elektrizitätswerke, Saalfeld a. S. Nebenschlußgenerator 1,5 kW, 1750 Umdr./Min.

Bürsten:

Material	Kohle
Anzahl der Stifte	4
Bürsten je Stift	1
Bürstenabmessungen	$0{,}8 \times 2$ cm

Nebenschlußwicklung:

Schaltung der Spulen: Serie

Windungszahl je Spule $= 1300$

Leiterabmessungen $\phi = 0{,}7$ mm

Wendepolwicklung:

Schaltung der Spulen: Serie

Windungen je Spule $= 65$

Leiterabmessungen $\phi = 2{,}3$ mm

Magnetgestell:

Polzahl	$2p = 4$
Polbogen	$b_p = 7{,}9$ cm
Polschuhlänge	$l_p = 6{,}5$ „
Kernquerschnitt	$Q_m = 29{,}5\ \text{cm}^2$
Jochquerschnitt	$Q_j = 35$ „

Temperaturerhöhungen (mit Thermometer ermittelt):

Anker	$= 38^0$ C
Kommutator	$= 36^0$ C
Feldwicklung	$= 39^0$ C

Hieraus ergeben sich folgende charakteristische Größen:

Die Maschinenkonstante . . . . . . $\dfrac{D^2 l n}{\text{kVA}} = 165 \cdot 10^4$

Die Umfangsgeschwindigkeit . . . . . $v = 13{,}5$ m/sek

Die Luftinduktion . . . . $B_l = 5050$

Die Amperestabzahl am Ankerumfange $AS = 106$

Die maximale Lamellenspannung bei Leerlauf . . . . $E_{dk_{\max}} = 7{,}2$ Volt

Die Ankerkonstante . . . . $k_a = 0{,}149$

3. Société Alsacienne de Constructions Mécaniques à Belfort. Gekapselter Motor. 1,5 PS, 600 Umdr./Min. 500 Volt. (Fig. 280.)

Dieser Motor ist ganz geschlossen und mit oktogonalem Joch versehen, was bei Kranmotoren üblich ist. Diese müssen nämlich oft in ziemlich beschränkten Räumen eingebaut werden. Der Kommutator und die zwei Bürstenstifte (zwei Bürstenstifte sind weggelassen) sind durch einen aufgeschraubten Deckel zugänglich gemacht. Das Ankereisen hat vier axiale Luftkanäle und einen radialen Luftschlitz, so daß die Luft innerhalb des Motors in guten Umlauf gesetzt wird. Hierdurch wird die Temperatur im Innern vom Motor gleichmäßiger, als wenn keine Luftkanäle vorhanden wären. Die Hauptpole sind ganz lamelliert. Bemerkenswert sind die aus halbrunden Eisen ausgeführten Polschuhe der Wendepole, wodurch das Wendepolfeld sich dem zu kompensierenden Nutenfeld sehr nahe anschließt.

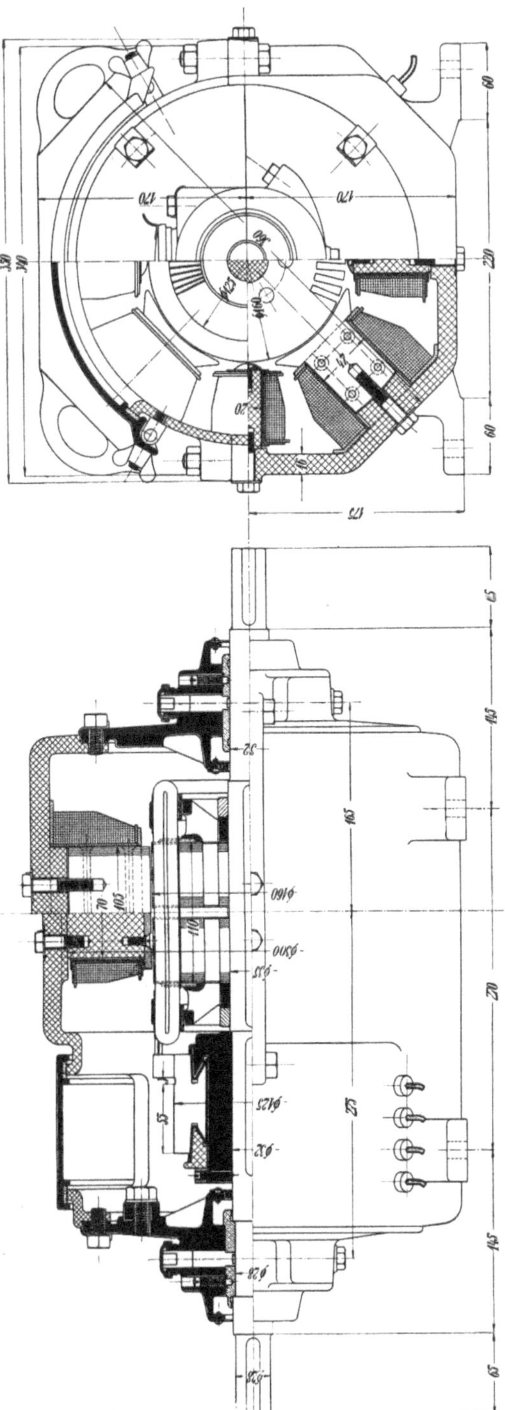

Fig. 280. Société Alsacienne de Construction Mécaniques à Belfort. Gekapselter Motor 1,5 PS, 600 Umdr./Min.

Hauptdaten der Maschine:

Anker:

Durchmesser	$D = 16$ cm
Eisenlänge mit Luftschlitzen	$l_1 = 11$ „
Eisenlänge ohne Luftschlitze	$l = 10$ „
Eisenhöhe ohne Zähne	$h = 2{,}85$ „
Nutenzahl	$Z = 39$
Nutenabmessungen	5×22 mm

Wicklung:

Anzahl Stromzweige	$2a = 2$
Spulenzahl	$S = 117$
Leiterzahl je Spule	2×14
Leiterabmessungen	$\phi = 0{,}6$ mm
Nutenschritt	$y_n = 10$

Kommutator:

Durchmesser	$D_k = 12{,}5$ cm
Nutzbare Länge	$L_k = 5{,}5$ „
Lamellenzahl	$K = 117$
Kommutatorschritt	$y_k = 59$

Bürsten:

Material	Kohle
Anzahl der Stifte	2
Bürsten je Stift	2
Bürstenabmessungen	$1{,}2 \times 2$ cm

Magnetgestell:

Polzahl	$2p = 4$
Polbogen	$b_p = 8{,}5$ cm
Polschuhlänge	$l_p = 10{,}5$ „
Kernquerschnitt	$Q_m = 48$ cm²
Jochquerschnitt	$Q_j = 34$ „

Hauptschlußwicklung:

Schaltung der Spulen: Serie
Windungzahl je Spule $= 620$
Leiterabmessungen $\phi = 1{,}35$ mm

Wendepolwicklung:

Schaltung der Spulen: Serie
Windungen je Spule $= 265$
Leiterabmessungen $\phi = 1{,}35$ mm

Fig. 281. Société Alsacienne de Construction Mécaniques à Belfort. Normaler Motor 1 PS, 220 Volt, 2000 Umdr./Min.

Hieraus ergeben sich folgende charakteristische Größen:

Die Maschinenkonstante $\frac{D^2 l n}{\text{kVA}} = 100 \cdot 10^4$

Die Umfangsgeschwindigkeit . $v = 5{,}05$ m/sek

Die Luftinduktion $B_l = 9000$

Die Amperestabzahl am Ankerumfange . . $AS = 101$

Die maximale Lamellenspannung bei Leerlauf $E_{d\,k_{max}} = 25{,}4$ Volt

Die Ankerkonstante . . . $k_a = 0{,}285$

Fig. 281 zeigt die Ausführung eines normalen Motors mit Kugellagern von derselben Firma.

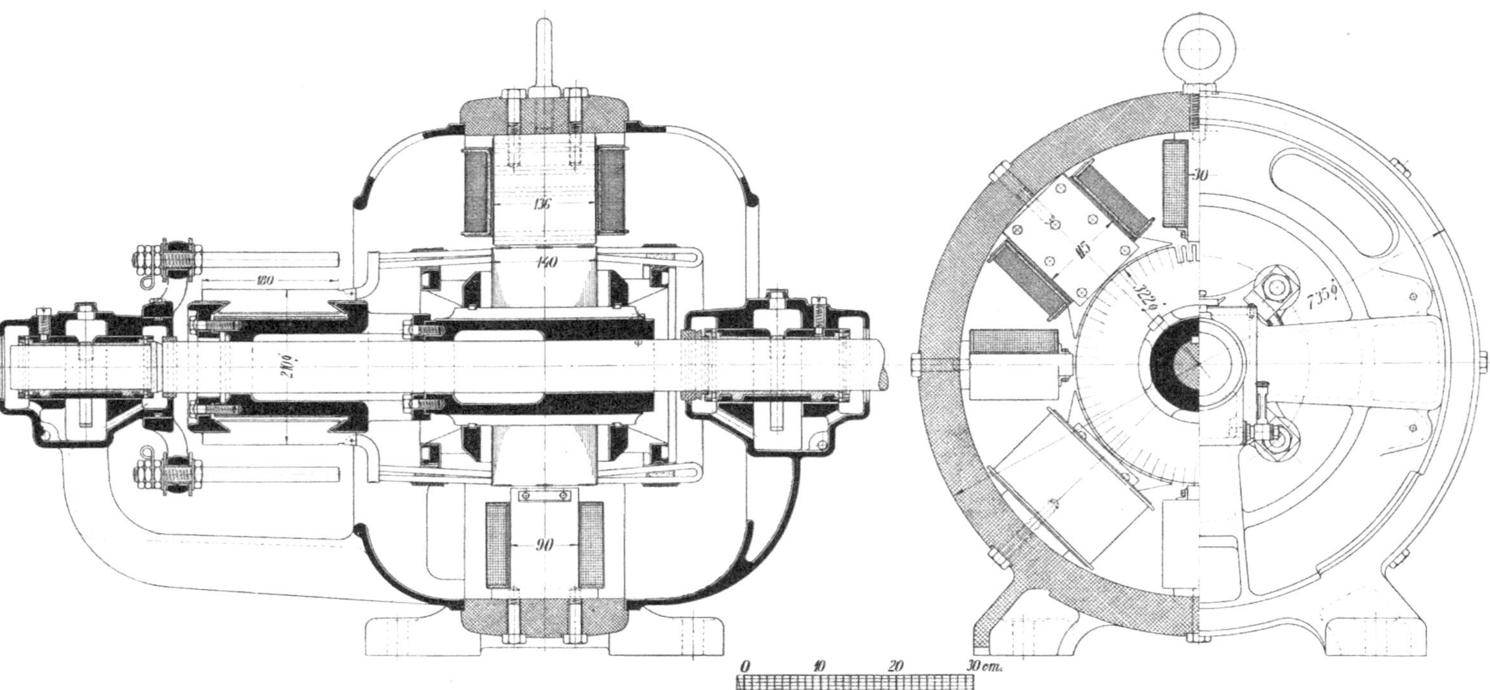

Fig. 282. Deutsche Elektrizitätswerke A.-G. Garbe, Lahmeyer & Co. zu Aachen. Normaler Generator 48 kW, 1150 Umdr./Min.

4. Deutsche Elektrizitätswerke zu Aachen, Garbe, Lahmeyer & Co. A. G. Normaler Generator. 48 kW, 1150 Umdr./Min. 115 Volt, 417 Amp.

Fig. 282 zeigt eine etwas größere Lagerschildtype. Die Lager werden von zwei horizontalen und einem vertikalen Arm getragen. Der Ankerkern ist kurz und auf einem kleinen Ankerstern angeordnet, so daß die Luft die Ankerwicklung von allen Seiten umspülen kann. Die Bürstenbrücke ist zweiteilig. Die Lagerschilder sind in den Kappen mit Ventilationslöchern versehen, um zu vermeiden, daß die warme Luft vom Anker sich im oberen Teil der Maschine sammelt und sich dadurch die oberen Feldspulen unnötig erwärmen. Das Joch ist aus Gußeisen, die Hauptpole sind lammelliert und die Wendepole aus Schmiedeisen.

Hauptdaten der Maschine.

Anker:

Durchmesser	$D = 32$ cm
Eisenlänge mit Luftschlitzen	$l_1 = 14$ „
Eisenlänge ohne Luftschlitze	$l = 14$ „
Eisenhöhe ohne Zähne	$h = 6$ „
Nutenzahl	$Z = 71$
Nutenabmessungen	8×22 mm

Wicklung:

Anzahl Stromzweige	$2a = 2$
Spulenzahl	$S = 71$
Leiterzahl je Spule	2×1
Leiterabmessungen	6×9
Nutenschritt	$y_n = 18$

Kommutator:

Durchmesser	$D_k = 21$ cm
Nutzbare Länge	$L_k = 18$ „
Lamellenzahl	$K = 71$
Kommutatorschritt	$y_k = 316$

Bürsten:

Material	Kohle
Anzahl der Stifte	4
Bürsten je Stift	6
Bürstenabmessungen	$1{,}8 \times 2{,}5$ cm

Magnetgestell:

Polzahl	$2p = 4$
Polbogen	$b_p = 18$ cm
Polschuhlänge	$l_p = 14$ „
Kernquerschnitt	$Q_m = 150$ cm²
Jochquerschnitt	$Q_j = 120$ „

Nebenschlußwicklung:

Schaltung der Spulen:	Serie
Windungszahl je Spule	1050
Leiterabmessungen	ϕ 1,8 mm

Wendepolwicklung:

Schaltung der Spulen:	4 parallele Kreise
Windungen je Spule	46
Leiterabmessungen	56 mm²

Hieraus ergeben sich folgende charakteristische Größen:

Die Maschinenkonstante	$\frac{D^2 l n}{\text{kVA}} = 34{,}3 \cdot 10^4$
Die Umfangsgeschwindigkeit	$v = 19{,}3$ m/sek
Die Luftinduktion	$B_l = 8350$
Die Amperestabzahl am Ankerumfange	$AS = 292$
Die maximale Lamellenspannung bei Leerlauf	$E_{dk\,\max} = 9{,}0$ Volt
Die Ankerkonstante	$k_a = 0{,}315$

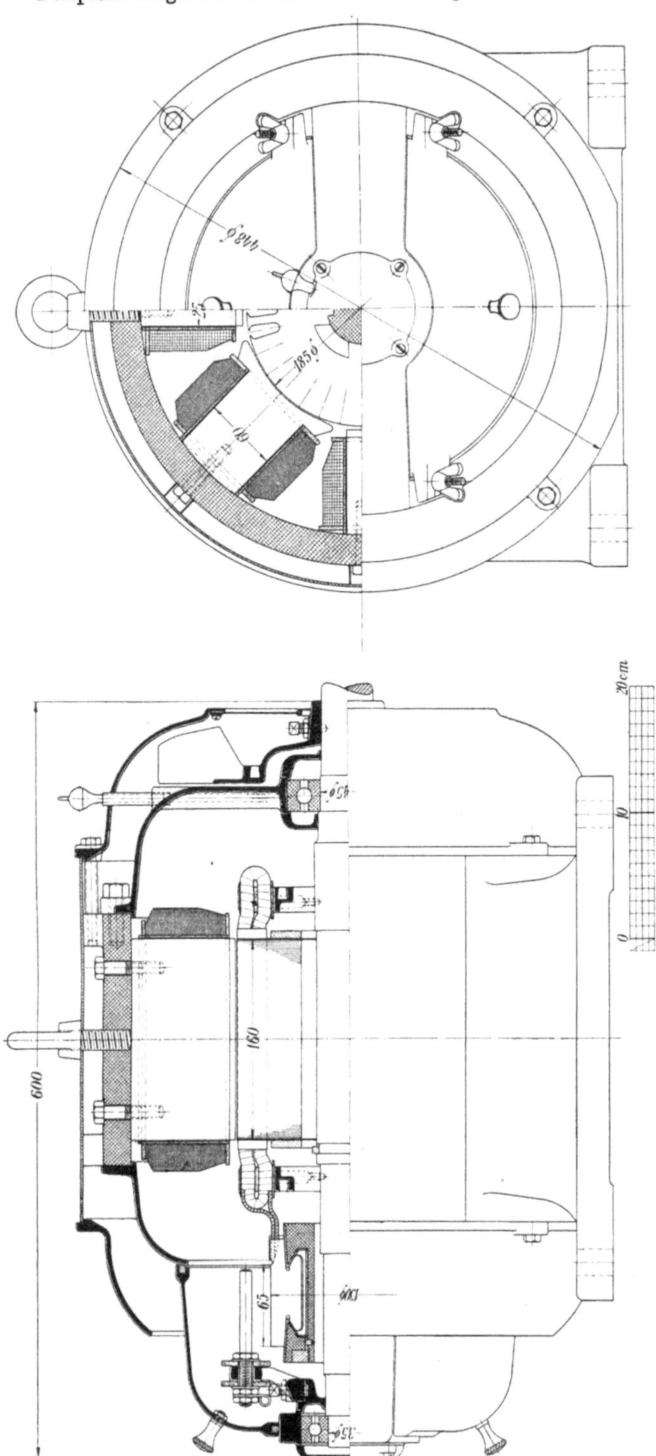

Fig. 283. Svenska Elektromekaniska Industri A. B. Mantelgekühlter Motor 10 PS, 1450 Umdr./Min.

5. Svenska Elektromekaniska Industri A. B. Helsingborg. Mantelgekühlter Motor 10 PS, 1450 Umdr./Min. 440 Volt, 18,5 Amp.

Um ganz geschlossene Motoren besser zu kühlen, lohnt es sich, sie bei größeren Geschwindigkeiten mit einem Lüfter außerhalb der Kapselung zu versehen. Dieser Lüfter saugt kalte Luft von der Mitte an und treibt sie über die Oberfläche des Motors innerhalb eines Mantels hinweg. Fig. 283 zeigt den Schnitt durch einen derartigen Motor mit Kugellagern und Fig. 284 das Lichtbild desselben Motors.

Fig. 284. Lichtbild des 10 PS-Motors in Abb. 283.

Wie ersichtlich, ist der Motor trotz großer Ankerlänge sehr gedrungen gebaut und nimmt deswegen wenig Platz in Anspruch. Der Ankerkern ist unmittelbar auf die Welle aufgesetzt. Der Kommutator und die Bürstenstifte sind durch leicht abnehmbare Deckel zwecks Wartung zugänglich.

Hauptdaten der Maschine.

Anker:

Durchmesser	$D = 18{,}5$ cm
Eisenlänge mit Luftschlitzen	$l_1 = 15{,}5$ „
Eisenlänge ohne Luftschlitze	$l = 15{,}5$ „
Eisenhöhe ohne Zähne	$h = 2{,}8$ „
Nutenzahl	$Z = 32$
Nutenabmessungen	$6{,}8/10{,}6 \times 24{,}8$ mm

Wicklung:

Anzahl Stromzweige	$2a = 2$
Spulenzahl	$S = 96$
Leiterzahl je Spule	$2 \times 5^1/_2$
Leiterabmessungen	$\phi = 1{,}8$ mm
Nutenschritt	$y_n = 8$

Kommutator:

Durchmesser	$D_k = 13$ cm
Nutzbare Länge	$L_k = 6$ „
Lamellenzahl	$K = 97$
Kommutatorschritt	$y_k = 24$

Bürsten:

Material	Kohle
Anzahl der Stifte	4
Bürsten je Stift	1
Bürstenabmessungen	$1 \times 2{,}5$ cm

Magnetgestell:

Polzahl	$2p = 4$
Polbogen	$b_p = 10$ cm
Polschuhlänge	$l_p = 15{,}5$ „
Kernquerschnitt	$Q_m = 88$ cm²
Jochquerschnitt	$Q_j = 47$ „

Nebenschlußwicklung:

Schaltung der Spulen:	Serie
Windungszahl je Spule	5500
Leiterabmessungen	$\phi = 0{,}4$ mm

Wendepolwicklung:

Schaltung der Spulen	Serie
Windungen je Spule	83
Leiterabmessungen	ϕ 3,5 mm

Hieraus ergeben sich folgende charakteristische Größen:

Die Maschinenkonstante . . . . . . $\frac{D^2 l n}{\mathrm{kVA}} = 95 \cdot 10^4$

Die Umfangsgeschwindigkeit . . . . $v = 14{,}1$ m/sek

Die Luftinduktion . . . . $B_l = 5600$

Die Amperestabzahl am Ankerumfange $AS = 168$

Die maximale Lamellenspannung bei Leerlauf . . . . $E_{dk_{\max}} = 26{,}8$ Volt

Die Ankerkonstante . . . . $k_a = 0{,}81$.

6. Maschinenfabrik Esslingen. Normalmotor 25 PS, 1100 Umdr./Min. 500/600 Volt.

Fig. 285 zeigt einen normalen offenen Motor mit Lagerschildern, der durch eine Lederbandkupplung mit einem Generator verbunden ist. Beide Maschinen stehen auf einer gemeinsamen Grundplatte. Das Joch ist aus Gußeisen und die Hauptpole sind lamelliert. Wie die Schnittzeichnung zeigt, sind sowohl Ankerspulen wie Feldspulen mit Ventilationskanälen reichlich versehen.

7. Maschinenfabrik Esslingen. Kranmotor 34 PS, 800 Umdr./Min. 525 Volt.

Fig. 286 zeigt einen ganz geschlossenen Motor derselben Firma. Dieser Motor hat ein achteckiges zweiteiliges Joch. Der Kommutator und die Bürsten sind durch vier gußeiserne Deckel leicht zugänglich. Durch gute Ventilation der Ankerwicklung nimmt das Innere des Motors eine gleichmäßige Temperatur an.

8. Elektrizitäts-Aktien-Gesellschaft vorm. Kolben & Co., Prag. 40 PS Bahnmotor. 500 Umdr./Min. 500 Volt, 72 Amp.

Tafel I zeigt einen typischen ganz geschlossenen Bahnmotor mit Gehäuse und Lager aus Stahlguß. Um die Teilung des Gehäuses zu erleichtern, sind zwei der Wendepole weggelassen, weshalb die beiden übrigen um so kräftiger bemessen werden müssen. Die Lager sind mit Öltropfschmierung ausgerüstet, und um das Eindringen des Öles in das Innere der Maschine zu verhüten, sind kräftige Ölspritzringe auf der Welle bzw. der Ankernabe angeordnet. Die Ankerwicklung, deren Spulenseiten quer in der Nut liegen, wird in den Nuten durch Hartholzkeile festgehalten. Die Wendepolwicklungen werden durch Bronzeringe und Schrauben gegen das Joch gepreßt. — Der Grundriß zeigt die Aufhängung des Motors in dem Untergestell des Wagens, und Fig. 287 zeigt die Ansicht des ganzen Motors.

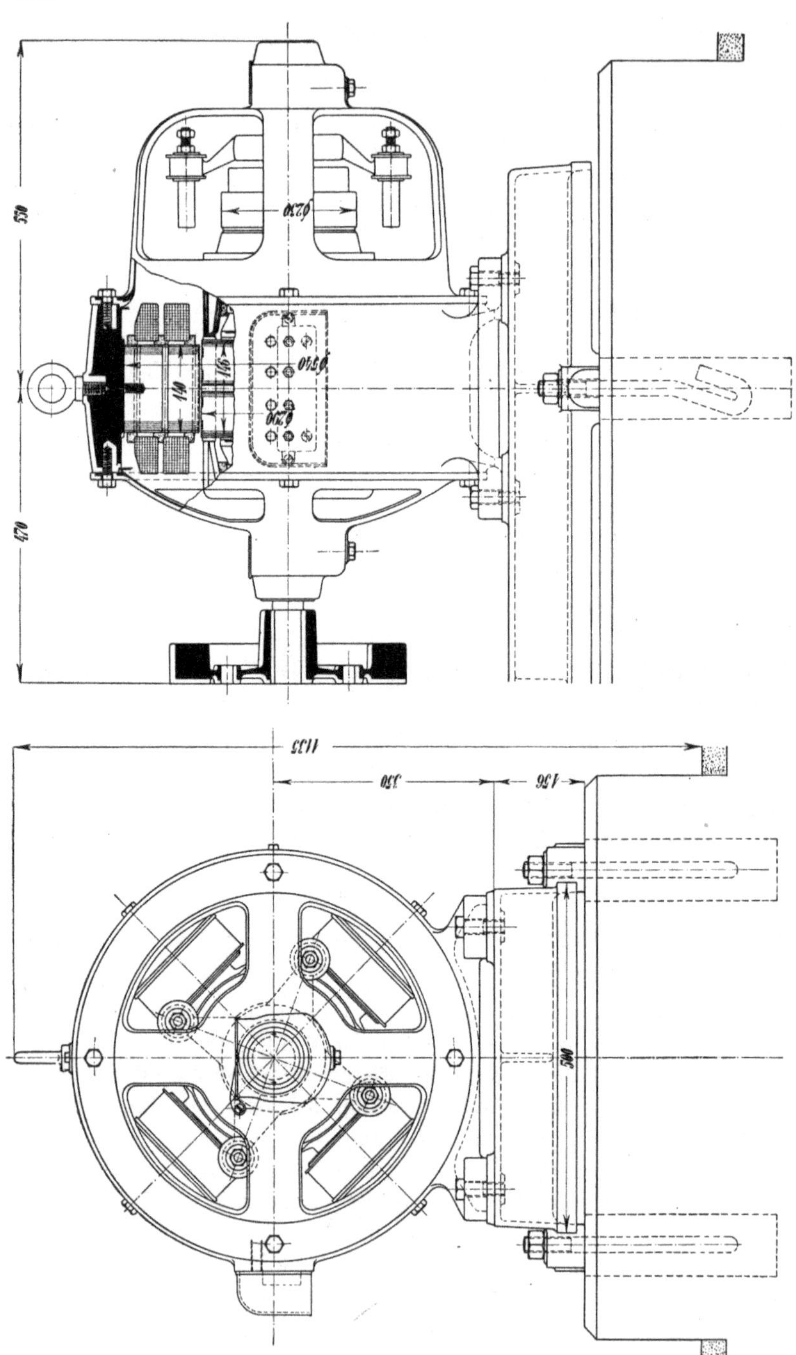

Fig. 285. Maschinenfabrik Esslingen. Normalmotor 25 PS, 1100 Umdr./Min.

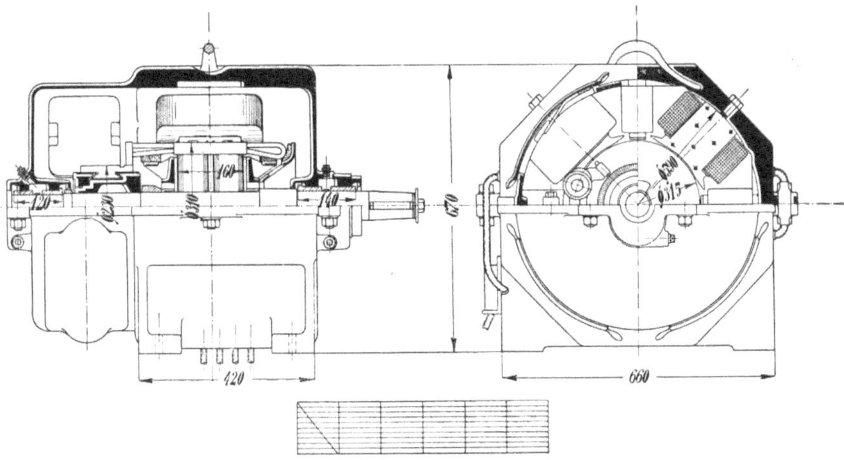

Fig. 286. Maschinenfabrik Esslingen. Kranmotor 34 PS, 800 Umdr./Min.

Fig. 287. Elektrizitäts-Aktien-Gesellschaft vorm. Kolben & Co., Prag. 40 PS-Bahnmotor, 500 Umdr./Min.

Hauptdaten der Maschine.

Anker:

Durchmesser	$D = 35$ cm
Eisenlänge mit Luftschlitzen	$l_1 = 20$ „
Eisenlänge ohne Luftschlitze	$l = 18$ „
Eisenhöhe ohne Zähne	$h = 7{,}2$ „
Nutenzahl	$Z = 37$
Nutenabmessungen	$13{,}8 \times 34 + 4$ mm

Wicklung:

Anzahl Stromzweige	$2a = 2$
Spulenzahl	$S = 147$
Leiterzahl je Spule	2×3
Leiterabmessungen	ϕ 3/3,55 mm
Nutenschritt	$y_n = 9$

Kommutator:

Durchmesser	$D_k = 29$ cm
Nutzbare Länge	$L_k = 9{,}7$ „
Lamellenzahl	$K = 147$
Kommutatorschritt	$y_k = 74$

Bürsten:

Material	Q.S. Kohle
Anzahl der Stifte	2
Bürsten je Stift	2
Bürstenabmessungen	$1{,}3 \times 4$

Magnetgestell:

Polzahl	$2p = 4$
Luftspalt	$\delta = 4$ mm
Polbogen	$b_p = 18{,}5$ cm
Polschuhlänge	$l_p = 19{,}5$ „
Kernquerschnitt	$Q_m = 237$ cm²
Jochquerschnitt	$Q_j = 150$ „

Hauptschlußwicklung:

Schaltung der Spulen:	Serie
Windungszahl je Spule	100
Leiterabmessungen	ϕ 5,5/6,2 mm

Wendepolwicklung:

2 Pole	$Q_m = 62{,}5$ cm²
	$\delta_m = 3$ mm
Schaltung der Spulen:	Serie
Windungen je Spule	67
Leiterabmessungen	ϕ 5,5/6,2 mm

Hieraus ergeben sich folgende charakteristische Größen:

Die Maschinenkonstante	$\frac{D^2 l n}{\text{kVA}} = 30{,}5 \cdot 10^4$
Die Umfangsgeschwindigkeit	$v = 9{,}15$ m/sek
Die Luftinduktion	$B_l = 10200$
Die Amperestabzahl am Ankerumfange	$AS = 288$
Die maximale Lamellenspannung bei Leerlauf	$E_{dk_{\max}} = 20$ Volt
Die Ankerkonstante	$k_a = 0{,}57$

9. Allgemeine Elektrizitäts-Gesellschaft, Berlin. 86 PS-Bahnmotor, 680 Umdr./Min. 900 Volt, 80 Amp.

Fig. 288 zeigt einen Bahnmotor normaler Ausführung der AEG. Wie ersichtlich, ist derselbe gedrungen und kräftig gebaut.

Hauptdaten der Maschine.

Anker:

Durchmesser	$D = 40$ cm
Eisenlänge mit Luftschlitzen	$l_1 = 28$ „
Eisenlänge ohne Luftschlitze	$l = 26$ „
Eisenhöhe ohne Zähne	$h = 7{,}8$ „
Nutenzahl	$Z = 35$ „
Nutenabmessungen	$15{,}3 \times 41{,}5$ mm

Wicklung:

Anzahl Stromzweige	$2a = 2$
Spulenzahl	$S = 209$
Leiterzahl je Spule	2×2
Leiterabmessungen	$3{,}4 \times 3{,}4$ mm
Nutenschritt	$y_n = 8$

Kommutator:

Durchmesser	$D_k = 30$ cm
Nutzbare Länge	$L_k = 16{,}5$ „
Lamellenzahl	$K = 209$
Kommutatorschritt	$y_k = 104$

Fig. 288. Allgemeine Elektrizitäts-Gesellschaft, Berlin. 86 PS-Bahnmotor, 680 Umdr./Min.

Bürsten:

Material	Kohle
Anzahl der Stifte	2
Bürsten je Stift	3
Bürstenabmessungen	$0{,}95 \times 5$ cm

Magnetgestell:

Polzahl	$2p = 4$
Kernquerschnitt	$Q_m = 350$ cm^2

Hauptschlußwicklung:

Schaltung der Spulen:	Serie
Windungszahl je Spule	100
Leiterabmessungen	5×7 mm

Wendepolwicklung:

Schaltung der Spulen	Serie
Windungen je Spule	63
Leiterabmessungen	5×7 mm

Hieraus ergeben sich folgende charakteristische Größen:

Die Maschinenkonstante	$\frac{D^2 l n}{\text{kVA}} = 39{,}3 \cdot 10^4$
Die Umfangsgeschwindigkeit	$v = 14{,}3$ m/sek
Die Luftinduktion	$B_l = 8750$
Die Amperestabzahl am Ankerumfange	$AS = 265$
Die maximale Lamellenspannung bei Leerlauf	$E_{dk_{max}} = 25{,}8$ Volt
Die Ankerkonstante	$k_a = 0{,}79$

Fig. 289. Langbein-Pfanhauser-Werke A.G. Leipzig. 32 kW-Niederspannungsgenerator, 570 Umdr./Min.

10. Langbein-Pfanhauser-Werke A.G. Leipzig. 32 kW-Niederspannungsgenerator. 570 Umdr./Min. 5 Volt, 6400 Amp.

Fig. 289 zeigt einen von einem Induktionsmotor angetriebenen Doppelkommutator-Generator. Es ist eine Spezialität dieser Firma, Generatoren ganz niedriger Spannungen für elektrolytische Zwecke zu bauen. Wenn auch die Leistung derartiger Generatoren im allgemeinen klein ist, so müssen trotzdem der Kommutator, die Bürstenbrücke sowie Anschlußklemmen reichlich bemessen werden, damit der Spannungsabfall des Ankerstromkreises nicht zu groß ausfällt. Natürlich wird hierdurch diese kleine Niederspannungsmaschine bedeutend teurer als normale Maschinen. Der obige kleine Generator ist zwölfpolig, mit Wendepolen und Kupferkohlebürsten versehen. Er hat einen Ankerdurchmesser von 520 mm und eine Ankerlänge von 230 mm, so daß die Maschinenkonstante gleich

$$\frac{D^2 l n}{\text{kVA}} = 110 \cdot 10^4$$

wird.

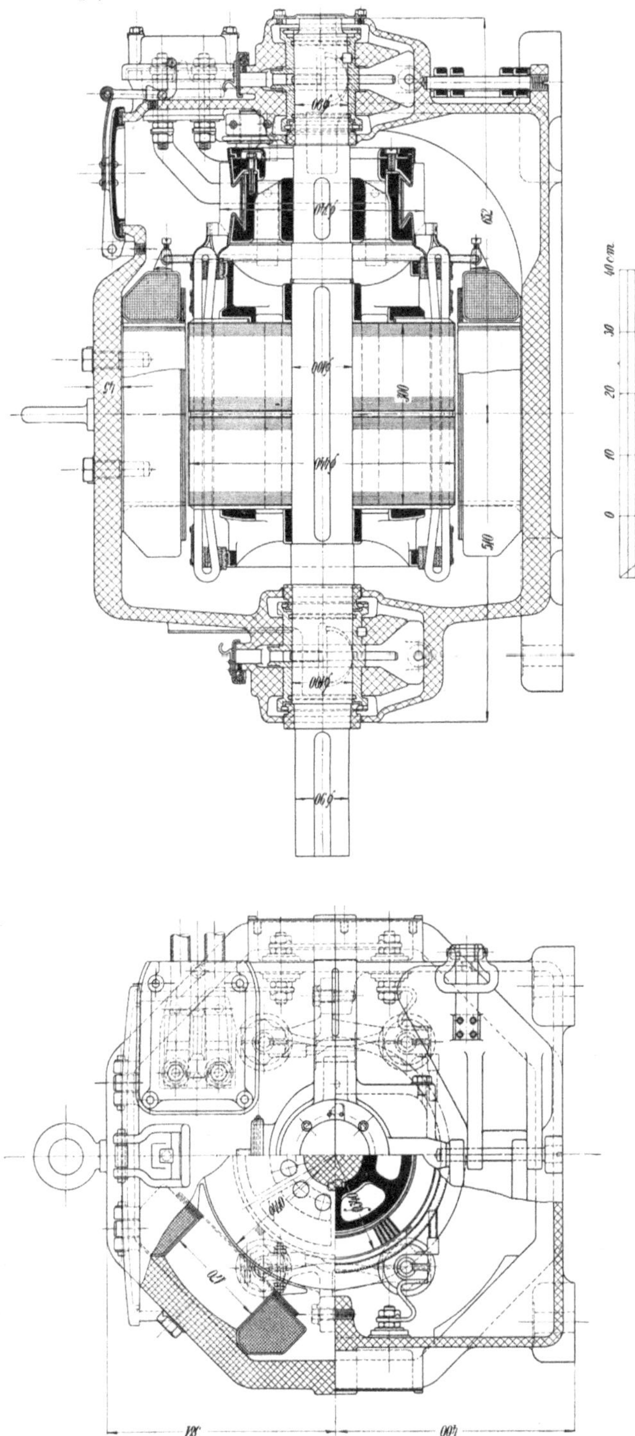

Fig. 290. Siemens-Schuckert-Werke, Berlin Siemensstadt. 84 PS gekapselter Kranmotor, 375 Umdr./Min.

11. Siemens-Schuckert-Werke, Berlin-Siemensstadt. 84 PS gekapselter Motor für aussetzenden Betrieb. 375 Umdr./Min. 500 Volt, 136 Amp.

Fig. 290 zeigt einen gekapselten Kranmotor mit Hauptschlußwicklung. Er ist nicht mit Wendepolen versehen, weil diese bei niedrigen Drehzahlen keine merklichen Vorteile bieten und eher größere als kleinere Verluste zur Folge haben. Das Gehäuse ist in Stahlguß zweiteilig ausgeführt, weshalb die Lagerschilder mit Vorteil mit dem Gehäuse zusammengegossen werden können. Dies gibt eine für schweren Kranbetrieb geeignete, widerstandsfähige Konstruktion. Die Lager und Spritzringe sind sorgfältig und kräftig ausgebildet Ebenso sind alle übrigen Einzelheiten, wie z. B. die der Stromzuführung, sorgfältig ausgeführt.

Hauptdaten der Maschine.

Anker:

Durchmesser $D = 44$ cm
Eisenlänge mit Luftschlitzen $l_1 = 30$ „
Eisenlänge ohne Luftschlitze $l = 29$ „
Eisenhöhe ohne Zähne $h = 13$ „
Nutenzahl $Z = 49$
Nutenabmessungen 12×40 mm

Wicklung:

Anzahl Stromzweige $2a = 2$
Spulenzahl $S = 147$
Leiterzahl je Spule 2×2
Leiterabmessungen $2{,}8 \times 7$ mm
Nutenschritt $y_n = 12$

Kommutator:

Durchmesser $D_k = 34$ cm
Nutzbare Länge $L_k = 9$ „
Lamellenzahl $K = 147$
Kommutatorschritt $y_k = 73$

Bürsten:

Material Kohle
Anzahl der Stifte 4
Bürsten je Stift 4
Bürstenabmessungen $1{,}5 \times 1{,}8$ cm

Magnetgestell:

Polzahl $2p = 4$
Luftspalt $\delta = 4$ mm
Polbogen $b_p = 24{,}5$ cm
Polschuhlänge $l_p = 30$ „
Kernquerschnitt $Q_m = 485\ \text{cm}^2$
Jochquerschnitt $Q_j = 250$ „

Hauptschlußwicklung:

Schaltung der Spulen: 2fach parallel
Windungszahl je Spule 104
Leiterabmessungen $2 \times 4{,}8$ mm

Hieraus ergeben sich folgende charakteristische Größen:

Die Maschinenkonstante . . . . . . $\dfrac{D^2 l n}{\text{kVA}} = 31 \cdot 10^4$
Die Umfangsgeschwindigkeit . . . . $v = 8{,}65$ m/sek
Die Luftinduktion . . . . $B_l = 9600$

Die Amperestabzahl am Ankerumfange	$AS = 290$
Die maximale Lamellenspannung bei Leerlauf	$E_{dk_{max}} = 19$ Volt
Die Ankerkonstante	$k_a = 0{,}58$

12. Elektrotechnische Industrie Slikkerveer, Holland. 90 PS vertikaler Motor. 420 Umdr./Min. 220 Volt, 335 Amp.

Tafel II zeigt einen mit Kugellagern ausgeführten Vertikalmotor, der mittels Riemen eine Zentrifuge antreibt. Unten sind sowohl ein Spurlager wie ein Radiallager angeordnet. Der Motor ist sechspolig und mit Wendepolen versehen. Sowohl der Anker wie der Kommutator sind gut belüftet; hinter dem Kommutator sind die Ausgleichringe auf einem mit Glimmer isolierten Absatz gut geschützt angeordnet. Das Gehäuse und die Wendepole sind aus Stahlguß, während die Hauptpole lamelliert sind. Auf die etwas schmalen Wendepole ist eine gut belüftete Wicklung aus hochkant gewickeltem Kupferband aufgebracht.

Hauptdaten der Maschine.

Anker:

Durchmesser	$D = 60$ cm
Eisenlänge mit Luftschlitzen	$l_1 = 29$ „
Eisenlänge ohne Luftschlitze	$l = 26$ „
Eisenhöhe ohne Zähne	$h = 7{,}8$ „
Nutenzahl	$Z = 78$
Nutenabmessungen	10×42 mm

Wicklung:

Anzahl Stromzweige	$2a = 6$
Spulenzahl	$S = 312$
Leiterzahl je Spule	2×1
Leiterabmessungen	1×15 mm
Nutenschritt	$y_n = 13$

8 Ausgleichverbindungen

Kommutator:

Durchmesser	$D_k = 50$ cm
Nutzbare Länge	$L_k = 20{,}5$ „
Lamellenzahl	$K = 312$
Kommutatorschritt	$y_k = 1$

Bürsten:

Material	Kohle
Anzahl der Stifte	6
Bürsten je Stift	6
Bürstenabmessungen	$1{,}25 \times 2{,}5$ cm

Magnetgestell:

Polzahl	$2p = 6$
Polbogen	$b_p = 22$ cm
Polschuhlänge	$l_p = 28$ „
Kernquerschnitt	$Q_m = 375$ cm^2
Jochquerschnitt	$Q_j = 280$ „

Nebenschlußwicklung:

Schaltung der Spulen:	Serie
Windungszahl je Spule	3×350
Leiterabmessungen	$\phi = 2$ mm

Wendepolwicklung:

Schaltung der Spulen:	Serie
Windungen je Spule	11
Leiterabmessungen	6×30 mm

Hieraus ergeben sich folgende charakteristische Größen:

Die Maschinenkonstante	$\frac{D^2 l n}{\text{kVA}} = 32 \cdot 10^4$
Die Umfangsgeschwindigkeit	$v = 13{,}2$ m/sek
Die Luftinduktion	$B_l = 8800$
Die Amperestabzahl am Ankerumfange	$AS = 185$
Die maximale Lamellenspannung bei Leerlauf	$E_{d\,k_{\max}} = 6{,}05$ Volt
Die Ankerkonstante	$k_a = 0{,}127$

13. Felten & Guilleaume-Lahmeyerwerke, Frankfurt a. M. Compound-Regulier-Dynamo. 0—75 kW, 680 Umdr./Min. 0—220 Volt, 340 Amp. (Fig. 291).

Die Maschine ist als Lagerschildtype gebaut. Das Lager auf der Antriebsseite, das die größten Kräfte aufzunehmen hat, ist als Gleitlager ausgebildet, während die Kommutatorseite ein Kugellager besitzt. Die eine Preßplatte der Ankerbleche ist mit dem Stern aus einem Stück gegossen, während die andere durch einen Bajonettverschluß gehalten wird. Die Wicklung ist mit Ausgleichverbindungen versehen.

Die Maschine hat Wendepole, welche nach der auf Seite 150 (Fig. 186) beschriebenen Weise angeordnet sind. Um Platz für die Nebenschlußwicklung zu erhalten, sind die Polkerne schmal und hoch gemacht. Es wird hierdurch eine gute Abkühlung der Wendepol- und Nebenschlußwicklung erzielt. Die Hauptpole sind aus Blech, die Wendepole aus Schmiedeeisen und das Joch ist aus Gußeisen. Eine siebenstündige Dauerprobe mit 230 Volt und 715 Umdr./Min. ergab folgende Übertemperaturen:

Anker . . . im Mittel	44° C,
Kommutator	43° C,
Magnete	42° C.

Hauptdaten der Maschine.

Anker:

Durchmesser	$D = 48$ cm
Eisenlänge mit Luftschlitzen	$l_1 = 23$ "
Eisenlänge ohne Luftschlitze	$l = 20$ "
Eisenhöhe ohne Zähne	$h = 6{,}2$ "
Nutenzahl	$Z = 102$
Nutenabmessungen	$6{,}2 \times 38$ mm

Wicklung:

Anzahl Stromzweige	$2a = 6$
Spulenzahl	$S = 306$
Leiterzahl je Spule	2×1
Leiterabmessungen	1×15
Nutenschritt	$y_n = 17$

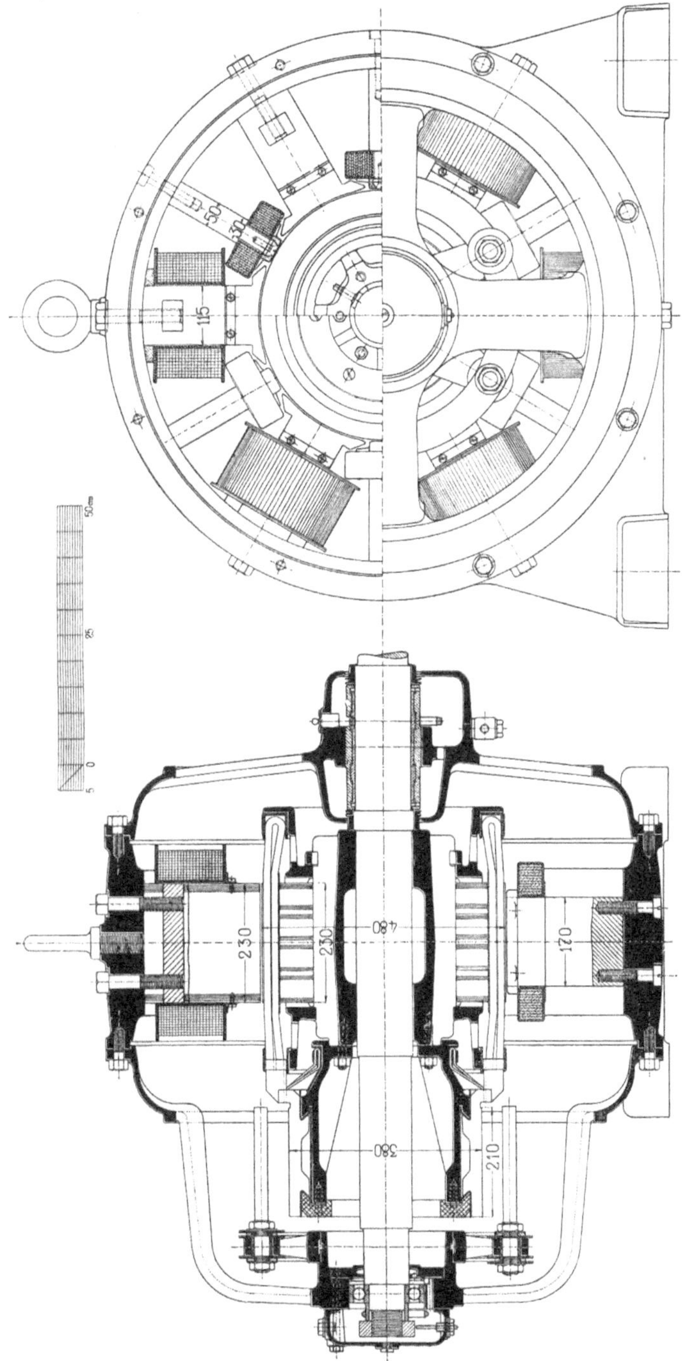

Fig. 291. Felten & Guilleaume-Lahmeyerwerke, Frankfurt a. M. Compound-Regulier-Dynamo. 0÷75 kW, 680 Umdr./Min.

Kommutator:

Durchmesser	$D_k = 38$ cm
Nutzbare Länge	$L_k = 14{,}5$ "
Lamellenzahl	$K = 306$
Kommutatorschritt	$y_k = 1$

Bürsten:

Material	Kohle
Anzahl der Stifte	6
Bürsten je Stift	4
Bürstenabmessungen	1,5 × 3 cm

Magnetgestell:

Polzahl	$2p = 6$
Polbogen	$b_p = 19{,}4$ cm
Polschuhlänge	$l_p = 23$ "
Kernquerschnitt	$Q_m = 252$ cm²
Jochquerschnitt	$Q_j = 260$ "

Nebenschlußwicklung:

Schaltung der Spulen:	Serie
Windungszahl je Spule	1000
Leiterabmessungen	$\phi = 2{,}3$ mm

Hauptschlußwicklung:

Schaltung der Spulen	2 parallele Kreise
Windungszahl je Spule	$5^1/_2$
Leiterabmessungen	8,5 × 10 mm

Wendepolwicklung:

Schaltung der Spulen:	Serie
Windungen je Spule	11
Leiterabmessungen	4 × 45 mm

Hieraus ergeben sich folgende charakteristische Größen:

Die Maschinenkonstante	$\frac{D_2\, l\, n}{\mathrm{kVA}} = 41{,}8 \cdot 10^4$
Die Umfangsgeschwindigkeit	$v = 17{,}1$ m/sek
Die Luftinduktion	$B_l = 8150$
Die Amperestabzahl am Ankerumfange	$AS = 230$
Die maximale Lamellenspannung bei Leerlauf	$E_{dk_{\max}} = 5{,}6$ Volt
Die Ankerkonstante	$k_a = 0{,}157$

Fig. 292 zeigt einen Motor, wie die Felten & Guilleaume-Lahmeyerwerke Maschinen von etwa 10 bis 100 kW ausführte. Dieses Modell ist in seinem Aufbau der beschriebenen Wendepolmaschine sehr ähnlich. Die Welle wird auch hier auf der Kommutatorseite von einem Kugellager und auf der Riemenscheibenseite von einem Gleitlager getragen.

14. Elektrotechnische Industrie Slikkerveer, Holland. 290 PS-Antriebs-Motor für ein Unterseeboot. 370 bis 550 Umdr./Min. 110 bis 165 Volt. 780 bis 2100 Amp.

Tafel III zeigt eine weitere Sonderkonstruktion dieser holländischen Firma. Diese Maschine soll sowohl als Generator wie als Motor arbeiten. Mit den beiden Ankerwicklungen parallel soll die Maschine als Generator 1000 Amp. bei 110—130 Volt und mit den Ankerwicklungen in Serie 780 Amp. bei 130—165 Volt bei max 400 Umdr./Min. leisten. Als Motor leistet die Maschine 290 PS bei 112 Volt und 370—550 Umdrehungen. Um diesen Motor möglichst leicht zu machen, ist derselbe achtpolig mit zwei Kommutatoren ausgeführt und alle Konstruktionsteile wie Ankerstern, Kommutatorbüchse und Grundplatte sind aus Stahlguß, während die Kapselung aus Stahlblech besteht. Um

Fig. 292. Normalmotor der Felten & Guilleaume-Lahmeyerwerke.

den axialen Schub der Schiffswelle aufzunehmen, sind auf der einen Seite des Motors sowohl zwei Axiallager wie ein Radiallager angeordnet. Alle vier Lager sind des leichten Gewichtes wegen als Kugellager ausgeführt. Der Motor wird deswegen nicht ganz geräuschlos laufen. Hinter jedem Kommutator befinden sich die Ausgleichsverbindungen.

Fig. 293 zeigt ein Lichtbild dieses Motors nach teilweiser Wegnahme der Verschalung.

Heute werden die elektrischen Hauptmaschinen für Unterseeboote allgemein als Doppelanker-Maschinen gebaut. Die beiden Anker können parallel und hintereinander geschaltet werden, um verschiedene Fahrtgeschwindigkeiten des Bootes zu erzielen.

Hauptdaten der Maschine.

Anker:

Durchmesser	$D = 80$	cm
Eisenlänge mit Luftschlitzen	$l_1 = 40$	„
Eisenlänge ohne Luftschlitze	$l = 35$	„
Eisenhöhe ohne Zähne	$h = 10{,}3$	„
Nutenzahl	$Z = 96$	
Nutenabmessungen	13×47	mm

Fig. 293. Elektrotechnische Industrie Slikkerveer. 290 PS-Motor, 550 Umdr./Min.

Wicklung:

Anzahl Stromzweige	$2a = 8$
Spulenzahl	$S = 192$
Leiterzahl je Spule	2×1
Leiterabmessungen	$1{,}5 \times 17$
Nutenschritt	$y_n = 11$ bezw. 12

Kommutator:

Durchmesser	$D_k = 55$ cm
Nutzbare Länge	$L_k = 18$ „
Lamellenzahl	$K = 192$ „
Kommutatorschritt	$y_k = 1$

Bürsten:

Material	Kohle
Anzahl der Stifte	8
Bürsten je Stift	5
Bürstenabmessungen	2×3 cm

Magnetgestell:

Polzahl	$2p = 8$
Polbogen	$b_p = 17{,}4$ cm
Polschuhlänge	$l_p = 39$ „
Kernquerschnitt	$Q_m = 390$ cm²
Jochquerschnitt	$Q_j = 240$ „

Nebenschlußwicklung:

Schaltung der Spulen:	Serie
Windungszahl je Spule	$= 302$
Leiterabmessungen	$\phi = 4$ mm

Wendepolwicklung:

Schaltung der Spulen:	Serie
Windungen je Spule	$= 32$
Leiterabmessungen	6×20

Temperaturerhöhungen mit Thermometer nach $1^1/_2$ Stdn. bei 1100 Amp. 110 Volt:

Ankereisen	30° C
Ankerkupfer	39° C
Kommutator	40,5° C
Feldwicklung	Kalt
Wendepolwicklung	„

Hieraus ergeben sich folgende charakteristische Größen:

Die Maschinenkonstante	$\frac{D^2 l n}{\mathrm{kVA}} = 35 \cdot 10^4$
Die Umfangsgeschwindigkeit	$v = 15{,}5$ m/sek
Die Luftinduktion	$B_l = 7800$
Die Amperestabzahl am Ankerumfange	$AS = 400$
Die maximale Lamellenspannung bei Leerlauf	$E_{dk_{\max}} = 8{,}3$ Volt
Die Ankerkonstante	$k_a = 0{,}43$

15. Gesellschaft für Elektrische Industrie, Karlsruhe i. B. Turbogenerator, 65 kW, 3000 Umdr./Min. 115 Volt, 565 Amp. (Tafel IV.)

Diese mit Wendepolen ausgerüstete Maschine ist unmittelbar gekuppelt mit einer Dampfturbine. Die Ankerbleche sitzen unmittelbar auf der Welle und haben außer drei radialen Luftschlitzen noch mehrere axiale rechteckige Schlitze. Die beiden seitlichen Preßplatten haben die gleiche Anzahl Öffnungen und pressen die Ankerbleche nur mit einzelnen Rippen.

Die als zweifache Parallelwicklung ausgeführte Wicklung liegt in keilverschlossenen, schräg gestellten Nuten. Die Keile sind aus Holz und derartig aus zwei Stücken zusammengeleimt, daß ihre Fasern senkrecht zueinander stehen. Die Stirnverbindungen sind durch übergeschobene Bronzekappen gegen die Wirkung der Fliehkraft geschützt. Sie werden mittels geschlitzter konischer Ringe an diese Bronzekappen gepreßt. Die Wicklung ist mit fünf Ausgleichsystemen versehen. Diese sind als Bandagen, die auf den hinteren Schrumpfring des Kommutators gewickelt sind, ausgebildet. Jedes System verbindet zwei einander diametral gegenüberliegende Lamellen miteinander. Außerdem sind an einigen Stellen zwei benachbarte Lamellen durch einen Bügel zwischen den Fahnen leitend miteinander verbunden. Diese Verbindungen besorgen den Ausgleich zwischen den beiden parallel geschalteten Wicklungen.

Der Kommutator wird durch vier Schrumpfringe zusammengehalten und ist mittels eines Konus auf der Welle befestigt. Die Bürstenstifte sind in kräftigen Bügeln festgeklemmt, die isoliert an einem zweiteiligen Ringe befestigt sind. Dieser Ring ist mittels vier Rollen auf jeder Seite drehbar in einem gußeisernen Gestell gelagert, das auf der Grundplatte befestigt ist. Die Verstellung der Bürsten erfolgt durch Schraubenspindel und Handrad. Das Magnetgestell ist aus Stahlguß. Die runden schmiedeeisernen Hauptpole und Wendepole sind angeschraubt. Die Polschuhe der Hauptpole sind lamelliert, während diejenigen der Wendepole angeschmiedet sind. Die Länge der letzteren beträgt etwa $^3/_4$ der Ankerlänge, die Breite etwa zwei Zahnteilungen.

Die Hilfspolwicklung ist aus einem Bronzezylinder gewindeartig herausgeschnitten. Auf der Kommutatorseite ist die Maschine durch eine Verschalung ganz abgeschlossen, wogegen die Verschalung auf der hinteren Seite mit Löchern versehen ist, durch welche die warme Luft entweichen kann. Die Maschine arbeitete bei allen Belastungen vollkommen funkenfrei.

Hauptdaten der Maschine.

Anker:

Durchmesser	$D = 36$ cm
Eisenlänge mit Luftschlitzen	$l_1 = 19$ „
Eisenlänge ohne Luftschlitze	$l = 16$ „
Eisenhöhe ohne Zähne	$h = 8$ „
Nutenzahl	$Z = 50$
Nutenabmessungen	$8{,}5 \times 26$ mm

Wicklung:

Anzahl Stromzweige	$2a = 8$
Spulenzahl	$S = 100$
Leiterzahl je Spule	2×1
Nutenschritt	$y_n = 12$

Kommutator:

Durchmesser	$D_k = 18$ cm
Nutzbare Länge	$L_k = 39$ „
Lamellenzahl	$K = 100$ „
Kommutatorschritt	$y_k = 2$

Bürsten:

Material	Kohle
Anzahl der Stifte	4
Bürsten je Stift	7
Bürstenabmessungen	$1{,}6 \times 3{,}0$ cm

Magnetgestell:

Polzahl	$2p = 4$
Polbogen	$b_p = 17$ cm
Polschuhlänge	$l_p = 17$ „
Kernquerschnitt	$Q_m = 165$ cm²
Jochquerschnitt	$Q_j = 100$ „

Nebenschlußwicklung:

Schaltung der Spulen:	Serie
Windungszahl je Spule	$= 1150$
Leiterabmessungen	$\phi = 2$ mm

Wendepolwicklung:

Schaltung der Spulen:	Serie
Windungen je Spule	$= 5$
Leiterabmessungen	23×23

Hieraus ergeben sich folgende charakteristische Größen:

Die Maschinenkonstante	$\dfrac{D^2 l n}{\text{kVA}} = 104 \cdot 10^4$
Die Umfangsgeschwindigkeit	$v = 56{,}5$ m/sek
Die Luftinduktion	$B_l = 8400$
Die Amperestabzahl am Ankerumfange	$AS = 125$
Die maximale Lamellenspannung bei Leerlauf	$E_{dk_{\max}} = 7{,}7$ Volt
Die Ankerkonstante	$k_a = 0{,}113.$

16. Maschinenfabrik Oerlikon. 300 kW-Turbogenerator, 3000 Umdr./Min. 500/550 Volt, 600 Amp.

Tafel V zeigt einen Turbogenerator, der noch so klein ist, daß er ohne Kompensationswicklung und mit ziemlich normaler Ankerkonstruktion ausgeführt werden kann. Er ist jedoch ventiliert gekapselt und mit Stehlager versehen. Die Kühlluft wird von einem auf der Rückseite des Ankers angeordneten Lüfter durch die Grundplatte vom Keller aus angesaugt. Nachdem die Luft den Anker und das Magnetsystem durchströmt hat, wird ein Teil derselben durch einen in der Grundplatte angeordneten Kanal dem Kommutator zugeführt. Durch große Mundstücke aus Holz wird die Luft

Fig. 294. Maschinenfabrik Oerlikon. 300 kW-Turbogenerator, 3000 Umdr./Min.

von unten gegen den Kommutator gepreßt. Die Maschine ist vierpolig und hat 500 mm Ankerdurchmesser und 210 mm Ankerlänge, weshalb die Maschinenkonstante

$$\frac{D^2 l n}{\text{kVA}} = 52{,}5\,10^4$$

wird. Das Joch ist aus Stahlguß, die Hauptpole sind lamelliert und die Wendepole aus Schmiedeeisen. In Fig. 294 ist der Generator mit der Turbine zusammen gezeigt.

17. Ateliers de Constructions Electriques de Charleroi. Turbomotor 350—450 PS, 2100—3000 Umdr./Min. 480 Volt, 750 Amp.

Fig. 295 zeigt einen Turbomotor, der zum Antrieb eines Hochdruckkompressors dient. Derselbe ist mit Rücksicht auf die ungewöhn-

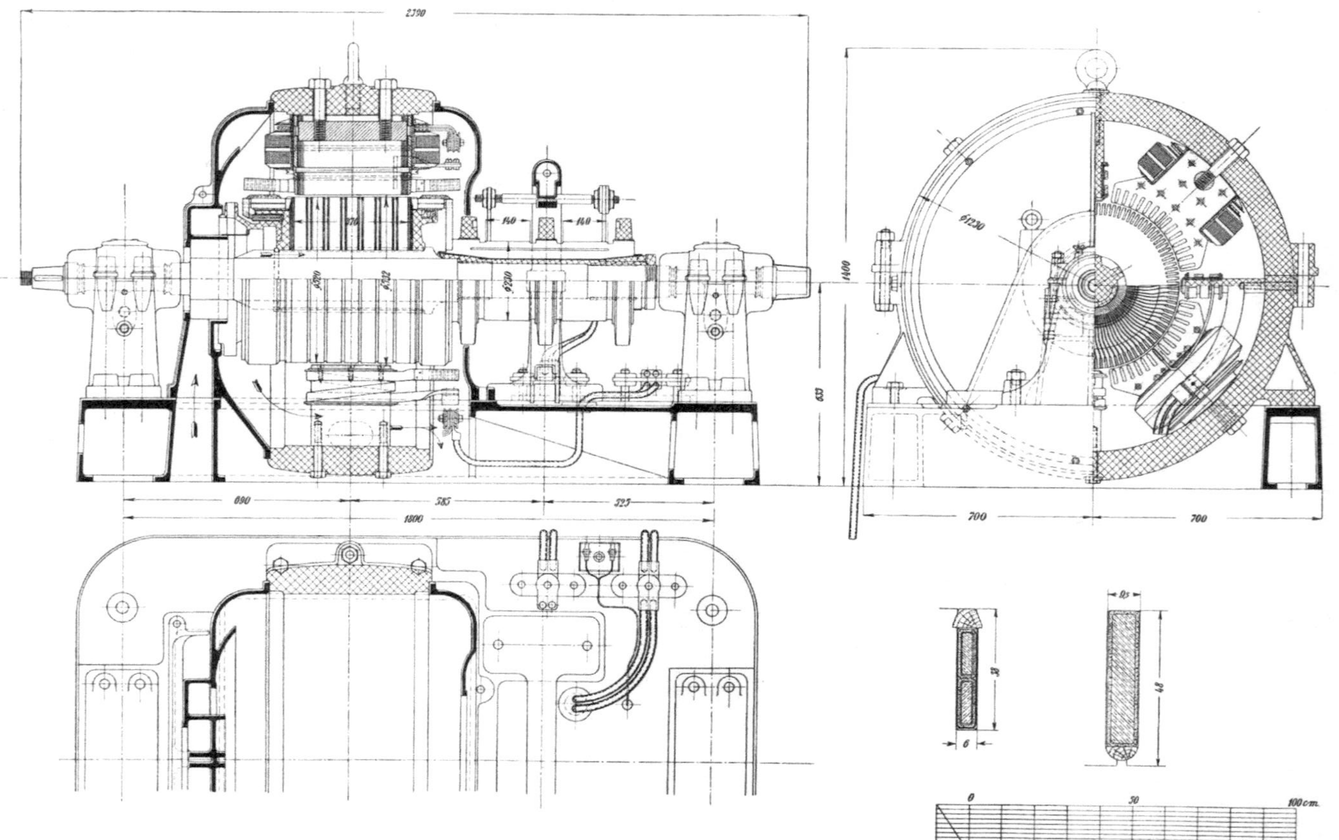

Fig. 295. Ateliers de Constructions Electriques de Charleroi. 450 PS-Turbomotor, 3000 Umdr./Min.

lich große Regelung der Drehzahl sowohl mit Kompensationswicklung als auch mit Wendepolen versehen. Der Ankerdurchmesser von 520 mm ist immerhin noch so klein, daß man mit Drahtbandagen auskommen kann. Der Motor ist ventiliert gekapselt und mit Stehlagern ausgeführt. Die Kühlluft wird durch eine die Welle umgebende Kappe von der Grundplatte aus angesaugt und in parallelen Strömen durch Anker und Magnetsystem gedrückt. Wie bei der vorhergehenden Maschine besteht auch hier das Joch aus Stahlguß, während die Hauptpole lamelliert und die Wendepole aus Schmiedeeisen ausgeführt sind.

Hauptdaten der Maschine.

Anker:

Durchmesser	$D = 52$ cm
Eisenlänge mit Luftschlitzen	$l_1 = 36$ „
Eisenlänge ohne Luftschlitze	$l = 31{,}2$ „
Eisenhöhe ohne Zähne	$h = 9{,}6$ „
Nutenzahl	$Z = 100$
Nutenabmessungen	6×39 mm

Wicklung:

Anzahl Stromzweige	$2a = 4$
Spulenzahl	$S = 100$
Leiterzahl je Spule	2×1
Leiterabmessungen	3×13 mm
Nutenschritt	$y_n = 25$

Kommutator:

Durchmesser	$D_k = 25$ cm
Nutzbare Länge	$L_k = 35$ „
Lamellenzahl	$K = 100$
Kommutatorschritt	$y_k = 1$

Bürsten:

Material:	Morganite HM_6 Kohle
Anzahl der Stifte	4
Bürsten je Stift	10
Bürstenabmessungen	2×2 cm

Magnetgestell:

Polzahl	$2p = 4$
Luftspalt	$\delta_m = 7{,}5$ mm
Polbogen	$b_p = 32$ cm
Polschuhlänge	$l_p = 35$ „
Kernquerschnitt	$Q_m = 665$ cm^2
Jochquerschnitt	$Q_j = 350$ „

Nebenschlußwicklung:

Schaltung der Spulen:	Serie
Windungszahl je Spule	2300
Leiterabmessungen	$\phi = 1{,}25$ mm

Hauptschlußwicklung:

Schaltung der Spulen:	Serie
Windungszahl je Spule	$= 1$
Leiterabmessungen	300 mm^2

Wendepolwicklung:

Schaltung der Spulen:	Serie
Windungen*) je Spule wovon 7 in einer Kompensationswicklung	$= 9$,
Leiterabmessungen	300 mm^2

*) 18% des Stromes gehen durch einen Parallelwiderstand.

Fig. 296. Anker des 450 PS-Turbomotors nach Fig. 295.

Hieraus ergeben sich folgende charakteristische Größen:

Die Maschinenkonstante	$\frac{D^2 l n}{\text{kVA}} = 70 \cdot 10^4$
Die Umfangsgeschwindigkeit	$v = 81{,}5$ m/sek
Die Luftinduktion	$B_l = 4800$
Die Amperestabzahl am Ankerumfange	$AS = 230$
Die maximale Lamellenspannung bei Leerlauf	$E_{dk_{\max}} = 24{,}5$ Volt
Die Ankerkonstante	$k_a = 1{,}2$

Fig. 297. Magnetgestell des 450 PS-Turbomotors nach Fig. 295.

Fig. 296 zeigt den Anker und Fig. 297 das Magnetsystem dieses Motors, während Fig. 298 den vollständigen Motor darstellt.

18. Aktiengesellschaft Brown, Boveri & Cie., Baden (Schweiz). Turbogenerator, 250 kW, 3000 Umdr./Min., 450—650 Volt, 555—384 Amp. (Tafel VI.)

Zwei dieser Maschinen sind unmittelbar gekuppelt mit einer Dampfturbine, System Brown, Boveri-Parsons. Die Maschinen sind mit Kompensationswicklung und Wendepolen versehen. Das Ankereisen

Fig. 298. Lichtbild des 450 PS-Turbomotors nach Fig. 295.

ist in sechs Pakete unterteilt, von denen jedes noch mit zwei Preßspaneinlagen von 0,5 mm Stärke versehen ist. Durch eine Reihe axialer Kanäle gelangt die von den Rippen der seitlichen Preßkörper angesaugte Luft zu den radialen Luftschlitzen.

Die Wicklung ist als Parallelwicklung ausgeführt und liegt in mit Holzkeilen verschlossenen Nuten. Die Stirnverbindungen werden durch übergeschobene Kappen aus Deltametall gegen die Wirkung der Fliehkraft geschützt. Die Kappe auf der Kommutatorseite ist durch eine Anzahl Bolzen mit dem Preßkörper verschraubt, während diejenige auf der hinteren Seite des Ankers außerdem noch mit einer Nabe auf die Welle aufgekeilt ist.

Die Kommutatorsegmente werden durch drei nahtlos geschmiedete und warm aufgezogene Stahlringe zusammengehalten. Die äußeren Ringe haben Ausdrehungen zum Einbringen von Gewichten beim Auswuchten. Die Isolation zwischen Schrumpfring und Kommutator, sowie zwischen den einzelnen Lamellen besteht aus Mikaplatten. Die Fahnen am Kommutator werden aus federhartem Bronzeblech gebogen. Sie sind mit den Lamellen vernietet und mit Hartlot verlötet. Die Verbindung zwischen den Ankerstäben und Fahnen erfolgt durch beiderseits verlötetes Kabel. Eine Marke an den Lamellen gibt an, wie weit der Kommutator abgedreht werden darf. Die Befestigung auf der Welle erfolgt durch konische Bronzeringe und einen konischen geschlitzten Stahlring. Der Bürstenstiftträger ist am Lager angebracht und mittels Spindel und Mutter drehbar.

Auf der Ankerseite werden die Bürstenstifte durch einen Stellring gehalten, der mit dem Bürstenstiftträger noch durch zwei Eisenstifte verbunden ist. Fig. 299 zeigt die Bürstenbrille eines ähnlichen Generators.

Das lamellierte Feldeisen hat vier Luftschlitze. Die seitlichen Preßplatten sind entsprechend den Nuten des Feldes ausgefräst und durch eine Anzahl Keile, die in Gußansätzen des Gehäuses liegen, festgehalten.

Fig. 299. Bürstenbrücke eines Turbogenerators der A.-G. Brown, Boveri & Cie.

Die Nebenschlußwicklung liegt in vier breiten Nuten und ist in sechs Pakete unterteilt. Die Kompensationswicklung aus Flachkupfer liegt teils in den breiten Nuten und teils in einer Anzahl gleichmäßig in dem Hauptpol verteilter schmaler Nuten. Die Verbindungen sind ebenfalls aus Flachkupfer und mit den Kompensationsstäben verlötet und vernietet. Sie werden durch Fiberstücke in richtigem Abstande gehalten.

Die Wendepole dieser Maschine (in der Tafel mit *WP* bezeichnet) sind mit dem Magnetsystem aus einem Stück gestanzt. Zum leichteren Ausproben der richtigen Form des Wendepoles setzt die Firma gegenwärtig ein besonderes Blechpaket für den Wendepol schwalbenschwanzförmig in das Joch ein. Der untere, dem Anker zugekehrte Teil des Wendepoles besteht bei dieser Ausführung aus Schmiedeeisen. Er wird an das Blechpaket angeschraubt.

Das gußeiserne Gehäuse hat nur oben eine Öffnung, durch die die erwärmte Luft entweichen kann. Die Luft wird auf der dem Kommutator entgegengesetzten Seite durch einen Kanal von unten durch die Rippen des Preßkörpers und der Schutzkappe angesaugt und durch die axialen und radialen Kanäle des Anker- und des Feldeisens gedrückt. Gegen den Kommutator hin ist das Gehäuse dicht abgeschlossen.

Hauptdaten der Maschine.

Anker:

Durchmesser	$D = 48$ cm
Eisenlänge mit Luftschlitzen	$l_1 = 52$ „
Eisenlänge ohne Luftschlitze	$l = 46$ „
Eisenhöhe ohne Zähne	$h = 7{,}8$ „
Nutenzahl	$Z = 72$
Nutenabmessungen	$11{,}5 \times 37$ mm

Wicklung:

Anzahl Stromzweige	$2a = 2$
Spulenzahl	$S = 72$
Leiterzahl je Spule	2×1
Leiterabmessungen	$2\,(3{,}5 \times 10)$
Nutenschritt	$y_n = 36$

Kommutator:

Durchmesser	$D_k = 26$ cm
Nutzbare Länge	$L_k = 42$ „
Lamellenzahl	$K = 72$
Kommutatorschritt	$y_k = 1$

Bürsten:

Material:	Metall-Kohle (Endruweit)
Anzahl der Stifte	2
Bürsten je Stift	5
Bürstenabmessungen	$0{,}8 \times 4$ cm

Magnetgestell:

Polzahl	$2p = 2$
Polbogen	$b_p = 49{,}5$ cm
Polschuhlänge	$l_p = 45/50$ „
Kernquerschnitt	$Q_m = 1500$ cm²
Jochquerschnitt	$Q_j = 375$ „

Nebenschlußwicklung:

Schaltung der Spulen:	Serie
Windungszahl je Spule	$= 216$
Leiterabmessungen	$\phi = 3{,}3$ mm

Wendepolwicklung:

Schaltung der Spulen:	Serie
Windungen je Spule	$= 22$
Leiterabmessungen	$5{,}5 \times 35$ $(2 \times 2{,}5 \times 40)$

Hieraus ergeben sich folgende charakteristische Größen:

Die Maschinenkonstante	$\dfrac{D^2\,l\,n}{\text{kVA}} = 87{,}5 \cdot 10^4$
Die Umfangsgeschwindigkeit	$v = 75{,}5$ m/sek
Die Luftinduktion	$B_l = 4000$
Die Amperestabzahl am Ankerumfange	$AS = 265$
Die maximale Lamellenspannung bei Leerlauf	$E_{dk_{\max}} = 27{,}3$ Volt
Die Ankerkonstante	$k_a = 1{,}83$

19. Sachsenwerk, Licht und Kraft A.-G., Niedersedlitz. 400 kW-Turbogenerator, 3000 Umdr./Min. 2×290 Volt.

Tafel VII zeigt einen modernen vierpoligen Turbogenerator, der, wie heute üblich ist, ventiliert gekapselt ausgeführt ist. Die Luft wird vom Keller durch die Grundplatte an beiden Enden angesaugt. Der eine Luftstrom wird durch den Anker und das Magnetsystem geleitet und von hier durch die Mitte der Grundplatte zu einem im Keller befindlichen Abluftkanal geführt. Ein zweiter bedeutend kleinerer Luftstrom wird durch einen Lüfter durch gußeiserne Röhren mit auf den Kommutator gerichteten Schlitzen gegen diesen von drei Seiten geblasen.

Das Gehäuse ist aus Stahlguß, die Hauptpole sind lamelliert und die Wendepole aus Schmiedeeisen. In die großen Polschuhe der Hauptpole ist eine kräftige Kompensationswicklung eingebaut. Der Anker und Kommutator sind wie bei der vorhergehenden Maschine in der bei Turbogeneratoren üblichen Weise ausgeführt. Bemerkenswert ist die einfache Anordnung der Ausgleichringe auf der Rückseite des Ankers. Auf der gleichen Seite des Ankers befinden sich auch die für die Spannungsteilung erforderlichen Schleifringe, deren Zahl in diesem Falle zu drei gewählt ist.

Fig. 300. Sachsenwerk, Licht und Kraft A.-G. 400 kW-Turbogenerator, 3000 Umdr./Min.

Der Ankerdurchmesser ist 550 mm und die Ankerlänge ohne Luftschlitze 330 mm, so daß die Maschinenkonstante

$$\frac{D^2\, l\, n}{\mathrm{kVA}} = 75 \cdot 10^4$$

wird.

Fig. 300 zeigt das Lichtbild des Magnetgestells.

Zehntes Kapitel.

40. Beispiele ausgeführter großer Maschinen.

Es soll hier eine Anzahl größerer Maschinen teils in üblicher, teils in Sonderausführung für große Stromstärken, hohe Spannungen oder Drehzahlen beschrieben werden. Wir fangen mit den normalen an, die für Motorgeneratorsätze zur Umformung von Drehstrom in Gleichstrom verwendet werden.

20. Brown, Boveri & Cie., A.-G., Baden. 710/1300 kW-Motorgenerator, 620/735 Umdr./Min., etwa $\pm$ 530 Volt, 1340/2450 Amp.

Tafel VIII zeigt eine kompoundierte Anlaßdynamo, die von einem Induktionsmotor mit $15\,^0/_0$ Drehzahlregelung angetrieben wird. Die Maschine, die Strom für eine Förderanlage liefern soll, ist sehr kräftig und gedrungen gebaut. Die Ankerbleche, die nur aus einem Stück bestehen, sind auf einen kräftigen und einfachen Ankerstern aufgesetzt und werden durch Bolzen zusammengehalten, die zur Hälfte in die Ankerbleche und zur Hälfte in die Arme der Ankersterne gebettet sind; sie ersetzen somit auch die Keile in den Ankerarmen. Die Ankerwicklung besteht aus vier Stäben je Nut, die durch Holzkeile festgehalten werden. Unterhalb der Stirnverbindungen auf der Kommutatorseite des Ankers sind die Ausgleichverbindungen angeordnet, was eine billige und gut geschützte Bauart ergibt. Die Kommutatorbüchse ist an den Ankerstern festgeschraubt. Das Joch ist aus Stahlguß, die Wendepole sind aus Schmiedeeisen, während die Hauptpole lamelliert sind. Die Hauptschlußwicklung liegt dem Anker am nächsten; die Nebenschlußwicklung ist aufgeteilt in vier Spulen je Pol und dadurch gut belüftet. Die Bürstenbrücke ist auf dem unteren Teil des Stehlagers befestigt, so daß der obere Lagerdeckel entfernt werden kann, ohne die Bürstenbrücke abbauen zu müssen. Der Ankerdurchmesser ist 1050 mm und die Ankerlänge ohne Luftschlitze etwa 320 mm, so daß die Maschinenkonstante

$$\frac{D^2\,l\,n}{\mathrm{kVA}} = 31 \cdot 10^4$$

wird.

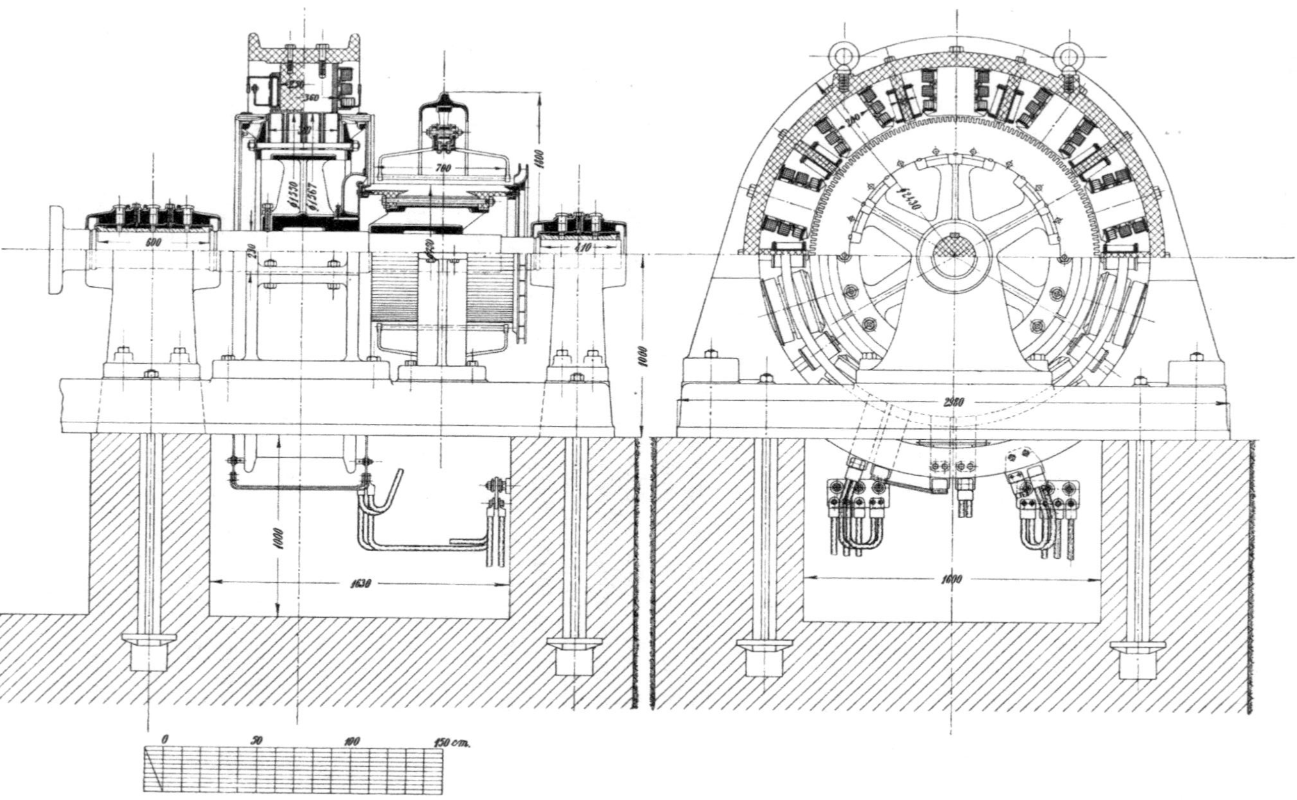

Fig. 301. Sachsenwerk, Licht und Kraft A.-G. 1000 kW-Motorgenerator, 490 Umdr./Min.

21. Sachsenwerk, Licht und Kraft A.-G., Niedersedlitz. 1000 kW-Generator, 490 Umdr./Min., 250—275 Volt, 4000 Amp.

Fig. 301 zeigt einen für Licht- und Kraftzwecke gebauten Gleichstromgenerator, der mit einem 1500 PS-Induktionsmotor fest gekuppelt ist. Der Maschinensatz hat drei Lager, von denen die Gleichstrommaschine der großen Kommutatorlänge wegen mit zwei ausgeführt ist. Die Maschine ist zehnpolig und liefert somit 800 Amp. von jedem Bürstenstift. Diese große Stromstärke verlangt eine nützliche Kommutatorlänge von 700 mm. Der Kommutator ist trotzdem nicht geteilt, sondern nur durch zwei Lüfter stark gekühlt. Der innere Lüfter führt dem Kommutator Frischluft vom Innern desselben zu, während der andere Lüfter an der äußeren Seite des Kommutators die warme Luft vom Kommutator wegsaugt.

Das Joch und die Wendepole sind aus Stahlguß, während die Hauptpole lamelliert sind. Das Joch hat einen U-förmigen Querschnitt, um demselben genügend Festigkeit zu geben. Die Hauptstromwicklung ist auf dem dem Anker zugewendeten Teil der Hauptpole untergebracht, während die Nebenschlußwicklung außerhalb dieser in zwei Spulen aufgeteilt ist. Hierdurch ist für eine gute

Fig. 302. Lichtbild des 1000 kW-Motorgenerators nach Fig. 301.

Belüftung der Feldwicklungen gesorgt. Die Bürstenbrücke ist frei auf der Grundplatte aufgestellt. Der Ankerdurchmesser ist 1550 mm und die wirksame Ankerlänge 350 mm, so daß die Maschinenkonstante

$$\frac{D^2\,l n}{\mathrm{kVA}} = 37{,}5 \cdot 10^4$$

wird. Fig. 302 zeigt den Generator mit Motor, zusammen auf gemeinsamer Grundplatte aufgebaut.

22. Ateliers de Constructions Electriques de Charleroi. Älterer Bahngenerator ohne Wendepole, 500 kW, 100 Umdr./Min., 500 Volt, 1000 Amp.

Tafel IX zeigt einen mit einer Dampfmaschine gekuppelten Bahngenerator, wie man diesen ausführte, bevor man allgemein zur Anwendung von Wendepolen überging. Der Generator ist entsprechend den hohen Anforderungen, welchen der Bahnbetrieb mit seinen starken und raschen Belastungsschwankungen an die Maschinen stellt, sehr kräftig und gedrungen gebaut. Der Ankerkörper ist mit dem Schwungrad fest verschraubt und dadurch gewissermaßen mit diesem zu einem Stücke vereinigt, so daß die aus den Belastungsschwankungen sich ergebenden Stöße unmittelbar vom Schwungrad aufgenommen werden, ohne die Welle und die übrigen Maschinenteile zu beanspruchen.

Der Ankerkörper ist auf eine sogenannte falsche Nabe aufgesetzt; diese ist zweiteilig und wurde angeordnet, um den einteiligen Ankerkörper über die Kurbel der Dampfmaschinenwelle bringen zu können. Das Joch besteht aus Gußeisen und zeigt einen massiven, einfach zu formenden Querschnitt. Pole und Polschuhe bilden ein Stück. Die Polschuhe sind in axialer Richtung steil abgeschnitten. Die Ankerwicklung ist als vierfach geschlossene Reihenparallelschaltung mit Äquipotentialverbindungen ausgeführt, die hinter dem Anker in Form von Gabeln angeordnet sind. Der Bürstenträger ist, wie dies bei größeren Maschinen vielfach geschieht, durch vier Konsole an dem Joch befestigt.

Rechts neben der Maschine ist noch die zugehörige Schaltsäule U sichtbar, auf welcher der Schalter der Ausgleichleitung und ein Umschalter angebracht ist, mit dem man die Maschine entweder als Doppelschlußmaschine oder als Nebenschlußmaschine schalten kann. Das Schaltbild dieser Anordnung zeigt Fig. 3 Tafel IX. Der einfache Schalter stellt den Schalter der Ausgleichleitung, der doppelarmige den Umschalter dar, mit welchem die Hauptschlußwicklung kurzgeschlossen werden kann.

Hauptdaten der Maschine.

Anker:

Durchmesser $D = 220$ cm

Eisenlänge mit Luftschlitzen $l_1 = 45$ „

Eisenlänge ohne Luftschlitze $l = 41$ „

Eisenhöhe ohne Zähne $h = 21{,}8$ cm

Nutenzahl $Z = 338$

Nutenabmessungen $10{,}5 \times 42$ mm

Wicklung:		Magnetgestell:	
Anzahl Stromzweige	$2a = 8$	Polzahl	$2p = 12$
Spulenzahl	$S = 676$	Polbogen	$b_p = 43$ cm
Leiterzahl je Spule	2×1	Polschuhlänge	$l_p = 43$ „
Leiterabmessungen	$3,1 \times 14,5$ mm	Kernquerschnitt	$Q_m = 1320$ cm²
Nutenschritt	$y_n = 28$	Jochquerschnitt	$Q_j = 1480$ „

Kommutator:	
Durchmesser	$D_k = 170$ cm
Nutzbare Länge	$L_k = 20$ „
Lamellenzahl	$K = 676$
Kommutatorschritt	$y_k = 112$

Bürsten:	
Material	Kohle
Anzahl der Stifte	12
Bürsten je Stift	4
Bürstenabmessungen	$1,5 \times 4$ cm

Nebenschlußwicklung:

Schaltung der Spulen: Serie
Windungszahl je Spule = 800
Leiterabmessungen $\phi = 3,5$ mm

Hauptschlußwicklung:

Schaltung der Spulen: Serie
Windungszahl je Spule = $5^1/_2$
Leiterabmessungen $2 (4 \times 90)$ mm

Hieraus ergeben sich folgende charakteristische Größen:

Die Maschinenkonstante . . . . . . $\frac{D^2 l n}{\text{kVA}} = 40 \cdot 10^4$

Die Umfangsgeschwindigkeit . . . . . $v = 11,5$ m/sek

Die Luftinduktion . . . . $B_l = 8450$

Die Amperestabzahl am Ankerumfange $AS = 246$

Die maximale Lamellenspannung bei Leerlauf . . . . $E_{dk\,max} = 11,9$ Volt

Die Ankerkonstante . . . . $k_a = 0,350$

23. Felten & Guilleaume-Lahmeyerwerke, Frankfurt a. M. Generator, 1100 kW, 94 Umdr./Min., 630 Volt, 1750 Amp. (Taf. X.)

Diese Maschine ist für unmittelbare Kupplung mit einer Dampfmaschine gebaut worden. Sie ist mit Wendepolen der bei dieser Firma üblich gewesenen Bauart ausgerüstet. Der Kommutator ist an das Armsystem des Ankers angeschraubt. Der Bürstenhalterring wird von einem Ansatz am Lager getragen und ist wie ein Rad mit Armen gebaut. Die Wicklung ist mit Ausgleichverbindungen versehen. Das Joch besteht aus Gußeisen, die Haupt- und Wendepole sind aus Stahlguß. Der Querschnitt der Hauptpole ist oval.

Hauptdaten der Maschine.

Anker:

Durchmesser	$D = 320$ cm
Eisenlänge mit Luftschlitzen	$l_1 = 30$ „
Eisenlänge ohne Luftschlitze	$l = 27$ „
Eisenhöhe ohne Zähne	$h = 15{,}2$ „
Nutenzahl	$Z = 355$
Nutenabmessungen	$9{,}7 \times 48$ mm

Wicklung:

Anzahl Stromzweige	$2a = 10$
Spulenzahl	$S = 1065$
Leiterzahl je Spule	2×1
Leiterabmessungen	2×20 mm
Nutenschritt	$y_n = 17$

Kommutator:

Durchmesser	$D_k = 220$ cm
Nutzbare Länge	$L_k = 19{,}5$ „
Lamellenzahl	$K = 1065$
Kommutatorschritt	$y_k = 106$

Bürsten:

Material	Kohle
Anzahl der Stifte	20
Bürsten je Stift	5
Bürstenabmessungen	2×3 cm

Magnetgestell:

Polzahl	$2p = 20$
Polbogen	$b_p = 34$ cm
Polschuhlänge	$l_p = 30$ „
Kernquerschnitt	$Q_m = 690$ cm²
Jochquerschnitt	$Q_j = 750$ „

Nebenschlußwicklung:

Schaltung der Spulen: Serie
Windungszahl je Spule $= 780$
Leiterabmessungen $\phi = 4{,}2$ mm

Wendepolwicklung:

Schaltung der Spulen: Serie
Windungen je Spule $= 7$
Leiterabmessungen 11×80 mm

Hieraus ergeben sich folgende charakteristische Größen:

Die Maschinenkonstante . . . . . . $\frac{D^2 l n}{\text{kVA}} = 23{,}5 \cdot 10^4$
Die Umfangsgeschwindigkeit . . . . . . $v = 15{,}7$ m/sek
Die Luftinduktion . . . . $B_l = 10300$
Die Amperestabzahl am Ankerumfange $AS = 373$
Die maximale Lamellenspannung bei Leerlauf . . . . $E_{dk_{max}} = 17{,}4$ Volt
Die Ankerkonstante . . . . $k_a = 0{,}635$

24. Svenska Elektromekaniska Industri A. B. Helsingborg, 2000 kW-Nebenschlußgenerator, 250 Umdr./Min., 440—600 Volt, 4550—3340 Amp.

Tafel XI zeigt einen mit einem Synchronmotor gekuppelten Generator, der sowohl für Licht- als Bahnbetrieb bestimmt ist. Da derselbe mit großer Spannungsregelung und für einen sehr hohen Wirkungsgrad gebaut werden sollte, war es vorteilhaft, die Maschine mit Kompensationswicklung auszuführen. Die 16 Hauptpole sind lamelliert und an einem U-förmigen Stahlgußjoch angeschraubt. Der Kommutator ist zweiteilig ausgeführt und die Büchse mittels

Armen und Nabe auf der Welle befestigt. Hierdurch kann der Kommutatordurchmesser bei der hohen Drehzahl verhältnismäßig klein gehalten werden. Die Bürstenbrücke ist auf der Grundplatte

Fig. 303. Svenska Elektromekaniska Industri A. B. 2000 kW-Motorgenerator, 250 Umdr./Min.

freistehend befestigt, so daß alle Bürstenhalter leicht zugänglich sind. Diese sind von ähnlicher Konstruktion wie die in Fig. 210 gezeigten, welche einzeln von der Bürstenspindel entfernt und eingestellt werden können. Die Maschine soll dauernd 2000 kW bei allen Spannungen zwischen 440 und 600 Volt abgeben können, ohne mehr als 40^0 Übertemperatur anzunehmen. Der Wirkungsgrad wurde bei direkter Messung zu $96\,^0/_0$ ermittelt. Fig. 303 zeigt diese Maschine mit einem Synchronmotor von 3150 kVA gekuppelt. Dieser dient gleichzeitig als Phasenschieber für das Wechselstromnetz.

Hauptdaten der Maschine.

Anker:

Durchmesser $D = 260$ cm
Eisenlänge mit Luftschlitzen $l_1 = 40$ „
Eisenlänge ohne Luftschlitze $l = 35{,}2$ „
Eisenhöhe ohne Zähne $h = 17{,}25$ „
Nutenzahl $Z = 280$
Nutenabmessungen $12{,}5 \times 40$ mm
Leiterabmessungen $4{,}25 \times 15$
Nutenschritt $y_n = 17$

Wicklung:

Anzahl Stromzweige $2a = 16$
Spulenzahl $S = 560$
Leiterzahl je Spule 2×1

Kommutator:

Durchmesser $D_k = 150$ cm
Nutzbare Länge $L_k = 2 \times 25$ „
Lamellenzahl $K = 560$
Kommutatorschritt $y_k = 1$

Bürsten:

Material	Kohle
Anzahl der Stifte	16
Bürsten je Stift	14
Bürstenabmessungen	1,5 × 3 cm

Magnetgestell:

Polzahl	$2p = 16$
Polbogen	$b_p = 37{,}5$ cm
Polschuhlänge	$l_p = 40$ „
Kernquerschnitt	$Q_m = 1080\,\text{cm}^2$
Jochquerschnitt	$Q_j = 590$ „

Nebenschlußwicklung:

Schaltung der Spulen: Serie
Windungszahl je Spule = 500
Leiterabmessungen $\phi = 3{,}2$ mm

Wendepolwicklung:

Schaltung der Spulen: 2 parallele Kreise
Windungen je Spule: $2^1/_2 + 3$ in den Polschuhen
Leiterabmessungen = 1100 mm bzw. 780 mm²

Hieraus ergeben sich folgende charakteristische Größen:

Die Maschinenkonstante . . . . . . $\frac{D^2 l n}{\text{kVA}} = 21{,}8 \cdot 10^4$

Die Umfangsgeschwindigkeit . . . . . . $v = 34$ m/sek

Die Luftinduktion . . . . $B_l = 9700$

Die Amperestabzahl am Ankerumfange $AS = 390$

Die maximale Lamellenspannung bei Leerlauf . . . . $E_{dk_{\max}} = 23{,}3$

Die Ankerkonstante . . . . $k_a = 0{,}94$

25. Bruce Peebles & Co. Ltd., Edinburgh. Niederspannungsgenerator, 500 kW, 375 Umdr./Min., 125 Volt, 4000 Amp.

Fig. 304 zeigt einen Generator für Aluminiumöfen, von denen zwei mit einer Wasserturbine gekuppelt sind. Um bei den hier in Frage kommenden Drehzahlen kurze Kommutatoren zu bekommen, wurden diese Maschinen mit 16 Polen ausgeführt. Die beiden Ankersterne sind durch Bolzen miteinander fest verbunden, und wie ersichtlich, lassen dieselben eine gute Ventilation der Ankerkerne und Ankerwicklungen zu. Die Keile in den Armen der Ankersterne sind nicht in ihnen befestigt. Die Ankerbleche werden durch die Keile wie die Glieder einer Kette zusammengehalten und können sich somit frei ausdehnen und selbst zentrieren. Diese Konstruktion erfordert aber eine sorgfältige Ausführung in der Werkstatt, da man sonst Gefahr läuft, daß der Ankerdurchmesser größer ausfällt als berechnet. Die Holzkeile, welche die Ankerwicklung in den Nuten festhalten, sind durch ihre abgerundete Form und großes Widerstandsmoment bemerkenswert. Um den Kommutator und die Ankerwicklung gut zu kühlen, sind die Verbindungsbleche zwischen diesen beiden sehr breit gehalten. Das Joch ist aus Gußeisen und die Hauptpole sind lamelliert, während die Wendepole aus Schmiedeeisen ausgeführt sind.

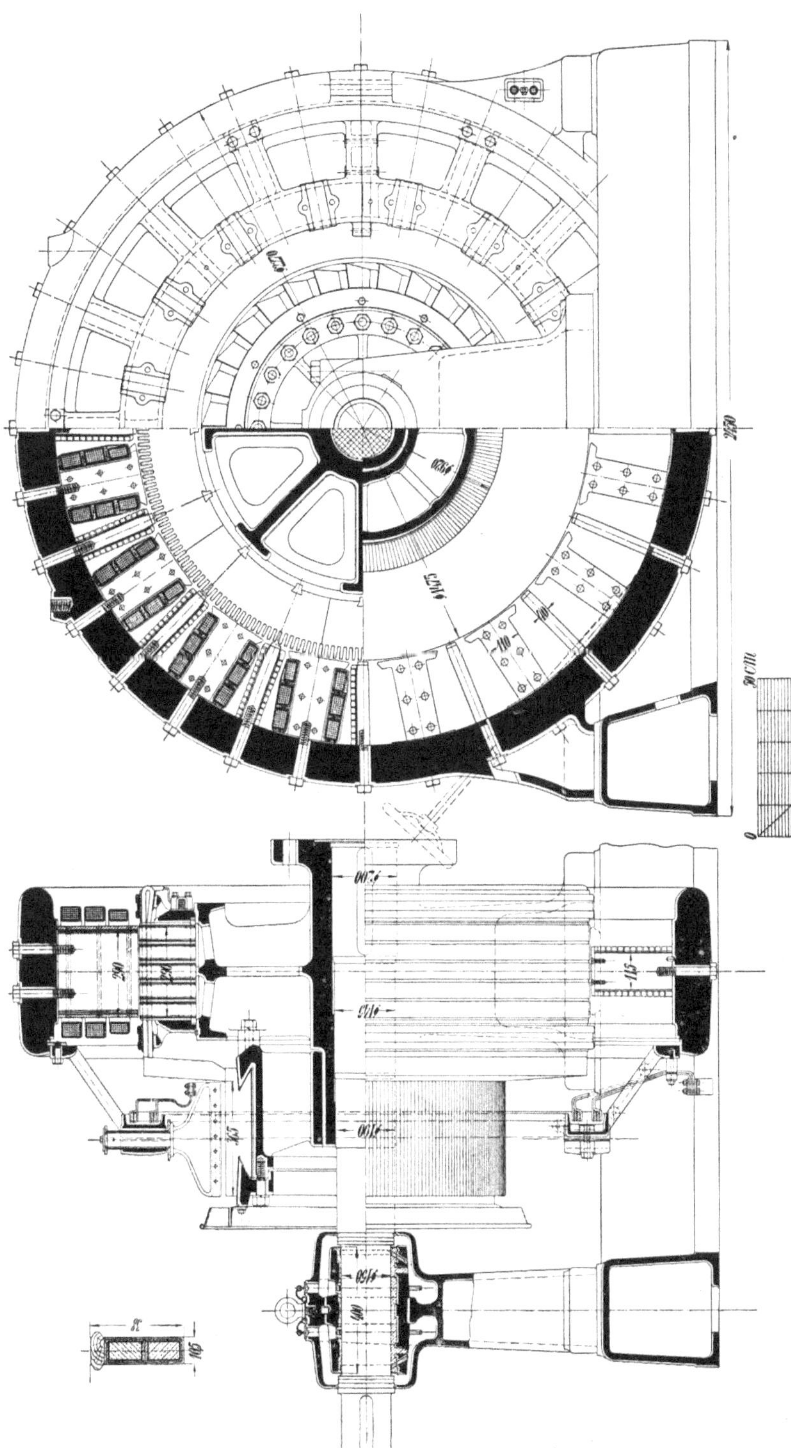

Fig. 304. Bruce Peebles & Co. 500 kW-Niederspannungsgenerator, 375 Umdr./Min.

Fig. 305 zeigt die beiden Zwillingsgeneratoren auf gemeinsamer Grundplatte aufgestellt.

Hauptdaten der Maschine:

Anker:

Durchmesser	$D = 147{,}5$ cm
Eisenlänge mit Luftschlitzen	$l_1 = 29$ „
Eisenlänge ohne Luftschlitze	$l = 26$ „
Eisenhöhe ohne Zähne	$h = 14{,}7$ „
Nutenzahl	$Z = 224$ „
Nutenabmessungen	$10{,}5 \times 38$ mm

Wicklung:

Anzahl Stromzweige	$2a = 16$
Spulenzahl	$S = 224$
Leiterzahl je Spule	2×1
Leiterabmessungen	7×13
Nutenschritt	$y_n = 14$

Kommutator:

Durchmesser	$D_k = 92$ cm
Nutzbare Länge	$L_k = 36{,}5$ „
Lamellenzahl	$K = 224$
Kommutatorschritt	$y_k = 1$

Bürsten:

Material	Kohle
Anzahl der Stifte	16
Bürsten je Stift	7
Bürstenabmessung.	$= 2{,}1 \times 4{,}5$ cm

Magnetgestell:

Polzahl	$2p = 16$
Polbogen	$b_p = 20$ cm
Polschuhlänge	$l_p = 29$ „
Kernquerschnitt	$Q_m = 305$ cm²
Jochquerschnitt	$Q_j = 630$ „

Nebenschlußwicklung:

Schaltung der Spulen: Serie
Windungszahl je Spule $= 185$
Leiterabmessungen $= 4 \times 6$ mm

Wendepolwicklung:

Schaltung der Spulen: 8 parallele Kreise
Windungen je Spule $= 10^1/_2$
Leiterabmessungen $= 6 \times 3 \times 15$

Abb. 305. Zwillingsgeneratoren von Bruce Peebles & Co. nach Fig. 304.

Hieraus ergeben sich folgende charakteristische Größen:

Die Maschinenkonstante . . . . . . $\frac{D^2 l n}{\mathrm{kVA}} = 42{,}5 \cdot 10^4$

Die Umfangsgeschwindigkeit . . . . . $v = 29$ m/sek

Die Luftinduktion . . . . $B_l = 8550$

Die Amperestabzahl am Ankerumfange $AS = 242$

Die maximale Lamellenspannung bei Leerlauf . . . . $E_{dk_{\max}} = 12{,}9$ Volt

Die Ankerkonstante . . . . $k_a = 0{,}363$

26. British Westinghouse Co. Ltd. Manchester. 1450 PS-Fördermotor. 96 Umdr./Min. 600 Volt, 1920 Amp.

Tafel XII zeigt einen 18 poligen Motor mit kräftigem gußeisernen Joche und lamellierten Polen. Der Kommutator ist an den Armen des Ankersternes befestigt, was eine leichte Kommutatorkonstruktion und einen gut belüfteten Anker ergibt. Die Bürstenbrücke ist an

Fig. 306. British Westinghouse Co. 1450 PS-Fördermotor, 96 Umdr./Min.

dem Joch befestigt. Auf ihr sind die Bürstenarme isoliert befestigt. Diese lassen sich radial verschieben, wenn die Nachstellung der Bürsten wegen Abnutzung des Kommutators es erfordert. Wie aus Fig. 306 hervorgeht, hat die Maschine durch ihre Einfachheit ein schönes Aussehen bekommen. Die Maschine ist bemessen für die

Höchstleistung von 2600 PS während 20 Sekunden, 1670 PS während 2 Stunden. Sie darf bei 1450 PS nach 6 Stunden in 2000 m Höhe über Meeresspiegel nicht mehr als 40^0 C Übertemperatur annehmen. Fig. 306 zeigt ein Lichtbild dieser großen und gut entworfenen Maschine.

Hauptdaten der Maschine.

Anker:

Durchmesser	$D = 275$ cm
Eisenlänge mit Luftschlitzen	$l_1 = 50{,}8$ „
Eisenlänge ohne Luftschlitze	$l = 45$ „
Eisenhöhe ohne Zähne	$h = 28$ „
Nutenzahl	$Z = 252$
Nutenabmessungen	$14 \times 49{,}5$ mm

Wicklung:

Anzahl Stromzweige	$2a = 18$
Spulenzahl	$S = 1260$
Leiterzahl je Spule	2×1
Leiterabmessungen	$1{,}9 \times 17{,}5$ mm
Nutenschritt	$y_n = 14$

14 Ausgleichringe

Kommutator:

Durchmesser	$D_k = 212$ cm
Nutzbare Länge	$L_k = 26{,}5$ „
Lamellenzahl	$K = 1260$
Kommutatorschritt	$y_k = 1$

Bürsten:

Material	Kohle
Anzahl der Stifte	18
Bürsten je Stift	5
Bürstenabmessungen	$1{,}9 \times 4{,}5$ cm

Magnetgestell:

Polzahl	$2p = 18$
Luftspalt	$\delta = 8$ mm
Polbogen	$b_p = 31$ cm
Polschuhlänge	$l_p = 48$ „
Kernquerschnitt	$Q_m = 1160$ cm²
Jochquerschnitt	$Q_j = 1500$ „

Nebenschlußwicklung:

Schaltung der Spulen:	Serie
Windungszahl je Spule	180
Leiterabmessungen	$5{,}9 \times 5{,}9$ mm²

Fremderregung mit 220 Volt

Wendepolwicklung:

Schaltung der Spulen:	Serie
Windungen je Spule	6
Leiterabmessungen	32×38 mm

Hieraus ergeben sich folgende charakteristische Größen:

Die Maschinenkonstante	$\dfrac{D^2 l n}{\text{kVA}} = 28{,}7 \cdot 10^4$
Die Umfangsgeschwindigkeit	$v = 13{,}8$ m/sek
Die Luftinduktion	$B_l = 10600$
Die Amperestabzahl am Ankerumfange	$AS = 310$
Die maximale Lamellenspannung bei Leerlauf	$E_{dk_{\max}} = 13{,}2$
Die Ankerkonstante	$k_a = 0{,}385$

27. Deutsche Elektrizitätswerke Garbe, Lahmeyer & Co., Aachen. 1500 PS-Walzwerksmotor. 85 bis 105 Umdr./Min. 480 Volt, 2500 Amp.

Tafel XIII zeigt einen großen langsamlaufenden Walzwerksmotor, der sowohl in elektrischer wie in mechanischer Beziehung reichlich bemessen werden muß; denn er wird durch den schweren Betrieb einer Walzenstraße großen stoßweise auftretenden Beanspruchungen

Fig. 307. Deutsche Elektrizitätswerke Garbe, Lahmeyer & Co. 1500 PS-Walzwerksmotor, 85 bis 105 Umdr./Min.

ausgesetzt. Das Joch ist deswegen aus Gußeisen und U-förmig ausgebildet. Die Kommutatorbüchse ist an den Armen des Ankersterns festgeschraubt. Trotz des 3250 mm großen Durchmessers ist die Maschine nur 16polig, was natürlich eine große Polteilung und große Stirnverbindungen der Ankerwicklung gibt. Andererseits läßt sich diese langsamlaufende Maschine dann mit Schleifenwicklung und Ausgleichverbindungen ausführen, wodurch das Auftreten einseitiger magnetischer Zugkräfte vermieden wird.

Fig. 307 zeigt den Motor im Walzwerk aufgestellt.

Hauptdaten der Maschine.

Anker:

Durchmesser	$D = 325$ cm
Eisenlänge mit Luftschlitzen	$l_1 = 38$ „
Eisenlänge ohne Luftschlitze	$l = 33$ „
Eisenhöhe ohne Zähne	$h = 20{,}7$ „
Nutenzahl	$Z = 480$
Nutenabmessungen	9×43 mm

Wicklung:

Anzahl Stromzweige	$2a = 16$
Spulenzahl	$S = 960$
Leiterzahl je Spule	2×1
Leiterabmessungen	3×18 mm
Nutenschritt	$y_n = 30$

8 Ausgleichverbindungen von 60 mm²

Kommutator:

Durchmesser	$D_k = 180$ cm
Nutzbare Länge	$L_k = 31$ „
Lamellenzahl	$K = 960$
Kommutatorschritt	$y_k = 1$

Bürsten:

Material	Kohle
Anzahl der Stifte	16
Bürsten je Stift	12
Bürstenabmessungen	$1{,}8 \times 2{,}0$ cm

Magnetgestell:

Polzahl	$2p = 16$
Polbogen	$b_p = 50$ cm
Polschuhlänge	$l_p = 37$ „
Kernquerschnitt	$Q_m = 1200$ cm²
Jochquerschnitt	$Q_j = 1400$ cm²

Nebenschlußwicklung:

Schaltung der Spulen:	Serie
Windungszahl je Spule	600
Leiterabmessungen	$\phi = 4{,}2$ mm

Hauptschlußwicklung:

Schaltung der Spulen:	16 parallele Kreise
Windungszahl je Spule	21
Leiterabmessungen	115 mm²

Wendepolwicklung:

Schaltungen der Spulen:	16 parallele Kreise
Windungen je Spule	78
Leiterabmessungen	115 mm²

Hieraus ergeben sich folgende charakteristische Größen:

Die Maschinenkonstante	$\frac{D^2 l n}{\mathrm{kVA}} = 30{,}5 \cdot 10^4$
Die Umfangsgeschwindigkeit	$v = 17{,}9$ m/sek
Die Luftinduktion	$B_l = 8600$
Die Amperestabzahl am Ankerumfange	$AS = 295$
Die maximale Lamellenspannung bei Leerlauf	$E_{dk_{\max}} = 10{,}2$ Volt
Die Ankerkonstante	$k_a = 0{,}348$

28. Siemens-Schuckert-Werke, Berlin-Siemensstadt. 1270 PS-Fördermotor. 43,7 Umdr./Min. 860 Volt, 1180 Amp.

Fig. 308 zeigt auch einen großen langsamlaufenden Motor, der nach denselben Gesichtspunkten wie der vorhergehende gebaut ist.

Er ist 24 polig und sowohl mit Kompensationswicklung wie mit Wendepolen versehen. Die Ankerwicklung ist eine dreifache Wellenwicklung mit Äquipotentialverbindungen.

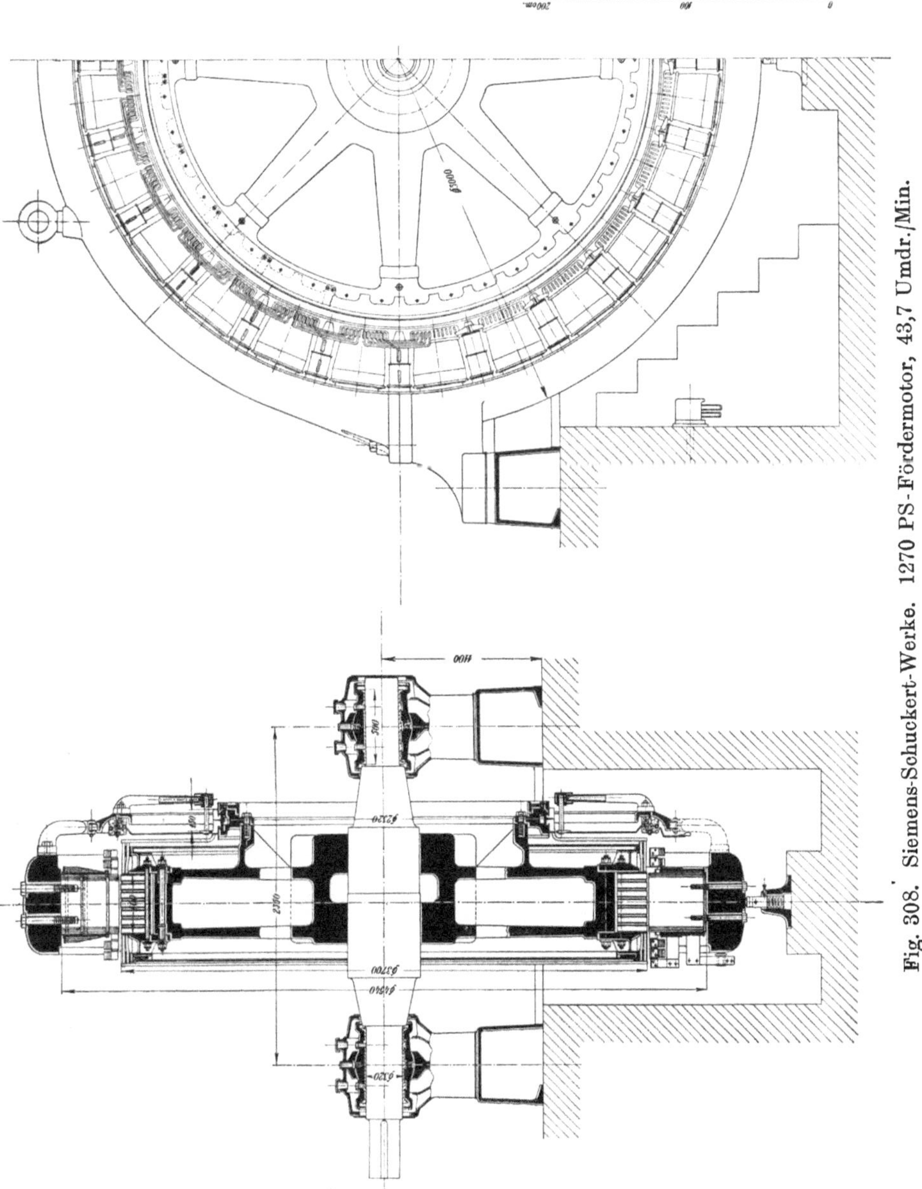

Fig. 308. Siemens-Schuckert-Werke. 1270 PS-Fördermotor, 43,7 Umdr./Min.

Hauptdaten der Maschine.

Anker:

Durchmesser	$D = 3700$ cm
Eisenlänge mit Luftschlitzen	$l_1 = 40$ cm
Eisenlänge ohne Luftschlitze	$l = 34$ „
Eisenhöhe ohne Zähne	$h = 16$ „
Nutenzahl	$Z = 339$
Nutenabmessungen	13×45 mm

Wicklung:

Anzahl Stromzweige	$2a = 6$
Spulenzahl	$S = 1017$
Leiterzahl je Spule	2×1
Leiterabmessungen	$3{,}2 \times 17$ mm
Nutenschritt	$y_n = 14$

20 Äquipotentialverbindungen

Kommutator:

Durchmesser	$D_k = 2320$ cm
Nutzbare Länge	$L_k = 15$ cm
Lamellenzahl	$K = 1017$
Kommutatorschritt	$y_k = 85$

Bürsten:

Material	Kohle
Anzahl der Stifte	24
Bürsten je Stift	6
Bürstenabmessungen	$1{,}5 \times 1{,}8$ cm

Magnetgestell:

Polzahl	$2p = 24$
Luftspalt	$\delta = 7$ mm
Polbogen	$b_p = 34$ cm
Polschuhlänge	$l_p = 40$ „
Kernquerschnitt	$Q_m =$ rd. $1050\,\text{cm}^2$
Jochquerschnitt	$Q_j = 1310\,\text{cm}^2$

Nebenschlußwicklung:

Schaltung der Spulen:	Serie
Windungszahl je Spule	80
Leiterabmessungen	6×14 mm

Fremderregung mit 120 Volt

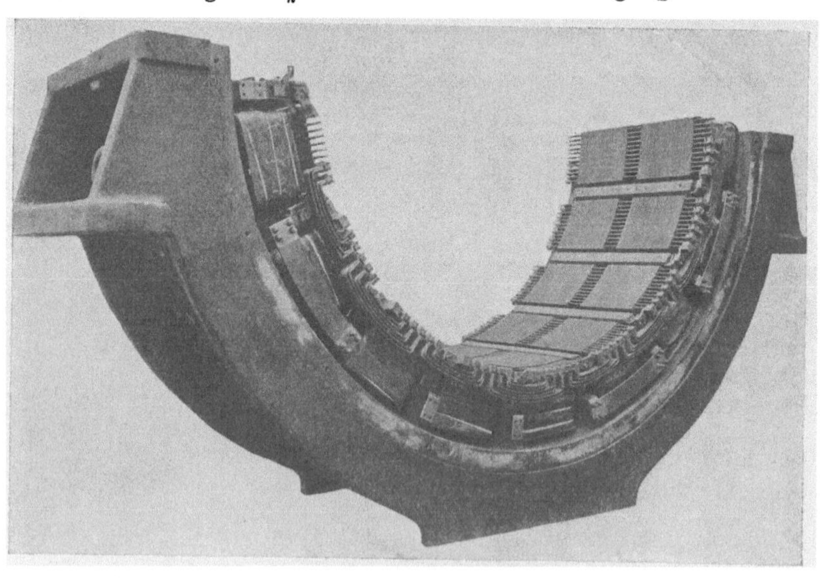

Fig. 309. Unterer Teil des Magnetgestells des Motors nach Fig 308.

Wendepolwicklung:		Kompensationswicklung:	
Schaltung der Spulen:	Serie	Schaltung der Spulen:	Serie
Windungen je Spule	3	Nutenzahl je Pol	11
Leiterabmessungen	4×135 mm	Stabzahl je Nut	1
		Stababmessungen	$7{,}5 \times 57$ mm

Hieraus ergeben sich folgende charakteristische Größen:

Die Maschinenkonstante	$\frac{D^2 l n}{\text{kVA}} = 20 \cdot 10^4$
Die Umfangsgeschwindigkeit	$v = 8{,}5$ m/sek
Die Luftinduktion	$B_l = 12600$
Die Amperestabzahl am Ankerumfange	$AS = 343$
Die maximale Lamellenspannung bei Leerlauf	$E_{dk_{max}} = 29$ Volt
Die Ankerkonstante	$k_a = 0{,}795$

Das Lichtbild Fig. 309 zeigt die untere Hälfte eines ähnlichen Motors; dieser hat jedoch nur 18 Pole.

29. Maschinenfabrik Oerlikon, Oerlikon (Schweiz). 3000 kW-Generator für elektrochemische Zwecke. 300 Umdr./Min. 375 Volt, 8000 Amp.

Fig. 310. Maschinenfabrik Oerlikon. 3000 kW-Niederspannungsgenerator, 300 Umdr./Min.

Dieser Generator wird von einer Wasserturbine angetrieben und muß somit beim Durchgang derselben eine um mindestens etwa 80 % erhöhte Geschwindigkeit d. h. etwa 540 Umdrehungen vertragen. Außerdem werden von dieser Maschine 15 % Überlastung, entsprechend 9200 Amp. während 2 Stunden, und 35 % Überlastung gleich

Fig. 311. Magnetgestell des 3000 kW-Generators nach Fig. 310.

11000 Amp. während $^1/_2$ Stunde gefordert. Es sind somit große Forderungen an diese Maschine sowohl in mechanischer wie in elektrischer Hinsicht gestellt, und man mußte beim Bau derselben das Material voll ausnutzen.

Fig. 310 zeigt das Gesamtbild der Maschine von der Kommutatorseite aus gesehen, während Fig. 311 das Magnetgestell und Fig. 312 den Anker mit Kommutator darstellt. Die Maschine ist zweilagerig und zur Kuppelung mit der Turbine mittels Lederbandkupplung gebaut. Auf die kräftige Grundplatte sind die zwei Lagerböcke mit gespreizten Lagerfüßen aufgebaut, welche vermöge ihrer Form als Spreizbock

nicht nur eine ganz bedeutende Stabilität, sondern auch eine bequeme Zugänglichkeit zum unteren Teil des Kollektors gewährleisten.

Die Maschine ist 20polig, hat einen Ankerdurchmesser von etwa 2800 mm, eine Gesamt-Ankerlänge von etwa 400 mm, einen Kommutatordurchmesser von 1400 mm und eine Lamellenlänge von

Fig. 312. Anker des 3000 kW-Generators nach Fig. 310.

1340 mm. Es sind drei Preßringe auf den Kommutator aufgesetzt. Je Nut gibt es nur zwei Leiter, und an diese sind alle Ausgleichverbindungen angeschlossen, so daß die Ankerwicklung die magnetischen Flüsse äußerst kräftig ausgleicht. Die Wendepolwicklungen sind in vier parallele Stromkreise geschaltet. Die Maschinenkonstante $\frac{D^2 l n}{\mathrm{kVA}}$ ergibt sich zu $27{,}5 \cdot 10^4$, und die Temperaturerhöhung im Dauerbetriebe dürfte 45^0 C nicht überschreiten.

30. Ateliers de Constructions Electriques de Charleroi. 4500 kW-Generator. 94 Umdr./Min. 550/575 Volt, 8200 Amp.

Dieser langsamlaufende Generator ist mit einem Gasmotor gekuppelt und ist seiner verhältnismäßig kleinen Abmessungen wegen sehr interessant. Er ist 24polig und hat folgende Hauptdaten:

Anker:

Durchmesser	$D = 500$ cm	Eisenhöhe ohne Zähne	$h = 25{,}9$ cm
Eisenlänge mit Luftschlitzen	$l_1 = 55$ „	Nutenzahl	$Z = 744$
Eisenlänge ohne Luftschlitze	$l = 48{,}6$ „	Nutenabmessungen	$8{,}2 \times 41$ mm

Wicklung:

Anzahl Stromzweige	$2a = 24$
Spulenzahl	$S = 744$
Leiterzahl je Spule	2×1
Leiterabmessungen	5×15 mm
Nutenschritt	$y_n = 31$
31 Ausgleichverbindungen von	60 mm²

Magnetgestell:

Polzahl	$2p = 24$
Luftspalt	$\delta = 10$ mm
Polbogen	$b_p = 46{,}5$ cm
Polschuhlänge	$l_p = 54$ „
Kernquerschnitt	$Q_m = 2050$ cm²
Jochquerschnitt	$Q_j = 1300$ „

Kommutator:

Durchmesser	$D_k = 320$ cm
Nutzbare Länge	$L_k = 45$ „
Lamellenzahl	$K = 744$ „
Kommutatorschritt	$y_k = 1$

Nebenschlußwicklung:

Schaltung der Spulen	Serie
Windungszahl je Spule	252
Leiterabmessungen	$5{,}5 \times 5{,}5$ mm

Bürsten:

Material	L.F.C³ Kohle
Anzahl der Stifte	24
Bürsten je Stift	13
Bürstenabmessungen	$2{,}5 \times 2{,}5$ cm

Die positiven Bürsten sind um $^1/_2$ Lamelle gegen die negativen Bürsten zurückverschoben.

Wendepolwicklung:

Schaltung der Spulen	Serie
Windungen je Spule*)	2
Leiterabmessungen	2800 mm²

*) 22 % des Stromes gehen durch einen Parallelwiderstand.

Hieraus ergeben sich folgende charakteristische Größen:

Die Maschinenkonstante	$\frac{D^2 l n}{\text{kVA}} = 24{,}3 \cdot 10^4$
Die Umfangsgeschwindigkeit	$v = 24{,}6$ m/sek
Die Luftinduktion	$B_l = 10800$
Die Amperestabzahl am Ankerumfange	$AS = 325$
Die maximale Lamellenspannung bei Leerlauf	$E_{dk_{max}} = 26$ Volt
Die Ankerkonstante	$k_a = 0{,}775$

31. Felten & Guillaume-Lahmeyerwerke, Frankfurt a. M. 500 kW-Hochspannungsgenerator. 300 Umdr./Min. 2200 Volt, 225 Amp.

Tafel XIV zeigt einen von einer schnellaufenden Dampfmaschine angetriebenen Generator für 2200 Volt. Um die maximale Lamellenspannung innerhalb zulässiger Grenzen zu halten, ist bei dieser hohen Spannung eine große Lamellenzahl je Pol erforderlich. Soll die Umfangsgeschwindigkeit am Kommutator bei passender Lamellenstärke nicht zu groß ausfallen, so ist man auf eine kleine Polzahl bei Hochspannungsgeneratoren angewiesen. Diese werden deswegen auch alle mit einer kleinen Polzahl ausgeführt. Trotz des 1300 mm

großen Ankerdurchmessers ist diese Maschine nur mit vier Polen ausgeführt. — Im übrigen weicht die Konstruktion nicht viel von der normaler Maschinen ab. Natürlich müssen die Wicklungen besonders stark isoliert und die Abstände zwischen den unter Spannung stehenden und den geerdeten Maschinenteilen an Kommutator und Bürstenbrücke groß gewählt werden. Von den übrigen Konstruktionseinzelheiten ist die kleine Ölpumpe bemerkenswert, die durch eine kleine Kurbel am Wellenende angetrieben wird und das Öl im Lager ständig in Umlauf hält. Der Ankerdurchmesser ist 1300 mm und die Ankerlänge ohne Luftschlitze 420 mm, so daß die Maschinenkonstante

$$\frac{D^2 l n}{\text{kVA}} = 42{,}5 \cdot 10^4$$

wird.

32. Maschinenfabrik Oerlikon, Oerlikon. 520 kW-Hochspannungsgenerator mit Erregermaschine. 420 Umdr./Min. 2100/2300 Volt, 250 bis 225 Amp.

Fig. 313 zeigt noch eine Hochspannungsmaschine. Diese ist mit sechs Polen ausgeführt, trotzdem sie etwas kleiner ist als die vorhergehende, und für die gleiche Spannung wie diese bestimmt ist. An der Rückseite des Ankers ist ein kräftiger Lüfter angeordnet, der das Feldsystem gut kühlt. Das Joch ist aus Stahlguß, die Hauptpole sind lamelliert und die Wendepole aus Schmiedeeisen. Die Grundplatte der ganzen Maschine ist auf Porzellanisolatoren aufgestellt, wodurch die Isolation der Wicklungen weniger beansprucht wird. In der Nähe der Maschine muß dann auch der Boden isoliert werden, damit das Bedienungspersonal bei Berührung der Maschine nicht gefährdet ist. Die Erregung wird von einer kleinen Erregermaschine geliefert, deren Anker fliegend auf dem Wellenende angeordnet ist.

Hauptdaten der Maschine:

Anker:		Wicklung:	
Durchmesser	$D = 120$ cm	Anzahl Stromzweige	$2a = 6$
Eisenlänge mit Luftschlitzen	$l_1 = 40{,}5$ „	Spulenzahl	$S = 600$
Eisenlänge ohne Luftschlitze	$l = 37{,}5$ „	Leiterzahl je Spule	2×2
Eisenhöhe ohne Zähne	$h = 23{,}3$ „	Leiterabmessungen	3,4/3,9 mm
Nutenzahl	$Z = 150$	Nutenschritt	$y_n = 25$
Nutenabmessungen	$12 \times 47{,}2$ mm		
		Kommutator:	
		Durchmesser	$D_k = 95$ cm
		Nutzbare Länge	$L_k = 12$ „

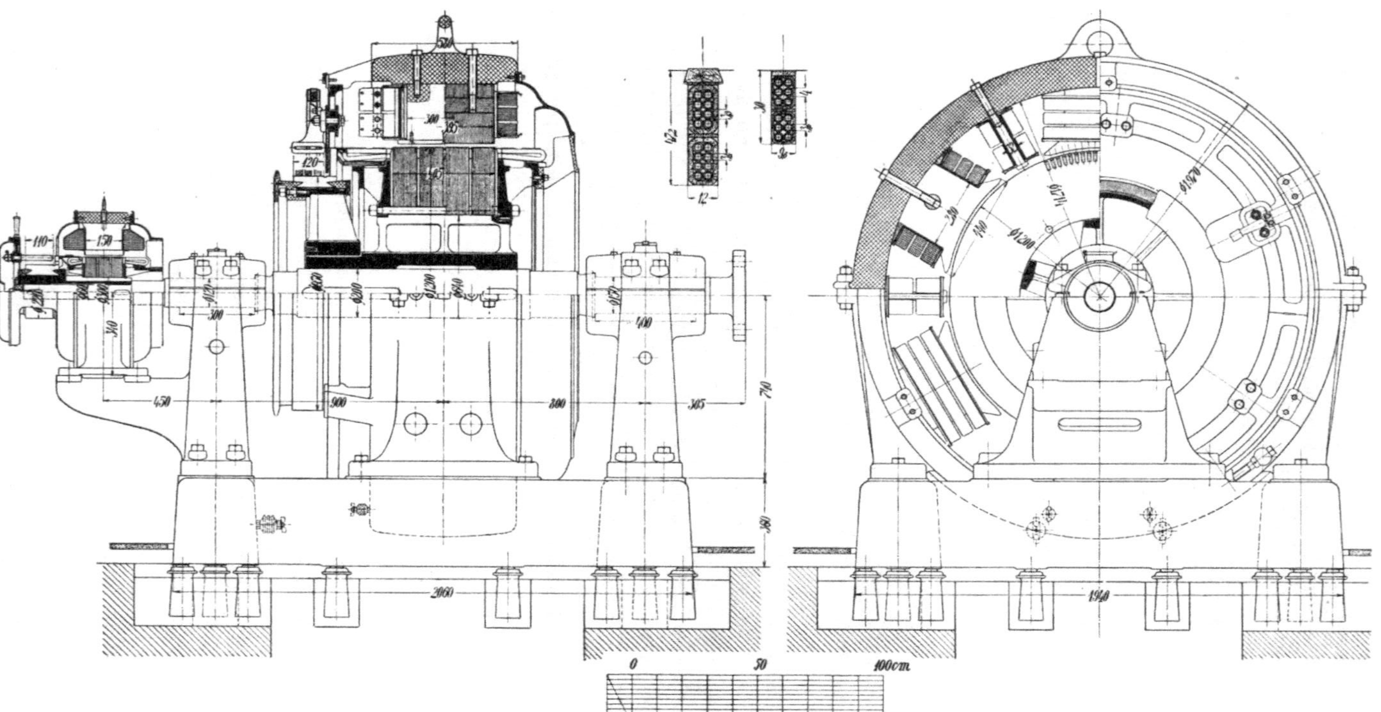

Fig. 313. Maschinenfabrik Oerlikon. 520 kW-Hochspannungsgenerator, 420 Umdr./Min.

Kommutator:

Lamellenzahl	$K = 600$
Kommutatorschritt	$y_k = 1$

Bürsten:

Material	Kohle
Anzahl der Stifte	6
Bürsten je Stift	3
Bürstenabmessungen	1,2 × 3 cm

Magnetgestell:

Polzahl	$2p = 6$
Luftspalt	$\delta = 12$ mm
Polbogen	$b_p = 44$ cm
Polschuhlänge	$l_p = 39,5$ cm
Kernquerschnitt	$Q_m = 1050\,\text{cm}^2$
Jochquerschnitt	$Q_j = 725$ „

Nebenschlußwicklung:

Schaltung der Spulen	Serie
Windungszahl je Spule	231
Leiterabmessungen	$\phi = 6,0$ mm
Fremderregung mit 110/125 Volt.	

Wendepolwicklung:

Schaltung der Spulen	Serie
Windungen je Spule	46
Leiterabmessungen	1,5 × 95 mm

Hieraus ergeben sich folgende charakteristische Größen:

Die Maschinenkonstante	$\frac{D^2 l n}{\text{kVA}} = 39 \cdot 10^4$
Die Umfangsgeschwindigkeit . . .	$v = 26,5$ m/sek
Die Luftinduktion	$B_l = 8300$
Die Amperestabzahl am Ankerumfange	$AS = 264$
Die maximale Lamellenspannung bei Leerlauf	$E_{dk_{\max}} = 33$ Volt
Die Ankerkonstante	$k_a = 1,04$

33. Atéliers de Sécheron, früher **Compagnie de l'Industrie Electrique et Mecanique Genève. 2×1000 PS-Hochspannungsgenerator. 428 Umdr./Min.** 2×4565 Volt, 153 Amp. mit Leistungsregler.

Tafel XV zeigt zwei in Serie geschaltete Hochspannungsgeneratoren, die von einer Wasserturbine angetrieben werden und zur Serien-Kraftübertragung nach dem System Thury dienen. Da mehrere Einheiten im Kraftwerk aufgestellt werden und diese alle in Serie geschaltet werden, so kann die höchste zur Erde vorkommende Spannung 18260 Volt oder noch mehr betragen. Es ist deswegen auf die Isolierung der Wicklung und des Kommutators gegen Gehäuse und Erde besondere Sorgfalt zu verwenden. Kommutator und Ankerkörper sind isoliert auf eine gemeinsame Nabe aufgesetzt. Die Ankerwicklung ist als einfache Wellenwicklung mit 14 Stäben je Nut ausgeführt. Das Gehäuse ist sechspolig aus Stahlguß mit angeschraubten lamellierten Hauptpolen. Die im Hauptschluß liegenden Feldspulen sind auf Zinkrahmen aufgewickelt und alle Verbindungsleitungen auf Porzellanisolatoren verlegt. Da die Bürsten mit der Belastung verschoben werden, kommen keine Wendepole zur Anwendung. Die Änderung der Spannung geschieht von Vollast bis $^2/_3$ Belastung durch Nebenschließung der Hauptschlußwicklung

Fig. 314. Ateliers de Sécheron, Genève. 2 × 1000 PS-Hochspannungsgenerator, 428 Umdr./Min.

und von $^2/_3$ Belastung bis Leerlauf durch Verstellen der Bürsten. Der Leistungsregler ist vor der Maschine auf der Grundplatte auf gestellt. Fig. 314 zeigt die Aufstellung der ganzen Gruppe.

Hauptdaten der Maschine.

Anker:

Durchmesser	$D = 147{,}5$ cm
Eisenlänge mit Luftschlitzen	$l_1 = 28$ „
Eisenlänge ohne Luftschlitze	$l = 24$ „
Eisenhöhe ohne Zähne	$h = 20{,}7$ „
Nutenzahl	$Z = 168$
Nutenabmessungen	18 × 53 mm

Wicklung:

Anzahl Stromzweige	$2a = 2$
Spulenzahl	$S = 1174$
Leiterzahl je Spule	2 × 1
Leiterabmessungen	1,4 × 18 mm
Nutenschritt	$y_n = 28$

Kommutator:

Durchmesser	$D_k = 120$ cm
Nutzbare Länge	$L_k = 9$ „
Lamellenzahl	$K = 1174$
Kommutatorschritt	$y_k = 391$

Bürsten:

Material	Kohle
Anzahl der Stifte	6
Bürsten je Stift	4
Bürstenabmessungen	0,75 × 2 cm

Magnetgestell:		Hauptschlußwicklung:	
Polzahl	$2p = 6$	Schaltung der Spulen:	Serie
Polbogen	$b_p = 62{,}5$ cm	Windungszahl je Spule	128
Polschuhlänge	$l_p = 24$ „	Leiterabmessungen	$2{,}3 \times 4$ mm
Kernquerschnitt	$Q_m = 960$ cm²		
Jochquerschnitt	$Q_j = 500$ „		

Hieraus ergeben sich folgende charakteristische Größen:

Die Maschinenkonstante	$\frac{D^2 l n}{\mathrm{kVA}} = 32{,}7 \cdot 10^4$
Die Umfangsgeschwindigkeit	$v = 33{,}2$ m/sek
Die Luftinduktion	$B_l = 6250$
Die Amperestabzahl am Ankerumfange	$AS = 387$
Die maximale Lamellenspannung bei Leerlauf	$E_{dk_{max}} = 30$ Volt
Die Ankerkonstante	$k_a = 1{,}85$

34. Ateliers de Constructions Electriques de Charleroi. 1000 kW-Turbogenerator, 1500 Umdr./Min. 460 Volt, 2180 Amp.

Fig. 315. Ateliers de Constructions Electriques de Charleroi. 1000 kW-Turbogenerator, 1500 Umdr./Min.

Fig. 315 zeigt das Magnetsystem dieses vierpoligen Generators, der 1090 Amp. je Bürstenstift liefert. Die Abmessungen der Maschine gehen aus den folgenden Hauptdaten hervor.

Anker:

Durchmesser $D = 85$ cm
Eisenlänge mit Luftschlitzen $l_1 = 35$ „
Eisenlänge ohne Luftschlitze $l = 31$ „
Eisenhöhe ohne Zähne $h = 20$ „
Nutenzahl $Z = 76$ „
Nutenabmessungen 13×35 mm

Wicklung:

Anzahl Stromzweige $2a = 4$
Spulenzahl $S = 76$
Leiterzahl je Spule 2×1
Leiterabmessungen $= 105$ mm²
Nutenschritt $y_n = 19$
38 Ausgleichsverbindungen von 70 mm²

Kommutator:

Durchmesser $D_k = 42$ cm
Nutzbare Länge $L_k = 2 \times 27$ „
Lamellenzahl $K = 76$
Kommutatorschritt $y_k = 1$

Bürsten:

Material (Morganite HM 6) Kohle
Anzahl der Stifte 4
Bürsten je Stift 16

Bürstenabmessungen, $2{,}5 \times 2{,}5$ cm
Die positiven Bürsten sind um $^1/_2$ Lamelle gegen die negativen Bürsten zurückverschoben.

Magnetgestell:

Polzahl $2p = 4$
Luftspalt $\delta = 10$ mm
Polbogen $b_p = 51$ cm
Polschuhlänge $l_p = 34$ „
Kernquerschnitt $Q_m = 1160$ cm²
Jochquerschnitt $Q_j = 600$ „

Nebenschlußwicklung:

Schaltung der Spulen: Serie
Windungszahl je Spule $= 1800$
Leiterabmessungen $\phi = 2$ mm

Hauptschlußwicklung:

Schaltung der Spulen: Serie
Windungszahl je Spule $= 1$
Leiterabmessungen $= 850$ mm²

Wendepolwicklung:

Schaltung der Spulen: Serie
Windungen je Spule[1]), $= 6{,}5$, wovon 5 in den Polschuhen.
Leiterabmessungen $= 850$ mm²

[1]) 17% des Stromes gehen durch einen Parallelwiderstand.

Hieraus ergeben sich folgende charakteristische Größen:

Die Maschinenkonstante . . . . . . $\frac{D^2 l n}{\text{kVA}} = 33{,}6 \cdot 10^4$
Die Umfangsgeschwindigkeit . . . . . $v = 66{,}7$ m/sek
Die Luftinduktion . . . . $B_l = 7650$
Die Amperestabzahl am Ankerumfange $AS = 310$
Die maximale Lamellenspannung bei Leerlauf . . . . $E_{dk\,max} = 31{,}5$ Volt
Die Ankerkonstante . . . . $k_a = 1{,}27$

35. Maschinenfabrik Oerlikon, Oerlikon. Turbogenerator, 500 kW. 2000 Umdr./Min. 440—550 Volt. (Tafel XVI und Fig. 316.)

Fig. 316. Maschinenfabrik Oerlikon. 500 kW-Turbogenerator, 2000 Umdr./Min.

Die sechspolige Maschine ist mit einer Parallelwicklung mit Ausgleichverbindungen, die auf der hinteren Seite des Ankers liegen, versehen. Die Nuten sind geschlossen und enthalten je zwei Stäbe. Der Ankerkörper ist stark unterteilt. Jedes Blechpaket ist 43 mm und der Schlitz 12 mm breit. Der Kommutator ist durch Ringe gegen die Wirkung der Fliehkraft geschützt. Die Ringe werden mittels konischer Segmente auf den Kommutator festgepreßt. Die Bürstenbrille wird von einem besonderen Ständer getragen. Ihre Lagerung geschieht auf Rollen, so daß die Bürsten sich leicht einstellen lassen. Auf der Ankerseite sind die Bürstenstifte in einem Ringe befestigt, welcher von einigen am Gehäuse angebrachten Rollen getragen wird.

Auf die Belüftung der Maschine ist besondere Sorgfalt verwendet. Die kalte Luft wird unterhalb des Rahmens durch den Kanal K von einem Lüfter V angesaugt, der an den Ankerkörper angeschraubt ist. Die aus dem Lüfter geschleuderte Luft strömt zum Teil durch die Löcher A in den Raum, in welchem sich die Magnete befinden. Dieser Raum ist durch Bleche vom Anker ganz getrennt. Die Luft entweicht durch Löcher in der vorderen Verschalung. Ein anderer Teil der vom Lüfter gelieferten Luft strömt durch den Luftraum und bestreicht und kühlt die äußere Ankerfläche. Durch den Zug dieser Luftströmung und durch die Lüfterwirkung der Luftschlitze wird ebenfalls Luft gesaugt. Ein dritter Teil der vom Ventilator gelieferten Luft wird durch einen Kanal unterhalb der Maschine nach dem Kommutator geführt. Mittels eines hölzernen Mundstücks wird die Luft gegen den untersten Teil des Kommutators geblasen. Der Kommutator wird innen noch durch einen besonderen Lüfter gekühlt. Dieser ist zwischen Kommutator und Lager angebracht und saugt die Luft durch Schlitze k in der Welle ebenfalls aus dem Kanal K an. Die durch k strömende Luft wird durch das Blech B gehindert, durch den Anker zu entweichen.

Hauptdaten der Maschine.

Anker:

Durchmesser	$D = 80$ cm
Eisenlänge mit Luftschlitzen	$l_1 = 42{,}8$ „
Eisenlänge ohne Luftschlitze	$l = 34{,}4$ „
Eisenhöhe ohne Zähne	$h = 16$ „
Nutenzahl	$Z = 210$
Nutenabmessungen	$5{,}8 \times 50$ mm

Wicklung:

Anzahl Stromzweige	$2a = 6$
Spulenzahl	$S = 210$
Leiterzahl je Spule	2×1
Leiterabmessungen	$2{,}8 \times 17$
Nutenschritt	$y_n = 35$

Kommutator:

Durchmesser	$D_k = 40$ cm
Nutzbare Länge	$L_k = 36$ „
Lamellenzahl	$K = 210$
Kommutatorschritt	$y_k = 1$

Bürsten:

Material	Endruweit
Anzahl der Stifte	6
Bürsten je Stift	6
Bürstenabmessungen	$1{,}4 \times 4$ cm

Magnetgestell:

Polzahl	$2p = 6$
Luftspalt	$\delta = 10$ mm
Polbogen	$b_p = 27$ cm
Polschuhlänge	$l_p = 41$ „
Kernquerschnitt	$Q_m = 252$ cm²
Jochquerschnitt	$Q_j = 130$ „

Nebenschlußwicklung:

Schaltung der Spulen: Serie
Windungszahl je Spule $= 2610$
Leiterabmessungen $\phi = 1{,}8$ mm

Wendepolwicklung:

Schaltung der Spulen: Serie
Windungen je Spule $= 10$
Leiterabmessungen $4{,}2 \times 145$ mm²

Hieraus ergeben sich folgende charakteristische Größen:

Die Maschinenkonstante . . . . . . $\frac{D^2 l n}{\text{kVA}} = 71 \cdot 10^4$

Die Umfangsgeschwindigkeit . . . . . . $v = 83{,}5$ m/sek

Die Luftinduktion . . . . $B_l = 4220$

Die Amperestabzahl am Ankerumfange $AS = 317$

Die maximale Lamellenspannung bei Leerlauf . . . . $E_{dk\,max} = 24{,}4$ Volt

Die Ankerkonstante . . . . $k_a = 1{,}82$

36. Siemens-Schuckert-Werke, Berlin-Siemensstadt. 800 kW-Turbogenerator, 1500 Umdr./Min. 580 Volt, 1380 Amp.

Tafel XVII zeigt einen modernen Turbogenerator mit sechs ausgeprägten Polen, Kompensationswicklung und Wendepolen. Das Joch ist aus Stahlguß, wird aber von einem gußeisernen Gehäuse ganz um-

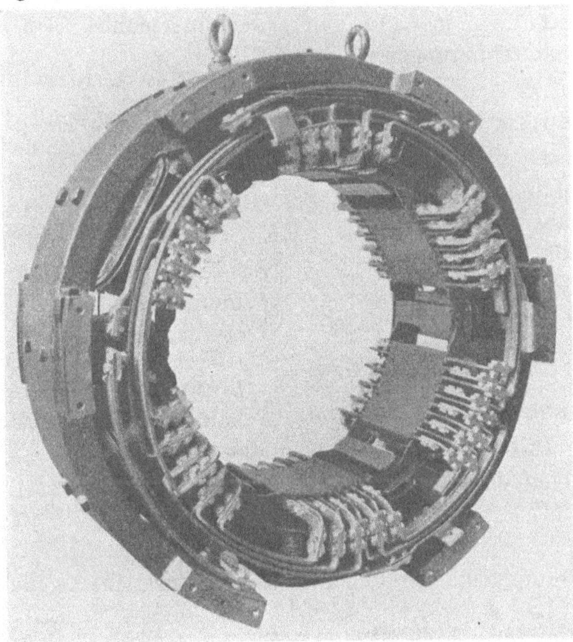

Fig. 317. Siemens-Schuckert-Werke. 800 kW-Turbogenerator, 1500 Umdr./Min.

geben, das zur Abführung und Zuführung der Kühlluft dient. Die Luft wird vom Anker selbst angesaugt, wodurch man die beste Kühlung der Wicklungen erreicht. Ein Teil der Kühlluft kommt durch eine gußeiserne Rohrleitung auf die Rückseite des Ankers und ein anderer Teil durch Axialkanäle an die Kommutatorlamellen. Hierdurch wird der Kommutator gut gekühlt.

Fig. 317 zeigt das Magnetsystem eines ähnlichen Generators, ohne die gußeiserne Verschalung.

Hauptdaten der Maschine.

Anker:

Durchmesser	$D = 92$ cm	Eisenhöhe ohne Zähne	$h = 10$ cm
Eisenlänge mit Luftschlitzen	$l_1 = 35{,}4$ „	Nutenzahl	$Z = 93$
Eisenlänge ohne Luftschlitze	$l = 30$ „	Nutenabmessungen	$13{,}6 \times 40$ mm

Wicklung:

Anzahl Stromzweige $2a = 6$
Spulenzahl $S = 186$
Leiterzahl je Spule 2×1
Leiterabmessungen $5{,}2 \times 13$
Nutenschritt $y_n = 15$
31 Ausgleichverbindungen

Kommutator:

Durchmesser $D_k = 55$ cm
Nutzbare Länge $L_k = 50$ „
Lamellenzahl (hohle Segmente) $K = 186$
Kommutatorschritt $y_k = 1$

Bürsten:

Material Kohle
Anzahl der Stifte 6
Bürsten je Stift 16
Bürstenabmessungen $2{,}1 \times 2{,}2$ cm

Magnetgestell:

Polzahl $2p = 6$
Luftspalt $\delta = 20$ mm
Polbogen $b_p = 34$ cm
Polschuhlänge $lp = 35$ „
Jochquerschnitt $Q_j = 288\ \text{cm}^2$

Nebenschlußwicklung:

Schaltung der Spulen: Serie
Windungszahl je Spule $= 2000$
Leiterabmessungen $\phi = 1{,}8$ mm

Wendepolwicklung:

Schaltung der Spulen: Serie
Windungen je Spule $= 15\,^1/_2$
Leiterabmessungen 4×130 mm

Kompensationswicklung:

Schaltung der Spulen 2 fach parallel
Nutenzahl je Pol $= 14$
Stabzahl je Nute $= 1$
Stababmessungen $= 8 \times 27\ \text{mm}^2$

Hieraus ergeben sich folgende charakteristische Größen:

Die Maschinenkonstante . . . . . . $\dfrac{D^2 l n}{\text{kVA}} = 47{,}6 \cdot 10^4$

Die Umfangsgeschwindigkeit . . . . . . $v = 72{,}5$ m/sek

Die Luftinduktion . . . . $B_l = 6100$

Die Amperestabzahl am Ankerumfange $AS = 297$

Die maximale Lamellenspannung bei Leerlauf . . . . $E_{dk\,\max} = 26{,}5$ Volt

Die Ankerkonstante . . . . $k_a = 1{,}29$

37. A.-G. Brown, Boveri & Co., Baden (Schweiz). 2000 kW-Turbogenerator, 1000 Umdr./Min. 550 Volt.

In Tafel XVIII ist ein großer moderner Turbogenerator wiedergegeben. Derselbe macht nur 1000 Umdrehungen, denn in den letzten Jahren ist man mit Rücksicht auf größte Betriebssicherheit und um die Anwendung von Kohlebürsten zu erleichtern, von den früher üblichen hohen Drehzahlen abgegangen. Dieser Übergang zu kleineren Drehzahlen ist hauptsächlich durch die Fortschritte im Bau von

Zahnrad-Getrieben für große Leistungen und Drehzahlen ermöglicht worden. Dieser Generator ist nur mit ganz kleinen Lüftern versehen, indem ein großer Teil der Lüfterarbeit dem Ankerkern und der Wicklung selbst überlassen ist. Durch Aussparungen in der Welle wird ein Teil der Kühlluft dem Inneren des Kommutators zugeführt und von hier durch einen Lüfter an der Vorderseite des Kommutators herausgeschleudert. Der Kommutator ist der Kühlung wegen ohne Büchse ausgeführt; er wird nur durch die beiden Preßringe an den Enden getragen. Das Gehäuse ist aus Stahlguß, während die acht Hauptpole lamelliert sind.

Der Ankerdurchmesser ist 1500 mm und die Ankerlänge ohne Luftschlitze 360 mm, so daß die Maschinenkonstante

$$\frac{D^2 l n}{\mathrm{kVA}} = 40{,}5 \cdot 10^4$$

wird.

Die Zwischenschaltung von Übersetzungs-Getrieben zwischen Dampfturbine und Gleichstrom-Turbogenerator erfolgt heute fast allgemein. Sie ermöglicht, für die Dampfturbine die mit Rücksicht auf den günstigsten Dampfverbrauch vorteilhafteste Drehzahl zu wählen, unabhängig von der Wahl der für den Generator zweckmäßigsten Drehzahl.

Elftes Kapitel.

Allgemeines über die Bemessung von Gleichstrommaschinen.

41. Allgemeines über die Vorausberechnung.

Die Vorausberechnung einer elektrischen Maschine macht eine große Zahl von Überlegungen notwendig. Der Berechnende steht vielen unbekannten Größen, die er festlegen soll, gegenüber, und die möglichen Lösungen sind sehr zahlreich. Es bleibt daher nichts anderes übrig, als unter der Annahme von gewissen Größen mit der Berechnung der Unbekannten an einem Ende zu beginnen und unter beständiger Überprüfung und Vornahme der sich als notwendig ergebenden Änderungen schrittweise der endgültigen Lösung zuzustreben. Dem Konstrukteur wird dabei nicht nur die Aufgabe gestellt, eine gute Maschine zu entwerfen, sondern er soll auch mit dem geringsten Gewicht des Materials, bzw. den geringsten Kosten allen gestellten Bedingungen genügen. — Es ist in den meisten Fällen nicht schwierig, eine gut arbeitende Maschine zu bauen, wenn auf die Wirtschaftlichkeit keine Rücksicht genommen wird. Erst das Bestreben, eine möglichst billige und doch gute Maschine zu bauen, führt den Konstrukteur an die Grenzen der zulässigen Beanspruchungen und macht genaue Berechnungen und sorgfältige Überlegungen erforderlich.

Wer in der Berechnung und im Bau von Dynamomaschinen Erfahrung besitzt und sich ein gewisses Geschick in der Wahl und der Ermittlung der verschiedenen Größen angeeignet hat, wird besser und schneller zum Ziele kommen als der Anfänger. Im nachfolgenden wird die Berechnung ausführlich erörtert und möglichst genau durchgeführt, sie nimmt dadurch mehr Zeit in Anspruch, als es in vielen Fällen notwendig ist. Der erfahrene Rechner wird jedoch die Kürzungen je nach dem Grade der gewünschten Genauigkeit leicht vornehmen können, und dem gewissenhaften Anfänger kann nur eine genaue Berechnung die erwünschte Sicherheit bringen.

42. Grundlagen der Vorausberechnung.

Um eine Maschine berechnen zu können, ist es notwendig zu wissen, welchen Bedingungen die Maschine im Betriebe genügen soll und welche Anforderungen außerdem an sie gestellt werden. Die Grundlagen für die Vorausberechnung bestehen demnach in den Angaben über:

Drehzahl,
Spannung,
Stromstärke,
Art der Erregung,
Zulässige Änderung der Spannung oder der Stromstärke,
Geforderte Regelung der Spannung, der Stromstärke oder der Drehzahl,
Zeitliche, durch den Betrieb bedingte Änderung der Belastung,
Zulässige Erwärmung,
Wirkungsgrad,
Bauart (offen oder geschlossen).

Seitdem durch die Anwendung von Wendepolen und der Kompensationswicklung es möglich ist, unter schwierigen Betriebsverhältnissen eine gute Kommutierung zu erreichen, ist die Anwendung der Gleichstrommaschine bedeutend erweitert und viel mannigfaltiger geworden. Wenn wir die Arbeitsweise der Maschine in Betracht ziehen, können wir folgende Einteilung vornehmen:

A. Generatoren.

1. Generatoren für konstante (oder annähernd konstante) Klemmenspannung.

a) Mit konstanter Drehzahl. Diese werden meistens zur Speisung von Licht- und Kraft-Verteilungsnetzen mit an das Netz parallel angeschlossenen Stromverbrauchern verwendet.

Sie haben gewöhnlich Nebenschluß- oder Doppelschlußerregung, seltener Fremderregung. Um die Spannung konstant zu halten, d. h. um den Spannungsabfall in der Maschine und in den Speiseleitungen auszugleichen, muß die Nebenschluß- oder Fremderregung mittels eines vorgeschalteten Widerstandes regelbar sein.

b) Mit konstantem äußerem Widerstande und veränderlicher Drehzahl. Diese werden meistens für Zugbeleuchtung verwendet.

Sie zeigen allgemein eine besondere Bau- oder Wicklungsart (siehe Abschnitt 63).

2. Generatoren für konstante Stromstärke.

a) Mit konstanter Drehzahl. Diese fanden früher Anwendung bei dem Serie-Kraftübertragungs-System Thury (s. Abschn. 88) und werden in neuerer Zeit für elektrische Schweißung benützt. Die Feldwicklung liegt im Nebenschluß oder im Hauptschluß. Um den Strom konstant zu halten, wird die Felderregung selbsttätig geändert oder die Bürstenbrücke verstellt, oder es erhält die Maschine eine besondere Bau- oder Wicklungsart.

b) Mit konstanter Felderregung und veränderlicher Drehzahl. Diese werden hauptsächlich bei dem Serie-Kraftübertragungs-System Thury (s. Abschn. 91) gebraucht. Die Feldwicklung liegt im Hauptschluß. Um den Strom konstant zu halten, wird die Drehzahl so geändert, daß das Drehmoment konstant bleibt.

3. Generatoren für veränderliche Spannung und Stromstärke.

Hierher gehören:

a) Nebenschluß-Generatoren zum Laden von Akkumulatoren;

b) Doppelschluß-Generatoren, deren Spannung mit der Belastung steigt (überkompoundierte Generatoren);

c) Zusatzmaschinen zum Laden von Akkumulatoren mit konstanter oder veränderlicher Drehzahl;

d) Anlaß-Generatoren zum Anlassen und Regeln der Drehzahl einzelner Motoren;

e) Hauptschluß-Generatoren mit konstanter Drehzahl für Zwei- und Dreileiter-Arbeitsübertragungen (s. Abschn. 90).

B. Motoren.

1. Motoren für konstante Klemmenspannung mit Nebenschlußerregung:

a) mit konstantem Nebenschlußwiderstand und annähernd konstanter Drehzahl bei verschiedenen Belastungen;

b) mit veränderlichem Nebenschlußwiderstand bzw. mit unabhängig von der Belastung veränderlicher Drehzahl.

2. Motoren für konstante Klemmenspannung mit Hauptschlußerregung.

Die Drehzahl ändert sich mit der Belastung (Bahnmotoren).

3. Motoren für konstante Klemmenspannung mit Doppelschlußerregung.

Die Drehzahl ist veränderlich mit der Belastung, jedoch innerhalb engerer Grenzen als im Falle 2.

4. Motoren für konstante Stromstärke mit Hauptschlußerregung.

Um die Drehzahl zu regeln bzw. konstant zu halten, wird ein zur Hauptschlußwicklung parallel liegender Widerstand verändert oder die Bürsten werden in Abhängigkeit von der Belastung verstellt. Derartige Motoren kommen bei den Kraftübertragungen System Thury (s. Abschn. 91) zur Anwendung.

5. Motoren für veränderliche Spannung und Stromstärke:

a) mit Nebenschluß- oder Fremderregung. Hierher gehören die Motoren, die mit Hilfe eines Anlaßgenerators in Betrieb gesetzt und geregelt werden.

b) Mit Hauptschlußerregung. Diese kommen bei Zwei- und Dreileiter-Arbeitsübertragungen zur Anwendung (s. Abschn. 90).

Auf die Arbeitsweise der obengenannten verschiedenen Klassen von Maschinen wird später näher eingegangen. Wir denken uns, die erforderlichen Angaben seien für die Vorausberechnung gegeben.

Die Erregung und die Eisenquerschnitte der Maschine sind für den größten erforderlichen Kraftfluß zu berechnen, also z. B. bei konstanter Klemmenspannung für die kleinste Drehzahl.

Die Kommutierung ist für die ungünstigsten Betriebsverhältnisse zu prüfen, also für die größte Ankerbelastung und die kleinste Felderregung, z. B. bei einem Nebenschlußmotor mit veränderlicher Drehzahl für die höchste Drehzahl und die größte Stromstärke. Die Rechnung zeigt dann, ob ohne besondere Hilfsmittel noch eine gute Kommutierung zu erreichen ist.

Auf die Höhe und die Abhängigkeit des Wirkungsgrades von der Belastung sind die Betriebsverhältnisse ebenfalls von Einfluß. Maschinen, die einen großen oder den größten Teil der Betriebszeit mit kleiner Belastung arbeiten, sollen hierbei einen möglichst hohen Wirkungsgrad haben, während man bei Maschinen, die fast immer vollbelastet laufen, auf einen hohen Wirkungsgrad bei Vollast besonders zu achten hat.

Auf die Abmessungen und die Bauart der Maschine hat ferner die Erwärmung großen Einfluß. Bei geschlossener Bauart oder bei sehr rasch laufenden Maschinen kann in vielen Fällen die zulässige Erwärmung nur durch Anwendung von Lüftern und eine gute Verteilung der Kühlluft in der Maschine eingehalten werden.

43. Wahl von Wendepolen und Kompensationswicklung.

Die Hilfsmittel, die uns zur Erreichung einer guten Kommutierung zur Verfügung stehen, sind in Bd. I, Kapitel 21 und 22 ausführlich erörtert worden.

Da die Grenzwerte Δe und F_m (Bd. I, Seite 391 und 401) für eine gute Kommutierung in allen modernen Maschinen stets erreicht werden, ist man nunmehr dazu übergegangen, fast alle Maschinen mit Wendepolen auszuführen und wenn erforderlich, außerdem eine Kompensationswicklung anzubringen.

Mit großen Zahnsättigungen, großem Luftspalt, gesättigten Polspitzen, geschlitztem Polkern usw. läßt die Kommutierung sich zwar verbessern. Durch diese Mittel wird die Maschine jedoch in anderer Hinsicht so viel ungünstiger, daß es billiger und besser ist, Wendepole anzuordnen, selbst wenn diese die Herstellungskosten einer und derselben Maschinentype um 7 bis 10 $^0/_0$ erhöhen. Andererseits bringt aber die Anwendung von Wendepolen, wie wir gleich sehen werden, so viele Vorteile bei der Bemessung einer Maschine für eine gegebene Leistung, daß die zusätzlichen Kosten der Wendepole mehr als aufgewogen werden.

Die Vorteile, welche mit der Anwendung von Wendepolen verbunden sind, und die Wirkungen, die sie auf den Bau der Maschinen ausüben, lassen sich wie folgt zusammenstellen:

a) Die lineare Belastung AS des Ankers kann größer gewählt werden, und zwar bei kleinen Maschinen so groß, als die zulässige Temperatursteigerung es zuläßt.

b) Da die Temperatur gewöhnlich die Grenze für die Belastung der Maschine setzt, kann eine Maschine mit Wendepolen so bemessen werden, daß sie für kurze Zeit viel größere Überlastungen verträgt als Maschinen ohne Wendepole. 200 $^0/_0$ige Überlastung bei funkenfreiem Gang läßt sich mit Wendepolen noch erreichen. Maschinen für aussetzende Betriebe können aus demselben Grunde bedeutend kleiner gehalten werden, wenn sie mit Wendepolen ausgeführt werden.

c) Bei Maschinen ohne Wendepole ist ein starkes Hauptfeld, das möglichst wenig von der Ankerrückwirkung beeinflußt wird, eine wesentliche Bedingung für den funkenfreien Gang bei unveränderter Bürstenstellung. Bei Wendepolmaschinen kann man das Hauptfeld zwar nicht ganz schwach halten, aber in jedem Falle benötigt man weder übertriebene Zahnsättigungen, noch große Luftspalte oder gesättigte Polspitzen. Man kann deswegen etwas Kupfer auf den Hauptpolen sparen.

d) Aus dem gleichen Grunde kann man die Spannung eines Wendepolgenerators und die Drehzahl eines Wendepolmotors innerhalb viel weiterer Grenzen regeln als bei Maschinen ohne Wendepole.

e) Die Bürsten stehen bei Wendepolmaschinen stets in der geometrisch neutralen Zone, weshalb die günstigste Bürstenstellung für beide Drehrichtungen gleich ist. Auf die Bemessung von Motoren wechselnder Drehrichtung, wie Bahn- und Kranmotoren, hat die Einführung von Wendepolen deswegen auch sehr großen Einfluß gehabt.

f) Bei Maschinen ohne Wendepole durfte die Ankerlänge mit Rücksicht auf den zulässigen Grenzwert Δe für eine gute Kommutierung nicht zu lang gewählt werden. Dasselbe gilt auch für Wendepolmaschinen mit Rücksicht auf Rundfeuer. Wenn man aber von diesem absieht, so wird die Ankerlänge nur durch die höchste zulässige Lamellenspannung begrenzt (s. S. 297). Da diese bei Wendepolmaschinen höher gewählt werden darf als bei Maschinen ohne Wendepole, so kann die Ankerlänge bei Wendepolmaschinen größer gewählt werden als bei Maschinen ohne Wendepole.

g) Aus demselben Grunde kann man heute Wendepolmaschinen für höhere Spannungen und höhere Drehzahlen bauen als man früher Maschinen ohne Wendepole baute.

h) Bei Wendepolmaschinen wird die Spannung zwischen Bürsten und Kommutator gleichmäßige, wodurch die effektive Stromdichte unter den Bürsten und somit die Stromübergangsverluste am Kommutator kleiner werden. Man kann deswegen den Kommutator einer Wendepolmaschine mit Rücksicht auf seine Erwärmung kleiner bemessen und die mittlere Stromdichte unter den Bürsten höher wählen.

i) Aus dem gleichen Grunde kann die Stromstärke eines Ankerzweiges und die Stromstärke eines Bürstensatzes größer gewählt werden, wodurch man in der Wahl der Polzahl freier wird.

k) Der Wirkungsgrad einer Maschine wird durch die Anwendung von Wendepolen nicht erheblich beeinflußt. — Auf den Hauptpolen wird an Stromwärmeverlust gespart, wogegen die Erregung der Wendepole neue Verluste bringt. Die Eisenverluste werden wenig verändert und die Verluste am Kommutator sind kleiner. Bei ganz kleinen Maschinen wird der Wirkungsgrad von Wendepolmaschinen gewöhnlich kleiner und bei größeren Maschinen größer ausfallen als bei Maschinen ohne Wendepole.

Mit der Anwendung von Wendepolen sind jedoch auch Nachteile verbunden; insbesondere ist zu sagen:

l) Die Feldstreuung wird durch die Wendepole erhöht und man darf mit der Induktion im Magnetjoch nicht so hoch gehen als bei Maschinen ohne Wendepole, da die Kommutierung sonst bei höheren Belastungen beeinträchtigt wird.

m) Parallelgeschaltete Wendepolgeneratoren sind empfindlich bezüglich der Bürstenstellung, weil eine kleine Bürstenverschiebung eine erhebliche Änderung der kompoundierenden Wirkung der Wendepole bzw. der Klemmenspannung zur Folge hat.

n) Bei Motoren mit Wendepolen tritt unter Umständen (s. Bd. I, S. 513) ein Pendeln ein. Das Pendeln ist ebenfalls von der Bürstenstellung abhängig.

Bei Maschinen für hohe Spannungen oder Drehzahlen und bei Maschinen mit großer Spannungsregelung oder großer Geschwindigkeitsregeluung reichen die Wendepole nicht immer aus, um eine befriedigende Kommutierung sicherzustellen.. In solchen Fällen versieht man die Maschinen außer mit Wendepolen auch noch mit einer Kompensationswicklung. Diese verwendet man auch, um Maschinen bei Kurzschlüssen gegen Rundfeuer zu schützen (s. Bd. I, S. 453). Man sollte glauben, daß die Kompensationswicklung den Wirkungsgrad einer Maschine vermindert. Dies ist jedoch nicht der Fall. Es kommen zwar die Stromwärmeverluste in den langen Windungen der Kompensationswicklung hinzu. Aber andererseits werden durch eine richtig bemessene Kompensationswicklung die zusätzlichen Verluste, herrührend von der Ankerrückwirkung, fast vollständig beseitigt.

Die sorgfältige Durchbildung der Lüftung und die Anwendung von besonderen Lüftern hat heute erhöhte Bedeutung, weil die Leistungsgrenze einer Maschine mit Wendepolen in den meisten Fällen nicht durch die Funkenbildung, sondern durch die Erwärmung bestimmt wird.

44. Wahl der Ankerbauart und der Ankerwicklung.

Die Scheibenanker und die Flachringanker sowie die gewöhnlichen Ringanker sind als veraltete Bauarten zu betrachten. Das Zusammensetzen der Wicklung aus Formspulen, ein Verfahren, das insbesondere bei Massenherstellung große Vorteile bietet, ist nur bei Trommelwicklungen möglich. Überhaupt ermöglicht die Trommelwicklung eine bessere mechanische Ausführung, sowie eine bessere Kühlung und Belüftung des Ankers. Es kommen deswegen heute nur noch Trommelanker zur Anwendung. Diese werden außerdem in fast allen Fällen mit Mantelwicklungen ausgeführt. Nur in Sonderfällen, z. B. bei Bahn- und Kranmotoren, wo der Raum in axialer Richtung begrenzt ist, kommt die Stirnwicklung oder eine Abart derselben zur Ausführung.

Was die Ankerwicklung anbetrifft, müssen wir außerdem unterscheiden:

1. die Schleifenwicklung (Parallelwicklung) mit . $i_a = \frac{J_a}{2p}$,

2. die zweifache Schleifenwicklung mit . . . . $i_a = \frac{J_a}{4p}$,

3. die Wellenwicklung (Reihenwicklung) mit . . $i_a = \frac{J_a}{2}$,

und 4. die mehrfache Wellenwicklung

(Arnoldsche Reihenparallelwicklung) . . $i_a = \frac{J_a}{2a}$.

Der Ankerzweigstrom i_a ist so zu wählen, daß man für den Leiter einen passenden Querschnitt erhält. Er soll im allgemeinen die Grenze 250—300 Amp. nicht überschreiten, und man bleibt bei Nutenankern und Spannungen über 120 Volt besser unter oder in der Nähe von 200—250 Amp.

Bei Maschinen mit Wendepolen oder Kompensationswicklung und zwei Stäben übereinander in einer Nut kann man mit i_a wesentlich höher gehen. Es sind Maschinen auf diese Art mit i_a bis zu etwa 750 Amp. ausgeführt worden.

Was die Wahl zwischen Schleifen- und Wellenwicklung betrifft, so ist folgendes zu bemerken:

Bei der Schleifenwicklung liegen die Spulen eines Ankerzweiges innerhalb einer doppelten Polteilung. Infolge von magnetischen Unsymmetrien des Feldes würden daher kleine Spannungen zwischen den gleichnamigen Bürsten und daher ungleiche Stromstärken in den einzelnen Ankerzweigen auftreten, wenn die Schleifenwicklung nicht mit Ausgleichverbindungen versehen wurde. Die Ausgleichströme fließen dann nicht durch die Bürsten, sondern als mehrphasige Wechselströme durch die Ausgleichverbindungen. Durch diese werden die Ungleichheiten des Feldes unter den verschiedenen Haupt- und Wendepolen fast vollständig ausgeglichen, wodurch eine vollständig symmetrische Kommutierung bei allen Bürstensätzen sichergestellt wird. Außerdem wird der Anker durch die Ausgleichverbindungen vollständig magnetisch ausgeglichen, so daß keine exzentrisch wirkende magnetische Kraft auf ihn ausgeübt werden kann.

Bei den mehrfachen Reihenwicklungen liegen die Verhältnisse ganz anders. Hier werden die Spulen eines Ankerzweiges von allen Feldern induziert, so daß bei diesen Wicklungen zwar keine größere Verschiedenheiten der EMKe der einzelnen Ankerzweige durch verschieden starke Kraftflüsse der einzelnen Polpaare entstehen können. Dagegen kann sich die Spannung einer mehrfachen Wellenwicklung unter einem Pole am Kommutator ganz ungleichmäßig auf die einzelnen Lamellen verteilen. Um dies zu vermeiden, müssen diese Wicklungen stets mit Äquipotentialverbindungen ausgeführt werden. Der größte Nachteil der Wellenwicklungen ist jedoch der, daß die Stromabnahme der einzelnen Bürstensätze eine rein selektive ist. Der Strom verteilt sich nicht wie bei der Schleifenwicklung gleichmäßig auf alle Bürstensätze, sondern auf die parallelgeschalteten

Bürstensätze, entsprechend den Übergangswiderständen. Und da der Übergangswiderstand zwischen einer Kohlebürste und einem Kommutator eher ein labiler als ein stabiler Widerstand ist, so ist die selektive Stromabnahme bei Wellenwicklungen ein sehr großer Nachteil. Der Verfasser kann deswegen nicht die Anwendung mehrfacher Wellenwicklungen dort empfehlen, wo es möglich ist, mit Schleifenwicklungen auszukommen. — Die mehrfache Wellenwicklung eignet sich nur bei sehr großen langsamlaufenden Maschinen, wo eine Schleifenwicklung auf eine Drahtwicklung führen würde, während eine Wellenwicklung auf eine Stabwicklung führt. Liegt z. B. der Fall vor, daß wegen des Vorhandenseins von Modellen und Werkzeugen eine 16polige Maschine für 1000 Amp. ausgeführt werden soll, so kann diese entweder mit zwei Ankerstromzweigen von je 500 Amp. (einfache Wellenwicklung) oder mit vier Ankerstromzweigen zu 250 Amp. (zweifache Wellenwicklung) oder mit acht Ankerstromzweigen zu 125 Amp. (vierfache Wellenwicklung) oder mit sechzehn Ankerstromzweigen zu 62,5 Amp. (einfache Schleifenwicklung) ausgeführt werden. Die Schleifenwicklung wird wahrscheinlich zwei Windungen je Wicklungselement erhalten und deswegen keine für die Werkstatt so leichte Wicklung ergeben wie die vierfache Wellenwicklung, die der ersten in bezug auf maximale Lamellenspannung gleichwertig ist. Man hat also hier zwischen diesen beiden Wicklungen zu wählen. Die vierfache Wellenwicklung würde durch Anordnung von sehr vielen Äquipotentialverbindungen sicher gleich gut kommutieren wie die Schleifenwicklung mit halb so vielen Ausgleichsverbindungen. Es kann dann die Wahl zwischen diesen beiden Wicklungen darauf beruhen, für welche die Werkstattkosten sich niedriger stellen. Der Verfasser glaubt, daß die Wellenwicklung hier sowohl mit Rücksicht auf die Werkstattkosten als auch mit Rücksicht auf eine gute Werkstattarbeit vorzuziehen wäre.

Würde jedoch die Lamellenspannung gestatten, die einfache Wellenwicklung mit 500 Amp. je Stromzweig auszuführen, so würde dies sicher die billigste und schönste Maschine ergeben. Sie würde aber nicht so betriebssicher in bezug auf Rundfeuer bei Belastungsstößen und Kurzschlüssen ausfallen. Desgleichen würde der Anker nicht magnetisch ausgeglichen sein, was bei kleinen Luftspalten und bei den langsamen, von den Antriebsmaschinen herrührenden Schwingungen von bedeutendem Nachteil sein könnte.

Wie hieraus ersichtlich, sollte die einfache Schleifenwicklung bei allen mittelgroßen und größeren Maschinen allgemein zur Anwendung kommen, wenn die Stromstärke je Ankerzweig genügend groß ist, um eine Stabwicklung zuzulassen. Die einfache Wellenwicklung (Reihenwicklung) kommt dagegen allgemein zur Anwendung bei kleinen und mittelgroßen Maschinen, wo die Stromstärke je Ankerzweig nicht für eine Schleifenwicklung aus Stäben ausreichen würde. Die mehrfache Wellenwicklung kommt nur bei sehr großen Maschinen zur Anwendung, wo die Lamellenspannung nicht die Anwendung einer einfachen Wellenwicklung zuläßt und die Stromstärke je Stromzweig für eine Schleifenwicklung aus Stäben nicht ausreicht. Die zweifache Schleifenwicklung kommt nur bei sehr schnellaufenden Maschinen zur Anwendung, wo die Lamellenspannung nicht die Anwendung einer einfachen Schleifenwicklung zuläßt.

Um sowohl bei den Schleifenwicklungen als auch bei den Wellenwicklungen eine vollkommen symmetrische Wicklung zu erhalten, sollen folgende Bedingungen (siehe Bd. I, S. 32) erfüllt werden:

$$\frac{K}{a} \text{ gleich einer ganzen Zahl}$$

$$\frac{Z}{a} \text{ gleich einer ganzen Zahl}$$

$$\frac{2p}{a} \text{ gleich einer ganzen Zahl}$$

Wenn sowohl $\frac{Z}{a}$ als auch $\frac{2p}{a}$ ganzzahlig sind, so wird die Zahl und Lage der zwischen den Bürsten gelegenen induzierten Spulenseiten für alle Stromzweige genau gleich.

Um eine vollkommene Symmetrie der Ankerzweige zu erreichen, ist es günstig, auch bei Wellenwicklungen alle $2p$-Bürsten aufzulegen.

Die maximale Lamellenspannung einer Maschine ist (siehe Bd. I, S. 210) bei Belastung

$$E_{dk\,\max} = \frac{2pE}{\alpha_b K} \quad \ldots\ldots \text{ Volt.} \tag{66}$$

Für ein sinusförmiges Feld ist $\alpha_b = \frac{2}{\pi}$

und

$$E_{dk\,\max} = \frac{\pi p E}{K} \quad \ldots\ldots \text{ Volt.} \tag{66a}$$

Je höher die Maschinenspannung sein soll, um so mehr Lamellen je Pol muß man haben, und es entsteht die Frage, wie man diese große Lamellenzahl unterbringen kann, ohne die Umfangsgeschwindigkeit des Kommutators zu sehr in die Höhe zu treiben. Diese ist in Meter je Sek. .

$$v_k = \frac{\pi D_k n}{60 \cdot 100} = \frac{K\beta n}{6000}.$$

Führt man den aus dieser Gleichung für K erhaltenen Wert in die Formel für $E_{dk_{\max}}$ ein, so ergibt sich

$$E_{dk_{\max}} = \frac{\pi E \beta}{100\, v_k} \cdot \frac{p\, n}{60} = \frac{\pi E \beta}{100\, v_k} c, \qquad (66\,\mathrm{b})$$

worin c die Periodenzahl ist, mit der das Ankereisen ummagnetisiert wird. Nehmen wir als Höchstwert $E_{dk_{\max}} = 35$ Volt und $v_k = 30$ m/sek und als Kleinstwert $\beta = 0{,}38$ cm, so wird für $c = \frac{p\, n}{60} = 25$ Hertz $E = 3500$ Volt.

Da die Periodenzahl 25 den Verhältnissen normal gebauter Maschinen entspricht, so wird man bis zu einer Spannung von 3500 Volt noch mit normaler Bemessung auskommen können. Werden höhere Spannungen verlangt, so ist die Periodenzahl c zu verkleinern, indem man bei gegebener Drehzahl die Polzahl verringert. Theoretisch wäre es auch möglich, mit der Umfangsgeschwindigkeit des Kommutators in die Höhe zu gehen, aber dann würde auch die Gefahr für Knallfunken und Rundfeuer am Kommutator ansteigen.

45. Umfangsgeschwindigkeit und Drehzahl.

Die gebräuchlichste Umfangsgeschwindigkeit normaler Maschinen mit Riemenantrieb beträgt 12—17 m/sek, wobei der kleinere Wert für

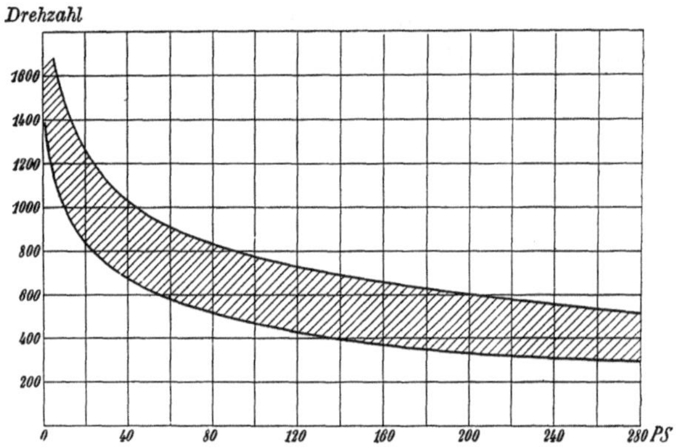

Fig. 318. Grenzwerte der Drehzahlen normaler Motoren.

kleinere Maschinen von etwa 2 kW Leistung gilt. Für langsam laufende, unmittelbar gekuppelte Dynamos fällt v bis 8 m/sek und ausnahmsweise noch tiefer. Bei Gleichstrommaschinen, die mit Dampfturbinen gekuppelt werden, gelangt man bis zu Umfangsgeschwindigkeiten von 80 m/sek. In solchen Fällen müssen zum Festhalten der Ankerdrähte gegen die Zentrifugalkraft keilverschlossene Nuten verwendet und die Wicklungsteile außerhalb des Ankereisens durch besonders starke Bandagen oder Kappen gehalten werden.

Für normale Maschinen ist es nicht anzuraten, mit der Umfangsgeschwindigkeit über 30 m/sek zu gehen, da man dann zu besonderen Konstruktionen greifen muß, welche die Maschinen wesentlich verteuern. Da die Umfangsgeschwindigkeit an die oben angegebenen Grenzen gebunden ist und der Ankerdurchmesser mit der Größe der Leistung zunehmen muß, muß im allgemeinen die Drehzahl mit der Leistung abnehmen. In Fällen, wo die Gleichstromgeneratoren mit Wasserturbinen, Dampfmaschinen, Dampfturbinen oder Ölmotoren unmittelbar gekuppelt oder die Gleichstrommotoren unmittelbar mit den Arbeitsmaschinen zu verbinden sind ist die Drehzahl innerhalb enger Grenzen vorgeschrieben. Ist die Wahl der Drehzahl frei, was bei Riemenantrieb zutrifft, so ist man wegen der Riemengeschwindigkeit und der Verwendung der Dynamos als Motoren an gewisse Grenzen gebunden.

Fig. 318 zeigt die oberen und unteren Grenzwerte der Drehzahlen für normale Motoren verschiedener Firmen bis 280 PS. Die meisten Firmen führen jedoch in ihren Listen neben diesen normalen Drehzahlen noch eine Reihe anderer, sowohl höherer als niedrigerer Drehzahlen auf.

46. Wahl des Verhältnisses von Ankerlänge zu Polbogen.

Sind AS, B_l und α_i für eine Maschine bestimmter Leistung und Drehzahl gewählt, so ist, wie später gezeigt wird, das Produkt $D^2 l$ bekannt. Es handelt sich dann darum, dieses Produkt in l und D zu zerlegen. Nimmt man bei gegebener Polzahl einen bestimmten Wert für das Verhältnis Ankerlänge zu Polbogen an, so sind hierdurch D und l bestimmt. Es ist daher zu prüfen, welches Verhältnis von Ankerlänge zu Polbogen das günstigste ist.

Die Leistung $E J_a$ kann man schreiben

$$E J_a = \frac{p n N}{60 \, a} \Phi J_a 10^{-8} = 2 p \Phi N i_a \frac{n}{60} 10^{-8} =$$

$$= (2 p \Phi)(\pi D \, AS) \frac{n}{60} 10^{-8} \qquad (67)$$

Entwerfen wir verschiedene Maschinen für eine bestimmte Leistung und Drehzahl mit gleicher Polzahl, jedoch mit verschiedenen Durchmessern, so wird, da $E J_a$ für diese Maschinen gegeben ist, bei gleichbleibendem AS der Kraftfluß Φ umgekehrt proportional dem Durchmesser D. Die Querschnitte des Ankers, der Magnete und des

Joches sind bei gleicher Induktion somit ebenfalls umgekehrt proportional dem Durchmesser. Ändert man die radiale Höhe der Pole in gleichem Verhältnis wie den Durchmesser des Ankers, so bleiben die Gewichte der Eisenteile (Magnete, Anker und Joch) unabhängig vom Durchmesser, da ja der mittlere Durchmesser von Anker und Joch in demselben Verhältnis wächst als ihr Querschnitt abnimmt.

Wir müssen jetzt noch den Einfluß der Änderung des Durchmessers auf die Kupfergewichte untersuchen. Das Gewicht des Ankerkupfers ist gleich $l_a N q_a \cdot 8{,}9 \cdot 10^{-5}$ kg. Wir können daher schreiben

$$l_a N q_a = \frac{i_a N l_a q_a}{i_a} = \frac{\pi D\ AS}{s_a} l_a \tag{68}$$

Hält man AS und s_a konstant, so ist das Kupfergewicht nur abhängig vom Produkte $D l_a$.

Schreiben wir $l_a = l + 1{,}5\,\tau$ und suchen wir, indem wir $D^2 l$ gleich einer Konstanten setzen, den Minimalwert des Ausdruckes $(l + 1{,}5\,\tau) D$ auf, so erhalten wir als Bedingung $l = 2 \cdot 1{,}5\,\tau$, d. h. die Wickellänge im Eisen ist gleich zweimal der freien Wickellänge. Dieses Verhältnis wird bei normalen Maschinen wohl kaum erreicht und man kann somit sagen, daß das Gewicht des Ankerkupfers um so kleiner wird, je größer das Verhältnis Ankerlänge zu Polbogen wird.

Wie wir später sehen werden (S. 322), ist die Größe des Luftspaltes mit Rücksicht auf das Ankerquerfeld so zu wählen, daß $\frac{AW_l + AW_z}{b_i\ AS} \geqq 1$ bis 1,2 ist. Nehmen wir für unseren Vergleich für dieses Verhältnis einen bestimmten Wert an, so ist $AW_l + AW_z$ bei gleichbleibendem AS proportional b_i. Da die Längen der übrigen Kreisteile proportional D und somit ebenfalls proportional b_i sind, so wird die Gesamt-Amperewindungszahl proportional b_i sein und deshalb auch der Gesamt-Kupferquerschnitt der Magnetwicklung. Da wir die Höhe proportional dem Durchmesser vergrößert haben, erhalten wir eine gleiche Dicke der Erregerspule bei verschiedenen Ankerdurchmessern.

Die mittlere Windungslänge der Magnetwicklung kann man bei gleichbleibender Querschnittsform des Magneten etwa proportional der Wurzel aus dem Magnetquerschnitte und somit auch umgekehrt proportional der Wurzel aus dem Ankerdurchmesser setzen. Das Gewicht des Magnetkupfers ist somit etwa umgekehrt proportional der Wurzel aus dem Durchmesser.

Fassen wir diese Ergebnisse zusammen, so können wir sagen, daß das Gewicht des aktiven Eisens nur unwesentlich vom Verhältnis Ankerlänge zu Polbogen beeinflußt wird, während das Gewicht des aktiven Kupfers um so kleiner wird, je größer dieses Verhältnis ist.

Wie wir später (S. 296) sehen werden, ist die Ankerkonstante

$$k_a = \frac{p}{a}\frac{N}{K} l_i v \, AS \, 10^{-6}$$

bei gleichbleibender Luftinduktion B_l für Maschinen bestimmter Leistung und Drehzahl umgekehrt proportional dem Ankerdurchmesser D, d. h. mit Rücksicht auf eine günstige Kommutierung ist ein kleiner Wert des Verhältnisses Ankerlänge zu Polbogen anzustreben. Bei Anwendung von Wendepolen gilt hier dieselbe Einschränkung mit Rücksicht auf Belastungsstöße und Rundfeuer. S. 296 wird ferner gezeigt, daß die maximale Lamellenspannung bei Leerlauf $E_{dk_{\max}}$ bei gleichbleibendem AS für Maschinen bestimmter Leistung und Drehzahl auch umgekehrt proportional dem Ankerdurchmesser D ist, d. h. auch mit Rücksicht auf die Lamellenspannung ist ein kleiner Wert des Verhältnisses Ankerlänge zu Polbogen wünschenswert.

Außerdem sind die Abkühlungsverhältnisse bei einem langen Anker ungünstiger als bei einem kürzeren.

Weiter ist noch zu bemerken, daß wir bei der Ermittlung des Gewichtes des Magnetkupfers angenommen haben, daß die Querschnittsform der Magnete die gleiche bleibe. Bei den größeren Werten des Verhältnisses Ankerlänge zu Polbogen wird die Querschnittsform der Magnete im allgemeinen mehr länglich werden und die mittlere Länge der Magnetwicklung wird schneller als proportional der Wurzel des Querschnittes wachsen.

Für die Magnetkerne soll man mit Rücksicht auf die Herstellung, wenn möglich, die Kreisform wählen, um so mehr, als in diesem Falle auch die Herstellung der Spulenkasten und das Wickeln der Spulen sich am einfachsten gestaltet.

In der Praxis haben sich folgende Verhältnisse als die günstigsten herausgestellt.

Bei Maschinen mit Radialpolen, deren Drehzahl im Vergleich zu ihrer Leistung als normal betrachtet werden kann, ist das Verhältnis

$$\frac{l}{b_i} = 1{,}0 \text{ bis } 1{,}3.$$

Ist bei hohen Drehzahlen die Umfangsgeschwindigkeit des Ankers schon so groß gewählt, daß eine weitere Steigerung nicht mehr erwünscht oder zulässig ist, und wird die geforderte Leistung der Maschine nur durch entsprechende Vergrößerung der Ankerlänge erreicht, so kann das Verhältnis von $l : b_i$ erheblich größere Werte annehmen. Ist umgekehrt der Ankerdurchmesser einer Maschine im Verhältnis zur

Leistung groß, wie bei den Schwungradmaschinen, so kann $l:b_i$ erheblich kleiner sein. Die Ankerlänge wird bei normalen Maschinen ($v < 30$ m/sek) selten größer als 35 bis 45 cm. Bei kleinen zweipoligen Maschinen wird der Längsschnitt der Ankertrommel nahezu quadratisch, d. h. $D \sim l$.

47. Wahl der Polzahl.

Die Polzahl wird durch die Leistung, die Drehzahl, die Ankerwicklung und das gewünschte Verhältnis von Pollänge zu Polbogen am wesentlichsten beeinflußt. Aber auch die Klemmenspannung und die Stromstärke können auf die Wahl der Polzahl von Einfluß sein.

Bei der Untersuchung des Einflusses der Polzahl auf die Gewichte der aktiven Baustoffe wollen wir uns auf den Vergleich von Maschinen mit gleichem Durchmesser beschränken. Für jede Maschine ist dann nachträglich zu untersuchen, ob das Verhältnis $l:b_i$ günstig ist.

Gehen wir von der Formel (67) S. 289

$$E J_a = (2\,p\,\Phi)\,(\pi D\,AS)\,\frac{n}{60}\,10^{-8}$$

aus, so ist ersichtlich, daß bei gleichbleibendem AS und D der Gesamt-Kraftfluß $2\,p\,\Phi$ und somit bei gleicher Induktion der Gesamtquerschnitt der Magnete von der Polzahl unabhängig ist. Bei gleichbleibender radialer Höhe der Magnetkerne ist ihr Gewicht von der Polzahl unabhängig.

Der Joch- und Ankerquerschnitt ist bei gleichbleibender Induktion umgekehrt proportional der Polzahl. Die Gewichte des Anker- und Jocheisens sind also umgekehrt proportional der Polzahl. *Das gesamte Eisengewicht nimmt somit mit zunehmender Polzahl ab.*

Der Hysteresisverlust im Ankereisen ist von der Polzahl unabhängig, da die Periodenzahl sich proportional und das Ankervolumen sich umgekehrt proportional mit der Polzahl ändert.

Das Gewicht des Ankerkupfers nimmt mit zunehmender Polzahl bei gleichbleibender Stromdichte s_a *ab*, da die Länge einer Ankerwindung kleiner wird.

Es bleibt noch zu untersuchen, wie sich der Aufwand an Magnetkupfer mit der Polzahl ändert.

Wir dürfen für diesen Vergleich, wie im vorigen Abschnitt angegeben, dem Verhältnis $\frac{AW_l + AW_z}{b_i\,AS}$ einen bestimmten Wert beilegen. Bei gleichbleibendem AS ist $AW_l + AW_z$ somit proportional b_i. Weiter sind die Kraftlinienlängen im Joch und im Anker proportional b_i und somit auch die Amperewindungen je Kreis für das Joch und den Anker. Dagegen bleiben die Amperewindungen für die Magnete die gleichen. Da jedoch deren Anteil an den Gesamt-Amperewindungen nur gering ist, können wir die Amperewindungen je Kreis annähernd proportional b_i oder umgekehrt proportional der Polzahl setzen. Die Gesamt-Amperewindungszahl aller magnetischen Kreise, d. h. die Gesamt-Amperewindungszahl der Maschine ist demnach unabhängig von der Polzahl.

Bei gleichbleibender Querschnittsform des Magneten ist die mittlere Windungslänge der Magnetwicklung etwa proportional der Quadratwurzel aus dem Magnetquerschnitt, und da dieser Querschnitt umgekehrt proportional der Polzahl ist, kann man die mittlere Windungslänge umgekehrt proportional der Wurzel aus der Polzahl setzen. Das Gewicht des Magnetkupfers nimmt somit mit zunehmender Polzahl ebenfalls ab.

Hieraus geht hervor, daß sämtliche aktiven Gewichte bei Zunahme der Polzahl abnehmen.

Es ist jedoch zu bemerken, daß, sobald wir mit dem Luftspalt an der zulässigen Grenze angelangt sind, das Kupfergewicht mit wachsender Polzahl zunehmen muß.

Ferner ist zu beachten, daß mit der Polzahl gewöhnlich auch die Kosten der Herstellung wachsen, weil mehr Teile und Flächen zu bearbeiten sind, und daß die Wirbelstromverluste im Ankereisen und die Zahnverluste mit zunehmender Polzahl wachsen. Aus dem letzten Grunde wird man die Sättigung des Ankereisens und der Zähne bei einer großen Polzahl kleiner wählen als bei einer kleineren, so daß im allgemeinen das Gewicht des Ankereisens fast unabhängig von der Polzahl wird.

Bei großen Maschinen muß das Joch außerdem mit Rücksicht auf die Steifigkeit und das Aussehen der Maschine einen erheblichen Querschnitt besitzen. Es hat daher bei solchen Maschinen wenig Wert, unter eine Polteilung von 40 bis 55 cm oder unter einen Polbogen von 30 bis 40 cm zu gehen. Bei etwa 35 cm Polbogen und Anwendung der Wellenwicklung mit Äquipotentialverbindungen kann bei großen Ankerdurchmessern auch ein Luftspalt δ erreicht werden, der aus mechanischen und magnetischen Gründen nicht wesentlich unterschritten werden darf.

Zweipolige Maschinen findet man nur noch für sehr kleine Leistungen und bei Turbogeneratoren. Fast alle Firmen bauen ihre kleineren Motoren schon von 2 bis 5 PS an vierpolig mit Rücksicht auf die vorteilhaftere Herstellung der Wicklung aus Formspulen.

Ändern wir bei dem Übergang von einer Polzahl zur anderen auch den Ankerdurchmesser und die Ankerlänge, so ist es schwierig, im voraus zu sagen, welche Maschine die günstigere sein wird. Man wird dann am besten die Maschine für verschiedene Polzahlen durchrechnen, das Gewicht von Eisen und Kupfer, die Wattverluste sowie den Herstellungspreis ermitteln und schließlich noch die Maschine auf ihre Kommutierung nachprüfen.

48. Ableitung der Formeln zur Berechnung der Hauptabmessungen der Maschine.

Als gegeben sind P, J und n anzusehen. Bei Motoren ist gewöhnlich an Stelle von J die Leistung in PS gegeben, es muß dann durch eine vorläufige Annahme des Wirkungsgrades η die elektrische Leistung

$$\mathrm{kW} = \frac{0{,}736 \cdot \mathrm{PS}}{\eta} \tag{69}$$

oder

$$J = \frac{736 \cdot \mathrm{PS}}{\eta P} \tag{70}$$

berechnet werden.

Die Grundformel für die Vorausberechnung läßt sich in folgender Weise ableiten:

$$J_a = 2\,a i_a = \frac{2\,a\,\pi D\,AS}{N}$$

$$E = \frac{pn}{60}\,\frac{N}{a}\,\Phi \cdot 10^{-8}$$

$$\Phi = B_l\,l\,b_i; \qquad b_i = \alpha_i\,\frac{\pi D}{2p}.$$

Da die größte induzierte Ankerspannung E und die größte Ankerstromstärke J_a, für die eine Maschine gebaut werden soll, nicht immer gleichzeitig auftreten, so führen wir für die maximale Leistung einer Maschine den Ausdruck $\mathrm{kVA} = E J_a 10^{-3}$ ein, man erhält dann

$$\mathrm{kVA} = J_a E \cdot 10^{-3} = 2\pi D\,AS\,\frac{pn}{60}\,\Phi \cdot 10^{-11} =$$

$$= 2\pi D\,AS\,\frac{pn}{60} \cdot B_l\,l\,\alpha_i\,\frac{\pi D}{2p} \cdot 10^{-11} = (D^2\,l\,n)\left(\frac{\alpha_i\,AS\,B_l}{6 \cdot 10^{11}}\right)$$

$$\frac{\boldsymbol{D^2\,l\,n}}{\mathbf{kVA}} = \frac{\mathbf{6 \cdot 10^{11}}}{\boldsymbol{\alpha_i\,AS\,B_l}}. \tag{71}$$

Diesen Quotienten nennen wir die **Maschinenkonstante**[1]). Solange B_l und AS unverändert bleiben, ist die rechte Seite eine Konstante, und da diese Größen B_l und AS ein Maß für die magnetische und elektrische Beanspruchung, also für die Ausnutzung darstellen, ist die Maschinenkonstante eine charakteristische Größe.

Je kleiner die Konstante wird, um so kleiner sind die Abmessungen der Maschine im Verhältnis zur Leistung. Damit ist aber nicht gesagt, daß bei gegebener Leistung die Maschine mit dem kleinsten $\frac{D^2 l n}{\mathrm{kVA}}$ die billigste sei, weil hier das Verhältnis von Eisen zu Kupfer von großem Einfluß ist.

Das Verhältnis $\alpha_i = \frac{b_i}{\tau}$ liegt für zweipolige Maschinen zwischen 0,6 und 0,7 und bei mehrpoligen Maschinen zwischen 0,65 und 0,75.

Ein großes Verhältnis α_i hat den Vorteil, daß ein großer Teil des Ankerumfanges magnetisch „beaufschlagt" und daher bei gegebenem B_l ein großer Kraftfluß Φ erhalten wird, dagegen werden die Bedingungen für die Kommutierung verschlechtert. Bei Maschinen ohne Wendepole wächst nämlich die Leitfähigkeit λ_q mit zunehmendem α_i (Bd. I, S. 398), und das Feld fällt um so steiler ab, je größer α_i ist. Bei Wendepolmaschinen darf α_i auch nicht zu groß gewählt werden; denn dann gibt es nicht genügend Platz für die Wendepole, und die Streuung der Wendepole wird leicht zu groß. Das Hauptfeld darf auch nicht das Wendefeld beeinflussen; hierfür ist α_i zwar nicht unmittelbar maßgebend, sondern die Größe der Pollücke $(\tau - b_i) = \tau(1 - \alpha_i)$ und die Sättigung der Polspitzen. Man kann daher auch die Größe der Pollücke annehmen, und es darf α_i um so größer sein, je größer die Polteilung τ ist.

Für die Luftinduktion B_l geben die folgenden Zahlen übliche Werte:

1. Gezahnte Anker und kleine Maschinen $B_l = 5000$ bis 7000.
2. Gezahnte Anker und große Maschinen $B_l = 7000$ bis 11000.

Bei Maschinen mit hoher Periodenzahl $\frac{pn}{60} > 25$ bis 30, z. B. bei Turbogeneratoren, findet man erheblich kleinere Werte von B_l.

Bevor wir auf die Bestimmung der Hauptabmessungen D und l weiter eingehen, wollen wir ihren Einfluß auf die Kommutierung und Lamellenspannung näher untersuchen.

---

[1]) Prof. Arnold hat diese Beziehung zur Vorausberechnung von Maschinen (s. ETZ. 1896, S. 177 und ETZ. 1903, S. 285) zuerst eingeführt.

Führt man in die Ankerkonstante

$$k_a = \frac{p}{a}\frac{N}{K} l v AS \cdot 10^{-6}$$

den aus Formel (71) ermittelten Ausdruck

$$D l n AS = \frac{6 \cdot 10^{11}\,\mathrm{kVA}}{\alpha_i B_l D},$$

$v = \frac{\pi D n}{6000}$ und $\frac{N}{2K} = w$, d. h. Windungszahl je Lamelle, ein, so erhält man folgenden Ausdruck:

$$k_a = \frac{p}{a}\frac{N}{K} l v AS \cdot 10^{-6} = 2w\frac{p}{a}\frac{100\pi\,\mathrm{kVA}}{\alpha_i B_l D}. \tag{72}$$

Darf die Ankerkonstante einen gewissen Wert $k_{a_{\max}}$ nicht überschreiten, so darf der Durchmesser D bei gegebener Luftinduktion einen gewissen Wert nicht unterschreiten, und man erhält

$$D \geqq 2w\frac{p}{a}\frac{100\pi\,\mathrm{kVA}}{\alpha_i B_l k_{a_{\max}}}. \tag{72a}$$

Führt man in ähnlicher Weise in die maximale Lamellenspannung bei Leerlauf

$$E_{dk_{\max}} = \frac{2pE}{\alpha_i K} = \frac{p}{a}\frac{N}{K} l v B_l 10^{-6}$$

den aus Formel (71) ermittelten Ausdruck

$$D l n B_l = \frac{6 \cdot 10^{11}\,\mathrm{kVA}}{\alpha_i AS \cdot D},$$

$v = \frac{\pi D n}{6000}$ und $\frac{N}{2K} = w$ ein, so erhält man folgenden Ausdruck:

$$E_{dk_{\max}} = 2w\frac{p}{a}\frac{100\pi\,\mathrm{kVA}}{\alpha_i AS \cdot D}. \tag{73}$$

Darf die maximale Lamellenspannung bei Leerlauf einen gewissen Wert, z. B. $E_{dk_{\max}} = 20$ Volt, nicht überschreiten, so darf der Durchmesser D bei gegebener Ankerbelastung AS einen gewissen Wert nicht unterschreiten, und zwar erhält man

$$D \geqq 2w\frac{p}{a}\frac{100\pi\,\mathrm{kVA}}{\alpha_i AS \cdot E_{dk_{\max}}}. \tag{73a}$$

Wir haben somit zwei Forderungen erhalten, welche der Ankerdurchmesser D erfüllen muß, damit die Maschine gut kommutiert und keine Knallfunken oder Rundfeuer am Kommutator auftreten.

Durch Division der Ankerkonstante mit der maximalen Lamellenspannung bei Leerlauf erhält man folgende einfache Beziehung zwischen diesen beiden Größen

$$k_a = \frac{AS}{B_l} E_{dk_{max}}. \tag{74}$$

Für eine moderne große Wendepolmaschine, an deren Kommutator bei Kurzschlüssen im Netz kein Rundfeuer entstehen darf, soll erfahrungsgemäß $E_{dk_{max}}$ bei Leerlauf 20 Volt und bei Belastung 28 Volt möglichst nicht überschreiten, während $AS = 325$ und $B_l = 10000$ gesetzt werden können. Also darf für eine moderne große Wendepolmaschine die Ankerkonstante im allgemeinen den Wert von etwa

$$k_a = \frac{325 \cdot 18}{10000} = 0{,}6.$$

nicht überschreiten, wenn kein Rundfeuer an ihrem Kommutator bei Kurzschlüssen entstehen soll. Dies ist fast derselbe Wert, den man als höchste zulässige Grenze für Maschinen ohne Wendepole angibt, wenn dieselben funkenfrei kommutieren sollen.

Bei Generatoren für Licht- und Kraftanlagen wird nicht immer vorgeschrieben, daß Rundfeuer bei Kurzschlüssen unbedingt nicht vorkommen darf, und in diesem Falle kann man mit der Lamellenspannung im Leerlauf bis 25 Volt und mit AS bis 400 gehen und erhält dann als höchste zulässige Grenze für die Ankerkonstante einer solchen Maschine

$$k_a = \frac{400 \cdot 25}{10000} = 1.$$

Nachdem wir nun α_i und B_l, sowie aus Gleichung (72a) eine Minimalgrenze für D festgelegt haben, bleibt nur noch übrig, die Ankerbelastung AS zu bestimmen, um aus der Grundformel (71) für $D^2 l$ die Hauptabmessungen D und l einer Maschine gegebener Leistung und Drehzahl zu ermitteln. Wir gehen deswegen im folgenden Abschnitt zur Bestimmung der Ankerbelastung AS über.

49. Größe der linearen Belastung AS und ihr Einfluß auf die Gewichte, die Verluste und die Kommutierung.

Wir wollen annehmen, daß von einer Maschine bestimmter Leistung und Drehzahl die Abmessungen des Ankers und die Polzahl festgelegt sind, und wollen untersuchen, wie sich die Gewichte der aktiven Materialien mit AS ändern.

Aus der Gleichung (67) S. 289

$$E J_a = (2 p \Phi)(\pi D\, AS) \frac{n}{60} 10^{-8}$$

geht hervor, daß in diesem Fall der Kraftfluß Φ umgekehrt proportional AS ist. Nimmt man eine bestimmte Höhe für die Magnete und einen bestimmten Durchmesser für das Joch an, so sind die Gewichte der Magnete und des Joches bei gleichbleibender Induktion ebenfalls umgekehrt proportional AS. Das Gewicht des Ankerkupfers ist gleich

$$G_{ka} = l_a q_a N \cdot 8{,}9 \cdot 10^{-5} = i_a N \frac{q_a}{i_a} l_a \cdot 8{,}9 \cdot 10^{-5} = \frac{\pi D\, AS\, l_a}{s_a} \cdot 8{,}9 \cdot 10^{-5}.$$

Dieses Gewicht ist somit bei gleichbleibender Stromdichte s_a proportional AS.

Das Gewicht des Ankereisens ist nahezu unabhängig von der Größe von AS, weil die Gesamt-Ankerverluste (Stromwärme- und Eisenverluste), wie wir später sehen werden, bei Änderung von AS nur in engen Grenzen schwanken und eine Änderung der Abmessungen des Ankereisens eine Änderung der Temperaturerhöhung hervorrufen würde.

Es ist schließlich noch zu untersuchen, wie sich das Gewicht des Magnetkupfers mit der Änderung von AS ändert.

Nehmen wir wieder das Verhältnis $\frac{AW_l + AW_z}{b_i\, AS}$ als konstant an, so wächst die Amperewindungszahl $AW_l + AW_z$ proportional mit AS. Es werden somit die Gesamt-Amperewindungen mit zunehmendem AS zunehmen. Die mittlere Windungslänge der Magnetwicklung wird jedoch mit Zunahme von AS abnehmen, da der Polquerschnitt der linearen Belastung AS umgekehrt proportional ist. Das Gewicht G_{km} des Magnetkupfers ergibt sich aus

$$G_{km} = l_n q_n w_n \cdot 8{,}9 \cdot 10^{-5} = i_n w_n \frac{q_n}{i_n} l_n \cdot 8{,}9 \cdot 10^{-5} = \frac{AW_t l_n \cdot 8{,}9}{10^5 s_n}.$$

Bei gleichbleibender Stromdichte s_n ist das Gewicht somit proportional $AW_t l_n$, und da die mit zunehmendem AS notwendige Zunahme von AW_t prozentual die Abnahme von l_n überwiegt, so wird das Magnetkupfer mit zunehmendem AS zunehmen.

Um den Einfluß von AS auf die aktiven Baustoffe besser verfolgen zu können, wurden für eine 400 kW-Maschine mit 165 Umdr./Min. und 260 Volt Spannung die Abmessungen des Ankers angenommen und die Maschine für verschiedene Werte von AS durchgerechnet. Die Induktion im Joch wurde gleich 12500 und die Induktion in den Magneten gleich 15700 festgelegt und der Luftspalt so gewählt, daß bei allen Werten von AS das Verhältnis $\frac{AW_l + AW_z}{b_i\,AS}$ dasselbe blieb.

Die Änderung von AS wurde durch Änderung der Nutenzahl vorgenommen. Die angenommenen Abmessungen des Ankers sind:

$$D = 185 \text{ cm},$$
$$D_i = 145 \text{ cm},$$
$$l_1 = 31 + 5 = 36 \text{ cm},$$
$$p = a = 6, \quad b_i = 34 \text{ cm},$$

Nutenabmessungen $11{,}5 \times 30$ mm mit je 4 Stäben von 4×11 mm, das Verhältnis

$$\frac{AW_l + AW_z}{b_i\,AS} = 1{,}75;$$

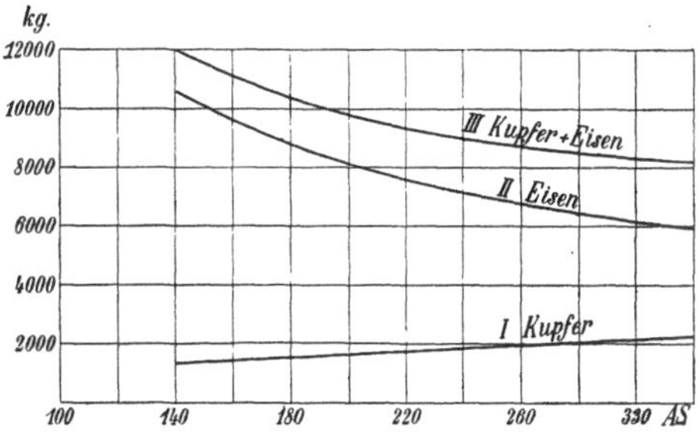

Fig. 319. Abhängigkeit der Gewichte von AS.

die Magnethöhe mit Polschuh ist 31 cm und der mittlere Durchmesser des Joches 265 cm.

Die unter Annahme verschiedener AS gerechneten Gewichte sind in Fig. 319 aufgetragen.

Kurve I stellt das Gewicht des Anker- und Magnetkupfers dar, Kurve II das Gewicht des Magnet-, Joch- und Ankereisens und Kurve III die Summe dieser Gewichte. Wie ersichtlich, nimmt das Gesamtgewicht der aktiven Baustoffe mit Zunahme von AS ab. Da jedoch das Kupfer etwa fünf- bis achtmal so teuer als das Eisen ist, fällt bei den Kosten das Kupfer viel mehr ins Gewicht als das Eisen, und es wird der Preis der aktiven Stoffe für ein bestimmtes AS einen Mindestwert aufweisen, der um so niedriger liegt, je größer das Verhältnis Kupferpreis zu Eisenpreis ist.

Wir wollen jetzt den Einfluß von AS auf die Verluste untersuchen und wieder wie oben annehmen, daß von einer Maschine bestimmter Leistung und Drehzahl die Ankerabmessungen und die Polzahl festgelegt sind.

Der Verlust im Ankerkupfer ist gleich

$$W_{ka} = J_a^2 R_a$$

und es ist R_a der Ankerwiderstand

$$R_a = \frac{N l_a (1 + 0{,}004\, T_a)}{(2a)^2\, 5700 \cdot q_a}.$$

Wir können somit schreiben

$$W_{ka} = \left(\frac{J_a}{2a}\right)^2 \frac{N l_a (1 + 0{,}004\, T_a)}{5700 \cdot q_a}$$

$$= \frac{\pi D\, AS\, s_a}{5700}\, l_a (1 + 0{,}004\, T_a) \qquad (75)$$

Aus dieser Gleichung ist zu ersehen, daß bei gleichbleibender Stromdichte der Stromwärmeverlust im Ankerkupfer proportional AS ist.

Bei zunehmendem AS nimmt der Kraftfluß Φ und somit B_l und bei gleichbleibendem Querschnitt des Ankereisens auch B_a ab. Es wird daher bei zunehmendem AS der Verlust im Ankereisen nach bekannten Gesetzen abnehmen. Wie sich die Zahninduktionen mit Änderung von AS ändern, ist nicht ohne weiteres zu sagen, da bei zunehmendem AS sowohl der Zahnquerschnitt wie die Luftinduktion abnehmen. Im allgemeinen wird für einen bestimmten Wert von AS die Zahninduktion ein Minimum sein. Der Verlust in den Ankerzähnen wird jedoch mit abnehmender Luftinduktion, d. h. bei Zunahme von AS abnehmen. Die Erregerverluste werden, wenn wir wie oben das Verhältnis $\frac{AW_l + AW_z}{b_i\, AS}$ konstant halten, mit zunehmendem AS ebenfalls zunehmen, da in diesem Falle die Amperewindungen wachsen.

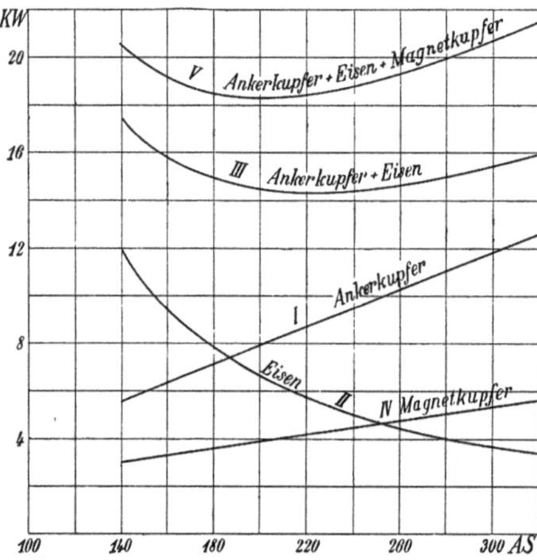

Fig. 320. Abhängigkeit der Verluste von AS.

Am besten kann man die Änderung der Verluste bei Änderung von AS an einem Beispiel übersehen. Es sind für die oben erwähnte 400 kW-Maschine die Verluste für verschiedene Werte von AS gerechnet worden. Bei der Berechnung ist der Hysteresiskoeffizient $\sigma_h = 1{,}5$ und der Wirbelstromkoeffizient $\sigma_w = 10$ angenommen.

In Fig. 320 sind die Verluste in Abhängigkeit von AS aufgetragen. Kurve I stellt die Stromwärmeverluste im Ankerkupfer, II die Eisenverluste, III die gesamten Verluste im Anker, IV die Erregerverluste und V die Summe der Anker- und Erregerverluste dar.

Wie aus Kurve III ersichtlich, ändern sich die gesamten Ankerverluste innerhalb weiter Grenzen von AS nur wenig.

Bei der Untersuchung des Einflusses von AS auf den Wirkungsgrad muß man sich vergegenwärtigen, daß nicht nur der Wirkungsgrad bei Vollast, sondern auch der Wirkungsgrad bei den anderen Belastungen von Wichtigkeit ist. Es besteht deshalb nicht allein die Aufgabe, einen möglichst kleinen Gesamtverlust bei Vollast anzustreben, sondern man muß auch darauf achten, wie die mit der Belastung veränderlichen Verluste sich zu den unveränderlichen Verlusten verhalten.

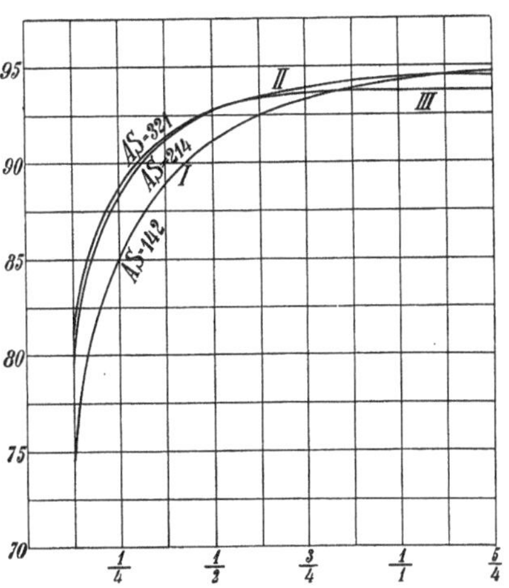

Fig. 321. Wirkungsgradkurven bei verschiedenen AS.

Es wurden für drei Werte von AS (142, 214 und 321) die Wirkungsgradkurven gerechnet, wobei die Bürstenreibungsverluste = 2160 Watt und die Bürstenübergangsverluste bei Vollast = 2340 Watt angenommen wurden.

Die Kurven sind in Fig. 321 aufgetragen.

Kurve I entspricht $AS = 142$, Kurve II $AS = 214$ und Kurve III $AS = 321$.

Es zeigt sich hier ein großer Unterschied in dem Verlauf der Kurven I und III. Bei der Kurve III ($AS = 321$) sind die unveränderlichen Verluste klein und die Stromwärmeverluste in der Ankerwicklung groß, bei der Kurve I ($AS = 142$) liegen die Verhältnisse umgekehrt. Bei Vollast ist der Wirkungsgrad für $AS = 142$ (Kurve I) höher als für $AS = 321$ (Kurve III), jedoch liegt er für $AS = 142$ bei allen Belastungen unter $^3/_4$-Last niedriger. Arbeitet die Maschine nicht immer bei Vollast, sondern schwankt die Belastung etwa von $^1/_4$-Last bis Vollast, so wird der Tageswirkungsgrad (d. h. bei einem Generator das Verhältnis der innerhalb eines Tages abgegebenen Kilowattstunden zu der in der gleichen Zeit verbrauchten mechanischen Arbeit in Kilowattstunden) bei der Maschine mit $AS = 321$ bedeutend höher sein. Kurve II für $AS = 214$ liegt für Belastungen zwischen $^1/_2$- und $^1/_1$-Last höher als die beiden anderen Kurven und bei $^1/_4$-Last nur wenig unter der Kurve für $AS = 321$. Wenn somit die Maschine während längerer Zeit nicht unter $^1/_4$-Belastung arbeitet, so wird der Tageswirkungsgrad der Kurve II der höchste sein.

Die Wahl von AS wird somit durch die Art der Belastung wesentlich beeinflußt.

Über den Einfluß von AS auf die Kommutierung und Lamellenspannung sei folgendes bemerkt:

Wie in Bd. I, S. 391 nachgewiesen, hat die Ankerkonstante

$$k_a = \frac{p}{a}\frac{N}{K} l\, v\, AS\, 10^{-6}$$

einen wesentlichen Einfluß auf die zwischen den Bürstenkanten induzierte EMK $\varDelta e$, und da diese proportional AS ist, so sollte man glauben, daß die Ankerbelastung AS unter allen Umständen einen großen Einfluß auf die Kommutierung hat. Dies ist jedoch nicht der Fall; denn schreibt man die Gleichung für die Ankerkonstante k_a, wie Seite 296 geschehen, in der folgenden Form um:

$$k_a = 2\,w\,\frac{p}{a}\,\frac{100\,\pi\,\mathrm{kVA}}{\alpha_i B_l D},$$

so verschwindet AS aus ihr. Aus dieser Formel geht hervor, daß, wenn wir für eine Maschine von bestimmter Leistung den Durchmesser D und die Luftinduktion B_l gewählt haben, die Ankerkonstante festgelegt und unabhängig von der Wahl von AS ist; denn wenn wir AS ändern, so muß l sich umgekehrt proportional AS ändern, damit B_l konstant bleibt.

Sind jedoch von einer Maschine die Ankerabmessungen und somit l und v gegeben, so ist die Ankerkonstante unmittelbar AS proportional, und es wird ein kleines AS und somit ein hohes B_l für die Kommutierung günstiger sein.

Wie aus Formel (73) Seite 296 hervorgeht, hat die Ankerbelastung AS stets einen unmittelbaren Einfluß auf die Lamellenspannung; denn es ist

$$E_{d\,k_{\max}} \cong 2\,w\,\frac{p}{a}\,\frac{100\,\pi\,\mathrm{kVA}}{\alpha_i AS\cdot D}.$$

Hieraus geht hervor, daß, wenn wir für eine Maschine von bestimmter Leistung den Durchmesser D gewählt haben, die Lamellenspannung umgekehrt proportional der Ankerbelastung ist. AS darf also für eine Maschine gegebener Leistung bei gegebenem Durchmesser nicht einen gewissen Wert unterschreiten; denn sonst würde die Lamellenspannung zu groß ausfallen.

Abgesehen von dieser Begrenzung nach unten ist AS bei Maschinen mit Wendepolen nur mit Rücksicht auf den Wirkungsgrad, die Kosten und die zulässige Erwärmung zu wählen. Was die Erwärmung anbetrifft, so haben wir in Bd. I, S. 689 gesehen, daß man bei modernen, gut belüfteten Ankern

$$\frac{AS\cdot s_a}{1+0.1\,v} < 500 \text{ bis } 600 \qquad (76)$$

setzen muß, damit die Temperaturerhöhung des Ankers nicht zu groß ausfällt. Es muß aber außerdem bemerkt werden, daß diese Größe von den Abkühlungsverhältnissen des Ankers abhängig ist. Immerhin kann sie aber zu einer vorläufigen Schätzung der spezifischen Strombelastung AS des Ankers und der Stromdichte s_a in den Ankerleitern dienen.

Für Maschinen ohne Wendepole bewegt sich der Wert von AS für bestimmte Bauarten und Maschinengrößen nur innerhalb kleiner Grenzen. Für kleinere Maschinen schwankt AS etwa zwischen 150 und 250, während man bei größeren Maschinen bei sorgfältiger Abwägung der Verhältnisse und Abmessungen mit AS bis etwa 300 gehen kann.

Zwölftes Kapitel.

Vorausberechnung von Anker und Kommutator.

50. Berechnung der Hauptabmessungen der Maschine.

Als Ausgangpunkt für die Berechnung dient die Formel 71 auf Seite 294:

$$\frac{D^2 l n}{\text{kVA}} = \frac{6 \cdot 10^{11}}{\alpha_i B_l AS}.$$

Hierin ist $\text{kVA} = \frac{E J_a}{1000}$; J_a und E sind erst nach Durchrechnung der Maschine bekannt, man kann jedoch hier bei der vorläufigen Festlegung von D und l setzen $\text{kVA} = \frac{PJ}{1000}$, worin P die höchste vorkommende Spannung und J die höchste vorkommende Stromstärke bedeuten, bei der die Maschine arbeiten soll.

Mit Hilfe der über α_i, B_l und AS gemachten Angaben oder unter Benutzung der Maschinenkonstanten ausgeführter Maschinen kann das Produkt $D^2 l$ aus Gl. 71 gefunden werden.

An Hand von vielen ausgeführten Maschinen, die Prof. E. Arnold seinerseits nachgerechnet hat, sind in Fig. 322 gebräuchliche Werte der Maschinenkonstanten in Abhängigkeit von der Leistung aufgezeichnet. Die Kurven gelten für offen gebaute Maschinen ohne Wendepole. Die obere Kurve gilt für Leistungen bis 60 kW und bis 200 Volt; für 500 Volt liegt die Kurve etwas höher. Die untere Kurve entspricht Maschinen von 60 bis 1000 kW; zwischen 100 und 1000 kW bewegt sich die Maschinenkonstante $\frac{D^2 l n}{\text{kVA}}$ nur zwischen $45 \cdot 10^4$ und $35 \cdot 10^4$.

Man wird finden, daß ausgeführte Maschinen Werte ergeben, die öfter höher als tiefer liegen, weil die Kurven gut ausgenutzten Maschinen entsprechen. Die Höhe der Klemmenspannung hat bei den großen Maschinen auf die Maschinenkonstante nur geringen Einfluß.

Wird ein Satz gleichartiger Maschinen entworfen, so gibt die Aufstellung dieser Kurve die Möglichkeit, die Gleichmäßigkeit der Berechnung der einzelnen Größen zu prüfen, obwohl es nicht erforderlich oder gut erreichbar ist, daß alle Werte auf einer stetigen Kurve liegen.

Für Maschinen mit mäßiger Umfangsgeschwindigkeit und Wendepolen hat der Verfasser in Fig. 323 gebräuchliche Werte

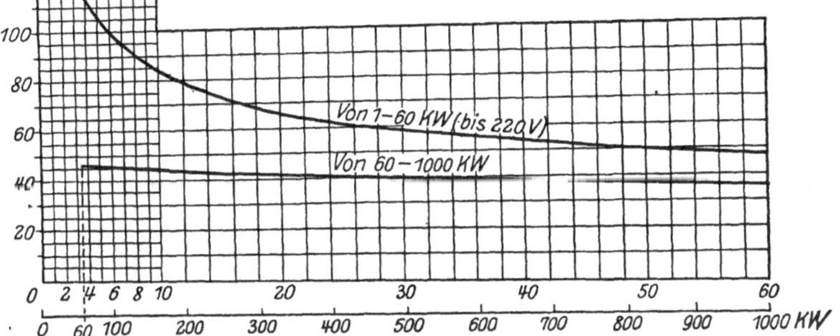

Fig. 322. Maschinenkonstante für Maschinen ohne Wendepole.

der Maschinenkonstante als Funktion der Leistung aufgezeichnet. Die beiden Kurven dieser Figur entsprechen den Kurven in Fig. 322. Ausgeführte Maschinen werden öfters Werte ergeben, die tiefer liegen als die vom Verfasser angegebenen Werte. Derartige Maschinen werden aber dann auch nicht so kurzschlußsicher sein, wie man heutzutage zu fordern das Recht hat. Man soll deswegen die Maschinenkonstante nicht allzu stark herunterdrücken; denn wenn man die Maschine nicht mit einer sehr kurzen Ankerlänge ausführen wird, kann die kleine Maschinenkonstante nur auf Kosten der Güte erreicht werden. Macht man die Ankerlänge sehr kurz, kann man zwar eine gute Maschine selbst bei kleiner Maschinenkonstante erhalten, eine derartig kurze Maschine mit kleiner Maschinenkonstante wird aber nicht billiger als eine etwas längere Maschine mit etwas größerer Maschinenkonstante. Ich kann deswegen die in Fig. 323 angegebenen Werte als zuverlässige empfehlen.

Bei Maschinen mit großen Umfangsgeschwindigkeiten, wie Turbogeneratoren, wird wegen der schwierigeren Kommutierung und Kühlung die Maschinenkonstante bedeutend größer als Fig. 323 angibt, trotzdem solche Maschinen heutzutage sowohl mit Wendepolen als auch mit Kompensationswicklung ausgeführt werden. Die Maschinenkonstanten moderner Turbogeneratoren liegen für Leistungen zwischen 500 und 2000 kW, zwischen $45 \cdot 10^4$ und $30 \cdot 10^4$, je nach der Spannung und Ansprüchen in bezug auf Vermeidung von Rundfeuer bei Belastungsstößen.

Wir haben nunmehr $D^2 l$ passend in D und l zu zerlegen.

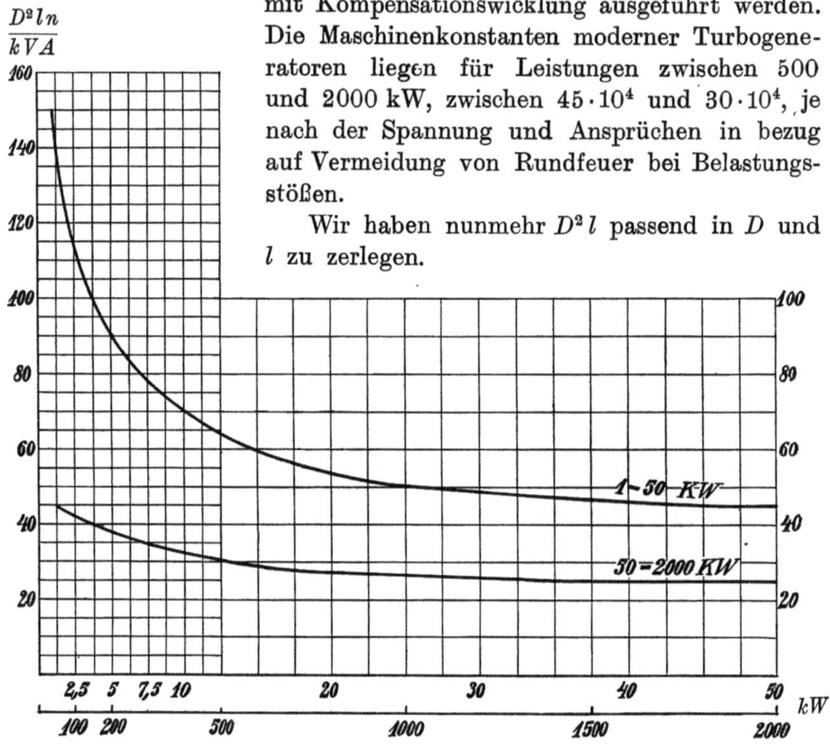

Fig. 323. Maschinenkonstante für Wendepolmaschinen.

Ist die maximale zulässige Umfangsgeschwindigkeit des Ankers gegeben, wie z. B. bei sehr rasch laufenden großen Maschinen oder Schwungraddynamos, so findet man

$$D = \frac{6000 \cdot v}{\pi n}$$

und

$$l = \frac{(D^2 l)}{D^2}.$$

Man bestimmt nun die Polzahl so, daß eine passende Größe des Polbogens erhalten wird.

In allen Fällen, in welchen man mit v an einen bestimmten Wert nicht gebunden ist, verfährt man besser wie folgt: Man wählt einen Wert l und berechnet folgende Tabelle:

Gewählt	Berechnet							
l	$D=\sqrt{\frac{D^2 l}{l}}$	$\tau=\frac{\pi D}{2p}$	$b_i=\alpha_i\tau$	$\frac{l}{b_i}$	$v=\frac{\pi D n}{60}$	$2p$	a	$i_a=\frac{J_a}{2a}$
....	....	.....	......	...	....	..	..	......

Hierbei wird die Polzahl derart gewählt, daß die Polteilung τ einen passenden Wert erhält (s. Seite 293).

Für diesen Wert von τ sollen das Verhältnis $l:b_i$ und v ebenfalls brauchbare Werte ergeben.

Es wäre Zufall, wenn alle gewünschten Bedingungen bei der ersten Wahl von l erfüllt würden, man muß daher D und l so lange ändern, bis es der Fall ist.

Wie früher (S. 291) erörtert, soll, wenn möglich, das Verhältnis $\frac{l}{b_i}$ bei Maschinen mit radial angeordneten Außenpolen $= 1{,}0$ bis $1{,}3$ sein, und der Polkern soll möglichst einen kreisförmigen oder quadratischen Querschnitt haben.

Ist man mit der Umfangsgeschwindigkeit an der erlaubten Grenze angelangt, so kann l so groß werden, daß das obige Verhältnis nicht mehr eingehalten werden kann. Im allgemeinen soll für Maschinen ohne Wendepole $l \leqq 40$ cm sein.

Es kann jetzt noch geprüft werden, ob wir für die Ankerkonstante

$$k_a = \frac{p}{a}\frac{N}{K}\, l\, v\, AS\, 10^{-6}$$

und die maximale Lamellenspannung bei Leerlauf

$$E_{dk_{\max}} = \frac{p}{a}\frac{N}{K}\, l\, v\, B_l 10^{-6}$$

brauchbare Werte erhalten.

Damit sind die Hauptabmessungen der Maschine vorläufig festgelegt. Man kann sie noch schneller ermitteln, wenn man die Abmessungen von bereits gebauten guten Maschinen oder von sorgfältig berechneten Maschinen als Ausgangspunkt wählt.

51. Berechnung der Eisenlänge l_1 und des Polbogens b.

Wenn n_s die Zahl der Luftschlitze und b_s die Breite eines solchen bedeuten, so wird

$$l_1 = l + n_s b_s. \tag{77}$$

Die Eindrehungen in dem Ankereisen für die Drahtbänder lassen sich durch Einführung eines mittleren Luftraumes in die Rechnung berücksichtigen.

Um den Polbogen b zu bestimmen, muß zuerst die Polschuhform (s. Bd. I, S. 405) gewählt werden. Durch Aufzeichnen des Kraftlinienbildes und Berechnung der magnetischen Leitfähigkeit nach

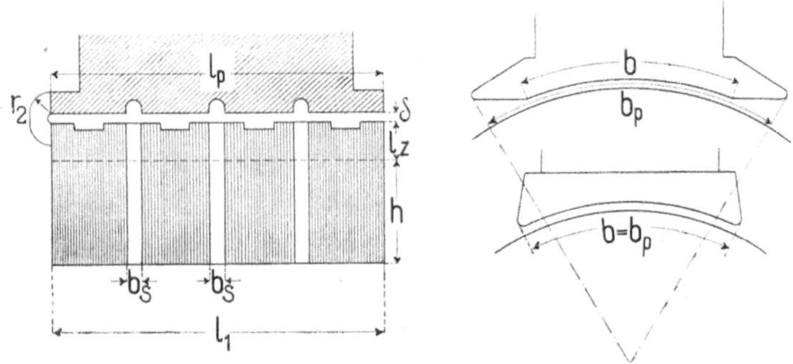

Fig. 324. Berechnung vom Polbogen und Ankerlänge.

der auf S. 132, Bd. I beschriebenen Weise kann man, da b_i bekannt ist, b finden. Für wenig gesättigte Polspitzen und symmetrische Polschuhe wird

$$b = b_i - 2 \cdot \delta k_1 k_z \sum \frac{b_x}{\delta_x}, \qquad (78)$$

wobei $\sum \frac{b_x}{\delta_x}$ sich über eine Polspitze erstreckt.

Ist der Polschuh unsymmetrisch, so schreiben wir

$$b = b_i - \delta k_1 k_z \sum \frac{b_x}{\delta_x} \qquad (78a)$$

und erstrecken $\sum \frac{b_x}{\delta_x}$ über beide Polspitzen.

Für abgeschrägte Polspitzen ist b_i kleiner als der über die Spitzen gemessene Polbogen b_p, für stumpfe nicht abgeschrägte Polspitzen wird $b_i > b_p$.

Für angenäherte Rechnungen genügt es, b und b_p, ausgehend von b_i, schätzungsweise anzunehmen.

52. Berechnung der Zahl der Ankerdrähte und der Zahl der Lamellen des Kommutators.

Die Zahl der Ankerdrähte wird

$$N = \frac{\pi D\, AS}{i_a} = \frac{2\pi D\, AS\, a}{J_a} \qquad (79)$$

Bei Nebenschlußmaschinen ist

$$i_a = \frac{J \pm i_n}{2a} = \frac{J_a}{2a}, \tag{80}$$

worin das negative Vorzeichen für Motoren gültig ist.

Die Erregerstromstärke im Nebenschluß i_n muß zunächst geschätzt werden; auf eine große Genauigkeit kommt es hierbei nicht an.

Hierzu dienen die in Fig. 325 gegebenen Kurven, die den Erregerstrom im Verhältnis zum Gesamtstrom abzulesen gestatten.

Die Zahl der Lamellen ist

$$K = \frac{N}{2w}.$$

Bei Stabankern ist gewöhnlich die Windungszahl einer Spule $w = 1$ und

$$K = \frac{N}{2}.$$

Wir sehen hieraus, daß die Zahl der Ankerstromzweige $2a$ bzw. der Ankerzweigstrom i_a auf die Größen N und K einen bestimmten Einfluß ausübt. Bei der Wahl von a muß daher geprüft werden, ob die entsprechenden Werte von N und K brauchbar sind. Hierbei kommen folgende Gesichtspunkte in Betracht.

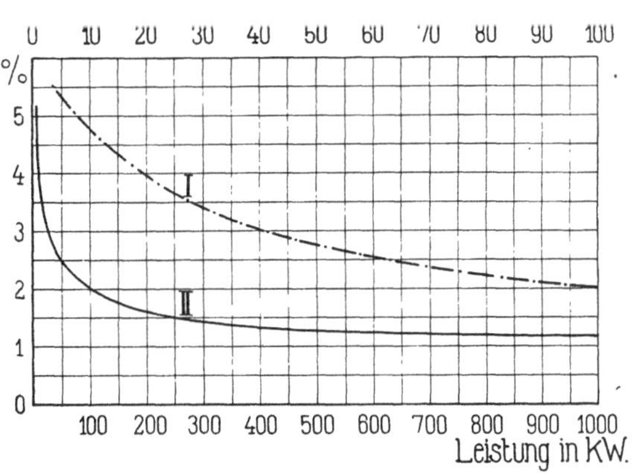

Fig. 325. Erregerstrom in Prozenten vom Gesamtstrom.

a) Bei Ankern mit Stabwicklung soll die Ankerstromstärke i_a wenn möglich mindestens 60 bis 80 Amp. betragen, damit noch ein Stab von genügendem Querschnitt erhalten wird. Wird i_a kleiner als 60 Amp., so kann eine Drahtwicklung ausgeführt werden, obwohl verschiedene Firmen Stabwicklung schon bei 30 Amp. verwenden. Die Wahl eines möglichst großen Ankerstromes i_a kann bei Parallelwicklungen mit $2a = 2p$ Ankerstromzweigen die Wahl einer kleinen Polzahl mit großen Polbogen zur Folge haben.

b) Hinsichtlich der N u t e n z a h l oder der A n o r d n u n g d e r S p u l e n s e i t e n ist es günstig, mehrere Drähte (4, 6, 8) in einer Nut unterzubringen, um eine große gegenseitige Dämpfung der kurzgeschlossenen Spulenseiten zu erhalten. Damit jedoch die Lagen der Spulen einer Nut während des Kurzschlusses im magnetischen Felde nicht allzu verschieden werden, darf das Stromvolumen einer Nut nicht größer als etwa 900 sein. Es würde demnach bei

4 Stäben je Nut $i_a \leqq 225$ Amp.
6 Stäben je Nut $i_a \leqq 150$ Amp.
8 Stäben je Nut $i_a \leqq 115$ Amp. sein.

Bei schwierigen Bedingungen für die Kommutierung werden jedoch bei größeren Stromstärken i_a am besten nur zwei Spulenseiten in eine Nut gelegt.

c) Ferner darf die Zahl der Nuten zwischen den Polspitzen eine gewisse Grenze nicht unterschreiten, damit die Hauptpole nicht zu großen Einfluß auf das Feld in der Kommutierungszone ausüben. Es soll ungefähr

$$(1-\alpha_i)\frac{Z}{2p} > 3 \text{ bis } 4 \tag{81}$$

sein, worin Z die Nutenzahl bedeutet.

d) Die Drahtzahl N bzw. die Lamellenzahl K muß so groß sein, daß die maximale Spannung zwischen benachbarten Lamellen bei Leerlauf

$$\boldsymbol{E_{dk_{\max}} = \frac{2p\,E}{\alpha_i\,K} \leqq 25, \textbf{ höchstens 35 Volt}}$$

ist. Bei größeren Maschinen soll man mit $E_{dk_{\max}}$ nicht über 20 Volt gehen.

e) Mit Rücksicht auf die Kommutierung darf mit i_a nicht über eine gewisse Grenze hinausgegangen werden, denn die Dämpfung durch gegenseitige Induktion ist bei gegebener Bürstenbreite um so größer, je mehr Lamellen bedeckt werden oder je kleiner das in den Kurzschluß ein- und austretende Stromvolumen im Verhältnis zum gesamten Stromvolumen $u_k i_a$ aller kurzgeschlossenen Spulen ist.

f) Andererseits stellen sich die Herstellungskosten einer Maschine mit großen Werten von i_a und kleiner Lamellenzahl K billiger; man wird daher i_a so groß bzw. K so klein wählen, als es die Bedingungen für eine gute Kommutierung gestatten.

g) Die aus der Formel

$$N = \frac{\pi D\ AS}{i_a}$$

berechnete Drahtzahl bzw. die Lamellenzahl K muß auf einen solchen Wert nach oben oder unten abgerundet werden, daß die entsprechende Wicklungsformel und die Symmetriebedingungen (S. 287) erfüllt sind.

Wenn die Spulen einer Nut gemeinsam isoliert werden sollen, wie es allgemein üblich ist, so ist diese Bedingung erfüllt, wenn in (Bd. I, S. 36)

$$y_1 = u_n y_n + 1$$

y_n eine ganze Zahl ist.

h) Werden Ausgleichverbindungen oder Äquipotentialverbindungen angebracht, so ist man aus Symmetriebedingungen an bestimmte Nutenzahlen gebunden. Es ist jedoch nicht nötig, daß diese Verbindungen unbedingt vollkommen symmetrisch an die Ankerwicklung angeschlossen werden.

53. Berechnung des Querschnittes q_a der Ankerdrähte.

Es ist

$$q_a = \frac{i_a}{s_a} \text{ mm}^2.$$

Die Stromdichte s_a schwankt zwischen weiten Grenzen. Es ist für sie die zulässige Erwärmung des Ankers und der Wirkungsgrad der Maschine maßgebend. Man kann jedoch die Stromdichte auf Grund der Erfahrung wählen und nachträglich die Erwärmung und den Wirkungsgrad prüfen.

Bei größeren Maschinen, etwa über 100 kW, mit Stabankern und guter Belüftung, darf man mit der Stromdichte bis ungefähr 4,5 Amp./mm² gehen. Bei kleineren gut belüfteten Maschinen mit Blechpolen kann man die Stromdichte bedeutend höher wählen. Man findet Ausführungen mit 5,0—6,0 Amp./mm² bis etwa 30 kW und 4,0—5,0 Amp./mm² bis etwa 100 kW Maschinenleistung.

Die Abhängigkeit der Stromdichte von der Erwärmung läßt sich ausdrücken, indem wir je 1 Watt Stromwärmeverlust eine bestimmte Abkühlungsfläche a_{ak} fordern. Der Stromwärmeverlust je cm² Ankeroberfläche ergibt sich für AS Ampere, den Querschnitt q mm² je cm Ankerumfang und den spez. Widerstand des warmen Kupfers von $\frac{1}{47}$ zu

$$w_{ak} = AS^2 \frac{0{,}01}{47 \cdot q},$$

oder da

$$\frac{AS}{q} = s_a,$$

$$w_{ak} = \frac{AS\, s_a}{4700}.$$

Die Abkühlungsfläche je 1 Watt Verlust auf Stillstand bezogen wird somit

$$a_{ak} = \frac{4700\,(1 + 0{,}1 \cdot v)}{s_a\, AS}$$

oder

$$\boldsymbol{s_a = \frac{4700\,(1 + 0{,}1 \cdot v)}{a_{ak}\, AS}} \qquad (82)$$

Durch Nachrechnen einer Reihe ausgeführter Maschinen findet man, daß die Abkühlungsfläche a_{ak} 12 bis 9 cm² bei mittelgroßen Maschinen nicht unterschreiten darf, damit die Temperaturerhöhung nicht zu groß wird

Mit Rücksicht auf den Wirkungsgrad der Maschine kann auch von vornherein ein bestimmter Wattverbrauch W_{ka} im Ankerkupfer angenommen und daraus s_a berechnet werden.

Man findet dann (s. Gl. 75, S. 300)

$$\boldsymbol{s_a = \frac{4700\, W_{ka}}{N\, l_a\, i_a}}, \qquad (83)$$

worin l_a die halbe Länge einer Ankerwindung in cm bezeichnet.

Annähernd ist für Trommelwicklung

$$l_a \cong l_1 + 1{,}4\,\tau + 5\,.$$

Das Kupfergewicht des Ankers ergibt sich aus Gl. (83) zu

$$\boldsymbol{G_{ka} = \frac{0{,}42 \cdot W_{ka}}{s_a^2}\,\text{kg}}\,. \qquad (84)$$

Der Ohmsche Widerstand der Ankerwicklung ist (s. S. 591, Bd. I)

$$R_a = \frac{N}{(2a)^2} \cdot \frac{l_a\,(1 + 0{,}004\, T_a)}{5700 \cdot q_a}$$

oder für eine Temperaturerhöhung T_a von 55° über ∼ 15° C

$$R_a = \frac{N}{(2\,a)^2} \cdot \frac{l_a}{4700 \cdot q_a}$$

Der Spannungsabfall im Anker, bedingt durch den Ohmschen Widerstand, wird gleich

$$J_a R_a = 2a\, i_a R_a = \frac{N}{2a} \cdot \frac{l_a s_a}{4700}$$

und ist somit der Stromdichte proportional.

Bei der Berechnung des Querschnittes eines Ankerstabes sind auch die Wirbelstromverluste in den Ankerstäben zu berücksichtigen. Bei schnellaufenden Maschinen und tiefen Nuten können diese Verluste beträchtlich sein. In Bd. I, S. 598 ist nachgewiesen, daß die gesamten Stromwärmeverluste in einer Ankerwicklung k_0 mal größer sind als die Ohmschen Verluste, also gleich $k_0 J_a^2 R_a$ sind, worin (s. Fig. 326)

$$k_0 \cong 1 + \frac{4 r^2 \lambda^2}{3\pi} \frac{l}{l_a} \frac{1,8}{2+\gamma} \qquad (85)$$

$$\lambda = 0,14 \sqrt{\frac{c\, r_2}{r_3}} \qquad (86)$$

und

$$\gamma = \frac{c\,\pi^3}{r'^2 \lambda^2} \frac{t_1 + b_r' - \beta_r}{1000}. \qquad (87)$$

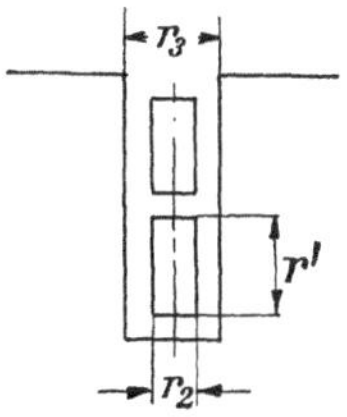

Fig. 326. Nutenabmessungen.

Wie ersichtlich, nehmen die zusätzlichen Wirbelstromverluste stärker als proportional dem Quadrate der gesamten Kupferhöhe r einer Nut zu, während die Ohmschen Stromwärmeverluste umgekehrt proportional der Kupferhöhe abnehmen. Es muß sich deswegen eine Kupferhöhe ergeben, über die es sich nicht empfiehlt hinauszugehen, wenn man nicht die gesamten Stromwärmeverluste im Anker erhöhen, statt erniedrigen will. Diese kritische Stabhöhe ergibt sich aus der angenäherten Formel zu

$$r_k' = \frac{1,2 \text{ bis } 1,3}{\lambda} \sqrt[3]{\frac{l_a}{l}} \sqrt[6]{\frac{t_1 + b_r' - \beta_r}{\tau}} \text{ cm}. \qquad (88)$$

und es ist nicht anzuraten, diese Leiterhöhe zu überschreiten. Kommt man bei der Festlegung der Abmessungen einer Maschine mit dieser Stabhöhe nicht aus, so teilt man entweder den Stab in zwei parallele Stäbe auf, die übereinander in der Nut anzuordnen sind, oder man führt den Stab als lamellierten Leiter oder Kabel aus. Da Kabel nicht sehr steif und sich deswegen für den Maschinenbau nicht sehr eignen, und weil man bei Verwendung von Kabeln nur etwa 80% des zur Verfügung stehenden Querschnittes ausnutzt, ist es zweckmäßiger, lamellierte Leiter anzuwenden. Bei ihrer Anwendung ist natürlich darauf zu achten, daß die Teilleiter, welche in der einen Seite einer Ankerspule unten liegen, in der anderen Seite der Spule oben zu liegen kommen.

54. Berechnung der Nuten.

Die Abmessungen der Nuten müssen verschiedenen Bedingungen genügen. Erstens muß der berechnete Querschnitt der Ankerdrähte mit einer für die betreffende Spannung ausreichenden Isolation in der Nut Platz finden, ohne daß die Zahnsättigung die zulässige Grenze überschreitet.

Zweitens soll die magnetische Leitfähigkeit der Nut λ_n möglichst klein sein.

Die Zahl der Spulenseiten s bzw. die Stabzahl N und die Zahl u_n der Seiten je Nut sind bekannt.

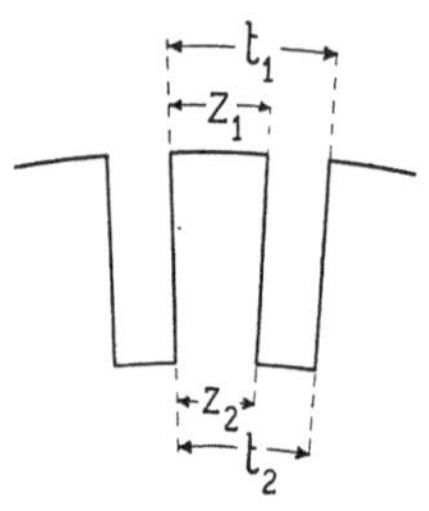

Fig. 327. Zahnabmessungen.

Die Nutenzahl wird

$$Z = \frac{s}{u_n} = \frac{N}{u_n}$$

und die Nutenteilung

$$t_1 = \frac{\pi D}{Z}.$$

Um nun die Maße der Nut (Fig. 327) zu bestimmen, gehen wir am besten von dem erforderlichen Querschnitt der Zähne am Fuße aus.

Es ist die maximale ideelle Zahninduktion im Zahnfuß (Bd. I, S. 142):

$$B_{z\,max} = \frac{t_1 \Phi_a}{k_2 z_2 l b_i},$$

und da

$$\Phi_a = B_l b_i l$$

ist, kann man auch schreiben

$$B_{z\,max} = \frac{t_1 B_l}{k_2 z_2}.$$

Hieraus folgt

$$z_2 = \frac{t_1 B_l}{k_2 B_{z\,max}}.$$

Bei normalen Generatoren ist meistens

$$B_{z\,max} < 23000$$

und etwa $=$ 19000 bis 22000.

Wird die maximale Zahninduktion größer als diese Werte und ist die Blechsorte nicht gut, was vorkommen kann, so steigt die Amperewindungszahl AW_z und daher der Kupferaufwand der Magnetwicklung derart an, daß eine andere Bemessung der Nuten bzw. größere Eisenabmessungen des Ankers vorzuziehen sind. Außerdem vergrößert eine hohe Zahninduktion die Wirbelströme in massiven Ankerstäben ganz erheblich.

Bei hohen Periodenzahlen kann auch die Verkleinerung des Hysteresisverlustes der Zähne eine Verminderung der Zahninduktion bedingen, weil sonst der gewünschte Wirkungsgrad nicht erreicht oder weil die Erwärmung der Maschine zu groß wird.

Wenn es sich jedoch darum handelt, der Maschine möglichst kleine Abmessungen zu geben, wie z. B. bei Bahnmotoren, wird man mit $B_{z_{max}}$ unter Verwendung bester Blechsorten erheblich höher und zwar bis zu 28000 gehen.

Wenn z_2 berechnet ist, so ist dadurch auch die Nutbreite ungefähr festgelegt. In der Wahl der Nuthöhe sind wir jedoch noch frei. Mit Rücksicht darauf, daß der Streukraftfluß durch die Nut nicht zu groß wird, wählt man bei gewöhnlichen Maschinen das Verhältnis Nuthöhe zu Nutbreite selten über 4. Ist es unter dieser Bedingung nicht möglich, das Kupfer unterzubringen, so kann man versuchen, ob man bei Anordnung mehrerer Spulenseiten je Nut günstigere Verhältnisse bekommt. Ist auch in dieser Weise eine passende Lösung nicht möglich, so sind entweder $B_{z_{max}}$, oder AS, oder s_a, oder B_l und infolgedessen u. U. auch die Hauptmaße D und l oder mehrere dieser Größen zu ändern.

Bei Maschinen mit Wendepolen hätte man mit Rücksicht auf die Kommutierung mit der Nutentiefe weiter gehen können als bei Maschinen ohne Wendepole. Man erreicht aber dann bald die kritische Stabhöhe und wird dann durch diese verhindert, mit der Nuttiefe wesentlich weiter zu gehen als bei Maschinen ohne Wendepole.

55. Berechnung der Eisenhöhe h des Ankers.

Bezeichnet B_a die Ankerinduktion, so wird die Eisenhöhe ohne Zahnhöhe

$$h = \frac{\Phi_a}{2\,k_2\,l\,B_a} \tag{89}$$

und die gesamte Eisenhöhe $= h +$ Zahnhöhe. Die Werte von k_2 sind in Abschnitt 9, S. 21 angegeben.

Bei der Wahl von B_a ist die Größe des entstehenden Eisenverlustes durch Hysteresis und Wirbelströme zu berücksichtigen. Bei gegebener Periodenzahl $c = \frac{p\,n}{60}$ und konstantem Kraftflusse Φ ist der Hysteresisverlust annähernd umgekehrt proportional der 0,6 ten Potenz des Eisenvolumens oder der $\sqrt{h}$.

Übliche Werte von B_a sind ungefähr für

$\frac{p\,n}{60}$	B_a
5 bis 20	16000 bis 14000
20 „ 30	15000 „ 13000
30 „ 60	14000 „ 12000
60 „ 100	12000 „ 10000

Bei kompensierten Maschinen für Geschwindigkeitsregelung durch Änderung des Hauptfeldes treten die größten Eisenverluste bei der kleinsten Drehzahl auf. Es ist die Drehzahl oder die Periodenzahl c umgekehrt proportional dem Felde Φ, so daß das Produkt $c B_a =$ konstant ist. Die Wirbelstromverluste sind somit für alle Drehzahlen gleich. Die Hysteresisverluste sind proportional dem Produkte $c B_a^{1,6} = (c B_a)^{1,6} : c^{0,6}$ und nehmen somit mit zunehmender Drehzahl ab. Die gleiche Überlegung gilt für die Zahnverluste.

Bei Maschinen, deren Ankeramperewindungen nicht kompensiert sind, treten die größten Eisenverluste nicht immer bei der kleinsten Drehzahl auf, weil man hier die Vergrößerung der Induktionen durch das Ankerfeld nicht vernachlässigen darf. Um einen Anhalt über die Größe des von den Ankeramperewindungen hervorgerufenen Kraftflusses zu erhalten, können wir annehmen, daß die Feldkurve des Ankerfeldes unter den Polen geradlinig verläuft. Diese Annahme ist um so mehr zulässig, als im allgemeinen der Einfluß des Ankerfeldes am stärksten auftritt, wenn das Hauptfeld, und damit die Zahnsättigung klein ist.

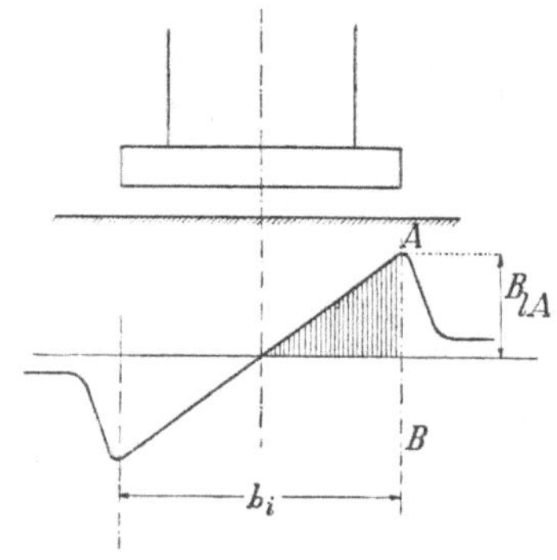

Fig. 328. Ankerquerfeld.

Die maximale Induktion des Ankerfeldes ist

$$B_{lA} = \frac{b_i AS}{1,6\, k_1\, \delta}.$$

und da

$$B_l = \frac{AW_l}{1,6\, k_1\, \delta},$$

können wir auch schreiben

$$B_{lA} = \frac{b_i AS}{AW_l} B_l.$$

Die Eisenverluste in den Ankerzähnen lassen sich bei Belastung leicht berechnen, indem man die vom Ankerfelde herrührenden Zahnsättigungen zu den vom Hauptfelde herrührenden Zahnsättigungen addiert. Es ist jedoch hierbei zu beachten, daß die resultierende max. Zahnsättigung nie einen gewissen Wert, etwa 25000 bis 27000, übersteigen kann.

Die Eisenverluste im Ankerkern bei Belastung werden durch das Ankerfeld entsprechend der in Fig. 328 schraffierten Fläche erhöht. Da es aber umständlich ist, den resultierenden maximalen Kraftfluß im Ankerkern graphisch für ungleiche Feldstärke und Belastungen zu ermitteln, muß man sich mit dem folgenden Näherungsverfahren begnügen. Man berechnet die vom Hauptfelde und die vom Ankerfelde im Ankerkern je für sich erzeugten Eisenverluste und addiert diese dann nachher. Die beiden Felder sind nämlich zeitlich um 90^0 gegeneinander in der Phase verschoben.

56. Abmessungen des Kommutators und der Bürsten.

Die Abmessungen des Kommutators und der Bürsten sind so zu bestimmen, daß eine passende Stromdichte und eine ausreichende Kühlfläche erhalten wird. Maschinen für Tag- und Nachtbetrieb erfordern eine besonders reichliche Bemessung des Kommutators.

Die große Bedeutung einer guten Kühlung des Kommutators und die Wichtigkeit einer richtigen Wahl des Bürstenmaterials geht aus Versuchen hervor, die auf Veranlassung von Prof. E. Arnold im E. T. I. der Technischen Hochschule Karlsruhe ausgeführt wurden[1]).

Wie aus diesen Versuchen ersichtlich ist, sinkt bei ein und derselben Stromdichte die Übergangsspannung, also auch der Übergangswiderstand mit zunehmender Temperatur. Die Kommutierungskonstante A wird also mit steigender Temperatur kleiner und die Kommutierung verläuft bei warmer Maschine nicht so günstig wie bei kalter Maschine. Das stimmt übrigens gut überein mit der Erfahrung.

Der Durchmesser des Kommutators wird entweder unmittelbar angenommen oder aus der gewählten Lamellenteilung β berechnet.

Der Kommutatordurchmesser muß mit Rücksicht auf eine leichte Ausführung der Ankerwicklung kleiner sein als der Ankerdurchmesser, aber bei kleinen Ankern darf er andererseits auch nicht viel kleiner sein, weil man sonst lange dünne Verbindungen zwischen den Ankerspulen und den Kommutatorlamellen bekommt, die schwierig zu befestigen sind. Man macht deswegen

$$D_k = 0{,}8 \text{ bis } 0{,}5\, D,$$

wobei 0,8 für kleine Maschinen und 0,5 für große Maschinen in Frage kommt. Es darf ferner die Lamellenteilung

$$\beta = \frac{\pi D_k}{K} \tag{90}$$

nicht zu klein sein, weshalb der Kommutatordurchmesser auch mit Rücksicht auf genügend dicke Lamellen genügend groß gewählt werden muß.

Aus mechanischen Rücksichten kann β nicht viel kleiner als 3,5 mm gewählt werden. Mit Rücksicht auf die zwischen den Bürstenkanten

---

[1]) Siehe ETZ 1907, S. 263, E. Arnold und E. Pfiffner, und Bd. I, S. 294.

induzierte EMK Δe darf $\frac{b_1}{\beta}$ nicht zu groß sein, weshalb aus elektrischen Gründen β möglichst nicht kleiner als 4 bis 5 mm werden darf.

Die Kontaktfläche der Bürsten. Bei der Berechnung der erforderlichen Bürstenfläche geht man von der Stromdichte unter der Bürste aus. Bei schwierigen Kommutierungsbedingungen wird die Stromdichte so hoch als möglich gewählt, weil ΔP mit der Stromdichte zunimmt. Andererseits wird man mit Rücksicht auf die Übergangsverluste eine gewisse Grenze nicht überschreiten.

Je größer wir die Stromdichte wählen, um so kleiner wird die erforderliche Bürstenfläche und um so kleiner die Reibungsarbeit. Bei gegebenem Auflagedruck werden daher die gesamten Verluste (Übergangs- plus Reibungsverluste) bei einer gewissen Stromdichte ein Minimum erreichen, wobei die sich einstellende Kommutatortemperatur ebenfalls von Einfluß ist.

In der nachfolgenden Tabelle sind die üblichen Stromdichten s_u für verschiedene Bürstenmaterialien zusammengestellt. Die angegebenen Werte von ΔP sind Mittelwerte der positiven und negativen Bürste. Sie gelten für eine Kommutatortemperatur von etwa 60^0 bis 70^0 C. Sie sind jedoch nicht für diese Temperaturen experimentell ermittelt worden und dürften daher nur annähernd richtig sein. Außerdem ist zu beachten, daß ΔP in erheblichem Maße von den Vibrationen der Bürste abhängt.

Bürstensorte	$s_{u_{norm}}$	$s_{u_{max}}$	ΔP bei $s_{u_{norm}}$	ΔP bei $s_{u_{max}}$
Kupfergraphitbürsten .	$8 \div 12$	15	$0{,}3 \div 0{,}4$	0,5
Naturgraphitbürsten. .	$6 \div 9$	12	$0{,}7 \div 0{,}8$	0,9
Elektrographitbürsten .	$5 \div 7$	10	$0{,}9 \div 1{,}0$	1,2
Kohlebürsten	$4 \div 6$	8	$1{,}0 \div 1{,}2$	etwa 1,5

Bezeichnet J_a die Stromstärke der Maschine bei Vollast, so wird die Kontaktfläche aller (der positiven und negativen) Bürsten

$$F_b = \frac{2\,J_a}{s_u}. \tag{91}$$

Bei Wellenwicklungen mit mehr als zwei Bürstensätzen ist zu beachten, daß sich der Strom nicht ganz gleichmäßig auf alle Bürsten verteilt. Sind $2\,p$ Bürstensätze aufgelegt, so ist die Gefahr der Überlastung einer Bürste um so größer, je größer $\frac{p}{a}$ ist, sofern keine Äquipotentialverbindungen angebracht werden. Die Stromdichte ist daher in solchen Fällen in der Nähe der unteren Grenzen zu wählen.

Die Bürstenbreite. Die berechnete Fläche ist auf eine genügende Zahl von Bürsten zu verteilen. Die Bürstenbreite b_1 (in der Drehrichtung des Kommutators gemessen) muß sich nach der Lamellenbreite richten. Die Zahl der Lamellen, die eine Bürste bedecken darf, ist von wesentlichem Einfluß auf die zwischen den Bürstenkanten induzierte EMK $\varDelta e$. Die endgültige Bestimmung der Bürstenbreite ist daher nicht möglich ohne Berechnung der Kommutierung.

Bei Maschinen, deren Klemmenspannung größer als etwa 100 Volt ist, bedecken die Graphitbürsten gewöhnlich 1 bis $2^1/_2$ und die Kohlebürsten 2 bis $3^1/_2$ Lamellen. Bei Niederspannungsmaschinen wird die Bürstenbreite oft kleiner als die Lamellenbreite. Sollen bei zweifachen Parallelwicklungen die Bürsten eines Stiftes mehrere Lamellen bedecken oder ist die Lamellenbreite groß, so ist es zweckmäßig, die Bürsten zu staffeln.

Im übrigen richtet man sich in jeder Fabrik mit der Bürstenbreite nach gewissen Normalien, um denselben Bürstenhalter für verschiedene Maschinengrößen verwenden zu können.

Die Länge des Kommutators. Die Länge des Kommutators wird durch die Gesamtlänge aller Bürsten eines Stiftes und durch die erforderliche Abkühlfläche bestimmt.

Ist die Anzahl der Bürstenstifte p_1, so wird die Gesamtlänge der Bürsten eines Stiftes

$$l_B = \frac{F_b}{b_1 p_1}. \tag{92}$$

Diese Länge ist so abzurunden, daß sie einer ganzen Zahl Bürsten entspricht. Sie stellt die erforderliche nutzbare Länge des Kommutators dar.

Damit der Kommutator von den Bürsten gleichmäßig abgenutzt wird, stellt man bei größeren Maschinen gewöhnlich die Bürsten nicht alle in eine Reihe hintereinander, sondern verschiebt sie in axialer Richtung gegeneinander, selbst wenn hierdurch eine größere nutzbare Kommutatorlänge erforderlich ist. — Mit Rücksicht auf die ungleiche Einwirkung der positiven und negativen Bürsten auf die Oberfläche des Kommutators ist es dabei ratsam, stets die positiven Bürsten eines Stiftes genau hinter die negativen Bürsten eines der Nachbarstifte einzustellen. Man kann deswegen nur p ungleiche Bürstenstellungen entsprechend den p Polpaaren erhalten.

Bezeichnet man die axiale Länge einer Bürste mit l_b und den Zwischenraum zwischen zwei Bürsten mit l_z, so verschob man früher die Bürsten jeden Spindelpaares um $v = \frac{l_b + l_z}{p}$ gegen die Bürsten der Nachbarspindeln. Dr. Nierhoff hat jedoch in einer Mitteilung aus den Ringsdorf-Werken nachgewiesen, daß man theoretisch ein günstigeres Resultat erreicht, wenn man die Bürsten jeden Spindelpaares um

$$v = l_z = \frac{l_b}{p-1}$$

voneinander einstellt und sie um denselben Betrag gegen die Bürsten der Nachbarspindeln verschiebt. Hierdurch wird die nutzbare Länge L_k des Kommutators von l_B auf

$$L_k = \frac{(n_b+1)\,p-2}{n_b\,(p-1)}\,l_B$$

erhöht, worin n_b die Zahl der Bürsten eines Stiftes ist. Diese Formel gibt für kleine Maschinen mit kleiner Polzahl $2\,p$ und kleiner Bürstenzahl n_b je Spindel bedeutend größere Kommutatorlängen als l_B, weshalb es schwierig und teuer sein wird, Platz für solche langen Kommutatoren zu schaffen. Bei größeren Maschinen ist es dagegen leichter, Platz zu schaffen, aber da es immerhin praktische Schwierigkeiten bereitet, alle Bürsten nach obenstehender Formel einzustellen, so wird der Kommutator doch nicht überall vollkommen gleich abgenutzt. Bei Maschinen für elektrolytische Zwecke, die dauernd mit Vollast arbeiten, ist es deswegen ratsamer, künstliches axiales Wellenspiel anzuwenden. Aus diesem Grunde reicht es aus, die nutzbare Kommutatorlänge

$$L_k = (n_b \text{ bis } (n_b+1))\,(l_b + l_z) \tag{93}$$

zu machen, wenn nicht die Abkühlung des Kommutators eine noch größere Länge erfordert. Um dies nachzuprüfen, berechnen wir den Übergangsverlust (S. 668, Bd. I) aus

$$W_u = 2\,J_a\,\Delta P\,f_u, \tag{94}$$

den Reibungsverlust (S. 681, Bd. I) aus

$$W_r = 9{,}81 \cdot v_k\,F_b\,g\,\varrho \tag{95}$$

und die Temperaturerhöhung des Kommutators (S. 747, Bd. I) aus

$$T_k = (70 \text{ bis } 120)\,\frac{W_u + W_r}{\pi\,D_k\,L_k\,(1+0{,}1\,v_k)}, \tag{96}$$

worin L_k die ganze Kommutatorlänge bezeichnet.

Wird der Kommutator künstlich gekühlt, so kann T_k erheblich kleiner als nach obiger Gleichung werden. — L_k muß so groß sein, daß $T_k \leqq 50^0$ C. Wenn nötig, sind β und D_k zu vergrößern.

Dreizehntes Kapitel.

Berechnung von Magnetsystem und Hauptpolen.

57. Größe des Luftspaltes und der Bohrung der Feldmagnete.

Wir betrachten zunächst Maschinen ohne Wendepole. Die richtige Bemessung des Luftspaltes δ ist hierbei von großer Wichtigkeit. Einige Gründe sprechen für einen kleinen, andere dagegen für einen großen Luftspalt.

Es ist ein möglichst kleiner Luftspalt anzustreben,

1. weil die für die Magnetisierung des Luftspaltes verbrauchten AW mit δ abnehmen,

2. weil die magnetische Streuung der Feldmagnete mit δ abnimmt,

3. weil bei der Anwendung von Ausgleichverbindungen die Rückwirkung der Ausgleichströme auf das Feld mit der Abnahme von δ zunimmt.

Ein großer Luftspalt ist dagegen günstig,

1. weil der Widerstand des quermagnetischen Kreises, zu welchem zwei Luftspalte δ gehören, mit δ wächst,

2. weil die magnetischen Unsymmetrien des Feldes, herrührend von einer exzentrischen Lage des Ankers, oder ungleichen Polschuhen, ungleichen Erregungen der einzelnen Pole usf., verhältnismäßig um so kleiner werden, je größer δ ist,

3. weil das magnetische Feld außerhalb der Polschuhe, also in der Kommutierungszone um so allmählicher abnimmt, je größer δ wird,

4. weil die Wirbelstromverluste in den Polschuhen mit δ abnehmen.

Die hier unter 1 bis 3 angeführten Gründe sprechen auch für eine hohe Zahnsättigung. Man wird daher mit hohen Zahnsättigungen und lamellierten Polen auch bei verhältnismäßig kleinem Luftspalte allen geforderten Bedingungen genügen können.

Betrachten wir die Fig. 329, so wirkt zwischen den Punkten a und f eine gewisse magnetomotorische Kraft, welche gleich den verbrauchten AW auf dem Wege a—b—f oder dem Wege a—c—d—f ist, also annähernd gleich

$$\frac{1}{2}(AW_p + AW_l' + AW_z')_{a-c-d-f} = \frac{1}{2}(AW_l + AW_z)_{a-b-f}.$$

Für den Fall, daß das kommutierende Feld bei Vollast gerade gleich Null wird, ist die Polspitze auf der Eintrittseite nahezu entmagnetisiert. Damit das Feld in der Kommutierungszone zwischen Leerlauf und Vollast der Maschine sich nicht zu stark ändert, können wir die Bedingung aufstellen, daß es nicht Null werden soll. Es müssen dann die magnetisierenden Windungen größer sein als die entmagnetisierenden der Polspitze, d. h. es soll

$$AW_l + AW_z > b_i\, AS \qquad (97)$$

sein. Wir setzen

$$AW_l + AW_z > (1 \text{ bis } 1{,}2)\, b_i\, AS$$

und erhalten hieraus die Bedingung

$$\delta > \frac{(1 \text{ bis } 1{,}2)\, b_i\, AS - AW_z}{1{,}6 \cdot k_1 B_l}. \qquad (98)$$

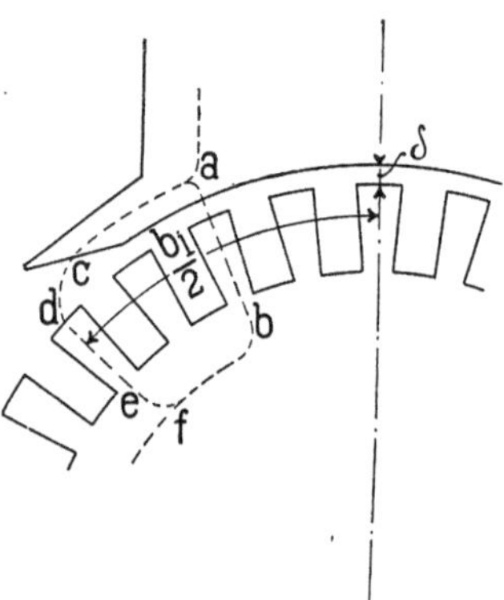

Fig. 329. Bestimmung des Luftspaltes δ.

Wir sehen hieraus, daß δ um so kleiner gemacht werden kann, je größer AW_z wird.

Für Maschinen ohne Wendepole wird aus demselben Grunde je nach der Größe der Spannungs- resp. Geschwindigkeitsregelung der Luftspalt nach der folgenden Formel berechnet:

$$\delta \geqq \frac{(1{,}2 \text{ bis } 2)\, b_i\, AS - AW_z}{1{,}6 \cdot k_1\, B_l}. \qquad (98\,\text{a})$$

Aus dieser Gleichung ist ersichtlich, daß man durch eine Vermehrung der Polzahl bzw. Verkleinerung des Polbogens b_i um so eher an denjenigen Grenzwert von δ gelangt, der aus mechanischen Gründen nicht mehr unterschritten werden darf, je größer AW_z und B_l und je kleiner AS und b_i sind.

Ist z. B. $b_i = 35$ cm, $AS = 250$, $AW_z = L_z\, aw_z = 8 \cdot 400 = 3200$, $k_1 = 1{,}1$, $B_l = 8600$, so wird

$$\delta \cong \frac{1{,}5 \cdot 35 \cdot 250 - 3200}{1{,}6 \cdot 1{,}1 \cdot 8600} = 0{,}65 \text{ cm}.$$

Bei großen Ankerdurchmessern wird man den Luftspalt nicht gerne kleiner als 0,5 cm machen und sofern der Ankerdurchmesser etwa 200 cm beträgt, ihn größer wählen.

Eine Nachprüfung der richtigen Wahl des Luftspaltes ermöglicht uns auch das Verhältnis der Feldamperewindungen zu den Amperewindungen. Dieses Verhältnis schwankt bei Nebenschlußmaschinen ohne Wendepole etwa zwischen 1,2 und 2,0, und man kann somit schreiben:

$$\frac{2\,AW_t}{Ni_a} \cong 1{,}2 \text{ bis } 2{,}0. \tag{99}$$

Bei ganz kleinen Dynamos werden die Feldamperewindungen das 2fache der Ankeramperewindungen noch überschreiten, dagegen wird man bei sorgfältig berechneten großen Maschinen etwa auf das 1,2fache der Ankeramperewindungen kommen.

Bei Maschinen mit Wendepolen braucht man den Luftspalt δ nicht so groß und das Hauptfeld nicht so stark zu machen, wie die Formeln (98a) und (99) ergeben. Mit Rücksicht auf die maximale Lamellenspannung und auf die Vermeidung von Rundfeuer bei größeren Maschinen sowie auf die Stabilität kleiner Nebenschlußmotoren ist es jedoch nicht zweckmäßig, wenn die Polspitzen auf der Eintrittseite ummagnetisiert werden. Denn in diesem Falle würde das Hauptfeld auf beiden Seiten des Wendepoles die entgegengesetzte Richtung des Wendepolfeldes haben, so daß das Wendepolfeld sehr begrenzt und die Maschine sehr empfindlich gegen eine Bürstenverschiebung würde. Man führt deswegen heute Wendepolgeneratoren für konstante Klemmenspannung bzw. Motoren für konstante Drehzahl gewöhnlich mit einem Luftspalt

$$\delta \geqq \frac{(1 \text{ bis } 1{,}2)\, b_i AS - AW_z}{1{,}6\, k_1 B_l} \tag{100}$$

aus. Es wird dann das Verhältnis zwischen Feld- und Ankeramperewindungen bei Wendepolmaschinen

$$\frac{2\,AW_t}{Ni_a} \cong 1 \text{ bis } 1{,}2. \tag{101}$$

Sind die Wendepolmaschinen für veränderliche Klemmenspannung oder Drehzahl zu bauen, so muß der Luftspalt δ noch größer und das Hauptfeld noch stärker gemacht werden.

Die Bohrung der Feldmagnete ist

$$D + 2\,\delta.$$

58. Entwurf des Magnetgestelles.

Wir berechnen zunächst den Kraftfluß, der bei belasteter Maschine die Fläche einer Spule in der Lage des Kurzschlusses durchsetzt:

$$\Phi_b = \frac{60}{pn}\,\frac{a}{N}\,E \cdot 10^8, \tag{102}$$

worin für Generatoren

$$E = P + J_a(R_a + R_h) + 2\,\Delta P \tag{103}$$

und für Motoren

$$E = P - J_a(R_a + R_h) - 2\,\Delta P \text{ ist.} \tag{104}$$

Die Werte von ΔP für verschiedene Bürstensorten sind in der Tabelle S. 318 zusammengestellt.

Der in den Anker eintretende Kraftfluß ist

$$\Phi_a = \sigma_a \Phi_b,$$

und der Kraftfluß eines magnetischen Stromkreises

$$\Phi_{mb} = \sigma_b \sigma_a \Phi_b.$$

Der Koeffizient der Feldstreuung σ_b kann entsprechend den auf S. 154, Bd. I gemachten Angaben angenommen und später, wenn erforderlich, durch Berechnung (s. S. 185, Bd. I) nachgeprüft werden. σ_a ist für Maschinen mit kleiner Bürstenverstellung gleich 1 bis 1,05 zu setzen.

Im Joch wird bei Wendepolmaschinen die eine Hälfte durch den Wendekraftfluß Φ_{wm} verstärkt und die andere Hälfte durch denselben Kraftfluß geschwächt. Man erhält deswegen

$$\Phi_{jb} = \frac{1}{2}(\Phi_{mb} \pm \Phi_{wm}). \tag{105}$$

Damit die Sättigungen im Joche den geradlinigen Verlauf der Magnetisierungskurve des Wendepolkreises nicht zu sehr stören, dürfen die vom Hauptfelde Φ_{mb} im Joche herrührenden Sättigungen etwa 13000 bis 14000 (bei Stahlguß) nicht überschreiten.

Im Magnetkerne heben die Kraftflüsse von den benachbarten Wendepolen einander auf, so daß man die Sättigungen in diesen ohne besondere Berücksichtigung der Wendepole wählen kann.

Um nun aus Φ_{mb} die Querschnitte des Magnetgestelles berechnen zu können, ist zu entscheiden, aus welcher Eisensorte es hergestellt und welche Induktion zugelassen werden soll. Oft werden mehrere Eisensorten verwendet, z. B. für die Polschuhe Eisenblech, für die Magnetkerne Stahlguß und für das Joch Gußeisen.

Die Induktion hat sich nach der Eisensorte, der Bauart und dem Verwendungszwecke der Maschine zu richten.

Bei Nebenschlußmaschinen mit konstanter Klemmenspannung ist eine hohe Sättigung des Eisens günstig, weil die äußere Charakteristik von wenig gesättigten Maschinen (s. S. 472, Bd. I) rasch abfällt und das Verhalten der Maschine leicht unstabil wird. Die normale Erregung soll im Knie oder oberhalb des Knies der Magnetisierungskurve liegen.

Passende Werte für die Induktionen im Magnetkern und Joch sind für Schmiedeeisen:

$$B_m = 14\,500 \text{ bis } 16\,500,$$

für Stahlguß:

$$B_m = 14\,000 \text{ bis } 16\,000, \qquad B_j = 12\,000 \text{ bis } 15\,000,$$

für Gußeisen:

$$B_j = 5000 \text{ bis } 7000.$$

Die kleineren Werte gelten für kleinere Maschinen und Wendepolmaschinen, damit die für die Erregung verbrauchte Leistung im Verhältnis zur Nutzleistung der Maschine nicht zu groß wird.

Ist der Kraftfluß stark veränderlich, wie z. B. bei Maschinen, die bei unveränderter Drehzahl zeitweise zum Akkumulatorenladen ohne Zusatzmaschine benutzt werden sollen, oder bei Motoren, deren Drehzahl durch die Felderregung innerhalb weiter Grenzen geregelt werden soll, so wird man für die normale Felderregung geringere und für die maximale Felderregung höhere Werte von B_m und B_j erhalten. In diesem Falle geht man bei der Berechnung am besten von den höchst zulässigen Werten der Induktionen, die den betreffenden Magnetisierungskurven entnommen werden, und dem höchsten erforderlichen Kraftfluß aus.

Bei Hauptschlußmaschinen werden die Induktionen für die maximale Stromstärke ebenso gewählt wie bei stark gesättigten Nebenschlußmaschinen.

Bei Doppelschlußmaschinen mit konstanter oder mit bei Belastung steigender Klemmenspannung ist es zweckmäßig, wenn eine gute Kompoundierung erreicht und die Hauptschlußamperewindungen nicht zu groß werden sollen, etwas geringere Induktionen als oben angegeben zu wählen. Die Charakteristik und die Berechnung der Hauptschlußwindungen (s. S. 480, Bd. I) geben am besten Aufschluß darüber, ob sie passend sind.

Wenn B_m und B_j bekannt sind, finden wir

$$Q_m = \frac{\Phi_{mb}}{B_m}, \tag{106}$$

$$Q_j = \frac{\Phi_{mb}}{2 B_j}, \tag{107}$$

wobei vorausgesetzt ist, daß, wie gewöhnlich, der Kraftfluß Φ_m je Pol sich auf zwei Querschnitte Q_j verteilt.

Bei dem Entwurf des Magnetgestelles muß darauf geachtet werden, daß genügend Raum für die Erregerwicklung bleibt und die Magnetspulen eine ausreichende Kühlfläche erhalten. Wird der Raum zu groß oder zu klein gewählt, so kann später, nachdem die Magnetwicklung berechnet ist, das Gestell entsprechend geändert werden. Die Größe des Wicklungsraumes kann wie folgt berechnet werden.

59. Vorläufige Berechnung des Wicklungsraumes der Erregerwicklung.

Wie wir im Abschnitt 57 S. 323 gesehen haben, können wir schreiben

$$\frac{2\, A W_t}{N i_a} \cong 1{,}2 \text{ bis } 2{,}0$$

oder

$$\frac{2\, p\, A W_k}{N i_a} \cong 1{,}2 \text{ bis } 2{,}0 \quad \text{für Maschinen ohne Wendepole}$$

und

$$\frac{2\, p\, A W_k}{N i_a} \cong 1 \text{ bis } 1{,}2 \quad \text{für Wendepolmaschinen.}$$

Aus dieser Gleichung kann, wenn die Ankerwicklung festgelegt ist, die Amperewindungszahl für einen magnetischen Kreis annähernd berechnet werden.

Denken wir uns, die Feldwicklung bestehe aus einer einzigen Windung und s_e sei die Stromdichte, so wird der erforderliche Gesamtkupferquerschnitt der Erregung

$$Q_{ke} = \frac{A W_k}{s_e}.$$

Zerlegen wir jetzt diesen Querschnitt in mehrere Windungen, so geht ein Teil des Wicklungsraumes für die Isolation der Drähte verloren, und es wird der erforderliche Wicklungsraum für jeden magnetischen Kreis

$$= \frac{AW_k}{100\, s_e f_e} \text{ cm}^2. \tag{108}$$

Besteht die Wicklung aus Neben- und Hauptschlußwindungen mit verschiedenen Stromdichten, so kann der Wicklungsraum von beiden getrennt berechnet werden.

Der Füllfaktor f_e der Erregerspulen nimmt für zweimal besponnene Drähte folgende Werte an:

Durchmesser nackt	$d = 0{,}5$	1,0	2,0	3,0	4,0	5,0 mm
„ isoliert	$d_1 = 0{,}7$	1,3	2,4	3,4	4,5	5,5 „
Füllfaktor	$f_e = 0{,}785 \frac{d^2}{d_1^2} = 0{,}40$	0,46	0,55	0,61	0,62	0,65

Die Dicke der Kupferschicht soll, wenn man hierüber frei verfügen kann, was z. B. bei den offenen Radialpoltypen der Fall ist, etwa 5 bis 6 cm nicht überschreiten, weil sonst die Abkühlung der Spulen zu sehr erschwert wird. Es würde demnach in diesem Falle die Höhe des Wicklungsraumes einer Spule, wenn ein magnetischer Kreis zwei Spulen durchsetzt:

$$h_w \cong \frac{AW_k}{1000 \text{ bis } 1200\, s_e f_e}. \tag{109}$$

Um die Höhe h_m des Magnetkernes zu finden, ist noch die doppelte Dicke der Spulenkasten zu h_w zu addieren. Wir können dann die Skizze der magnetischen Anordnung der Maschine entwerfen und den mittleren Kraftlinienweg einzeichnen.

60. Berechnung der Erregung.

Zu der vollständigen Berechnung der Maschine gehört die Berechnung der Leerlaufcharakteristik und der äußeren Charakteristik, besonders wenn bezgl. der Größe der Spannungsabfälle oder der Grenzen der Regulierfähigkeit der Maschine bestimmte Bedingungen zu erfüllen sind. In den meisten Fällen beschränkt man jedoch die Rechnung auf die Ermittlung der Feldamperewindungen, welche erforderlich sind:

1. Bei Leerlauf mit normaler Klemmenspannung und Drehzahl. Wir bezeichnen diese Amperewindungszahl je magnetischen Kreis mit

$$AW_{k0}.$$

Die Berechnung von AW_{k0} ist bei Hauptschlußmaschinen nicht erforderlich.

2. Bei normaler Belastung, Klemmenspannung und Drehzahl. Wir bezeichnen diese Amperewindungen mit

$$AW_k.$$

3. Bei Betriebsverhältnissen, die von den normalen abweichen, sofern solche gefordert sind, wie z. B. bei Nebenschlußgeneratoren, die bei konstanter Drehzahl mit wesentlich verschiedenen Klemmenspannungen arbeiten sollen, oder bei Motoren mit Drehzahlregelung usf.

61. Berechnung einer Nebenschlußwicklung.

Bezeichnen i_n die Stromstärke, q_n den Querschnitt in mm², l_n die mittlere Länge einer Nebenschlußwindung in cm, ferner w_n die Anzahl aller Nebenschlußwindungen, R_n deren Widerstand und AW_t die gesamte Amperewindungszahl (deren Berechnung s. Bd. I, S. 185 und 590), so ist bei Leerlauf

$$AW_{t0} = p\,AW_{k0} \tag{110}$$

und bei Vollast

$$AW_t = p\,AW_t, \tag{111}$$

wenn eine Erregerwindung wie bei der gewöhnlichen Radialpoltype den ganzen Kraftfluß Φ_m umschlingt. Umspannt dagegen eine Erregerwindung nur den Kraftfluß $\frac{1}{2}\Phi_m$, wie bei der Manchestertype, so wird

$$AW_{t0} = 2\,p\,AW_{k0} \tag{110a}$$

und

$$AW_t = 2\,p\,AW_k. \tag{111a}$$

Ferner erhalten wir

$$R_n = \frac{w_n\,l_n\,(1 + 0{,}004\,T_m)}{5700\,q_n}\ \text{Ohm}, \tag{112}$$

wenn T_m die mittlere Temperaturerhöhung des Magnetkupfers über etw. 15° C bedeutet und l_n zunächst aus der entworfenen Skizze des Magnetgestelles ermittelt wird.

Der maximale Erregerstrom bei der Klemmenspannung P wird

$$i_{n\max} = \frac{P}{R_n}. \tag{113}$$

Aus den Gl. (112) und (113) folgt

$$i_{n\max}\,w_n = \frac{5700\,P\,q_n}{(1 + 0{,}004\,T_m)\,l_n} = AW_{t\max}. \tag{114}$$

Die maximale Amperewindungszahl einer Nebenschlußwicklung ist somit unabhängig von der Windungszahl, wenn die Klemmenspannung P und die mittlere Windungslänge l_n gegeben sind, und nur abhängig vom Querschnitt q_n.

Wenn daher die Erregung einer Nebenschlußmaschine z. B. wegen magnetisch schlechten Materials zu klein ausgefallen ist, so hat es keinen Zweck, die Windungszahl zu erhöhen. AW_t kann nur durch Vergrößerung des Querschnittes q_n oder allenfalls durch Parallelschaltung der Feldspulen vergrößert werden.

Um den erforderlichen Kraftfluß Φ_b noch mit Sicherheit etwas überschreiten zu können, setzen wir

$$q_n = \frac{A W_t l_n (1 + 0{,}004\, T_m)}{5700\, P} (1{,}1 \text{ bis } 1{,}2). \qquad (115)$$

Für runden Draht wird der Durchmesser

$$d_n = \sqrt{\frac{4}{\pi} q_n}.$$

Der sich ergebende Wert ist nach oben auf einen gebräuchlichen Durchmesser abzurunden.

Zeigt der Querschnitt des auf den gebräuchlichen Durchmesser abgerundeten Drahtes eine zu große Abweichung gegenüber dem gerechneten Querschnitt, so kann man auch zwei Drahtdurchmesser anwenden. Nimmt man w_{n1} Windungen vom Querschnitt q_{n1} und w_{n2} Windungen vom Querschnitt q_{n2}, so muß

$$q_n = \frac{q_{n1} w_{n1} + q_{n2} w_{n2}}{w_{n1} + w_{n2}} \qquad (116)$$

sein.

Wie im Abschnitt 49 S. 298 ermittelt wurde, kann man das Gewicht des Magnetkupfers gleich

$$G_{km} = \frac{A W_t l_n \cdot 8{,}9}{10^5 \cdot s_n}$$

setzen. Als Wattverlust in der Erregerwicklung erhält man

$$W_n = \frac{(1 + 0{,}004\, T_m) A W_t l_n s_n}{5700}. \qquad (117)$$

Aus den obigen Gleichungen ist ersichtlich, daß für eine gegebene Amperewindungszahl und mittlere Windungslänge das Kupfergewicht und der Wattverlust nur von der Stromdichte abhängig sind; das Gewicht ist umgekehrt und der Wattverlust direkt proportional derselben.

Da der. Wattverlust im Nebenschluß, namentlich bei großen Maschinen, wegen seines geringen Betrages keine wesentliche Rolle spielt, wird man, um kleines Kupfergewicht zu erhalten, die Stromdichte möglichst so groß wählen, als es die Erwärmung der Spulen zuläßt.

Die Erwärmung der Magnetspulen wurde eingehend in Bd. I, Abschnitt 151, erörtert.

Für die durch Widerstandsmessung bestimmte mittlere Temperaturerhöhung kann die Gleichung

$$T_m = \frac{C_m}{a_m} \text{ Grad C}$$

benutzt werden. Es ist C_m eine Erfahrungszahl und a_m die spezifische Kühlfläche.

$$a_m = \frac{\text{Kühlfläche in cm}^2}{\text{Wattverlust}} = \frac{A_m}{W_h + W_n}.$$

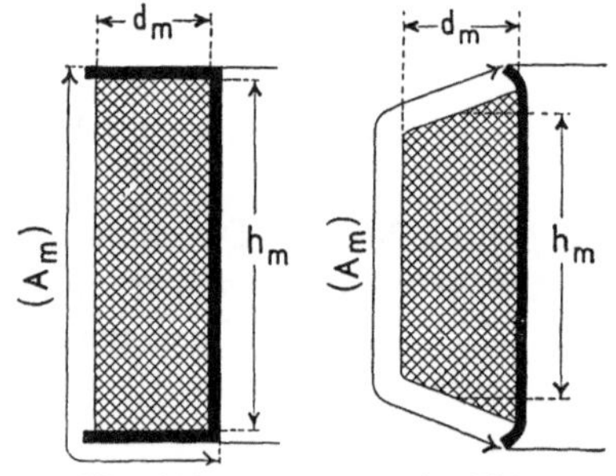

Fig. 330. Fig. 331.
Kühlflächen der Magnetspulen.

A_m ist die Kühlfläche aller Spulen. Wenn die Magnetspulen lang sind, so wird die Kühlfläche A_m nach Fig. 330 berechnet, indem nur eine Endfläche der Spule als kühlend angesehen wird. Sind die Spulen dagegen kurz und dick, so wird A_m nach Fig. 331 berechnet.

Den Koeffizienten C_m kann man setzen:

für ganz offene Maschinen . . . . $C_m = 450$ bis 550,
für Maschinen mit Lagerschildern . . $C_m = 550$ bis 650,
für halbgeschlossene Maschinen . . . $C_m = 650$ bis 750,

für ganz geschlossene Maschinen kann C_m bis zu 1300 und darüber steigen.

Die Stromdichte bewegt sich etwa zwischen den Grenzen

$$s_n = 1{,}2 \text{ bis } 2{,}2 \text{ Ampere}$$

und beträgt meistens

$$1{,}4 \text{ bis } 1{,}7 \text{ Ampere.}$$

Bei gut belüfteten Spulen kann man s_n noch größer als 2,2 wählen. Am zweckmäßigsten wählt man zunächst s_n und findet dann

$$i_n = q_n s_n,$$

$$w_n = \frac{AW_t}{i_n},$$

$$i_{n\max} = \frac{AW_{t\max}}{w_n},$$

$$s_{n\max} = \frac{i_{n\max}}{q_n}.$$

Wir können nun den Wicklungsraum nach Größe und Gestalt, die mittlere Windungslänge l_n sowie den Widerstand R_n genauer berechnen.

Für die normale Belastung bzw. den normalen Nebenschlußstrom i_n wird der gesamte Widerstand des Nebenschlußstromkreises

$$R_n + r_{nb} = \frac{P}{i_n}$$

oder

$$r_{nb} = \frac{P}{i_n} - R_n, \tag{118}$$

wenn r_{nb} den bei normaler Belastung im Nebenschluß-Stromkreise vorzuschaltenden Widerstand bedeutet.

Bei Leerlauf wird die Stromstärke im Nebenschluß

$$i_{n0} = \frac{AW_{t0}}{w_n}$$

und der erforderliche Vorschaltwiderstand bei nicht erwärmter Maschine

$$r_{n0} = \frac{P}{i_{n0}} - R_n = \frac{P}{i_{n0}} - \frac{l_n w_n}{5700\, q_n}. \tag{119}$$

Um den Einfluß von Änderungen der Drehzahl auf die Klemmenspannung ausgleichen zu können, macht man den Vorschalt- und Reglerwiderstand

$$r_n = 1{,}1 \text{ bis } 1{,}5 \left(\frac{P}{i_{n0}} - \frac{l_n w_n}{5700\, q_n}\right). \tag{120}$$

Die Stufung des Nebenschlußreglers ist in Kapitel XVIII behandelt.

62. Berechnung einer Hauptschlußwicklung.

Bezeichnet w_h die gesamte Zahl der Hauptschlußwindungen und J_h die Stromstärke, so muß (Berechn. von AW_t siehe Bd. I, S. 185)

$$w_h = \frac{AW_t}{J_h}$$

sein, und

$$q_h = \frac{J_h}{s_h} \text{ mm}^2. \tag{121}$$

Die Stromdichte s_h kann aus der Gleichung

$$s_h = \frac{5700\,W_h}{(1+0{,}004\,T_m)\,J_h\,w_h\,l_h}$$

berechnet werden, wenn der Wattverlust W_h der Hauptschlußwindungen und die mittlere Länge l_h einer Windung bekannt sind.

Mit Rücksicht auf den Wirkungsgrad wird bei den Hauptschlußgeneratoren meistens

$$s_h = 1 \text{ bis } 1{,}7 \text{ Amp./mm}^2$$

gewählt; bei Motoren für kurzzeitigen Betrieb und Bahnmotoren steigt die Stromdichte bis auf

$$s_h = 2 \text{ bis } 3 \text{ Amp./mm}^2 .$$

Die Magnetspulen können entweder in Serie oder gruppenweise parallel geschaltet werden. Im allgemeinen ist der Serienschaltung der Vorzug zu geben, weil ungleiche Erwärmungen oder ungleiche Wicklungslängen bei der gruppenweisen Parallelschaltung zu magnetischen Unsymmetrien Veranlassung geben können.

63. Berechnung einer Doppelschlußwicklung.

Soll die Klemmenspannung unveränderlich bleiben, so ist die Zahl der Nebenschlußamperewindungen bei allen Belastungen gleich derjenigen bei Leerlauf, also

$$i_n w_n = AW_{t0},$$

und die Hauptschlußamperewindungen bei Vollast sind

$$i_h w_h = AW_t - AW_{t0} .$$

Wir erhalten somit

$$q_n = \frac{(1+0{,}004\,T_m)\,l_n\,AW_{t0}}{5700 \cdot P}, \tag{122}$$

$$i_n = \frac{q_n}{s_n},$$

$$w_n = \frac{AW_{t0}}{i_n},$$

$$w_h = \frac{AW_t - AW_{t0}}{J_h},$$

$$q_h = \frac{J_h}{s_h}. \tag{123}$$

Wird Überkompoundierung, d. h. eine mit der Belastung steigende Klemmenspannung verlangt, so bleibt $i_n w_n$ nicht konstant. In diesem Falle berechnen wir zunächst, wie oben angegeben, aus

$$i_n w_n = AW_{t0}$$

die Nebenschlußwicklung für Leerlauf und den Widerstand

$$R_n = \frac{(1 + 0{,}004 \cdot T_m)\, l_n}{5700\, q_n}.$$

Es ist dann für eine beliebige höhere Klemmenspannung P die Zahl der Nebenschlußamperewindungen

$$A W_n = \frac{P}{R_n} w_n.$$

Berechnen wir jetzt noch die Gesamtamperewindungszahl $A W_{t_{\max}}$ für die maximale Klemmenspannung der vollbelasteten Maschine, so muß

$$w_h = \frac{A W_{t_{\max}} - A W_n}{J_h}$$

sein.

Fällt die Drehzahl der Maschine bei Belastung um einen gewissen Betrag, so wird $A W_{t_{\max}}$ für einen Kraftfluß berechnet, der dem $P_{\max}$ oder dem P_{konst} bei der kleineren Drehzahl entspricht.

Für die Stromdichten gilt das früher Gesagte.

Will man die Kompoundierung für verschiedene Belastungen prüfen, so ist das auf S. 480, Bd. I, beschriebene zeichnerische Verfahren zu empfehlen.

Da die Größe der Ankerrückwirkung nicht genau berechnet werden kann und die magnetischen Eigenschaften des Eisens, von dessen Sättigung die Kompoundierung ebenfalls abhängt, meistens nicht genau bekannt sind, ist es auch nicht möglich, die Kompoundierung genau vorauszuberechnen, und man ist auf den Versuch mit der ausgeführten Maschine angewiesen, um festzustellen, ob die verlangte Kompoundierung eingehalten wird.

Bei Maschinen mit kleinen Querschnitten der Hauptschlußwicklung können nachträglich Windungen ab- oder einige Windungen zugewickelt werden, bei großen Querschnitten ist es jedoch bequemer, eine Nebenschließung (Überbrückung) der Hauptschlußwicklung anzuwenden; man hat dann die Möglichkeit, die Kompoundierung auch während des Betriebes zu ändern.

Da ferner die Kompoundierung auf konstante Klemmenspannung eine bestimmte Drehzahl voraussetzt, die im Betriebe vielfach nicht eingehalten wird, und weil sich der Widerstand der Nebenschlußwicklung infolge der Erwärmung der Maschine ändert, wird meist auch in den Nebenschlußstromkreis ein Widerstandsregler eingeschaltet.

In diesem Falle ist q_n entsprechend den zu erwartenden Betriebsverhältnissen etwas größer zu machen, als Gl. (122) ergibt.

Vierzehntes Kapitel.

Vorausberechnung der Wendepole und Nachrechnung der Kommutierung.

64. Das Ankerfeld und die von diesem in einer kurzgeschlossenen Spule induzierte EMK. — 65. Nachrechnung der Kommutierung einer Maschine ohne Wendepole. — 66. Berechnung des Wendefeldes einer Maschine mit Wendepolen. — 67. Berechnung der Wendepole und ihrer Wicklungen.

64. Das Ankerfeld und die von diesem in einer kurzgeschlossenen Spule induzierte EMK.

Der in der Wicklung eines Gleichstromankers fließende Strom erzeugt ein magnetisches Feld, das in mehrere Teile zerlegt werden kann, obgleich es ein zusammenhängendes Ganzes bildet. Ein Teil des Ankerfeldes ist das von den entmagnetisierenden Ankeramperewindungen erzeugte Längsfeld, das sich durch den magnetischen Kreis des Hauptfeldes schließen würde, wenn es nicht durch eine gleichgroße Amperewindungszahl auf dem Magnetsystem kompensiert wäre.

Ein anderer Teil des Ankerfeldes ist das von den quermagnetisierenden Ankeramperewindungen erzeugte Querfeld, das sich hauptsächlich durch die Polschuhe schließt und in der Kommutierungszone eine Feldstärke $B_q = 2AS\lambda_q$ (Bd. I, S. 192) besitzt.

Der übrige Teil des Ankerfeldes, den wir in der Kommutierungszone durch die Leitfähigkeiten λ_n und λ_s berücksichtigen wollen, besteht aus dem Nutenfeld B_n und dem von den Stirnverbindungen der Ankerspulen erzeugten Feld B_s.

Das Ankerquerfeld läßt sich nach (Bd. I, S. 192) zu

$$B_q = \frac{\left(\frac{\tau}{2} - \varrho - b_c\right) AS - \frac{1}{2} AW_p}{0{,}8\,\delta_a} + \frac{\left(\frac{\tau}{2} + \varrho + b_c\right) AS}{0{,}8\,\delta_b} = 2AS\lambda_q \quad (124)$$

berechnen, worin

$$\lambda_q = \frac{\frac{\tau}{2} - \varrho - b_c - k_p \frac{b_i}{2}}{1{,}6\,\delta_a} + \frac{\frac{\tau}{2} + \varrho + b_c}{1{,}6\,\delta_b} \tag{125}$$

und $k_p = \frac{A\,W_p}{b_i\,A\,S}$ gesetzt worden ist.

Dieses Querfeld tritt überall in der neutralen Zone einer Maschine ohne Wendepole auf und bei einer Wendepolmaschine in dem außerhalb der Wendepolschuhe liegenden Teil der Pollücke.

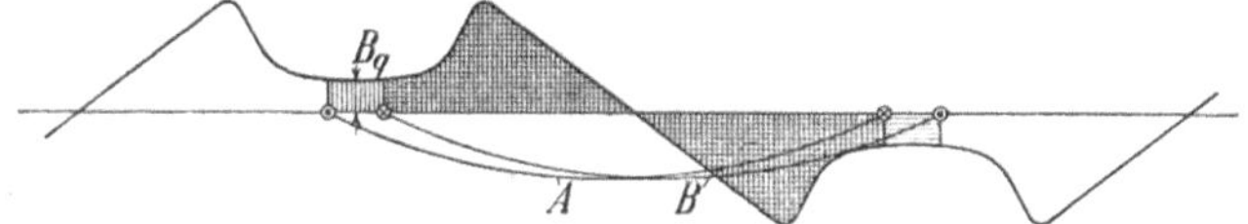

Fig. 332. Verlauf des Ankerquerfeldes unter einem Polpaar.

Fig. 332 zeigt den Verlauf des Ankerquerfeldes unter einem Polpaar.

In der geometrisch neutralen Zone ist das Querfeld B_q fast konstant, während es von Anfang bis zum Schluß der Kommutierungszone in einer Maschine ohne Wendepole, deren Bürsten gegen die Polspitzen hin verschoben sind, ziemlich stark ansteigt.

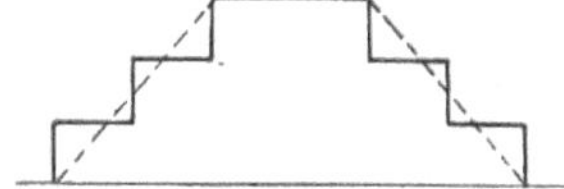

Fig. 333. Das das Nutenfeld kompensierende Wendefeld.

Das Nutenfeld der Ankerspulen verläuft quer über die Nuten und wenn die Stromrichtung in der Ankerspule sich ändert, so ändert auch das Nutenfeld seine Richtung, wobei es eine EMK in den kurzgeschlossenen Ankerspulen induziert. Diese EMK ist gewöhnlich nicht konstant, sondern verläuft wie die treppenförmige Kurve in Fig. 333. Wir haben deswegen in Bd. I das Nutenfeld ersetzt durch ein in die Ankeroberfläche in der Kommutierungszone eindringendes Feld von derselben treppenförmigen Form wie die EMK, welche das Nutenfeld in den kurzgeschlossenen Spulen induziert. Den Mittelwert dieses Feldes bezeichnen wir mit B_n und setzen

$$B_n = 2\,A\,S\,\lambda_n \frac{t_1}{b_k}, \tag{126}$$

worin die magnetische Leitfähigkeit λ_n für den Teil einer Nut, die unterhalb eines Wendepoles liegt, zu

$$\lambda_{n1} = 1{,}25\left(\frac{r}{3\,r_3} + \frac{r_5}{r_3} + \frac{2\,r_6}{r_1 + r_3} + \frac{r_4}{r_1}\right) + \frac{b_w}{3{,}2\,k_1\,\delta} \tag{127}$$

und für den Teil, der außerhalb eines Wendepoles liegt, zu

$$\lambda_{n2} = 1{,}25\left(\frac{r}{3\,r_3} + \frac{r_5}{r_3} + \frac{2\,r_6}{r_1 + r_3} + \frac{r_4}{r_1}\right) + 0{,}92 \log \frac{r\,t_1}{r_1} \quad (128)$$

berechnet werden kann (s. Bd. I, S. 258).

Das von den Stirnverbindungen der Ankerspulen erzeugte Feld ist, wie in Bd. I, S. 274 gezeigt, für die Kommutierungszone fast konstant und kann durch ein in die Ankeroberfläche eintretendes Feld von der Stärke

$$B_s = 2\,A\,S\,\lambda_s \quad (129)$$

ersetzt werden, worin

$$\lambda_s \cong (0{,}2 \text{ bis } 0{,}5)\frac{l_s}{l} \quad \text{ist.} \quad (130)$$

Das in der Kommutierungszone in die Ankeroberfläche eintretende Feld, welches dem wirklichen Nutenfeld entspricht, und das Feld der Stirnverbindungen in jeder Hinsicht ersetzt, bezeichnen wir mit B_{cg}. Dieses Feld hat also ungefähr dieselbe treppenartige Form wie das Nutenfeld. Der Mittelwert des Feldes B_{cg} ist

$$B_{cg_{\text{mitt}}} = B_n + B_s = 2\,A\,S\left(\lambda_n \frac{t_1}{b_k} + \lambda_s\right). \quad (131)$$

In Bd. I, Fig. 228 bis 236 sind eine ganze Reihe Felder für verschiedene Nuten aufgezeichnet.

a) Maschinen mit Wendepolen. Könnte man ein Kommutierungsfeld von derselben Form und Größe wie $B_q + B_{cg}$, aber entgegengerichtet, in der neutralen Zone schaffen, so würde dieses Feld in den Ankerspulen eine EMK induzieren, die die vom gesamten Ankerfelde induzierte EMK vollständig kompensierte, und man würde in den kurzgeschlossenen Spulen eine geradlinige Kommutierung erhalten, die sich durch eine konstante Stromdichte und Übergangsspannung unter den Bürsten zeigen würde.

Verstärkt man dieses Feld durch das konstante Zusatzfeld

$$B_z = \frac{2\,\Delta\,P\,10^6}{\frac{b_1}{\beta}\,\frac{p}{a}\,\frac{N}{k}\,l\,v}, \quad (132)$$

so wird man unter der ablaufenden Bürstenkante keine Spannung erhalten. Das Kommutierungsfeld

$$B_{ct} = B_{cg} + B_z = B_{ng} + B_s + B_z, \quad (133)$$

dessen Mittelwert

$$B_{ct_{\text{mitt}}} = B_n + B_s + B_z, \quad (134)$$

ist, würde somit die Forderung einer spannungslosen Bürstenkante ergeben. Dadurch würde sich aber die Stromdichte unter den Bürsten zu stark verändern, weshalb es ausreicht, ein Kommutierungsfeld

$$B_c = B_{cg} + \frac{1}{2} B_z = B_{ng} + B_s + \frac{1}{2} B_z = B_{ng} + B_s + \frac{\Delta P 10^6}{\frac{b_1}{\beta} \frac{p}{a} \frac{N}{K} l v} \qquad (135)$$

zu erzeugen, worin B_{ng} sich der treppenförmigen Kurve möglichst anschließt. Dieses Feld gilt, wie leicht ersichtlich, nur für den Fall, daß es ebenso viele Wendepole als Hauptpole, d. h. neutrale Zonen gibt und daß die Wendepole ebenso lang gemacht werden, wie die Hauptpole. Ist dies nicht der Fall, verhält sich vielmehr die Länge aller Hauptpole zu der Länge aller Wendepole wie γ, d. h.

$$\gamma = \frac{\text{gesamte Länge aller Hauptpole}}{\text{gesamte Länge aller Wendepole}}, \qquad (136)$$

so muß die Feldstärke unter dem Wendepole gleich

$$B_c = B_{n1} + (\gamma - 1)(B_{n2} + B_q) + \gamma B_s + \frac{\gamma}{2} B_z \qquad (137)$$

gemacht werden, worin B_{n1} dem Nutenfeld unter dem Wendepol und B_{n2} dem Nutenfeld außerhalb des Wendepols entspricht.

Ist $B_{n1} \cong B_{n2} = B_{ng}$, so ist das Feld unter dem Wendepol

$$B_c \cong \gamma \left(B_{cg} + \frac{1}{2} B_z\right) + (\gamma - 1) B_q \qquad (137\text{a})$$

zu machen.

Durch die Verkürzung der Wendepole gegenüber den Hauptpolen im Verhältnis $\frac{1}{\gamma}$ muß das Feld unter den Wendepolen erstens γ mal so stark sein, als es sonst nötig wäre, und außerdem noch um $(\gamma - 1) B_q$ vergrößert werden. Bei Verkürzung oder Weglassen von Wendepolen muß der gesamte Kraftfluß derselben somit um den zur Kompensierung des Ankerquerfeldes nötigen Kommutierungsfluß erhöht werden.

b) Maschine ohne Wendepole. Stellt man die Bürsten einer solchen Maschine so ein, daß bei Halblast keine EMK zwischen den Bürstenkanten induziert wird, so müssen die Ankerspulen in einem mittleren Felde

$$B_{k0} = \frac{1}{2} (f_m B_{n2} + B_s + B_q) \qquad (138)$$

kommutieren. Bei Leerlauf und Vollast wird das fehlerhafte Feld B_f in der Kommutierungszone dann ebenso groß wie B_{k0} werden, so daß die Maschine ebenso günstig oder ungünstig arbeitet bei Leerlauf wie bei Vollast.

Bei Motoren, die in beiden Drehrichtungen arbeiten, werden die Bürsten in die geometrisch neutrale Zone eingestellt und es tritt das größte fehlerhafte Kommutierungsfeld bei Vollast auf, und zwar ist dies

$$B_f = f_m B_{n2} + B_s + B_q. \tag{139}$$

f_m ist hier und oben der Faktor, womit man den Mittelwert B_n des Nutenfeldes multiplizieren muß, um das konstante Feld zu erhalten, das in den kurzgeschlossenen Ankerspulen dieselbe mittlere EMK induziert wie das wirkliche Nutenfeld.

c) In den Kurzschlußspulen induzierte EMKe. Vom Nutenfelde wird zwischen den Bürstenkanten eine veränderliche EMK von dem in Bd. I, Fig. 237 bis 241 angegebenen Verlauf induziert. Deren Werte schwanken um einen Mittelwert

$$\varDelta e = f_m \frac{b_1}{\beta} \frac{p}{a} \frac{N}{K} l v B_n 10^{-6} \text{ Volt}. \tag{140}$$

Sie erreicht den Maximalwert

$$\varDelta e_{\max} = f_s \frac{b_1}{\beta} \frac{p}{a} \frac{N}{K} l v B_n 10^{-6} \text{ Volt}, \tag{141}$$

worin die EMK-Faktoren f_m und f_s den Tabellen II und III, Bd. I, S. 271 entnommen werden können.

Die konstanten Felder wie B_q, B_s und B_z induzieren mittlere EMKe von der Größe

$$\frac{b_1}{\beta} \frac{p}{a} \frac{N}{K} l v B_q 10^{-6} \text{ Volt}$$

und maximale EMKe gleich

$$\left(\frac{b_1}{\beta}\right)_g \frac{p}{a} \frac{N}{K} l v B_q 10^{-6} \text{ Volt}.$$

65. Nachrechnen der Kommutierung einer Maschine ohne Wendepole.

Aus dem vorhergehenden Abschnitt geht hervor, daß in Maschinen ohne Wendepole bei Leerlauf und Vollast ein fehlerhaftes Feld

$$B_{k0} = \frac{1}{2}(f_m B_{n2} + B_s + B_q) = \pm B$$

in der Kommutierungszone entsteht und daß dieses Feld in den kurzgeschlossenen Ankerspulen die Bürsten-EMK

$$\varDelta e = \frac{b_1}{\beta} \frac{p}{a} \frac{N}{K} l v B_{k0} 10^{-6} \text{ Volt}$$

induziert. Als erste Bedingung für eine gute Kommutierung erhielten wir deswegen in Bd. I, S. 391

$$\varDelta e = \frac{b_1}{\beta}\frac{p}{a}\frac{N}{K}\, l\, v\, AS \left[\frac{f_m t_1 \lambda_{n2}}{t_1 + b_r + \left(\varepsilon_k - \frac{a}{p}\right)\beta_r} + \lambda_s + \lambda_q\right] 10^{-6} \leqq 5 \text{ Volt.} \tag{142}$$

Hierbei waren die Bürsten so eingestellt, daß die Bürsten-EMK bei Halblast gleich Null wurde. Für Motoren, die in beiden Drehrichtungen arbeiten sollen, wird die Bürsten-EMK doppelt so groß, nämlich

$$\varDelta e = 2\frac{b_1}{\beta}\frac{p}{a}\frac{N}{K}\, l\, v\, AS \left[\frac{f_m t_1 \lambda_{n2}}{t_1 + b_r + \left(\varepsilon_k - \frac{a}{p}\right)\beta_r} + \lambda_s + \lambda_q\right] 10^{-6} \text{ Volt} \tag{143}$$

und diese darf den Wert von etwa 7,5 Volt nicht überschreiten.

In Bd. I, S. 396 usf. wird gezeigt, daß gesättigte Polspitzen und der Füllfaktor α_i keinen großen Einfluß auf die mittlere Leitfähigkeit λ_q des Querfeldes in der günstigsten Kommutierungszone haben. Je größer aber die Amperewindungen für Luftspalt, Zähne und Polspitzen gewählt werden, um so allmählicher fällt die Feldkurve außerhalb der Polschuhe ab. Eine allmähliche Vergrößerung des Luftspaltes unter den Polspitzen hat ein allmähliches Abfallen der Feldkurve zur Folge. Deswegen und zur Verkleinerung der Verluste in den Ankerzähnen und Polschuhen, sowie zur Erzielung eines geräuschlosen Laufes der Maschine wird sie heute allgemein ausgeführt.

Als weitere Bedingung für eine gute Kommutierung rechnen wir die Ankerkonstante

$$A = \frac{R_k T}{F_n L_s} = \frac{R_k}{100\, l_B\, L_s\, v_k} \tag{144}$$

nach, um zu sehen, ob sie größer als Eins ausfällt.

Hierin ist

$$L_s = (1 \text{ oder } 2)\left(\frac{N}{K}\right)^2 \frac{l\, \lambda_{ns}}{2 10^8} \text{ Henry,} \tag{145}$$

je nachdem, ob eine oder zwei Spulenseiten gleichzeitig den Kurzschluß verlassen.

Es ist hierin

$$\lambda_{ns} = 1{,}25\left(\frac{r}{3 r_3} + \frac{r_5}{r_3} + \frac{2 r_6}{r_3 + r_1} + \frac{r_4}{r_1}\right) + 0{,}92 \log \frac{\pi \tau}{2 r_1}\frac{p}{1 + p} + \frac{l_s}{l}\, 0{,}46 \log\left(\frac{2 l_s}{U_s}\right). \tag{146}$$

U_s ist der Umfang der Stirnverbindung einer Spulenseite.

Weiter läßt sich die maximale Öffnungsspannung, die zwischen der Bürstenkante und einer ablaufenden Lamelle auftreten kann, wenn eine Spule den Kurzschluß verläßt, zu

$$\Delta p_t \cong \Delta P + \frac{\Delta e_{\max}}{2\left(1 - \frac{1}{A}\right)} \tag{147}$$

berechnen.

66. Berechnung des Wendefeldes einer Maschine mit Wendepolen.

a) In den meisten Fällen genügt es, das Wendefeld über die ganze Kurzschlußzone konstant zu machen, und zwar so stark, daß die mittlere vom Ankerfelde induzierte EMK Δe kompensiert wird, wodurch die Kommutierung geradlinig verläuft. Die erforderliche Feldstärke wird dann

$$B_{cg_{\text{mitt}}} = f_m B_{n1} + (\gamma - 1)(f_m B_{n2} + B_q) + \gamma B_s$$

oder

$$B_{cg_{\text{mitt}}} = 2AS\left\{\frac{f_m t_1}{b_k}(\lambda_{n1} + (\gamma - 1)\lambda_{n2}) + (\gamma - 1)\lambda_q + \gamma\lambda_s\right\}. \tag{148}$$

Sind Anzahl und Länge der Haupt- und Wendepole gleich, so wird $\gamma = 1$ und die mittlere Feldstärke der Wendepole

$$B_{cg_{\text{mitt}}} = 2AS\left\{\frac{f_m t_1}{b_k}\lambda_{n1} + \lambda_s\right\}, \tag{148a}$$

welche wenigstens in der gleichen Breite vorhanden sein muß wie die Kommutierungszone

$$b_k = t_1 + b_r + \left(\varepsilon_k - (1 + p_w)\frac{a}{p}\right)\beta_r, \tag{149}$$

worin p_w die Anzahl weggelassener Bürsten derselben Polarität bedeutet, die zwischen zwei aufeinanderfolgenden gleichnamigen Bürsten liegen sollte.

b) Wenn die Stromstärke je Bürstenstift sehr groß ist oder wenn die Kommutierung aus anderen Gründen sehr schwierig ist, empfiehlt es sich, dem Wendefeld möglichst dieselbe Form zu geben, die das zu kompensierende Nutenfeld hat. Da es bei Maschinen mit schwierigen Kommutierungsverhältnissen sich nicht lohnt, die Wendepolschuhe kürzer als die Hauptpolschuhe auszuführen, so rechnen wir in diesem Falle nicht hiermit, d. h. $\gamma = 1$. Die Stärke des für eine geradlinige Kommutierung nötigen Wendefeldes wird dann

$$B_{cg} = B_{ng} + B_s,$$

wenn wir den Ohmschen Spannungsabfall in den kurzgeschlossenen Spulen, da sehr klein, vernachlässigen. Dieser würde sonst eine Erhöhung des Feldes um B_r erfordern. — Das Nutenfeld B_{ng} ist nicht über der Kommutierungszone konstant, sondern verläuft wie die treppenförmigen Kurven in den Fig. 229 bis 236 von Bd. I zeigen. Um das Nutenfeld möglichst genau zu kompensieren, geben wir dem Wendefeld B_{ng} die in die Fig. 333 gestrichelt eingezeichnete trapezförmige Gestalt. Dieses Feld hat den Mittelwert

$$B_{n1} = 2 \frac{t_1}{b_k} \lambda_{n1} AS$$

bei einer Breite

$$b_k = t_1 + b_r + \left(\varepsilon_k - (1 + p_w)\frac{a}{p}\right)\beta_r$$

und den Maximalwert

$$B_{n_{\max}} = \frac{B_{n1}}{\alpha_k} = 2 \frac{t_1}{\alpha_k b_k} \lambda_{n1} AS, \tag{150}$$

der eine Breite von

$$b_{ki} = 2(\alpha_k - 1) b_k \tag{151}$$

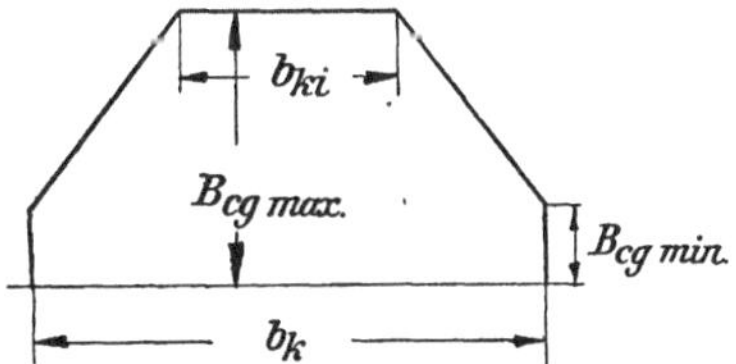

Fig. 334. Das Gesamtwendefeld für geradlinige Kommutierung.

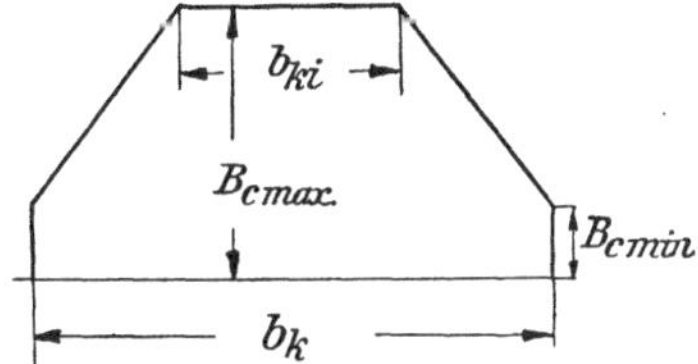

Fig. 335. Das Gesamtwendefeld für schwache Überkommutierung.

besitzt; α_k kann der Tabelle I, Bd. I, S. 269 entnommen werden. — Das Wendefeld für geradlinige Kommutierung erhält somit die in Fig. 334 angegebene Trapezform mit der maximalen Feldstärke

$$B_{cg_{\max}} = 2AS\left(\frac{t_1}{\alpha_k b_k} \lambda_{n1} + \lambda_s\right) \tag{152}$$

über eine Breite b_{ki} und eine minimale Feldstärke

$$B_{cg_{\min}} = 2AS\,\lambda_s \tag{153}$$

am Anfang und Ende der Kommutierungszone von der Breite b_k.

Wünscht man eine Kommutierung mit spannungsloser Bürstenkante, so ist das Wendefeld um den konstanten Betrag

$$B_z = \frac{2\Delta P\, 10^6}{\frac{b_1}{\beta}\frac{p}{a}\frac{N}{K} l v}$$

zu verstärken. Gewöhnlich wird man das Feld jedoch nicht so stark machen, sondern $B_{cg_{\max}}$ nur um den Betrag $\frac{B_z}{2}$ vergrößern, damit die Überkommutierung nicht zu groß wird. Wir erhalten somit als günstigstes Kommutierungsfeld das in Fig. 335 angegebene Feld mit einer maximalen Feldstärke

$$B_{c_{\max}} = 2\,AS\left(\frac{t_1}{\alpha_k b_k}\lambda_{n1} + \lambda_s\right) + \frac{\varDelta P\,10^6}{\frac{b_1}{\beta}\,\frac{p}{a}\,\frac{N}{K}\,l\,v} \qquad (152\text{a})$$

über eine Breite b_{ki} und eine minimale Feldstärke

$$B_{c_{\min}} = 2\,AS\,\lambda_s + \frac{\varDelta P\,10^6}{\frac{b_1}{\beta}\,\frac{p}{a}\,\frac{N}{K}\,l\,v} \qquad (153\text{a})$$

am Anfang und Ende der b_k cm breiten Kommutierungszone. In die Formel für B_z sind die S. 318 angegebenen Werte für $\varDelta P$ einzusetzen; diese liegen gewöhnlich etwas unter 1 Volt.

Um das gewünschte trapezförmige Wendefeld zu erzeugen, kann man entweder wie Prof. E. Arnold und der Verfasser 1904[1]) vorschlugen, dem Wendepolschuh eine passende Form, z. B. nach Fig. 336, geben; oder man kann den Wendepolschuh etwas schräg stellen gegen die Ankernute, wie in Fig. 337 gezeigt ist. In beiden Fällen erhält man dann ein in bezug auf die Nutenteilung trapezförmiges Feld.

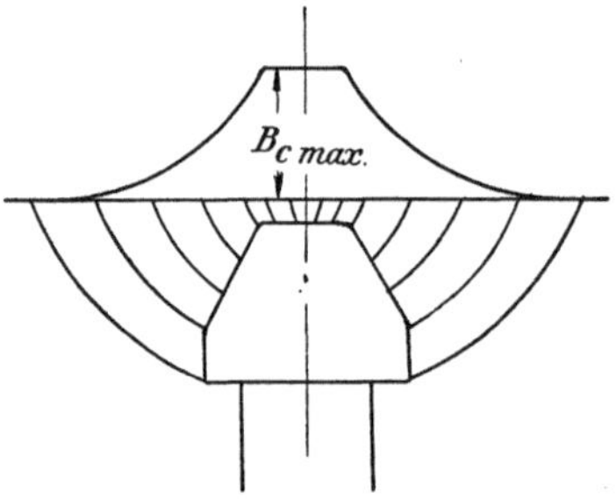

Fig. 336. Form eines Wendepolschuhs.

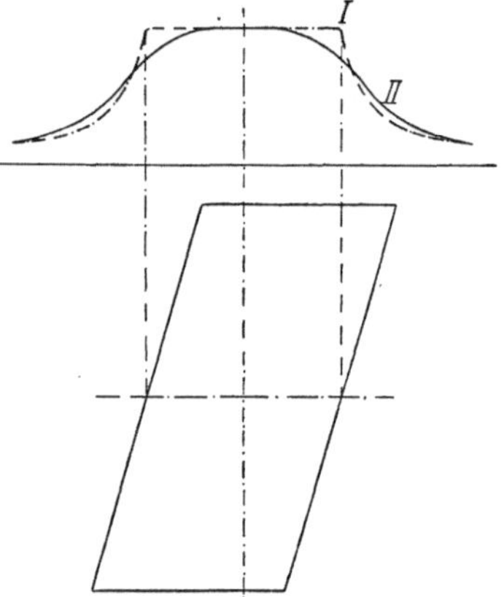

Fig. 337. Schräggestellter Wendepolschuh.

Was den Luftspalt δ_m selbst anbetrifft, so soll dieser nicht zu klein gewählt werden, um nicht zu große Pulsationen im Wendefelde,

[1]) The commutation of direct and alternating current. A paper presented at the International Electrical Congres St. Louis. 1904.

herrührend von den Ankerzähnen, zu verursachen. Eine große Nutenzahl, d. h. eine kleine Nutenteilung trägt auch zur Verminderung der Pulsationen bei. Andererseits ist es aber nicht günstig, den Luftspalt zu groß, z. B. über die Hälfte der Breite b_w der Wendepolschuhe zu machen, weil dann das Hauptfeld sich unter den Wendepolen unangenehm bemerkbar macht.

Die von den Ankerzähnen herrührenden Feldpulsationen machen sich am meisten bei einer Lamelle je Nut, d. h. bei Maschinen mit großen Stromstärken je Bürstenstift bemerkbar. Die Pulsationen lassen sich jedoch beseitigen, wenn man ein 3 bis 5 mm starkes Kupferblech als Dämpferwicklung unter den Wendepolschuhen anordnet.

Sowohl ein großer Luftspalt wie eine Kupferscheibe unter den Wendepolen vermindern auch den Kopfstreufluß der Nuten und sind aus diesem Grunde für die Kommutierung sehr günstig.

c) Es soll nun zuletzt untersucht werden, wie die zwischen den Bürstenkanten induzierte EMK sich bei Belastungsstößen ändert. Wir haben in Bd. I, S. 451 nachgewiesen, daß bei Ein- und Abschalten der vollen Belastung einer Maschine mit massiven Wendepolen und Jocheisen eine mittlere EMK zwischen der Bürstenkante

$$\Delta e = \frac{b_1}{\beta} \frac{p}{a} \frac{N}{K} l v B_{c_{\text{mitt}}} \tag{154}$$

und eine maximale EMK

$$\Delta e_{\max} \simeq \frac{f_s}{f_m} \frac{b_1}{\beta} \frac{p}{a} \frac{N}{K} l v B_{c_{\text{mitt}}} \tag{155}$$

plötzlich induziert wird. Die maximale Bürsten-EMK darf mit Rücksicht auf die Gefahr des Rundfeuers unbedingt 10 Volt beim Ein- oder Abschalten der Normallast nicht überschreiten und soll möglichst nicht mehr als 7,5 Volt betragen. Andernfalls läuft man bei Kurzschlüssen im Netz Gefahr, daß ein breites Feuerbüschel die ablaufende Bürstenkante entlang hervortritt, das zu Rundfeuer Anlaß geben kann.

Zur Vermeidung von Rundfeuer ist es, wie in Bd. I hervorgehoben, außerdem zu empfehlen, schwierige Maschinen mit Kompensationswicklung zu versehen und den magnetischen Kreis des Wendefeldes möglichst ganz aus lamelliertem Eisen auszuführen, damit das Wendefeld dem Ankerstrom möglichst schnell folgen kann.

67. Berechnung der Wendepole und ihrer Wicklungen.

Nachdem das Wendefeld und die für die Erzeugung desselben nötige Polschuhform festgelegt sind, zeichnet man den Wendepol selbst auf. Dieser kann bedeutend kürzer gehalten werden als der Wendepolschuh, den wir allgemein gleich der Ankerlänge ausführen. Je kürzer der Wendepol gehalten wird, um so kleiner wird die Streuung zwischen Wendepolen und Hauptpolen. Andererseits ist aber darauf zu achten, daß der Querschnitt des Wendepols nicht so klein wird, daß seine Sättigung schon bei der höchstvorkommenden Belastung eintritt. Denn in diesem Falle würde die Magnetisierungskurve des Wendepolkreises schon bei der Vollast der Maschine von dem geradlinig ansteigenden Teile abbiegen und die Maschine hier unterkommutiert arbeiten.

Man führt deswegen am besten die Wendepole mit $\frac{2}{3}$ bis $\frac{3}{4}$ der Länge der Wendepolschuhe aus und verstärkt die Wendepole vom Polschuh bis zum Joch hin, wie Fig. 182 zeigt. Außerdem muß man beachten, daß in dem überhängenden Teil der Wendepolschuhe selbst bei der höchstvorkommenden Belastung keine Sättigung eintritt.

Nachdem die Wendepole in dieser Weise entworfen sind, rechnet man ihre Streuung nach den in Bd. I, S. 439 angegebenen Gleichungen aus und prüft, ob der gewählte Querschnitt ausreicht. Als Anhaltspunkt für den Entwurf des Wendepols sei angegeben, daß man mit einem Streufluß rechnen kann, der 3- bis 5 mal größer ist als der nützliche Wendepolfluß, der in die Ankeroberfläche eintritt und der sich zu

$$\Phi_{wa} = l_w b_k B_{c_{\text{mitt}}}$$

ergibt.

a) Maschinen ohne Kompensationswicklung. Die Amperewindungen der Wendepole lassen sich nun sehr einfach berechnen. Wir kennen unter den Wendepolen die mittlere bzw. maximale Induktion $B_{c_{\text{mitt}}}$ bzw. $B_{c_{\max}}$, die den im Anker eintretenden nützlichen Kraftfluß Φ_{wa} ergibt. Da wir außerdem die verschiedenen Streuflüsse kennen, sind wir imstande, die Induktion in jedem Querschnitt des Wendepols zu berechnen. Die Amperewindungen für die Teile des Wendepolkreises, die er mit dem magnetischen Hauptkreis gemeinsam hat, nämlich Ankerkern und Joch, dürfen wir, wie in Bd. I, S. 444 gezeigt, vernachlässigen. Andernfalls wären diese Teile des magnetischen Hauptkreises nämlich zu schwach bemessen und die Maschine würde bei größeren Belastungen unterkommutiert sein. Es bleibt somit nur übrig, die Amperewindungen für den Wendepol selbst, die für den Luftspalt und die für die Ankerzähne, zu berücksichtigen. Hier kommen dann hinzu die auf den Wendepolkreis rückwirkenden Ankeramperewindungen AW_{wr}. Wir erhalten somit für jedes Wendepolpaar die Amperewindungszahl

$$AW_w = 1{,}6\, k_{1m}\, \delta_m\, B_{c_{\max}} + AW_{wz} + AW_{wm} + AW_{wr}.$$

Nach S. 445, Bd. I lassen die rückwirkenden Ankeramperewindungen sich zu

$$AW_{wr} = \left(\tau - \frac{1}{2} b_r - \frac{(\varepsilon_k \beta_r)^2}{2 b_r}\right) AS$$

berechnen, wenn $b_r > \varepsilon_k \beta_r$, was meist der Fall ist.

Für $\varepsilon_k \beta_r = 0$ wird

$$AW_{wr} = \left(\tau - \frac{1}{2} b_r\right) AS$$

und für $\varepsilon_k \beta_r = b_r$ wird

$$AW_{wr} = (\tau - b_r) AS,$$

woraus folgt

$$AW_w = 1{,}6\, k_{1m}\, \delta_m B_{c\max} + AW_{wz} + AW_{wm}$$

$$+ \left[\tau - \left(\frac{1}{2} \text{ bis } 1\right) b_r\right] AS. \qquad (156)$$

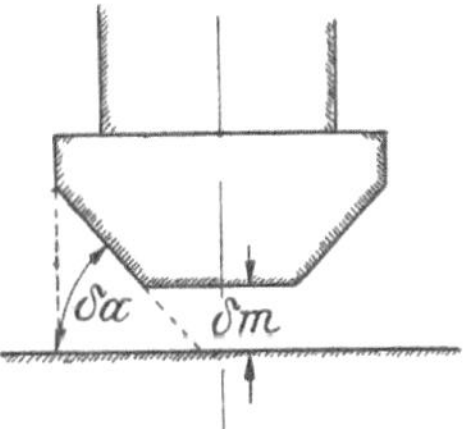

Fig. 338. Berechnung des Luftspaltes der Wendepolschuhe.

Bei der Berechnung der Form des Wendepolschuhes ist darauf zu achten, daß zwischen der Mitte und den Kanten des Polschuhes auf dem Anker $\frac{1}{2}\left[b_k - \left(\frac{1}{2} \text{ bis } 1\right) b_r\right] AS$ Amperewindungen liegen. Bezeichnen wir den Luftspalt unter der Mitte des Wendepols, Fig. 338, mit δ_m und unter den Polkanten mit δ_a, so soll

$$0{,}8\, k_{1a}\, \delta_a B_{c\min} = 0{,}8\, k_{1m}\, \delta_m B_{c\max} + \frac{1}{2}\left[b_k - \left(\frac{1}{2} \text{ bis } 1\right) b_r\right] AS \quad (157)$$

sein, woraus δ_a berechnet werden kann, wenn δ_m bekannt ist.

b) Bei Wendepolmaschinen mit Kompensationswicklung wirken sowohl die Kompensationswicklung wie die Wendepolwicklung mit voller Stärke auf den Wendepolkreis. Die Wendepolwicklung bekommt deswegen hier eine viel kleinere Amperewindungszahl als bei Maschinen ohne Kompensationswicklung, wodurch die Streuung der Wendepole bedeutend kleiner ausfällt.

Ordnet man die Kompensationswicklung an, um die Quermagnetisierung des Ankerstromes vollständig zu kompensieren und hierdurch die zusätzlichen Verluste in Ankerzähnen und Ankerkupfer auf den kleinsten Wert zu vermindern, so muß die Kompensationswicklung mit demselben AS wie der Anker ausgeführt werden und die Amperewindungszahl der Kompensationswicklung wird

$$AW_c = b_i AS,$$

während die Wendepolwicklung mit

$$A W_w = 1{,}6\, k_{1m}\, \delta_m\, B_{c_{\max}} + A W_{wz} + A W_{wm} + \left[\tau - b_i - \left(\frac{1}{2} \text{ bis } 1\right) b_r\right] A S$$

Amperewindungen versehen sein muß.

Rechnet man dagegen mit der Kompensationswicklung, um eine gute Kommutierung selbst bei sehr geschwächtem Hauptfelde sicherzustellen, so macht man am besten die Kompensationswicklung etwas stärker, z. B.

$$A W_c = (\tau - b_k) A S,$$

wodurch man erreicht, daß das Hauptfeld selbst in der Nähe der Wendepolschuhe nie seine Richtung ändert und somit die Vorgänge in der Kommutierungszone nicht ungünstig beeinflußt. Wir können deswegen für kompensierte Maschinen allgemein schreiben

$$A W_c = (b_i \text{ bis } (\tau - b_k)) A S \tag{158}$$

und

$$A W_w = 1{,}6\, k_{1m}\, \delta_m\, B_{c_{\max}} + A W_{wz} + A W_{wm} + \left[(b_k \text{ bis } (\tau - b_i)) - \left(\frac{1}{2} \text{ bis } 1\right) b_r\right] A S. \tag{159}$$

Die Kompensationswicklung ordnet man am besten in ganz geschlossenen Nuten in den Polschuhen an, damit die Feldpulsationen durch die Ankernuten nicht zu groß werden. Den Nutensteg kann man ohne Bedenken 2 bis 3 mm stark machen. Außerdem ist es günstig, die Nutenteilung der Kompensationswicklung entweder gleich oder doppelt so groß wie die Nutenteilung des Ankers auszuführen, damit das Feld, herrührend von den Ankernuten, nicht zu stark pulsiert.

Fünfzehntes Kapitel.

Berechnungsbeispiele.

68. Ausführliche Berechnung eines Doppelschlußgenerators, 500 kW, 100 Umdr./Min.

Aufgabe. Es ist ein Straßenbahngenerator für 500 kW bei 100 Umdrehungen je Minute, 550 Volt Spannung und 910 Amp. zu berechnen. Die Maschine soll für konstante Klemmenspannung kompoundiert werden und von Leerlauf bis $^5/_4$ Belastung (625 kW) ohne Bürstenverstellung funkenfrei laufen. Die Wicklung ist mit Äquipotentialverbindungen zu versehen. Der Wirkungsgrad soll bei Vollast mindestens 92 % und bei Halblast 90 % betragen. Die Temperaturerhöhung von Anker und Kommutator soll bei Normallast 40° C und bei $^5/_4$ Belastung nach 2 Stunden 50° C nicht überschreiten, während die aus der Widerstandszunahme berechnete Temperaturerhöhung der Magnetspulen 60° nicht überschreiten soll.

Für die Bestimmung der Hauptabmessungen der Maschine gehen wir von Formel 71 aus:

$$\frac{6 \cdot 10^{11}}{\alpha_i B_l A S} = \frac{D^2 l n}{\text{kVA}}.$$

Wählen wir vorläufig:

$$\alpha_i = 0{,}7\,,$$

$$B_l = 9500\,,$$

$$AS = 250\,,$$

so wird:

$$\frac{D^2 l n}{\text{kVA}} = \frac{6 \cdot 10^{11}}{0{,}7 \cdot 9500 \cdot 250} = 36 \cdot 10^4.$$

Hieraus folgt:

$$D^2 l = \frac{36 \cdot 10^4 \cdot 500}{100} = 180 \cdot 10^4.$$

Indem wir für l oder D verschiedene Werte annehmen und eine Polzahl $2p$ wählen, lassen sich die Werte der folgenden Tabelle berechnen. Es ist die Polzahl um so kleiner gewählt, je größer die Länge l ist, damit das Verhältnis $\frac{l}{b_i}$ möglichst unverändert bleibt.

l	D	$2p$	$\tau = \frac{\pi D}{2p}$	$b_i = 0{,}7\,\tau$	$\frac{l}{b_i}$	v	$\frac{J}{2a} = i_a$	a	$\frac{2p}{a}$
20	300	20	47,2	33	0,6	15,7	114	4	5
25	269	16	53,0	37,1	0,67	14,1	114	4	4
30	246	12	64,5	45,3	0,66	12,9	154	3	4
35	227	10	71,5	50,0	0,7	11,9	91	5	2
40	212	8	83,5	58,0	0,69	11,1	114	4	2

Wir legen der weiteren Berechnung die zwölfpolige Anordnung zugrunde und nehmen $a = 3$ an. Wir erhalten dann einseitige Äquipotentialverbindungen, da p/a ganzzahlig ist.

Wir wählen:

$$\boldsymbol{l = 31 \text{ cm}, \quad D = 240 \text{ cm}, \quad v = 12{,}5 \text{ m/sek}, \quad p = 6, \quad a = 3.}$$

Dann ist:

$$\frac{\boldsymbol{D^2 l n}}{\textbf{kVA}} = \frac{240^2 \cdot 31 \cdot 100}{500} = \boldsymbol{35{,}8 \cdot 10^4}.$$

Als Stabzahl erhält man:

$$N = \frac{\pi D A S}{i_a} = \frac{3{,}14 \cdot 240 \cdot 250}{154} \cong 1230.$$

Die Stabzahl N muß derart gewählt werden, daß sie in der Nähe von 1230 liegt und der Wicklungsformel genügt.

Wie aus der Tabelle Seite 52, Bd. I, zu ersehen ist, ist es für die Wicklungsverhältnisse $p = 6$ und $a = 3$ nur für $u_n = 6$ möglich, ohne Vermehrung der Nutenzahl und Zufügen toter Stäbe $\frac{Z}{a}$ gleich einer ganzen Zahl zu machen. Wir wählen deswegen 6 Stäbe je Nut, um tote Stäbe und die daraus folgenden Unsymmetrien zu vermeiden.

Durch einiges Ausprobieren ergibt sich

$$N = 1242, \qquad AS = 253.$$

Man erhält dann

$$Z = \frac{1242}{6} = 207 \text{ Nuten}$$

und

$$K = \frac{1242}{2} = 621 \text{ Lamellen.}$$

Da $\frac{Z}{a} = 69$, $\frac{K}{a} = 207$ und $\frac{p}{a} = 2$ ganze Zahlen sind, so wird die Wicklung in jeder Beziehung symmetrisch. Den Nutenschritt wählen wir zu

$$y_n = \frac{Z}{2p} - \frac{1}{4} = 17,$$

wodurch die Verkürzung ε_n des Nutenschrittes $^1/_4$ der Nutenteilung ausmacht.

Es wird dann der erste Teilschnitt der Wicklung

$$y_1 = y_n \cdot u_n + 1 = 103,$$

der Kommutatorschritt

$$y_k = \frac{K - a}{p} = \frac{621 - 3}{6} = 103.$$

y_k und a sind teilerfremd; die Wicklung ist somit einfach geschlossen. Wie aus dem Nutenschritt ersichtlich, können die aus drei Windungen bestehenden Ankerspulen zusammen isoliert und in die Nuten gleichzeitig eingelegt werden, was wicklungstechnisch sehr vorteilhaft ist.

Wenn wir eine Stromdichte $s_a =$ rd. 2,8 Amp./mm² annehmen, so wird der Querschnitt eines Ankerstabes

$$q_a = \frac{i_a}{s_a} = \frac{154}{2{,}8} \cong 55 \text{ mm}^2.$$

Der Kraftfluß je Pol bei Belastung kann jetzt unter Annahme eines bestimmten Spannungsabfalles im Anker und in der Hauptschlußwicklung gerechnet werden. Nehmen wir diesen Spannungsabfall gleich 4% an, so muß die induzierte EMK $E = 572$ Volt sein und es wird

$$\Phi_b = E \frac{a}{N} \frac{60}{pn} 10^8 = \frac{572 \cdot 3 \cdot 60 \cdot 10^8}{1242 \cdot 6 \cdot 100} = 13{,}8 \cdot 10^6$$

und die Luftinduktion bei Belastung

$$B_l = \frac{\Phi_b}{l b_i} = \frac{13{,}8 \cdot 10^6}{31 \cdot 44} = 10150.$$

Nehmen wir im Anker 5 Luftschlitze zu 1 cm an, so wird für die erste Annäherung

$$l_1 = 31 + 5 = 36\,.$$

Die Zahnteilung t_1 am Zahnkopfe ist:

$$\boldsymbol{t_1} = \frac{\pi D}{Z} = \frac{3{,}14 \cdot 240}{207} = \mathbf{36{,}4\ mm}\,.$$

Als maximale Zahninduktion wählen wir $B_{z\,i\,\max} = 22\,500$. Die Dicke des Eisenbleches sei: $\varDelta = 0{,}5$ mm, die Isolation zwischen den Blechen $10\,^0/_0$ der Blechstärke d. h. $k_2 = 0{,}9$.

Nun ist:

$$z_2 = \frac{t_1\, B_l}{k_2\, B_{z\,i\,\max}} = \frac{36{,}4 \cdot 10150}{0{,}9 \cdot 22\,500} = 18{,}3\ \text{mm}\,.$$

Wir schätzen die Nutentiefe zu 4 cm und erhalten alsdann für die Zahnteilung am Fuß:

$$t_2 = \frac{\pi\,(240 - 8)}{207} = 35{,}1\ \text{mm}\,.$$

Die Nutenweite ist somit:

$$t_2 - z_2 = 35{,}1 - 18{,}3 = 16{,}8\ \text{mm}\,.$$

Nehmen wir für Isolation und Spielraum dieses Bahngenerators einen Zuschlag von 5,4 mm quer über die Nut gemessen (s. Tabelle S. 76), so bleiben für die gesamte Kupferbreite

$$16{,}8 - 5{,}4 = 11{,}4\ \text{mm},$$

und die Breite eines Stabes wird $\dfrac{11{,}4}{3} = 3{,}8$ mm und die Stabhöhe $\dfrac{55}{3{,}8} \cong 14{,}5$ mm.

Wenn man mit der Rechnung an diesem Punkt angelangt ist, wird man gewöhnlich für die Nutenform und den Stabquerschnitt noch nicht ganz passende Werte finden. Man muß dann die gemachten Annahmen und die gefundenen Abmessungen derart ändern, daß Nutenform, Stabquerschnitt und Zahnsättigung passend ausfallen.

Ist die Dicke der Stabisolation einseitig 0,4 mm, so ergeben sich die endgültigen Stababmessungen zu $3{,}8 \times 14{,}5$ mm nackt und $4{,}6 \times 15{,}3$ mm isoliert.

Es wird also:

$$\boldsymbol{q_a} = \mathbf{55\ mm^2},$$

$$\boldsymbol{s_a} = \frac{154}{55} = \mathbf{2{,}8\ Amp./mm^2}\,.$$

Die genauen Abmessungen der keilverschlossenen Nut werden jetzt wie folgt (vgl. Fig. 339):

Nutenweite: $b_n = 3 \cdot 4{,}6 + 2 \cdot 1{,}3 + 2 \cdot 0{,}2 \quad = \mathbf{16{,}8\ mm}$,

Nutenhöhe: $h_n = 2 \cdot 15{,}3 + 4 \cdot 1{,}3 + 2 \cdot 0{,}6 + 4 = \mathbf{41\ mm}$

(d. h. Nutenhöhe = Kupferhöhe + 12 mm).

Der Nutenfüllfaktor ist:

$$f_n = \frac{6 \cdot 55}{16{,}8 \cdot 41} = \frac{330}{690} = \mathbf{0{,}48}.$$

Die Zahndicken am Kopf bzw. Fuß sind:

$$z_1 = 36{,}4 - 16{,}8 = \mathbf{19{,}6\ mm},$$

$$z_2 = 35{,}1 - 16{,}8 = \mathbf{18{,}3\ mm},$$

$$z_m = \frac{19{,}6 - 18{,}3}{2} = \mathbf{18{,}95\ mm}$$ (mittl. Zahndicke).

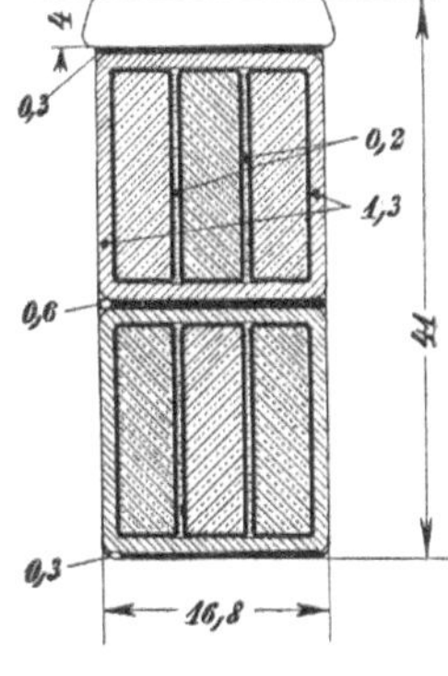

Fig. 339. Ankernut des 500 kW-Bahngenerators.

Die Wicklung soll mit Äquipotentialverbindungen versehen werden.

Da $\frac{p}{a}$ eine ganze Zahl ist, werden die Potentialschritte gleich, und zwar

$$y_p = \frac{K}{a} = \frac{621}{3} = 207.$$

Schließen wir beim Durchlaufen des Wicklungsschemas jede 6te Lamelle an ein Äquipotentialsystem an, so können infolge der Ungleichheit der Felder keine inneren Ströme entstehen, während die günstige Wirkung der Äquipotentialverbindungen auf die Kommutierung erhalten bleibt.

An jedes System werden $a = 3$ Lamellen angeschlossen. Da weiter

$$K = 621 = 3\,(34 \cdot 6 + 1 \cdot 3)$$

ist, so erhalten wir 35 Ausgleichsysteme, und zwischen zwei aufeinanderfolgenden Verbindungen liegen 34 mal je 6 Spulen und einmal nur 3 Spulen.

Feldmagnete. Wir fanden früher den Kraftfluß im Luftspalt bei Belastung $\Phi_b = 13{,}8 \cdot 10^6$.

Den Streukoeffizienten σ schätzen wir vorerst zu 1,15; es ist dann der Kraftfluß im Magnetkern:

$$\Phi_m = \sigma\,\Phi_b = 1{,}15 \cdot 13{,}8 \cdot 10^6 = 15{,}8 \cdot 10^6.$$

Das Material der Magnetpole sei Stahlguß, und wenn vorläufig die Induktion $B_m = 16000$ in die Rechnung eingeführt wird, so wird der Querschnitt

$$Q_m = \frac{15{,}8 \cdot 10^6}{16000} \cong 1000 \text{ cm}^2.$$

Da wir runde Pole anwenden, so wird:

$$\boldsymbol{D_m} = 2\sqrt{\frac{Q_m}{\pi}} = 2\sqrt{\frac{1000}{3{,}14}} \cong \mathbf{36\ cm}$$

und

$$\boldsymbol{Q_m} = \frac{D^2_m \pi}{4} = \frac{36^2 \cdot \pi}{4} = \mathbf{1017{,}9\ cm^2}$$

$$\boldsymbol{B_m} = \frac{15{,}8 \cdot 10^6}{1017{,}9} = \mathbf{15500.}$$

Polschuh. Für den ideellen Polbogen b_i ergibt sich:

$$\boldsymbol{b_i} = a_i \tau = 0{,}7 \cdot 62{,}8 = \mathbf{44\ cm.}$$

Der Luftspalt δ ist nach Gl. 98a

$$\delta \geqq \frac{1{,}2\, b_i\, AS - AW_z}{1{,}6\, k_1\, B_l} = \frac{1{,}2 \cdot 44 \cdot 253 - 4500}{1{,}6 \cdot 1{,}23 \cdot 10150} \geqq 0{,}45.$$

Wir wählen $\boldsymbol{\delta} = \mathbf{0{,}52\ cm,}$

indem vorläufig $AW_z \cong L_z \cdot aw_{z\,\max} = 8{,}2 \cdot 440 = 4500$ gesetzt und der Koeffizient k_1 berechnet wird zu:

$$k_1 = \frac{t_1}{z_1 + X \cdot \delta} = \frac{36{,}4}{19{,}6 + 1{,}90 \cdot 5{,}2} = 1{,}23,$$

wobei

$$\nu = \frac{t_1 - z_1}{\delta} = 3{,}2 \quad \text{und} \quad X = 1{,}90.$$

Die Polschuhlänge wird gleich l_1 ausgeführt, also

$$\boldsymbol{l_p} = l_1 = \mathbf{36\ cm.}$$

Joch. Wenn man im Joch, das aus Stahlguß besteht, eine Induktion von 13500 annimmt, so wird der Querschnitt:

$$Q_j = \frac{\Phi_m}{2 \cdot B_j} = \frac{15{,}8 \cdot 10^6}{2 \cdot 13500} = 585 \text{ cm}^2.$$

Es sei die Länge in Achsenrichtung = 44 cm
und die radiale Höhe = 13,5 „ ,

dann wird:

$$\boldsymbol{Q_j} = \mathbf{594\ cm^2}, \qquad \boldsymbol{B_j} = \mathbf{13300\ cm^2.}$$

Kommutator. Die Lamellen sollen aus Hartkupfer bestehen. Die Abmessungen des Kommutators werden durch die zulässige Erwärmung bestimmt. Die Zahl der Lamellen wurde früher zu

$$K = 621$$

gefunden.

Wird die Breite einer Lamelle zu 0,64 cm und die Dicke der Isolation (Mika) zu $\delta_i = 0{,}9$ mm angenommen, so wird der Durchmesser:

$$\boldsymbol{D_k} = \frac{621 \cdot 0{,}73}{\pi} = \mathbf{145\ cm}$$

und die Umfangsgeschwindigkeit

$$\boldsymbol{v_k} = \frac{\pi D_k n}{60} = \frac{3{,}14 \cdot 145 \cdot 100}{6000} = \mathbf{7{,}6\ m/sek.}$$

Die größte Spannung zwischen zwei Lamellen beträgt bei Leerlauf:

$$\boldsymbol{E_{dk\max}} = \frac{2pE}{\alpha_i K} = \frac{12 \cdot 572}{0{,}7 \cdot 621} = \mathbf{15{,}7\ Volt.}$$

Bürsten. Wir verwenden Kohlebürsten. Die Zahl der Bürstenstifte sei gleich der Polzahl $p_1 = 2p - 12$.

Die Stromstärke je Stift wird dann

$$\frac{2 \cdot J_a}{p_1} = \frac{2 \cdot 924}{12} = 154 \text{ Amp.}$$

Unter Annahme folgender Abmessungen für eine Bürste:

Breite: $\boldsymbol{b_1 = 1{,}5}$ **cm**

Länge: $\boldsymbol{l_b = 3}$ **cm,**

ist die Bürstendeckung $\frac{b_1}{\beta} = \frac{15}{7{,}3} = 2{,}05$ und die Auflagefläche $= 1{,}5 \cdot 3 = 4{,}5\ \text{cm}^2$. Indem wir eine Stromdichte von 5,5 Amp/cm² zulassen, erhalten wir:

$$\frac{154}{4{,}5 \cdot 5{,}5} \cong 6 \text{ Bürsten je Stift.}$$

Bei 6 Bürsten von je 4,5 cm² ist die Stromdichte:

$$\boldsymbol{s_u} = \frac{154}{27} = \mathbf{5{,}7\ Amp/cm^2.}$$

Die Länge der 6 Bürsten ist $6 \cdot 3 = 19$ cm, die Länge des Kommutators wird also ungefähr: $\boldsymbol{L_k = 21}$ **cm.** Später ist noch zu prüfen, ob die hier gefundenen Abmessungen eine genügende Abkühlung ergeben.

Die Auflagefläche aller Bürsten beträgt:

$$\boldsymbol{F_b} = \frac{2\,J_a}{5{,}7} = \mathbf{325\ cm^2.}$$

Berechnung der Erregung bei Leerlauf. Bei Leerlauf beträgt die Klemmenspannung 550 Volt. Der zur Erzeugung dieser Spannung erforderliche Kraftfluß ist:

$$\Phi = E\,\frac{a}{N}\,\frac{60}{pn}\,10^8 = \frac{550 \cdot 3 \cdot 60 \cdot 10^8}{1242 \cdot 6 \cdot 100} = 13{,}3 \cdot 10^6.$$

Die einzelnen Induktionen berechnen sich wie folgt:
Luftinduktion B_l:

$$\boldsymbol{B_l} = \frac{\Phi}{b_i l} = \frac{13{,}3 \cdot 10^6}{44 \cdot 31} = \frac{\Phi}{1365} = \mathbf{9750.}$$

Bei Annahme einer Ankerinduktion $B_a = 13000$ erhält man für den effektiven Eisenquerschnitt:

$$Q_a = l\,h\,k_2 = \frac{13{,}3 \cdot 10^6}{2 \cdot 13000} = 510\ \mathrm{cm}^2.$$

Die effektive Eisenhöhe h des Ankers (ohne Zähne) wird:

$$\boldsymbol{h} = \frac{510}{31 \cdot 0{,}9} = \mathbf{18{,}0\ cm}$$

und

$$Q_a = lhk_2 = 31 \cdot 18{,}0 \cdot 0{,}9 = 505\ \mathrm{cm}^2.$$

$$\boldsymbol{B_a} = \frac{13{,}3 \cdot 10^6}{2 \cdot 505} = \mathbf{13100.}$$

Für die ideelle Induktion in den Zähnen folgt:

$$B_{zi\,\mathrm{min}} = \frac{t_1 B_l}{k_2 z_1} = \frac{36{,}4 \cdot 9750}{0{,}9 \cdot 19{,}6} = 2{,}07 \cdot B_l = 20300$$

$$B_{zi\,\mathrm{mitt}} = \frac{t_1 B_l}{k_2 z_m} = \frac{36{,}4 \cdot 9750}{0{,}9 \cdot 18{,}95} = 2{,}15 \cdot B_l = 21000$$

$$B_{zi\,\mathrm{max}} = \frac{t_1 B_l}{k_2 z_2} = \frac{36{,}4 \cdot 9750}{0{,}9 \cdot 18{,}3} = 2{,}21 \cdot B_l = 21700.$$

Aus der Magnetisierungskurve für die Zähne (Fig. 128, Bd. I, S. 144) entnehmen wir die Werte der wirklichen Zahninduktion B_{zw}, indem:

$$k_{3\,(\mathrm{min})} = \frac{l_1 t_1}{l\,k_2\,z_1} - 1 = 1{,}4,$$

$$k_{3\,(\mathrm{mitt})} = \frac{l_1 t_m}{l k_2 z_m} - 1 = 1{,}44,$$

$$k_{3\,(\mathrm{max})} = \frac{l_1 t_2}{l\,k_2\,z_2} - 1 = 1{,}48.$$

Hiermit ergibt sich

$$B_{zw\,\min} = 19\,800,$$

$$B_{zw\,\text{mitt}} = 20\,400,$$

$$B_{zw\,\max} = 20\,900.$$

Der Streukoeffizient σ bei Leerlauf ist angenähert:

$$\sigma = 1 + \frac{5 \cdot \delta}{b_i\, l} \Sigma \lambda.$$

Unter Zuhilfenahme der Fig. 131[1]) Seite 150, Bd. I, folgt zunächst die Leitfähigkeit zwischen den Polschuhen:

$$\lambda_1 = \frac{a_1\, l_p}{0{,}8\, L_1} = \frac{4{,}5 \cdot 36}{0{,}8 \cdot 23{,}5} = 8{,}6,$$

worin

$$a_1 = 4{,}5 \text{ cm}, \quad l_p = 36 \text{ cm} \quad \text{und} \quad L_1 \cong 23{,}5 \text{ cm}$$

und

$$\lambda_2 = \frac{F_p}{0{,}8\, L_2} = \frac{198}{0{,}8 \cdot 41} = 6{,}0,$$

worin

$$F_p \cong 4{,}5 \cdot 44 = 198 \quad \text{und} \quad L_2 \cong 41 \text{ cm}.$$

Die Leitfähigkeit zwischen den Kernflächen ergibt sich in ähnlicher Weise zu

$$\lambda_3 = \frac{h_m\, l_m}{0{,}8\,(\tau_1 + \tau_2 - 2\, b_m)} = \frac{31{,}8 \cdot 25}{0{,}8\,(63{,}5 + 78{,}5 - 63{,}6)} = 12{,}7,$$

worin

$$h_m = 25 \text{ cm (Kernhöhe)}, \qquad l_m = D_m \sqrt{\frac{\pi}{4}} = 36 \sqrt{\frac{\pi}{4}} = 31{,}8 = b_m$$

und

$$\lambda_4 = \frac{h_m\, l_m}{0{,}8\left(\tau_1 + \tau_2 - 2 b_m + \frac{b_m}{2}\pi\right)} = \frac{31{,}8 \cdot 25}{0{,}8\,(63{,}5 + 78{,}5 - 63{,}6 + 50)} = 7{,}8.$$

Es wird somit

$$\Sigma\lambda = \lambda_1 + \lambda_2 + \lambda_3 + \lambda_4 = 8{,}6 + 6{,}0 + 12{,}7 + 7{,}8 = 35{,}1.$$

---

[1]) Die Polschuhform wird in dieser Figur vorläufig angenommen, ihre genauere Festlegung soll später vorgenommen werden.

Da die Polzahl dieser Maschine verhältnismäßig groß ist, kann die Streuung gegen das Joch vernachlässigt werden.

Wir erhalten somit für den Streukoeffizienten:

$$\sigma = 1 + \frac{5 \cdot 0{,}52}{44 \cdot 31}\, 35{,}1 = 1 + 0{,}0019 \cdot 35{,}1 = 1{,}067 \cong \mathbf{1{,}07}.$$

Infolge der Verschiebung der Bürsten aus der neutralen Zone tritt nicht der ganze Kraftfluß eines Poles in die Fläche einer kurzgeschlossenen Windung ein. Um diesen Einfluß zu berücksichtigen, setzen wir

$$\sigma_a \cdot 1{,}07 = 1{,}03 \cdot 1{,}07 = 1{,}1;$$

$$\Phi_m = \sigma \sigma_a \Phi = 1{,}1 \cdot 13{,}3 \cdot 10^6 = 14{,}7 \cdot 10^6;$$

$$B_m = \frac{\Phi_m}{Q_m} = \frac{14{,}7 \cdot 10^6}{1017{,}9} = \frac{\Phi}{930} = 14\,300;$$

$$B_j = \frac{\Phi_m}{2\,Q_j} = \frac{14{,}7 \cdot 10^6}{2 \cdot 594} = \frac{\Phi}{1080} = 12\,400.$$

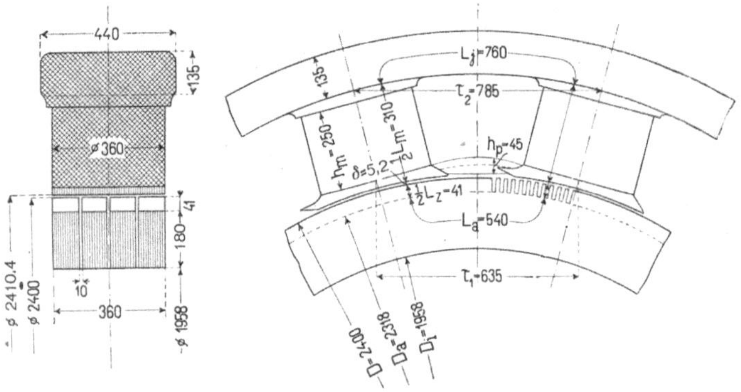

Fig. 340. Magnetischer Kreis des 500 kW-Bahngenerators.

In Fig. 340 ist der mittlere Kraftlinienweg eingezeichnet. Wir finden:

$$L_j = 76 \text{ cm}; \qquad L_m = 2 \cdot 31 = 62 \text{ cm}; \qquad 2\,\delta = 1{,}04 \text{ cm};$$

$$L_z = 2 \cdot 4{,}1 = 8{,}2 \text{ cm}; \qquad L_a = 54 \text{ cm}.$$

Die Amperewindungen bei Leerlauf sind dann folgende:

$$AW_a = aw_a L_a = 12 \cdot 54 \ldots\ldots = 650$$

$$B_{z\,w\min} = 19\,800; \qquad aw_{z\min} = 260;$$

$$B_{z\,w\text{mitt}} = 20\,400; \qquad aw_{z\text{mitt}} = 350;$$

$$B_{z\,w\max} = 20\,900; \qquad aw_{z\max} = 450.$$

$$AW_z = L_z \frac{aw_{z\min} + 4\,aw_{z\text{mitt}} + aw_{z\max}}{6}$$

$$= 8{,}2\,\frac{260 + 4 \cdot 350 + 450}{6} \ldots\ldots = 2\,880$$

$$AW_m = aw_m L_m = 29 \cdot 62 \ldots\ldots = 1800$$

$$AW_j = aw_j L_j = 15 \cdot 76 \ldots\ldots = 1140$$

$$AW_l = 1{,}6\,B_l\,\delta\,k_1 = 1{,}6 \cdot 9750 \cdot 0{,}52 \cdot 1{,}23 = 1{,}01\,B_l \ldots = 9850$$

$$AW_{ko} = 16\,320$$

$$\mathbf{AW_{to}} = p \cdot AW_{ko} = \mathbf{97\,920}$$

Indem wir diese Rechnung für verschiedene Werte von E durchführen und E als Funktion von AW_{to} auftragen, erhalten wir die Leerlaufcharakteristik der Maschine (vgl. Tabelle).

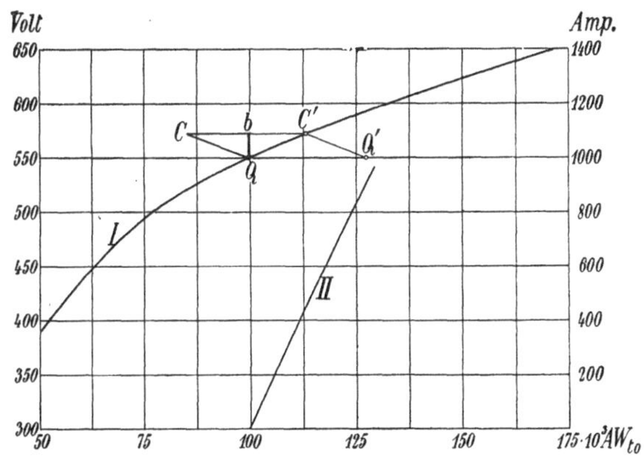

Fig. 341. Leerlaufcharakteristik des 500 kW-Bahngenerators.

Die Leerlaufcharakteristik ist in Fig. 341 (Kurve I) eingezeichnet. Man bildet das Dreieck Qbc, indem der Ohmsche Spannungsabfall $\overline{Qb}$ vorläufig zu $4\,^0/_0$ angenommen wird:

$$\overline{Qb} = 0{,}04 \cdot 550 = 22 \text{ Volt},$$

ferner ist angenähert:

$$\overline{bc} = p\,AW_r = p \cdot 2 \cdot (b_c + \varrho)\,AS;$$

E	200	300	400	500	550	600	650	Volt
$\Phi = E \cdot 2{,}43 \cdot 10^4$ . . .	4,82	7,3	9,7	12,2	13,3	14,6	15,8	10^6
$B_l = \frac{\Phi}{1365}$	3540	5340	7120	8950	9750	10700	11600	
$B_a = \frac{\Phi}{1010}$	4750	7100	9500	11900	13100	14300	15500	
$B_{z\,i\,\min} = 2{,}07\,B_l$ (ideell) .	7350	11000	14700	18500	20300	22300	24000	
$B_{z\,i\,\mathrm{mitt}} = 2{,}15\,B_l$ (ideell) .	7600	11400	15200	19200	21000	23100	24900	
$B_{z\,i\,\max} = 2{,}21\,B_l$ (ideell) .	7850	11800	15700	19800	21700	23800	25700	
$B_{z\,w\,\min}$ (wirklich)	7350	11000	14700	18300	19800	21500	22600	
$B_{z\,w\,\mathrm{mitt}}$ (wirklich)	7600	11400	15200	18950	20400	22000	23100	
$B_{z\,w\,\max}$ (wirklich)	7850	11800	15700	19500	20900	22400	23600	
$B_m = \frac{\Phi}{930}$	5280	7900	10600	13300	14600	15900	17300	
$B_j = \frac{\Phi}{1080}$	4550	6850	9000	11500	12600	13800	14900	
aw_a	0,7	1,4	3,2	7,6	12	20	31,5	
$aw_{z\,\min}$	1,5	5,3	23	95	260	560	820	
$aw_{z\,\mathrm{mitt}}$	1,6	6,2	27	160	350	680	930	
$aw_{z\,\max}$	1,8	7,2	34	210	450	780	1100	
aw_m	2,4	3,8	8,9	19	29	46	85	
aw_j	1,85	3,8	6	11	15	22	31	
$AW_a = 54 \cdot aw_a$	38	75	174	410	650	1080	1700	
AW_z	13	50	226	1290	2880	5540	7700	
$AW_l = 1{,}01 \cdot B_l$	3570	5350	7130	9000	9850	10800	11700	
$AW_m = 62 \cdot aw_m$ . . .	149	295	550	1170	1800	2850	5250	
$AW_j = 76 \cdot aw_j$	140	280	455	800	1140	1590	2120	
$AW_{k\,o}$	3910	6050	8535	12670	16320	21860	28470	
$AW_{t\,o} = 6 \cdot AW_{k\,o}$ . . .	23460	36300	51210	76020	97920	131160	170820	

Setzen wir:

$$AW_r = \frac{1}{2}(\tau - b)\,AS = 0{,}5 \cdot 0{,}3 \cdot 62{,}8 \cdot 253 = 2380,$$

so wird

$$p\,AW_r = 6 \cdot 2380 = 14\,280.$$

Die Amperewindungen bei Vollast und 550 Volt Klemmenspannung erhält man nun durch Parallelverschiebung der Geraden cQ bis $c'Q'$. Die Kurve *II* (Fig. 341) stellt den Zusammenhang zwischen dem Belastungsstrom (Maßstab rechts) und den entsprechenden Amperewindungen (QQ') dar.

Aus der Leerlaufcharakteristik kann noch rückwärts die äußere Charakteristik konstruiert werden (vgl. hierüber Fig. 424, Seite 480, Bd. I). In unserem Falle verläuft die äußere Charakteristik fast als horizontale Linie.

Berechnung der Erregung bei Belastung. Wir nehmen

$$E = 1{,}04 \cdot P = 572 \text{ Volt}$$

an, dann folgt für

$$\Phi_b = E \frac{a}{N} \frac{60}{p n} 10^8 = \frac{572 \cdot 3 \cdot 60 \cdot 10^8}{1242 \cdot 6 \cdot 100} = 13{,}8 \cdot 10^6,$$

$$\boldsymbol{B_l} = \frac{\Phi_b}{b_i l} = \frac{13{,}8 \cdot 10^6}{1575} = \mathbf{10150},$$

$$\boldsymbol{B_a} = \frac{\Phi_b}{2 l h k_2} = \frac{13{,}8}{1010} = \mathbf{13600},$$

$$\boldsymbol{B_{zi\,\min}} = 2{,}07\, B_l = \mathbf{21050},$$

$$\boldsymbol{B_{zi\,\mathrm{mitt}}} = 2{,}15\, B_l = \mathbf{21800},$$

$$\boldsymbol{B_{zi\,\max}} = 2{,}21\, B_l = \mathbf{22500},$$

$$B_{zw\,\min} = 20400; \qquad B_{zw\,\mathrm{mitt}} = 21000; \qquad B_{zw\,\max} = 21400,$$

$$a w_{z\,\min} = 350; \qquad a w_{z\,\mathrm{mitt}} = 460; \qquad a w_{z\,\max} = 550.$$

$$A W_z = 8{,}2 \frac{350 + 4 \cdot 460 + 550}{6} \; \ldots\ldots\ldots\ldots = 3740,$$

$$A W_l = 1{,}01 \cdot B_l = 1{,}01 \cdot 10150 \; \ldots\ldots\ldots\ldots = 10200,$$

$$A W_a = a w_a \cdot L_a = 14{,}5 \cdot 54 \; \ldots\ldots\ldots\ldots = 785,$$

$$A W_r \simeq 0{,}5 \cdot 0{,}3 \cdot 62{,}8 \cdot 253 \; \ldots\ldots\ldots\ldots = 2380$$

$$A W_z + A W_l + A W_a + A W_r \; \ldots\ldots\ldots\ldots = 17105$$

$$\sigma_b = 1 + \frac{2 (A W_l + A W_a + A W_z + A W_r)}{\Phi_b} \Sigma \lambda$$

$$\sigma_b = 1 + \frac{2 \cdot 17105}{13{,}8 \cdot 10^6} \cdot 35{,}1 = 1 + 0{,}0868 \simeq 1{,}1.$$

Indem $\sigma_a = 1{,}02$ gesetzt wird, folgt

$$\Phi_m = \sigma_a \sigma_b \Phi = 1{,}12 \cdot 13{,}8 \cdot 10^6 = 15{,}5 \cdot 10^6,$$

$$\boldsymbol{B_m} = \frac{\Phi_m}{Q_m} = \frac{15{,}5 \cdot 10^6}{1017{,}9} = \mathbf{15200},$$

$$\boldsymbol{B_j} = \frac{\Phi_m}{2 Q_j} = \frac{15{,}5 \cdot 10^6}{2 \cdot 594} = \mathbf{13100},$$

$$A W_m = a w_m L_m = 39 \cdot 62 = 2420,$$

$$A W_j = a w_j L_j = 19 \cdot 76 = 1440,$$

$$\boldsymbol{A W_k} = 17105 + 3860 = \mathbf{20965},$$

$$\boldsymbol{A W_t} = p A W_k = 6 \cdot 20965 = \mathbf{125790},$$

$$\frac{A W_l + A W_z}{b_i A S} = \frac{13940}{44 \cdot 253} = \mathbf{1{,}26},$$

$$\frac{AW_t}{AW_{to}} = \frac{125\,790}{97\,920} = \mathbf{1{,}28},$$

$$\frac{2\,AW_t}{N \cdot i_a} = \frac{2 \cdot 125\,790}{1242 \cdot 154} = \mathbf{1{,}32}.$$

Erregung.

1. Nebenschlußerregung. Die zwölf Spulen sollen in Serie geschaltet werden. Der Drahtquerschnitt der Erregerwicklung ergibt sich aus:

$$q_n = \frac{(1 + 0{,}004\,T_m)\,AW_{to}\,l_n}{5700 \cdot P} \cdot (1{,}05 \text{ bis } 1{,}1).$$

Indem

$$l_n \cong \pi\,(D_m + 5) = \pi\,(36 + 5) \cong 130 \text{ cm},$$

$P = 550$ Volt; $T_m \cong 50^0$; $AW_{to} = 97\,920$ (siehe S. 357)

wird

$$q_n = \frac{1{,}2 \cdot 97\,920 \cdot 130}{5700 \cdot 550} \cdot 1{,}09 = 5{,}30 \text{ mm}^2.$$

Nehmen wir den Draht mit einem Durchmesser von 2,6/3,2 mm, so wird

$$\boldsymbol{q_n = 5{,}31 \text{ mm}^2}.$$

Ferner sei die Stromdichte zu $\boldsymbol{s_n = 1{,}5}$ Amp./mm² gewählt; dann wird der Erregerstrom bei Vollast

$$i_n = 1{,}5 \cdot 5{,}31 = 8{,}0 \text{ Amp.}$$

und die gesamte Windungszahl des Nebenschlusses

$$w_n = \frac{AW_{to}}{i_n} = \frac{97\,920}{8{,}0} = 12\,200.$$

Je Spule erhalten wir

$$\frac{12\,200}{12} \cong 1000 \text{ Windungen}.$$

Es wird also

$$\boldsymbol{w_n = 12\,000}.$$

Der Widerstand der Nebenschlußwicklung errechnet sich zu

$$\boldsymbol{R_n} = \frac{(1 + 0{,}004\,T_m)\,w_n\,l_n}{5700 \cdot q_n} = \frac{1{,}2 \cdot 12\,000 \cdot 130}{5700 \cdot 5{,}31} = \mathbf{62\,\Omega}, \text{ warm},$$

$$i_{n\,\max} = \frac{P}{R_n} = \frac{550}{62} = 8{,}9 \text{ Amp.},$$

$$s_{n\,\max} = \frac{i_{n\,\max}}{q_n} = \frac{8{,}9}{5{,}31} = 1{,}68 \text{ Amp./mm}^2.$$

Bei Leerlauf wird die Stromstärke im Nebenschluß

$$i_{no} = \frac{AW_{to}}{w_n} = \frac{97920}{12000} = 8{,}15 \text{ Amp.}$$

und der erforderliche Widerstand des Reglerwiderstandes nach Gl. 120, S. 331

$$r_n = 1{,}2\left(\frac{P}{i_{no}} - \frac{l_n w_n}{5700\, q_n}\right) = 1{,}2\left(\frac{550}{8{,}15} - \frac{130 \cdot 12000}{5700 \cdot 5{,}31}\right) \cong 19\ \Omega.$$

Durch einiges Probieren erhält man für

die radiale Höhe des Wicklungsraumes $h_s = 18$ cm,
„ Breite „ „ $b_s = 5{,}5$ „

Die Spule besteht dann aus 18 Lagen zu je 56 Windungen.

2. Hauptschlußerregung. Die zur Kompoundierung notwendigen Amperewindungen sind

$$AW_h = AW_t - AW_{to} = 125790 - 97920 = 27870$$

und je Spule erhält man

$$\frac{27870}{12} = 2320 \text{ Amperewindungen.}$$

Die Spulen werden in vier parallel geschalteten Gruppen angeordnet, so daß in jeder Gruppe nur $^1/_4$ des Belastungsstromes fließt. Die Windungen der Hauptschlußwicklung je Pol sind alsdann

$$\frac{2320}{\frac{919}{4}} \cong 10.$$

Der Sicherheit wegen wollen wir jedoch zwölf Windungen je Pol rechnen, um die genaue Einstellung der Kompoundierung durch eine Nebenschließung vornehmen zu können.

Die gesamte Windungszahl beträgt somit

$$w_h = 12 \cdot 12 = 144.$$

Es sei die Stromdichte $s_h = 1{,}6$ Amp./mm² zugelassen. Der Querschnitt der Hauptschlußwicklung wird dann

$$q_h = \frac{910}{4 \cdot 1{,}6} = 142 \text{ mm}^2.$$

Nehmen wir Flachkupfer von $3{,}0 \times 48$, so wird

$$\mathbf{q_h = 144\ mm^2}$$

und

$$s_h = \frac{910}{4 \cdot 144} = \mathbf{1{,}58\ Amp./mm^2}.$$

Wenn die Wicklung hochkantig ausgeführt und zwischen je zwei nebeneinanderliegenden Windungen 0,5 mm Isolierstoff eingelegt wird, ergeben sich folgende Abmessungen für den Wicklungsraum der Hauptschlußwicklung.

$$\text{Höhe} = h_h = 4{,}8 \text{ cm},$$

$$\text{Breite} = b_h = 4{,}6 \text{ cm}.$$

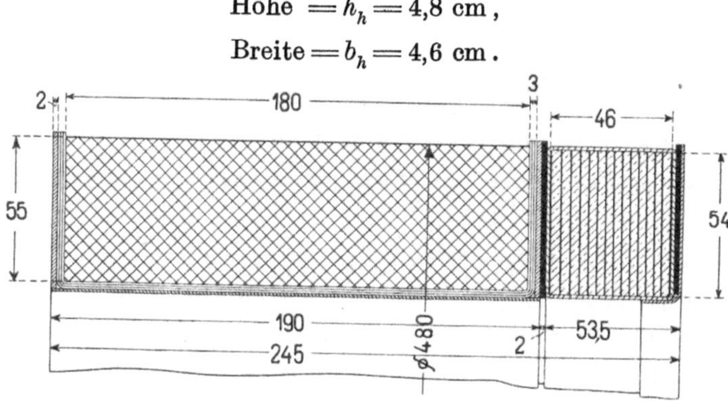

Fig. 342. Feldspulen des 500 kW-Bahngenerators.

Die Gesamtanordnung der Magnetwicklung zeigt Fig. 342[1]). Die mittlere Windungslänge wird nun

$$l_h = \pi(36 + 5 \text{ cm}) = 130 \text{ cm}.$$

Da die Hauptschlußwicklung aus vier parallelen Zweigen besteht, so sind die Windungen von je drei Polen in Serie und ihr Widerstand wird

$$\boldsymbol{R_h} = \frac{1}{4} \frac{(1 + 0{,}004 \cdot T_m) \cdot l_h \frac{w_h}{4}}{5700 \cdot q_h} = \frac{1{,}2 \cdot 130 \cdot 36}{4 \cdot 5700 \cdot 144} = \mathbf{0{,}00171\ \Omega}.$$

Verluste: 1. Anker.

a) Eisenverluste.

$$\text{Periodenzahl } c = \frac{pn}{60} = \frac{6 \cdot 100}{60} = 10{,}0.$$

Für „3,6 Watt Bleche“ kann

$$\sigma_{2h} = 0{,}36 \quad \text{und} \quad \sigma_w = 1{,}6$$

gesetzt werden.

Das Eisenvolumen des Ankerkerns ist (vgl. Fig. 340)

$$V_a = (D_a^2 - D_i^2)\frac{\pi}{4} l k_2 = (23{,}18^2 - 19{,}58^2)\frac{\pi}{4} \cdot 3{,}1 \cdot 0{,}9 = 350 \text{ dm}^3.$$

[1]) Die Höhe h_h ist bei einer späteren Verbesserung (S. 375) auf 5,4 cm vergrößert worden.

Eisenvolumen der Zähne:

$$V_z = Z \cdot z_m \frac{1}{2} L_z \, l \, k_2 = 207 \cdot 0{,}1895 \cdot 0{,}41 \cdot 3{,}1 \cdot 0{,}9 = 45{,}5 \text{ dm}^3.$$

Hysteresisverlust im Ankerkern:

$$\boldsymbol{W_{ha}} = \sigma_{2h} f_a \left(\frac{c}{100}\right)\left(\frac{B_a}{1000}\right)^2 V_a = 0{,}36 \cdot 1 \cdot \frac{10}{100} \cdot \left(\frac{13\,600}{1000}\right)^2 \cdot 350 = \mathbf{= 2350\ Watt.}$$

Hysteresisverlust in den Zähnen:

$$\boldsymbol{W_{hz}} = \sigma_{2h} k_5 \frac{c}{100}\left(\frac{B_{zw_{\min}}}{1000}\right)^2 V_z = 0{,}36 \cdot 1 \cdot 0{,}1 \cdot (20{,}4)^2 \cdot 45{,}5 = \mathbf{685\ Watt.}$$

Wirbelstromverlust im Ankerkern:

$$\boldsymbol{W_{wa}} = \sigma_w k_4 \left(\varDelta \frac{c}{100} \frac{B_a}{1000}\right)^2 V_a = 1{,}6 \cdot 1{,}28 \cdot (0{,}5 \cdot 0{,}1 \cdot 13{,}6)^2 \cdot 350 = \mathbf{335}.$$

Wirbelstromverlust in den Zähnen:

$$\boldsymbol{W_{wz}} = \sigma_w k_5 \left(\varDelta \frac{c}{100} \frac{B_{zw_{\min}}}{1000}\right)^2 f_5 V_z = 1{,}6 \cdot 1 \cdot (0{,}5 \cdot 0{,}1 \cdot 20{,}4)^2 \cdot 45{,}5 = \mathbf{= 75\ Watt.}$$

Wirbelstromverlust in den massiven Polschuhen:

$$W_{wp} = \frac{1}{80\pi}\left(\frac{B_n}{1000}\right)^2 \left(\frac{V}{10}\right)^{1,5} \sqrt{\frac{t_1}{\varrho \mu}} \, 2 p b_i l =$$

$$= \frac{1}{250} \cdot 2{,}25^2 \cdot 1{,}25^{1,5} \cdot \sqrt{\frac{3{,}64}{0{,}05}} \cdot 12 \cdot 44 \cdot 30 = 4165 \text{ Watt.}$$

Gesamter Eisenverlust:

$$W_{ei} = 1{,}25\,(W_{ha} + W_{wa} + W_{hz} + W_{wz} + W_{wp}) =$$
$$= 1{,}25\,(2350 + 335 + 685 + 75 + 4165) = \mathbf{9410\ Watt.}$$

b) Stromwärmeverluste:

Stablänge:

$$l_a \cong l_1 + 1{,}4\,\tau + 5 \text{ cm} = 36 + 1{,}4 \cdot 62{,}8 + 5 = 129 \text{ cm}.$$

Ankerwiderstand:

$$\boldsymbol{R_a} = \frac{N}{(2a)^2} \cdot \frac{l_a (1 + 0{,}004\, T_a)}{5700 \cdot q_a} = \frac{1218}{6^2} \cdot \frac{129 \cdot (1 + 0{,}16)}{5700 \cdot 55} = \mathbf{0{,}0161\ Ohm}.$$

Spannungsverlust in der Ankerwicklung:

$$J_a R_a = 924 \cdot 0{,}0161 = 14{,}9 \text{ Volt.}$$

Stromwärmeverlust im Ankerkupfer:

$$\boldsymbol{W_{ka}} = J_a^2 R_a = 924 \cdot 14{,}9 = \mathbf{13\,700\ Watt.}$$

$$W_{kz} = \frac{l_1}{l_a} W_{ka} = \frac{36}{129} 13\,700 = 3850 \text{ Watt.}$$

Die Kühlfläche des Ankers (siehe Bd. I, S. 688) wird:

$$A_a = \pi D (l_1 + 4 h_1) + \pi D_i l_1 + \frac{\pi}{4} (D - D_i^2)(2 + \text{Anzahl Luftschlitze})$$

$$= \pi\, 240 (36 + 4 \cdot 31) + \pi \cdot 195{,}8 \cdot 36 + \frac{\pi}{4} (240^2 - 195{,}8^2) \cdot 7 =$$

$$= 250\,000 \text{ cm}^2.$$

Spezifische Kühlfläche:

$$a_a = \frac{A_a (1 + 0{,}1\, v)}{W_{ka} + W_{ei}} = \frac{250\,000 (1 + 1{,}25)}{13\,700 + 9520} = 24{,}2 \text{ cm}^2/\text{Watt}.$$

Temperaturerhöhung:

$$T_a = \frac{500}{24{,}2} \cong 20{,}5^0 \text{ C}.$$

Bei 25 $^0/_0$ Überlastung steigt die Übertemperatur auf 27,5 ^{0} C, woraus folgt, daß diese Maschine in bezug auf Erwärmung sehr reichlich bemessen ist.

Kommutatorverluste:

$$W_u = 2\, J_a\, \varDelta P f_u.$$

Wir setzen $f_u = 1{,}3$ und für mittelharte Kohlen $\varDelta P = 1{,}0$. Es wird dann:

$$\boldsymbol{W_u} = 2\, J_a\, \varDelta P f_u = 1848 \cdot 1 \cdot 1{,}3 = \mathbf{2400\ Watt.}$$

Der Auflagedruck je cm² sei $g = 0{,}14$ kg und der Reibungskoeffizient $\varrho = 0{,}25$.

Dann wird der Wattverlust durch Reibung

$$\boldsymbol{W_r} = 9{,}81 \cdot v_k F_b\, g\, \varrho = 9{,}81 \cdot 7{,}6 \cdot 325 \cdot 0{,}14 \cdot 0{,}25 = \mathbf{840\ Watt.}$$

Die spezifische Kühlfläche des Kommutators ist

$$a_k = \frac{\pi D_k L_k}{W_u + W_r} (1 + 0{,}1\, v_k) = \frac{3{,}14 \cdot 145 \cdot 21}{2400 + 840} (1 + 0{,}76) = 5{,}2 \text{ cm}^2/\text{Watt},$$

$$\boldsymbol{T_k} = \frac{170 \text{ bis } 120}{a_k} = \frac{120}{5{,}2} \cong \mathbf{23^0\ C.}$$

Erregerverluste.

Wattverlust in der Hauptschlußwicklung:

$$\boldsymbol{W_H} = R_h J^2 = 0{,}00171 \cdot 910^2 = \mathbf{1410\ Watt.}$$

Wattverlust in der Nebenschlußwicklung:

$$\boldsymbol{W_n} = R_n i_n^2 = 62 \cdot 8{,}15 = \mathbf{4130\ Watt.}$$

Die Kühlfläche der Spulen berechnet sich in folgender Weise: Für die Kühlfläche einer Spule gilt nach Fig. 342

$$\pi \cdot 48 \cdot 24 + \frac{\pi}{4}(48^2 - 36^2) = 3600 + 792 = 4392$$

und somit für alle Spulen

$$A_m = 12 \cdot 4392 \cong 52\,500.$$

Es wird dann die spezifische Kühlfläche

$$a_m = \frac{A_m}{W_n + W_H} = \frac{52\,500}{4130 + 1410} = 9{,}5 \text{ cm}^2/\text{Watt}$$

und die Temperaturerhöhung

$$T_m = \frac{450}{a_m} = \frac{450}{9{,}5} \cong \mathbf{47{,}5^0\ C}.$$

Die mit dem Thermometer gemessene Temperaturerhöhung würde etwa 0,6 bis 0,7 $T_m = 28{,}5^0$ bis 33^0 C betragen.

Die gesamten Verluste im Nebenschluß sind

$$W_{nt} = Pi_n = 550 \cdot 8{,}15 - \mathbf{4480\ Watt}.$$

Die Verluste durch Lager- und Luftreibung werden zu $1^0/_0$ geschätzt, also

$$W_R \cong 5000 \text{ Watt}.$$

Die Summe aller Verluste ist

$$W_v = W_k + W_{ei} + W_\varrho.$$

Bei Vollast ist

$$\begin{aligned} W_k &= W_{ka} + W_u + W_H + W_{nt} = \\ &= 13\,700 + 2400 + 1410 + 4480 = 22\,000 \text{ Watt} \\ W_{ei} &= 1{,}25\,(W_{ha} + W_{wa} + W_{hz} + W_{wz} + W_{wp}) = 9410 \text{ „} \\ W_\varrho &= W_r + W_R = 940 + 5000 = 5840 \text{ „} \end{aligned}$$

Summe aller Verluste $\mathbf{W_v = 37\,250\ Watt.}$

Wirkungsgrad bei Vollast

$$\eta = \frac{\text{Leistung}}{\text{Leistung} + \text{Summe aller Verluste}},$$

$$\eta = \frac{500000}{500000 + 37250} = \frac{500000}{537250} = \mathbf{93{,}0^0/_0}.$$

Bei Halblast bleiben die Verluste W_{nt}, W_{ei} und W_ϱ annähernd unverändert; W_{ka} und W_H nehmen mit dem Quadrat, W_u nur etwa proportional der Stromstärke ab. Es ergibt sich

$$W_k = \frac{13\,700}{4} + \frac{2400}{2} + \frac{1410}{4} + 4480 = 9\,460 \text{ Watt}$$

$$W_{ei} + W_\varrho \ldots\ldots\ldots\ldots = 15\,250 \quad \text{"}$$

Summe aller Verluste $= 24\,710$ Watt.

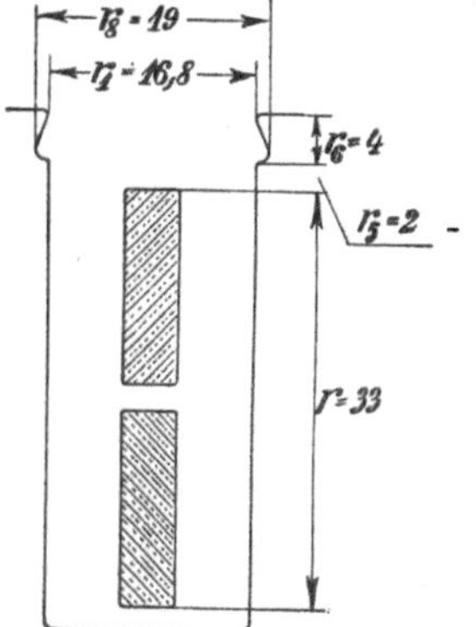

Fig. 343. Berechnung des Nutenstreufeldes.

Wirkungsgrad bei Halblast

$$\eta = \frac{250\,000}{274\,710} = 91\,\%.$$

Nachprüfung der Maschine auf Kommutierung. Wir denken uns die Bürsten so eingestellt, daß die Kommutierung bei Leerlauf und bei Vollast unter gleich günstigen Bedingungen stattfindet.

Die Ankerkonstante wird:

$$k_a = \frac{p}{a}\frac{N}{K} l\, v\, AS \cdot 10^{-6}$$

$$= 2 \cdot 2 \cdot 31 \cdot 12{,}5 \cdot 253 \cdot 10^{-6} = 0{,}392\,.$$

Es ergeben sich die Leitfähigkeiten aus Fig. 343

$$\lambda_{n\,2} = 1{,}25\left(\frac{r}{3\,r_3} + \frac{r_5}{r_3} + \frac{2\,r_6}{r_1 + r_7}\right) + 0{,}92 \log \frac{\pi t_1}{r_1}$$

$$= 1{,}25\left(\frac{33}{3 \cdot 16{,}8} + \frac{2}{16{,}8} + \frac{8}{16{,}8 + 19}\right) + 0{,}92 \log \frac{\pi\, 36{,}4}{16{,}8} = 2{,}02\,,$$

$$\lambda_s = 0{,}5\,\frac{l_s}{l} = 0{,}5\,\frac{l_a - l}{l} = 0{,}5\,\frac{129 - 31}{31} = 1{,}1$$

und aus Fig. 344 ergibt sich

$$\lambda_q = \frac{\frac{\tau}{2} - \varrho - b_c - k_r \frac{b_i}{2}}{1{,}6\,\delta_a} + \frac{\frac{\tau}{2} + \varrho + b_c}{1{,}6\,\delta_b}$$

$$= \frac{31{,}4 - 0{,}15 \cdot 62{,}8 - \frac{3}{4}\,22}{1{,}6 \cdot 50} + \frac{31{,}4 + 0{,}15 \cdot 62{,}8}{1{,}6 \cdot 15} = 0{,}67 + 1{,}7 = 2{,}37\,,$$

worin

$$\varrho + b_c = \frac{AW_r}{AS} = 0{,}15\,\tau \quad \text{und} \quad k_r = \frac{AW_r}{b_i\, AS} = \frac{3}{4}$$

gesetzt worden sind, während $\delta_a = 5$ cm und $\delta_b = 15$ cm angenommen sind.

Die Breite der Kommutierungszone berechnet sich aus Formel 149 zu

$$b_k = t_1 + b_r + \left(\varepsilon_k - (1 + p_w)\frac{a}{p}\right)\beta_r$$

$$= 3{,}64 + \frac{1{,}5 \cdot 240}{145} + \left(\frac{3}{4} - \frac{1}{2}\right) 0{,}73 \frac{240}{145} = 6{,}42 \text{ cm}.$$

Es ergibt sich nunmehr das zur Kompensierung des Nutenfeldes nötige Feld

$$B_{n2} = 2\, AS\, \lambda_{n2} \frac{t_1}{b_k} = 2 \cdot 253 \cdot 2{,}02 \frac{3{,}64}{6{,}42} = 580,$$

das zur Kompensierung des Feldes der Stirnverbindungen nötige Feld

$$B_s = 2\, AS\, \lambda_s = 2 \cdot 253 \cdot 1{,}1 = 560$$

und das quermagnetisierende Feld in der Kommutierungszone

$$B_q = 2\, AS\, \lambda_q = 2 \cdot 253 \cdot 2{,}37 = 1200.$$

Um bei Halblast eine geradlinige Kommutierung zu erhalten, müssen die Bürsten in einem Felde

$$B_{k0} = \frac{1}{2}(f_m B_{n2} + B_s + B_q) = \frac{1}{2}(1{,}2 \cdot 580 + 560 + 1200) = 1230$$

eingestellt werden. f_m ergibt sich aus Tabelle II, Bd. I, S. 271 für

$$u_k = 3; \quad \frac{b_1}{\beta} = 2 \quad \text{und} \quad \varepsilon_k = 3\,\varepsilon_n = \frac{3}{4} \sim \frac{1}{2}.$$

Bei Leerlauf und Vollast wird dann zwischen den Bürstenkanten die mittlere EMK

$$\Delta e = \frac{b_1}{\beta} \frac{p}{a} \frac{N}{K} l\, v\, B_{k0} 10^{-6} = 2 \cdot 2 \cdot 2 \cdot 31 \cdot 12{,}5 \cdot 1230 \cdot 10^{-6} = 3{,}85 \text{ Volt}$$

induziert.

Bei 25% Überlastung wird bei derselben Bürstenstellung eine EMK zwischen den Bürstenkanten

$$\Delta e_{5/4} = \frac{0{,}75}{0{,}5} \Delta_e = 5{,}75 \text{ Volt}$$

induziert:

Bei sorgfältiger Ausführung der Maschine wird sie bei 25% Überlastung immer noch funkenfrei arbeiten, so daß zwischen Leerlauf und $^5/_4$ Belastung keine Bürstenverstellung erforderlich ist.

Berechnung der Gewichte. 1. Kupfergewichte:

a) Ankerkupfer:

$$G_{ka} = N l_a q_a \, 8{,}9 \cdot 10^{-5} = 1218 \cdot 129 \cdot 55 \cdot 8{,}9 \cdot 10^{-5} = 785 \text{ kg}.$$

b) Magnetkupfer:
Gewicht der Nebenschlußwicklung:

$$w_n l_n q_n \, 8{,}9 \cdot 10^{-5} = 12000 \cdot 130 \cdot 5{,}31 \cdot 8{,}9 \cdot 10^{-5} = 735 \text{ kg}.$$

Gewicht der Hauptschlußwicklung:

$$w_h l_h q_h \, 8{,}9 \cdot 10^{-5} = 144 \cdot 130 \cdot 144 \cdot 8{,}9 \cdot 10^{-5} = 240 \text{ kg}.$$

Gesamtgewicht des Magnetkupfers:

$$G_{km} = 735 + 240 = 975 \text{ kg},$$

$$G_k = G_{ka} + G_{km} = 785 + 975 = \mathbf{1760\ kg},$$

$$\frac{G_{km}}{G_{ka}} = \frac{975}{785} = 1{,}24\,.$$

c) Kommutatorkupfer:

$$G_{kk} = K(\beta - \delta_i)(L_k + 4 \text{ cm}) \cdot \text{Lamellenhöhe} \cdot 8{,}9 \cdot 10^{-3} =$$
$$= 609 \cdot 0{,}66 \cdot 25 \cdot 3{,}5 \cdot 8{,}9 \cdot 10^{-3} = 310 \text{ kg}.$$

Gesamtes Kupfergewicht:

$$\Sigma(G_k) = G_{ka} + G_{km} + G_{kk} = 785 + 975 + 310 = \mathbf{2070\ kg.}$$

2. Eisengewichte:

a) Gewicht des Ankereisenblechs:

$$G_{ea} = (V_a + V_z)\, 7{,}88 = (350 + 45{,}5) \cdot 7{,}8 = \mathbf{3100\ kg.}$$

b) Gewicht der Magnete:
Gewicht der Magnetkerne (Stahlguß):

$$2\,p\,Q_m \cdot \text{Höhe der Magnetkerne} \cdot 7{,}86 \cdot 10^{-3} =$$
$$= 12 \cdot 1018 \cdot 26 \cdot 7{,}86 \cdot 10^{-3} = 2480 \text{ kg}.$$

Gewicht der Polschuhe:

$$2\,p\,l_p\,b_m\,k_2 \cdot \text{Höhe} \cdot 7{,}8 \cdot 10^{-3} = 12 \cdot 36 \cdot 40 \cdot 0{,}9 \cdot 2{,}5 \cdot 7{,}8 \cdot 19^{-3} \cong 300 \text{ kg}.$$

Gesamtgewicht der Magnete ohne Joch:

$$G_{em} = 2480 + 300 = \mathbf{2780}.$$

c) Gewicht des Jochs (Stahlguß):

$$G_{ej} = Q_j\,\pi \cdot \text{mittlerer Jochdurchmesser} \cdot 7{,}86 \cdot 10^{-3} =$$
$$= 594 \cdot 3{,}14 \cdot 319 \cdot 7{,}86 \cdot 10^{-3} = \mathbf{4700\ kg.}$$

Gesamtgewicht des Magnetsystems:

$$G_{em} + G_{ej} = 2780 + 4700 = \mathbf{7480\ kg.}$$

Berechnung der Polschuhform und der Feldkurven. Bekannt ist der ideelle Polbogen $b_i = 44$ cm. Den größten Abstand zwischen den Polspitzen wählen wir vorläufig 2 cm größer, da die Spitze an der Eintrittseite stark gesättigt wird. In Fig. 344 (bzw. 345) zeichnen wir zuerst die untere Begrenzungslinie des Polschuhes auf, wobei die Abschrägung der Polspitze an der Eintrittseite so gewählt wird, daß die Kommutierungszone außerhalb des äußersten Teiles der Spitze fällt.

Dann zeichnen wir die obere Begrenzungslinie der Polspitze und die von dieser Kante ausgehenden Kraftröhren schätzungsweise auf. Wir betrachten bei der weiteren Berechnung nur die Röhren I' und II' (Fig. 345), indem wir den Kraftfluß durch die übrigen Kraftröhren, welche von der oberen Polschuhfläche ausgehen, vernachlässigen. Auf die Leitfähigkeit der Röhren I' und II' hat eine etwas falsche Annahme der oberen Begrenzungslinie des Polschuhes nur geringen Einfluß.

Zwischen dem Querschnitt pq und dem Ankereisen wirkt die MMK:

$$\frac{1}{2}(AW_l + AW_z).$$

Wir machen nun die weitere Annahme, daß die Amperewindungen

$$\frac{1}{2} AW_p = \frac{3}{8} b_i AS = 4100$$

sich gleichmäßig über die 6 cm lange Polspitze verteilen. Man erhält dann eine Amperewindungszahl

$$aw_p = \frac{4100}{6} = 683$$

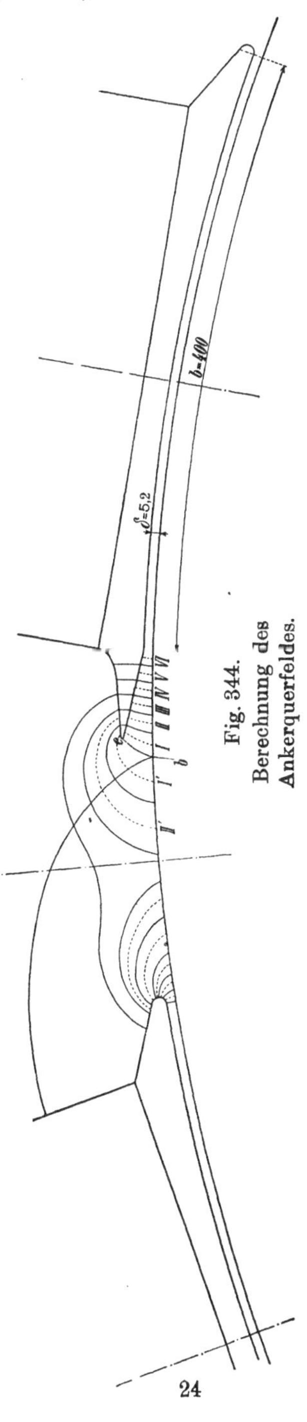

Fig. 344. Berechnung des Ankerquerfeldes.

je 1 cm Länge der Polspitze. Hierdurch ist die mittlere MMK, die auf jede zwischen der Polspitze und Ankeroberfläche verlaufende Röhre wirkt, bekannt. Die MMKe der einzelnen Röhren sind (vgl. Fig. 345):

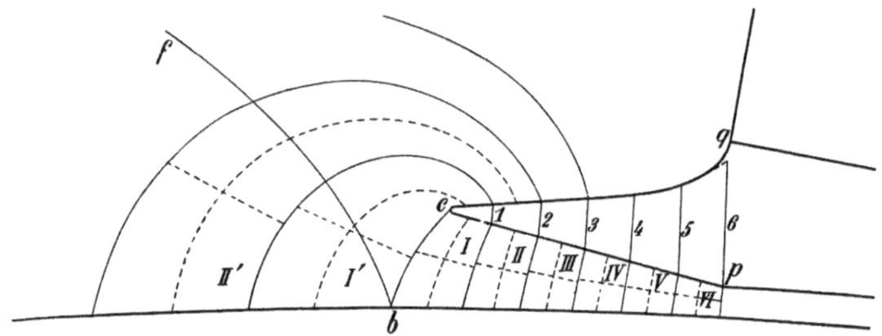

Fig. 345. Berechnung der Polschuhspitzen.

$$AW_I = \frac{1}{2}(AW_l + AW_z) - 5{,}5\,aw_p = 6365 - 3760 = 2605\,,$$

$$AW_{II} = \frac{1}{2}(AW_l + AW_z) - 4{,}5\,aw_p = 6365 - 3080 = 3285\,,$$

$$AW_{III} = \frac{1}{2}(AW_l + AW_z) - 3{,}5\,aw_p = 6365 - 2390 = 3975\,,$$

$$AW_{IV} = \frac{1}{2}(AW_l + AW_z) - 2{,}5\,aw_p = 6365 - 1710 = 4655\,,$$

$$AW_V = \frac{1}{2}(AW_l + AW_z) - 1{,}5\,aw_p = 6365 - 1030 = 5335\,,$$

$$AW_{VI} = \frac{1}{2}(AW_l + AW_z) - 0{,}5\,aw_p = 6365 - 340 = 6025\,.$$

Die Leitfähigkeiten der Röhren *I*, *II* und *I'*, *II'* ergeben sich zu

$$\lambda_I = 0{,}75\,; \quad \lambda_{II} = 0{,}77\,; \quad \lambda_I' = 0{,}7\,; \quad \lambda_{II}' = 0{,}35\,,$$

und die Kraftflüsse dieser Röhren je Zentimeter Ankerlänge zu

$$\Phi_I + \Phi_I' = AW_I\,(\lambda_I + \lambda_I') = 2605 \cdot 1{,}45 = 3770\,,$$
$$\Phi_{II} + \Phi_{II}' = AW_{II}(\lambda_{II} + \lambda_{II}') = 3285 \cdot 1{,}12 = 3780\,.$$

Die Kraftflüsse der Röhren *III*, *IV*, *V* und *VI* würden, in gleicher Weise ermittelt, zu große Werte ergeben, weil hierbei die Änderung von AW_z unberücksichtigt bliebe.

Um sie zu bestimmen, berechnen wir zuerst die Übertrittscharakteristik (Fig. 346) nach der auf S. 181, Bd. I beschriebenen Art, indem wir die angenommenen Induktionen B_l als Ordinaten und die dazu berechneten Amperewindungen (Tab. S. 358)

$$\frac{1}{2}(AW_l + AW_z) = 0{,}8\, B_l \delta k_1 + \frac{1}{2} AW_z$$

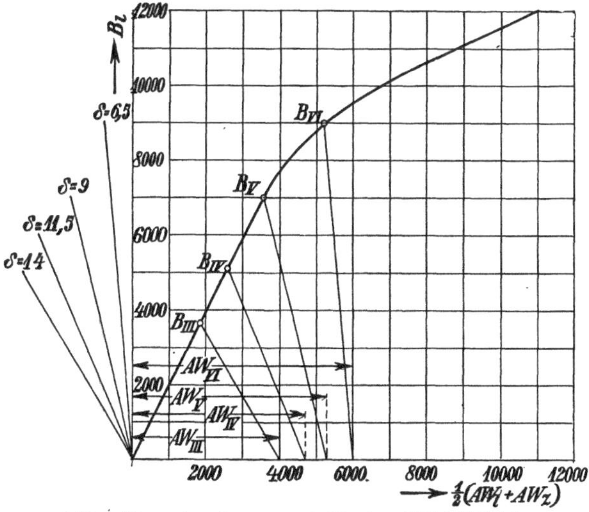

Fig. 346. Übertrittscharakteristik des 500 kW-Bahngenerators.

als Abszissen auftragen. Vom Punkte O aus werden für andere Luftwege δ_x Strahlen gezogen, deren Abstände von der Ordinatenachse gemessen

$$0{,}8\, B_l (\delta k_1 - \delta_x k_{1x})$$

sind. Tragen wir nun die Amperewindungen AW_{III}, AW_{IV}, AW_V und AW_{VI} von O aus auf der Abszissenachse ab und ziehen aus den Endpunkten dieser Strecken Parallele zu den zugehörigen Strahlen δ_x, so ergeben sich aus den Schnittpunkten dieser Geraden mit der Übertrittcharakteristik die Induktionen

$$B_{III} = 3650; \quad B_{IV} = 5100; \quad B_V = 7000; \quad B_{VI} = 9000.$$

Multiplizieren wir diese Induktionen mit den aus Fig. 345 zu entnehmenden zugehörigen Querschnitten der Kraftröhren, so erhalten wir die Kraftflüsse je 1 cm Polschuhlänge zu

$$\Phi_{III} = 3650 \cdot 1{,}1 \cdot \frac{31}{36} = 3580,$$

$$\Phi_{IV} = 5100 \cdot 1 \cdot \frac{31}{36} = 4550,$$

$$\Phi_V = 7000 \cdot 1 \cdot \frac{31}{36} = 6250,$$

$$\Phi_{VI} = 9000 \cdot 1 \cdot \frac{31}{36} = 8000.$$

Durch die verschiedenen Querschnitte 1, 2, 3 usf. der Polspitze gehen also die Kraftflüsse:

$$\begin{aligned}
\Phi_1 &= \Phi_I + \Phi_I' = 3770\,,\\
\Phi_2 &= \Phi_1 + \Phi_{II} + \Phi_{II}' = 7550\,,\\
\Phi_3 &= \Phi_2 + \Phi_{III} = 11130\,,\\
\Phi_4 &= \Phi_3 + \Phi_{IV} = 15680\,,\\
\Phi_5 &= \Phi_4 + \Phi_V = 21930\,,\\
\Phi_6 &= \Phi_5 + \Phi_{VI} = 29930\,.
\end{aligned}$$

Aus der Magnetisierungskurve $aw = f(B_w)$ S. 144, Bd. I entnimmt man die den Amperewindungen je Zentimeter $aw_p = 683$ entsprechende Induktion $B_p = 22000$, und wir finden dann in

$$\begin{aligned}
Q_1 &= \frac{\Phi_1}{B_p} = \frac{3770}{22000} = 0{,}171\ \mathrm{cm}^2\,,\\
Q_2 &= \frac{\Phi_2}{B_p} = \frac{7550}{22000} = 0{,}343\ \mathrm{cm}^2\,,\\
Q_3 &= \frac{\Phi_3}{B_p} = \frac{111300}{22000} = 0{,}506\ \mathrm{cm}^2\,,\\
Q_4 &= \frac{\Phi_4}{B_p} = \frac{15680}{22000} = 0{,}712\ \mathrm{cm}^2\,,\\
Q_5 &= \frac{\Phi_5}{B_p} = \frac{21930}{22000} = 0{,}99\ \mathrm{cm}^2\,,\\
Q_6 &= \frac{\Phi_6}{B_p} = \frac{29930}{22000} = 1{,}36\ \mathrm{cm}^2
\end{aligned}$$

die Querschnitte der Polspitze an den verschiedenen Stellen für 1 cm Ankerlänge. Von diesen Querschnitten ausgehend wird nun die endgültige obere Begrenzungslinie der Polspitze eingezeichnet (in Fig. 345 ist die Polspitze in halber natürlicher Größe dargestellt). Hierbei ist zu berücksichtigen, daß die Hälfte der Bleche nach pq abgeschnitten ist, und daß der Polschuh aus 1 mm starken Blechen zusammengesetzt ist, so daß man $k_2 = 0{,}95$ setzen kann.

Ist der Kraftfluß durch die Röhren I' und II' festgelegt, so kann man annähernd den Kraftfluß durch die Röhren I bis VI bestimmen. Der Kraftfluß je 1 cm Ankerlänge für die Röhren I' und II' ergibt sich zu:

$$\begin{aligned}
\Phi_I' + \Phi_{II}' &= AW_I \lambda_I' + AW_{II} \lambda_{II}' =\\
&= 2605 \cdot 0{,}7 + 3285 \cdot 0{,}35 = 2970\,.
\end{aligned}$$

Der Kraftfluß je 1 cm Ankerlänge für die Röhren I bis VI ergibt sich annähernd zu:

$$\Phi_{I \text{ bis } VI} = 3{,}75 \frac{AW_l + AW_z - \frac{1}{2} AW_p}{(2\delta + \delta_1)(k_z + k_1)} b_{I \text{ bis } VI} =$$

$$= 3{,}75 \frac{10200 + 2880 - 4100}{(2 \cdot 0{,}52 + 2{,}35)(1{,}23 + 1{,}23)} \cdot 6{,}5 = 25200 .$$

Nach dieser Rechnung wird somit

$$\Phi_6 = 25200 + 2970 = 28170 .$$

Wie man sieht, stimmt der so erhaltene Kraftfluß annähernd mit dem genau berechneten überein. Durch die Spitze tritt in den Anker der Kraftfluß

$$\Phi_p = l_1 \Phi_6 = 36 \cdot 29930 = 1{,}07 \cdot 10^6$$

ein. Ist Φ der gesamte Kraftfluß eines Poles bei Leerlauf, so ergibt sich der Kraftfluß, der durch die Fläche bl in den Anker eintritt, zu

$$\Phi - \Phi_p = (13{,}3 - 1{,}07)\,10^6 = 12{,}23 \cdot 10^6 .$$

Der konzentrische Teil des Polbogens wird also

$$b = \frac{\Phi - \Phi_p}{B_l\, l} = \frac{12{,}23 \cdot 10^6}{9750 \cdot 31} = 40{,}5 \text{ cm} .$$

Nachdem damit der Polschuh vollständig bekannt ist, kann die Feldkurve bei Leerlauf (Kurve I, Fig. 347) aufgezeichnet werden. Unter dem konzentrischen Teil des Polschuhes hat die Feldstärke den konstanten Wert $B_{l_0} = 9750$. An der Eintrittseite sind die Kraftflüsse Φ_I, Φ_{II}, Φ_{III} der einzelnen Röhren bekannt, woraus sich die Feldstärken

$$B_I = 1260; \qquad B_{II} = 2190$$

unter der Polspitze ergeben, während die Feldstärken B_{III}, B_{IV}, B_V, B_{VI} bereits früher gefunden wurden (S. 371).

Für die ungesättigte Polspitze der Austrittsseite werden die Feldstärken in gewöhnlicher Weise (s. S. 132, Bd. I) durch Aufzeichnen der Kraftröhren ermittelt.

Um die Feldkurve bei Belastung zu bestimmen, nehmen wir vorläufig an, daß die neutrale Zone des Ankerfeldes mit der Polschuhmitte zusammenfällt. Die Feldstärke an der Eintrittseite ist bei Belastung so stark geschwächt, daß die Polspitze als ungesättigt angesehen werden kann, da

$$\frac{1}{2} AW_p = 0{,}375\, b_i AS < 0{,}5\, b_i AS \text{ ist.}$$

Die magnetische Potentialdifferenz zwischen einem Punkte des Polschuhs und dem gegenüberliegenden Punkte des Zahnfußes ist bei Leerlauf gleich $\frac{1}{2}(AW_{lo} + AW_{zo})$ und bei Belastung gleich $\frac{1}{2}(AW_{lo} + AW_{zo}) + (b_z - b_y) \cdot AS = 6365 + (b_z - b_y) \cdot 253$ (s. Fig. 177, S. 190, Bd. I). Trägt man nun in die Übertrittscharakteristik (Fig. 346), die an irgendeinem Orte herrschende magnetische Potentialdifferenz bzw. Amperewindungszahl ein, so gibt uns die zugehörige Ordinate die in diesem Punkte auftretende Feldstärke. Der unter dem konzentrischen Teil des Polschuhs gelegene Teil der Feldkurve *III* entspricht somit dem oberen Teil der Übertrittscharakteristik (Fig. 346).

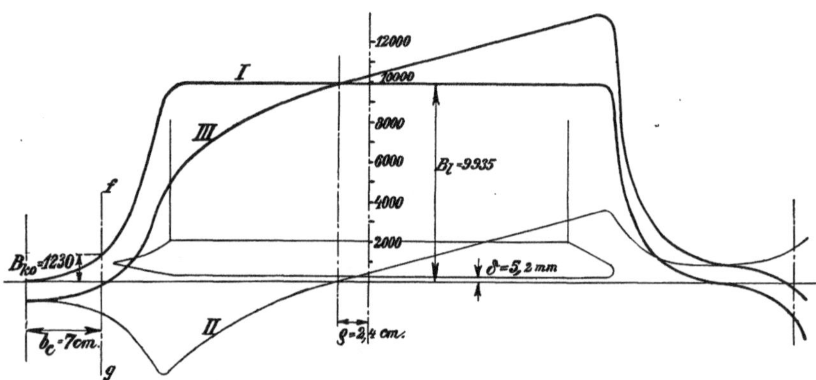

Fig. 347. Berechnung der Feldkurven des 500 kW-Bahngenerators.

Für die Polspitze bestimmen wir das Feld bei Belastung, indem wir die $\text{MMK} = \frac{1}{2}(AW_{lo} + AW_{zo}) + (b_z - b_y) AS$ auf die Abszissenachse der Leerlaufcharakteristik auftragen und aus den Endpunkten dieser Strecken Parallele zu den zugehörigen δ_x-Strahlen ziehen. Die Schnittpunkte dieser Geraden mit der Übertrittscharakteristik geben uns dann die Induktionen.

Zur Ermittlung der Feldstärke im Raume zwischen den Polen wird zuerst das Ankerfeld aufgezeichnet. Die Feldstärke des Ankerfeldes wird wie folgt berechnet (vgl. Fig. 170, S. 190, Bd. I):

$$B_q = B_{q1} + B_{q2} = \frac{AS(b_z \mp b_y) - \frac{1}{2} AW_p}{0{,}8 \cdot \delta_x} + \frac{AS(\tau - b_z \pm b_y)}{0{,}8 \cdot x f}.$$

Für Punkte links von der Bürstenmitte $f - g$ (Fig. 347) ist für b_y das **untere**, für Punkte rechts von der Bürstenmitte ist für b_u das **obere** Vorzeichen gültig.

In dieser Weise bestimmen wir denjenigen Teil der Feldkurve *II* des Ankerfeldes, der zwischen den Polen liegt. Die Ordinaten der Kurve *II* addieren wir zu denen der Kurve *I* und erhalten die Feldkurve zwischen den Polen bei Belastung (*III* in Fig. 347).

Planimetriert man die Feldkurve bei Belastung, so ergibt sich der gleiche Inhalt wie für die Feldkurve bei Leerlauf. Dieses Ergebnis wurde nicht sofort erhalten, sondern es wurden verschiedene neutrale Zonen des Ankerfeldes angenommen und die Feldkurve bei Belastung aufgezeichnet. Es zeigte sich, daß für $\varrho = 2{,}4$ cm der Inhalt der Feldkurven bei Leerlauf und Belastung gleich wird.

Für die angenommene Bürstenstellung ergibt sich die Leitfähigkeit

$$\lambda_q = \frac{B_q}{2\,AS} = \frac{1400}{2 \cdot 253} = 2{,}83,$$

welche etwas größer ist als der früher berechnete Wert. Hierdurch steigt Δe von 3,85 Volt auf 5,75 und $\Delta e_{5/4}$ von 4,18 auf 6,25 Volt, welche Werte jedoch noch zulässig sind.

Die Amperewindungen bei Belastung sind nach dieser Feldkurve

$$\begin{aligned} AW_k &= AW_{ko} + AW_{mb} - AW_{mo} + AW_{jb} - AW_{jo} + 2\,(b_c + \varrho)\,AS \\ &= 16\,320 + (2420 - 1800) + (1440 - 1140) + 2\,(7{,}0 + 2{,}4)\,253 \\ &= 16\,320 + 620 + 300 + 4660 = 21900. \end{aligned}$$

Dieser Wert weicht von dem früher berechneten Wert $AW_k = 20\,965$ (S. 359) ab[1]), so daß nun die Hauptschlußwicklung nochmals geprüft werden muß.

Die Amperewindungszahl je Pol beträgt jetzt:

$$\frac{AW_h}{2\,p} = \frac{6}{12}(21900 - 16\,320) = \frac{6}{12} \cdot 5580 = 2790.$$

Es sind somit je Pol für die Hauptschlußwicklung $\frac{2790 \cdot 4}{910} \cong 12{,}5$ Windungen erforderlich. Es wird sich jedoch bei der Ausführung empfehlen, die Windungen auf 13,5, also $w_h = 12 \cdot 13{,}5 = 162$, zu erhöhen. Die etwaige Überkompoundierung der Maschine kann nachträglich durch eine Nebenschließung ausgeglichen werden.

Wegen des beschränkten Wicklungsraumes ändern wir nun die Querschnittsabmessungen auf $5{,}4 \times 2{,}7$ mm ab und erhalten:

---

[1]) Der Unterschied zwischen den Werten von AW_k rührt daher, daß bei der ersten Berechnung AW_r zu klein eingeführt wurde.

$$q_h = 146 \text{ mm}^2,$$

$$s_h = \frac{910}{4 \cdot 146} = 1{,}56 \text{ Amp./mm}^2.$$

In Fig. 342, S. 362 sind die richtigen Abmessungen der Hauptschlußwicklung eingezeichnet.

Infolge der Erhöhung der Hauptschlußwindungen verändert sich auch deren Kupfergewicht, das jetzt:

$$w_h l_h q_h \cdot 8{,}9 \cdot 10^{-5} = 162 \cdot 130 \cdot 146 \cdot 8{,}9 \cdot 10^{-5} = 275 \text{ kg}$$

beträgt.

Es wird (vgl. S. 368):

$$G_{km} = 735 + 275 = 1010 \text{ kg}$$

$$G_k = G_{ka} + G_{km} = 785 + 1010 = 1795 \text{ kg}$$

$$\Sigma(G_k) = G_{ka} + G_{km} + G_{kk} = 785 + 1010 + 310 = 2105 \text{ kg}$$

$$\frac{G_{km}}{G_{ka}} = \frac{1010}{785} = 1{,}4.$$

Auf Grund der vorgenommenen Änderungen ergeben sich ferner folgende Werte:

$$R_h = \frac{1}{4} \frac{1{,}2 \cdot 130 \cdot \frac{162}{4}}{5700 \cdot 146} = 0{,}0019 \,\Omega$$

$$W_H = 910^2 \cdot 0{,}0019 = 1570 \text{ Watt}$$

$$a_m = \frac{52500}{1570 + 4260} = 9 \frac{\text{cm}^2}{\text{Watt}}$$

$$T_m = \frac{500}{9{,}0} = 55{,}5^0 \text{ C}$$

$$W_v = 37695 \text{ Watt}$$

$$\eta = \frac{500000}{537695} = 92{,}9\,^0/_0.$$

69. Nachrechnung eines Doppelschlußgenerators mit Wendepolen, 750 kW, 100 Umdr./Min.

Wir nehmen an, das Modell der im ersten Beispiel berechneten Maschine sei vorhanden und die Maschine soll für die gleiche Klemmenspannung und Drehzahl unter entsprechender Erhöhung der Leistung mit Wendepolen ausgerüstet werden.

Die Maschinenleistung kann auf mindestens 750 kW bei unveränderter Drehzahl erhöht werden. Wir werden uns im Nachfolgenden auf die Nachrechnung beschränken, wobei wir die Verhältnisse, die sich bei der Durchrechnung ergaben, als bekannt voraussetzen.

Die **Abmessungen** ergaben sich wie folgt:

Außendurchmesser des Ankers . . . . $D = 240$ cm

Innendurchmesser des Ankers . . . . $D_i = 1958$ cm

Länge des Ankers mit Luftschlitzen . . . . $l_1 = 36$ „

Länge des Ankereisens ohne Luftschlitze . . . . . $l = 31$ „

Anzahl der Luftschlitze . . . . 5 zu 1 „

Luftspalt, einseitig . . . . $\delta = 0{,}75$ „

Anzahl der Pole . . . . $2p = 12$

Ideeller Polbogen . . . . $b_i = 44$ cm

Durchmesser des Magnetschenkels . . . . $D_m = 36$ „

Höhe des Magnetschenkels ohne Polschuh . . . . . $= 25$ „

Jochquerschnitt . . . . $Q_j = 594$ cm²

Anzahl der Wendepole 12

Polbogen des Wendepolschuhes . . . . $b_w = 6{,}5$ cm

Länge des Wendepolschuhes . . . . $l_w = 36$ „

Querschnitt des Wendepolschenkels . . . . . . $Q_{wm} = 168/280$ cm²

Luftspalt unter dem Wendepol . . . . $\delta_m = 1{,}5$ cm

Ankerwicklung:

Anzahl der Nuten . . . . $Z = 207$

Abmessungen der Nuten . . . . 16,8 × 41 mm

Stäbe je Nut . . . . $u_n = 6$

Abmessungen der Stäbe . . . . $\frac{3{,}8 \times 14{,}5}{4{,}6 \times 15{,}3}$ mm

Reihenparallelwicklung mit . . . . $a = 3$.

Magnetwicklung der Hauptpole.

1. Nebenschlußwicklung:

Je Spule . . . . 1060 Windungen

Drahtdurchmesser . . . . $\frac{2{,}6 \times 2{,}6}{3{,}0 \times 3{,}0}$ mm

Schaltung der Spulen: Serie.

2. Hauptschlußwicklung:

Je Spule . . . . 5 Windungen

Abmessungen des Leiters: . . . . Kupferband 5,4 × 75 mm

Schaltung der Spulen: 2 parallele Zweige zu je 6 Spulen in Serie.

Magnetwicklung der Wendepole:

Je Spule	11 Windungen
Abmessungen des Leiters	20 × 40 mm

Schaltung der Spulen: Serie.

Kommutator:

Durchmesser	$D_k = 145$ cm
Länge	$L_k = 24$ „
Lamellenzahl	$K = 621$ „
Anzahl der Bürstenstifte	12
Bürsten je Stift	7
Bürstenabmessungen	1,5 × 3 cm

Die weiteren Abmessungen sind aus Fig. 348 ersichtlich.

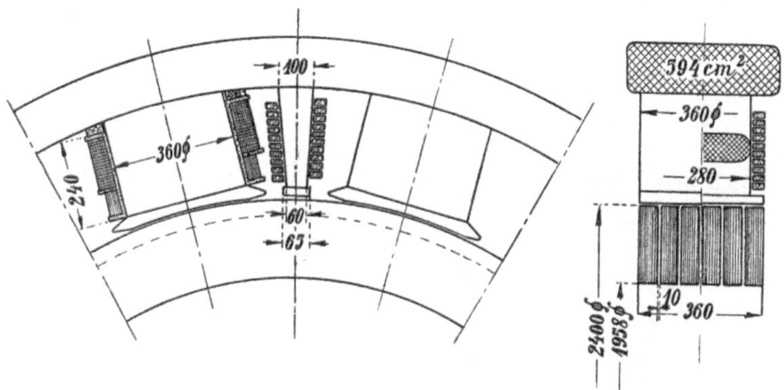

Fig. 348. Magnetischer Kreis des 750 kW-Bahngenerators.

Nachrechnung der Maschine. 750 kW, n = 100, 550 Volt.

Stromstärke der Maschine:

$$J_a = \frac{750 \cdot 1000}{550} = 1360 \text{ Amp.}$$

Maschinenkonstante:

$$\frac{D^2 l n}{\text{kVA}} = \frac{240^2 \cdot 31 \cdot 100}{750} = 23{,}9 \cdot 10^4.$$

Da die Ankerwicklung mit der im vorhergehenden Beispiel verwendeten übereinstimmt, so ist es nur nötig zu untersuchen, wie warm die Maschine mit Wendepolen bei der um 50 % höheren Leistung wird und bis zu welcher Leistung sie funkenfrei kommutieren kann.

Temperaturerhöhungen:

Bei 750 kW, 1360 Amp. steigen die Stromwärmeverluste im Anker zu

$$W_{ka} = 1380^2 \cdot 0{,}0161 = 30\,800 \text{ Watt},$$

wozu die Eisenverluste im Anker mit 9520 Watt kommen, so daß die spezifische Kühlfläche

$$a_a = \frac{250\,000\,(1 + 1{,}25)}{30800 + 9520} = 14 \text{ cm}^2/\text{Watt}.$$

und die Temperaturerhöhung

$$T_a = \frac{500}{14} = 36^0 \text{ C wird.}$$

Bei 25 % Überlastung steigt die Temperaturerhöhung auf 43° C, woraus folgt, daß die Maschine in bezug auf Erwärmung noch ausreicht.

Es ist die Stromstärke eines Ankerstromzweiges

$$i_a = \frac{J_a}{2\,a} = \frac{1380}{6} = 230 \text{ Amp.},$$

die Stromdichte

$$s_a = \frac{i_a}{q_a} = \frac{230}{55} = 4{,}2 \text{ Amp./mm}^2,$$

und die Amperestabzahl je cm Ankerumfang

$$AS = \frac{1242 \cdot 230}{\pi \cdot 240} = 380$$

Es wird somit die spezifische Ankerbelastung

$$\frac{AS \cdot s_a}{1 + 0{,}1\,v} = \frac{380 \cdot 4{,}2}{1 + 1{,}25} = 700,$$

welch hoher Wert nur auf Grund der kleinen Eisenverluste in dieser Maschine zulässig ist.

Die Kommutatorverluste ergeben sich zu

$$W_u = 2\,J_a\,\Delta P f_u = 2 \cdot 1380 \cdot 1 \cdot 1{,}1 = 3050 \text{ Watt}$$

und

$$W_r = 9{,}81\,v_k\,F_b\,g\,\varrho = 9{,}81 \cdot 7{,}6 \cdot 380 \cdot 0{,}14 \cdot 0{,}25 = 1000 \text{ Watt},$$

so daß die spezifische Kühlfläche des Kommutators

$$a_k = \frac{\pi\,D_k\,L_k}{W_n + W_r}(1 + 0{,}1\,v_k) = \frac{3{,}14 \cdot 145 \cdot 24}{3050 + 1000}(1 + 0{,}76) = 4{,}75 \text{ cm}^2/\text{Watt}$$

und die Temperaturerhöhung

$$T_k = \frac{120}{4{,}75} = 26^0\,\mathrm{C}$$

wird.

Kommutierungsverhältnisse:

Wir führen die Wendepolschuhe ebenso lang wie die Hauptpolschuhe aus, also $l_w = l_p = 36$ cm. Das Ankerquerfeld kann dann nirgends in die Kommutierungszone eindringen und die Kommutierung stören. Es kommen daher hier nur in Frage die Leitfähigkeiten (s. Fig. 443)

$$\lambda_{n1} = 1{,}25\left(\frac{r}{3\,r_3} + \frac{r_5}{r_3} + \frac{2\,r_6}{r_1 + r_7}\right) + \frac{b_w}{3{,}2\,k_1\,\delta}$$

$$= 1{,}25\left(\frac{33}{3\cdot 16{,}8} + \frac{2}{16{,}8} + \frac{8}{16{,}8 + 19}\right) + \frac{6{,}5}{3{,}2\cdot 1{,}1\cdot 15} = 2{,}47$$

und

$$\lambda_s = 0{,}5\,\frac{l_s}{l} = 1{,}1\,.$$

Da $\gamma = 1$, wird das mittlere Kommutierungsfeld (Gl. 148 a)

$$B_{cg_{\mathrm{mitt}}} = 2\,AS\left(\frac{f_m t_1}{b_k}\lambda_{n1} + \lambda_s\right) = 2\cdot 380\left(\frac{1{,}2\cdot 3{,}64}{6{,}42}\,2{,}47 + 1{,}1\right) = 2120$$

und das maximale Kommutierungsfeld (Gl. 152)

$$B_{cg_{\max}} = 2\cdot AS\left(\frac{t_1}{\alpha_k b_k}\lambda_{n1} + \lambda_s\right) = 2\cdot 380\left(\frac{3{,}64}{0{,}6\cdot 6{,}42}\,2{,}47 + 1{,}1\right) = 2620,$$

worin α_k der Tabelle I, Bd. I, Seite 269 für $u_k = 3$, $\frac{b_1}{\beta} = 2$ und $\varepsilon_k = \frac{3}{4} \simeq \frac{1}{2}$ entnommen ist.

Das minimale Kommutierungsfeld wird nach Gl. 153

$$B_{cg_{\min}} = 2\,AS\,\lambda_s = 2\cdot 380\cdot 1{,}1 = 840.$$

Das maximale Feld soll über den Polbogen

$$b_{ki} = (2\,\alpha_k - 1)\,b_k = (2\cdot 0{,}6 - 1)\,6{,}5 = 1{,}3\ \mathrm{cm}$$

sich erstrecken.

Wollen wir das Kommutierungsfeld noch um so viel verstärken, daß eine günstige Überkommutierung eintritt, so muß dasselbe um

$$\frac{1}{2}B_z = \frac{\Delta P\,10^6}{\frac{b_1}{\beta}\frac{p}{a}\frac{N}{K}\,l\,v} = \frac{1\cdot 10^6}{2\cdot 2\cdot 2\cdot 31\cdot 12{,}5} = 325$$

verstärkt werden Es wird dann

$$B_{c_{max}} = B_{c\,g_{max}} + \frac{1}{2} B_z = 2620 + 325 = 2945$$

und

$$B_{c_{min}} = B_{c\,g_{min}} + \frac{1}{2} B_z = 840 + 325 = 1165\,.$$

In Fig. 349 ist zuerst das erforderliche Kommutierungsfeld aufgezeichnet und dazu dann die entsprechende Form des Wendepolschuhes konstruiert.

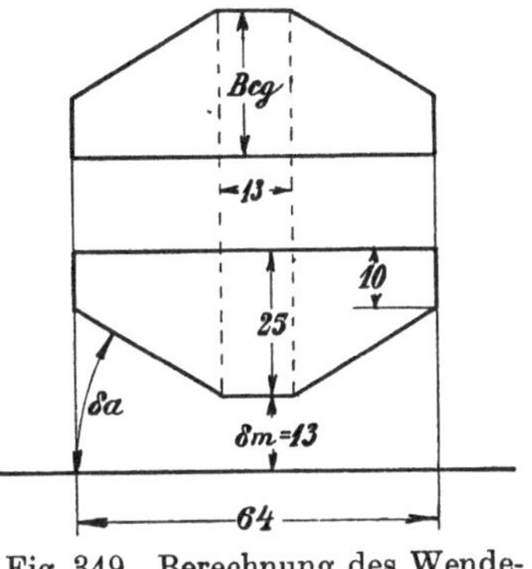

Fig. 349. Berechnung des Wendepolschuhes.

Da die Wendepole und die Zähne unter denselben nicht gesättigt sind, was wir später nachprüfen werden, so können wir bei der Berechnung der nötigen Wendepolamperewindungen AW_{wz} und AW_{wm} in Formel (156) vernachlässigen und erhalten dann

$$AW_w = 1{,}6\, k_{1m}\, \delta_m\, B_{c_{max}} + \left(\tau - \frac{1}{2} b_r\right) A\,S$$

$$= 1{,}6 \cdot 1{,}1 \cdot 1{,}3 \cdot 2945 + \left(62{,}8 - \frac{1}{2}\, 1{,}5\, \frac{240}{145}\right) 380$$

$$= 7800 + 23400 = 30200\,,$$

welche Amperewindungen auf zwei Wendepolen untergebracht werden sollen. Man erhält dann

$$w_w = \frac{AW_w}{2 \cdot J_a} = \frac{30200}{2 \cdot 1380} = 11 \text{ Windungen je Pol.}$$

Der Luftspalt δ_a an der Außenkante der Kommutierungszone ergibt sich aus Formel (157) zu

$$\delta_a = \frac{k_{1m}}{k_{1a}} \frac{B_{c_{max}}}{B_{c_{min}}} \delta_m + \frac{\left(b_k - \frac{1}{2} b_r\right) A\,S}{1{,}6\, k_{1a}\, B_{c_{min}}}$$

$$= \frac{1{,}1 \cdot 2945}{1{,}05 \cdot 1165}\, 1{,}3 + \frac{(6{,}5 - 1{,}25)\, 380}{1{,}6 \cdot 1{,}05 \cdot 1165} = 4{,}45 \text{ cm.}$$

Aus konstruktiven Rücksichten ist es jedoch schwierig, diesen Abstand so groß auszuführen wie die Formel angibt.

Damit das Kommutierungsfeld dort nicht zu stark wird, muß das Feld unter der Mitte der Wendepolschuhe etwas schwächer als $B_{c_{max}}$ gehalten werden, weshalb man den kleinsten Luftspalt etwas größer ausführt als die obige Formel für δ_m ergibt. In diesem Falle würde ich z. B. den kleinsten Luftspalt unter den Wendepolen gleich 1,5 cm ausführen.

Beim Abschalten von Vollast wird zwischen den Bürstenkanten eine EMK

$$\Delta e = \frac{b_1}{\beta}\frac{p}{a}\frac{N}{K} l v B_{c g_{\text{mitt}}} 10^{-6} = \frac{B_{c g_{\text{mitt}}}}{\frac{1}{2} B_z} \Delta P$$

$$= \frac{2120}{325} \times 1 = 6{,}55 \text{ Volt}$$

induziert. Diese Spannung ist so klein, daß die Maschine sehr große Belastungsstöße ertragen kann, ohne daß Rundfeuer entsteht.

Um die Kommutierungsgrenze bei kontinuierlicher Belastung festzustellen, ist es nötig die Sättigung der Wendepole zu berechnen. Wir zeichnen zu dem Zwecke die Wendepole auf und führen den Kern derselben mit einer Länge $l_k = 28$ cm und mit einer Breite b_k aus, die vom Polschuh bis zum Joch von 6 cm bis auf 10 cm anwächst. Die Stärke des Wendepolschuhes nehmen wir zu 10 mm an den Kanten und 25 mm in der Mitte an. Wir erhalten nun nach den Formeln (176) und (177 a) Bd. I, Seite 439 die folgenden Kraftflüsse. Der vom Wendepol in den Anker eintretende Kraftfluß soll mindestens

$$\Phi_{wa} = b_w l B_{c_{\text{mitt}}} = 6{,}5 \cdot 31 (2120 + 325) = 0{,}493 \cdot 10^6$$

betragen.

Der Streufluß zwischen den Polschuhen eines Wendepoles und denjenigen der benachbarten Hauptpole ist

$$2\,\Phi_{w1} = \left\{ \frac{a_1 (l_w + b_w + l_p)}{1{,}6\,L_1'} + \frac{a_1'' (l_w - l_k)}{0{,}8\,L_1''} \right\} AW_w$$

$$= \left\{ \frac{4 (36 + 6{,}5 + 36)}{1{,}6 \cdot 6} + \frac{3 (36 - 28)}{0{,}8 \cdot 9} \right\} 30\,200 = 1{,}09 \cdot 10^6 .$$

Der Streufluß zwischen dem Polkern eines Wendepoles und den benachbarten Hauptpolen ist

$$2\,\Phi_{w2} = \frac{h_k (l_k + b_k + l_m)}{0{,}8 (\tau_1 + \tau_2 - 2 b_m - 2 b_k)} AW_w$$

$$= \frac{25 (28 + 8 + 31{,}8)}{0{,}8 (63{,}5 + 78{,}5 - 63{,}6 - 16)} 30\,200 = 1{,}02 \cdot 10^6 .$$

Am unteren Ende der Wendepole ist somit eine Induktion

$$B'_{wm} = \frac{\Phi_{wa} + 2\,\Phi_{w1}}{b_k' \cdot l_k} = \frac{0{,}493 + 1{,}09}{6 \cdot 28} 10^6 = 9400$$

und am oberen Ende der Wendepole wird die Induktion

$$B''_{wm} = \frac{\Phi_{wa} + 2\,\Phi_{w1} + 2\,\Phi_{w2}}{b_k'' \cdot l_k}$$

$$= \frac{0{,}493 + 1{,}09 + 1{,}02}{10 \cdot 28} 10^6 = 9200.$$

Der größte Streukoeffizient der Wendepole ist

$$\sigma_{wm} = 1 + \frac{2\,\Phi_{w1} + 2\,\Phi_{w2}}{\Phi_a} = 1 + \frac{1{,}09 + 1{,}02}{0{,}493} = 5{,}3,$$

also bedeutend größer als der Streukoeffizient σ der Hauptpole.

Der vom Wendepol in das Joch eintretende Kraftfluß ist

$$\Phi_{wm} = \Phi_{wa} + 2\,\Phi_{w1} + 2\,\Phi_{w2} = 2{,}603 \cdot 10^6$$

und der vom Hauptpol bei Belastung in das Joch eintretende Kraftfluß ist

$$\Phi_m = 15{,}5 \cdot 10^6.$$

Diese beiden Flüsse überlagern sich im Joch, so daß in einer Hälfte vom Joche der Kraftfluß

$$\Phi_j' = \frac{1}{2}(\Phi_{mb} + \Phi_{wm}) = \frac{1}{2}(15{,}5 + 2{,}6)\,10^6 = 9{,}05 \cdot 10^6$$

und in der anderen Hälfte vom Joch der Kraftfluß

$$\Phi_j'' = \frac{1}{2}(\Phi_{mb} - \Phi_{wm}) = \frac{1}{2}(15{,}5 - 2{,}6)\,10^6 = 6{,}45 \cdot 10^6$$

auftritt. Die Induktionen im Joche bei Belastung werden somit

$$B_j' = \frac{9{,}05 \cdot 10^6}{594} = 15\,200$$

und

$$B_j'' = \frac{6{,}45 \cdot 10^6}{594} = 10\,900.$$

Diese Induktionen sind noch zulässig; aber viel höher dürfen sie nicht angenommen werden, weshalb bei Wendepolmaschinen die vom Hauptfelde bedingte Jochinduktion etwas kleiner gewählt werden muß als bei Maschinen ohne Wendepole.

Sobald die Maschine um 50 % überlastet wird, steigt die Induktion in den Wendepolkernen auf 14000 und in einer Hälfte des Joches auf 16250 an, und die Magnetisierungskurve des Wendefeldkreises fängt an abzubiegen.

Das Wendefeld wird somit in der Nähe von 50 % Überlastung anfangen langsamer anzusteigen als der Ankerstrom, so daß allmäh-

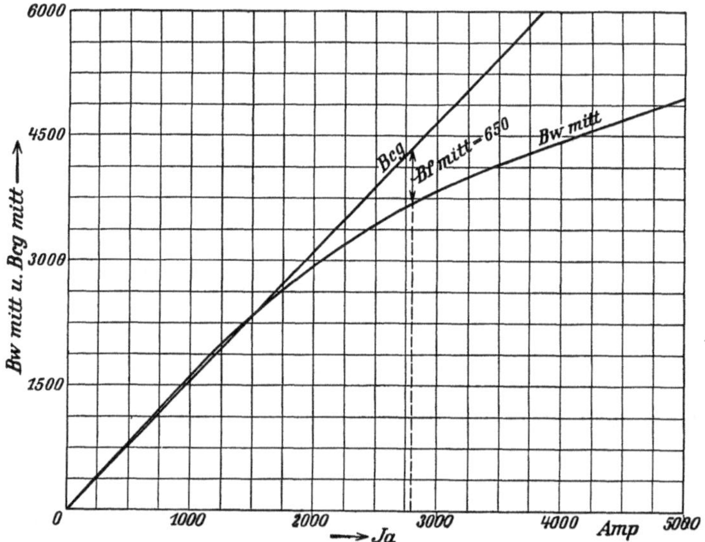

Fig. 350. Magnetisierungskurve des Wendefeldkreises.

lich eine Unterkommutierung eintritt. Die Maschine kann somit trotz Anwendung der Wendepole nicht mehr als etwa 50 % Überlast funkenfrei kommutieren. Um die Funkengrenze genauer festzustellen, ist in Fig. 350 erstens die von der Wendepolwicklung erzeugte mittlere Feldstärke $B_{w_{mitt}}$ unter den Wendepolen aufgezeichnet, und zwar in Abhängigkeit vom Ankerstrom. In derselben Figur ist außerdem das für eine geradlinige Kommutierung erforderliche Wendefeld $B_{cg_{mitt}}$ eingezeichnet. Wenn $B_{f_{mitt}} = B_{cg_{mitt}} - B_{w_{mitt}}$ einen gewissen Wert überschreitet, so erzeugt dieses fehlerhafte Feld eine so große Spannung $\varDelta e_f$ zwischen den Bürstenkanten, daß Bürstenfeuer entsteht. $\frac{1}{2} B_z$ erzeugt zwischen den Bürstenkanten $\varDelta P$ Volt. Es wird somit

$$\varDelta e_f = \frac{B_{f_{mitt}}}{\frac{1}{2} B_z} \varDelta P = \frac{B_{cg_{mitt}} - B_{w_{mitt}}}{\frac{1}{2} B_z} \varDelta P$$

und diese kann nicht 2 Volt übersteigen, ohne daß schwaches Feuer eintritt.

Bei der untersuchten Maschine wird $\Delta e_f = 2$ Volt für

$$B_{eg_{\text{mitt}}} - B_{w_{\text{mitt}}} = B_z = 2 \cdot 325 = 650,$$

welcher Wert nach Fig. 351 bei 2800 Ampere erreicht wird.

Es muß noch der Luftspalt unter den Hauptpolen so festgelegt werden, daß das Ankerfeld in der Nähe der Kommutierungszone, also unter den Polspitzen, das Hauptfeld nicht zu stark beeinflußt. Es muß deswegen

$$\delta \geqq \frac{b_i A S - A W_z}{1{,}6\, k_1 B_l} = \frac{44 \cdot 380 - 3740}{1{,}6 \cdot 1{,}2 \cdot 10150} = 0{,}66 \text{ cm sein.}$$

Wir wählen aus diesem Grunde einen Luftspalt von 7,5 mm; es wird dann $k_1 = 1{,}17$

$$A W_{lo} = 1{,}6 \cdot 1{,}17 \cdot 0{,}75 \cdot 9750 = 13\,500$$

und

$$A W_l = 1{,}6 \cdot 1{,}17 \cdot 0{,}75 \cdot 10150 = 14\,200$$

anstatt 9850 und 10200 für die Maschine ohne Wendepole.

Erregungen.

Nebenschlußwicklung. Für die Maschine ohne Wendepole erhielten wir $A W_{ko} = 16\,320$. Durch den vergrößerten Luftspalt kommen $13\,500 - 9850 = 3650$ hinzu, so daß die Nebenschlußwicklung der Wendepolmaschine für

$$A W_{ko} = 16\,320 + 3650 = 19\,970$$

und

$$A W_{to} = 6\, A W_{ko} = 119\,820$$

zu bemessen ist.

Die mittlere Windungslänge der Nebenschlußwicklung ist

$$l_n = \pi \cdot 41 = 130 \text{ cm}$$

und der Querschnitt der Nebenschlußwicklung

$$q_n = \frac{A W_{to} \cdot l_n}{5700 \cdot P} (1 + 0{,}000\, T_m)(1{,}05 \div 1{,}1) =$$

$$= \frac{119\,820 \cdot 130}{5700 \cdot 550} 1{,}2 \cdot 1{,}07 = 6{,}4 \text{ mm}^2.$$

Wir wählen einen quadratischen Draht $\frac{2{,}6 \times 2{,}6}{3{,}0 \times 3{,}0}$ mit 6,7 mm² Querschnitt entsprechend einer Stromdichte von 1,4 Amp./mm². Es ergeben sich dann folgende Werte:

Nebenschlußstromstärke: $i_n = 9{,}4$ Amp.,

Windungszahl je Pol: $W_n = \frac{19970}{2 \cdot 9{,}4} = 1060$,

Widerstand der Nebenschlußwicklung (warm): $R_n = 52{,}6\ \Omega$,
Verlust in der Nebenschlußwicklung: $R_n i_n^2 = 4650$ Watt
und Verlust im Nebenschlußkreis: $W_n = P i_n = 5150$ Watt.

Hauptschlußwicklung. Für die Maschine ohne Wendepole erhielten wir ausschließlich der entmagnetisierenden Amperewindungen

$$AW_k - AW_r = 20965 - 2380 = 18585 .$$

Durch den vergrößerten Luftspalt kommen $14200 - 10200 = 4000$ hinzu. Es wird deswegen

$$AW_k = 18585 + 4000 + AW_r = 22585 + AW_r .$$

Da die Bürsten in der geometrisch neutralen Zone stehen, haben wir hier nur die entmagnetisierende Wirkung durch die Quermagnetisierung zu berücksichtigen[1]).

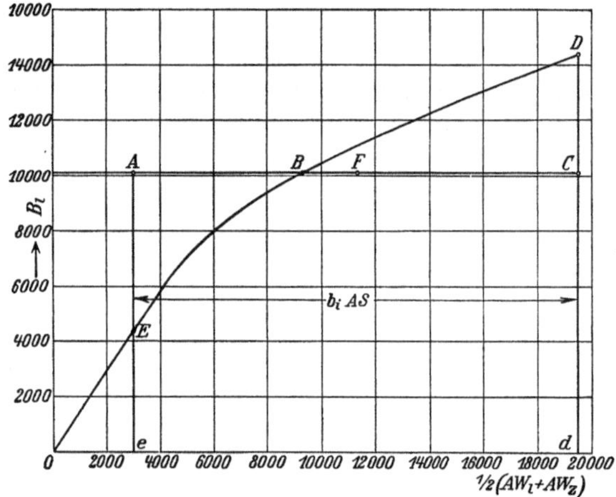

Fig. 351. Übertrittscharakteristik des 750 kW-Bahngenerators.

Diese Amperewindungen lassen sich mit genügender Genauigkeit nach dem auf S. 182, Bd. I beschriebenen Verfahren aus der Übertrittcharakteristik bestimmen. In Fig. 351 ist die Übertrittcharakteristik aufgezeichnet.

---

[1]) Im allgemeinen stehen die Bürsten nicht ganz genau in der neutralen Zone. Werden sie in der Drehrichtung verstellt, so wirkt ein Teil des Wendefeldes gegenkompoundierend und ein Teil der Ankeramperewindungen entmagnetisierend. Die Erregung muß dann entsprechend erhöht werden.

Die Gerade AC entspricht dem oben für Vollast gerechneten Wert $B_l = 10150$, welcher sich aus der Formel $\Phi_b = B_l l b_i$ ergibt. Die Lage von A und C auf dieser Geraden ist so gewählt, daß $\overline{AC} = b_i AS$ ist und die Fläche $AEBA$ gleich der Fläche $BCDB$ ist. Es liegt F in der Mitte zwischen A und C und $\overline{BF}$ ist somit gleich der Zahl der entmagnetisierenden Amperewindungen je Pol. Diese ergeben sich zu rund 2000 oder 4000 je Kreis.

Somit erhalten wir die gesamten Amperewindungen bei Vollast

$$AW_t = p\,AW_k = 6\cdot(22585 + 4000) = 159510$$

und die gesamten Amperewindungen bei Leerlauf $AW_{t_0} = 119820$.

Die Hauptschlußwicklung muß daher 159510 — 119820 = 39690 Amperewindungen liefern.

Die Windungszahl der Hauptstromwicklung ist:

$$w_h = \frac{39690}{1380} \cong 29.$$

Schaltet man die Spulen in zwei parallele Kreise, so wird die Windungszahl je Spule $\frac{29}{6} \cong 5$.

Querschnitt der Hauptschlußwicklung: $q_h = 2\cdot 400$ mm².

Stromdichte: $s_h = 1{,}70$ Amp./mm².

Widerstand der Hauptschlußwicklung (warm): $= 0{,}0012\,\Omega$.

Verlust in der Hauptschlußwicklung: $W_h = R_h J^2 = 1900$ Watt.

Spezifische Kühlfläche: $a_h = 8{,}35$ cm²/Watt.

Temperaturerhöhung: $\cong 54^0$ C.

Wendepolwicklung. Wir haben die Windungszahl zu $w_w = 11$ bestimmt und wählen hier dieselbe Stromdichte $s_w = 1{,}7$ wie für die Hauptschlußwicklung. Der Querschnitt wird somit

$$q_w = \frac{1360}{1{,}7} = 800\ \text{mm}^2 \doteq 20\cdot 40\ \text{mm}^2.$$

Wir erhalten dann folgende Werte:

Widerstand der Wendepolwicklung: $R_w = 0{,}0028$,

Verlust in der Wendepolwicklung: $W_w = 5200$ Watt,

Spezifische Kühlfläche: $a_w = 4{,}65$ cm²/Watt,

Temperaturerhöhung ($C_w = 250$): $\cong 54^0$ C.

Verluste. Die Eisenverluste wurden mit den Induktionen, die bei unerregten Wendepolen auftreten, der Hysteresiskonstante $\sigma_{2h} = 0{,}36$ und der Wirbelstromkonstante $\sigma_w = 1{,}6$ gerechnet.

Wir erhalten:

Eisenverluste	W_e	$=$ 9520	Watt
Stromwärmeverluste in der Ankerwicklung . . .	W_{ka}	$=$ 30800	„
Kommutatorverluste	$W_u + W_r$	$=$ 4050	„
Verlust im Nebenschlußkreis	W_n	$=$ 5150	„
Stromwärmeverlust in der Wendepolwicklung . .	W_w	$=$ 5200	„
Stromwärmeverlust in der Hauptschlußwicklung	W_H	$=$ 1900	„
Lager- und Luftreibung	W_ϱ	$=$ 5000	„
Gesamte Verluste	W_v	$=$ 61620	Watt

Wirkungsgrad bei Vollast $\eta_{1/1} = 92{,}4\,\%$ und bei Halblast $\eta_{1/2} = 92{,}2\,\%$.

Gewichte. Die Eisengewichte sind die gleichen, wie bei der Maschine ohne Wendepole im Beispiel I. Ferner ist:

Gewicht des Wendepoleisens	$=$ 600	kg
Gewicht des Ankerkupfers	$=$ 785	„
Gewicht des Nebenschlußkupfers . . .	$=$ 1000	„
Gewicht des Hauptschlußkupfers . . .	$=$ 270	„
Gewicht des Wendepolkpufers	$=$ 750	„

Nehmen wir die Lamellenhöhe des Kommutators gleich 3,5 cm und die Länge des Kommutators zu $L_k + 4$ cm $= 28$ cm an, so wird das Gewicht des Kommutatorkupfers $= 350$ kg.

Gesamtes Kupfergewicht $\Sigma(G_k) = 3155$ kg.

Ein Vergleich dieser Maschine mit der Maschine ohne Wendepole des ersten Beispieles zeigt, daß der Kupferaufwand um 1085 kg gestiegen ist.

Es ist somit zu untersuchen, ob die Mehrkosten infolge des erhöhten Aufwandes an Kupfer durch die erhöhte Leistung gedeckt werden. In den meisten Fällen wird dies zutreffen. Doch auch dann, wenn die Herstellungskosten zweier Maschinen, die eine mit, die andere ohne Wendepole, die gleichen sind, ist die Wendepolmaschine vorzuziehen, weil sie ein funkenfreies Arbeiten auch bei stoßweisen Belastungsschwankungen sichert. Was die Verluste anbelangt, so zeigt die Rechnung, daß sie in diesem Falle so bedeutend gestiegen sind, daß der Wirkungsgrad trotz der erhöhten Leistung kleiner ausgefallen ist als für die Maschine ohne Wendepole. Dies ist auch leicht verständlich, weil der Anker in beiden Fällen derselbe ist, während im letzten Falle nicht allein die Wendepole hinzugekommen sind, sondern außerdem die Nebenschlußwicklung verstärkt worden ist, um die Quermagnetisierung der Ankerwicklung innerhalb angemessener Grenzen zu halten.

Will man deswegen eine Wendepolmaschine mit wenig Kupfer und hohem Wirkungsgrad bauen, so empfiehlt es sich, diese unabhängig von vorhandenen Maschinenmodellen ohne Wendepole zu entwerfen. Man kann dann entweder eine größere Polzahl oder einen kleineren Ankerdurchmesser mit entsprechend größerer Ankerlänge wählen, wodurch die für die Ankerwicklung, den Kommutator und die Wendepolwicklung nötigen Kupfermengen etwas verringert werden.

Die Ankerlänge wird nur durch die maximal zulässige Lamellenspannung oder durch konstruktive Rücksichten begrenzt. Lassen wir im obigen Falle die maximale Lamellenspannung $E_{dk_{\max}}$ auf ihren zulässigen Höchstwert von etwa 20 Volt bei Leerlauf ansteigen, so erhalten wir unter Beibehaltung derselben Amperestabzahl $AS = 380$ entsprechend Formel (73 a) den kleinsten möglichen Ankerdurchmesser

$$D \geqq 2w\frac{p}{a}\,\frac{100\,\pi\,\mathrm{kVA}}{\alpha_i\,AS\,E_{dk_{\max}}} = 2\cdot 2\cdot\frac{100\,\pi\cdot 750}{0{,}7\cdot 380\cdot 20} = 177\ \mathrm{cm}.$$

Da

$$\frac{D^2\,l\,n}{\mathrm{kVA}} = 24\cdot 10^4,$$

wird

$$D^2\,l = \frac{24\cdot 750}{100}\,10^4 = 180\cdot 10^4$$

und man erhält für $D_{\min} = 177$ cm

$$l_{\max} = \frac{180\cdot 10^4}{177^2} = 57{,}3\ \mathrm{cm}.$$

Diese Länge ist aus konstruktiven Gründen nicht wünschenswert, weshalb wir die Länge $l = 45$ cm annehmen und erhalten dann $D = 200$ cm. Man hätte auch 16 Pole und 8 Ankerstromzweige wählen können und würde dann als kleinsten Ankerdurchmesser 220 cm mit einer Ankerlänge von 37 cm erhalten und auf seine Zweckmäßigkeit untersuchen.

70. Berechnung eines 15-PS-Nebenschlußmotors mit Regelung der Drehzahl zwischen 200 und 1200.

Es ist ein Nebenschlußmotor für 15 PS Dauerleistung, regelbar zwischen 200 und 1200 Umdr./Min., für eine Klemmenspannung $P = 220$ Volt zu entwerfen. Die Regelung soll nur durch Änderung der Erregung erreicht werden.

Der Motor ist für die Belastung, mit der er am häufigsten läuft, zu bemessen, nämlich für 15 PS bei 200 Umdr./Min. Bei einer so großen Feldschwächung, wie sie hier in Frage kommt, überwiegt das Ankerfeld bei den höheren Drehzahlen leicht das Hauptfeld. Der Motor kann dann unstabil werden und zu Rundfeuer neigen, wenn er nicht mit einer Kompensationswicklung oder einer kleinen Kompoundwicklung versehen wird. Bei einem kleinen Motor, wie der hier in Frage kommende, lohnt es sich nicht, denselben mit einer Kompensationswicklung zu versehen. Wir ziehen deswegen vor, den Motor nur mit Wendepolen und einer kleinen Kompoundwicklung auszuführen. Trotzdem ist es aber nötig, das Ankerfeld möglichst klein und das Hauptfeld möglichst kräftig zu machen, so daß das Ankerfeld selbst bei der größten Geschwindigkeit nicht auf das Feld in der Kommutierungszone störend einwirkt und zu Rundfeuer Anlaß gibt.

Wir wählen deswegen $B_l = 10000$, $\alpha_i = 0{,}7$ und $AS = 150$. Es wird dann

$$\frac{D^2 l n}{\mathrm{kVA}} = \frac{6 \cdot 10^{11}}{\alpha_i B_l A S} = \frac{6 \cdot 10^{11}}{0{,}7 \cdot 10000 \cdot 150} = 57 \cdot 10^4 .$$

Nehmen wir den Wirkungsgrad des Motors zu 0,84 an, so nimmt der Motor bei Vollast

$$\frac{\mathrm{PS} \cdot 0{,}736}{\eta} = \frac{15 \cdot 0{,}736}{0{,}84} = 13{,}2 \text{ kW}$$

auf und es wird

$$D^2 l = 57 \cdot 10^4 \frac{13{,}2}{200} = 37{,}6 \cdot 10^3 .$$

Um das Ankerfeld möglichst klein zu halten, ist es günstig, die Ankerlänge möglichst groß, d. h. den Ankerdurchmesser möglichst klein zu wählen. Nach Formel 68a soll jedoch

$$D \geqq 2 w \frac{p}{a} \frac{100 \pi \,\mathrm{kVA}}{\alpha_b A S E_{d k_{\max}}}$$

sein, damit kein Rundfeuer entsteht. Wählen wir $p = 2$, $a = 1$, $w = 3$, $E_{d k_{\max}} = 35$ Volt bei Belastung und schätzen $\alpha_b = {}^1/_4$, so soll

$$D \geqq 2 \cdot 3 \cdot 2 \frac{100 \pi \cdot 13{,}2}{0{,}25 \cdot 150 \cdot 35} = 37{,}8 \text{ cm}$$

sein. Wählen wir $D = 40$ cm, so wird

$$l = \frac{37{,}6 \cdot 10^3}{40^2} = 23{,}4 \text{ cm} .$$

Mit zwei Luftschlitzen von je 0,8 cm wird die Ankerlänge

$$l_1 = l + 2 \cdot 0{,}8 = 23{,}4 + 1{,}6 = 25 \text{ cm} .$$

Ferner ist

$$\tau = \frac{\pi D}{2p} = \frac{\pi \cdot 40}{4} = 31{,}4 \text{ cm},$$

$$b_i = \alpha_i \tau = 0{,}7 \cdot 31{,}4 = 22 \text{ cm}.$$

Bei 200 Umdr./Min. ist die Umfangsgeschwindigkeit des Ankers

$$v = \frac{\pi D n}{6000} = \frac{\pi \cdot 40 \cdot 200}{6000} = 4{,}18 \text{ m/sek},$$

bei 1200 Umdr./Min.

$$v = 6 \cdot 4{,}18 = 25{,}1 \text{ m/sek}.$$

Der dem Motor zugeführte Strom ist

$$J = \frac{1000 \text{ kW}}{P} = \frac{13\,200}{220} = 60 \text{ Amp}.$$

Rechnen wir 2 Amp. Erregerstrom (i_n), so wird der Ankerstrom

$$J_a = J - i_n = 60 - 2 = 58 \text{ Amp}.$$

Wir wählen eine Reihenwicklung ($a = 1$), weshalb

$$i_a = \frac{J_a}{2a} = \frac{58}{2} = 29 \text{ Amp}.$$

und die Stabzahl

$$N = \frac{\pi D A S}{i_a} = \frac{\pi \cdot 40 \cdot 150}{29} \cong 650$$

wird. Wir ordnen je Nut $u_n = 6$ Spulenseiten an und geben einer Spule $w = 2$ Windungen.

Somit erhalten wir je Nut $2 \cdot 6 = 12$ Drähte und die Nutenzahl wird

$$Z = \frac{N}{18} = \frac{650}{12} \cong 54.$$

Wir wählen $Z = 53$, damit die Schaltungsformel ohne Weglassen von Spulen befriedigt wird. Somit

$$N = 53 \cdot 12 = 636,$$

$$AS = \frac{i_a N}{\pi D} = \frac{29 \cdot 636}{\pi \cdot 40} = 147.$$

Lamellenzahl:

$$K = \frac{N}{4} = \frac{636}{4} = 159.$$

Nutenschritt:

$$y_n = \frac{Z}{2p} \pm \varepsilon_n = \frac{53}{4} - \frac{1}{4} = 13.$$

Erster Wicklungsschritt:

$$y_1 = u_n y_n + 1 = 6 \cdot 13 + 1 = 79 .$$

Kommutatorschritt:

$$y_k = \frac{K-a}{p} = \frac{159-1}{2} = 79 ,$$

weshalb auch $y_2 = 79$ wird.

Da die Eisenverluste in diesem Anker im Verhältnis zu den Kupferverlusten sehr groß sind, so setzen wir

$$\frac{AS \cdot s_a}{1+0{,}1\,v} < 400$$

und erhalten

$$s_a \leqq \frac{400\,(1+0{,}1\,v)}{AS} = \frac{400 \cdot 1{,}418}{147} = 3{,}9 \text{ Amp./mm}^2,$$

Wählen wir $s_a = 3{,}75$ Amp./mm², so werden

$$q_a = 7{,}8 \text{ mm}^2,$$

die Länge einer halben Ankerwindung:

$$l_a = l_1 + 1{,}4\,\tau + 5 \text{ cm} = 25 + 1{,}4 \cdot 31{,}4 + 5 = 74 \text{ cm},$$

der Widerstand der Ankerwicklung bei 50° C Übertemperatur:

$$R_a = \frac{l_a N}{5700\,(2\,a)^2\,q_a}(1 + 0{,}004\,T_a) = \frac{74 \cdot 636}{5700 \cdot 4 \cdot 7{,}8} 1{,}2 = 0{,}32\,\Omega .$$

Kraftfluß und Induktion bei Leerlauf.

Kraftfluß bei Leerlauf:

$$\Phi = P \frac{a}{N} \frac{60}{p\,n} 10^8 = \frac{220 \cdot 1 \cdot 60 \cdot 10^8}{636 \cdot 2 \cdot 200} = 5{,}2 \cdot 10^6.$$

Luftinduktion bei Leerlauf:

$$B_l = \frac{\Phi}{b_i\,l} = \frac{5{,}2 \cdot 10^6}{22 \cdot 23{,}4} = 10100 .$$

Um das Hauptfeld selbst bei der größten Geschwindigkeit möglichst kräftig zu bekommen, lassen wir gar keine merklichen Sättigungen im Eisen zu und verwenden daher fast alle Feldamperewindungen für den Luftspalt. Wir wählen deswegen als maximale Zahninduktion bei 200 Umdrehungen höchstens 21000.

Es ist die Nutenteilung oben

$$t_1 = \frac{\pi D}{Z} = \frac{\pi \cdot 40}{53} = 2{,}36 \text{ cm} .$$

Bei einer angenommenen Nutentiefe von 3,2 cm wird dann die Nutenteilung am Zahnfuß

$$t_2 = \frac{\pi(D - 6{,}4)}{z} = \frac{\pi \cdot 34{,}6}{53} = 2{,}04 \text{ cm}.$$

Soll die Sättigung im Zahnfuß 21000 betragen, so wird

$$z_2 = \frac{t_1 B_l}{k_2 \cdot B_{z\,i_{\max}}} = \frac{2{,}36 \cdot 10100}{0{,}9 \cdot 21000} = 1{,}26 \text{ cm}$$

und die Nutenweite

$$r_3 = t_2 - z_2 = 2{,}04 - 1{,}26 \cong 0{,}78 \text{ cm}.$$

Wir haben je Nut 12 Leiter mit 7,8 mm² Querschnitt, von denen wir drei nebeneinander und vier übereinander anordnen. Die Leiter müssen dann die Abmessungen $\frac{1{,}3 \times 6}{1{,}8 \times 6{,}5}$ haben. Es werden dann die Nutenabmessungen

Nutenbreite $r_3 = 3 \cdot 1{,}8 + 2{,}4 = 7{,}8$ mm,

Nutenhöhe $h = 4 \cdot 6{,}5 + 2 \cdot 2{,}4 + 1{,}2 = 32$ mm.

	Am Kopf	In der Mitte	Am Fuß
Zahnteilung	23,6	22,0	20,4
Zahnbreite	15,8	14,2	12,6
Ideelle Zahninduktion	16800	18600	21000

Nehmen wir die maximale Ankerinduktion zu $B_a = 15\,500$ an, so wird die Ankerhöhe ausschließlich Nutenhöhe

$$h = \frac{\Phi}{2\,k_2\,l\,B_a} = \frac{5{,}2 \cdot 10^6}{2 \cdot 0{,}9 \cdot 23{,}4 \cdot 15\,500} = 7{,}8 \text{ cm}$$

und der innere Ankerdurchmesser

$$D_i = 40 - 2\,(3{,}2 + 7{,}8) = 18 \text{ cm}.$$

Magnetsystem. Kraftfluß im Magnetkern bei Leerlauf:

$$\Phi_m = \sigma\,\sigma_a\,\Phi \cong 1{,}2 \cdot 5{,}2 \cdot 10^6 = 6{,}24 \cdot 10^6.$$

Wenden wir rechteckige lamellierte Pole von der Länge des Ankers an, so wird die Breite dieser Pole

$$b_m = \frac{\Phi_m}{0{,}95 \cdot l_1 \cdot B_m} = \frac{6{,}24 \cdot 10^6}{0{,}95 \cdot 25 \cdot 14\,000} = 18{,}5 \text{ cm},$$

wenn die Induktion zu 14000 angenommen wird.

Joch. Das Material sei Stahlguß. Bei Annahme eines Jochquerschnittes von $Q_j = 260$ cm² wird die Jochinduktion

$$B_j = \frac{\Phi_m}{2\,Q_j} = \frac{6{,}24 \cdot 10^6}{2 \cdot 260} = 12\,000.$$

Erregung bei Leerlauf und 200 Umdrehungen. Aus Fig. 352 entnehmen wir die folgenden mittleren Kraftlinienwege

$$L_j = 65\,; \qquad L_m = 2\cdot 17 = 34 \text{ cm};$$
$$L_a = 20 \text{ cm}; \qquad L_z = 2\cdot 3{,}2 = 6{,}4 \text{ cm}.$$

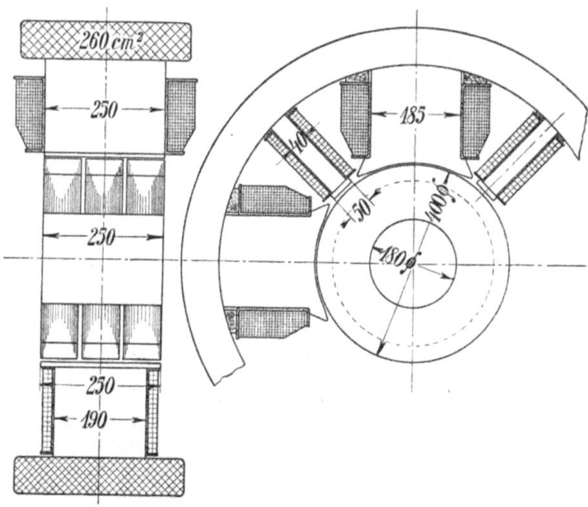

Fig. 352. Magnetischer Kreis des 15-PS-Motors.

Den Luftspalt wählen wir so, daß AW_l bei 200 Umdrehungen dreimal größer als $b_i AS$ wird. Es wird dann AW_l bei 1200 Umdrehungen nur halb so groß wie $b_i AS$, was ungefähr einem Füllfaktor $\alpha_b = \frac{1}{4}$ entspricht. Wir erhalten

$$\delta = \frac{3\,b_i AS}{1{,}6\,k_1\,B_l} = \frac{3\cdot 22\cdot 147}{1{,}6\cdot 1{,}1\cdot 10100} = 0{,}55 \text{ cm}$$

und $k_1 = 1{,}1$.

Die Amperewindungen bei Leerlauf und 200 Umdr. sind:

$$AW_l = 1{,}6\,k_1\,\delta\,B_l = 1{,}6\cdot 1{,}1\cdot 0{,}55\cdot 10100 = 9700$$
$$AW_z = L_z\,aw_z = 6{,}4\,\frac{70 + 4\cdot 130 + 400}{6} = 1070$$
$$AW_a = L_a\,aw_a = 20\cdot 20 = 400$$
$$AW_m = L_m\,aw_m = 34\cdot 10 = 340$$
$$AW_j = L_j\,aw_j = 65\cdot 6 = 390$$

Amperewindungen je Kreis $AW_{k0} = 11900$

und insgesamt

$$AW_{t0} = p\,AW_{k0} = 23800.$$

Mittlere Windungslänge der Magnetwicklung:

$$l_n = 2(25 + 18{,}5) + \pi \cdot 4 \cong 100 \text{ cm}.$$

Querschnitt des Erregerdrahtes:

$$q_n = \frac{l_n A W_{t0}}{5700 \cdot P}(1 + 0{,}004\, T_m)\, 1{,}1$$

$$= \frac{100 \cdot 23800}{5700 \cdot 220} 1{,}2 \cdot 1{,}1 = 2{,}5 \text{ mm}^2.$$

Diesem Querschnitt entspricht ein Draht mit $\phi \frac{1{,}8}{2{,}1}$.

Lassen wir die Stromdichte von 1,6 Amp./mm² zu, so wird der Erregerstrom bei Leerlauf

$$i_{n0} = 1{,}6 \cdot 2{,}5 = 4{,}0 \text{ Amp.}$$

Wir erhalten somit eine Gesamt-Windungszahl von

$$w_n = \frac{A W_{t0}}{i_{n0}} = \frac{23800}{4{,}0} \cong 6000$$

und je Spule $\frac{6000}{4} = 1500$ Windungen.

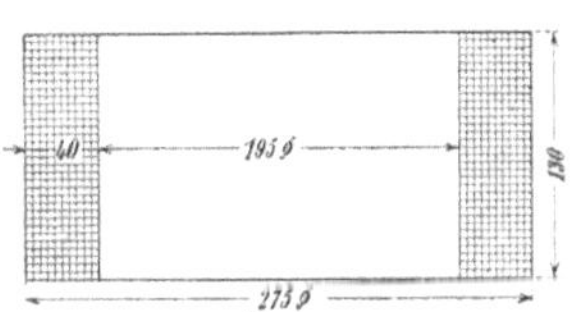

Fig. 353. Feldspule des 15-PS-Nebenschlußmotors.

Der genaue Wert des Erregerstromes wird

$$i_{n0} = \frac{A W_{t0}}{w_n} = \frac{23800}{6000} = 3{,}97 \text{ Amp.}$$

Die Abmessungen der Spule sind aus Fig. 353 ersichtlich.

Der Widerstand der Nebenschlußwicklung ist

$$R_n = \frac{l_n w_n}{5700\, q_n}(1 + 0{,}004\, T_m) = \frac{100 \cdot 6000}{5700 \cdot 2{,}5} 1{,}2 = 50{,}5\ \Omega.$$

Wattverlust:

$$R_n \cdot i_{n0}^2 = 50{,}5 \cdot 3{,}97^2 = 800 \text{ Watt.}$$

Kühlfläche einer Spule:

$$(13 + 4) \cdot 100 = 1700 \text{ cm}^2,$$

$$T_m = \frac{800}{4 \cdot 1700} 500 \cong 59^0 \text{ C.}$$

Kommutator (Material Hartkupfer):

Lamellenzahl $K = 159$, $\beta \cong 5$ mm.

Durchmesser $D_k = \frac{K \cdot \beta}{\pi} = \frac{159 \cdot 0{,}5}{\pi} \cong 25$ cm.

Es wird genau

$$\beta = \frac{\pi D_k}{K} = 0{,}495 \text{ cm.}$$

Umfangsgeschwindigkeit

$$\text{bei 200 Umdr. } v_k = \frac{\pi \cdot 25 \cdot 200}{6000} = 2{,}62 \text{ m/sek},$$

$$\text{bei 1200 Umdr. } v_k = 6 \cdot 2{,}62 = 15{,}7 \text{ m/sek.}$$

Maximale Lamellenspannung bei 200 Umdr. und Leerlauf

$$E_{d\,k_{\max}} = \frac{2\,p\,E}{\alpha_i\,K} = \frac{4 \cdot 220}{0{,}7 \cdot 159} = 8 \text{ Volt.}$$

Bei 1200 Umdr. und Vollast ist $\alpha_b \cong 0{,}25$ und es wird

$$E_{d\,k_{\max}} = \frac{2\,p\,E}{\alpha_b \cdot K} = \frac{4 \cdot 220}{0{,}25 \cdot 159} = 22 \text{ Volt,}$$

welcher Wert noch vollständig unbedenklich ist. Ursprünglich wurde die Windungszahl w einer Ankerspule zu drei angenommen, aber später in der Rechnung auf zwei festgelegt und hierdurch wurde $E_{d\,k_{\max}}$ auf zwei Drittel des ursprünglichen Wertes verkleinert.

Bürsten. Wir verwenden Kohlebürsten und ordnen vier Bürstenstifte an. Die Stromstärke je Stift ist dann 29 Amp.

Wir geben den Bürsten die Abmessungen

$$\text{Breite } b_1 = 1{,}2 \text{ cm},$$
$$\text{Länge } l_b = 2{,}0 \text{ cm}.$$

Nehmen wir die Stromdichte unter den Bürsten $s_u = 6$ Amp./cm², so wird die Bürstenzahl je Stift:

$$\frac{29}{1{,}2 \cdot 2{,}0 \cdot 6} \cong 2.$$

Die Länge der zwei Bürsten ist $2 \cdot 2{,}0 = 4{,}0$ cm, weshalb wir die Länge des Kommutators zu

$$L_k = 5 \text{ cm}$$

wählen.

Die gesamte Auflagefläche aller Bürsten wird

$$F_b = 2 \cdot 4 \cdot 1{,}2 \cdot 2{,}0 = 19{,}2 \text{ cm}^2.$$

Die Reibungsverluste bei 1200 Umdr. werden:

$$W_r = 9{,}81\, v_k\, F_b\, g\, \varrho = 9{,}81 \cdot 15{,}7 \cdot 19{,}2 \cdot 0{,}14 \cdot 0{,}25 = 103 \text{ Watt.}$$

Der Übergangsverlust

$$W_u = 2{,}0 \cdot 58 = 116 \text{ Watt,}$$

also

$$W_r + W_u = 219 \text{ Watt.}$$

Die spezifische Kühlfläche

$$a_k = \frac{\pi D_k L_k}{W_r + W_u}(1 + 0{,}1\,v_k) = \frac{\pi \cdot 25 \cdot 5}{219}(1 + 1{,}57) = 4{,}6 \text{ cm}^2/\text{Watt}$$

und die Temperaturerhöhung

$$T_k = \frac{C_k}{a_k} = \frac{100}{4{,}6} \cong 22^0 \text{ C.}$$

Wendepole. Um bei der höchsten Geschwindigkeit den störenden Einfluß des Ankerfeldes auf die Kommutierung zu vermeiden, führen wir die Wendepole in gleicher Anzahl und Länge wie die Hauptpole aus. Ferner machen wir die Wendepolschuhe ein wenig breiter als die Kommutierungszone. Diese letztere ist

$$b_k = t_1 + b_r + \left(\varepsilon_k - (1 + p_w)\frac{a}{p}\right)\beta_r$$

$$= 2{,}36 + 1{,}2 \cdot \frac{40}{25} + \left(\frac{3}{4} - \frac{1}{2}\right) 0{,}5\,\frac{40}{25}$$

$$= 4{,}48 \text{ cm.}$$

Wir führen deswegen den Wendepolschuh mit
einer Breite $b_w = 5$ cm
und einer Länge $l_w = 25$ cm aus.

Ferner halten wir den Luftspalt unter der ganzen Breite des Wendepolschuhes konstant und ziemlich klein, um das Ankerfeld darunter zu unterdrücken. Wir machen z. B. δ_m gleich dem Luftspalt unter den Hauptpolen, also $\delta_m = 0{,}55$ cm.

Es ergeben sich nun die Leitfähigkeiten (Fig. 354)

$$\lambda_{n1} = 1{,}25\left(\frac{r}{3\,r_3} + \frac{r_5}{r_3}\right) + \frac{b_w}{3{,}2\,k_1\,\delta_m}$$

$$= 1{,}25\left(\frac{27}{3 \cdot 7{,}8} + \frac{3}{7{,}8}\right) + \frac{50}{3{,}2 \cdot 1{,}1 \cdot 5{,}5} = 4{,}5,$$

$$\lambda_s = 0{,}5\,\frac{l_s}{l} = 0{,}5\,\frac{74 - 23{,}4}{23{,}4} = 1{,}07\,.$$

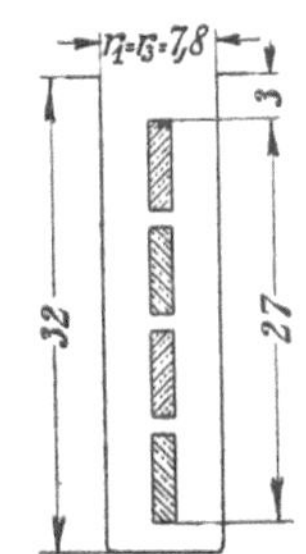

Fig. 354. Berechnung des Nutenstreufeldes.

Das mittlere Kommutierungsfeld für geradlinige Kommutierung

$$B_{c g_{\text{mitt}}} = 2\,A\,S\left(\frac{f_m\,t_1}{b_k}\lambda_{n1} + \lambda_s\right)$$

$$= 2 \cdot 147\left(\frac{1{,}23 \cdot 23{,}4}{44{,}8}\,4{,}5 + 1{,}07\right)$$

$$= 1170\,.$$

Der Zuschlag $\frac{1}{2}B_z$ für schwache Überkommutierung bei 1200 Umdr. wird

$$\frac{1}{2}B_z = \frac{\varDelta P 10^6}{\frac{b_1}{\beta}\frac{p}{a}\frac{N}{K}l v} = \frac{1\cdot 10^6}{2{,}4\cdot 2\cdot 4\cdot 23{,}4\cdot 25{,}1} = 88\,.$$

Wir führen somit die Wendepole mit einem konstanten kommutierenden Felde von $B_{w_{\text{mitt}}} = 1170 + 88 \cong 1260$ aus.

Es wird dann

$$A W_w = 1{,}6\, k_{1\,m}\, \delta_m \cdot B_{w_{\text{mitt}}} + \left(\tau - \frac{1}{2}b_r\right) A S$$

$$\cong 1{,}6\cdot 1{,}1\cdot 0{,}55\cdot 1260 + \left(31{,}4 - \frac{1}{2}1{,}2\,\frac{40}{25}\right)147\,,$$

$$= 1230 + 4450 = 5680.$$

Auf jedem Wendepol sind somit

$$\frac{A W_w}{2\cdot J_a} = \frac{5680}{2\cdot 58} = 49\,.$$

Windungen anzuordnen.

Der in den Anker eintretende Wendekraftfluß ist

$$\varPhi_{w\,a} = b_w\, l\, B_{w_{\text{mitt}}} = 5\cdot 23{,}4\cdot 1260 = 0{,}148\cdot 10^6.$$

Schätzen wir den Streukoeffizient der Wendepole zu 5, so wird

$$\varPhi_{w\,m} = \sigma_{w\,m}\, \varPhi_{w\,a} = 5\cdot 0{,}148\cdot 10^6 = 0{,}74\cdot 10^6.$$

Der Wendepolkern muß dann einen Querschnitt von 75 cm² haben, damit die Induktion im Kern 10000 nicht übersteigt. Wir führen deswegen den Kern des Wendepoles mit 4 cm Breite und 19 cm Länge aus.

Nehmen wir eine Stromdichte von 2 Amp./mm² für die Wendepolwicklung an, so erhalten wir 49 Windungen je Pol mit

$$29 \text{ mm}^2 = 5{,}4\cdot 5{,}4 \text{ mm}^2 \text{ Querschnitt.}$$

Die mittlere Windungslänge der Wendepole ist $l_w = 55$ cm und der Widerstand der Wendepolwicklung warm:

$$R_w = \frac{l_w\, w_w}{5700\, q_w}(1 + 0{,}004\, T_w) = \frac{55\cdot 196}{5700\cdot 29}1{,}2 = 0{,}078\,\Omega.$$

Wattverlust in der Wendepolwicklung:

$$J_a^2\, R_w = 58^2\cdot 0{,}078 = 260 \text{ Watt.}$$

Kühlfläche einer Spule $= 820$ cm². Temperaturerhöhung ($C_w = 350$):

$$T_w = \frac{260}{4\cdot 820}\,350 = 28^0\,\text{C}.$$

Kraftfluß und Induktionen im Anker bei Vollast und 200 Umdr. Der Widerstand der Wendepolwicklung ist jetzt genau bekannt. Der Ohmsche Spannungsabfall

$$J_a(R_a + R_w) = 58\,(0{,}32 + 0{,}078) = 23 \text{ Volt},$$

Spannungsabfall unter den Bürsten $= \;\; 2$

insgesamt 25 Volt.

Induzierte EMK bei Vollast

$$E = 220 - 25 = 195 \text{ Volt}.$$

Kraftfluß bei Belastung

$$\Phi_b = \frac{E \cdot 60 \cdot 10^8 \cdot a}{N \cdot n \cdot p} = \frac{195 \cdot 60 \cdot 10^8}{636 \cdot 200} \frac{1}{2} = 4{,}6 \cdot 10^6.$$

Es ergeben sich folgende Induktionen:

$$B_l = 9000,$$

$$B_{z_{\min}} = 14\,800, \quad B_{z_{\text{mitt}}} = 16\,400, \quad B_{z_{\max}} = 18\,500,$$

$$B_a' = 14\,100, \quad B_a'' = 13\,300.$$

Verluste und Wirkungsgrad bei Vollast und 200 Umdr. Die Eisenverluste mit der Sättigung $B_a' = 14\,100$ und ergeben sich für „3,6 Watt-Bleche" zu

	$W_{ei} =$	230 Watt,
Stromwärmeverlust in der Ankerwicklung	$W_{ka} =$	1060 „
Kommutatorverlust	$W_u + W_r =$	219 „
Stromwärmeverluste in der Wendepolwicklung	$W_w =$	265 „
Erregerverluste	$W_n =$	800 „
	Gesamt-Verluste $=$	2574 Watt.

Somit wird der Wirkungsgrad ausschließlich Luft und Lagerreibung

$$\eta = 81\,\%.$$

Da dieser Wert niedriger als angenommen ausgefallen ist, sind die obigen Zahlen entsprechend zu berichtigen. Wir erhalten einen Motorstrom

$$J = \frac{0{,}84}{0{,}81}\, 60 = 62{,}2 \text{ Amp.},$$

einen Nebenschlußstrom

$$i_n = \frac{800}{220} = 3{,}6 \text{ Amp.}$$

und einen Ankerstrom

$$J_a = 62{,}2 - 3{,}6 = 58{,}6 \text{ Amp.},$$

der nur wenig von dem ursprünglich angenommenen Wert 58 Amp. abweicht.

Abkühlung des Ankers bei 200 Umdr. Er ergibt sich nach S. 687 Bd. I die Abkühlungsfläche A_a zu 11000 cm², so daß

$$a_a = \frac{A_a(1+0{,}1\,v)}{W_k + W_{ei}} = \frac{11000\,(1+0{,}1\cdot 4{,}18)}{1060+230} = 12 \text{ cm}^2/\text{Watt}$$

und

$$T_a = \frac{500}{a_a} = \frac{500}{12} = 41{,}5^0 \text{ C.}$$

Verhalten des Motors bei 1200 Umdr. Hier sinkt der Kraftfluß auf $^1/_6$ des Wertes bei 200 Umdr. Es wird somit bei Belastung

$$\Phi_b = \frac{4{,}6\cdot 10^6}{6} = 0{,}77\cdot 10^6,$$

welcher Kraftfluß einer mittleren Luftinduktion von

$$B_l = \frac{9000}{6} = 1500$$

entspricht, so daß

$$A W_l = 1{,}6\cdot 1{,}1\cdot 0{,}55\cdot 1500 = 1450\,.$$

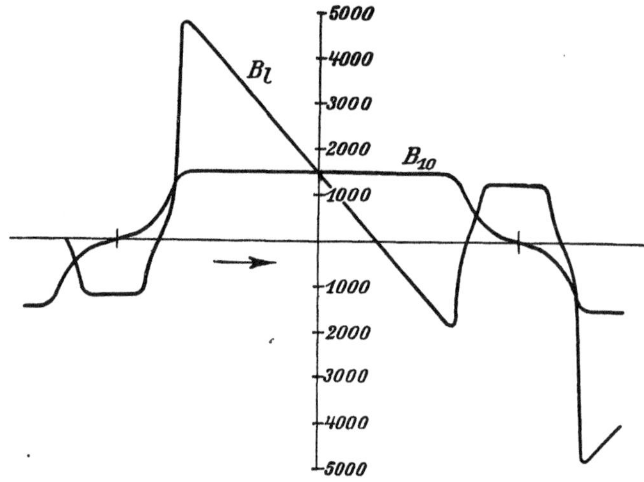

Fig. 355. Feldkurven des Motors bei 1200 Umdr./Min.

Da $b_i A S = 22\cdot 147 = 3250$, so erhält man die in Fig. 355 gezeigte Feldkurve bei Leerlauf und Belastung. Aus dieser geht hervor, daß

$$B_{l_{\max}} = 4800, \qquad \alpha_b = 0{,}22 \qquad \text{und} \qquad E_{d\,k_{\max}} = 25 \text{ Volt}$$

wird.

Es liegt bei dieser Geschwindigkeit somit keine Gefahr zu hoher Ankertemperatur oder Lamellenspannung vor. Ferner sieht man, daß die Ankerrückwirkung fast vernachlässigbar klein ist. Das Ankerfeld schwächt somit nur in ganz geringem Maße das Hauptfeld und die Drehzahl des Motors sinkt bei Belastung. Der Motor ist auch bei 1200 Umdr./Min. völlig stabil. Hätten wir die Ankerbelastung AS größer und AW_l kleiner gewählt, so wäre $E_{d\,k_{\max}}$ zu groß geworden. Das Ankerfeld würde ferner bei 1200 Umdr. das Hauptfeld verhältnismäßig mehr schwächen als der Spannungsverlust im Ankerkreis die induzierte EMK schwächen würde. Die Drehzahl würde also bei schwachem Hauptfelde und großer Ankerbelastung von Leerlauf bis Volllast steigen, der Motor würde unstabil werden und unter Umständen durchgehen. Diesen Nachteil würde man zwar durch Anordnung einer kleinen Kompoundwicklung oder durch Verschiebung der Bürsten aus der neutralen Zone in der Drehrichtung überwinden können; der Motor wäre aber dann nicht umsteuerbar. Ferner würde der Motor in bezug auf Kommutierung sehr empfindlich werden, wie wir gleich sehen werden. Es empfiehlt sich deswegen auf keinen Fall, Motoren, die für große Drehzahlregelung bestimmt sind, mit schwachem Hauptfelde auszuführen.

Nachprüfung der Maschine auf Kommutierung. Die Bürstenspannung, die bei plötzlicher Änderung der Belastung des Motors entsteht, ist natürlich bei 1200 Umdr. am größten. Es ist nämlich hier

$$\Delta e = \frac{B_{c_{\text{mitt}}}}{\frac{1}{2} B_z} \Delta P = \frac{B_{wl}}{\frac{1}{2} B_z} \Delta P = \frac{1260}{88} \cdot 1 = 14{,}3 \text{ Volt},$$

die bedeutend größer ist, als man gewöhnlich zuläßt. Es ist deswegen sehr wichtig, daß das Kommutierungsfeld bei 1200 Umdr. richtig bemessen ist, da schon ein kleines fehlerhaftes Feld B_f eine große Bürstenspannung induziert. Da aber die Sättigungen des Wendepolkreises bei 1200 Umdr. sehr gering sind, so wird die Magnetisierungskurve für diese Drehzahl nahezu geradlinig verlaufen, und es ist leicht, durch richtige Wahl der Wendepolwindungszahl ein bei allen Belastungen richtiges Kommutierungsfeld zu erzeugen.

Gewichte. Ankerkupfer 33 kg, Magnetkupfer 133 kg, Wendepolkupfer 28 kg, Ankereisen 150 kg, Pole und Polschuhe 300 kg, Joch 550 kg.

Sechzehntes Kapitel.

Berechnungsformeln.

71. Zusammenstellung der Formeln für die Berechnung von Gleichstrommaschinen.

Die Zusammenstellung der Formeln in der nachfolgenden Tabelle entspricht einem Berechnungsformular, wie es Prof. E. Arnold für die Studierenden der Elektrotechnik an der Karlsruher Hochschule eingeführt hatte. Die Formeln sind so zusammengefaßt, daß eine leichte Übersicht und Prüfung der berechneten Größen möglich ist. Ihre Aufeinanderfolge entspricht daher nicht ganz dem Gange der Rechnung. Die hinter den Bezeichnungen und Formeln stehenden Zahlen bezeichnen die Seiten des Buches, auf welchen nähere Erläuterungen zu finden sind.

In die Tabelle sind die Berechnungen folgender Maschinen eingetragen:

I. Ateliers de Sécheron, vormals Compagnie de l'Industrie Electrique, Genf. Hochspannungs-Seriengenerator 700 kW, 428 Umdr./Min. 4565 Volt, 153 Amp.

II. Svenska Elektromekaniska Industri A. B., Helsingborg. Umformergenerator mit Kompensationswicklung 2000 kW, 250 Umdr./Min. 440—600 Volt, 4550—3330 Amp.

III. Siemens-Schuckert-Werke, Berlin-Siemensstadt. Turbogenerator 800 kW, 1500 Umdr./Min. 580 Volt, 1380 Amp.

Gleichstrommaschinen.

Hauptstrom — Nebenschluß — Doppelschluß — Dynamo — Motor

PS .... kW .... Drehzahl ....

Amp. .... Volt .... Polzahl .... Bauart ....

Besondere Bedingungen für die Ausführung: ....

	I	II	III	
Leistung	700	2000	800	kW
Drehzahl	428	250	1500	
Klemmenspannung	4565	440-460	580	Volt
Stromstärke	153	4550 bis 3330	1380	Amp.
Anker.				
$\frac{6\cdot 10^{11}}{\alpha_i B_l AS} = \frac{D^2 l n}{\text{kVA}}$ (S. 304, Bd. II)	32,0	21,8	47,6	10^4
$D^2 l$	52,5	238	25,3	10^4
Eisendurchmesser außen D	147,5	260	92	cm
„ innen D_i	95,5	217,5	64	„
Eisenlänge ohne Luftschlitze l	24,0	35,2	30	„
„ mit Luftschlitzen l_1 (S. 307, Bd. II)	28,0	40,0	34,4	„
Zahl der Luftschlitze n_s	4	6	6	
Eisenhöhe (ohne Zahnhöhe) h (S. 315, Bd. II)	20,7	17,25	10	„
Umfangsgeschwindigkeit v (S. 307, Bd. II)	33,2	34	72,5	m/sek
Wicklungsart (S. 284, Bd. II u. Kapitel III, Bd. I)	Wellen	Schleifen	Schleifen	Wicklg.
Halbe Anzahl der Ankerzweige a (S. 32, Bd. I)	1	8	3	
„ „ „ Pole p	3	8	3	
Erregerstromstärke im Nebenschluß i_n (S. 309, Bd. II)	—	10	5	Amp.
Stromstärke je Zweig $\frac{J+i_n}{2a} = i_a$	76,5	285	231	„
Spezifische Belastung AS (S. 297, Bd. II)	387	390	297	$\frac{\text{Amp.}}{\text{cm}}$
Anzahl der Ankerdrähte $N = \frac{\pi D \cdot AS}{i_a}$ (S. 308, Bd. II)	2348	1120	372	
Nutenschritt $y_n = \frac{Z}{2p} \pm \varepsilon_n$	28	17	15	
Verkürzung des Nutenschrittes ε_n	1	$^1/_2$	$^1/_2$	
Erster Wicklungsschritt (Spulenweite) $y_1 = u_n y_n + 1$	379	69	61	

	I	II	III	
Zweiter Wicklungsschritt (Kommutatorseite) $y_2 = 2y_k - y_1$	403	67	59	
Stromdichte im Ankerdraht s_a (S. 312, Bd. II) .	3,03	4,46	3,43	$\frac{\text{Amp.}}{\text{mm}^2}$
Draht-Stab-Querschnitt q_a (S. 311, Bd. II) . . .	25,2	64	67,5	mm²
Draht-Stab-Abmessungen {nackt / isoliert}	1,4×18 / 1,8×18,4	4,25×15 / 4,75×15,5	5,2×13 / 6,0×13,8	mm
Länge einer halben Ankerwindung $l_a \cong l_1 + 1{,}4\tau + 5$ cm	134	112,5	109	cm
Windungen je Spule oder Leiter je Spulenseite $w = \frac{N}{2K}$	1	1	1	
Spulenseite je Nut u_n	14	4	4	
Nutenzahl $Z = \frac{N}{w u_n}$	168	280	93	

Nutenform und Anordnung der Leiter (S. 76 u. 313, Bd. II)

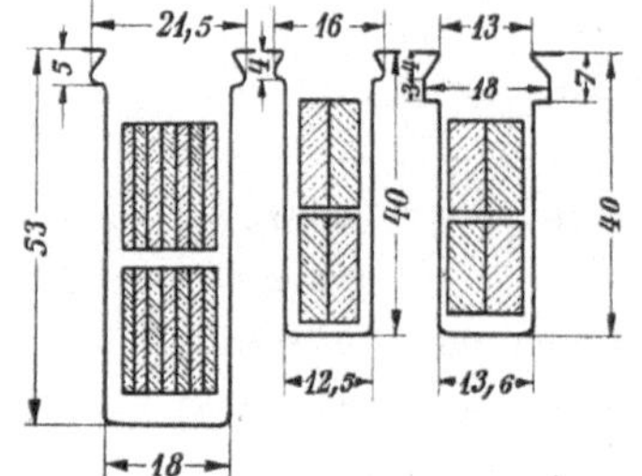

Fig. 356.

	I	II	III	
Zahl der Nuten je Pollücke $\frac{Z}{2p}(1-\alpha_i)$ . . .	12,2	4,7	4,65	
Zahnteilung am Umfang $t_1 = \frac{\pi D}{Z}$	27,6	29,1	31,1	mm
„ „ Fuß t_2	25,6	28,2	28,4	„
Zahndicke am Umfang z_1	9,6	16,6	17,5	„
„ „ Fuß z_2	7,6	15,7	14,8	„
Kleinste Zahndicke $z_{\min}$	6,1	13	12,5	„
Dicke des Eisenbleches Δ (S. 20, Bd. II) . . .	0,5	0,5	0,5	„
Isolation zwischen den Blechen k_2 (S. 21, Bd. II)	0,9	0,9	0,9	
Effektiver Eisenquerschnitt $l h k_2$	400	580	270	cm²
Kraftlinienlänge L_a	55	46	39	cm

	I	II	III	
Ausgleich- od. Äquipotential-Verbindungen: (S. 73, Bd. I)				
Potentialschritt y_p (S. 75 u. 88, Bd. I)				
für Schleifenwicklung $y_p = \frac{K}{p}$	—	70	62	
für Wellenwicklungen $y_p = \frac{K}{a}$, wenn $\frac{2p}{a}$ geradzahlig	—	—	—	
und $y_p = \frac{K}{a} \pm \frac{1}{2}$, wenn $\frac{2p}{a}$ nicht geradzahlig	—	—	—	
Gesamtzahl der mit Äquipotentialverbindungen vers. Lamellen (S. 285, Bd. II)	—	280	93	
(Das Zahlenschema für die Äquipotentialverbindungen ist aufzustellen.) (S. 90, Bd. I) . .	—	—	—	
Querschnitt einer Äquipotentialverbindung (S. 90, Bd. II)	—	20	25	mm^2
Mechanische Beanspruchungen:				
Material der Drahtbänder (S. 85, Bd. II) . . .	—	—	—	
Durchmesser der Drähte	—	—	—	mm
Anzahl der Bänder	—	—	—	
Breite eines Bandes	—	—	—	cm
Beanspruchung der Drähte $\sigma_z = \left(3{,}25 \frac{G_k}{F_B D} + 0{,}01\,\gamma\right) v^2$ (S. 89, Bd. II) . .	—	—	—	kg/cm^2
Material der Stirnkappen	—	—	—	
Beanspruchung der Stirnkappen $\sigma_z = \left(3{,}25 \frac{G_k}{F_B D} + 0{,}01\,\gamma\right) v^2$ (S. 90, Bd. II) . .	—	—	—	"
Material der Nutenkeile (S. 85, Bd. II)	—	—	—	
Beanspruchung der Nutenkeile: auf Biegung: $\sigma_b = 30 \frac{v^2}{D} \frac{G_k}{Z} \frac{b_n}{l^1 h_k^2}$ (S. 89, Bd. II) .	—	—	—	"
Beanspruchung des Ankereisens: $\sigma = \left(6{,}5 \frac{G_z + G_k}{h k^2 l} \frac{1}{D + D_i} + 0{,}01\,\gamma\right) v^2$ (S. 37, Bd. II)	—	—	—	"

	I	II	III	
Beanspruchung des Zahnfußes bei z_{min}: $\sigma = 20 \frac{v^2}{D} \frac{G_z + G_k}{k_2 l Z z_{min}}$ (S. 37, Bd. II)	—	—	—	kg/cm²
Kommutator. (S. 94 u. 317, Bd. II).				
Material (S. 95, Bd. II)	Kupfer	Kupfer	—	
Durchmesser D_k	120	150	53	cm
Nutzbare Länge L_k	9	2×25	45	„
Lamellen je Nut $u_k = \frac{u_n}{2}$	7	2	2	
Anzahl der Lamellen K (S. 310, Bd. II)	1174	560	186	
Kommutatorschritt für Wellenwicklung: $y_k = \frac{K \pm a}{p}$	391	—	—	
und für Schleifenwicklung: $y_k = \frac{a}{p}$ . . .	—	1	1	
Verkürzung des Nutenschrittes, in Lamellen ausgedrückt, $\varepsilon_k = u_k \varepsilon_n$	0	1	1	
Lamellenteilung $\beta = \frac{\pi D_k}{K}$	3,2	8,4	8,95	mm
Breite einer Lamelle außen (S. 317, Bd. II) . .	2,50	7,6	7,95	„
Dicke der Isolation (S. 317, Bd. II)	0,7	0,8	1,0	„
Art der Isolation	Mikanit	Mikanit	Mikanit	
Maximale Spannung zwischen zwei Lamellen bei Leerlauf: $E_{dk\,max} = \frac{2pE}{\alpha_i K}$ . . . . (S. 206, Bd. I, u. S. 310, Bd. II)	30,0	23,3	26,5	Volt
Umfangsgeschwindigkeit v_k	26,9	19,6	41,6	m/sek
Biegungsbeanspruchung der Lamellen: $\sigma_b = 15 \frac{v_k^2}{D_k} \frac{G_k}{K} \frac{l_k}{b_z (h - s)^2}$ (S. 99, Bd. II)	—	—	—	kg/cm²
Material der Schrumpfringe	—	—	—	
Zahl der Schrumpfringe	—	—	—	
Beanspruchung der Schrumpfringe durch die Fliehkraft: $\sigma_r = \frac{P_z' + P_g' + P_r'}{A_r}$ (S. 109, Bd. II)	—	—	—	„
Bürsten: (S. 318, Bd. II) Material	Kohle	Graphit	Graphit	
Anzahl der Stifte p_1	6	16	6	

	I	II	III	
Stromstärke je Stift	51	570	462	Amp.
Bürsten je Stift	4	14	16	
Abmessungen der Bürsten: Breite b_1 (S. 319, Bd. II)	0,75	1,5	2,1	cm
Abmessungen der Bürsten: Länge l_b	2,0	3,0	2,2	"
Fläche aller Bürsten F_b	36	1008	445	cm²
Stromdichte (S. 318, Bd. II)	8,5	9,0	6,2	$\frac{\text{Amp.}}{\text{cm}^2}$
Magnetsystem.				
a) Hauptpole.				
Polbohrung	150	261	94	cm
Luftspalt $\delta \geqq \frac{(1{,}0 \text{ bis } 1{,}2)\, b_i\, A S - A W_z}{1{,}6\, k_1 B_l}$ (S. 322, Bd. II)	12,5	5	10	mm
$k_1 = \frac{t_1}{z_1 + X\delta}$ (S. 135, Bd. I)	1,17	1,17	1,1	
$\nu = \frac{t_1 - z_1}{\delta}$ (S. 135, Bd. I)	1,44	2,5	1,36	
Polschuhe: Material (S. 136, Bd. II)	Blech	Blech	Blech	
Länge in der Achsenrichtung l_p	28,0	40	30	cm
Polbogen b_p	62,5	37,6	33,8	"
Ideeller Polbogen b_i (S. 132, Bd. I)	60,5	37,6	33,8	"
Polteilung $\frac{\pi D}{2p} = \tau$	77,5	51,1	48,3	"
Verhältnis $\frac{b_i}{\tau} = \alpha_i$ (S. 295, Bd. II)	0,78	0,735	0,7	
" $\frac{l}{b_i}$	0,397	1,06	0,88	
Höhe des Polschuhs h_p	1,5	7,5	7,5	cm
Magnetschenkel: Material (S. 133, Bd. II)	Blech	Blech	Blech	
Länge in der Achsenrichtung	24	40	30	"
Breite — Durchmesser	46,5	28,5	19	"
Radiale Höhe ausschl. Polschuhe	26,5	26,5	15,5	"
Querschnitt Q_m	960	1085	540	cm²
Kraftlinienlänge L_m	59	53	31	cm
b) Wendepole. (S. 139 u. 343, Bd. II)				
Polschuh: Material (S. 140, Bd. II)	Keine	Schmiedeeisen	Blech	
Breite $b_w \geqq b_k$	—	6,0	4,5/6,0	"
Länge in der Achsenrichtung l_w	—	39,5	32	"
Luftzwischenraum δ_m	—	20	20	mm

	I	II	III	
Magnetschenkel: Material (S. 139, Bd. II) . . .	—	Schmiedeisen	Blech	
Länge in der Achsenrichtung	—	29	32	cm
Breite — Durchmesser	—	6	6	„
Querschnitt Q_{wm} (S. 383, Bd. II)	—	174	182	cm²
Kraftlinienlänge L_{wm}	—	64	48	cm
c) Joch: Material (S. 130, Bd. II)	Stahlguß	Stahlguß	Stahlguß	
Länge in der Achsenrichtung	31	—	37	„
Radiale Höhe	16	—	8	„
Querschnitt Q_j	500	590	288	„
Kraftlinienlänge L_j	100	55	55	„
Maschinen mit Kompensationswicklung.				
Zahl der Nuten je Pol zur Unterbringung der Kompensationswicklung	—	6	14	
Zahnteilung am Umfang.	—	58	23	mm
Mittlere Zahnteilung	—	59	24	„
Abmessungen derselben: Breite	—	20	11	„
Abmessungen derselben: Höhe	—	50	30	„
Mittlere Zahnstärke	—	39	13	„
Berechnung des Wendefeldes.				
$\lambda_{n1} = 1{,}25\left(\frac{r}{3\,r_3}+\frac{r_5}{r_3}+\frac{2\,r_6}{r_1+r_3}+\frac{r_4}{r_1}\right) + \frac{b_w}{3{,}2\,k_1\,\delta_m}$ (S. 335, Bd. II)	—	2,3	2,5	
$\lambda_{n2} = 1{,}25\left(\frac{r}{3\,r_3}+\frac{r_5}{r_3}+\frac{2\,r_6}{r_1+r_3}+\frac{r_4}{r_1}\right) + 0{,}92\log\cdot\frac{\pi\,t_1}{r_1}$ (S. 336, Bd. II) . .	1,93	—	—	
$\lambda_s = (0{,}2 \text{ bis } 0{,}5)\,\frac{l_s}{1} = (0{,}2 \text{ bis } 0{,}5)\,\frac{l_a - l}{1}$ (S. 336, Bd. II)	0,92	0,44	0,72	
$\lambda_q = \dfrac{\frac{\tau}{2}-\varrho-b_c-k_p\frac{b_i}{2}}{1{,}6\,\delta_a}+\dfrac{\frac{\tau}{2}+\varrho+b_c}{1{,}6\,\delta_b}$ . . (S. 335, Bd. II)	3,4	—	—	
$\gamma = \frac{l_1}{l_w}$ bezw. $\frac{2\,l_1}{l_w}$ (S. 337, Bd. II)	—	∼ 1,0	∼ 1,0	
f_m (S. 271, Bd. I)	1,12	1,25	1,25	
f_s (S. 271, Bd. I)	etw. 1,9	etw. 1,5	etw. 1,6	

	I	II	III	
Breite der Kommutierungszone:				
$b_k = t_1 + b_r + \left(\varepsilon_k - (1 + p_w)\frac{a}{p}\right)\beta_r$ (S. 341, Bd. II)	6,32	5,51	6,75	cm
Kommutierungsfeld für Maschinen ohne Wendepole:				
$B_{k0} = A\,S\left(\frac{f_m\,t_1}{b_k}\lambda_{n2} + \lambda_s + \lambda_q\right)$ (S. 337, Bd. II) .	2050	—	—	
Kommutierungsfeld für Wendepolmaschinen:				
$B_{cg\,\text{mitt}} = 2\,A\,S\left\{\frac{f_m\,t_1}{b_k}(\lambda_{n1} + (\gamma - 1)\,\lambda_{n2}) + \gamma\,\lambda_s + (\gamma - 1)\,\lambda_q\right\}$ (S. 340, Bd. II)	—	1520	1260	
Zusätzliches Feld für Überkommutierung:				
$\frac{1}{2}B_z = \frac{\varDelta\,P\,10^6}{\frac{b_1}{\beta}\,\frac{p}{a}\,\frac{N}{K}\,l\,v}$ (S. 341, Bd. II)	88	230	98	
α_k (S. 269, Bd. I)	—	0,67	0,65	
$B_{c\,\text{mitt}} = B_{cg\,\text{mitt}} + \frac{1}{2}B_z$	—	1750	1358	
$B_{c\,\text{max}} = 2\,A\,S\left\{\frac{t_1}{\alpha_k\,b_k}(\lambda_{n1} + (\gamma - 1)\,\lambda_{n2} + \gamma\,\lambda_s + (\gamma - 1)\,\lambda_q\right\} + \frac{1}{2}B_z$ (S. 342, Bd. II) . .	—	1880	1520	
$B_{c\,\text{min}} = 2\,A\,S\,(\gamma\,\lambda_s + (\gamma - 1)\,\lambda_q) + \frac{1}{2}B_z$ (S. 342, Bd. II)	—	570	420	
$\Phi_{wa} = b_w\,l\,B_{c\,\text{mitt}}$	—	0,42	0,245	10^6
σ_w angenähert (S. 438, Bd. I)	—	2,6	2,0	
$\Phi_{wm} = \sigma_w\,\Phi_{wa}$	—	1,085	0,49	10^6
Berechnung der Magnetisierungskurve.				
$E =$	—	600	580	Volt
Kraftfluß $\Phi = \frac{a}{N}\cdot\frac{60}{p\,n}E\,10^8$ (S. 324, Bd. II) . .	—	12,85	6,25	10^6
Induktion im Luftzwischenraum $B_l = \frac{\Phi}{b_i\,l}$ . .	—	9700	6100	
Induktion im Anker $B_a = \frac{\Phi}{2\,l\,h\,k_2}$	—	11800	11500	
$B_{zi\,\text{min}}$ (S. 143, Bd. I)	—	18800	12000	
$B_{zi\,\text{max}}$ S. 143, Bd. I)	—	20000	14200	
Streuungskoeffizient σ angenähert (S. 149, Bd. I)	—	etw. 1,15	etw. 1,10	
$\Phi_m = \sigma\,\Phi_a$	—	14,8	6,85	10^6

	I	II	III	
$B_m = \frac{\Phi_m}{Q_m}$	—	13700	12700	
$B_j = \frac{\Phi_m}{2\,Q_j}$	—	12400	11800	
$AW_l = 1{,}6\,B_l\,\delta\,k_1$ (S. 134, Bd. I)	—	9000	11000	
$AW_a = a\,w_a\,L_a$ (S. 146, Bd. I)	—	320	200	
$AW_z = a\,w_z\,L_z$ (S. 145, Bd. I)	—	2400	65	
$AW_m = a\,w_m\,L_m$ (S. 147, Bd. I)	—	640	280	
$AW_j = a\,w_j\,L_j$ (S. 147, Bd. I)	—	390	440	
AW_{ko} (S. 147, Bd. I)	—	12750	11985	
$AW_{to} = p\,AW_{ko}$	—	102000	35955	
Berechnung der Erregung bei Belastung.				
Klemmenspannung P	4565	600	580	
Stromstärke J	153	3330	1380	
Induzierte EMK E (S. 324, Bd. II)	4710	610	590	
$\Phi_b = \frac{a}{N} \cdot \frac{60}{pn} E\,10^8$	9,3	13,1	6,35	10^6
$\Phi_a = \sigma_a\,\Phi_b$	10,7	13,1	6,35	10^6
$B_l = \frac{\Phi_b}{b_i\,l}$	7400	9900	6200	
B_a (S. 315, Bd. II)	13300	12000	11700	
$\Phi_a' = \frac{1}{2} \cdot (\Phi_b + \Phi_{wa})$ (S. 434, Bd. I)	—	6,82	3,3	
$\Phi_a'' = \frac{1}{2} \cdot (\Phi_b - \Phi_{wa})$ (S. 434, Bd. I)	—	6,28	3,05	
B_a'	—	12500	12000	
B_a''	—	11600	11000	
$B_{zi\,min}$	23500	19200	12200	
$B_{zi\,max}$	30000	20400	14400	
$\sigma_b = 1 + \frac{2\,(AW_{lb} + AW_{zb} + AW_{ab} + AW_r)}{\Phi_b}\,\Sigma(\lambda)$ (S. 185, Bd. I)	etw. 1,16	etw. 1,16	etw. 1,12	
$\Phi_m = \sigma_b \cdot \Phi_a$	12,5	14,9	7,1	10^6
B_m (S. 325, Bd. II)	13000	13800	13100	
B_j (S. 325, Bd. II)	12500	12600	12200	
$\Phi_j' = \frac{1}{2}\,(\Phi_m + \Phi_{wm})$ (S. 434, Bd. I)	—	8,05	4,05	

	I	II	III
$\Phi_j'' = \frac{1}{2}(\Phi_m - \Phi_{wm})$ (S. 434, Bd. I)	—	6,85	3,05
B_j'	—	13600	13900
B_j''	—	11600	10500
$AW_{lb} = 1{,}6\, B_l\, \delta\, k_1$	17300	9200	11200
$AW_{ab}'' = \frac{1}{2} L_a\, a w_a'$	520	210	180
$AW_{ab}' = \frac{1}{2} L_a\, a w_a''$		120	120
$AW_{zb} = a w_z L_z$	13700	2800	70
$AW_{mb} = a w_m L_m$	480	680	330
$AW_{jb}' = \frac{1}{2} L_j\, a w_j'$	800	280	380
$AW_{jb}'' = \frac{1}{2} L_j\, AW_j''$		150	120
AW_r (S. 461, Bd. I)	6400	830	700
AW_k (S. 185, Bd. I)	39200	14270	13100
$AW_t = p\, AW_k$	117600	114160	39300
$\frac{2 \cdot AW_t}{N i_a}$ (S. 323, Bd. II)	1,3	0,72	0,89

Wendepol-Erregung. (S. 444, Bd. I)

	I	II	III
$B_{wz\,max}$	—	3600	3500
B_{wm}	—	6900	2700
AW_{wl}	—	5800	5700
AW_{wz}	—	10	5
AW_{ab}'	—	210	180
AW_{ab}''	—	120	120
AW_{wm}	—	100	50
AW_{jb}'	—	280	380
AW_{jb}''	—	150	120
$AW_N = AW_{wl} + AW_{wz} + AW_{ab}' - AW_{ab}'' + AW_{wm} + AW_{jb}' - AW_{jb}''$ (S. 445, Bd. I) .	—	6130	5975
$\left(\tau - \left(\frac{1}{2} \text{ bis } 1\right) b_r\right) AS$	—	19000	13200
AW_w	—	25030	19175
$\frac{2\, p\, AW_w}{N i_a}$	—	1,26	1,35

	I	II	III	
Erregerwicklung.				
a) Hauptschlußwicklung. (S. 331, Bd. II)				
Zahl der Spulen	6	—	—	
Schaltung der Spulen	Serie	—	—	
Windungen der Spulen	128	—	—	
Windungen insgesamt $\frac{A W_t}{J} = w_h$	768	—	—	
Stromdichte s_h	1,67	—	—	$\frac{\text{Amp.}}{\text{mm}^2}$
Drahtquerschnitt $q_h = \frac{J_h}{s_h}$	92	—	—	mm²
Drahtabmessungen nackt und isoliert	$\frac{2{,}3 \times 40}{3 \times 41}$	—	—	mm
Radiale Höhe des Wicklungsraumes	21	—	—	cm
Breite des Wicklungsraumes	10	—	—	"
Mittlere Länge einer Windung l_h	175	—	—	"
Widerstand $R_h = \frac{(1 + 0{,}004\, T_m)\, w_h\, l_h}{5700\, q_h}$ (S. 592, Bd. I)	0,31	—	—	Ω
Anlaßwiderstand (Motor) r_h	—	—	—	Ω
Maximale Stromstärke beim Anlassen $\frac{P}{R_a + R_h + R_c + r_h}$	—	—	—	Amp.
b) Nebenschlußwicklung. (S. 328, Bd. II)				
Erregerspannung	—	440	580	Volt
Zahl der Spulen	—	16	6	
Schaltung der Spulen	—	Serie	Serie	
Windungen je Spule	—	500	2000	
Mittlere Länge einer Windung l_n	—	150	125	cm
$q_n = \frac{(1 + 0{,}004\, T_m)\, A W_t\, l_n}{5700 \cdot P}$ (1,1 bis 1,2)	—	8,0	2,55	mm²
Bei Doppelschlußmaschinen, bei welchen eine Nebenschlußregelung im weiteren Umfang nicht verlangt wird.				
$q_n = \frac{(1 + 0{,}004\, T_m)\, A W_{t0}\, l_n}{5700 \cdot P} \cdot 1{,}0$ bis 1,1	—	—	—	mm²
Durchmesser nackt und isoliert	—	3,2 | 3,5 ϕ	1,8 | 2,1 ϕ	mm
Stromdichte bei Vollast s_n	—	1,8	1,3	$\frac{\text{Amp.}}{\text{mm}^2}$
i_n bei Vollast $= q_n\, s_n$	—	14,25	3,3	Amp.
Gesamt-Windungszahl $w_n = \frac{A W_t}{i_n}$	—	8000	12000	

	I	II	III	
i_{n0} bei Leerlauf $= \frac{AW_{t0}}{w_n}$	—	7,0	3,0	Amp.
$i_{n\,min} = 0{,}8$ bis $0{,}9\, i_{n0}$	—	6,0	2,5	„
Widerstand $R_n = \frac{(1+0{,}004\, T_m)\, w_n\, l_n}{5700 \cdot q_n}$ . . . . (S. 590, Bd. I)	—	32	125	Ω
$i_{n\,max} = \frac{P}{R_n}$	—	18,8	4,6	Amp.
Regler-Widerstand $r_n = \frac{P}{i_{n\,min}} - \frac{R_n}{1+0{,}004\, T_m}$	—	73,5	125	Ω
Radiale Höhe des Wicklungsraumes	—	25,5	12	cm
Breite des Wicklungsraumes	—	4,5	5,5	„
c) Wendepol- bzw. Kompensationswicklung. (S. 315, Bd. II)				
Zahl der Spulen	—	16	6	
Schaltung der Spulen	—	2parallele Kreise	Serie bzw. 2parallele Kreise	
Windungen je Spule	—	$2^1/_2 + 3$	$3^1/_2 + 3^1/_2$	
Gesamt-Windungszahl w_w	—	44	42	
Stromdichte s_w	—	2,06; 2,91	2,65; 3,2	$\frac{\text{Amp.}}{\text{mm}^2}$
Leiterquerschnitt q_w	—	1100; 780	520; 430	mm²
Leiterabmessungen nackt	—	—	—	mm
Mittlere Länge einer Windung l_w	—	75; 175	87; 178	cm
Widerstand R_w bzw. R_c	—	0,00075	0,0026	Ω
Radiale Höhe des Wicklungsraumes	—	14,5	14	cm
Breite des Wicklungsraumes	—	2,5	2	„
Verbindungskupfer	—	—	—	
Verluste und Wirkungsgrad.				
Eisenverluste:				
Periodenzahl $c = \frac{pn}{60}$	21,3	33,3	75	Hertz
Hysteresiskonstante σ_{2h} (S. 558 u. 587, Bd. I) . .	0,36	0,25	0,25	
Wirbelstromkonstante σ_w (S. 567 u. 587, Bd. I) .	1,6	1,0	1,0	
Eisenvolumen des Kernes V_a	162	390	63	dm³
„ der Zähne V_z	16,5	57	16,2	„
Hysteresisverluste: $W_h = \sigma_{2h} \frac{c}{100} \left[f_a \left(\frac{B_a}{1000}\right)^2 V_a + k_5 \left(\frac{B_{z\,min}}{1000}\right)^2 V_z \right]$ (S. 588, Bd I)	3030	6750	2470	Watt

	I	II	III	
Wirbelstromverluste: $W_w = \sigma_w \left[k_4 \left(\frac{c}{100} \cdot \Delta \frac{B_a}{1000}\right)^2 V_a + k_5 f_5 \left(\frac{c}{100} \Delta \frac{B_{z\,\min}}{1000}\right)^2 V_z\right]$ (S. 588, Bd. I) .	920	3350	1840	Watt
Hysteresisverlust in lamellierten Polschuhen: $W_{hp} = \frac{\sigma_{2h}}{720} \left(\frac{v}{10}\right) \left(\frac{B_n}{1000}\right)^2 f_h 2 p b_i l$ Watt . .	25	120	10	"
Wirbelstromverlust in lamellierten Polschuhen: $W_{wp} = \frac{\pi}{120 t_1} \left(\Delta \frac{v}{10} \frac{B_n}{1000}\right)^2 f_\varrho 2 p b_i l$ Watt . .	370	1830	240	"
Wirbelstromverlust in massiven Polschuhen: $W_{wp} = \frac{1}{80 \pi} \left(\frac{B_n}{1000}\right)^2 \left(\frac{v}{10}\right)^{1,5} \sqrt{\frac{t_1}{\varrho \mu}}\, 2 p b_i l$ Watt	—	—	—	"
Gesamt-Eisenverlust: (S. 589, Bd. I) $W_{ei} = 1{,}1$ bis $1{,}3\,(W_h + W_w + W_{hp} + W_{wp})$.	5800	15700	5900	"
Stromwärmeverluste:				
a) durch den Ankerstrom: (S. 591, Bd. I)				
Ankerwiderstand $R_a = \frac{N}{2a}\, 2 \cdot \frac{l_a (1 + 0{,}004\, T_a)}{570\, q_a}$	0,62	0,00163	0,0035	Ω
Spannungsverlust im Anker $J_a R_a$	95	7,4	4,08	Volt
Wattverlust $W_{ka} = k J_a^2 R_a$	16500	44000 (23600)	10200	Watt
$k \cong 1 + \frac{4 r^2 \lambda^2}{3 \pi} \frac{l}{l_a} \frac{1{,}8}{2 + \gamma}$ (S. 598, Bd. I)	1,14	1,3	1,54	
$\lambda = 0{,}14 \sqrt{c \frac{r_2}{r_3}}$	0,48	0,665	1,05	
$\gamma = \frac{c \pi^3}{r'^2 \lambda^2} \cdot \frac{t_1 + b_r' - \beta_r}{100 v}$ (S. 599, Bd. I)	0,91	1,22	0,9	
b) durch den Erregerstrom: (S. 590, Bd. I)				
Hauptschlußwicklung $W_H = J_h^2 R_h$	7300	—	—	Watt
Nebenschlußwicklung $W_n = i_n^2 R_n$	—	6500	1360	"
Wendepolwicklung $W_w = J_a^2 R_w$	—	15500 (8400) (gemeinsam mit Kompensationswicklung)	5000 (gemeinsam mit Kompensationswicklung)	"
Kompensationswicklung $W_c = J_a^2 R_c$	—			
Kommutationsverluste: (S. 593, Bd. I)				
Mittlerer Spannungsverlust unter den Bürsten ΔP (S. 318, Bd. II)	1,5	0,9	1,0	Volt
Übergangsverlust unter den Bürsten $W_u = 2 \cdot J_a \Delta P f_u$	700	8200 (6000)	3000	Watt

	I	II	III	
Mechanische Verluste: (S. 601, Bd. I)				
Lager- einschl. Luftreibung:				
für $v_z < 4$ m/sek: $W_R = 9{,}81 \frac{k_6}{T_z} d_z l_z \sqrt{v_z^3}$ . . (S. 607, Bd. I)	6800	13000	—	Watt
für $v_z > 10$ m/sek: $W_R = 9{,}81 \frac{k_6'}{T_z} d_z l_z v_z$ . . (S. 607, Bd. I)	—	—	($1^1/_4$ %) 10000	"
Bürstenreibung: (S. 611, Bd. I)				
Auflagedruck je cm² in kg	0,15	0,15	0,15	kg
Reibungskoeffizient ϱ	0,3	0,25	0,25	
Wattverlust $W_r = 9{,}81\, v_k F_b g \varrho$	400	7800	6800	Watt
Summe aller Verluste:				
$W_v = W_{ei} + W_{ka} + W_H + W_n + W_w + W_c + W_u + W_R + W_r + W_L$	37500	81000	42260	Watt
Wirkungsgrad: (S. 614, Bd. I)				
$\eta = \frac{\text{abgegebene Leistung}}{\text{aufgenommene Leistung}}$ bei Vollast . .	94,9	96,1	95	%
" $^3/_4$ Last .	94,0	95,8	94,75	%
" $^1/_2$ " .	92,6	94,8	93,4	%
" $^1/_4$ " .	87,5	91,5	88,7	%
Erwärmung.				
Kleinere Anker: (S. 686, Bd. I)				
Kühlfläche $A_a = \pi D l_1 + \frac{\pi}{2} D^2$	—	—	—	cm²
Spezifische Kühlfläche:				
$a_a = \frac{A_a}{W_{ka} + W_h + W_n} \cdot (1 + 0{,}1\, v)$	—	—	—	$\frac{\text{cm}^2}{\text{Watt}}$
Temperaturerhöhung $T_a = \frac{450 \text{ bis } 550}{a_a}$ °C. .	—	—	—	C°
Größere Anker: (S. 688, Bd. I)				
Kühlfläche A_a	$1{,}54 \cdot 10^5$	$2{,}75 \cdot 10^6$	$5{,}8 \cdot 10^4$	cm²
Spezifische Kühlfläche:				
$a_a = \frac{A_a}{W_{ka} + W_h + W_w} (1 + 0{,}1\, v)$	29,6	24	29,5	$\frac{\text{cm}^2}{\text{Watt}}$
Temperaturerhöhung $T_a = \frac{450 \text{ bis } 500}{a_a}$ . . .	17°	21°	17°	C
Kommutator: (S. 689, Bd. I)				
Spezifische Kühlfläche:				
$a_k = \frac{\pi D_k L_k}{W_u + W_r} (1 + 0{,}1\, v_k)$	13,3	4,25	5,3	$\frac{\text{cm}^2}{\text{Watt}}$

	I	II	III	
Temperaturerhöhung $T_k = \frac{70 \text{ bis } 120}{a_k}$ . . .	9°	28°	20°	C
Magnetspulen: a) Hauptpole: (S. 684, Bd. I)				
Kühlfläche A_m	65000	76000	13000	cm²
Spezifische Kühlfläche $a_m = \frac{A_m}{W_H + W_n}$ . . .	9,0	11,7	9,5	$\frac{\text{cm}^2}{\text{Watt}}$
Temperaturerhöhung $T_m = \frac{450 \text{ bis } 750}{a_m}$ . . .	50°	38,5°	47,5°	C
b) Wendepole:				
Kühlfläche A_w	—	23500	8400	C
Spezifische Kühlfläche $a_w = \frac{A_w}{W_w}$	—	6,5	5,8	$\frac{\text{cm}^2}{\text{Watt}}$
Temperaturerhöhung $T_{mw} = \frac{250 \text{ bis } 400}{a_w}$ . .	—	38,5°	43°	C
Nachprüfung der Maschine auf Kommutierung.				
Ankerkonstante $k_a = \frac{p}{a} \frac{N}{K} l v AS \cdot 10^{-6}$ . . . (S. 291, Bd. II)	1,85	0,94	1,29	
a) Maschinen ohne künstliche Kommutierung:				
Bürstenspannung im Kommutierungsfelde B_{KO} $\Delta e = \frac{b_1}{\beta} k_a \cdot \left\{ \frac{f_m t_1 \lambda_{n2}}{b_k} + \lambda_s + \lambda_q \right\}$ (S. 339, Bd. II)	22,6	—	—	Volt
Bürstenspannung für umsteuerbare Motoren: $\Delta e = 2 \frac{b_1}{\beta} k_a \cdot \left\{ \frac{f_m t_1 \lambda_{n2}}{b_k} + \lambda_s + \lambda_q \right\}$				"
Kommutierungskonstante $A = \frac{R_k}{100\, l_B L_s v_k}$ . .	ca. 1,5	—	—	
Öffnungsspannung $\Delta p_t = \Delta P + \frac{f_s \Delta e}{2 f_m \left(1 - \frac{1}{A}\right)}$ (S. 340, Bd. II)				"
b) Maschinen mit künstlicher Kommutierung:				
Mittlere Bürstenspannung bei plötzlicher Entlastung: $\Delta e = \frac{B_{c\,\text{mitt}}}{\frac{1}{2} B_z} \Delta P$ Volt (S. 343, Bd. II)	—	7,6	13,8	"
Maximale Bürstenspannung bei plötzlicher Entlastung: $\Delta e_{\max} \cong \frac{f_s}{f_m} \Delta e$	—	9.1	17,7	"

	I	II	III	
Gewichte.				
Ankerkupfer	710	720	250	kg
Kommutatorkupfer	260	1650	750	„
Magnetkupfer	1010	850	340	„
Wendepol- bzw. Kompensationskupfer	—	985	225	„
Ankereisen	1660	3800	950	„
Magnete und Polschuhe	2300	4800	750	„
Wendepolmagnete	—	750	200	„
Joch	2650	5000	1050	„

Siebzehntes Kapitel.

Berechnung der Anlaß- und Bremswiderstände.

72. Vorgänge beim Anlassen.

Bei einem unter Vollast laufenden Motor beträgt die im Motor induzierte EMK etwa 90 bis 95 $^0/_0$ der Betriebsspannung, der Ohmsche Spannungsabfall nur 10 bis 5 $^0/_0$. Im Stillstand ist dagegen gar keine induzierte EMK vorhanden. Man kann deshalb einen stillstehenden Motor im allgemeinen[1]) nicht unmittelbar an das Netz anschließen; denn die Stromstärke würde dabei, hauptsächlich nur durch den Ohmschen Spannungsabfall begrenzt, sehr hoch ansteigen. Um die Stromstärke während des Anlassens in mäßigen Grenzen zu halten, muß dem Motor eine allmählich steigende Spannung zugeführt werden. Nebenschlußmotoren müssen im allgemeinen vorher voll erregt werden, damit das erforderliche Anzugsmoment bei einem möglichst kleinen Ankerstrom erhalten wird.

Das häufigste Verfahren, die Klemmenspannung allmählich auf die volle Netzspannung zu bringen, besteht darin, die Netzspannung durch einen besonderen Anlaßwiderstand abzudrosseln.

Das Anzugsmoment muß so groß gewählt werden, daß erstens sämtliche auf den Motor hemmend wirkenden Drehmomente überwunden werden, zweitens ein genügend großes Drehmoment übrig bleibt, um dem Motor und den etwa von ihm anzutreibenden Arbeitsmaschinen, Schwungrädern u. dgl. die verlangte Beschleunigung zu erteilen.

Die Größe der Beschleunigung hängt einerseits von diesem Überschuß an Drehmoment, d. h. von dem Beschleunigungsmoment, anderseits von der Größe der zu beschleunigenden Massen ab. Die Beschleunigung ist dem Beschleunigungsmoment direkt, dem resultierenden Trägheitsmoment umgekehrt proportional.

---

[1]) Vgl. Kap. XXVII, Abschnitt 109.

Die hemmenden Drehmomente sind teils im Motor selbst als Leerlaufdrehmoment, teils in den Arbeitsmaschinen als Belastungsdrehmoment vorhanden.

Das Leerlaufdrehmoment ist dasjenige Moment, das erforderlich ist, um den leerlaufenden Motor mit der jeweiligen Drehzahl anzutreiben. Es muß somit die Lager- und Luftreibung, sowie das Drehmoment der Eisenverluste des Motors überwinden. Die Lagerreibung kann bei verschiedenen Drehzahlen als praktisch konstant angesehen werden, die Luftreibung und das Drehmoment der Eisenverluste nehmen dagegen mit der Geschwindigkeit zu. Es hat aber keinen Zweck, diese Änderung des Leerlaufdrehmomentes bei den Anlaßvorgängen zu berücksichtigen, weil das Leerlaufdrehmoment nur einen verschwindend geringen Teil des ganzen Anzugsmomentes ausmacht. Man rechnet deshalb nur mit dem bei der höchsten Drehzahl auftretenden Leerlaufdrehmoment.

Das Belastungsdrehmoment ist in den meisten Fällen bei allen Drehzahlen konstant, mit der Einschränkung jedoch, daß es gerade beim Übergang von der Ruhe zur Bewegung nicht unwesentlich größer als bei Bewegung sein kann, weil die Reibung zwischen festen Körpern (in Lagern, bei Riemen u. dgl.) in der Ruhe größer ist als bei Bewegung. In einigen Fällen nimmt das Belastungsdrehmoment jedoch mit der Drehzahl zu. Bei Schleuderventilatoren und Zentrifugalwasserpumpen nimmt, wenn sie mit offenem Schieber angelassen werden, das Belastungsdrehmoment angenähert mit der zweiten Potenz der Drehzahl zu. Bei Bahnen ist die Zunahme von verschiedenen Umständen abhängig und nach besonderen Formeln zu berechnen.

Die Wahl des Beschleunigungsmomentes ist von sehr vielen Umständen abhängig und seine Größe muß bei verschiedenen Betrieben ganz verschieden gewählt werden. Ganz allgemein kann man aber sagen, daß diese Größe nicht mit peinlicher Genauigkeit gewählt zu werden braucht, da das Anlassen doch von dem Bedienungspersonal meistens nach Gutdünken vorgenommen wird. Hier sollen deshalb nur einige Gesichtspunkte, die bei der Wahl des Beschleunigungsmomentes, d. h. der Anlaufstromstärke zu berücksichtigen sind, angeführt werden.

Die obere Grenze wird durch folgendes bestimmt:

1. Der in den Zuleitungen verursachte Spannungsabfall darf nicht so groß werden, daß er auf Motoren und Lampen, die an dieselben oder benachbarte Leitungen angeschlossen sind, störend einwirkt.

2. Bei Motoren, welche selten angelassen werden und bei denen ein besonders schnelles Anlassen nicht erforderlich ist, sollen die Sicherungen bzw. die automatischen Schalter nicht stärker bemessen bzw. höher eingestellt sein als für eine Abschmelz- bzw. Auslösestromstärke,

die etwa 50 % größer als der Vollaststrom des Motors ist. Bei solchen Motoren wird die Anlaufsstromstärke deshalb nur 20 bis 40 % höher als der Vollstrom gewählt.

3. Bei Riemenübertragung darf der Riemen nicht gleiten, bei Bahnen dürfen die Räder nicht schleudern.

4. Bei Bahnen darf die Beschleunigung nicht so groß gewählt werden, daß das Anfahren für die Fahrgäste störend wird. Bei Straßenbahnen geht man mit der Beschleunigung bis auf etwa 0,5 m/sek^2, bei der Untergrundbahn in Berlin bis etwa 0,7 m/sek^2.

5. Die Stromstärke darf nicht so hoch gewählt werden, daß ein Funken am Kommutator entsteht, weil dieser sonst bald verdorben wird. Durch das Anbringen von Wendepolen wird diese Funkgrenze wesentlich erhöht, weshalb Motoren mit Wendepolen stets dort verwendet werden, wo ein besonders schnelles Anlassen erwünscht ist.

Die untere Grenze ergibt sich aus folgenden Gesichtspunkten:

1. Bei Bahnen, Fördermaschinen, Aufzügen, Kranen, Walzwerken und ähnlichen Betrieben ist ein schnelles Anfahren erforderlich und die Anlaufstromstärke muß deshalb entsprechend groß gewählt werden, um so mehr, als bei solchen Betrieben die zu beschleunigenden Massen meistens verhältnismäßig groß sind.

2. Der beim Anlassen entstehende Energieverlust wird, wie später gezeigt werden soll, bei gegebenem Kraftfluß um so kleiner, je größer die Anlaufstromstärke gewählt wird. Je kleiner dieser Energieverlust wird, desto kleiner und billiger können aber die später beschriebenen Anlasser ausgeführt werden. Bei den unter 1. angeführten Betrieben werden die Motoren meistens sehr häufig angelassen, und der Energieverlust beim Anlassen spielt deshalb für die Wirtschaftlichkeit der Anlage eine große Rolle.

Hat man unter Berücksichtigung der eben erwähnten Gesichtspunkte eine passende Anlaufstromstärke bzw. eine zweckmäßige Beschleunigung ermittelt, so sollen diese Werte während der ganzen Anlaßzeit möglichst konstant gehalten werden. In Betrieben, wo das Belastungsdrehmoment mit der Drehzahl zunimmt, kann jedoch nur entweder die Stromstärke oder die Beschleunigung konstant gehalten werden. Es ist dann am besten, die Stromstärke konstant zu halten, weil diese ohne weiteres an einem Stromzeiger abgelesen werden kann.

Wir sehen also, daß das Anlassen schließlich darauf hinausläuft, dem Anker einen Strom von angemessener Größe zuzuführen und diesen Strom während der Anlaßzeit möglichst gleich zu halten. Solange der Motor stillsteht, hat der Strom nur den Ohmschen Widerstand des Ankers und der Wendepolwicklung (bei Haupt- und Doppelschlußmotoren auch den der Hauptstromwicklung) und den Übergangswiderstand der Bürsten zu überwinden. Wir wollen im folgenden diese Widerstände zusammenfassend den Gesamtwiderstand des Motors nennen. Sobald aber der Motor sich in Bewegung setzt, wird im Anker eine EMK induziert, die dem Strome entgegenwirkt. Bei konstantem Ankerstrom ist der resultierende Kraftfluß konstant und die Größe dieser EMK nimmt proportional der Drehzahl zu. Infolge der Ankerrückwirkung und bei Haupt- und Doppelschlußmotoren auch infolge der durch den Ankerstrom auf den Magneten erzeugten Amperewindungen ändert sich bei Veränderung des Ankerstromes wohl der Kraftfluß und somit der Proportionalitätsfaktor zwischen EMK und Drehzahl, die EMK wächst jedoch bei jeder bestimmten Stromstärke geradlinig mit der Drehzahl.

Wir müssen also an die Klemmen des stillstehenden Motors zunächst eine Spannung anlegen, die nach dem Ohmschen Gesetz gleich dem Produkt des Motorwiderstandes und des zugelassenen Anlaufstromes ist. Diese Spannung beträgt, weil der Ankerwiderstand verhältnismäßig klein ist, meist nur einige Hundertteile der Betriebsspannung. Die aufgedrückte Spannung ist dann in dem Maße, wie die Gegen-EMK mit zunehmender Geschwindigkeit wächst, zu erhöhen, damit ihr Überschuß über die Gegen-EMK und damit auch der Anlaßstrom konstant bleibt. Es kann dies streng genommen jedoch nur mit den aus verschiedenen praktischen Gründen bei Gleichstrom nur selten verwendeten Wasserwiderständen erreicht werden.

Die heute fast ausschließlich verwendeten Metallwiderstände bestehen aus einer Anzahl von in Serie geschalteten Drahtspiralen, von denen in passenden Abständen Abzweigleitungen zu Kontakten geführt sind, durch welche der Strom zugeführt wird. Beim Anlassen wird der über der Kontaktbahn verschiebbare Kontakthebel von Kontakt zu Kontakt geführt und so der Widerstand sprungweise verringert. Der Anlaßstrom wird deshalb um einen Mittelwert schwanken. Der Widerstand muß so abgestuft sein, daß der Strom während der ganzen Anlaßperiode zwischen denselben Grenzen schwankt. Während der Hebel auf einem Kontakt belassen wird, steigt infolge der Zunahme der Drehzahl die EMK des Ankers und die Stromstärke nimmt ab. Die Stromstärke kann nur so weit abnehmen, bis das Drehmoment gleich der Summe von Leerlauf- und Belastungsdrehmoment geworden ist, denn dann ist für die Beschleunigung kein Überschuß an Drehmoment mehr vorhanden und die Drehzahl hört auf zu steigen. Bevor dieser Dauerzustand erreicht ist, wird jedoch der Hebel auf den nächsten Kontakt umgeschaltet, der Strom schnellt infolge der plötzlichen Verringerung des Widerstandes auf den Höchstwert, und der Vorgang wiederholt sich, bis der letzte Kontakt erreicht ist.

73. Grundgleichungen des Anlaßvorganges.

Im vorigen Abschnitt haben wir gesehen, daß das Drehmoment des Motors, das Gesamtträgheitsmoment der angetriebenen Teile, die Anlaßzeit, die im Motor induzierte EMK und der während des Anlassens in den Widerständen entstehende Energieverlust von grundlegender Bedeutung bei der Behandlung des Anlaßvorganges sind. Wir wollen hier die Formeln für die Berechnung dieser Größen ableiten bzw. angeben.

a) **Das Drehmoment.** Wird ein Leiter von der Länge l von einem Strom i_a Amp. durchflossen und befindet er sich in einem Felde, dessen Stärke B_l auf der ganzen Länge des Leiters konstant ist, so wirkt auf den Leiter, wenn der Kraftfluß senkrecht auf der Leiter- und der Bewegungsrichtung steht, eine Kraft

$$i_a l B_l \frac{10^{-6}}{9{,}81} \text{ kg}.$$

Bei einem Motor haben wir N von einem Strom von i_a Amp. durchflossene Leiter, jedoch ist die Umfangskraft hier nicht N-mal so groß, weil nicht alle Leiter in demselben Feld B_l liegen. Wir können uns vorstellen, daß die Luftinduktion über dem Teil $\alpha_i \pi D$ des Ankerumfanges konstant und gleich B_l ist, während sie über dem Teil $(1-\alpha_i)\pi D$ gleich Null ist. Wir erhalten dann die Umfangskraft

$$K = i_a l B_l N \alpha_i \frac{10^{-6}}{9{,}81} \text{ kg}$$

und das auf den Anker ausgeübte Drehmoment

$$\vartheta_a = K \frac{D}{2} = i_a l B_l N \alpha_i \frac{D}{2} \frac{10^{-8}}{9{,}81} \text{ kgm}.$$

Setzen wir in dieser Gleichung

$$i_a = \frac{J_a}{2a}, \quad \pi D = 2p\tau \quad \text{und} \quad \alpha_i \tau l B_l = \Phi,$$

so erhalten wir das auf den Anker ausgeübte Drehmoment

$$\boldsymbol{\vartheta_a = \frac{10^{-8}}{2\pi \cdot 9{,}81} \frac{p}{a} N \Phi J_a} \textbf{ kgm}, \tag{160}$$

worin Φ also den Kraftfluß je Pol und J_a den dem Anker zugeführten Strom bezeichnen.

Das Drehmoment ϑ_a können wir uns in folgende Teile zerlegt denken:

ϑ_L = Leerlaufdrehmoment,
ϑ_P = Belastungsdrehmoment,
ϑ_B = Beschleunigungsdrehmoment.

Also

$$\vartheta_a = \vartheta_L + \vartheta_P + \vartheta_B \text{ mkg}^*. \tag{161}$$

Der Zusammenhang zwischen Drehmoment ϑ in mkg*, Drehzahl n und Leistung W in Watt ist

$$\vartheta = \frac{30}{\pi \cdot 9{,}81} \cdot \frac{W}{n} = 0{,}975 \cdot \frac{W}{n} \text{ mkg}^*. \tag{162}$$

b) Das Trägheitsmoment. Das Trägheitsmoment Θ eines um eine Achse drehbaren Körpers mit der Masse m kg und dem Trägheitsradius r in m ist Θ kg m². Die Masse des Körpers können wir in der Weise bestimmen, daß wir den Körper auf die eine Schale einer Wage legen und auf die andere Wagschale so viele Kilogrammgewichte auflegen, daß die Wage ins Gleichgewicht kommt. Mit anderen Worten: die Masse des Körpers wird durch Wägen ermittelt. Dabei haben wir aber durchaus nicht, wie es auf dem ersten Blick zu sein scheint, das Gewicht, d. h. die Anziehungskraft der Erde auf den Körper, bestimmt, sondern nur die Masse des Körpers mit der Masse so und so vieler Kilogrammgewichte verglichen. Es geht dies ohne weiteres daraus hervor, daß genau dasselbe Ergebnis herauskäme, wenn wir die Wägung auf einem anderen Himmelskörper ausführen würden[1]). Es sei hier bemerkt, daß, wenn wir ein Drehmoment in mkg* angeben, kg* eine Kraft bedeutet, nämlich diejenige Kraft, mit welcher die Erde die Masse 1 kg anzieht.

Der Trägheitsradius eines Körpers ist der Radius eines Kreises mit derselben Masse und demselben Trägheitsmoment wie sie der Körper selbst besitzt.

Das Trägheitsmoment eines beliebigen Körpers erhält man, indem man das Integral

$$\int r^2 \, dm$$

über den ganzen Körper bildet.

In den meisten Fällen hat der Körper jedoch nicht eine so regelmäßige Gestalt, daß das Trägheitsmoment sich durch eine Integration bestimmen läßt. Man erhält dann ein genügend genaues Ergebnis, wenn man den Körper in ringförmige Teile zerlegt und das Trägheitsmoment jedes Ringes bildet, indem man den Trägheitsradius des Ringes gleich dem mittleren Radius desselben setzt. Bei einer

---

[1]) Mit einer Federwage würden wir dagegen verschiedene Werte erhalten, weil die Federwage eben gerade die Anziehungskraft (das Gewicht) angibt.

ebenen Scheibe mit dem Radius r ist der Trägheitsradius $\frac{r}{\sqrt{2}}$. Bei einer Stange von der Länge l, die sich um eine zur Längsachse der Stange senkrechte, durch das eine Ende gehende Achse dreht, ist der Trägheitsradius $\frac{l}{\sqrt{3}}$.

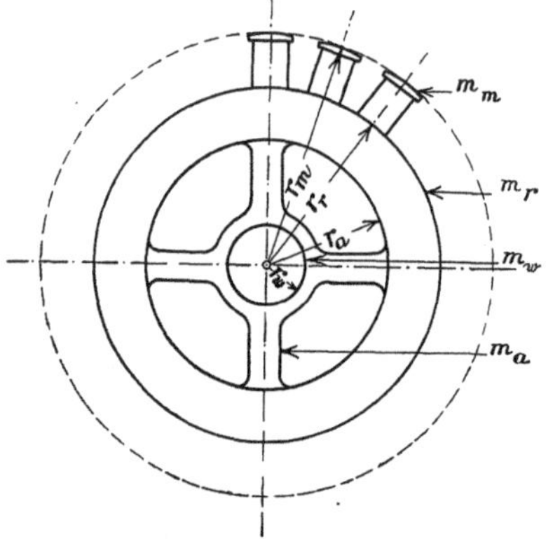

Fig. 357. Ermittelung des Trägheitsmomentes eines Magnetrades.

Das Trägheitsmoment Θ eines Magnetrades (Fig. 357) wird somit in folgender Weise berechnet:

m_m = Masse[1]) der Magnetpole in kg
m_r = „ des Ringes „ „
m_a = „ der Arme „ „
m_w = „ „ Welle „ „
r = Radius in m (s. Fig. 357)

$$\sum \Theta = m_m \left(\frac{r_m + r_r}{2}\right)^2 + m_r \left(\frac{r_r + r_a}{2}\right)^2 + m_a \frac{r_a^2}{3} + m_w \frac{r_w^2}{2} \text{ kg m}^2 . \tag{163}$$

Treibt der Motor durch Transmissionen mehrere Arbeitsmaschinen mit den Trägheitsmomenten $\Theta_1, \Theta_2, \ldots$ und den Drehzahlen $n_1, n_2, \ldots$ an, so ist das resultierende Trägheitsmoment der ganzen Anlage auf die Motorwelle bezogen, wenn Θ_m und n_m das Trägheitsmoment bzw. die Drehzahl des Motors bezeichnen,

$$\Theta_{\text{res}} = \Theta_m + \Theta_1 \left(\frac{n_1}{n_m}\right)^2 + \Theta_2 \left(\frac{n_2}{n_m}\right)^2 + \cdots . \tag{164}$$

Wenn der Motor durch irgendeine Vorrichtung einen Körper, dessen Masse m kg ist, geradlinig bewegt, und der Motor mit dem Körper in der Weise verbunden ist, daß die Geschwindigkeit des Körpers v m je Sekunde beträgt, wenn die Drehzahl des Motors n Umdrehungen in der Minute ist, so wirkt die Masse des Körpers auf den Motor wie ein Trägheitsmoment von der Größe

$$\Theta_g = m \left(\frac{v}{n} \cdot \frac{30}{\pi}\right)^2 \text{ kg m}^2 . \tag{165}$$

Dieser Fall liegt z. B. bei Aufzügen, Kranen, Fördermaschinen und Bahnen vor.

[1]) Durch Wägen bestimmt und deshalb, obwohl fälschlich, gewöhnlich „Gewicht" genannt.

c) Die Anlaßzeit. Der Zusammenhang zwischen Beschleunigungsmoment ϑ_B in mkg* und der davon je Sekunde veranlaßten Erhöhung der Drehzahl n, die, wie oben, in Umdrehungen je Minute ausgedrückt wird, ist durch die Gleichung

$$\vartheta_B = \frac{\pi}{30 \cdot 9{,}81} \cdot \Sigma\, \Theta \frac{dn}{dt} \tag{166}$$

gegeben.

Bei Bahnen, wo man mit einer konstanten mittleren Anlaßstromstärke anfährt, nimmt ϑ_B mit steigender Drehzahl ab, weil ϑ_P wächst.

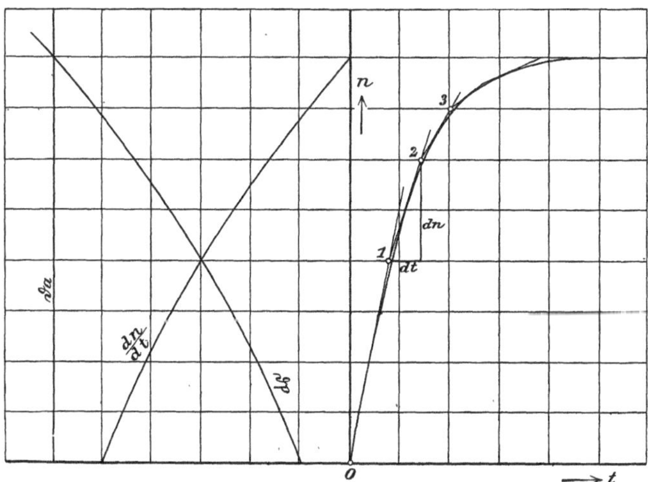

Fig. 358. Ermittlung der Anlaßzeit eines Motors.

Man ermittelt dann die Drehzahl als Funktion der Zeit zeichnerisch, indem man aus der Gleichung 166 $\frac{dn}{dt}$ bei verschiedenen Drehzahlen ermittelt und, wie in Fig. 358 gezeigt, als Funktion der Drehzahl aufträgt. Dann zeichnet man über die Zeit t den Linienzug 0, 1, 2, 3, ..., indem man der Linie 0—1 die Neigung $\frac{dn}{dt}$ im Punkte 0 gegen die t-Achse gibt usw. Die diese Linien tangierende Kurve gibt dann die Drehzahl als Funktion der Zeit an, während die Integralkurve dazu die Anzahl der gemachten Umdrehungen oder den zurückgelegten Weg darstellt.

Ist dagegen, wie in den meisten Fällen, ϑ_B konstant, so kann man die Anlaßzeit T leicht wie folgt berechnen:

$$\int_{t=0}^{t=T} \vartheta_B\, dt = \int_{n=0}^{n=n} \frac{\pi}{30 \cdot 9{,}81} \cdot \Sigma\Theta\, dn\,.$$

Also

$$T = \frac{\pi}{30 \cdot 9{,}91} \cdot \frac{\sum \Theta}{\vartheta_B} \cdot n \text{ sek.} \tag{167}$$

Diese Gleichung eignet sich für den praktischen Gebrauch jedoch nicht, weil sie für die Wahl von ϑ_B keinen Anhalt bietet. Wir können uns aber einen solchen Anhalt schaffen, wenn wir das beschleunigende Drehmoment gleich einem Teil α des normalen Drehmomentes setzen und das letztere durch die normale Leistung $(PS)_{\text{norm}}$ bzw. $(kW)_{\text{norm}}$ bei der vollen Drehzahl n ausdrücken, indem wir schreiben:

$$\vartheta_B = \alpha\, \vartheta_P$$

und

$$\vartheta_P = 716 \frac{(PS)_{\text{norm}}}{n} = 975 \frac{(kW)_{\text{norm}}}{n} \text{ mkg}.$$

Durch Einsetzen dieser Ausdrücke in die Formel 167 bekommen wir

$$\boldsymbol{T = \frac{\Sigma \Theta n^2}{67500\, \alpha\, (PS)_{\text{norm}}} = \frac{\Sigma \Theta n^2}{91740\, \alpha\, (kW)_{\text{norm}}} \text{ sek.}} \tag{168}$$

Bezeichnen wir ferner die dem Anlaufdrehmoment bei voller Drehzahl entsprechende Leistung (die Anlaßleistung) mit $(kW)_{\text{Anl}}$ und das Verhältnis des Belastungsdrehmomentes beim Anlassen zum Belastungsdrehmoment bei Vollast mit β, so ist

$$\alpha (kW)_{\text{norm}} = (kW)_{\text{Anl}} - \beta (kW)_{\text{norm}}$$

und wir können die Anlaufzeit durch die Gleichung ausdrücken:

$$\boldsymbol{T = \frac{\Sigma \Theta n^2}{91750\, \alpha\, [(kW)_{\text{Anl}} - \beta (kW)_{\text{norm}}]}}. \tag{169}$$

Weil der Zusammenhang zwischen Stromstärke und $(kW)_{\text{Anl}}$ leicht ermittelt werden kann und die Belastung $\beta (kW)_{\text{norm}}$, unter welcher der Motor anzulaufen hat, durch den Betrieb bestimmt ist, kann die Anlaufzeit mit Hilfe dieser Formel schnell ermittelt werden, wenn das Trägheitsmoment bekannt ist.

Ein gutes Maß für das Trägheitsmoment des Motors selbst bekommt man, wenn man es durch die Anlaßzeit T_0 des leerlaufenden Motors bei $(kW)_{\text{Beschl}} = (kW)_{\text{norm}}$, d. h. bei $\alpha = 1$, ausdrückt. Es ist nämlich:

$$\sum \Theta_{\text{Motor}} = T_0 \frac{91750\, (kW)_{\text{norm}}}{n^2}. \tag{170}$$

Bei offenen Motoren normaler Ausführung ist

T_0 in Sekunden ungefähr

Bei Umdrehungen	und bei Motorleistungen in kW					
	10	25	50	100	250	500
500	0,45	0,55	0,7	0,8	1,1	1,4
1500	0,5	0,6	0,8	1,0	1,5	2,0

d) **Die im Motor induzierte EMK.** Diese ist

$$E = \frac{p\,n}{60}\,\frac{N}{a}\,\Phi\,10^{-8}\ \text{Volt}. \tag{171}$$

e) **Der Energieverlust im Anlaßwiderstand.** Wird der Anlaßwiderstand R_a allmählich in der Weise verringert, daß die Anlaßstromstärke J_a während der ganzen Anlaßzeit unverändert bleibt, und ist ϑ_P und somit auch ϑ_B konstant, so ergibt sich aus der Fig. 359 unter Berücksichtigung der Gleichungen 167 und 171, daß die im Anlaßwiderstand während der Anlaßzeit in Wärme umgesetzte Energie (die schraffierte Fläche in der Fig. 359)

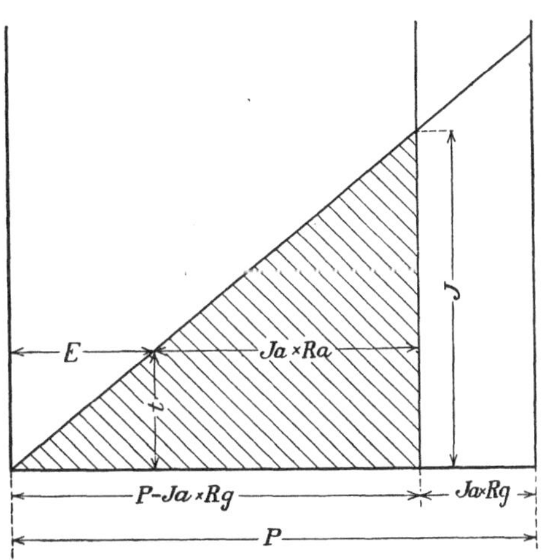

Fig. 359. Verlust im Anlaßwiderstand.

$$A_v = J_a \cdot \frac{P - J_a \cdot R_g}{2} \cdot T \ \text{Wattsek.} \tag{172}$$

ist, wenn P die Netzspannung in Volt und R_g den Gesamtwiderstand des Motors in Ohm bezeichnen.

Aus den Gleichungen 160 und 161 geht hervor, daß wir J_a in die drei Teile J_L, J_P und J_B entsprechend den Drehmomenten ϑ_L, ϑ_P und ϑ_B zerlegt denken können. Setzen wir nun in der Gleichung 172 den in der Gleichung 167 angegebenen Ausdruck für T ein und drücken wir dabei ϑ_B als Funktion von J_B laut Gleichung 160 aus, so bekommen wir:

$$A_v = \frac{\pi^2}{120} \cdot 10^8 \cdot \frac{a}{p} \cdot \frac{1}{N} \cdot \frac{\Sigma(\Theta)}{\Phi} \cdot n \cdot \frac{J_a}{J_B} \cdot (P - J_a \cdot R_g) \tag{173}$$

oder, wenn wir $J_a \cdot R_g$, da klein im Verhältnis zur Klemmenspannung, und J_L, da klein im Verhältnis zu J_P, vernachlässigen,

$$A_v = \frac{\pi^2}{120} \cdot 10^8 \cdot \frac{1}{N} \cdot \frac{\Sigma(\Theta)}{\Phi} \cdot n \cdot \left(1 + \frac{J_P}{J_B}\right) \cdot P \textbf{ Wattsek.} \tag{173 a}$$

Aus dieser Gleichung können wir folgendes entnehmen:

Je kleiner der Kraftfluß Φ ist, desto höher ist die Drehzahl n, die der Motor am Ende der Anlaßzeit erreicht, und desto größer ist, bei gegebenem Belastungsmoment, J_P. Der Anlaßverlust nimmt also bei Schwächung des Feldes rasch zu. Man soll deshalb im allgemeinen immer mit dem größten erreichbaren Kraftfluß anlassen.

Bei gegebenem Kraftfluß und Belastungsdrehmoment wird der Anlaßverlust um so kleiner, je größer J_B ist. Zum Zwecke eines kleinen Anlaßverlustes soll man deshalb den Anlaufstrom möglichst groß halten (vgl. S. 419).

Da der Anlaßverlust der $\sum\Theta$ direkt proportional ist, kann A_v bei sehr großen Schwungmassen so groß werden, daß man das Anlassen mit Widerständen aus wirtschaftlichen Gründen nicht mehr verwenden kann. In diesem Falle muß man zu besonderen in einem folgenden Kapitel beschriebenen Anlaßverfahren übergehen.

74. Stufung der Anlaßwiderstände.

Bei einem bestimmten Ankerstrom ist bei jeder Motorart der Kraftfluß, unabhängig von der Drehzahl, konstant, und also die induzierte EMK nach Gl. 171 der Drehzahl proportional,

$$E = P - JR = c \cdot n. \tag{174}$$

Wollte man daher bei vollständig unveränderlicher Stromstärke J anlassen, so müßte man bei steigender Geschwindigkeit den Widerstand R so verändern, daß stets obige Gleichung erfüllt wäre. Der Widerstand müßte also geradlinig mit wachsender Drehzahl abnehmen. Hieraus ergibt sich das folgende Verfahren zur Ermittlung der Stufung des Anlaßwiderstandes, die wir zuerst beim Doppelschlußmotor, bei dem sämtliche zu berücksichtigenden Einflüsse vorhanden sind, durchführen wollen (Fig. 360).

Als Funktion der Amperewindungen AW auf den Magneten wird der Kraftfluß Φ (je Pol) aufgetragen.

Aus dieser Kurve wird die Kurve der Drehzahl n_0 bei dem Widerstand Null des Motors unter Benutzung der Gl. 171 mit dem Rechenschieber oder zeichnerisch (s. Bd. I, S. 487) ermittelt, indem man $E = P$ setzt. Dann werden die Amperewindungen AW_n der Nebenschlußwicklung auf der AW-Achse abgesetzt (0—1). Die zur AW-Achse senkrechte, nach unten gerichtete Achse stellt den Ankerstrom J_a dar.

Als Funktion von J_a werden die resultierenden Amperewindungen der Neben- und Hauptschlußwicklungen, $AW_n + AW_h$, als eine gerade Linie 1—2 aufgetragen. Bei einem zweckmäßig gewählten Ankerstrom

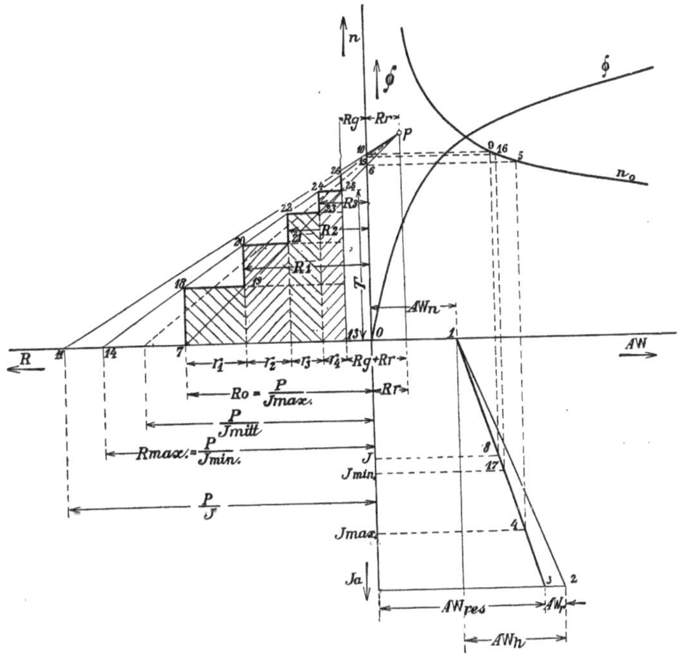

Fig. 360. Ermittlung der Stufung des Anlaßwiderstandes eines Doppelschlußmotors.

werden die rückwirkenden Amperewindungen $AW_r = AW_e + AW_q$ des Ankers bei gegebener Bürstenstellung ermittelt (Bd. I, S. 179 bis 185) und von AW_h abgezogen. Die Ankerrückwirkung AW_r können wir als dem Ankerstrom J_a proportional ansehen, wenn wir die Veränderung der Queramperewindungen mit der Sättigung vernachlässigen, und wir erhalten dann die resultierenden Amperewindungen $AW_{res} = AW_n + AW_h - AW_r$ als Funktion von J_a als die gesuchte Linie 1—3.

Von dem maximalen Anlaufstrom J_{max} aus ziehen wir eine wagerechte Linie, die 1—3 in 4 schneidet. Von 4 gehen wir senkrecht zum Schnittpunkt mit der n_0-Kurve hinauf und ziehen von 5 eine wagerechte Linie, welche die n-Achse im Punkte 6 schneidet. Auf der Verlängerung der AW-Achse nach links setzen wir eine Strecke 0—7 ab, die gleich der Summe $R_0 = \frac{P}{J_{max}}$ gleich Motor- plus Anlaßwiderstand bei J_{max} und stillstehendem Motor gemacht wird.

Die Gerade 6—7 stellt dann den oben erwähnten geradlinigen Zusammenhang zwischen Widerstand und Drehzahl bei dem konstanten Anlaßstrom J_{max} dar.

Wie auf S. 421 erwähnt, können wir jedoch nicht den Widerstand eines Metallanlassers in der Weise verändern, daß die Stromstärke dauernd den Wert J_{max} beibehält. Wir müssen uns deshalb darauf beschränken, die Widerstände zwischen den einzelnen Kontakten so zu stufen, daß die Stromstärke bei richtig vorgenommenem Anlassen um den Mittelwert J_{mitt} zwischen den Grenzen J_{max} und J_{min} schwankt.

Zu diesem Zwecke ist zunächst die Grenzlinie für J_{min} zu ermitteln.

Wie wir bald sehen werden, kann mit Rücksicht darauf, daß die Anzahl der Kontakte ganzzahlig sein muß, nicht jeder beliebige Wert von J_{min} erhalten werden. Wir sind deshalb gezwungen, zuerst die Grenzlinie 10—11 für einen Strom J, der ungefähr dem erwünschten kleinsten Strom entspricht durch den Linienzug J—8—9—10—11 zu suchen. Die Linien 6—7 und 10—11 werden dann verlängert, bis sie sich im Punkte p in der Entfernung R_r rechts von der n-Achse schneiden.

Bei einer anderen Stromstärke, die nicht wesentlich von J abweicht, geht die Linie $R = f(n)$ durch denselben Punkt p. Bei Stromstärken jedoch, die erheblich von J abweichen, verschiebt sich der Punkt p etwas.

Der eine Punkt, durch den die Grenzlinie für J_{min} gezogen werden soll, ist also der Punkt p. Um J_{min} zu bestimmen, ist nur noch ihr Schnittpunkt 14 mit der R-Achse in der Entfernung R_{max} von der n-Achse wie folgt zu suchen.

Zunächst ist zu bemerken, daß der Widerstand R_{max} nur in der zeichnerischen Darstellung als ein gedachter Widerstand vorkommt. Bei der hier beschriebenen Abstufung ist die Stromstärke auf dem ersten Kontakt gleich J_{max} und somit die Summe von Motor- und Ankerwiderstand auf diesem Kontakt gleich R_0.

Wir ziehen zwei zur n-Achse parallele Linien; die eine durch den Punkt p in der Entfernung R_r nach rechts von der n-Achse, die andere in der Entfernung R_g nach links davon. Sie schneiden die AW- bzw. die R-Achse in den Punkten 12 bzw. 13.

Wenn wir die Stufenzahl mit m, d. h. die Zahl der Kontakte mit $m+1$ bezeichnen, so ist, wie aus der fertigen Aufzeichnung leicht zu ersehen ist, das Verhältnis

$$\gamma' = \frac{7-12}{14-12} = \left(\frac{13-12}{7-12}\right)^{\frac{1}{m}},$$

d. h.

$$\gamma' = \frac{R_0 + R_r}{R_{\max} + R_r} = \left(\frac{R_g + R_r}{R_0 + R_r}\right)^{\frac{1}{m}}, \tag{175}$$

worin

$$R_0 = \frac{P}{J_{\max}} \quad \text{und} \quad R_{\max} = \frac{P}{J_{\min}} \quad \text{ist.}$$

In der Fig. 361 sind die Werte von γ' bei verschiedenen Werten von $\frac{R\;+R_r}{R_0+R_r}$ für die Stufenzahlen $m = 2$ bis 15 aufgetragen. Mit Hilfe dieser Kurven kann die passende Stufenzahl m und der genaue Wert von γ' rasch ermittelt und somit der Punkt 14 bestimmt werden.

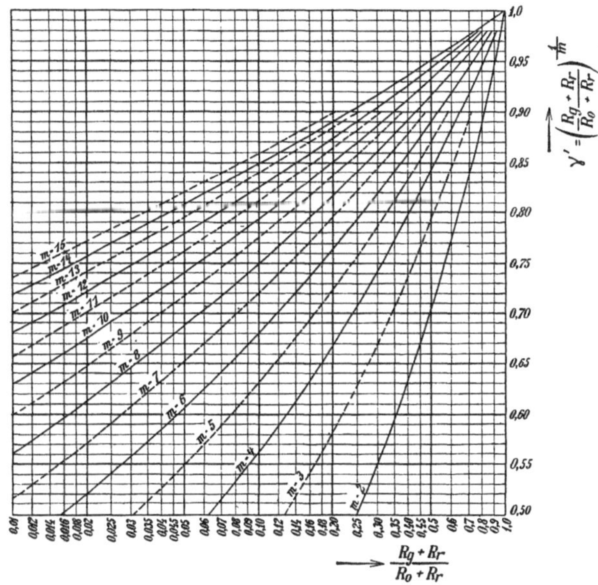

Fig. 361. Kurven zur Ermittlung der Stufenzahl eines Anlassers.

Die Stufenzahl ist so zu wählen, daß die Stromschwankungen nicht zu groß werden.

Weil das Verhältnis

$$\gamma = \frac{J_{\min}}{J_{\max}} = \frac{R_0}{R_{\max}}$$

größer ist als das Verhältnis

$$\gamma' = \frac{R_0 + R_r}{R_{\max} + R_r},$$

ist die Stufenzahl m so zu wählen, daß γ' etwas kleiner als das gewünschte Verhältnis γ wird.

Der Punkt 14 wird nun mit p verbunden und J_{min} durch Zeichnung des Linienzuges 14—15—16—17—J_{min} gefunden.

Der Anlaßwiderstand soll innerhalb der durch die Linien 7—6 und 14—15 gezogenen Grenzen verändert werden, und, da diese Veränderung sprungweise vorgenommen werden muß, wird diese Veränderung durch die Treppenlinie 7—18—19—···—25 dargestellt. Während der Anlaßhebel auf dem ersten Kontakt steht, ist der Widerstand R_0 konstant, die Drehzahl steigt vom Punkte 7 bis 18, während die Stromstärke von dem Wert J_{max} allmählich auf den Wert J_{min} heruntergeht. Sobald J_{min} erreicht ist, wird der Hebel auf den nächsten Kontakt geschaltet, wobei der Widerstand r_1 der ersten Stufe ausgeschaltet wird. Während des Umschaltens steigt die Drehzahl nicht merklich und der Punkt 19 wird plötzlich erreicht, von wo aus der Vorgang von neuem wiederholt wird usf., bis daß der Anlaßwiderstand im Punkte 25 ganz ausgeschaltet ist.

Wenn wir den Gesamtwiderstand des Stromkreises bei Einstellung des Kontakthebels auf den ersten, zweiten, dritten usw. Kontakt des Anlaßwiderstandes mit R_0, R_1, R_2 usw. bezeichnen; so geht aus der Fig. 360 hervor, daß

$$\frac{R_1+R_r}{R_0+R_r}=\frac{R_2+R_r}{R_1+R_r}=\frac{R_3+R_r}{R_2+R_r}=\cdots=\frac{R_{m-1}+R_r}{R_g+R_r}=\gamma' \qquad (176)$$

sein muß, woraus folgt:

$$\left.\begin{aligned}
R_0+R_r &= R_0+R_r\\
R_1+R_r &= \gamma'\cdot(R_0+R_r)\\
R_2+R_r &= \gamma'\cdot(R_1+R_r)=\gamma'^2(R_0+R_r)\\
R_3+R_r &= \gamma'\cdot(R_2+R_r)=\gamma'^3(R_0+R_r)\\
&\cdots\cdots\cdots\cdots\cdots\cdots\\
&\cdots\cdots\cdots\cdots\cdots\cdots\\
R_{m-1}+R_r &= \gamma'\cdot(R_{m-2}+R_r)=\gamma'^{m-1}(R_0+R_r)\\
R_g+R_r &= \gamma'\cdot(R_{m-1}+R_r)=\gamma'^{m}(R_0+R_r).
\end{aligned}\right\} \qquad (177)$$

Also ist (vgl. S. 431)

$$\frac{R_0+R_r}{R_{max}+R_r}=\frac{R_1+R_r}{R_0+R_r}=\gamma'=\left(\frac{R_g+R_r}{R_0+R_r}\right)^{\frac{1}{m}}. \qquad (178)$$

Die Widerstände $r_1, r_2, r_3 \ldots r_m$ der einzelnen Stufen ergeben sich aus Gl. 177 zu

$$\left.\begin{array}{l} r_1 = R_0 - R_1 = (1 - \gamma') \cdot (R_0 + R_r) = r_1 \\ r_2 = R_1 - R_2 = (\gamma' - \gamma'^2) \cdot (R_0 + R_r) = \gamma' \cdot r_1 \\ r_3 = R_2 - R_3 = (\gamma'^2 - \gamma'^3) \cdot (R_0 + R_r) = \gamma'^2 \cdot r_1 \\ \cdots\cdots\cdots\cdots\cdots\cdots\cdots\cdots \\ r_{m-1} = R_{m-2} - R_{m-1} = (\gamma'^{m-2} - \gamma'^{m-1}) \cdot (R_0 + R_r) = \gamma'^{m-2} \cdot r_1 \\ r_m = R_{m-1} - R_g = (\gamma'^{m-1} - \gamma'^m) \cdot (R_0 + R_r) = \gamma'^{m-1} \cdot r_1 \end{array}\right\} \quad (179)$$

Hieraus folgt

$$r_1 + r_2 + r_3 + \cdots + r_m = r_1 (1 + \gamma' + \gamma'^2 + \gamma'^3 + \cdots + \gamma'^{m-1})$$

und also

$$r_1 \cdot \frac{\gamma'^m - 1}{\gamma' - 1} = R_0 - R_g. \quad (180)$$

Aus dem Vorstehenden geht hervor, daß die Stufung nach einer geometrischen Reihe zu erfolgen hat. Die Stufung kann demnach leicht mit dem Rechenschieber in folgender Weise vorgenommen werden.

Man legt einen Papierstreifen auf die Skala des Rechenschiebers und teilt die Strecke zwischen $R_g + R_r$ und $R_0 + R_r$ in m gleiche Teile. Dann geben die den Teilstrichen entsprechenden Zahlen des Rechenschiebers die Widerstände $R_1 + R_r$, $R_2 + R_r$ usw. und die Unterschiede dieser Zahlen die Widerstände $r_1, r_2 \ldots$ usw. der einzelnen Stufen an.

Der Anlaßhebel muß auf einem Kontakt während der Zeit t belassen werden, die nach der Gl. 167 berechnet werden kann, wenn man darin für n die Zunahme der Drehzahl, während der Hebel sich auf dem Kontakt befindet, einführt. Wenn $t_1, t_2, t_3 \ldots$ die Zeit auf dem ersten, zweiten, dritten usw. Kontakt bedeutet, so ist die X-te Widerstandsstufe während der Zeit

$$T_x = t_1 + t_2 + t_3 + \cdots + t_x \quad (181)$$

stromdurchflossen, und die in dieser Stufe entwickelte Arbeit

$$A_x = J^2_{\text{mitt}} r_x T_x \text{ Wattsek.} \quad (182)$$

Wenn das Belastungsmoment ϑ_P und also auch das Beschleunigungsmoment ϑ_B konstant ist, ist der Proportionalitätsfaktor zwischen Zeit und Drehzahl auf jedem Kontakt derselbe. Die schraffierten Flächen der Fig. 360 stellen dann die in den einzelnen Widerstandstufen entwickelten Arbeitsmengen in einem gewissen Maßstabe dar.

Die oben beschriebene Stufung der Anlaßwiderstände darf nicht ohne weiteres verwendet werden. Beim Einschalten des Anlassers auf den ersten Kontakt sowie beim Umschalten von einem Kontakt zum anderen wird nämlich eine gewisse Leistung geschaltet, die unter Umständen so groß werden kann, daß die Kontakte beschädigt werden. Die Stufung muß in dieser Beziehung nachgeprüft und, wenn erforderlich, wie folgt geändert werden.

Die „Einschaltleistung“ auf dem ersten Kontakt ist

$$W_g = \frac{P^2}{R_0} \text{ Watt.} \tag{183}$$

Die „Umschaltleistung“, die beim Übergang vom X-ten Kontakt zum $(X+1)$-ten Kontakt auf den letzteren Kontakt eingeschaltet wird, ist

$$W_n = (P - E)(J_{\max} - J_{\min}). \tag{184}$$

Die zulässige Größe dieser Leistungen ist von der Bauart der Kontakte und der Kontaktbürsten abhängig. Für normale Ausführungen gilt die Faustregel:

Die Einschaltleistung darf bei Anlassern für mit Volllast ($\beta = 1$) anlaufenden Motoren ebenso viele kW betragen, als die Leistung des Motors in PS beträgt, jedoch nicht mehr als 20 kW.

Die Umschaltleistung ist etwas kleiner als die Einschaltleistung zu wählen.

Um das zu erreichen, müssen unter Umständen sowohl einige Vorkontakte, als auch einige Zwischen-Kontakte zwischen den ersten Kontakten angebracht werden. Die Widerstände auf diesen Kontakten sind ebenfalls logarithmisch zu stufen.

Es leuchtet ohne weiteres ein, daß die Φ- und n-Kurven der Fig. 360, unabhängig von der Wicklungsart und dem Widerstand der Maschine, ganz allgemein für eine bestimmte Maschinengröße gelten. Nur der Maßstab der n-Kurve ist von der Stabzahl des Ankers und von der Spannung abhängig. Wir sehen ferner, daß in der Fig. 360 alle bei der Stufung des Anlaßwiderstandes zu berücksichtigenden Größen vorhanden sind. Es bleibt deshalb nur noch übrig zu untersuchen, wie das Verfahren sich bei Veränderung dieser Größen ändert.

Eine Veränderung der Bürstenstellung beeinflußt die Steigung der Linie 1—3 im Verhältnis zur Linie 1—2, während die Lage des Punktes 1 dabei unverändert bleibt. Stehen die Bürsten in der Neutralen, so fällt 1—3 fast mit 1—2 zusammen. Stehen die Bürsten in der Drehrichtung des Motors verschoben, fällt die Linie

1—3 nach rechts, wenn sie gegen die Drehrichtung verschoben sind, nach links von der Linie 1—2.

Bei einem Hauptschlußmotor fehlt die Nebenschlußwicklung, d. h. $AW_n = 0$, und der Punkt 1 fällt mit 0 zusammen. Wir erhalten dann die in der Fig. 362 gezeigte Darstellung.

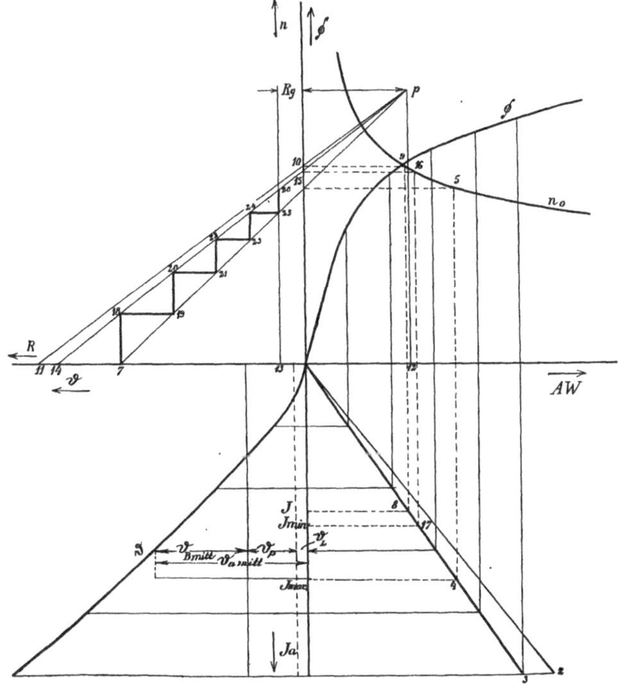

Fig. 362. Ermittelung der Anlaßwiderstände eines Hauptschlußmotors.

Bei einem Nebenschlußmotor fehlt dagegen die Hauptschlußwicklung. Die Linie 1—2 wird deshalb parallel zur J-Achse. Meist vernachlässigt man jedoch den Einfluß der Ankerrückwirkung und nimmt an, daß statt dessen die Linie 1—3 parallel zur J-Achse verläuft. Die Drehzahl bei $R_g = O$ ist dann unabhängig von dem Ankerstrom, und wir bekommen die in der Fig. 363 gezeigte Darstellung.

Das Drehmoment des Motors ist das Produkt aus dem Ankerstrom J_a und dem bei dem jeweiligen Ankerstrom vorhandenen Kraftfluß Φ. Es kann deshalb, wie in der Fig. 362 gezeigt ist, zeichnerisch ermittelt und als Funktion von J_a aufgetragen werden. Einige Punkte der Drehmomentkurve sind dort als das Produkt der Ankerstromstärke und den zugehörenden, dick ausgezogenen Ordinaten der Φ-Kurve berechnet und durch eine glatte Kurve verbunden. Der

Maßstab der Drehmomentkurve ist dabei aus der Gl. 160 zu berechnen. In der Fig. 362 sind außerdem ϑ_L, ϑ_P und ϑ_B für den Fall, daß die beiden ersteren konstant sind, angegeben.

Die zeichnerische Bestimmung der Drehmomentkurve kann bei einem Doppel- oder Nebenschlußmotor in derselben Weise durchgeführt werden.

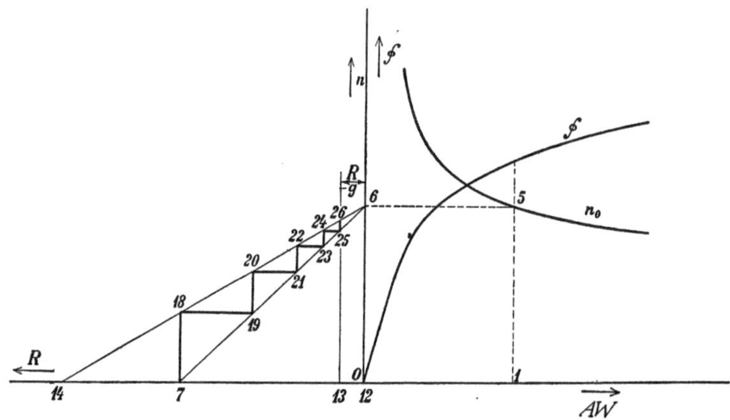

Fig. 363. Ermittlung der Anlaßwiderstände eines Nebenschlußmotors.

Während es bei einem berechneten, noch nicht ausgeführten Motor zweckmäßig erscheint, von der n-Kurve bei $R_g = 0$ auszugehen, ist es bei einem ausgeführten Motor in vielen Fällen bequemer, die durch Versuch aufgenommene Drehzahlkurve als Funktion von AW zu verwenden. Man kann dann entweder die n_0-Kurve unter Berücksichtigung des Spannungsabfalles ermitteln, oder die durch Beobachtung aufgenommene n-Kurve unmittelbar benutzen, indem man die Schnittpunkte der Linien 5—6, 9—10 und 15—16 mit der durch den Punkt 13 in der Entfernung R_g von der Ordinatenachse gehenden Linie benutzt, um die Linien 6—7, 10—11 und 14—15 zu finden.

75. Stufung der Bremswiderstände.

Die elektrische Bremsung eines Motors wird dadurch erreicht, daß man ihn als Generator auf einen Widerstand arbeiten läßt. Er wird dann von den bewegten Massen angetrieben, wodurch deren Arbeitsvermögen aufgezehrt wird. Bei der Bremsung von Nebenschlußmotoren geht man am besten so vor, daß man die Erregung am Netz beläßt und den Anker durch einen Widerstand schließt, den man bei sinkender Geschwindigkeit allmählich verringert. Selbsterregung wird während der Bremsperiode nur in besonderen Fällen verwendet, weil dabei die Bremswirkung mit abnehmender Drehzahl sehr rasch abnimmt. Bei Hauptschlußmotoren wird natürlich Selbsterregung angewandt. Hier ist darauf zu achten, daß bei Verwendung des Motors als Generator entweder die Anschlußklemmen des Ankers oder die der Hauptschlußwicklung zu vertauschen sind, weil der Hauptschlußmotor nur dann als Generator wirken kann (Bd. I, S. 123). Bei Kompoundmotoren ist die Nebenschlußwicklung am Netz zu belassen, die Kompoundwicklung entweder kurzzuschließen oder in bezug auf die Stromrichtung umzuschalten.

Um eine möglichst gleichmäßige und starke Bremswirkung zu erzielen, muß die Stufung der Bremswiderstände, ähnlich wie die der Anlaßwiderstände, so erfolgen, daß die Stromstärke zwischen zwei Grenzen J_{min} und J_{max} gehalten wird, woraus sich ergibt, daß die Berechnung dieser Stufung in ähnlicher Weise erfolgen kann, wie sie bei den Anlaßwiderständen angegeben wurde.

Für die Wahl der Grenzstromstärken J_{max} und J_{min} gelten die gleichen Erwägungen wie beim Anlassen. J_{max} ist, um eine möglichst starke Bremswirkung zu erreichen, möglichst hoch zu wählen. Sie wird jedoch durch das Gleiten der Übertragungsorgane und durch die Funkenbildung am Kommutator begrenzt. Für J_{min} gibt es hier keine bestimmte Grenze, die nicht unterschritten werden könnte, denn das Bremsmoment wirkt in derselben Richtung wie das Lastmoment. Je höher J_{min} gewählt wird, desto kräftiger und gleichmäßiger wird die Bremsung, was aber durch eine größere Anzahl von Kontakten erkauft wird.

Um sämtliche auf die Stufung einwirkenden Einflüsse zu berücksichtigen, wollen wir die Stufung des Bremswiderstandes eines Doppelschlußmotors behandeln, wobei wir annehmen, daß die Anschlüsse der Hauptschlußwicklung bei der Bremsung vertauscht worden sind.

Das Verfahren geht aus Fig. 364 hervor. Im IV-ten Quadranten eines rechtwinkligen Koordinatenkreuzes sind die resultierenden Amperewindungen AW als Funktion des Ankerstromes J_a als eine gerade Linie aufgetragen, die auf der AW-Achse die Amperewindungen AW_n der Nebenschlußwicklung abschneidet. Im I-ten Quadranten ist der Kraftfluß Φ als Funktion von AW dargestellt und im II-ten Quadranten E als Funktion von Φ bei der höchsten vorkommenden Drehzahl, die in diesem Falle zu $n = 1200$ angenommen ist, aufgetragen. Hier ist auch eine n-Achse eingezeichnet, die es gestattet, das Verfahren für irgendeine andere Drehzahl bequem umzuändern.

Wir gehen jetzt von der höchsten zulässigen Bremsstromstärke J_{max} bzw. der normalen Belastungsstromstärke J_{norm} aus und finden durch die in der Abbildung angegebenen Linienzüge nacheinander die zugehörigen Werte von AW, Φ und E für J_{max} bzw. J_{norm}. Schließen wir jetzt die beiden Linienzüge, indem wir die gefundenen Punkte auf der E-Achse mit den Punkten für J_{max} bzw. J_{norm} auf der J_a-Achse verbinden, so bekommen wir zwei Geraden, die sich im Punkte p schneiden.

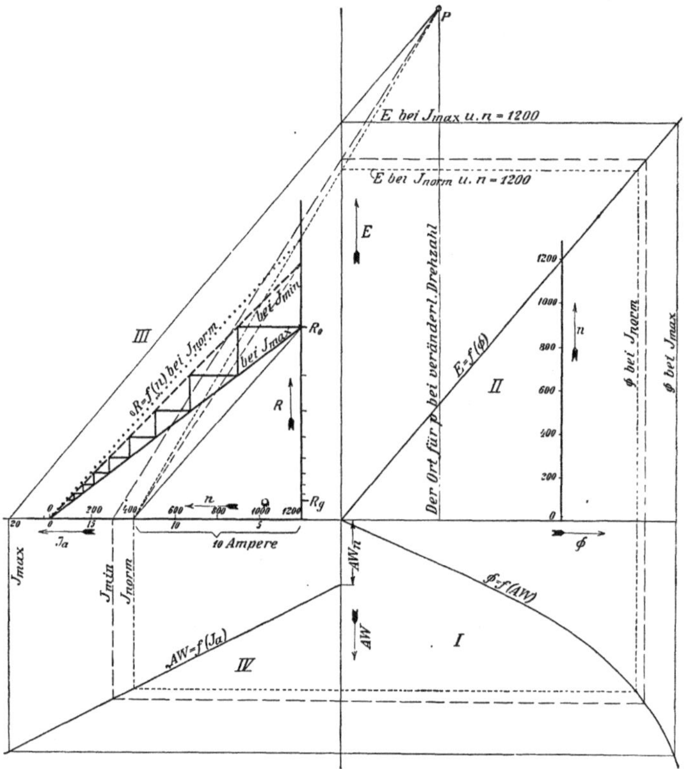

Fig. 364. Ermittlung der Bremswiderstände eines Doppelschlußmotors.

Die Neigungen dieser Geraden geben uns sofort die gesamten Widerstände, die der Ankerkreis enthalten müßte, wenn die genannten Stromstärken sich bei der vorliegenden Drehzahl von 1200 einstellen sollen. Wir können leicht die Ohmzahlen dieser Widerstände erhalten, wenn wir von J_{norm} aus auf der J_a-Achse eine passende Stromstärke, z. B. 10 Ampere absetzen, von dort aus eine zur J_a-Achse senkrechte R-Achse im III-ten Quadranten einzeichnen und von J_{norm} aus eine der Linie p—J_{max} parallele Gerade ziehen, die die R-Achse im Punkte R_0 schneidet.

Wir legen jetzt die im II-ten Quadranten eingezeichnete n-Achse längs der J_a-Achse derart, daß die vorliegende Drehzahl von 1200 mit dem Fußpunkt der R-Achse zusammenfällt und ziehen vom Punkte $n = 0$ aus zwei Gerade zu den Schnittpunkten der beiden Linien p—J_{norm} und R_0—J_{norm} mit der R-Achse. Die zuletzt gezogenen Linien stellen die erforderliche geradlinige Abnahme des Widerstandes mit abnehmender Drehzahl dar, wenn J_{max} bzw. J_{norm} während der ganzen Bremszeit beibehalten werden sollen.

Da aber der Widerstand nicht stetig vermindert werden kann, stufen wir den Widerstand zwischen R_0 und R_g (R_g = Gesamtwiderstand des Motors) logarithmisch ab und erhalten die in der Abbildung dargestellte Treppenlinie, die Stufung des Widerstandes und den Zusammenhang zwischen R und n darstellend.

Die obere Begrenzungslinie dieser Treppenlinie ist $R = f(n)$ bei J_{min}. Von dieser Linie ausgehend finden wir, wenn wir das oben beschriebene Verfahren rückwärts vornehmen, unter Benutzung des Punktes p, die kleinste Stromstärke J_{min}.

An Hand der beschriebenen Darstellung können wir leicht den Einfluß der Kompoundwicklung überblicken. Je schwächer diese ist, d. h. je weniger die Linie $AW = f(J_a)$ gegen die J_a-Achse sich neigt, je näher rückt der Punkt p an die E-Achse heran und je kleiner wird die erforderliche Anzahl von Kontakten bei gegebenem Verhältnis $\frac{J_{max}}{J_{min}}$. Der Nebenschlußmotor verhält sich demnach günstiger als der Hauptschlußmotor. Trotzdem wird die elektrische Bremsung vielfach bei Straßenbahnen verwendet, die Stromstöße werden dabei aber auch verhältnismäßig groß.

Achtzehntes Kapitel.

Berechnung der Reglerwiderstände.

Die Berechnung von Reglerwiderständen läßt sich naturgemäß nicht von allgemeinen Gesichtspunkten aus betrachten, sondern muß sich in jedem Fall nach dem Zwecke richten, dem der Widerstand dienen soll. Wir beschränken uns hier auf die Behandlung der hauptsächlichsten Fälle.

76. Reglerwiderstände für Generatoren zum Konstanthalten der Spannung bei veränderlicher Belastung.

Zur Berechnung des Nebenschlußreglers für einen Generator, dessen Spannung konstant gehalten werden soll (Maschinen für elektrische Zentralen), ist es notwendig, die Leerlaufcharakteristik der betreffenden Maschine, ihren Ankerwiderstand und die Ankerrückwirkung für irgendeine bestimmte Belastung zu kennen.

Unter Beachtung der Vorgänge in der Maschine, welche bei steigender Belastung den Spannungsabfall bewirken, ergibt sich dann leicht ein zeichnerisches Verfahren, um die Stufung des Nebenschlußreglers zu finden.

Die Ursachen der Spannungsänderung (Ohmscher Spannungsverlust, Ankerrückwirkung und Änderung der Drehzahl der Antriebsmaschine) kann man in bekannter Weise zu dem Dreieck BB_1B_2 zusammensetzen (Fig. 365). Die Seite BB_2 stellt die zur Kompensierung der Ankerrückwirkung notwendige Erregerstromstärke i_n' dar:

$$i_n' = \frac{AW_r}{w_n}$$

(w_n = Windungszahl der Erregerwicklung). Wenn eine Kompoundwicklung vorhanden ist, wird das in der Weise berücksichtigt, daß die Strecke BB_2 um den Betrag der Amperewindungen der Kompoundwicklung verkürzt bzw. verlängert wird, je nachdem die Kompoundwicklung zur Erhöhung bzw. zur Erniedrigung der Spannung vorgesehen ist. $B_2 D$ ist der Spannungsverlust im Anker.

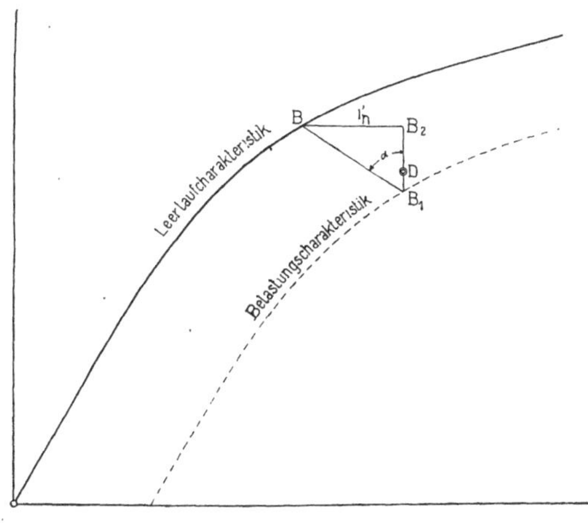

Fig. 365. Charakteristische Kurven eines Generators.

Der Spannungsabfall, der durch das Sinken der Drehzahl der Antriebsmaschine bei steigender Belastung hervorgerufen wird, läßt sich ebenfalls annähernd berücksichtigen. Er ist dem Abfall der Drehzahl proportional und bei konstanter Spannung annähernd der Belastung proportional. Er kann, wenn der Drehzahlabfall bei Vollast J_V $p\,^0/_0$ beträgt, für irgendeine Belastung J_B ausgedrückt werden durch

$$\varepsilon = \frac{p}{100} \cdot P \frac{J_B}{J_V} \qquad (185)$$

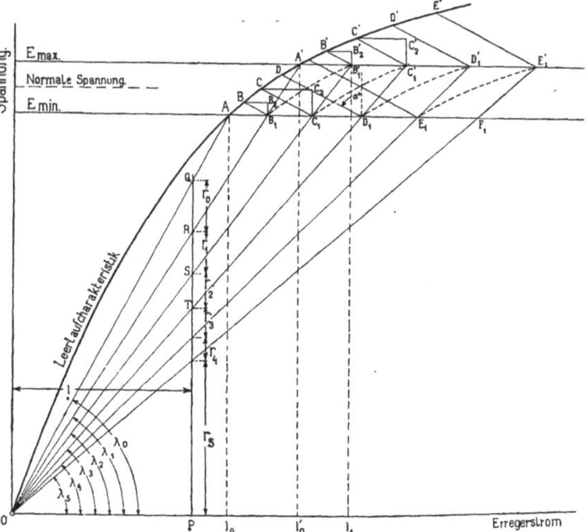

Fig. 366. Ermittlung der Reglerwiderstände eines Nebenschlußgenerators.

In dem Dreieck ist er durch die Strecke DB_1 dargestellt. Vernachlässigt man die Veränderung der zur Kompensierung der Quermagnetisierung dienenden Amperewindungen und nimmt unveränderte Bürstenstellung an, so werden die Seiten des Dreiecks BB_1B_2 der Belastung proportional und der Winkel α bleibt für alle Belastungen gleich.

Zur Berechnung des Reglerwiderstandes wird eine zulässige Abweichung von der Normalspannung anzunehmen sein, so daß sich die Maximalgrenze E_{max} und die Minimalgrenze E_{min} ergibt. Die

Widerstandsstufen sind dann so zu bemessen, daß bei der Regelung diese beiden Grenzen innegehalten werden. Nimmt man an, daß bei Leerlauf und einer Spannung E_{min} (Fig. 366, Punkt A) der gesamte Reglerwiderstand eingeschaltet ist, so wird der Widerstand der Magnetspulen einschließlich des Reglerwiderstandes betragen müssen:

$$R_0 = \frac{E_{min}}{i_0} = \operatorname{tg} \lambda_0. \qquad (186)$$

Wird nun die erste Stufe des Reglerwiderstandes abgeschaltet, so darf die Spannung nicht über E_{max} hinausgehen (Punkt A'); der Widerstand des Erregerkreises muß demnach sein

$$R_1 = \frac{E_{max}}{i_0'} = \operatorname{tg} \lambda_1. \qquad (187)$$

Wird die Maschine allmählich belastet, während der Widerstand des Erregerkreises $R_1 = \operatorname{tg} \lambda_1$ unverändert bleibt, so geht die Klemmenspannung auf der Linie $A'\,O$ zurück und erreicht bei B_1 den Wert E_{min}. Legt man durch B_1 eine Gerade unter dem Winkel α gegen die Ordinate, so schneidet diese die zugehörige induzierte Spannung auf der Leerlaufcharakteristik aus (Punkt B), was man leicht einsieht, wenn man das Dreieck des Spannungsabfalls $B\,B_1\,B_2$ einzeichnet. Damit nun die Grenze E_{min} bei weiterem Steigen der Belastung nicht überschritten wird, ist der Widerstand des Erregerstromkreises jetzt um so viel zu verkleinern, daß die Spannung auf E_{max} steigt. Das Dreieck $B\,B_1\,B_2$ gleitet dabei mit dem Punkte B auf der Leerlaufcharakteristik, während B_1 eine Kurve beschreibt, die das Ansteigen der Klemmenspannung als Funktion der Erregerstromstärke zeigt. Diese Kurve $B_1\,B_1'$ ist mit großer Annäherung eine Belastungscharakteristik der Maschine für eine der Seitenlänge des Dreiecks $B\,B_1\,B_2$ entsprechende Belastung und wird (Bd. I, S. 461) gefunden, indem man das Dreieck parallel mit sich selbst längs der Leerlaufcharakteristik

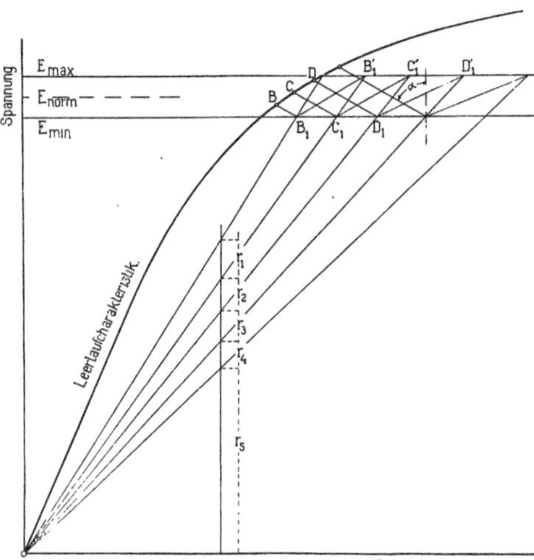

Fig. 367. Vereinfachte Ermittlung der Reglerwiderstände eines Nebenschlußgenerators.

verschiebt. Man findet so die Erregerstromstärke i_1, die das Steigen der Spannung auf E_{max} bewirkt und damit auch den zugehörigen Erregerwiderstand

$$R_2 = \frac{E_{max}}{i_1} = \operatorname{tg} \lambda_2 .$$

Fährt man mit dem Verfahren in gleicher Weise fort, wobei man die Dreiecke und die Belastungscharakteristiken nicht einzuzeichnen braucht, sondern nur die Strecken $B_1 B$, $B_1' B'$, $C_1 C$, $C_1' C'$ usw., so erhält man eine Schar von Geraden durch den Nullpunkt, deren Neigung gegen die Abszissenachse ein Maß für die notwendigen Reglerwiderstände gibt. Zieht man in passendem Abstande i eine Parallele zur Ordinatenachse (z. B. bei $i = 5$ oder 10 Amp.), so schneiden die Geraden auf dieser die Widerstandsstufen aus.

$$r_0 = R_0 - R_1 = \operatorname{tg} \lambda_0 - \operatorname{tg} \lambda_1 = \frac{Q R}{i} . \tag{188}$$

Die Konstruktion gestaltet sich zeichnerisch noch etwas einfacher und übersichtlicher, wenn man die Stücke der Leerlaufcharakteristik $B B'$, $C C'$ bzw. die Parallelen dazu $B_1 B_1'$, $C_1 C_1'$ als Gerade ansieht, was bei den kleinen Abständen von E_{max} und E_{min}, die für die Regelung in Frage kommen, meist zulässig ist. Man braucht dann nur (Fig. 367) die Linien $B_1 B$, $C_1 C$ usw. zu ziehen und die Geraden $B_1 B_1'$, $C_1 C_1'$ parallel zu den Tangenten an die Leerlaufcharakteristik in B, C usw. zu legen, um dadurch sofort die Punkte B_1', C_1' zu erhalten, deren Verbindungslinien mit dem Nullpunkte die Widerstandsstufen ergeben.

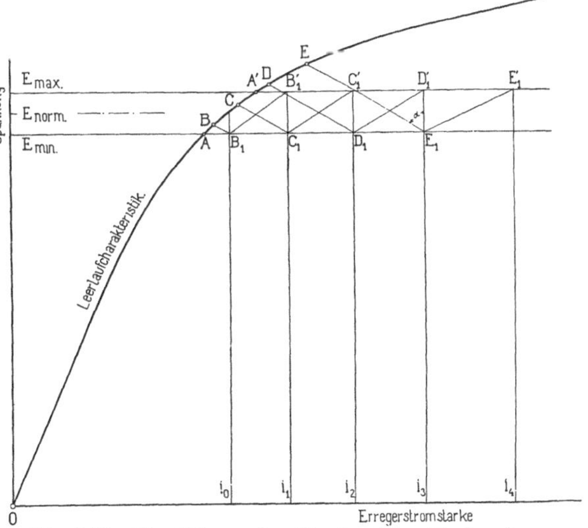

Fig. 368. Ermittlung der Reglerwiderstände eines fremderregten Generators.

Im allgemeinen wird es übrigens nicht notwendig sein, die Berechnung für sämtliche Stufen durchzuführen, sondern man wird vielmehr, da das Verfahren für jede beliebige Stelle des Regelbereichs, also auch für eine einzelne Stufe unabhängig ausgeführt werden kann, nur die Größe von einigen Stufen bestimmen und die übrigen interpolieren.

Bei Fremderregung ist das Verfahren entsprechend zu ändern. Die Erregung ist dann von der Klemmenspannung der Maschine unabhängig, und das Sinken der Spannung bei steigender Belastung verläuft auf einer Ordinate (Fig. 368). Die Linien $B_1' C_1$, $C_1' D_1$ usw. ergeben eine Stufung der Erregerstromstärken, aus der die notwendigen Widerstandsstufen berechnet werden können.

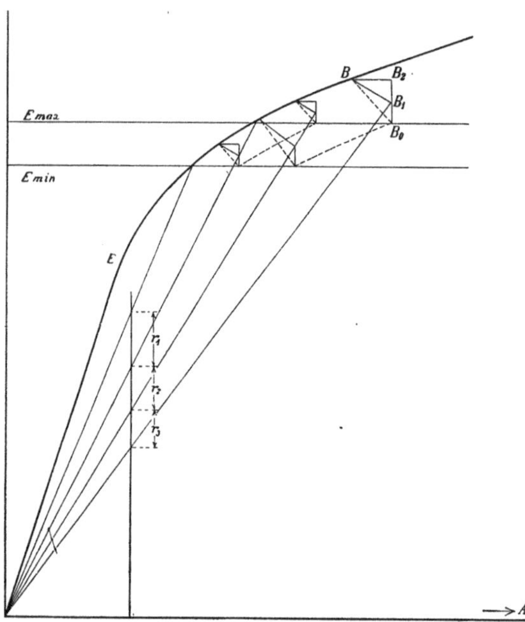

Fig. 369. Ermittlung der Reglerwiderstände, um die Spannung an den Speisepunkten konstant zu halten.

Im allgemeinen wird man bei dem Entwurf der Reglerwiderstände nur die berechneten Leerlaufcharakteristiken zur Verfügung haben. Ist ein Widerstand für eine fertige Maschine zu berechnen, deren Leerlaufcharakteristik man durch Versuch aufnehmen kann, so muß man dabei die bei sinkender Magnetisierung aufgenommene Kurve zugrunde legen, da diese stärker gekrümmt ist und also eine feinere Stufung ergibt, als die bei steigendem Kraftfluß aufgenommene.

Gewöhnlich werden die Regler mit einigen Vorstufen versehen, die dazu dienen, die Spannung beim Parallelschalten auf ein vorhandenes Netz auf die Höhe der Netzspannung zu bringen, wenn diese unter E_{min} gesunken sein sollte.

Soll die Spannung an entfernten Speisepunkten konstant gehalten werden, so ist zu dem Spannungsabfall $B_2 B_1$ der Spannungsabfall in den Speiseleitungen $B_1 B_0$ hinzuzufügen und das Verfahren nach Fig. 369 auszuführen.

77. Reglerwiderstände für Generatoren zur Veränderung der Spannung.

In Anlagen, bei welchen eine Akkumulatorenbatterie zur Unterstützung der Generatoren aufgestellt ist, verwendet man, wie wir im Kap. XXIV sehen werden, zur Ladung der Batterie entweder einen Generator, der sowohl die Netzspannung als auch die höchste Ladespannung hergeben kann, oder einen besonderen Zusatzgenerator, der den Unterschied dieser beiden Spannungen liefert.

Die Spannung des erstgenannten Generators, der meist mit Eigenerregung ausgeführt wird, muß (bei Bleiakkumulatoren) etwa im Verhältnis 1 zu 1,45 regelbar sein, und zwar in Spannungssprüngen, die untereinander möglichst gleich sein sollen. Um das zu erzielen, wird der Nebenschluß-Regler wie folgt gestuft.

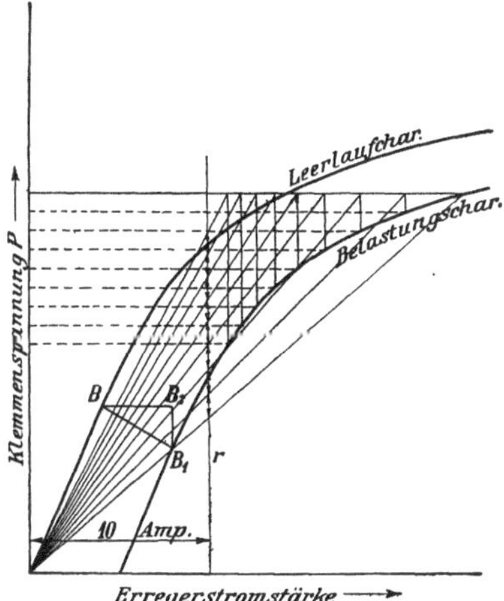

Fig. 370. Reglerwiderstände eines Generators zum Aufladen von Akkumulatoren.

Nach Bd. I, Fig. 406 konstruiert man die Belastungscharakteristik für die Ladestromstärke (Fig. 370), teilt den Abstand zwischen Netz- und Ladespannung in eine passende Anzahl gleicher Teile und überträgt diese Teilung durch wagerechte Linien auf die Belastungscharakteristik. Zieht man dann von diesen Schnittpunkten gerade Linien zum Nullpunkt, so schneiden diese Linien auf einer an passender Stelle ($i_n = 5$ oder 10 Amp.) aufgetragenen Ordinate die Widerstandsstufen aus. Schließlich fügt man zu dem so abgestuften Widerstand noch einige Vorstufen hinzu, damit die Netzspannung auch bei Leerlauf mit Sicherheit eingestellt werden kann.

Bei Zusatzmaschinen ist eine viel größere Spannungsregelung erforderlich; denn die Spannung muß hier wenigstens im Verhältnis 1 zu 5 verändert werden können. Eine so weitgehende Spannungsregelung kann nun, ohne besonderer Bauart (vgl. Bd. I, Kap. XXIV) der Zusatzmaschine, bei Eigenerregung nicht herbeigeführt werden, weshalb man die Zusatzmaschine von einer fremden, konstanten Spannung aus erregt.

Wenn man zur Regelung der Zusatzspannung einen Widerstand in Reihe mit der Erregerwicklung schaltet, so ist dieser in der Weise zu stufen, daß man den verlangten Regelbereich der Spannung in eine Anzahl gleicher Teile teilt, wie in der Fig. 370 gezeigt, zur Belastungscharakteristik hinübergeht und die zugehörigen Erregerströme ermittelt.

Wünscht man schließlich die Spannung auch in nicht allzu großen Sprüngen bis auf Null abwärts zu regeln, so würde der dazu benötigte Widerstand sehr groß werden. In solchen Fällen ist der Widerstand, wie Kinzhammer[1]) angegeben hat, und Fig. 371 zeigt, zu schalten. Mit dieser Anordnung kann die Spannung, wie aus der Figur leicht zu ersehen ist, in beliebig kleinen Stufen von dem Höchstwert bis auf Null geregelt werden. Es fließt hier durch den Regler allerdings dauernd ein Strom, der einen unerwünschten Energieverlust bedeutet. Dieser Energieverlust ist durch passende Bemessung des Widerstandes so klein wie möglich zu halten. Der Widerstand ist mit einem kleinen Schalter s zu versehen, der den Strom durch den Widerstand selbsttätig unterbricht, wenn die Erregung auf Null eingestellt wird.

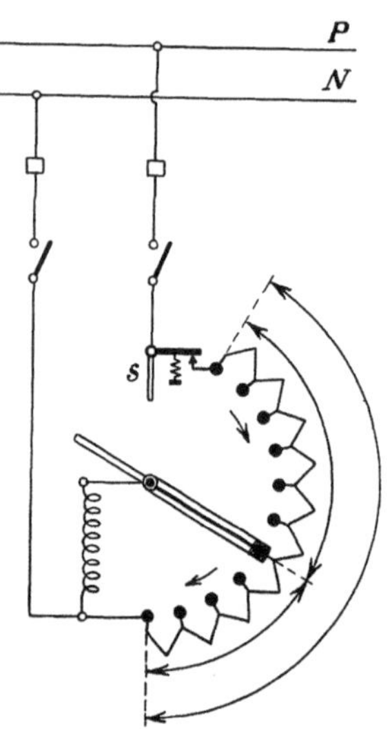

Fig. 371. Schaltung eines Reglers für große Spannungsänderungen.

Bei Erregermaschinen für Wechselstromgeneratoren wird in vielen Fällen die Erregerspannung konstant gehalten und die Regelung der Wechselspannung durch einen Hauptstromregler im Erregerkreis des Wechselstromgenerators bewirkt.

Um den, besonders bei großen Generatoren, recht erheblichen Energieverlust in diesem Vorschaltwiderstand zu vermeiden, wird jedoch meist die Regelung im Erregerkreis der Erregermaschine vorgenommen, wobei der Nebenschlußwiderstand wie folgt zu stufen ist.

Die Stufung der Erregerstromstärken der Wechselstrommaschinen findet man auf die gleiche Art und Weise, wie bei einer fremderregten Gleichstrommaschine. Man kann nämlich mit einer Annäherung, welche für den vorliegenden Fall vollständig genügt, für eine bestimmte Phasenverschiebung den Spannungsabfall bei Wechselstromgeneratoren geradeso wie bei Gleichstrommaschinen durch ein rechtwinkliges Dreieck darstellen, dessen Seiten der Belastung pro-

[1]) ETZ 1903, S. 234.

portional sind[1]). Die Seite $B_1 B_2$ (Fig. 365, S. 441) dieses Dreiecks stellt den durch Selbstinduktion, effektiven Widerstand und Drehzahlabfall verursachten Spannungsabfall dar; $B B_2$ entspricht der Ankerrückwirkung. Beide kann man für eine gegebene Phasenverschiebung genügend genau proportional der Belastung setzen. Unter dieser Voraussetzung gelten dieselben Überlegungen, welche wir bei Gleichstrommaschinen angestellt haben, auch für Wechselstromgeneratoren, und

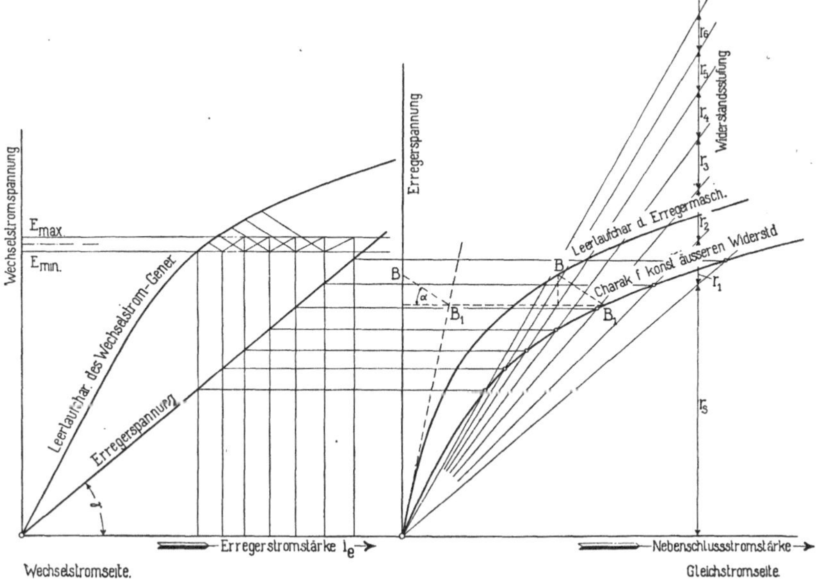

Fig. 372. Ermittlung der Reglerwiderstände einer Erregermaschine.

wir können das Diagramm Fig. 368 auch hier anwenden. Man legt dabei eine maximale Phasenverschiebung der Berechnung zugrunde, da bei dieser der Spannungsabfall am größten und die Regelung am schwierigsten wird und die Stufung natürlich auch hierbei noch ein möglichst genaues Konstanthalten der Spannung ermöglichen soll. Die Übertragung der Stufung der Erregerstromstärke auf den Feldregler der Erregermaschine ist in Fig. 372 dargestellt. Auf der linken Seite ist die Leerlaufcharakteristik des Wechselstromgenerators aufgezeichnet und das Verfahren von Fig. 368 wiederholt. Da der Widerstand des Erregerkreises im Dauerbetriebe konstant ist, schneidet eine Gerade durch den Nullpunkt unter dem Winkel, dessen Tangente gleich dem Erregerwiderstand der Wechselstrommaschine R_e ist, auf den Ordinaten die den Erregerstromstärken i_e entsprechenden Klemm-

[1]) Siehe Arnold, E.: Die Wechselstromtechnik Bd. IV, S. 344.

spannungen p_{ke} der Erregermaschine aus[1]).

$$p_{ke} = i_e \operatorname{tg} \gamma = i_e R_e .$$

Man zeichnet nun in gleichem Spannungsmaßstabe daneben die Leerlaufcharakteristik der Erregermaschine und bestimmt aus ihr zeichnerisch mit Hilfe des Spannungsdreiecks die Charakteristik der Erregermaschine für konstanten äußeren Widerstand, wie in der Figur angedeutet ist, indem man berücksichtigt, daß hier die Ankerstromstärke, also auch die Strecke $B B_1$ der Klemmspannung proportional ist. Dann überträgt man die Spannungsteilung aus dem linken Diagramm durch Parallele zur Abszissenachse auf die Charakteristik, verbindet die gefundenen Schnittpunkte mit dem Nullpunkt und findet auf gleiche Weise wie oben angegeben die Widerstandsstufung.

78. Reglerwiderstände für Motoren.

Für Motoren gilt die Gleichung

$$n = \frac{P - J_a \cdot R}{C \cdot \Phi} . \tag{189}$$

Die Regelung wird stets eine Einwirkung auf die Drehzahl bezwecken, was durch Änderung von P oder Φ erreicht wird. Da sowohl P wie Φ durch Widerstandsregelung nur verringert werden können, wird in dem einen Falle nur eine Verkleinerung, in dem anderen nur eine Vergrößerung der normalen Drehzahl erreicht.

Die Veränderung der dem Motor aufgedrückten Spannung P durch Vorschaltwiderstände wird trotz ihrer Unwirtschaftlichkeit in einzelnen Fällen, z. B. bei Hebezeugen, angewandt. Man benutzt hier die Anlaßwiderstände zugleich zur Regelung, was eine einfache Bauart der Schalter ergibt und eine Regelung der Drehzahl in weiten Grenzen bewirkt. Irgendwelche Besonderheiten in der Berechnung der Widerstände ergeben sich daraus nicht, da es hier auf die genaue Einhaltung einer bestimmten Drehzahl nicht ankommt, und eine genauere Berechnung schon mit Rücksicht darauf nicht möglich ist, daß der Vorschaltwiderstand je nach der Belastung (bzw. Stromstärke) des Motors ganz verschieden auf die Drehzahl einwirkt. Sehen wir daher von diesem Falle ab, so wird die Regelung stets durch Einwirkung auf Φ zu erfolgen haben, was bei Nebenschluß- und Kompoundmotoren durch Einschalten von Widerstand in den Nebenschlußkreis, bei Hauptschlußmotoren durch Parallelschalten von Widerstand zur Magnetwicklung erreicht wird.

---

[1]) Siehe Hunke, E.: Über graphische Berechnung von Widerstandsregulatoren. ETZ 1900, S. 801.

Hierbei werden stets Metallwiderstände verwendet, welche teils als Schieber-, teils als Kontaktwiderstände ausgebildet werden. Bei den letzteren, die in den weitaus meisten Fällen gebraucht werden, geschieht die Drehzahländerung stufenweise. Man kann nun die Geschwindigkeitsstufen entweder gleich machen oder proportional mit den Umdrehungen anwachsen lassen, so daß stets die gleiche prozentuale Zunahme der Drehzahl erreicht wird. Welche von diesen Stufungen zu wählen ist, ergibt sich aus folgender Überlegung. Das Endergebnis, das man mit der Geschwindigkeitserhöhung unmittelbar erreichen will (die Erhöhung der Schnittgeschwindigkeit bei Drehbänken, der geförderten Luft- bzw. Wassermenge bei Lüftern oder

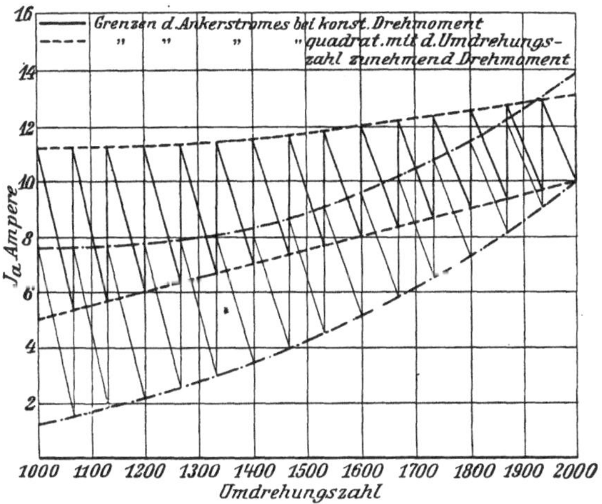

Fig. 373. Stromstöße bei der Drehzahlregelung eines Nebenschlußmotors in 15 gleichen Stufen.

Pumpen, der Fahrgeschwindigkeit bei Bahnen usw.) ist der Drehzahl direkt proportional, und es ist wünschenswert, diese Erhöhung so gleichmäßig wie möglich vornehmen zu können. Weil wir aber gewohnt sind, alles relativ zu beurteilen, scheint uns eine prozentual gleichmäßige Erhöhung des Endergebnisses die erwünschte gleichmäßige zu sein. Es ist deshalb zweckmäßiger, die Geschwindigkeitsstufen prozentual gleich zu wählen als gleich. Eine Ausnahme hiervon, bei der man eine gleichbleibende Beschleunigung bei gleichmäßiger Betätigung der Regeleinrichtungen erreichen will, werden wir später behandeln.

In der Fig. 373 ist der Verlauf der Stromstöße eines Nebenschlußmotors bei der Erhöhung der Drehzahl von 1000 auf 2000 Umdr./Min. in 15 gleichen Stufen, einmal bei konstantem Drehmoment wie bei Arbeitsmaschinen, anderseits bei einem mit dem Quadrat der Drehzahl anwachsenden Drehmoment, wie bei Lüftern, dargestellt. Es ist angenommen, daß die Ankerstromstärke bei 2000 Umdr./Min. in beiden Fällen 10 Amp. beträgt, und daß bei dieser Stromstärke ein Spannungsabfall von 10⁰/₀ entsteht. Es ist ferner angenommen, daß sowohl die Abnahme des Kraftflusses als auch das Ansteigen der Anker-

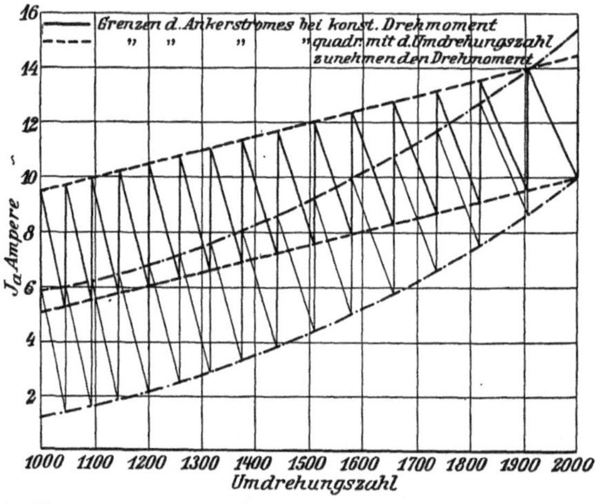

Fig. 374. Stromstöße bei der Drehzahlregelung eines Nebenschlußmotors in 15 prozentual gleichen Stufen.

stromstärke beim Übergang von Kontakt zu Kontakt plötzlich vor sich geht. In der Fig. 374 ist unter denselben Annahmen der Verlauf der Stromstöße, wenn 15 prozentual gleiche Stufen vorgesehen sind, dargestellt. Weil weder der Kraftfluß noch die Stromstärke plötzlich verändert werden können, sind die Stromstöße nicht so spitz und auch nicht so groß, wie die Zeichnungen zeigen. Sie geben uns jedoch Aufschluß über den Unterschied in dem Charakter der Stromstöße in beiden Fällen. Bei der prozentual gleichen Stufung ragen die Stromstöße immer mit demselben Betrag über die jeweilige Belastungsstromstärke hinaus, während die Stromstöße bei gleicher Stufung zuerst sehr groß sind und bei zunehmender Drehzahl abnehmen. Die prozentual gleiche Abstufung ist demnach mit Rücksicht auf die in den Übertragungsmitteln auftretenden Beschleunigungsstöße vorzuziehen. Bei Hauptschlußmotoren verhalten sich die Stromstöße in ähnlicher Weise.

Wir wenden uns nun der Ausführung der Stufung zu und greifen dabei zwei Fälle heraus, die als vorbildliche Unterlagen für die meisten praktisch vorkommenden Regelungen dienen können, nämlich einen Nebenschlußmotor, der einen Lüfter antreibt, und einen Hauptstrommotor mit konstantem Belastungsdrehmoment.

a) **Für Nebenschlußmotoren.** Der Motor möge bei 440 Volt Klemmenspannung und voller Erregung mit 1000 Umdr./Min. laufen und dabei ein Drehmoment von 10 m kg* entwickeln. Diese Drehzahl soll mit dem Regler in 8 Stufen um je 5% auf 1470 Umdrehungen bei Belastung erhöht werden können, wobei das Drehmoment quadratisch mit der Geschwindigkeit zunimmt. Der Motor ist zur Stabilisierung mit einer schwachen, den Kraftfluß verstärkenden Kompoundwicklung versehen. Der Widerstand der Ankerwicklung nebst Übergangswiderstand der Bürsten betrage $R_a + R_b = 0{,}30$ Ohm. Die Fig. 375 zeigt die Abhängigkeit des Kraftflusses Φ, die hier als Verhältnis zwischen der induzierten EMK und der Drehzahl $\frac{E}{n}$ dargestellt ist, von dem Nebenschlußstrom i_n. Es ist zu bemerken, daß Motoren für weitgehende Drehzahlregelung schwach zu sättigen sind, um einen funkenfreien Gang auch bei der höchsten Drehzahl zu sichern. Hierdurch wird nämlich erreicht, daß die Magnetisierungskurve, wie die Figur zeigt, nur schwach gekrümmt wird. Infolgedessen nehmen die Feldamperewindungen nur unbedeutend rascher als der Kraftfluß bei Geschwindigkeitserhöhung ab und man kann ein für die Kommutierung genügend großes Verhältnis zwischen Feld- und Ankeramperewindungen ohne zuviel Aufwand an Magnetkupfer erzielen, selbst wenn die Ankeramperewindungen, wie in diesem Falle, mit steigender Geschwindigkeit zunehmen. Es läßt sich natürlich nicht vermeiden, daß der Motor hierdurch bedeutend teuerer ausfällt, als wenn er ohne Regelung ausgeführt wäre. Der Motor ist außerdem mit Wendepolen zu versehen.

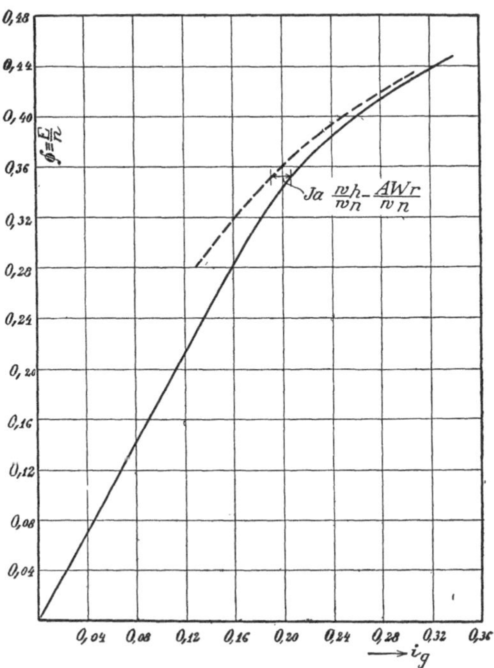

Fig. 375. Abhängigkeit des Kraftflusses eines Nebenschlußmotors von der Gesamterregung.

Zur Stufung des Reglers führt man zunächst die erwünschten

Drehzahlen n und die zugehörigen Drehmomente M_d wie folgt in einer Tabelle auf.

Stufung des Reglers eines Nebenschlußmotors.

n	M_d	J_a (bei $\eta_a = 0{,}90$)	$J_a(R_a+R_b)$	E	$\Phi = \frac{E}{n}$	Erregung			$\frac{P}{i_n}$	Ohm je Stufe	
						insgesamt i_g	$J_a \frac{w_h}{w_n} - \frac{AW_r}{w_n}$	i_n		gerechnet	abgerundet
1000	10,0	26	8	432	0,432	3,13	0,09	3,04	145	21	23,5
1050	11,0	30	9	431	0,410	2,76	0,10	2,66	166	19	23,5
1100	12,1	34,5	10	430	0,391	2,50	0,12	2 38	185	25	23,5
1160	13,3	40	12	428	0,369	2,24	0,14	2,10	210	18	23,5
1210	14,7	46	14	426	0,353	2,09	0,16	1,93	228	24	23,5
1270	16,1	53	16	424	0,334	1,93	0,18	1,75	252	20	23,5
1330	17,7	61,5	18	422	0,318	1,83	0,21	1,62	272	30	23,5
1400	19,6	71	21	419	0,300	1,71	0,25	1,46	302	32	23,5
1470	21,6	83	25	415	0,282	1,61	0,29	1,32	334		

Dann berechnet man die Ankerstromstärke J_a nach der Gleichung:

$$J_a = \frac{\pi}{30}\,\frac{1000}{102}\,\frac{n\,M_d}{\eta_a P}\ \text{Ampere}, \tag{190}$$

worin η_a der Wirkungsgrad ohne Berücksichtigung der Verluste in der Nebenschlußwicklung bedeutet. Es hat auf das Endergebnis keinen Einfluß, wenn dieser Wirkungsgrad ziemlich roh geschätzt wird, weshalb wir hier einen Wirkungsgrad von rd. $90\,^0/_0$ auf allen Stufen annehmen.

Man berechnet nun den Ohmschen Spannungsabfall $J_a(R_a + R_b)$ und die induzierte EMK E, worauf der Kraftfluß Φ in Abhängigkeit von $\frac{E}{n}$ ermittelt wird. Aus der Magnetisierungskurve entnimmt man dann die bei jedem Kraftfluß erforderliche Gesamterregung i_g. Diese Gesamterregung wird hervorgebracht durch die zu ermittelnde Nebenschlußerregung i_n, die Ankerrückwirkung $\frac{AW_r}{w_n}$ und die Kompounderregung $J_a \frac{w_h}{w_n}$. Um die Nebenschlußerregung zu bekommen, ermittelt man bei einer mittleren Drehzahl z. B. bei 1210 Umdr./Min. und bei dem Ankerstrom J_a' die Ankerrückwirkung und die Kompounderregung, nimmt an, daß beide dem Ankerstrom proportional sind, zieht $\frac{J_a}{J_a'}\left(J_a \frac{w_h}{w_n} - \frac{AW_r}{w_n}\right)$ von der Gesamterregung ab und bekommt den auf jeder Stufe erforderlichen Nebenschlußstrom i_n.

Schließlich ermittelt man den auf jeder Stufe erforderlichen Widerstand des Nebenschlußkreises $\frac{P}{i_n}$ und den Widerstand der einzelnen Stufen des Reglers als den Unterschied der Widerstände des Nebenschlußkreises auf zwei aufeinander folgenden Stufen. Da die Drehzahlen infolge der Erwärmung der Nebenschlußwicklung, Schwankungen in der Belastung, Veränderungen der Bürstenstellung u. a. m. sowieso nicht genau eingehalten werden können, kann man die gefundenen Widerstandswerte ohne weiteres abrunden. In diesem Falle kann man sie sogar alle gleich machen.

Die bei der Berechnung benutzten und erhaltenen Werte sind in nebenstehender Tabelle zusammengestellt.

b) Für Hauptschlußmotoren. Wir wählen hier als Gegenstand unserer Untersuchung denselben Motor wie im vorigen Falle, tauschen jedoch die Nebenschluß- und Kompoundwicklungen gegen eine Hauptschlußwicklung aus, die einen Widerstand von 0,45 Ohm hat. Der Motor möge mit einem konstanten Drehmoment von 20 mkg* belastet sein und soll auf dieselben Drehzahlen wie im vorigen Falle eingestellt werden können.

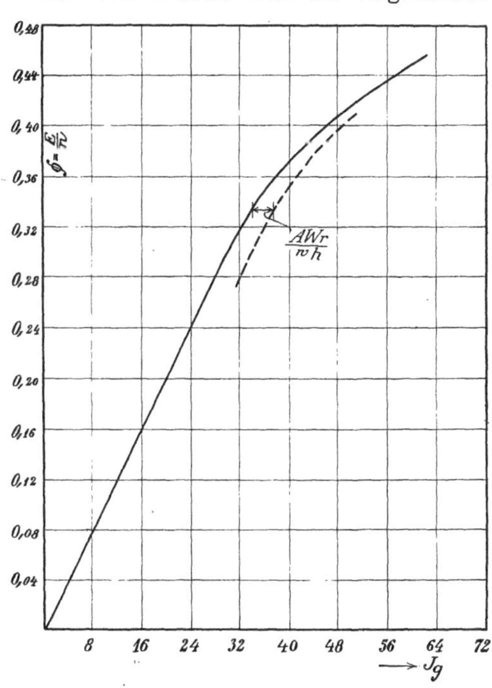

Fig. 376. Abhängigkeit des Kraftflusses eines Hauptschlußmotors von der Gesamterregung.

Wir berechnen wiederum die Ankerstromstärke J_a nach der Gl. 190. Da hierbei die Verluste in der Hauptschlußwicklung mitzurechnen sind, wird der Wirkungsgrad niedriger, und wir schätzen ihn zu rd. 85%.

Hier wird der Reglerwiderstand parallel zur Hauptschlußwicklung gelegt, und wir müßten deshalb eigentlich diesen Widerstand erst kennen, um den Spannungsabfall genau ermitteln zu können.

Es genügt aber vollständig mit einem mittleren geschätzten Widerstand zu rechnen, weshalb wir den Spannungsabfall gleich

$$J_a\left(R_a + R_b + \frac{1}{2} R_h\right) = J_a \cdot 0{,}52$$

setzen.

Nachdem wir somit die induzierte EMK gefunden haben, berechnen wir den Kraftfluß $\Phi \equiv \dfrac{E}{n}$.

In der Fig. 376 ist Φ als Funktion von der Gesamterregung J_g aufgetragen. Bei 1210 Umdrehungen und $J_a = J_a'$ wird die Ankerrückwirkung $\dfrac{AW_r}{w_h}$, die wir proportional dem Ankerstrom setzen können, berechnet. Der Magnetisierungsstrom durch die Hauptschlußwicklung muß nun teils die Gesamterregung, teils auch die Ankerrückwirkung decken. Wir bekommen deshalb den Magnetisierungsstrom J_m, wenn wir zur Gesamterregung J_g die Ankerrückwirkung $\dfrac{J_a}{J_a'}\dfrac{AW_r}{w_h}$ hinzufügen.

Durch den Regler muß nun der Unterschied zwischen Anker- und Erregerstrom fließen, und sein Widerstand wird deshalb

$$R_r = R_h \frac{J_m}{J_a - J_m} \text{ Ohm.}$$

Nachdem wir in dieser Weise den Widerstand des Reglers auf den einzelnen Stufen berechnet haben, finden wir die Widerstände der einzelnen Stufen, die die folgende Tabelle zeigt.

Stufung des Reglers eines Hauptschlußmotors.

n	M_d	J_a	$J_a\left(R_a + R_b + \frac{1}{2} R_h\right)$	E	$\Phi \equiv \frac{E}{n}$	Erregung			$J_a - J_m$	Reglerwiderstand Ohm	
						insgesamt J_g	$\frac{AW_r}{w_h}$	J_m		insgesamt	je Stufe
1000	20	55	29	411	0,411	48,8	2,9	51,7	3,3	7,05	5,17
1050	20	58	30	410	0,390	43,8	3,0	46,8	11,2	1,88	0,75
1100	20	60,5	31	409	0,372	40,0	3,2	43,2	17,3	1,13	0,38
1160	20	64	33	407	0,351	36,5	3,4	39,9	24,1	0,75	0,16
1210	20	66,5	35	405	0,335	34,2	3,5	37,7	28,8	0,59	0,12
1270	20	70	36	404	0,318	32,2	3,7	35,9	34,1	0,47	0,07
1330	20	73	38	402	0,302	30,4	3,8	34,2	38,8	0,40	0,07
1400	20	77	40	400	0,286	28,8	4,0	32,8	44,2	0,33	0,04
1470	20	81	42	398	0,270	27,2	4,3	31,5	49,5	0,29	0,29

Neunzehntes Kapitel.

Anordnung und Entwurf von Widerständen.

79. Anordnung von Widerständen. — 80. Entwurf von Widerständen.

Die bei Gleichstrom ausschließlich verwendbaren Ohmschen Widerstände haben im Gegensatz zu den bei Wechselstrom vielfach verwendeten induktiven Widerständen den Nachteil, daß in ihnen Energie „vernichtet" d. h. nutzlos in Wärme umgesetzt wird. Trotzdem werden Widerstände mannigfaltig angeordnet und in der Gleichstromtechnik für die verschiedensten Zwecke benutzt, weil sie in einigen Fällen völlig unentbehrlich sind, in anderen Fällen große Betriebssicherheit und einfache Bedienung und Wartung gewährleisten. Später werden wir einige besondere Fälle besprechen, wo es jedoch, gerade der kostspieligen Energievergeudung wegen, angezeigt ist, die Anwendung von Widerständen durch Sonderanordnungen ganz oder teilweise zu umgehen.

Die Widerstände können nach ihren hauptsächlichen Verwendungsarten eingeteilt werden in: Anlaß- und Bremswiderstände für Motoren, Reglerwiderstände (bei Generatoren zur Regelung der Spannung, bei Motoren zur Regelung der Drehzahl), Regleranlasser, mit denen Motoren sowohl angelassen wie geregelt werden können, und schließlich Belastungswiderstände.

Die Bedingungen, welche die Widerstände bei jeder dieser Verwendungsarten zu erfüllen haben, sind sehr verschieden, und die Anordnungen, die getroffen werden, um diesen Bedingungen zu genügen, sind so mannigfaltig, daß wir uns hier darauf beschränken müssen, nur einige vorbildliche Anordnungen zu behandeln, um damit einen allgemeinen Überblick über dieses weite Gebiet in großen Zügen zu schaffen. Bezüglich des mechanischen Aufbaus können natürlich ebenfalls nur einige Richtlinien gegeben werden.

Die Widerstände bestehen entweder aus einem einzigen oder aus mehreren zusammengebauten Widerstandselementen. Sie sind mit Klemmen für die Stromzuführung an die Widerstandselemente und die Maschinenwicklungen zu versehen.

Der Gesamtwiderstand kann nun verändert werden, entweder dadurch, daß der Widerstand des Widerstandselementes selbst verändert wird (Schieber- und Wasserwiderstände), oder dadurch, daß die Zahl der benutzten Elemente oder deren Schaltung untereinander bzw. im Verhältnis zu den Machinenwicklungen durch Umlegen der Verbindungen zwischen den Kontakten verändert wird (Kontaktwiderstände). Auch können beide Verfahren bei demselben Widerstand zur Verwendung kommen.

Die in dem Widerstand in Wärme umgesetzte Energie wird teils von der Widerstandsanordnung selbst aufgenommen, indem sich die Konstruktionsteile erwärmen, teils an die Umgebung abgegeben (durch Leitung, Strahlung, Konvektion bzw. Dampfbildung). Beide Arten kommen gleichzeitig vor, man unterscheidet jedoch in dieser Beziehung Kapazitätswiderstände und Strahlungswiderstände, je nachdem in erster Linie mehr Wert auf die Aufspeicherung oder auf die Ausstrahlung der Wärme gelegt wird.

Es sind das die grundlegenden Merkmale eines Widerstandes, welche wir jetzt näher behandeln wollen.

79. Anordnung von Widerständen.

a) Schaltung der Widerstandselemente. Die einzelnen Widerstandselemente können entweder in Reihe oder parallel miteinander geschaltet werden, es kommen auch Zusammenstellungen von beiden Schaltarten vor.

Bei Reihenschaltung ist bekanntlich der Gesamtwiderstand

$$R = r_1 + r_2 + r_3 + \cdots + r_n; \tag{191}$$

bei Parallelschaltung ist

$$\frac{1}{R} = \frac{1}{r_1} + \frac{1}{r_2} + \frac{1}{r_3} + \cdots + \frac{1}{r_n}. \tag{192}$$

Die letzte Gleichung kann nach Kuhn[1]) in sehr einfacher Weise zeichnerisch gelöst werden, vgl. Fig. 377. Längs der Kante OA eines beliebigen Rechtecks $OABC$ werden die Einzelwiderstände $r_1, r_2, r_3, \ldots$ abgesetzt und die Endpunkte durch Strahlen mit C verbunden; dann ist

$$a_1 = \frac{u \cdot v}{r_1}; \quad a_2 = \frac{u \cdot v}{r_2}; \quad a_3 = \frac{u \cdot v}{r_3}; \ldots$$

[1]) E. u. M. 1909, S. 541.

Setzt man nun längs der Kante BA die Strecke $BD = a = a_1 + a_2 + a_3 + \cdots$ ab und zieht CD, so ist

$$R = \frac{u\,v}{a} \quad \text{und} \quad \frac{1}{R} = \frac{a}{u\,v} = \frac{1}{r_1} + \frac{1}{r_2} + \frac{1}{r_3} + \cdots \tag{193}$$

Es ist zweckmäßig $u\,v = 10$ zu wählen, indem man z. B.

$u = 4$ und $v = 2{,}5$

setzt, weil dann a, a_1, a_2, ... in passendem Maßstabe als die Leitfähigkeiten der betreffenden Widerstände erscheinen.

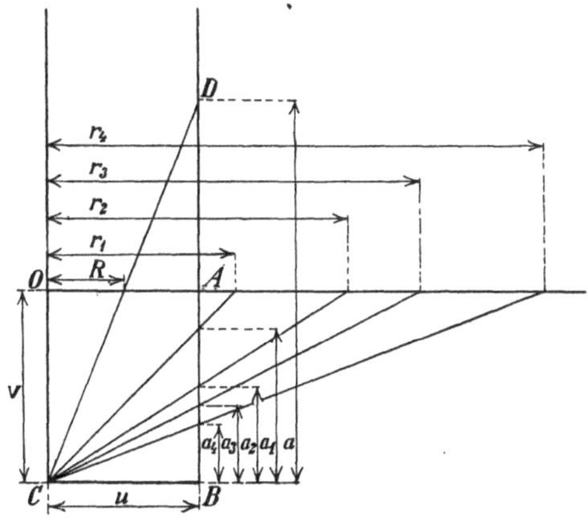

Fig. 377. Berechnung parallelgeschalteter Widerstände.

Um bei Kontaktwiderständen eine große Stufenzahl unter Anwendung verhältnismäßig weniger Kontakte zu erzielen, verwendet man zwei Gruppen von Widerstandselementen, die eine mit groben, die andere mit feinen Stufen und benutzt die feingestufte Gruppe zur Unterteilung jeder der groben Stufen. Die beiden

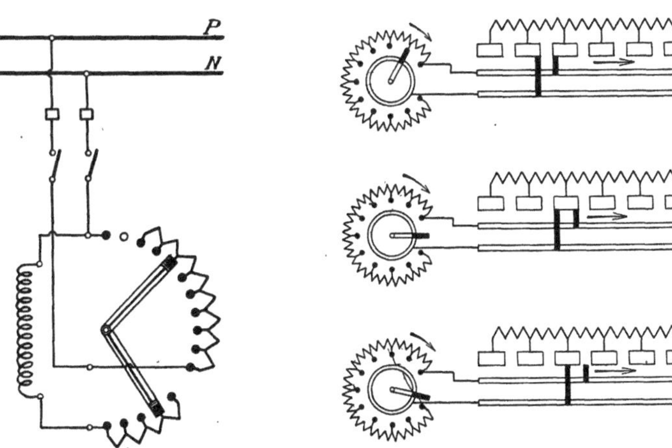

Fig. 378. Vereinigung von Grob- und Feinregler in Reihenschaltung.

Fig. 379. Vereinigung von Grob- und Feinregler in Parallelschaltung.

Gruppen können entweder in Reihe miteinander, wie Fig. 378 zeigt, oder, wie in Fig. 379 dargestellt, parallel geschaltet werden.

Die Reihenschaltung gestattet eine schnelle, ungefähre Einstellung des erwünschten Widerstandswertes mit dem Grobregler, worauf der Feinregler benutzt wird. Eine stetige Veränderung des Widerstandes in lauter feinen Stufen ist jedoch nicht mit dieser, dagegen mit der Schaltung nach Fig. 379 möglich. In den ersten der dort gezeichneten Stellungen liegt der Feinregler zwischen den beiden Kontakten einer groben Stufe. Die beiden Bürsten des Grobreglers sind starr miteinander verbunden und mit dem Hebelarm des Feinreglers in der Weise mechanisch gekuppelt, daß sie beim Drehen des Hebelarms vom Kurzschlußkontakt zum ersten Kontakt des Feinreglers sich zur nächsten Grobstufe, wie die beiden anderen Stellungen zeigen, bewegen, jedoch beim Überfahren des Regelbereiches des Feinreglers in dieser Stellung stehen bleiben. Hierdurch wird auch ein vollkommen funkenfreier Übergang der Bürsten des Grobreglers erreicht.

In beiden Schaltungen kann der Feinregler als stufenloses Widerstandselement (Schieber oder Wasserwiderstand) ausgeführt werden.

Beide Schaltungen haben den Nachteil, daß alle Widerstandselemente gleich groß gemacht werden müssen, wenn der Feinregler für jede Grobstufe gleich gut passen soll.

In den oben beschriebenen Schaltungen der Widerstandselemente wird der ganze Widerstand der zu regelnden Wicklung vorgeschaltet. Bei Zusatzmaschinen schaltet man dagegen oft einen Teil des Widerstandes in Reihe, den anderen Teil des Widerstandes parallel mit der Wicklung, wie in der Fig. 371 gezeigt wurde.

b) Schaltung der Widerstände für verschiedene Zwecke. Zur Erleichterung des Anschlusses von Widerständen und Maschinenwicklungen sind die Klemmen derselben mit besonderen Buchstabenbezeichnungen zu versehen, welche wie folgt vom V. d. E.[1]) für die üblichen Schaltungen festgelegt sind.

Der Drehsinn (Rechtslauf: im Uhrzeigersinn, Linkslauf: entgegen dem Uhrzeigersinn) ist bei Maschinen stets von der Riemenscheiben- bzw. Kupplungsseite aus gesehen zu verstehen. Die Bezeichnungen werden ferner so gewählt, daß der Strom im Sinne des Alphabets fließt, wenn der Motor links läuft.

Anker	mit	*A—B*
Nebenschlußwicklung	„	*C—D*
Hauptstromwicklung	„	*E—F*
Wendepol- bzw. Kompensationswicklung	„	*G—H*
Fremderregte Magnetwicklung	„	*J—K*
Leitung, unabhängig von Polarität . . .	„	*L*

[1]) Erläuterungen zu den Normalien für Bewertung und Prüfung von elektr. Maschinen. Verlag von Julius Springer, Berlin.

Netz, Zweileiter . . . . mit $N—P$
„ Dreileiter . . . . „ $N—O—P$
„ Nulleiter . . . . „ O
Anlasser . . . . „ $L—M—R$,

wobei

L mit N oder P verbunden werden kann,
M „ C „ D (u. U. über einen Regler),
R „ A „ B, E, F, G, H, je nach Schaltung.

Bei Magnetreglern sind die Klemmen, welche mit dem Widerstand verbunden sind . . . . mit $s—t$ zu bezeichnen, wobei s mit dem Schleifkontakt unmittelbar in Verbindung steht und mit C oder D bei Selbsterregung, J oder K bei Fremderregung zu verbinden ist.

Wenn eine mit dem Ausschaltkontakt verbundene Klemme vorhanden ist, wird sie . . . . mit q bezeichnet.

Wiederholen sich Bezeichnungen an der gleichen Maschine, so sind sie durch Indizes zu unterscheiden, z. B. bei Doppelkommutatormaschinen mit $A_1—B_1$, $A_2—B_2$, bei Maschinen mit Wendepol- und Kompensationswicklung für erstere . . . . mit $G_1—H_1$
für letztere . . . . „ $G_2—H_2$

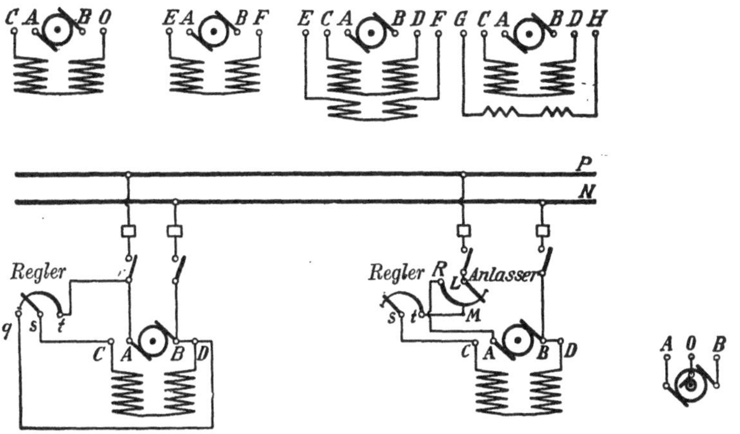

Fig. 380. Die gewöhnlichen Schaltungen mit den obigen Bezeichnungen.

In der Fig. 380 sind die häufigsten Schaltungen nach diesen Vorschriften dargestellt.

1. Anlasser bestehen im allgemeinen aus mehreren in Reihe geschalteten Widerstandselementen und sind meist als Kontaktwiderstände gebaut. Nur bei sehr großen Leistungen werden Wasserwiderstände in Sonderfällen verwendet.

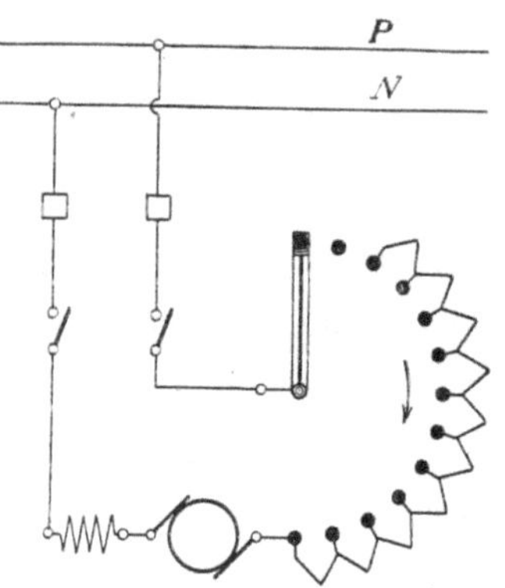

Fig. 381. Schaltung des Anlassers eines Hauptschlußmotors.

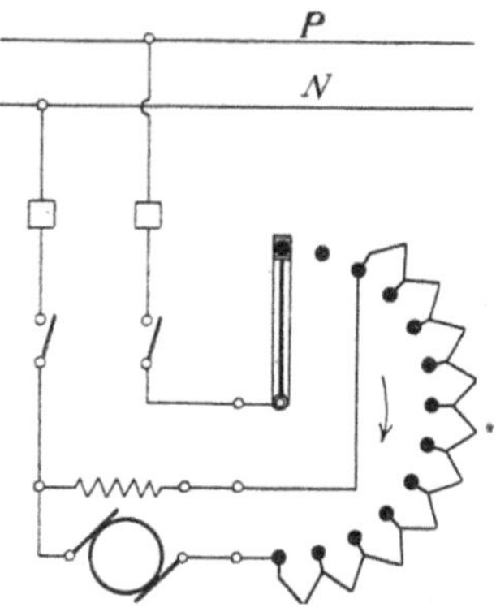

Fig. 382. Schaltung des Anlassers eines Nebenschlußmotors.

Am einfachsten gestaltet sich die Schaltung bei Hauptstrommotoren, wie die Fig. 381 zeigt. Der Strom wird dort den Kontakten durch einen beweglichen Hebelarm zugeführt. Bei größeren Leistungen empfiehlt es sich, eine besondere Stromzuführungsschiene konzentrisch mit der Kontaktbahn anzuordnen und den Strom von

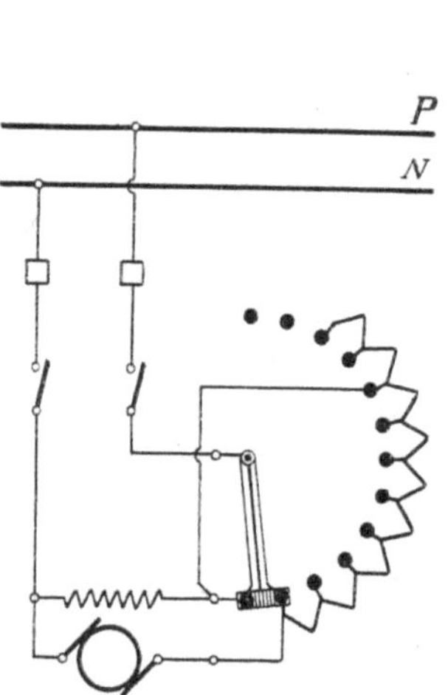

Fig. 383. Schaltung des Anlassers eines kleinen Nebenschlußmotors.

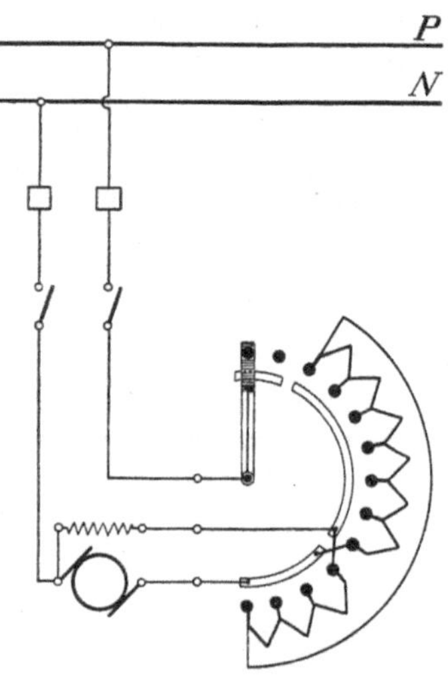

Fig. 384. Schaltung des Anlassers eines großen Nebenschlußmotors.

dieser Schiene an die Kontakte durch eine am Hebelarm isoliert befestigte Bürste zu leiten.

Bei Nebenschlußmotoren muß auch die Stromzuführung an die Magnetwicklung durch den Anlasser besorgt werden, und zwar müssen die Magnete schon auf dem ersten Anlaßkontakt womöglich voll erregt werden. Es geschieht dies bei kleineren Motoren am einfachsten nach der Schaltung Fig. 382. Hierbei muß zwar der Erregerstrom in der Betriebsstellung den ganzen Anlaßwiderstand durchfließen, der dabei entstehende Energieverlust ist aber meistens vernachlässigbar klein. Bei sehr kleinen Motoren mit verhältnismäßig großem Energieverbrauch der Nebenschlußwicklung können der Spannungsverlust oder die Widerstandserwärmung jedoch zu groß werden. In solchen Fällen ist die Schaltung nach Fig. 383 von Vorteil, wobei die Erregerwicklung sowohl mit einem der ersten Kontakte des Anlaßwiderstandes wie mit einem besonderen Kontakt unmittelbar hinter dem Kurzschlußkontakt verbunden ist. In der Betriebsstellung werden die beiden letzten Kontakte von der doppelt breiten Kontaktbürste überbrückt. Bei größeren Leistungen verwendet man außer der oben erwähnten Stromzuführungsschiene eine besondere Anschlußschiene für die Erregerwicklung, wie Fig. 384 zeigt. Es ist bei dieser Schaltung zu bemerken, daß die Anschlußschiene für die Erregerwicklung auch mit dem ersten Anlaßkontakt zu verbinden

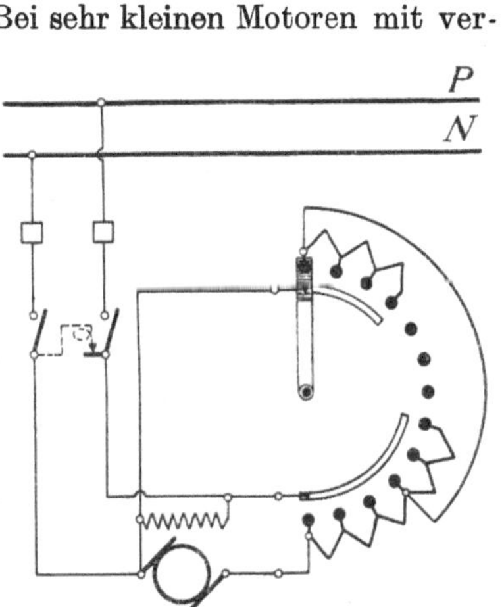

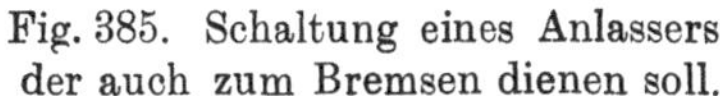

Fig. 385. Schaltung eines Anlassers, der auch zum Bremsen dienen soll.

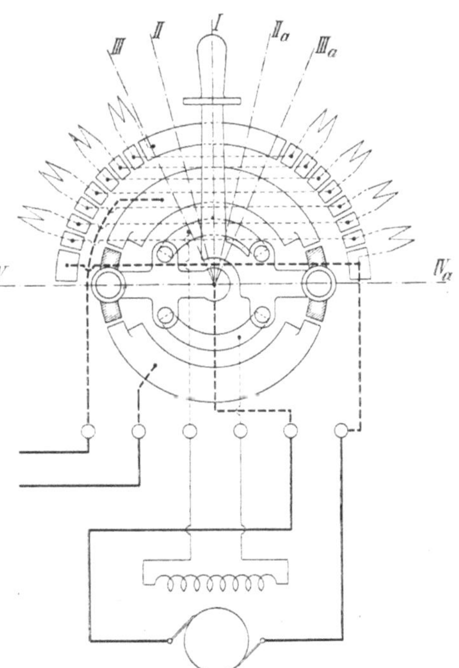

Fig. 386. Umsteueranlasser für Nebenschlußmotoren.

ist, damit der Erregerstrom beim Ausschalten nicht plötzlich unterbrochen wird, sondern über Anker und Anlaßwiderstand weiterfließen und allmählich verschwinden kann, was bei den beiden erstgenannten Schaltungen für Nebenschlußmaschinen auch der Fall ist.

Wenn der Motor durch den Anlasser auch gebremst werden soll, kann die Schaltung nach Fig. 385 ausgeführt werden. Die Erregerwicklung liegt dabei dauernd am Netz und wird mit einem weiter unten beschriebenen sogenannten Magnetausschalter, der die ganze Stromzuführung unterbricht, abgeschaltet.

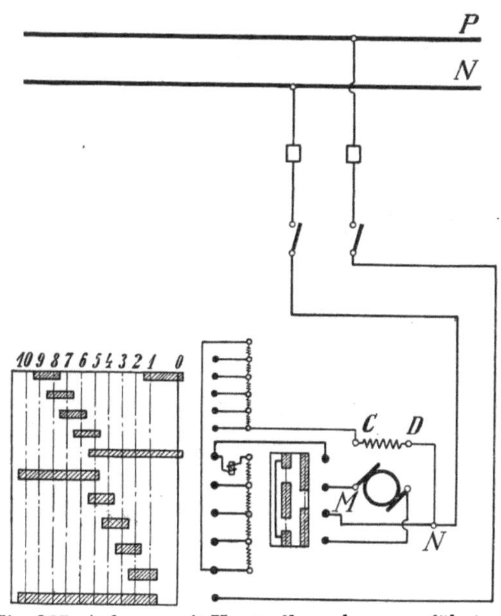

Fig. 387. Anlasser mit Kontrollerwalze ausgeführt.

Die Fig. 386 zeigt einen Umkehranlasser für Nebenschlußmotoren. Die Umkehrung der Drehrichtung geschieht mit diesen Anlassern äußerst einfach, indem der Hebelarm in der einen oder anderen Richtung ausgelegt wird. Die bequeme Umsteuerung schließt jedoch eine gewisse Gefahr in sich, denn infolge der Selbstinduktion der Erregerwicklung können bei zu schneller Betätigung des Hebels leicht schädliche Funken und Überschläge an dem Anlasser entstehen. Sie sind deshalb nur für kleinere Leistungen zu verwenden. Bei größeren Leistungen verwendet man statt dessen Anlasser in Walzenform. Die Stromzuführung an die Anlaß-Kontakte geschieht hier durch mehrere auf einer Walze angeordnete Kontaktsegmente. Auf einer anderen Walze befinden sich diejenigen Kontaktsegmente, durch die die Umkehrung der Drehrichtung bewirkt wird. Die beiden Walzen werden gegeneinander so verriegelt, daß die eine Walze nur dann gedreht werden kann, wenn die andere sich in der Ausschaltstellung befindet. Bei der Umsteuerung muß deshalb erst mit der Anlaßwalze der Strom ausgeschaltet, dann die Umschaltwalze umgelegt und so von neuem angelassen werden. Die Schaltung eines solchen Umkehranlassers für Nebenschlußmotoren zeigt Fig. 387. Bei Hauptschlußmotoren ist die Schaltung nur so weit zu ändern, daß die Nebenschlußwicklung CD weggenommen und die Hauptstromwicklung EF in die Verbindung NM gelegt wird.

Für Ausgleichmaschinen in Dreileiteranlagen braucht man für beide Maschinen nur einen Anlasser vorzusehen, der nach Fig. 388 zu schalten ist. Die Erregerwicklungen sind zur Erzielung eines guten Spannungsausgleiches kreuzweise an die beiden Anker gelegt. Die Erregerwicklung des einen Motors liegt deshalb an einem Anker-Anlaßwiderstand und erhält somit im ersten Augenblick des Anlassens die volle Spannung zwischen den Außenleitern, d. h. die doppelte normale Spannung, während der andere Motor ohne Erregung, vom ersten Motor angetrieben, anläuft. Während des Anlassens gleichen sich die Spannungen an den Erregerwicklungen mehr

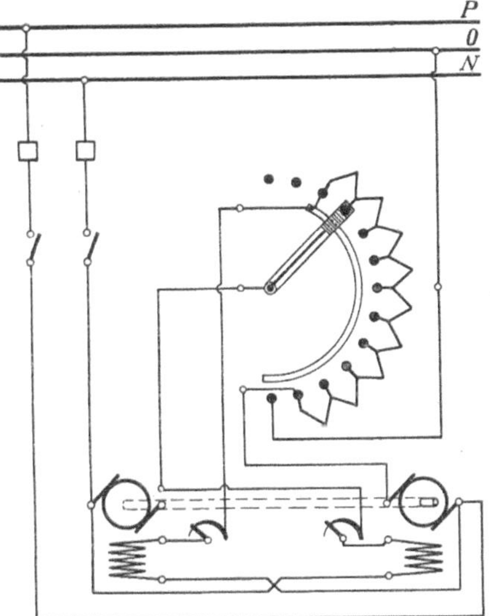

Fig. 388. Anlasser für Ausgleichmaschinen.

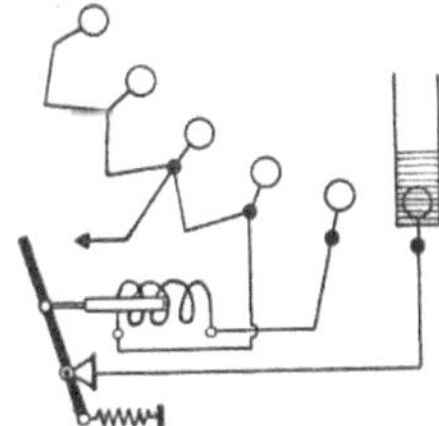

Fig. 389. Anlasser mit einem durch Schütz betätigten Funkenzieher.

und mehr aus. Der Nulleiter ist an einen besonderen Kontakt unmittelbar hinter dem Kurzschlußkontakt des Anlaßwiderstandes angeschlossen und wird nach erfolgtem Anlassen durch die doppelt breite Kontaktbürste eingeschaltet.

Zum Auslöschen der Lichtbögen beim Ausschalten der Anlasser verwendet man gewöhnlich (besonders bei größeren Leistungen) vom Hauptstrom durchflossene Blasmagnete. Man kann auch den Ausschaltlichtbogen zwischen besonders hierfür eingerichtete Kontakte verlegen. In der Fig. 389 ist die Schaltung eines solchen mit einem Schütz betätigten Funkenziehers dargestellt. Die Fig. 390 und 391 zeigen einen ebenfalls durch Schütz betätigten Funkenzieher der S. S. W. (D. R. P.), der den Funken von sämtlichen Kontakten fernhält. In der Fig. 392 ist eine dem gleichen Zwecke dienende, mechanisch betätigte Einrichtung einer anderen Bauart dargestellt. Die Schaltung entspricht der in Fig. 379 gezeigten.

Für große Stromstärken verwenden die S. S. W. (nach Ritz, D. R. P.) gewöhnliche Anlasser für die halbe Stromstärke mit Anschluß der

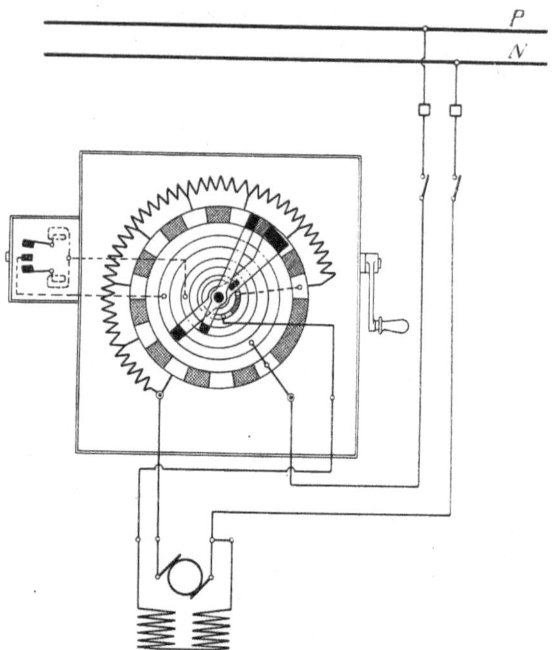

Fig. 390. Anlasser mit Funkenzieher nach S. S. W.

Widerstände in zwei Gruppen und breiter, zwei Kontakte überdeckender Kontaktbürste, wie die Fig. 393 zeigt.

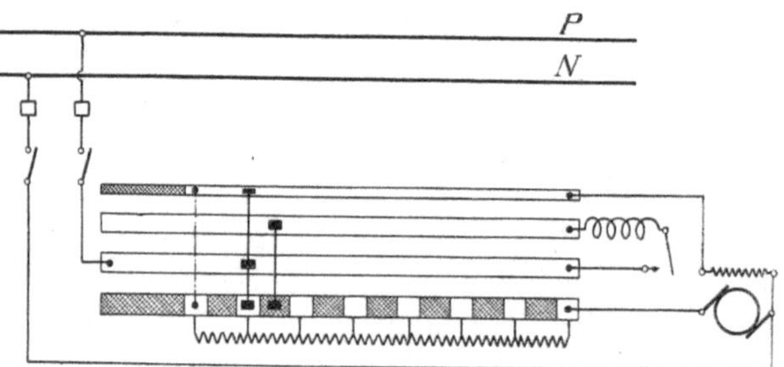

Fig. 391. Anlasser mit Funkenzieher nach S. S. W.

2. Reglerwiderstände werden, wie die Anlasser, am häufigsten als Kontaktwiderstände ausgebildet, und zwar werden auch hier die Widerstandselemente meistens in Reihe geschaltet. Die in den Fig. 378 und 379 gezeigten Schaltungen werden auch, wie erwähnt,

verwendet. Wasserwiderstände eignen sich nicht gut zum Regeln, weil der Widerstand sehr von der Wassertemperatur abhängig

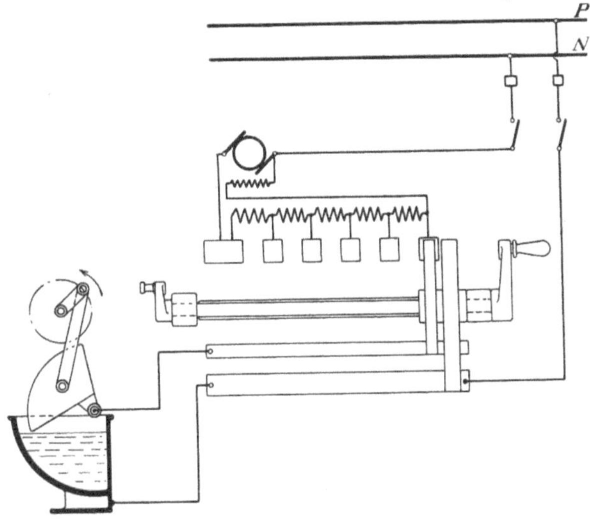

Fig. 392. Anlasser mit Drahtwiderständen und veränderlichem Wasserwiderstand zur Vermeidung von Schaltfeuer.

ist. Schieberwiderstände lassen sich sehr gut verwenden, besonders für Laboratoriumszwecke, wo es sich um feinere Einstellungen handelt. Die Fig. 394 zeigt einen solchen von der Firma Gebr. Ruhstrat, Göttingen, angefertigten Schieberwiderstand.

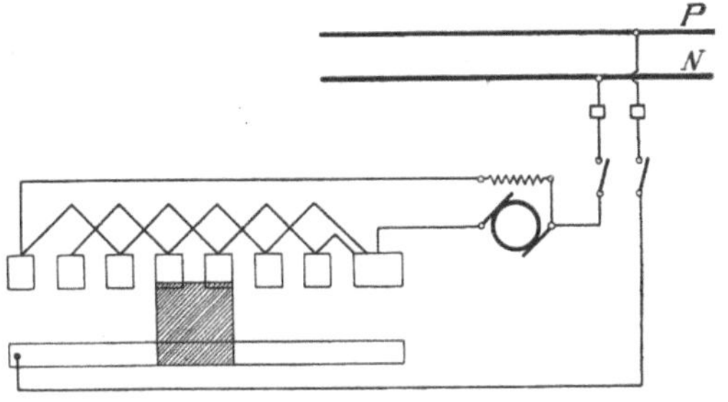

Fig. 393. Anlasser der S.S.W. für große Stromstärke.

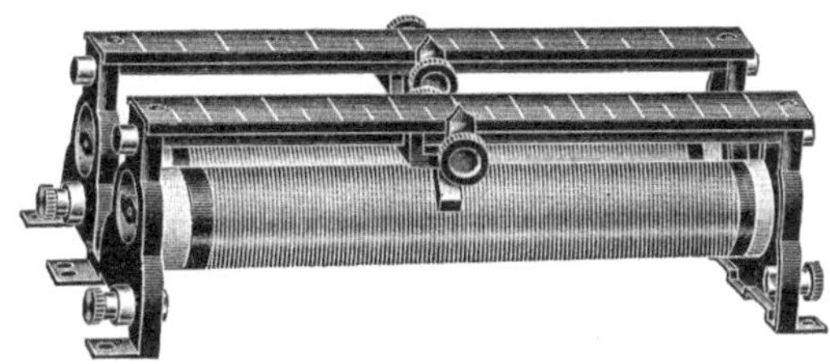

Fig. 394. Schieberwiderstand der Gebr. Ruhstrat.

Die Regler für Generatoren werden meist ausschaltbar ausgeführt. Sie sind dann stets mit einem Kurzschlußkontakt versehen, der bei ganz vorgeschaltetem Widerstand die Wicklung, wie in Fig. 395a angegeben, kurzschließt. Ein gewaltsames Abreißen des Erregerstromes, das schädliche Überspannungen zur Folge haben würde, wird hierdurch vermieden. Wenn ein besonderer Schalter zum Ausschalten der Erregerwicklung verwendet wird, braucht der Reglerwiderstand nicht ausschaltbar ausgeführt zu werden. Dieser

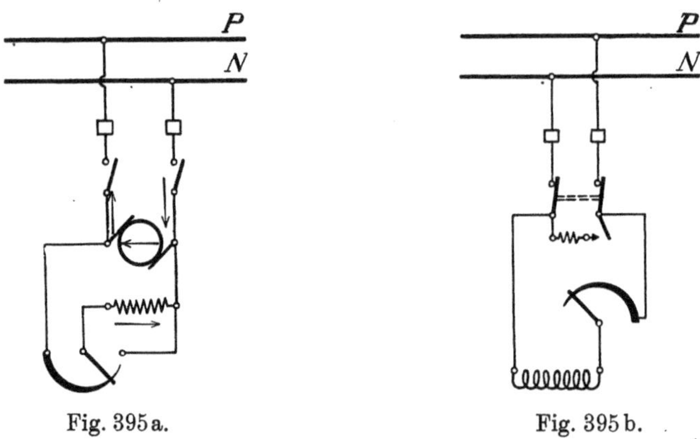

Fig. 395a. Fig. 395b.

Fig. 395a und b. Reglerwiderstände für Generatoren.

Schalter ist aber dann stets mit einem Widerstand zu versehen, der, wie die Fig. 395b zeigt, kurz vor dem Ausschalten parallel zur Erregerwicklung gelegt wird. Ist die Spannung E, der Widerstand des Kreises R_w (wobei sicherheitshalber nur der Widerstand der Wicklung selbst in die Rechnung einzusetzen ist), der Strom vor der Abschaltung $i = \frac{E}{R_w}$, der Parallelwiderstand βR_w, so würde im ersten Augenblick nach der Unterbrechung, wenn diese plötzlich erfolgen würde, an den Klemmen des Parallelwiderstandes die Spannung $-\beta R_w \cdot i = -\beta E$ entstehen. Die Polarität der Klemmen wird vertauscht, da der induktive Widerstand vor der Abschaltung Spannung vernichtet, während sie beim Verschwinden des Stromes in ihm erzeugt wird. Die Größe der auftretenden Spannung ist nach vorstehender Gleichung der Größe des Parallelwiderstandes proportional.

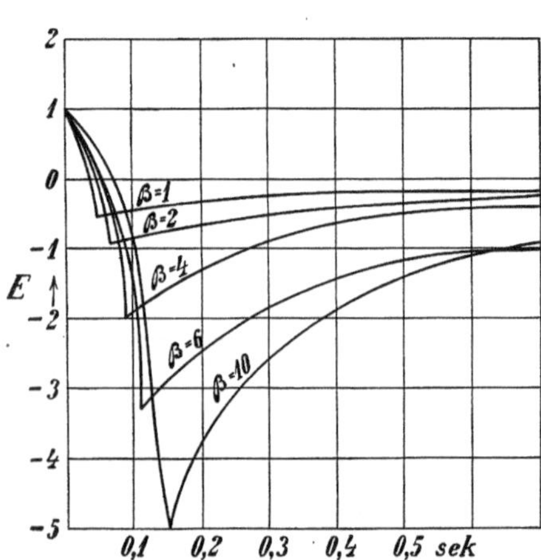

Fig. 396. Verlauf der bei Abschaltung einer Erregerwicklung auftretenden Überspannungen.

Die nach der Rechnung zu erwartenden Spannungen werden durch die vorhergehende Stromschwächung durch den Funken, sowie durch Wirbelströme im Eisen erheblich verringert.

Oszillographische Aufnahmen[1]) haben ergeben, daß die tatsächlich auftretende Spannung nur etwa halb so groß als die berechnete Spannung, also gleich $\frac{1}{2}\beta E$ ist. Fig. 396 zeigt den Verlauf der Spannung als Funktion der Zeit nach dem Ausschalten für verschiedene Werte des Parallelwiderstandes ($\beta = 1, 2, 4, 6, 10$). Die Ergebnisse wurden erhalten beim Ausschalten der Nebenschlußwicklung einer Gleichstrommaschine von etwa 200 kW bei 450 Umdr./Min. Die Spannung vertauscht ihre Richtung; nach etwa 0,1 sek ist die Spannung am größten, um darauf allmählich zu verschwinden.

Wenn außer der Erregerwicklung noch eine um die Magnete gelegte Kurzschlußwicklung mit dem Widerstand R_k und der Windungszahl n_k vorhanden ist, so wird die berechnete Spannung, wenn die gesamte Windungszahl der Erregerwicklung n_w ist, von $-\beta E$ auf den Wert $-\frac{1}{1+\left(\frac{n_k}{n_w}\right)^2 \cdot \frac{R_w}{R_k} \cdot (1+\beta)} \cdot \beta E$ verringert. Eine solche Kurzschlußwicklung wird oft in der Form von metallenen Spulenkästen für die Erregerwicklung verwendet. Bei $2p$ Polen ist dann $n_k = 2p$ und R_k gleich dem Widerstand der aufgeschnitten und in Reihe geschaltet gedachten $2p$ Zylinder zu setzen. Solche leitenden Spulenkästen verzögern stets die Änderung des Feldes und sind deshalb bei der Verwendung von Schnellreglern zu vermeiden, obwohl sie zur Erleichterung der Ausschaltung des Erregerstromes sehr geeignet sind.

Die beim Ausschalten einer Erregerwicklung auftretende Überspannung läßt sich auch nach dem von Dipl.-Ing. W. Gerhartz gemachten Vorschlag beseitigen. Bei dieser Anordnung, Fig. 397, wird ein elektrisches Ventil V (elektrolytische Zelle) parallel zur Erregerwicklung gelegt, das den Strom nur in der Pfeilrichtung durchläßt.

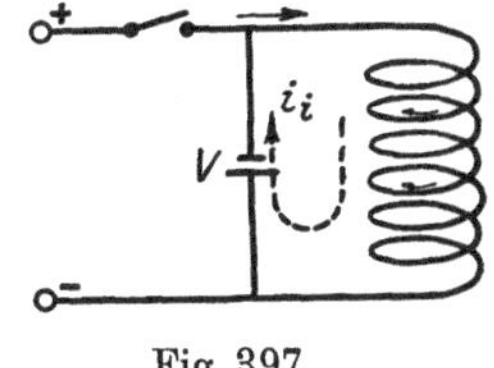

Fig. 397.

Man erkennt leicht, daß dem Erregerstrom der Weg über das Ventil versperrt ist, während dieser Weg dem beim Verschwinden des Kraftflusses in der Wicklung entstehenden Induktionsstrom i_i offen steht. Die oszillographischen Aufnahmen dieser Schaltversuche bestätigten die Richtigkeit der Überlegung, daß bei dieser Anordnung beim plötzlichen Unterbrechen des Erregerstromes keine Über-

[1]) Rziha u. Seidener, 2. Aufl., S. 661.

spannung an der Erregerwicklung entsteht. Für den in der Erregerwicklung entstehenden Induktionsstrom ist die Erregerwicklung praktisch kurzgeschlossen und das Arbeitsvermögen des Magnetfeldes wird somit im wesentlichen in der Erregerwicklung selbst in Wärme verwandelt. Der Vorteil der Anordnung ist, daß sie unabhängig von irgendwelchen Schalterbewegungen arbeitet, also auch beim unbeabsichtigten Abreißen der Stromzuführungen der Erregerwicklung wirksam ist. Eine praktische Bedeutung hat die Anordnung nicht erlangt, weil die bekannten mechanischen Anordnungen den Ansprüchen genügen und die Wartung der Ventilzellen unerwünscht ist.

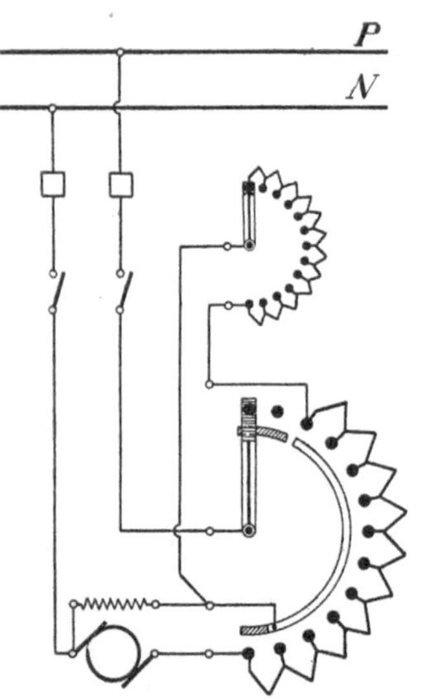

Fig. 398. Schaltung des Reglers eines Nebenschlußmotors.

Regler für Nebenschlußmotoren werden stets ohne Abschaltkontakt ausgeführt. Der Anschluß an den Anlasser hat nach der Fig. 398 zu erfolgen, damit der Motor beim Anlassen voll erregt wird, auch wenn das vorherige Kurzschließen des Reglerwiderstandes vergessen sein sollte.

Bei Hauptschlußmotoren ist der Reglerwiderstand der Erregerwicklung parallel geschaltet und darf deshalb nicht kurzgeschlossen werden. Nach der Schaltung Fig. 399 kann bei Hauptschlußmotoren der Anlasser auch als Reglerwiderstand benutzt werden. In der Fig. 400 ist dieselbe Schaltung unter Anwendung einer Schaltwalze dargestellt.

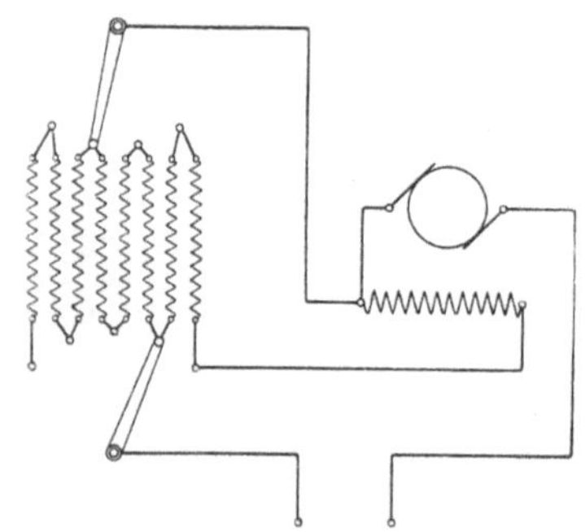
Fig. 399. Schaltung, bei der der Anlasser auch als Regler verwendet werden soll.

Die Fig. 401 zeigt die Schaltung eines Reglers für die Umkehrung der Stromrichtung.

3. Regulieranlasser unterscheiden sich, wenn es sich nur um eine Verminderung der Drehzahl durch Vorschalten von Widerstand vor den Anker handelt, in der Schaltung nicht von gewöhnlichen Anlassern. Soll aber auch eine Erhöhung der Drehzahl erzielt werden, so ist die Schaltung nach der Fig. 402 oder 403 vorzunehmen.

4. Belastungswiderstände werden entweder als Wasserwiderstände oder als Metallwiderstände gebaut. Die einzelnen Wider-

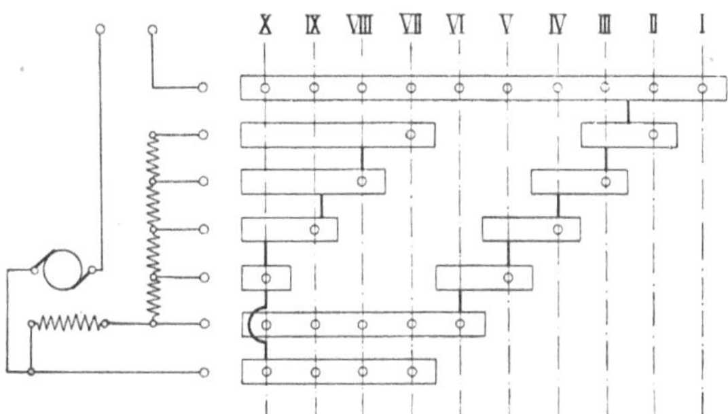

Fig. 400. Anlasser wie in Fig. 399, aber mit Kontrollerwalze ausgeführt.

standselemente sind am besten parallel zu schalten und mit verschiedenen, wie bei einem Gewichtssatz abgestuften Widerstandswerten (z. B. 1, 2, 2, 5, 10, 20, 20, 50 usw. Ohm) auszuführen.

c) Betätigung der Widerstände. Sämtliche oben erwähnten Gattungen von Widerständen werden im allgemeinen der Einfachheit halber für Handbetätigung ausgeführt. Die halb oder ganz selbsttätige Betätigung ist jedoch in sehr vielen Fällen von der größten Wichtigkeit.

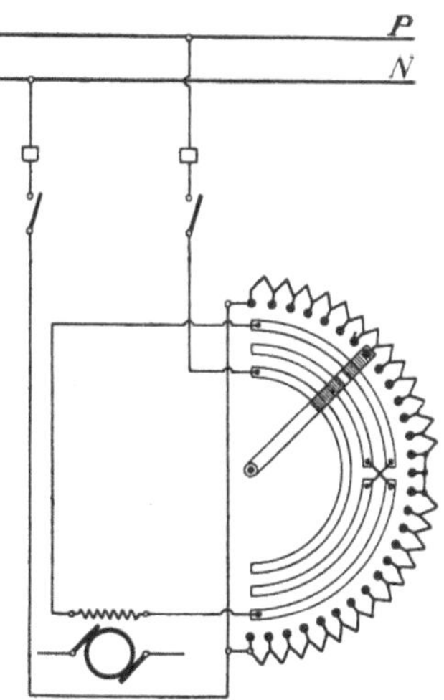

Fig. 401. Umschaltregler.

Beim Ausbleiben der Spannung durch Leitungsbruch, Maschinenschaden oder dergl. bleiben die Motoren stehen und können deshalb bei Wiederkehr der Spannung beschädigt werden. Bleiben viele Motoren eingeschaltet, so kann sogar ein Wiedereinschalten des Kraftwerks unmöglich werden. Viele Elektrizitätswerke schreiben deshalb vor, daß die Anlasser so ausgeführt sein müssen, daß sie beim Rückgang der Spannung von selbst ausschalten. In der Fig. 404 ist ein solcher Anlasser dargestellt. Der Anlaßhebel wird durch einen vom Erregerstrom durchflossenen Magneten in der Betriebsstellung festgehalten. Bei Rückgang der Spannung läßt der Magnet den Hebel, der durch eine kräftige Feder in die Nullstellung zurückgedreht werden kann, los. Bei größeren Anlassern wird der Hebel durch eine vom Magneten angezogene Klinke gehalten oder man verlegt die Auslösung an den Hauptschalter, der dann mit Spannnungsrückgang-Auslösung versehen wird.

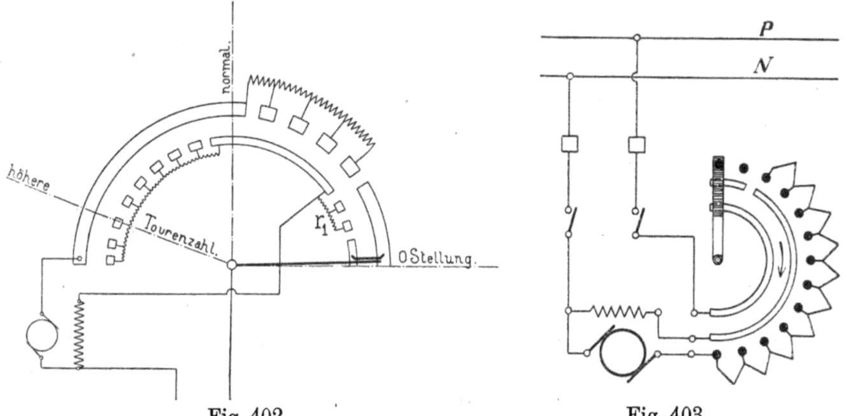

Fig. 402. Fig. 403.

Fig. 402 und 403. Regulieranlasser eines Nebenschlußmotors zur Erhöhung der Drehzahl.

Bei allen diesen Ausführungen kann die Ausschaltung auch bei Überlastung durch ein in den Hauptstromkreis eingebautes Überstromrelais, welches bei zu hoher Stromstärke die Auslösespule kurzschließt, herbeigeführt werden.

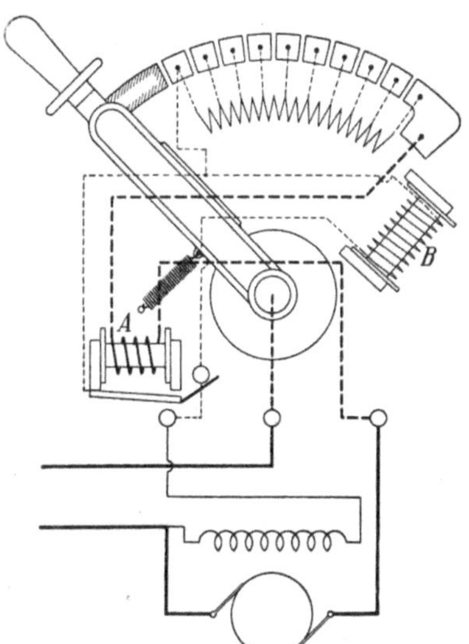

Fig. 404. Anlasser mit Spannungsrückgang-Auslösung.

Um in Fällen der Gefahr die Ausschaltung von entfernter Stelle aus bewirken zu können, wird die Auslösespule durch Druckknöpfe kurzgeschlossen oder ausgeschaltet. Unter der Voraussetzung, daß die Leitungen gut und sicher isoliert sind, ist das letztgenannte Verfahren betriebssicherer.

Hauptstrommotoren können sowohl gegen Überlastung als auch gegen Durchgang bei Entlastung in der Weise geschützt werden, daß das Überstromrelais mit einer an die Netzspannung gelegten Spule, deren Amperewindungen der Hauptstromspule entgegenwirken, ausgerüstet wird. Soll die Ausschaltung dann sowohl bei dem höchst zulässigen Ankerstrom J_{max} als auch bei dem einer gewissen Drehzahl entsprechenden kleinsten Strom J_{min} bewirkt werden, so ist die Amperewindungszahl der Nebenschlußspule gleich der Amperewindungszahl der Hauptstromspule bei $J = \frac{J_{max} + J_{min}}{2}$ zu machen. Damit die Ausschaltung auch bei plötzlicher Entlastung schnell genug wirkt, sind die Federkräfte groß, die bei der Ausschaltung zu bewegenden Massen klein zu wählen und die fertige Anordnung einer scharfen Probe zu unterziehen.

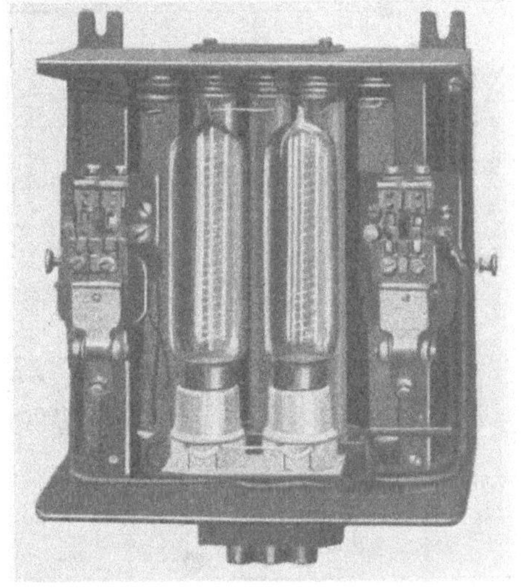

Fig. 405. Variatoranlasser der AEG.

Die Betätigung der Anlasser kann sowohl beim Ein- als auch beim Ausschalten aus der Ferne elektrisch geschehen. Man verwendet dabei sehr oft sogenannte Schützenanlasser, bei denen die Einschaltung jeder einzelnen Widerstandsstufe durch einen Schütz bewirkt wird. Die Schütze werden durch eine Meisterwalze elektrisch betätigt. Besonders bei Bahnen werden solche Schützenanlasser verwendet und zwar deshalb, weil man dann nur die schwachen Steuerleitungen der Schütze durch den Zug zum Führerstand zu führen braucht.

Bei den sogenannten Selbstanlassern wird der Einschaltvorgang aus der Ferne durch Druckknöpfe oder Schalter nur eingeleitet und vollzieht sich dann von selbst. Solche Selbstanlasser werden überall dort verwendet, wo besonderes Bedienungspersonal nicht vorhanden ist, z. B. bei Aufzügen, wenn der Motor weit entfernt oder schwer zugänglich aufgestellt ist, bei Wasserpumpen und in ähnlichen Fällen. Die Ein- und Ausschaltung kann auch, wenn erforderlich, selbsttätig erfolgen, indem das Steuerorgan durch den Stand des Wasserspiegels, durch den Druck im Windkessel oder dergl. betätigt wird.

Wir wollen hier noch einige Sonderausführungen als Beispiele erwähnen.

Am einfachsten ist es, nur einen festen Vorschaltwiderstand vor den Anker zu schalten. Dieser Vorschaltwiderstand drückt jedoch den Wirkungsgrad erheblich herunter.

Um dies zu vermeiden, verwendet die AEG sogenannte Variatoranlasser nach Kallmann (D.R.P.). Der Variator besteht aus einer vom Strom auf Glühtemperatur erhitzten Eisendrahtspirale, die zur Verhütung der Oxydation in einer mit Wasserstoffgas gefüllten Glas-

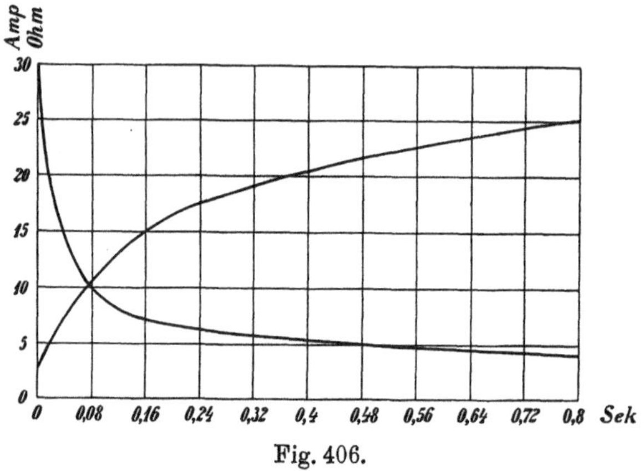

Fig. 406.

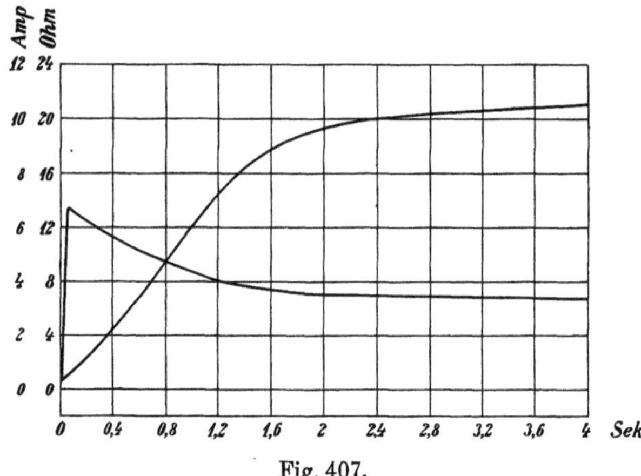

Fig. 407.

Fig. 406 und 407. Zeitliche Änderung des Stromes und Widerstandes eines Variators.

hülle eingeschlossen und auf einen Lampensockel mit Normal-Edison-Gewinde aufgesetzt ist, Fig. 405[1]). Das Verhalten der Variatoren beim Einschalten zeigen die aus oszillographischen Aufnahmen bestimmten Kurven, Fig. 406 und 407. Das Schaltschema eines Variationsanlassers, bestehend aus einem Variator und einem festen Vorschaltwiderstand,

[1]) Broschüre der AEG. vom Dez. 1911.

welche beide nach erfolgtem Anlassen selbsttätig kurzgeschlossen werden, zeigt Fig. 408.

Die Variationsanlasser werden für kleine und mittelgroße Motoren bis zu 6 kW Leistung ausgeführt.

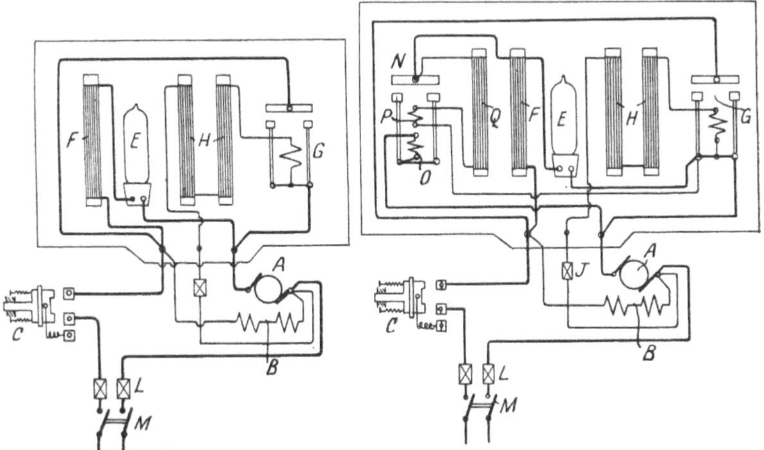

Fig. 408a. Selbsttätiger Variations-anlasser für Gleichstrom bis 0,5 PS.

Fig. 408b. Selbsttätiger Variations-anlasser für Gleichstrom bis 1,5 PS.

A = Motoranker
B = Motorfeld
C = Druckregler (selbstt. Schalter)
E = Variator
F = Vorschaltwiderstand im Motorstromkreis
G = Anlaßrelais
H = Vorschaltwiderstand im Relaisstromkreis
J = Relaissicherung
L = Hauptsicherung
M = Hauptschalthebel
N = Schutzrelais
O = Hauptstromwicklung
P = Nebenschlußwicklung
Q = Vorschaltwiderstand für die Nebenschlußwicklung

Man kann auch einen gewöhnlichen Anlasser, dessen Hebel durch einen Elektromagneten unter verzögernder Einwirkung eines Glyzerinkatarakts oder dergl. eingeschaltet wird, verwenden. Für größere Leistungen wird ein so ausgeführter Anlasser als Meisterkontroller für den als Schützenanlasser ausgebildeten Motoranlasser verwendet.

Die Betätigung kann auch vom Motor selbst unter Verwendung eines Schneckengetriebes oder eines Zentrifugalpendels geschehen.

Regulierwiderstände werden im allgemeinen nur für Handbetätigung ausgeführt. Eine Ausnahme bilden die Regler der Generatoren in größeren Zentralen. Die Überwachung und Regelung sämtlicher Maschinen geschieht hier von einem besonderen Kommandotisch aus, während die Reglerwiderstände anderswo aufgestellt werden müssen. Sie werden dann entweder von je einem kleinen Hilfsmotor oder von einer durch Hilfsmotor angetriebenen, gemeinsamen Welle betätigt. Der Antriebsmotor wird für Lauf in der einen oder anderen Richtung durch zwei mittels Druckknöpfen vom Kommandotisch aus gesteuerte Relais eingeschaltet. Die Regelung kann auch durch ein Kontaktvoltmeter bewirkt werden. Jeder Regler ist mit Endausschalter in den beiden Endstellungen zu versehen. Damit jeder Regler für sich eingestellt bzw. ganz ausgeschaltet werden kann, ist die mechanische Kupplung mit der gemeinsamen Welle lösbar auszuführen.

Eine weitere Ausnahme bilden die in Verbindung mit selbsttätigen Reglereinrichtungen verwendeten Reglerwiderstände, die wir in einem späteren Kapitel näher behandeln werden.

80. Entwurf von Widerständen.

a) Mechanischer Aufbau. Der mechanische Aufbau hat vor allen Dingen so zu erfolgen, daß große Betriebssicherheit auch bei rauher Handhabung gewährleistet wird. Weitere, für den Aufbau maßgebende Richtlinien sind: kleine Abmessungen und Gewichte, leichte Auswechselbarkeit etwa beschädigter Teile, einfachste Ausführung aller Einzelheiten zwecks Erzielung niedriger Herstellungskosten und schließlich, von nicht zu unterschätzender Bedeutung: eine schlichte, schöne und übersichtliche Anordnung des Ganzen.

In bezug auf den mechanischen Aufbau können wir die Widerstände, nach der Häufigkeit der Anwendung in der Starkstromtechnik geordnet, einteilen in: Kontaktwiderstände, Wasserwiderstände und Schieberwiderstände.

1. Kontaktwiderstände bestehen, wenn wir zunächst die gewöhnlichste Ausführung mit angebauten Kontakten und Luftkühlung ins Auge fassen, aus dem Befestigungsrahmen (bzw. Kasten), den Widerstandselementen und der Kontaktanordnung.

Der Befestigungsrahmen wird meist aus Gußeisen hergestellt und mit Füßen zwecks Aufstellung des Widerstandes auf den Boden bzw. Befestigung an der Wand versehen. Im letzteren Falle sind die Füße mit Löchern für die Befestigungsschrauben auszuführen. Sie sind so anzuordnen, daß zwischen dem Boden bzw. der Wand und dem Widerstand genügend Platz für die Luftzufuhr vorhanden ist. Der Rahmen wird bei kleineren Widerständen als ein die Widerstandselemente umschließender, mit großen Luftlöchern versehener Kasten ausgebildet. Bei größeren Widerständen wird er mit gelochtem Blech umgeben. Bei stehenden Widerständen ist es für die Abkühlung sehr vorteilhaft, den Rahmen nur oben und unten mit genügend breiten Streifen von gelochtem Blech zu umkleiden und ihn in der Mitte mit einem gewöhnlichen, dichten Blech zu umgeben. Hierdurch wird eine kräftige Schornsteinwirkung erzielt.

Die Widerstandselemente werden je nach der Stromstärke verschieden ausgeführt. Als Widerstandsmaterial verwendet man vorwiegend eine Legierung aus Kupfer und Nickel in Form von Drähten, Bändern und glatten oder gewellten Blechen. Weiter unten sind verschiedene Widerstandsmaterialien zusammengestellt. Bei einer bekannten Bauart für sehr kleine Ströme und hohe Ohmzahlen wird der Draht (bis 0,4 mm Stärke) auf glatte Porzellanzylinder in eine als Befestigung und Schutz dienende Emaille in eng nebeneinander liegenden Windungen aufgewickelt oder mit Asbestgarn zu einem Gewebe zusammengewoben.

Bei mittleren Stromstärken kann man den Draht auf gerillte Porzellanzylinder oder auf einen Rahmen, der mit aufgegipsten, gerillten Porzellanreitern versehen ist, aufwickeln. Man kann auch besonders isolierte Eisenröhren als Träger für den Draht benutzen. Als Isoliermittel darf aber hier nicht (wenigstens nicht ausschließlich) Emaille, die als Leiter zweiter Klasse bei zu hoher Temperatur leitend wird, verwendet werden.

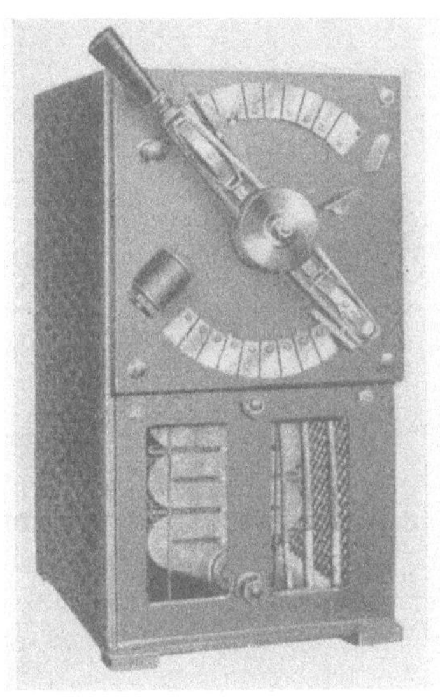

Fig. 409. Anlasser mit Widerstandselementen aus Gußeisen.

Bei mitleren und großen Stromstärken werden sehr häufig frei gespannte Spiralen aus Runddraht oder Bändern verwendet. Dieses Verfahren ist einfach und billig und eignet sich sehr gut für ortsfeste Widerstände. Bei starken Erschütterungen können die Spiralen jedoch leicht zusammenschlagen. Für Kranbetriebe und dergl. ist einer der oben genannten Befestigungsarten deshalb der Vorzug zu geben.

Für große Stromstärken werden oft nach Fig. 409 flache, wellenförmig geformte Widerstandselemente aus Gußeisen verwendet. Wegen des hohen Temperaturkoeffizienten des Gußeisens eignen sie sich jedoch nur für Anlasser und Belastungswiderstände, nicht aber für Regler.

Die Widerstandselemente werden isoliert an dem Befestigungsrahmen bzw. an besonderen Querträgern befestigt.

Die Kontaktanordnung, bestehend aus den Kontakten, den Stromzuführungsschienen und dem Kontakthebel, wird auf einer an dem Rahmen befestigten, gewöhnlich aus Schiefer bestehenden Platte angeordnet. Schiefer ist leicht zu bearbeiten, aber nicht selten von Metalladern durchzogen, weshalb seine genaue Prüfung auf Isolierfestigkeit erforderlich ist. Bei höheren Spannungen (am besten schon bei 250 Volt) ist aus diesem Grunde statt Schiefer Marmor zu verwenden.

Die Kontakte werden meist aus Messing, für kleinere Stromstärken in runder, für größere in eckiger Form, ausgeführt, siehe Fig. 410. Um besseren elektrischen Kontakt zu bekommen, wird bei großen Stromstärken die Kontaktbahn (nach S. S.W.) mit Kupferplatten bekleidet. Um eine größere Anzahl Kontakte unterbringen zu können, werden die runden Kontakte oft in zwei konzentrischen Reihen zickzackförmig angeordnet. Damit die Kontaktbürste in ausgeschalteter Stellungvon der Kontaktbahn nicht abgleiten kann, werden dort einige Blindkontakte angeordnet. Diese Blindkontakte können entweder wie die anderen Kontakte aus Messing oder aus Isoliermaterial gemacht werden. Als Isoliermaterial eignet sich hierfür besonders Speckstein mit einigen Unterlagen aus Preßspan, die, je nach der Abnutzung der Kontaktbahn, nacheinander entfernt werden.

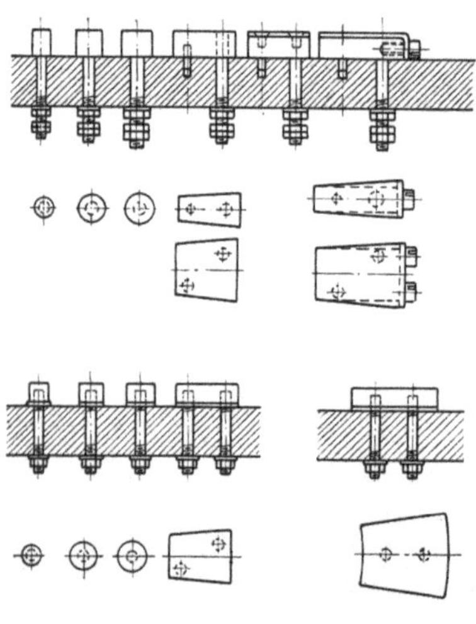

Fig. 410. Ausführung der Kontakte.

Die etwa vorhandenen Stromzuführungsschienen werden, innerhalb der Kontaktbahn und mit ihr konzentrisch angeordnet, aus Messing mit oder ohne Kupferbekleidung ausgeführt.

Der meist aus getempertem Gußeisen hergestellte Kontakthebel wird mit einer über die Kontakte hinweggleitenden Bürste versehen. Bei kleineren Stromstärken besteht die Bürste nur aus einem federnden Messingblech, das unmittelbar mit dem Hebel verbunden ist. Der Drehbolzen des Hebels dient dann gleichzeitig als Stromzuführung. Bei größeren Stromstärken werden zwei miteinander verbundene, an dem Hebelarm isoliert befestigte Kontaktbürsten verwendet. Die zweite Bürste schleift dann über eine besondere Stromzuführungs-

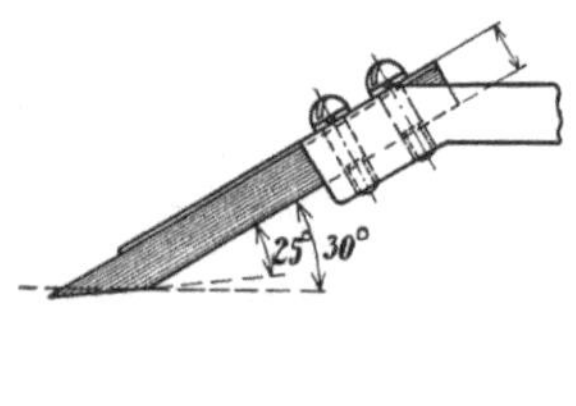

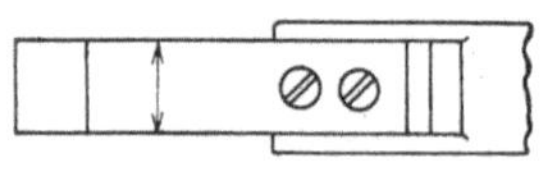

Fig. 411. Geblätterte Kontaktbürste.

schiene. Bei großen Stromstärken reicht ein einfaches Blech nicht mehr aus und man verwendet dann nach Fig. 411 ausgeführte geblätterte Bürsten. Eine solche Bürste ist unter einem Neigungswinkel von etwa $\alpha = 30^0$ gegen die Kontaktebene anzuordnen. Beim Abschleifen der Kontaktfläche wird die Bürste unter normalem Druck angepreßt.

Bei Anlassern für größere Stromstärken bietet es unter Umständen Schwierigkeiten, den Kurzschlußkontakt bzw. die Bürste mit genügend

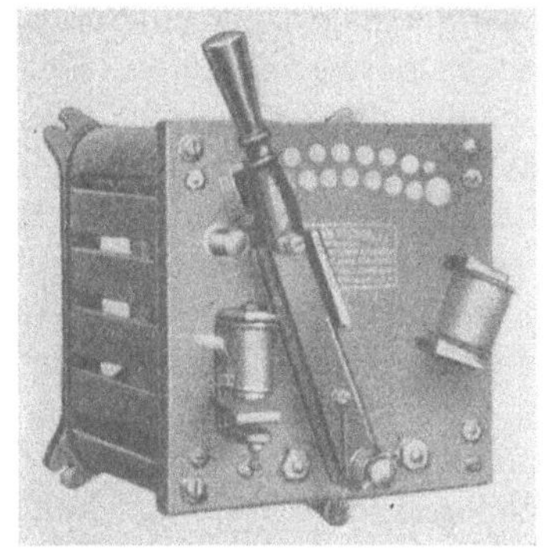

Fig. 412.

Fig. 413.

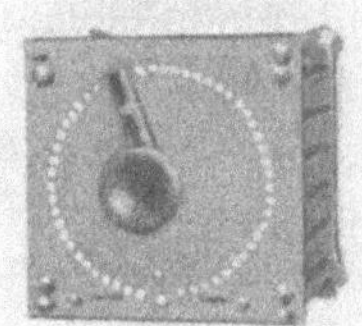

Fig. 414.

Fig. 412—414. Beispiele luftgekühlter Anlasser und Regler.

großen Abmessungen für den Dauerstrom auszuführen. In solchen Fällen wird noch eine besondere Kurzschlußvorrichtung, aus einem Messerschalter oder aus zwei federnd anliegenden Bürsten bestehend, an dem Hebel befestigt. Einen von der Bewegung des Hebels unabhängigen Kurzschlußschalter anzuordnen, ist nicht ratsam, weil seine Ausschaltung beim Abstellen des Motors leicht vergessen werden kann.

Die unbeabsichtigte Berührung der stromführenden Teile ist, sofern der Widerstand nicht hinter der Schalttafel aufgestellt ist, durch eine auf die Kontaktplatte aufgesetzte Schutzkappe zu verhindern.

Der Kontakthebel ist bei Handbetätigung mit einem Handgriff oder Handrad zu versehen. Auch Ketten- und Schneckengetriebe werden verwendet. Die Stellung des Hebels ist durch Zeiger und Skala deutlich erkennbar zu machen.

Die Fig. 412, 413 und 414 zeigen normale Ausführungen luftgekühlter Anlasser und Regler.

In sehr feuchten oder ätzende Gase enthaltenden Räumen würden die Widerstandselemente und die Kontakte der jetzt beschriebenen Widerstände bald zerstört werden; in Räumen, wo feuergefährliche Gase oder Stoffe vorhanden sind, würden die Funken an den Kontakten leicht Entzündungen bzw. Explosionen (Schlagwetter in Gruben) veranlassen können. In solchen Fällen ist es notwendig, diese Teile von der Außenluft abzuschließen. Es geschieht das am besten durch Einsenken der Widerstandselemente samt der Kontaktanordnung in Öl. Das Öl kühlt dabei die Widerstandselemente, sofern es nicht schon durch ein vorangehendes Anlassen selbst erwärmt ist, sehr gut ab, indem die Wärme in dem Öl aufgespeichert wird. Solche Ölwiderstände eignen sich deshalb besonders für Anlasser, mit welchen nur in großen Zeitabständen angelassen werden soll, und also nur eine kurzzeitige Wärmeentwicklung stattfindet.

Letzten Endes muß aber bei allen Widerständen die entwickelte Wärme an die Umgebung abgegeben werden, und diese Wärmestrahlung geschieht bei den Ölwiderständen wesentlich langsamer als bei den luftgekühlten Widerständen; denn die strahlenden Außenwände bei jenen haben eine bedeutend kleinere Oberfläche als die strahlende Gesamtoberfläche der Widerstandselemente bei diesen. Bei Ölanlassern mit Nebenschlußregulierung reichen die Außenwände meistens noch aus, um die im Nebenschlußwiderstand dauernd entwickelte, verhältnismäßig geringe Wärmemenge auszustrahlen. Soll dagegen im Hauptstromkreis geregelt werden, oder ist ein häufiges Anlassen erforderlich, dann muß für künstliche Kühlung gesorgt werden. Zu diesem Zwecke kann man entweder die Oberfläche des Widerstandskastens durch Verwendung von korrugiertem Blech oder durch besondere, angebaute Kühltaschen vergrößern, oder man kann dem Öl durch eingelegte von Wasser durchflossene Kühlschlangen die Wärme entziehen. Schließlich kann man das erwärmte Öl mit einer kleinen Pumpe durch einen von Kühlwasser umflossenen Rückkühler und wieder zurück in den Widerstand drücken. Alle diese Einrichtungen sind jedoch kostspielig und, wenn es sich irgendwie machen läßt, ist es in solchen Fällen zweckmäßiger, den Widerstand in einiger Entfernung von dem Motor in einem besonderen Raum, wo luftgekühlte Widerstände verwendet werden können, aufzustellen.

Für angestrengte Betriebe und sehr große Leistungen empfiehlt es sich, die Kontaktanordnung von dem Widerstand zu trennen und in Kontrollerform anzuordnen. Die Kontroller bestehen, wie oben erwähnt, aus Schaltwalzen mit Kontaktsegmenten, gegen welche kräftige Finger schleifen. Sie eignen sich auch in solchen Fällen sehr gut, wo verwickelte Schaltmanöver auszuführen sind, weil die Kontaktsegmente in fast beliebiger Zahl und Form angebracht werden können. Sie werden mit dem Widerstand durch gewöhnliche, isolierte Leitungen oder Kabel verbunden.

Die Verbindungsleitungen innerhalb des Widerstandes werden mit Baumwolle oder Asbest besponnen und umklöppelt und darauf, zur Erhöhung der Isolation und zum Schutz gegen Wasseraufnahme, mit Zinkweiß imprägniert. Häufig werden auch auf die Drähte aufgereihte Perlen aus Glas oder Porzellan als Isolation verwendet. Stärkere Verbindungsleitungen werden blank verlegt.

2. Wasserwiderstände bestehen aus einem mit Wasser gefüllten Behälter aus Ton, Blech, Gußeisen oder Holz, in den Elektroden aus Blech eingetaucht werden. Die Leitfähigkeit des Wassers wird meist durch einen geringen Zusatz von Soda erhöht. Behälter aus leitendem Material müssen isoliert aufgestellt werden. Solche aus Holz sind inwendig mit Pech auszugießen. Wenn dies nicht gemacht werden kann, sind die Wände mit einem Drahtnetz innen auszukleiden, denn sonst treten einige Stromfäden durch das nasse Holz hindurch und benutzen die außen angebrachten, zusammenhaltenden Eisenbänder als Strombahn, wobei sie an den Übergangsstellen zu den Eisenbändern heftige Lichtbogenerscheinungen verursachen können. Der Widerstand des Wassers verringert sich bei Erwärmung erheblich.

Während die absoluten Widerstandswerte durch Konzentrationsänderungen der Sodalösung in weiten Grenzen geändert werden können, ist das Verhältnis zwischen dem größten und dem kleinsten Widerstand nur von der Bauart des Widerstandes abhängig. Damit dieses Verhältnis so groß wie möglich wird, verwendet man oft nur eine, aus zwei gegen die Eintauchstelle zugespitzten, keilförmig zusammengesetzten Blechen bestehende bewegliche Elektrode, die sich zwischen zwei feststehenden, ebenfalls keilförmig zusammenlaufenden Blechen bewegt. Der andere Pol wird dann mit den festen Blechen bzw. mit dem leitenden Behälter verbunden.

Bevor sich die Elektroden berühren wird der Widerstand über einen besonderen Messerkontakt kurzgeschlossen.

Man kann auch beide Elektroden feststehend anordnen und den Widerstand durch Veränderung der Höhe des Wasserspiegels verändern. Die AEG. verwendet dabei für sehr große, oft einzuschaltende Anlasser zwei übereinander angeordnete Gefäße. Der obere Behälter wird als Widerstand, der untere als Rückkühler für die Sodalösung benutzt. Die Sodalösung wird dauernd von dem unteren Behälter in den oberen gepumpt und fließt von dort wieder in den unteren Behälter zurück. Beim Anlassen wird der Ablauf vom oberen Behälter durch ein Schieberventil gesperrt.

b) Bemessung der Anlasser und Regler.

1. Kontaktwiderstände. Die wichtigsten Bauteile der Regler sind natürlich die Widerstandselemente selbst. Sie sind einerseits mit Rücksicht auf die erforderlichen Widerstände, deren Berechnung wir in den Kap. XVII und XVIII behandelt haben, anderseits nach der zulässigen Erwärmung zu bemessen.

Der Widerstand ist

$$R = \varrho \frac{l}{q} (1 + \alpha \tau) \,\text{Ohm}, \tag{194}$$

worin ϱ den spezifischen Widerstand in $\frac{\text{Ohm} \cdot \text{mm}^2}{\text{m}}$ bei 0^0 C, l die Länge in m, $q = \frac{\pi d^2}{4}$ den Querschnitt in mm², α den Temperaturkoeffizienten und τ die Temperatur in ^{0} C bedeuten.

Meistens wird ein Material mit verschwindend kleinem Temperaturkoeffizienten verwendet und wir können deshalb schreiben

$$R = \varrho \frac{l}{q} = \varrho \frac{l}{\frac{4 d^2}{\pi}} \,\text{Ohm}. \tag{194 a}$$

Wir wollen nun zunächst den Einfluß des spezifischen Widerstandes ϱ auf die Formgebung untersuchen, wobei die Erwärmung von grundlegender Bedeutung ist. Wir haben dann zwei Fälle zu unterscheiden, indem der Widerstand entweder dauernd mit einer bestimmten Leistung EJ Watt, die ausgestrahlt werden muß, beansprucht wird, oder ob dem Widerstande kurzzeitig eine Energiemenge EJt Wattsek. zugeführt wird, welche Energiemenge dann hauptsächlich in dem Widerstand zunächst aufgespeichert wird. In beiden Fällen sei eine Übertemperatur von τ^0 C zugelassen.

Wenn wir die Bezeichnungen einführen:

C_w = die je cm² Oberfläche und ^{0} C ausgestrahlte Leistung in Watt,

c = spezifische Wärme in kgcal je ^{0} C, 1 Wattsek. = 0,0002386 kgcal,

G = Gewicht des Drahtes in kg,

γ = spezifisches Gewicht des Drahtes,

t = Zeit in Sekunden,

so wird bei dauernder Wärmestrahlung:

$$d = \sqrt[3]{\frac{4}{10\pi^2} \cdot \frac{J^2}{C_w \tau} \cdot \varrho} = 0{,}344 \cdot \sqrt[3]{\frac{J^2}{C_w \tau}} \sqrt[3]{\varrho} \text{ mm}, \tag{195}$$

$$l = \sqrt[3]{\frac{1}{400\pi} \cdot \frac{E^3 J}{C_w^2 \tau} \cdot \frac{1}{\varrho}} = 0{,}0926 \sqrt[3]{\frac{E^3 J}{C_w^2 \tau}} \sqrt[3]{\frac{1}{\varrho}} \text{ m}, \tag{195a}$$

$$G = \gamma \sqrt[3]{\frac{10^{-7}}{16\pi^2} \cdot \frac{E^3 J^5}{C_w^4 \tau^3} \cdot \varrho} = 0{,}000860\, \gamma \frac{EJ}{C_w \tau} \sqrt[3]{\frac{J^2}{C_w}} \sqrt[3]{\varrho} \text{ kg} \tag{195b}$$

und bei kurzzeitiger Belastung unter Vernachlässigung der Strahlung:

$$d = \sqrt[4]{\frac{0{,}2386 \cdot 16}{\pi^2} \cdot \frac{J^2 t}{\gamma c \tau} \cdot \varrho} = 0{,}789 \sqrt[4]{\frac{J^2 t}{\gamma c \tau}} \sqrt[4]{\varrho} \text{ mm}, \tag{196}$$

$$l = \sqrt{0{,}2386 \frac{E^2 t}{\gamma c \tau} \cdot \frac{1}{\varrho}} = 0{,}488 \sqrt{\frac{E^2 t}{\gamma c \tau}} \sqrt{\frac{1}{\varrho}} \text{ m}, \tag{196a}$$

$$G = 0{,}0002386 \frac{EJt}{c\tau} \text{ kg}. \tag{196b}$$

Aus diesen Gleichungen geht hervor, daß bei dauernder Wärmestrahlung die Drahtlänge mit wachsendem spezifischen Widerstand abnimmt, wogegen das Gewicht zunimmt. Je kleiner nun die Drahtlänge wird, desto kleiner wird der ganze Widerstand und desto niedriger werden seine Herstellungskosten. Die gleichzeitige Zunahme des Gewichtes des Widerstandsmaterials ist daneben von vernachlässigbarem Einfluß, weil die Kosten des Widerstandsmaterials selbst nicht von ausschlaggebender Bedeutung sind. Wir haben hierbei angenommen, daß C_w eine unveränderliche Konstante ist. In Wirklichkeit nimmt aber C_w mit wachsendem d etwas zu, weil dabei die erwärmende Einwirkung benachbarter Windungen durch die im allgemeinen nur wenig vergrößerten Abstände der Windungen voneinander kleiner wird. Das Gewicht wird deshalb bei wachsendem ϱ nicht in dem Maße zunehmen, wie bei konstantem C_w zu erwarten wäre.

Wenn bei kurzzeitiger Belastung die gesamte Wärme in dem Widerstandsmaterial aufgespeichert wird, hat natürlich ϱ keinen Einfluß auf das Gewicht. Hier trägt eine Erhöhung von ϱ deshalb, wie die Gleichungen zeigen, noch mehr zur Verbilligung des Widerstandes bei.

In solchen Fällen, wo man den Durchmesser des Drahtes aus Festigkeitsgründen größer wählen muß, als nach den Formeln erforderlich wäre, nimmt die Drahtlänge noch rascher, und zwar direkt proportional mit ϱ, ab.

Wir sehen also, daß ein hoher spezifischer Widerstand ϱ in allen Fällen erwünscht ist.

Die angeführten Formeln geben auch wertvolle Aufschlüsse über den Einfluß der maßgebenden Größen auf die Gestaltung der Widerstandselemente. Wir dürfen aber die Gültigkeit der gewonnenen Ergebnisse nicht ohne weiteres auf den ganzen Widerstand ausdehnen. Für dieselbe Leistung nimmt mit wachsender Stromstärke (abnehmender Spannung) die Drahtlänge in

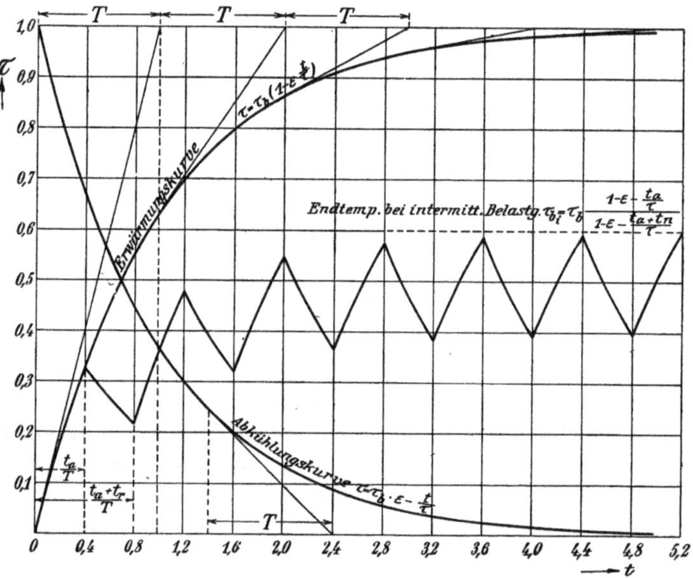

Fig. 415. Erwärmungs- und Abkühlungskurven eines Widerstandselementes.

beiden Fällen ab, während das Drahtgewicht bei Dauerbelastung etwas zunimmt, bei kurzzeitiger Belastung dagegen unverändert bleibt. Die Herstellungskosten des ganzen Widerstandes wachsen jedoch bei derselben Leistung meist mit wachsender Stromstärke in beiden Fällen, weil die Verbindungsdrähte, die Kontakte usw. bei größeren Stromstärken teuerer werden.

Über die Vorgänge bei der Erwärmung der Widerstandselemente geben die in der Fig. 415 dargestellten Erwärmungs- bzw. Abkühlungskurven Aufschluß.

Die Gleichung der Erwärmungskurve lautet:

$$\tau = \tau_b \left(1 - \varepsilon^{-\frac{t}{T}}\right), \tag{197}$$

die der Abkühlungskurve

$$\tau = \tau_b \, \varepsilon^{-\frac{t}{T}}. \tag{197a}$$

Es bedeuten hierin:

τ = die Übertemperatur zu einer beliebigen Zeit,

τ_b = die Übertemperatur im Beharrungszustand bzw. die Anfangsübertemperatur der Abkühlungskurve,

ε = die Basis der natürlichen Logarithmen = 2,7183,

t = die Zeit,

T = die Zeitkonstante, d. h. die für die Erwärmung von 0 bis τ_b °C Übertemperatur erforderliche Zeit, wenn währenddessen keine Wärmeausstrahlung stattfinden würde.

Die beiden Kurven können leicht durch Versuch bestimmt werden, indem wir dem anfangs kalten Körper eine konstante Leistung zuführen bzw. den schon erwärmten Körper ohne Energiezufuhr abkühlen lassen und gleichzeitig die Temperatur beobachten. Wenn wir durch einen beliebigen Punkt der Kurven eine Tangente ziehen, so ist deren Projektion auf die Abszissenachse bzw. auf eine mit ihr parallele Linie durch τ_b gleich T (Bd. I, Fig. 546).

Die Übertemperatur im Beharrungszustand ist

$$\tau_b = \frac{EJ}{C_w O} \, {}^0\mathrm{C}, \tag{198}$$

worin O die strahlende Oberfläche in cm² bedeutet.

Wenn wir die Übertemperatur τ_b bei der konstanten Leistung EJ Watt berechnet oder durch Versuch ermittelt haben und die Wärmekapazität cG kennen, so können wir die Zeitkonstante T auch leicht berechnen nach der Gleichung

$$T = \frac{c\,G\,\tau_b}{EJ\,0{,}0002386} \text{ sek.} \tag{199}$$

Wenn wir einen Widerstand in regelmäßigen Zeitabschnitten während der Zeit t_a belasten und während der Zeit t_r abkühlen lassen, so erhalten wir die in Fig. 415 dargestellte Zickzacklinie. Die einzelnen Linienabschnitte verlaufen wie die in gleicher Höhe befindlichen Teile der Erwärmungs- bzw. Abkühlungskurve. Die höchste bei dieser aussetzenden Belastung schließlich erreichte Übertemperatur ist

$$\tau_{bi} = \tau_b \frac{1 - \varepsilon^{-\frac{t_a}{T}}}{1 - \varepsilon^{-\frac{t_a + t_r}{T}}}. \tag{200}$$

Sie verhält sich somit zur Endtemperatur bei Dauerbelastung wie die Übertemperatur nach der Zeit t_a zur Übertemperatur nach einer ununterbrochenen Belastung während der Zeit $t_a + t_r$.

In der Fig. 416 haben wir diese höchsten Übertemperaturen τ_{b_i} bei verschiedenen Verhältnissen $\frac{t_a}{t_a + t_r}$ als Funktionen von $\frac{t_a}{T}$ aufgetragen. Wir ersehen daraus, wenn die Belastungsdauer t_a sehr kurz im Verhältnis zur Zeitkonstante ist, wird die höchste Übertemperatur τ_{b_i} bei aussetzender Belastung gleich der Beharrungstemperatur bei einer Dauerbelastung, die sich zur wirklichen Belastung wie $\frac{t_a}{t_a + t_r}$ verhält. Bei länger andauernden Belastungsstößen wird natürlich τ_{b_i}, wie die Figur zeigt, größer.

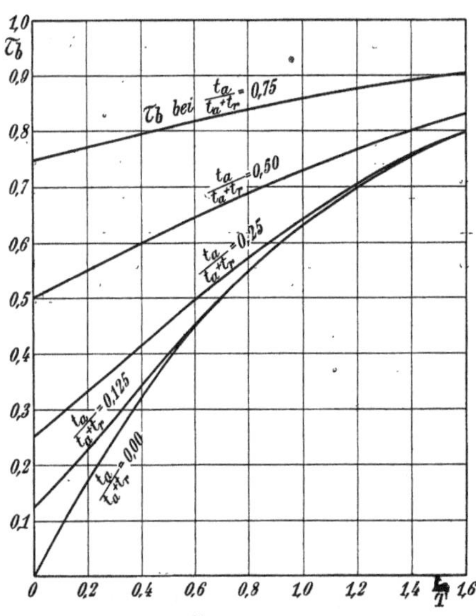

Fig. 416. Übertemperatur τ_b als Funktion von $\frac{t_a}{T}$.

Diese Kurven gelten ganz allgemein für jede Erwärmung bei konstanter Wärmezufuhr. Zur vollständigen Behandlung der Erwärmung von Widerständen und deren Zubehörteile ist deshalb nur die Kenntnis einerseits der Übertemperatur τ_b im Beharrungszustand bei einer beliebigen Wärmezufuhr, anderseits der Wärmekapazität erforderlich. Die Zeitkonstante T läßt sich dann nach der Gleichung 199 berechnen, und die erwähnten Kurven sind durch τ_b und T eindeutig bestimmt.

Es ist natürlich nicht zu erwarten, daß die Erwärmungsvorgänge mit mathematischer Genauigkeit nach diesen Kurven verlaufen. Abweichungen kommen im Gegenteil recht häufig vor, weil einerseits C_w infolge von Luftströmungen u. dgl. bei verschiedenen Temperaturen etwas verschiedene Werte annimmt, anderseits allerlei umgebende Körper wie Befestigungsteile, Zuführungsdrähte u. a. m. als Wärmespeicher mit herangezogen werden. Die Kurven geben jedoch mit genügender Genauigkeit die tatsächlichen Verhältnisse wieder.

Bei luftgekühlten Anlassern ermittelt man nach der Fig. 360 die Belastungszeiten t der einzelnen Widerstandsstufen und bekommt somit die jeder Stufe zugeführte Energiemenge $J^2 r t$ Wattsekunden. Nach den Formeln 196 und 196a können dann die Abmessungen unter Vernachlässigung der Wärmestrahlung bestimmt werden. An Hand der Erwärmungskurve für den so bestimmten Widerstand wird dann untersucht, ob die Strahlung während der meistens im Verhältnis zur Zeitkonstante recht kurzen Belastungszeit von wesentlicher Bedeutung ist. Gegebenenfalls werden die Abmessungen dann etwas verkleinert. Bei aussetzendem Betrieb sind die Widerstandsstufen nach den Formeln 195 und 195a für eine gedachte Dauerleistung von $J^2 r \frac{t_a}{t_a + t_r}$ zu entwerfen, worauf an Hand der Erwärmungskurve für intermittierenden Betrieb zu untersuchen ist, ob die so ermittelten Abmessungen etwas zu vergrößern sind.

Widerstände für ölgekühlte Anlasser können etwa mit der dreifachen Leistung (also $\sqrt{3}\,J$) im Verhältnis zur Leistung bei Luftkühlung beansprucht werden.

Reglerwiderstände werden stets für Dauerbelastung nach den Gl. 195a und 195b bemessen.

Die Wahl der berechneten Übertemperatur hängt natürlich davon ab, wie der Betrieb sich gestaltet: ob Überlastungen zu erwarten sind u. dgl. Ferner hängt die Wahl davon ab, wie reichlich man mit Rücksicht auf den Preis den Widerstand bemessen will. Als ungefährer Wert kann etwa 200^0 C als zulässige Übertemperatur angegeben werden.

Die bei einer gewissen Dauerbelastung erreichte Übertemperatur wird am besten durch Versuch bestimmt, weil die Anordnung der Widerstände, Wärmestrahlung von benachbarten Widerstandselementen, Luftströmungen u. a. m. einen großen Einfluß ausüben.

Rziha und Seidner[1]) geben für Drahtspiralen, Drahtrahmen usw., die (bei Luftkühlung) in ausreichender Entfernung voneinander aufgestellt und in einer Höhe von nicht mehr als 60 bis 80 cm angeordnet sind, Belastungsdaten an, woraus sich der Wärmeabgabekoeffizient berechnen läßt zu

$$C_w \cong 0{,}0012 \cdot \sqrt[3]{d}, \tag{201}$$

d. h.

für $d = 0{,}25$;	0,5;	1,0;	2,0;	3,0 mm,
$C_w = 0{,}00075$;	0,00095;	0,0012;	0,00151;	0,00173.

Nach den genannten Verfassern kann man Gußeisenwiderstände in Luft dauernd mit etwa 34 Watt für 1 dm^2 einfacher Fläche, d. h. mit 17 Watt je dm^2 belasten, was bei 200^0 C Übertemperatur einem Wärmeabgabekoeffizienten von $C_w \cong 0{,}00085$ entspricht.

Außerdem verweisen wir auf das Buch: „Die Erwärmung elektrischer Maschinen" von Ludwig Binder, Verlag Wilhelm Knapp, Halle (Saale) 1911, in dem das Erwärmungsproblem unter besonderer Berücksichtigung der Luftströmungen eingehend behandelt ist.

---

[1]) Rziha und Seidner: Starkstromtechnik, 2. Aufl., S. 708.

In der folgenden Tabelle sind verschiedene Widerstandsstoffe und deren Eigenschaften zusammengestellt.

Material	Spez. Widerstand $\frac{\text{Ohm mm}^2}{\text{m}}$ ϱ	Temperaturkoeffizient α	Spez. Wärme c	Spez. Gewicht γ	Hersteller
Excelsior I	0,86	+ 0,0007			C. Schniewindt, Neuenrade i. W.
Constantan	0,50	+ 0,000005	0,10	8,8	
Rheostatin	0,48	+ 0,000011			
Nickelin	0,40	+ 0,0001			
Excelsior II . . .	0,058	+ 0,00138			
Superior	0,86	+ 0,00072			Vereinigte Deutsche Nickel-Werke A.-G. vorm. Westfälisches Nickelwalzwerk Fleitmann, Witte & Co., Schwerte (Ruhr)
Widerstandsdr. I A					
I A	0,50	− 0,000011			
Nickelin I (hart) .	0,436	+ 0,000076	0,095	8,9	
Neusilberdraht . .	0,365	+ 0,000196	0,095	8,5	
Nickelin II	0,339	+ 0,000168	0,095	8,1	
Rheotan	0,48	+ 0,00023		8,60	Dr. Geitners Argentan-Fabrik, Auerhammer bei Aue
„ CN	0,48	− 0,00003		8,90	
„ S	0,72	+ 0,0004		8,51	
Nickelin	0,40	+ 0,00016		8,70	
Extra Prima Neusilber	0,30	+ 0,00025		8,72	
Kruppin (Nickel-Stahl)	0,85	0,0007	0,12	8,1	Krupp, Essen
Eisen	0,10—0,13	+ 0,0045	0,11	rd. 7,8	

In der Fig. 417 ist der Zusammenhang zwischen Drahtdurchmesser bzw. -querschnitt und Widerstand pro m für einige Widerstandsmaterialien, auf Logarithmenpapier aufgetragen, dargestellt.

In den Fig. 418 und 419 sind die von Rziha und Seidener angegebenen, zulässigen Belastungen von Runddraht mit einem spezifischen Widerstand von $\varrho = 0,48$ für verschiedene Verhältnisse über den Drahtdurchmesser auf Logarithmenpapier aufgetragen. Wenn hiernach die zulässige Belastung J Ampere beträgt, so ist für ein anderes Material mit dem spez. Widerstand ϱ_1 die zulässige Belastung

$$J_1 = J\sqrt{\frac{0,48}{\varrho_1}} \text{ Amp.} \qquad (202)$$

Für die Berechnung der Ölmenge bei Anlassern ist die Anlaßleistung maßgebend. Wenn während einer Anlaßperiode die Energiemenge EJt Wattsekunden vom Netz entnommen wird, so beträgt die im Anlasser bei n-maligem Anlassen in Wärme umgesetzte

Energie $n \frac{EJt}{2}$ Wattsekunden. Bei einer mittleren Temperatur-

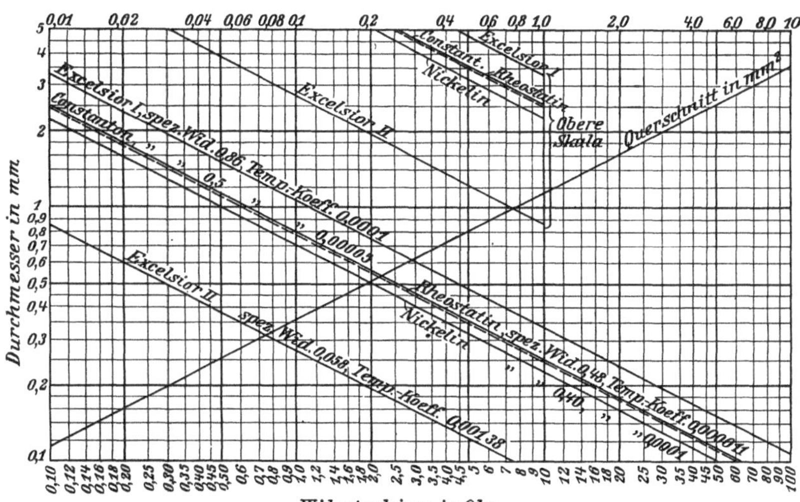

Fig. 417. Abhängigkeit des Widerstandes vom Drahtdurchmesser bzw. Querschnitt.

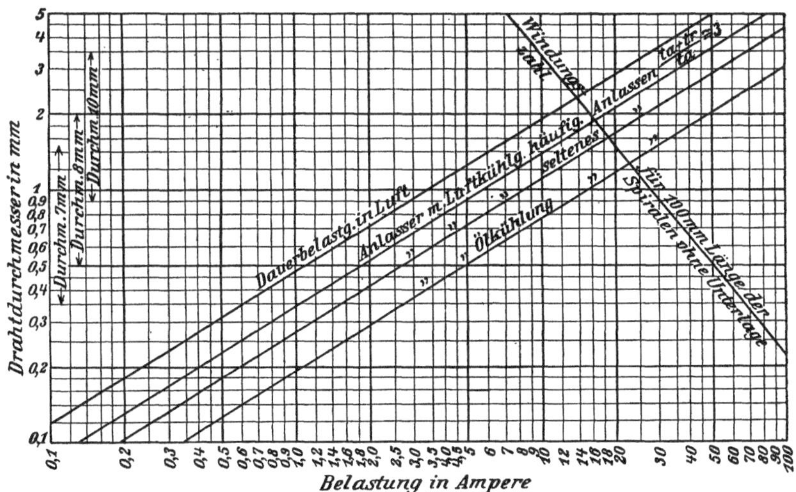

Fig. 418. Zulässige Belastungen in Ampere bzw. Windungszahl von Drahtspiralen und Drahtrahmen ohne Unterlagen nach Rziha und Seidener.

erhöhung des Öls von τ_0 °C ergibt sich das erforderliche Ölvolumen zu

$$V_0 = 0{,}000\,2386\, n \frac{EJt}{2} \cdot \frac{1}{c\,\gamma\,\tau_0} \text{ Liter.} \tag{203}$$

Hierin ist $c \simeq 0{,}40$ und $\gamma \simeq 0{,}965$ zu setzen. Mit τ_0 kann man bis 40—60 °C gehen.

Die Kontakte und die Kontaktbürsten kann man, nach Rziha und Seidener, ungefähr wie folgt belasten:

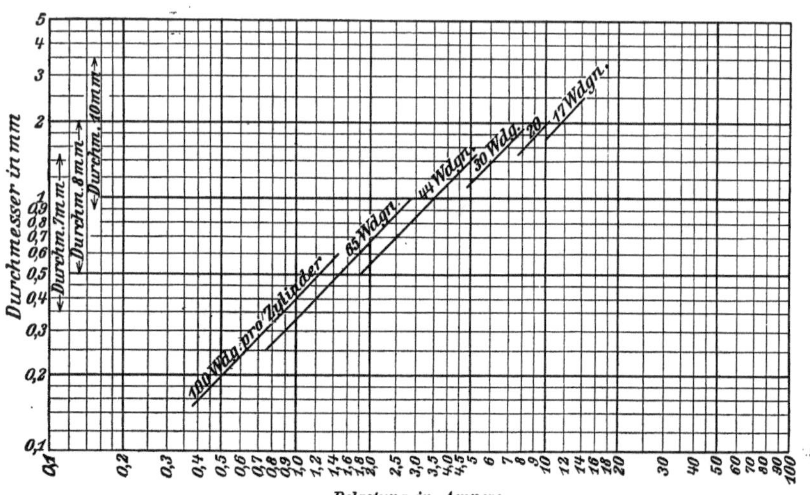

Fig. 419. Dauerbelastung von Drahtspiralen, auf Porzellanzylinder von 100 mm Länge und 31 mm Durchmesser gewickelt; nach Rziha und Seidener.

Stromstärke	Runde Kontakte mm Durchmesser			Trapezförmige Kontakte					
				Länge 35 mm mittlere Breite mm			Länge 35 mm mittlere Breite mm		
Amp.	8	10	12	8	12	22	8	12	22
dauernd . . .	20	30	45	45	60	90	60	90	120
aussetzend . .	35	50	75	75	100	150	100	150	200

Bürstenbreite b mm		10	15	20	25	30	35
Stromdichte in der Kontaktfläche Amp. je mm²	dauernd . .	0,67	0,55	0,50	0,47	0,45	0,44
	aussetzend .	1,1	0,92	0,84	0,79	0,75	0,73

2. Wasserwiderstände. In der Fig. 420 ist der spezifische Widerstand von Sodalösung, die fast ausschließlich zur Verwendung kommt, in $\frac{\text{Ohm cm}^2}{\text{cm}}$ bei verschiedenen Temperaturen als Funktion des Sodagehaltes in Prozenten auf Logarithmenpapier aufgetragen. Wir sehen, daß der Widerstand sowohl mit der Temperatur wie mit der Konzentration erheblich schwankt. Bei destilliertem Wasser ist der

Widerstand unendlich groß, gewöhnliches, sogenanntes klares Wasser weist je nach Art und Menge der stets vorhandenen Salze sehr verschiedene Widerstände auf.

Die Berechnung des Widerstandes geschieht durch Aufzeichnen des ungefähren Verlaufs der Stromlinien. Weil der Widerstand der

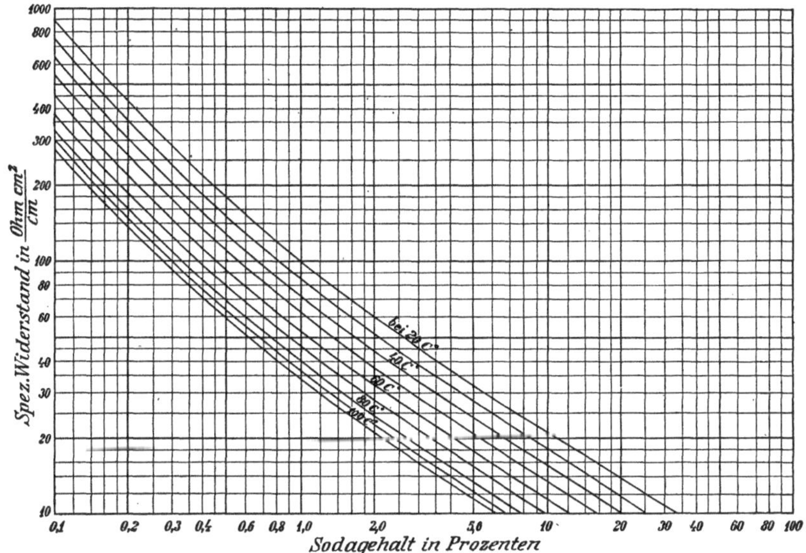

Fig. 420. Spezifischer Widerstand in Abhängigkeit vom Sodagehalt des Wassers.

Flüssigkeit doch erheblich schwankt, hat es natürlich keinen Zweck eine solche Berechnung allzu genau durchzuführen.

Die Berechnung der erforderlichen Flüssigkeitsmenge bei Wasseranlassern geschieht nach Gleichung 203, wobei man $c = 1$ und $\gamma = 1$ setzen kann.

Die Stromdichte an den Elektroden ist gleich etwa 0,3 bis 0,4 Amp./cm² zu machen. Das Spannungsgefälle soll 150 Volt je cm nicht übersteigen.

Zwanzigstes Kapitel.

Generatoren für konstante Spannung.

81. Generatoren für konstante Spannung bei unveränderlicher Drehzahl. — 82. Generatoren für konstante Spannung bei veränderlicher Drehzahl. — 83. Spannungsregler. — 84. Verwendung von Reglern zur Erzielung konstanter Spannung.

Bei der fast ausschließlich zur Verwendung kommenden Parallelschaltung der Stromverbraucher ist es von der größten Wichtigkeit, daß den angeschlossenen Motoren und Lampen eine möglichst konstante Spannung geboten wird. Bei kleineren Anlagen genügt es, die Spannung am Generator konstant zu halten. Weit ausgedehnte Leitungsnetze werden durch mehrere Speisekabel, die zu passend angeordneten sogenannten Speisepunkten des Netzes führen, mit Strom versorgt. Die Spannung ist dann an den Speisepunkten konstant zu halten.

Bei Motoren verursacht eine veränderliche Spannung meist nur eine Veränderung der Drehzahl. Diese Schwankungen der Drehzahl werden durch die gleichzeitige Änderung der Erregung etwas gedämpft und, weil eine genaue Einhaltung der Drehzahl in vielen Fällen von untergeordneter Bedeutung ist, kann man für Motoren größere Spannungsschwankungen, bis 10 %, zulassen. Wenn die Spannungsschwankungen so schnell erfolgen, daß der Motor nicht Zeit hat seine Drehzahl entsprechend zu ändern, treten jedoch heftige Stromstöße auf, und die Spannungsschwankungen müssen innerhalb engeren Grenzen gehalten werden.

Die größte Bedeutung hat die konstante Spannung für die Beleuchtung. Besonders seit der Einführung der Metallfadenlampen hat man der Frage der Beseitigung von Spannungsschwankungen eine erhöhte Aufmerksamkeit schenken müssen.

Wir können die Spannungsschwankungen zweckmäßig einteilen in: langsame Spannungsänderungen, verhältnismäßig rasch aufeinander folgende periodische Spannungsschwankungen und sehr schnelle Schwingungen, die sich der konstanten Spannung überlagern.

Die Kohlefadenlampen haben einen negativen, die Metallfadenlampen einen positiven Temperaturkoeffizienten. Infolgedessen ändert sich die Lichtstärke bei Änderung der Spannung bei jenen mehr als bei diesen. Die Fig. 421 zeigt die Abhängigkeit der Lichtstärke von der Spannung bei beiden Lampenarten, wobei sowohl die normale Spannung wie die zugehörige Lichtstärke gleich 100 gesetzt ist. Wie wir sehen, ändert sich bei einer Änderung der Spannung von $\pm 10\,^0/_0$ die Lichtstärke der Kohlefadenlampe im Verhältnis 2,8 : 1, die der Metallfadenlampe dagegen nur im Verhältnis 2,1 : 1.

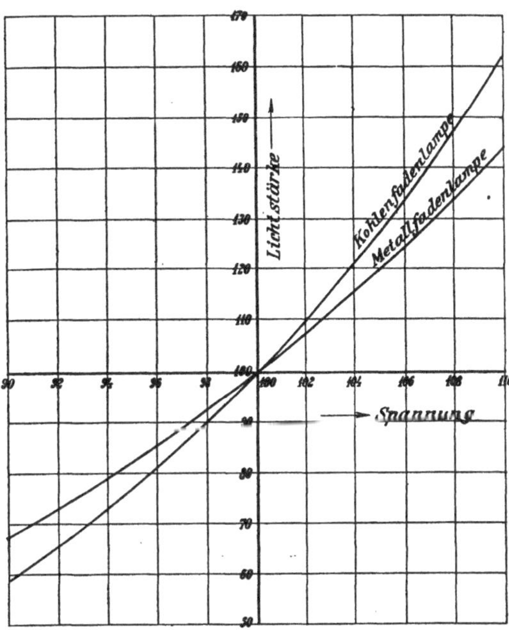

Fig. 421. Abhängigkeit der Glühlampen-Lichtstärke von der Spannung.

Die langsamen Spannungsänderungen dürfen ohne weiteres $\pm 3\,^0/_0$ betragen. Obwohl die Lichtstärke sich dabei um etwa ± 15 bzw. $\pm 11\,^0/_0$ ändert, nimmt das Auge eine solche Spannungsänderung kaum wahr, weil die Pupille sich bei zunehmender Beleuchtung zusammenzieht, bei abnehmender erweitert, so daß der Lichteindruck auf die Netzhaut nur unbedeutend geändert wird. Bei solchen langsamen Spannungsänderungen verhält sich die Metallfadenlampe günstiger als die Kohlefadenlampe.

Bei raschen, periodischen Schwankungen ändern sich die Verhältnisse gänzlich. Der Metallfaden hat eine viel geringere Wärmekapazität als der Kohlefaden und kann deshalb den Spannungsschwankungen bedeutend schneller folgen. Auch das Verhalten des Auges ist hier ein anderes. Wenn wir eine 25kerzige Metallfadenlampe für 220 Volt mit einer um nur $\pm 1\,^0/_0$ schwankenden Spannung speisen, so vermag die Pupille die Lichtschwankungen noch bei etwa einer Periode je Sekunde ganz gut abzublenden, eine solche Beleuchtung strengt jedoch natürlich das Auge stark an. Bei etwa 5 Perioden je Sekunde kann jedoch die Pupille nicht mehr folgen und das Flimmern wird ganz unerträglich. Bei höherer Periodenzahl scheint das Flimmern allmählich zu verschwinden und bei etwa 30—40 Perioden kann man es nicht mehr wahrnehmen, weil das Nervensystem zu träge ist, um die schnellen Schwingungen auffassen zu können. Die Grenze, bei der das Flimmern nicht mehr wahrgenommen wird, beruht jedoch auf der Größe der Lichtschwankungen und liegt desto höher je größer die Schwankungen sind. Ungefähr ähnlich verhalten sich die Bogenlampen. Die Kohlefadenlampe ist dagegen solchen periodischen Spannungsschwankungen gegenüber ziemlich unempfindlich.

Sehr schnelle Schwingungen mit einigen hundert Perioden je Sekunde, die oft bei Turbogeneratoren mit grober Lamellenteilung von den Lamellen hervorgerufen werden, wirken auf die Glühlampen garnicht ein. Bei den Bogenlampen verursachen sie dagegen ein nicht selten sehr störendes Geräusch.

Die Anforderungen, die wir an die Gleichmäßigkeit der Spannung stellen müssen, sind also je nach den Verhältnissen recht verschieden. Wir wollen nun untersuchen, welche Größen auf die Spannung hauptsächlich einwirken, um daraus entnehmen zu können, welche Vorkehrungen zu treffen sind, um eine für die verschiedenen Verhältnisse genügend konstante Spannung zu erzielen.

Die Klemmenspannung ist

$$P = \frac{p\,n}{60}\,\frac{N}{a}\,\Phi\,10^{-8} - J_a R_g \text{ Volt}, \tag{204}$$

wobei Φ infolge der Ankerrückwirkung von dem Ankerstrom J_a mehr oder weniger beeinflußt wird. Wenn wir die Spannung in den Speisepunkten eines Netzes betrachten, so ist von P noch der Spannungsabfall in den Speiseleitungen abzuziehen.

In dieser Gleichung haben wir stets J_a als beliebig veränderlich zu betrachten. Die Drehzahl n ist in den meisten Fällen konstant (oder annähernd konstant), bei Zugbeleuchtungsgeneratoren, die von der Wagenachse angetrieben werden, verändert sich die Drehzahl jedoch in weiten Grenzen mit der Geschwindigkeit des Zuges.

Wir haben also in diesem Kapitel zu untersuchen, wie eine konstante Spannung bei verschiedenen Belastungen, teils bei konstanter, teils bei veränderlicher Drehzahl, durch die Anordnung der Maschine selbst ohne oder mit Benutzung von Hilfsmaschinen bzw. durch die Verwendung besonderer, selbsttätig wirkender Regler zu erzielen ist. Bei der Lösung dieser Aufgaben haben wir stets die angeführte Spannungsgleichung zu beachten, weil sie wertvolle Aufschlüsse über die zu ergreifenden Maßnahmen liefert.

81. Generatoren für konstante Spannung bei unveränderlicher Drehzahl.

Für diese Zwecke werden in den meisten Fällen Nebenschlußgeneratoren mit Selbsterregung verwendet. Aus der oben angeführten Spannungsgleichung ist zu entnehmen, daß sie zwar eine mit zunehmender Belastung abfallende Spannung aufweisen müssen. Sie sind aber billiger und einfacher als die weiter unten erwähnten Generatoren mit besonderen Wicklungen zum Ausgleich des Spannungsabfalles, haben einen etwas besseren Wirkungsgrad als diese und beim Vorhandensein mehrerer Generatoren oder einer Batterie lassen sie sich leichter parallelschalten, weshalb sie oft vorgezogen werden.

Den Einfluß der Ankerrückwirkung kann man in der Weise verringern, daß man den Luftspalt verhältnismäßig groß wählt, wodurch das Verhältnis der Erregeramperewindungen zu den Ankeramperewindungen, allerdings unter einem größeren Aufwand von Erregerkupfer bzw. unter Erhöhung der Erregerverluste, vergrößert wird. Sehr vorteilhaft ist es, die Sättigungen so zu wählen, daß die Maschine bei normaler Spannung und Belastung etwas über dem Knie der Magnetisierungskurve arbeitet, wodurch einerseits ein zu großer Energieaufwand für die Erregung vermieden und eine ausreichende Regulierfähigkeit gewährleistet wird, andererseits, wegen des flachen Verlaufs der Magnetisierungskurve über dem Knie, die Spannungsschwankungen bei Belastungsänderungen in zulässigen Grenzen gehalten werden. Schließlich kann man die Ankerrückwirkung dadurch verringern, daß man die Maschine mit Wendepolen versieht, weil die Bürsten dann in der neutralen Zone bei allen Belastungen stehen bleiben können. Durch Wendepole wird auch eine gute Kommutierung bei starken Überlastungen erzielt.

Der Spannungsabfall bei Änderung der Belastung von Leerlauf auf Vollast ohne Änderung der Stellung des Reglers darf 10 bis 20% betragen. Zu hohe Anforderungen in dieser Beziehung zu stellen ist unzweckmäßig, weil die Maschine dadurch unnötig verteuert wird.

In einzelnen Fällen erhält die Maschine Fremderregung von einer besonderen Maschine oder Batterie aus. Weil die Erregung dann nicht von der Spannungsänderung der Maschine beeinflußt wird, wird der Spannungsabfall kleiner (7 bis 10%).

Der durch die Belastung hervorgerufene Spannungsabfall kann, wenn die Belastung nur langsamen Änderungen unterworfen ist, leicht durch entsprechende Verstellung des Nebenschlußreglers von Hand ausgeglichen werden.

Die durch die Antriebsmaschine hervorgerufenen raschen periodischen Schwankungen der Drehzahl und damit auch der Spannung müssen nach Möglichkeit durch das Anbringen von großen Schwungmassen herabgedrückt werden. Für Lichtbetrieb darf der Ungleichförmigkeitsgrad nicht höher als $\frac{1}{300}$ bis höchstens $\frac{1}{200}$ sein, weil bei den Drehzahlen der meisten Kolbenmaschinen Schwankungen entstehen, deren Periodenzahlen gerade in dem Bereiche liegen, in dem das Auge hierfür am empfindlichsten ist. Es ist zweckmäßig, die Periodenzahl durch Verwendung raschlaufender mehrzylindrischer Maschinen mit gegeneinander versetzten Kurbelzapfen zu erhöhen.

Es ist im allgemeinen vorteilhafter, ein besonderes mit dem Generator gekuppeltes Schwungrad zu verwenden, als die Schwungmassen in dem Generator selbst unterzubringen, weil der Durchmesser des Generators im letzteren Falle unnötig groß und die Maschine dadurch zu teuer wird.

Bei Riemenantrieb ist darauf zu achten, daß die Riemennaht keine Stöße hervorrufen darf (deshalb geleimter Riemen vorzuziehen) und daß die Wellen gut gelagert sind.

Ein langer Riemen schwächt wohl die Stöße der Antriebsmaschine durch seine Elastizität etwas ab, der Riemenverlust beträgt aber 2 bis $6^0/_0$, und es ist deshalb meist wirtschaftlicher, den Generator unmittelbar mit der Antriebsmaschine zu kuppeln, selbst wenn dabei ein wesentlich langsamer laufender und deshalb entsprechend teurerer Generator angeschafft werden muß.

Die Wicklung der Maschine ist stets symmetrisch auszuführen. Die Verwendung von Wicklungen mit Blindstäben, wobei z. B. $\frac{N}{2p}$ induzierte Stäbe zwischen der positiven und der folgenden negativen Bürste und nur $\frac{N}{2p} - 1$ Stäbe sich in der anderen Wicklungshälfte befinden, ist gänzlich zu verwerfen. Wenn wir uns nämlich auch in der ersten Wicklungshälfte einen entsprechenden Stab wegdenken, so haben wir eine symmetrische Wicklung mit $N - 2p$ Stäben. Die tatsächlich vorhandenen p Stäbe induzieren nun eine zusätzliche EMK, die mit der Lage der Stäbe unter den Polen schwankt und die Periodenzahl $\frac{n}{60} 2p$ hat. Ein ähnliches Verhältnis tritt nämlich auch ein, wenn die ganze Wicklung nur einen Blindstab hat. Es entsteht immer ein sehr unangenehmes Flimmern des Lichtes.

Alle diese periodischen Spannungsschwankungen werden beim Vorhandensein einer Batterie von dem Netz ferngehalten, weil die Batterie den Schwankungen einen induktionsfreien Weg mit sehr kleinem Ohmschen Widerstand bietet.

Auch die schnellen, durch eine zu grobe Lamellenteilung hervorgerufenen Schwingungen werden durch eine Batterie unschädlich

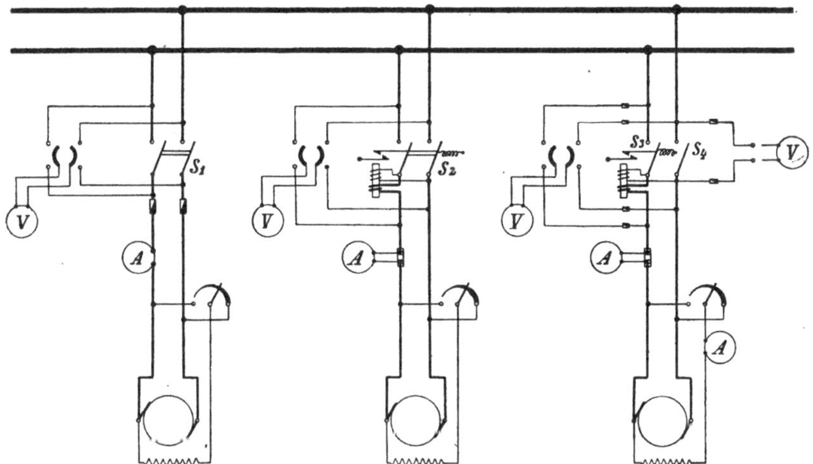

Fig. 422. Parallelschaltung mehrerer Nebenschlußgeneratoren.

gemacht, bei sehr hohen Periodenzahlen können sie auch durch die kurzschließende Wirkung eines größeren Kondensators vernichtet werden.

Die Fig. 422 zeigt die Schaltung einiger auf dieselben Sammelschienen parallel arbeitenden Nebenschlußgeneratoren nebst den erforderlichen Meßinstrumenten und Apparaten.

Bei der Zuschaltung einer Maschine an die Sammelschienen wird die Maschine erst auf die volle Drehzahl gebracht und dann auf die Spannung der Sammelschienen erregt. Die Spannungsgleichheit wird durch wechselweises Anlegen des Spannungszeigers an die Sammelschienen bzw. an die Maschine mittels eines Umschalters festgestellt. Dann wird die Maschine durch Einlegen des Schalters an die Sammelschienen angeschlossen. Darauf muß die Maschine durch Erhöhung der Erregung und damit auch der induzierten EMK zur Stromabgabe gezwungen werden. Die Abschaltung wird in umgekehrter Weise vorgenommen, indem man durch Schwächung der Erregung die Maschine entlastet und dann in stromlosem Zustande abschaltet.

Drehspulinstrumente sind wegen ihrer größeren Genauigkeit den billigeren elektromagnetischen Instrumenten vorzuziehen. Jene haben auch den beachtenswerten Vorteil, daß sie vor dem Parallelschalten erkennen lassen, ob die Maschine auch die richtige Polarität aufweist, wodurch Kurzschlüsse und Betriebsstörungen vermieden werden. Bei einem heftigen Belastungsstoß, einem Blitzschlag oder einem Kurzschluß kann es nämlich leicht vorkommen, daß die Ankeramperewindungen den Kraftfluß der Maschine „wegblasen", wodurch die Maschine umpolarisiert wird. Bei der nächsten Inbetriebnahme erregt sich die Maschine ohne weiteres — die Polarität ist aber falsch.

Um den Spannungsabfall bei Belastung zu kompensieren, verwendet man oft Doppelschlußgeneratoren. Die Hauptstromwicklung wird dann so bemessen, daß die Ankerrückwirkung aufgehoben wird und die Erregung bei Belastung gerade so viel verstärkt wird, daß die dadurch hervorgerufene Erhöhung der induzierten EMK den Spannungsabfall im Anker aufhebt. Man kann auch die Hauptstromwicklung so bemessen, daß sowohl der durch den Abfall der Drehzahl bei Belastung hervorgerufene, wie auch der in den Speiseleitungen entstehende Spannungsabfall ausgeglichen wird[1]).

Je kleiner die Sättigung ist, desto vollkommener kann der Spannungsabfall bei allen Belastungen ausgeglichen werden. Im Gegensatz zu den Nebenschlußgeneratoren sind deshalb die Doppelschlußgeneratoren verhältnismäßig schwach zu sättigen. Der Luftspalt braucht hier nicht so groß gewählt zu werden.

Obwohl wir durch geeignete Bemessung der Maschine eine praktisch genügend gleichbleibende Spannung im stationären Zustande erreichen können, gestalten sich die Verhältnisse wesentlich anders bei plötzlichen Belastungsänderungen. Die Ankerrückwirkung wird wohl dabei sofort ausgeglichen, weil derselbe Strom die Anker- und die Hauptschlußwicklung durchfließt. Die erwünschte Verstärkung bzw. Schwächung des Kraftflusses zum Ausgleich der Ohmschen Spannungsabfälle stellt sich aber erst mit erheblicher Verzögerung, entsprechend der Größe der Zeitkonstante der Erregerwicklung, ein. Wenn nämlich der Strom in der Hauptstromwicklung geändert wird, entsteht sofort in der Nebenschlußwicklung eine Stromänderung, die der Änderung des Kraftflusses entgegenwirkt. Dieser Strom verschwindet dann nur verhältnismäßig langsam nach einer logarithmischen Kurve von demselben Verlauf wie die Abkühlungskurve der Fig. 415. Weil die Zeitkonstante der Magnetwicklung oft 1 bis 2 Sekunden beträgt, ist es leicht einzusehen, daß die Hauptschlußwicklung bei plötzlichen Belastungsänderungen recht unangenehme Zuckungen der Beleuchtung nicht verhindern kann, besonders dann nicht, wenn die Hauptstromwicklung auch den Spannungsabfall einer langen Speiseleitung auszugleichen hat.

[1]) Siehe Gl. Bd. I, Kap. XXIV, S. 480.

In einigen Fällen verwendet man statt einer gewöhnlichen Hauptstromwicklung eine gleichmäßig über den Polbogen verteilte Kompensationswicklung nach Ryan oder Déri in Verbindung mit Wendepolen. Da hierdurch das dreieckförmige Ankerrückwirkungsfeld von einem vollkommen gleich geformten Feld der Kompensationswicklung aufgehoben wird, kann man, ohne zusätzliche Eisenverluste und hohe Lamellenspannungen bei Belastung zu bekommen, den Luftspalt sehr klein wählen. Durch den verkleinerten Luftspalt wird bei gleichbleibenden Erregerverlusten die Zeitkonstante kleiner bzw. bei gleicher Zeitkonstante werden die Erregerverluste verringert Maschinen mit solchen Kompensationswicklungen haben also recht be-

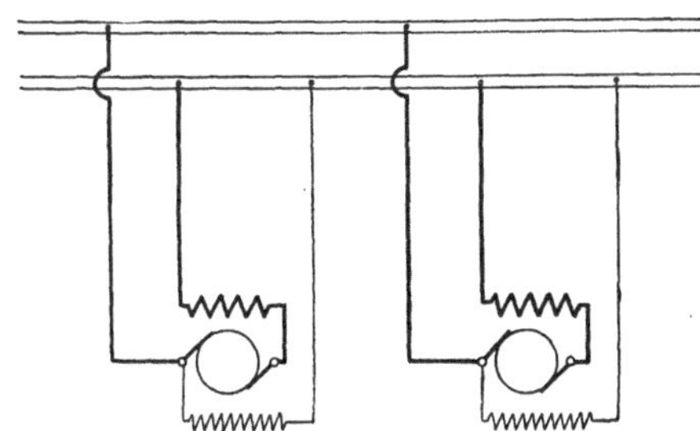

Fig. 423. Falsche Schaltung parallelarbeitender Kompoundgeneratoren.

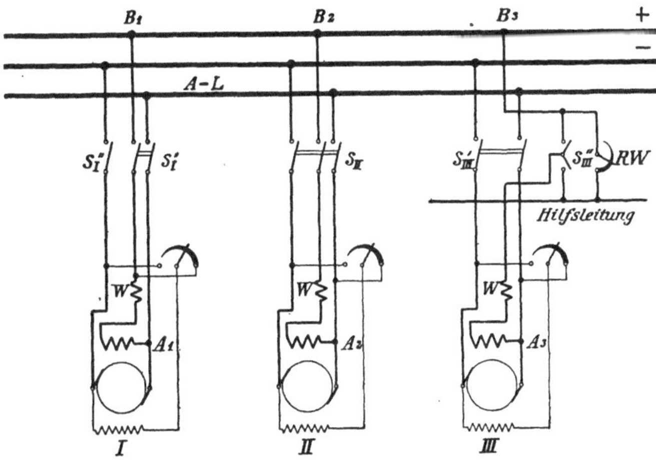

Fig. 424. Richtige Schaltung parallelarbeitender Kompoundgeneratoren.

achtenswerte Vorteile. Allerdings werden die Herstellungskosten infolge der verwickelteren Anordnung der Wicklungen wesentlich größer als bei Maschinen mit gewöhnlicher Hauptstromwicklung.

Der Parallelbetrieb mehrerer Doppelschlußgeneratoren erfordert besondere Vorsichtsmaßregeln. Wenn wir, wie die Fig. 423 zeigt, zwei kompoundierte Generatoren einfach parallelschalten und der eine Generator aus irgendeinem Grunde mehr belastet wird als der andere, so steigt seine Spannung und Belastung, weil die Kompoundwicklung seine Erregung verstärkt, während der andere Generator immer mehr entlastet wird. Die Leistung wird ganz willkürlich zwischen den beiden Generatoren pendeln und es kann sogar eintreten, daß der eine Generator als Motor von dem anderen angetrieben wird.

Um dies zu verhüten, ordnet man eine Ausgleichsleitung ($A-L$) an, wie in der Fig. 424 für drei parallel geschaltete Maschinen gezeigt ist. Diese Ausgleichsleitung verbindet die an den Anker angeschlossenen Klemmen der Hauptschlußwicklung A_1, A_2, A_3 aller Maschinen, schaltet also sämtliche Hauptschlußwicklungen untereinander parallel. Hierdurch ist eine Stromumkehr in der Hauptschlußwicklung unmöglich gemacht und die Labilität der Ankerstromstärke aufgehoben, da ein Anwachsen des Ankerstromes in einer Maschine die Erregungen aller anderen mit beeinflußt. Die Summe der in den Ankern sämtlicher Maschinen erzeugten Ströme verteilt sich jetzt in den Hauptschlußspulen ihrer Widerstände entsprechend, und hierdurch ist wiederum der Anteil der einzelnen Anker an der Stromlieferung bedingt. Die Widerstände der Strombahnen zwischen den Punkten A_1, A_2, A_3 der Ausgleichsleitung und B_1, B_2, B_3 der positiven Sammelschiene müssen daher stets so abgeglichen werden, daß sich der Strom entsprechend der Größe der einzelnen Maschinen in den Hauptschlußspulen verteilt; nur dann ist ein richtiges Parallelarbeiten möglich. Zu diesem Zwecke sind allenfalls besondere Widerstände W, z. B. Nickelinbänder mit verhältnismäßig kleinem Widerstand, in die Leitung hinter die Hauptschlußspulen einzuschalten. Um beim Einschalten der Maschine das gleichzeitige Anschließen an die Ausgleichsmaschine zu erzwingen, müssen die beiden Leitungen zur Hauptschaltspule mit einem zweipoligen oder alle drei Leitungen mit einem dreipoligen Schalter eingeschaltet werden, wie bei der Maschine I bzw. II gezeigt ist.

Bei der Einschaltung der Maschine I schließt man zuerst den Schalter S_I', so daß die Hauptschlußwicklung von den bereits arbeitenden Maschinen aus Strom erhält, wodurch nebenbei die Maschine stets auf die richtige Polarität gebracht wird. Hierauf regelt man die Nebenschlußerregung so ein, daß die Maschinenspannung mit der Spannung der Sammelschienen übereinstimmt, und schaltet dann auch den Schalter S_I'' ein. Durch weitere Verstärkung der Nebenschlußerregung wird schließlich die Maschine zur Stromlieferung gezwungen. Das Verfahren hat den Nachteil, daß parallel zu den Hauptschlußwicklungen der bereits eingeschalteten Maschinen plötzlich ein weiterer Stromkreis gelegt wird; ein Teil des Belastungsstromes fließt durch diesen und die Stromstärke in den Hauptschlußspulen der eingeschalteten Maschinen sinkt, so daß die Spannung fällt und zwar um so mehr, je stärker die Maschinen überkompoundiert sind.

Bei der Einschaltung einer wie die Maschine II geschalteten Maschine wird Spannungsgleichheit zunächst allein mit der Nebenschlußwicklung hergestellt und dann der dreipolige Schalter S_{II} eingelegt. Hierbei fließt sofort ein Teil des Belastungsstromes in der Hauptschlußwicklung der hinzutretenden Maschine, wodurch deren Erregung verstärkt und diese Maschine von selbst anfängt, an der Stromlieferung teilzunehmen, während die anderen Maschinen entsprechend entlastet werden. Eine Spannungsschwankung tritt hier nur in geringem Maße auf. Dieses Verfahren hat jedoch den Nachteil, daß infolge der plötzlichen Belastung der hinzugeschalteten und Entlastung der im Betriebe befindlichen Maschinen ein Hin- und Herschwanken der Belastung zwischen den Maschinen und ein Pendeln der Antriebsmaschinen unter Umständen eingeleitet werden kann.

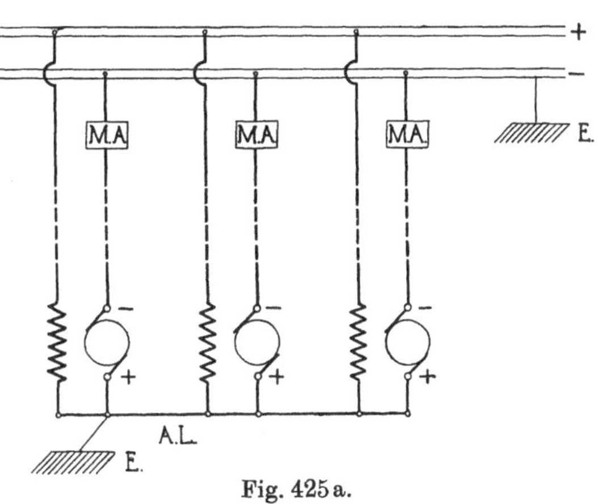

Fig. 425 a.

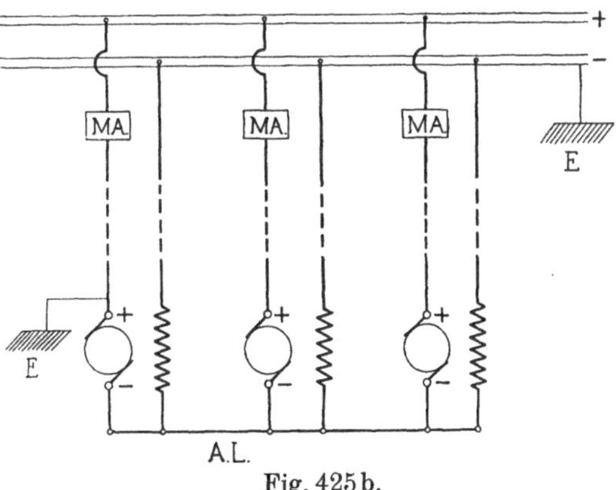

Fig. 425 b.

Fig. 425 a und 425 b. Richtige und falsche Parallelschaltung von Bahngeneratoren.

Diese Nachteile des einen oder des anderen Verfahrens können durch die bei der Maschine III gezeigte Schaltung vermieden werden. Hier wird die Maschine durch die Nebenschlußwicklung auf die zwischen der Ausgleichsleitung und der negativen Sammelschiene herrschende Spannung erregt und dann an diese Leitungen mit dem zweipoligen Schalter S_{III}' angeschlossen, während die Hauptschlußwicklung über den einpoligen Umschalter ohne Unterbrechung S_{III}''

an eine Hilfsleitung angeschlossen liegt. Die Hilfsleitung ist mit der positiven Sammelschiene über einen regelbaren Widerstand *RW* verbunden. Dieser Widerstand wird allmählich kurzgeschlossen und die Belastung gleichzeitig durch Verstärken des Nebenschlußstromes langsam auf die hinzugeschaltete Maschine übernommen. Beim Ausschalten ist der Vorgang in umgekehrter Reihenfolge auszuführen. Der eine Reglerwiderstand kann natürlich bei der Ein- und Ausschaltung mehrerer, in gleicher Weise wie die Maschine III geschalteter Generatoren benutzt werden.

Bei Straßenbahngeneratoren, bei welchen der eine Pol mit den Fahrschienen verbunden wird, soll die Hauptschlußwicklung stets zwischen Anker und Fahrdraht, der Maximalausschalter stets zwischen Schiene und Anker geschaltet werden (Fig. 425a). Nicht umgekehrt, wie die Fig. 425b zeigt; denn wenn nur eine Maschine eingeschaltet sein sollte, kann der Maximalausschalter bei einem entstehenden Erdschluß an dieser Maschine bei der letzteren Schaltung nicht in Tätigkeit treten. Die Anordnung der Hauptschlußwicklung zwischen Fahrdraht und Anker hat außerdem den Vorteil, daß sie zugleich als Blitzschutzspule für den Anker wirkt.

82. Generatoren für konstante Spannung bei veränderlicher Drehzahl.

Um uns einen Überblick über die Möglichkeiten zur Lösung dieser Aufgabe zu verschaffen, greifen wir wieder auf die Spannungsgleichung 204, S. 492 zurück. In einem späteren Kapitel werden wir die Aufgabe behandeln, wie ein konstanter Strom bei veränderlicher Drehzahl und annähernd konstantem Widerstand des Verbrauchsstromkreises erzeugt wird. Die Spannung wird natürlich dabei von selbst konstant bleiben müssen. Hier aber gilt es, eine konstante Spannung bei allen Belastungen und also auch bei der Belastung Null zu schaffen. Wenn aber keine Belastung vorhanden ist, dann nimmt die Spannungsgleichung die Form an

$$P = \frac{N}{a}\frac{p\,n}{60}\,\Phi\,10^{-8}\ \text{Volt}. \qquad (205)$$

Wir ersehen aus dieser Beziehung sofort, daß wir bei veränderlicher Drehzahl n nur den einen Weg einschlagen können, die Spannung P durch entsprechende Änderung des Kraftflusses Φ konstant zu halten.

a) Anordnung von G. G. Milne. Eine Lösung dieser Aufgabe ist von G. G. Milne[1]) durch die in der Fig. 426 dargestellte Schaltung

[1]) D. R. P. Nr. 155278.

angegeben worden. Es ist A der von der Wagenachse angetriebene Generator. Dieser ist mit der Erregermaschine B unmittelbar gekuppelt. Ferner ist C ein Motor, der am Netz liegt und den Generator D antreibt. Die Maschinen B und D werden vom Netz erregt. Die Maschine B erregt den Motor C und die Maschine D erregt den Hauptgenerator A. Die Anordnung wirkt wie folgt: Sinkt die Drehzahl der Maschinengruppe A—B, so sinkt die Spannung an den Klemmen der Maschine B, wodurch die Erregung des Motors C verkleinert wird. Der Motor C wird somit schneller laufen, und in der Maschine D wird eine höhere Spannung induziert, wodurch die Erregung der Maschine A erhöht wird. Infolgedessen bleibt die Spannung des Generators A, trotzdem seine Drehzahl abgenommen hat, konstant. Diese Überlegung ist natürlich nur dann richtig, wenn die Spannung des Netzes, solange alle diese Vorgänge sich abspielen, durch eine parallelgeschaltete Batterie aufrecht gehalten wird, denn sonst fällt bei sinkender Drehzahl die Spannung des Generators A eben so schnell wie die des Generators B, und der Motor C wird gar nicht erst dazu kommen, seine Drehzahl zu erhöhen. Zur Stabilisierung des Systems ist es vorteilhaft, den Generator A und den Motor C schwach, die beiden Generatoren B und D stark zu sättigen.

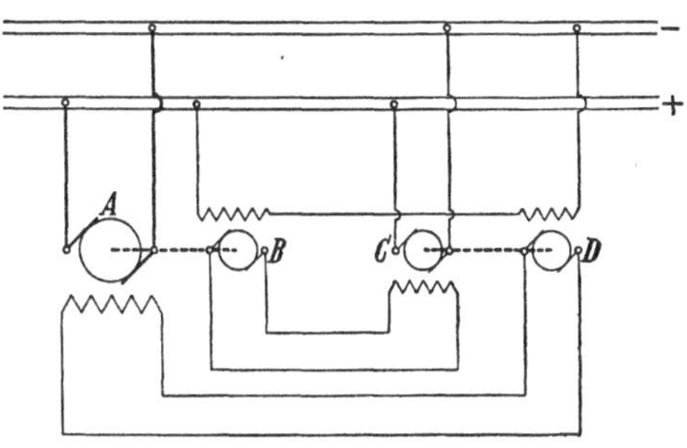

Fig. 426. Schaltung von G. G. Milne zur Erreichung einer konstanten Spannung.

Wie wir sehen, ist die Anordnung recht verwickelt und kostspielig; besondere Vorsichtsmaßregeln müssen getroffen werden, um eine zu hohe Stromaufnahme des Motors C zu verhindern u. a. m. Die Anordnung ist deshalb zu keiner praktischen Bedeutung gekommen.

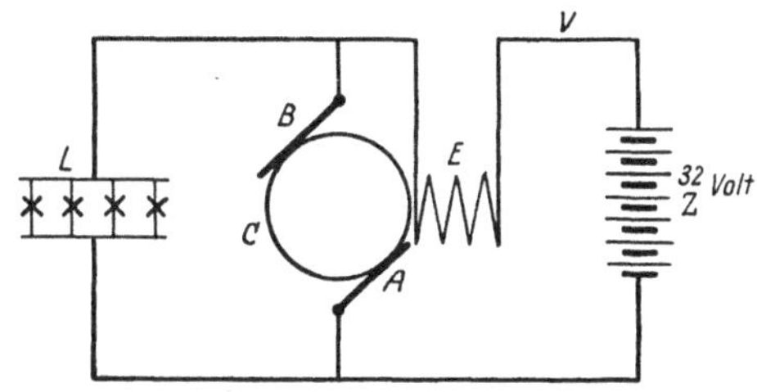

Fig. 427. Schaltung von Grob zur Erzielung einer konstanten Spannung.

b) Generator von Grob. Eine sehr geschickte Lösung der Aufgabe stellt der Zugbeleuchtungsgenerator von H. Grob dar, der von der Firma Julius Pintsch A.-G., Berlin, geliefert wird.

Die Spannungsregelung geschieht hier ohne Benutzung irgendwelcher Reglerapparate wie folgt.

In Fig. 427 bedeutet C den Kommutator des Gleichstromgenerators mit seinen in der neutralen Zone fest angebrachten Bürsten A und B; E stellt die Erregerwicklung dar. Die Maschine ist so gebaut, daß sie nur sehr geringer Erregerenergie bedarf. Bei der niedrigsten angewendeten Drehzahl (600) ist nur die Spannung von 1 Volt an den Klemmen der Erregerwicklung erforderlich, um den Generator voll zu erregen. Die Erregerenergie beträgt hierbei nur 5 Watt; sie geht mit steigender Drehzahl des Generators noch weiter zurück.

Der Generator ist mit einer Akkumulatorenbatterie B von z. B. 32 Volt parallelgeschaltet, und zwar in der Weise, daß die Erregerwicklung E in der einen Verbindungsleitung zwischen Anker und Batterie liegt. Die Batterie drückt den Strom durch die Erregerwicklung in solcher Richtung, daß von dem hierdurch entstehenden Kraftfluß eine EMK im Anker induziert wird, welche der Batteriespannung entgegenwirkt. Beim Parallelschalten der Batterie mit dem mit z. B. 600 Umdrehungen je Minute laufenden Generator steigt also der Erregerstrom und gleichzeitig die Gegen-EMK des Ankers, bis die Klemmenspannung des Ankers 31 Volt beträgt. Weiter kann die Klemmenspannung nicht ansteigen, denn dann würde der Unterschied zwischen Batterie- und Ankerspannung nicht ausreichen, um einen genügend starken Erregerstrom durch die Erregerwicklung zu treiben.

Wird die Drehzahl des Generators nun erhöht, so will im ersten Augenblick natürlich auch die Spannung steigen. Sobald sie jedoch nur um einen geringen Bruchteil eines Volt steigt, wird der Spannungsunterschied an den Klemmen der Erregerwicklung um den gleichen absoluten Betrag vermindert. Da dieser erregende Spannungsunterschied an und für sich sehr klein ist (max. 1 Volt), so bedeutet diese Verminderung des Spannungsunterschiedes eine verhältnismäßig sehr starke Schwächung der Erregung.

Infolgedessen läßt sich die Drehzahl in einem Bereiche von 1:5 (600—3000 Umdr./Min., entsprechend einer Zuggeschwindigkeit von 25—125 km je Stunde) verändern, ohne daß dabei die erzeugte Spannung sich um mehr als 1 Volt = etwa 3 % ändert, und zwar bei allen Belastungen zwischen Leerlauf und Vollast.

Es sind zwei Batterien (Z_1 und Z_2) vorhanden, von denen die eine aufgeladen wird, während die andere den Erregerstrom liefert. Der Generator muß zu diesem Zweck die Fähigkeit besitzen, noch eine höhere Spannung zu erzeugen als die Spannung, die durch den angeschlossenen Erregerstromkreis unmittelbar geregelt wird. Aus diesem Grunde sind auf dem Anker zwei voneinander getrennte Wicklungen mit je einem Kommutator vorhanden. Der eine Kommutator C_1 (Fig. 428) mit den

Bürsten AB liefert die auf vorhin beschriebene Weise beeinflußte Spannung von 32 Volt. Die Zusatzwicklung (Kommutator C_2 mit den Bürsten DF) wird mit der ersten Wicklung in Reihe geschaltet und fügt zu deren Spannung noch etwa 6,5 Volt hinzu, so daß zwischen den Bürsten A und F eine Spannung von etwa $32 + 6{,}5 = 38{,}5$ Volt herrscht. Diese Spannung wird zum Aufladen der einen Batterie benutzt. Um im Falle starker Erschöpfung der Batterie einen zu großen Ladestrom zu vermeiden, ist in der Ladeleitung dauernd ein kleiner Widerstand W eingeschaltet. Während also der Strom für die Lampen L nur die 32-Volt-Wicklung durchfließt und den Weg über die Punkte B—5—1—L—7—A nimmt, wird der Batterieladestrom erst durch die 32-Volt-Wicklung und nachher durch die 6,5-Volt-Wicklung nach dem Schema B—D—F—2—3—Z_1—7—A geführt. Die Zusatzwicklung mit dem Kommutator C_2 läuft in demselben magnetischen Felde wie die Hauptwicklung. Beide Wicklungen liefern deshalb zusammen eine ebenfalls unveränderliche Spannung von etwa 38,5 Volt, entsprechend einer Ladespannung von etwa 2,4 Volt je Zelle.

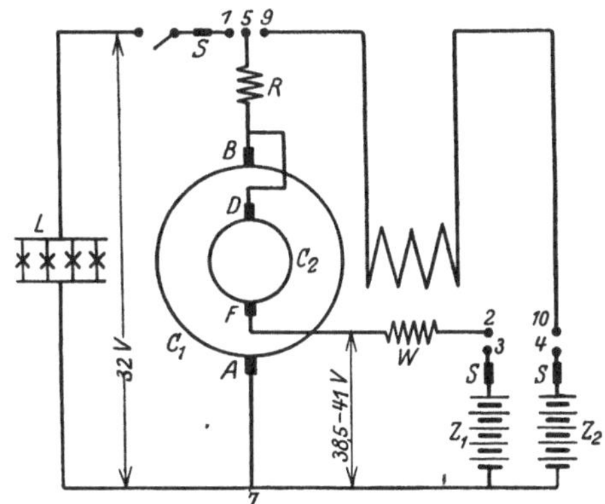

Fig. 428. Schaltung des Grobschen Zugbeleuchtungssystem.

Die Batterie wird dadurch vor schädlichen Überladungen geschützt und unnütze Energievergeudung wird vermieden, denn die Ladung hört von selbst auf, sowie eine Spannung von 2,4 Volt je Zelle erreicht ist.

In der Beleuchtungszeit, während der bei Stillstand eine größere Stromentnahme aus der Batterie erfolgt, ist es zweckmäßig, die Aufladung energischer vorzunehmen, als während der Tagesfahrt, während der reichliche Zeit zur Ladung zur Verfügung steht. Durch den festen Vorschaltwiderstand R wird dieser Zweck sehr leicht erreicht. Durch diesen Widerstand wird nämlich die Ladespannung selbsttätig entsprechend dem Lichtbedarf erhöht, so daß einem stärkeren Lichtstrom immer eine entsprechend höhere Ladespannung gegenübersteht.

Um die Maschine bei einer gewissen beliebig wählbaren Zuggeschwindigkeit mit der Batterie und den Lampen zu verbinden bzw. abzutrennen, kommt ein Fliehkraftschalter zur Anwendung, der unmittelbar an der Maschine angebracht ist. Dieser Umschalter hat gleichzeitig die Aufgabe, die beiden Batterien nach jedem Halt zu wechseln, damit alle Zellen geladen werden. Er verbindet deshalb die Klemmen, Fig. 428, wie folgt:

1. Stillstand: 3 und 4 mit 1. Die übrigen Kontakte bleiben frei.

2. Lauf: Nach jedem zweiten Halt: 5 mit 9 und 1, 3 mit 2, ferner 4 mit 10; nach den übrigen Halten: 5 mit 9 und 1, 3 mit 10, ferner 4 mit 2.

Beim Wechsel der Drehrichtung werden überdies die Klemmen 9 und 10 der Erregerwicklung *E* miteinander vertauscht.

83. Spannungsregler.

Die selbsttätigen Spannungsregler oder, wie man sie abgekürzt nennt, die Spannungsregler haben den Zweck, die Spannung selbsttätig konstant zu halten, indem sie den Kraftfluß der Maschine entsprechend den durch Belastungs- bzw. Geschwindigkeitsschwankungen hervorgerufenen Spannungsabfällen ändern. Sie bestehen deshalb stets aus einem Relais oder einer ähnlichen elektromagnetischen Vorrichtung, das an die konstant zu haltende Spannung angeschlossen ist, und irgendeiner von dem Relais gesteuerten Einrichtung, welche die erforderliche Kraftflußänderung bewirkt. Diese Kraftflußänderung wird dadurch erreicht, daß der Widerstand des Erregerkreises oder die aufgedrückte Erregerspannung bei konstantem Widerstand geändert wird. Im letzteren Falle verwendet man eine besondere Erregermaschine, deren Erregerwiderstand verändert wird.

Diese Spannungsregler haben seit der Einführung der Metallfadenlampen, welche, wie wir oben sahen, für plötzliche Spannungsschwankungen sehr empfindlich sind, eine erhöhte Bedeutung bekommen, denn es ist gänzlich ausgeschlossen, plötzliche Spannungsschwankungen durch Handregulierung auszugleichen. Aber auch langsame Spannungsänderungen werden, wenn sie dauernd auftreten, besser mit einem Regler als durch Menschenhand ausgeglichen, weil die menschliche Arbeitskraft stets teurer ist, als die Tilgungs- und Unterhaltungskosten eines Reglers sind. Wir haben zwar in der oben behandelten Kompoundierung der Generatoren ein sehr gutes und auch oft benutztes Mittel, die Spannung praktisch konstant zu halten; dieses Mittel ist aber in vielen Fällen nicht empfehlenswert und vor allen Dingen vermag die Kompoundierung nicht die plötzlichen Spannungsschwankungen vom Netz fernzuhalten.

Die eigentümliche Eigenschaft des Magnetfeldes, sich jeder Änderung seiner Stärke zu widersetzen, macht es notwendig, alle Regler dementsprechend besonders durchzubilden. Wir wollen deshalb diese Eigenschaft des Magnetfeldes, die darin begründet ist, daß eine

Änderung des Feldes eine Änderung der im Felde aufgespeicherten Energie bedeutet, etwas näher behandeln.

Befinden sich w_n in Reihe geschaltete Windungen der Magnetwicklung auf den $2p$ Polen einer Maschine, ist der Kraftfluß je

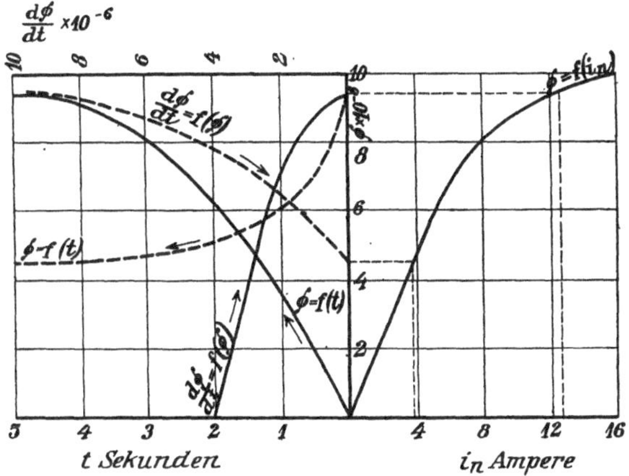

Fig. 429.

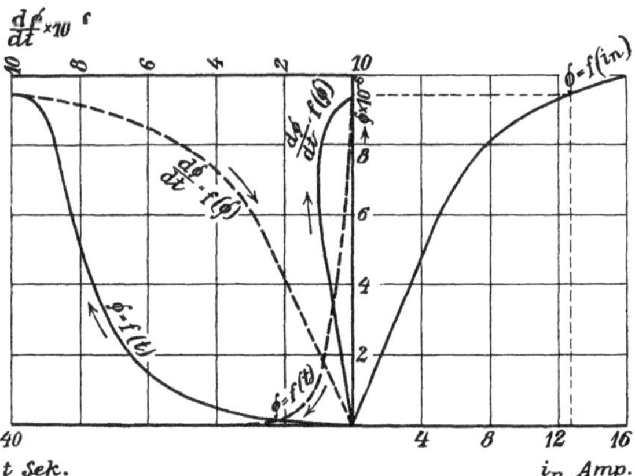

Fig. 430.

Fig. 429 u. 430. Zeitliche Veränderung des Kraftflusses bei Spannungsänderungen.

Pol Φ und messen wir die Erregerstromstärke i_n in Ampere, die Zeit t in Sekunden, so ist die im Magnetsystem der Maschine aufgespeicherte Arbeit

$$A = w_n \int_0^{\Phi} \frac{i_n}{10} \, d\Phi \cdot 10^{-7} \text{ Joule}^{1)}. \tag{206}$$

[1]) 1 Joule = 1 Wattsek. $= \frac{1}{9{,}81}$ mkg $= \frac{1}{4210}$ kcal.

Die bei Änderung des Feldes in der Magnetwicklung induzierte EMK ist

$$e = -w_n \frac{d\Phi}{dt} \cdot 10^{-8} \text{ Volt.} \qquad (207)$$

An Hand dieser Beziehungen wollen wir nun die magnetischen Verhältnisse eines Nebenschlußgenerators der Felten & Guilleaume-Lahmeyerwerke für 1100 kW, 94 Umdr./Min., 630 Volt und 1750 Amp. mit Wendepolen näher untersuchen. Der Generator hat 20 Pole, die Magnetwicklung hat einen Widerstand von $R_n = 26$ Ohm und besteht aus 780 Windungen je Spule. Die Magnetspulen sind alle in Reihe geschaltet, weshalb also $w_n = 15\,600$ ist. Die Beziehung zwischen dem Kraftfluß Φ und der bei 94 Umdrehungen im Anker induzierten Spannung E lautet

$$E = \frac{630}{9{,}45 \cdot 10^6} \cdot \Phi \text{ Volt.} \qquad (208)$$

In den Fig. 429 und 430 ist Φ als Funktion von i_n aufgetragen. Die Maschine mag unbelastet mit der normalen Drehzahl laufen.

Wir wollen nun die Maschine durch Anschließen der Erregerwicklung an eine fremde, konstante Spannung von 630 Volt auf 630 Volt erregen. Im Endzustand muß dann $\Phi = 9{,}45 \cdot 10^6$ und $i_n = 12{,}7$ Amp. sein. Die dabei in dem Kraftfluß aufgespeicherte Arbeit ist dann

$$A_{630} = 15\,600 \int\limits_0^{9{,}45 \cdot 10^6} \frac{i_n}{10} \cdot d\Phi \cdot 10^{-7} \text{ Joule,} \qquad (209)$$

wobei das Integral die von der Magnetisierungskurve und der Ordinatenachse bis $\Phi = 9{,}45 \cdot 10^6$ eingeschlossene Fläche bedeutet. Also wird

$$A_{630} = 15\,600 \cdot 4{,}22 \cdot 10^6 \cdot 10^{-7} = 6580 \text{ Joule.}$$

Der Widerstand der Magnetwicklung muß gleich $\frac{630}{12{,}7} = 49{,}6$ Ohm durch Vorschalten eines Widerstandes $R_v = 23{,}6$ Ohm vor dem Anschließen gemacht sein.

Um den Kraftfluß als Funktion der Zeit zu ermitteln, suchen wir zuerst die Änderung des Kraftflusses je Sekunde. Weil die Änderung des Kraftflusses in der Erregerwicklung eine Spannung induzieren muß, die gleich der um den Ohmschen Spannungsverlust verminderten, aufgedrückten Spannung ist, so wird

$$\frac{d\Phi}{dt} = \frac{630 - i_n \cdot 49{,}6}{15\,600} \cdot 10^8. \qquad (210)$$

In der Fig. 429 ist $\frac{d\Phi}{dt}$ als Funktion von Φ aufgetragen und mit Hilfe dieser Kurve Φ als Funktion der Zeit t bestimmt.

Wenn wir nun plötzlich den Widerstand des Erregerkreises auf 166 Ohm erhöhen, indem wir $R_v = 140$ Ohm machen, so nimmt der Kraftfluß ab, und zwar ist dabei

$$\frac{d\Phi}{dt} = -\frac{630 - i_n \cdot 166}{15\,600} \cdot 10^8 \text{ Volt.} \qquad (211)$$

Diese und die daraus ermittelte Kurve des Verlaufes von Φ nach der Zeit sind ebenfalls in der Figur dargestellt.

Die Spannung der Magnetwicklung beträgt in dem ersten Augenblick $12{,}7 \cdot 140 - 630 = 1150$ Volt, um dann allmählich abzunehmen.

Im Endzustand ist $\Phi = 4{,}5 \cdot 10^6$, $i_n = 3{,}8$ Amp., $E = 300$ Volt und die im Magnetfelde aufgespeicherte Arbeit

$$A_{300} = 15\,600 \cdot 0{,}854 \cdot 10^6 \cdot 10^{-7} = 1330 \text{ Joule.}$$

Um die Spannung von 630 auf 300 Volt herabzusetzen, muß also eine magnetische Energie in dem Widerstand und dem Unterbrechungsfunken in Wärme umgesetzt werden von

$$A_{630} - A_{300} = 6580 - 1330 = 5250 \text{ Joule} = \frac{5250}{9{,}81} = 535 \text{ mkg,}$$

eine recht beträchtliche Arbeit also.

Wenn wir nun die Erregerwicklung statt an eine fremde, konstante Spannung an den Anker der laufenden Maschine unter Vorschaltung eines Widerstandes $R_v = 23{,}6$ Ohm anschließen und, nachdem die volle Spannung erreicht ist, den Vorschaltwiderstand auf $R_v = 140$ Ohm erhöhen, so erhalten wir die in der Fig. 430 gezeigten Kurven. Hierbei ist zu beachten, daß bei Spannungs*steigerung*

$$\frac{d\Phi}{dt} = -\frac{\frac{630}{9{,}45 \cdot 10^6} \cdot \Phi - i_n \cdot 49{,}6}{15\,600} \cdot 10^8 \text{ Volt} \qquad (212)$$

und bei Spannungs*senkung*

$$\frac{d\Phi}{dt} = \frac{\frac{630}{9{,}45 \cdot 10^6} \cdot \Phi - i_n \cdot 166}{15\,600} \cdot 10^8 \text{ Volt} \qquad (213)$$

ist.

Wie wir sehen, nähert sich Φ dem Endwert stets asymptotisch und es würde also theoretisch eine unendlich lange Zeit verstreichen, bis der Endzustand erreicht ist. Aus den Kurven können wir jedoch mit genügender Genauigkeit folgende Zeiten für die Änderung von Φ entnehmen.

Bei Fremderregung:

von $\Phi = 0$ bis $\Phi = 9{,}45 \cdot 10^6$ . . . . 6 sek

von $\Phi = 9{,}45 \cdot 10^6$ bis $\Phi = 4{,}5 \cdot 10^6$ . . . . 5 „

von $\Phi = 4{,}5 \cdot 10^6$ bis $\Phi = 9{,}45 \cdot 10^6$ bis $\Phi = 4{,}5 \cdot 10^6$. 9,7 „

Bei Selbsterregung:

von $\Phi = 0$ bis $\Phi = 9{,}45 \cdot 10^6$ . . . . 40 „

von $\Phi = 9{,}45 \cdot 10^6$ bis $\Phi = 4{,}5 \cdot 10^6$ . . . . 1,6 „

von $\Phi = 4{,}5 \cdot 10^6$ bis $\Phi = 9{,}45 \cdot 10^6$ bis $\Phi = 4{,}5 \cdot 10^6$. 10,4 „

Wir ersehen hieraus, daß diese, allerdings ziemlich weitgehenden Kraftfluß- bzw. Spannungsänderungen verhältnismäßig langsam vor sich gehen. Das schnelle Abfallen der Spannung bei Selbsterregung beruht darauf, daß der Endzustand in diesem Falle so tief wie bei null Volt liegt. Wenn wir einen kleinen Vorschaltwiderstand verwendet hätten, so daß die Spannung nur bis zum beabsichtigten Wert abgefallen wäre, dann hätten wir auch diesen Endzustand asymptotisch erreicht und es wäre eine bedeutend längere Zeit erforderlich gewesen. Da nun schon in diesem Falle die Zeit für eine volle Regelung von $\Phi = 4{,}5 \cdot 10^6 \div 9{,}45 \cdot 10^6 \div 4{,}5 \cdot 10^6$ bei Selbsterregung länger ist als bei Fremderregung, so hätten wir beim Regeln zwischen zwei stabilen Spannungswerten eine bedeutend schnellere Regelung bei Fremderregung als bei Selbsterregung bekommen, und zwar bei derselben Höchstspannung an der Erregerwicklung.

Aus dem oben Gesagten und aus den Kurven können wir folgende für den Entwurf und die Verwendung von Reglern wichtige Gesichtspunkte entnehmen:

Je kleiner der Luftspalt und je kleiner die Sättigung der Maschine st, desto kleiner ist die magnetische Energie und desto schneller kann die Spannungsregelung erfolgen. Mit Déri-Wicklung versehene Maschinen können deshalb schneller geregelt werden als gewöhnliche Nebenschlußmaschinen.

Schnellaufende Maschinen enthalten weniger magnetische Energie je kW Leistung als langsamlaufende und sind deshalb leichter zu regeln.

Die Änderung des Kraftflusses in der Zeiteinheit ist dem Unterschied zwischen der auf die Magnetwicklung aufgedrückten und der in der Magnetwicklung durch den Ohmschen Spannungsabfall verbrauchten Spannung unmittelbar, der Windungszahl der Magnetwicklung umgekehrt proportional. Da man, u. a. mit Rücksicht auf die Isolierung, mit der Spannung nicht beliebig hoch gehen kann, ist es zur Erzielung einer schnellen Spannungsregelung empfehlenswert, die Erregerwicklung mit wenig Windungen und für geringe Spannung an der Wicklung (im Beharrungszustand) auszuführen und den übrigen Teil der zur Verfügung stehenden Spannung in einem Vorschaltwiderstand abzudrosseln. Bei derselben Amperewindungszahl muß dann allerdings der Erregerstrom höher gewählt werden, d. h. die Erregerverluste werden größer. Man kann deshalb dieses Mittel nicht allzu weit ausnutzen, um eine schnelle Regelung zu bekommen.

Die Änderungen des Kraftflusses gehen im allgemeinen schneller vor sich bei Fremderregung als bei Selbsterregung. Aus praktischen Gründen wird jedoch fast ausschließlich Selbsterregung verwendet.

Bei der Einstellung des Widerstandes für einen neuen Erregerzustand wird der Beharrungszustand asymptotisch erreicht, weshalb der letzte Teil der Änderung verhältnismäßig langsam vor sich geht. Man erreicht u. a. aus diesem Grunde einen erwünschten, neuen Erregerzustand viel schneller, wenn man den Erregerkreis nicht gerade für diesen neuen, sondern für einen Erregerzustand einstellt, der sich von dem ursprünglichen bedeutend mehr unterscheidet als der erwünschte.

Wir können die Spannungsregler je nach der Bauart und der Schnelligkeit des Reglervorganges einteilen in: träge Regler, Eilregler und Schnellregler.

Bei den trägen Reglern wird der Widerstand des Erregerkreises allmählich so lange verkleinert bzw. vergrößert, als das an die konstant zu haltende Spannung angeschlossene Relais zu wenig oder zu viel Spannung angibt. Infolgedessen darf ein in dieser Weise arbeitender Regler nicht zu schnell regeln. Wir nehmen an, die Spannung sei gefallen. Der Regler fängt an, den Widerstand des Erregerkreises zu verringern und setzt das fort, bis die untere Empfindlichkeitsgrenze des Relais unterschritten wird. Der dem in diesem Augenblick vorhandenen Widerstand entsprechende Erregerzustand ist dann jedoch infolge der Trägheit des Kraftflusses noch nicht erreicht, weshalb die Spannung noch weiter steigen muß, um den Beharrungszustand zu erreichen und, zwar um so mehr, je schneller die Regelung sich abgespielt hat. Ist der nachträgliche Spannungsanstieg so groß, daß die obere Empfindlichkeitsgrenze des Relais überschritten wird, dann veranlaßt das Relais ein Zurückregeln der Spannung, wobei wiederum die untere Empfindlichkeitsgrenze unterschritten wird usw. — Der Regler pendelt. Je enger die Empfindlichkeitsgrenzen aneinander liegen, d. h. je größer der Empfindlichkeitsgrad des Reglers gewählt wird, und je größer die Zeitkonstante des Magnetsystems ist, desto langsamer muß der Regler arbeiten, damit ein Pendeln nicht eintritt.

Bei den Eilreglern wird das Pendeln durch irgendeine Vorrichtung verhindert, welche den Reguliervorgang bereits unterbricht, bevor die richtige Spannung erreicht ist. Sie können deshalb schneller arbeiten als die trägen Regler. Die richtige Spannung wird nachträglich durch die nach dem Unterbrechen des Reguliervorganges noch etwas weiter gehende Änderung des Kraftflusses erreicht.

Bei den Schnellreglern erzwingt man ein sehr schnelles Regulieren dadurch, daß der Erregerkreis zur Beseitigung einer viel größeren Spannungsschwankung, als tatsächlich vorhanden ist, sofort beim Entstehen der Schwankung eingestellt wird. Der Erregerzustand fängt nun an, sich sehr schnell zu ändern, um diesen weit entfernten, angeblich erforderlichen, neuen Erregerzustand zu erreichen. Eine so große Änderung war aber nicht erforderlich, und der Vorgang wird durch irgendeine Rückstellvorrichtung, schon lange bevor dieser übertriebene Erregerzustand erreicht ist, unterbrochen. Man kann entweder die Änderung gerade beim Erreichen der richtigen Spannung unterbrechen, oder man wird der Änderung erst beim Erreichen der oberen Empfindlichkeitsgrenze des Reglers Halt gebieten, worauf der Regler auf einen übertrieben niedrigen Erregerzustand hinarbeitet, um beim Erreichen der unteren Empfindlichkeitsgrenze sofort wieder für den übertrieben hohen Erregerzustand sich einzustellen. Im ersten Falle kommt somit der Regler nach Beseitigung der Spannungsschwankung zur Ruhe, im zweiten Falle führt der Regler dauernd schnelle Bewegungen aus.

Wir wollen nun einige Regler näher beschreiben.

a) Träge Regler.

Regler mit Hilfsmotorantrieb. Wie schon am Schlusse von Abschnitt 79 erwähnt wurde, können die Reglerwiderstände für Generatoren durch einen Hilfsmotor verstellt werden. Der Hilfsmotor kann entweder durch Druckknöpfe von Hand oder durch ein Spannungsrelais selbsttätig für Lauf in der einen oder der anderen Richtung eingeschaltet werden. Man kann auch den Hilfsmotor dauernd laufen lassen, indem man ihn mit dem Schneckengetriebe der Reglerwiderstände durch eine magnetische Kupplung verbindet, die so eingerichtet ist, daß sie nach der einen oder der anderen Seite durch das Spannungsrelais eingerückt wird und dabei das Schneckengetriebe in der einen oder der anderen Richtung mitnimmt.

b) Eilregler.

1. Eilregler der Siemens-Schuckertwerke. Der Name Eilregler ist von den Siemens-Schuckertwerken, die den

hier zu beschreibenden Eilregler bauen, geprägt worden. Dieser von Ernst Grau[1]) vorgeschlagene Regler wird hauptsächlich so ausgeführt wie die trägen Regler mit Motorantrieb, bei welchen der Verstellmotor durch ein vom Spannungsrelais beeinflußtes Schaltwerk für Rechts- bzw. Linkslauf eingeschaltet wird und somit den Kontakthebel des Nebenschlußwiderstandes im Sinne höherer oder niedrigerer Spannung verstellt. Er unterscheidet sich von den gewöhnlichen trägen Reglern durch die besondere Ausführung des Spannungsrelais, welches den infolge der Spannungsschwankungen geschlossenen Kontakt des Relais öffnet, bevor die konstant zu haltende Spannung erreicht ist.

Diese vorzeitige Unterbrechung des Reguliervorganges wird durch eine Rückführungsanordnung, die auf die Kontaktzunge des Relais wirkt, erreicht.

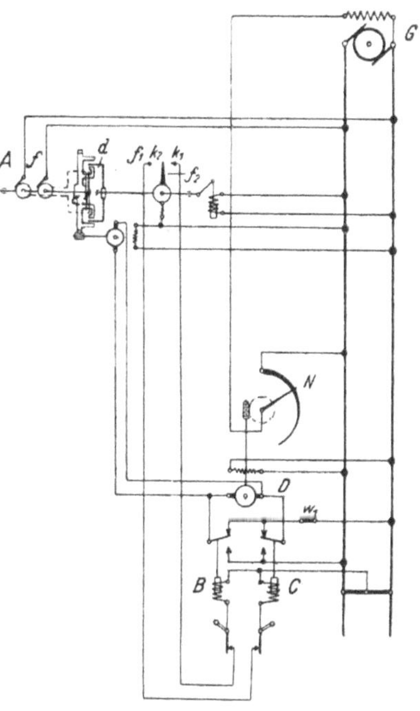

Fig. 431. Schaltbild des S.S.W.-Eilreglers.

Die Fig. 431 zeigt das Schaltbild des Reglers. Die Rückführung besteht hier aus einer mit der Kontaktzunge des Spannungsrelais fest verbundenen Trommel, welche zwischen den Polen eines Magneten drehbar gelagert ist. Durch einen Hilfsmotor, der mit dem Verstellmotor des Nebenschlußreglers parallel geschaltet ist und mit diesem demnach gewissermaßen synchron und gleichgerichtet läuft, wird der Magnet in der einen oder anderen Richtung gedreht. Dabei erzeugen die rotierenden Kraftlinien in der mit der Kontaktzunge verbundenen Trommel Wirbelströme, durch welche ein Drehmoment auf die Kontaktzunge ausgeübt wird. Die Arbeitsweise ist also die folgende: Die Spannung sinkt. Dadurch fällt der Kern des Spannungsrelais nach unten und legt die Kontaktzunge an den rechten Kontakt, der über ein Schaltwerk den Verstellmotor des Erregerstromreglers und den parallel geschalteten Hilfsmotor des Relais einschaltet. Ersterer verstellt den Kontakthebel im Sinne „mehr Span-

[1]) ETZ 1915, S. 63.

nung", letztere dreht den Magneten des Relais links herum. Die Wirbelströme suchen die Trommel links herum mitzudrehen; es wird also eine Kraft erzeugt, die den Relaiskern zu heben sucht und so die infolge der Verstellung des Kontakthebels ansteigende Generatorspannung unterstützt. Der Kontakt wird also gelöst, bevor die richtige Spannung erreicht ist. Nach Lösen des Kontaktes kommen die beiden Motoren zum Stillstand, und auf das Spannungsrelais wirkt nur noch die Netzspannung ein. Der Relaiskern wird sich wieder senken wollen. Da seine Bewegung aber durch einen Kata-

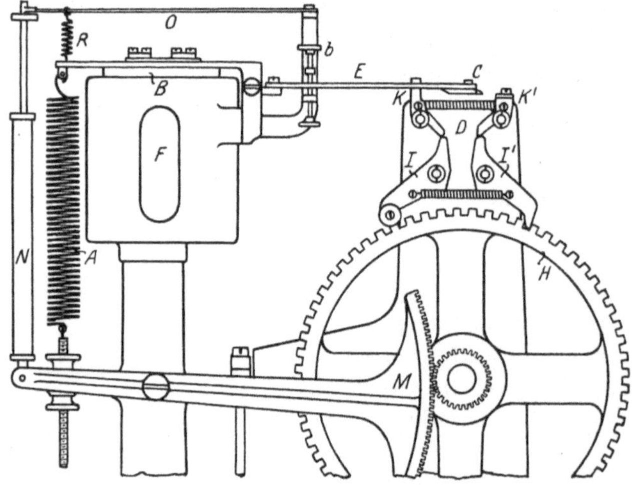

Fig. 432. Aufbau des Thury-Eilreglers.

rakt gedämpft ist, vergeht eine gewisse Zeit, innerhalb welcher der Erregerstrom und mit ihm die Spannung „nachkommt". Das auf die Trommel ausgeübte Drehmoment wird durch geeignete Erregung des Magneten so eingestellt, daß es den jeweils gemachten Kontakt gerade in dem Augenblick abreißt, in welchem ungefähr die für die neuen Belastungsverhältnisse erforderliche Stellung des Kontakthebels erreicht ist.

Dieses Relais ist sowohl für Wechselstrom als auch für Gleichstrom brauchbar. Bei Gleichstrom kann man den Hilfsmotor mit der Wirbelstromrückführung durch eine Hilfswicklung auf dem Spannungsrelais ersetzen, welche an den Anker des Verstellmotors angeschlossen wird. Diese Hilfswicklung erhält also, je nachdem ob der Verstellmotor in der einen oder anderen Richtung läuft, einen Strom, der dem in der Hauptwicklung des Relais fließenden gleich oder entgegengesetzt gerichtet ist, so daß sich die Wirkung der Rückführspule mit der der Spannungsspule addiert bzw. von ihr subtrahiert, wenn die Spannung zu tief oder zu hoch ist. Beim Ansteigen der Drehzahl und der Ankerspannung des mit einem festen Vorschaltwiderstand anlaufenden Verstellmotors erhält diese Hilfswicklung einen allmählich von Null ansteigenden Strom und bewirkt so ein Abreißen des Kontaktes, bevor die richtige Spannung erreicht ist.

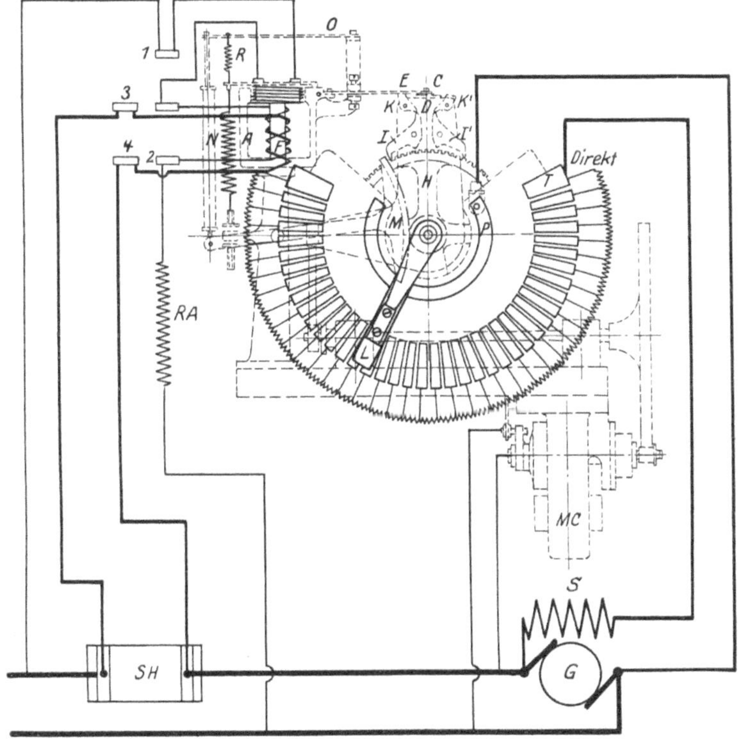

Fig. 433. Schaltbild eines kompoundierten Thury-Eilreglers.

Für Sonderzwecke sind diese Eilregler noch in anderen Ausführungen durchgebildet worden.

2. Der Thury-Regler. Dieser von den Ateliers H. Cuénod A.-G., Chatelaine-Genf, ausgeführte, schon im Jahre 1898 von Ingenieur R. Thury erfundene Regler bewährt sich heute noch infolge seiner Einfachheit sehr gut. Seine Wirkungsweise ist die eines Eilreglers, vgl. S. 510. Er wird aber sowohl für langsame wie für verhältnismäßig schnelle Regelung ausgeführt. In einer besonderen Ausführungsform wirkt er sogar als Schnellregler.

Die Bauart dieses Reglers geht aus der Fig. 432 hervor. Die Fig. 433 zeigt das Schaltbild und Fig. 434 die Ansicht einer

Ausführung des Reglers für die gleichzeitige Regelung von vier parallelgeschalteten Gleichstrom-Generatoren. Er besteht hauptsächlich aus einer an die zu regelnde Spannung angeschlossenen elektromagnetischen Wage, einem ständig laufenden, kleinen Motor und einem mit dem Kontakthebel des Reglerwiderstandes verbundenen Zahnrad. Der Motor treibt über eine Zahnradübersetzung einen Exzenter oder eine Kurbelwelle an, der einen mit 2 Schalthaken versehenen, neben dem Zahnrad befindlichen Hebel in hin- und hergehende Bewegungen versetzt. Bei der richtigen Spannung befindet sich die Wage im Gleichgewicht, die Schalthaken sind so aufgehakt, daß sie das Zahnrad nicht berühren und das Zahnrad nebst dem Kontakthebel steht deshalb still. Sobald jedoch die Spannung den richtigen Wert über- oder unterschreitet, hebt oder senkt sich die Wage und bringt dabei auf mechanischem Wege ohne Zuhilfenahme irgendwelcher elektrischen Kontakte den einen oder den anderen Schalthaken zum Einfallen, wodurch das Zahnrad von dem schwingenden Hebel schrittweise in der einen oder der anderen Richtung mitgenommen und also der Kontakthebel von Kontakt zu Kontakt verstellt wird, bis die richtige Spannung wieder erreicht ist.

Fig. 434. Ansicht des Thury-Eilreglers für Regelung von 4 Gleichstromgeneratoren.

Die elektromagnetische Wage, Fig. 432, besteht aus einem Magnetgestell F, dessen magnetischer Kreis durch einen ringförmigen Zwischenraum, Fig. 433, unterbrochen ist. In diesem Luftspalt bewegt sich die an dem drehbar gelagerten Wagebalken E aufgehängte Spule B. Die Erregerspule des

Magnetgestells ist mit der Spule B in Reihe geschaltet und an die zu regelnde Spannung unter Vorschaltung des einstellbaren Widerstandes RA, Fig. 433, angeschlossen. Das linke Ende des Wagebalkens E ist mit der Regulierfeder A und der Dämpfungsfeder R verbunden, das rechte Ende ist mit dem Anschlag C versehen. Die beiden Spulen sind so gewickelt, daß die Spule B von dem magnetischen Zug gehoben wird, weshalb die Zapfen der Wage durch das Gewicht der Spule nicht beschwert werden, und die Reibung auf ein Mindestmaß herabgedrückt wird.

Die auf dem vom Motor hin und her bewegten Hebel D drehbar befestigten Schalthaken I und I' sind miteinander durch eine Feder verbunden, welche die Schalthaken auf das Zahnrad H aufzulegen bestrebt ist. Normalerweise wird dies jedoch durch die ebenfalls auf dem Hebel D drehbar befestigten und gleichfalls miteinander durch eine Feder verbundenen Sperrklinken K und K' verhindert, und beide Schalthaken sind, wie in der Figur für den Schalthaken I gezeigt, aufgehakt. Bei der richtigen Spannung befindet sich der Wagebalken E in der Mitte zwischen den Anschlagschrauben b in der Schwebe, so daß die Sperrklinke K sich über, die Sperrklinke K' sich unter dem Anschlage C bewegt, ohne ihn zu berühren. Daher kann die elektromagnetische Wage, in ihren Bewegungen nicht gehindert, den Schwankungen der Spannung genau folgen.

Steigt die Spannung, so wird die Spule B gehoben und der Anschlag C gesenkt. Wenn nun der Hebel D sich das nächste Mal nach links bewegt, trifft die Sperrklinke K' auf den Anschlag C auf und wird hierdurch nach rechts herumgedreht. Sie kann dann nicht mehr den Schalthaken I' sperren, weshalb dieser von seiner Feder nach rechts herumgedreht und auf das Zahnrad gelegt wird. Bei der darauf folgenden Rechtsbewegung des Hebels D wird infolgedessen das Zahnrad um eine Zahnteilung, der Kontakthebel um einen Kontakt nach rechts verschoben. Gleichzeitig wird der Anschlag C bis zur Wiederkehr des Hebels D freigegeben und die Wage kann der erfolgten Änderung der Spannung frei folgen.

Zwischen den Schalthaken ragt ein unter ihrer Feder befindlicher, feststehender (in der Figur nicht sichtbarer) Anschlag durch ein Loch in den Hebel D ein. Bei Rückkehr des Hebels D schlägt der Schalthaken I' gegen diesen Anschlag an und wird hierdurch von dem Zahnrad aufgehoben. Ist nun die Spannung inzwischen so weit gesunken (der Anschlag C gehoben), daß K' nicht mehr mit C in Berührung kommt, dann wird hierdurch der Schalthaken I' an der Sperrklinke K' aufgehakt und bleibt über dem Zahnrad aufgehoben. Der Regelungsvorgang ist damit beendet. Ist die Spannung dagegen noch nicht genügend gesunken, dann trifft K' zum zweitenmal auf C auf, der Schalthaken wird nicht aufgehakt, sondern legt sich wieder auf das Zahnrad auf und bewirkt die Verschiebung des Kontakthebels um einen weiteren Kontakt. Dieses Spiel wird so lange fortgesetzt, bis die Wage sich wieder in der Schwebe befindet.

Bei fallender Spannung wird der Anschlag C dagegen gehoben und der Schalthaken I in Tätigkeit gebracht, wodurch eine schrittweise Linksdrehung des Kontakthebels erfolgt und eine Erhöhung der Spannung bewirkt wird.

Die Rückstellvorrichtung, durch welche der Regelungsvorgang, schon bevor die richtige Spannung erreicht ist, unterbrochen wird, ist wie folgt eingerichtet: Die Bewegungen des Kontakthebels werden durch das Zahnsegment M auf die elektromagnetische Wage derart übertragen, daß sie hemmend auf die Bewegungen der Wage wirken. Es geschieht das mittels des vom Rade H bewegten Zahnsegmentes M, das in einen um eine feste Achse drehbaren Hebel ausläuft. Das Ende dieses Hebels ist unter Vermittlung der Ölpumpe N mit der biegsamen Blattfeder O verbunden, an dem die Dämpfungsfeder R befestigt ist.

Bewegt sich nun das Rad H z. B. nach rechts, um die zu hoch gestiegene Spannung abwärts zu regeln, so wird hierdurch die Blattfeder O nach unten gebogen, die Dämpfungsfeder R wird entspannt, und unter dem Zuge der Feder A senkt sich die Spule B bereits bevor noch die Spannung so weit gesunken ist, daß der magnetische Zug dies erlauben würde. Nachdem der Regelungsvorgang hierdurch unterbrochen worden ist, setzen folgende Vorgänge ein: Einerseits sinkt die Spannung noch eine Weile infolge der magnetischen Trägheit der Erregerwicklung weiter; anderseits wird der Kolben der Ölpumpe N von der gespannten Blattfeder O wieder gehoben und die Dämpfungsfeder R wieder gespannt. Da beide Vorgänge sich in ihrer Wirkung auf die Wage aufheben, bleibt die Wage unverändert in der Schwebe, und ein Überregeln oder Pendeln wird verhindert.

Der Kontakthebel spielt gewöhnlich über einer Kontaktplatte mit 40 bis 60 Kontakten. Der Hebel D führt etwa 150 Doppelschwingungen in der Minute aus, so daß der ganze Regulierbereich in etwa 16 bis 24 Sekunden überfahren werden kann. Der Regler wird auch für höhere Reguliergeschwindigkeit bis zu 560 Doppelschwingungen in der Minute (Überfahren des Regulierbereiches in etwa 4,3 bis 6,4 Sekunden) ausgeführt. Bei der als Schnellregler arbeitenden Bauart wirkt die elektromagnetische Wage auf einen Schieber, der den Lauf von Drucköl, das zur Bewegung der Kontakthebel dient, regelt.

Die Stufung des Reglerwiderstandes ist so zu wählen, daß die einer Stufe entsprechende Spannungsänderung kleiner ist als die

Empfindlichkeit des Reglers, weil es sonst vorkommen könnte, daß der Regler zwischen zwei Stufen dauernd pendeln würde.

Die Empfindlichkeit des Reglers kann durch Änderung der Windungszahl der Feder *A* oder durch eine kleine Verdrehung des Anschlages *C* eingestellt werden.

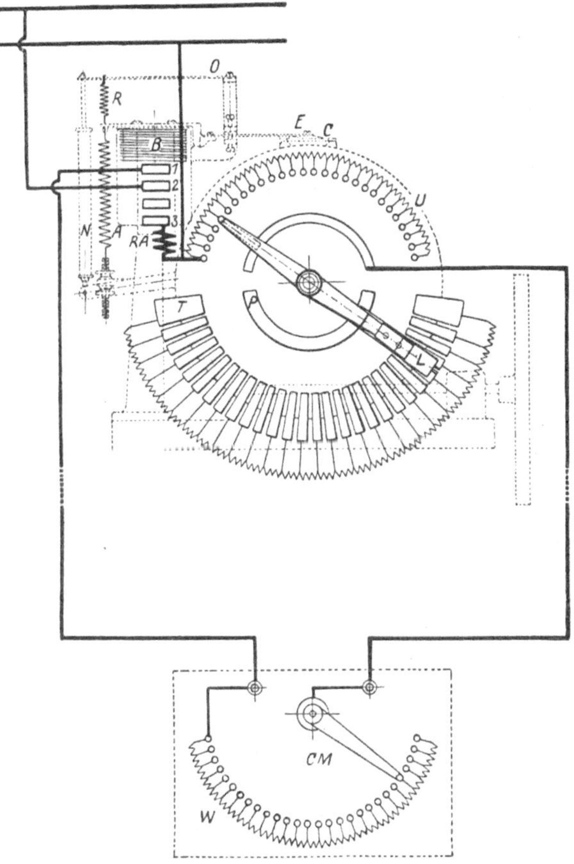

Fig. 435. Thury-Eilregler zum Anlassen mit Fernbetätigung.

Um beim Erreichen der Endstellungen eine Weiterdrehung zu hindern werden in passender Entfernung voneinander zwei kleine Bleche auf dem Rade *H* am Bahnkranz derart befestigt, daß sie das Eingreifen der Schalthaken verhindern.

Soll der Regler die Spannung in einem entfernten Speisepunkt ohne Verwendung von Prüfdrähten konstant halten, so wird er, wie die Fig. 433 zeigt, kompoundiert.

Beim Parallelbetrieb mehrerer Generatoren werden die Nebenschlußregler von einem gemeinschaftlichen Regler, Fig. 434, durch eine Zahnstange, durch die sie nach Bedarf gekuppelt werden können, geregelt.

Der Regler wird außer zur Konstanthaltung von Spannungen und Stromstärken (auch bei Dreh- und Wechselstrom) zur Konstanthaltung des Druckes von Gas beliebigen Druckes verwendet, wobei die magnetische Wage durch ein Manometer (nicht Kontaktmanometer) ersetzt wird.

Ferner wird er als selbsttätiger Zellenschalter zur Regelung der Batteriespannung und zur Einstellung der Elektroden bei elektrischen Öfen benutzt.

Schließlich kann dieser Regler als Anlasser mit Fernbetätigung, wie die Fig. 435 zeigt, ausgebildet werden. Der Kontakthebel des Anlassers wird dann von dem Regler verstellt. In der Verlängerung dieses Kontakthebels über den Drehpunkt hinaus ist ein zweiter Kontakthebel angeordnet, der zu einem mit der gleichen Anzahl Kontakte ausgerüsteten Vorschaltwiderstande U gehört. Die Spannungsspule des Reglers ist über diesen Vorschaltwiderstand nur mittels zweier dünnen Drähte mit dem entfernt aufgestellten Reglerwiderstand W verbunden.

Wird dieser Reglerwiderstand geändert, so verstellt der Regler seine Hebel so lange, bis wieder die Summe der Widerstände U und W denselben Betrag wie zuvor erreicht hat. Die Stellung des Anlassers entspricht also stets der Stellung des Reglerwiderstandes W und kann durch ihn verändert werden.

c) Schnellregler[1]).

1. Brown-Boveri-Schnellregler. Das Schaltbild dieses Reglers zeigt Fig. 436. Die in dem Regler eingebauten Regulierwiderstände g werden durch die Anschlußklemmen E in den Erregerkreis eingeschaltet. Der Widerstand zwischen diesen Klemmen wird durch die Kontaktsegmente s, welche sich auf der versilberten, kreisförmigen Kontaktbahn k abwälzen, verändert. Die Kontaktsegmente werden durch das in Fig. 437 gezeigte Spannungsrelais, das aus der innerhalb eines Magnetgestells beweglichen Spule h besteht, gesteuert. Das Magnetgestell wird durch die mit h in Reihe geschaltete Magnetwicklung i erregt, und das Spannungsrelais unter Vorschaltung des Ohmschen Widerstandes w über die Klemmen Sp an die konstant zu haltende Spannung angeschlossen. Bei der richtigen Generatorspannung, also bei einem ganz bestimmten Strom des Spannungsrelais, müssen die Segmente s die verschiedensten Stellungen je nach dem augenblicklichen (dauernden) Belastungs-

[1]) Das Regulierproblem in der Elektrotechnik. Von Dr. A. Schwaiger. (Teubner 1909.)

zustand einnehmen können. Bei Über- oder Unterschreitung der richtigen Generatorspannung müssen die Segmente, um die Spannungsschwankung möglichst schnell beseitigen zu können, in die eine oder andere Endlage gewälzt werden. Die durchgehende Welle $a—a$ des Spannungsrelais ist deshalb mit der Spiralfeder f verbunden, welche dem elektromagnetischen Drehmoment entgegenwirkt. Das Drehmoment der Feder ist nun aber nicht in jeder Lage konstant, sondern nimmt mit der Verdrehung des Relais zu. Um bei richtiger Spannung ein dem Federdrehmoment in jeder Lage das Gleichgewicht haltendes elektromagnetisches Drehmoment zu schaffen, werden die Polschuhe so geformt, daß die Feldstärke mit wachsender Verdrehung ebenfalls und zwar in demselben Maße wie die Federspannung zunimmt. Bei der richtigen Spannung befindet sich also das Relais in jeder Lage im Gleichgewicht. Sowie aber die Spannung von dem richtigen Wert abweicht, überwiegt, in jeder Lage, entweder das Drehmoment der Spule oder das der Feder, und die Segmente werden in die eine der beiden Endlagen gewälzt. Hier dürfen sie jedoch nicht so lange verbleiben, bis die richtige Spannung völlig erreicht ist, denn dann würden Pendelungen durch die magnetische Trägheit des Generators hervorgerufen werden. Zur Vermeidung dieser Pendelungen ist die Spule h unter Zwischenschaltung der Feder q mit einer Dämpferanordnung verbunden. Diese Dämpferanordnung besteht aus einer zwischen den permanenten Magneten m drehbaren Aluminiumscheibe O Die Bewegungen der Spule h werden durch die Feder q und das auf der Achse $a—a$ gelagerte Zahnradsegment p auf die Scheibe O übertragen.

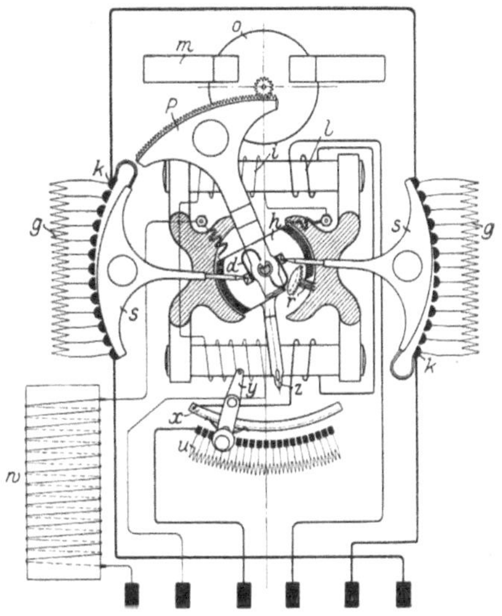

Fig. 436. Schematische Darstellung des Brown-Boveri-Schnellreglers.

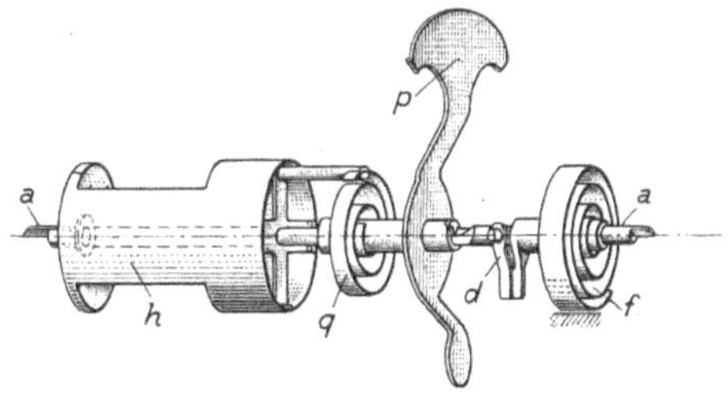

Fig. 437. Drehsystem des Brown-Boveri-Schnellreglers.

Die Spannung der Feder f und dadurch die vom Regler konstant gehaltene Spannung können durch das Schneckenrad r eingestellt werden.

Die vom Regler eingestellte Spannung des Generators kann auch derart in Abhängigkeit vom Belastungsstrom gebracht werden, daß die Generatorspannung mit zunehmender Belastung steigt und die Spannung in einem entfernten Speisepunkt ohne Verwendung von Prüfdrähten konstant gehalten wird. Es geschieht dies durch die, der Spannungswicklung entgegenwirkende Magnetwicklung J, die unter Vorschaltung des einstellbaren Widerstandes u über die Anschlußklemmen St an einen in die Hauptstromleitung des Generators eingebauten Shunt angeschlossen wird.

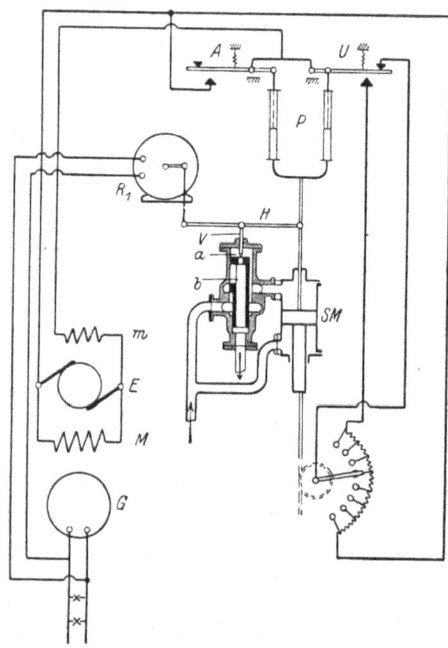

Fig. 438. Schaltbild des Sommer-Schnellreglers.

Der Unempfindlichkeitsgrad des Reglers, d. h. der Bereich, in dem der Regler nicht anspricht, beträgt $\pm$ 0,5 $^0/_0$ der zu regelnden Spannung. In gewöhnlichen Licht- und Kraftanlagen können deshalb die Spannungsschwankungen mit einer Genauigkeit von etwa $\pm$ 0,5 $^0/_0$ beseitigt werden. Bei großen und schweren Kraftbetrieben können je nach Heftigkeit der Stromstöße vorübergehende Abweichungen bis zu $\pm$ 3 bis 5 $^0/_0$ vorkommen.

2. Sommer-Schnellregler[1]). Bei diesem in der Fig. 438 dargestellten Regler wird der Kontakthebel des Nebenschlußreglerwiderstandes mittels Zahnstangengetriebes von dem durch Preßflüssigkeit bewegten „Hilfsmotor" SM verstellt. Der Differentialkolben des Hilfsmotors wird durch einen Verteilungsschieber, der mit dem Vorsteuerstift V vom Spannungsrelais R gesteuert wird, von der Preßflüssigkeit nach oben oder unten getrieben.

Der Vorsteuerstift V ist mit der Mitte eines wagerechten Hebels H verbunden, dessen rechtes Ende in der Kolbenstange des

[1]) Beschrieben von Prof. Robert Edler, Wien: ETZ 1913, S. 529.

Hilfsmotors *SM* einen Stützpunkt hat; das linke Ende des Hebels *H* wird vom Steuerrelais *R* gehoben bzw. gesenkt.

Die zuströmende Preßflüssigkeit hat das Bestreben, den Verteilungsschieber nach oben zu verschieben, was aber nur dann möglich ist, wenn die im Raume *a* befindliche Flüssigkeit abströmen kann. Durch einen im Kolben seitlich angeordneten Umlaufkanal gelangt stets etwas Druckflüssigkeit nach *a*. Beim Heben des Vorsteuerstiftes *V* wird der in *a* befindlichen Flüssigkeit die Abströmung durch den in der Achse des Schiebers angeordneten (zweiten) Kanal nach *b* ermöglicht. Wenn infolge der Hebung des Vorsteuerstiftes die Abströmung reichlicher erfolgt, als die Zuströmung durch den seitlichen Kanal, so muß sich der Verteilungsschieber aufwärts bewegen.

Umgekehrt wird bei einer Senkung des Vorsteuerstiftes die Abströmung von *a* nach *b* und von dort in den Abfluß gedrosselt. Der Druck in *a* steigt, bis daß eine Abwärtsbewegung des Verteilungsschiebers eintritt. Dieser folgt also genau der Bewegung des Vorsteuerstiftes, der seiner Verschiebung nur einen sehr geringen Widerstand entgegensetzt, weshalb die vom Steuerrelais *R* zu leistende Arbeit sehr gering ist.

Die Wirkungsweise ist die folgende:

Bei steigender Generatorspannung wird die Relaiskurbel entgegen der Uhrzeigerrichtung, der Hebel *H* um den in der Kolbenstange liegenden Stützpunkt in der Uhrzeigerrichtung bewegt. Infolgedessen wird der Vorsteuerstift *V* und der Verteilungsschieber gehoben, der Kolben des Hilfsmotors dagegen gesenkt, wodurch der Kontakthebel mit sehr großer Geschwindigkeit auf einen Kontaktknopf eingestellt wird, welcher einem größeren Wert des Reglerwiderstandes entspricht.

Das Überregulieren der sich sehr rasch bewegenden Kontaktbürste wird in der Weise verhindert, daß der Verteilungsschieber vor der Beendigung des Regelganges wieder in die Mittellage zurückgebracht wird. (Drehung des Hebels *H* unter der Einwirkung des Hilfsmotor-Kolbens in der Uhrzeigerrichtung um das linke Ende als Stützpunkt.)

In der Ruhelage nimmt also der Vorsteuerstift *V* stets dieselbe Stellung ein, während die Kolbenstange des Hilfsmotors in einer mit der Belastung veränderlichen Lage stehen muß. Die Relaiskurbel muß deshalb ebenfalls verschiedene Stellungen je nach der Belastung einnehmen und dort verbleiben, solange die Spannung von dem richtigen Wert nicht abweicht. Das Relais muß deshalb etwa dieselben Eigenschaften besitzen wie das vorerwähnte Relais des Schnellreglers von Brown-Boveri.

Der Thoma-Regler[1]) kann als eine Vervollkommnung des vorbeschriebenen Reglers angesehen werden.

[1]) Neufeldt & Kuhnke, Kiel.

Die bis jetzt beschriebenen Einrichtungen des Sommers-Reglers würden nur den Namen Eilregler rechtfertigen. Die Eigenschaften eines Schnellreglers bekommt er durch den Ausschalter A und den Umschalter U, welche mit je einer Pumpe P mit der Kolbenstange verbunden sind und durch je eine Feder normalerweise in der gezeichneten Lage gehalten werden.

Jede Pumpe besteht aus einem mit Öl gefüllten geschlossenen Zylinder, in dem sich ein Kolben bewegt. Jeder Kolben ist mit einem Saug- und einem Druckventil versehen, welche durch eine Feder mit etwas kleinerer Spannkraft als die in der Figur gezeigte Feder ge-

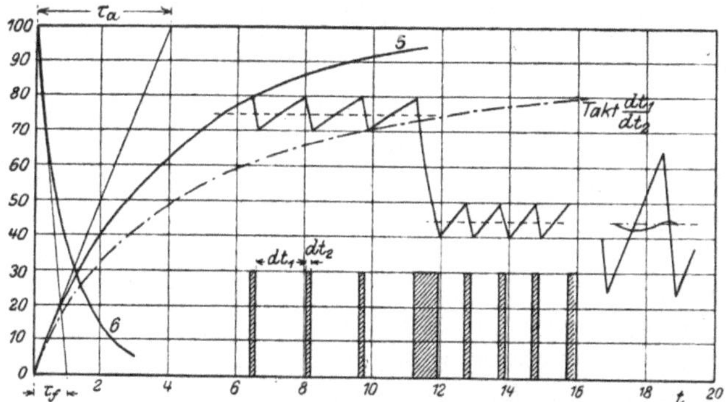

Fig. 439. Arbeitsweise des AEG-Schnellreglers.

schlossen werden. Wenn nun die Kolbenstange sich senkt, um mehr Widerstand einzuschalten, so legt sich der Umschalter U sofort gegen den unteren Kontakt und schaltet somit plötzlich den ganzen Widerstand W ein. In dieser Stellung verbleibt der Umschalter solange, als die Bewegung andauert. Sowie die Bewegung aufhört, wird der Umschalter durch die Feder in die Ruhelage zurückgezogen und schaltet den nunmehr richtig eingestellten Teil des Widerstandes ein, womit der Reguliervorgang beendet ist. Sowie die Kolbenstange dagegen anfängt sich nach oben zu bewegen, um den Widerstand zu verringern, wird der Widerstand durch den Schalter A kurzgeschlossen und zwar so lange, bis die Kontaktbürste in die richtige Stellung gedreht worden ist.

3. AEG-Schnellregler nach Tirrill. Die oben beschriebenen Regler können alle für unmittelbare Einwirkung auf den Erregerstrom der Maschine, deren Spannung konstant gehalten werden soll, verwendet werden. Bei größeren Leistungen läßt man sie auf den Erregerstrom einer besonderen Erregermaschine einwirken, um die vom Regler unmittelbar zu verändernde magnetische Energie in mäßigen

Grenzen zu halten. Bei diesem wie bei anderen Reglern nach dem Tirrillsystem ist dagegen stets eine besondere Erregermaschine erforderlich. Hierdurch wird jedoch eine schnellere Wirkung des Reglers und eine wesentliche Verkleinerung der in dem Vorschaltwiderstand vernichteten Energie erzielt.

Das Wesentliche des Tirrillsystems besteht darin, daß die Erregerspannung durch schnell auf einander folgende, kürzer oder länger andauernde Kurzschließungen des Nebenschlußreglers der Erregermaschine auf einem dem jeweiligen Belastungszustand des Hauptgenerators entsprechenden Mittelwert konstant gehalten wird. Der Reglerwiderstand wird auf einen verhältnismäßig großen Wert, etwa den dreifachen des Widerstandes der Erregerwicklung, eingestellt. In der Fig. 439 sind die Kurven des Spannungsanstieges (5) bei dauerndem Kurzschließen bzw. des Spannungsabfalles (6) beim Öffnen des Kurzschlusses dargestellt. Sie verlaufen ähnlich wie die Kurven der Fig. 430 und haben einen logarithmenähnlichen Charakter. Der Regler sei eingestellt auf die mittlere Erregerspannung von 75 Volt, der Unempfindlichkeitsgrad des an die Erregerspannung angeschlossenen Relais möge ± 5 Volt betragen. Dann wird die Erregerspannung zwischen 80 und 70 Volt schwanken und nach der oberen sägeförmigen Kurve verlaufen, bei steigender Spannung parallel der Kurve (5), bei fallender parallel der Kurve (6). Wird nun plötzlich eine mittlere Erregerspannung von 45 Volt erforderlich, so bleibt der Kurzschluß etwas länger geöffnet und die Spannung fällt sehr rasch auf 40 Volt herunter, um dann zwischen 40 und 50 Volt zu schwanken. Alle diese Schwankungen bzw. Änderungen verlaufen sehr rasch, weil die, nie erreichten, Beharrungszustände weit entfernt bei z. B. 100 bzw. 30 Volt liegen. Wegen der Selbstinduktion der Erregerwicklung des Hauptgenerators kommen die schnellen Schwankungen der Erregerspannung in dem Erregerstrom jedoch kaum zum Vorschein. Durch die erheblichen zur Verfügung stehenden Änderungen der Erregerspannung kann der Erregerstrom jedoch sehr schnell je nach der Belastung geändert werden.

Die Fig. 440 zeigt das Schaltbild des AEG-Schnellreglers. Der Nebenschlußwiderstand der Erregermaschine wird über die Kontakte $c_1\,c_2$ des Zwischenrelais e kurzgeschlossen. Das Zwischenrelais besitzt zwei gleich große einander entgegenwirkende Wicklungen m und n, von denen m unmittelbar und n über die beiden Kontakte C_1 und C_2 an die Erregerspannung angeschlossen ist. Der Kontakt C_1 wird bei steigender Erregerspannung von dem Zitterrelais K_1 unter Gegenwirkung der Feder F_1 gehoben, bei fallender Erregerspannung von dieser Feder gegen den Kontakt C_2 gelegt

Die Höhenlage des Kontaktes C_2 wird vom Spannungsrelais K_2 geändert. Die Wicklung S_1 des Zitterrelais ist an die Erregerspannung, die Wicklung S_2 des Spannungsrelais an die konstant zu haltende Generatorspannung angeschlossen.

Wir nehmen an, der Kontakt C_2 wäre in einer gewissen Lage festgehalten, und der Kontakt C_1 würde den Kontakt C_2 berühren. Durch m und n fließen dann zwei gleich starke Ströme, so daß das Zwischenrelais seine Magnetisierung verliert und seinen Anker los-

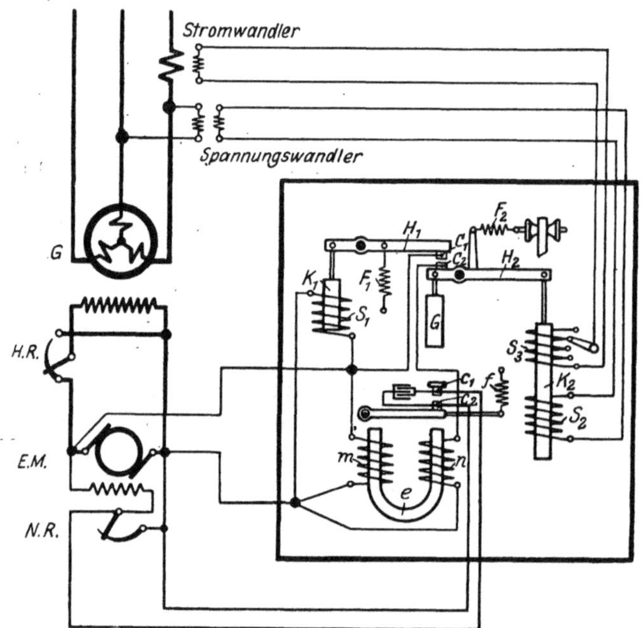

Fig. 440. Schaltbild des AEG-Schnellreglers nach Tirrill.

läßt. Der Reglerwiderstand wird durch die Kontakte $c_1 c_2$ kurzgeschlossen und die Erregerspannung steigt, bis das Zitterrelais die der Lage von C_2 entsprechende Spannkraft der Feder F_1 bei z. B. 125 Volt überwinden und den Kontakt C_1 von C_2 entfernen kann, wobei der Strom in der Wicklung n unterbrochen wird. Durch die magnetisierende Wirkung der Wicklung m werden nun die Kontakte $c_1 c_2$ voneinander gelöst und die Erregerspannung fällt bis auf 115 Volt ab. Bei dieser Spannung legt sich der Kontakt C_1 wieder gegen C_2 und das Spiel fängt von neuem an.

Wenn der Generator plötzlich so weit entlastet wird, daß bei der richtigen Generatorspannung nur eine mittlere Erregerspannung von z. B. 70 Volt erforderlich ist, so muß die Spannkraft der Feder F_1 so weit verringert werden, daß der Kontakt C_1 schon bei 75 Volt von C_2 gelöst bei 65 Volt gegen C_2 gelegt wird. Es geschieht das einfach dadurch, daß der Kern des Spannungsrelais K_2 bei der durch die Entlastung hervorgerufenen Spannungserhöhung gehoben und also der Kontakt C_2 entsprechend gesenkt wird. Weil der Erregerstrom der Erregerspannung nicht sofort folgen kann, sinkt jedoch im ersten Augenblick der Kontakt noch etwas tiefer und die Erregerspannung entsprechend unter 65 bzw. 75 Volt. Nach erfolgter Vollendung der Einstellungen für den neuen Belastungszustand darf keine Spannungserhöhung mehr bestehen, weil sie gerade durch den Regler beseitigt werden soll, der Kontakt C_2 darf aber nicht in die ursprüngliche hohe Lage zurückkehren, sondern muß eine tiefere Lage einnehmen, weil nunmehr eine kleinere Erregerspannung erforderlich ist. Der Kontakt C_2 muß also bei derselben richtigen Spannung die verschiedensten Höhenlagen einnehmen können. Es wird das dadurch erreicht, daß die Spannungsspule S_2 infolge der besonderen Bauart des Spannungsrelais bei der richtigen Spannung das Gewicht des Relaiskerns K_2 in allen diesen Lagen gerade zu heben vermag.

Um eine gleichmäßige Abnutzung der oberen und der unteren Kontakte zu erzielen, sind Umschalter zur Umkehrung der Stromrichtungen (etwa alle 6 Stunden) vorgesehen. Zur Schwächung des Unterbrechungsfunkens bei den Kontakten c_1 c_2 wird diesen Kontakten ein Kondensator parallelgeschaltet.

Das Spannungsrelais ist mit einer einstellbaren Öldämpfung versehen, um Pendelungen zu verhindern.

Auf das Spannungsrelais wird öfters eine zweite, an einen in die Hauptstromleitung des Generators eingebauten Shunt angeschlossene Wicklung S_3 gelegt, um eine Erhöhung der Spannung bei Belastung zu erzielen. Beide Wicklungen werden mit einstellbaren Vorschaltwiderständen zur Änderung der Spannung bzw. ihrer Abhängigkeit vom Belastungsstrom versehen.

Die Kontakte führen etwa 2 bis 10 Schwingungen in der Sekunde aus. Der Unempfindlichkeitsgrad des Reglers, d. h. des Spannungsrelais beträgt nur $\pm 0{,}1\,\%$.

4. Siemens-Schuckert-Schnellregler[1]). Dieser ebenfalls nach dem Grundgedanken von Tirrill gebaute Regler, dessen Schaltbild in Fig. 441 wiedergegeben ist, unterscheidet sich von dem AEG-Regler hauptsächlich durch die Bauart des Zitterrelais Z. Es besteht aus einem Anker und einem mit diesem durch die Feder f verbundenen Joch. Anker und Joch sind beide um eine gemeinsame feste Achse drehbar. Der Anker ist mit dem Kontakt b verbunden, der gegen den festen Kontakt c hämmert und dadurch

[1]) Schnell- und Eilregler. Druckschrift 2962 der S.S.W.

mit Hilfe des Zwischenrelais *Zw* das periodische Kurzschließen des Nebenschlußwiderstandes veranlaßt. Je größer die Belastung ist, desto höher muß die Erregerspannung bei derselben richtigen Generatorspannung sein. Bei höherer Erregerspannung wird deshalb die Feder *f* durch den erhöhten magnetischen Zug zwischen Anker und Joch des Zitterrelais gespannt, und der Anker rechts herum im Verhältnis zum Joch gedreht. Weil sowohl Anker wie Joch drehbar gelagert sind, wird aber der Kontakt *b* jedoch sofort damit fortfahren, gegen *c* anzuschlagen. Der Anker bleibt also in derselben Lage schwingend, und statt des Ankers dreht sich das Joch und zwar links herum, wobei der Kern des Spannungsrelais sinkt. Das Spannungsrelais wird deshalb auch hier so gebaut, daß der Kern bei der richtigen Spannung auch in verschiedenen Lagen in der Schwebe gehalten wird.

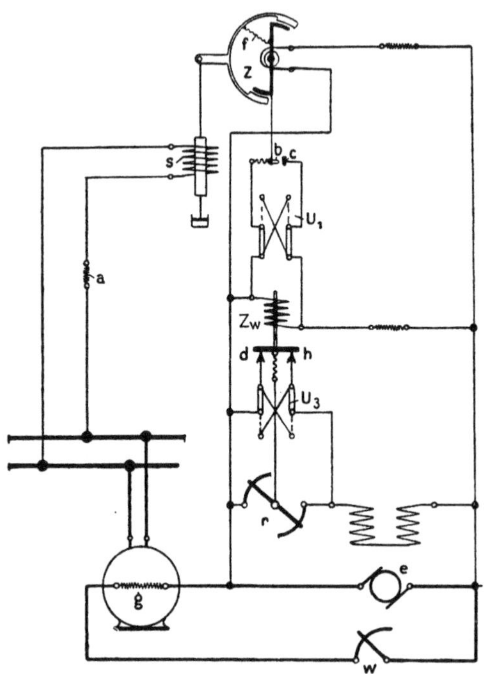

Fig. 441. Schaltbild des S.S.W.-Schnellreglers.

5. Max Fuß-Schnellregler. Das Schaltbild dieses ebenfalls nach dem Tirrillprinzip gebauten Reglers zeigt die Fig. 442. Die Wirkungsweise ist die folgende:

Die Generatorspannung wird eingestellt durch die einer bestimmten Spannung entsprechende Zugkraft der Spannungsspule 8 auf Eisenkern 9, welcher den Kontakthebel 10 mit dem beweglichen Kontakt 11 soweit anhebt, daß dieser mit dem festen Kontakt 12, das Zitterrelais, durch die Wirkung der pulsierenden Erregerspannung (mittels der Erregerspule 6 auf den Eisenkern 7) abwechselnd in und außer Berührung gebracht wird. Hierdurch wird die parallel zu den Kontakten 11, 12 geschaltete Wicklung des Zwischenrelais 20 abwechselnd kurzgeschlossen und eingeschaltet, was weiter das Kurzschließen und Einschalten des Nebenschlußwiderstandes 5 mittels der Relaiskontakte 21, 22 bewirkt. Steigt die Spannung zu hoch, so hebt Eisenkern 9 den Kontakthebel 10 bzw. den beweglichen

Kontakt 11 so lange vom festen Kontakt 12 ab, bis die Generatorspannung wieder ihren normalen Wert erreicht und dementsprechend der bewegliche Kontakt 11 wieder in periodische Berührung mit dem festen Kontakt 12 gelangt. Sinkt dagegen die Generatorspannung, so bleiben durch Nachlassen der Zugkraft der Spannungsspule 8 die Kontakte 11 und 12 so lange geschlossen, bis die Erregerspannung so weit gestiegen ist, daß sich wiederum die normale Generatorspannung einstellt.

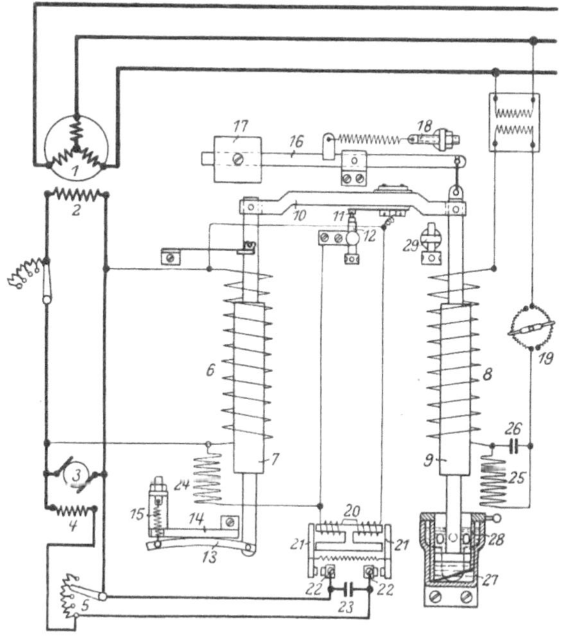

Fig. 442. Schaltbild des Max Fuß-Schnellreglers.

Damit bei allen Belastungen die Spannung genau gleich bleibt, muß das Zeitverhältnis: Kurzschlußzeit zur Einschaltzeit des Widerstandes der jeweiligen Belastung entsprechen. Da die Zugkraft der Erregerspule 6 auf Eisenkern 7 mit steigender Erregerspannung quadratisch zunimmt, die Gegenkraft einer Feder jedoch nur in einfachem Verhältnis, so würde die Amplitude der von der pulsierenden Erregerspannung herrührenden Schwingungen des Kontakthebels 10 bzw. 11 um so größer werden, je höher die Erregerspannung mit zunehmender Belastung ansteigt. Dies würde aber, da das Zeitverhältnis Kurzschlußzeit zu Einschaltzeit der Belastung entsprechen muß, ein Abfallen der Generatorspannung mit steigender Belastung verursachen.

Hiergegen ist folgende Einrichtung getroffen: Der Eisenkern 7 greift nicht unmittelbar, sondern mittels des Walzhebels 13 an der Zugfeder 15 an. Die gezeichnete Stellung entspricht einer mittleren Belastung. Die Arme des Wälzhebels sind jetzt annähernd gleich. Steigt jedoch die Erregerspannung infolge höherer Belastnng, so wälzt sich der Hebel 13 an dem Bock 14 ab, so daß der Eisenkern 7 an einem kürzeren, die Feder 15 an einem längeren Hebelarm angreifen, was das erwünschte quadratische Anwachsen der federnden

Gegenkraft zur Folge hat. Durch Nachlassen der Feder 15 mittels der verstellbaren Schraube kann der Wälzhebel 13 derart eingestellt werden, daß das Verhältnis der Hebelarme sich mit ansteigender Last mehr verändert als das Verhältnis der magnetischen Zugkraft zur federnden Gegenkraft. In diesem Falle wird der Regler eine mit der Last proportional ansteigende Generatorspannung einstellen, also überkompoundieren. Ohne Verwendung von Prüfdrähten oder besonderen Hauptstromspulen kann also dieser Regler während des Betriebes für die Konstanthaltung der Spannung in einem entfernten Speisepunkt eingestellt werden. Durch Anspannen der Feder kann umgekehrt eine Unterkompoundierung, falls beim Parallelarbeiten mit einem anderen Generator erforderlich, während des Betriebes erzielt werden.

Das Spannungsrelais ist mit der einstellbaren Öldämpfung 27, 28 versehen. Die Anschlagschraube 29 verhindert ein übermäßiges Ansteigen der Erregerspannung bei Kurzschlüssen.

Der Unempfindlichkeitsgrad beträgt nur $\pm$ 0,1 $^0/_0$ und die Spannung wird auf $\pm$ 0,2 $^0/_0$ genau konstant gehalten. Die Kontakte werden etwa 10 mal je Sekunde geschlossen.

84. Verwendung von Reglern zur Erzielung konstanter Spannung.

a) Wahl der Reglerart.

Die Wahl der einen oder anderen Regler-Bauart hängt einerseits von der Größe der Anlage, anderseits von den Belastungsverhältnissen ab. Für eine kleinere Anlage ist ein träger Regler, welcher billiger ist und eine rauhere Behandlung verträgt als ein Schnellregler, vorzuziehen. In größeren Anlagen, wo geschultes Bedienungspersonal sowieso vorhanden sein muß und die Kosten eines Reglers eine nebensächliche Rolle spielen, ist dagegen ein Schnellregler stets zu empfehlen, auch wenn die Belastungsverhältnisse beim Neubau einen solchen nicht unbedingt notwendig erscheinen lassen sollten. An eine größere Anlage kann nämlich später der Anschluß eines größeren Stromabnehmers mit stark schwankender Belastung wünschenswert werden, und außerdem stellt man bei einer solchen Anlage höhere Ansprüche in bezug auf eine gleichbleibende Spannung.

Wenn die Belastung nur langsamen Änderungen unterworfen ist, kann man sich mit einem trägen oder einem Eilregler begnügen; in einer Anlage, wo heftige Belastungsstöße plötzlich auftreten, ist ein Eilregler oder besser ein Schnellregler zu wählen. Im letzteren Falle kann unter Umständen ein träger Regler gelegentiich mehr schaden als nützen, indem die Spannung, wenn die Belastung plötzlich steigt, erst abfällt, dann vom Regler auf den richtigen Wert gebracht wird, um, wenn der Belastungsstoß bereits wieder verschwunden ist, erst in die Höhe zu schnellen, um dann wieder auf den richtigen Wert gebracht zu werden, d. h. die Zahl der Spannungsschwankungen werden durch einen trägen Regler in diesem Falle verdoppelt.

b) Anordnung der Regler in Kraftwerken.

In der Fig. 443 ist die Schaltung des Brown-Boveri-Reglers, für abwechselnden Anschluß an einen von zwei Generatoren, dargestellt. Wenn wir die Hauptgeneratoren weggenommen und die Erregermaschinen als Hauptgeneratoren an die Sammelschienen angeschlossen denken, haben wir die Schaltung ohne Verwendung von besonderen Erregermaschinen. Weil der Regler einen endlichen Widerstand enthält, kann er nicht gleichzeitig für beide Maschinen benutzt werden, denn der doppelte Erregerstrom würde sonst den doppelten Spannungsabfall in diesem Widerstand hervorrufen.

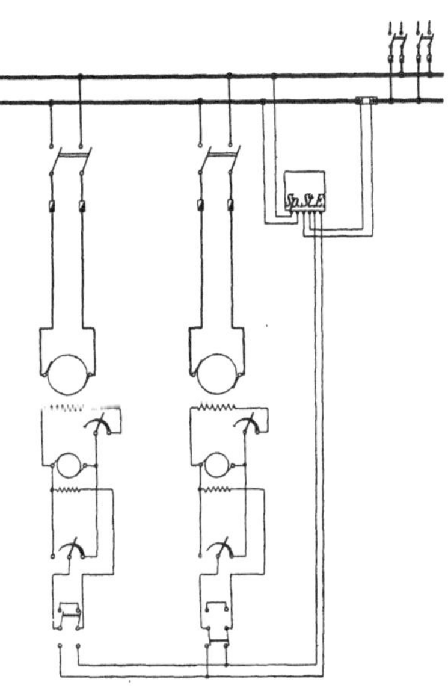

Fig. 443. Schaltung eines Brown-Boveri-Reglers für ein und zwei Generatoren.

Bei der Regelung mehrerer Maschinen durch Schnellregler wendet die AEG zwei verschiedene Anordnungen an. Bei der einen Anordnung ist der Regler mit zwei Zwischenrelais, eins für jede Maschine, versehen. In der anderen Ausführung ist der Regler mit einem besonders ausgebildeten Zwischenrelais versehen, das zwei Kurzschließungskontakte für je eine Maschine enthält.

Alle oben beschriebenen Regler können dazu verwendet werden, die Spannung der Maschine unabhängig von Belastungs- und Geschwindigkeitsschwankungen konstant zu halten. Durch Anbringen einer Kompoundwicklung auf dem Spannungsrelais kann jeder Regler auch für die Konstanthaltung der Spannung in einem entfernten Speisepunkt eingerichtet werden.

c) Anordnung der Regler für Zugbeleuchtung.

Schnellregler können auch zum Konstanthalten der Spannung bei von der Wagenachse angetriebenen Zugbeleuchtungsgeneratoren innerhalb sehr weiter Grenzen der Drehzahl und bei verschiedenen Belastungen verwendet werden.

Ein solches Zugbeleuchtungssystem von Aichele, das von der Firma Brown-Boveri ausgeführt wird, zeigt Fig. 444[1]). Die Wirkungsweise der Anlage bei Tagesfahrten, das heißt bei geöffnetem Schalter S, ist folgende:

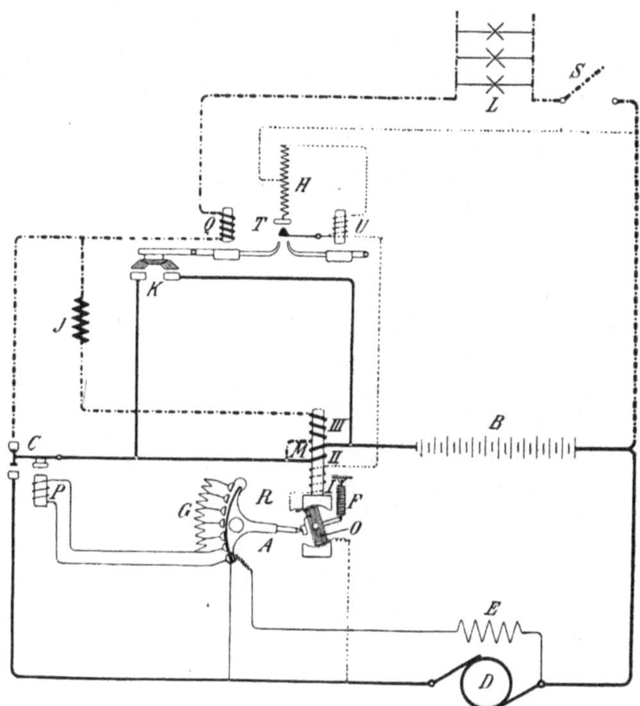

Fig. 444. Schaltung des Brown-Boveri-Reglers für Zugbeleuchtung.

Der Zug fährt an, der Generator erregt sich, gleichzeitig fließt Strom über den Nebenschlußkreis $O\,M_I\,U$. Bei einer gewissen Klemmenspannung überwindet das von den Wicklungen $M_I\,O$ erzeugte Drehmoment das der Feder F, wodurch der Kontaktsektor A den ersten Kontakt freigibt. In diesem Augenblick wird der Anker des Schalters C infolge der vom Erregerstrome durchflossenen Wicklung angezogen und der Generator über den Kontakt bei C mit der Batterie verbunden. Es fließt nun ein den vorliegenden Verhältnissen entsprechender, das Magnetfeld des Reglers R verstärkender Strom durch die Wicklung M_{II} nach der Batterie. Infolgedessen wälzt sich der Kontaktsektor auf der Kontaktbahn ab und schaltet so viele

[1]) ETZ 1910, S. 321.

Widerstandselemente ein, daß Gleichgewicht zwischen den beiden Drehmomenten bei jeder Zuggeschwindigkeit erreicht wird.

Weil die Batteriespannung bei der Ladung steigt, sinkt der durch die Wicklung M_{II} fließende Ladestrom. Wenn die Generatorspannung hierbei unverändert bleiben würde, würde die Ladung bald gänzlich aufhören. Die die Spannungsspule M_I unterstützende Wirkung von M_{II} wird nun aber infolge der Abnahme des Ladestromes verringert, weshalb das Relais eine höhere Generatorspannung einstellen muß. Die Generatorspannung steigt also, während der Ladestrom allmählich zurückgeht.

Um nun bei vollgeladener Batterie eine Überladung auszuschließen, schaltet der Elektromagnet U bei einer bestimmten Spannung einen Parallelwiderstand bei H ein, wodurch der gesamte Widerstand des gestrichelt gezeichneten Nebenschlußkreises verkleinert und die Generatorspannung gesenkt wird.

Mit abnehmender Zuggeschwindigkeit wandert der Rollkontakt A nach und nach in die in Fig. 444 gezeichnete Lage, in welcher die Wicklung P des Schalters C stromlos wird, was die Abschaltung des Generators von der Batterie herbeiführt. Beim Unterschreiten einer gewissen Mindestgeschwindigkeit springt dann der Anker des Elektromagneten U in seine Ruhelage zurück, wodurch der Parallelwiderstand bei H abgetrennt wird.

Bei brennenden Lampen ist das Solenoid Q vom Lampenstrom durchflossen, daher dessen Anker angezogen. Dieser schließt einesteils den Kontakt T, um den Parallelwiderstand bei H zur Verkleinerung des Widerstandes des Nebenschlußstromkreises einzuschalten, andernteils den Kontakt K, um die Wicklung M_{II} außer Tätigkeit zu setzen. Bei stillstehendem Wagen ist ferner der Lampenwiderstand J wie auch die Wicklung M_{III} durch den Schalter C überbrückt, damit die Lampen ohne Zwischenschaltung eines Widerstandes unmittelbar von der Batterie gespeist werden. Bei anfahrendem Zuge wird der Generator, wie oben beschrieben, bei einer bestimmten Geschwindigkeit eingeschaltet. Die Glühlampen werden nun von dem Generator unter Zwischenschaltung der Wicklung M_{III} des Reglers und des Lampenwiderstandes J gespeist, während gleichzeitig ein Ladestrom zur Batterie fließt, der vom Ladezustande dieser und der Stärke des Lampenstromes (durch die entmagnetisierende Wirkung der Wicklung M_{III}) abhängig ist. Zur Erzielung konstanter Spannung an den Lampen bei einer veränderlichen Zahl von brennenden Lampen muß bei Änderung des Lampenstromes auch die Klemmenspannung des Generators, dem Spannungsverluste im festen Lampenwiderstande J entsprechend, eine Änderung erfahren. Diese Änderung wird ebenfalls durch die entmagnetisierende Wirkung der Wicklung M_{III} erzielt.

Einundzwanzigstes Kapitel.

Kraftübertragungssysteme mittels konstanter Spannung.

85. Das Zweileitersystem. — 86. Das Dreileitersystem. — 87. Mehrleitersysteme.

Jedes Kraftübertragungssystem muß den einzelnen Stromabnehmern die Möglichkeit bieten, seine aus dem Netz entnommene Leistung nach Bedarf verändern zu können. Bei Gleichstrom ist die Leistung eindeutig durch die Spannung und den Strom bestimmt, weshalb wir folgende drei Gruppen von Kraftübertragungssystemen unterscheiden können:

a) Die Spannung wird konstant gehalten, der Strom verändert.
b) Die Spannung und der Strom werden verändert.
c) Die Spannung wird verändert, der Strom konstant gehalten.

Die erste Gruppe, Kraftübertragungssysteme mittels konstanter Spannung, hat die größte Bedeutung und wird fast ausschließlich, ihrer vielen Vorteile wegen, gewählt.

Die bei diesen Kraftübertragungssystemen verwendeten Stromerzeuger für konstante Spannung sind einfacher Bauart und daher billig. Sie liefern eine praktisch konstante Spannung ohne besondere Einrichtungen oder Wicklungen, wenn sie, wie es meist der Fall ist, mit konstanter Drehzahl angetrieben werden. Es ist hierbei zu bemerken, daß die im vorigen Kapitel beschriebenen Einrichtungen lediglich den Zweck haben, kleinere Abweichungen von dem richtigen Spannungswert zu beseitigen. Die Motoren werden ebenfalls einfach und billig. Ein großer Vorteil liegt auch darin, daß man mit einer beschränkten Anzahl von Einheitsspannungen auskommt, weil in fast allen Ländern die meist verwendeten Spannungen zu 65, 110, 220 und 440 Volt[1]) für Licht- und Kraftanlagen, zu 550 bzw. 600 Volt

[1]) Die Wahl von 110 statt 100 Volt ist wahrscheinlich mit Rücksicht auf den Spannungsabfall getroffen, die 10 Volt sollten zur Deckung desselben dienen. Die Spannung 110 Volt ist zuerst von Edison festgelegt worden, der seinem Assistenten auf die Frage, ob eine Maschine für 100 Volt gebaut werden sollte, antwortete: „Wir machen wohl, wie gewöhnlich, sicherheitshalber einen Zuschlag von 10%“.

für Straßenbahnbetrieb festgelegt sind. Für Bahnbetrieb verwendet man auch 800 Volt und höhere Spannungen bis zu 3000 Volt. Hierdurch wird die Herstellung aller erforderlichen Maschinen und Apparate außerordentlich vereinfacht und verbilligt. Der vielleicht wichtigste Vorteil besteht jedoch darin, daß sowohl neue Stromerzeuger wie neue Stromabnehmer in der denkbar einfachsten Weise an eine bestehende Kraftübertragung angeschlossen werden können. Die Motoren nehmen ganz selbsttätig einen der jeweiligen Belastung, die Lampen einen der Zahl und der Lichtstärke der eingeschalteten Lampen entsprechenden Strom auf, während die Stromerzeuger von selbst gerade die entnommene Stromstärke liefern.

Abgesehen von der Wahl der einen oder anderen Spannung bekommen wir verschiedene, dem jeweiligen Zweck entsprechende Kraftübertragungssysteme mittels konstanter Spannung, je nachdem ob wir in demselben System nur eine oder mehrere konstante Spannungen verwenden. Wir werden nun in diesem Kapitel die Ausführung und Verwendung dieser Kraftübertragungssysteme bei verschiedener Anzahl konstanter Spannungen näher behandeln.

85. Das Zweileitersystem.

Das in der Fig. 445 schematisch angegebene Zweileitersystem ist das einfachste und auch das älteste der Kraftübertragungssysteme

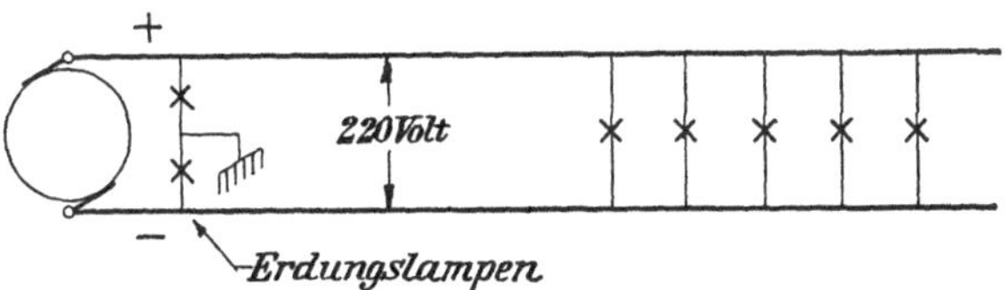

Fig. 445. Zweileitersystem.

mit konstanter Spannung. Es wird hier nur eine Spannung verwendet, weshalb nur zwei Leitungen erforderlich sind.

Das Zweileitersystem wird in Anlagen, bei welchen der Strom nicht sehr weit zu leiten ist, wie in Fabriken mit eigener Stromerzeugung, auf Schiffen u. dgl. und so gut wie immer für Bahnbetriebe aller Art verwendet. In Licht- und Kraftanlagen mit weit ausgedehnten Netzen ist es dagegen heutzutage beinahe vollständig von dem weiter unten beschriebenen Dreileitersystem verdrängt worden.

In Fabriken verwendet man zwei isolierte Leitungen. Der Isolationszustand der Anlage kann dauernd durch die beiden zwischen je einem Pol und Erde geschalteten Erdungslampen, von denen die eine beim Erdschluß an einem Pol heller aufleuchtet als die andere, überwacht werden. Auf Schiffen verwendet man vielfach zur Vereinfachung der Schaltanlage den Schiffskörper als Rückleitung. In Bahnanlagen werden die Schienen als Rückleitung benutzt.

In Fabriken verwendet man meist die Spannungen 110 und 220 Volt, in chemischen Fabriken, wo die Haut der Arbeiter durch Salze oder Lösungen sehr gut leitend wird, wählt man, um Unfällen vorzubeugen, oft Spannungen von nur 65 Volt [1]). Diese niedrige Spannung wird aus demselben Grunde und um Überleitungen zu vermeiden, vielfach auf Schiffen verwendet. Zur Beleuchtung von Einzelhäusern benutzt man vielfach 32 Volt, um mit möglichst wenig Elementen bei der meist vorhandenen Batterie auszukommen. In Bahnanlagen verwendet man die oben angegebenen hohen Spannungen. Die Beleuchtung der Wagen elektrisch betriebener Züge geschieht entweder durch mehrere in Reihe geschaltete Lampen oder aber es wird der hochgespannte Gleichstrom durch einen besonderen Umformer auf eine für die Lampen passende Spannung umgeformt [2]).

86. Das Dreileitersystem.

a) Anordnung und Eigenschaften des Dreileiternetzes.

Bei dem in Fig. 446 schematisch dargestellten, im Jahre 1882 von J. Hopkinson erfundenen Dreileitersystem verwendet man zwei gleiche in Reihe geschaltete Spannungen, d. h. man verwendet zwei

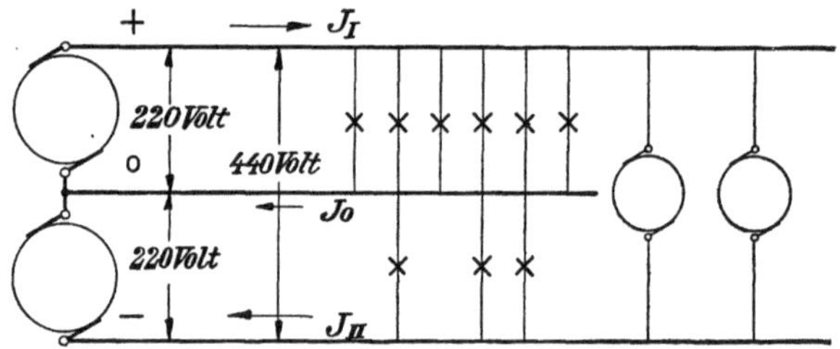

Fig. 446. Dreileitersystem.

Zweileitersysteme mit einem gemeinsamen Leiter, und zwar wird dieser „Mittelleiter" meist geerdet, deshalb auch Nulleiter genannt. Die Spannung wird, seitdem es gelungen ist, auch die Metalldrahtlampen für 220 Volt herzustellen, bei Neuanlagen fast ausschließlich zu 220 Volt zwischen je einem Außenleiter und dem Mittelleiter

---

[1]) Es sind in Sodafabriken tödliche Unfälle schon bei 90 Volt vorgekommen. Bei trockener Haut beträgt der Widerstand von Hand zu Hand etwa 50000 Ohm, bei nassen und mit Seife, Salz, Soda od. dgl. eingeschmierten Händen nur etwa ein Zehntel davon.

[2]) „Zugbeleuchtung bei elektrischen Bahnen", Amsler, P.: ETZ 1912, S. 341; ETZ 1914, S. 441 und ETZ 1914, S. 493.

gewählt. Die Lampen werden zwischen je einen Außenleiter und den Mittelleiter, die größeren Motoren (etwa über 4 kW) zwischen die beiden Außenleiter geschaltet, zwischen welchen die Spannung $2 \times 220 = 440$ Volt beträgt. Die Anschlüsse werden so verteilt, daß die Belastungen der beiden Netzhälften möglichst gleich werden.

Die Belastung in der „positiven" Netzhälfte sei J_I, in der „negativen" J_{II} Amp. Wenn wir die Stromrichtung von der Zentrale zu den Verbrauchern in allen Leitungen positiv rechnen, so

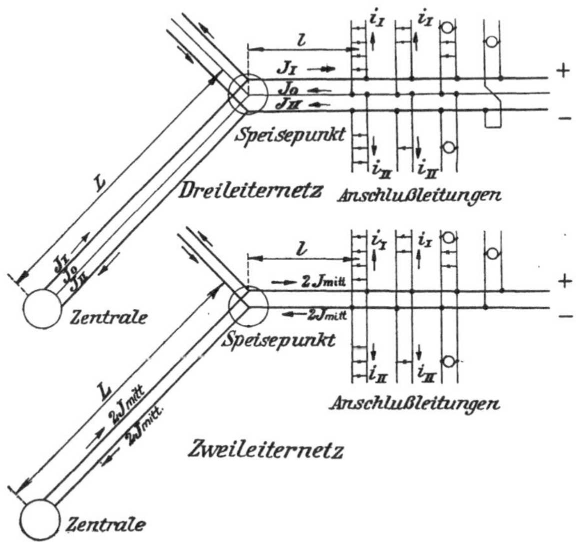

Fig. 447. Zwei- und Dreileiternetze.

fließt also dann in der positiven Leitung der Strom J_I, in der negativen der Strom $-J_{II}$ und in der Nulleitung der Strom $J_0 = -[J_I - (-J_{II})]$, wobei J_{II} stets negativ ist.

Wir wollen nun die Kosten eines Dreileiter- und eines Zweileiternetzes für dieselbe Leistung vergleichen. In der Fig. 447 sind zwei genau gleiche Netze, das eine nach dem Dreileiter-, das andere nach dem Zweileitersystem, bestehend aus je einer Speise- und einer Verteilungsleitung, schematisch dargestellt. Und zwar ist das Zweileiternetz dadurch entstanden, daß die negative Hälfte des Dreileiternetzes auf die positive Hälfte gelegt worden ist, wobei die für die Lampen in Betracht kommende Spannung im Speisepunkt zwischen je einem Außenleiter und dem Nulleiter bzw. zwischen den beiden Leitungen des Zweileiternetzes unverändert geblieben ist. Wir führen für unsere Untersuchung die folgenden Bezeichnungen ein:

ϱ der spezifische Leitungswiderstand in $\frac{\text{Ohm mm}^2}{\text{m}}$;

l_v die einfache Länge einer Verteilungsleitung vom Speisepunkt zum Verbraucher in m;

l_{sp} die einfache Länge der Speiseleitung in m;

q der Querschnitt eines Außenleiters in mm²;

$q_m = \frac{q}{x}$ der Querschnitt des Mittelleiters in mm²;

$q_{3g} = 2q + \frac{q}{x}$ der Gesamtquerschnitt der drei Leitungen im Dreileiternetz;

$q_{2g} = 2q$ der Gesamtquerschnitt der beiden Leitungen im Zweileiternetz;

i_I und i_I die Einzelbelastungen in der positiven bzw. negativen Netzhälfte;

$i_{\text{mitt}} = \frac{i_I - i_{II}}{2}$ [1])

$J_{\text{mitt}} = \frac{J_I - J_{II}}{2}$ [1])

$m = \frac{J_I + J_{II}}{J_I} \cdot 100$ [1]) der prozentuale Unterschied der Belastungen der beiden Netzhälften bezogen auf die größere der beiden Belastungen;

$\bar{J} = \sqrt{\frac{\int_0^T J^2\,dt}{T}}$ der über ein Jahr (8760 Stunden) genommene quadratische Mittelwert des Stromes in einer Speiseleitung;

$$J_I = J_{\text{mitt}} \cdot \frac{100}{100 - \frac{m}{2}}; \qquad J_{II} = -J_{\text{mitt}} \cdot \frac{100 - m}{100 - \frac{m}{2}};$$

$$J_0 = -J_{\text{mitt}} \cdot \frac{m}{100 - \frac{m}{2}};$$

E die konstant zu haltende Spannung zwischen je einem Außenleiter und dem Mittelleiter bzw. zwischen den zwei Leitungen des Zweileiternetzes;

---

[1]) Sämtliche Ströme werden positiv gerechnet, wenn sie von der Zentrale zu den Verbrauchern fließen. J_I ist also stets positiv, J_{II} stets negativ.

p der größte Spannungsabfall in der Verteilleitung in $^0/_0$ von E;

ϑ der Verlust in den Speiseleitungen während eines Jahres in kWh.

Die vergleichende Untersuchung muß gesondert für die Verteil- und für die Speiseleitung durchgeführt werden, weil jene für einen höchst zulässigen prozentualen Spannungsabfall (meist 2 bis $4^0/_0$), diese aber für einen gewissen jährlichen Energieverlust zu bemessen sind. Die Speiseleitungen sind nämlich so zu bemessen, daß die Summe der Tilgungskosten (Verzinsung, Abschreibung und Unterhaltung) der Leitung und der Erzeugungskosten der in der Leitung verloren gegangenen Energie den Mindestwert ergibt. Das tritt ein, wenn die Tilgungskosten gleich den Energiekosten werden.

Für die Verteilleitung bekommen wir im Dreileiternetz:

$$p = \frac{1}{E} \cdot \frac{\varrho}{q} \cdot \varepsilon (i_{\text{mitt}} \cdot l_v) \cdot [100 + m x] \cdot \frac{1}{100 - \frac{m}{2}} \ {}^0/_0. \tag{214}$$

Also

$$q_{3g} = 2q + \frac{q}{x}$$

$$= \frac{1}{E} \cdot \frac{\varrho}{p} \cdot \varepsilon (i_{\text{mitt}} \cdot l_v) \cdot \left[200 + 2 m x + \frac{100}{x} + m\right] \cdot \frac{1}{100 - \frac{m}{2}} \ \text{mm}^2 \tag{215}$$

Dieser Ausdruck und also auch die Menge des zu verwendenden Leitungsmaterials wird am kleinsten für

$$x = \frac{10}{\sqrt{2m}}; \quad \text{d. h.} \quad q_m = \frac{\sqrt{2m}}{10} \cdot q \ \text{mm}^2 \tag{216}$$

Dann wird:

$$q_{3g} = \frac{1}{E} \cdot \frac{\varrho}{p} \cdot \varepsilon (i_{\text{mitt}} \cdot l_v) \cdot [200 + 20 \cdot \sqrt{2m} + m] \cdot \frac{1}{100 - \frac{m}{2}} \ \text{mm}^2 \tag{217}$$

Im Zweileiternetz wird

$$q_{2g} = \frac{1}{E} \cdot \frac{\varrho}{p} \cdot \varepsilon (2\, i_{\text{mitt}} \cdot l_v) \cdot 4 = \frac{1}{E} \cdot \frac{\varrho}{p} \cdot \varepsilon (i_{\text{mitt}} \cdot l_v) \cdot 8 \ \text{mm}^2 \tag{218}$$

Das Verhältnis der Mengen aufzuwendenden Leitungsmaterials in den beiden Netzen wird also:

$$\frac{q_{3g}}{q_{2g}} = \frac{1}{8} \cdot \frac{200 + 20 \cdot \sqrt{2m} + m}{100 - \frac{m}{2}} \tag{219}$$

Hieraus erhalten wir die Zusammenstellung:

m	$\frac{q_m}{q} = \frac{1}{x}$	$\frac{q_{3g}}{q_{2g}}$
0 %	0	0,250
5	0,316	0,344
10	0,447	0,394
15	0,548	0,439
20	0,632	0,481
25	0,707	0,524
(100[1])	(1,414)	(1,455)

Für die Speiseleitung bekommen wir im Dreileiternetz:

$$V = \frac{8760}{1000} \cdot \frac{\varrho}{q} \cdot \bar{J}^2_{\text{mitt}} \cdot l_{sp} \cdot [100^2 + (100 - m)^2 + m^2 \cdot x] \cdot \frac{1}{\left(100 - \frac{m}{2}\right)^2} \quad (220)$$

Also

$$q_{3g} = \frac{8760}{1000} \cdot \frac{\varrho}{V} \cdot \bar{J}^2_{\text{mitt}} \cdot l_{sp} \cdot \left[200^2 - 400\,m + 2 \cdot (1 + x) \cdot m^2 \right.$$

$$\left. + 2 \cdot 100^2 \cdot \frac{1}{x} - 200\,\frac{m}{x} + \frac{1 + x}{x} \cdot m^2 \right] \cdot \frac{1}{\left(100 - \frac{m}{2}\right)^2}\ \text{mm}^2 \quad (221)$$

Dieser Ausdruck wird am kleinsten für $x \cong \frac{100}{m}$, d. h. wenn $q_m = \frac{m}{100} \cdot q$. In den Speiseleitungen ist nun m meistens recht klein (5, höchstens 20 %), und wir würden also einen sehr dünnen Mittelleiter und infolgedessen einen verhältnismäßig hohen Spannungsabfall in ihm bekommen, was, wie wir später sehen werden, nicht gerade wünschenswert ist. Man führt deshalb den Mittelleiter bedeutend stärker aus, als es für die Erreichung des kleinsten Gesamtquerschnittes erforderlich wäre (q_m meist $\frac{1}{2}$ bis $\frac{1}{4} \cdot q$).

Im Zweileiternetz bekommen wir:

$$q_{2g} = \frac{8760}{1000} \cdot \frac{\varrho}{V} \cdot \bar{J}^2_{\text{mitt}} \cdot l_{sp} \cdot 16\ \text{mm}^2. \quad (222)$$

[1]) Wenn die eine Netzhälfte gar nicht belastet wäre.

Also wird für die Speiseleitung

$$\frac{q_{3g}}{q_{2g}} = \frac{200^2 - 400\,m + 2\cdot(1+x)\,m^2 + 2\cdot 100^2\cdot\frac{1}{x} - 200\,\frac{m}{x} + \frac{1+x}{x}\,m^2}{16\cdot\left(100 - \frac{m}{2}\right)^2} \tag{223}$$

In der folgenden Tabelle sind die sich hieraus ergebenden Verhältnisse der Leistungsmengen in den Drei- und Zweileiternetzen zueinander bei denselben jährlichen Verlusten für verschiedene Werte von x und m zusammengestellt.

Das Verhältnis $\frac{q_{3g}}{q_{2g}}$ für Speiseleitungen.

↓ m \ $\overrightarrow{x} =$	1	2	3	4
0 %	0,375	0,312	0,292	0,281
5	0,376	0,313	0,293	0,283
10	0,378	0,316	0,297	0,288
15	0,382	0,323	0,305	0,298
20	0,389	0,332	0,317	0,312
25	0,398	0,344	0,334	0,333
(100 [1])	(1,500)	(1,875)	(2,33)	(2,81)

Es sei hierzu noch bemerkt, daß man in dem Dreileiternetz nicht dieselben, sondern kleinere Verluste wählen würde als im Zweileiternetz, und zwar würden sich, bei denselben jährlichen Gesamtunkosten in beiden Fällen, diese jährlichen Unkosten (wie auch die Anlagekosten) im Dreileiter- und Zweileiternetz verhalten wie die Wurzeln aus den in der Tabelle angegebenen Zahlen.

Wenn wir nun die gewonnenen Ergebnisse überblicken und die für normale Verhältnisse als richtig anzusehenden Annahmen machen, daß in der Verteilungsleitung $m = 15\,\%$ und folglich $x = 2$ $\left(q_m = \frac{q}{2}\right)$ und in der Speiseleitung $m = 5\,\%$ und $x = 3$ $\left(q_m = \frac{q}{3}\right)$ sind, so erhalten wir als Endergebnis:

1. Die Anlagekosten des Verteilungsnetzes betragen beim Dreileitersystem nur etwa 44 % der Anlagekosten bei Verwendung des Zweileitersystems.

[1]) Wenn die eine Netzhälfte gar nicht belastet wäre.

2. **Die Anlagekosten wie die jährlichen Gesamtunkosten der Speiseleitungen betragen beim Dreileitersystem nur etwa $\sqrt{0,293} \cdot 100 = 54\,^0/_0$ der Kosten beim Zweileitersystem.**

Die Kosten des Leitungsnetzes werden also durch die Verwendung des Dreileitersystems statt des Zweileitersystems auf etwa **die Hälfte** verringert[1]) — eine Verbilligung, durch die die Kosten der beim Dreileitersystem erforderlichen, weiter unten beschriebenen besonderen Einrichtungen schon bei nicht sehr weit ausgedehnten Leitungsnetzen reichlich aufgewogen werden. Es ist dies der Grund der allgemeinen Bevorzugung des Dreileitersystems.

Der Mittelleiter des Dreileitersystems wird oft blank in der Erde verlegt. Dabei bewirken die Spannungsabfälle in ihm, daß ein Teil des Stromes in verschiedenen Punkten vom Mittelleiter zur Erde, in anderen Punkten von der Erde zum Mittelleiter fließt, wodurch der Mittelleiter elektrolytisch angegriffen und allmählich zerstört wird. Um dies zu vermeiden, versieht man den Mittelleiter oft mit einer isolierenden Umhüllung und erdet den Nullpunkt erst in der Zentrale, wobei der Isolationszustand des Netzes jederzeit leicht überwacht werden kann.

b) Anordnung der Generatoren.

Das am nächsten liegende und auch zuerst verwendete Verfahren, die beiden für das Dreileitersystem erforderlichen Spannungen der beiden Netzhälften zu erzeugen, besteht darin, daß zwei gleiche Maschinen, eine für jede Netzhälfte, aufgestellt und, wie Fig. 446 zeigt, geschaltet werden. Dieses Verfahren ist insofern zweckmäßig, als die Spannungen der beiden Netzhälften je nach den verschiedenen Spannungsabfällen unabhängig voneinander eingestellt werden können. Es wäre indessen zweifellos vorteilhafter, wenn man die beiden Netzhälften mit nur *einer* Maschine der doppelten Leistung und Spannung speisen könnte; denn in kleineren Anlagen, wo nur ein Maschinensatz erforderlich ist, würde man dadurch einen besseren Wirkungsgrad, in Anlagen, wo mehrere Maschinensätze sowieso aufgestellt werden müssen, größere Reserve, bei gleicher Leistung je Maschine, erzielen. Es sind hierfür verschiedene Anordnungen vorgeschlagen und zur Verwendung gekommen. Bei allen wird diese eine Maschine zwischen die beiden Außenleiter geschaltet. Sie unterscheiden sich voneinander nur in der Art, wie die *Spannungsteilung* vorgenommen wird. Es gibt Anordnungen, die nur eine Änderung der Gesamt-

---

[1]) Es wird vielfach angegeben, daß diese Kosten *durch die Verdoppelung der Spannung auf ein Viertel* verkleinert werden. Diese Ansicht ist nach dem Vorstehenden natürlich übertrieben.

spannung zwischen den Außenleitern, und solche, die außerdem eine Änderung des Verhältnisses der Teilspannungen, d. h. die Regelung der beiden Netzhälften, unabhängig voneinander gestatten.

1. Spannungsteilung ohne unabhängige Spannungsregelung der beiden Netzhälften.

α) **Maschinen mit zwei Kommutatoren.** Auf einen gemeinschaftlichen Anker werden zwei gleiche, getrennte Wicklungen aufgebracht, welche an je einen Kommutator angeschlossen werden. Wenn wir den Widerstand einer Ankerwicklung R_a, den Widerstand eines Außenleiters bis zum Speisepunkt mit R_s bezeichnen, so ist, wenn wir von der Ankerrückwirkung absehen, der Spannungsabfall in der einen Netzhälfte bis zum Speisepunkt:

$$\Delta e_I = J_{\text{mitt}} \cdot \frac{100\,(R_a + R_s) + m\,x\,R_s}{100 - \frac{m}{2}} \text{ Volt} \tag{224}$$

und in der anderen Netzhälfte

$$\Delta e_{II} = J_{\text{mitt}} \cdot \frac{(100 - m)(R_a + R_s) - m\,x\,R_s}{100 - \frac{m}{2}} \text{ Volt,} \tag{225}$$

während der Spannungsunterschied der beiden Netzhälften

$$\Delta e_I - \Delta e_{II} = J_{\text{mitt}} \cdot \frac{m}{100 - \frac{m}{2}} \cdot (R_a + R_s + 2\,x\,R_s) \text{ Volt} \tag{226}$$

wird.

β) **Dreileitermaschine von Dolivo-Dobrowolsky**[1]). Diese Maschine ist die einfachste und geschickteste Lösung des Problems der Spannungsteilung, weshalb sie heutzutage fast ausschließlich verwendet wird, wenn man nur eine Maschine benutzen will.

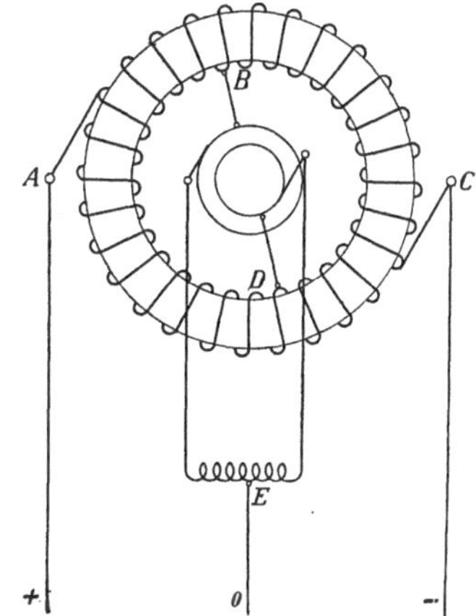

Fig. 448. Dreileitermaschine von Dolivo-Dobrowolsky.

Die Maschine besteht aus einem ganz normalen Generator, der die Spannung P zwischen den Außenleitern gibt. Zwei gegenüberliegende Punkte der Wicklung werden mit zwei Schleifringen, Fig. 448, verbunden, an die eine Drosselspule angeschlossen wird. Zwi-

[1]) ETZ 1894, S. 323.

schen den Schleifringen herrscht eine Wechselspannung von dem Effektivwert $\frac{P}{\sqrt{2}}$, weshalb nur ein vernachlässigbar kleiner Magnetisierungsstrom zwischen den Schleifringen durch die Drosselspule fließt. Der Mittelpunkt E der Drosselspule muß stets ein Potential besitzen, das ein Mittelwert der Potentiale der Schleifringe in jedem Augenblick ist, und zwar ist dieses Potential bei unbelasteter Maschine stets gleich dem Mittelwert der beiden Potentiale der Bürsten. Dieser Mittelpunkt der Drosselspule kann deshalb an den Mittelleiter angeschlossen werden.

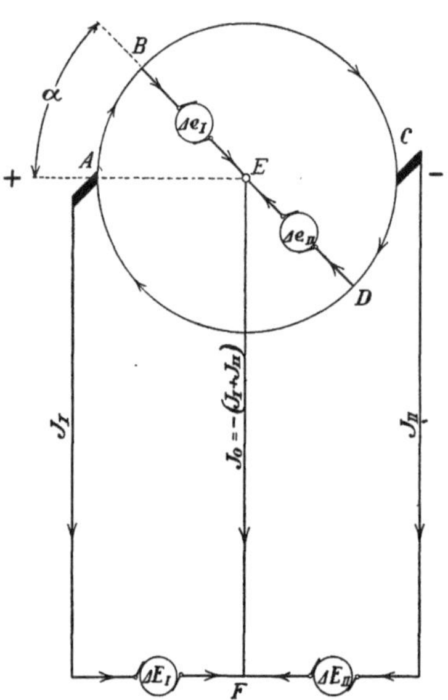

Fig. 449. Schematische Schaltung der Dreileitermaschine Fig. 448.

Wir wollen nun untersuchen, wie sich die Maschine bei Belastung, und zwar bei ungleich belasteten Netzhälften, verhält. Es interessieren uns hierbei hauptsächlich die Spannungsabfälle am Speisepunkt, und wir stellen deshalb die Aufgabe am besten so, daß wir fragen: Welche Spannungen müßten wir bei laufender, kurzgeschlossener und unerregter Maschine im Speisepunkt zwischen je einem Außenleiter und dem Mittelleiter einschalten, um beliebige Ströme durch die beiden Netzhälften zu treiben?

Die Fig. 449 gibt die Schaltung schematisch an. Die Drosselspule ist hier als mit der Ankerwicklung mitlaufend dargestellt. Die vollkommen willkürlich gewählten positiven Richtungen sind mit Pfeilen angegeben, und besagen, daß ein Strom positiv ist, wenn er in der Pfeilrichtung; negativ, wenn er gegen die Pfeilrichtung fließt.

Wie verteilt sich nun der in dem Mittelleiter fließende Strom $J_0 = -(J_I + J_{II})$ auf die beiden Hälften der Drosselspule? Es sei $J_I > J_{II}$, und der Mittelleiterstrom fließt also in der Richtung $A - F - E - A$. Wenn wir nur die Ohmschen Widerstände zu überwinden hätten, so würde der Mittelleiterstrom hauptsächlich über die Hälfte $E - B$, wenn Punkt B, dagegen hauptsächlich über die Hälfte $E - D$, wenn Punkt D sich in der Nähe von A befindet. In dem einen Fall würde die Drosselspule in der einen, in dem anderen Falle in der entgegengesetzten Richtung magnetisiert werden. Diesen schnellen Änderungen wird sich aber der Kraftfluß der Drosselspule energisch widersetzen. In der Tat teilt sich der Mittelleiterstrom in zwei stets gleiche Teile, welche durch die beiden Hälften der Drosselspule fließen, während in den beiden Hälften zwei Spannungen Δe_I und Δe_{II} induziert werden, die diese Teilung aufrecht erhalten. Freilich muß der Kraftfluß der Drosselspule und damit auch die Verteilung des Stromes sich etwas ändern, damit diese Spannungen induziert werden, diese Änderungen der Stromverteilung sind jedoch so klein, daß sie vollkommen vernachlässigt werden können.

Wir wissen zunächst nicht, wie die Ströme sich in dem einzelnen Abschnitte der Ankerwicklung verteilen. Man findet aber leicht, daß die Ströme sich dort so verteilen, als ob kein Mittelleiterstrom vorhanden wäre und ein Strom $\xi \frac{J_I + J_{II}}{2}$, der in der Ankerwicklung kreist, sich dieser Stromverteilung überlagern würde. Den Wert von ξ finden wir, indem wir die Summe der Spannungsabfälle: $(A \rightarrow B) + (B \rightarrow C) + (C \rightarrow D) + (D \rightarrow A) = 0$ setzen, zu $\xi = \frac{\alpha}{\pi} - \frac{1}{2}$. Wir finden nun die Stromverteilungen in allen Zweigen und können die Spannungsabfälle leicht ermitteln indem wir in den geschlossenen Stromkreisen *FEBAF* und *FEDCF* die Summe der Spannungsabfälle gleich der Summe der induzierten EMKe setzen und beachten, daß $\Delta e_I + \Delta e_{II} = 0$ infolge der magnetischen Verkettung sein muß[1]).

Es wird die Spannung

$$E - A = \frac{J_I + J_{II}}{2} R d + \frac{R_a}{2} \left[\frac{J_I - J_{II}}{2} + \frac{\alpha}{\pi} 2 (J_I + J_{II}) - \left(\frac{\alpha}{\pi}\right)^2 \cdot 2 (J_I + J_{II}) \right] \text{Volt.} \qquad (227)$$

Der Mittelwert hiervon ist

$$(E - A)_{\text{mitt}} = \frac{J_I + J_{II}}{2} R_d + \left(\frac{5}{6} J_I - \frac{1}{6} J_{II}\right) \text{Volt} \qquad (228)$$

und

$$(E - C)_{\text{mitt}} = \frac{J_I + J_{II}}{2} R_d + \left(\frac{5}{6} J_{II} - \frac{1}{6} J_I\right) \text{Volt.} \qquad (229)$$

---

[1]) Die Spannungen Δe_I und Δe_{II} sind sehr kleine Spannungen, die der großen Spannungskurve der Drosselspule $P \cdot \sin \alpha$ überlagert sind.

Die mittleren Spannungsabfälle im Speisepunkt werden

$$\Delta E_I = J_{\text{mitt}} \cdot \frac{100\, R_s + m\left(x\, R_s + \frac{R_d}{2}\right) + \left(100 - \frac{m}{6}\right)\frac{R_a}{2}}{100 - \frac{m}{2}} \text{ Volt.} \qquad (230)$$

$$\Delta E_{II} = J_{\text{mitt}} \cdot \frac{(100 - m) R_s - m\left(x R_s + \frac{R_d}{2}\right) + \left(100 - \frac{5}{6} m\right)\frac{R_a}{2}}{100 - \frac{m}{2}} \text{ Volt} \qquad (231)$$

und der Unterschied der Spannungen der beiden Netzhälften

$$\Delta E_I - \Delta E_{II} = J_{\text{mitt}} \cdot \frac{m}{100 - \frac{m}{2}} \cdot \left[R_s + 2\left(x R_s + \frac{R_d}{2}\right) + \frac{R_a}{3}\right] \text{ Volt.} \qquad (232)$$

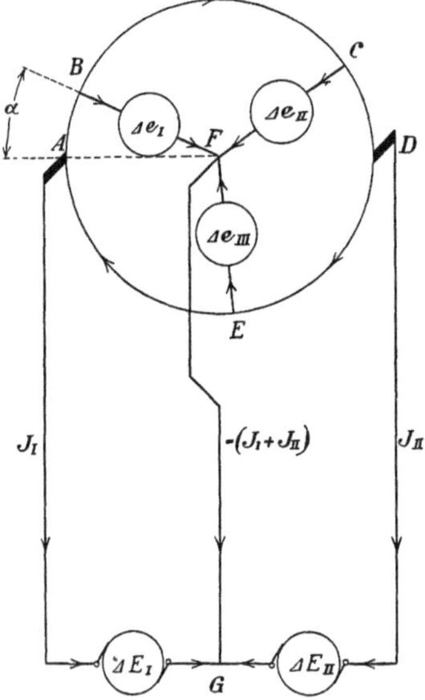

Fig. 450. Schematische Schaltung einer Dreileitermaschine mit dreiphasiger Drosselspule.

Man kann auch drei in gleichen Abständen von einander liegende Punkte der Ankerwicklung mit je einem Schleifring verbinden. An die Schleifringe wird dann eine dreiphasige, in Stern geschaltete Drosselspule angeschlossen und der Mittelleiter mit dem Sternpunkt verbunden. Diese Schaltung wird besonders bei Einankerumformern verwendet, wobei der Mittelleiter an den Sternpunkt der Sekundärwicklung des Dreiphasentransformators angeschlossen wird.

In der Fig. 450 ist die Schaltung schematisch gezeichnet.

Die Spannungsabfälle in der Maschine werden:

$$F - A = \frac{J_I + J_{II}}{3} R_d + \left[\frac{4}{27}(2\, J_I - J_{II}) + \frac{1}{3}\left(\frac{\alpha}{\pi}\right)(2\, J_I + J_{II}) - \left(\frac{\alpha}{\pi}\right)^2 (J_I + J_{II})\right] R_a \text{ Volt} \qquad (233)$$

$$F - D = \frac{J_I + J_{II}}{3} R_d + \left[-\frac{4}{27} J_I + \frac{11}{27} J_{II} + \frac{1}{3}\left(\frac{\alpha}{\pi}\right) J_I - \left(\frac{\alpha}{\pi}\right)^2 \cdot (J_I + J_{II})\right] R_a \text{ Volt} \qquad (234)$$

und die Mittelwerte davon

$$(F-A)_{\text{mittel}} = \frac{J_I + J_{II}}{3} R_d + \left[\frac{10}{27} J_I - \frac{3,5}{27} J_{II}\right] R_a \text{ Volt} \quad (235)$$

$$(F-D)_{\text{mittel}} = \frac{J_I + J_{II}}{3} R_d + \left[\frac{10}{27} J_{II} - \frac{3,5}{27} J_I\right] R_a \text{ Volt.} \quad (236)$$

Hieraus bekommen wir die Spannungsabfälle im Speisepunkt:

$$\Delta E_I = J_{\text{mitt}} \cdot \frac{100\, R_s + m\left(x R_s + \frac{R_d}{3}\right) + \frac{1350 - 3,5\, m}{27} R_a}{100 - \frac{m}{2}} \text{ Volt} \quad (237)$$

$$\Delta E_{II} = J_{\text{mitt}} \cdot \frac{(100 - m) R_s - m\left(x R_s + \frac{R_d}{3}\right) + \frac{1350 - 10 m}{27} R_a}{100 - \frac{m}{2}} \text{ Volt} \quad (238)$$

und den Unterschied der Spannungen der beiden Netzhälften:

$$\Delta E_I - \Delta E_{II} = J_{\text{mitt}} \cdot \frac{m}{100 - \frac{m}{2}} \left[R_s + 2\left(x R_s + \frac{R_d}{3}\right) + \frac{6,5}{27} R_a\right] \text{ Volt.} \quad (239)$$

Wenn wir bei zwei- und dreiphasiger Drosselspule dieselbe Gesamtkupfermenge in der ganzen Drosselspule und dieselbe Windungszahl je Schenkel verwenden, so wird der durch die Widerstände der Speiseleitung und der Drosselspule hervorgerufene Unterschied der Spannungen der beiden Netzhälften in beiden Fällen gleich, der durch den Ankerwiderstand hervorgerufene Unterschied dagegen $\frac{\frac{1}{3} - \frac{6,5}{27}}{\frac{1}{3}} \cdot 100 = 27,7\,^0\!/_0$ kleiner bei dreiphasiger als bei zweiphasiger Drosselspule. Es ist deshalb theoretisch besser eine dreiphasige als eine zweiphasige Drosselspule zu verwenden.

2. Spannungsteilung mit unabhängiger Spannungsregelung der beiden Netzhälften.

Bei den unter 1. beschriebenen Verfahren zur Spannungsteilung können wir wohl durch Erhöhung der Erregung den Gesamtspannungsabfall zwischen den Außenleitern decken und also die Außenleiterspannung im Speisepunkt konstant halten, dagegen müssen wir, sowie die beiden Netzhälften ungleich belastet sind, stets mit einem Unterschied der beiden Teilspannungen rechnen. Dieser Unterschied kann unter Umständen so groß werden, daß es zweckmäßig erscheint, eins der folgenden Mittel zur Regelung der Spannung jeder Netzhälfte für sich zu verwenden.

α) Mit Hauptschlußmaschine. Bei dieser Anordnung wird, wie Fig. 451 zeigt, eine von einem Nebenschlußmotor mit konstanter Drehzahl angetriebene Hauptschlußmaschine in den Mittelleiter eingeschaltet. Solange die Maschine auf dem geradlinigen Teil der Magnetisierungskurve arbeitet, erzeugt sie eine Spannung, die dem Strom in dem Mittelleiter proportional ist. Dieser Strom, wie auch der auszugleichende Spannungsunterschied der beiden Netzhälften, ist proportional $J_{\text{mitt}} \cdot \frac{m}{100 - \frac{m}{2}}$, weshalb der Generator einen vollkommen selbsttätigen Ausgleich bewirkt, unabhängig von der Größe und Richtung von J_0. Der Generator ist so zu bemessen, daß in ihm die Spannung $\frac{\varDelta E_I - \varDelta E_{II}}{2}$ induziert wird, weil diese Spannung sich zur Spannung der einen Netzhälfte addiert von der Spannung der anderen subtrahiert. Die vom Generator erzeugte Spannung kann durch Erhöhung der Drehzahl erhöht, durch Parallelschalten von Widerstand zur Magnetwicklung erniedrigt werden.

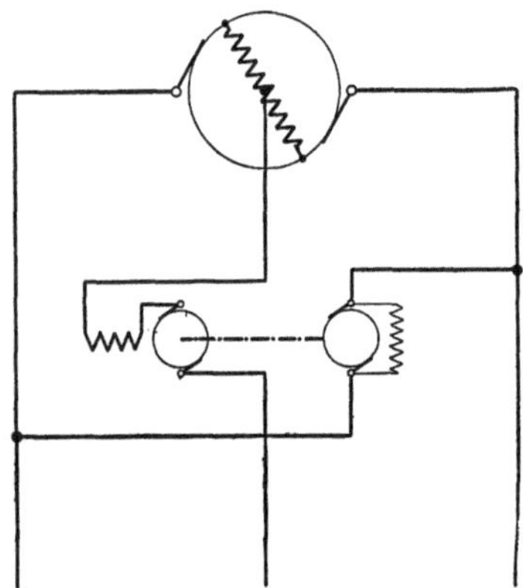

Fig. 451. Hauptschlußmaschine im Mittelleiter.

Wenn einige Speiseleitungen erheblich länger sind als die anderen, schaltet man in die Außenleiter dieser langen Speiseleitungen bzw. ihren gemeinsamen Anschlußleitungen je eine solche Hauptschlußmaschine (Booster) ein. Man kann dann ohne allzu große Querschnitte bei diesen Speiseleitungen auskommen; denn der Spannungsabfall in den langen Speiseleitungen wird durch die Hauptschlußmaschinen, der in den kürzer auftretenden selbsttätig ausgeglichen.

β) Mit Ausgleichmaschinen. Am häufigsten werden sogenannte Ausgleichmaschinen verwendet. Sie bestehen aus zwei gewöhnlichen Nebenschlußmaschinen, von denen die eine zwischen den positiven Außenleiter und den Nulleiter, die andere zwischen den negativen Außenleiter und den Nulleiter geschaltet ist. Die Erregung der Maschine in der schwächer belasteten Netzhälfte wird geschwächt, so daß diese Maschine als Motor läuft, während die Erregung der anderen Maschine entsprechend verstärkt wird, so daß diese Maschine als Generator läuft und die Spannung der stärker belasteten Netzhälfte, entsprechend dem dort höheren Spannungsabfall, erhöht.

Zwischen die Außenleiter wird der Hauptgenerator geschaltet. Man hat zwar bei diesem Verfahren drei Maschinen statt nur zwei, wenn man zwei gleich große in Reihe geschaltete Generatoren verwenden würde, man erzielt aber doch hierdurch einen bedeutend besseren Gesamtwirkungsgrad, weil die Ausgleichsmaschinen nur für etwas mehr als die halbe Stromstärke im Mittelleiter oder für höchstens etwa $10^0/_0$ der Stromstärke also etwa je $5^0/_0$ der Leistung des Hauptgenerators bemessen werden müssen.

Die Erregungen der beiden Ausgleichmaschinen können von Hand verändert werden. Es ist aber zweckmäßiger, die Anordnung so zu treffen, daß diese Veränderungen mehr oder weniger selbsttätig erfolgen. Eine solche Anordnung ist in der Fig. 452 gezeigt, wo die Maschine I von der Netzhälfte II erregt wird und umgekehrt. Die Erregung der Maschine des stark belasteten Zweiges mit niedrigerer Spannung wird dann, da sie an der höheren Spannung des schwach belasteten Zweiges liegt, vergrößert, während die andere entsprechend verkleinert wird. Der hierdurch erzielte selbsttätige Ausgleich ist sehr unvollständig, selbst wenn man nur einen Ausgleich der Spannungen in der Zentrale beabsichtigen würde; denn die Verschiedenheit der Erregerströme setzt schon eine Verschiedenheit der Spannungen der beiden Netzhälften in der Zentrale voraus. Der durch die Widerstände der Speiseleitungen hervorgerufene Spannungsunterschied wird bei dieser Schaltung natürlich gar nicht ausgeglichen.

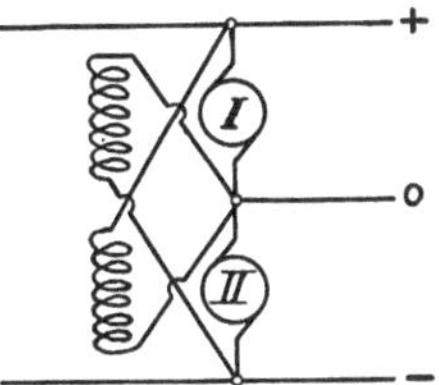

Fig. 452. Kreuzweise Erregung von Ausgleichmaschinen.

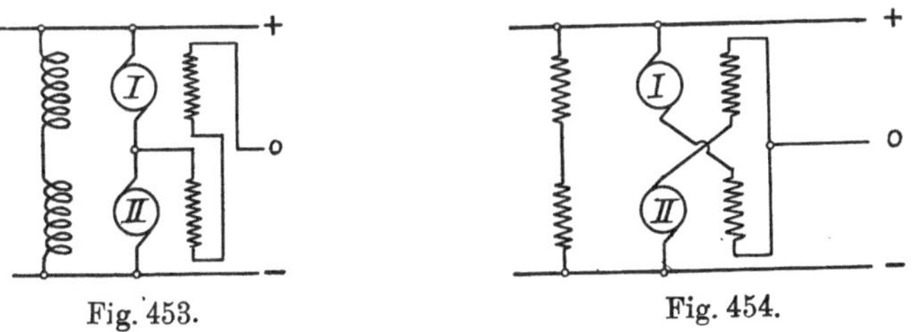

Fig. 453. Fig. 454.

Fig. 453 und 454. Kompoundierung der Ausgleichsmaschinen.

Einen vollständigen Ausgleich des Spannungsunterschiedes, auch im Speisepunkt, kann durch Kompoundierung der Maschinen nach den in den Fig. 453 und 454 gezeigten Schaltungen erzielt werden. Der Mittelleiterstrom wird so um die Magnete geführt, daß er die

Erregung der Maschine in der schwächer belasteten Netzhälfte schwächt und die Erregung der anderen Maschine verstärkt. Kehrt der Strom im Mittelleiter um, so wird die schwächende bzw. verstärkende Wirkung desselben auf die Erregung der Maschinen vertauscht, was gerade zum Zwecke des jetzt in der anderen Richtung zu geschehenden Spannungsausgleiches erwünscht ist.

Auf die Beschreibung der Dreileitermaschinen von Ossanna und von Dettmar wollen wir hier nicht näher eingehen, weil sie in der Praxis nicht von Bedeutung geworden sind. Die Beschreibung der erstgenannten ist in Z. f. E. 1899, S. 349, die der anderen in ETZ 1897, S. 55 und 230 zu finden.

c) Unsymmetrische Dreileitersysteme.

Wir haben oben von dem Dreileitersystem als aus drei Leitungen mit zwei gleich großen Spannungen zwischen je einem Außen- und dem Mittelleiter bestehend gesprochen, und zwar weil man allgemein unter dem Namen Dreileitersystem ein so eingerichtetes Leitungsnetz versteht.

Es liegt aber nichts im Wege, die Teilspannungen ungleich zu machen. Solche unsymmetrische Dreileitersysteme werden auch in einigen Fällen verwendet, wo man z. B. drei verschiedene Drehzahlen bei Motoren durch Anschluß des Ankers an drei verschiedene Spannungen erhalten will.

Wenn wir die kleine Teilspannung mit E_k, die größere mit E_g bezeichnen, so können wir die drei Spannungen E_k, E_g und $E_k + E_g$ bekommen. Wenn wir die Spannungen nach einer arithmetischen Reihe stufen wollen, so muß

$$E_g = E_k + e \quad \text{und} \quad E_k + E_g = E_k + 2\,e \qquad (240)$$

sein.

Hieraus bekommen wir $e = E_k$ und die drei Spannungen werden:

$$\boldsymbol{E_k},\ 2\,\boldsymbol{E_k} \quad \text{und} \quad 3\,\boldsymbol{E_k}.$$

Wünschen wir dagegen eine prozentual gleiche Erhöhung der Spannung von Stufe zu Stufe, so muß

$$E_g = \alpha\,E_k \quad \text{und} \quad E_k + E_g = \alpha^2\,E_k \qquad (241)$$

sein.

Hieraus bekommen wir $\alpha = 1{,}618$ und die drei Spannungen werden dann:

$$\boldsymbol{E_k},\ 1{,}618\,\boldsymbol{E_k} \quad \text{und} \quad 2{,}618\,\boldsymbol{E_k}.$$

Zur Erzeugung der Spannungen können wir entweder zwei Maschinen zwischen je einem Außenleiter und dem Mittelleiter oder eine größere Maschine zwischen den Außenleitern und einen kleineren Ausgleichsatz zwischen den Außenleitern und dem Mittelleiter verwenden.

87. Mehrleitersysteme.

In einigen selten vorkommenden Fällen verwendet man das Vierleitersystem mit den drei Teilspannungen E_k (kleinste), E_m (mittlere) und E_g (größte). Diese drei Teilspannungen können in drei verschiedenen Reihenfolgen angeordnet werden. Bei jeder Reihenfolge können wir bei passender Wahl der Teilspannungen sechs verschiedene, der Reihe nach ansteigende Spannungen abnehmen, und zwar sind hierbei in jedem Falle zwei Wege gangbar. In der folgenden Tabelle sind die möglichen Spannungen in steigender Reihenfolge gerechnet.

Ordnungsfolge der Teilspannungen	E_k, E_m, E_g		E_k, E_g, E_m		E_m, E_k, E_g	
Schaltung Nr.	1	2	3	4	5	6
Die möglichen abzunehmen den Spannungen nach steigender Reihenfolge geordnet	E_k	E_k	E_k	E_k	E_k	E_k
	E_m	E_m	E_m	E_m	E_m	E_m
	E_g	E_k+E_m	E_g	E_k+E_g	E_g	E_k+E_m
	E_k+E_m	E_g	E_k+E_g	E_g	E_k+E_m	E_g
	E_m+E_g	E_m+E_g	E_m+E_g	E_m+E_g	E_k+E_g	E_k+E_g
	$E_k+E_m+E_g$	$E_k+E_m+E_g$	$E_k+E_m+E_g$	$E_k+E_m+E_g$	$E_k+E_m+E_g$	$E_k+E_m+E_g$

Bei allen diesen Schaltungen können die Teilspannungen so gewählt werden, daß die eine Forderung erfüllt wird, daß die Spannung von Stufe zu Stufe steigt. Wenn wir aber die weitere Forderung aufstellen, daß die Spannungssprünge immer denselben Wert haben sollen, so finden wir, daß nur die Schaltung Nr. 3 möglich ist und daß bei dieser Schaltung nur eine einzige Lösung vorhanden ist, nämlich

Teilspannung	E_k,	E_m,	E_g,	E_k+E_g,	E_m+E_g,	$E_k+E_m+E_g$
Abgenommene Spannung	E_k,	$2\,E_k$,	$3\,E_k$,	$4\,E_k$,	$5\,E_k$,	$6\,E_k$

und zwar sind die Spannungssprünge hierbei, wie ersichtlich, gleich E_k.

Wenn wir statt dessen die Forderung aufstellen, daß die Spannungssprünge prozentual gleich groß sein sollen, so ist wiederum nur eine einzige Lösung möglich, und zwar diesmal nach der Schaltung Nr. 1, nämlich

Teilspannnung	E_k,	E_m,	E_g	$E_k + E_m$
Abgenommene Spannung	$\boldsymbol{E_k}$,	**1,325** $\boldsymbol{E_k}$,	**1,755** $\boldsymbol{E_k}$	**2,325** $\boldsymbol{E_k}$
Teilspannung		$E_m + E_g$	$E_k + E_m + E_g$	
Abgenommene Spannung		**3,080** $\boldsymbol{E_k}$,	**4,080** $\boldsymbol{E_k}$.	

Hier wird die Spannung, wie wir sehen, von Stufe zu Stufe stets um 32,5 $^0/_0$ erhöht.

Die Wahl der Spannungen ist also sehr beschränkt.

Eine weitere Erhöhung der Zahl der Leitungen ist nicht empfehlenswert, weil die ganze Anlage dadurch außerordentlich verwickelt und kostspielig wird.

Einige Anlagen mit fünf Leitungen und vier gleich großen Teilspannungen sind jedoch ausnahmsweise zur Ausführung gekommen. So wird in Wien und Manchester ein Verteilungsnetz mit 4 · 110 Volt und für die Beleuchtungsanlage der Wiener Stadtbahn ein Verteilungsnetz mit 4 · 220 Volt verwendet.

Häufiger verwendet man derartige Mehrleitersysteme für Papiermaschinen-Antriebe (s. S. 635).

Zweiundzwanzigstes Kapitel.

Generatoren für konstanten Strom.

88. Mit mechanischen Reglern. — 89. Mit besonderen Maschinen.

Generatoren für konstanten Strom wurden zuerst für Zugbeleuchtung geschaffen. Man wünschte hier in erster Linie eine konstante Spannung für die Lampen bei verschiedenen Zuggeschwindigkeiten zu erhalten. Es erwies sich jedoch nicht leicht, einen Generator zu bauen, der bei sehr verschiedenen Drehzahlen eine konstante Spannung lieferte[1]). Man konnte aber für diesen Zweck einen Generator sehr gut verwenden, der einen konstanten Strom lieferte, denn man ist sowieso gezwungen, eine Batterie zur Speisung der Lampen beim Stillstand des Zuges zu verwenden, und diese Batterie nimmt dann beim Ausschalten von Lampen den überschüssigen Strom auf. Allerdings muß hierbei der konstant zu haltende Strom von Zeit zu Zeit verändert werden zur Verhinderung unnützer Energieerzeugung und schädlicher Überladung der Batterie.

Bei Lichtbogenschweißung dagegen ist ein Generator für konstanten Strom sehr erwünscht, denn hier verändert sich der Widerstand des Stromkreises in sehr weiten Grenzen (während die Drehzahl des Generators annähernd konstant bleibt). Beim „Ziehen" des Lichtbogens muß hier die Schweißelektrode unmittelbar an das zu schweißende Arbeitsstück gelegt werden, wobei ein direkter Kurzschluß entsteht. Entnimmt man den Strom einem Generator für konstante Spannung, so muß man deshalb energievergeudende Widerstände vorschalten, um die Stromstärke zu begrenzen. Verwendet man dagegen einen Generator, der einen konstanten Strom liefert, so sind solche Vorschaltwiderstände nicht erforderlich.

Wir wollen nun zusehen, wie Stromquellen, welche konstanten Strom abgeben, hergestellt werden können.

---

[1]) Ein solcher Generator ist erst später durch das auf Seite 501 beschriebene Zugbeleuchtungssystem Grob geschaffen worden.

88. Mit mechanischen Reglern.

a) Thurys Verfahren.

Thury verwendet bei seinem Kraftübertragungssystem, das wir im nächsten Kapitel beschreiben wollen, mehrere in Reihe geschaltete Hauptschlußgeneratoren, die einen konstanten Strom abgeben sollen. Wenn die Generatoren von Dampf- oder Gasmaschinen mit abgestelltem Regler angetrieben werden, bleibt die jeder Kraftmaschine je Umdrehung zugeführte Energiemenge und also auch das von ihr erzeugte Drehmoment unter allen Umständen unverändert. Wenn nun die Verhältnisse im äußeren Stromkreis sich derart ändern, daß die Stromstärke z. B. sinken will, so sinkt auch das vom Strome auf den Anker des Generators ausgeübte Drehmoment. Die Kraftmaschine liefert dann einen Überschuß im Drehmoment, der den Maschinensatz beschleunigt. Mit der zunehmenden Geschwindigkeit steigt nun die Spannung und damit auch der von der Spannung durch den Stromkreis getriebene Strom, bis Gleichgewicht zwischen dem elektrischen und dem von der Kraftmaschine ausgeübten Drehmoment wieder hergestellt ist. Die Stromstärke hält sich also von selbst auf einem konstanten Wert, während die Drehzahl und damit einerseits die zugeführte Leistung, anderseits die Spannung und die abgegebene Leistung je nach dem Verbrauch im äußeren Stromkreis sich ändern. Eine Regelung der Stromstärke ist hier also eigentlich nicht erforderlich, es muß nur von Zeit zu Zeit eine kleine Veränderung der Füllung der Kraftmaschine von Hand gemacht werden, weil die durch Luftreibung und Wirbelströme hervorgerufenen Verlustdrehmomente sich etwa proportional der Drehzahl ändern.

Geschieht der Antrieb dagegen durch Dampf- oder Wasserturbinen, so muß ein Stromrelais in den Stromkreis eingebaut werden, welches mit Hilfe eines kleinen Motors die Dampf- bzw. Wasserzufuhr derart einstellt, daß die Stromstärke den erwünschten Wert beibehält.

Es sei noch bemerkt, daß die Einstellung der Stromstärke auf den richtigen Wert in beiden Fällen verhältnismäßig langsam vor sich geht, weil die recht beträchtliche lebendige Energie des Maschinensatzes (und unter Umständen auch die des Wassers) dabei geändert werden muß.

Wenn die Drehzahl der Kraftmaschine aus irgendeinem Grunde nicht geändert werden soll, so regelt Thury von Vollast bis $^2/_3$ Belastung durch Parallelschaltung von Widerstand zur Hauptschlußwicklung und von $^2/_3$ Belastung bis Leerlauf durch Verstellung der Bürsten. Durch beide Maßnahmen wird der induzierend wirkende Kraftfluß verändert.

b) Gills System für Zugbeleuchtung[1]).

Es wird hier ein von der Wagenachse mittels Riemens angetriebener Nebenschlußgenerator verwendet, der, wie Fig. 455 zeigt, schwingend aufgehängt ist. Wenn eine gewisse Mindestgeschwindigkeit erreicht ist, wird der Generator auf die Batterie und die davon gespeisten Lampen mittels eines Fliehkraftreglers geschaltet. Mit zunehmender Geschwindigkeit wächst jetzt die Stromstärke des Generators und damit auch das für seinen Antrieb erforderliche Drehmoment und die Riemenspannung. Hat die Riemenspannung einen gewissen, durch das Gewicht und die Aufhängung des Generators bedingten Betrag erreicht, so fängt der Riemen an zu schlüpfen und die Stromstärke steigt bei weiterer Erhöhung der Zuggeschwindigkeit nicht mehr an. Weil jedoch die Riemenspannung von jetzt ab konstant bleibt, steigt die von der Wagenachse entnommene Leistung nun proportional der Zuggeschwindigkeit weiter und die überschüssige Leistung wird durch Reibung an der Riemenscheibe des Generators in Wärme umgesetzt. Besonders wirtschaftlich ist also dieses System nicht. Es ist zu bemerken, daß diese Energievergeudung schon einsetzt, wenn die Zuggeschwindigkeit den oben erwähnten Mindestbetrag unbedeutend überschritten hat.

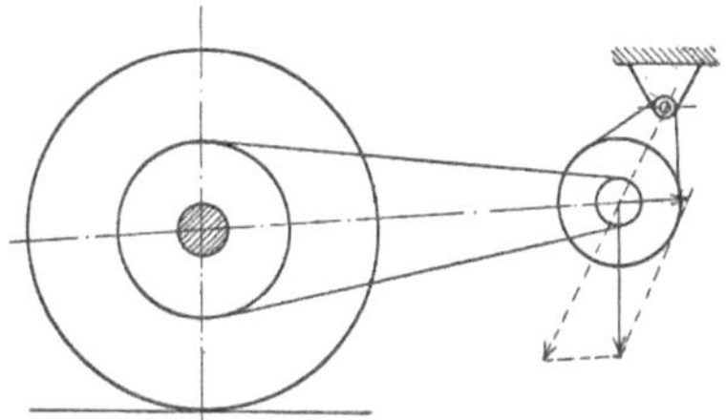

Fig. 455. Aufhängung eines Gills Generators für Zugbeleuchtung.

c) Mit Schnellregler.

Jeder Regler kann dazu benutzt werden, die Stromstärke eines Generators konstant zu halten, wenn das Spannungsrelais durch ein in die Hauptstromleitung eingebautes Stromrelais ersetzt wird. Ganz besonders eignen sich hierfür die oben beschriebenen Schnellregler. Weiter unten werden wir Gelegenheit finden, die Verwendung von Schnellreglern für solche Zwecke zu besprechen.

89. Mit besonderen Maschinen.

a) E. Rosenbergs Querfeldgenerator[2]).

Dieser Generator, der seiner Wirkungsweise nach Querfeldgenerator genannt wird, ist in der Fig. 456 schematisch dargestellt.

Die Magnete sind mit einer schwachen, von einer Batterie aus

---

[1]) Ausgeführt von J. Stone & Co., London.

[2]) ETZ 1905, S. 393, 525 und 637; 1906, S. 1035. — Z. f. E. 1905, S. 271. — Z. d. V. d. I. 1909, S. 129.

erregten Magnetwicklung F versehen. Die Querschnitte des Joches und der Magnetschenkel sind klein gehalten, dagegen sind die Polschuhe mit ungewöhnlich großem Querschnitt ausgeführt. In der neutralen Zone dieses Hauptkraftflusses stehen die Bürsten bb, die miteinander widerstandslos verbunden sind. Sobald durch die Verbindung dieser Bürsten ein Strom fließt, entsteht ein Kraftfluß, dessen Achse in der Richtung bb liegt. Wir wollen dieses Feld als Querfeld bezeichnen, denn es ist dem in jeder gewöhnlichen Maschine von dem Ankerstrom erzeugten Querfelde gleich. Hier ist jedoch einerseits durch den Kurzschluß der Bürsten bb und anderseits durch die Form der Polschuhe dafür gesorgt, daß eine schwache Felderregung zur Erzeugung eines starken Querfeldes ausreicht. In der neutralen Zone dieses Querfeldes stehen die Bürsten BB, welchen der Nutzstrom entnommen wird.

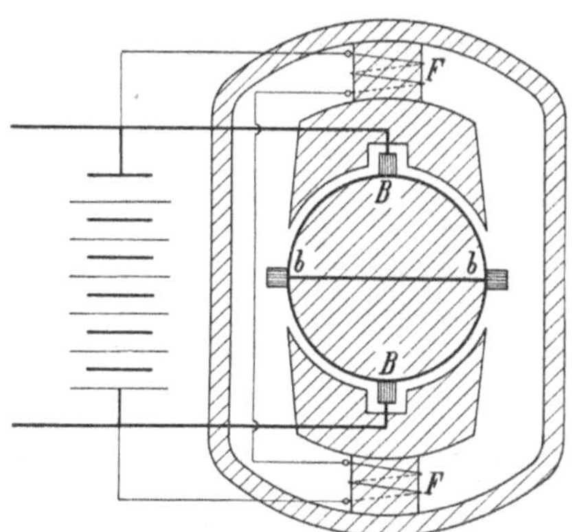

Fig. 456. Querfeldgenerator von Rosenberg.

Die Wirkungsweise der Maschine ist folgende: Der Anker möge bei einer bestimmten Drehzahl einen bestimmten Nutzstrom über die Bürsten BB an den äußeren Stromkreis liefern. Dieser Strom erzeugt ein magnetisches Feld in Richtung der Achse BB. Dieses Feld ist so gerichtet, daß es dem von den Amperewindungen der Wicklung F erzeugten Felde entgegenwirkt. Das resultierende Feld, das durch den Überschuß der AW der Spule F über die Ankeramperewindungen hervorgerufen wird, erzeugt bei der Drehung des Ankers eine EMK zwischen den Bürsten bb. Diese EMK ist auf den Ankerwiderstand kurzgeschlossen und erzeugt somit im Anker einen Strom, der das Querfeld hervorruft. Durch die Drehung des Ankers in diesem Querfelde wird schließlich zwischen den Bürsten BB eine bestimmte EMK induziert. Der Nutzstrom kann niemals so groß werden, daß das Ankerfeld in der Richtung der Bürsten BB das von den Nebenschlußwindungen F erzeugte Feld vollkommen aufhebt; denn in diesem Falle würde zwischen den Bürsten bb keine EMK mehr induziert werden und es könnte kein Querfeld zustande kommen. Der Nutzstrom kann somit, wie groß auch die Drehzahl oder wie klein auch der äußere Widerstand wird, niemals einen bestimmten durch die Nebenschlußerregung bedingten Betrag überschreiten.

Wie der Strom sich mit der Drehzahl und dem äußeren Widerstand ändert, ist leicht zu verfolgen, wenn wir den Einfluß des Ankerwiderstandes und der Sättigung des Eisens vernachlässigen. Ist Φ der resultierende Fluß in der Achse BB, so wird zwischen den Bürsten bb eine EMK proportional $\Phi \cdot n$ induziert. Da diese EMK auf die Ankerwicklung kurzgeschlossen ist, ist auch das Querfeld proportional $\Phi \cdot n$ und die zwischen den Bürsten BB induzierte EMK, $E = J \cdot R$, proportional $\Phi \cdot n^2$. Bezeichnen wir die Nebenschlußamperewindungen mit AW_n und die Amperewindungen des Ankers mit Jw_a, so ist Φ proportional $AW_n - Jw_a$ und wir erhalten somit:

$$J \cdot R = C(AW_n - J \cdot w_a)n^2 \tag{242}$$

oder

$$J = \frac{AW_n}{w_a + \frac{R}{Cn^2}}, \tag{242b}$$

worin C eine Konstante bedeutet.

Aus dieser Gleichung ist ersichtlich, daß, wie wir schon früher fanden, der Strom einen bestimmten Maximalwert nicht überschreiten kann. Für $n = \infty$ bzw. für $R = 0$ wird

$$J = \frac{AW_n}{w_a} \quad \text{oder} \quad Jw_a = AW_n, \tag{243}$$

d. h. die Amperewindungen des Ankers müssen stets etwas kleiner als die Amperewindungen der Nebenschlußspule sein.

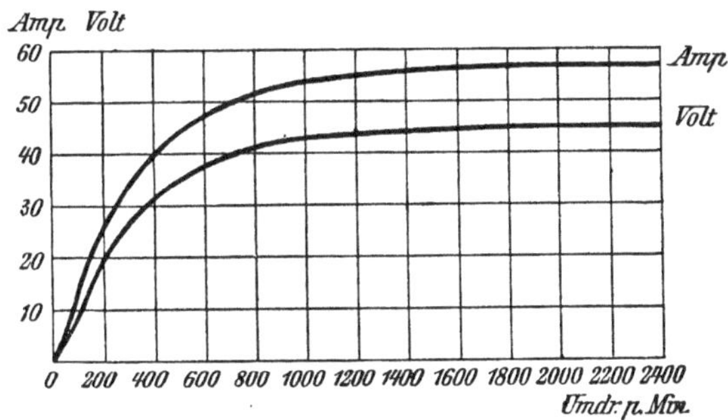

Fig. 457. Versuchskurven eines Querfeldgenerators für Zugbeleuchtung.

In Fig. 457 sind die Versuchskurven eines Querfeldgenerators für Zugbeleuchtung aufgezeichnet. Die Kurven wurden bei konstantem äußeren Widerstande aufgenommen, während die Maschine von einer Batterie erregt wurde. Zwischen 800 und 2300 Umdr./Min., entsprechend einer Fahrgeschwindigkeit von 35 und 100 km/Std., ändern sich Spannung und Stromstärke nur um etwa 12%.

In Fig. 458 ist die Stromstärke in Abhängigkeit von der Drehzahl für verschiedene Erregungen beim Parallelarbeiten mit einer Batterie aufgetragen. Wir sehen, daß innerhalb des Arbeitsbereiches dieser Kurven einer bestimmten Erregung eine bestimmte und konstante Arbeitsstromstärke entspricht. Bei den Drehzahlen, bei welchen die verschiedenen Kurven die Abszissenachse schneiden, erreicht die Maschine die Spannung der Batterie und beginnt, an der Stromlieferung teilzunehmen.

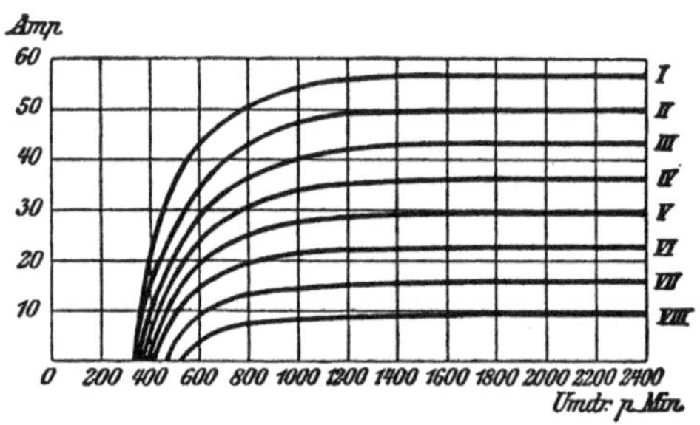

Fig. 458. Parallelarbeiten eines Querfeldgenerators mit einer Batterie.

Die Maschine wird auch für Selbsterregung gebaut. Die Erregerwicklung wird dann in den Hauptstromkreis in Reihe mit den Bürsten BB geschaltet.

Diese Ausführung der Maschine eignet sich für Lichtbogenschweißung und dergleichen, weil keine fremde Stromquelle für die Erregung vorhanden sein muß.

Die Größe des Stromes kann durch Veränderung der Drehzahl oder durch Parallelschalten von Widerstand zur Erregerwicklung beliebig verändert werden.

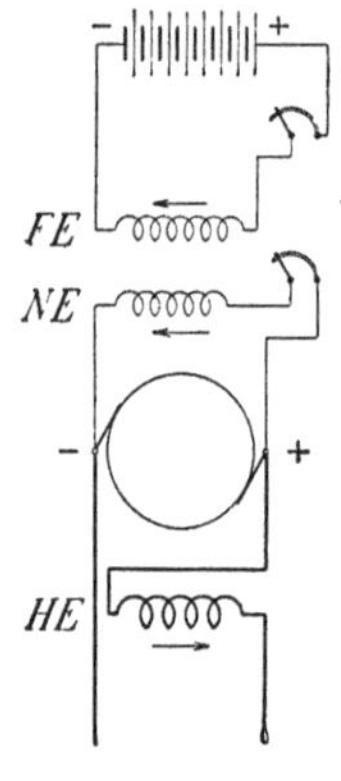

Fig. 459.

b) Krämers Maschine für konstanten Strom[1]).

Diese von der AEG ausgeführte Maschine wird, wie das Schaltschema Fig. 459 zeigt, von drei verschiedenen Wicklungen erregt, nämlich von einer fremderregten, einer Gegenkompound- und einer eigenerregten Wicklung. Außer diesen drei Wicklungen, die sich auf den Hauptpolen befinden, wird die Maschine mit Wendepolen zur Sicherung des funkenfreien Ganges ausgerüstet.

Die Wirkungsweise und die Eigenschaften der Maschine können wir leicht an Hand der in Fig. 460 dargestellten Kurven überblicken. Die Linie c stellt die Spannung in Abhängigkeit von der Summe der Amperewindungen dar. Diese Gesamtamperewindungen werden hervorgerufen durch das Zusammenwirken der drei Erregerwicklungen.

Bei gleichbleibendem Widerstand der von der Maschine selbst gespeisten Nebenschlußwicklung ist die von dieser Wicklung erzeugte Amperewindungszahl der Ankerspannung unmittelbar proportional. Sie kann durch die gerade Linie e dargestellt werden. Diese Linie

[1]) Druckschrift der AEG, Februar 1914.

geht stets durch den Anfangspunkt, während ihre Neigung durch den jeweiligen Widerstand der Wicklung bestimmt ist. In diesem Falle ist der Widerstand so gewählt, daß die Linie *e* mit dem geraden Teil der Magnetisierungskurve *c* zusammenfällt. Die erforderlichen Amperewindungen werden also bis etwa 90 Volt von dieser Wicklung allein geliefert. Wenn nur diese Wicklung vorhanden wäre, so würde die Maschine sich von 0 bis 90 Volt völlig labil verhalten, da in diesen Grenzen für jede beliebige Spannung gerade die zugehörige Erregung vorhanden wäre. Über den Wert 90 Volt hinaus würde die Spannung unter dem ausschließlichen Einfluß dieser Wicklung nicht ansteigen können, weil für jede höhere Spannung mehr Amperewindungen erforderlich sind, als die Spannung erzeugen kann.

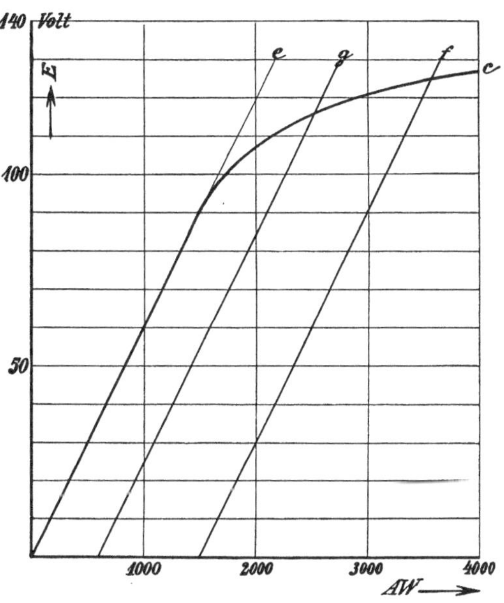

Fig. 460. Arbeitskurven des Krämerschen Generators.

Fügt man nun zu dieser Eigenerregung noch eine konstante Fremderregung von z. B. 1500 Amperewindungen, so erhält man als Summe von Fremd- und Eigenerregung eine Amperewindungszahl, die sich durch die gerade Linie *f* darstellen läßt.

Unter dem Einfluß dieser beiden Erregungen wird die Ankerspannung bis zum Schnittpunkt der Linie *f* mit *c*, also bis etwa 125 Volt ansteigen, weil für jeden niedrigeren Punkt weniger Amperewindungen erforderlich wären, als tatsächlich vorhanden sind. Das gilt für die unbelastete Maschine.

Wenn wir jetzt die Maschine belasten, indem wir einen gewissen Widerstand zwischen die Klemmen einschalten, so entsteht ein Strom, der die Gegenkompoundwicklung durchfließt. Die resultierenden Amperewindungen können nun durch die gerade, mit *f* parallele Linie *g* dargestellt werden, und zwar ist der horizontale Abstand zwischen den Linien *f* und *g* den Amperewindungen der Gegenkompoundwicklung und der Ankerrückwirkung gleich. Der Schnittpunkt zwischen *g* und *c* gibt die jeweilige Spannung an. Die Linie *g* wird sich also nach links verschieben, indem die Stromstärke proportional dem Abstande von f ansteigt und die Spannung abfällt, bis das Verhältnis zwischen Spannung und Strom gleich dem äußeren Widerstand geworden ist. Bei Verkleinerung des äußeren Widerstandes rückt die Linie g weiter nach links, während die Stromstärke steigt und die Spannung abfällt, bis die Linie g mit e zusammenfällt. Von jetzt ab kann die Stromstärke nicht mehr ansteigen, denn bei weiterem Anstieg der Stromstärke würde die Summe der Amperewindungen nicht mehr die erforderliche Spannung erzeugen können.

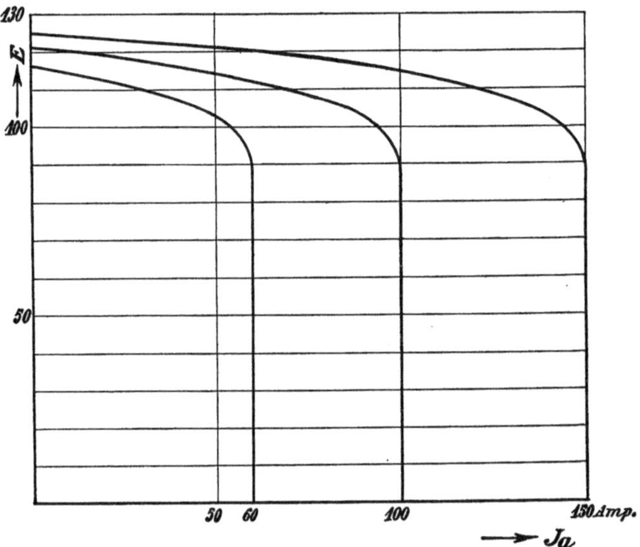

Fig. 461. Äußere Charakteristiken des Krämerschen Generators.

Wenn die Gegenkompoundwicklung und die Ankerrückwirkung z. B. 10 Windungen ausmachen, so steigt also die Stromstärke bis 150 Ampere bei 90 Volt. Der äußere Widerstand beträgt dabei 0,6 Ohm. Bei weiterer Verkleinerung dieses Widerstandes bis zum vollständigen Kurzschluß bleibt die Stromstärke vollkommen unverändert bei 150 Ampere und die Spannung stellt sich von selbst proportional dem Widerstande ein.

Wir sehen also, daß der Strom von dem Wert der Fremderregung abhängig ist. Verstärken wir die Fremderregung, so wächst der Strom, bis die von ihm erzeugten Amperewindungen wieder entgegengesetzt gleich denjenigen der Fremderregung sind; daher kann mit dem Regler für die Fremderregung jeder beliebige Stromwert bis zum höchsten, für den die Maschine gebaut ist, eingestellt werden.

Da die horizontalen Abstände zwischen f und c bei verschiedenen Spannungen die Stromstärke in einem gewissen Maßstab wiedergeben, können wir aus Fig. 461 die Spannung in Abhängigkeit von der Stromstärke ermitteln. Diese Abhängigkeit ist für einige verschiedene Fremderregungen, d. h. für verschiedene Abstände der Linie *f* von *e*, in der Fig. 460 dargestellt.

Verändert man die Eigenerregung bei konstanter Fremderregung, so erhält die Stromstärke beim Kurzschluß der Maschine immer denselben Wert, zeigt aber sonst eine je nach der Einstellung der Eigenerregung veränderliche Abhängigkeit von der Spannung.

Man ist daher in der Lage, durch Veränderung der Fremderregung die Größe des Stromes, durch Veränderung der Eigenerregung den Verlauf der Spannung in Abhängigkeit vom Strom beliebig einzustellen.

Die Maschine wird u. a. für Lichtbogenschweißung, zur Speisung von Bogenlampen und Scheinwerfern und als Zusatzmaschine bei Ilgner-Umformern benutzt. Es ist zu bemerken, daß eine Gleichstromquelle für die Fremderregung stets vorhanden sein muß.

Die Maschine wird im großen und ganzen genau wie eine normale Maschine gebaut, da Magnetgestell, Anker, Bürstenanordnung u. a. m. den normalen Ausführungen bei Nebenschlußmaschinen vollständig entsprechen. Diese Maschine hat vor den Querfeldgeneratoren deshalb den Vorzug der billigeren Herstellung. Außerdem kann die Stromstärke bei dieser Maschine innerhalb des Arbeitsbereiches auf einen vollkommen konstanten Wert eingestellt werden. Dagegen kann diese Maschine nicht dazu benutzt werden, einen konstanten Strom bei veränderlicher Drehzahl zu liefern.

Die Schweißdynamos der übrigen Firmen werden in ähnlicher Anordnung ausgeführt.

d) Gleichspannungsgenerator nach Petersen.

In neuerer Zeit werden Generatoren für selbsttätige Konstanthaltung der Spannung vielfach bei kleinen Wasserturbinen-Anlagen für eine Leistung von etwa 1 bis 20 kW verwendet. Bei derartig kleinen Wasserturbinen ist der Drehzahlregler der Turbine ebenso teuer oder teurer als die Turbine selbst. Nach dem Vorschlage von Reindl[1]) ist es vorteilhaft, bei diesen Anlagen auf den Drehzahlregler zu verzichten, so daß die Turbine zwischen Leerlauf und Vollast mit der ihrer Charakteristik entsprechenden Drehzahl läuft. Die von dieser Turbine angetriebene Dynamo muß also sowohl bei Vollast-Drehzahl als auch bei der um 80 bis 100 $^0/_0$ höher liegenden Leerlaufdrehzahl die gleiche Spannung erzeugen.

Bei der von Prof. Petersen hierfür angegebenen Anordnung[2]) wird die Spannung des Generators ohne Verwendung empfindlicher Apparate so gut konstant gehalten, daß die Spannungsänderung bei beliebiger Belastung und der sich dabei einstellenden Turbinen-Drehzahl den zulässigen Betrag von $\pm 4\,^0/_0$ nicht übersteigt.

---

[1]) DRP. 371158. [2]) DRP. 195788/789.

Dreiundzwanzigstes Kapitel.

Serienkraftübertragungssysteme mit veränderlichem und konstantem Strom.

90. Oerlikons Kraftübertragungssystem. — 91. Thurys Kraftübertragungssystem.

Wir wollen hier die beiden auf S. 532 unter b) und c) aufgeführten Hauptgattungen von Kraftübertragung, welche bei Gleichstrom noch möglich sind, behandeln.

Wenn wir die Leistung eines Stromabnehmers dadurch verändern, daß wir sowohl die Spannung als auch den Strom ändern, so ist es praktisch unmöglich, in denselben Stromkreis noch einen zweiten Stromabnehmer mit beliebig veränderlicher Belastung einzuschalten. Denn würde er parallel mit dem ersten Stromabnehmer geschaltet werden, so bekäme er dieselbe veränderliche Spannung, würde er in Reihe mit ihm geschaltet werden, so bekäme er denselben veränderlichen Strom wie dieser. Schon diese allgemeine Überlegung zeigt, daß diesem Übertragungssystem eine recht beschränkte Verwendung zukommen muß; denn wir können nur einen Stromabnehmer in Reihe mit je einem Stromerzeuger schalten.

Halten wir dagegen die Stromstärke konstant und verändern die Leistung durch Änderung der Spannung des einzelnen Stromabnehmers, so können wir mehrere Abnehmer in denselben Stromkreis einschalten, und zwar ergibt sich daraus, wenn wir allen Abnehmern denselben konstanten Strom bieten, von selbst, daß die Stromverbraucher und die Stromerzeuger in Reihe geschaltet werden müssen.

Wir wollen nun näher auf die Ausführung und die Eigenschaften dieser beiden Kraftübertragungssysteme, von welchen das erstgenannte von Oerlikon, das letztere von Thury angegeben worden ist, näher eingehen.

90. Oerlikons Kraftübertragungssystem.

Dieses Kraftübertragungsystem ist von einem gewissen historischen Interesse, weil es mit ihm das erste Mal gelungen ist, größere Leistungen über beträchtliche Entfernungen praktisch zu übertragen.

Es geschah das bei der von der Maschinenfabrik Oerlikon nach den Entwürfen von C. L. Brown im Jahre 1886 ausgeführten

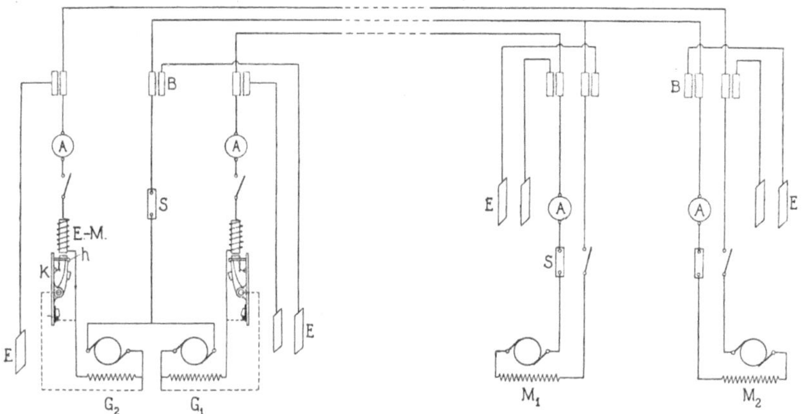

Fig. 462. Schaltschema einer Kraftübertragung mit veränderlicher Spannung und Stromstärke.

G_1, G_2 = Hauptschlußgeneratoren. M_1, M_2 = Hauptschlußmotoren. K = Kurzschließer. h = Halter. $E.-M.$ = Elektro-Magnet. S = Sicherung. A = Amperemeter. B = Blitzschutz. E = Erde.

Anlage Kriegstetten-Solothurn, wo bei einer Spannung von 2500 Volt die Leistung von 50 PS in der Primärstation mit einem Gesamtwirkungsgrad von 75 % auf 8 km Entfernung übertragen wurde[1]).

Dieses Kraftübertragungssystem besteht in seiner einfachsten Ausführung aus einem Hauptschlußgenerator, der in Serie mit einem Hauptschlußmotor geschaltet ist. Sind zwei oder mehr Generatoren und ebensoviele Motoren vorhanden, so werden sie nach dem Drei- bzw. Mehrleitersystem verbunden.

In Fig. 462 ist ein Schaltschema nach einer Ausführung der Maschinenfabrik Oerlikon für zwei Generatoren und zwei Motoren aufgezeichnet[2]).

Die Generatoren werden mit konstanter Drehzahl betrieben, wodurch auch eine nahezu konstante Drehzahl der Motoren erreicht wird; Spannung und Strom steigen und fallen dabei gleichzeitig, je nach der Belastung des Motors, und es braucht keinerlei Regelung vorgesehen zu werden.

[1]) El. Rev. XX, S. 253; ETZ 1887, S. 229. — S. a. ETZ 1916, S. 453 und S. 461.

[2]) Die obengenannte erste Anlage wurde nach diesem Schema mit 2 Generatoren von je 18 kW bei 1250 Volt ausgeführt.

Wie aus Fig. 462 hervorgeht, ist an Meßinstrumenten für jeden Generator und Motor nur ein Stromzeiger vorhanden. Die Abschaltung erfolgt einpolig. *S* bezeichnet eine Bleisicherung und *B* den Blitzschutz. Jede Blitzplatte wurde entweder für sich geerdet und den Erdplatten zugleich ein großer Abstand gegeben, oder es wurden, wenn eine gemeinsame Erdplatte vorhanden war, Widerstände zwischen jeder Blitzplatte und Erde zur Verhinderung von Kurzschlüssen eingeschaltet.

Diese Einrichtungen erscheinen nach dem heutigen Stand der Technik nicht ganz einwandfrei. So ist es nicht statthaft, eine Sicherung in der Kraftstation in den Mittelleiter einzubauen. Schmilzt nämlich diese Sicherung ab, während alle vier Maschinen eingeschaltet sind, so durchfließt derselbe Strom beide Motoren, und wenn der eine Motor sehr schwach, der andere vollbelastet ist, so geht jener Motor durch. Das Anschließen der Blitzplatten an getrennte Erdplatten kann Kurzschlüsse nicht verhindern, weil der Übergangswiderstand jeder Erdplatte nur etwa 10 Ohm beträgt. Übrigens verwendet man heutzutage bekanntlich andere Blitzschutzvorrichtungen, wie Hörnerblitzableiter in Verbindung mit Drosselspulen, während Blitzplatten im allgemeinen nur noch in der Schwachstromtechnik verwendet werden.

Die Generatoren werden außerdem durch selbsttätige Kurzschließer *K* gegen zu hohe Stromstärken geschützt, die infolge von plötzlichen Überlastungen oder Kurzschlüssen in der Anlage entstehen können. Überschreitet der Strom eine gewisse durch die Spannung einer Feder einstellbare Grenze, so wird der Halter *h* durch den Elektromagneten *EM* angezogen und dadurch der Schalter freigegeben. Der Schalthebel fällt nach unten und schließt die Magnetwicklung kurz, so daß die Maschine stromlos wird.

Für die Motoren ist eine derartige Schutzvorrichtung nicht erforderlich, weil sie erst nach Veränderung der Schaltung oder der Drehrichtung als Generatoren arbeiten können und daher bei einem Kurzschluß stromlos werden.

Das Anlassen geschieht außerordentlich einfach. Bei geschlossenen Schaltern wird der Generator in Gang gesetzt, wobei der Motor gleichzeitig mit dem Generator zu laufen beginnt. Der Motor kann ohne besondere Vorkehrungen eine Transmission zusammen mit einer Dampfmaschine antreiben. Wenn der Motor dabei von der Dampfmaschine angetrieben wird, kann man ihn unmittelbar mit dem Generator zusammenschalten. Steht der Generator dabei still, so entsteht kein Strom, weil der Motor nicht als Generator wirken kann. Setzt man dann den Generator in Gang, so fängt ein Strom erst dann an zu fließen, wenn der Generator die Drehzahl des Motors erreicht hat, denn vorher würde jeder Strom eine höhere Gegen-EMK im Motor hervorrufen, als die im Generator erzeugte EMK überwinden könnte. Befindet sich der Generator beim Zuschalten des laufenden Motors schon im Gange, so steigt die Stromstärke, sofern die Drehzahlen einigermaßen übereinstimmen, langsam an, gleichzeitig eine EMK im Generator und eine Gegen-EMK im Motor erzeugend. Nur bei stillstehendem Motor und laufendem Generator ist es notwendig, einen Anlasser vor den Motor bei seiner Inbetriebsetzung zu schalten. Weil dieser Fall, wenn eine Fernsprechleitung zwischen den Stationen vorhanden ist, nicht vorzukommen braucht, kann von einem Anlasser gänzlich abgesehen werden. Beim Parallelarbeiten mit einer Dampfmaschine wird die Belastung des Generators bzw. die Drehzahl einfach durch Verstellen des Regulators der Antriebsmaschine des Generators geändert. Der Betrieb gestaltet sich also in jeder Hinsicht sehr einfach.

Als weiterer Vorteil dieser Kraftübertragung ist ihr hoher und bei allen Belastungen fast gleichbleibender Wirkungsgrad hervorzuheben. Wenn wir die erst bei höheren Belastungen auftretende Sättigung des Eisens und die Reibungsverluste vernachlässigen, können wir die vom Motor abgegebene Leistung $L_m = C \cdot J^2$ setzen, weil die Drehzahl bei allen Belastungen annähernd konstant bleibt. Weil nun die Eisenverluste im Generator und Motor annähernd proportional Φ^2 und also auch proportional J^2 wachsen und die Kupferverluste im Generator, Leitung und Motor ebenfalls J^2 proportional sind, so sind die Gesamtverluste $V = C_1 \cdot J^2$ und der Gesamtwirkungsgrad ist

$$\eta = \frac{C J^2}{C J^2 + C_1 J^2} = \text{konstant}. \qquad (244)$$

Nur bei sehr kleinen Belastungen fällt der Wirkungsgrad infolge der Reibungsverluste ab.

Das System eignet sich vorzüglich zur Kraftübertragung zwischen zwei bestimmten Punkten. Seine Nachteile bestehen darin, daß nicht mehrere Stromabnehmer angeschlossen werden können, und daß eine Erweiterung der Anlage nur durch gleichzeitiges Aufstellen eines neuen Generators mit neuen Leitungen für jeden neuen Motor vorgenommen werden kann.

Die Spannung einer Maschine bei Vollast wird je nach der Entfernung bis zu 2000 Volt gewählt, so daß man beim Dreileitersystem zwischen den Außenleitern bis zu 4000 Volt erhält. Für größere Leistungen können die Maschinen auch für 3500 bis 5000 Volt je Maschine ausgeführt werden.

Bemerkenswert ist die von der Compagnie de l'Industrie Electrique, Genf, nach diesem System ausgeführte Kraftübertragung

Frinvillier-Biberist. Es wird hier eine Leistung von 240 kW mit einer Spannung von 6000 Volt auf eine Entfernung von 28 km übertragen. Die Fernleitung besteht aus Kupferdraht von 7 mm Durchmesser. In der Primärstation sind zwei durch eine Girard-Turbine von 360 PS angetriebene Generatoren für je 3000 Volt, 40 Amp. und 200 Umdr./Min. aufgestellt.

91. Thurys Kraftübertragungssystem.

Das von den Ateliers de Sécheron in Genf ausgebildete und in mehreren Fällen in großem Maßstabe ausgeführte Kraftübertragungssystem Thury ist, wie oben erwähnt, ein reines Seriensystem mit konstanter Stromstärke. Die Generatoren und Motoren sind als Hauptschlußmaschinen für konstanten Strom gebaut und alle hintereinandergeschaltet.

Ist die gesamte Leistung der Primärstation in W Watt gegeben und die konstant zu haltende Stromstärke J gewählt, so ist auch die gesamte maximale Spannung

$$P_{\max} = \frac{W}{J} \tag{245}$$

festgelegt.

Die Spannung beträgt bei ausgeführten Anlagen bis 100000 Volt Eine so hohe Spannung kann in einem Generator nicht erzeugt werden. Die gesamte Leistung W muß daher auf so viele Generatoren verteilt werden, daß jeder Generator nur eine bestimmte Höchstspannung zu erzeugen braucht. Diese höchste Spannung eines Generators wird einerseits durch den zulässigen Spannungsunterschied zwischen benachbarten Kommutatorlamellen und den Kommutatordurchmesser, anderseits durch die Schwierigkeit begrenzt, die oberen und unteren Drähte einer Nut, zwischen welchen die volle Generatorspannung herrscht, voneinander zu isolieren. Man ist deshalb nur bis 5000 Volt je Generator gegangen. Die konstruktive Durchbildung eines Hochspannungsgenerators ist auf S. 269 beschrieben.

Um möglichst wenige und große Generatoren zu erhalten, wird man die Stromstärke J und die höchste Spannung eines Generators möglichst hoch wählen.

Die Stromstärke J wird einerseits durch die Leitungsverluste bzw. den Aufwand an Kupfer für die Fernleitung und andererseits durch die verlangte Leistung der kleinsten Motoren begrenzt. Die Erfahrung hat dazu geführt, daß man meist mit Stromstärken von 100 bis 200 Amp. arbeitet.

Durch die Höchstspannung und die gewählte Stromstärke ist die Höchstleistung jedes Generators festgelegt. Steht die Leistung der

Primärstation zu der Entfernung, auf welche die Leistung übertragen werden soll, bzw. zu der aus wirtschaftlichen Gründen erforderlichen höchsten Gesamtspannung in einem ungünstigen Verhältnis, so erhält man Generatoren von kleinen Leistungen. Um in solchen Fällen wenigstens für die Antriebsmaschinen größere Einheiten zu bekommen, hilft man sich dadurch, daß man mehrere Generatoren auf eine Welle setzt und gemeinschaftlich antreibt.

Die verschiedenen Verfahren zum Konstanthalten der Stromstärke der Generatoren haben wir schon auf S. 552 besprochen. Auch die Motoren müssen hier mit einer besonderen Reguliervorrichtung ausgerüstet werden, denn das Drehmoment einschließlich Reibungsverlusten ist

$$M_d = C \Phi J, \tag{246}$$

und da J konstant ist, muß Φ proportional der Belastung geändert werden, sonst würde der Motor bei Entlastung durchgehen, bei Belastung zum Stillstand kommen. Die Änderung des wirksamen Kraftflusses geschieht meist durch Bürstenverschiebung. Die Verschiebung erfolgt selbsttätig in ähnlicher Weise wie bei den Generatoren durch einen „Hilfsmotor“ (Ölkolben), dessen Steuerung durch Drucköl erfolgt, das mit einer kleinen Zentrifugalpumpe erzeugt wird. Der Motor selbst treibt diese Pumpe durch einen Riemen an. Bei Entlastung werden die Bürsten unter die Pole geschoben, bei Belastung in die neutrale Zone. Steigt die Belastung, nachdem die Bürsten in die neutrale Zone geschoben sind, noch weiter an, so bleibt der Motor stehen. Hierbei ist jedoch, da die Stromstärke nicht anwächst, eine Beschädigung des Motors nicht zu befürchten. Jeder Motor wird mit einem Schwungrad versehen, damit die Drehzahl sich auch bei heftigen Belastungsschwankungen nicht merklich ändert.

Eine der größten nach diesem System ausgeführten Anlagen ist die Kraftübertragung Moutiers-Lyon[1]), die seit April 1906 im Betrieb ist. Die verfügbare Leistung von 4650 kW wird mittels Luftleitung auf eine Entfernung von 180 km übertragen.

Die Stromstärke wurde zu 75 Amp. gewählt, wodurch die Spannung zwischen den Leitungen bei Vollast sich zu 57600 Volt ergibt. Die Spannung könnte noch verdoppelt werden, wenn man die Mitte der Generatorenreihe erdete, wodurch zwischen Erde und Leitung nur die halbe Leitungsspannung auftreten würde. Im Kraftwerk sind 4 Einheiten von je 1150 kW bei maximal 300 Umdr./Min. aufgestellt. Jede Einheit besteht aus zwei Doppelmaschinen. Es sind somit insgesamt 16 Generatoren vorhanden. Die Höchstspannung

[1]) ETZ 1906, S. 1091.

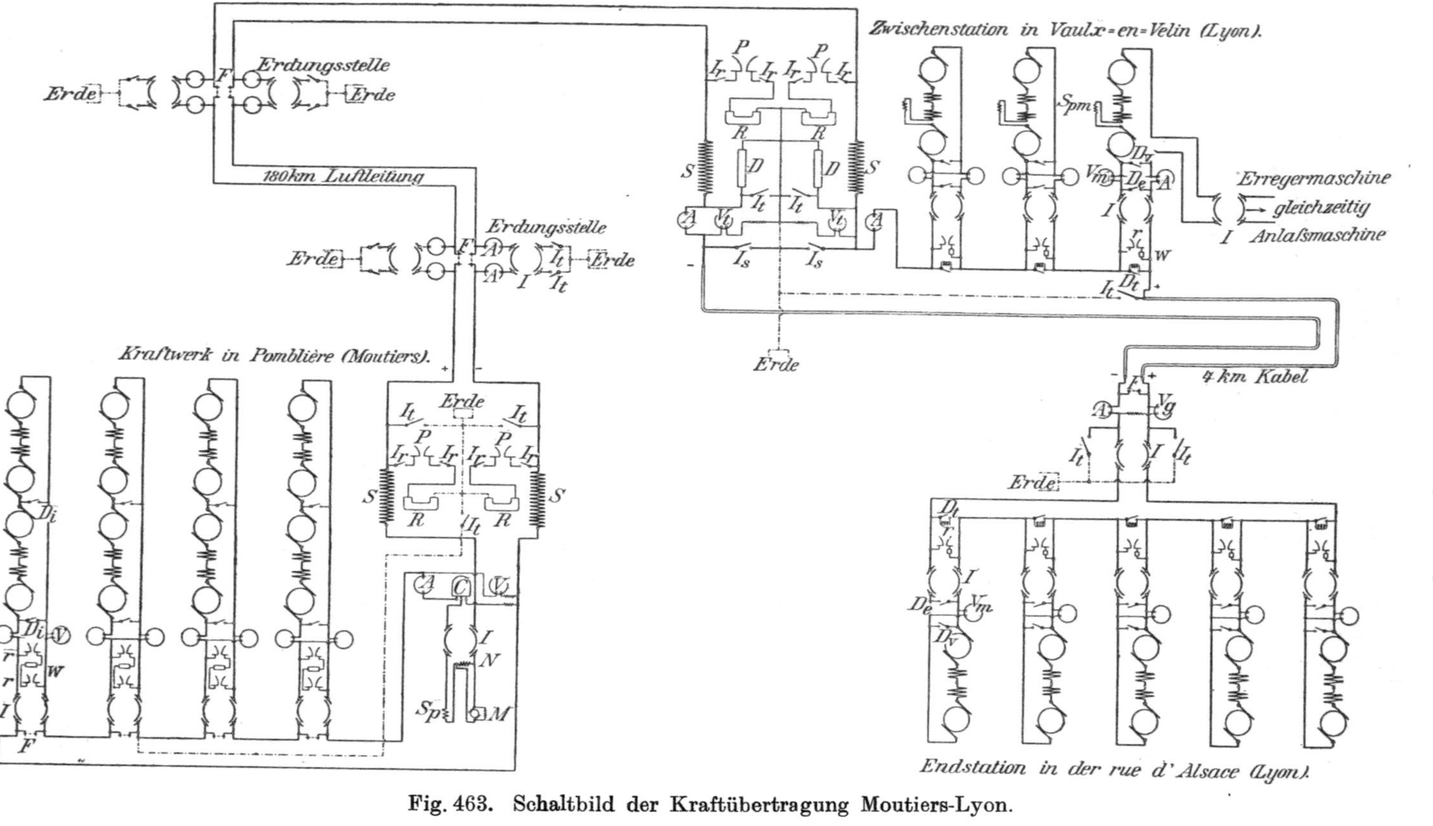

Fig. 463. Schaltbild der Kraftübertragung Moutiers-Lyon.

J = Hauptschalter.
J_r = Trennschalter für die Blitzableiter.
J_t = Trennschalter für die Erdleitung.
J_s = Abteilungsunterbrecher.
D = Entladevorrichtung.
P = Blitzableiter d. Fernleitung.
r = Blitzableiter f. d. Maschinen.
R = Wasserwiderstand.
w = Induktionsfreier Widerstand.
S = Induktionsspulen.
D_t = Vorrichtung um eine Gruppe spannungslos zu machen.
D_v = Vorrichtung zur Geschwindigkeitsverminderung.
D_r = Sicherheitsvorichtung gegen Umkehrung.
D_e = Kohlenausschalter.
F = Sicherheitsvorrichtung.
V_m = Maschinenspannungsmesser.
V_t = Erdungsspannungsmesser.
V = Hauptspannungsmesser.
C = Zähler.
A = Strommesser.
N = Zweigwiderstand für die Regulierung.
S_p = Regelungsspule für die Dynamo.
M = Regelungsmotor.
S_{pm} = Regelungsspule für die Motoren.

eines Generators beträgt 3600 Volt. Die Änderung der Klemmenspannung geschieht nur durch Geschwindigkeitsregelung.

Für jede Maschineneinheit ist eine Bedienungssäule vorgesehen, auf welcher der als Kurzschließer ausgebildete Hauptunterbrecher und der Strom- und Spannungsmesser untergebracht sind. Außerdem enthält die Säule noch zwei in Reihe zwischen die Pole des Maschinensatzes geschaltete Hörner-Blitzableiter.

Auf der Hauptschalttafel sind nur die Apparate für das Anlassen und die Regulierung und ferner der Spannungs- und Strommesser, der Zähler und der Hauptkurzschluß-Unterbrecher untergebracht.

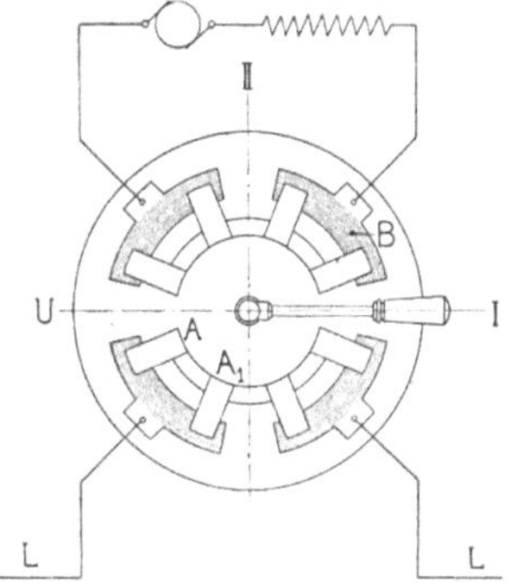

Fig. 464. Hauptschalter J einer Thury-Kraftübertragungsanlage.

Die übertragene Energie wird in zwei Empfangsstationen, von welchen die eine 3 Motoren von je 530 kW und die andere 5 Motoren von je 530 kW umfaßt, in mechanische Leistung umgeformt. Die Motoren laufen mit 428 Umdr./Min. Jeder Motor besteht aus einer Doppelmaschine. Die Konstanthaltung der Drehzahl geschieht lediglich durch Verstellung der Bürsten. Fig. 463 zeigt das Schaltbild der Anlage.

Die Inbetriebnahme und Außerbetriebsetzung der Generatoren ist äußerst einfach. Bei der Inbetriebnahme ist der Generator zunächst mittels des Schalters J in sich kurzgeschlossen. Der Schalter, Fig. 464, steht dabei in der gezeichneten Stellung I. Hierauf wird der Turbinenschieber ein wenig geöffnet und der Generator auf eine Drehzahl gebracht, bei der er einen Kurzschlußstrom, der gerade gleich dem konstanten Netzstrom ist, erzeugt. Er läuft dabei natürlich noch sehr langsam. Ist die richtige Stromstärke erreicht, so wird der Generator durch Drehen des Schalters um 90^0 (Stellung II) in den Stromkreis eingeschaltet; seine Stromstärke und Spannung bleiben dabei vollständig unverändert und die Antriebsmaschine hat allein die inneren Verluste zu decken. Um den Generator zu belasten, wird dann durch allmähliches Erhöhen der Drehzahl seine Spannung erhöht. Die Stromstärke wird dabei durch den Regler konstant gehalten, indem die Drehzahl der anderen Sätze so geregelt wird, daß die Spannung dieser Generatoren entsprechend sinkt. Hat der zugeschaltete Generator die richtige Spannung erreicht, so wird der Regulierapparat des Maschinensatzes an den gemeinsamen Regler angekuppelt und die Inbetriebsetzung ist beendet.

Zur Außerbetriebsetzung wird der Regulierapparat wieder abgetrennt, die Drehzahl der Turbine verringert und der Generator in sich kurzgeschlossen und vom Netze abgeschaltet. Das Kurzschließen des Generators sollte hierbei eigentlich in dem Augenblick vorgenommen werden, in dem die Klemmenspannung des Generators gerade auf Null gesunken ist. Mit dem Voltmeter kann man aber das nicht mit genügender Genauigkeit feststellen und man muß deshalb den Turbinenschieber ganz schließen und die Kurzschließung vornehmen, wenn die Maschine gerade zum Stillstand gekommen ist. Bevor die Kurzschließung erfolgt ist, fließt aber dauernd der Linienstrom durch den Generator und erzeugt ein Drehmoment, das den Generator in entgegengesetzter Richtung treiben will. Würde die Kurzschließung etwas zu spät vorgenommen werden, so würde der Generator mit rasch steigender Drehzahl in entgegengesetzter Richtung zu laufen beginnen. Um dies zu verhüten, ist der in der Fig. 465 dargestellte Kurzschließer vorgesehen. Am Wellenende der Generatoren ist eine Daumenscheibe *a* angebracht. Bei richtigem Drehsinn (Pfeilrichtung) bewegt diese sich frei. Sobald sich jedoch die Drehrichtung umkehrt, setzt sie die Auslösevorrichtung *b* in Tätigkeit und gibt so den selbsttätigen Schalter *c* frei; dieser klinkt dann ein und schließt die Maschine kurz.

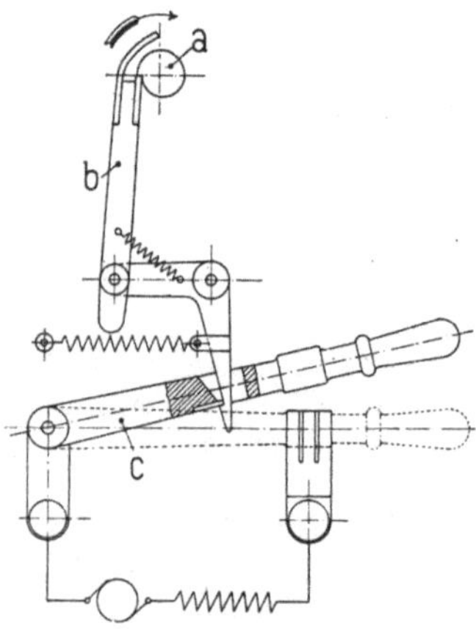

Fig. 465. Automatischer Kurzschließer D_v.

Auch die Intriebsetzung der Motoren geht bei dem Seriensystem äußerst einfach vonstatten. Im allgemeinen werden die Motoren einfach in den Stromkreis eingeschaltet. Sie laufen dann allmählich an, wobei sich mit dem Anwachsen der Geschwindigkeit ihre Spannung von selbst erhöht. Bei Leerlauf des Motors stellt der Reguliermechanismus die Bürsten so ein, daß die Spannung des Motors gerade ausreicht, um die Leerlaufverluste zu decken. Bei Belastung des Motors werden die Bürsten mehr und mehr nach der neutralen Zone zu bewegt.

Das Abstellen der Motoren geschieht durch ihre Kurzschließung. Beide Schaltungen werden mit dem bereits bei den Generatoren erwähnten Umschalter *J*, Fig. 464, vorgenommen. Bei großen Motoren von über 75 kW würden wegen der großen Selbstinduktion des Motors am Umschalter Funken auftreten, wenn man den Kurzschluß des Motors am Umschalter selbst aufheben wollte. Hier wird deshalb, siehe Fig. 463, außer dem Umschalter J noch der selbsttätige Kohleausschalter D_e angebracht, der in Fig. 466 schematisch dargestellt ist. In der gezeichneten Stellung schließt dieser den Motor kurz. Sobald nun der Umschalter J in die Stellung II gebracht wird, fließt ein Strom durch die Spule S des Kohleausschalters, und erst jetzt wird der Kurzschluß des Motors durch Auseinanderziehen der Kohlen aufgehoben und der Motor setzt sich in Gang. Der Lichtbogen entsteht auf diese Weise an den Kohlen und der Umschalter J bleibt unbeschädigt.

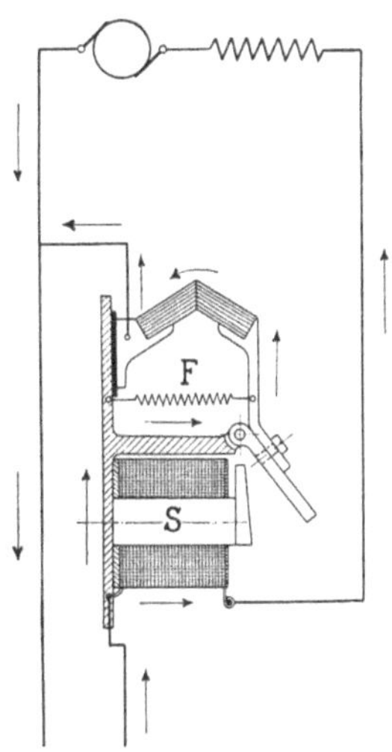

Fig. 466. Selbstätiger Kohleausschalter D_e.

Um ein Durchgehen des Motors zu verhüten, ist jeder Motorsatz mit einer Geschwindigkeitsauslösung versehen, die ihn kurzschließt, sobald seine Drehzahl die normale um 15 bis 20% überschreitet. Bei anderen Anlagen hat Thury zur Sicherung der Motoren einen Selbstschalter vorgesehen, der den Motor kurzschließt, sobald die Spannung an den Motorklemmen zu groß wird.

Die Metropolitan Electric Supply Company hat im Jahre 1911 eine Anlage nach dem Seriensystem errichtet[1]), die die Städte Southhall, Hauwell, Brentford und Acton mit Strom versorgt. Die größte Entfernung vom Kraftwerk in Willesden beträgt 45 km. Es wurden Kabel für 100000 Volt Spannung von 80 mm² Quer-

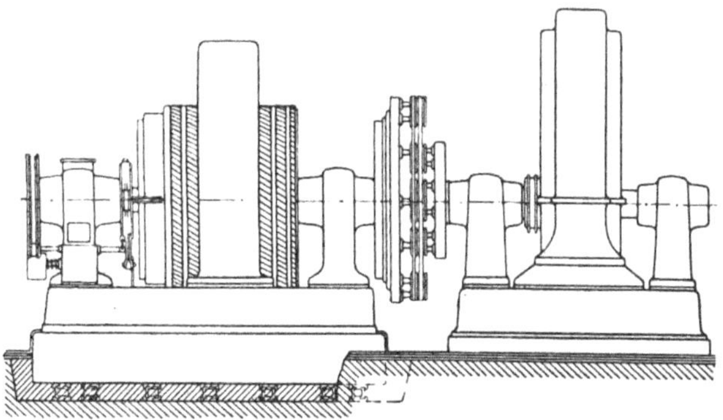
Fig. 467. Synchronmotor-Generator der Metropolitan Electric Supply Co.

[1]) J. S. Highfield: Journ. of the Inst. of Electr. Eng. 49, 848, 1912.

schnitt mit 12 mm starker Papierisolation verlegt. Beide Kabel wurden gemeinsam in einem schmiedeeisernen Rohr untergebracht. Als Reserve wurde Erdrückleitung vorgesehen. Der Energieverbrauch eines Kabels von 11 km Länge einschließlich Schaltapparaten durch Stromübergang betrug bei der Prüfung mit 150000 Volt Gleichstrom nur 500 Watt.

Die Fig. 467 zeigt einen von einem Synchronmotor angetriebenen Generator dieser Anlage, dessen Drehzahl 200 und dessen Kommutatordurchmesser 1,8 m bei 171 mm Länge beträgt. Der Kommutator,

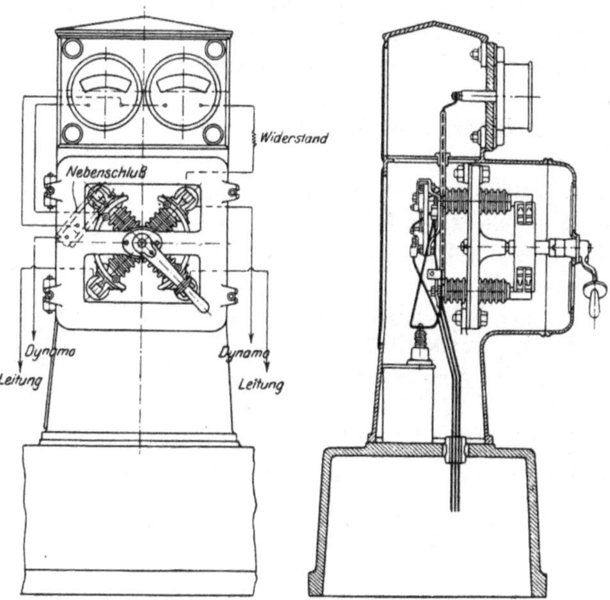

Fig. 468. Schaltsäule der Metropolitan Electric Supply Co.

an dem maximal ein Strom von 120 Ampere abgenommen wird, besitzt zwei Bürstensätze bei vierpoligem Generator und enthält 1439 Lamellen. Jeder Generator hat bei einer höchsten Spannung von 5000 Volt eine Leistung von 600 kW. Der Strom wird durch Feldänderung und Bürstenverschiebung konstant gehalten. Durch Kugellagerung ist leichte Beweglichkeit der Bürstenbrücke erreicht, so daß, da die Belastungsschwankungen nur langsam vor sich gehen, der Regler den Belastungsschwankungen leicht folgen kann.

Die Fig. 468 zeigt eine der Schaltsäulen, deren stromführende Teile auf das sorgfältigste isoliert sind.

Um den Generator selbst von Erde mit genügender Sicherheit zu isolieren, ruht das Fundament auf Steinzeugisolatoren, die mit hochisolierendem Asphalt umgeben sind, während die Zwischenräume rings um das Fundament mit reinem Bitumen vergossen sind. Der Maschinenflur besteht aus 50 mm dickem, gut isolierendem Asphalt. Mit dem Motor ist der Generator mittels einer Zodel-Voith-Isolierkupplung gekuppelt.

Dieses Kraftübertragungssystem eignet sich seinem ganzen Wesen nach nur zur Übertragung von beträchtlicheren Leistungen auf größere Entfernung zwischen einer beschränkten Anzahl von Erzeugungs- und Verbraucherstationen. In solchen Fällen hat es jedoch vor der sonst üblichen Übertragung mit Drehstrom eine Reihe recht beachtenswerter Vorteile.

Bei derselben Spannung zwischen einer Leitung und Erde[1]) und bei einem Leistungsfaktor bei Drehstrom von $\cos\varphi = 0{,}8$ verhält sich der Stromwärmeverlust in der Leitung beim Gleichstrom-Seriensystem zu demjenigen beim Drehstromsystem wie

$$\frac{1}{2\cdot 0{,}8^2} = 0{,}320,$$

wenn die übertragene Leistung und der Gesamtquerschnitt der Leitungen in beiden Fällen gleich sind. Es kommen noch als Vorteile des Gleichstromseriensystems hinzu, daß die bei Drehstrom vorhandenen Verluste in den Transformatoren für die Herauf- und Heruntertransformierung sowie die durch die Ladeströme im Dielektrikum der Isolatoren und Kabel hervorgerufenen Verluste gänzlich wegfallen. Bei Gleichstrom braucht man nur zwei Reihen (bei Benutzung der Erde als Rückleitung sogar nur eine Reihe) von Isolatoren gegenüber 3 Reihen bei Drehstrom. Schließlich wird die ganze Anlage beim Thury-System sehr einfach und übersichtlich. Es kommen keine Synchronisiervorrichtungen, keine Meßtransformatoren und keine Sicherungen vor. Eine zu starke Erwärmung der Leitungen ist ausgeschlossen. Für die Verteilung der Energie von den Unterstationen aus kann natürlich nur Drehstrom oder Gleichstrom von konstanter Spannung in Frage kommen.

---

[1]) Diese Spannung (nicht die Spannung zwischen zwei Leitungen, wie öfters angegeben wird) ist für die Ausführung der Isolatoren maßgebend. Bei Drehstrom ist hier der Scheitelwert der Phasenspannung, der $\sqrt{2}$ dem Effektivwert ist, einzusetzen.

Vierundzwanzigstes Kapitel.

Lade- und Puffereinrichtungen der Akkumulatorenbatterien.

92. Verwendungsgebiete und Eigenschaften des elektrischen Akkumulators.

In vielen Fällen ist die Belastung einer elektrischen Anlage recht erheblichen, langsamen oder schnellen Schwankungen unterworfen. Wenn man in diesen Fällen die elektrische Energie nicht in einer einfachen Weise aufspeichern kann, bekommt man einerseits eine

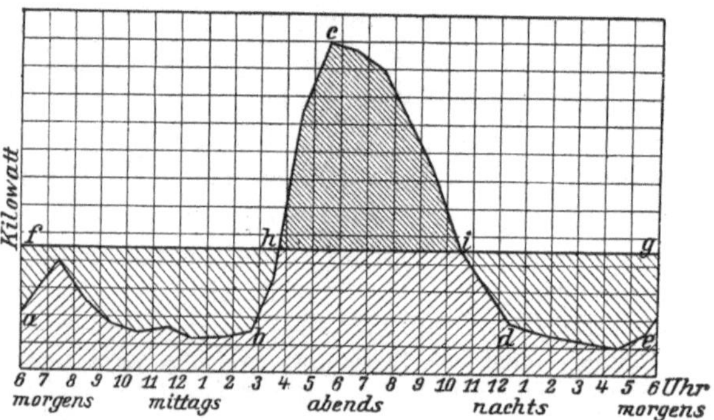

Fig. 469. Belastung eines städtischen Elektrizitätswerkes während 24 Stunden.

ungünstige Ausnützung der Generatoren und der Kraftmaschinen, die für die Höchstbelastung bemessen sein müssen, im Durchschnitt aber nur wenig belastet sind, anderseits einen schlechten mittleren Wirkungsgrad. Den Wirkungsgrad kann man, wenn die Belastung sich nur langsam von Stunde zu Stunde ändert, was die

Maschinen anbetrifft, dadurch erhöhen, daß man mehrere Maschinen aufstellt, und jeweils möglichst nur so viele Maschinen in Betrieb hält, als voll belastet werden. Ändert sich die Belastung dagegen innerhalb weniger Minuten erheblich, so ist dieser Weg natürlich nicht gangbar. In Dampfkraftwerken ist es nicht möglich, gerade so viele Dampfkessel in Betrieb zu halten, daß sie, der schwankenden Belastung entsprechend, vollbelastet werden, weil sie meistens erst in mehreren Stunden betriebsbereit gemacht werden können[1]).

In Fig. 469 ist die Belastung eines städtischen Elektrizitätswerkes dargestellt. Wie wir sehen, ändert sich die Belastung in den verschiedenen Tageszeiten; sie ändert sich ferner von Monat zu Monat ganz erheblich.

Als Betriebe mit verhältnismäßig schnell schwankenden Belastungen sind Bahnbetriebe aller Art, Walzwerke, Förderanlagen u. dgl. besonders hervorzuheben.

Es kommt auch vor, daß man die elektrische Energie an einem Ort erzeugen und ohne Verwendung von Leitungen an einem anderen Ort benutzen will, wie z. B. bei elektrischen Fahrzeugen und manchmal auch bei Bahnen. Auch dann ist es nötig, die elektrische Arbeit aufzuspeichern.

In allen diesen Fällen, sei es, daß die Erzeugung mit dem Verbrauch der elektrischen Energie der Zeit oder dem Orte nach nicht zusammenfällt, ermöglicht der elektrische Akkumulator die Aufspeicherung, weil die aufzuspeichernde Arbeit in der Form von elektrischer Energie in den Akkumulator hineingeleitet und aus ihm entnommen werden kann. In dem Akkumulator selbst ist die aufgespeicherte Arbeit in der Form von chemischer Energie vorhanden. Infolge dieses Umstandes kann man in den Akkumulator, wie wir gleich sehen werden, innerhalb eines beschränkten Raumes bzw. bei einem gegebenen Gewicht recht beträchtliche Energiemengen aufspeichern.

Der meist verwendete Akkumulator ist der sogenannte Bleiakkumulator. Er besteht aus gitterförmigen Bleiplatten in einem mit verdünnter Schwefelsäure gefüllten Gefäß. Im geladenen Zustande enthalten die positiven Platten als aktiven Bestandteil feinverteiltes Bleisuperoxyd, die negativen reinen Bleischwamm. Die Reaktionsformeln lauten wie folgt:

---

[1]) Wenn die Belastungsstöße schnell aufeinander folgen, kann man einen guten Wirkungsgrad der Kessel durch Verwendung von Großwasserraumkesseln oder von Ruths-Dampfspeicher-Anlagen erzielen.

Bei Entladung:	+		−
Zustand vor der Entladung:	PbO_2	$3\,H_2SO_4$	Pb
Stromrichtung in der Zelle:	←———	———	———
Wanderungsrichtung der Ionen:	H_2 ←——		——→ SO_4
Vorgänge an den Elektroden:	$PbO_2+H_2+{}_2SO_4H$ $=PbSO_4+2\,H_2O$	H_2SO_4 H_2SO_4	$Pb+SO_4$ $PbSO_4$
Endprodukte nach der Entladung:	$PbSO_4$	$2\,H_2O+H_2SO_4$	$PbSO_4$
Bei Ladung:	+		−
Zustand vor der Ladung:	$PbSO_4$	$2\,H_2O+H_2SO_4$	$PbSO_4$
Stromrichtung in der Zelle:	———	———	———→
Wanderungsrichtung der Ionen:	SO_4 ←——		——→ H_2
Vorgänge an den Elektroden:	$PbSO_4+SO_4+2\,H_2O$ $=PbO_2+2\,H_2SO_4$		$PbSO_4+H_2$ $=H_2SO_4+Pb$
Endprodukte nach der Ladung:	PbO_2	$3\,H_2SO_4$	Pb

Nach diesen Formeln enthält also im geladenen Zustande die positive Platte Bleisuperoxyd, die negative reines Blei, während im entladenen Zustande beide Platten Bleisulfat enthalten. Die Flüssigkeit nimmt an der Reaktion teil, und zwar fällt der Säuregehalt bei Entladung und steigt bei Ladung. Diese Formeln sind in bezug auf die erforderlichen Mengen der Bestandteile allerdings nur theoretisch richtig. In Wirklichkeit muß ein Überschuß an allen Bestandteilen vorhanden sein. Das Bleisulfat ist nämlich nicht leitend, und die ganze aktive Masse kann deshalb nicht, wie fein verteilt sie auch sein mag, in Bleisulfat umgewandelt werden. Der Elektrolyt dient zum großen Teil auch als Leiter zwischen den Platten. Aus verschiedenen Gründen darf der ganze Elektrolyt bei weitem nicht in konzentrierte Schwefelsäure umgewandelt werden u. a. m.

Die verwendete Schwefelsäure muß sehr rein und vor allen Dingen frei von allen Arsenverbindungen, Salzsäure, Salpetersäure und salpetriger Säure sein. Zur Verdünnung der Füllsäure darf nur destilliertes Wasser verwendet werden, welches vor allem von Chlorverbindungen (Kochsalz!) frei sein muß. Die Konzentration der Säure wird nach dem spezifischen Gewicht mittels Areometers beurteilt. Das spezifische Gewicht schwankt je nach den besonderen Angaben der Fabriken zwischen 1,12 und 1,15 im ungeladenen und steigt auf 1,20 bis 1,23 im geladenen Zustande des Akkumulators.

Die Gefäße werden für kleinere transportable Akkumulatoren aus Ebonit oder Zelluloid, für ortsfeste Akkumulatoren aus Glas, und bei großen ortsfesten Akkumulatoren aus harzreichem Holz (Pitchpine), innen mit Blei ausgekleidet, ausgeführt.

In einem Gefäß werden mehrere Platten, und zwar abwechselnd positive und negative, untergebracht, die voneinander durch Glasröhren oder besonders imprägnierte Holzleisten getrennt sind, um ein unmittelbares Berühren der Platten untereinander zu verhindern. Die Reihe endet auf beiden Seiten stets mit einer negativen Platte.

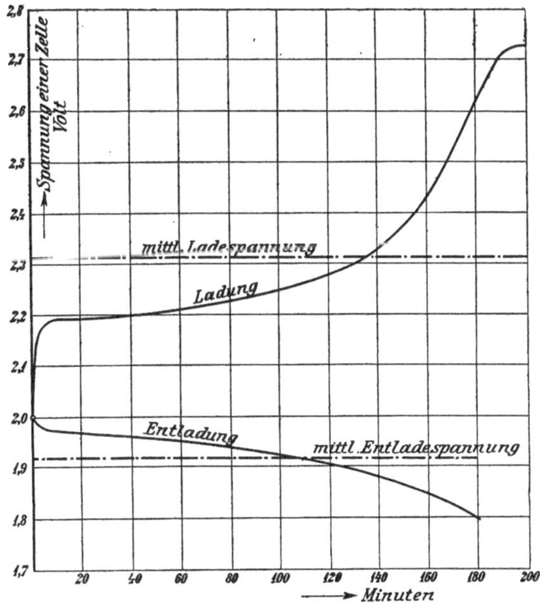

Fig.470. Spannungskurven beim Laden und Entladen einer Bleiakkumulator-Zelle.

Die Spannung einer Zelle beträgt im Ruhezustande rund 2 Volt, sie steigt jedoch beim Laden erst schnell auf etwa 2,2 Volt, dann allmählich auf etwa 2,4 Volt, und schließlich ziemlich schnell unter Entwicklung von Knallgas (H_2 und O) auf 2,73 Volt. Bei Entladung fällt die Spannung allmählich von 2,0 Volt bis auf die niedrigst zulässige Entladespannung, die etwa 1,80 Volt beträgt. Sie richtet sich jedoch nach der Entladezeit und der Kapazität der Zelle und schwankt nach den Angaben der Fabriken für jeden einzelnen Fall zwischen 1,83 bis 1,67 Volt.

Der Wirkungsgrad des Akkumulators in bezug auf Amperestunden würde theoretisch 100% betragen, wenn der Ladestrom nur auf die aktive Masse einwirken würde. Nun zersetzt aber ein Teil des Ladestromes, besonders gegen Schluß der Ladung, das Wasser in nutzlos entweichendes Knallgas, außerdem tritt stets eine gewisse Selbstentladung auf. Infolgedessen muß eine größere Amperestundenzahl geladen werden, als jeweils herausgenommen wurde. Dieses Verhältnis, d. h. der Wirkungsgrad in Amperestunden beträgt etwa $90\,^0/_0$.

In der Fig. 470 sind die Spannungskurven einer Zelle für dreistündige Entladung beim Laden und Entladen mit derselben konstanten Stromstärke in Abhängigkeit der Zeit unter der Annahme aufgetragen, daß der Wirkungsgrad in Amperestunden $90\,^0/_0$ beträgt[1]).

Wir entnehmen daraus, daß die mittlere Ladespannung 2,32 Volt, die mittlere Entladespannung 1,92 Volt beträgt. Der Wirkungsgrad gemessen in kWh ist hier also nur $\frac{1{,}92}{2{,}32} \cdot 90\,^0/_0 \cong 75\,^0/_0$.

Dieser Wirkungsgrad wird jedoch in der Praxis nicht erreicht. Erstens kann man die Ladung nicht genau in dem Augenblick unterbrechen, in dem der Akkumulator gerade voll geladen ist, und zweitens muß der Akkumulator einmal im Monat einer mehrstündigen Überladung (Kochen) unterzogen werden, damit das lediglich durch chemische Einwirkung des Elektrolyten auf der aktiven Masse allmählich entstandene Bleisulfat gänzlich entfernt wird. Infolgedessen beträgt der praktisch erreichte Wirkungsgrad in kW-Stunden bei einem gut unterhaltenen Akkumulator nur etwa $65\,^0/_0$.

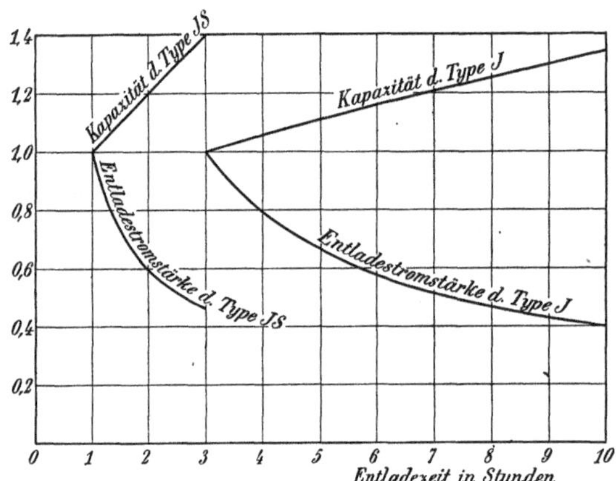

Fig. 471. Einfluß der Entladezeit auf die Kapazität eines Bleiakkumulators.

Die Kapazität des Akkumulators wächst mit zunehmender Entladezeit, wobei die Entladestromstärke entsprechend herabgesetzt werden muß. Die Akkumulatoren-Fabrik A.-G., Hagen i. W., liefert außer den Spezialausführungen zwei verschiedene, normale Bauarten von Akkumulatoren, die Bauart JS für 1- bis 3stündige und die

[1]) Kurz nach beendeter Ladung beträgt die Entladespannung infolge anhaftender Gasblasen 2,2 Volt, sie sinkt jedoch sehr schnell auf 2 Volt.

Bauart J für 3- bis 10stündige Entladung. In der Fig. 471 sind die relative Zunahme der Kapazität und die relative Abnahme des Entladestromes für diese beiden Bauarten in Abhängigkeit von der Entladezeit dargestellt.

Der Bleiakkumulator eignet sich infolge seines verhältnismäßig hohen Wirkungsgrades sehr gut für stationäre Zwecke. Für Fahrzeuge und für transportable Zwecke ist er dagegen nicht besonders geeignet, weil er hierfür zu schwer und zu wenig widerstandsfähig gegen Stöße und unachtsame Wartung ist. Sein Gewicht kann zwar durch gedrängte Bauart verringert werden, hierdurch wird aber die Lebensdauer im allgemeinen herabgesetzt.

In solchen Fällen ist der sogenannte alkalische Akkumulator, auch Nickel-Eisen-Akkumulator genannt, mit Vorteil zu verwenden, weil er außerordentlich widerstandsfähig gegen Erschütterungen ist, ohne Schaden zu nehmen vorübergehende Kurzschlüsse und vereinzelt vorkommende tiefe Entladungen verträgt. Er kann monatelang unbenutzt stehen, ohne von Zeit zu Zeit aufgeladen zu werden. Er erfordert wenig Wartung und wiegt etwa ein Drittel oder weniger je kWh aufgespeicherte Arbeit als der Bleiakkumulator. Der Wirkungsgrad des alkalischen Akkumulators ist etwas niedriger als der des Bleiakkumulators. Das spielt indessen in den Fällen, in welchen er seiner vielen Vorteile wegen benutzt wird, eine untergeordnete Rolle.

Der in den Jahren 1899 bis 1901 erfundene alkalische Akkumulator kommt in zwei Ausführungen vor, von denen die eine, der von Edison erfundene Akkumulator von der Deutschen Edison-Akkumulatoren-Comp. in Berlin, die andere, der von dem Schweden Jungner erfundene Akkumulator von der Svenska Akkumulatoraktiebolaget Jungner in Stockholm ausgeführt wird.

Edison verwendet als positive Elektrode Nickelhydroxyd mit Graphit oder Nickelflocken gemischt, als negative Elektrode ein Gemenge von Eisen und Eisenhydroxyd mit einem Zusatz von Quecksilberoxyd. Jungner verwendet als positive Elektrode Nickelhydroxyd mit Graphit gemischt, als negative Elektrode ein Gemenge von Eisen- und Kadmiumverbindungen.

Bei beiden Akkumulatoren befinden sich die aktiven Bestandteile in sehr fein gelochten Taschen aus vernickeltem Eisenblech. Die Behälter sind ebenfalls aus vernickeltem Eisenblech hergestellt. Als Elektrolyt dient eine $20^0/_0$ige Lösung von reinem Kalihydrat in destilliertem Wasser. Weil der Elektrolyt nur als Leiter zwischen den Elektroden bzw. als Vermittler der Reaktion dient, sich mit der aktiven Masse aber weder beim Laden noch beim Entladen verbindet, ist nur sehr wenig Elektrolyt erforderlich, und der Abstand zwischen den Platten kann deshalb sehr klein gehalten werden.

Weil der Elektrolyt sich nicht mit den aktiven Bestandteilen verbindet, ist es hier nicht nötig, die Batterie voll aufzuladen, um solche Verbindungen, wie beim Bleiakkumulator das teilweise hierdurch entstandene Bleisulfat, zu entfernen. Man kann vielmehr eine gegebene Batterie mehr oder weniger ausnutzen, indem man die

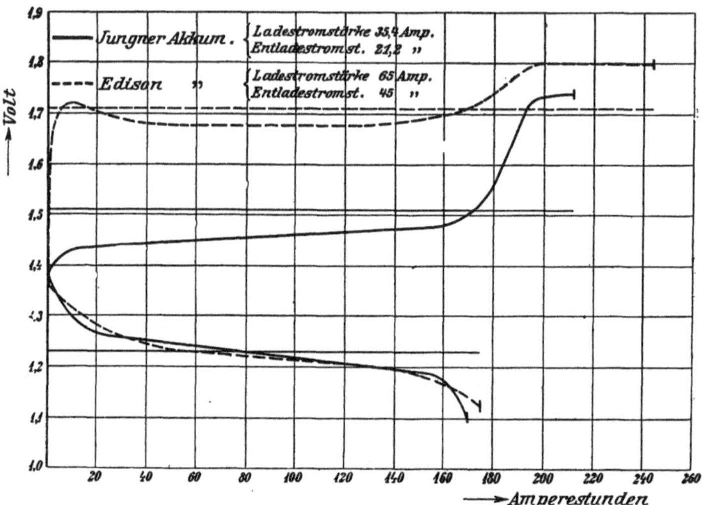

Fig. 472. Lade- und Entladespannungen einer Edison- bzw. einer Jungner-Zelle.

Ladung bzw. Entladung mehr oder weniger weit treibt. Hierdurch verändert man nicht nur die aufgespeicherte Energiemenge je kg Batteriegewicht, sondern auch den Wirkungsgrad, indem dieser bei kleinerer Ausnutzung steigt, bei höherer dagegen schlechter wird. Wenn wir also die beiden alkalischen Akkumulatoren miteinander vergleichen wollen, ist es erforderlich, den Vergleich auf die gleiche Ausnutzung zu beziehen.

Wir wählen daher die Edison-Zelle „Type H 27" und die Jungner-Zelle „Type B". Beide Zellen geben bei normaler Ausnutzung bei der Entladung 24 Wattstunden je kg Gewicht der Zelle einschließlich Elektrolyt und Holzgestell her. Bei dieser Ausnutzung und bei normalem Lade- und Entladestrom bekommen wir die in der Fig. 472 gezeigten Kurven der Lade- und Entladespannungen. Der Wirkungsgrad in Amperestunden beträgt bei der Edison-Zelle 72%, bei der Jungner-Zelle zwischen 80 und 88%. Die Ladung ist, wie die Figur zeigt, dementsprechend länger fortgesetzt als die Entladung, wobei mit dem niedrigsten Wirkungsgrad der Jungner-Zelle, d. h. mit 80%, gerechnet worden ist.

Wie wir sehen, liegt die mittlere Entladespannung für beide Zellen bei 1,23 Volt. Die mittlere Ladespannung beträgt dagegen bei der Edison-Zelle 1,71 Volt, bei der Jungner-Zelle nur 1,51 Volt. Diese im Vergleich zur Edison-Zelle niedrige Ladespannung, wie auch der verhältnismäßig hohe Wirkungsgrad in bezug auf Amperestunden beruht auf der Verwendung von Kadmium bei der Jungner-Zelle.

Infolgedessen ist der Wirkungsgrad in bezug auf kW-Stunden beim Jungner-Akkumulator

$$80 \cdot \frac{1,23}{1,51} = 65\%,$$

beim Edison-Akkumulator

$$72 \cdot \frac{1,23}{1,71} = 52\%.$$

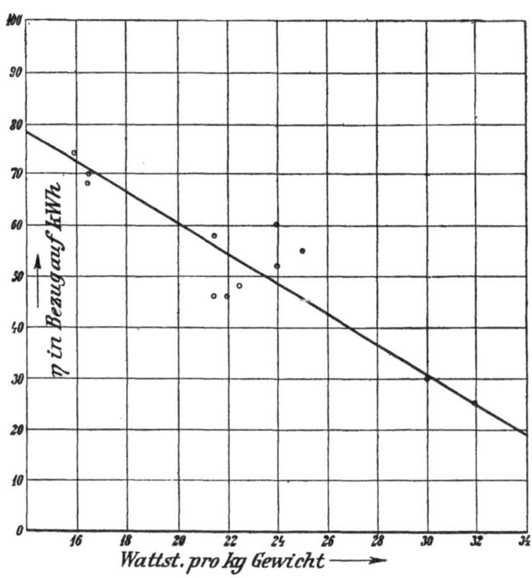

Fig. 473. Wirkungsgrad einer Edison-Zelle nach Kammerhoff.

In der Praxis kann man natürlich, selbst bei Verwendung von Amperestundenzählern, die Ladung bzw. die Entladung nicht so genau vornehmen, wie hier vorausgesetzt ist. Ferner ist auch hier mit einer, wenn auch verhältnismäßig geringen Selbstentladung zu rechnen. Die Batterie muß deshalb etwas reichlicher geladen werden, wodurch der Wirkungsgrad entsprechend herabgedrückt wird. In der Praxis kann man deshalb mit einem Wirkungsgrad in bezug auf kWh von etwa 60% beim Jungner-Akkumulator und von etwa 48% beim Edison-Akkumulator rechnen, wenn die Batterie in beiden Fällen so weit ausgenutzt wird, daß sie 24 Watt-Stunden je kg Gewicht hergibt.

In der Fig. 473 sind die nach Kammerhoff[1]) durch Versuch ermittelten Wirkungsgrade der Edison-Zelle „Type H 27“ bei verschiedenen Ausnutzungen aufgetragen, woraus zu ersehen ist, daß der Wirkungsgrad in hohem Maße von der Ausnutzung abhängig ist

[1]) Der Edison-Akkumulator. Berlin: Julius Springer 1910.

Der Edison-Akkumulator hat etwa dieselben Eigenschaften wie der Jungner-Akkumulator.

Der Vergleich der verschiedenen bis jetzt bekannten Energiespeicher in bezug auf das zur Aufspeicherung einer kWh erforderliche Gewicht ist noch beachtenswert. Nach den Ausführungen von Dr. Ludwig Strasser[1]) bekommen wir die folgende Zusammenstellung.

Speicher	Ausführung und Verwendung	Gewicht kg je kWh
Bleiakkumulator	Ortsfest, für 3000 Amp.-Stunden bei 5 Stunden Entladezeit mit Säure, Gestell und Isolatoren	130
	Desgl. für Bahnzwecke	85—100
	Theoretisch nach den oben gez. Reaktionsformeln	7,05
	Wirklich erforderlich für aktive Masse + Elektrolyt	20
	Niedrigste Grenze für den vollständigen Akkumulator dürfte sein	26
Alkalischer Akkumulator	Praktische Ausführung	etwa 40
	Theoretisch nach Reaktionsformel	4
	Niedrigste Grenze für praktische Ausführung dürfte sein	14
Schwungrad	Aus Stahlguß, Gewicht 24 t, mr^2 50000 kg/m², Durchmesser 3580 mm, Drehzahl 333, Umfangsgeschwindigkeit 62,5 m/sek[2]) (die ganze im Schwungrade selbst vorhandene Energie)	1430
Wasserakkumulator	Stauhöhe 100 m (im Wasser selbst vorhanden)	3600
Preßluft	Von 100 bis 200 at Druck nebst Behälter (in der Luft selbst vorhanden)	6—10
Kohle	Die Kohle selbst ohne Berücksichtigung des Wirkungsgrades bei der Umwandlung in elektrische Energie	0,125
	Die Kohle selbst einschl. Wirkungsgrad bis elektrische Energie	2
	Dampflokomotive mit Kohle, Wasser, Kessel, Feuerung usw. bei 1stündigem Betrieb	35
	Desgl. bei 5stündigem Betrieb	20
Benzin	Einschl. Wirkungsgrad, ohne Behälter und Motor	0,25
	Desgl. mit Behälter, ohne Motor	0,50

[1]) ETZ 1916, S. 326. — [2]) Pufferaggregat der Ateliers de Constructions Electriques de Charleroi. Vgl. auch weiter unten S. 580.

Wenn wir von der Preßluft, bei welcher der Wirkungsgrad sehr schlecht ist, absehen, so geht aus dieser Zusammenstellung hervor, daß die chemische Aufspeicherung der Energie den leichtesten Akkumulator ergibt. Der elektrische Akkumulator läßt zwar in bezug auf das Gewicht noch sehr viel zu wünschen übrig, wenn wir ihn mit der Kohle und dem Benzin vergleichen. Er hat gegenüber diesen aber den Vorteil, daß man nicht nur Energie aus ihm herausnehmen, sondern auch in ihn hineinbefördern kann. Er ist also, im Gegensatz zu der Kohle und dem Benzin, ein Akkumulator im eigentlichen Sinne des Wortes.

Weil die elektrischen Akkumulatoren ihre Spannung mit der Belastung ändern, müssen wir besondere Vorkehrungen treffen, um sie zur Aufnahme bzw. Abgabe von Energie zwecks Belastungsausgleich oder Pufferung zu zwingen. Wir wollen nun dazu übergehen, diese Einrichtungen zu beschreiben.

93. Ladeeinrichtungen.

An Hand der Entlade- und Ladekurve der Fig. 470 sind in den Fig. 474 und 475 die Vorgänge beim Entladen und Laden einer Batterie für 110 Volt dargestellt. Es ist dabei angenommen, daß die Entladespannung bei 2,0 statt bei 2,2 Volt beginnt, und es sind deshalb $\frac{110}{2} = 55$ Stammzellen vorhanden. Je nachdem die mit konstantem Strome vorgenommen gedachte Entladung fortschreitet, sinkt die Spannung, und wir müssen neue Zellen, sogenannte Schaltzellen, hinzuschalten. Wir können damit fortfahren, bis die Spannung der Stammzellen auf 1,80 Volt gefallen ist, und wir haben dann 6 Schaltzellen zu den Stammzellen hinzugeschaltet. Bei der darauf folgenden Ladung sind zuerst alle $55 + 6 = 61$ Zellen eingeschaltet. Die zuletzt eingeschaltete Schaltzelle wird beim Laden zuerst voll geladen und dann die übrigen Zellen der Reihe nach. Hierbei ist zu beachten, daß die Zellen, wenn der Ladestrom konstant und gleich dem Entladestrom ist, im Verhältnis des Wirkungsgrades in bezug auf Amperestunden länger geladen werden müssen, als sie entladen worden sind. In diesem Falle ist das Verhältnis 1:0,925. In dem Maße, wie die Zellen voll geladen werden, schaltet man sie, wie die Abbildung zeigt, ab. Bei der Ladung steigt erst die Spannung sehr schnell auf 134 Volt, fällt dann auf etwa 128 Volt und steigt gegen Schluß der Ladung wieder schnell auf 152 Volt. Die höchste erforderliche Ladespannung verhält sich demnach zur normalen Netzspannung wie $\frac{152}{110} = 1,38$.

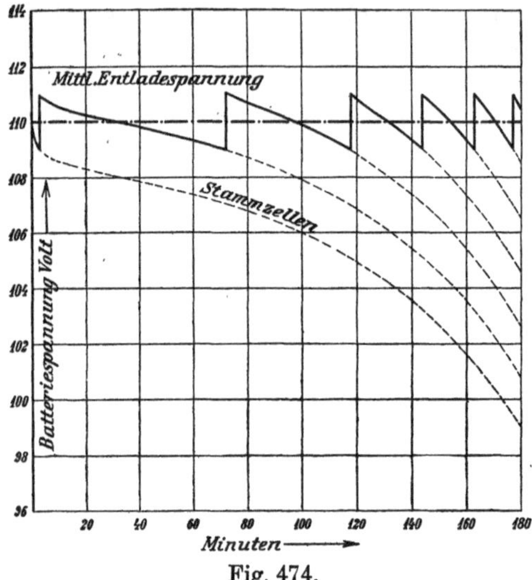

Fig. 474.

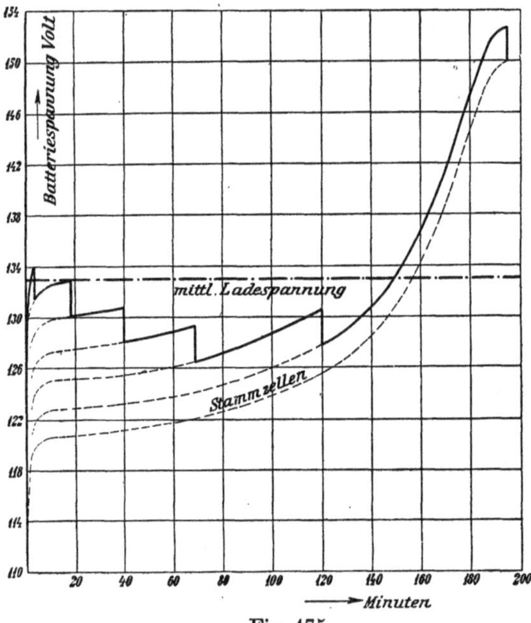

Fig. 475.

Fig. 474 und 475. Vorgänge beim Entladen und Laden einer 110-Volt-Batterie.

Aus der Ladungskurve der Stammzellen geht hervor, daß ihre Spannung in diesem Falle bis 150 Volt steigt, weshalb wir das Netz während der Ladung hier nicht an die Batterie anschließen dürfen. Um dies zu ermöglichen, müssen wir mehr Schaltzellen und weniger Stammzellen verwenden.

Bis jetzt wurde nur die Spannung der Batterie selbst berücksichtigt. Wir wollen nun auch die Spannungsabfälle in den Leitungen einführen. Bezeichnen wir die im Speisepunkt konstant zu haltende Spannung mit E, den Spannungsabfall bei Vollast zwischen Sammelschienen und Speisepunkt mit e_{sp}, zwischen Sammelschienen und Batterie mit e_b und die höchste erforderliche Ladespannung mit $E_{\max}$, während die niedrigste Entladespannung gleich E ist, so bekommen wir:

a) wenn die Batterie bei der Ladung an das Netz nicht angeschlossen ist:

Die Gesamtzahl der Zellen

$$\mathfrak{Z}_g = \frac{E + e_{sp} + e_b}{1{,}80}. \tag{247}$$

Die Zahl der Stammzellen

$$\mathfrak{Z}_{st} = \frac{E}{2,2}. \tag{248}$$

Das Verhältnis zwischen der höchsten und der niedrigsten Ladespannung

$$\frac{E_{\max}}{E} = \frac{\left(\frac{E + e_{sp} + e_b}{2,0} + 1\right) 2,73 + e_b \;^{1)}}{E}; \tag{249}$$

b) wenn die Batterie stets an das Netz angeschlossen bleibt:

$$\mathfrak{Z}_g = \frac{E + e_{sp} + e_b}{1,80}; \tag{250}$$

$$\mathfrak{Z}_{st} = \frac{E}{2,73}; \tag{251}$$

$$\frac{E_{\max}}{E} = \frac{\left(\frac{E + e_{sp} + e_b}{2,0} + 1\right) 2,73 + e_b}{E}. \tag{252}$$

Wenn $E = 110$ Volt, $e_{sp} = 15$ und $e_b = 5$ Volt sind, wird

$$\frac{E_{\max}}{E} = \frac{\left(\frac{110 + 15 + 5}{2,0} + 1\right) 2,73 + 5}{110}$$

$$= \frac{(65 + 1)\, 2,73 + 5}{110} = \frac{185}{110} = 1,68, \tag{252a}$$

also erheblich größer, als wenn wir die Spannungsabfälle unberücksichtigt lassen.

Zur Ab- und Zuschaltung der Schaltzellen benutzt man besonders ausgebildete Zellenschalter.

Für kleinere Stromstärken werden sie, wie Fig. 476 zeigt, mit kreisförmiger, für größere Stromstärken, wie Fig. 477 zeigt, mit gerader Kontaktbahn ausgeführt. Der Schleifkontakt muß schmaler als der Abstand zwischen zwei aufeinanderfolgenden Kontakten ausgeführt werden, um beim Übergang von einem Kontakt zum anderen die dazwischenliegende Zelle nicht kurzzuschließen. Damit der Strom während des Überganges nicht unterbrochen wird, wird ein Hilfskontakt angeordnet, der mit dem Haupt-

[1]) Weil die Spannung je Zelle fast sofort auf 2,0 Volt sinkt, kann man damit rechnen, daß die Entladung bei 2,0 Volt je Zelle beginnt.

kontakt über einen Widerstand verbunden ist. Dieser Widerstand ist so zu bemessen, daß die überbrückte Zelle nur mit dem höchst zulässigen Entladestrom beansprucht wird. Bei sehr großen Stromstärken und besonders wenn man, wie in 220-Volt-Anlagen, je

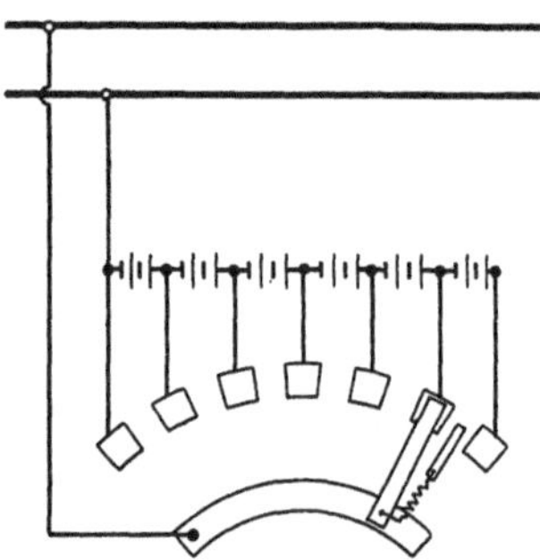

Fig. 476. Zellenschalter für kleine Stromstärken.

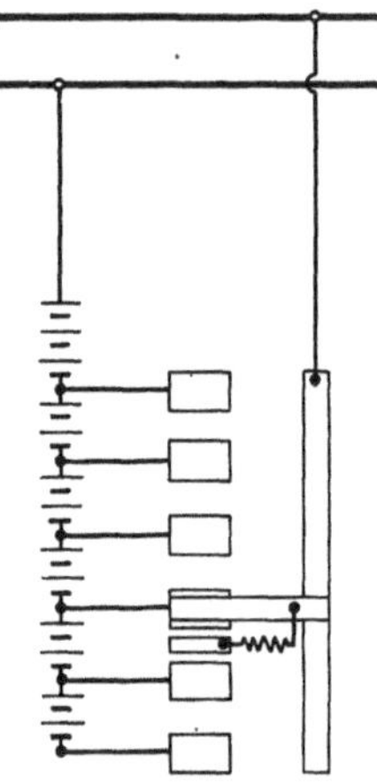

Fig. 477. Zellenschalter für größere Stromstärken.

zwei Zellen schaltet, ist es, um den Verschleiß der Kontaktbahn zu verringern, zweckmäßig, den Abreißfunken an einen besonders ausgebildeten Schalter, wie Fig. 478 zeigt, zu verlegen. Der Abreißschalter wird mit einem besonderen, nicht eingezeichneten, Funkenziehkontakt versehen und während des Überganges über den Widerstand an die Hilfsschiene angeschlossen.

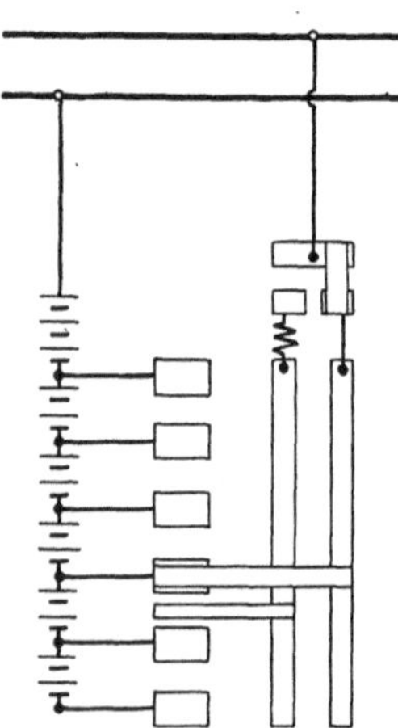

Fig. 478. Zellenschalter für sehr große Stromstärken.

Die kleineren Zellenschalter werden im allgemeinen von Hand, die größeren meist mittels Motor und Druckknopfsteuerung betätigt.

Wenn Ladung und Entladung nicht gleichzeitig vorkommen, verwendet man Einfachzellenschalter, sonst Doppelzellenschalter, bei denen der eine Hebel an das Netz, der andere an die Ladespannung angeschlossen wird (Fig. 479 und 480). In weit ausgedehnten Netzen mit Speisekabeln von sehr verschiedener Länge vereinigt man unter Umständen die Speisekabel in einigen Gruppen den Spannungsabfällen entsprechend und schließt jede Gruppe an einen besonderen Zellenschalter an.

Infolge der starken Änderung der Ladespannung sind für die Ladung besondere Vorkehrungen erforderlich, die wir jetzt näher beschreiben wollen.

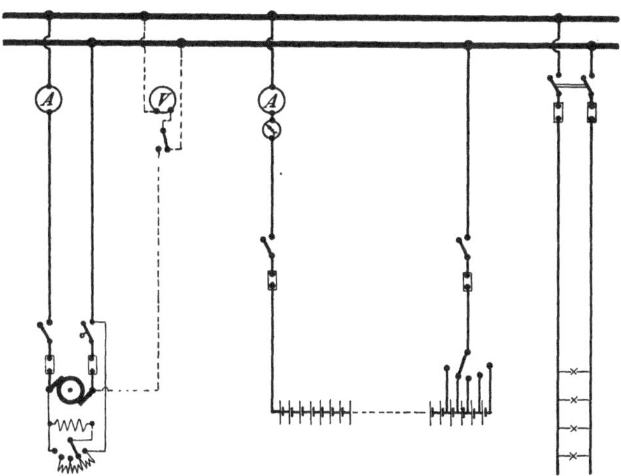

Fig. 479. Schaltschema einer Anlage mit Einfachzellenschalter.

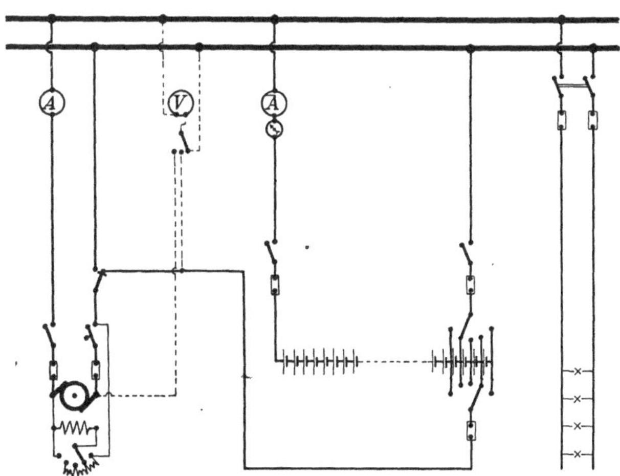

Fig. 480. Schaltschema einer Anlage mit Doppelzellenschalter.

a) Ohne Zusatzmaschine.

Die Ladung der Batterie kann ohne Verwendung von besonderen Maschinen zur Erhöhung der Spannung entweder durch Erhöhung der Spannung des Hauptgenerators oder durch Unterteilung der Batterie in mehrere Reihen vorgenommen werden.

1. **Erhöhung der Generatorspannung.** Bei Erhöhung der Maschinenspannung ist die Maschine so auszuführen, daß die Spannung je nach den vorkommenden Spannungsabfällen um mehr als 40% über die normale Verbrauchsspannung erhöht werden kann (s. S. 163). Wird sie, wie dies öfters angegeben wird, nur für 40% oder gar 35% Spannungserhöhung ausgeführt, so kann die Batterie wohl schlechtweg geladen werden, die Folge davon aber ist, daß die Batterie nicht bis zur vollen Gasentwicklung (Kochen) geladen werden kann. Hierdurch wird das Bleisulfat nicht vollständig beseitigt und die Kapazität der Batterie geht sehr schnell zurück, bis die Batterie nach einigen Jahren völlig unbrauchbar geworden ist[1]).

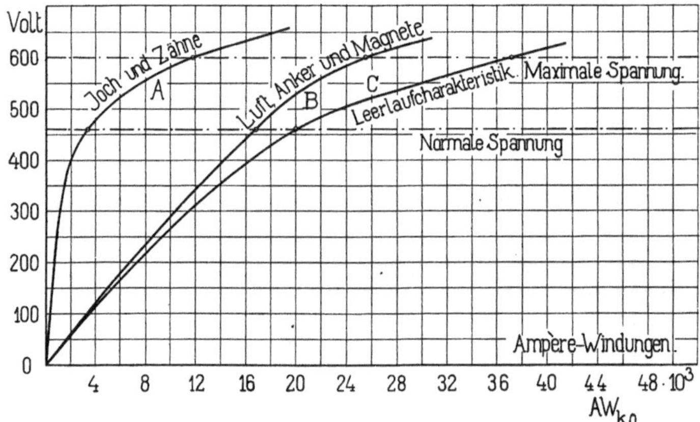

Fig. 481. Geeignete Magnetisierungskurve für einen Generator zum Laden einer Batterie.

Die Erhöhung der Spannung kann, falls die Antriebsmaschine es gestattet, durch Erhöhung der Drehzahl der Maschine erreicht werden.

In den meisten Fällen ist jedoch eine Erhöhung der Drehzahl nicht oder nur in geringem Grade möglich. Man erhöht dann die Spannung durch Änderung der Erregung der Maschine. Die Magnetisierungskurve der Maschine muß daher über dem Knie, auf dem man bei normaler Spannung arbeitet, noch möglichst stark ansteigen. Man erhält sonst für die höchste erforderliche Ladespannung zuviel Amperewindungen, muß also, um diese Spannung zu erreichen, sehr viel Erregerkupfer auf die Magnete aufbringen, das beim Ar-

[1]) Näheres über die Behandlung der Batterie ist in dem Buche: Die Krankheiten des stationären elektrischen Bleiakkumulators von F. E. Kretzschmar, Verlag R. Oldenburg, München und Berlin, zu finden.

beiten mit normaler Spannung schlecht ausgenutzt wird und die Maschine verteuert.

Aus diesem Grunde sättigt man das Ankereisen und die Magnetkerne für normale Spannung wenig; den Anker je nach der Periodenzahl bis zu $B_a = 10\,000$; die Magnete etwa mit $B_m = 12\,000$. Dagegen sättigt man die Zähne schon bei normaler Spannung stark, indem man $B_z = 19\,000$ bis $20\,000$ wählt, und verwendet ferner ein Gußeisenjoch, das man bei normaler Spannung ziemlich stark, etwa mit $B_j = 5000$ bis 7000, beansprucht. Die Magnetisierungskurve für

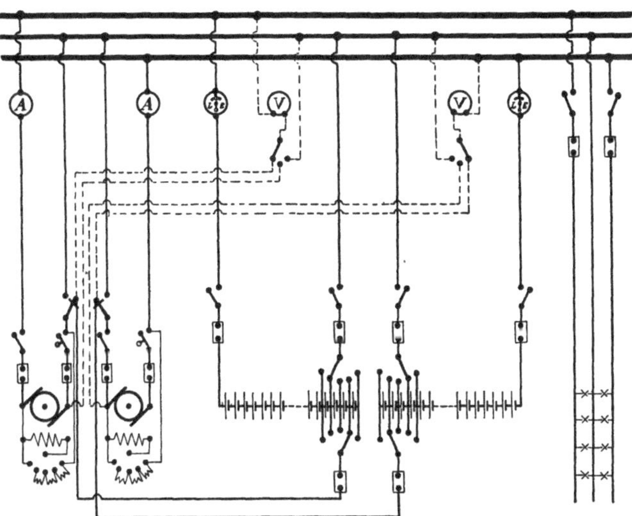

Fig. 482. Schaltschema einer Dreileiter-Anlage mit Doppelzellenschalter.

Luft, Anker und Magnete allein wird dann bei der normalen Spannung noch ziemlich geradlinig verlaufen (Fig. 481, Kurve B), dagegen wird man auf der Magnetisierungskurve für Joch und Zähne (Kurve A) schon bei normaler Spannung über dem Knie arbeiten. Die Kurve A steigt jedoch auch über dem Knie noch stark an, da die Magnetisierungskurve für Gußeisen nicht so stark abbiegt, wie die für Stahlguß und da die Zähne nur ein sehr kurzes Stück des Kraftlinienweges bilden und die Induktion dieses Stückes sich daher ohne einen zu großen Aufwand von Erregerstrom auch über den Sättigungspunkt hinaustreiben läßt. Die Leerlaufcharakteristik C, die man durch Summieren der Abszissen der Kurven A und B erhält, wird daher bei der normalen Spannung infolge des Einflusses von A schon genügend gekrümmt sein, und anderseits doch noch stark genug ansteigen, um bei der höchsten Ladespannung nicht allzuviel Erregerkupfer zu erfordern.

Ein anderes Verfahren, eine zweckmäßige Form der Magnetisierungskurve zu bekommen, besteht darin, daß man, wie in Bd. I, S. 481 beschrieben, Aussparungen in den Magnetkernen anordnet.

Die Fig. 482 zeigt das Schaltschema einer Anlage mit Doppelzellenschalter nebst den erforderlichen Instrumenten und Apparaten für eine Dreileiter-Anlage.

Für die Überwachung der Ladung und Entladung der Batterie sind Amperestundenzähler sehr zu empfehlen, weil sie einen

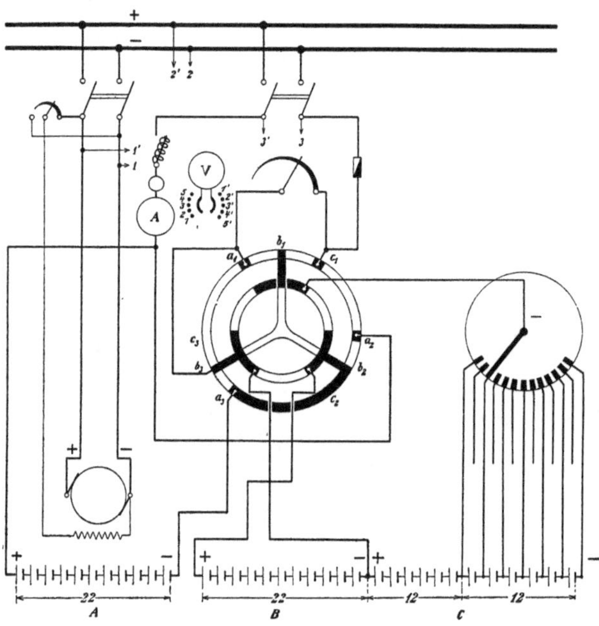

Fig. 483. Schaltschema mit Gruppeneinteilung der Batterie beim Laden.

guten Aufschluß über den Ladezustand der Batterie geben. Es sind stets etwa $10^0/_0$ mehr Amperestunden hineinzuladen als herausgenommen worden ist. Die Batterie ist voll geladen, wenn nach Unterbrechung der Ladung beide Platten sofort nach dem Wiedereinschalten des Ladestromes anfangen zu gasen. Die Säuredichte gibt ebenfalls über den Ladezustand Aufschluß. Einzelne bei der Ladung zurückbleibende Zellen sind besonders nachzuladen. Zu diesem Zwecke empfiehlt es sich, einen kleinen Umformer für 3 bis 4 Volt zu benutzen.

Während der Ladung ist eine nennenswerte Entladung bei dieser Schaltung, Fig. 482, tunlichst zu vermeiden, weil sonst die zwischen dem Lade- und dem Entladehebel liegenden

Schaltzellen einen größeren Ladestrom bekommen als die Stammzellen und deshalb zu stark geladen werden, was schädlich ist.

Vielfach werden die Generatoren mit Minimal-Ausschaltern versehen, die beim Unterschreiten der normalen Stromstärke um etwa 5 % den Generator abschalten. Sie sollen angeblich sicherstellen, daß die Batterie keinen Strom in die Generatoren zurückschickt. Im entscheidenden Augenblick versagen sie jedoch so gut wie immer, denn wird die Spannung des Generators aus irgend-

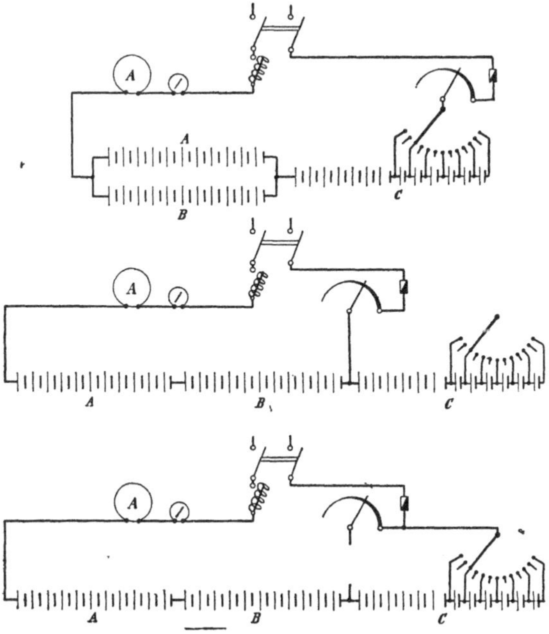

Fig. 484. Die verschiedenen Schaltungen, die man bei der Anordnung nach Fig. 483 erhält.

einem Grunde unzulässig herabgesetzt, so geht der Strom nicht nur auf Null zurück, sondern kehrt sich um und hat meistens einen so großen negativen Wert erreicht, bevor der Minimalausschalter Zeit zum Auslösen bekommen hat, daß der Minimalausschalter erst recht fest hält. Gewöhnlich werden die Minimalausschalter auch von dem Maschinenwärter gut und dauerhaft festgebunden, um dem lästigen Herausfallen beim Einschalten vorzubeugen. Bedeutend zweckmäßiger ist es, statt dessen einen Rückstrom-Selbstausschalter einzubauen, der unter allen Umständen ausschaltet, sowie der Strom einen negativen Wert von etwa 5 % des normalen Stromes erreicht hat. Der Rückstrom-Selbstschalter wirkt gleichzeitig als Höchststromausschalter.

Wenn wir uns den Ladehebel und die Ladeleitung weggenommen denken, so haben wir die Schaltung beim Einfachzellenschalter. Während des Ladens muß hier das Netz abgeschaltet sein. Diese Schaltung eignet sich deshalb nur für kleine Anlagen.

2. Unterteilung der Batterie. Will man die Verteuerung des Generators, welche seine Ausführung für die oben besprochene Spannungserhöhung mit sich bringt, vermeiden, und statt dessen einen normalen Generator verwenden, so kann man die Batterie nach Fig. 483 in der sogenannten Micka-Schaltung laden. Die Batterie wird hierbei in drei Gruppen geteilt, welche bei der Ladung und Entladung mittels des dreipoligen Drehschalters, wie die Fig. 484 zeigt, geschaltet werden. Die Maschinenspannung wird hierbei unverändert auf dem normalen Wert gehalten. Der Spannungsunterschied zwischen Batterie und Maschine wird in dem Vorschaltwiderstand aufgezehrt. Es bedeutet dies allerdings einen nicht unerheblichen Energieverlust, weshalb die Anordnung nur für kleine Anlagen zu empfehlen ist. Für solche Zwecke ist die Anordnung jedoch ihrer Einfachheit wegen sehr brauchbar.

b) Mit Zusatzmaschine.

In größeren Anlagen verwendet man zur Ladung der Batterie stets eine besondere Zusatzmaschine. Die Generatoren können dann für die normale Netzspannung bemessen werden und die Zusatzmaschine wird, wie Fig. 485 zeigt, in den Ladestromkreis eingeschaltet und dient dazu, die Ladespannung beim Fortschreiten der Ladung entsprechend dem Ansteigen der elektromotorischen Gegenkraft der Batterie zu erhöhen. Die höchste Spannung, die sie zu liefern hat, beträgt (vgl. Gl. 252, S. 583)

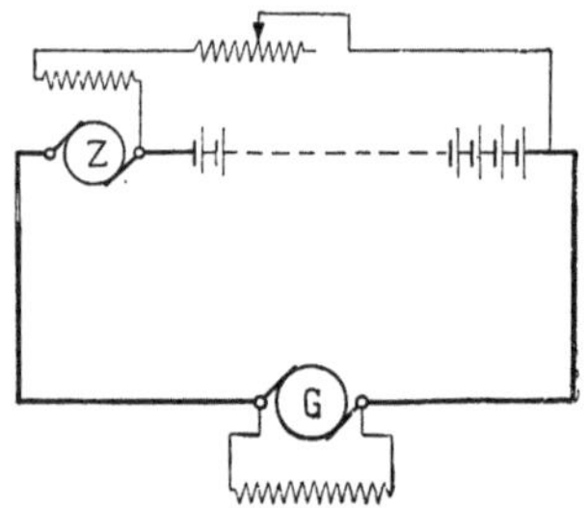

Fig. 485. Laden mittels Zusatzmaschine.

$$E_{\mathfrak{z}} = E_{\max} - (E + e_{sp}) = \left(\frac{E + e_{sp} + e_b}{2{,}0} + 1\right) 2{,}73 + e_b - (E + e_{sp}). \quad (253)$$

Für $E = 110$ Volt, $e_{sp} = 15$ und $e_b = 5$ Volt wird also

$$E_{\mathfrak{z}} = \left(\frac{110 + 15 + 5}{2{,}0} + 1\right) 2{,}73 + 5 - (110 + 15) = 60 \text{ Volt}, \quad (253\text{a})$$

d. h. $\frac{60}{110} \cdot 100 \cong 55\,\%$ der normalen Netzspannung.

Da die Ladestromstärke der Akkumulatoren während der ganzen Ladezeit möglichst konstant gehalten werden soll, sind Zusatzmaschinen so zu entwerfen, daß sie bei konstanter Stromstärke Spannungen von annähernd Null bis zur Maximalspannung erzeugen können. Wie die Fig. 485 zeigt, wird die Zusatzmaschine von der Batterie aus erregt, wodurch bis zu einem gewissen Grade eine selbsttätige Spannungsregulierung erreicht wird, denn der Erregerstrom steigt mit zunehmender Batteriespannung. Außerdem ist im Erregerkreis noch ein Regler vorzusehen, der gestattet, die Erregung beim Beginn des Ladens stark zu vermindern und während des Ladens die Zusatzspannung so zu regeln, daß die Ladestromstärke unverändert bleibt.

Bei der Berechnung von Zusatzmaschinen ist besonders zu beachten, daß sie auch bei äußerst geringer Erregung den vollen Ladestrom führen, und daß daher eine verhältnismäßig große Stromstärke ohne Hauptfeld kommutiert werden muß. Sie müssen daher die Forderung erfüllen, daß sie von Kurzschluß bis Vollast funkenfrei arbeiten. Im übrigen bietet die Berechnung, die unter Zugrundelegung der maximalen Spannung und der Ladestromstärke zu erfolgen hat, keine weiteren Besonderheiten.

Statt eines gewöhnlichen Nebenschlußgenerators kann man auch einen der oben beschriebenen Generatoren für konstanten Strom als Zusatzgenerator verwenden, wenn man ihn mittels eines Nebenschlußmotors mit gleichbleibender Drehzahl antreibt. Beim Fortschreiten der Ladung der Batterie nimmt mit zunehmender Batteriespannung die Spannung des Generators selbsttätig zu und die Ladestromstärke hält sich während der Ladung von selbst konstant auf einem beliebig einstellbaren Wert. Es eignet sich hierfür besonders der Krämersche Generator wegen seiner einfachen Ausführung. Durch passende Wahl seiner Spannung und durch geeignete Einstellung des Regulierwiderstandes für die Fremderregung läßt sich mit ihm eine vollkommen konstante Ladestromstärke erzielen.

c) Mit Zusatz- und Ausgleichmaschinen.

Die Fig. 486 zeigt das vollständige Schaltbild einer mit Batterie, Zusatz- und Ausgleichmaschinen ausgerüsteten Dreileiteranlage.

Der Generator G ist zwischen die Außenleiter geschaltet und braucht nicht mit Spannungsteiler ausgeführt zu werden, weil die Spannungsteilung mit der Batterie, mit den Ausgleichmaschinen oder mit diesen beiden gleichzeitig ausgeführt werden kann.

Die beiden Batteriehälften können je für sich mit je einem zweipoligen Schalter vom Netz vollständig getrennt werden. Infolgedessen braucht man bei Beschädigung der einen Batteriehälfte nur diese Hälfte vom Netz abzuschalten, während die andere Hälfte den Betrieb wenigstens teilweise aufrecht erhalten kann. Die eine Ausgleichmaschine wird dabei als Motor von der unbeschädigten Batteriehälfte angetrieben, die andere Ausgleichmaschine wirkt als Generator, auf die andere Netzhälfte geschaltet als Ersatz für die beschädigte

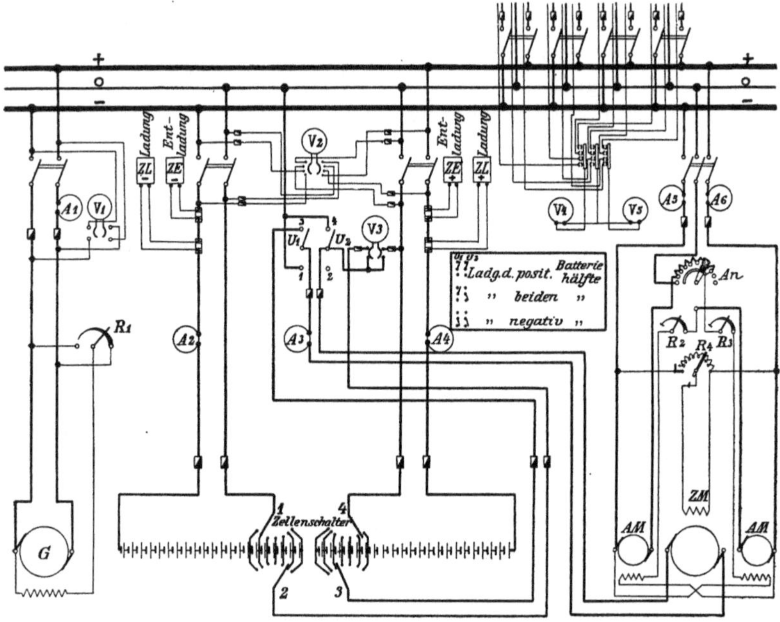

Fig. 486. Vollständiges Schaltbild einer Dreileiteranlage mit Batterie, Zusatz- und Ausgleichmaschinen.

Batteriehälfte. Die zweipolige Abschaltung der beiden Batteriehälften ist der einpoligen vorzuziehen, weil der durch einen etwa entstandenen Erdschluß in der Batterie fließende Strom sonst nicht unterbrochen werden kann. Die Zellenschalter sind in die Mitte der Batterie verlegt, weil man dann mit nur einer Zusatzmaschine auskommt, während man bei außen liegendem Zellenschalter zwei Zusatzmaschinen braucht. Man hat hier außerdem den Vorteil, daß die Zellenschalter eine niedrige Spannung gegen Erde haben und deshalb leichter zu isolieren sind. Jede Batteriehälfte ist mit einem Amperestundenzähler für die Ladung und einem für die Entladung versehen, so daß man den Ladezustand jeder Hälfte stets überwachen kann.

Die Zusatz- und die beiden Ausgleichmaschinen sind, auf dieselbe Welle gesetzt, zu einem Maschinensatz vereinigt, der mit dem besonders ausgebildeten Anlasser *An* angelassen wird. Es ist zu beachten, daß die beiden Ausgleichmaschinen kreuzweise erregt werden, weil sie sich sonst nicht stabil verhalten.

Die Zusatzmaschine wird über die beiden einpoligen Umschalter U_1 und U_2 mit der Batterie verbunden, und zwar kann mit nur diesen beiden Umschaltern die Schaltung für Ladung der einen, der anderen oder beider Batteriehälften vorgenommen werden. Beim Zuschalten der Zusatzmaschine wird stets zuerst der Umschalter U_1 eingelegt, worauf die Zusatzspannung so einreguliert wird, daß der Spannungsmesser V_3 Null Volt anzeigt. Dann erst wird der Umschalter U_2 ebenfalls geschlossen. Während der Ladung ist die Zusatzspannung stets so einzustellen, daß das Amperemeter A_3 dieselbe Ladestromstärke anzeigt, wie die Amperemeter A_2 und A_4 zeigen.

Bei der Entladung der Batterie ist die Zusatzmaschine abgeschaltet und läuft unerregt. Die Verschiedenheiten in der Belastung der beiden Netzhälften sind durch die Ausgleichmaschinen, von denen die eine als Motor auf der schwächer belasteten, die andere als Generator auf der stärker belasteten Netzhälfte arbeitet, so auszugleichen, daß die beiden Batteriehälften möglichst in demselben Maße entladen werden.

Von jedem Speisepunkt führen drei Spannungsprüfdrähte, einer für jeden Pol, zur Schalttafel, wo sie mittels einer Druckknopfeinrichtung an drei kleine Sammelschienen, eine für jeden Pol, angeschlossen werden können. An diese Sammelschienen sind die beiden Stationsvoltmeter V_4 und V_5 angeschlossen. Sind die Widerstände sämtlicher Prüfdrähte auf denselben Betrag abgeglichen, so zeigen diese Voltmeter stets den arithmetischen Mittelwert der Spannungen in den jeweils mit ihnen verbundenen Speisepunkten an.

Als Zusatzmaschine kann man auch einen Generator für konstanten Strom verwenden. Die Wartung gestaltet sich dann äußerst einfach, denn der einmal eingestellte Ladestrom bleibt dann von selbst während der Ladung konstant. Die Ausschalter für die Batterie müssen dann einpolig ausgeführt sein und die Entladezellenschalter vom Netz während des Ladens abgetrennt werden; denn sonst würden wohl die Schaltzellen, nicht aber die Stammzellen sicher mit einem konstanten Strom geladen werden.

94. Puffereinrichtungen.

Die Akkumulatorenbatterie eignet sich sehr gut zum Ausgleich ziemlich rasch veränderlicher Belastungen, welcher Art die Belastung auch sein mag. Der Aufnahme derartiger Belastungsstöße und ihre Ablenkung von den Kraftmaschinen wird Pufferung genannt.

Die Fig. 487 stellt das allgemeine Schema einer Kraftübertragung dar, und wir ersehen daraus, daß eine elektrische Kraftübertragung aus den vier Hauptgliedern: Kraftmaschine K, Generator G, Netz N und Motor M besteht. Die Batterie hat die Aufgabe, irgendeines von diesen Gliedern vor Belastungsschwankungen zu schützen, indem es an einem gewissen Punkte der Kraftübertragung den Betrag der Leistung hergibt bzw. aufnimmt, mit welcher die Belastung den Mittelwert übersteigt bzw. unterschreitet. Den vier vor Belastungsschwankungen zu schützenden Gliedern entsprechend bekommen wir die vier in der Figur aufgeführten verschiedenen Fälle der Pufferung. Wir ersehen aus der Figur, daß die Batterie nicht nur das, gerechnet in der Strömungsrichtung der Energie unmittelbar vorherliegende Glied, sondern auch alle vorherliegenden Glieder vor solchen Belastungsschwankungen schützt, die hinter dem Anschlußpunkt der Batterie auftreten. Es ergibt sich hieraus die wichtige Regel, daß, wenn keine anderen Gründe ein anderes Verfahren rechtfertigen, die Batterie so weit entfernt von der Energiequelle wie möglich, und zwar unmittelbar vor dem Punkt, in dem die Belastungsstöße auftreten, angeschlossen werden soll.

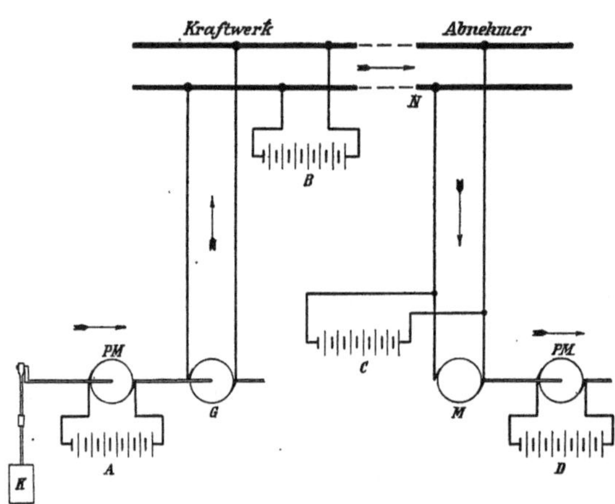

Fig. 487. Allgemeines Schema einer Kraftübertragung.

I. Batt. A hält die Leistung der Kraftmaschine K konstant.
II. „ B „ „ „ des Generators G „
III. „ C „ „ „ „ Netzes N „
IV. „ D „ „ „ „ Motors M „
Die Pfeile geben die Strömungsrichtung der Energie an.

Der nächstliegende Zweck der Pufferung ist in der Konstanthaltung der Leistung zu erblicken, wodurch, die Verluste in der Batterie und den erforderlichen Hilfseinrichtungen mit gerechnet, meist ein höherer Gesamtwirkungsgrad erzielt wird. Die Konstanthaltung der Leistung bringt die Annehmlichkeit mit sich, daß Spannungs- und Drehzahlschwankungen vermieden werden, was unter Umständen allein schon die Verwendung einer Pufferung rechtfertigen kann.

Die Ruhespannung einer Pufferbatterie, welche der Berechnung der Zellenzahl zugrunde zu legen ist, beträgt 2,08 Volt. Die mittleren Lade- und Entladespannungen hängen natürlich von der Größe und der Dauer der Belastungsstöße ab. Sie unterscheiden sich jedoch bei Pufferbatterien weniger voneinander als bei gewöhnlichen Batterien, weil die Ladung bzw. Entladung hier nicht so weit getrieben wird. Infolgedessen ist der Wirkungsgrad einer Pufferbatterie größer als der einer gewöhnlichen Batterie. Die Fig. 488 zeigt die Änderung der Batteriespannung mit der Zeit bei abwechselnder Ladung und Entladung mit derselben konstanten Stromstärke[1]). In diesem Falle würde der Wirkungsgrad bezogen auf kW-Stunden, wenn wir mit einem Wirkungsgrad in Amperestunden von $90\,^0/_0$ rechnen, $90 \cdot \frac{1,96}{2,25} \cong 78\,^0/_0$ sein, und für praktische Verhältnisse könnte man mit einem Wirkungsgrad von etwa **$70\,^0/_0$** rechnen.

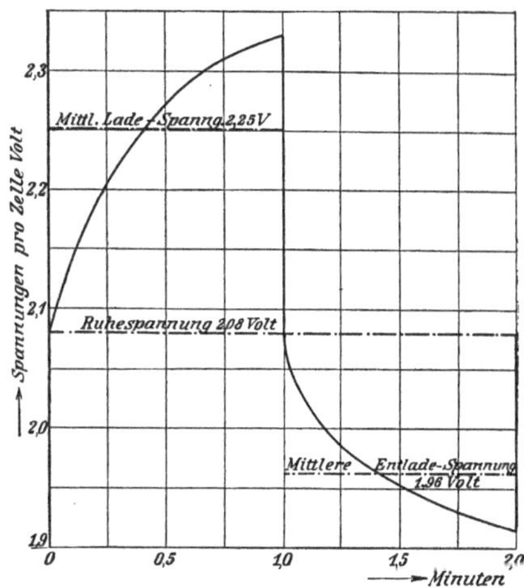

Fig. 488. Änderung der Batteriespannung bei abwechselnder Ladung und Entladung.

Wie aus der Fig. 487 ersichtlich, wirkt der EMK der Batterie stets eine in Maschinen induzierte EMK entgegen. Der Unterschied dieser beiden Spannungen treibt den Strom durch die Batterie, und zwar im Sinne der Ladung, wenn die Maschinenspannung, im Sinne der Entladung, wenn die Batteriespannung überwiegt. Ein solcher Spannungsunterschied entsteht bei Belastungsschwankungen von selbst, indem ein Belastungsstoß eine Abnahme der Drehzahl der Kraftmaschine bzw. des Motors und somit eine Spannungssenkung der Puffermaschine *PM*, Fig. 487, oder unmittelbar eine Spannungssenkung des Generators bzw. des Netzes verursacht, während umgekehrt eine Entlastung eine Erhöhung der Maschinenspannung zur Folge hat. Dieser auf natürlichem Wege hervorgerufene Spannungsunterschied genügt jedoch bei weitem nicht, um eine vollkommene Pufferung herbeizuführen. Der erforderliche Spannungsunterschied wird deshalb durch besonders ausgebildete sogenannte Puffereinrichtungen künstlich hervorgerufen, entweder dadurch, daß die Maschinenspannung selbst geändert wird, oder dadurch, daß zur Batteriespannung eine in einer besonderen Zusatzmaschine erzeugte Zusatzspannung hinzugefügt wird. Obwohl das letztere Verfahren eine besondere Maschine erfordert, ist es doch meist

[1]) Pufferversuche mit Pirani- und Lancashiremaschinen von L. Schröder, ETZ 1911, S. 1288, H. 51.

gerade aus wirtschaftlichen Gründen vorzuziehen. Es ermöglicht außerdem einen schnelleren Ausgleich und ist bei Generator- und Netzpufferung der einzig mögliche Ausweg. Wir wollen im folgenden deshalb nur die Spannungsregelung mit in Reihe mit der Batterie geschalteter Zusatzmaschine behandeln. Aus diesen zu behandelnden Fällen können leicht die Anordnungen mit Regelung der Maschinenspannung abgeleitet werden. Wie diese Regelung der Maschinenspannung ausgeführt werden kann, werden wir übrigens in dem folgenden Kapitel über Schwungradpufferung näher besprechen.

Die Puffereinrichtungen müssen, um ein rechtzeitiges und in erwünschtem Maße erfolgendes Eingreifen der Batterie bewirken zu können, von der Leistung der Kraftübertragung gesteuert werden. Die Wahl steht uns frei, sie in Abhängigkeit von der Leistung vor oder hinter dem Anschlußpunkt der Batterie, d. h. von der konstant zu haltenden Leistung oder von der veränderlichen Belastung zu bringen.

Wie verhält sich nun die Puffereinrichtung, wenn sie von der konstant zu haltenden Leistung gesteuert wird? Die Belastung möge zunächst gerade so groß sein, daß die Batterie Energie weder abgibt noch aufnimmt. Es trete nun ein Belastungsstoß auf, der in voller Größe bestehen bleibt. Der Belastungsstoß bewirkt zunächst fast in seiner vollen Größe eine Erhöhung der konstant zu haltenden Leistung, während nur ein kleiner Teil desselben von der Batterie gedeckt wird. Die Erhöhung der konstant zu haltenden Leistung veranlaßt die Puffereinrichtung, die Batterie zur Energieabgabe zu zwingen. In dem Maße, wie die Batterie zur Energielieferung herangezogen wird, sinkt die steuernde Leistung, bis sich ein Gleichgewichtszustand herausbildet, in dem die Puffereinrichtung keine Veranlassung mehr hat, die Energielieferung der Batterie zu steigern. Es sei nebenbei bemerkt, daß, wie wir später sehen werden, die Puffereinrichtung so eingestellt werden kann, daß die steuernde Leistung in diesem Gleichgewichtszustande größer, gleich oder kleiner wird, als vor dem Eintreten des Belastungsstoßes. Da jedoch die Spannung der Batterie bei Entladung sinkt, wird die erzwungene Leistungsabgabe allmählich kleiner. Weil aber die steuernde Leistung hierdurch gesteigert wird, greift die Puffereinrichtung wieder ein und hält den Gleichgewichtszustand dauernd aufrecht.

Bei diesen Betrachtungen haben wir allerdings die magnetische Trägheit unberücksichtigt gelassen. Die Folge des Belastungsstoßes war eine, eine Spannungsänderung bezweckende Änderung des Erregerstromes der Zusatzmaschine. Die hierdurch verursachte Kraftflußänderung ruft in anderen auf der Zusatzmaschine vorhandenen

Erregerwicklungen Ströme entgegengesetzter Richtung hervor, die allmählich abklingen. Beim Erreichen des angeblich richtigen Gleichgewichtszustandes sind diese induzierten Ströme noch im Abklingen begriffen und veranlassen hierdurch ein gänzlich unerwünschtes weiteres Ansteigen der Zusatzspannung. Die Energieabgabe der Batterie wird hierdurch in unbeabsichtigter Weise erhöht, die steuernde Leistung entsprechend verkleinert und die Puffereinrichtung muß zurück regeln. Hierdurch können Pendelungen entstehen, deren Größe bei richtiger Bemessung der Einrichtung zwar bald abklingen, bei unrichtiger Bemessung aber bestehen bleiben oder gar zunehmen kann.

Wird die Puffereinrichtung dagegen von der veränderlichen Belastung gesteuert, so können Pendelerscheinungen unter keinen Umständen auftreten, denn der einmal eingetretene Belastungsstoß wird von dem Vorhaben der Puffereinrichtung nicht beeinflußt. Die magnetische Trägheit hat hier nur zur Folge, daß das Eingreifen der Batterie etwas verzögert wird. In diesem Falle ist ein vollständiger Belastungsausgleich jedoch nicht unter allen Umständen gewährleistet, denn die Batteriespannung und damit auch die konstant zu haltende Leistung ändert sich nachträglich. Hiervon erfährt aber die Puffereinrichtung nichts und kann deshalb nicht eingreifen, um einen vollständigen Belastungsausgleich herbeizuführen.

Wird die Puffereinrichtung von der konstant zu haltenden Leistung gesteuert, so nennen wir sie ausgeglichen, weil dann, nach dem vorstehenden ein vollständiger Belastungsausgleich erzielt werden kann. Wird sie von der veränderlichen Belastung gesteuert, so nennen wir sie nicht ausgeglichen, weil dann ein vollständiger Belastungsausgleich nicht erreicht wird.

Das Gebiet der Pufferung ist so groß, daß von einer Beschreibung aller zweckmäßigen oder gar aller möglichen Pufferanordnungen Abstand genommen werden muß. Wir wollen uns hier nur auf die Beschreibung einiger vorbildlichen Fälle beschränken. Durch Zusammenstellung der in diesen Fällen verwendeten Einzelanordnungen können andere Pufferanordnungen leicht abgeleitet werden.

Um eine möglichst schnelle Regelung herbeizuführen, empfiehlt es sich, den Hauptstrom, wie es der Übersichtlichkeit halber hier in den meisten Fällen geschehen soll, unmittelbar um die Magnete der Zusatzmaschine zu führen.

In vielen Fällen ist der Hauptstrom jedoch so groß, daß man genötigt sein wird, einen Nebenschluß in die Hauptstromleitung einzubauen und von diesem einen kleineren, um die Magnete der Zusatzmaschine geführten Strom abzuzweigen. Es ist aber hierbei zu beachten, daß die Hauptstrom-Erregerverluste der Zusatzmaschine proportional dem Verhältnis Hauptstrom zum Zweigstrom größer werden und daß, sofern nicht ein induktiver Nebenschluß zur Verwendung kommt, der Reguliervorgang verzögert wird. Um diese beiden Unannehmlichkeiten zu vermeiden, läßt man den Zweigstrom entweder auf einen Schnellregler, der die Spannung der Zusatzmaschine regelt, einwirken, oder man führt den Zweigstrom unmittelbar um die Magnete einer besonderen kleinen Maschine, die den Erregerstrom für die Kompoundwicklung der Zusatzmaschine liefert.

Im übrigen sei auf die Arbeiten von Prof. Dr. A. Schwaiger: ETZ 1912, H. 33, 35 und 36, sowie von L. Schröder: ETZ 1911, H. 51 verwiesen.

a) Kraftmaschinenpufferung.

Treibt die Kraftmaschine einen Generator für konstante Spannung an, so ist es in den meisten Fällen zweckmäßiger, den Generator anstatt nur die Kraftmaschine vor Belastungsschwankungen mittels einer Batterie zu schützen, weil dann, nach dem oben gesagten, die Belastungsschwankungen von beiden ferngehalten werden. Ist jedoch der Generator mit einer Kompoundwicklung zum Ausgleich von Spannungsabfällen in langen Speiseleitungen versehen, so sollen die Belastungsstöße gerade den Generator treffen und eine Kraftmaschinenpufferung ist am Platze. Liefert der Generator nicht eine annähernd konstante, sondern eine sehr veränderliche Spannung bei konstantem (Lichtbogenschweißung) oder veränderlichem Strome [Ward-Leonard-Schaltung[1])], so kann nur Kraftmaschinenpufferung in Frage kommen.

Die Kraftmaschine kann eine Verbrennungs-, Dampfmaschine oder dgl. sein. Zur Kraftmaschinenpufferung ist aber auch der Fall zu rechnen, wenn der Antrieb durch einen elektrischen Motor, vornehmlich dann einen Drehstrommotor, erfolgt.

1. Ausgeglichene Pufferanordnungen. Die Fig. 489 stellt eine ausgeglichene Pufferanordnung für Kraftmaschinenpufferung dar, und zwar diejenige Ausführung derselben, die bei konstanter oder annähernd konstanter Generatorspannung zu verwenden ist. Diese Anordnung ist wie viele ähnliche, die im folgenden beschrieben werden sollen, vom Verfasser gemeinsam mit Dr.-Ing. A. Ytterberg ausgearbeitet worden. Bei allen diesen Anordnungen kommen Zusatzmaschinen, die nach dem Krämerschen Prinzip erregt werden, zur Anwendung.

Auf einer gemeinsamen von der Kraftmaschine K angetriebenen Welle sitzen: der Puffermotor PM[2]), die Zusatzmaschine ZM und der Generator G. Die Pufferanordnung, in diesem Falle nur aus der mit besonderen Wicklungen versehenen Zusatzmaschine bestehend,

---

[1]) Diese soll in einem späteren Kapitel besprochen werden.

[2]) Puffermotor genannt, weil er bei Belastungsstößen als Motor wirkt.

soll hier von der konstant zu haltenden Leistung der Kraftmaschine gesteuert werden. Diese Leistung ist jedoch gesammelt nur in dem Wellenstück zwischen Kraftmaschine und Puffermotor vorhanden und äußert sich dort in einer der Leistung proportionalen Verdrehung (Torsion) der Welle. Diese Verdrehung kann aber leider nur unter Benutzung recht verwickelter Anordnungen zur Steuerung der Pufferanordnung herangezogen werden. Bei näherer Betrachtung sehen

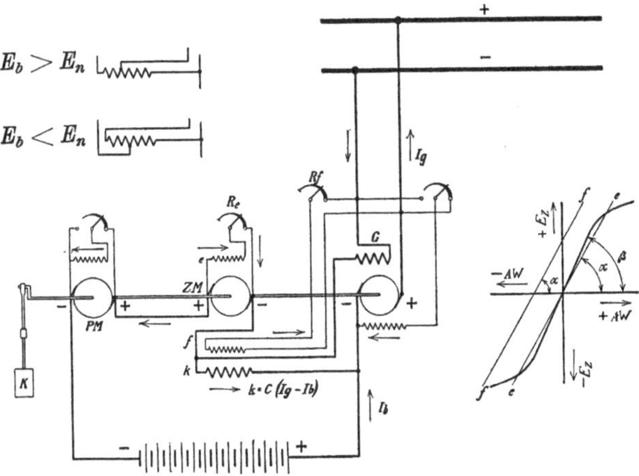

Fig. 489. Kraftmaschinenpufferung vom Verfasser und Dr.-Ing. A. Ytterberg.

wir aber, daß diese Leistung auch in einer anderen, für die Steuerung gerade passenden Form, nämlich als elektrische Leistung auftritt.

Sehen wir vorläufig von der Leistung der Zusatzmaschine ab, so muß offenbar die von der Kraftmaschine abgegebene Leistung genau gleich der dem Generator zugeführten Leistung abzüglich der abgegebenen Leistung des Puffermotors sein. Diese beiden mechanischen Teilleistungen, in welche die Kraftmaschinenleistung zerfällt, sind, unter Vernachlässigung der Verluste, den entsprechenden elektrischen Leistungen proportional, und wenn die Spannungen des Generators und des Puffermotors, wie in diesem Falle, annähernd konstant bleiben, sind sie auch den Strömen dieser beiden Maschinen proportional. Führen wir nun, wie die Figur zeigt, diese beiden Ströme durch eine gemeinschaftliche Leitung in der Weise, daß der vom Puffermotor, wenn er als Motor läuft, aufgenommene Strom entgegen dem Generatorstrom fließt, so tritt in der gemeinschaftlichen Leitung nur der Unterschied der beiden Ströme auf. Dieser Unterschied der beiden Ströme ist also der Kraftmaschinenleistung direkt proportional. Er kann daher als Steuerung der Pufferanordnung dienen, indem wir den Strom dieser gemeinschaftlichen Leitung durch eine auf der Zusatzmaschine befindliche Kompoundwicklung k schicken.

Die Zusatzmaschine ist außerdem noch mit zwei Erregerwicklungen versehen, von denen die eine (f) fremd-, der andere (e) eigenerregt ist.

In dieser, wie in den folgenden Schaltbildern über Pufferanordnungen sind die Erregerwicklungen mit Pfeilspitzen versehen, welche die positiven Richtungen der Ströme durch diese Wicklungen angeben. Fließt der Strom in der so gekennzeichneten positiven Richtung, dann sucht er die Zusatzmaschine so zu erregen, daß sie positive, fließt er in entgegengesetzter Richtung, daß sie negative Zusatzspannung erzeugt. Die Zusatzspannung wird positiv gerechnet, wenn sie in derselben Richtung wie die Batteriespannung wirkt, d. h. wenn sie die Batterie zu entladen sucht. Hier, wie im folgenden, mag die Anordnung in dem Zustande betrachtet werden, der sich einstellt, wenn ein Belastungsstoß vorhanden ist. Neben den Leitungen sind Pfeile eingezeichnet, welche die Stromrichtungen in diesem Zustande angeben. Die Zahl der Spitzen dieser Pfeile ist für die Hauptleitungen ein Maß für die Stärke des Stromes. Neben jeder Figur ist die Abhängigkeit der Zusatzspannung von der Summe der Erreger AW gezeichnet. Dortselbst sind die Amperewindungen der Eigenerregung als eine Gerade e—e durch den Anfangspunkt und die Summe der Eigen- und Fremderregungen als eine Gerade f—f in Abhängigkeit von der Zusatzspannung aufgetragen. Die Summe der Eigenerregung e, der Fremderregung f und der Kompounderregung k, unter Berücksichtigung der Vorzeichen, ist die Gesamtamperewindungszahl. In Abhängigkeit von dieser ist die Zusatzspannung aufgetragen worden.

Mit dem Regler R_e wird die Eigenerregung und damit auch die Neigung der Linie e—e eingestellt. In diesem Falle ist der Winkel α dieser Linie mit der AW-Achse aus Gründen, die wir gleich besprechen wollen, kleiner als der entsprechende Winkel β der geraden Teile der Magnetisierungskurve. Mit dem Regler R_f wird die Fremderregung und damit der wagerechte Abstand zwischen Linien e—e und f—f eingestellt.

Wir wollen nun die Wirkungsweise dieser Anordnung untersuchen. Im Netz bestehe eine konstante Überlastung, wobei die Zusatzmaschine von der Eigenerregung im positiven, von der Fremderregung im negativen (dies ist stets der Fall), von der Kompounderregung im positiven (dies ist ebenfalls stets der Fall) und von der Summe dieser Erreguugen schließlich im positiven Sinne erregt wird, so daß sie positive Zusatzspannung erzeugt. Sinkt nun infolge der bleibenden Belastung die Spannung der Batterie, so sinkt zunächst der Batteriestrom J_b. Weil der Generatorstrom J_g dagegen konstant geblieben ist, hat dies eine Zunahme der Kompoundamperewindungen $k = C(J_g - J_b)$ zur Folge. Die Zusatzmaschine wird hierdurch mehr erregt und ihre Spannung steigt. Hierdurch wird das Nachlassen der Energielieferung der Batterie beseitigt und die Kompounderregung wieder verkleinert, bis die Länge der Linie k—k wieder gleich dem wagerechten Abstand zwischen Magnetisierungskurve und Linie f—f geworden ist. Weil die Zusatzspannung gestiegen ist, ist auch die Linie k—k nach oben verschoben. Wir sehen, daß sie dabei hat zusammenschrumpfen müssen, und zwar um einen der Zusatzspannung proportionalen Betrag. Um denselben Betrag ist auch J_b größer geworden. Es ist dies auch nur erwünscht, denn bei kleinerer Batteriespannung muß der Batteriestrom größer sein, wenn die Leistung der Batterie konstant bleiben soll. Oder anders ausgedrückt: Die Zusatzmaschine läuft als Generator und braucht bei gesteigerter Zusatzspannung einen stärkeren Antrieb von dem Puffermotor aus, wenn die Leistung der Kraftmaschine konstant bleiben soll.

Durch geeignete Wahl der Neigung der Linie e—e bzw. f—f kann erreicht werden, daß die Kraftmaschinenleistung unter allen Umständen praktisch konstant bleibt. Die Größe der konstant gehaltenen Kraftmaschinenleistung wird mit dem Regler R_f eingestellt. Wird mit ihm die Fremderregung verstärkt, dann steigt die Kompounderregung k und damit auch die Kraftmaschinenleistung. Hierdurch kann die Leistung der Kraftmaschine der mittleren Belastung des Generators angepaßt werden.

Was die Bemessung der Zusatzmaschine anbetrifft, so ist ihrer Magnetisierungskurve eine solche Form zu geben, daß das Knie bei einer Zusatzspannung anfängt, die etwa $2{,}08 - 1{,}80 = 0{,}28$ Volt je Zelle der Batterie entspricht. Hierdurch wird die Batterie vor zu tiefer Entladung geschützt; denn steigt die Belastung des Generators so stark an, daß eine noch höhere Zusatzspannung als 0,28 Volt je Zelle erforderlich wird, dann vergrößert sich der wagerechte Abstand zwischen f—f und der Magnetisierungskurve infolge des immer schärfer werdenden Abbiegens der letzteren. Die Kompoundamperewindungen müssen im Gleichgewichtszustande entsprechend größer, also J_b kleiner und die Leistung der Kraftmaschine größer werden. Die allzu starken Belastungsstöße werden also in dem Maße, wie sie die Batterie schädigen würden, auf die Kraftmaschine abgelenkt. In entsprechender Weise werden unnütze Überladungen der Batterie von selbst vermieden, indem bei starker Entlastung die Kraftmaschine selbsttätig entlastet wird, sowie die Batterie voll geladen worden ist. Die Fremderregung braucht deshalb nicht dauernd, den Änderungen der mittleren Belastung entsprechend, nachgestellt zu werden.

Die Batteriespannung kann also zwischen etwa 2,08 — 0,28 und 2,08 + 0,28 d. h. zwischen 1,80 und 2,36 Volt je Zelle schwanken. Diese Spannungsgrenzen sind für den eigentlichen Pufferbetrieb passend. Von Zeit zu Zeit muß jedoch die Batterie, um die Sulfatbildung zu beseitigen, überladen werden und ihre Spannung dabei bis auf etwa 2,73 Volt je Zelle gesteigert werden. Die Zusatzmaschine wird deshalb stets mit zwei Ankerwicklungen mit je einem Kommutator ausgeführt. Beim Pufferbetrieb sind die beiden Ankerwicklungen parallel geschaltet, und wir kommen bis auf etwa 2,36 Volt je Zelle. Soll eine Überladung stattfinden, dann werden die beiden Ankerwicklungen hintereinander geschaltet, und wir kommen bis auf etwa $2{,}08 + 2 \cdot 0{,}28 = 2{,}64$ Volt je Zelle. Die weitere Steigerung der Spannung bis auf 2,73 Volt kann durch eine entsprechende kleine Erhöhung der Maschinenspannung bzw. der Erregung der Zusatzmaschine erzielt werden. Hier wie im folgenden soll jedoch die Zusatzmaschine der Einfachheit halber nur mit einem Kommutator gezeichnet werden.

Ist die Batteriespannung E_b gleich der Netzspannung E_n, so ist die Schaltung so auszuführen, daß J_b und J_g dieselben Windungen der Kompundwicklung durchfließen. Sind die beiden Spannungen dagegen verschieden, dann soll das Verhältnis zwischen den von J_b durchflossenen Windungen w_f und den von J_g durchflossenen Windungen w_g, siehe Fig. 489, sein:

$$\frac{w_b}{w_g} = \frac{E_b}{E_a}. \tag{254}$$

Es sei schließlich darauf hingewiesen, daß wir durch Veränderung der Neigung der Linie e—e erreichen können, daß die Leistung der Kraftmaschine bei einem Belastungsstoß steigt, konstant bleibt oder fällt, was leicht aus der Figur zu ersehen ist.

Die Fig. 490 stellt eine ähnliche Anordnung dar, die sich für den Fall eignet, daß die Generatorspannung stark schwankt. Die Kompoundwicklung k der Zusatzmaschine wird hier nur vom Batteriestrom J_b durchflossen und die der Leistung $L_g = J_g E_g$ proportionale Erregung ist in die Erregerwicklung f verlegt worden. Durch diese Erregerwicklung wird, wie in Fig. 489, von einer konstanten Spannung (in diesem Falle ist hierfür die Spannung des Puffermotors gewählt) zunächst ein konstanter Strom getrieben. In Reihe mit dieser konstanten Spannung wirkt außerdem noch eine in einem kleinen Hilfsgenerator HG induzierte Spannung, die der Generatorleistung proportional ist und infolgedessen einen dem konstanten Strom überlagerten, der Generatorleistung proportionalen Strom durch die Wicklung *f* treibt. Die Richtung und die Größe der Hilfsgenerator-Spannung sind so gewählt, daß, wenn die Generatorleistung gleich der konstant zu haltenden Kraftmaschinenleistung ist und die Batterie also keine Leistung hergeben soll, die beiden Spannungen einander gleich und entgegengesetzt gerichtet sind, die Erregerwicklung *f* also stromlos ist.

Der Hilfsgenerator wird von einem kleinen, konstant erregten Hilfsmotor angetrieben, der an die Generatorspannung angeschlossen

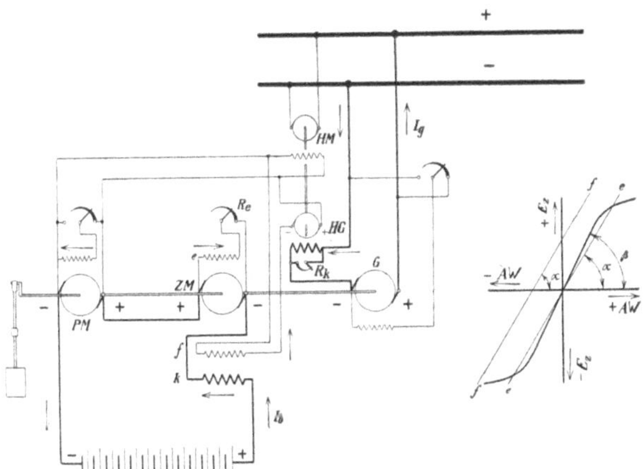

Fig. 490. Kraftmaschinenpufferung mittels Zusatzmaschine und Hilfsgenerator.

ist. Die Drehzahl ist also der Generatorspannung proportional. Die Erregung des Hilfsgenerators erfolgt durch den Generatorstrom und der Kraftfluß ist also dem Generatorstrom proportional. Da nun die Spannung des Hilfsgenerators dem Produkt aus Drehzahl und Kraftfluß proportional ist, muß sie auch, unabhängig von Vorzeichen und Größe, dem Produkt aus Spannung und Strom, d. h. der Leistung des Generators proportional sein.

Wir sehen also, daß die Gesamt-Erreger-*AW* der Zusatzmaschine sich, genau wie in der Fig. 489 gezeigt, zusammensetzen aus einem der Zusatzspannung, einem dem Batteriestrome und einem der Generatorleistung proportionalen Anteil und einem konstanten Teil. Diese Einrichtung wirkt deshalb ganz genau so wie die in der Fig. 489 gezeigte, nur mit dem einzigen Unterschied, daß hier nicht die Bedingung erfüllt zu sein braucht, daß die Generatorspannung konstant oder wenigstens annähernd konstant ist.

Bei der Ward-Leonard-Schaltung kann der Antrieb des Hilfsgenerators natürlich auch durch den vom Generator angetriebenen Hauptmotor erfolgen.

Die Einstellung der Größe der konstant zu haltenden Leistung kann hier nicht dadurch geschehen, daß man in den Stromkreis der Erregerwicklung f einen einstellbaren Widerstand einführt. Dieser Widerstand würde nämlich nur einen Einfluß auf den tatsächlich vorhandenen Strom ausüben, und dieser ist nur dem Betrage der Generatorleistung, mit welcher diese den Mittelwert übersteigt bzw. unterschreitet, proportional. Statt dessen muß hier ein einstellbarer Widerstand R_k parallel zur Erregerwicklung geschaltet werden. Da derjenige Teil des Generatorstromes, der durch den Wider-

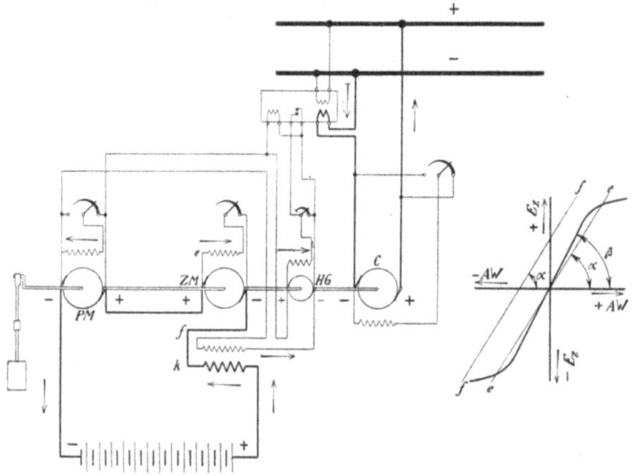

Fig. 491. Kraftmaschinenpufferung mittels Zusatzmaschine und vom Schnellregler gesteuerten Hilfsgenerators.

stand R_k fließt, auf die *HG*-Spannung keinen Einfluß ausübt, dagegen eine Belastung des Generators darstellt, wird bei Verkleinerung von R_k die Kraftmaschine belastet und die Batterie entlastet. Man kann den Vorgang auch so auffassen, daß der Proportionalitätsfaktor zwischen der als Maß für die Generatorleistung dienenden *HG*-Spannung und der wirklichen Generatorleistung selbst geändert wird.

Die Fig. 491 stellt eine ähnliche Schaltung wie die Fig. 490 dar. Der Hilfsgenerator *HG* wird hier mit konstanter Drehzahl angetrieben und seine Spannung mittels eines Schnellreglers geregelt. Dieser Schnellregler ist mit einem Leistungsrelais versehen, das von der Generatorleistung beeinflußt wird. Da der Schnellregler eine der Generatorleistung proportionale *HG*-Spannung einstellen soll, darf das Leistungsrelais nicht statisch ausgebildet sein. Der Kern des Relais soll vielmehr eine mit der Leistung veränderliche Lage einnehmen und wird deshalb von einer Feder gehalten. Die Kraftmaschinenleistung kann durch einen Vorschaltwiderstand vor der Spannungsspule, durch einen zur Stromspule parallel gelegten Widerstand oder durch Änderung der Federspannung geändert werden.

Wie wir sehen, spielt der Schnellregler nebst Hilfsgenerator nur die Rolle eines Vermittlers zwischen Generatorleistung und dem ihr proportionalen Erregerstrom der Zusatzmaschine. Der Regler hat stets nur eine solche vermittelnde Aufgabe. Schnellregler werden deshalb hauptsächlich nur dann bei Puffereinrichtungen verwendet, wenn man die Pufferleistung nicht unmittelbar mit einem Strome oder einer Spannung steuern kann. Außer in Fällen, ähnlich den in der Fig. 491 gezeigten, werden Schnellregler dann verwendet, wenn die Stromstärke des Generators so groß ist, daß nur ein von einem Nebenschluß abgezweigter Teil derselben für die Steuerung der Puffereinrichtung benutzt werden kann. Verwendet man nämlich diesen Zweigstrom unmittelbar zur Erregung einer Maschine, so wird meist das Verhältnis zwischen Selbstinduktionskoeffizient und Ohmschem Widerstand so groß, daß die Änderung des Zweigstromes bei Belastungsänderungen viel zu spät einsetzt und dadurch eine verzögerte und deshalb unbrauchbare Pufferung verursacht. Bei einem Regler kann dagegen dieses Verhältnis genügend klein gehalten werden. Ein anderes Mittel, den Selbstinduktionskoeffizienten des Zweigstromkreises in mäßigen Grenzen zu halten, besteht darin, daß man den Zweigstrom nicht direkt zur Erregung der Zusatzmaschine verwendet, sondern ihn nur zur Erregung eines kleinen Hilfsgenerators benutzt, der dann den Erregerstrom der Zusatzmaschine liefert.

2. Nicht ausgeglichene Pufferanordnungen. Die Fig. 492 stellt eine nicht ausgeglichene Pufferanordnung für Kraftmaschinenpufferung dar. Sie unterscheidet sich von der entsprechenden ausgeglichenen Anordnung hauptsächlich nur dadurch, daß sie von der veränderlichen Generatorleistung und zwar nur von dieser gesteuert wird. Infolgedessen muß in diesem Falle die Eigenerregung der Zusatzmaschine so eingestellt werden, daß der Winkel α größer als der Winkel β wird. Einer bestimmten Erhöhung der ausschließlich von der veränderlichen Generatorleistung abhängigen Kompound-Amperewindungszahl muß nämlich eine bestimmte Erhöhung der Zusatzspannung entsprechen. Würde dagegen $\alpha = \beta$ sein, dann würde die Zusatzspannung bei geringstem Überschreiten der mittleren Leistung sofort bis zu einem dem Knie der Magnetisierungskurve entsprechenden Wert und darüber hinaus steigen, wodurch eine gänzlich übertrieben starke Pufferung herbeigeführt werden würde. Durch passende Einstellung der Eigenerregung mit dem Regler R_e kann erzielt werden, daß die Kraftmaschinenleistung bei einem Belastungsstoß steigt,

konstant bleibt oder abfällt. Durch den Regler R_f wird die Größe der mittleren Kraftmaschinenleistung eingestellt.

Die Fremderregung ist hier nicht an eine konstante, sondern an die veränderliche Batteriespannung angeschlossen. Es hat dies den Zweck, den Einfluß des dauernden Sinkens der Batteriespannung während der Belastung der Batterie zu vermindern. Sinkt nämlich die Spannung und damit die Energieabgabe der Batterie, so sinkt auch die Eigenerregung. Da die Eigenerregung aber negativ ist,

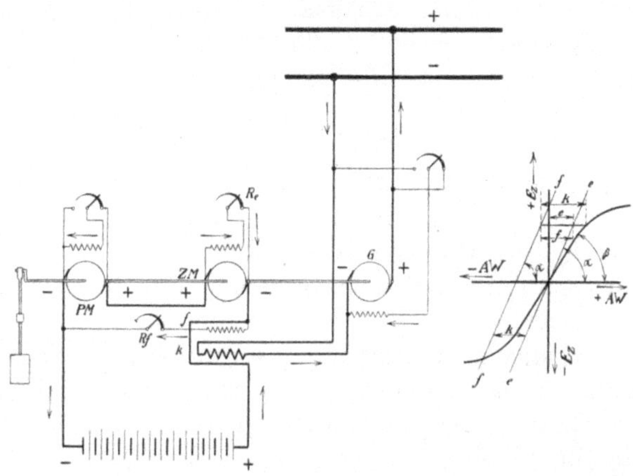

Fig. 492. Nicht ausgeglichene Kraftmaschinenpufferung.

bedeutet dies eine Zunahme der bei Entladung positiven Gesamterregung, was eine Erhöhung der positiven Zusatzspannung und eine erhöhte Energieabgabe der Batterie zur Folge hat. Bei Ladung liegen sämtliche Verhältnisse umgekehrt und die dann stetig steigende Batteriespannung wirkt auf die Eigenerregung derart ein, daß ein Nachlassen der Ladung verhindert wird. Diese Vorgänge erkennt man auch aus der Magnetisierungskurve. Während der Entladung verschiebt sich die Linie $f - f$ nach rechts und zwingt die k-Linie in die Höhe; während der Ladung verschiebt sie sich nach links und verursacht hierdurch eine Senkung der k-Linie, d. h. eine Zunahme der dann negativen Zusatzspannung.

Es gelten diese Überlegungen bei allen nicht ausgeglichenen Pufferanordnungen, weshalb bei diesen die Fremderregung stets an die Batteriespannung anzuschließen ist.

Aus den Fig. 490 und 491 entstehen die entsprechenden nicht ausgeglichenen Pufferanordnungen, wenn die Kompoundwicklung k weggenommen wird.

b) Generatorpufferung.

Die Generatorpufferung hat den Zweck, den Generator und damit auch die Kraftmaschine vor Belastungsschwankungen zu schützen. Obwohl man die Pufferanordnung auch hier so einstellen kann, daß die Generatorleistung bei einem Belastungsstoß steigt, konstant bleibt oder fällt, ist es unter allen Umständen am zweckmäßigsten, sie so einzustellen, daß die Generatorleistung unverändert bleibt. Ist dies der Fall, dann bleibt aber auch die Spannung des Generators von selbst konstant. Es ist das in den meisten Fällen auch nur erwünscht. Wenn aber eine lange Speiseleitung mit großem Spannungsabfall zwischen Kraftwerk und den Verbrauchsstellen liegt, dann muß die Spannung in der Zentrale bei Belastungsstößen um den Betrag des Spannungsabfalles gesteigert werden, wenn die Verbrauchsspannung konstant gehalten werden soll. Die Leistung und damit auch die

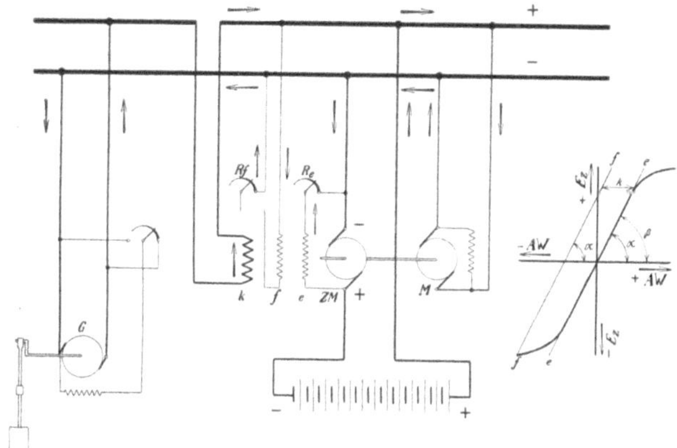

Fig. 493. Ausgeglichene Generatorpufferung.

Spannung des Generators sind jedoch trotzdem konstant zu halten. Die erforderliche Spannungssteigerung ist in solchen Fällen in besonderen Zusatzmaschinen, am zweckmäßigsten dann als Hauptschlußgeneratoren (Boosters) ausgebildet, zu erzeugen, die in die Speiseleitung (hinter dem Anschlußpunkt der Batterie) einzuschalten sind.

1. Ausgeglichene Pufferanordnungen. Hier ist die konstant zu haltende Leistung unmittelbar als elektrische Leistung vorhanden und wir können deshalb hier die Generatorleistung zur Steuerung der Pufferanordnung benutzen. Da die Spannung des Generators hier stets konstant ist, ist der Generatorstrom ein eindeutiges Maß für die Leistung, und wir können ihn, wie Fig. 493 zeigt, zur Steuerung der Pufferanordnung verwenden.

Die Zusatzmaschine ist hier ebenfalls mit den von früher her bekannten drei Erregerwicklungen e, f und k versehen. Sie wird von einem mit konstanter Drehzahl laufenden Motor M angetrieben, der an die Sammelschienen hinter dem Anschlußpunkt der Batterie angeschlossen ist. Die von der Maschine M aufgenommene bzw., wenn sie als Generator läuft, abgegebene Leistung setzt sich also mit der Netzbelastung zusammen und bildet mit ihr die veränderliche Belastung.

Die Zusatzmaschine wird in dieser Ausführung und Schaltung Lancashire-Maschine genannt.

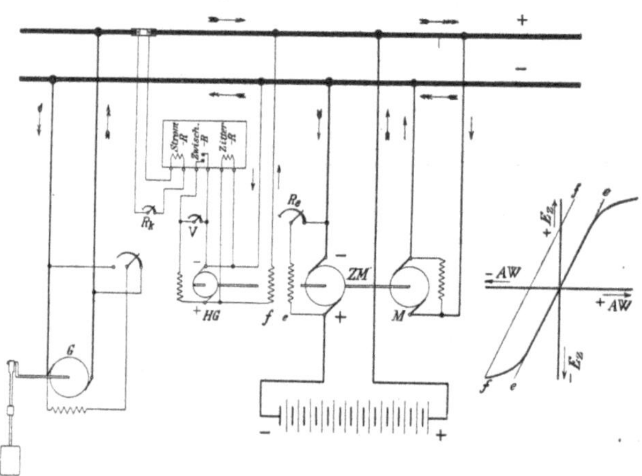

Fig. 494. Ausgeglichene Generatorpufferung mit durch Schnellregler gesteuertem Hilfsgenerator.

Die Wirkungsweise geht ohne weiteres aus dem früher Gesagten hervor. Die Neigung der Linie $e - e$ wird mit dem Regler R_e eingestellt. Es ist am zweckmäßigsten, die Neigung derselben so zu wählen, daß $\alpha = \beta$ wird, denn dann wird die Generatorleistung, solange nicht das Knie der Magnetisierungskurve überschritten wird, stets konstant gehalten, was aus der Figur leicht zu ersehen ist. Die Größe der konstant zu haltenden Leistung wird mit dem Regler R_f, mit dem eine Parallelverschiebung der Linie $f - f$ bewirkt wird, eingestellt.

Die Fig. 494 zeigt die entsprechende Anordnung mit Schnellregler. Das an einen Nebenschluß angeschlossene Stromrelais ist hier astatisch auszuführen, weil es nur bei einem ganz bestimmten Wert des durchfließenden Stromes im Gleichgewicht sein darf. Die Größe der konstant zu haltenden Leistung wird hier mit dem Vorschaltwiderstand R_k des Stromrelais eingestellt.

Statt des Stromes können wir die Spannung des Generators zur Steuerung der Pufferanordnung benutzen; denn wird die Spannung konstant gehalten, dann bleiben auch die Stromstärke und die Leistung des Generators, unveränderte Drehzahl und Erregung vorausgesetzt, konstant.

Die Fig. 495 zeigt die Ausführung einer solchen Pufferanordnung. Die Zusatzmaschine ist hier nur mit Eigenerregung e und Fremd-

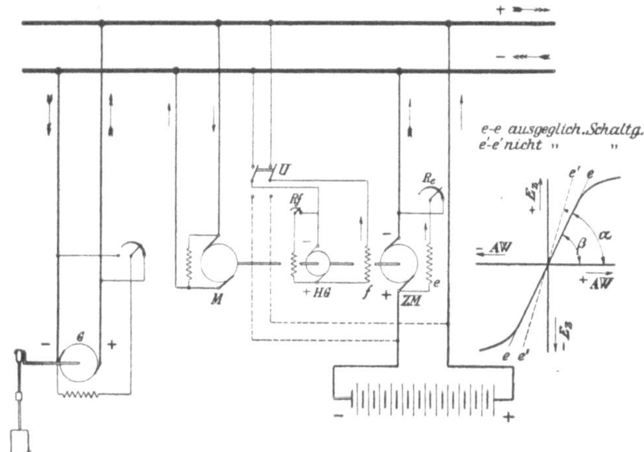

Fig. 495. Generatorpufferung durch Zusatzmaschine und Hilfsgenerator.

erregung f versehen. Sie wird vom Motor M mit konstanter Drehzahl angetrieben. Auf der Welle dieses Zusatzaggregates sitzt noch ein kleiner Hilfsgenerator HG, der durch den Umschalter U entweder an die Generator- oder an die Batteriespannung angeschlossen werden kann. Der Unterschied zwischen Generator- bzw. Batteriespannung einerseits und HG-Spannung anderseits treibt einen Strom durch die Erregerwicklung f. Ist der Umschalter nach oben gelegt, so daß der HG-Spannung die Generatorspannung gegenübersteht, so haben wir die von Prof. Dr. Schwaiger[1]) angegebene ausgeglichene Highfield-Schaltung. Die Eigenerregung ist dann mit dem Regler R_e so einzustellen, daß $\alpha = \beta$ wird und die Zusatzmaschine sich labil verhält. Bei der mittleren Belastung ist die HG-Spannung gleich der Generatorspannung und die Wicklung f ist stromlos. Die Batterie ist ebenfalls stromlos und die Zusatzmaschine erzeugt eine Spannung, die gleich dem etwa vorhandenen Unterschied zwischen Ruhespannung der Batterie und Generatorspannung ist. Meistens ist dieser Betrag der Zusatzspannung Null.

[1]) ETZ 1912, S. 897, H. 35.

Die Zusatzspannung hält sich vorläufig stabil bei diesem Wert, denn würde sie z. B. steigen, dann würde die Batterie belastet, der Generator im selben Grade entlastet werden. Die Folge davon würde sein, daß die Generatorspannung über den Wert der *HG*-Spannung steigen und einen negativen Strom durch die Wicklung *f* treiben würde. Hierdurch würde die Zusatzspannung gesenkt und auf ihren ursprünglichen Wert zurückgedrückt werden.

Tritt nun ein Belastungsstoß im Netz auf, so sinkt zunächst die Generatorspannung unter den Wert der *HG*-Spannung, die

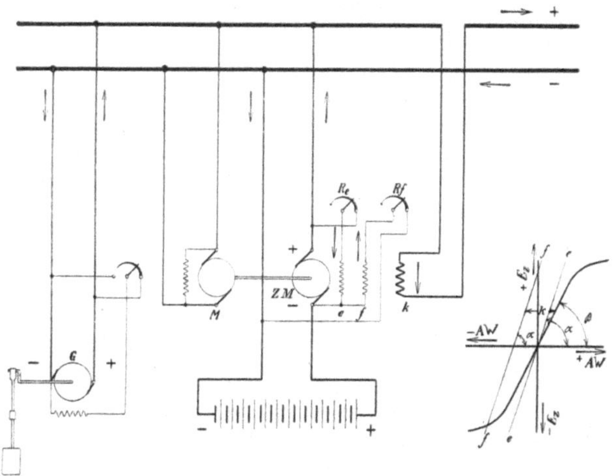

Fig. 496. Nicht ausgeglichene Generatorpufferung.

dann einen Strom in positiver Richtung durch die Wicklung *f* zu treiben vermag. Die Zusatzspannung fängt deshalb an zu steigen und setzt damit so lange fort, bis die Batterie die Erhöhung der Energielieferung übernommen hat und die Leistung und Spannung des Generators zu ihren ursprünglichen Werten zurückgekehrt sind, wobei die Wicklung *f* wieder stromlos wird.

Die Größe der konstant zu haltenden Leistung wird durch Veränderung der *HG*-Spannung mittels des Reglers R_f verändert.

2. Nicht ausgeglichene Pufferanordnungen. Wenn man bei der in der Fig. 495 gezeigten Pufferanordnung den Umschalter *U* nach unten legt, so daß der *HG*-Spannung die Batteriespannung gegenüberzustehen kommt, so erhalten wir die entsprechende nicht ausgeglichene Schaltung, welche die ursprüngliche Highfield-Schaltung darstellt.

Da hier der *HG*-Spannung die Batteriespannung gegenübersteht und diese gerade den Belastungsschwankungen entsprechend geändert werden muß, so muß hier $\alpha > \beta$ sein, damit eine solche Änderung möglich wird.

Die Fig. 496 zeigt die der Fig. 493 entsprechende nicht ausgeglichene Pufferanordnung, die sich von der ursprünglichen sogenannten Pirani-Schaltung nur durch das Hinzufügen der Eigenerregerwicklung e unterscheidet. Die Eigenerregung ist hier so einzustellen, daß $\alpha > \beta$ wird. Die Fremderregung ist an die Batteriespannung anzuschließen.

c) Netzpufferung.

Wenn an ein Netz ein Abnehmer angeschlossen wird, der einen sehr stark schwankenden Energiebedarf hat, so genügt es nicht, eine Pufferbatterie im Kraftwerk aufzustellen, denn die Belastungsstöße

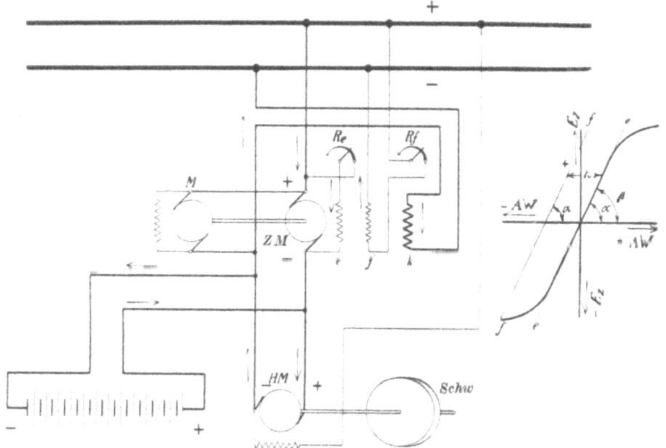

Fig. 497. Ausgeglichene Netzpufferung.

würden trotzdem unerträgliche Spannungsschwankungen im Netz hervorrufen. Die Batterie muß statt dessen beim Abnehmer aufgestellt werden, damit dieser nur eine konstante Leistung vom Netz entnimmt.

Elektrisch gesehen unterscheidet sich die hierbei erzielte Netzpufferung, wie aus der Fig. 487 ersichtlich ist, nicht von der Generatorpufferung. Wir können deshalb für die Netzpufferung dieselben Einrichtungen verwenden wie für die Generatorpufferung, mit der wichtigen Einschränkung jedoch, daß die Highfield-Schaltung zu vermeiden ist. Diese wird nämlich von der Spannung beeinflußt und spricht an, gleichgültig, ob der Belastungsstoß von dem betreffenden Abnehmer oder von einem anderen herrührt. Es mag dies auf den ersten Blick erst recht vorteilhaft erscheinen. Derjenige Abnehmer, der die Batterie aufstellt, hat aber ein pekuniäres Interesse nur daran, daß gerade seine Leistung konstant bleibt, denn je konstanter er die Leistung hält, desto billiger bekommt er infolge daraufhin zugeschnittener Tarife die gebrauchte Energie. Hilft er dagegen auch die von anderer Seite hervorgerufenen Belastungsschwankungen auszugleichen, dann wird seine Leistung entsprechend ungleichmäßiger und seine Energie teuerer.

Außer den anderen zur Netzpufferung zu gebrauchenden Generator-Pufferungen gibt es auch noch allein für Netzpufferung verwendbare Anordnungen, die wir hier beschreiben wollen.

1. Ausgeglichene Pufferanordnungen. Die Fig. 497 zeigt eine solche Pufferanordnung. Sie unterscheidet sich von der in der Fig. 493 gezeigten Anordnung nur dadurch, daß die Zusatzmaschine

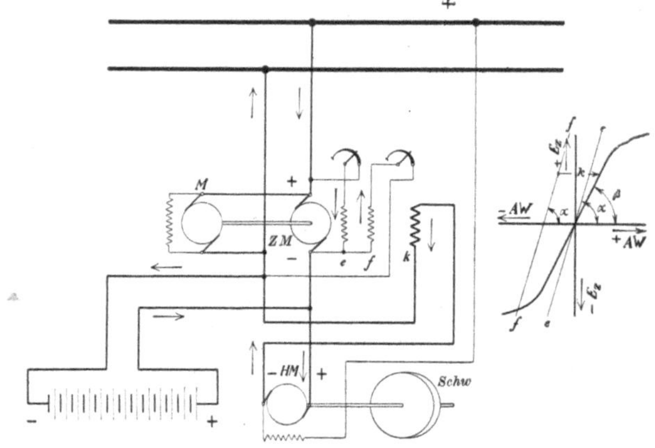

Fig. 498. Nicht ausgeglichene Netzpufferung.

in die Leitung zwischen Generator (Netz) und Anschlußpunkt der Batterie statt in die Batterieleitung eingeschaltet ist. Die Folge hiervon ist, daß der Verbraucher, in diesem Fall der Hauptmotor *HM*, nicht die konstant gehaltene Generator-(Netz-)Spannung, sondern die veränderliche Batteriespannung erhält. Wird deshalb der Hauptmotor stärker belastet, so sinkt die ihm gebotene Spannung und damit die Drehzahl. In vielen Fällen ist dies belanglos oder insofern vorteilhaft, als die gebrauchte Leistung entsprechend der Geschwindigkeitsverminderung zurückgeht. Wünscht man, daß die Pufferung, um mit einer kleineren Batterie auskommen zu können, auch zum Teil von einem auf die Motorwelle aufgesetzten Schwungrad übernommen werden soll, dann ist diese Geschwindigkeitsänderung notwendig, denn das Schwungrad kann Energie nur dann aufnehmen bzw. abgeben, wenn seine Drehzahl verändert wird. In solchen Fällen ist der Hauptmotor, wie die Figur zeigt, von der konstanten Netzspannung aus zu erregen. Man kann die Geschwindigkeitsminderung noch mehr vergrößern, wenn man den Hauptmotor kompoundiert.

Wie ersichtlich, ist hier die Zusatzmaschine eine Maschine für konstanten Strom nach der Bauart Krämer. Damit sie mit konstanter Drehzahl läuft, ist der Antriebsmotor M an die konstante Netzspannung anzuschließen.

2. Nicht ausgeglichene Pufferanordnungen. Eine der Fig. 497 ähnliche, jedoch nicht ausgeglichene Pufferanordnung zeigt die Fig. 498. Nach dem oben Gesagten gibt die Figur selbst genügend Aufschluß über ihre Schaltung und Wirkungsweise.

Sie unterscheidet sich von der entsprechenden ausgeglichenen Anordnung durch die folgenden, alle nicht ausgeglichenen Pufferanordnungen kennzeichnenden Merkmale: Die Steuerung erfolgt durch die veränderliche Belastung statt durch die konstant zu haltende Leistung. Die Fremderregung ist an die veränderliche Batteriespannung statt an die konstante Netzspannung angeschlossen. Die Eigenerregung ist so einzustellen, daß der Winkel α größer als der Winkel β, nicht ihm gleich wird.

d) Motorpufferung.

Bei der Motorpufferung wird der Antriebsmotor selbst vor Belastungsschwankungen geschützt. Die dem Netze entnommene Leistung wird hier, wie bei der Netzpufferung, ebenfalls konstant

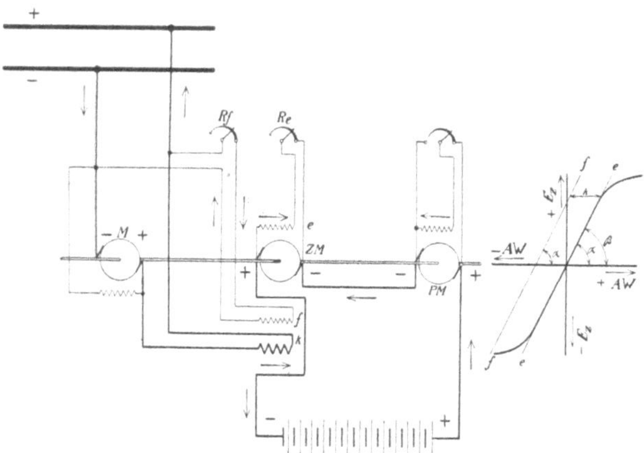

Fig. 499. Ausgeglichene Motorpufferung.

gehalten. Man erreicht aber hier, daß der Antriebsmotor nur für die mittlere Leistung bemessen werden muß und infolgedessen einen höheren mittleren Wirkungsgrad bekommt. Hat man anderseits mehrere mit stark veränderlicher Belastung laufende Motoren, so kann man bei Netzpufferung die Netzleistung mit nur einer Pufferanordnung konstant halten, während man bei Motorpufferung für jeden Motor je eine Pufferanordnung aufstellen muß.

Die hier zu beschreibenden Anordnungen für Motorpufferung werden verwendet, wenn der Motor eine mechanische Anordnung oder einen Generator mit stark veränderlicher Spannung antreibt. Treibt er dagegen einen Generater mit konstanter Spannung an, dann kann auch eine der früher beschriebenen Anordnungen für Kraftmaschinenpufferung zur Verwendung kommen.

1. Ausgeglichene Pufferanordnungen. Die Fig. 499 zeigt eine solche Anordnung. Sie ist der in der Fig. 492 gezeigten Pufferanordnung fast vollkommen gleich. Im Gegensatz zu dieser ist

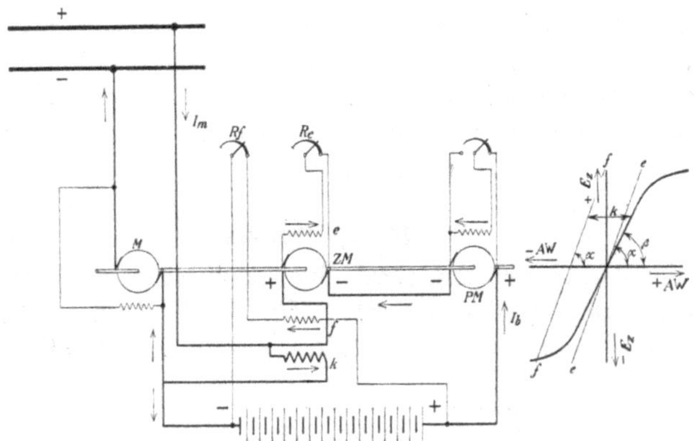

Fig. 500. Nicht ausgeglichene Motorpufferung.

sie jedoch ausgeglichen, denn während die Pufferanordnung in beiden Fällen von der elektrischen Leistung des Motors M bzw. des Generators G gesteuert wird, stellt diese elektrische Leistung hier die konstant zu haltende Leistung, dort die veränderliche Belastung dar. Die Folge hiervon ist, daß die Fremderregerwicklung hier an die konstante (Netz-)Spannung statt an die veränderliche Batteriespannung anzuschließen ist, und daß hier die Eigenerregung so einzustellen ist, daß $\alpha = \beta$ wird, während sie dort so einzuregulieren war, daß $\alpha > \beta$ wurde. Sonst unterscheiden sich die beiden Anordnungen nur durch die Strömungsrichtung der Energie voneinander.

2. Nicht ausgeglichene Pufferanordnungen. Soll die Pufferanordnung nicht ausgeglichen sein, dann muß sie laut ihrer Definition von der veränderlichen Belastung gesteuert werden. Bei Motorpufferung ist dies nun die der Motorwelle entnommene

mechanische Leistung, die an und für sich schwerlich zur Steuerung der Pufferanordnung benutzt werden kann.

Diese mechanische Leistung ist aber stets gleich der Summe der vom Motor *M* und Puffermotor *PM* mechanisch abgegebenen Leistungen, und diese beiden Leistungen sind den entsprechenden elektrisch aufgenommenen Leistungen proportional.

Weil die Spannungen des Netzes und des Puffermotors konstant sind, ist die Summe der dem Motor *M* und dem Puffermotor *PM* zugeführten Ströme J_m und J_b ein direktes Maß für die veränderliche Belastung. Die Summe dieser beiden Ströme kann durch eine gemeinsame Wicklung geführt und zur Steuerung der Pufferanordnung benutzt werden. Die Fig. 500 stellt eine derartige nicht ausgeglichene Pufferanordnung dar.

Sie unterscheidet sich, wie wir sehen, von der in Fig. 489 gezeigten Pufferanordnung nur dadurch, daß es sich hier um eine nicht ausgeglichene, dort um eine ausgeglichene Anordnung handelt. Die Kompoundwicklung k wird hier von der Summe statt von dem Unterschied der beiden Ströme J_m und J_b bzw. J_g und J_b durchflossen. Die Fremderregung ist hier an die veränderliche Batteriespannung statt an eine konstante (Generator-)Spannung angeschlossen. Die Eigenerregung ist hier so einzustellen, daß der Winkel α größer statt kleiner als der Winkel β wird. Bei dieser Einstellung ist zu berücksichtigen, daß die Zusatzmaschine auch von der Motorwelle aus angetrieben wird, weshalb der Winkel α größer zu wählen ist, als wenn die Zusatzmaschine von einer fremden Energiequelle aus angetrieben wäre.

Fünfundzwanzigstes Kapitel.

Schwungradpufferung.

95. Eigenschaften und Verwendung der Schwungräder. — 96. Puffereinrichtungen bei Schwungrädern. — 97. Vorgänge bei Schwungradpufferung.

95. Eigenschaften und Verwendung der Schwungräder.

In einem umlaufenden Schwungrad ist Energie in der Form sogenannter Bewegungsenergie (lebendiger Kraft) aufgespeichert, welche in vielen Fällen zur Pufferung verwendet wird. Das bei einer gewissen Drehzahl in dem Schwungrade aufgespeicherte Arbeitsvermögen A berechnet sich nach der Gleichung:

$$A = \frac{\pi^2}{2 \cdot 30^2} \theta n^2 \text{ Watt-sek}, \tag{255}$$

die aus den Gl. 162 und 166 abgeleitet ist.

Verändern wir nun diese Energiemenge, indem wir eine gewisse Leistung W zuführen, so gilt die ebenfalls aus den Gl. 162 und 166 abgeleitete Beziehung:

$$W = \frac{\pi^2}{30^2} \theta n \frac{dn}{dt} \text{ Watt}. \tag{256}$$

Bei Energieentnahme ist $\frac{dn}{dt}$ und auch W negativ, weshalb vorstehende Beziehung auch dann gilt.

Kreist das Schwungrad mit einer gewissen Drehzahl n_1, und wird ihm eine konstante Leistung W zugeführt, so entnehmen wir aus der Gl. 255, daß die Drehzahl nach der Beziehung:

$$n = \sqrt{n_1^2 + \frac{2 \cdot 30^2}{\pi^2 \theta} W t} \tag{257}$$

zunehmen muß, worin t die Zeit in Sekunden bedeutet. Die hierbei stattfindende Änderung der Umläufe je Sekunde ergibt sich aus den

Gl. 256 und 257 zu:

$$\frac{dn}{dt} = \frac{30^2 \cdot \theta}{\pi^2} \frac{W}{\sqrt{n_1^2 + \frac{2 \cdot 30^2}{\pi \theta} W t}}. \tag{257}$$

Diese Gleichungen gelten auch, wenn dem Schwungrade Energie entnommen wird, nur ist dann W negativ zu rechnen.

Bei der Berechnung von Schwungrädern ist ein möglichst geringes Gewicht für eine gewisse aufzuspeichernde Energiemenge anzustreben, denn hierdurch werden sowohl die Herstellungskosten des Schwungrades also auch die zu seinem Antriebe erforderliche Leistung heruntergedrückt. Es kann dies nur unter Zugrundelegen genauer Festigkeitsberechnungen geschehen, die auf eine solche Formgebung hinauslaufen, daß die Beanspruchung des Materials durch die Flieh-

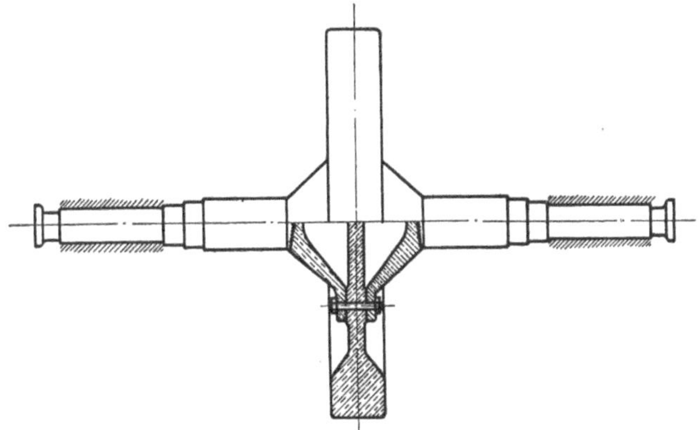

Fig. 501. Schwungrad nach Prof. Karl Ljungberg.

kraft in allen Teilen möglichst gleich wird, während soviel Material wie möglich am äußeren Umfange vorhanden ist. Diese Berechnungen sind von Prof. Karl Ljungberg, Teknisk Tidskrift, Mekanik Stockholm 1915, H. 7 und 8, angegeben worden. Die Fig. 501 zeigt ein dort berechnetes Schwungrad, das von der ASEA für eine Walzwerksanlage bei Domnarfvet (Schweden) ausgeführt worden ist. Es ist besonders hervorzuheben, daß die Welle nicht durch das Schwungrad hindurchgeführt, sondern mit kreisförmig angeordneten Bolzen an der den Ring haltenden vollen Scheibe befestigt ist. Das Gewicht beträgt 44,8 t, der Durchmesser 4,4 m, das Trägheitsmoment θ 279000 kg/m², die bei der normalen Drehzahl von 440 Umdr./Minute aufgespeicherte Energie 15080000 mkg* oder 41,1kWh = 148000 kWsek. Die überall gleiche Festigkeitsbeanspruchung der inneren Scheibe beträgt bei 560 Umdrehungen 1000 kg/cm². Dieses Schwungrad wiegt bei 440 Umdrehungen, entprechend einer Umfangsgeschwindigkeit von $\frac{440}{60}\pi \cdot 4{,}4 \cong 100$ m/sek, nur $\frac{44800}{41{,}1} = 1090$ kg je kWh aufgespeicherter Energie[1]).

In Fig. 502 ist die in diesem Schwungrade, nach Gl. 255 berechnete, aufgespeicherte Energie in Abhängigkeit der Drehzahl aufgetragen. Das Schwungrad soll 7360 kW während 6 Sekunden abgeben können. In der Figur sind ferner die Drehzahl n bei dieser konstanten Leistung, sowie auch die Änderung je Sekunde,

$$-\frac{dn}{dt},$$

die Drehzahl in Abhängigkeit der Zeit t aufgetragen.

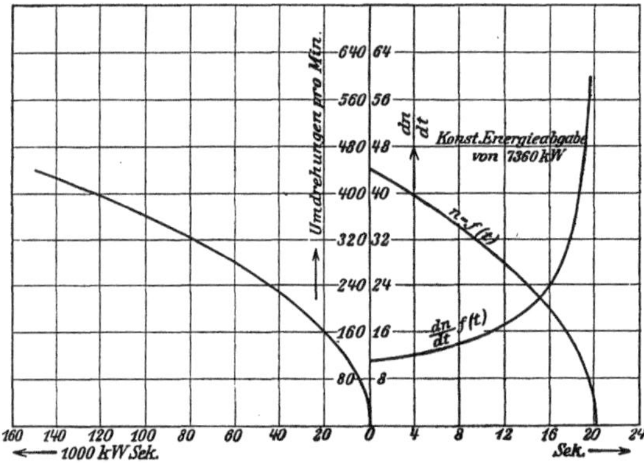

Fig. 502. Ermittlung des von einem Schwungrade ausgeübten Drehmoments.

Von ganz besonderem Interesse ist hier der Verlauf der Kurve $-\frac{dn}{dt} = f(t)$, denn nach Gl. 166 stellt $\frac{dn}{dt}$ ein Maß für das von dem Schwungrade ausgeübte Drehmoment ϑ_B dar. Anfänglich steigt $\frac{dn}{dt}$ nur verhältnismäßig langsam an — während der ersten 6 Sekunden nur von 10,9 bis 13,0 d. h. um 19%. Im weiteren Verlaufe der Entladung steigt aber $\frac{dn}{dt}$, konstant bleibende Leistung vorausgesetzt, immer rascher und rascher an, bis sie nach 20,1 sek, wenn das Schwungrad zum Stillstand kommt, unendlich groß werden würde.

Da die Verhältnisse bei allen Schwungrädern ähnlich liegen, können wir aus diesem Beispiele die folgenden wichtigen Eigenschaften der Schwungräder ableiten, wobei wir unsere Aufmerksamkeit besonders dem Vergleich mit der Akkumulatorenbatterie als Energiespeicher widmen wollen.

Obwohl wir die Entladezeit des Schwungrades bei einem gegebenen Schwungrade durch Herabsetzen der Pufferleistung, bei einer gegebenen Pufferleistung durch Vergrößerung des Schwungrades be-

[1]) Vgl. die Zusammenstellung auf S. 580.

liebig verlängern könnten, ist jedoch die Zeit bis zur vollständigen Entladung praktisch derart begrenzt, daß sie nach Sekunden zu zählen ist. Eine erhebliche Verlängerung dieser Entladezeit ist deshalb praktisch nicht möglich, weil dann die zum Antrieb des Schwungrades erforderliche als Verlust zu rechnende Leistung viel zu groß im Verhältnis zur erzielten Pufferleistung ausfallen, der Wirkungsgrad also entsprechend sinken würde.

Diese an und für sich schon begrenzte Entladezeit kann nicht bis zur vollständigen Entladung, d. h. bis zum Stillstand des Schwungrades für die Pufferung ausgenützt werden, denn gegen Schluß der Entladezeit steigen $\frac{dn}{dt}$ und das Drehmoment derart gewaltig an, daß man nur einen Teil der zur Verfügung stehenden Entladezeit für die Pufferung benutzen kann. Es ist dies ein Nachteil der Schwungradpufferung der Batteriepufferung gegenüber.

Sind die Belastungsstöße jedoch nur von der Dauer einiger Sekunden, dann ist anderseits die Schwungradpufferung der Batteriepufferung meist überlegen. Eine Akkumulatorenbatterie darf nämlich, außer im Notfalle, nur mit einer der einstündigen Entladezeit entsprechenden Leistung beansprucht werden. Würden wir deshalb in dem gewählten Beispiele statt eines Schwungrades eine Akkumulatorenbatterie als Energiespeicher verwenden, dann müßte die Batterie eine Kapazität von 7360 kWh bei einstündiger Entladung haben. Bei einer so kurzen Entladezeit wiegt ein Bleiakkumulator mit Säure, Gestell und Isolatoren etwa 190 kg/kWh. Die Batterie würde also etwa $7360 \cdot 190 = 1400000$ kg wiegen, während das Schwungrad nur 44800 kg wiegt. Da nun das Schwungrad einschließlich der Kosten für Lager und Welle roh gerechnet ebensoviel je kg effektives Schwunggewicht kostet wie die Batterie je kg, würde also in diesem Falle eine Batterie etwa $\frac{1400000}{44800} \cong 30$ mal teuerer ausfallen als das Schwungrad. Hierin ist noch nicht berücksichtigt, daß eine Batterie eine kürzere Lebensdauer und bedeutend größere Unterhaltungs- und Wartungskosten verlangt als ein Schwungrad.

Wir ersehen hieraus, daß die Schwungradpufferung überall dort zu verwenden ist, wo die Belastungsstöße nur von kurzer Dauer sind, wogegen die Batteriepufferung stets zu verwenden ist, wenn länger andauernde Belastungsschwankungen auftreten. Manchmal kann auch die gleichzeitige Verwendung von Schwungrad- und Batteriepufferung vorteilhaft erscheinen. Die Pufferanordnung ist dann so auszuführen, daß die Batterie erst dann zur Energielieferung herangezogen wird, wenn die Schwungradenergie erschöpft ist.

Ein weiterer Unterschied zwischen den beiden Arten von Pufferung ist darin zu erblicken, daß das Schwungrad die aufgespeicherte Energie zunächst in der Form mechanischer, die Batterie dagegen unmittelbar in der Form elektrischer Energie abgibt.

96. Puffereinrichtungen bei Schwungrädern.

Die Fig. 503 stellt die möglichen Anordnungen der Schwungradpufferung schematisch dar. Wir ersehen daraus, daß auch hier die von der Batteriepufferung her bekannten vier Hauptgattungen von Pufferung vorhanden sind. Weil das Schwungrad jedoch mecha-

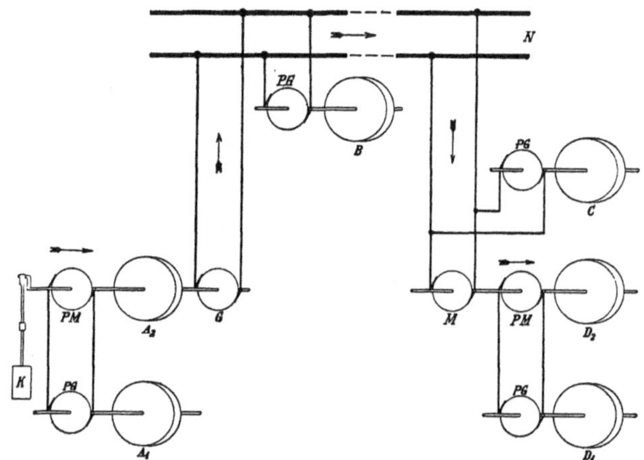

Fig. 503. Allgemeines Schema von Schwungradpufferungen.

Schwungrad A_1 oder A_2 hält die Leistung der Kraftmaschine K konstant
„ B „ „ „ des Generators G „
„ C „ „ „ „ Netzes N „
„ D_1 oder D_2 „ „ „ „ Motors M „
Die Pfeile geben die Strömungsrichtung der Energie an. PG ist Puffergenerator und PM ist Puffermotor.

nische Energie liefert, können wir hier bei Kraftmaschinen- und Motorpufferung die Schwungradenergie entweder unmittelbar als mechanische Energie der Kraftübertragung zuführen, oder in elektrische und dann wieder in mechanische Energie umwandeln. Das erstgenannte, bis jetzt ausschließlich verwendete Verfahren ist das einfachste. Es hat aber den großen Nachteil, daß die im Schwungrade aufgespeicherte Energie nur verhältnismäßig wenig für die Pufferung ausgenutzt werden kann. Das Schwungrad kann nämlich nur dadurch Energie aufnehmen bzw. abgeben, daß seine Drehzahl verändert wird. Bei der Kraftmaschinenpufferung kann man aber im allgemeinen nur verhältnismäßig kleine Schwankungen in der Drehzahl zulassen, denn sonst werden die durch Belastungsschwankungen unmittelbar hervorgerufenen Spannungsschwankungen noch vergrößert. Infolgedessen verwendet man dieses Verfahren nur verhältnismäßig selten zur Kraftmaschinenpufferung im eigentlichen Sinne. Dagegen wird bekanntlich besonders beim Antrieb durch Kolbenmaschinen die Kraftmaschine mit einem Schwungrade versehen, um die schnellen Schwankungen in der Energielieferung der Kraftmaschine von dem Generator fernzuhalten. Wir wollen uns deshalb hier nicht weiter mit diesem sehr einfach liegenden Fall beschäftigen. Bei Motorpufferung können in vielen Fällen größere Schwankungen der Drehzahl zugelassen werden, weshalb dieses Verfahren trotz der immerhin schlechten Ausnutzung der Schwungradenergie für diesen Zweck sehr häufig zur Verwendung kommt. (Ilgner-Umformer).

Das andere Verfahren mit einer nach dem Krämerprinzip erregten Zusatzmaschine gestattet dagegen eine weit bessere Ausnutzung der zur Verfügung stehenden Schwungradenergie, denn hier ist die Drehzahl des Schwungrades nach unten nur durch die auf S. 618 besprochenen Verhältnisse, nach oben durch die zulässige Festigkeitsbeanspruchung begrenzt. Infolgedessen kann man bei gegebenen Belastungsschwankungen hier mit einem entsprechend kleineren und deshalb billigeren Schwungrade auskommen. Hierdurch wird die zum Antrieb des Schwungrades erforderliche Energie so weit herabgesetzt, daß trotz der hinzukommenden Verluste bei der Energieumwandlung in den meisten Fällen eine Erhöhung des Gesamtwirkungsgrades erzielt wird. Die Entscheidung in der Wahl zwischen den beiden Anordnungen ist natürlich erst nach einer genauen, die Anschaffungs- und Betriebskosten umfassenden Kostenberechnung zu treffen.

Aus der Fig. 503 ist leicht zu ersehen, daß die Motorpufferung mit einem unmittelbar auf die Motorwelle aufgesetzten Schwungrade sich grundsätzlich nicht wesentlich von der Netzpufferung unterscheidet, weshalb wir diesen Fall nicht gesondert zu behandeln brauchen.

Aus dieser Figur ersehen wir ferner, daß in allen den hier zu behandelnden Fällen das Schwungrad vermittels eines besonderen Puffer-Generators *PG* seine Energie, genau wie die Batterie bei Batterie-Pufferung, in der Form von elektrischer Energie abgibt. Der Spannung des Schwungradaggregates steht, wie oben bei der Batteriespannung, eine meist konstante, in Maschinen induzierte EMK gegenüber. Abgesehen davon, daß diese EMK unter Umständen geändert werden kann, haben wir hier zwei Möglichkeiten, den zur Pufferung erforderlichen Spannungsunterschied herzustellen. Wir können nämlich entweder die Erregung des Puffergenerators konstant halten und den Spannungsunterschied in einer besonderen in den Ankerkreis des Puffergenerators eingeschalteten Zusatzmaschine erzeugen oder aber die Erregung des Puffergenerators verändern. Diese Veränderung der Erregung wird meist durch eine in den Erregerkreis des Puffergenerators eingeschaltete Zusatzmaschine bewirkt. Der erste Fall ergibt dieselben Pufferanordnungen wie die bei Batteriepufferung verwendeten, weshalb wir uns hier hauptsächlich mit dem zweiten Verfahren beschäftigen wollen.

Während wir bei Batteriepufferung zwei verschiedenartig gesteuerte Pufferanordnungen, ausgeglichene und nicht ausgeglichene, zu unterscheiden hatten, können bei der Schwungradpufferung nur die von der konstant zu haltenden Leistung gesteuer-

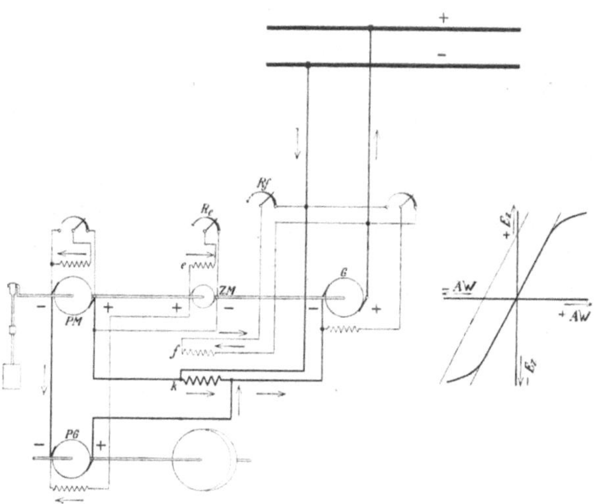

Fig. 504. Anordnung für Kraftmaschinenpufferung entsprechend Fig. 489..

ten, sogenannten ausgeglichenen Anordnungen verwendet werden. Bei einer Batterie entspricht nämlich einer gewissen Batteriespannung einigermaßen eine bestimmte Leistung der Batterie, obwohl die Spannung sich auch im Laufe der Ladung- bzw. Entladung mit der Zeit etwas ändert. Bei Schwungradpufferung ändert sich dagegen die Drehzahl und damit entweder die Spannung des Puffergenerators oder die erforderliche Erregung mit dem Ladezustand des Schwungrades so stark, vgl. Fig. 502, daß die Zusatzspannnng bzw. die Erregung im Laufe der Ladung bzw. Entladung fortlaufend geändert werden muß. Diese ständige Änderung kann nur durch eine ausgeglichene Pufferanordnung erzielt werden, die zur weiteren Verschiebung des Gleichgewichtszustandes angeregt wird, sowie die steuernde Leistung von dem konstant zu haltenden Wert abweicht. Eine nicht ausgeglichene Anordnung, ähnlich wie bei der Batteriepufferung, in Abhängigkeit von der Drehzahl des Schwungrades zu bringen, genügt hier nicht.

a) Kraftmaschinenpufferung.

Die Fig. 504 und 505 stellen zwei Anordnungen für Kraftmaschinenpufferung dar. Sie unterscheiden sich von den in den Fig. 489 und

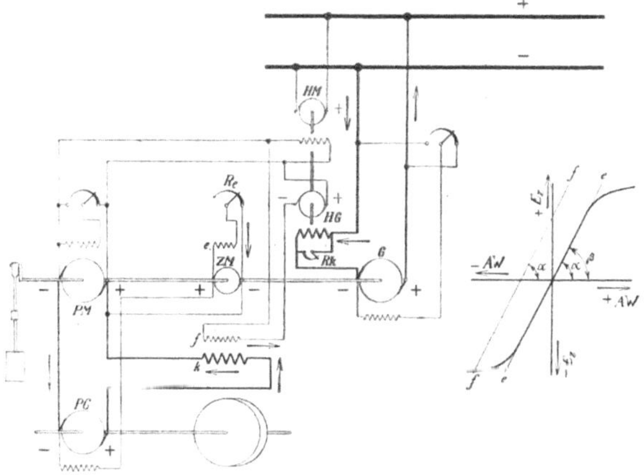

Fig. 505. Anordnung für Kraftmaschinenpufferung entsprechend Fig. 490.

490 gezeigten entsprechenden Anordnungen für Batteriepufferung nur dadurch, daß die Zusatzmaschine hier in den Erregerkreis des Puffergenerators eingeschaltet ist. Die Wirkungsweise ist deshalb hier ähnlich wie dort. Man könnte auch hier die Zusatzmaschine in die Ankerleitung schalten. Bei der Verwendung eines Schnellreglers würde man eine der Fig. 491 ähnliche Schaltung bekommen.

b) Generatorpufferung.

Die Fig. 506 zeigt eine der Fig. 493 entsprechende Schaltung für Schwungradpufferung mit konstant erregtem Puffergenerator. Hieraus leiten wir, wie Fig. 507 zeigt, die entsprechende Anordnung mit veränderlich erregtem Puffergenerator dadurch ab, daß wir die Zusatzmaschine *ZM* in den Erregerkreis einschalten.

Die Fig. 508 zeigt eine aus der in der Fig. 495 gezeigten Anordnung abgeleitete Schaltung für Schwungradpufferung, woraus ferner die in der Fig. 509 gezeigte Anordnung ohne weiteres folgt.

Die Wirkungsweise dürfte aus der früheren Beschreibung der entsprechenden Anordnungen für Batteriepufferung ohne weiteres hervorgehen.

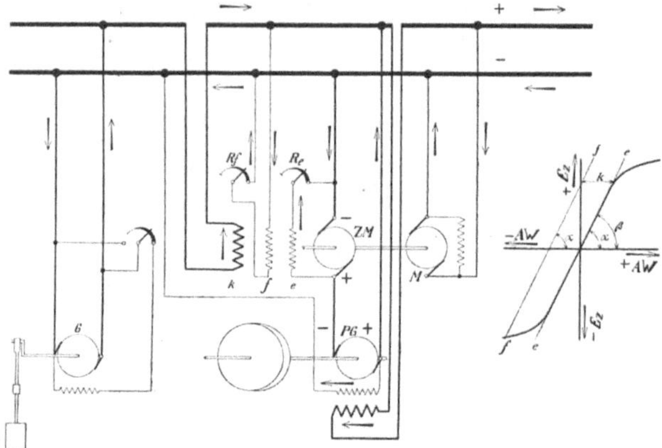

Fig. 506.

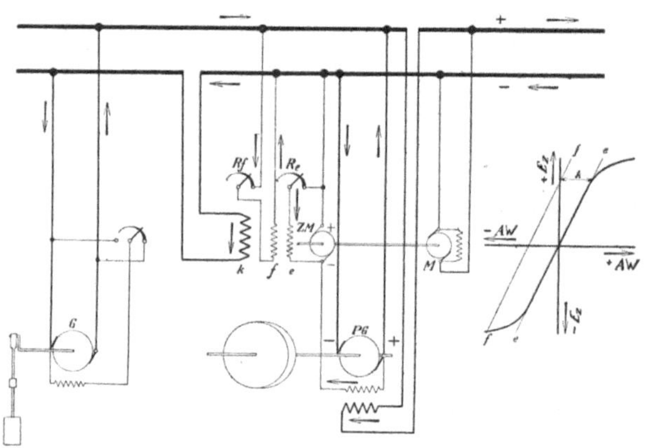

Fig. 507.

Fig. 506 und 507. Anordnungen für Generatorpufferungen entsprechend Fig. 493.

c) Netzpufferung.

Es gilt hier das unter c) bei Batteriepufferung Gesagte. Auch hier können wir eine der Fig. 497 entsprechende Anordnung verwenden, indem wir die Batterie durch ein Schwungradaggregat ersetzen. Diese Anordnung ist jedoch nicht so empfehlenswert wie die entsprechende für Batteriepufferung, weil die Spannung des Puffergenerators, die den Motoren geboten wird, innerhalb zu weiter

Grenzen geändert werden muß, um eine gute Ausnützung des Schwungrades zu erreichen.

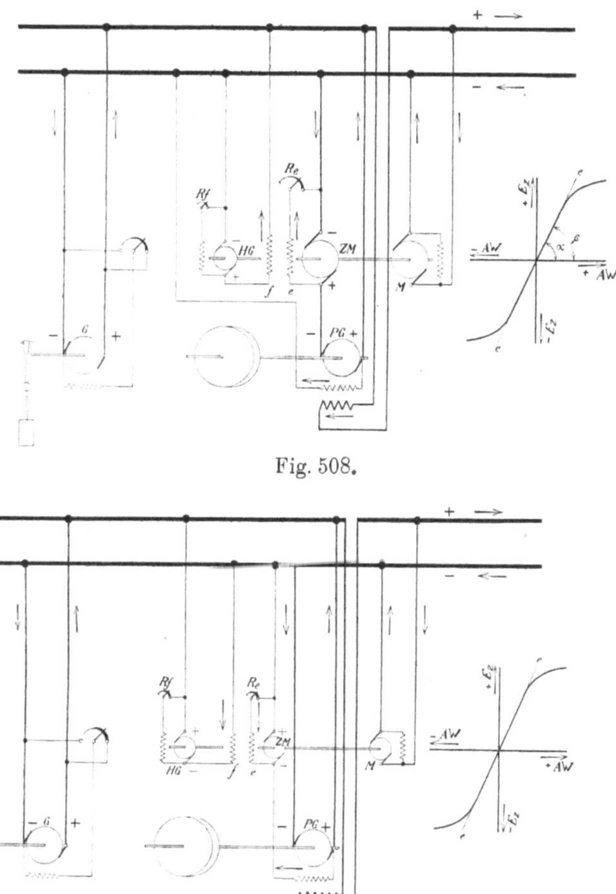

Fig. 508.

Fig. 509.

Fig. 508 und 509. Anordnungen für Generatorpufferungen entsprechend Fig. 495.

d) Motorpufferung.

Von den beiden hierfür möglichen Anordnungen erhalten wir die eine aus der Fig. 499, wenn wir die Batterie durch ein Schwungradaggregat ersetzen. Die andere Anordnung zeigt die Fig. 510. Die Wirkungsweise geht ohne weiteres aus der Beschreibung der Fig. 499 hervor.

Es sei hier nur darauf hingewiesen, daß die in der Fig. 510 gezeigte Zusatzmaschine mit zwei Kommutatoren ausgerüstet ist. Hierdurch wird, wie aus der Figur hervorgeht, erzielt, daß die Erregung des Puffermotors in demselben Maße geschwächt wird, wie die Erregung des Puffergenerators verstärkt wird. Die beiden Maschinen werden

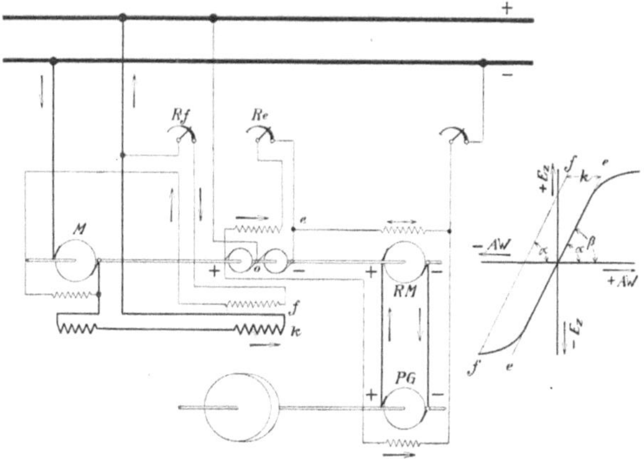

Fig. 510. Motorpufferung entsprechend Fig. 499.

deshalb billiger, als wenn wir nur die Erregung des Puffergenerators ändern würden. Sehen wir von dem Einfluß der Krümmung der Magnetisierungskurve ab, so brauchen wir nämlich hier den Kraftfluß der beiden Maschinen nur im Verhältnis $\frac{0{,}833}{1{,}167} = 0{,}715$, d. h. um $\pm\ 16{,}7\ ^0/_0$ vom Mittelwert aus zu ändern, wenn die Drehzahl des Schwungrades sich im Verhältnis 1 zu 2 ändern soll. Wenn wir dagegen nur die Erregung des Puffergenerators verändern, so muß der Kraftfluß in demselben Verhältnis geändert werden wie die Drehzahl.

Diese Anordnung kann natürlich auch bei Kraftmaschinenpufferung verwendet werden.

97. Vorgänge bei Schwungradpufferung.

Für die Beantwortung der Frage, ob und wann es vorteilhafter ist, eine Schaltung mit konstanter oder veränderlicher Erregung des Puffergenerators zu wählen, ist es von grundlegender Bedeutung, zu wissen, wie groß die für die Puffereinrichtung erforderlichen Maschinen bemessen werden müssen. Um wiederum diese Frage beantworten zu können, müssen wir die Vorgänge bei der Schwungradpufferung etwas näher betrachten.

Als Gegenstand unserer Betrachtungen wählen wir die in der Fig. 506 dargestellte Puffereinrichtung. Von dem Einflusse der Verluste im Schwungrade und in den Maschinen wollen wir gänzlich absehen, teils der Einfachheit wegen, teils weil die gewonnenen Endergebnisse trotzdem genügend genau werden und dann ohne weiteres auch auf die anderen Einrichtungen ausgedehnt werden können. Die in der Figur gezeigte Kompoundwicklung, die den Zweck hat, die Pufferwirkung zu beschleunigen, wollen wir uns weggenommen denken, uns jedoch vorstellen, daß die Wirkung der Puffereinrichtung augenblicklich in richtiger Weise einsetzt.

Die Sammelschienenspannung sei E Volt. Die Grundbelastung möge konstant sein. Außerdem möge ein konstanter Strom $2J$ in gleichen Zeitabschnitten ein- und ausgeschaltet werden, so daß die Belastung um den Mittelwert, bei der das Schwungrad Energie weder aufnimmt noch abgibt, um den Betrag $\pm J$ schwankt. Die Zeit, die von einem Einschalten bis zur vollständigen Entladung (Stillstand) des Schwungrades verstreichen würde, sei t_0 sek. Die wirkliche Ein- und Ausschaltdauer sei $x t_0$ sek. Unter Verzicht auf die leicht ausführbaren Ableitungen bekommen wir dann die folgenden, von dem Augenblick einer Einschaltung bis zur darauffolgenden Ausschaltung geltenden Gleichungen der Spannungs-, Strom- und Drehzahlverhältnisse in Abhängigkeit von der Zeit t:

Puffergenerator PG:

$$E_{pg} = E \frac{2\sqrt{1-t}}{1+\sqrt{1-x}} \text{ Volt;} \tag{259}$$

$$J_{pg} = J \frac{1+\sqrt{1-x}}{2\sqrt{1-t}} \text{ Amp.;} \tag{260}$$

$$n = n_{\text{mitt}} \frac{2\sqrt{1-t}}{1+\sqrt{1-x}} \text{ Umdr./Min.} \tag{261}$$

Die magnetische Beanspruchung ist konstant und entspricht bei der mittleren Drehzahl n_{mitt} der Spannung von E Volt.

Zusatzmaschine ZM:

$$E_{zm} = E\left[1 - \frac{2\sqrt{1-t}}{1+\sqrt{1-x}}\right] \text{ Volt;} \tag{262}$$

$$J_{zm} = J_{pg} = J \frac{1+\sqrt{1-x}}{2\sqrt{1-t}} \text{ Amp.;} \tag{263}$$

$$n = \text{konst.}$$

Antriebsmotor M:

$$E_m = E = \text{konst.;}$$

$$J_m = J\left(\frac{1+\sqrt{1-x}}{2\sqrt{1-t}} - 1\right) \text{ Amp.}; \tag{264}$$

$$n = \text{konst.}$$

In der Fig. 511 sind diese Verhältnisse in Abhängigkeit von der Zeit t aufgetragen. Es sind dort

$$E = 1;\ J = 1;\ n_{\text{mitt}} = 1;\ t_0 = 1 \quad \text{und} \quad x = 0{,}75$$

gesetzt. Es werden also $75\,^0/_0$ des im Schwungrade maximal aufgespeicherten Arbeitsvermögens für die Pufferung ausgenutzt. Weil die Schwungradenergie sich mit dem Quadrat der Drehzahl ändert, ist das Verhältnis $\frac{n_{\max}}{n_{\min}} = 2$ und in demselben Verhältnis ändert sich auch die Stromstärke des Puffergenerators.

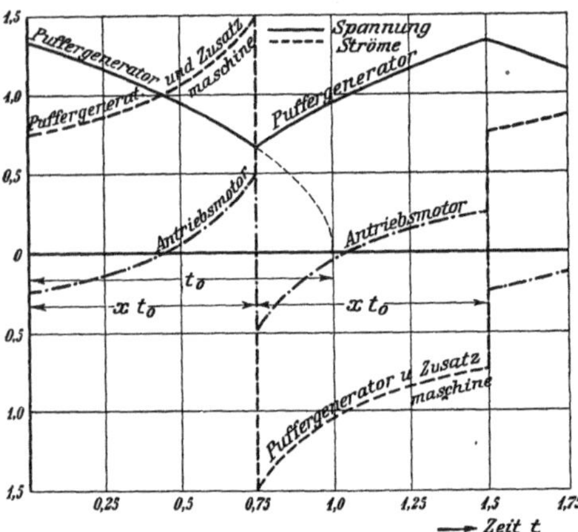

Fig. 511. Vorgänge bei einer Pufferung nach Fig. 506.

Weil die Verhältnisse innerhalb einiger Sekunden hin und her schwanken, sind nicht die Maximalwerte, sondern die quadratischen Mittelwerte der Beanspruchungen für die Bemessung der Größe der Maschinen maßgebend. Diese sogenannten Effektivwerte bilden wir nach der Gleichung:

$$E_{\text{eff}} = \sqrt{\frac{\int\limits_{t=0}^{t=x} E_{pg}^2\,dt}{x}}; \tag{265}$$

aus den oben angegebenen Beziehungen und bekommen:

Puffergenerator PG:

$$E_{\text{eff}} = E\,\frac{2\sqrt{1-\frac{x}{2}}}{1+\sqrt{1-x}} \text{ Volt} \tag{266}$$

$$J_{\text{eff}} = J\,\frac{1+\sqrt{1-x}}{2}\sqrt{\frac{{}^e\!\log\frac{1}{1-x}}{x}} \text{ Amp.} \tag{267}$$

Zusatzmaschine ZM:

$$ {}_{\text{eff}} = E \frac{\sqrt{x^2 + 2(2-x)(1-\sqrt{1-x})^2 - \frac{8}{3}\left[1-(2-x)\sqrt{1-x}+(1-x)^2\right]}}{x} \text{ Volt;} \quad (268)$$

$$J_{\text{eff}} = J \frac{1+\sqrt{1-x}}{2} \sqrt{\frac{{}^e\!\log \frac{1}{1-x}}{x}} \text{ Amp.} \quad (269)$$

Antriebsmotor M:

$$E_{\text{eff}} = E \text{ Volt;} \quad (270)$$

$$J_{\text{eff}} = J \sqrt{\frac{\left(\frac{1+\sqrt{1-x}}{2}\right)^2 {}^e\!\log\left(\frac{1}{1-x}\right) - x}{x}} \text{ Amp.} \quad (271)$$

Setzen wir in diesen Gleichungen $x = 0{,}75$, so erhalten wir die folgende Zusammenstellung der mittleren Beanspruchungen, für welche die Maschinen zu bemessen sind. Hierbei ist zu bemerken, daß die Spannung des Puffergenerators zwar schwankt, die magnetische Beanspruchung, die für die Bemessung maßgebend ist, jedoch unverändert bleibt und bei der mittleren Drehzahl einer Spannung von E Volt entspricht.

Maschine	Spannung	Strom	Leistung
Puffergenerator PG	E	$1{,}020\ J$	$1{,}020\ EJ$
Zusatzmaschine ZM	$0{,}193\ E$	$1{,}020\ J$	$0{,}197\ EJ$
Antriebsmotor M	E	$0{,}200\ J$	$0{,}200\ EJ$
		Summe	$1{,}417\ EJ$

Wir sehen, daß bei dieser großen $75\,^0/_0$ betragenden Ausnutzung der Schwungradenergie hier Maschinen für eine Gesamtleistung von rd. $42\,^0/_0$ mehr als die Leistung EJ, mit welcher die Belastung um den Mittelwert schwankt, anzuschaffen sind. Die Zusatzmaschine kann aber auch mechanisch unmittelbar von der Kraftmaschine aus angetrieben werden. Die Gesamtleistung beträgt dann nur

$$(1{,}020 + 0{,}197)\, EJ \simeq 1{,}22\, EJ.$$

Wenn wir nun, wie die Fig. 507 zeigt, die Zusatzmaschine in den Erregerkreis des Puffergenerators einschalten, so ist der Puffergenerator für den konstanten Strom J zu bemessen. Seine Spannung ist hier zwar konstant, dagegen schwankt die maßgebende magnetische Beanspruchung. Wenn die Magnetisierungskurve geradlinig wäre, könnte die mittlere magnetische Beanspruchung nach der Gl. 266 berechnet werden. Hiernach würden wir einen Puffergenerator bekommen, dessen Leistung unbedeutend größer als EJ wäre. Infolge der gekrümmten Form der Magnetisierungskurve fällt jedoch der Puffergenerator größer aus. Obwohl hier die Zusatzmaschine und der Antriebsmotor sehr klein ausfallen, wird deshalb die Gesamtleistung fast ebenso groß wie im vorigen Falle mit mechanischem Antriebe der Zusatzmaschine.

In bezug auf die Gesamtleistung der zu verwendenden Maschinen sind also die beiden Verfahren ziemlich gleichwertig. In bezug auf die Schnelligkeit des Ansprechens ist das erstgenannte Verfahren, Fig. 506, etwas überlegen, weil hier die Zusatzmaschine unmittelbar, beim zweiten Verfahren, Fig. 507, dagegen unter Vermittlung des trägen Erregerkreises des Puffergenerators die Pufferleistung steuert.

Sechsundzwanzigstes Kapitel.

Anlassen und Regelung von Motoren gleichbleibender Drehzahl.

98. Anker- und Erregerstrom bei veränderlichem Drehmoment. — 99. Anlassen und Regelung mit Widerständen. — 100. Anlassen und Regelung mit besonderer Anlaßmaschine. — 101. Anlassen ohne Vorschaltwiderstände.

Wir wollen nun dazu übergehen, die verschiedenen Verfahren zum Anlassen und zur Regelung von Motoren zu behandeln. Diese Verfahren können wir in zwei Hauptgattungen einteilen, nämlich 1. solche zum Erzielen einer innerhalb längerer Zeitabschnitte gleichbleibenden wenn auch veränderbaren Drehzahl und 2. solche zum Erzielen einer rasch veränderlichen Drehzahl. Diese Einteilung ist mit Rücksicht auf die verschiedenen Anwendungen der Motoren gewählt. Es ist aber klar, daß hierdurch nicht eine scharfe Grenze zwischen den beiden Verfahren gezogen werden kann, denn einige Verfahren können sowohl zur Erzielung einer gleichbleibenden wie einer rasch veränderlichen Drehzahl benutzt werden. In diesem Kapitel wollen wir die erstgenannten, im nächsten Kapitel die letztgenannten Verfahren behandeln.

Neben der erwünschten Veränderung der Drehzahl wirkt auch das Verhalten des Drehmomentes auf die Ausbildung der Anlaß- und Regelungsverfahren und zwar in erster Linie auf die Ausbildung des Motors selbst ein, denn das Drehmoment ist das Produkt aus Ankerstrom und Kraftfluß und ist entweder annähernd konstant oder mehr oder weniger veränderlich. Die Aufsuchung des jeweils zweckmäßigen Anlaß- und Regulierverfahrens wird wesentlich erleichtert, wenn wir eine Untersuchung der zweckmäßigsten Änderung des Anker- und Erregerstromes bei veränderlichem Drehmoment vorausschicken.

98. Anker- und Erregerstrom bei veränderlichem Drehmoment.

Bei einem stillstehenden oder mit einer beliebigen Drehzahl laufenden Motor möge der normale dauernd zulässige Ankerstrom $J_{a_n} = 1$ sein. Der normale dauernd zulässige Erregerstrom i_{e_n} hat je nach der Windungszahl der Erregerwicklung im allgemeinen einen hiervon abweichenden Wert. Es beeinflußt aber diese Untersuchung nicht, wenn die Windungszahl so gewählt wird, daß auch $i_{e_n} = 1$ wird, weshalb wir eine solche Windungszahl der Einfacheit halber voraussetzen. Bei $J_a = i_e = 1$ entwickelt dann der Motor sein normales Drehmoment ϑ_n, das wir ebenfalls gleich Eins setzen wollen.

Um bei Veränderung des Drehmomentes die erforderlichen Änderungen des Anker- und Erregerstroms leichter überblicken zu können, nehmen wir an, daß die beiden Ströme in einer durch die Gleichung

$$i_e = J_a^{\,n} \tag{272}$$

ausgedrückten Beziehung zueinander stehen. So lange das Eisen ungesättigt ist und also Proportionalität zwischen Kraftfluß und Erregerstrom besteht, ist dann

$$\vartheta = i_e J_a = J_a^{\,n+1} \tag{273}$$

und also

$$J_a = \vartheta^{\frac{1}{n+1}} \tag{274}$$

und ferner

$$i_e = \vartheta^{\frac{n}{n+1}} \tag{275}$$

Wir wolllen nun untersuchen, wie sich die Verluste in den Anker- und Erregerwicklungen verhalten, wenn das Drehmoment verändert wird. Diese Verluste sind dem Quadrat des entsprechenden Stromes proportional. Bei vollbelasteter Anker- und Erregerwicklung möge die Summe der beiden Verluste gleich Eins, der Verlust in der Erregerwicklung gleich x und also der Verlust in der Ankerwicklung gleich $1 - x$ gesetzt werden. Unter Benutzung der beiden Gleichungen 274 und 275 ergibt sich dann der Verlust in beiden Wicklungen zu

$$V = \left[x\,\vartheta^{\frac{2n}{n+1}} + (1 - x)\,\vartheta^{\frac{2}{n+1}}\right]; \tag{276}$$

Bei normal ausgeführten Maschinen bewegt sich x etwa innerhalb der Grenzen 0,25 bis 0,5. Wir wollen deshalb hier als einen ziemlich gut zutreffenden Mittelwert $x = \frac{1}{3}$ setzen und bekommen:

$$V = \left[\frac{1}{3}\,\vartheta^{\frac{2n}{n+1}} + \frac{2}{3}\,\vartheta^{\frac{2}{n+1}}\right]. \tag{277}$$

In der Fig. 512 ist der Gesamtverlust V als Funktion vom Drehmoment ϑ für verschiedene Werte von n aufgetragen. Wenn wir zunächst die dick ausgezogenen Kurven betrachten, so gilt die ganz ausgezogene Kurve für den Fall, daß der Erregerstrom dem Ankerstrom direkt proportional ist, also $n = 1$: Hauptschlußmotor. Die gestrichelt gezeichnete Kurve gilt für den Fall, daß der Erregerstrom konstant ist, also $n = 0$: Nebenschlußmotor, während die strichpunktierte Kurve für den Fall gilt, daß der Ankerstrom konstant ist und nur der Erregerstrom sich ändert $n = \infty$). Aus diesen drei Kurven geht hervor, daß bei stark veränderlichem Drehmoment die Gesamtverluste beim Hauptschlußmotor im großen und ganzen am kleinsten werden. Da außerdem bei Überlastungen die Verluste und damit die Erwärmung beim Hauptschlußmotor in demselben Maße in beiden Wicklungen zunehmen, während bei den beiden anderen Motoren die ganze Erhöhung der Verluste in einer der beiden Wicklungen stattfindet, ist es einleuchtend, daß der Hauptschlußmotor sich besonders gut dort eignet, wo zeitweise starke Überlastungen vorkommen, wie bei Bahnen. Der Nebenschlußmotor eignet sich dagegen seiner konstanten Drehzahl wegen besser für solche Betriebe, in welchen die Belastung einigermaßen konstant ist. Trotzdem es nach den hier behandelten Gesichtspunkten unvorteilhaft erscheinen mag, den Ankerstrom konstant zu halten und den Erregerstrom zu verändern, ist dieses Verfahren, wie wir später sehen werden, aus anderen Gründen in besonderen Fällen sehr empfehlenswert.

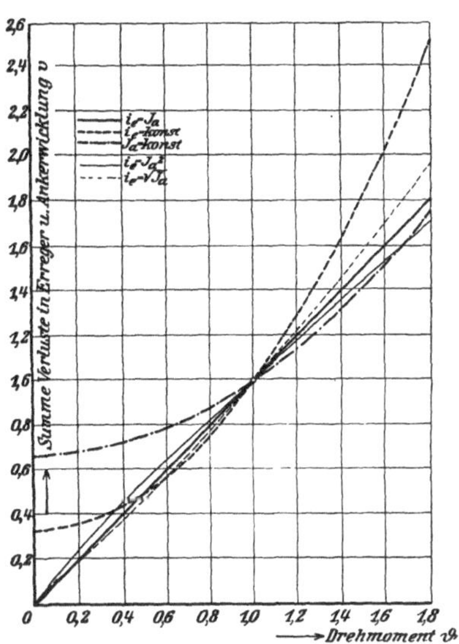

Fig. 512. Abhängigkeit der Gesamtverluste vom Drehmoment.

Manchmal macht man auch einen Teil der Erregung konstant und den übrigen Teil dem Ankerstrom proportional, Doppelschlußmotoren. Siehe übrigens Bd. I Kap. XXIV.

Von den dünn ausgezogenen Kurven stellt die ganz ausgezogene Kurve die Verluste bei $n = 2$, die gestrichelte bei $n = \frac{1}{2}$ dar. Sie weichen von der geraden Linie des Hauptschlußmotors, wie wir sehen, nur unbedeutend ab, weshalb es nicht erstrebenswert erscheint, eine so verwickelte Abhängigkeit des Erregerstromes vom Ankerstrom herzustellen.

99. Anlassen und Regelung mit Widerständen.

a) Wenn eine konstante Spannung vorhanden.

1. Ein Motor. Das Anlassen und die Regelung eines Motors mittels Widerständen im Ankerkreis, wenn eine konstante Spannung vorhanden ist, wurde eingehend im Kapitel XVII bzw. XVIII erörtert. Wie dort nachgewiesen wurde, wird hierbei etwa die Hälfte der während des Anlassens zugeführten Arbeit im Widerstand vernichtet. Die Drehzahl wird durch Schwächung des Feldes, bei Nebenschlußmotoren mittels eines vorgeschalteten, bei Hauptschlußmotoren mittels eines parallel geschalteten Widerstandes meist nur um etwa 20 $^0/_0$ erhöht. Man geht mit dieser Erhöhung der Drehzahl in besonderen Fällen noch höher, selten jedoch über 100 $^0/_0$. Diese Regelung der Drehzahl geht nämlich zwar praktisch verlustlos vor sich, die Größe des Motors wächst aber fast proportional dem Regelbereich. Der Regelbereich kann dadurch ausgedehnt werden, daß die Drehzahl durch Vorschalten eines Widerstandes vor den Anker vermindert wird. Dieses Verfahren ist jedoch meist infolge der damit verbundenen großen Verluste zu unwirtschaftlich.

2. Zwei Motoren. Erfolgt der Antrieb einer Welle oder z. B. eines Bahnwagens durch zwei Motoren, so kann man die Anlaßverluste etwa auf die Hälfte dadurch verkleinern, daß man die Motoren beim Beginn des Anlassens in Reihe und in der zweiten Anlaßperiode parallel schaltet. Bei der Reihenschaltung addieren sich die EMKe und die Widerstände der beiden Motoren, weshalb die Motoren so arbeiten, als ob jeder für sich nur an die halbe Spannung angeschlossen wäre. Dieses Verfahren wird bei Straßenbahnen, welche stets mit Hauptschlußmotoren ausgerüstet sind, allgemein verwendet. Bei Nebenschlußmotoren wird dieses Verfahren in vereinzelten Fällen verwendet, nicht so sehr um die Anlaßverluste zu vermindern, als um einen großen Regelbereich für die Drehzahl zu bekommen. Bei voll erregtem Felde bekommt man dann eine gewisse Drehzahl bei Reihenschaltung und die doppelte Drehzahl bei Parallelschaltung. In solchen Fällen verwendet man außerdem eine Regelung im Nebenschluß im Verhältnis 1 : 2, und man kann also die Drehzahl verlustlos im Verhältnis 1 : 4 regeln. Vielfach verwendet man in solchen Fällen nicht zwei getrennte Motoren, sondern einen Motor mit zwei Kommutatoren und zwei Ankerwicklungen, die in Reihe bzw. parallel geschaltet werden.

b) Wenn zwei oder mehrere Spannungen vorhanden.

Zwei oder mehrere Spannungen werden in solchen Fällen verwendet, wo eine Regelung der Drehzahl in weiten Grenzen, wie bei Drehbänken, Papiermaschinen und derartigen Betrieben, verlangt wird.

1. Anschließen an verschiedene Spannungen. Wie in den Abschnitten 86c und 87 gezeigt wurde, kann man bei einem unsymmetrischen Dreileitersystem drei, bei einem Vierleitersystem sechs verschiedene Spannungen und also bei voller Erregung des Motors dementsprechend drei bzw. sechs verschiedene Grunddrehzahlen bekommen. Soll der Motor auf jede dazwischenliegende Drehzahl mittels einer möglichst geringen Regelung der Erregung eingestellt werden können, so ist die dort erwähnte prozentual gleiche Abstufung der Spannungen zu wählen. Unter Benutzung der hierfür erforderlichen Regelung der Erregung auch von der höchsten Grunddrehzahl aus aufwärts bekommt man dann beim unsymmetrischen Dreileitersystem eine Regelung der Drehzahl im Verhältnis 1:4,23 und beim Vierleitersystem im Verhältnis 1:5,41. Die Leistung des Motors verändert sich hierbei proportional der aufgedrückten Ankerspannung im Verhältnis 1 zu 2,618 beim Dreileiter-, im Verhältnis 1 zu 4,08 beim Vierleitersystem, während das Drehmoment auf jeder Stufe im Verhältnis 1 zu 0,62 bzw. 1 zu 0,755 schwankt.

Obwohl diese Verfahren eine Drehzahlregelung innerhalb ziemlich weiter Grenzen gestatten, werden sie nur selten verwendet, weil sie ein hauptsächlich nur für die zu regelnden Motoren geschaffenes Leitungsnetz mit zugehörigen eigenen Generatoren oder Ausgleichmaschinen erfordern.

2. Anordnung für Papiermaschinenantrieb mittels Doppel-Kommutator-Motoren. Diese Anordnung gestattet beim Vorhandensein eines Dreileiternetzes von z. B. 2×220 Volt Spannung normalerweise eine stetige verlustlose Drehzahlregelung im Verhältnis 1 zu 8. Der verwendete Motor ist ein Nebenschlußmotor mit zwei getrennten Ankerwicklungen und zwei Kommutatoren, der für eine Regelung im Nebenschluß im Drehzahlverhältnis 1:2 ausgeführt ist. Infolgedessen bekommt man die folgenden Drehzahlstufen:

1. Die beiden Kommutatoren werden in Reihe auf 220 Volt geschaltet. Durch Änderung der Erregung wird die Geschwindigkeit in den Grenzen 1 zu 2 verändert.

2. Die beiden Kommutatoren werden in Reihe auf 440 Volt geschaltet. Die Geschwindigkeit wird in den Grenzen 2 bis 4 verändert.

3. Die beiden Kommutatoren werden parallel auf 440 Volt geschaltet. Die Geschwindigkeit wird in den Grenzen 4 bis 8 verändert.

Die Einstellung der Drehzahl innerhalb dieser Stufen sowie der Übergang von Stufe zu Stufe geschieht in außerordentlich einfacher, jegliche falsche Handhabung ausschließender Weise mittels des in der Fig. 513 in Ansicht gezeigten Anlassers. Oben auf der Kontaktplatte des Anlassers befindet sich der Anlaßhebel H, der auf den zugehörigen Kontaktbahnen die Ein- und Ausschaltung des Anlaßwiderstandes und die Einstellung des Nebenschlußwiderstandes besorgt. Mit dem Hebel M wird ein besonderer Ausschalter für die Erregerwicklung betätigt. Die beiden Hebel sind derart gegeneinander mechanisch verriegelt, daß einerseits der Anlaßhebel nur dann aus der Nullstellung (erste Geschwindigkeitsstufe, Ankerstrom unterbrochen) geführt werden kann, wenn die Erregung eingeschaltet ist, anderseits die Erregung nur dann aus- und eingeschaltet werden kann, wenn der Anlaßhebel sich in der Nullstellung befindet. Die Fig. 514 zeigt das Schaltschema eines derartigen von G. M. Larsson entworfenen Anlassers.

Fig. 513. Anlasser und Regler eines Doppelkommutatormotors für Papiermaschinenantrieb.

Die Betätigung des Anlassers geschieht wie folgt. Der Anlaßhebel H wird, nachdem die Erregung eingeschaltet ist, von oben gesehen in der Uhrzeigerrichtung von der Nullstellung aus gedreht. Hierbei wird der Anlaßwiderstand bei A eingeschaltet und während der Hebel sich von A bis B bewegt, allmählich kurzgeschlossen. Bei B erreicht der Motor seine niedrigste Geschwindigkeit, die wir mit 1 bezeichnen wollen. Während der Hebel weiter bis C geführt wird, wird die Erregung geschwächt, wobei die Geschwindigkeit stetig von 1 bis 2 gesteigert wird bzw. auf jede dazwischenliegende Drehzahl eingestellt werden kann. Will man nun auf die zweite Geschwindigkeitsstufe übergehen, so wird der Hebel weitergedreht. Auf dem Wege von C bis D wird der Außenwiderstand wieder vorgeschaltet und bei D wird der Ankerstrom gänzlich unterbrochen. Der Hebel H wird dann rasch von D bis zum Ausgangspunkt A weitergedreht. Während dieser Bewegung werden die Kommutatoren von der Schaltung des ersten Geschwindigkeitsgebietes 1 bis 2 auf die Schaltung des zweiten Geschwindigkeitsgebietes 2 bis 4

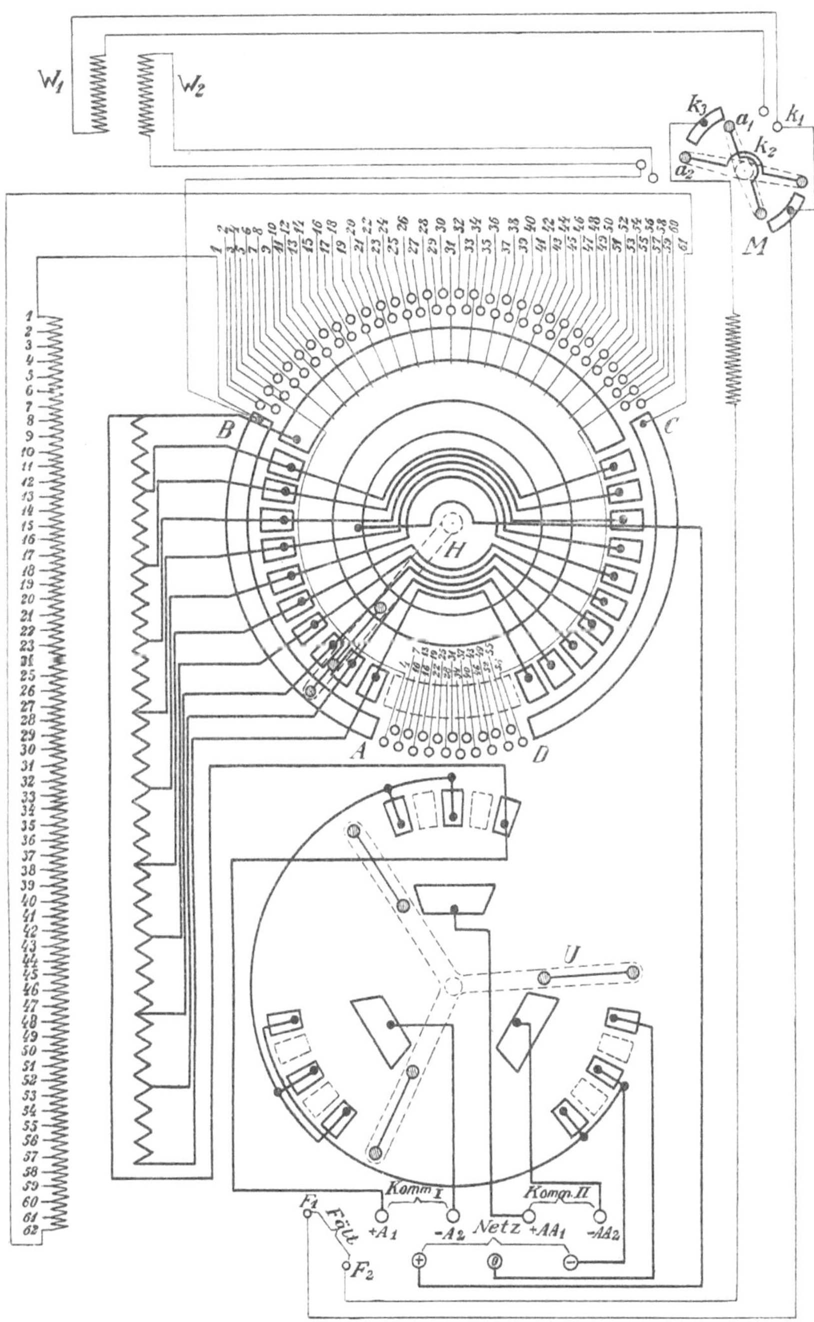

Fig. 514. Schaltbild des in Fig. 513 gezeigten Anlassers.

in stromlosem Zustande mittels des im Innern des Anlassers befindlichen Umschalters U selbsttätig umgeschaltet. Im Zusammenhang hiermit wird durch eine einfache mechanische Anordnung der Zeiger V (Fig. 513) um einen Schritt weitergedreht, so daß man sehen kann, auf welcher Geschwindigkeitsstufe der Motor eingeschaltet ist. Die Erregung wurde auf dem Wege von B bis C geschwächt. Vor dem Einschalten auf die neue Geschwindigkeitsstufe muß die Erregung wieder auf ihren ursprünglichen vollen Wert verstärkt werden, was auf dem Wege von D bis A, wie aus dem Schaltschema hervorgeht, in stetiger Weise durch allmähliches Ausschalten des Regulierwiderstandes ohne Unterbrechung des Erregerstromes geschieht. Der Hebelarm wird dann weiter von A bis B gedreht, wobei der Ankerstrom über den Anlaßwiderstand wieder eingeschaltet wird. Während der fortgesetzten Bewegung von B bis C wird die Geschwindigkeit stetig durch abermaliges Schwächen des Erregerstromes zwischen den Grenzen 2 und 4 gesteigert. Schließlich wird der Hebel noch einmal in derselben Richtung herumgeführt. Hierbei wird der oben beschriebene Vorgang wiederholt. Auf dem Wege von D bis A wird jedoch jetzt der Umschalter U um einen Schritt weitergedreht, so daß jetzt die Umschaltung von dem Geschwindigkeitsgebiet 2 bis 4 auf das Geschwindigkeitsgebiet 4 bis 8 erfolgt. Wenn der Hebel schließlich zum dritten Male den Punkt C erreicht, verhindert eine mechanische Vorrichtung seine Weiterdrehung. Wenn der Hebel von diesem Anschlag auf den Ausgangspunkt zurück dreimal herumgedreht wird, wirkt bei A eine entsprechende Anordnung, die dort eine Weiterdrehung verhindert.

Der Ausschalter M für die Erregerwicklung besteht, wie das Schaltschema zeigt, aus zwei miteinander fest verbundenen Kontaktarmen a_1 und a_2. Befindet sich der Kontaktarm a_1 auf dem Kontakt k_1, so ist die Erregerwicklung eingeschaltet. Wird er auf den Kontakt k_2 gedreht, so werden die Widerstände r_1 und r_2 vorgeschaltet, während die Erregerwicklung mit dem Kontaktarm a_2 kurzgeschlossen wird. Bei Weiterdrehung der Kontaktarme in dieser Richtung wird schließlich die fortwährend kurzgeschlossene Erregerwicklung gänzlich ausgeschaltet.

Die Anordnung wird auch für eine Drehzahlregelung im Nebenschluß im Verhältnis 1 zu 2,5 ausgeführt. Hierdurch wird einerseits erreicht, daß die Geschwindigkeitsstufen sich überlappen, anderseits daß die Geschwindigkeit im Verhältnis 1 zu 10 geregelt werden kann.

3. Kalanderantrieb nach Weiske. Von den Arbeitsmaschinen der Papierfabrikation stellen, nächst den Papiermaschinen, die Kalander die größten Ansprüche an ihre Antriebe, was aus der folgenden kurzen Übersicht über den Arbeitsvorgang zu ersehen ist.

Wenn der Kalander stillsteht, drücken sich die Stahlwalzen schon durch ihr Eigengewicht in die zwischen ihnen angeordneten Walzen aus Papier etwas ein. Soll nun der Kalander angelassen werden, so ist infolgedessen im ersten Augenblick ein sehr hohes Anzugmoment erforderlich, das je nach der Dauer des Stillstandes erfahrungsgemäß das 2- bis 3-fache des normalen beim Kalandrieren erforderlichen Drehmomentes beträgt. Sowie aber der Kalander sich in Bewegung gesetzt hat, fällt das Drehmoment auf etwa die Hälfte des normalen Wertes.

Der Kalander soll nun zunächst mit nur etwa 8 bis 10% seiner höchsten Geschwindigkeit laufen, um das Einziehen des Papiers bei einer Geschwindigkeit von nur etwa 8 bis 12 m in der Minute zu ermöglichen. Während des Einziehens steigt das Drehmoment, bis es schließlich seinen normalen Wert erreicht hat.

Nachdem das Papier zwischen alle Walzen eingezogen ist, soll die Geschwindigkeit auf die Kalandriergeschwindigkeit, die je nach der Güte und Festigkeit des Papieres etwa 55 bis 100 m je Minute beträgt, erhöht und auf den erwünschten Wert eingestellt werden. Diese Erhöhung der Geschwindigkeit muß mit einer möglichst konstanten Beschleunigung vor sich gehen, denn die beträchtliche Masse der Papierrolle würde sonst ein Reißen des Papieres verursachen.

Es leuchtet hieraus ohne weiteres ein, daß man den ganzen erforderlichen Geschwindigkeitsbereich nicht ausschließlich mit Feldregelung beherrschen kann. Eine Erweiterung des hierdurch zu erzielenden Regelbereiches durch Vorschalten von Widerständen vor den Anker bei der niedrigsten Geschwindigkeit ist wegen des beim Anlassen plötzlich und stark schwankenden Drehmomentes nicht angängig.

Die von Ingenieur P. Weiske[1]) ausgearbeitete und von der AEG ausgeführte Anordnung für den Antrieb von Kalander, Bischof-Rollapparate u. dgl. entspricht dagegen den oben beschriebenen eigentümlichen Betriebsbedingungen in jeder Hinsicht.

Der Antrieb des Kalanders erfolgt hier durch einen gewöhnlichen Nebenschlußmotor normaler Bauart, der während des Kalandrierens an die vorhandene Betriebsspannung von z. B. 220 Volt angeschlossen ist. Die hierbei erforderliche Kalandriergeschwindigkeit wird zwischen den erforderlichen Grenzen 1 bis 2 durch Änderung der Erregung eingestellt. Die beim Einziehen des Papieres erforderliche, sehr kleine Geschwindigkeit wird dadurch erreicht, daß der voll erregte Motor an eine Hilfsspannung von etwa 40 bis 50 Volt angeschlossen wird. Es ist also die Aufstellung eines besonderen Generators zur Er-

[1]) Wochenblatt für Papierfabrikation, 1912, H. 44.

zeugung dieser Hilfsspannung erforderlich. Weil aber nur ein solcher Generator für sämtliche in einer Anlage vorhandenen Kalander und Maschinen mit ähnlichen Betriebsbedingungen, wie Bischof-Roller usw., erforderlich ist, werden die Anlagekosten und die Gesamtverluste hier bedeutend geringer, als wenn man eine der in anderen Fällen zweckmäßigen Anordnungen mit besonderer Anlaßmaschine, die wir später beschreiben wollen, verwenden würde. Da nur ein kleiner Teil der Maschinen gleichzeitig von dem Hilfsgenerator gespeist werden, und ferner das Drehmoment der Arbeitsmaschinen bei der niedrigen Geschwindigkeit geringer ist als das normale, braucht übrigens der Hilfsgenerator erfahrungsgemäß nur für $\frac{1}{10}$ bis $\frac{1}{15}$ von der Gesamtleistung der angeschlossenen Arbeitsmaschinen bemessen zu werden.

Beim Anlassen wird der Motor unmittelbar oder, zur Milderung des Stromstoßes, unter Vorschaltung einiger der letzten Stufen des Anlassers an diese Hilfsspannung gelegt. Es entsteht hierbei im Augenblick des Einschaltens ein Stromstoß von kurzer Dauer, der das anfänglich sehr hohe Drehmoment überwindet. Hat sich der Kalander in Bewegung gesetzt, so bleibt die Geschwindigkeit, unabhängig von den Schwankungen des Drehmomentes, praktisch konstant auf dem für das Einziehen passenden Wert, weil der Ohmsche Spannungsabfall sehr klein im Verhältnis zur induzierten EMK ist.

Der Übergang von dieser kleinsten Geschwindigkeit auf die Kalandriergeschwindigkeit muß nun ohne jeden Stoß ganz allmählich durchgeführt werden. Da hierbei der Motor von der Hilfsspannung auf die Betriebsspannung umgeschaltet werden muß, ist die befriedigende Lösung dieser Aufgabe offensichtlich nicht leicht. Wie aus dem Schaltbild, Fig. 515, hervorgeht, ist jedoch hier eine sehr einfache Lösung dieser Aufgabe gefunden.

Beim Anlassen wird der Anlaßhebel zunächst von der Nullstellung A bis zum Punkte B gedreht. Hierbei wird die Erregung direkt an die volle Betriebsspannung gelegt. Gleichzeitig trifft der Anlaßhebel auf den Hilfskontakt h_1 auf und es fließt ein Strom über den Widerstand r_1 durch die Wicklung w_1 des Schützes *Sch*. Hierdurch wird das Schütz eingeschaltet. Bei B ist der Anlaßhebel nicht mehr mit dem Hilfskontakt h_1, jedoch ständig mit der gleichzeitig eingeschalteten Kontaktschiene h_2 in Berührung. Das Schütz bleibt deshalb eingeschaltet, denn beim Einschalten desselben fließt Strom durch die Wicklung w_2, wodurch der zugehörige Kontakt geschlossen wird, so daß ein zum Halten des Schützes genügender Strom durch die Wicklung w_1 über die beiden Widerstände r_1 und r_2 und die Kontaktschiene h_2 fließen kann. Beim Einschalten des Schützes fließt der Strom J_e über einige Stufen x des Anlaßwiderstandes, bis C und D, durch den Anker, der also an die Hilfsspannung e angeschlossen ist. Während des Einziehens braucht die Bedienung den

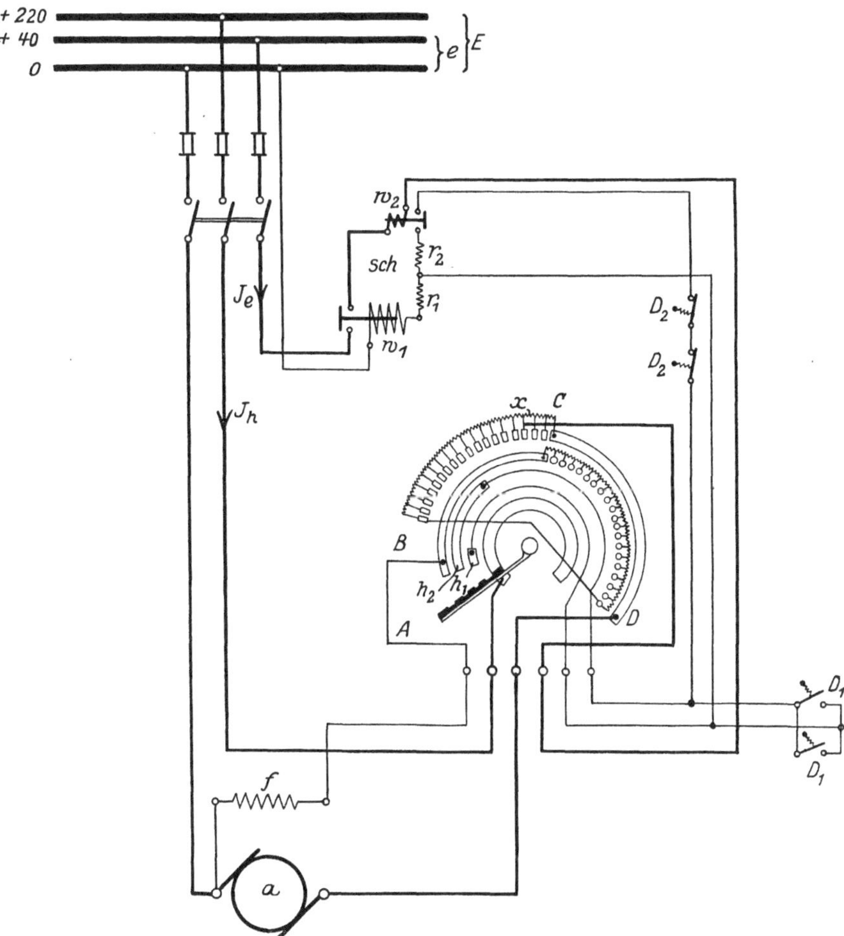

Fig. 515. Schaltbild des AEG-Anlassers für Kalanderantrieb.

Bedienungsstand nicht zu verlassen, um, wenn erforderlich, den Motor durch Zurückdrehen des Anlaßhebels stillzusetzen; denn das Ausschalten wie auch Wiedereinschalten des Motors kann durch die auf der Bedienungstafel befindlichen Druckknöpfe D_1 und D_3 erfolgen.

Nach erfolgtem Einziehen wird der Motor auf die Kalandriergeschwindigkeit dadurch gebracht, daß der Anlaßhebel von B zunächst bis C gedreht wird. Hierdurch erhält der Anker über den Anlaßwiderstand auch Strom von der höheren Betriebsspannung E. Während dieser Strom J_h durch allmähliches Ausschalten des Anlaßwiderstandes gesteigert wird, nimmt J_e entsprechend ab. Hat J_e

Fig. 516. Antriebsmotor für einen Kalander nebst zugehörigen Hilfsapparaten.

schließlich den Wert Null erreicht, dann kann die Spule w_2 ihren Kontakt nicht mehr halten. Dieser Kontakt fällt herunter und unterbricht den Strom in der Wicklung w_1, wodurch das Schütz ausgeschaltet wird. Gerade dadurch, daß das Schütz im stromlosen Zustande ausgeschaltet wird, werden jegliche Stromstöße beim Umschalten auf die Betriebsspannung gänzlich vermieden und das Anlassen erfolgt durchaus stoßfrei.

Nachdem der Anlaßhebel den Punkt C erreicht hat, kann die Kalandriergeschwindigkeit weiter durch Schwächen der Erregung gesteigert werden, indem der Anlaßhebel von C bis D gedreht wird.

Die Fig. 516 zeigt einen 60 PS-Antriebsmotor für einen Kalander nebst zugehörigen Hilfsapparaten, wie Schaltkasten, Nullstromschütz,

Bremsschütz, Regulieranlasser und Riemenspannrolle. Das Ausschalten des Motors geschieht auch bei den höheren Geschwindigkeiten durch Druckknöpfe. Mit dieser Ausschaltanordnung ist eine Einrichtung zum Abbremsen des Motors durch Ankerkurzschlußbremsung verbunden.

Der Anlasser ist mit einer kleinen mechanischen Sperrung versehen, welche ein Weiterbewegen der Kurbel über den Punkt B, Fig. 515, hinaus beim Anfahren zunächst verhindert. Erst wenn diese Sperrung durch Niederdrücken eines auf dem Anlasser befindlichen Knopfes gelöst ist, kann weiter angelassen werden.

100. Anlassen und Regelung mit besonderer Anlaßmaschine.

In vielen Fällen muß der Motor so häufig angelassen werden, daß beim Anlassen mit Widerständen recht beträchtliche Energiemengen in dem Anlaßwiderstand vergeudet werden würden. Man verwendet dann zum Anlassen eine besondere Anlaßmaschine, wodurch die Verluste beim Anlassen auf einen verschwindend kleinen Betrag herabgedrückt werden. In bezug auf die Regelung ermöglicht die Verwendung einer Anlaßmaschine die Lösung einer Reihe von Aufgaben, die bei ausschließlicher Verwendung von Widerständen nicht oder nicht so vollkommen gelöst werden können. Mit der Anlaßmaschine kann nämlich a) die Drehzahl in sehr weiten Grenzen geregelt und auf einem bestimmten Wert genau festgehalten werden, b) die Stromstärke oder c) die Leistung konstant gehalten werden.

a) Regelung auf unveränderliche Drehzahl.

1. Handregelung. Die Fig. 517 zeigt das Schaltschema der sogenannten Zu- und Gegenschaltung, die zum Antrieb von Papiermaschinen und auch bei Förderanlagen zwecks Erzielung eines verlustlosen Anlassens und einer Drehzahlregelung in sehr weiten Grenzen verwendet wird.

Der Motor M wird hier unter Vorschaltung der Zusatzmaschine ZM an ein vorhandenes Gleichstromnetz angeschlossen. Der Motor ist von dem Netz konstant erregt, er kann aber auch entsprechend den Betriebsbedingungen als Hauptschluß- oder Kompoundmotor ausgebildet sein. Soll die Drehrichtung verändert werden können, so ist der Umschalter U_1 vorzusehen, mit welchem die Stromrichtung im Anker umgekehrt werden kann. Diese Umschaltung wird nur in stromlosem Zustande vorgenommen.

Die Zusatzmaschine *ZM* wird mit konstanter Drehzahl von einem an das Netz angeschlossenen Nebenschlußmotor angetrieben. Sie wird vom Netze aus fremderregt. Die Erregung kann mit dem Regler R_f und dem Umschalter U_2 oder mit einem nach Fig. 401 ausgebildeten Umkehrregler von einem negativen, durch Null auf einen positiven Höchstwert, geregelt werden. Bei voller negativer Erregung gibt die *ZM* eine der Netzspannung gleiche und entgegengesetzt gerichtete Spannung, so daß der Motoranker beim Schließen des Umschalters U_1 keine Spannung erhält. Das Anlassen geschieht, indem die Erregung allmählich auf Null herab geregelt wird. Bezweckt die Verwendung der *ZM* nur ein verlustloses Anlassen, so wird der Motor für die Netzspannung bemessen. Wenn dann die *ZM* die Spannung Null und also der Motor die volle Netzspannung bekommen hat, wird die *ZM* kurzgeschlossen und abgestellt, um die Verluste in dem Anlaßaggregat während des Betriebes zu vermeiden. Soll der Motor dagegen mit einer beliebig einstellbaren Drehzahl dauernd laufen, dann ist er für die doppelte Netzspannung zu bemessen. Die Stromstärke des Motors und damit auch die der Zusatzmaschine wird dann halb so groß und das Anlaßaggregat braucht nur für die Hälfte der im vorigen Falle erforderlichen Leistung bemessen zu werden.

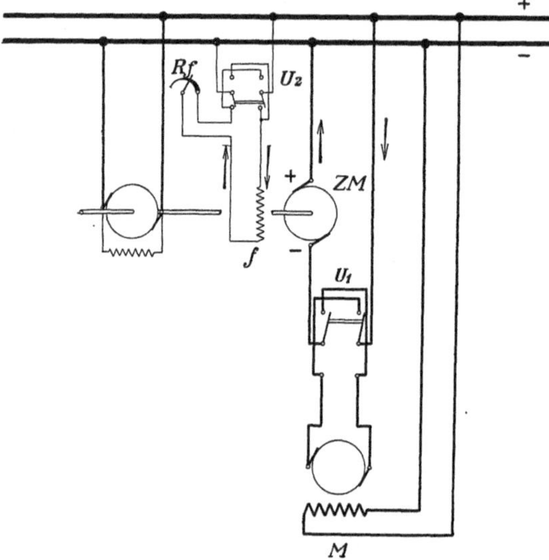

Fig. 517. Schaltschema für Papiermaschinen-Motor mit Zusatzmaschine.

Bei der Zusatzspannung Null erreicht der Motor in diesem Falle seine halbe Drehzahl. Soll diese weiter gesteigert werden, so wird die Erregung der Zusatzmaschine umgeschaltet und allmählich auf ihren positiven Höchstwert erhöht.

Das Stillsetzen des Motors geschieht durch Veränderung der Erregung der Zusatzmaschine von Null bzw. von dem positiven Höchstwert auf den negativen Höchstwert. Wenn diese Veränderung genügend rasch vorgenommen wird, kehrt sich die Richtung des

Ankerstromes um und der Motor wird unter Zurückarbeiten auf das Netz schnell und verlustlos abgebremst.

2. Mit Schnellregler. Bei der Herstellung sehr feiner Papiere ist es notwendig, die Papiermaschine mit einer praktisch vollkommen konstanten Geschwindigkeit zu betreiben. In solchen Fällen reichen die oben beschriebenen Anordnungen zur Erzielung einer gleichbleibenden Drehzahl nicht mehr aus. Es entstehen nämlich bei ihnen kleinere Schwankungen der einmal eingestellten Drehzahl durch Spannungsschwankungen im Netz, durch Änderungen des Drehmomentes der Papiermaschine, durch Änderungen der Erregerströme infolge Erwärmung und schließlich, bei den niedrigeren Drehzahlen, sogar schon durch die unvermeidlichen Änderungen der Übergangswiderstände bei Bürsten und Kontakten. Obwohl diese Schwankungen bei gewöhnlichen Papiersorten keine große Rolle spielen, können sie unter Umständen die Herstellung von feineren Papiersorten unmöglich machen.

Zur Erzielung der hierfür erforderlichen vollkommen konstanten und in weiten Grenzen einstellbaren Drehzahl verwendet die AEG die folgende Anordnung mit Schnellregler.

Die Fig. 518 zeigt das Schaltschema dieser Anordnung beim Antrieb durch einen besonderen, hier von einem Drehstrommotor angetriebenen Generator. Die Anordnung kann auch bei dem oben beschriebenen Zu- und Gegenschaltsystem verwendet werden.

Auf der Motorwelle befindet sich eine kleine sogenannte Tachometerdynamo T, die eine konstante Erregung entweder von der mit der sogenannten Hollerzugmaschine H unmittelbar gekuppelten Erregermaschine Er oder von einem vorhandenen Gleichstromnetz bekommt. Die Spannung der Hollerzugmaschine wird durch den Hollerzugregler W_4 verändert.

Zur Konstanthaltung der Drehzahl ist ein Tirrill-Regler in bekannter Ausführung vorgesehen, der aus den Relais R_1, R_2 und R_3 besteht. Durch die beiden beweglichen Kontakte der erstgenannten Relais wird der Magnet des letzteren derart beeinflußt, daß dieser den ihm vorgelagerten Hebel losläßt oder anzieht und damit den Widerstand W_3 kurzschließt oder einschaltet.

Die Spule des Relais R_1 liegt an der veränderlichen Motorspannung, während die Spule des Relais R_2 in Abhängigkeit von der kleinen Tachometerdynamo T gebracht ist.

Da sich nun bei den verschiedenen Drehzahlen des Papiermaschinenmotors entsprechend verschiedene Spannungen an dessen Anker bzw. an der Tachometerdynamo ergeben, dagegen durch die Spulen der Relais R_1 und R_2 zur Erzielung einer bestimmten Gleichgewichtslage immer ein möglichst gleicher Strom fließen soll, werden vor diese Spulen die einstellbaren Widerstände W_2 und W_1 geschaltet.

Die Spannung der Tachometerdynamo darf nur von der Drehzahl des Papiermaschinenmotors abhängig sein. Infolgedessen ist es

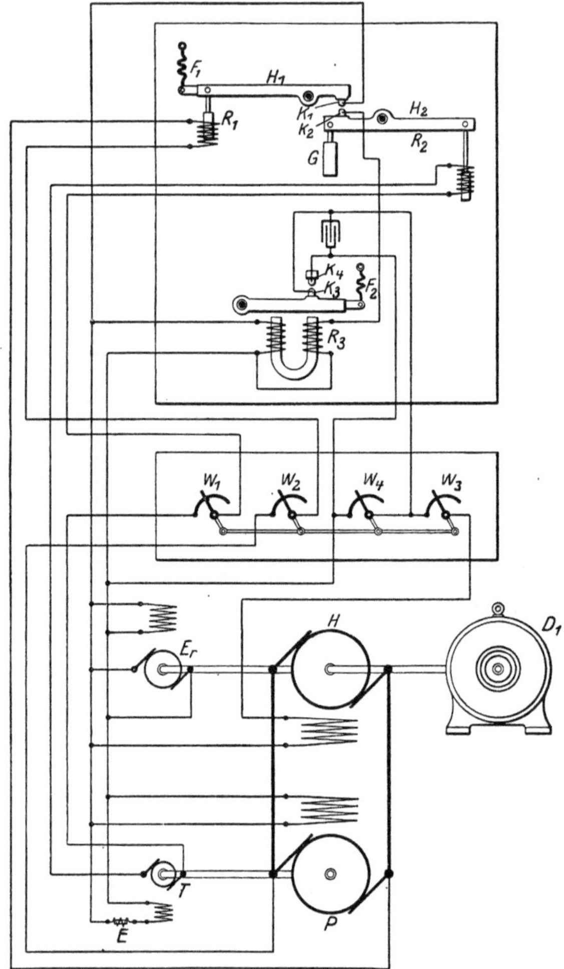

Fig. 518. Schaltschema eines Anlaßgenerators mit Schnellregler für Konstanthaltung der Drehzahl.

ein unbedingtes Erfordernis, die Erregerstromstärke dieser Maschine unabhängig von den etwaigen Schwankungen der Erregerspannung konstant zu halten, was durch den Eisenwiderstand E erreicht wird.

Die Anordnung arbeitet wie folgt. Der Kern des Relais R_1 wird durch die Spannung des Hollerzuggenerators magnetisiert und infolgedessen in die Spule hineingezogen. Dem Zuge wirkt eine Feder F_1 entgegen, so daß bei einer bestimmten Stromstärke in der Spule eine entsprechende Lage des Relaishebels H_1 gegeben ist. Sinkt nun die Spannung des Hollerzuggenerators aus irgendwelchen Gründen, so überwiegt die Wirkung der Feder und die Kontakte K_1 und K_2 berühren sich. Hierdurch erhält die eine Spule des Differentialrelais R_3, die der anderen Spule entgegenwirkt, Strom, und die Feder F_2 bewirkt ein Berühren der Kontakte K_3 und K_4. Der Widerstand W_3 im Nebenschlußstromkreise des Hollerzuggenerators wird infolgedessen kurzgeschlossen, so daß die Klemmenspannung und damit auch wieder die Wirkung der Relaisspule R_1 steigt. Die Folge ist, daß die Kontakte K_1 und K_2 sich öffnen und die Spannung wieder fällt. Der Kurzschlußwiderstand W_3 muß nun so gewählt werden, daß niemals Gleichgewicht zwischen der Federspannung und dem magnetischen Zuge eintritt, vielmehr bei kurzgeschlossenem Widerstand W_3 eine zu hohe, bei vorgeschaltetem Widerstand eine zu geringe Spannung entsteht, so daß der Hebel H_1 mit mehreren hundert Schwingungen in der Minute schwingt. Solange das Relais R_2 und damit auch der Kontakt K_2 sich in unveränderter Lage befinden, hat die Spannung der Feder F_1 einen bestimmten mittleren Wert, und das Verhältnis der Kurzschluß- zu der Einschaltdauer des Widerstandes W_3 stellt sich so ein, daß die mittlere Spannung des Hollerzuggenerators konstant auf einem der mittleren Federspannung entsprechenden Wert gehalten wird. Die Schwankungen der Spannung um diesen konstanten Mittelwert erfolgen so schnell, daß sie infolge der großen Schwungmassen des Motors und der Papiermaschine auf die Drehzahl des Motors gar nicht einwirken.

Diese Spannung erhält sich auch auf derselben Höhe, wenn die Periodenzahl und damit auch die Drehzahl des Aggregates bzw. die Spannung der Erregermaschine schwankt. Es wechselt dann nur das vorgenannte Taktverhältnis des Tirrill-Reglers zwischen Kurzschluß- und Einschaltdauer. Sämtliche Ursachen einer Spannungsänderung des Hollerzuggenerators werden also beseitigt, bevor sie eine Drehzahlschwankung hervorgerufen haben. Es ist dies von besonderer Wichtigkeit, da diese gewissermaßen vor dem Antriebsmotor liegenden Störungsmöglichkeiten bei weitem die größten sind.

Da jedoch selbst bei konstanter Klemmenspannung des Motors noch kleine Schwankungen der Drehzahl infolge wechselnder Belastung und veränderlicher Übergangswiderstände hervorgerufen werden können, ist die Reguliervorrichtung noch unmittelbar von der Drehzahl des Motors dadurch abhängig gemacht, daß die Lage des

Relaishebels R_2 von der Spannung der Tachometerdynamo beeinflußt wird. Fällt bei stärkerer Belastung die Drehzahl des Antriebmotors und damit auch die Spannung der Tachometerdynamo, so wird der Magnetkern von R_2 nach unten sinken und den Kontakt K_2 gegen K_1 anlegen. Weil das Relais R_2 astatisch (ohne Feder) ausgeführt ist, bleiben die beiden Kontakte, das Kurzschließen des Widerstandes W_3 hervorrufend, miteinander in Berührung, bis die hierdurch verursachte Spannungserhöhung des Hollerzuggenerators den Abfall der Drehzahl wieder beseitigt hat. Nach den Ausführungen auf S. 523 ist leicht zu ersehen, daß dies außerordentlich rasch geschieht.

Die Wirkungsweise der Vorrichtung ist also in kurzen Worten die, daß für die einmal eingestellte Drehzahl eine bestimmte, der Belastung entsprechende Spannung für den Motor erzeugt und unabhängig von der Drehzahl und der Erregerspannung des Hollerzuggenerators aufrechterhalten wird.

Soll nun die Drehzahl des Papiermaschinenmotors auf einen gewissen für die herzustellende Papiersorte in Frage kommenden Wert eingestellt werden, so ist es, obwohl sich die Spannung der Tachometerdynamo ändert, erforderlich, die gleiche Spannung an den Klemmen der Relaisspule R_2 zu erzeugen. Sonst würde der Tirrill-Regler immer bestrebt sein, den alten Zustand aufrecht zu erhalten. In den Stromkreis der Tachometerdynamo ist deswegen der einstellbare Widerstand W_1 eingeschaltet, mit dem ein Teil der Spannung der Tachometerdynamo abgedrosselt wird. Vergrößert man den Widerstand, so sinkt der Magnetkern von R_2 und die Spannung des Hollerzuggenerators bzw. die Drehzahl des Motors und damit die Spannung der Tachometerdynamo steigt so lange an, bis die Gleichgewichtslage des Tirrills wieder hergestellt ist. Es wird also jetzt mit einer erhöhten Geschwindigkeit gearbeitet, und die Vorrichtung bewirkt nunmehr das Konstanthalten dieser erhöhten Geschwindigkeit.

Damit die Feder F_1 trotz der erhöhten Spannung des Hollerzuggenerators angenähert dem gleichen mittleren Zug ausgesetzt und der Hebel H_1 angenähert in derselben mittleren Lage verbleibt, ist der Widerstand W_2 vorgesehen. Dieser Widerstand wird so vergrößert, daß die Spule des Relais R_1 angenähert dieselbe Spannung bekommt. Wenn die Widerstände W_3 und W_4 unverändert blieben, so müßte, zur Erzeugung der höheren Spannung, das Verhältnis Kurzschluß- zur Einschaltdauer des Tirrill-Reglers vergrößert werden. Es soll aber normalerweise annähernd gleich Eins sein, damit es zur Beseitigung von Geschwindigkeitsschwankungen genügend viel hiervon nach oben oder nach unten abweichen kann. Die Erregung des Hollerzuggenerators wird deshalb bei der Einstellung auf eine höhere Drehzahl mit den Widerständen W_3 und W_4 so erhöht, daß dieses Taktverhältnis dauernd normalerweise angenähert gleich Eins bleibt.

Wie wir aus dem Obigen ersehen, wird die eigentliche Verstellung der Drehzahl durch den Widerstand W_1 bewirkt, weshalb dieser eine, der gewünschten Stufenzahl entsprechende feine Stufung erhalten muß. Die übrigen Regler können dagegen bedeutend grobstufiger ausgeführt werden.

Die Regler werden zusammengebaut, in dem richtigen Verhältnis aufeinander abgestimmt und durch ein gemeinsames Handrad gleichzeitig verstellt.

Es hat sich herausgestellt, daß diese Einrichtung so vorzüglich arbeitet, daß von den Lieferfirmen eine Gewähr auf Einhaltung von maximalen Geschwindigkeitsschwankungen von weniger als 1 % bei sämtlichen Geschwindigkeiten eingegangen wird.

b) Regelung auf konstanten Strom.

1. Nach Ward Leonard. Diese in Fig. 519 dargestellte Anordnung unterscheidet sich von der in Fig. 517 gezeigten nur dadurch

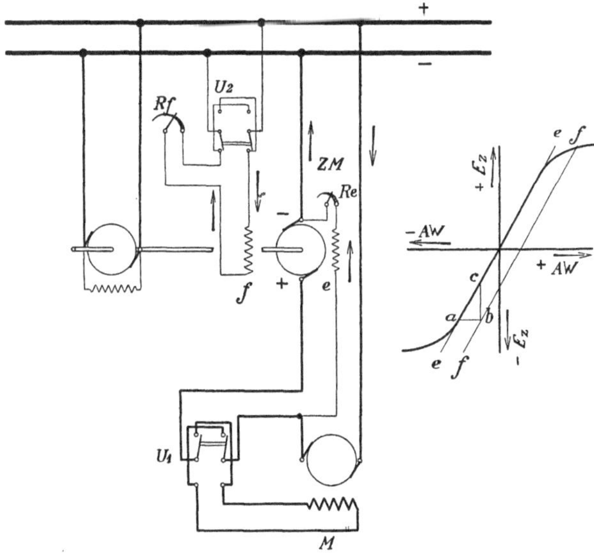

Fig. 519. Schaltschema eines Reihenschlußmotors gespeist durch eine Zusatzmaschine für konstanten Strom.

daß hier die Zusatzmaschine auch mit einer Eigenerregerwicklung e versehen ist. Die Wirkungsweise dieser Anordnung unterscheidet sich jedoch wesentlich von der der anderen.

Die Zusatzmaschine wird für die Spannung des Netzes, der Motor *M*, der hier ein Reihenschlußmotor ist, für die doppelte Netzspannung bemessen. Mit dem Regler R_e wird der Widerstand der Eigenerregung so eingestellt, daß die Widerstandslinie *e* — *e* mit dem geradlinigen Teil der Magnetisierungskurve zusammenfällt. Die Fremderregerwicklung *f* ist für eine verhältnismäßig kleine Amperewindungszahl bemessen.

Die beiden Umschalter U_1 und U_2 mögen zunächst beide offen sein. Die Erregerwicklung *e* ist dann über den Anker des Motors *M* an die Netzspannung angeschlossen. Die Zusatzmaschine wird hierdurch negativ erregt, so daß sie eine Spannung erzeugt, welche der Netzspannung entgegengesetzt gerichtet und gleich ist. Wenn also der Umschalter U_1 für Fahrt in der einen oder der anderen Richtung geschlossen wird, so fließt hierdurch zunächst noch kein Strom durch den Motor.

Der Umschalter U_2 wird jetzt nach unten gelegt, und es fließt durch die Erregerwicklung *f* ein Strom im positiven Sinne, die positiven Amperewindungen *a* — *b* erzeugend. Die Spannung der Zusatzmaschine fällt infolgedessen um den Betrag *b* — *c*. Um denselben Betrag überwiegt nun die Netzspannung, und dieser Spannungsunterschied überwindet den Ohmschen Widerstand des Stromkreises und treibt einen Strom von entsprechender Größe durch den Motor. Dieser setzt sich dann in Bewegung und fängt an, eine mit der Drehzahl wachsende Gegen-EMK zu erzeugen. Die Spannung auf der Erregerwicklung *e* nimmt entsprechend ab. Da nun die Linie *e* — *e* mit der Magnetisierungskurve zusammenfällt und die Linie *f* — *f* mit ihr parallel ist, verschiebt sich, während die Spannung der Zusatzmaschine abnimmt, das Dreieck *a b c* in unveränderter Stellung und Größe mit dem Punkt *b* längs der Linie *f* — *f*. Da hierbei einerseits die Spannung *b* — *c* unverändert bleibt und anderseits der Widerstand des Stromkreises nicht geändert worden ist, bleibt der Strom durch den Motor konstant. Der Anlaßvorgang vollzieht sich also ohne jede weitere Regelung unter konstanter Stromentnahme vom Netz, woraus folgt, daß die Beschleunigung konstant ist. Die unangenehmen und für die Beanspruchung der Kupplungen ungünstigen Stöße beim gewöhnlichen Anlassen mit Widerständen werden hier vollständig vermieden. Es ist dies auch sogar beim Einschalten des Umschalters U_2 der Fall, denn dann steigt die Fremderregung und damit die Anlaßstromstärke infolge der Selbstinduktion der Wicklung *f* nicht plötzlich an. Wenn das Dreieck *a b c* das positive Knie der Magnetisierungskurve erreicht hat, schrumpft *b* — *c* zusammen und die Stromstärke sinkt allmählich auf den Wert, der für den Antrieb mit konstanter Geschwindigkeit erforderlich ist.

Die Anlaßstromstärke kann mit dem Regler R_f auf einen passenden Wert eingestellt werden. Ein Abbremsen des Motors durch Zurückarbeiten auf das Netz kann durch Umlegen des Umschalters U_2 nach oben bei dieser Ausführung nicht erreicht werden. Die Voraussetzung hierfür wäre, daß der Strom durch die Erregerwicklung des Motors M trotz der Veränderung der Stromrichtung durch den Anker

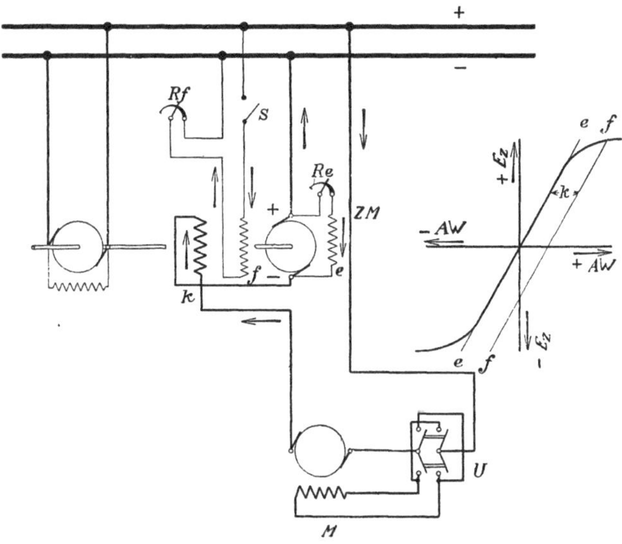

Fig. 520. Schaltschema eines Motors gespeist durch eine Zusatzmaschine nach dem Krämerprinzip erregt.

unverändert bleiben würde. Diese Aufgabe hat Ward Leonard bei der für die Pariser Untergrundbahn zur Verwendung gekommenen Ausführung auch gelöst.

2. Mit Generator für konstanten Strom. Schiffsspills, Ankerwinden und ähnliche Anordnungen stellen insofern ganz besondere Anforderungen an den Antriebsmotor, als sie manchmal plötzlich festgebremst werden oder während eines längeren Zeitabschnittes mit voller Kraft im Stillstand oder bei sehr kleinen Geschwindigkeiten eine große Zugkraft entwickeln müssen. Ferner müssen sie oft leer oder gar von der Last gezogen laufen, ohne auf eine zu hohe Geschwindigkeit beschleunigt zu werden. Es leuchtet ohne weiteres ein, daß keiner der Motoren für konstante Klemmenspannung diesen schwierigen Bedingungen gewachsen ist. Diese Aufgaben können jedoch mit elektrischem Antrieb in durchaus befriedigender Weise gelöst werden, wenn man den Motor mit konstantem Strom betreibt.

Die Fig. 520 zeigt das Schaltschema einer solchen Anordnung. Der zur Speisung des Motors M erforderliche konstante Strom wird über die Zusatzmaschine ZM für konstanten Strom, hier die Krämersche Anordnung, dem vorhandenen Netze konstanter Spannung entnommen. Man könnte auch den konstanten Strom nur der Zusatzmaschine entnehmen. Es wäre dies aber nicht so vorteilhaft, denn dann müßte das Umformeraggregat für die ganze dem Motor zugeführte Energie bemessen werden, während man hier nur die halbe Energiemenge umzuformen braucht. Infolgedessen werden bei der gewählten Anordnung sowohl die Anschaffungskosten als auch die Verluste kleiner.

Der Motor ist hier als Hauptschlußmotor ausgebildet, weil das bei stark schwankender Belastung, wie im Abschnitt 98 gezeigt wurde, die kleinsten Verluste ergibt. Wünscht man, daß der Motor auf das Netz zurückarbeiten soll, dann ist der Motor mit Nebenschlußerregung auszuführen.

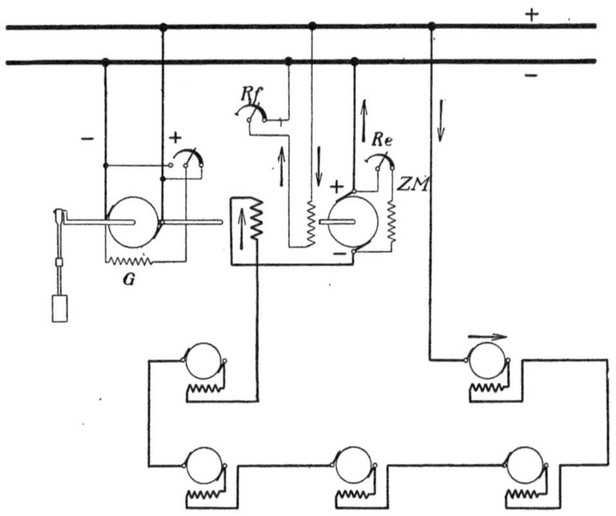

Fig. 521. Schaltschema für den Betrieb mehrerer in Reihe geschalteter Hauptschlußmotoren.

Die Umkehrung der Drehrichtung wird beim Hauptschlußmotor durch Umschalten der Magnetwicklung mit dem ohne Unterbrechung ausgeführten Umschalter U bewirkt. Damit beim Umschalten keine Öffnungsfunken infolge der Selbstinduktion der Magnetwicklung entstehen, ist der Umschalter so zu verriegeln, daß er nur bei unterbrochenem Regler R_f umgelegt werden kann. Mit diesem Regler wird der Strom und damit das Drehmoment verändert. Zur Verhinderung des Durchgehens des Motors ist ein Fliehkraftschalter S, wenn erforderlich, vorzusehen, der die Fremderregung der Zusatzmaschine bei zu hoher Geschwindigkeit ausschaltet.

Wenn mehrere Motoren derselben Anlage mit konstantem Strom betrieben werden sollen, sind sie als Hauptschlußmotoren auszuführen und, wie die Fig. 521 zeigt, in eine Ringleitung hintereinander zu schalten. Auf Schiffen ist die für andere Zwecke verwendete Spannung meist für den gleichzeitigen Betrieb mehrerer solcher Motoren zu klein, weshalb ein besonderer Generator hierfür aufzustellen ist. Die Zusatzmaschine ZM kann natürlich auch, vom Generator G getrennt, allein den konstanten Strom abgeben. In diesem Falle dient der Generator G nur als Erregermaschine für die ZM und kann dementsprechend kleiner bemessen werden. Bei größeren Anlagen ist die Verwendung einer der in den Kapiteln XXIV und XXV gezeigten Kraftmaschinenpufferungen am Platze. Es ist dazu zu bemerken, daß diese Anordnungen für konstante Spannung eingerichtet wurden, während hier der Strom konstant ist. Die Spannung (hinter der Zusatzmaschine) ist deshalb hier ein Maß für die abgegebene Leistung. Eine Änderung muß infolgedessen hier so vorgenommen werden, daß diejenigen Wicklungen, welche dort vom abgegebenen Generatorstrom durchflossen sind, hier, mit entsprechend veränderter Windungszahl, an die Spannung hinter der Zusatzmaschine angeschlossen werden.

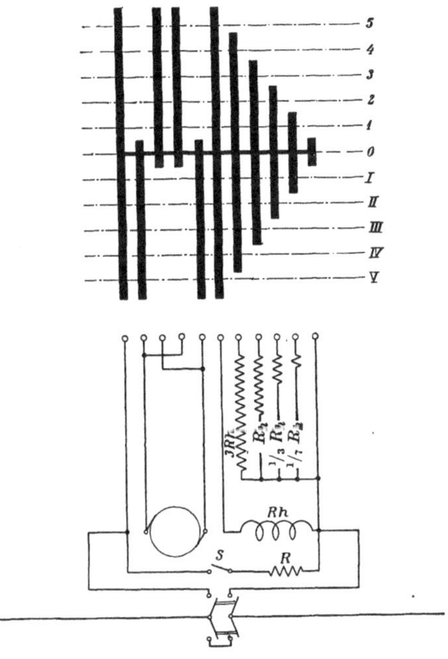

Fig. 522. Anlasser und Regler für reihengeschaltete Motoren nach dem Schaltschema Fig. 521.

Das Anlassen und die Regelung der Motoren kann mit dem in der Fig. 522 dargestellten, vom Verfasser gemeinsam mit Dr.-Ing. A. Ytterberg entworfenen Anlasser vorgenommen werden.

Steht der Anlasser z. B. in der Lage 5, so durchfließt der ganze Strom die Anker- und Magnetwicklungen, und der Motor entwickelt sein höchstes Drehmoment. Wird die Schaltwalze gegen die

Nullstellung gedreht, so werden Widerstände parallel zur Magnetwicklung geschaltet und der Strom durch die Magnetwicklung nimmt ab, bis in der Lage 1 z. B. nur $^1/_8$ des Stromes durch die Magnetwicklung, die übrigen $^7/_8$ durch die Widerstände fließen. Der Kraftfluß ist dann so gering, daß der Anker durch Drehung der Schaltwalze in die Nullstellung auch dann gefahrlos kurzgeschlossen werden kann, wenn der Motor läuft. Es gilt dies um so mehr, als gleichzeitig auch die Magnetwicklung gänzlich kurzgeschlossen wird. In der Nullstellung ist demnach der Motor vollständig kurzgeschlossen und also stromlos. Bei der Weiterdrehung der Walze in die Stellungen I bis V wird die Richtung des Stromes durch den Anker und infolgedessen auch das Drehmoment umgekehrt. Die in der Figur aufgeführten Widerstandswerte gelten für eine geradlinige Magnetisierungskurve, sie sind wegen der gekrümmten Form derselben entsprechend zu ändern.

Wie wir sehen, kann das Drehmoment stufenweise von einem positiven zu einem negativen Höchstwert verändert werden. Das jeweils eingestellte Drehmoment ist unabhängig von der Drehrichtung und der Geschwindigkeit des Motors. Überwiegt das elektrische Drehmoment des Motors, so läuft er als Motor, überwiegt dagegen das Belastungsmoment, so läuft er als Generator und es entsteht eine Nutzbremsung unter Rückgabe von elektrischer Energie.

Weil also einerseits der Motor ein beliebig einstellbares Drehmoment auch im Stillstand entwickeln kann, anderseits die beim Bremsen frei werdende Energie ins Netz zurückgeliefert wird, statt in Widerständen vernichtet zu werden, eignet sich diese Anordnung vorzüglich für Krane und andere Hebezeuge.

c) Regelung auf konstante Leistung.

Neuerdings verwendet man oft zum Betrieb von Fahrzeugen einen Diesel- oder einen Benzinmotor, der im Motorwagen selbst aufgestellt wird. Der Ölmotor treibt einen Generator an, der den Strom für die Treibmotoren liefert. Man bekommt hierdurch einerseits die gute Regulierfähigkeit des elektrischen Antriebes, ohne die Strecke mit teueren elektrischen Leitungen ausrüsten zu brauchen, während anderseits die Betriebskosten infolge des hohen Wirkungsgrades des Verbrennungsmotors gering werden.

Weil der Ölmotor und auch der Generator mit dem höchsten Wirkungsgrad arbeiten, wenn die Belastung konstant gehalten wird, verwendet die Allmänna Svenska El. A. B. die folgende von F. G. Liljenroth vorgeschlagene Anordnung zum Konstanthalten der Leistung.

Der Generator ist ein gewöhnlicher Nebenschlußgenerator, der eine konstante Spannung erzeugt. Die Erregung der Motoren wird von einer kleinen, mit dem Generator unmittelbar gekuppelten Zusatzmaschine derart beeinflußt, daß der vom Generator abgegebene Strom und also auch die Leistung konstant gehalten werden. Es geschieht das dadurch, daß bei steigendem Drehmoment (Steigungen) die Erregung verstärkt, bei abnehmendem Drehmoment geschwächt wird, weshalb die Fahrtgeschwindigkeit im ersten Falle sinkt, im letzten Falle zunimmt.

Die Fig. 523 zeigt eine der verschiedenen von F. G. Liljenroth angegebenen Ausführungen dieser Anordnung. Der Generator G wird

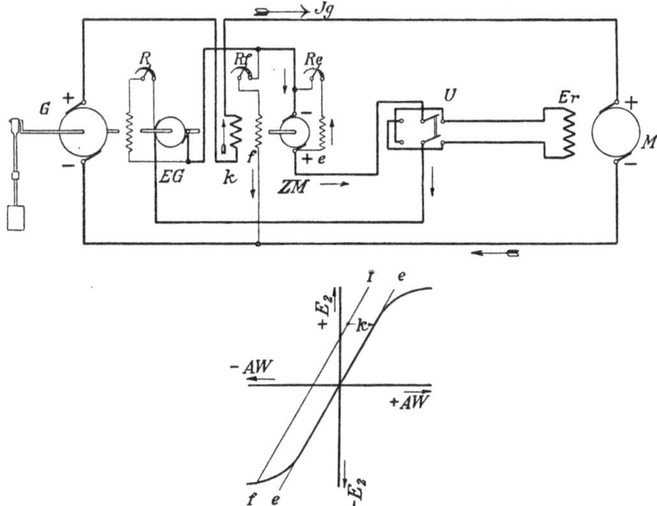

Fig. 523. Schaltschema von F. G. Liljenroth für Regelung auf konstante Leistung.

hier von dem Erregergenerator EG aus fremd erregt. Die Erregerwicklung Er des Motors M ist unter Vorschaltung der Zusatzmaschine ZM an die Klemmen des Erregergenerators EG angeschlossen. Die Richtung des Stromes durch die Erregerwicklung Er kann mit dem Umschalter U zwecks Änderung der Fahrtrichtung umgekehrt werden.

Die Zusatzmaschine ist mit einer Eigen- und einer Fremderregerwicklung e bzw. f sowie mit einer vom Generatorstrom durchflossenen Kompoundwicklung k versehen. Die Spannung der Zusatzmaschine möge positiv gerechnet werden, wenn sie verstärkend auf die Erregung des Motors wirkt.

Mit dem Regler R_e wird der Widerstand der Wicklung e so eingestellt, daß die Widerstandslinie $e - e$ mit dem geradlinigen Teil der Magnetisierungskurve zusammenfällt. Die Zusatzmaschine wird durch die mit dem Regler R_f einstellbare Fremderregung im negativen, durch die Kompounderregung im positiven Sinne erregt. Diese beiden Erregungen heben sich normalerweise auf. Kommt der Zug auf eine Steigung, so wächst der Generatorstrom Jg zunächst etwas an. Die Kompounderregung überwiegt dann, weshalb die Zusatzspannung und damit die Erregung des Motors steigt. Die Folge davon ist, daß der Generatorstrom wieder auf den ursprünglichen Wert zurückgeht, während die Fahrgeschwindigkeit abnimmt. Wie wir sehen, bleibt der Generatorstrom Jg vollkommen konstant, solange die Zusatzmaschine, was meist der Fall ist, auf dem geradlinigen Teil der Magnetisierungskurve arbeitet. Wird die Steigung so groß, daß die Zusatzmaschine über das positive Knie der Magnetisierungskurve hinaus erregt wird, dann ist natürlich ein Anwachsen des Generatorstromes unvermeidlich.

Das Stillsetzen bzw. das Anfahren geschieht durch Regelung der Generatorspannung mit dem Regler R. Beim Anfahren wird die Zusatzmaschine durch die beiden Wicklungen k und e im positiven Sinne voll erregt, so daß der Motor ebenfalls voll erregt wird und sein höchstes Drehmoment entwickelt.

101. Anlassen ohne Vorschaltwiderstände.

Einen, allerdings vorher voll erregten Motor dadurch anzulassen, daß man ihn ohne Anlasser oder sonstige Vorschaltwiderstände unmittelbar an die volle Netzspannung anschließt, dürfte auf den ersten Blick, wenigstens bei größeren Motoren von einigen 100 kW Leistung, etwas bedenklich erscheinen. Da der Ohmsche Spannungsabfall bei normalen Motoren bei Vollast nur etwa 10 bis 5% beträgt, würde ein Einschalt-Stromstoß von etwa dem 10- bis 20fachen Betrag des normalen Vollaststromes zu erwarten sein, was eine ernstliche Beschädigung des Motors befürchten ließe. Dieses Anlaßverfahren, das zuerst von Hülss[1]) bei elektrischen Propellerantrieben angewandt und dann von Carl Trettin[1])[2]) theoretisch und praktisch untersucht wurde, kann jedoch in vielen Fällen, wie wir gleich sehen werden, gefahrlos verwendet werden.

Es ist nämlich zu berücksichtigen, daß der Motor infolge des durch den hohen Einschalt-Stromstoß erzeugten hohen Drehmomentes sofort anspringt und in kürzester Zeit auf seine volle Drehzahl

[1]) Siemens-Schuckertwerke, Berlin.

[2]) ETZ 1912, H. 30, S. 31 u. 32.

kommt. In der Tat ist deshalb der Stromstoß von einer derart kurzen Dauer, daß er, was man unberechtigterweise zu befürchten geneigt ist, die Wicklung der Maschine durchaus nicht unzulässig erwärmt. Es kommt noch hinzu, daß die Selbstinduktion des Ankers und der Zuleitungen infolge der kurzen Dauer des Stromstoßes die volle Entwicklung desselben verhindert.

Wir wollen den zeitlichen Verlauf des Stromstoßes untersuchen, und führen zu diesem Zweck die folgenden Bezeichnungen ein.

Es sei:

E die konstante EMK des Kreises, also die Einschaltspannung, in Volt,

e die Gegen-EMK des Motorankers in Volt,

i der Ankerstrom in Ampere,

n die Drehzahl,

$\omega = \frac{2\pi n}{60}$ die Winkelgeschwindigkeit des Motorankers,

M das Drehmoment des Ankers, gemessen in Einheiten von Meter $\times \frac{1}{1000}$ Vis $= m \times 100000$ dyn $= m \times 0{,}102$ kg,

Θ das Trägheitsmoment der beweglichen Teile bezogen auf die Motorwelle in kg (Masse) $\times$ m^2 (Radius^2) $= GR^2$,

L der Selbstinduktionskoeffizient des Kreises in Henry,

R der Widerstand des Kreises in Ohm.

Es besteht nun unter allen Umständen die Spannungsgleichung:

$$E = L\frac{di}{dt} + Ri + e; \tag{278}$$

und die Leistungsgleichung:

$$ei = \Theta\,\omega\frac{d\omega}{dt} + M\omega; \tag{279}$$

Bei konstanter Erregung, was hier vorausgesetzt ist (reiner Nebenschlußmotor ohne Kompoundierung), ist

$$e = k\,\omega, \tag{280}$$

wobei der Wert der Konstante $k = \frac{e_0}{\omega_0}$ im Beharrungszustand bei Leerlauf ermittelt werden kann.

Der Index 0 bezieht sich auf den Beharrungszustand, der Index 1 soll sich auf den Anfangszustand beziehen.

Die Abhängigkeit des Drehmomentes M von der Geschwindigkeit ω möge durch die Gleichung:

$$M = M_1 + \gamma\,\omega\,, \tag{281}$$

ausgedrückt werden, worin γ eine Konstante bedeutet. Diese Gleichung gestattet wohl nicht, die Verhältnisse bei z. B. einem Ventilator, wo $M \simeq c\,\omega^2$ ist, darzustellen; sie sei aber trotzdem gewählt, um Schwierigkeiten mathematischer Natur aus dem Wege zu gehen. Wir werden später sehen, daß man auch bei einem Ventilator ein genügend genaues Endergebnis bekommt, wenn man die allerdings nicht zutreffende Annahme macht, daß das Drehmoment geradlinig von Null bis zum Höchstwert wächst.

Führen wir die Ausdrücke (Gl. 280 und 281) für e und M in die Gl. 278 und 279 ein, so bekommen wir als Ausgangsgleichungen für das Problem:

$$E = L\frac{di}{dt} + Ri + k\,\omega\,; \tag{282}$$

$$k\,i = \Theta\frac{d\omega}{dt} + \gamma\,\omega + M_1\,. \tag{283}$$

Ermitteln wir hieraus ω und i, bilden $\frac{d\omega}{dt}$ bzw. $\frac{di}{dt}$ und führen die so erhaltenen Ausdrücke dieser vier Größen in die Gl. 126 und 127 wieder ein, so erhalten wir die beiden linearen Differentialgleichungen:

$$\frac{d^2 i}{dt^2} + \frac{R\Theta + \gamma L}{L\Theta}\,\frac{di}{dt} + \frac{\gamma R + k^2}{L\Theta}\,i - \frac{\gamma E + k M_1}{L\Theta} = 0\,; \tag{284}$$

$$\frac{d^2 \omega}{dt^2} + \frac{R\Theta + \gamma L}{L\Theta}\,\frac{d\omega}{dt} + \frac{\gamma R + k^2}{L\Theta}\,\omega - \frac{\gamma E - R M_1}{L\Theta} = 0\,; \tag{285}$$

Im Beharrungszustand sind die beiden Derivaten Null und wir können deshalb aus den Gl. 284 und 285 die Beharrungswerte

$$i_0 = \frac{\gamma E + k M_1}{\gamma R + k^2} \tag{286}$$

und

$$\omega_0 = \frac{k E - R M_1}{\gamma R + k^2} \tag{287}$$

entnehmen.

Führen wir diese Beharrungswerte in die beiden Differentialgleichungen ein, so folgt:

$$\frac{d^2 i}{dt^2} + \frac{R\Theta + \gamma L}{L\Theta}\frac{di}{dt} + \frac{\gamma R + k^2}{L\Theta}(i - i_0) = 0; \qquad (288)$$

$$\frac{d^2 \omega}{dt^2} + \frac{R\Theta + \gamma L}{L\Theta}\frac{d\omega}{dt} + \frac{\gamma R + k^2}{L\Theta}(\omega - \omega_0) = 0; \qquad (289)$$

Die Lösungen dieser Differentialgleichungen sind:

$$i = i_0 + A_1 e^{\varrho_1 t} + A_2 e^{\varrho_2 t};\ ^{1)} \qquad (290)$$

$$\omega = \omega_0 + B_1 e^{\varrho_1 t} + B_2 e^{\varrho_2 t}; \qquad (291)$$

worin ϱ_1 und ϱ_2 die Wurzel der Gleichung

$$\varrho^2 + \frac{R\Theta + \gamma L}{L\Theta}\varrho + \frac{\gamma R + k^2}{L\Theta} = 0 \qquad (292)$$

$$\varrho_1 = -\frac{R\Theta + \gamma L}{2L\Theta} + \sqrt{\left(\frac{R\Theta + \gamma L}{2L\Theta}\right)^2 - \frac{\gamma R + k^2}{L\Theta}}; \qquad (293)$$

$$\varrho_2 = -\frac{R\Theta + \gamma L}{2L\Theta} - \sqrt{\left(\frac{R\Theta + \gamma L}{2L\Theta}\right)^2 - \frac{\gamma R + k^2}{L\Theta}} \qquad (294)$$

sind.

Wenn die Wurzel imaginär ist, setzen wir

$$\varrho_1 = -a + jb;\ ^{2)} \qquad (295)$$

$$\varrho_2 = -a - jb; \qquad (296)$$

wobei

$$b = \sqrt{\frac{\gamma R + k^2}{L\Theta} - \left(\frac{R\Theta + \gamma L}{2L\Theta}\right)^2}$$

ist, und bekommen, unter Benutzung der Beziehung $e^{jx} = \cos x + j\sin x$

$$i = i_0 + e^{-at}[(A_1 + A_2)\cos bt + j(A_1 - A_2)\sin bt]; \qquad (297)$$

$$\omega = \omega_0 + e^{-at}[(B_1 + B_2)\cos bt + j(B_1 - B_2)\sin bt]. \qquad (298)$$

Bei der Bestimmung der Konstanten A_1, A_2, B_1, B_2, $(A_1 + A_2)$, $(B_1 + B_2)$, $j(A_1 - A_2)$ und $j(B_1 - B_2)$, welche alle reell sind, nehmen wir den allgemeinen Fall an, daß der Motor mit einer gewissen Geschwindigkeit ω_1 im Augenblick des Einschaltens läuft. Es ist dann für $t = 0$:

$$i = 0; \qquad \omega = \omega_1; \qquad \frac{di}{dt} = \frac{E - k\omega_1}{L}; \qquad \frac{d\omega}{dt} = 0;$$

[1]) Hier ist $e = 2{,}718$ die Basis der natürlichen Logarithmen.

[2]) $j = \sqrt{-1}$.

Nachdem wir mit Hilfe dieser Ausdrücke die Konstanten bestimmt haben, bekommen wir schließlich die folgenden Endgleichungen

a) wenn $\sqrt{\left(\frac{R\,\Theta+\gamma\,L}{2\,L\,\Theta}\right)^2-\frac{\gamma\,R+k^2}{L\,\Theta}}$ reell:

$$i=i_0+\frac{\frac{E-k\,\omega_1}{L}+\varrho_2\,i_0}{\varrho_1-\varrho_2}\,e^{\varrho_1 t}-\frac{\frac{E-k\,\omega_1}{L}+\varrho_1\,i_0}{\varrho_1-\varrho_2}\,e^{\varrho_2 t}; \tag{299}$$

$$\omega=\omega_0+\frac{\omega_0-\omega_1}{\varrho_1-\varrho_2}\,\varrho_2\,e^{\varrho_1 t}-\frac{\omega_0-\omega_1}{\varrho_1-\varrho_2}\,\varrho_1\,e^{\varrho_2 t}; \tag{300}$$

b) wenn $\sqrt{\left(\frac{R\,\Theta+\gamma\,L}{2\,L\,\Theta}\right)^2-\frac{\gamma\,R+k^2}{L\,\Theta}}$ imaginär:

$$i=i_0+e^{-a t}\left[\frac{\frac{E-k\,\omega_1}{L}-a\,i_0}{b}\sin b\,t-i_0\cos b\,t\right]; \tag{301}$$

$$\omega=\omega_0-e^{-a t}(\omega_0-\omega_1)\left[\frac{a}{b}\sin b\,t+\cos b\,t\right]. \tag{302}$$

Die Richtigkeit dieser Formeln ist durch die oszillographischen Untersuchungen, die C. Trettin im Prüffeld der Siemens-Schuckertwerke an großen Motoren durchführte, vollauf bestätigt worden. Von den vielen Untersuchungsreihen greifen wir die folgende heraus:

Der untersuchte Motor war ein Nebenschlußmotor mit Kompensationswicklung für 214 kW und 350 Umdr./Min. bei 240 Volt. Die Stromstärke bei Vollast betrug 1120 Ampere. Der Motor wurde mit einem gleich großen fremderregten Nebenschlußgenerator gekuppelt, der auf einen Belastungswiderstand arbeitete. Wenn wir die Eisen- und Reibungsverluste der beiden Maschinen vernachlässigen, stieg daher das Belastungs-Drehmoment. von Null geradlinig mit der Geschwindigkeit an, also $M=\gamma\,\omega$.

Der Motor konnte wahlweise an zwei Generatoren von etwa 110 bzw. 240 Spannung angeschlossen werden. Vor den Motor war vorsichtshalber eine Drosselspule geschaltet. Später wurden auch Versuche ohne Drosselspule ausgeführt.

Wir wollen hier von den angegebenen Werten im Beharrungszustand bei 240 Volt Klemmenspannung, was einer im Generator induzierten EMK von $E=244$ Volt entspricht, ausgehen und die Widerstände des 240 Voltkreises als unverändert auch im 110 Voltkreise vorhanden annehmen. Das Anlassen wurde in zwei Stufen vorgenommen, indem der Motor zuerst an die niedrigere, dann an die höhere Spannung angeschlossen wurde. Vor dem Umschalten auf die höhere Spannung war $\omega = 17,83$, was einer im Generator induzierten EMK von $E = 119,2$ Volt entspricht. Die für die Rechnung in Betracht kommenden Konstanten waren demnach:

Konstanten	R	L	Θ	k	M_1	γ	E	i_0	ω_1	ω_0
Anlaßstufe I	0,030	0,001603	205	5,77	0	177	119,2	547	0	17,83
Anlaßstufe II							244	1120	17,83	36,5

a) Anlaßstufe I. Die Wurzeln der Gl. 293 und 294 werden hier, wie auf der zweiten Anlaßstufe, imaginär und der Vorgang wird deshalb (wenn auch schwach ausgeprägt) oszillatorisch. Es wird:

$$a = \frac{0,030 \cdot 205 + 177 \cdot 0,001603}{2 \cdot 0,001603 \cdot 205} = 9,8;$$

$$b = \sqrt{\frac{177 \cdot 0,030 + 5,77^2}{0,001603 \cdot 205} - 9,8^2} = 4,61;$$

$$\frac{\frac{E - k\,\omega_1}{L} - a\,i_0}{b} = \frac{\frac{119,2 - 0}{0,001603} - 9,8 \cdot 547}{4,61} = 15000;$$

$$i = 547 + e^{-9,8t}[15\,000 \sin 4,61t - 547 \cos 4,61t]. \quad (303)$$

b) Anlaßstufe II. Es wird a und b wie auf der ersten Stufe und

$$\frac{\frac{E - k\,\omega_1}{L} - a\,i_0}{b} = \frac{\frac{244 - 5,77 \cdot 17,83}{0,001603} - 9,8 \cdot 1120}{4,61} = 16\,700;$$

$$i = 1120 + e^{-9,8t}[16\,700 \sin 4,61t - 1120 \cos 4,61t]. \quad (304)$$

In der Fig. 524 ist der Verlauf des Ankerstromes nach den Gl. 303 und 304 aufgetragen. Hier ist auch der auf der zweiten Anlaßstufe tatsächlich auftretende, mit dem Oszillographen ermittelte Verlauf des Ankerstromes als eine gestrichelt gezeichnete Kurve dargestellt.

Im großen und ganzen stimmt die berechnete Kurve mit der durch Versuch ermittelten überein. Die Abweichungen beruhen unter anderem darauf, daß die vorgeschaltete Drosselspule besonders bei dieser Messung sehr stark gesättigt war und deshalb eine auch nicht annähernd konstante Selbstinduktion aufwies. Der experimentell ermittelte Höchstwert des Stromes liegt nicht unerheblich tiefer als der berechnete, was hauptsächlich auf den schwer festzustellenden und daher unberücksichtigt gebliebenen Abfall der Geschwindigkeit des Generators zurückzuführen ist. Die anderen Meßreihen zeigen eine bessere

Übereinstimmung zwischen den gemessenen und berechneten Werten, weshalb die gewonnenen Ergebnisse als eine Bestätigung der Richtigkeit der abgeleiteten Gleichungen angesehen werden dürfen.

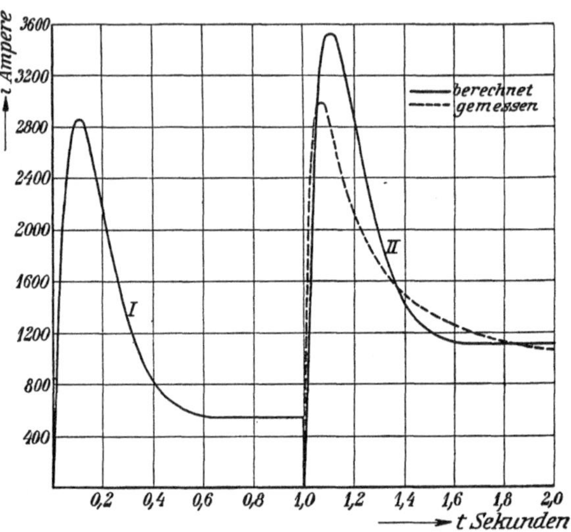

Fig. 524. Verlauf des Ankerstromes beim Einschalten in zwei Stufen über eine Drosselspule.

Wir wollen nun untersuchen wie der Strom verlaufen würde, wenn der Motor unter etwa denselben Bedingungen **ohne** vorgeschaltete Drosselspule angelassen werden sollte. Wir legen den Berechnungen die folgenden Konstanten zugrunde:

<table>
<tr><th>Konstanten</th><th>R</th><th>L</th><th>Θ</th><th>k</th><th>M_1</th><th>γ</th><th>E</th><th>i_0</th><th>ω_1</th><th>ω_0</th></tr>
<tr><td>Anlaßstufe I</td><td rowspan="2">0,0273</td><td rowspan="2">0,000233</td><td rowspan="2">205</td><td rowspan="2">5,77</td><td rowspan="2">0</td><td rowspan="2">177</td><td>120</td><td>556</td><td>0</td><td>18,2</td></tr>
<tr><td>Anlaßstufe II</td><td>240</td><td>1112</td><td>18,2</td><td>36,4</td></tr>
</table>

Die Wurzeln der Gl. 293 und 294 werden hier reell und der Vorgang wird deshalb aperiodisch. Die Gleichungen der Stromkurven werden:

a) **Anlaßstufe I**

$$i = 556 + 4380 \cdot e^{-7,2\,t} - 4930 \cdot e^{110,8\,t}; \tag{305}$$

b) **Anlaßstufe II**

$$i = 1112 + 4400 \cdot e^{-7,2\,t} - 5510 \cdot e^{-110,8\,t}. \tag{306}$$

In der Fig. 525 sind die nach diesen Gleichungen berechneten Stromkurven dargestellt.

Schließlich wollen wir den Verlauf des Stromes beim unmittelbaren Anlegen an 240 Volt ohne vorgeschaltete Drosselspule untersuchen, und zwar sowohl wenn der Motor unbelastet, als auch wenn

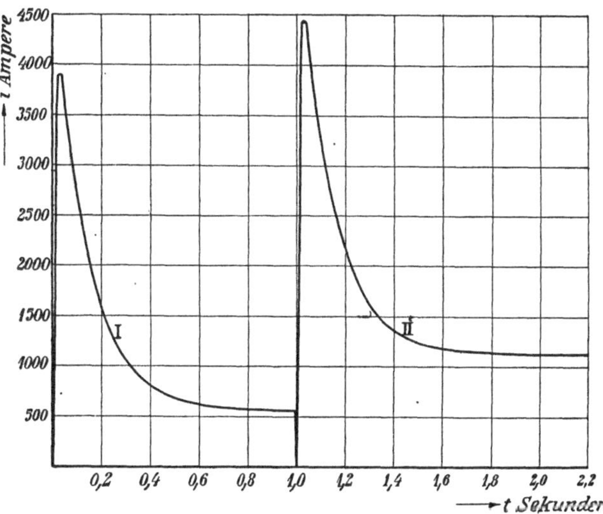

Fig. 525. Verlauf des Ankerstromes beim Einschalten in zwei Stufen ohne vorgeschaltete Drosselspule.

er mit einem der Vollast entsprechenden konstanten Drehmoment belastet ist. Den Berechnungen legen wir dabei die folgenden Konstanten zugrunde.

Konstanten	R	L	Θ	k	M_1	γ	E	i_0	ω_1	ω_0
Fall I	0,0273	0,000233	205	5,77	0	0	240	0	0	36,4
Fall II					6440			1112		

Der Vorgang wird hier aperiodisch. Die Gleichungen der Stromkurve werden:

Fall I

$$i = \frac{E - k\,\omega_1}{L\,(\varrho_1 - \varrho_2)}\left[e^{\varrho_1 t} - e^{\varrho_2 t}\right] = 9850\left[e^{-6,3t} - e^{-110,9t}\right]. \qquad (307)$$

Fall II

$$i = 1112 + 8680 \cdot e^{-6,3t} - 9800 \cdot e^{-110,9t}. \qquad (308)$$

In beiden Fällen wird die Gleichung der Geschwindigkeit:

$$\omega = 36,4 - 38,6 \cdot e^{-6,3t} + 2,2\,e^{-110,9t} \qquad (309)$$

Die nach diesen Gleichungen berechneten Strom- und Geschwindigkeitskurven sind in Fig. 526 dargestellt. Es ist hier auch die Integralkurve der Geschwindigkeitskurve, welche die Anzahl der vom

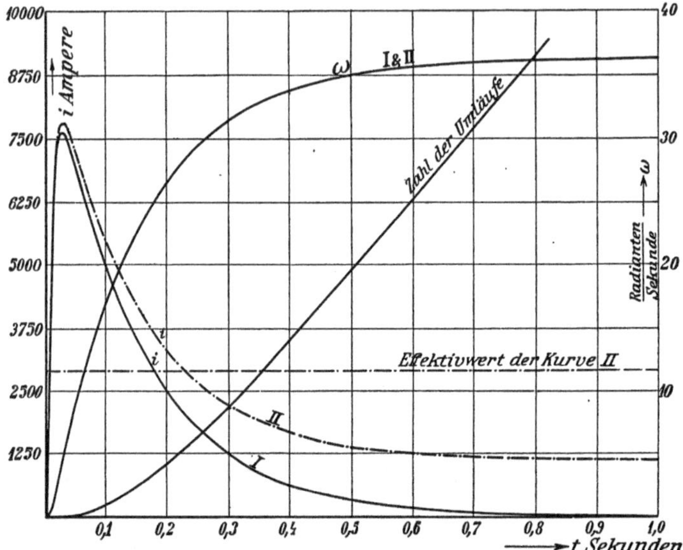

Fig. 526. Verlauf des Ankerstromes beim Einschalten in einer Stufe ohne vorgeschaltete Drosselspule.

Augenblick des Einschaltens an gemachten Umläufe darstellt, aufgetragen. Ferner ist der Effektivwert der Stromkurve bei belastetem Motor $\sqrt{\frac{\int_0^T i^2\,dt}{T}}$ über die Dauer des Anlassens eingetragen.

Die vorstehenden Untersuchungen und dann namentlich die Kurven geben uns wertvolle und zum Teil recht überraschende Aufschlüsse über die tatsächlich auftretenden Verhältnisse.

Wie zu erwarten war, entsteht ein recht erheblicher Stromstoß, der beim Anlassen in zwei Stufen mit Drosselspule etwa das 3-fache, ohne Drosselspule etwa das 4-fache und beim Anlassen in einer Stufe ohne Drosselspule etwa das 7-fache des Vollaststromes beträgt.

Besondere Beachtung verdienen die beiden Stromstöße im letztgenannten Falle. Obwohl der Motor hier das eine Mal ohne Belastung, das andere Mal unter vollem konstantem Drehmoment angelassen wurde, erreichen die Stromstöße fast denselben Wert. Wäre das Drehmoment statt dessen von Null geradlinig auf den Höchstwert angestiegen, so hätten wir eine Kurve bekommen, deren

Höchstwert nicht merklich höher als der Höchstwert des unbelasteten Motors (Kurve I) gelegen wäre, und welche von dort ab allmählich in die Kurve II übergegangen wäre. Es leuchtet hieraus ohne weiteres ein, daß, wie eingangs erwähnt wurde, nur ein vernachlässigbar kleiner Fehler entstehen muß, wenn wir bei einem quadratisch mit der Geschwindigkeit ansteigenden Drehmoment so rechnen, als ob das Drehmoment proportional der Geschwindigkeit ansteigen würde.

Überraschend ist die außerordentlich kurze Dauer des eigentlichen Stromstoßes. Er tritt schon nach ein zehntel oder gar nach nur einigen hundertstel Sekunden ein und dauert ein bis zwei zehntel Sekunden. Der ganze Anlaßvorgang ist schon nach einer Sekunde vollständig beendet.

Diese Zeitabschnitte sind derart kurz, daß die in der Ankerwicklung während der Anlaßperiode entwickelte Wärme überhaupt keinen merklichen Einfluß auf die Erwärmung des Motors ausübt. Die Kurve II der Fig. 526, Einschaltung des stillstehenden Motors unmittelbar an die volle Spannung unter voller Belastung ohne vorgeschaltete Drosselspule, stellt zweifelsohne eine sehr scharfe Probe dar. Der Effektivwert des Stromes während des eine Sekunde dauernden Anlaßvorganges beträgt jedoch nur das $\frac{2900}{1112} = 2{,}6$ fache des Vollaststromes. Es besagt dies, daß in der Ankerwicklung während des Anlassens nur so viel Wärme entwickelt wird wie bei Vollast während $2{,}6^2 \cdot 1 = 6{,}8$ Sekunden.

Wenn also eine Zerstörung des Motors durch zu starke Erwärmung keinesfalls zu befürchten ist, so dürfte doch die Kommutierung der auftretenden erheblichen Stromstärken gewisse Bedenken gegen dieses Anlaßverfahren hervorrufen. Die nähere Untersuchung zeigt jedoch, daß auch diese Bedenken grundlos sind. Betrachten wir nämlich die Geschwindigkeitskurve $\omega = f(t)$ der Fig. 526, so sehen wir, daß die Geschwindigkeit zur Zeit der höchsten Strombelastung nur etwa $\frac{5}{36{,}4} \cong 0{,}14$ der Höchstgeschwindigkeit beträgt. Wir sehen ferner, daß der Anker bis zu diesem Zeitpunkt nur etwa $\frac{5 \cdot 0{,}03}{2 \cdot 2\pi} = 0{,}012$ Umdrehungen gemacht hat, d. h. er hat sich vielleicht nur um 1 bis 2 Lamellenteilungen gedreht. Auch wenn der Anker, wie beim Umschalten von halber auf volle Spannung, schon in Bewegung ist, bewegt sich der Anker während der außerordentlich kurzen Dauer des Stromstoßes sehr wenig. Infolgedessen kann eine Funkenbildung unter den Bürsten gar nicht aufkommen. Das wurde auch durch die Versuche vollauf bestätigt, indem sogar bei Stromstößen, die den 6- bis 8fachen Betrag des Vollstromes erreichten, keinerlei Funkenerscheinungen zu beobachten waren.

Es gilt dies natürlich nur dann, wenn die zu beschleunigenden Massen verhältnismäßig gering sind. Sind diese Massen, wie im Bahn- und Fabrikbetriebe, dagegen groß, dann kann der Stromstoß unter Umständen so lange andauern, daß sehr heftige Funkenerscheinungen oder gar Überschläge am Kommutator auftreten.

Die Bedingungen, unter welchen dieses Anlaßverfahren empfohlen werden darf, sind also: 1. Das Netz, bzw. die Stromquelle muß so groß und die Anlage so eingerichtet sein, daß etwa in der Nähe angeschlossene Lampen bei den großen, wenn auch kurzen Stromstößen nicht störend flackern, wobei allerdings zu beachten ist, daß in manchen Betrieben ein kurzzeitiges Zucken des Lichtes unbedenklich zugelassen werden kann. 2. Die zu beschleunigenden Massen dürfen nicht zu groß sein. Hieraus geht hervor, daß dieses Anlaßverfahren sich besonders gut für elektrischen Schiffsantrieb eignet, wo es auch verwendet wird. Beim Anlassen quirlt der Propeller, d. h. er wirkt wie eine Rutschkupplung. Infolgedessen hat der Motor während des Anlassens nicht etwa die große Masse des Schiffes, sondern nur die verhältnismäßig kleine Masse des Propellers zu beschleunigen. Eine weitere Folge hiervon ist die, daß der erhebliche beim Anlassen auftretende mechanische Stoß vom Anker des Motors aufgefangen und nur ein kleiner Teil bis zur Propellerwelle fortgepflanzt wird.

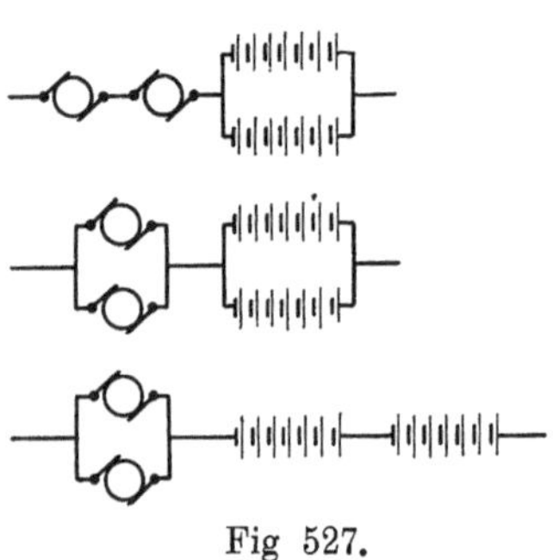

Fig 527.

Von den Siemens-Schuckertwerken ist die vorbeschriebene, außerordentlich einfache Anlaßschaltung (Grobschaltung) in großem Umfang für elektrischen Schiffsantrieb bis zu 600 PS je Schiffswelle ausgeführt worden. Da hierbei meist eine Akkumulatorenbatterie als Stromquelle dient und der Propellermotor als Doppelmaschine mit zwei getrennten Ankern ausgeführt wird, so ergeben sich drei Grund-Drehzahlen, je nachdem, ob man die Anker in Serie oder parallel schaltet und die Maschine an die volle oder halbe Batteriespannung legt (s. Fig. 527).

Die praktische Durchführung des Gedankens, den Einschaltstromstoß durch eine vorgeschaltete Drosselspule zu vermindern, scheitert an dem großen Gewicht und den Kosten einer wirksamen Drosselspule.

Diese Tatsache führte die Maffei-Schwarzkopffwerke, Berlin, dazu, für die Drosselspule das Magneteisen der Maschine selbst zu verwenden und die Drosselwicklung auf den Magnetkernen anzuordnen. Diese Anlaßwicklung der M.-S.-W. hat eine außerdentlich hohe Windungszahl, so daß sie mit einer üblichen Kompound- oder Hauptschlußwicklung nicht zu vergleichen ist. Der Drahtquerschnitt dieser Wicklung ist außerordentlich klein, so daß die Wicklung keinen unzulässig großen Raum beansprucht[1]). Unmittelbar nach dem Abklingen des Anlaßstromes wird die Drosselwicklung von Hand oder selbsttätig kurzgeschlossen, so daß eine schädliche Erwärmung trotz der außerordentlich hohen Stromdichte und des verhältnismäßig hohen Ohmschen Widerstandes nicht eintritt.

Für diejenigen Fälle, in denen die oben beschriebene Grobschaltung wegen der Größe der zu beschleunigenden Massen nicht mehr zulässig ist, haben die S.-S.-W. (Hülss) eine sehr geschickte Lösung gefunden[2]).

Die Siemens-Schuckertwerke ordnen vor dem Anker einen einstufigen Widerstand an, der beim Einschalten des Ankerstromkreises den Stromstoß in der gewünschten Weise, etwa auf den Einstundenstrom der Maschine (oder der Batterie) begrenzt. Erst gleichzeitig mit dem Ankerstrom wird der Erregerstrom eingeschaltet, der nun erst entsprechend der Zeitkonstante der Erregerwicklung allmählich ansteigt und einen langsam stärker werdenden Kraftfluß erzeugt. Entsprechend diesem Anstieg des Kraftflusses entwickelt sich langsam steigend das Drehmoment am Anker der Maschine, die auf diese Weise trotz des verhältnismäßig hohen Ankerstromstoßes stoßfrei in Bewegung kommt. Der Ankerstrom sinkt infolge der durch die Ankerdrehung entstehenden Gegen-E. M. K. der Maschine, bis daß die aufgenommene elektrische Leistung der Maschine der abgegebenen mechanischen Leistung entspricht. Die Widerstandsstufe wird dann kurzgeschlossen und die Maschine kommt auf volle Drehzahl, ohne daß ein unzulässig hoher Stromstoß oder eine bedenkliche mechanische Beanspruchung eintritt. Das Überbrücken der Widerstandsstufe kann von Hand oder durch ein Schütz selbsttätig erfolgen, sobald der Anlaßstrom auf den gewünschten Wert gesunken ist.

---

[1]) D. R. P.

[2]) D. R. P.

Siebenundzwanzigstes Kapitel.

Anlassen und Regelung von Motoren rasch veränderlicher Drehzahl.

102. Anlassen und Regelung mit Widerständen. — 103. Anlassen und Regelung mit besonderer Anlaßmaschine.

102. Anlassen und Regelung mit Widerständen.

a) Anlaß- und Regeleinrichtungen für Kranmotoren.

Die meisten Krane werden heutzutage mit drei Motoren ausgerüstet von denen zwei, die Fahrmotoren, zur Bewegung der Katze und der Kranbrücke, der dritte, der Hubmotor, zum Heben und Senken der Last bestimmt sind. Alle drei Motoren werden aussetzend mit stark wechselndem Drehmoment belastet, weshalb sie, wie auch aus anderen Gründen, als Hauptschlußmotoren ausgeführt werden. Da sie sehr häufig angelassen und in einfacher Weise genau gesteuert werden müssen, werden große Anforderungen an ihre Anlaß- und Regeleinrichtungen gestellt, welchen eine große Anzahl besonders hierfür ausgebildeter Einrichtungen auch gerecht wird. Wir müssen uns hier darauf beschränken, einige der wichtigsten und neuesten Einrichtungen zu behandeln und haben dabei zwischen den Anlaß- und Regelvorrichtungen für die Fahrmotoren und für die Hubmotoren zu unterscheiden. Bei den Fahrmotoren besteht nämlich kein Unterschied zwischen den beiden Fahrtrichtungen, und die Schaltung kann deshalb symmetrisch ausgebildet werden. Bei den Hubmotoren wirkt dagegen das Drehmoment der Last beim Heben entgegengesetzt der Bewegungsrichtung, beim Senken in der Bewegungsrichtung, weshalb die Schaltung für Heben und Senken verschieden auszubilden ist.

1. Fahrmotoren. Die Fig. 528 stellt das Schaltschema, die Fig. 529 das zugehörige Zeigerblatt des Walzenanlassers eines Fahrmotors dar, der von den Siemens-Schuckertwerken verwendet wird[1]). Wie aus der Fig. 529 ersichtlich, ist die Anlaßwalze mit

[1]) ETZ 1914, H. 5.

je sechs Schaltstellungen für Vorwärts- und Rückwärtsfahrt ausgerüstet. Zwischen diesen Laufstellungen hat der Kontroller drei gemeinsame Bremslagen und zwischen den Brems- und Laufstellungen zwei Nullstellungen, in denen der Motorstromkreis unterbrochen ist. In den Laufstellungen wird der Motor unter Ausschaltung des Anlaßwiderstandes angelassen, wobei der Strom den Anker in verschiedenen Richtungen bei Vor- und Rückwärtslauf durchfließt. In den Bremsstellungen ist der Motor als Generator auf einen Teil des

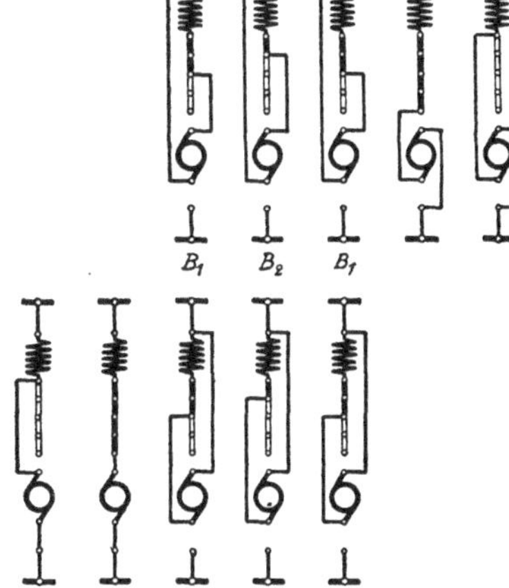

Fig. 528. Schaltschema eines Fahrmotors für Kranbetrieb.

Fig. 529. Zeigerblatt der Anlaßwalze eines Fahrmotors.

Anlaßwiderstandes kurzgeschlossen. Damit der Motor sich auf den Bremsstellungen stets erregt, muß die Magnetwicklung im Verhältnis zum Anker je nach der Bewegungsrichtung verschieden geschaltet werden. Der Kontroller ist deshalb so eingerichtet, daß diese Schaltung verschieden ausfällt, je nachdem die Kontrollerkurbel von den Stellungen für Vor- oder Rückwärtsfahrt auf die Bremsstellungen gedreht wird. Beim Bremsen hat also der Führer die Kurbel nur in die Mittelstellung zu drehen, gleichgültig, ob in der einen oder der anderen Richtung gefahren wurde.

Da die Wirkung der elektrischen Bremsung mit sinkender Geschwindigkeit sehr stark abnimmt, werden alle Fahr- und Drehwerke, die genau halten sollen, außerdem noch mit einer besonderen Haltebremse ausgerüstet. Diese Haltebremse wird entweder mechanisch mittels Fußtrittes oder elektromagnetisch gesteuert. Im letzteren Falle tritt sie von selbst in Tätigkeit, wenn die Kurbel in die Mittelstellung gedreht wird.

2. Hubmotoren. Bei Hubmotoren unterscheiden sich die Schaltungen beim Heben, wie oben erwähnt, wesentlich von den Schaltungen beim Senken. Von diesen beiden Schaltungen verdienen die

Senkschaltungen die größte Beachtung, weil hier die zu überwindenden Schwierigkeiten größer sind als beim Heben. Bei großen Lasten zieht nämlich die Last das Treibwerk, besonders bei Treibwerken mit hohem Wirkungsgrad (Zahnräder ohne Schneckengetriebe), durch, und der Motor muß als Senkbremse wirken, bei kleinen Lasten (leerem Haken) sowie stets bei selbsthemmenden Treibwerken (Schneckengetrieben) zieht die Last das Treibwerk dagegen nicht durch, und der Motor muß das Treibwerk beim Senken noch antreiben. Der Kontroller

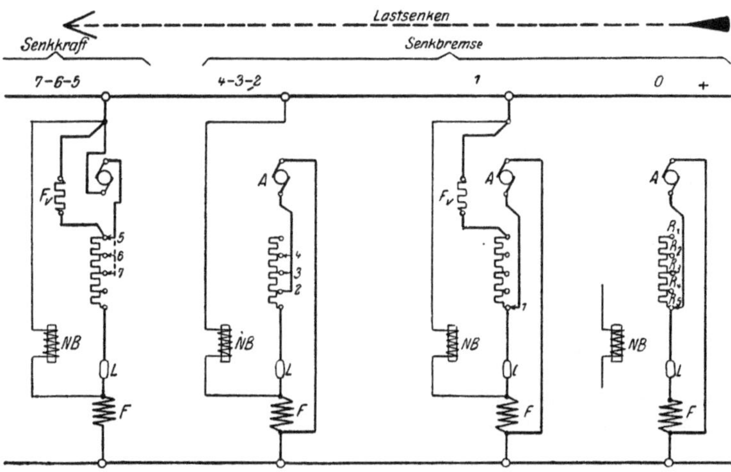

Fig. 530. Senkschaltung eines AEG-Hubmotors für Kranbetrieb.

muß deshalb dementsprechend meist sowohl mit Senkbrems- wie mit Senkkraftstellungen versehen werden. Außerdem muß die Geschwindigkeit in beiden Stellungen genau geregelt und ein Abstürzen der Last unter unter allen Umständen verhindert werden.

Die Fig. 530 zeigt eine Senkschaltung der AEG[1]). In der Nullstellung ist der Motor in sich kurzgeschlossen, der Bremsmagnet NB ist stromlos, und die Bremse liegt deshalb auf. Sollte die Bremse aus irgendeinem Grunde nicht wirken, so kann die Last doch nicht abstürzen, denn der kurzgeschlossene Motor erlaubt nur eine verhältnismäßig langsame Abwärtsbewegung.

Auf der Senkbremsstellung 1 wird die Bremse gelüftet, der Motor bleibt aber noch in sich kurzgeschlossen, weshalb die Last sich auf die Dauer nur langsam abwärts bewegen kann. Es ist aber zu bemerken, daß, wenn keine besonderen Vorkehrungen getroffen wären, im ersten Augenblick noch kein Kraftfluß vorhanden wäre. Der Motor würde sich deshalb zuerst sehr schnell in Bewegung setzen

[1]) ETZ 1914, H. 5.

bis der Kraftfluß durch Selbsterregung voll ausgebildet wäre, wobei eine sehr heftige, das Seil und die Treibwerkteile sehr stark beanspruchende Bremswirkung plötzlich eintreten würde. Um dies zu verhindern, wird die Magnetwicklung unter Vorschaltung des Anlaßwiderstandes und des sogenannten Feldverstärkungswiderstandes F_v gleichzeitig ans Netz angeschlossen, wodurch sofort eine kräftige Fremderregung herbeigeführt wird.

Auf den folgenden Senkbremsstellungen 2, 3 und 4 ist diese Fremderregung nicht mehr erforderlich, weshalb der Motor wieder vom Netz getrennt wird. In den geschlossenen Stromkreis des Motors werden hier nacheinander die drei letzten Stufen des Anlaßwiderstandes eingefügt, wodurch eine stufenweise Erhöhung der Senkgeschwindigkeit herbeigeführt wird.

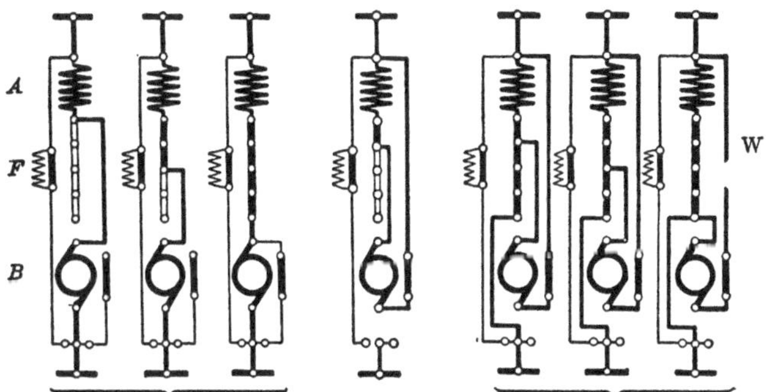

Fig. 531. Schaltschema eines S.S.W.-Hubmotors nach G. Hubel.

Vermag die Last das Treibwerk nicht durchzuziehen, dann muß auf die Senkkraftstellungen 5, 6 und 7 übergegangen werden. Der Motor wird hier unter Vorschaltung des stufenweise verkleinerten Anlaßwiderstandes wieder ans Netz derart angeschlossen, daß er ein Drehmoment im Senksinne entwickelt. Parallel mit dem Anker liegt der Feldverstärkungswiderstand F_v. Die Wirkungsweise dieses Widerstandes können wir so auffassen, daß einerseits durch ihn ein die Erregung verstärkender Strom vom Netz entnommen wird, anderseits der Anker auf ihn bei zu hoher Senkgeschwindigkeit als Generator arbeitet. Durch beide Wirkungen wird das Eintreten einer übermäßig hohen Senkgeschwindigkeit selbst dann verhindert, wenn der Führer aus Unachtsamkeit bei einer größeren Last die Kurbel auf eine Senkkraftstellung einstellt und dort stehen läßt.

Die Fig. 531 zeigt eine von G. Hubel angegebene und von den Siemens-Schuckertwerken ausgeführte Schaltung[1]). Diese Schaltung ist besonders für solche Fälle geeignet, in welchen es sich um eine

[1]) ETZ 1913, H. 20.

genaue Einstellung der Last, wie bei Montage- und Gießereikranen, handelt. In der Ruhestellung ist der Motor über einen kleinen Widerstand in sich kurzgeschlossen, der Bremsmagnet ist stromlos und die Bremse liegt auf. In den Hubstellungen ist der Motor wie ein Hauptschlußmotor geschaltet. Um beim Übergang auf die erste Hubstellung, in der die Bremse gelüftet wird, eine unerwünschte Abwärtsbewegung der Last zu verhindern, ist der Anlaßwiderstand so klein gewählt, daß auch die größte vorkommende Last schon auf der ersten Hubstellung vom Motor gehalten wird. Eine kleinere Last würde deshalb anderseits auf dieser Hubstellung schon mit einer zu großen Geschwindigkeit gehoben werden. Um dies zu verhindern, ist ein kleiner Widerstand vorgesehen, der auf der ersten Hubstellung parallel zum Anker geschaltet wird.

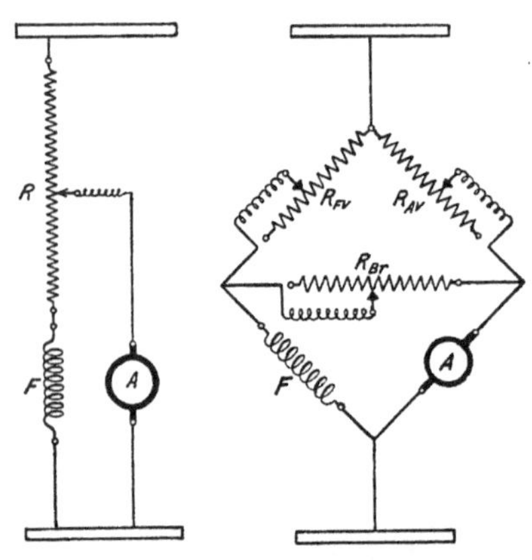

Fig. 532a. Grundsätzl. Schaltschema eines Hubmotors nach Dipl.-Ing. E. Luft.

Fig. 532b. Grundsätzliches Schema der Hubelschen Schaltung.

Auf allen Senkstellungen ist die Erregerwicklung unter Vorschaltung des ganzen Anlaßwiderstandes an das Netz angeschlossen, während der Anker parallel zur Erregerwicklung und einem kleineren oder größeren Teil des Anlaßwiderstandes liegt. Der Motor ist deshalb hier wie ein Nebenschlußmotor geschaltet, weshalb die Senkgeschwindigkeit auf einer bestimmten Senkstellung nur wenig von der Größe der Last beeinflußt wird.

Die Fig. 532a stellt eine von Dipl.-Ing. E. Luft angegebene und von der Firma F. Kloeckner, Köln-Bayenthal, ausgeführte Schaltung dar[1]). Die Fig. 533 zeigt die Schaltung des Kontrollers und die Herstellung der Verbindungen auf den einzelnen Kontrollerstufen. Auf den Hubstellungen ist der Motor, wie aus der Fig. 533 hervorgeht, als Hauptschlußmotor, auf den Senkstellungen nach der Fig. 532a geschaltet. Die Fig. 532b zeigt das grundsätzliche Schema der oben angegebenen Hubelschen Schaltung. Wie wir sehen, unterscheidet sich die Schaltung der Fig. 532a von der Schaltung der Fig. 532b nur dadurch, daß der eine Ankervorschaltwiderstand der letzten Schaltung hier durch die beiden einstellbaren Widerstände R_{Br} und R_{AV} ersetzt ist. Es ermöglicht dies eine freiere Wahl der Widerstandswerte, was allerdings mit einer größeren Anzahl von Kontakten auf der Anlaßwalze erkauft wird.

[1]) ETZ 1916, H. 20.

Bezüglich der Wirkungsweise und des Energieverbrauches der oben beschriebenen Anordnungen sei auf die in den Fußnoten angegebenen Quellen hingewiesen. Die Berechnung der erforderlichen Anlaß- und Reglerwiderstände ist in dem Aufsatze: „Methode zur Ermittlung der Senkregulierwiderstände bei Hubwerken mit elektrischer Senkbremsung“ von Ernst Schwarz, Wien,

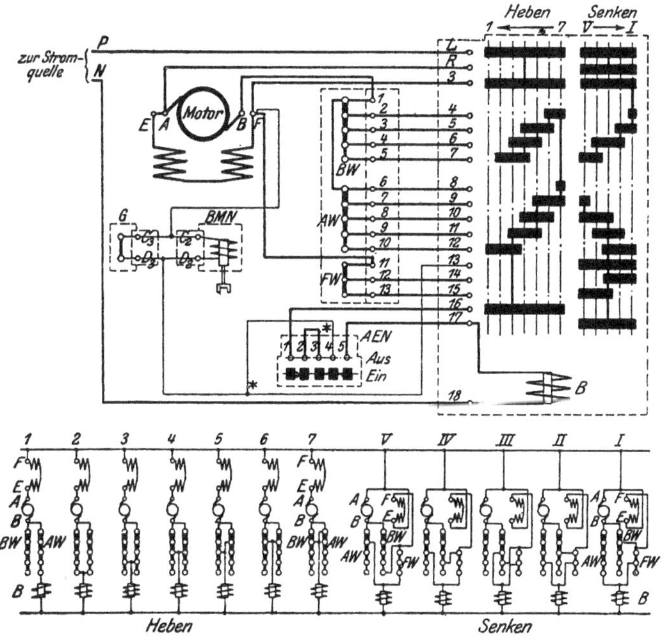

Fig. 533. Schaltung des Anlassers für einen Hubmotor nach dem Schema von Dipl.-Ing. E. Luft.

in der ETZ 1914, H. 15 unter Berücksichtigung des veränderlichen Wirkungsgrades des Treibwerkes beim Heben und Senken behandelt. Schließlich sei auf den Aufsatz: „Zur Beurteilung der Senkschaltungen für Gleichstromkrane“ von Leo Kadrnozka, München, in der EKB 1917, H. 4, 6 und 8 hingewiesen. Es wird dort die Wirkungsweise verschiedener Schaltungen nicht nur im Beharrungszustand, sondern auch besonders beim Übergang aus der Ruhe in Bewegung eingehend behandelt.

b) Hobelmaschinenantriebe der AEG.

Hobelmaschinen und ähnliche Werkzeugmaschinen werden häufig mittels Riemens entweder von einer für mehrere Werkzeugmaschinen gemeinsamen Transmission oder von einem besonderen Motor angetrieben. Seiner Einfachheit halber eignet sich auch der Riemenantrieb für kleinere Hobelmaschinen. Er hat indessen mehrere Nachteile, die um so mehr ins Gewicht fallen, je größer die Hobelmaschine ist, und je höher die Anforderungen an ein genaues Arbeiten gestellt werden. Der Hobeltisch mit dem aufgesetzten Arbeitsstück soll nämlich innerhalb sehr kurzer Zeitabschnitte auf die volle Schnittgeschwindigkeit gebracht, abgebremst und umgesteuert werden. Infolge der großen dabei zu beschleunigenden Massen geschieht dies bei Riemenwendegetrieben unter starkem Riemenschlupf, was einerseits einen großen Verschleiß der Riemen, anderseits eine beträchtliche Erhöhung des für den Arbeitsprozeß eigentlich erforderlichen Energieverbrauches zur Folge hat. Die in den Massen aufgespeicherte Bewegungsenergie wird nämlich hier auf der Riemenscheibe in nutzlose Wärme umgewandelt. Außerdem treten bei der Umsteuerung große Belastungsstöße auf, die nach ausgeführten Messungen das 4- bis 6fache der während des Schneidens auftretenden Belastung betragen, und schließlich erfolgt die Umsteuerung infolge des verschiedenen Riemenschlupfes oft nicht genügend genau in derselben Stellung. Das gleiche gilt bei der Verwendung von Rutschkuppelungen.

Besonders dort, wo schon Gleichstrom zur Verfügung steht, empfiehlt es sich deshalb, die Hobelmaschinen unmittelbar elektrisch anzutreiben, weil hierdurch, wie wir gleich sehen werden, die erwähnten Nachteile des Riemenantriebes wegfallen und die Arbeitsgeschwindigkeit erhöht werden kann.

Bei dem elektrischen Hobelmaschinenantrieb der AEG für Gleichstrom wird die Hobelmaschine mittels Zahnrad- und Zahnstangenübersetzung von einem Nebenschlußmotor unmittelbar angetrieben. Der zur Sicherung eines funkenfreien Ganges mit Wendepolen versehene Motor ist für eine Geschwindigkeits-Regelung durch Feldschwächung etwa im Verhältnis 1:3 oder 1:2 ausgeführt. Zur Stabilisierung bei den höheren Geschwindigkeiten ist er mit einer schwachen Sicherheits-Hauptschlußwicklung versehen.

Der Anlauf des Motors erfolgt bis auf die Grunddrehzahl immer bei voller Erregung, wodurch die Anlaßverluste auf einen möglichst kleinen Betrag herabgesetzt werden. Der bis dahin kurzgeschlossene und vorher entsprechend der erwünschten Höchstgeschwindigkeit eingestellte Nebenschluß-Regler wird jetzt durch Unterbrechung des Kurzschlusses eingeschaltet. Der Motor wird hierbei durch die erfolgte Feldschwächung verlustlos auf die Höchstgeschwindigkeit gebracht, indem der Ankerstrom anfangs steigt und den Motor beschleunigt. Der Stromstoß ist jedoch trotz des plötzlichen Einschaltens des ganzen Widerstandes unerheblich, denn die Selbstinduktion der

Erregerwicklung läßt den Kraftfluß nur verhältnismäßig langsam abnehmen. Kurz vor der Umsteuerung wird der Vorschaltwiderstand wieder kurzgeschlossen, wodurch der Motor wieder voll erregt und bis auf die Grunddrehzahl verlustlos unter Rückgabe der kinetischen Energie ans Netz abgebremst wird. Weil das in den beweglichen Teilen aufgespeicherte Arbeitsvermögen dem Quadrate der Geschwindigkeit proportional ist, bleibt, bei einer Herabsetzung der Geschwindigkeit auf $^1/_3$ des Höchstwertes, nur noch $^1/_9$ der kinetischen Energie zurück, während die übrigen $^8/_9$ dem Netze zurückgeliefert werden. Außer dieser Rückgewinnung der Energie, welche den Energieverbrauch praktisch auf den für das Hobeln tatsächlich erforderlichen Betrag herabdrückt, bewirkt dieses Bremsen, daß die Zahnflanken des Getriebes sich bereits vor dem Richtungswechsel für die neue Richtung auflegen, weshalb die Umsteuerung stoßfrei erfolgt, unabhängig davon, wie groß auch die Geschwindigkeit war und der Todgang des Getriebes ist. Schließlich wird der Anker unter Vorschaltung des Anlaßwiderstandes ausgeschaltet, in stromlosem Zustande umgeschaltet und zwecks Anlassens in der entgegengesetzten Richtung wieder unter allmählichem Kurzschließen des Anlaßwiderstandes eingeschaltet.

Fig. 534. Hobelmaschinenantrieb der AEG.

Die Umsteuerung erfolgt durch einen Selbstanlasser, dessen Umkehrwalze von dem Hobeltisch aus durch zwei an dem Tisch befestigte Knaggen und einem an dem Hobelbett befestigten sogenannten Stiefelknecht betätigt wird, siehe Fig. 534, in der jedoch nur die eine Knagge sichtbar ist.

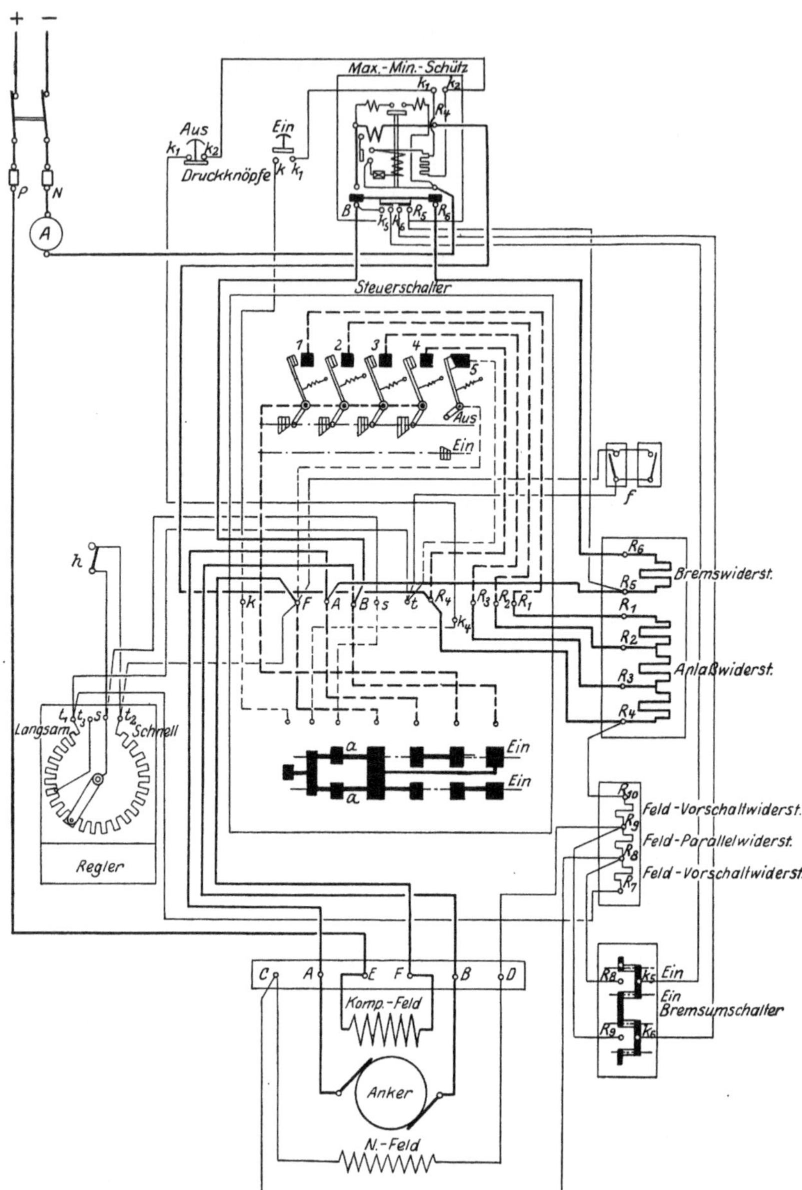

Fig. 535. Schaltschema des elektrischen Antriebs einer Hobelmaschine. Ausführung der AEG.

Der Anlaßvorgang vollzieht sich nach dem Umschalten selbsttätig, indem die Anlaßwalze sich unter Gegenwirkung eines Luftzylinders dreht und mittels Kurvenscheiben die zum Schalten der

Anlaßwiderstände dienenden Einzelschalter in einer logarithmischen Zeitfolge derart einschaltet, daß die ersten Stufen langsam, die weiteren immer schneller kurzgeschlossen werden.

Die Fig. 535 zeigt das Schaltbild der Anordnung. Der Strom durchfließt zunächst über P die schwache Kompoundwicklung E—F und gelangt dann über die Umschaltwalze zum Anker A—B bzw. B—A des Motors. Der Stromlauf läßt sich nun zurück über die Umschaltwalze zu den Drehpunkten der Anlaß-Kontakthämmer 1 bis 4 verfolgen. Wird durch diese der Anlaßwiderstand R_1—R_4 kurzgeschlossen, so schließt sich der Ankerstromkreis über das Bremsschütz nach N.

Die Erregung beginnt bei F (P-Pol); der Erregerstrom durchfließt den Regler t_2—t_1, den kleinen Vorschaltwiderstand R_7—R_8, die Nebenschlußwicklung C—D, den Widerstand R_9—R_{10} bis zur Klemme R_4 (N-Pol). Die Kurbel s des Reglers ist außerdem über die Kontakte a der Umschaltwalze mit dem Ausgangspunkt F verbunden. Dadurch wird erreicht, daß nur der von der Kurbel freigegebene Teil des Reglers vorgeschaltet ist, die Geschwindigkeit also geregelt werden kann. Soll der Rücklauf unabhängig davon mit höchster Geschwindigkeit erfolgen, so wird der Kontakt a entfernt, der beim Rücklauf zur Wirkung käme. Wenn es vorkommen kann, daß man gelegentlich auch mit gleicher Geschwindigkeit in beiden Richtungen arbeiten will, wird der parallel zu s—t_2 angeschlossene Handschalter h vorgesehen, der, wenn er geschlossen wird, dieselbe Wirkung wie der weggenommene Kontakt a hat.

Parallel zu den Klemmen t_1 und t_2 des Reglers liegen der Kurzschließer 5 und die sogenannten Feldverstärker f. Der Kurzschließer 5 wird von der Anlaßwalze betätigt und hält den Regler während des Anlassens kurzgeschlossen. Die Feldverstärker f werden von je einer der Knaggen betätigt und schließen den Regler zwecks Bremsens kurz vor der Umsteuerung kurz.

Parallel zu den Ankerklemmen A—B ist der Bremsstromkreis A—R_5—R_6—B angeschlossen.

Die Zugspule des Bremsschützes ist vom Pol N über eine kleine Sicherung, einen Vorschaltwiderstand, den Ausschaltknopf k_2—k_4, über die Umschaltwalze mit F (P-Pol) verbunden. Das Bremsschütz kann deshalb zwecks Stillsetzung der Maschine einerseits mit dem Ausschaltknopf, anderseits mit der Umschaltwalze durch Drehung derselben über die eine oder die andere Einschaltstellung hinaus ausgeschaltet werden. Eine solche Verdrehung tritt, wie wir gleich sehen werden, dann ein, wenn aus irgendeinem Grunde der Tisch sich über den vorgeschriebenen Wendepunkt hinaus bewegen sollte. Nach erfolgtem Ausschalten kann das Bremsschütz nur mittels des Druckknopfes $k-k_1$ wieder eingeschaltet werden. Dieser kann jedoch nur dann die gewollte Verbindung der Zugspule über die Umschaltwalze mit F (P-Pol) herstellen, wenn die Umschaltwalze sich in der Mittelstellung befindet und der Motor also ausgeschaltet ist. Diese Anordnung ist getroffen, um zu verhindern, daß der stillstehende Motor bei kurzgeschlossenem Anker eingeschaltet wird.

Fällt das Bremsschütz beim Ausschalten desselben herunter, so wird erstens das Netz abgeschaltet, zweitens der Bremsstromkreis geschlossen, und drittens durch den Bremsumschalter die Erregung des Motors an die Ankerspannung unter Umgehung der Vorschalt-

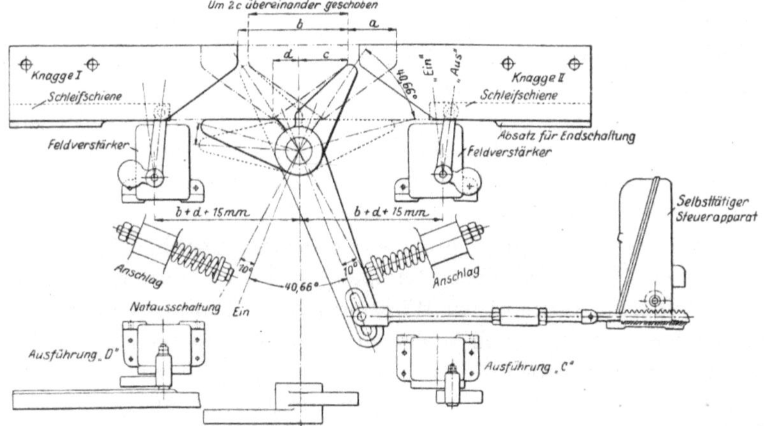

Fig. 536. Umsteueranordnung an Tischhobelmaschinen mit Feldverstärker.

widerstände R_7-R_8 und R_9-R_{10} gelegt. Dadurch erhält der Motor eine kräftige Eigenerregung zur Erzeugung des Bremsstromes auch dann, wenn das Herunterfallen des Bremsschützes durch das Ausbleiben der Netzspannung veranlaßt werden sollte.

Die Fig. 536 zeigt die Umsteueranordnung. Die Knaggen werden entsprechend der gewünschten Lage der Umkehrstellungen des Tisches an dem Tisch befestigt. Die Feldverstärker werden, um einen genügend langen Bremsweg zu schaffen, in passender Entfernung von dem schmetterlingförmig ausgebildeten Stiefelknecht aufgestellt. Die Feldverstärker werden von dem in der Figur gezeigten Gewicht in der Ausschaltstellung gehalten, bis die seitlich an der Knagge angebrachte Schleifschiene an dem an dem Hebelarm des Feldverstärkers federnd angeordnete Reibungsklotz vorbeigleitet, somit den Hebelarm mitnimmt und den Feldverstärker einschaltet. In der Figur ist dies eben mit dem linken Feldverstärker geschehen. Nachdem der Tisch sich weiter um den Bremsweg b nach rechts bewegt hat, trifft die Knagge I auf den Stiefelknecht auf und drückt den rechten (hinteren)

Schmetterlingsflügel abwärts, bis seine Oberkante die gestrichelt gezeichnete horizontale Lage einnimmt. Hierbei wird der Steuerapparat

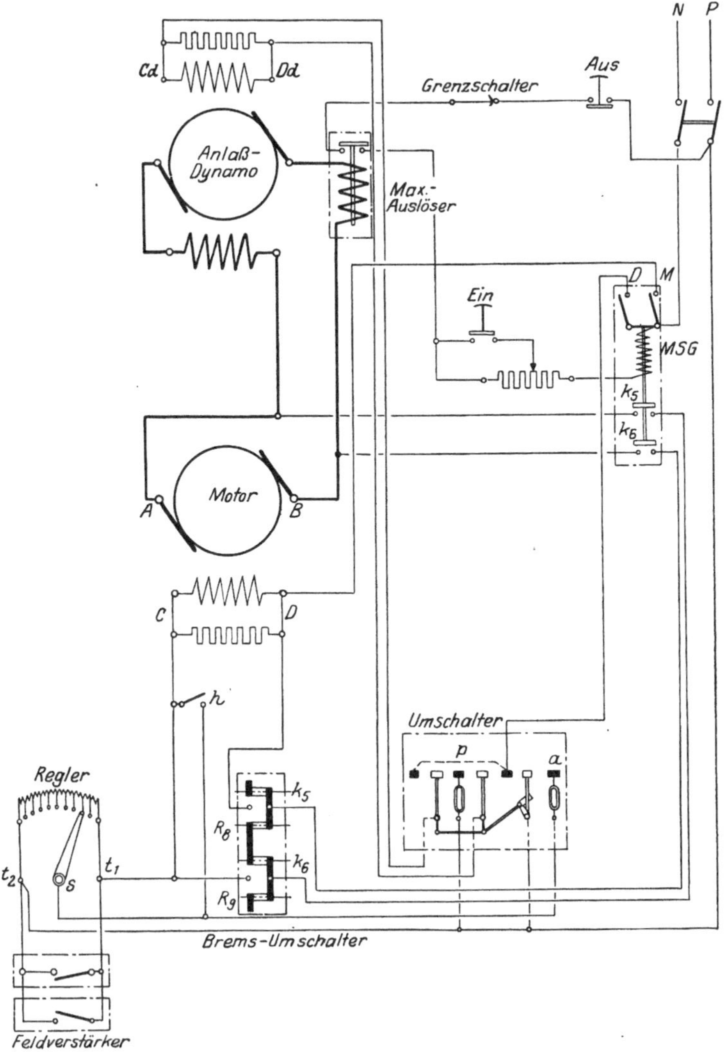

Fig. 537. Schaltschema für den Betrieb einer Hobelmaschine mittels eines Anlaßgenerators.

umgeschaltet und der Tisch kehrt um. Sollte jedoch die beabsichtigte Umkehrung aus irgendeinem Grunde nicht erfolgen, dann trifft der unter der Knagge angebrachte Absatz für Endschaltung auf den Schmetterlingflügel auf und drückt ihn noch weiter herunter. Der

Stiefelknecht dreht sich hierbei noch um 10° weiter nach rechts, wodurch die Umschaltwalze über die normale Einschaltstellung hinaus gedreht wird, so daß ihre Verbindung mit dem Kontakt k_4 (Fig. 535) unterbrochen wird und das Bremsschütz infolgedessen herunterfällt.

Wenn nur Drehstrom zur Verfügung steht, wird ein von einem Drehstrommotor angetriebener Anlaßgenerator zur Erzeugung von Gleichstrom aufgestellt und die Hobelmaschine von diesem Anlaßgenerator, wie das Schaltschema Fig. 537 zeigt, angetrieben.

103. Anlassen und Regelung mit besonderer Anlaßmaschine.

a) Regelung der Anlaßspannung (Ward-Leonard-Schaltung).

Bei Förderanlagen muß der Antriebsmotor etwa alle zwei Minuten, bei Walzenstraßen sogar mehrmals in der Minute angelassen und stillgesetzt werden. Da es sich in beiden Fällen um sehr große Leistungen, oft einige tausend kW, handelt, würde ein Anlassen mit Widerständen sehr große und unhandliche Anlasser bedingen und vor allen Dingen außerordentlich große Verluste beim Anlassen verursachen. Um dies alles zu vermeiden, könnte man die auch vereinzelt in solchen Betrieben verwendete, im Abschnitt 108 beschriebene Zu- und Gegenschaltung verwenden. Dieses Verfahren setzt jedoch entweder das Vorhandensein eines Gleichstromnetzes voraus, oder aber es muß, wenn Drehstrom zur Verfügung steht, wie aus der Fig. 538 hervorgeht, die Energie teilweise zweimal umgeformt werden, nämlich von Drehstrom in Gleichstrom und von Gleichstrom konstanter Spannung in Gleichstrom veränderlicher Spannung. Schließlich ist das bei Umkehrung der Drehrichtung erforderliche Umschalten mit gewissen Nachteilen behaftet.

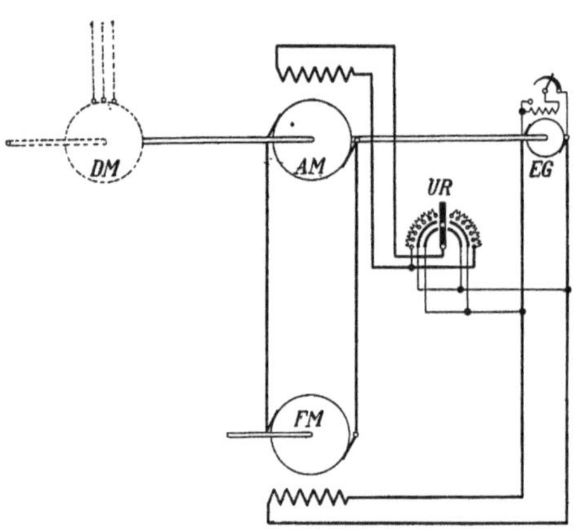

Fig. 538. Ward-Leonard-Schaltung für Anlasser und Regelung mittels besonderer Anlaßmaschine.

Aus diesen Gründen wird in derartigen Betrieben vorwiegend die folgende nach ihrem Erfinder Ward-Leonard-Schaltung genannte Anordnung verwendet, die in der Fig. 538 schematisch dargestellt ist. Der Fördermotor *FM* wird hier unmittelbar an eine von einem Drehstrommotor *DM* (einer Dampfmaschine oder dgl.) angetriebene Anlaßmaschine *AM* angeschlossen. Sowohl der Fördermotor als auch die Anlaßmaschine werden von einem vorhandenen Gleichstromnetz oder von einem besonderem Erregergenerator *EG* aus fremd erregt, und zwar ist der Fördermotor stets voll erregt, während die Erregung und damit auch die Spannung der Anlaßmaschine im positiven oder negativen Sinne mit dem Umkehrregler beliebig verändert werden kann.

Da bei der konstanten Erregung des Fördermotors eine bestimmte Klemmenspannung einer bestimmten Drehzahl entspricht, und weil ferner zu einer bestimmten Reglerstellung eine bestimmte Klemmenspannung gehört, entspricht die Drehzahl des Fördermotors genau der Stellung des Reglerhebels. Der Fördermotor kann deshalb mittels des Reglers schnell und sicher angelassen, auf die gewünschte Geschwindigkeit eingestellt, stillgesetzt und umgesteuert werden. Weil hierbei nur die normalerweise in jeder elektrischen Maschine vorhandenen Verluste entstehen, ist der Energieverbrauch gering, und das Arbeitsvermögen der bewegten Massen wird beim Stillsetzen fast vollständig dem Netze zurückgegeben.

Die bei derartigen Anlagen verwendeten Hilfs- und Sicherheitseinrichtungen wie Kompoundwicklungen, Pufferanordnungen, Notausschalter u. dgl. wollen wir in den folgenden Beispielen ausgeführter Anlagen näher behandeln.

b) Regelung auf konstante Leistung.

Förderanlagen und Walzwerke sind gekennzeichnet durch große Belastungsschwankungen. Die Aufgabe, diese Belastungsschwankungen auszugleichen, wurde in Abschnitt 94 durch die Anwendung von Pufferbatterien und in Abschnitt 96 durch Schwungräder gelöst. Durch Kombination der Ward-Leonard-Schaltung mit einer Pufferbatterie oder einem Schwungrade kann die Leistung des Antriebsmotors *DM* (Fig. 538) konstant gehalten werden. Im folgenden sollen mehrere derartige Anlagen beschrieben werden.

1. Eine gleichzeitige Verwendung der Ward-Leonard-Schaltung und einer Pufferbatterie zeigt die von den Siemens-Schuckertwerken ausgeführte Förderanlage auf dem Ottiliaeschacht der Berginspektion Klausthal[1]).

Die Verhältnisse sind hier folgende:

Schachtteufe	570 m
Zahl der Wagen je Hub	2
Nutzlast je Wagen	750 kg

[1]) Elektr. Bahnen 1907, S. 307.

Fördergeschwindigkeit für Materialförderung . .	10 m/sek
Gewicht der Förderschale	2760 kg
„ eines Förderwagens	500 kg
„ des Seiles	4,5 kg/m

Fig. 539. Leistungsdiagramm des Fördermotors.

Fig. 539 zeigt das Leistungsdiagramm des Fördermotors. Zur Verfügung steht Gleichstrom mit einer Spannung von 500 Volt. Wie aus dem Diagramm ersichtlich, ist es nicht angängig, den Motor

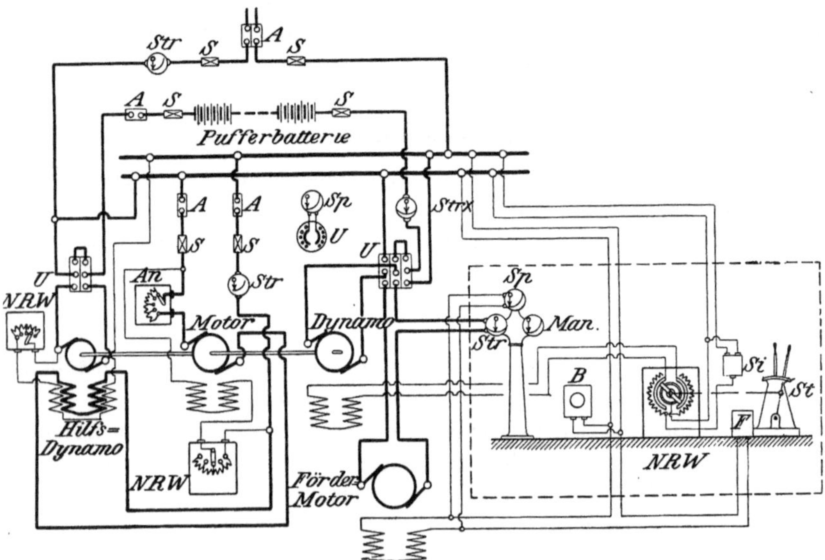

Fig. 540. Schaltschema der Förderanlage auf dem Ottiliaeschacht.

unmittelbar an das Netz anzuschließen, da in diesem Falle im Netz Belastungsstöße bis zu 340 PS auftreten würden. Wie schon erwähnt, wird bei dieser Anlage eine Pufferbatterie angewandt, und zwar zusammen mit einer Pirani-Zusatzmaschine (s. S. 610). Fig. 540

zeigt das Schaltschema der Anlage. Beim Betrieb sind die beiden Schalter U nach unten gelegt. Die Anlaßdynamo ist dann nur unter Zwischenschaltung eines Strommessers *Str* mit dem Fördermotor verbunden. Die Erregung des Fördermotors liegt unmittelbar am Netz. Der in diesen Kreis eingeschaltete Feldschwächer F wird bei normalem Betrieb nicht gebraucht. Der Erregerstrom der Anlaßdynamo wird ebenfalls dem Netz entnommen; er kann durch Einstellung des Reglers *NRW* (rechts in der Figur) beliebig geregelt und umgekehrt werden. Der Motor des Anlaßaggregates hängt am Netz und in seinen Hauptkreis ist die Hauptschlußwicklung der Pirani-Zusatzmaschine eingeschaltet. Die Wirkungsweise der Pirani-Zusatzmaschine ist im Abschnitt 94 erörtert. Werden die Schalter U nach oben gelegt, so werden die Pirani-Maschine und der Fördermotor abgeschaltet und die Anlaßdynamo wird an die Klemmen der Batterie gelegt. Durch passende Erregung der Anlaßdynamo kann in dieser Schaltung die Batterie geladen werden.

2. Als Beispiel einer Vereinigung der Ward-Leonard-Schaltung mit einem Schwungradausgleich diene die von den Siemens-Schuckertwerken ausgeführte Förderanlage Zollern II der Gelsen-

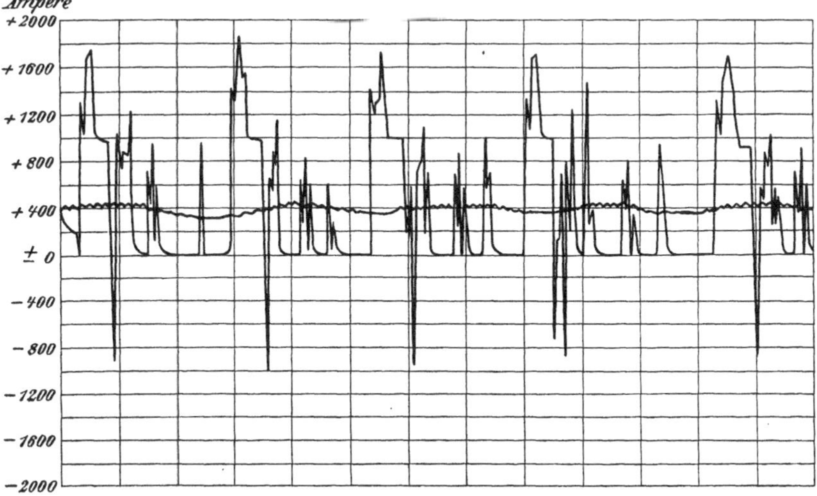

Fig. 541. Stromaufnahme des Puffermotors und der Fördermotoren.

kirchener Bergwerks-A.-G. Merklinde[1]). Diese Anordung, zuerst vorgeschlagen von Oberingenieur Karl Ilgner, hat eine sehr große Verbreitung gefunden. Die Verhältnisse des Schachtes sind:

[1]) Nachrichten der Siemens-Schuckertwerke, Heft 5, April 1905.

Teufe vorläufig 280, später 500 m, Nutzlast 4200 kg. Die größte Fördergeschwindigkeit beträgt vorläufig 10 m/sek, kann jedoch später

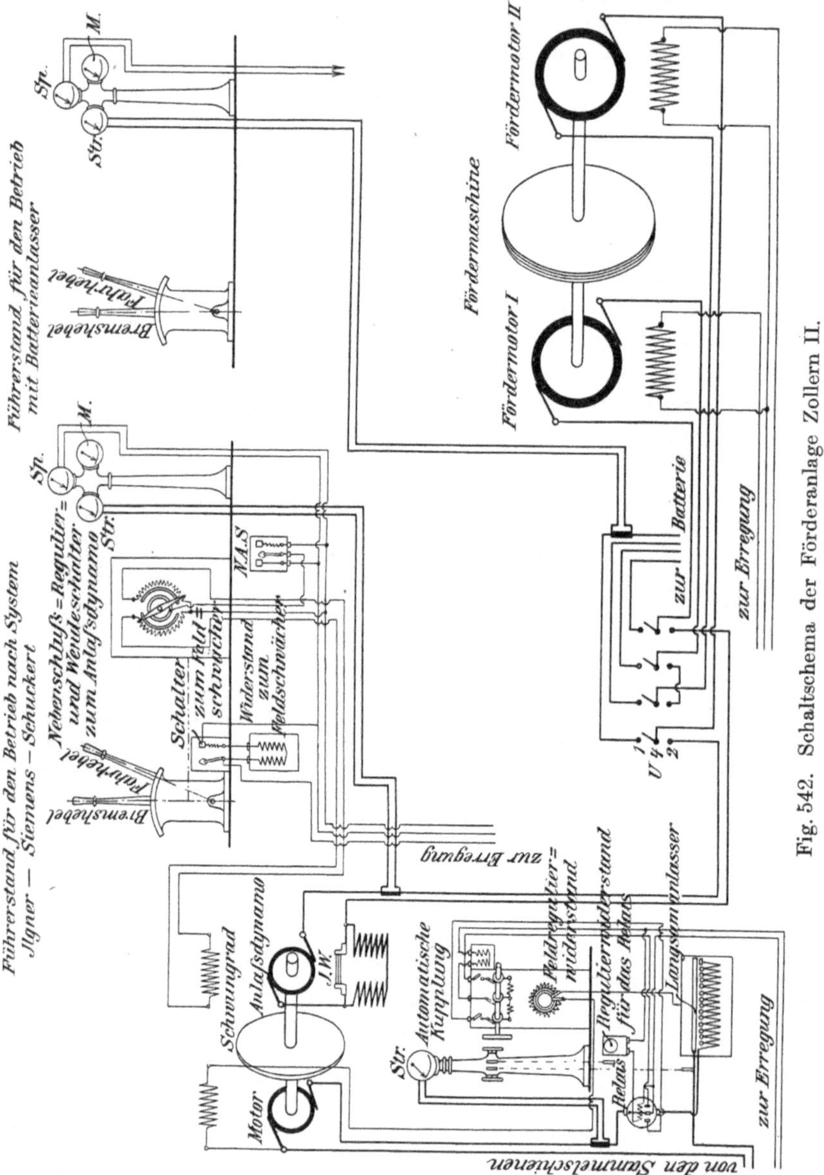

Fig. 542. Schaltschema der Förderanlage Zollern II.

auch auf 20 m/sek gebracht werden. Die Welle der Fördertrommel ist mit zwei Elektromotoren unmittelbar gekuppelt, welche für eine

Seilgeschwindigkeit von 10 m/sek hintereinander und für eine Seilgeschwindigkeit von 20 m/sek parallel geschaltet werden können. Die Motoren machen bei 10 m/sek Seilgeschwindigkeit 32 Umdrehungen in der Minute. Die Fördermaschine ist mit den Primärmaschinen in demselben Saal untergebracht. Die Primärmaschinen liefern Gleichstrom mit einer Spannung von 500 Volt. Der Strom zur Speisung der Fördermotoren kann sowohl einer Batterie als auch einer Anlaßdynamo entnommen werden. Die Steuerdynamo nimmt rd. 300 PS auf und läuft mit einer Drehzahl von 350 Umdr./Min. Sie ist mit einem Schwungrad von 40 t unmittelbar gekuppelt. Die Drehzahländerung des Puffermotors (s. Abschnitt 97) beträgt 10 %. Sie wird durch Änderung der Erregung des Puffermotors erzielt. Die Spannung der Anlaßdynamo kann zwischen — 500 und + 500 Volt geregelt werden. Fig. 541 zeigt, wie ausgezeichnet der Ausgleich durch das Schwungrad wirkt. Es sind in dieser Figur die Stromaufnahme der Fördermotoren und des Puffermotors aufgetragen. Während die Stromaufnahme der Fördermotoren zwischen — 1000 und + 2000 Amp. schwankt, ändert sich der dem Puffermotor zugeführte Strom nur zwischen etwa 300 und 450 Amp.

Fig. 542 zeigt das Schaltschema dieser Anlage.

3. Bei der Verwendung von Elektromotoren für den Antrieb von Walzenzugmaschinen liegen noch viel schwierigere Verhältnisse vor als bei dem Antrieb von Fördermaschinen. Die maximal erforderliche Leistung beträgt hier je nach der Art der Strecke 8000 bis 10000 PS und es sind bis zu acht Umsteuerungen in der Minute erforderlich. Die Aufgabe einer schnellen Umsteuerung und eines guten Ausgleiches wurde ebenfalls durch Anwendung der Ilgner-Anordnung gelöst. Diese Lösung ist so vollkommen, daß bei der Beschreibung einer ausgeführten Hüttenanlage[1]) erwähnt wird, daß das Umkehrwalzwerk der angenehmste Stromabnehmer für das elektrische Netz ist und daß die Schwankung der Stromentnahme im Vergleich zu Schwankungen, die durch andere Betriebe im Netz hervorgerufen werden, ganz zu vernachlässigen ist.

Um einen Einblick in die Verhältnisse einer elektrisch betriebenen Umkehrwalzenstraße zu erhalten, diene folgende kurze Beschreibung der von der Allgemeinen Elektrizitäts-Gesellschaft in Berlin ausgeführten Anlage auf der Hildegardehütte[2]).

Für den Betrieb der Anlage waren folgende Bedingungen zu erfüllen: Regelbarkeit der Drehzahl der Walzenzugmotoren zwischen

---

[1]) Elektr. Bahnen 1907, S. 321.

[2]) Ausführliche Beschreibung der Anlage siehe: H. Alexander, ETZ 1907, S. 727 und Geyer, Elektr. Bahnen und Betriebe 1907, S. 321.

Stillstand und 110 bis 120 Umdrehungen i. d. Min., sechsmaliges Anlassen und Stillsetzen während einer Minute bei wechselnder Drehrichtung, Beschleunigung auf volle Umlaufszahl in 3 bis 4 Sekunden, Abgabe eines mittleren Drehmomentes entsprechend einer Leistung von 3600 PS und eines maximalen Drehmomentes entsprechend einer Leistung von 10000 PS bei 110 Umdr./Min.

Um das rasche Anlassen mit möglichst geringem Drehmoment zu erreichen, ist es notwendig, das Trägheitsmoment der Anker der Walzenzugmotoren möglichst klein zu machen. Dies wurde erreicht durch Verteilung der Leistung auf drei gleiche Einheiten. Das GD^2 der drei Motoren beträgt 180000 kgm². Dieses erfordert zur gleichmäßigen Beschleunigung auf 110 Umdr./Min. innerhalb 4 Sekunden ein Drehmoment entsprechend einer Leistung von 2000 PS bei 110 Umdr./Min.

Das Umformeraggregat besteht aus einem Drehstrom-Asynchronmotor von 2500 PS für 3000 Volt, 50 Perioden und 375 Umdr./Min., zwei Gleichstrom-Anlaßdynamos und zwei Stahlgußschwungrädern von je 26 t Gewicht und 80 m/sek Umfangsgeschwindigkeit. Jede Anlaßdynamo ist für 500 Volt und eine maximale Stromstärke von 8000 Amp. gebaut, so daß jeder Maschine 4000 kW entnommen werden können.

Zur Verhinderung unzulässiger Beanspruchungen des Antriebes und der Konstruktionsteile der Walzenstraße dient ein Maximalausschalter, der so eingestellt ist, daß er etwa bei 9000 kW ausschaltet.

Wegen der Unsicherheit gleichmäßiger Stromverteilung, welche bei Parallelschaltung mechanisch gekuppelter Anker auftritt, wurden sowohl die Anker der zwei Anlaßdynamos, als auch die Anker der drei Motoren in Serie geschaltet, so daß die Maximalspannung im Gleichstromkreis 1000 Volt beträgt.

Die Drehzahl des Umformer-Aggregates schwankt bei normalem Betriebe zwischen 375 und 320 und sinkt bei härteren Blöcken bis auf 300. Die Einstellung der Drehzahl und die Umsteuerung der Walzenzugmotoren erfolgt durch Regelung der Spannung und Umkehrung der Polarität der Anlaßdynamos mit Hilfe eines Steuerschalters, welcher den im Feldstromkreis der Dynamos liegenden Nebenschlußregler und Umschalter betätigt. Ein Erregerumformer gibt Gleichstrom von 230 Volt für die Erregung der Dynamos und der Motoren.

Sowohl die Anlaßdynamos als auch die Walzenzugmotoren sind mit verteilter Kompensationswicklung nach Déri und Wendepolen versehen. H. Alexander[1]) begründet die Wahl von kompensierten

---

[1]) ETZ 1907, S. 780.

Maschinen gegenüber Wendepolmaschinen (ohne Kompensation des Ankerquerfeldes) damit, daß die Wendepolmaschine wegen der nicht aufgehobenen Quermagnetisierung einen wesentlich größeren Luftspalt erhalten muß, da anderenfalls zu starke zusätzliche Eisenverluste in den Ankerzähnen und eine schädliche Erhöhung der Spannung zwischen benachbarten Kommutatorsegmenten infolge der Feldverzerrung auftreten. Der größere Luftspalt der Wendepolmaschine bedingt eine stärkere Feldwicklung, und daher langsamere Erregung infolge der größeren Zeitkonstante der Wicklung, die größere radiale Ausdehnung der Hauptpole und Wendepole hat ferner größere Streuung zur Folge, wodurch eine Beschränkung der Überlastungsfähigkeit der Maschine eintritt.

Um bei kurzen Überlastungen den Strom innerhalb des Ausschaltungsbereiches des Maximalausschalters zu halten, sind die Anlaßgeneratoren mit einer gegenkompoundierenden, die Walzenzugmotoren mit einer aufkompoundierenden Feldwicklung versehen. Hierdurch wird eine Dämpfung des Stromes durch das Anwachsen des Stromes selbst bewirkt und das Drehmoment der Walzenzugmotoren für eine bestimmte Stromstärke erhöht und zu gleicher Zeit bei zunehmender Belastung die Drehzahl herabgesetzt. Die Herabsetzung der Drehzahl hat die Folge, daß für ein gegebenes Drehmoment eine kleinere zugeführte Leistung erforderlich ist und daß außerdem die für die Beschleunigung erforderliche Leistung verringert wird. Da bei der Umkehrung der Erregung der Generatoren sich Spannung und Strom zu gleicher Zeit umkehren, werden die gegenkompoundierenden Windungen für jede Richtung des Stromes richtig geschaltet sein. Bei den Walzenzugmotoren behält beim Umsteuern die Fremderregung ihren Sinn bei, während der Strom des Motors sich umkehrt. Es ist somit bei den Motoren nur möglich, eine richtige Wirkung der Hauptschlußwindungen für jede Drehrichtung zu erzielen, indem man den Strom in der Hauptschlußwicklung bei Änderung der Drehrichtung umkehrt. Würde man diese Umkehrung im Hauptkreis vornehmen, so würde einer der Hauptvorzüge der Anlaßschaltung, Vermeidung des Schaltens im Hauptstromkreis, verloren werden. In der vorliegenden Anlage wurde deshalb eine besondere Erregermaschine zur Speisung der Hauptschlußwicklungen angeordnet. Diese Maschine wird vom Hauptstrom der Walzenzugmotoren erregt und ist schwach gesättigt, so daß ihre Klemmenspannung annähernd dem Hauptstrom proportional ist. Der Strom in der Hauptschlußwicklung ist dann gering und kann ohne Schwierigkeit umgeschaltet werden. Der Umschalter der Hauptschlußwicklung für den Erregerstrom der Walzenzugmotoren ist derart mit dem Anlaßregler gekuppelt, daß bei Umkehrung des Erregerstromes des Anlaßgenerators gleichzeitig die

Stromrichtung in der genannten Hauptschlußwicklung umgekehrt wird. Diese besondere Erregermaschine wird mit der gewöhnlichen

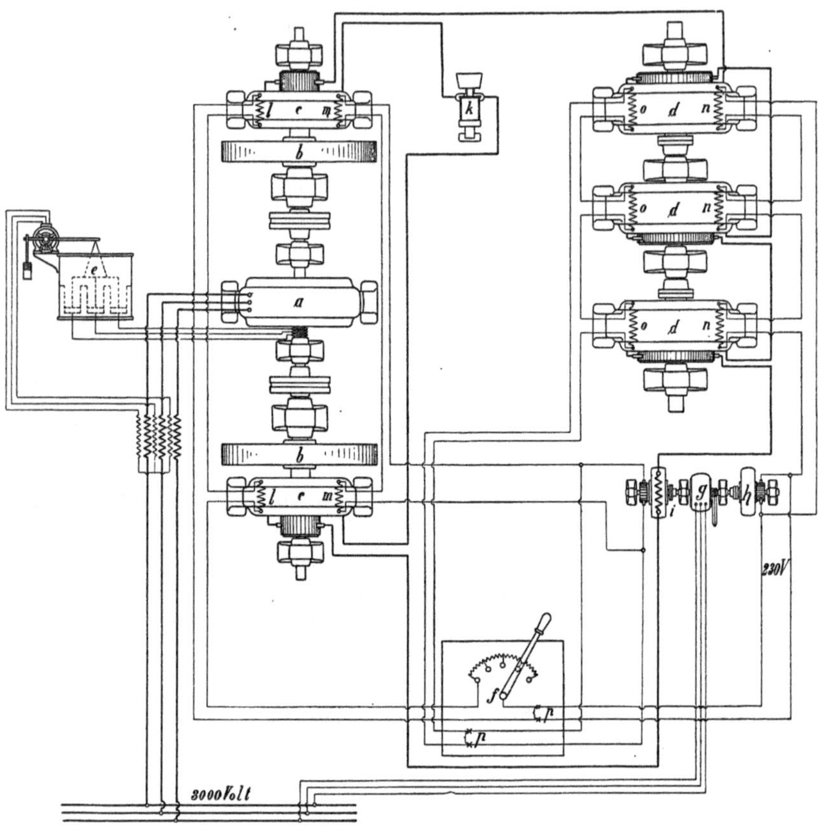

Fig. 543. Schaltschema des Umkehr-Walzenstraßen-Antriebes der Hildegardehütte.

a = Drehstrommotor des Schwungrad-Umformers.
b = Schwungräder.
c = Anlaßgenerator.
d = Walzenzugmotoren.
e = Schlupfregler.
f = Anlaßregler.
g = Drehstrommotor der Erreger-Umformer.
h = Erregerdynamo.
i = Hilfsdynamo.
k = Maximalausschalter.
l = Hauptfeld der Anlaßgeneratoren.
m = Hilfsfeld der Anlaßgeneratoren.
n = Hauptfeld der Walzenzugmotoren.
o = Hilfsfeld der Walzenzugmotoren.
p = Umschalter.

Erregermaschine von einem Drehstrom-Asynchronmotor angetrieben. (Aggregat g, h, i Fig. 543.)

Versuche zeigten, daß es ohne die zulässige Stromstärke der Walzenzugmotoren zu übersteigen, möglich war, die Motoren in 2 bis $2^1/_2$ Sek. auf die volle Drehzahl von 110 Umdr./Min. zu bringen. Beim Auswalzen von Knüppeln ergab sich, daß bei Schwankungen

Fig. 544. Übersicht des elektrischen Umkehr-Walzenstraßen-Antriebes der Hildegardehütte.

an den Walzmotoren von 0 bis 4000 PS die dem Drehstrommotor zugeführte Leistung nur zwischen etwa 50 kW oberhalb und unterhalb der normalen Leistung schwankte.

Fig. 543 zeigt das Schaltschema und Fig. 544 ein Lichtbild dieser Anlage. In Fig. 544 ist im Hintergrund der Ilgner-Umformer sichtbar. Im Vordergrunde steht der Umformer für die Erregung, rechts stehen die drei unmittelbar gekuppelten Walzmotoren. Die Schaltanlage befindet sich links. Sie ist in der Figur weggelassen.

Achtundzwanzigstes Kapitel.

Steuereinrichtungen.

104. Universalsteuerung der AEG für Krane. — 105. Fernsteuerung für Schiffsruder nach Krämer.

In vielen Fällen ist es wünschenswert oder erforderlich, einen Gegenstand so bewegen zu können, daß er den Bewegungen eines Hebels oder Gebers genau folgt. Eine beschränkte Lösung dieser Aufgabe haben wir schon in der Leonard-Schaltung, Kap. XXVII, kennen gelernt, denn die Geschwindigkeit und Bewegungsrichtung der Last folgt dort genau der Stellung des Steuerhebels. Hier wollen wir einige weitere Lösungen dieser Aufgabe behandeln, wobei für diesen Zweck besonders ausgebildete Steuereinrichtungen zur Verwendung kommen.

104. Universalsteuerung der AEG für Krane.

Bei Kranen und Hebezeugen werden meist drei Motoren, einen für jede Bewegungsrichtung, verwendet. Größere Krane sind oft mit zwei Laufkatzen ausgerüstet und werden dementsprechend mit fünf oder mehr Motoren versehen.

Mit der Zahl der Motoren wächst auch die Zahl der Steuerhebel, und die Aufgabe des Führers im richtigen Augenblick den richtigen Hebel zu betätigen, wird erschwert.

Um die Zahl der Steuerhebel auf die Hälfte zu verringern, baut die AEG je zwei Anlasser so zusammen, daß beide, wie die Fig. 545 und 546 zeigen, von einem gemeinsamen Steuerhebel betätigt werden können.

Die Wellenstümpfe der senkrecht und parallel miteinander stehenden Schaltwalzen sind mit je einem Zahnrad versehen. Das linke Zahnrad wird durch ein um eine senkrechte Achse, das rechte durch ein um eine wagerechte Achse bewegliches Zahnsegment bewegt. Beide Zahnsegmente werden, wie ersichtlich, von einem gemeinsamen Steuerhebel betätigt und zwar so, daß, wenn der Hebel nach links oder rechts geführt wird, nur die linke Anlaßwalze, wenn er nach oben oder unten geführt wird, nur die rechte Anlaßwalze verstellt wird. Beim Auslegen des Steuerhebels in eine beliebige Richtung folgen beide Anlasser gleichzeitig der Stellung des Hebels.

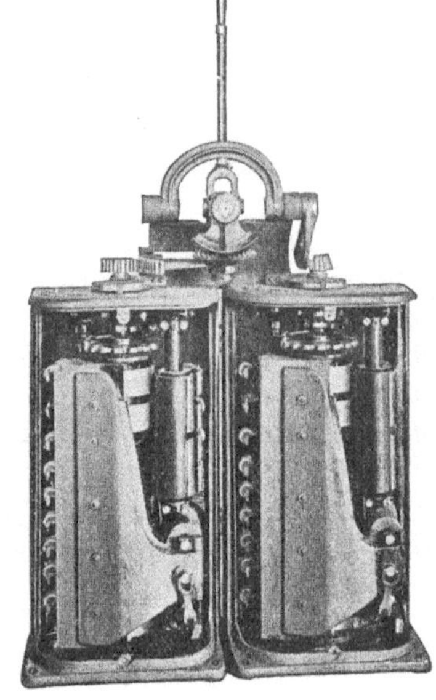

Fig. 545 und 546. Doppelanlasser der AEG.

Wird nun der eine Anlasser mit dem Hubmotor, der andere mit einem Fahrmotor verbunden, so kann die Last gleichzeitig gehoben und gefahren werden, indem sie sich stets in der Richtung bewegt, in der der Steuerhebel ausgelegt wird. Infolgedessen hat der Kranführer die Last viel besser in seiner Gewalt, als wenn jede Bewegung durch einen besonderen Hebel gesteuert werden müßte.

Weil also die Bewegung des Universalhebels die beabsichtigte Bewegungsrichtung des Kranes unmittelbar anzeigt, gestaltet sich die Bedienung außerordentlich einfach und kann deshalb auch von ungeschulten Arbeitern nach kurzer Übung mit großer Sicherheit besorgt werden.

105. Fernsteuerung für Schiffsruder nach Krämer[1]).

Da die Verstellung des Ruders eines größeren Dampfers sehr große, bis zu etwa 150 kW betragende Leistungen erfordert, müssen solche Ruder mit Maschinen, die von der Kommandobrücke aus mit einem Steuerrad zu steuern sind, verstellt werden. Hierbei muß die Steuermaschine das Ruder so verstellen, daß es genau den Bewegungen des Steuerrades folgt. Beim Antrieb des Ruders durch eine Dampfmaschine wird diese im Ruderraum aufgestellt und der Dampfschieber von dem Steuerrad aus mittels einer durch das ganze Schiff hindurchgehenden Welle betätigt. Wird das Steuerrad z. B. nach rechts gedreht, so wird hierdurch der Dampfschieber so verstellt, daß die Dampfmaschine anfängt, das Ruder ebenfalls nach rechts zu bewegen. Das Ruder ist mit dem Schieber verbunden und zwar derart, daß der Schieber hierbei zurückgeschoben wird und die Dampfmaschine abstellt, wenn die Stellung des Ruders mit der Stellung des Steuerrades übereinstimmt.

Mit der von der AEG ausgeführten Krämerschen Fernsteuerung für Schiffsruder wird dasselbe wie mit der Dampfsteuerung erzielt. Sie bietet aber der Dampfsteuerung gegenüber folgende beachtenswerte Vorteile: Das Ruder wird von einem Gleichstrommotor angetrieben, der in Leonard-Schaltung mit einer neben ihm im Ruderraum aufgestellten, elektrisch (oder von einem Dieselmotor) angetriebenen Anlaßmaschine verbunden ist. Infolgedessen fallen die schwer zu verlegenden Dampfleitungen fort und werden durch eine elektrische Leitung ersetzt. Die Anlaßmaschine wird von einer besonderen kleinen Erregermaschine aus erregt und ihre Steuerung wird durch Veränderung der Erregung dieser Erregermaschine vorgenommen, indem diese Erregerwicklung über einen Empfänger durch einige dünne in einem Kabel vereinigte Leitungen mit dem auf der Kommandobrücke aufgestellten Geber verbunden ist. Die schwer zu verlegende und von schiffbautechnischen Gesichtspunkten aus sehr lästige Steuerwelle wird also durch ein biegsames Kabel ersetzt, das sehr leicht gut geschützt verlegt werden kann. Schließlich kann diese Anordnung auch auf Dieselmotorschiffen verwendet werden.

Die Fig. 547 zeigt das Schaltschema der Anordnung. Der Geber besteht aus einer mit dem +-Pol der Zentrale verbundenen Kontaktschiene, die über zehn um je 10^0 voneinander entfernten kreisförmig angeordneten Kontaktbürsten mit dem Steuerrad bewegt werden kann. An beiden Seiten der Kontaktschiene und mit ihr

[1]) ETZ 1913, H. 16.

beweglich sind je vier Kontakte angeordnet, die mit der Kontaktschiene über je vier in Reihe geschaltete Widerstandsstufen verbunden sind. Die Bürsten sind mit einer entsprechenden Anzahl, ebenfalls in Abständen von je 10^0 voneinander kreisförmig angeordneten Bürsten am Empfänger verbunden. Der Empfänger besteht aus zwei auf den Empfängerbürsten schleifenden Kontaktschienen, welche derart mit dem Ruder verbunden sind, daß bei einer gewissen Verdrehung des Ruders die Kontaktschienen um denselben Winkel verstellt werden. Zwischen den Kontaktschienen und mit

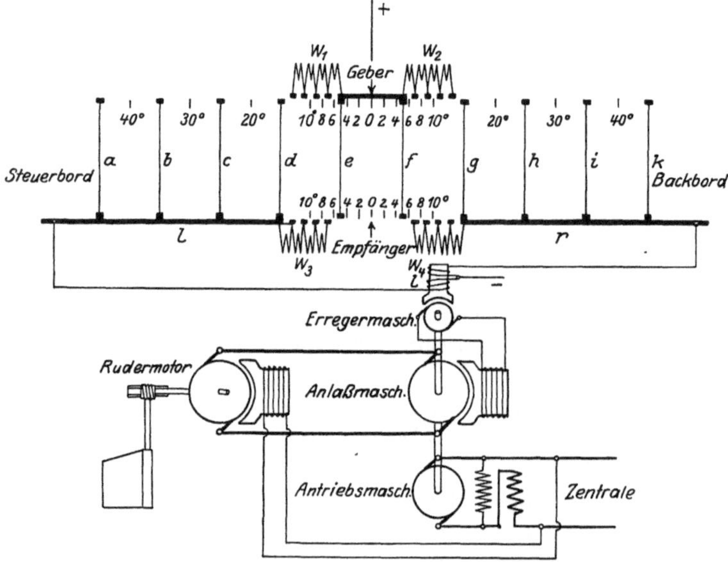

Fig. 547. Schaltschema der Krämerschen Fernsteuerung für Schiffsruder.

ihnen beweglich sind acht Kontakte angeordnet, welche zu je vieren über je vier Widerstandsstufen mit den Kontaktschienen verbunden sind. Die beiden Kontaktschienen am Empfänger sind mit je einem Ende der Erregerwicklung der Erregermaschine verbunden und die Mitte dieser Erregerwicklung ist an den —-Pol der Zentrale angeschlossen. Die Kontaktschiene des Gebers überbrückt einen Bogen von 10^0, so daß sie stets wenigstens mit einer Bürste in Berührung ist. Die beiden Kontaktschienen des Empfängers überbrücken in der Mittelstellung alle Bürsten mit Ausnahme der mittleren. Ihr Abstand voneinander beträgt 9^0, so daß sie höchstens mit einer Bürste nicht in Berührung sind. Die Kontakte am Geber und Empfänger sind in Abständen von je 1^0 voneinander und von den zugehörigen Kontaktschienen angeordnet. Die Widerstandsstufen haben die beigeschriebenen Widerstandswerte im Verhältnis zu dem gleich 1 gesetzten Widerstand der halben Erregerwicklung.

In der Figur stehen Geber und Empfänger einander gegenüber in der Mittelstellung bei 0^0, und, wie ersichtlich, fließt kein Strom durch die Erregerwicklung der Erregermaschine. Die Anlaßmaschine ist also nicht erregt, gibt infolgedessen keine Spannung, und das Ruder steht in der Mittellage still. Wird nun der Geber z. B. nach rechts verstellt, so fließt ein Strom vom Geber über die rechte Schiene r des Empfängers durch die obere Hälfte o der Erregerwicklung zum —-Pol, während die untere Hälfte n stromlos bleibt. Hierdurch wird die Anlaßmaschine im positiven Sinne erregt, der Rudermotor setzt sich in Bewegung und legt das Ruder nebst dem Empfänger ebenfalls nach rechts. Indem der Empfänger so nachfolgt, wird ein zweiter Stromweg über die Schiene l geschlossen, und es fließt ein mit der Verdrehung des Empfängers wachsender Strom durch die Wicklung n. Wenn der Empfänger wieder in der Geberstellung steht, sind die Ströme in den beiden Wicklungshälften gleich und heben sich in ihrer Wirkung auf, weshalb die Anlaßmaschine ihre Spannung verliert und der Rudermotor zum Stillstand kommt.

Fig. 548. Elektrisch gesteuerter Scheinwerfer.

Wenn wir die Stromstärken durch die beiden Wicklungshälften bei verschiedenen Stellungen des Gebers und der Empfänger untersuchen und den Unterschied der beiden Ströme bei jeder Stellung ermitteln, finden wir folgendes: Wenn Geber und Empfänger einander gegenüberstehen, ist die Erregermaschine stets unerregt. Weichen ihre Stellungen voneinander ab, so wird sie erregt, und zwar ist die Erregung einerseits stärker, je größer die Abweichung ist, anderseits ist die Erregung stets so gerichtet, daß das Ruder und damit auch der Empfänger stets in dieselbe Richtung wie der Geber gedreht werden. Schon wenn die Stellungen um 1^0 voneinander abweichen, beträgt die Erregung stets $20^0/_0$ des Höchstwertes, der bereits bei 5 bis 9^0 Abweichung erreicht ist. Weil also schon die kleinste vorkommende Erregung verhältnismäßig stark ist, $20^0/_0$, kann der Rudermotor stets das Belastungsmoment überwinden und das Ruder bewegen. Hierdurch wird verhindert, daß der Motor mit Strom belastet wird, ohne sich zu bewegen, wodurch die Ankerwicklungen und die Zuleitungen unzulässig hoch erwärmt werden würden.

Fig. 549 Zielfernrohr mit dem Geber für die Steuerung des Scheinwerfers.

Wir sehen also, daß das Ruder den Bewegungen des Steuerrades stets folgt, und daß die Einstellung des Ruders auf einen Grad genau ausgeführt werden kann. Das Anlassen und das Stillsetzen geschieht sanft und stoßfrei und die Verstellung des Ruders erfolgt schon bei verhältnismäßig kleinen Abweichungen zwischen Geber- und Empfängerstellung mit der höchsten Geschwindigkeit.

Die Anordnung wird auch in vielen anderen ähnlichen Fällen wie zum Schwenken von Geschütztürmen und zur Einstellung von Scheinwerfern, verwendet.

Im letzteren Falle wird der Scheinwerfer derart elektrisch mit einem Fernrohr verbunden, daß er das Licht genau auf den Punkt wirft, der sich im Gesichtsfelde des Fernrohrs befindet. Um dies bei allen Stellungen des Fernrohres zu ermöglichen, muß die Anordnung so getroffen werden, daß der Scheinwerfer einerseits eine horizontale Kreisbewegung ausführen, anderseits für verschiedene Neigungen eingestellt werden kann.

Die Fig. 548 und 549 zeigen den Scheinwerfer und das zugehörige Zielfernrohr. Ein kleiner Motor-Generator, bestehend aus einem Motor, gekuppelt mit einer Anlaßdynamo für die Vertikalbewegung und einer Anlaßdynamo für die Horizontalbewegung, liefert den Strom für die Motoren, welche die Vertikal- und Horizontalbewegung des Scheinwerfers bewirken.

Der Motor für die Vertikalbewegung ist mit seinem Empfänger an einem Seitenarm des Ständers angebracht und überträgt seine Bewegung durch ein Zahnsegment auf das Gehäuse, während der

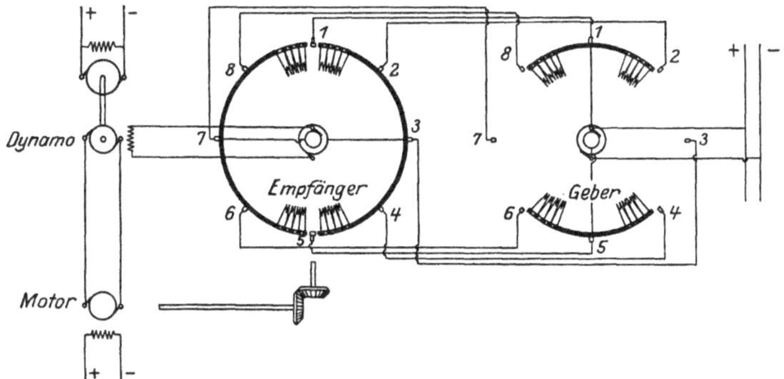

Fig. 550. Schaltschema für die Steuerung eines Scheinwerfers.

Motor für die Horizontalbewegung sich mit seinem Empfänger im Inneren des Untersatzes befindet.

Weil die Vertikalbewegung wie die Bewegung eines Ruders begrenzt ist, wird die hierfür erforderliche Steuereinrichtung nach dem Schaltschema Fig. 547 ausgeführt. Bei der Horizontalbewegung muß der Scheinwerfer dagegen eine ununterbrochene Kreisbewegung ausführen können, und die Steuereinrichtung muß, um dies zu ermöglichen, etwas geändert werden.

Die Fig. 550 zeigt das Schaltbild der hierfür zu verwendenden Einrichtung, die aus der früheren dadurch entstanden ist, daß die Kontaktschienen und Widerstände des Gebers und der Empfänger gewissermaßen verdoppelt worden sind. Hier sind beide Pole der Stromquelle an den Geber angeschlossen, und es entsteht zwischen den beiden Kontaktschienen des Empfängers, wenn man sie über die Erregerwicklung der Anlaßmaschine verbindet, ein Ausgleichstrom, der sich in bezug auf Größe und Richtung genau so verhält, wie der Unterschied der Ströme in den beiden Wicklungshälften der ersten Anordnung.

Namen- und Sachregister.

Erklärung der in den Formeln verwendeten Buchstaben.

(Die beigedruckten Seitenzahlen bedeuten die Seiten, auf denen die betreffenden Bezeichnungen eingeführt sind. Die durch * besonders kenntlich gemachten Seitenzahlen geben an, wo Formeln für die betreffenden Größen zu finden sind.)

A.

A = Oberfläche I 668.
$= \frac{R_k T}{F_u L_s}$ Kommutierungskonstante I 339*, I 357, II 339.
= Koeffizient der Wärmeausstrahlung I 609*.
= aufgespeicherte magnetische Energie II 505.
= in Schwungrad aufgespeicherte mechanische Energie II 616.
A_a = Abkühlungsfläche des Ankers I 686*.
A_l, A_3, A_{r1}, A_{r2}, A_v, A_b, A_g = Querschnitte II 97.
A_v, A_x = Energieverlust im Anlaßwiderstand II 427.
A_1 $= \frac{rT}{L_s}$ I 336*.
A_R = Reibungsarbeit in mkg I 602.
AS = lineare Belastung des Ankers oder Stromvolumen für 1 cm Umfang I 169, I 179*, II 297.
AW = Amperewindungen I 126.
AW_a = Amperewindungen für den Ankerkern I 146*.
AW_c = Amperestabzahl der Kompensationswicklung in einem Pol I 431*, II 345.
AW_e = entmagnetisierende Amperewindungen des Ankers I 179*.
AW_f = Amperewindungen des Hauptfeldes I 180.
AW_j = Amperewindungen für das Joch I 147*.
AW_k = Amperewindungen je magnetischen Kreis bei Belastung I 185*.
AW_{k0} = Amperewindungen je magnetischen Kreis bei Leerlauf I 127, I 147*.
AW_l = Amperewindungen für den Luftspalt I 134*.
AW_m = Amperewindungen für die Feldmagnete I 147*.
AW_n = Nebenschlußamperewindungen einer Querfelddynamo I 504.
AW_p = Amperewindungen für die Polspitzen I 188.
AW_q = Amperewindungen zur Kompensierung der entmagnetisierenden Wirkung des Ankerquerfeldes I 184*.
$AW_r = AW_c + AW_q$ = rückwirkende Ankeramperewindungen I 461.
AW_w = Amperewindungen des Wendepolkreises I 438, I 445*, II 344*.
AW_z = Amperewindungen für die Zähne I 145*.
a = halbe Anzahl der Ankerzweige I 20.
a_a = spezifische Kühlfläche des Ankers I 689*.

a_{ak} = spezifische Kühlfläche des Ankerkupfers II 312.
a_k = spezifische Kühlfläche des Kommutators I 689*.
a_m = spezifische Kühlfläche der Magnetspulen I 683*, II 330.
a_x = Breite einer Kraftröhre am Anker I 131.
aw = Amperewindungen je Zentimeter Länge des Kraftlinienweges I 126.
α = Temperaturkoeffizienten II 480.
α = Wärmeabgabekoeffizient I 668.
α = Winkel I 18, II 53.
α = Verdrehungswinkel einer Welle I 512.
α_a, α_m = Ausschlag eines ballistischen Galvanometers I 161.
α_b = Füllfaktor bei Belastung I 210.
α_i = ideeller Füllfaktor I 132.
α_k = Füllfaktor des Nutenfeldes I 227*, II 341.
α_k = Konvektionskonstante I 673.
α_s = Wärmeausstrahlungskoeffizient I 672.

B.

B = Induktion oder Kraftlinienzahl je cm^2 I 3*.
B_a = Induktion im Ankerkern I 146*, II 315.
B_e = günstigstes Kommutierungsfeld, dem man zustrebt I 232*, II 337, II 342*.
B_{eg} = das für eine geradlinige Kommutierung erforderliche Kommutierungsfeld I 224*, II 340.
$B_{eg\,mitt}$ = Mittelwert des für die geradlinige Kommutierung erforderlichen Kommutierungsfeldes I 224*, II 340.
B_{e0} = das für Nullspannung zwischen den Bürstenkanten erforderliche Kommutierungsfeld I 233*.
B_{et} = das für eine spannungslose Bürstenkante erforderliche Kommutierungsfeld I 231*, II 336.
$B_{et\,mitt}$ = Mittelwert des für eine spannungslose Bürstenkante erforderlichen Kommutierungsfeldes I 231*, II 336.
B_f = fehlerhaftes Feld in der Kommutierungszone I 234, II 338.
B_{kb} = Feldstärke in der Kommutierungszone bei Belastung I 193.
B_{k0} = Feldstärke in der Kommutierungszone bei Leerlauf I 193, II 337.
B_j = Induktion im Joch I 147, II 325.
B_l = Induktion im Luftraum I 133*, II 295.
B_{la} = maximale Luftinduktion des Ankerquerfeldes II 316.
B_m = Induktion im Feldmagnet I 146*, II 325.
B_{ng} = das für eine geradlinige Kommutierung zur Kompensierung des Nutenfeldes nötige Feld bei Belastung I 335*, II 341.
$B_{n\,max}$ = die dem Nutenfeld entsprechende maximale Feldstärke in der Kommutierungszone bei Belastung I 227*, II 341.
$B_n = B_{ng\,mitt}$ = die dem Nutenfeld entsprechende mittlere Feldstärke in der Kommutierungszone bei Belastung I 193, I 223, I 227*, II 335*, II 341.
B_q = Feldstärke des Ankerfeldes in der Kommutierungszone I 192, I 395*, II 334*.
B_r = das wegen des Ohmschen Ankerwiderstandes erforderliche Kommutierungsfeld I 229*.
B_r, B_φ = Komponenten der Induktionen im Ankerkern I 557*.
B_s = die dem Streufeld der Spulenköpfe entsprechende Feldstärke in der Kommutierungszone bei Belastung I 193, I 223*, II 336*.

B_w = vom Wendepol erzeugtes Kommutiernngsfeld I 432.
B_z = zusätzliches Kommutierungsfeld I 231*, II 336*.
B_{zi} = ideelle Zahninduktion I 142, II 314.
B_{zw} = wirkliche Zahninduktion I 142.
b = wirklicher Polbogen I 137, II 307.
b_c = auf den Ankerumfang reduzierte Bürstenverstellung I 179.
b_i = ideeller Polbogen I 132, II 308.
b_k = Breite der Kommutierungszone einer Ankernut bei Verkürzung des Nutenschrittes I 224, II 340*.
b_{k0} = Breite der Kommutierungszone einer Ankernut ohne Verkürzung des Nutenschrittes I 227*.
b_{ki} = Breite des maximalen kommutierenden Feldes einer Ankernut mit Verkürzung des Nutenschrittes I 227*, II 341*.
b_{ki0} = Breite des maximalen kommutierenden Feldes einer Ankernut ohne Verkürzung des Nutenschrittes I 227*.
b_k = Breite des Wendepolkernes I 439.
b_m = Breite des Magnetkernes I 150.
b_n = erforderliches Kommutierungsfeld, um den Strom in einem Stabpaar geradlinig zu wenden I 226.
b_r, b_r' = auf den Ankerumfang reduzierte Bürstenbreite I 226, I 244*.
b_w = wirklicher Polbogen des Wendepolschuhes I 428.
b_x = mittlere Weite einer Kraftröhre I 131.
b_1 = Bürstenbreite I 244, II 318.
b_1' = Breite einer Bürstengruppe im reduzierten Schema I 246*.
β = Lamellenteilung I 244, II 217.
β = Winkel 98.
β_e, β_k = Längenausdehnung bei Temperaturänderungen 98.
β_r = die auf den Ankerumfang reduzierte Lamellenteilung I 226, I 257.

C.

C_a = Koeffizient der Wärmeabgabe des Ankers I 688.
C_c = Kapazität eines Kondensators I 657.
C_g, C_k = Fliehkräfte II 98.
C_k = Koeffizient der Wärmeabgabe des Kommutators I 689.
C_m = Koeffizient der Wärmeabgabe der Magnetspulen I 683, II 330.
C_w = Koeffizient der Wärmeabgabe von Widerstandsmaterial II 480.
c = Periodenzahl I 21*.
c = spezifische Wärme I 668, II 480.
c_{ei} = Eigenschwingungszahl I 512.
c_k = Periodenzahl der Kommutatorlamellen I 237*.
c_n = Periodenzahl der durch die Nuten verursachten Feldpulsationen I 139, I 237*.

D.

D = äußerer Ankerdurchmesser I 45, II 307.
D = Druck II 113.
D_i = innerer Ankerdurchmesser I 146.
D_k = Kommutatordurchmesser I 226, II 317.
d_1, d_2, d_3 = Wellendurchmesser I 512.
d_m = Durchmesser des Magnetkernes I 150.
d_z = Zaptendurchmesser I 602.
Δ = Blechstärke in mm I 567, II 20.

δ = Größe des Luftspaltes in Zentimetern I 132, II 321.

δ = Verlängerung der spezifischen Kommutierungsdauer durch Verkürzung des Nutenschrittes I 598.

δ = Ungleichförmigkeitsgrad I 509, II 494.

E.

E = induzierte elektromotorische Kraft (EMK) I 20*, I 124, II 294.

E, E_e, E_g, E_k = Elastizitätsmodule II 97.

E_{pg} = Spannung eines Puffergenerators II 627.

E_z = Spannung der Zusatzmaschine II 590.

E_{zm} = Spannung einer Zusatzmaschine II 627.

$E_{d\,k\,max}$ = maximale Lamellenspannung I 206, I 210*, II 287*, II 296*.

$E_{d\,k\,mitt}$ = mittlere Lamellenspannung I 206, I 210.

e resp. e_x = Momentanwert der induzierten EMK I 2, I 19*.

$\varDelta e$ = die zwischen den Bürstenkanten induzierte mittlere EMK I 239, I 391* II 339*, II 343*.

$\varDelta e_{max}$ = die zwischen den Bürstenkanten induzierte maximale EMK I 239, II 343*.

$\varDelta e_p$ = Pulsationen der zwischen den Bürstenkanten induzierten EMK I 239.

e_k = Größe der kommutierenden EMK zur Erreichung einer geradlinigen Kommutierung I 335*.

e_z = Teil der kommutierenden EMK, der den zusätzlichen Strom erzeugt I 335.

ε = Spannungsschwankung der Gleichstromspannung eines Kommutators in Prozenten I 201*.

ε = Basis der nat. Logarithmen.

ε_a = prozentualer Spannungsabfall I 465.

ε_e = prozentuale Spannungserhöhung I 465.

ε_e = relativer Spannungsabfall im Ankerstromkreis I 518.

ε_k = Verkürzung des Nutenschrittes in Lamellenteilungen gerechnet I 34.

ε_n = Verkürzung des Nutenschrittes in Nutenteilungen gerechnet I 31.

ε_φ = relative Schwächung des Hauptfeldes vom Ankerstrom I 518.

$\varepsilon_{\varphi n}$ = relative Änderung des Hauptfeldes durch Änderung des Erregerstromes I 518.

η = Steinmetzsche Hysteresiskonstante I 557.

η_g = Wirkungsgrad eines Generators I 614*.

η_m = Wirkungsgrad eines Motors I 615*.

Θ = Trägheitsmoment rotierender Massen I 515, II 193.

ξ = $\lambda \frac{\varDelta}{10}$ I 574.

F.

F = Fläche.

F_m = mittlere elektromagnetische Leistung je cm Bürstenlänge I 363*.

F_p = Größe einer Polschuhstirnfläche I 149.

P_u = Berührungsfläche zwischen Bürste und Kommutator I 222, I 314, I 336.

F_u' = Berührungsfläche zwischen Bürste und auflaufender Lamelle I 222, I 336.

F_u'' = Berührungsfläche zwischen Bürste und ablaufender Lamelle I 222, I 336.

F_x = magnetische Zugkraft II 188.

f_4 = Korrektionsfaktor der Wirbelstromverluste im Ankerkern herrührend von Oberfeldern I 571.

f_5 = Korrektionsfaktor der Wirbelstromverluste in den Ankerzähnen herrührend von Oberfeldern I 574.

f_h = Korrektionsfaktor der Hysteresisverluste durch die Rückwirkung der Wirbelströme I 576*.
f_h, f_v, f_{res} = Durchbiegungen II 183.
f_ϱ = Rückwirkungsfaktor auf den Wirbelstromverlust in Eisenblechen I 576*.
f_a = Korrektionsfaktor der Hysteresisverluste im Ankerkern I 562*.
f_m = Wicklungsfaktor der zwischen den Bürstenkanten induzierten mittleren EMK I 233, I 270*, II 338.
f_s = Wicklungsfaktor der zwischen den Bürstenkanten induzierten maximalen EMK I 241, I 271*, II 338.
Φ = Kraftfluß I 2.
Φ_a, Φ_m, Φ_j = Kraftfluß im Anker, Magnet, Joch I 125, I 128, II 324.
Φ_b = Kraftfluß bei Belastung I 184, II 324.
Φ_n = Kraftfluß des Nutenfeldes I 223.
Φ_0 = Kraftfluß bei Leerlauf I 540.
Φ_k = Kraftfluß bei Kurzschluß I 540.
Φ_s = Streufluß I 128.
Φ_v = vorübergehender Kraftfluß bei Zustandsänderungen I 540.
$\Phi_{wa}, \Phi_{wm}, \Phi_{ws}$ = Kraftfluß und Streufluß im Wendepolkreis I 441, II 344.

G.

G_1, G_2, g, g' = Kräfte in kg I 625.
G_k, G_{ka}, G_{km}, G_z = Gewichte in kg II 36, II 89, II 298.
$g = 9{,}81$ = Beschleunigung der Schwere in m/sek².
g = Auflagedruck der Bürsten je cm² I 287.
γ = spezifisches Gewicht.
γ = spezifische Kommutierungsdauer einer Stablage I 596, II 313.
$\gamma = \frac{\text{totale Länge aller Hauptpole}}{\text{totale Länge aller Wendepole}}$ I 232, I 426, II 337.
γ = Winkel.

H.

H_x = magnetische Feldstärke I 126.
h = Eisenhöhe des Ankers I 146*, II 315.
h = Tiefe einer Lamelle in cm II 97.
h_j = radiale Höhe des Joches I 151.
h_k = radiale Höhe des Wendepolkernes I 439.
h_m = radiale Höhe des Magnetkernes I 153, II 327.
h_z = Zahnhöhe II 36.

J.

J = Intensität der Magnetisierung I 557.
J = Strom des äußeren Stromkreises I 22, I 124*, II 294.
J, J_r = Trägheitsmomente II 97.
J_a = gesamter Strom des Ankers I 117, I 124*.
J_0 = Ankerstrom bei Leerlauf I 644.
J_B, J_L, J_P = Teile des Ankerstromes J_a II 427.
J_h = Strom in der Hauptschlußwicklung I 117, II 331.
J_i = innerer Strom in der Ankerwicklung I 199.
J_k = stationärer Kurzschlußstrom eines Gleichstromgenerators I 540.
J_{km} = momentaner Kurzschlußstrom eines Gleichstromgenerators I 540.
J_m = Magnetisierungsstrom des zweiphasigen Motors I 531.
J_m = Magnetisierungsstrom im Hauptschluß II 454.
J_{pg} = Strom eines Puffergenerators II 627.

J_{zm} = Strom einer Zusatzmaschine II 627.

i = Momentanwert des Stromes I 217*, I 335.

i_a = momentaner Kurzschlußstrom I 541.

i_a = Strom eines Ankerzweiges I 124*, II 284, II 309.

i_k = Momentanwert des geradlinigen Kurzschlußstromes I 222*, I 335.

i_n = Nebenschlußstrom I 117, I 124, II 309, II 330.

i_z = Momentanwert des zusätzlichen Kurzschlußstromes I 222*, I 335.

K.

K = Lamellenzahl des Kommutators I 31, II 287, II 309, II 317.

K = Umfangskraft am Anker II 422.

k = Elliptizität des Drehfeldes I 555.

k = Widerstandsfaktor bei allmählich kommutierendem Gleichstrom I 598*, II 313.

k_1 = Verhältnis der Leitfähigkeit des Luftspalts eines glatten Ankers zu der eines Nutenankers I 134, I 135*, II 322.

k_2 = Isolationsfaktor I 142*, II 20.

k_3 = Luftquerschnitt der Nut: Eisenquerschnitt des Zahnes I 142*.

k_4 = Koeffizient zur Berechnung der Wirbelstromverluste im Ankerkern I 569*.

k_5 = Koeffizient zur Berechnung der Hysteresis- und Wirbelstromverluste in den Ankerzähnen I 565*.

k_6, k_7 = Lagerkonstanten I 606, I 607*.

k_a = Ankerkonstante II 291.

k_m = Reduktionsfaktor der gegenseitigen Induktionskoeffizienten I 276.

k_m = Widerstandsfaktor bei momentan kommutierendem Gleichstrom I 595*.

$k_p = \frac{A W_p}{b_i A S}$ I 394, II 335.

$k_q = \frac{A W_l + A W_z}{b_i A S}$ I 183, I 394.

k_t = Koeffizient der scheinbaren Widerstandserhöhung durch die Selbstinduktion einer Ankerspule I 243.

$k_z = 1 + \frac{A W_z - A W_p}{A W_l}$ I 138*, I 188.

k_z = zulässige mechanische Beanspruchungen II 98.

L.

L_1, L_2, ... = Länge der Feldstreulinien I 150.

L, L_1, L_2 = Koeffizienten der Selbstinduktion I 275, I 279*.

L mit Index = Länge des Kraftlinienweges I 126, I 131*.

L_{E_1} L_{E_2} L_{Q_1} L_{Q_2} } Selbstinduktionskoeffizienten der Wicklungen eines zweiphasigen Kommutatormotors I 529.

L_k = nutzbare Länge des Kommutators II 320.

L_{1h}, L_{1v}, ... = Reaktionsdrücke II 185.

L_s = Koeffizient der scheinbaren Selbstinduktion I 276*, II 339.

l = Ankerlänge I 133, II 307.

l_1 = gesamte Ankerlänge I 142, II 307.

l_1, l_2, l_3, ... = Wellenlängen I 512.

l_a = halbe Länge einer Ankerwindung I 591.

l_B = Länge der Bürsten eines Stiftes in der Achsenrichtung I 340, II 319.

l_b = axiale Länge einer Bürste II 319.

l_k = Länge des Wendepolkernes I 439.

l_m = Länge des Magnetkernes I 150.

l_p = Länge des Polschuhs I 150.
l_s = Länge einer Stirnverbindung I 273.
l_w = Länge des Wendepolschuhes I 439.
l_z = Nutentiefe I 564.
l_z = axialer Abstand zwischen benachbarten Bürsten II 319.
λ = Dämpfungskonstante I 575*, II 313.
λ_1', λ_2', λ_3' = Dehnungen II 110.
λ_{10}, λ_{1n}, λ_2 = spezifische magnetische Leitfähigkeiten der Streuflüsse einer Nut I 256*.
λ_n = spezifische magnetische Leitfähigkeit des Nutenfeldes I 223.
λ_{n1} = gesamte spezifische magnetische Leitfähigkeit einer Nut unter einem Wendepol I 258*, II 335*.
λ_{n2} = gesamte spezifische magnetische Leitfähigkeit einer Nut außerhalb eines Wendepols I 258*, II 336*.
λ_{ns} = spezifische magnetische Leitfähigkeit einer Ankerspule I 280, I1 339*.
λ_q, λ_{q1}, λ_{q2} = spezifische magnetische Leitfähigkeit des Ankerquerfeldes I 192*.
λ_s, λ_{s1}, λ_{s2} = spezifische magnetische Leitfähigkeit der Streufelder um die Spulenköpfe in der Kommutierungszone I 273*.
λ_{w1}, λ_{w2}, λ_{w3} = spezifische magnetische Leitfähigkeit der Streuflüsse eines Wendepols I 440.
λ_x, λ_1, λ_2 ... λ_6 = spezifische magnetische Leitfähigkeiten des Feldstreuflusses I 149*.

M.

M = Koeffizient der gegenseitigen Induktion I 275.
M_d = Drehmoment in Vismetern I 484.
M_d = Drehmoment II 181.
M_{max}, $M_{b\,max}$ = maximales Biegungsmoment II 107, II 181.
$M_{Q_1E_2}$, $M_{Q_2E_1}$ = gegenseitiger Induktionskoeffizient der Wicklung eines Zweiphasen-Kommutatormotors I 529.
m = Vermehrung der Lamellenzahl I 68.
μ = Permeabilität des Eisens I 131.
μ = Reibungskoeffizient I 602.

N.

N = Draht- oder Stabzahl eines Ankers I 20, II 308*.
N_{E_1}, N_{E_2}, N_{Q_1}, N_{Q_2} Rotationsinduktionskoeffizienten der Wicklung eines Zweiphasen-Kommutatormotors I 529.
n = Drehzahl = Umdrehungen in einer Minute I 21, II 288.
n, n_1, n_2 = kritische Drehzahlen II 193.
n_b = Zahl der Bürsten eines Stiftes II 320.
ν = Verhältnis von Nutenweite zum Luftspalt I 135.

O.

O = Oberfläche.
Ω_1, Ω_2, Ω_m = Winkelgeschwindigkeiten I 509.
ω = Winkelgeschwindigkeit I 18*.

P.

P = Klemmenspannung I 124.
P = Dauer einer Periode bei aussetzendem Betrieb I 699.
P, P_l, P_g, P_w = Zugkräfte II 101.

ΔP = Mittelwert der Übergangsspannung zwischen einer pos. und einer neg. Bürste und dem Kommutator I 124, I 285*, II 318.
$\Delta P_{(+)}$, $\Delta P_{(-)}$ = Übergangsspannung zwischen Kommutator und pos. bezw. neg. Bürste eines Generators I 285.
P_g = Gleichstromspannung I 201.
P_w = Wechselstromspannung I 201.
P_m = Magnetische Potentialdifferenz zwischen den Polschuhen I 149*.
p = Zahl der Polpaare I 21, II 292.
p = spezifischer Zapfendruck in kg/cm² I 602.
p_1 = Anzahl gleichnamiger Bürstenstifte I 352.
p_w = Anzahl der zwischen zwei aufeinanderfolgenden gleichnamigen Bürstenstiften weggelassenen Bürstenstifte gleichnamiger Polarität I 245.
Δp = mittlere Spannung zwischen den Bürstenkanten I 315, I 316.
Δp_x = Spannung zwischen Bürste und Kommutator bei Belastung I 320.
Δp_{x0} = Spannung zwischen Bürste und Kommutator bei Leerlauf I 319.

Q.

Q = Wärmemenge je Sek. I 668*.
Q = Elektrizitätsmenge I 161*.
Q = Lagerdruck in kg I 602.
Q mit Index = Querschnitt eines Kraftlinienweges I 131*.
Q_k = durch Konvektion abgeführte Wärmemenge I 673.
Q_n = durch natürliche Konvektion abgeführte Wärmemenge I 673.
Q_s = ausgestrahlte Wärmemenge I 671.
q, r, s = Eigenschwingungszahlen I 513.
q = Querschnitt elektrischer Leiter.
q_a = Querschnitt eines Ankerdrahtes in mm² I 591, II 311.
q_n = Querschnitt eines Drahtes der Nebenschlußwicklung I 590, II 329*.
q_h = Querschnitt eines Drahtes der Hauptschlußwicklung I 592, II 331.

R.

R = magnetischer Widerstand I 543.
R_0, R_1, R_2, R_3 = Widerstände im Ankerkreise während des Anlassens II 431.
R_1, R_2 = Hebelarm beim Bremszaun I 626.
R_1, R_2 = Widerstände der Wicklung eines zweiphasigen Kommutatormotors I 540.
R_a = Ankerwiderstand I 459, I 591*, II 312*.
R_d = Widerstand der einen Hälfte (Phase) einer Drosselspule II 543.
R_g = Gesamtwiderstand des Ankerstromkreises I 124.
R_h = Widerstand der Hauptschlußwicklung I 468, I 592*.
R_k = spezifischer Übergangswiderstand der Bürsten Ω/cm² bei Gleichstrom I 284.
$R_{k(+)}$, $R_{k(-)}$ = spezifischer Übergangswiderstand zwischen Kommutator und pos. resp. neg. Bürste eines Generators I 285.
R_n = Widerstand der Nebenschlußwicklung I 472, I 590*, II 333*.
R_s = Widerstand eines Außenleiters bis zum Speisepunkt II 541.
R_x = magnetischer Widerstand einer Kraftröhre I 279.
r = $r_s + 2\,r_v$ I 336.
r = Radien.
$r_1, r_2, r_3 \ldots$ = Widerstände der einzelnen Stufen im Anlasser II 433.
r_1 bis r_6 = Abmessungen der Nut I 255.
r_k' = kritische Stabhöhe bei allmählicher Kommutierung I 599, II 313*.

r_m' = kritische Stabhöhe bei momentaner Kommutierung I 599.
r_n = Reglerwiderstand im Nebenschlußkreis I 117, I 590, II 331.
r_s = Widerstand einer Ankerspule I 282.
r_v = Widerstand der Verbindung zwischen Ankerspule und Kommutator I 282.
ϱ = spezifischer Widerstand I 591*.
ϱ = Entfernung der neutralen Zone des Ankerfeldes von der Polmitte I 184*.

S.

S = Anzahl der gesamten Ankerspulen I 31.
S_1, S_2 = Streuinduktionskoeffizienten I 276.
s = Anzahl der gesamten Ankerspulenseiten oder Ankerstäbe I 31.
s = Tiefe des zulässigen Lamellenverschleißes II 97.
s_n = Stromdichte in der Nebenschlußwicklung I 590, II 330.
s_u = mittlere Stromdichte unter den Bürsten I 223, I 284*, II 318.
$s_{u\,\mathrm{eff}}$ = effektive Stromdichte unter den Bürsten I 302, I 329*.
s_{uxt} = momentane örtliche Stromdichte unter den Bürsten I 328.
s_{ux} = mittlere örtliche Stromdichte unter den Bürsten I 329.
s_w = effektive Stromdichte der Wirbelströme im Ankerkupfer I 583.
s_z = Stromdichte des zusätzlichen Stromes unter den Bürsten I 316, I 337.
σ = mechanische Beanspruchung in kg/cm² II 37, II 89.
σ = Streukoeffizient I 128, I 148*, II 324.
σ_a = $\frac{\Phi_a}{\Phi}$ I 130*, II 324.
σ_{1h} = Steinmetzscher Hysteresiskoeffizient I 557*.
σ_{2h} = Richterscher Hysterisiskoeffizient I 557*.
σ_w = Wirbelstromkonstante I 567*.

T.

T = Zeit einer Umdrehung oder einer Periode I 18.
T = Endtemperatur I 669.
T = Kurzschlußzeit einer Spule I 222, I 244*.
T = Zeit der einfachen Schwingung eines Ankers I 654.
T = Zeitkonstante II 483.
T = Anlaßzeit eines Motors II 426.
T_a = Temperaturerhöhung des Ankers I 591, I 686*.
T_g = Temperaturerhöhung des Gußgehäuses eines Kapselmotors I 692*.
T_k = Temperaturerhöhung des Kommutators I 689*, II 320*.
T_l = Lufttemperatur I 607.
T_m = Temperaturerhöhung der Magnetspulen I 590, I 683*, II 330*.
T_m = Anlaufzeit rotierender Körper I 518.
T_{mk} = Temperaturerhöhung der Magnetspulen im Kurzschluß I 683.
T_{m0} = Temperaturerhöhung der Magnetspulen im Leerlauf I 683.
T_n = Zeitkonstante der Nebenschlußwicklung I 518.
T_n = Kursschlußzeit des Stromvolumens einer Nut bei verkürztem Nutenschritt I 223, I 247*.
T_{n0} = Kurzschlußzeit des Stromvolumens einer Nut bei unverkürztem Nutenschritt I 247.
T_z = Zapfentemperatur I 607.
t = Zeit I 18.
t = Temperatur II 113.
t_1, t_2, t_{no}, t_{nu} = Nutenteilungen I 142, II 53.

ϑ = Drehmoment I 485*.
ϑ_a = auf den Anker elektrisch ausgeübtes Drehmoment I 485.
ϑ_b = Belastungsmoment eines Motors I 488.
ϑ_v = Verlustdrehmoment eines Motors I 488.
ϑ_w = resultierendes Drehmoment an der Motorwelle I 488.
ϑ, ϑ_B, ϑ_L, ϑ_P = Drehmomente II 422.
τ = Polteilung I 22.
τ, τ_b = Übertemperaturen von Widerstandsmaterial II 483.

U.

U = ursprüngliche Zugkräfte II 102.
U_s = Umfang der Stirnverbindung einer Spulenseite I 280, II 339.
u_k = Zahl der Kommutatorlamellen je Nut I 34.
u_n = Zahl der Spulenseiten einer Nut I 31.

V.

V = Volumen I 557.
V_a = Eisenvolumen des Ankerkerns I 561.
V_0 = Ölvolumen eines Anlassers II 487.
V_z = Eisenvolumen der Zähne I 566.
v = Umfangsgeschwindigkeit des Ankers in m/sek I 3, I 22*.
v_k = Umfangsgeschwindigkeit des Kommutators in m/sek I 244, II 287.
v_z = Zapfengeschwindigkeit in m/sek I 602.

W.

W = Leistung in Watt I 23.
W_l, W_n = Widerstandsmomente II 97.
W_{ei} = Eisenverlust I 586, I 589*.
W_H = Verluste in der Hauptschlußwicklung I 592.
W_h = Summe aller Hysteresisverluste I 649.
W_{ha} = Hysteresisverlust im Ankerkern I 561*.
W_{hp} = Hysteresisverlust in den Polschuhen I 580*.
W_{hz} = Hysteresisverlust in den Ankerzähnen I 566*.
W_{ka} = Verlust durch Stromwärme im Ankerkupfer I 591*.
W_{kw} = zusätzlicher Wirbelstromverlust im Ankerkupfer I 598*.
W_{kz} = Stromwärme des im Ankereisen eingebetteten Teils der Ankerwicklung I 683.
W_n = Verlust in der Nebenschlußwicklung I 590*.
W_{nt} = totaler Verlust im Nebenschlußkreis I 649.
W_R = Reibungsarbeit in Watt I 602, I 607*.
W_r = Verlust durch Bürstenreibung I 611*, II 320.
W_ϱ = Summe aller Reibungsverluste I 586, I 615.
W_u = Bürstenübergangsverlust I 329*, I 593, II 320.
W_v = Summe aller Verluste einer Maschine I 615.
W_W = Verluste in der Wendepolwicklung I 592*.
W_w = Summe aller Wirbelstromverluste I 649*.
W_{wa} = Wirbelstromverlust im Ankerkern I 571*.
W_{wk} = Wirbelstromverluste in der Ankerwicklung, herrührend vom Hauptfeld I 615.
W_{wp} = Wirbelstromverluste in den Polschuhen I 577*, I 579*.
W_{wz} = Wirbelstromverluste in den Zähnen I 571*.
w = Windungszahl der Ankerwicklung I 18, II 309.
w_a = effektive Windungszahl der Ankerwicklung I 504, I 532.

w_{ak} = Stromwärmeverlust je cm² Ankeroberfläche II 311.
w_e = spezifischer Eisenverlust I 587.
w_h = spezifischer Hysteresisverlust I 561*.
w_h = Windungszahl der Hauptschlußwicklung I 469, I 592, II 332.
w_n = Windungszahl in der Erregerwicklung I 456, I 590, II 331.
w_q = effektive Windungszahl der Querwicklung einer zweiphasigen Kommutatormaschine I 532.
w_w = spezifischer Wirbelstromverlust I 567*.

X.

X = Zahlenwert zur Berechnung von k_1 I 135*.
x $= \frac{t}{T}$ I 336.
x_1, x_2, x_k, x_m = Reaktanzen verschiedener Induktionskoeffizienten I 277.

Y.

y = resultierender Wicklungsschritt I 36.
$y_1, y_2, \ldots, y_{2m}$ = Teilschritte I 35*, I 71.
y_k = Kommutatorschritt I 37*.
y_m = Meßschritt zur Bestimmung des Ankerwiderstandes I 646*.
y_n = Nutenschritt I 33*.
y_p = Potentialschritt I 75*.

Z.

Z = Nutenzahl I 31.
Z = Zeitkonstante I 669*.
Z_g = Gesamtzahl der Akkumulatorenzellen II 582.
Z_{st} = Anzahl der Stammzellen II 583.
z = Zeit I 668.
z_1 = Breite des Zahnkopfes I 135, I 143.
z_2 = Breite des Zahnfußes I 143.
z_{min} = kleinste Zahnbreite II 36.

Additional material from Konstruktion, Berechnung und Arbeitsweise

ISBN 978-3-642-48489-6, is available at http://extras.springer.com

Arnold-la Cour, Die Gleichstrommaschine. Ihre Theorie, Untersuchung, Konstruktion, Berechnung und Arbeitsweise. Dritte, vollständig umgearbeitete Auflage. Herausgegeben von **J. L. la Cour.** In 2 Bänden.

I. Band: **Theorie und Untersuchung.** Mit 570 Textfiguren. XII, 728 Seiten. 1919. Unveränderter Neudruck. 1923. Gebunden RM 24.—

Die Wechselstromtechnik. Herausgegeben von Professor Dr.-Ing. **E. Arnold,** Karlsruhe. In fünf Bänden.

I. Band: **Theorie der Wechselströme.** Von **J. L. la Cour** und **O. S. Bragstad.** Zweite, vollständig umgearbeitete Auflage. Mit 591 in den Text gedruckten Figuren. XIV, 922 Seiten. 1910. Unveränderter Neudruck. 1923. Gebunden RM 30.—

II. Band: **Die Transformatoren.** Ihre Theorie, Konstruktion, Berechnung und Arbeitsweise. Von **E. Arnold** und **J. L. la Cour.** Zweite, vollständig umgearbeitete Auflage. Mit 443 in den Text gedruckten Figuren und 6 Tafeln. XII, 450 Seiten. 1910. Unveränderter Neudruck. 1923. Gebunden RM 20.—

III. Band: **Die Wicklungen der Wechselstrommaschinen.** Von **E. Arnold.** Zweite, vollständig umgearbeitete Auflage. Mit 463 Textfiguren und 5 Tafeln. XII, 371 Seiten. 1912. Unveränderter Neudruck. 1923. Gebunden RM 16.—

IV. Band: **Die synchronen Wechselstrommaschinen.** Generatoren, Motoren und Umformer. Ihre Theorie, Konstruktion, Berechnung und Arbeitsweise. Von **E. Arnold** und **J. L. la Cour.** Zweite, vollständig umgearbeitete Auflage. Mit 530 Textfiguren und 18 Tafeln. XX, 896 Seiten. 1913. Unveränderter Neudruck. 1923. Gebunden RM 28.—

V. Band: **Die asynchronen Wechselstrommaschinen.**

1. Teil: **Die Induktionsmaschinen.** Ihre Theorie, Berechnung, Konstruktion und Arbeitsweise. Von **E. Arnold** und **J. L. la Cour** unter Mitarbeit von **A. Fraenckel.** Mit 307 in den Text gedruckten Figuren und 10 Tafeln. XVI, 592 Seiten. 1909. Unveränderter Neudruck. 1923. Gebunden RM 24.—

2. Teil: **Die Wechselstromkommutatormaschinen.** Ihre Theorie, Berechnung, Konstruktion und Arbeitsweise. Von **E. Arnold, J. L. la Cour** und **A. Fraenckel.** Mit 400 in den Text gedruckten Figuren und 8 Tafeln. XVI, 660 Seiten. 1912. Unveränderter Neudruck. 1923. Gebunden RM 26.—

Die wissenschaftlichen Grundlagen der Elektrotechnik. Von Prof. Dr. **Gustav Benischke.** Sechste, vermehrte Auflage. Mit 633 Abbildungen im Text. XVI, 682 Seiten. 1922. Gebunden RM 18.—

Hilfsbuch für die Elektrotechnik. Unter Mitwirkung namhafter Fachgenossen bearbeitet und herausgegeben von Dr. **Karl Strecker.** Zehnte, umgearbeitete Auflage. **Starkstromausgabe.** Mit 560 Abbildungen. XII, 739 Seiten. 1925. Gebunden RM 13.50

Schwachstromausgabe. Mit etwa 600 Textabbildungen. Erscheint im Laufe des Jahres 1927.